鹿野 司

SHIKANO Tsukasa

サはサイエンスのサ

［完全版］

早川書房

サはサイエンスのサ

〔完全版〕

カバーイラスト・扉カット／とり・みき
装幀／岩郷重力＋（S.I＋N.K）

目次

第1章　カラダを変えるサイエンス

（単行本版『サはサイエンスのサ』より）

第2章　ココロを変えるサイエンス

（単行本版『サはサイエンスのサ』より）

第3章　セカイを変えるサイエンス
（単行本版『サはサイエンスのサ』より）

第4章　ミライを変えるサイエンス
（単行本版『サはサイエンスのサ』より）

第5章 「サはサイエンスのサ」一九九四年七月〜二〇一〇一月

第6章 「サはサイエンスのサ」 二〇一〇年三月〜二〇一二年六月

※本書の1〜4章は、単行本版『サはサイエンスのサ』掲載時の原稿を〈SFマガジン〉連載時の体裁に組み替えて収録しました（単行本各項目の内容には連載の内容より加筆・削除があります）。単行本未収録の連載原稿は、単行本刊行前の連載回を第5章に、刊行後の連載回を第6章に、連載年月順に収録しました。

第1章　カラダを変えるサイエンス

（単行本版『サはサイエンスのサ』より）

ブラジルから来た少年はクローン羊ドリーの夢を見るか

サはサイエンスのサ

連載・49

【鹿野 司】

クローンって、どうしてこう、世間から目の敵にされるんだろうね。

一九九七年に世界初の体細胞クローン羊、ドリーの誕生が伝えられたとき、各国のえらい人たちは不思議なくらい素早く、これは赦《ゆる》し難いことだよ〜って批判的な声明を発表した。メディアも、ヒトラーやアインシュタインのクローンが可能になるとかいう、不気味で扇情的な話を多く取り上げた。

でも、そういうことの大半は、今さらなあって感じの話だったんだよね。なぜかというと、クローン技術が人間にとってどういう意味を持つかは、一九七六年に出版されたアイラ・レヴィンの『ブラジルから来た少年』（ハヤカワ文庫NV）という小説で、深く詳しく語り尽くされているからだ。

この物語は、かつてナチスで生体実験を行い〝死神の使い〟と呼ばれたメンゲレ博士が、ブラジルに隠れ住むナチスの残党組織を使って、世界に散在する六五歳の男性九四人を、向こう二年のうちに暗殺する指示を出すところから始まる。

その計画を、ナチス戦犯の追跡者として著名なユダヤ人のリーベルマンが、なかば偶然に知ることになる。果たして、この暗殺計画は事実なのか。そしていったい何の目的で、それだけの人々を殺害しようとするのだろうか……。

タネバレしちゃうと、この九四人の男性の家庭は、等しくブラジルから養子を迎えていた。そしてその養子こそ、メンゲレが産み出した、ヒトラーのクローンだった。

でも、メンゲレの意図は、九四人のヒトラーを作り出すことではなかった。

遺伝的にヒトラーと同じクローンでも、同じ才能をもった人間に成長するとは限らない。そこでメンゲレは、ヒトラーが育ったのとよく似た環境、つまり公務員で暴君的な性格の父親と、依存的で子どもを甘やかす母親の家庭を再現しようと計画した。

同じ遺伝的資質をもち、類似の家庭環境に育ったクローンなら、ある程度の確率でヒトラーと同じ資質を備えるだろう。だから、メンゲレは、九四人もヒトラークローンを作ったわけだ。殺害計画は、ヒトラーが一三歳の時に父親を亡くしていたことから、それと同じ環境を作りだすためのものだったのだ。

この物語では、ブラジルから来た少年たちが、オリジナルとは別の人格を持つ、独立した人間だということが明確に描かれている。

また、現実問題として、メンゲレの方法でヒトラーと同じような精神の持ち主を作れるかどうかは、誰にもわからないともいっている。

つまりレヴィンは、クローンという技術の限界をきちんと理解していて、九四人の暗殺を、メンゲレの逸脱した精神のなせる業として描写しているわけだ。

また、クローン技術そのものを批判することもなく、技術はなんであれ善くも悪くも利用できるとしている。将来的には、クローン技術でおいしい牛肉ができるかも、なんてことまで描いているんだよね。

レヴィンがこの物語を着想したのは、その少し前に、クローンの発展を印象づける技術的な進展が、いくつか連続したからだろう。

クローン研究の原点は、一九世紀まで遡ることができる。一八九一年、ドイツのハンス・ドリーシュは、ウニの卵割後の胚を二つに分けたとき、大きさは違うけど二匹の正常なウニになることを発見した。また、クローンという言葉は、植物学者のウェッバーによって、一九〇三年に初めて使われた。

ただ、実用につながる研究が出てきたのは一九六〇年代のことだった。

六三年、植物のクローンの先駆けとして、ニンジンの根の小片をカルス培養したものから、完全なニンジンの再生が成功した。動物の体細胞クローンも、同じ頃にイギリスのJ・B・ガードンが何例か作っている。これは、アフリカツメガエルのオタマジャクシの小腸の細胞核を使ったもので、この時は成熟したカエルの皮膚細胞では成功しなかった。

ほ乳類の最初の成功例は、一九八一年になってから。マウスの生殖細胞を使ったもので、八細胞期の受精卵をバラして、その一つの細胞に、別の卵から取ってきた核を移植して作られた。

これらの先行研究に対して、クローン羊ドリーのサイエンスとしての価値は、ほ乳類による、「体細胞」クローンの最初のものってことだ。

生殖細胞には、そこからどんな体細胞にも分化できる全能性がある。でも、ドリー以前は、いったん分化した体細胞の遺伝子は、特定の細胞用にスイッチがセットされていて、元には戻せないと思われていた。

ところがドリーは、ちょっと不思議な方法で、その常識を覆してみせた。

ドリーの細胞核の供給もとは胸腺細胞だったんだけど、前処理としてこれを極端な飢餓状態にしたんだよね。

この操作はいわば、細胞をいちど「電源オフ」にするようなもので、これで遺伝子をリセットできるんじゃないかと考えたらしい。で、そのリセットされた細胞核を、別に用意した核を取り除いた卵子に入れ、電気刺激を与えることで、遺伝子を再起動させようとした。

なんかまるで、パソコンかなんかみたいなイメージで、実際にそういうメカニズムで遺伝子がリセットされたとは思えないんだけど、でもまあ、結果として体細胞クローンができちゃったわけだ。

ただ、この操作を二七例やってみて、ようやく一例が成功しただけだから、確率的にはかなり低い方法だってことは間違いない。

もちろん、ドリーを作ったロスリン研究所は工学的な応用を視野に入れてこの研究をやっていたんだけど、少なくともドリーの誕生自体は、工学というより、こんなんできちゃったよ、びっくりしたなあもうっていう、純サイエンス的な趣《おもむき》の強い発表だったわけだ。

ところが世間は、マジかよクローン人間の誕生も間近かって、話を飛躍させて受け止めた。それで、またまた科学者は邪悪なことしちゃってもう、なんて感じで騒がれてしまった。

サはサイエンスのサ

連載●52

【鹿野　司】

優生思想のまぼろし

　クローン人間という言葉がこれだけ強い反発を引き起こすのは、たぶんクローンが、品種改良を効率よく行うための技術だってことがあるのだろう。

　クローン技術を使えば、遺伝的に同質な個体をたくさん作ることができるので、品種改良には色々と都合が良い。たとえば、ある特性を持った個体に、どれを掛け合わせたら最良の子孫が作れるかという試行錯誤を組織的に行えるし、ある遺伝的な性質をもった家畜は、どういう育て方をするのがいちばん良いかも調べられる。結果的に、古くからある品種改良よりも、効率的で、より速く、低コストで優れた品種が得られるわけだ。

　さてそこで、クローン技術と人間を結びつけると、どうしても連想しちゃうのが、品種改良を人間に施《ほどこ》す優生思想だ。

　かつてナチスは、ユダヤ人の虐殺に先立って、精神病者や障害者の虐殺をやっている。それは、劣等な血を根絶やしにすることで、民族の血統的な劣化を防ごうっていう発想だった。その論理の延長に、劣等な民族の虐殺というやり口が、必然的に導かれちゃったわけだ。

　以来、優生思想を賛美することは、原則タブーとなった。クローン人間には、この禁忌《きんき》に触れるイメージがあるわけなのねん。

　しかし、虐殺は悪だとしても、優生思想そのものはなんで悪なの。人間を、より良い方向に改良していこうとすることは、本当に邪悪な行為なんだろうか。……と、思う人も少なくないんじゃないだろうか。

　自分の子が、自分より賢く、より健《すこ》やかであって欲しいと願うのは、たぶん親なら誰もが経験する、素朴な感覚だと思う。そういう思いは、悪いことじゃないはずだよね？

　だから、今となっては、これについて倫理的に批判してもあまり意味はないと思う。善悪で考えるかぎり、こういう話は立場によってどうにでもなっちゃうんだろう。

　じゃあどう考えたらいいのか。

　ぼく自身は、優生思想ってのは、効果を期待できない、やっても徒労に終わるものだって思っている。人間をより優れたものに改良できるという発想自体が、的を外した幻想だと思うんだよね。

　優生思想のもとになった、家畜や作物で品種改良がうまくいくのは、改良すべき目標が、非常に明確だからだ。たとえば、台風で倒れないように背の低い稲を作ろうとか、少ないエサでよく太る家畜を作ろうとかいうのは、非常に具体的で、達成度の評価もしやすい目標だ。

　これに対して、人間の改良というとき、具体的目標を設定することは、ほとんどの場合不可能なんだよね。

　こういうと、より頭を良くするとか、より体力を向上させるとかいうのは、はっきりした目標じゃないかと思うかもしれない。でも、ホントはそうじゃない。たとえば頭の良さとはいったい何だろうか。これを定義することはとても難しい。

　と、いうより普遍的な頭のよさを定義するなんてことは、もともと不可能な話だ。

　たとえば知能指数を頭の良さの指標と

して、それを上げるように品種改良することはできるかもしれない。でも、知能指数は頭の良さかというと、異論のある人はたくさんいるだろう。

知能指数という指標は、もともと、標準的な教育方法では効果が上がらない子どもを選び出して、そういう子どもたちにふさわしい教育を施すために考案されたものだ。つまり、IQは、その特定の目的のために作られた、知能のモデルの一つに過ぎない。

よくいわれることだけど、地図は場所ではない。モデルは本物のごく一部の性質しか現していない。ところが、人はすぐに地図を場所そのものだと思い込みがちだ。そして、モデルを現実と混同して、その方向に突き進むと、予想もしなかった欠陥が必ず現れてくる。なにしろ、それはホンモノではないのだから。IQに関していえば、値の高さと幸福は相関しないって研究も、あったりするしね。

でも、それならPQとかEQとかオバQとか、ほかの指標の値を高くするようにしたらどうだろう。それらもやっぱり、所詮は限られたモデルであることは変わらないので、結論は変わらない。まあ、オバQなら幸せになれるかもしれないけどな。

サはサイエンスのサ

連載・50

変化と多様性

【鹿野 司】

オルダス・ハックスリーの『すばらしい新世界』（講談社文庫）では、遺伝的に固定された階級社会が描かれている。人間は、あらかじめ支配者階級や労働者階級といった階級にふさわしいように、知能や体力などが調整されて生まれてくるので、この社会には不幸というものがない。……ってことになってる。

こういう社会が、本当に、完璧に実現されるのだとしたら、実際素晴らしいんじゃないかな。これが恐ろしい社会だと了解できたのは、階級社会が崩れつつある時代だったからで、今はそれとは社会状況が違っている。

実際、現代の日本みたいに、世襲の職業がなく、すべての人が自分にふさわしい人生は何かと自分探しをしなきゃならない時代に生きていると、先天的に自分の生き方が疑問の余地なく決まるなんて、すごくラクチンだろうなあなんて思ったりして。

ただ、こういった社会の場合、人間を、何種類かの単純なモデルに特化させているので、硬直的で長続きはできないだろうって問題がある。たとえば、疫病が流行して、特定の階級がほとんど活動できないとか、死に絶えると、この社会は崩壊してしまう。

今のぼくたちは、パートナーを選ぶとき、わあ可愛いとか、スゲエ賢いとか、うーん働き者だとか、そういう自分なりの独自のモデルで相手を見て、惚れちゃうと思うんだよね。

でも、そのモデルは人によってちがっている。そのうえ、そのモデルは、相手を正確に現しているわけでもない。だから、結果として色々な子どもが産まれてくる。

そういうふうにして色々な子どもが生まれるから、人類は激変する環境に順応して、これまで命脈をつないでこれたんだよね。

環境というのは、たいていの人が感じているよりも、遙かに速く大きく変化している。

たとえば、2ちゃんねるのコピペにもあるけど、専業主婦は高度経済成長の産物で、誕生して一世代しか経っていない。腕時計も自家用車も普及して一世代しか経っていないけど、すでに廃《すた》れつつある。酒やたばこも今みたいにたくさん摂取するようになったのは、戦後のことだ。

それに、今や何種類かが絶滅の危機に瀕しているマグロも、四〇年前は滅多に食べられないごちそうだった。三〇年ほど前はコンビニはなくて、買い物は夕方までにしておくものだった。コピー機もビデオもパソコンもなくて、ノートは手で写し、テレビは放送時間以外見られず、同人誌は鉄筆でガリ版刷りだった。こんな話、今の一〇代二〇代の若者に話しても、何のこっちゃって感じだろう。

人間には、自分が生きてきた生活を、なんとなく変化の少ない、普遍的なものと感じる認知の歪《ゆが》みがあるみたい。だけど、現実はそうじゃなくて、速《すみ》やかに大きく変化する。これは、江戸時代だろうが、もっと前だろうが、きっとそうだったはずだ。

何かが流行り何かが廃れれば、栄華を誇っていた人も衰え、別のタイプの人が活躍するようになる。文字が発明され、農耕が始まり、産業革命が起き、インターネットが普及するなんてことが起きるたびに、そういう変化があったろう。人類全体に内包された様々なバリエーションの中から、新しい時代と環境にふさわしい人が選ばれるわけだ。

ところが優生思想ってのは、ある時代のある偏狭なものの見方に基づいた最適化で子孫を作ろうとするわけだから、モデルが単純化して、人間の個性のバリエーションが減ることは避けられない。それは環境変化への柔軟な対応ができなくなるって事で、滅びの道以外の何ものでもないと思うんだよね。

クローン人間は苦労人かも

サはサイエンスのサ

連載●51

【鹿野　司】

ただ、クローン人間を創り出すことに対する倫理的な問題ってのは、ぼく自身は実はあんまりぴんとこないんだよね。何しろオレ様はSF人間だから、倫理なんて時空を超えられないってすぐ思っちゃうのよね。何がよくて何が悪いかなんて、しょせんある時代のある限られた状況の感覚に過ぎないもの。

でも、世間的にはそういう性急な相対化ってのは、なかなか理解してもらえないみたい。そこで、ここら辺を、ちょっと丁寧に見ておこうかと思う。

クローン人間が求められるとしたら、それはどんな需要によるのだろうか。

これは現実にそういう問いあわせもあったらしいけど、幼くして失った我が子のクローンを作りたいと願う親ってのがある。まあ、その気持ちはわからんでもないよね。

ただ、新しい子をもうけるのではなく、クローンの子が欲しいと願う時、その親の心の中には、死んだ子のコピーが欲しいという強い思いがあるはずだ。

そういう親の勝手な幻想が、唯一無二の個性的存在であるクローンの子に投影されると、子どものほうはもう、たまったもんじゃないよね。

また親も、その子から、前の子のコピーじゃないことを繰り返し示されて、それにまつわる葛藤《かっとう》とか、悩みに遭遇することになるんじゃないかな。

鉄腕アトムと天馬博士の関係もそういう感じだけど、これって実は、上の兄弟を幼くして亡くした家庭に、昔から普遍的にある問題なんだよね。だとすると、そういうことの全ては、何者かによって禁止される類のものじゃない。

クローンで我が子の復活を願ったり、自分の分身を育てたいと思うのは、ようするに不可能なことを願う人間の姿だ。

それは、文学的なテーマになりうる。また逆に、そういう支配的な親の下に生まれてしまった人間の生き方も、古くからある文学のテーマだよね。

クローンの子を欲しがる人が、誰かのコピーを望むなら、それは失望を運命づけられている。その挫折から、その人は何かを学び、成長するかもしれない。また、親の不当で巨大な期待を受けたクローンの子は、グレるか心を病むかするかもしれないけれど、逆に、愚かな親に学んでより成熟した人間に育つかもしれない。

だとしたら、そういう事柄に対して、赤の他人が倫理とか一般論を振りかざして、口出しをしても詮無いことじゃないかなあ。

サはサイエンスのサ

連載●48

【鹿野 司】

トランスジェニックと人類の変貌

移植医療は、原理的には究極の医療だと思う。

あらゆる臓器を自在に取り換えることができるなら、人間はほとんどの病気や事故を畏《おそ》れる必要はなくなるし、老化すらかなりのレベルで克服できるはずだ。

ただ、現実ってのはいつもそうだけど、理想とはかなり隔たりがある。

たとえば、臓器移植を受けた人は、基本的に生涯、免疫抑制剤を使い続けなくちゃいけない。その金銭的負担は大きいし、薬の効果にも限界がある。感染症に弱くなるのはもちろん、長期投与で心臓血管障害や悪性腫瘍《しゅよう》の誘発が起こるし、糖尿病や高脂血症にもなりやすい。さらに、慢性拒絶反応によって、わずか数年で臓器が繊維化して固くなり、使えなくなる事も少なくない。移植後の人生は、色々な形で制限を受ける事になる。

それに、移植用の臓器の数は、常に絶対的に不足する。これは、死後に臓器提供をしたいと望む人が少ないからという問題と、関係なくそうなのね。

なにしろ、死人の数ってのは、生きている人の数に比べたら、ごくわずかでしかない。日本だと一億三〇〇〇万の人口に対して、年間一一〇万人くらいだから、一〇〇人に一人も死んでない。移植に使えるのは、それらの人のさらにごくごく一部でしかない。

せめて、摘出臓器の長期保存ができればまだましかもしれないけれど、現代の技術では、臓器単体を長時間生かしておくことはできないんだよね。

実際、最も長持ちする腎臓でも最大五日くらいで、他の臓器は摘出後五～六時間が限界とされている。

冷やしとけば保つんでないのと思うかもしれないけど、冷凍食品じゃないんだからそうはいかない。移植用の臓器は、あくまで生きものなので、あまり冷やすと凍死してしまうんだよね。

そこで、体細胞クローンを応用して、別の供給源の開発が試みられている。と、いっても、自分のクローン臓器を作るわけじゃない。だいたい、今の知識では、体丸ごとではなく臓器だけ作ることは不可能だし、おそらくそれは原理的な無理筋じゃないかと思う。

では体細胞クローンをどう使うかというと、トランスジェニック動物の育種（品種改良）に利用するんだよね。

トランスジェニック動物というのは、異なる生物の遺伝子を組み込んだ動物のことだ。

たとえば人間の遺伝子を組み込んだウシの脳や、ブタの心臓、肝臓などが、移植臓器として研究されている。

ウシの脳を人間に移植するっていうと、脳は精神の座っていう常識と反して意外な感じがするかもしれないけれど、脳は精神の座であるまえに、ホルモンなどを分泌する生理化学的中枢としての役割が大きい。

そこで、たとえばパーキンソン病治療のため、不足したドーパミンを作りだす細胞として、ウシの胎児脳を使う研究があったりする。牛の脳を移植したからといって、決して牛っぽくなるわけではないんだも～。

それにブタの臓器は、人間の臓器とほぼ同じ大きさなので移植に使いやすい。

移植臓器の不足を補うために、ブタやウシなど、飼育しやすい動物の臓器を利用するという発想は、わりと前からあった。

ただ、この方法でネックになるのが、超急性拒絶反応という激烈な拒絶反応だ。

　これは種の違う動物の臓器を移植した時だけに起きるもので、移植後数分から数時間で血液が凝固し、臓器全体が破壊されてしまう。これを引き起こすのは、血液中の液性免疫（抗体）で、これがウシやブタの臓器の血管壁からつき出た異種分子を認識して、血管を直接攻撃する。

　この反応を回避するために、トランスジェニック技術が使われるんだよね。

　つまり、ウシやブタに人間の遺伝子を組み込んで、血管表面に人間の臓器であることを示す分子を出現させるわけだ。こうすることで、液性免疫の目を欺《あざむ》き、超急性拒絶反応が起きない移植臓器を作り出すことができる。と、考えられている。

　もちろん、それでも細胞性免疫（白血球など）の働きによる拒絶反応は起きるんだけど、こちらは通常の免疫抑制剤で対処できるから、人間の臓器を移植するのと基本的に違いはない。

　ただ、この種のトランスジェニック動物は、遺伝的に不安定で、交配で子孫を増やすと、その過程で導入した遺伝子が抜け落ちる可能性が高い。高いコストをかけて遺伝子を導入しても、子孫にその性質が伝わらなければ、臓器の供給源にはならない。

　そこで体細胞クローンが必要とされるわけだ。体細胞クローンなら、導入遺伝子の欠損の心配なしに、移植可能な臓器をもったウシやブタを大量生産できる。（ドリーを産んだグループは、人間の遺伝子を組み込んだクローン羊のポリーも誕生させている）

　さらに究極的には、オーダーメードで移植を受ける人の遺伝子を組み込んだ動物を作り、免疫抑制剤のいらない、免疫寛容な移植臓器を作ることも可能になるだろう。

　量産が進み、コストが下がれば、誰でも気軽に、臓器移植が受けられるようになる。

　そして、この技術を応用すれば、美容整形やピアッシング、タトゥーの延長上に、ファッションとして豹やミンクの皮膚を移植したり、ヤマアラシのトゲ、ヤギの角、トラの牙などを人体に植えつけることも可能になる。

　サミュエル・R・ディレイニーの『バベル‐17』というSF小説では、宇宙船乗りたちが、肩に竜の頭などの生きた刺青を移植しているんだけど、まさにそういうイメージの世界さえ、実現する可能性があるわけね。

　もちろんこれは、今のぼくたちにとって気持ちの良いイメージじゃないし、可能だとしても、倫理的に批判もされるだろう。

　また、異種動物の臓器移植は、その動物特有のウイルスなどの病原体が、ヒトにも感染するように変異させる環境を提供することになる。つまり、異種移植した人から、新しい伝染病が生まれる可能性もあるわけね。

　でも、将来、人類の活動の場が宇宙へと広がっていくような時代になれば、異種移植に対する抵抗感も自ずと消えていくんでないかな。

免疫抑制剤なしの臓器移植

臓器移植で移植を受けた側（レシピエント）の肉体と、移植片（グラフト）は、互いに異物の関係にある。そのためレシピエントの免疫がグラフトを攻撃する拒絶反応や、逆にグラフトの免疫がレシピエントを攻撃する移植片対宿主病が起きてしまう。

現状は、強力な免疫抑制剤でこの反応を抑え込んでいるけれど、一生免疫抑制剤を飲み続けることによる、リスクや負担は決して軽いものじゃない。

でも、もし互いに異物だっていう認識を消去できれば、つまり人工的に免疫寛容の状態を作り出せれば、この障壁はなくすことができるはずだよね。

順天堂大学医学部の奥村康《おくむらやすし》教授（免疫学）と場集田寿《ばしゅうだひさし》助手のグループは、ある操作をして腎臓移植をしたサルを、免疫抑制剤なしの状態で三年以上生かし続けている（二〇〇五年時点）という。これが人間にも応用できるとしたら、こりゃあ画期的なことだよね。

それにしても、いったいどんなメカニズムで、人工的な免疫寛容が実現したのだろうか。

この種の異物反応は、白血球の一種のリンパ球が受け持っている。実際、進化系統的にまだリンパ球を持たない動物（ミミズとかナメクジ）では、移植拒絶反応は起こらない。

で、リンパ球には、大きくＢ細胞とＴ細胞の二種類がある。

Ｂ細胞は、その七割が消化管の外壁にいて、自己からは遠い異物＝細菌などの攻撃を担当する細胞だ。

一方Ｔ細胞は、ウイルスに侵入された細胞やガン細胞など、自己に近い異物の排除を受け持っている。つまり、Ｔ細胞系こそが拒絶反応を引き起こしているわけね。

さてここからがややこしい。免疫系ってのは、ホントなんでこんなに複雑なのってほど入り組んでいて、しかもどんどん知識が更新されるので、ちょっと勉強を怠るとすぐに頭が時代遅れになっちゃうんだよね。ちょっとボヤいてみました。

今のところ、Ｔ細胞にはさらにキラー、ヘルパー、サプレッサーという三種類があることがわかっている。

このうちキラーは攻撃担当で、ウイルスに侵入された細胞や、がん細胞などにとりついて、その細胞膜に穴を開ける。すると、穴を開けられた細胞は、アポトーシスといって、自らを消化破壊する物質を作って自殺しちゃうんだよね。

一方、ヘルパーは、どの細胞が攻撃対象かを識別し、インターロイキンという物質を分泌して、キラーＴ細胞の動きを活発化させたり分裂増殖を促したりして攻撃に向かわせる、司令塔的な役目を担っている。

そして敵を退治し終えたら、サプレッサーがヘルパーの活性を抑え、キラーなどの攻撃細胞を殺して、免疫反応を終了に導くのね。

精密に異物を見分けるＴ細胞系だけど、実はＴ細胞だけでは、何が敵かを認識することはできない。その前に、まずマクロファージなどの細胞が活躍する必要がある。

マクロファージも白血球の一種なんだけど、こいつは外から入ってきた異物っぽいものは、とりあえずなんでもぱくぱく見境なく食べる細胞なのね。こういうのを自然免疫系の細胞という。

これに対してリンパ球は、いちど感染したことのある病気に対して、二度目はないぜって感じで働く白血球だ。何を攻撃するかを後天的に学習して働くから、こちらは獲得免疫系の細胞という。

さて、体内に侵入した病原体などの異物は、まずイカモノ食いのマクロファージに食べられる。そしてマクロファージは、体の表面にＨＬＡ抗原という分子をにょきっとつきだすんだよね。ＨＬＡの先っぽには、食べて消化した異物の断片がくっついていて、こんな分子を持った敵が侵入してきたよ～ってヘルパーにお知らせする。

ヘルパーはこの分子に接触して、よっしゃあ敵はこいつだなと認識するワケね。こういう敵の存在を知らせるマクロファージとかを抗原提示細胞というんだけど、これがいなければヘルパーは敵の侵入に気づくことはない。

ただ、最近わかってきたんだけど、T細胞が異物を認識するには、HLAによる抗原提示だけでは不十分で、もうひとつT細胞とマクロファージが触れあうために必要なレセプター分子の、TcRってのが深く関わっているらしい。

マクロファージは、ウイルスを食べると、TcRのうち、CD86という分子を表面から生やす。一方、T細胞にはCD28という分子があって、この二つがくっつかないと免疫反応は起きない。実際、CD86に対する抗体を作って、両者の相互作用を遮断すると、T細胞は免疫作用を示さなくなる。つまり、免疫寛容の状態になるわけね。

ただ、ものすごく不思議なことに、CD28の抗体を作って相互作用を遮断すると、免疫反応はかえって強くなる。このあたり、何でそうなるのかは、まだよくわかっていないみたい。

奥村研究室は、このTcR分子群の研究では世界最先端の場所で、CD86を発見し、その抗体も作って世界中に供給してきた。

それで、サルの免疫寛容は、どうやって作り出されたのか。

まず最初に、臓器提供側（ドナー）と移植される側（レシピエント）から、それぞれリンパ球が取り出された。ただし、ドナー側は脾臓の細胞から取られたもので、リンパ球だけでなく抗原提示細胞も含まれているものが使われた。

で、ドナーとレシピエントの細胞をあわせたものにCD86の抗体を混ぜ、一三日間培養したものを、腎臓移植を行うときに一緒に入れたんだよね。

実験は六頭で行われたんだけど、その結果、移植を受けたサルのうち五頭は拒絶反応が起きず、三頭は移植後三年以上健康で腎臓も正常に働き続けている。また、死んじゃった二頭の死因も、免疫反応とは関係ないものだった。

拒絶反応が起きた一頭は、細胞培養のトラブルで、体に入れた細胞数が成功例の半分だった（成功例は平均8×10の7乗個なのに、4×10の7乗個しか入れられなかった）のが原因らしい。ただ、8×10の7乗個という数は、体内のリンパ球の一〇〇〇分の一程度で、たくさん必要というわけではないらしい。

なんだかすごい話だけど、これを人間の臨床に応用するとしても一つ問題がある。それは死体から取り出した臓器を、免疫細胞を培養する一三日間も、生かし続けることができないってことだ。まあ、生きている人から臓器を分けてもらう、生体腎移植とかになら使えるだろうけど。

ただ、この原理は、移植だけでなく自己免疫疾患の治療にも応用できるかもしれない。たとえば、関節リウマチなら、関節を異物として攻撃しているT細胞を取り出して、それとリウマチのある関節の組織を取ってきて、CD86をブロックして培養してから体に戻してやる。すると、それまで自己を攻撃していた免疫系を、鎮《しず》められるかもしれない。

これほど医学が進歩した現代でも、治療の手立てがないといわれる難病の多くが、自己免疫疾患系の病気だから、このやり方がうまくいけば、応用範囲はすごく広いはず。

もっとも、道のりはそう簡単でもなくて、この免疫寛容もどうしてこうなったか、詳しいメカニズムはわかっていない。とくに、培養した少数の細胞の影響が、どんな仕組みで体内の免疫系全体に伝播したかは不明で、ここには未知の仕組みが隠れているらしい。

細胞工学から細胞シート工学へ

サはサイエンスのサ

連載・130

【鹿野 司】

将来、免疫抑制剤なしの臓器移植が可能になったとしても、臓器の供給不足を解消するのは難しい。なにしろ、移植には老化して萎縮《いしゅく》した臓器は使えないし、ウイルス感染していてもダメだ。そうなると、若くして事故死した人の臓器しか使えないことになるけど、それは死亡者の数パーセントに過ぎない。

それじゃあ人工臓器はどうかというと、これも古くから研究されてきたわりに、進んでいない印象がある。まあ、短時間の生命維持に使えるものもあるけれど、体内に埋め込んで長期間使えるものはできていない。やっぱり人工物だけで生命機能を代替させるのは困難だし、血栓ができたり、体内に異物を入れた時の不都合な反応が抑えられないんだよね。

一方、トランスジェニックで家畜に移植用臓器を作らせる方法は、実用までにはまだ膨大な試行錯誤と、課題の克服が必要だろう。

そんな中、今の時点でどうにか使い物になっている分野に、ティッシュ・エンジニアリング（組織工学）がある。

これは、一九八〇年代後半に、アメリカの移植医ジョセフ・ヴァカンティらが概念を確立した、人間の再生力を利用する再生医療の一種だ。

現在の技術では、体の外で、色々な細胞を個々に培養することはできる。だけど、それをまとまりのある形＝臓器にすることはできない。たとえば、培養皿の中で肝細胞を培養することはできても、肝臓を作ることはできないわけだ。

そこで、ティッシュ・エンジニアリングでは、生体内で溶けるプラスチックを使って、ある形をこしらえてやる。これは細胞の「足場」になるもので、そこに幹細胞と細胞増殖因子をいれて、体に埋め込むわけね。すると足場は徐々に溶けて、細胞などと入れ替わり、最終的に細胞だけで形ができあがる。

有名なのは、ヴァカンティがティッシュ・エンジニアリングのデモンストレーション用に制作した耳マウスってやつだ。

多孔性のポリ乳酸に軟骨細胞を播《ま》いて、体に埋めて培養すると、そこに軟骨組織を作ることができる。そこで、マウスの背中に人間の耳の形を作ったんだけど、パッと見、かなーりキモチワルイので、絵として覚えている人もいるんじゃないかと思う。

ただ、これを実際に耳を失った人間に使った臨床試験では、時間が経つと耳の形が崩れて、寝技のやりすぎでタコになった、柔道選手の耳みたいになってしまうらしい。

ティッシュ・エンジニアリングは、これまで、軟骨や骨、血管、皮膚、膀胱《ぼうこう》などではまずまず成功しているようだ。ただ、これらはどれも、物理的というか機械的な機能がメインの臓器なんだよね。生化学的な機能を担う、肝臓や心臓、腎臓など臓器は、全く実現できていない。

その理由は大きく二つある。

一つは、血管の問題だ。従来成功していたものは、単位体積あたりの細胞の数は少な目で、多くの部分を細胞間マトリックス（細胞同士をくっつける糊の役目を果たす分子など）が占めていた。つまり細胞がいないぶん、血管がなくても問題が起きなかった。たとえば軟骨は細胞がゼロなので、血管も一本も入っていない。

一方、心臓や肝臓、腎臓などの組織はミクロに見るとかなり複雑で、血管が細胞を取り囲む編み目のように存在している。

これらの細胞は、酸素や栄養が短時間でも絶たれると、アッという間に死んでしまう。だから、組織にするには、全体に5ミクロンくらいの毛細血管をフラクタル状に巡らせて、なおかつその末端は体からの血管と繋げるように、太さが1ミリ程度になっていないといけない。でも、こんな構造、そう簡単には作れない。

もう一つの問題は、足場の材料が溶けた時、そこを細胞が埋めてくれずに、コラーゲンなどの繊維になってしまうことだ。こうなると、組織が固くなって臓器本来の機能を出すことができない。仮にある程度の形ができたとしても、肝硬変の肝臓とかみたいなものにしかならないわけだ。

ところで、東京女子医科大学では、ティッシュ・エンジニアリングから派生した、細胞シート工学っていう独自の技術の研究を行っている。これは、名前の通り細胞のシートを作って利用するものだ。

普通、培養皿などで細胞を培養すると、細胞は接着分子で皿の表面にぴったりとくっつく。取り出すときは、トリプシンなどの蛋白質分解酵素をかけて剝がすんだけど、そうすると細胞間の接着も剝がれてバラバラになり、シートにはならない。

そこで、表面に三二度以上で疎水性、それ以下だと親水性を示す、ポリ（Nイソプロピルアクリルアミド）という分子を共有結合でくっつけた培養皿を使って細胞を培養するんだよね。

すると、三七度で培養するときは、細胞は培養皿にくっついているけど、三二度に下げると、細胞と培養皿との界面にある糊が水で緩《ゆる》んで、細胞が糊付きのままシート状に剝がれてくる。

今では、違う種類の細胞を一つのシャーレで同時に培養して一層のシートにすることもできている。これで臓器の断面図のようなものを作って何層も重ねてやれば、まるごとカタマリの臓器も原理的に作ることができる。

まあ、細胞の大きさは一個1ミクロン程度だから、一〇〇〇層並べても1ミリにしかならないので、実際作ろうと思うと、相当大変ではあるけどね。

ただ、バラバラの細胞ではなく、シートにできるということだけでも、かなり色々な医学応用が考えられる。たとえば、血栓などで心臓の一部分が死んでしまったときなど、そこにシートを何層か貼り付けて治すことができる。

それから、シートの形のまま臓器の働きをさせようというアイデアもある。

肝硬変では、組織が繊維化してガチガチになって、ほとんどまともな機能を果たさない状態でも、細胞はわりと生き残っている。そこで、この細胞を取ってきてシート状に培養し、背中などの皮膚の下に移植してやるんだよね。背中はかなり面積が広いので、全体として肝機能を代替させられるというわけ。

ネズミや犬を使った実験では、シート肝臓はちゃんと体の血管とも結合して生きていて、本物の肝臓の10～15パーセントの機能が出ているという。臨床的には、それくらいの肝機能が確保できれば充分らしい。

細胞シート工学は、今可能な技術を巧みに組み合わせる事で、様々な症例に対応しようと試みる。これからの新しい医療を切り開く、現実的なとり組みとして、すごくおもしろいアイデアだと思うんだよね。

サはサイエンスのサ

連載・140

【鹿野　司】

　一九五三年、Ｊ・Ｄ・ワトソンとＦ・Ｈ・クリックは、ＤＮＡの二重らせん構造を明らかにして、分子生物学という分野を切り開いた。そして、その五〇年後の二〇〇三年四月一四日、ヒトゲノム計画（一九九〇年開始）の完了が宣言された。

　これは一つのジャンルに、偉大なピリオドが打たれた瞬間だったかもしれない。

　ヒトゲノム計画は、生物学にとって、空前の巨大プロジェクトで、それ以前の常識で考えると、ほとんどあり得ない話だった。生物学なんて、お金とは縁のないものと思われていた時代に、三〇億ドルかけて人の遺伝子を読み切ろうなんて、はっきり言って正気の沙汰じゃない。

　なのに、計画は実現した。それは、ある時代背景があったからなんだよね。

　まず第一に、レーガンからクリントンに政権が変わり、膨大な軍事研究施設が、非軍事目的に変更され、やり場のない莫大な予算が生じたこと。ヒトゲノム計画はＮＩＨ（衛生研究所）とＤＯＥ（エネルギー省）が推進したんだけど、ＤＯＥの予算が付いたのはこれによる。

　そして第二は、日本脅威論だ。この国際プロジェクトは、八六年のダルベッコの提案をきっかけに始まった。

　でも、実際にはもっと早い時期から、日本ではこれをやりたいと考える人がいた。実際八一年には、理化学研究所の和《わ》田《だ》昭允《あきよし》博士を委員長にして、ＤＮＡ解析装置の開発を目指す委員会ができていた。

　当時、多くの技術分野で日本は勢力を拡大しつつあった。アメリカのえらい人たちは、これを看過しては、バイオ分野まで日本に後れを取ってしまうと思ったのだろう。それは、日本に対する過大評価だったのだけど。

　なにしろ、日本は世界に類のない独創的な研究に、予算がつくことは滅多にない。八木アンテナの時代から、外国で評価されてからしかそれの価値がわからないか、認めたがらない人が多いみたいで、柳の下の二匹目のドジョウのような話にしか注目できない。ようするに、目利きがいないんだよね。まあ、これから変わっていってくれれば良いんだけど。

　そのため日本では、ＤＮＡ解析装置の開発にもほとんど予算が付かず後れを取って、結局ゲノムプロジェクトの日本分担分でも、使われる遺伝子解析装置と周辺機器などは、米国製になってしまった。

　ただ、ちょっと面白い展開が九八年に起きる。従来装置より一桁以上解析速度の速い、キャピラリー型シーケンサが、日立製作所と米国のアプライド・バイオシステムズ社の共同で開発されたんだよね。そして、この装置を大量購入し設立された、アメリカのセレーラ・ジェノミクス社が、オレたちのほうが先に読んじゃうもんねって言い出したのだ。

　国際プロジェクト側としてもそれは困るので、すったもんだのあげく両者は協力関係を築き、結局〇三年四月にヒトゲノム全塩基配列は完全解読された。もともとプロジェクトは〇五年完了を目指していたので、二年前倒しになったわけね。

　これらの一連のできごとは、生物学を大きく変質させた。つまり生物を研究することは、それ自体経済効果を産むし、研究結果も新薬の開発など、莫大な富に直結するようになったわけ。

　ゲノムプロジェクトが終わった後、アメリカではさらに安価に高速に、ＤＮＡの解析を行う技術の開発を続けている。これによって、ヒト以外のたくさんの生物種のＤＮＡ解析ができるようになって、それもサイエンスの新しい地平を切り開いている。また、一〇〇〇ドルゲノム計画といって、個人のゲノムを一〇〇〇ドルで読めるようにする技術開発も進行中だ。今のところ三〇〇〇ドルくらいで読めるようになってきているみたいだけど、個人が自分のDNA情報を所有できるようになれば、それは究極の医療情報になる。

　一方、日本ではDNA解析ではもうあまり勝ち目はないので、どちらかというとオーミックスといって、細胞内にあるタンパク質を片っ端から調べるプロテオーム、DNAから転写されるものを片っ端から調べるトランスクリプトームなどが盛んに行われてきた。

　まあ、お金をかけている割に、これでは役に立たないって事がわかっただけとか批判もあったり、研究者としてのび盛りの若い時代に知恵を働かす訓練をせず、機械を上手に使う歯車みたいな人がいっぱいできちゃうとか、色々批判はあるんだけど。

　でも、こういう潮流の中で、もう一つ別の可能性が現れてきたんだよね。

　つまり、需要の増加によって量産効果が働き、装置の値段や、必要な試薬の値段がぐぐっと下がってきた。その結果、シンセティック・バイオロジー（合成生物学）とか、構成論的生物学という分野が可能になった。これは名前の通り、生物を合成しようという分野なんだよね。

　そこのあなた、今、ええ～って思ったでしょ。わかるよその気持ち。オレもこの話聞いたとき、そう思ったもん。

　これまでの多くの生化学的研究やオーミックスによって、生物を構成する分子は、小さなものから大きなものまで、ほぼ全て解ってきた。また、それを人工的に合成することも、お手頃価格でできるようになっている。ならば生物、作れるじゃんというわけ。

　でも、そんなことして、一体何の意味があるのだろう。

　それはまず第一に、作らなければ解らないことがある、ということだ。

　地球上の生物は、四種類の塩基で遺伝情報をコードしている。また、二〇種類のアミノ酸を組み合わせてタンパク質を作り、生命活動を行っている。

　でも、なぜ塩基は四種なのか、なぜアミノ酸は二〇種なのか。偶然そうなったのか、何か必然があるのか、これまでは比較対象がなかったので、空想することしかできなかった。だけど、地球に存在しない合成生物を作ってやれば、それと現生生物の比較ができる。あり得たかもしれない生物が、現生生物とどう違うかを調べれば、この進化の謎にも答えていけるだろう。

　そしてより深く生命を知り、さらに高度な応用を行うためにも、合成生物というアプローチが求められている。

　たとえば二〇〇〇年に、カリフォルニア工科大学のマイケル・エロウィッツは、リプレシレータというピカピカ点滅する大腸菌を作りだした。

　これは電子工学分野のリング・オシレータと同じ原理の回路を、遺伝子で作って大腸菌に組み込んだものなんだよね。

　このシステムでは、一番目の遺伝子が作るタンパクが二番目の遺伝子がタンパクを作るのを抑制し、二番目の遺伝子が作るタンパクが三番目の遺伝子がタンパクを作るのを抑制し、三番目の遺伝子が作るタンパクが一番目の遺伝子がタンパクを作るのを抑制するようになっている。まあ、要するにじゃんけんみたいなものだ。

　つまりグーのタンパクが増えてくると、チョキが減り、その結果パーが増えて、それがグーを減らす。グーが減るとチョキが増え、パーが減り、グーが増える。以下くり返し。

　その結果、それぞれのタンパクの量が増減するので、そこに一緒にクラゲの発光遺伝子を組み込んでおくと、ピカピカと点滅するようになるわけね。

　この研究のミソは、あらかじめ、タンパク質の合成と分解の速度が大きかったり、抑制が効率的であるほど、振動が生じやすいことを理論的に予測して、そうなる分子を設計して入れたことだ。

　これは遺伝子工学を一段階進めるような、全く新しいアイデアでもある。

　従来の遺伝子組み換えは、ある生物に、別の生物の遺伝子を一個だけいれたり、取り換えて、その生物が持たない物質を作らせるだけだった。でも、このピカピカ大腸菌は、複数の遺伝子が相互作用して何かがおきるような、動作する遺伝子のシステムをまるごと組み込んだんだよね。

　ただ、リプレシレータは、個々の大腸菌がてんでんバラバラにピカピカするだけだ。

　コロニー全体が同期して点滅はしないんだよね。なぜそうならないかというと、大腸菌同士にコミュニケーションを取らせる方法が、まだ解らないからだ。

　これについては今、エロウィッツだけでなく、たくさんの人が実現しようと試みているはずだ。そしてその解明が進むことで、たとえば心筋細胞はどうやって同期するのかという問題などについても、より深く理解できると期待されている。

サはサイエンスのサ

連載●141

【鹿野　司】

地球外生命体の作成と生物版ロボコン

生物の合成というけど、ぶっちゃけどの程度のものが合成できるのだろう。

現状、インフルエンザとかのいくつかのウイルスは、遺伝子や必要なタンパク分子を混ぜて、宿主の細胞に入れることで、「生きた」ウイルスになって複製されるようになることが解っている。これをはじめてやったのは、東大医科学研究所の河岡義裕《かわおかよしひろ》さんだ。

ただこれは、やってみたら、うわ、できちゃった……みたいな感じに近くて、恐るべき生物兵器が自在に作れるというようなレベルからはほど遠いんだけどね。

ウイルスによってできたりできなかったり、できるものでも分子をほんの少し弄《いじく》ったただけでできなくなったりで、ここにも未解明の謎が多く残されていることがわかってきている。

一口に合成生物学といっても、色々なアプローチがあって、もっとラジカルに、地球上に存在しない生物を作ろうと考えている人たちもいる。

地球の生物は、ATGC四種類の塩基で遺伝情報をコードし、二〇種類のアミノ酸を組み合わせて、タンパク質を作っている。

そのアミノ酸をコードする記号列（コドン）の塩基三文字の並びも、原則として全ての生物種で共通だ。

でも、なぜ塩基は四種なのか、なぜアミノ酸は二〇種なのか、アミノ酸とコドンの対応はなぜ今のようになっているのか。偶然そうなったのか、何らかの必然があるのか、これまでは比較する対象がなかった。

だけど、地球に存在しない合成生物を作ってやれば、それと現生生物の比較ができる。あり得たかもしれない生物が、現生生物とどう違うかを調べれば、この進化の謎にも答えていけるんでないの。

実際、ATGCだけでなく、ほかにXYという塩基を組み込んだDNAがすでに作られている。また、コドンの冗長性を利用して、既存の生物が使っていないアミノ酸に対応するtRNAを設計し、二一種類以上のアミノ酸組成をもつ生物を合成することもできている。

これらは、すでにいる生物を加工するというやり方だけど、さらにすすんで、試験管や人工細胞膜の中で、ゼロから生物を作り上げるという方法に取り組んでいる人もいる。

生物を構成する分子は、解ってきたといっても完全じゃない。たとえば大腸菌は遺伝子を約四千個持っているけど、その四分の一の機能は未解明だ。それに、今ではタンパク質をコードしない、ノンコーディングRNAのほうが生命活動には重要なことが解ってきているので、未解明な部分はもっと多いことが確実だ。

そのため、既存の生物に人工システムを組み込もうとしても、予想外の反応が起きて、机上の考え通りには動いてくれないことがほとんどだ。そこで最初から全部わかっているものだけで単純な回路を組み立て、それを徐々に複雑にしていくアプローチが考えられる。

中身が全部わかっている人工細胞を色々作って比べることで、ブラックボックスの中身も解明できるだろう。しかもこれは、応用にも直結する。

この人工遺伝子回路は、試験管内で勝

手に動くシステムになるので、誰でも簡単に使えるキットにできる。たとえば、ある遺伝子を入れると、試験管が光るとかね。すると口腔粘膜の細胞を取ってきて試験管に入れて光れば、この薬が使えるよとかのオーダーメード医療が、安価に実現できるってわけだ。

　さらにスゲーなと思うのは、いかにかっこいい生物が作れるかを競う、合成生物学版ロボコン、「iGEM」が毎年開催されているってことだ。

　この大会の二〇〇五年の優勝は、カリフォルニア大学のクリス・ボイトのチームの、大腸菌による日光写真だ。光に反応して黒い化合物を出す藻の遺伝子を大腸菌に組み込んで培養し、そこに画像を投影することで肖像写真とかを作っている。

　これは光が当たると、ある遺伝子のスイッチが入り、光が消えるとスイッチが切れるというシステムを組み込んだもので、原理的には、特定波長のレーザーを当てたときだけ、何かを創る生物みたいなものも、できる可能性を示したわけね。

　このチームは、この大腸菌日光写真で、大物政治家の肖像写真とか作ったデモンストレーションを行って、がっぽり研究資金をせしめたらしい。ちゃっかりしてるよね。

遺伝子というコトバは死語になった

サはサイエンスのサ

連載●142

【鹿野 司】

　人間の遺伝情報全てを読み切ったヒトゲノム計画は、素晴らしく貴重な情報を我々にもたらした。その中でも最も素晴らしかったのは、「我々はまだ、決定的に重要な何かを見落としている」という事実だった。

　たとえば、二〇〇四年一〇月に行われた、国際ヒトゲノム・コンソーシアムのまとめによると、ゲノムの中の遺伝子＝タンパク質に翻訳される部分は、全体のたった2パーセントで、二万六〇〇〇～三万八〇〇〇個しかなかった。つまりＤＮＡの98パーセントが、ジャンク（クズ）だったわけ。

　プロジェクト以前は、遺伝子数は一五万程度はあるだろうと予想されていたので、この少なさは想像を超えていた。

　二万六〇〇〇といえば、線虫の遺伝子数一万九〇〇〇と大差ない。でも、線虫ってば、細胞の数は一〇〇〇個しかなく、ＤＮＡの塩基対数も一億個しかない超単純な生き物。

　対してヒトは、細胞が一〇〇兆、ＤＮＡは三〇億塩基対だ。遺伝子に大差はないのに、こんなに大きな違いが生じるのは、一体どういうわけなのよ。この謎に、最も大きく関わっているのは、どうやらＲＮＡらしい。

　〇五年、理化学研究所の林崎良英《はやしざきよしひで》さんを中心とする国際研究グループは、マウスやヒトの細胞内で作られるｍＲＮＡ（メッセンジャーＲＮＡ）の大規模な分析（トランスクリプトーム分析）を行うことで、「ＲＮＡ新大陸」を発見したと発表した。

　その要点は三つある。

　一つは、マウスやヒトではゲノムの七割が、ＲＮＡに転写されていたってことだ。

　つまりゲノムの七割は活動していることになる。98パーセントクズというゲノムプロジェクトの発表とはえらい違いだよね。

　次に、そのＲＮＡの53パーセントは、タンパク質を作っていなかった。これはＲＮＡの役割の過半が、タンパク質を作ること以外だということだ。実はこの割合、今では90パーセント以上がそうだろうと見積もられている。

　このタンパクを作らないＲＮＡをｎｃＲＮＡ（ノンコーディングＲＮＡ）と呼ぶ。

　ヒトゲノム・コンソーシアムが発表した遺伝子の数は、ＤＮＡ配列上でタンパク質を作っていると思われる領域を、コンピュータで予想して数え上げたものにすぎない。定義上、遺伝子ってのは、ＤＮＡ配列中でタンパク質を作っている部分だからね。でも、現実のＤＮＡのほとんどの部分は、タンパク質にはならないＲＮＡを作っていたわけだ。

　さらに、ＲＮＡの72パーセントは、ＤＮＡの二重鎖の両方からコピーされていて、そのことが発生・分化から、様々な病気まで、生命活動に大きく影響していることが確かめられた。二重鎖の塩基はＡとＧ、ＴとＣ（ＲＮＡの場合はＡとＵ）が一対一対応していて、片方をセンスとすると、もう片方はアンチセンス（逆向き）になる。

　この両方が同時に読まれると、ＲＮＡは二重鎖になって、タンパク質を作れない（タンパク質を作るには一本鎖である必要がある）。だから、センスとアンチセンスの割合が変化すれば、そのタンパク質の生産量が制御されるはずだ。

また、タンパク質を作らないｎｃＲＮＡでもセンス・アンチセンスペアが作られているから、この現象はタンパク質の量の制御だけでなく、もっと別の機能もありそうだ。

林崎グループの研究は、今ではさらに進んでいて、たとえばヒトゲノム・コンソーシアムが発表した意味での遺伝子の数、つまりタンパク質を作るひとつながりの配列の数を数えると、たったの二、三〇〇〇個しかないことがわかっている。

その一方、ＤＮＡのほとんどすべての部分が、ＲＮＡに転写されているらしい。

これまでは、遺伝子の余白扱いだったイントロンからも転写されているし、進化の過程で壊れて機能していないとされてきた偽遺伝子の部分からも転写されている。こりゃあいったい、何事が起きているんだろう。

結論を言うと、ようするに旧来の遺伝子という概念は、もはや通用しないってことだ。

古くさい遺伝子という概念のままでは、もはや生命現象の本質を追究することはできなくなっているんだよね。あたたた遺伝子概念はすでに死んでいる、あべし。なんだよね〜。

セントラルドグマ崩壊

サはサイエンスのサ

連載・143

【鹿野 司】

もともと遺伝子という概念は、みなさん御存知メンデルが、膨大な回数のエンドウ豆の交雑実験の中から見いだしたモノだった。

彼は一八六五年に発表した論文で、遺伝形質を決める何らかの「要素」が、親から子・孫へ、生殖細胞によって伝えられているとした。で、この「要素」が、一九〇九年にデンマークの遺伝学者のヨハンセンによって「Ｇｅｎ」と名付けられ、その日本語訳として「遺伝子」という言葉が作られたわけだ。

その後、一九四四年に肺炎菌、一九五二年にＴ２ファージの研究によって、遺伝子の正体が、ＤＮＡだとわかる。それまでは漠然とした概念にすぎなかった遺伝子が、ＤＮＡという物理的実体と関連づけられたわけね。

そして、一九五三年、ワトソンとクリックによって、ＤＮＡの二重らせんモデルが明らかにされた。さらにそのクリックが、一九五八年に言い出したのが、あらゆる生物に共通する、遺伝情報伝達の基本原理、セントラルドグマだ。

遺伝情報は、親から子、子から孫へは、ＤＮＡが直接ＤＮＡを複製することで伝えられていく。でも、ＤＮＡ上の遺伝情報が発現するとき、つまり個体発生と生命維持のプロセスでは、ＤＮＡの情報はいったんＲＮＡに転写され、それをもとにタンパク質が合成される。

情報は、ＤＮＡ→ＲＮＡ→タンパク質の方向にしか流れず、タンパク質に翻訳された情報は、ＲＮＡやＤＮＡに戻ることはないし、タンパク質からタンパク質へ複製されることもない。

また、細胞が行う全てのゲンバ仕事は、タンパク質がやっている。たとえば、環境からストレスが加わったとき、生物は自分で作っているタンパク質を変えて対処する。

酒がダメな人でも、ガンガン呑んでいると、そのうちちょっと強くなってくるのは、細胞が作るタンパク質が変化するからだ。でもそのタンパク質の変化は、別のタンパク質に直《じか》に伝わることはないし、ＤＮＡに伝わることもない。

だから、獲得形質は遺伝せず、酒の弱い親がガンガン呑んで見かけ上酒豪になっていても、その子は鍛えない限り下戸《げこ》ってわけ。

これはまた、遺伝子とは、ＤＮＡ上のタンパク質を作る部分だってことでもある。

ただ、現実には、このセントラルドグマに当てはまらないことが、バリバリ見つかってきている。はじめの頃は、全ての生物を貫く例外なしの絶対原理みたいな感じだったけど、今では、まあだいたいそんな感じかな、例外多いけどね〜、程度のものに成り下がっている。

たとえば、条件付きだけど、今では獲得形質も遺伝することがわかっている。これはエピジェネティックといって、遺伝情報によらない遺伝のことだ。

遺伝情報によらない遺伝って、なんかヘンな言い回しだけど、ようするにある遺伝子に、これは当分（数世代）使いませんよという印がつくことがあるってことだ。このエピジェネティックな印がついた遺伝子は、子どもに受け継がれても発現しないので、メンデル遺伝では説明できない複雑な遺伝形質の発現が起きる。

また、セントラルドグマがこうだといってきた情報の流れにも例外がある。ＲＮＡからＤＮＡを合成する、逆転写酵素がそれだ。

これもゲノムプロジェクトで明らかに

されたことだけど、人間のゲノムのざっくり三分の一は、ウイルス由来なんだよね。

しかも、このウイルス由来の遺伝子は、単なる居候じゃなくて、重要な役割も担っている。現に、ほ乳類が胎盤を作るときには、ウイルス由来の遺伝子の活躍が欠かせない。つまり、進化の歴史のどこかで、祖先生物の遺伝子にウイルスが組み込まれなかったら、ほ乳類は出現しなかったわけだ。

このウイルス由来の領域は、進化の中でゲノム上をあちこち移動したり（カット・アンド・ペースト）、複製を作って増えたり（コピー・アンド・ペースト）している。

とくにコピー・アンド・ペーストの方は、そのウイルス由来領域にRNAをDNAに変換する逆転写酵素の情報を持っている。つまり、人間のゲノムの中にも、逆転写酵素の情報があるわけね。

また病原性のプリオンも、タンパク質から別のタンパク質への情報伝達で、セントラルドグマにはあてはまらない話といえる。

そして、「RNA新大陸」で、そもそも遺伝子って何なのよってなったのが現状だ。

この研究は、はじめは細胞内に含まれるRNAを片っ端からDNAに変換してその配列を全部読む、完全長cDNAという方法を使って行われた。でも、配列を全部読むのって、手間もかかるしお金も膨大にかかるんだよね。

そこで、RNAの先頭と末尾の二〇文字くらいを、厳密に読む手法（CAGE法、GSC、GISなど）が新しく開発された。

で、ヒトゲノム計画ですでにゲノム配列は全部わかっているので、この先頭と末尾を当てはめてやれば、間のRNAの配列は全部わかる。RNAは平均二〇〇〇塩基なのに、数十塩基調べるだけで全部わかっちゃうのだ。

当然、超コストダウンだし、それだけ大量のRNAを調べられる。

この情報を使って、RNAのコピーが始まるプロモータ領域の探索が行われたんだけど、その結果ヒトで一九万五五一三個が見つかった。

しかも、DNAのありとあらゆる場所にプロモータがあったんだよね。

従来、遺伝子はタンパクになるエクソンと、切り捨てられるイントロンからできていて、プロモータは第一エクソンの先頭にあるとされてきた。ところが、第二エクソン以降のエクソンや、イントロンの中にもプロモータがある。

しかも、生物学的な意味はまだ見当もつかないけど、最終エクソンの、タンパク質をコードし終わった後に、先頭と同じくらいたくさんのプロモータが存在するケースも見つかっている。

また、進化の過程で機能を失ったとされていた偽遺伝子のうち、一万個近くにもプロモータがあって、RNAを作っていた。

ようするに、DNAは至る所から読まれていて、これまで一つの遺伝子と思われていた領域が、プロモータの違いで別のタンパクを作ったり、ncRNAを作っているわけ。

こうなってくると、旧来の遺伝子というくくりでは、生命活動の真相を理解する邪魔ですらある。すぐにでも教科書を書き換えなきゃいけない状況になっているんだよね。

風雲急を告げるiPS細胞

二〇〇七年一一月二〇日、京大の山中《やまなか》伸弥《しんや》教授は、マウスで前年八月に成功していた、皮膚細胞などから全ての組織細胞に成長させられる、誘導多能性幹細胞（induced pluripotent stem cells：iPS細胞）を、ヒトでも樹立したと発表した。

iPS細胞は、以前から盛んに研究されてきた胚性《はいせい》幹細胞（ES細胞：Embryonic Stem Cell）の不自由さをなんとか回避したいという思いから、生み出されたものだった。

人の体は、神経とか筋肉とか腎臓とか肝臓とか、それぞれ全く働きの違う二〇〇種類以上の細胞でできている。そして、いったん分化した細胞は、もとに戻ったり、別のものには変化しない。つまり、心臓細胞から、肝臓細胞になるようなことは起こらないワケね。（ガンだけは例外だけど）

ただ、体内には少数だけど、何種類かの幹細胞と呼ばれる細胞があって、これは別の種類の細胞に分化、成熟できる。

たとえば造血幹細胞ってのは、造血組織（骨髄）にある細胞で、リンパ球や白血球、血小板、さらに骨格筋、肝細胞、神経細胞などにも分化できる。神経幹細胞は、神経細胞、グリア細胞、希《き》突起《とっき》膠《こう》細胞《さいぼう》という神経系の三種類の細胞と、血球系細胞や血管、骨格筋細胞にも分化できる。

でも、これらの幹細胞も、体の全ての種類の細胞に分化することはない。

ところが一九八一年、マウスで全ての種類の細胞に分化できるES細胞が作られた。作ったのは、〇七年のノーベル医学生理学賞を受賞（授賞理由はノックアウトマウスの作成に対して）したマーチン・エヴァンスと、マシュウ・カウフマンという人。

ほ乳類は、受精卵が分裂をはじめて四～五日で、胎盤になる栄養芽細胞層と、体になる胚盤胞《はいばんほう》ができてくる。で、この胚盤胞の中にある内部細胞塊ってのを取り出して培養したのが、ES細胞なのね。

ES細胞は、試験管の中で無限に増殖させられるし、あらゆる細胞に分化する全能性もある。でも、これだけでは胎盤ができないので、子宮に戻しても個体には成長しない。

ちなみに、この細胞をベースに、さらに何種類かの手法を組み合わせると、特定の遺伝子だけ破壊した、ノックアウトマウスを作ることができる。

それから一九八八年、アメリカのウィスコンシン大学のトムソンが、ヒトのES細胞の樹立に成功した。

これは発生の科学的追究だけじゃなくて、難病の治療という応用にも可能性を開くものだった。何にでも分化できる細胞を使えば、脊髄《せきずい》損傷や脳梗塞、糖尿病、パーキンソン病などを根治する再生医療ができるようになるかもしれない。

ただ、ヒトES細胞を治療に使うには二つの大問題があった。

一つは、受精卵を壊して作るわけだから、人として産まれる可能性がある卵を殺すことになり、倫理的な問題があること。キリスト教文化圏では、この問題を回避するのは事実上不可能だろう。

日本も、西欧文明の国から野蛮人扱いされたくないので、この倫理規定が必要以上と思えるくらいきつかったり。それと、官僚主義が相まって、実験を申請する手順が煩雑で、申請書類を作るために秘書を数人雇うと、その人件費だけで予算を食いつぶすくらい酷いらしい。

　それで山中さんも、はじめはES細胞の研究をしたかったんだけど、このあまりの煩雑さにあきらめざるを得なくて、やっかいな手続きがいらないiPS細胞のアイデアにたどり着いたんだよね。ホント、人生、何が幸いするかわかりまへんな〜。

　ES細胞のもう一つの問題点は、ES細胞から色々な細胞ができたとしても、それは治療を受ける人の免疫と一致しないので、拒絶反応が起き、免疫抑制剤が必要なことだ。

　〇五年にねつ造で話題になった、当時ソウル大学の黄禹錫《ファン・ウソク》教授の研究は、このの問題を回避するはずのものだった。つまり、受精卵の核を、患者本人の細胞の核と取り替えたもので、ES細胞ができたとウソついたわけね。

　さてそれで、iPS細胞とは何かというと、この第一の問題も第二の問題も同時に回避できる細胞なんだよね。

　山中さんはまず、ES細胞の全能性の原因を追究した。ES細胞だけで働いていて、分化した細胞では働いていない遺伝子（因子）を片っ端から調べて、それが二四種類あることを突き止めたのね。

　当時の常識では、そんなのいっぱいありすぎて、リストアップなんてできるわけないと思われていて、誰もそんなことに手をつけなかった。ところが、ゲノムプロジェクトで明らかになったデータをうまく使うことで、それがわりと苦労なくできるってことに山中さんは気づいたんだよね。

　こうしてリストアップされた二四因子は、マウスの胎児繊維芽細胞に色々な組み合わせで入れられて、どの因子があれば、ES細胞に似た性質になるかが洗い出された。

　その結果、Oct3/4、Sox2、c-Myc、Klf4、という四種類の遺伝子を入れれば、ES細胞とほぼ同じ性質のiPS細胞ができることがわかった。

　iPS細胞は、本人の皮膚細胞をもとに作るから倫理問題もなく、拒絶反応も起きない。ただ、最初の研究発表では、マウスの細胞とヒトの細胞では性質が違うので、ヒトでは別の遺伝子の組み合わせじゃなきゃダメじゃないかと思う人も多かった。

　そこで翌年、山中さんは実験用市販品の白人三〇代女性の皮膚細胞＋マウスと同じ四種類の遺伝子でiPSができることを示したんだよね。

　これはもう、幹細胞研究業界では、超びっくりの革命的な成果だった。それもあってか、この研究発表のタイミングについて、なかなか凄いことが起きている。

　まず、発表の三日前、羊のドリーを誕生させた英国のイアン・ウィルムット博士が、iPSのほうが将来有望と判断したことを理由に、ヒトクローン胚研究を断念すると発表した。

　さらに、山中さんの発表と同日に、ヒトES細胞を樹立したトムソンが、自分たちもヒトiPS細胞を樹立したと発表。

　山中さんの研究は、治療という観点からは弱点があった。それは、c-Mycが、ガンの遺伝子だってことだ。そのため、このｉＰＳ細胞を混ぜたキメラマウスの約二割に、甲状腺腫瘍ができていた。

一方、トムソンのｉＰＳ細胞は、Oct3/4、Sox2、Nanog、Lin28という遺伝子で、山中さんのとは二つ一緒だけど、ガン遺伝子は使っていない。

ただ、遺伝子を入れた細胞は、胎児と新生児のもの（つまり、このままでは大人の治療には使えない）だし、分化能に偏りがあって質が悪い。つまり、これは山中グループの発表を事前に察知して、かなり見切り発車的発表をしたくさい。ちょっとずるいかんじ。

で、さらに一一月三〇日、再び山中さんらが、今度はマウスでもヒトでも、ガン遺伝子を除いた三種類の遺伝子だけでｉＰＳ細胞が作れるし、これなら発ガンも抑えられることも確かめた結果を発表している。さらにさらに続いて一二月一一日、肝臓や胃粘膜から四因子法でｉＰＳが作れることなどを発表。つまり、最初のヒトｉＰＳ細胞の成功を発表した時点で、山中さんのグループはこういう研究にも、ほぼ結論を出していた訳ね。先行者だけあって、出だしは世界を圧倒的にリードしたって感じかな。

でも、今では世界中が莫大な予算をつぎ込みながらこの分野に参入していて、次々と新しい成果を発表している。もはや日本と世界の差なんて無いも同然。まあ、人類全体の知識が増えればいいのであって、日本がどうのこうのってのはどうでも良いんだけどね。

ただ、山中さんってのは、研究発表を聞いていても、この成果はグループの誰々さんの仕事ですって必ず言っているし、ｉＰＳ細胞の名前を山中細胞と呼ぶべきという話が出たときも、いやいやこれはグループみんなの仕事だからって断った。人間的にも、リーダーとしてもすばらしいよね。だから、山中グループからは、これからももっともっと、良い成果が出てくるとは思うんだよね。

iPS細胞の現実

iPS細胞の名前は、今では、知らない人がいないくらい有名だ。たぶん、多くの人はこれが再生医療のための研究で、その実現も遠くないって印象を持っているんじゃないだろうか。でも、そういうメディアの紹介のしかたは、ちょっとミスリードだと思うんだよね。

再生医療を想定したとき、iPS細胞は「将来的に」有望なのは間違いない。でも、今のiPS細胞を、この種の応用にすぐ使えるかというと、それはありえない。

たとえばiPS細胞は、ガン遺伝子のc-Mycを使わない三因子法なら、甲状腺腫瘍を避けることができる。でも、これは歩留《ぶど》まりが良くないんだよね。

四因子法でさえ五〇〇〇個の皮膚細胞に対して一個の割合でしかiPS細胞が作れないのに、三因子法だとさらにその一〇〇分の一から一〇〇〇分の一くらいになってしまう。つまり、一個のiPS細胞を作るのに、長い時間と高額の費用がかかるわけで、基礎研究の段階ならまだしも、このままでは医療として誰にでも使うことはできないだろう。

それに、三因子法でガン化の危険性を完全になくせるかというと、それもそう単純な話じゃない。いろいろな問題が想定できるけれど、一つには、iPS細胞の遺伝子導入には、レトロウイルスが使われているって問題がある。

レトロウイルスを使った医療では、実際に過去に問題が起きているんだよね。

それは二〇〇二年にフランスで行われた、試験的な遺伝子治療だ。

たまにドラマなどにもなるから、知っている人は多いと思うけど、遺伝的に免疫が全く作れなくて、無菌室でしか生きられない子どもがいる。これは、X連鎖性複合免疫不全症（X-SCID）という難病なんだよね。

この患者を治療するために、白血球の元になる造血幹細胞に、レトロウイルスを使って遺伝的に欠損しているγcという遺伝子を入れてやるって治療が試みられた。

その結果、はじめのうちは、免疫系が正常化する良い結果が出ていたんだけど、しばらくすると一二人の治癒者のうち、三人が白血病になってしまった。原因は、レトロウイルスが染色体上にランダムに組み込まれ、がん化抑制遺伝子などを破壊したからと考えられている。

レトロウイルスってのは、遺伝子配列の中の意図した場所に挿入することも、数をいくつ入れるかも制御できないから、こういう事を防ぐことはかなり難しい。iPS細胞にも、同じ危険性があるわけだ。

ほかにも、幹細胞ってのはガンの細胞とよく似ているので、両者を区別するのが難しいという問題もある。このため、培養した細胞の中からiPS細胞を取ってくるとき、がん細胞が少量混ざっていて、治療に使った後から増えて悪さをするなんて事も考えられる。

そんなこんなで、人間への応用には、安全性の確認という観点から、乗り越えなきゃいけないハードルはいくつもあるんだよね。

もちろん、これらは克服できないようなものではないので、いつかはなんとかなるだろう。でも、それにはやっぱり、相当の時間がかかる事は確実だ。

さらに、そもそも再生医療というものが、どれくらい使い物になるか、まだ未知数という現実もある。研究者もメディアも夢を大きく語ってしまいがちだけど、ホントは再生医療はまだ理論的な可能性でしかない。

マウスとか実験動物では良い感じの結果が出ているものもあるけれど、それがヒトでも可能という保証はないんだよね。たとえば脊椎損傷は、体の小さなマウスやサルで、損傷させた直後に治療を施したときは良い結果が出ているけれど、体の大きな人で、損傷から時間が経った後でも可能かというと、それはなかなか難しいんじゃないかとおもう。

このほか、幹細胞の分化などの基礎科学についてもわからないことだらけで、まだまだたくさんの知識を蓄積していく必要がある。

ネットとかを見ていると、難病の当事者らしい人たちが、すぐにも癒《なお》るかもという期待を書いていたりする。でも現実は、再生医療が本当に使い物になるか否か、確かめるための糸口が見つかったという程度にすぎない。本当に治療できる保証はないし、治療として確立するにも、長い道のりと時間が必要なんだよね。この事実を伝えず、夢を語りすぎのメディアは罪深いと思う。

ただ、ｉＰＳ細胞には、他にも使い道がある。実際、山中さんも、現時点でいちばん反応しているのは、医薬品メーカーだといっている。なぜなら、ｉＰＳ細胞を使えば、今まで不可能だった薬品開発が可能になるからだ。

たとえば難治性の遺伝病の治療薬を考えたとき、それを患者本人に投与して効果を見るなんてことは、事実上できない。どんな副作用が出るかわからないし、そもそもその病気がすごくマイナーな場合、臨床試験をする人数を集めることもままならなかったりする。

でも、その病気の患者の薬のターゲットになる細胞を、ｉＰＳ細胞で作ることができれば、それに薬品を与える実験を行って、実際の効果を調べることができる。つまり、どんな薬が有効かある程度見当がつくし、副作用に関する予測もできるかもしれないわけね。

ｉＰＳ細胞にはこういう再生医療以外の実用的な応用もあり得るわけ。

さらに、これまではＥＳ細胞しかなかったから、倫理的な問題で入手困難だった分化全能性をもった細胞を、多くの人に提供できるようにもなった。つまり、世界中の非常に多くの人が、様々な観点から幹細胞の研究に取り組めるようになったわけね。研究の裾野を大きく広げたわけで、この功績は本当に大きなものなんだよね。

iPS細胞のSF的可能性

サはサイエンスのサ

連載・158

【鹿野 司】

　iPS細胞は、ES細胞にあった倫理的な問題を回避できるというのがウリの一つなんだけど、使い方によっては、それ以上にややこしい問題も出てきちゃったりする。

　iPS細胞は多能性を持っている。つまり体を構成するいかなる細胞も作ることができるわけだ。それはどういうことかというと、一人の大人の皮膚細胞から、精子も卵子も作ることができるってことなんだよね。男性の皮膚細胞から、精子でも卵子でも作れるだろうし、女性の皮膚細胞から精子でも卵子でも作れるはず。

　それって、性染色体は一体どうなっとるんじゃいと思うかもしれないけど、マウスでは女性皮膚細胞由来の精子の性染色体はXXだし、男性の皮膚細胞由来の卵子の性染色体はXYだ。つまり、性染色体だけが精子になるか卵子になるかを決めているワケじゃないのね。

　ほ乳類では、Y染色体上のSRYって遺伝子が性別を決めていて、これが働くと未分化の生殖腺が精巣に分化する。で、精巣が男性ホルモン（アンドロゲン）を分泌すると、全身が男型に成熟する。SRYがないと、未分化の生殖腺は卵巣に分化し、男性ホルモンが出ないので、その後全身が女型に成熟する。ほ乳類の基本形が雌型ってのはこのことをいうわけね。

　で、マウスのキメラの場合、SRYがあるiPS細胞が生殖腺に分化しても、それを取り囲む周りの細胞にSRYがないと、SRYが発現しなかったりする。要するに、男の遺伝子があっても、周りの細胞環境が女だと、男になる遺伝子が発現せずに卵巣になっちゃうわけ。

　逆にSRYのないiPS細胞が生殖腺に混ざっている場合も、まわりにSRYのある細胞がたくさんあると、男になる遺伝子はないはずなのに精巣に分化しちゃうわけね。

　すると、原理的には自分の皮膚から取った細胞で精子と卵子を作り、それを受精させて、借り腹で子どもを作ることができる。

　この場合、性染色体がYYの組み合わせになった受精卵は、正常発生できないか先天異常になるけど、それ以外は正常な子どもとして生まれてくる。

　そしてこれは、クローンとは違うんだよね。本人の細胞由来の精子や卵子は、減数分裂で二本一組だった染色体の片方しか持っていない。つまり、本人の父方の染色体か、母方の染色体がそこにあるわけだ。しかも、厳密に言えば、父方の染色体も母方の染色体も、モザイク状に相同《そうどう》組み換えがおきているので、母親のものとも父親のものとも若干違った情報構成になっている。

　それを受精させて子どもにした場合、それは本人とは遺伝的な構成がかなり違ってくる。つまり兄弟姉妹と同程度には遺伝的に違う子どもになるわけね。

　そんなのちょっと気持ち悪いし、そこまでして自分に似た遺伝子を持った子ども作るのは倫理的にダメなんでないのって思う人も多いだろう。

　でも、これって、同性愛カップルが、自分たち二人の遺伝的な要素を受け継いだ子どもを持ちたいと思ったとき、それを可能にする技術でもあるんだよね。そうなると、それを望むケースは必ず出てくるだろうし、一概に倫理的にダメという決めつけもできないと思う。

　もっとも、これは理論的な可能性で、技術としては、実現にいくつか壁がある。

　iPS細胞から生殖細胞ができることは、これまでキメラマウスで確かめられている。

　なんでキメラマウスを使うかというと、ES細胞やiPS細胞にある万能性という言葉の意味は、全身のいかなる細胞にも分化できるけど、胎盤の細胞にはなれないってことだから。（実はこのへん、日本語と英語の関係に混乱がある。受精卵だけが持つ、胎盤にもなれる性質は totipotent で全能性。体性幹細胞など特定の系列の細胞にしかなれない性質はmultipotentで多能性。で、iPSのPであるpluripotentは、これまで万能性という言葉が宛てられていたんだけど、山中さんは多能性と呼んでいる）

　iPS細胞は胎盤になれないので、それだけでは子どもにならないけど、別系統のマウスの初期胚とまぜてやると、胎盤ができて子どもが生まれる。その子どもは両者の細胞がモザイク状に混ざったキメラになっている。で、そのキメラマウスをたくさん作ってやると、中にはiPS細胞から精巣や卵巣が作られたものもいるわけね。

　面白いのは、ジャームライン・トランスミッションといって、体細胞の全てがiPS細胞起源のマウスも現れること。これまでの実験では、iPS細胞はES細胞より、ジャームライン・トランスミッションが起こり易いみたい。

　あと、テトラプロイドレスキューといって、染色体を人工的に四倍体にした胚は、胎盤にしかなれない性質があるので、これとiPS細胞を混ぜてやると、確実にジャームライン・トランスミッションの子どもを作ることができる。つまりこれはiPS細胞由来のクローンってわけね。

　ただ、これは実験動物だからできることで、ヒトの四倍体胚を作ったり、ヒトのキメラを作って、iPS細胞由来の生殖細胞を作るのは、ちょっと憚《はばか》られる。

　まあ、いつか、試験管内でiPS細胞を培養しながら、条件をコントロールして、精子や卵子にする技術や、実験動物の生殖腺にヒトのiPS細胞を混ぜて成熟させることができるかもしれないけど、今のところはどうして良いかわからない。だから、誰でも単為生殖ができる時代の到来は、まだしばらくはお預けだ。

　ただ、これが可能になると、もっとややこしいことも起きるだろう。それはデザイナー・チャイルドの実現を阻んでいた外堀の一つが、埋められちゃうってことだ。

　デザイナー・チャイルドとは、親が好みの遺伝子改変を施した子どものことだ。金髪碧眼が良いからそうしちゃおうなんてかんじで、クローンのところで説明した優生学そのものなのね。

　優生学には、「良い」遺伝子を組み込む積極的優生学と、「悪い」遺伝子を取り除く消極的優生学がある。

　で、この消極的優生学については、iPS細胞で可能な事は、すでに実験的に示されている。これはMITのルドルフ・ヤニッシュらの研究で、鎌状赤血球貧血モデルマウスを治療したっていうんだよね。つまり「悪い」遺伝子を取り除いた子が作られたわけだ。

　特定の遺伝子を、好みのものに取り換えるには、相同組み換えという現象を利用する。これまでも、ノックアウトとかトランスジェニックな実験動物は、これを利用して作られてきた。

　ただしこれは、確率的にしか起きない現象なので、膨大な数の試行錯誤が必要になる。つまり、実験動物なら許されるけど、人間のES細胞では倫理的に無理だったんだよね。

　でも、この試行錯誤をiPS細胞を使ってやることは、倫理的な問題にはたぶんならない。なにしろ、iPS細胞はもとは体細胞だし、それだけでは子どもが作れるわけでもないからね。

　ただ、どの遺伝子をどう取り替えたら、どんな性質になるかということの大半は、実験してみないとわからない。つまり、実験動物ならできるけど、ヒトでそれを試すのはこれまたちょっとやりにくい。そういう意味では、えぐいデザイナー・チャイルドも、まだ現実からは遠い存在だ。

　でも、すでに明らかな難病の遺伝子を削除するみたいなことから、それが始まっていく可能性はあるんだろうね。それは人類の終わりの始まりになるかもしれない。

サはサイエンスのサ

連載・173

【鹿野 司】

インフルエンザと魂かなしばりの術

　二〇〇九年四月の終わり頃に流行が認識され、六月一一日にはWHOによるフェーズ6＝パンデミック宣言も行われた、ブタインフルエンザというかメキシコかぜというか、いちおう公式名称新型インフルエンザA（H1N1）。

　これを巡る一連のできごとは、ぼくたちの世界認識が、いかにあやふやなものかを改めて認識させる、示唆的な出来事だったんじゃないかなあって思う。

　科学ってのは、とりあえず、この世界を最も正確に描写できる方法だと思われているよね。でも、そのやり方は、ゲゲゲの鬼太郎の必殺技、「魂かなしばりの術」みたいなものだ。

　この術は、強すぎて鬼太郎も敵《かな》わないとか、人間に憑依していて直接攻撃できない妖怪を倒す時に使われた奇計なんだよね。

　どういうものかというと、まず鬼太郎は画家の扮装をして、倒すべき妖怪の家を訪れる。

　で、あなたは強くてかっこよくて素晴らしい、ぜひ肖像画を描かせて下さいと頼むのね。おだてられていい気になった妖怪はそれを許可。鬼太郎は、あなたの好きな色は？　とか、好きな食べ物は？　とか、質問を一つしては紙とか石に点を打ち、点描のように肖像画を描いていく。

　ある数の点を打ち終わったとき（個数は適当みたい）、鬼太郎はその点を素早くつないで、絵を完成させる。すると、妖怪の魂は、絵の中に封じ込められ、あとは紙を焼くなり石を井戸の底に投げ込んで終了〜。

　科学ってのは、まさにこんな感じで、世界に対して、実験や観測などの形で質問を投げかけ、一つずつ点を打っていく行為なんだよね。点一つだけでは、世界はほとんどわからないけど、たくさん点を打つうちに、なんとなくそれっぽい絵が浮かび上がってくる。

　もっとも、点はまばらにしか打てないので、その絵はおぼろげで、見方しだいで色々なものが見えちゃったりする。これは平たい団扇《うちわ》だよね、いやいや長い棍棒だろ常考……とかね。でも最終的には、でっかいゾウなのかも知れない。

　インフルエンザは、毎年流行するお馴染みの病気で、感染症の中でも最も明らかにされている部類の病気であることは間違いない。でも、現実には重要な知識の欠落がかなりある。

　ところが、その欠落の存在に、素人だけでなく、専門家もあまり気づけない。なぜなら、盲点と同じような感じで、わかっている知識から導かれる合理的な推論で、欠落部分を補完してしまうから。疑いの余地がなさそうな理路の通った説明で欠落が補完されると、それが現実には未解明で、真実とは違う虚像にすぎなくても、なかなかそのことに気づきにくい。

　たとえば今回の流行で、マスクにインフルエンザの予防効果があるかどうか、実は不明だってことが、突然知られるようになったよね。これについては、科学的にしっかりした証拠はなくて、WHOもCDCも予防効果は期待できないと警告していたのだった。

　マスクにはサージカルマスク（普通よく見るやつ）とレスピレータ（防塵マスク。N95とか）がある。前者は着用した人がくしゃみとかで飛沫を飛び散らす量を減らすもので、予防のためのものじゃない。後者は結核やSARSなどで有効だったけど、それは医療従事者がきちんと訓練を受けた上で防護服といっしょに運用したときの効果で、普通の人が日常で使って同じような予防効果があるとはとても期待できない。てことになると、病気じゃない人がマスクをするのは、魔除けのお札を貼るのと大差ない。

ただ、サージカルマスクだって、予防効果ゼロかというと、必ずしもそうとは言い切れない。

インフルエンザのような飛沫感染の場合、感染の機会がいちばん多いのは、空気中に漂うウイルスを含んだ飛沫を吸い込むことじゃない。狭い空間で感染者と長時間いる場合ならそれもあるかもだけど、多くは、ドアノブとかつり革などに付着しているウイルスが手につき、その手で鼻や目を触れることで感染が起きる。だから、感染予防には手洗いがいちばん有効なわけね。

ただ、マスクをしていれば、汚染した手で鼻や目を触る機会が減るから、感染の確率も自ずと下がるはず。……と、この説明はもっともらしいと思うかもしれないけど、これもまた、点としてわかっている事実を、論理で補完して描いた空想にすぎないんだよね。

これで、本当にどの程度感染が防げるのか、定量的にはわからない。それでもやっといて損しないという考え方はあり得るけど、それは宝くじだって買わないと当たらないというのと同じ程度の発想だ。大昔からマスクは使われてきて、それにもかかわらず日常的なマスクの使用についての予防効果が明らかでないということは、仮にあったとしても、ごくわずかでおまじない程度でしかないってことだ。明白な効果があるのなら、もっと簡単に確かめられるだろう。

だれかのおまじないのためにマスクが品切れになって、ウイルスを出している インフルエンザの患者がマスクを手に入れられず、感染機会を増やすなんて本末転倒なことが起きてしまうとしたら、いい加減な推論はかえってリスクを増やすってことにもなる。（まあ、この推論も事実ベースではなく、空想なんだけどね）

今回の新型が、こんなに話題になったのは、それが観測可能になったから、ということがかなりあると思う。

世界的には、二〇〇三年に高病原性鳥インフルエンザH5N1が直接ヒトに感染することがわかって以来、これがいつヒトヒト感染する新型に変異してパンデミックを起こすかわからないということで、世界的に厳戒態勢がしかれてきた。

高病原性鳥インフルエンザは、これまでわかっている範囲では、ヒトに感染しても極めて致死率が高いらしい。幸い、トリの病気なので、滅多なことではヒトに感染しないし、感染したヒトから別のヒトへ次々に感染することもない。でも、もし、ヒトヒト感染する性質のウイルスに変異したら、つまりパンデミックが起きたらえらいことになるもんね。

で、そういう厳戒態勢のもとで、メキシコで異常に致死率の高いインフルエンザが発生したらしいという話が伝わって、今回の騒動がはじまった。

まあ、致死率の話は、しばらく後に、誤認だったって事がわかったんだけど。でも、当初の警戒感から、高病原性鳥インフルエンザ用に用意されていた態勢が起動して、今まで見えなかったことが、見えるようになってしまった。で、それがこれまで普通に起きていたけど気づかなかったことなのか、全く新しい特別なことなのか、区別がつけられないって感じがある。

たとえば、季節性インフルエンザは、北半球では夏には姿を消すと考えられてきた。たぶん南半球に流行の拠点を移して、そちらで命脈をつなぎ、北半球が冬になると戻ってきて流行を繰り返すんでないの、とか空想されていたわけね。

でも、新型は夏も散発的に続いていた。これは果たして、新型ウイルスによるパンデミック特有の現象なんだろうか。それとも、もともと季節性のウイルスも、夏場に散発的に感染が続くものなのに、気づかれていなかっただけなのだろうか。

新型は、これまでにないレベルで観測が続けられているし、メディアもインフルエンザの話題をどんどん流すので、例年なら気にしなかった人も、ちょっと具合悪いかなってだけですぐに病院へ行く。すると報告される患者数が増え、それがまた報道され、心配する人が増えて……なんてスパイラルが起きている可能性がある。

季節性に流行する理由として、インフルエンザウイルスは湿気に弱いからと説明されてきた。でも、これも妙な話なんだよね。

なぜなら、東南アジアなどの高温多湿な地域では、流行は雨期に起きるから。

となると、高緯度地帯での季節性の流行は、ウイルスが湿気に弱いからではなく、空気が乾燥することで、人間側の抵抗力が弱まるから起きているのかもしれない。

こんな当たり前だと思われていたことですら、この世の真実なのか、点描によって見えている虚像なのか、区別するのはちょう難しいんだよね。

サはサイエンスのサ

連載・175

【鹿野 司】

公衆衛生上のリスクと個人の脅威

それにしても、新型インフルエンザってのは、いったいどれくらい恐がったら良い病気なんだろう。メディアから連日のようにインフルエンザの話を耳にすると、なんだか不安になっちゃうんだけど。

この病気による致死率など、早いうちから色々な値が出てきているけど、そういうのは暫定的なもので、きちんとしたデータに基づいた結果は、パンデミックがだいたい収まった数年後にならないとわからない。ただはっきり言えるのは、警戒されていた鳥インフルエンザのような強毒性ではないので、リスクとしては季節性インフルエンザとほとんど同じくらいだろうって事だ。

もっとも、季節性と全く同じというわけではなくて、日本での新型の特徴としては、五歳以上の子どもでも、脳炎になるケースが見つかっているってことがある。季節性では、インフルエンザ脳症は五歳以下の子どもの病気とされてきたんだよね。

このインフルエンザ脳症ってのも、実はまだ謎が多い。この病気はインフルエンザによる発熱の後発症するんだけど、脳内でウイルスが見つからないんだよね。しかも、外国では症例がほとんどなくて、そのせいで海外に共同研究を働きかけても乗ってくれるところがないらしい。

それって、いったい何を意味するんだろう。国の保険制度や文化の違いで他の国では目立たないだけなのか、あるいは日本人の遺伝的な特徴と病原性が関係しているのか。解熱剤との関係も疑われるけど、現時点でははっきりしたことは言えないんだよね。

新型の特徴としては、もう一つ肺炎を起こしやすいともいわれている。これについては、東大の河岡義裕さんのグループの研究で、三種類の実験動物で肺で増えやすいという結果が出ているので、ウイルスの特徴としてそうなのかもしれない。でも動物の話だから断定はできない。

こういう、子どもの重症化に注意という情報は大事なんだけど、受け取る側はこれをものすごく恐ろしいものだと感じてしまうって問題がある。

冷静に考えれば、今回の新型は季節性と同じ程度のリスクなので、そんなに恐がる必要はないはずだ。実際、感染者総数の推定と死者を単純に割り算すると日本は特に低くて0・01パーセントかそれ以下で、季節性の致死率より低いくらい。

誤解を恐れずにあえていえば、インフルエンザなんて季節性も今回の新型も、水分取っておとなしく寝てれば何日かで癒る、たいしたことない病気なんだよね。ハイリスク群の人だって、大半はどってことない。

こういうと、タミフル否定論者（というか全ての薬と予防接種の否定論者かな）の浜六郎《はまろくろう》さんの言っていることと同じみたいだし、毎年万のオーダーで人が死ぬ病気なのにたいしたことないわけないじゃんかと思う人もいるだろう。

でもそれは、公衆衛生上のリスクと、個人レベルの脅威が、混同されていることによる誤解なんだよね。

新型インフルエンザや、季節性のインフルエンザは、公衆衛生の観点からは重大な病気だ。ただし、それは致死率が高いからじゃない。

インフルエンザによる致死率は、人類史上最悪の疫禍となった一九一八年のスペインかぜで2パーセント、パンデミックだった五七年のアジアかぜと六八年の香港かぜが0・5パーセント、季節性インフルエンザだと日本で0・05パーセントだ。

この値は、感染症の致死率としてはたいしたもんじゃない。たとえば病原性大腸菌O157で溶血性尿毒症症候群になると致死率は1〜5パーセント。マラリアだと3パーセントから下手すると20パーセントなんてこともある。

じゃあインフルエンザの何が問題かというと、感染力がとにかく強いので、短時間に感染者数が莫大な数になることにつきる。

　患者数が莫大だと、重症化率や致死率が低くても、絶対数は多くなる。それに、多くの患者が病院に殺到すると、ほとんどの人は軽症であるにもかかわらず、医療スタッフや薬品、治療機材などの医療資源を食いつぶしてしまう。その結果、十分な医療資源がないと命の危険に直結するような別の病気の人にまで、手が回らなくなる。

　これはネットに例えるなら、あるサーバーに莫大な数のリクエストを集中させてダウンさせる、ＤＤｏＳ攻撃みたいなことが起きるって事ね。

　公衆衛生上のリスクと個人レベルの脅威が違うということは、たばこの毒性を考えるとわかりやすいかもしれない。

　たばこの毒性については、世界中で多数の研究が繰り返し行われてきて、これほど明確な結果がでている話はないくらい。たばこはありとあらゆる病気の原因になり、非喫煙者に比べて死亡率も高い。死因を問わない死亡率は、日本人全体では年０・８パーセント程度なのに、喫煙者に限ると１パーセント以上になる。考え方によっちゃ、今回の新型インフルエンザより恐いわけだ。

　公衆衛生の観点からすると、色々な病気の原因になるたばこは、今現在、医療資源を多く消費しているので、やめてよねって宣伝される。たばこ税を上げようって話が出てくるのも、税収増よりそういう理由付けがある。

　ま、全ての人がたばこを吸わなくなっても、人はいつか必ず病気になるので、たばこ税を上げたからと言って、今より医療保険料や医療資源が節約できる保証はないけどね。

　それはともかく、個人のレベルでは、たばこを吸ったからって、ほとんどの場合即死するわけじゃないから、たいした脅威ではないと認識されていて、平気で吸えるわけ。

　これと同じで、個人レベルでのインフルエンザ感染は、ほとんどの場合どってことなくて、罹《かか》ってもそんなに怖がるようなことじゃないわけだ。

　ＷＨＯとかＣＤＣとか厚生労働省とかの公的機関はその立場上、公衆衛生上のリスクを語ることしかできない。でも、情報を受け取る側はそれを個人レベルの脅威と感じて、公衆衛生上はむしろやってはいけない行動をとり、問題をかえってややこしくするというパラドキシカルな状況が生じてしまう。

　そういう問題があることは、公的機関も、メディアも、個人も、ほとんど自覚できていないんじゃないかな。

　インフルエンザの場合、公衆衛生の観点からすると、その目標は感染者の数をできるだけ少なくして、医療資源の食いつぶしを防ぐことだ。だとすると、やるべきことは入院患者がいる大きな病院には、インフルエンザの疑いのある患者を殺到させないってことなんだよね。

　極端な言い方をすれば、熱が出てインフルエンザっぽい人は、病院にも行かず、家でじっとして癒して貰うのがいちばんいい。

　どうせ滅多にたいしたことにならないんだから、それが最適なわけね。もちろん、普通とは違う異常な症状があるときは、迷わず即行で病院に行くべきだけど。

　それから、いろいろなところからそういう話を聞くんだけど、新型インフルエンザは、強毒化する前に罹っておく方がお得だ、なんて言いふらしている人がいるようだ。

　でも、それは大きな間違いだし、エゴイズム以外のなにものでもない。自分は大丈夫でも、ハイリスクな人など、誰かに移して重症化させる可能性はある。患者の数を増やさないことが最も大事なので、早めに患者になろうなんてのは愚の骨頂なんだよね。

　だから罹っていない人は、なるべく罹らないように人混みを避け、手洗いを励行して、ワクチンが出てきたら早めに接種するというのが良いと思うのねん。

予防原則もほどほどが良いんでないの

【鹿野　司】

それにしても、新型がそのうち強毒化するという話も、ぶっちゃけ、そういうことがあり得るかどうかすら怪しい話だ。この話の根拠は、スペインかぜが、第二波で強毒化したという説があるから。

スペインかぜは人類史上最大の死者を出した感染症で、一九一八年から一九年にかけて当時の人口一八億人のうち、六〜九億人が感染し、二〇〇〇〜五〇〇〇万人が死亡したと言われる。そしてこのとき、第一波はそれほど重傷者がいなかったのに、半年後の第二波でたくさんの人が亡くなったってことになっている。

この説は、非常に丁寧な分析ではあるんだけど、そもそもスペインかぜの流行状況は第一次大戦中の機密として秘匿《ひとく》されてしまって、データそのものがあまり確かなものではない。感染者数や死亡者数が研究によって大きくばらついているのもそのためだ。

それに、他のインフルエンザパンデミックでは、第二波のほうが重症化するということはほとんど観察されていないのね。

まあ、高病原性鳥インフルエンザについてなら、過去に一度、一九八三年のＨ５Ｎ３型が弱毒性ではじまったのに、途中で強毒性に変化したという事例がある。だけど、これとヒトのインフルエンザとはいっしょにできない。

なぜなら、高病原性鳥インフルエンザの強毒性と弱毒性の違いは、遺伝子のレベルで明確に区別がつけられるけど、ヒトのインフルエンザが重症化するか否かについての違いは、何が原因か全く解っていないからだ。と、いうより、そういう違いがあるかどうかさえ確かじゃない。世間では、ヒトのインフルエンザに対しても、強毒性、弱毒性という言葉を使っているけれど、実はこれは全く定義されていない間違った言葉なんだよね。

スペインかぜは、季節性のインフルエンザと違って、高齢者や幼児よりも若者が重症化しやすかったとか、それはサイトカインストーム（免疫系の暴走で自分を攻撃してしまう現象）のせいだとか色々言われたりもするけど、そういう話も状況証拠からもっともらしい話をでっち上げて推定しているだけで、厳密にはあまりあてにならない。

そもそもこの時代は、まだ抗生物質がなかったので、細菌の二次感染で起きる肺炎で死ぬ人も多かった。つまり死亡率の高さが、必ずしもインフルエンザの毒性の高さを示すわけじゃない。

それに、第一次大戦といえば、戦車という新兵器の開発に伴って、塹壕《ざんごう》戦という全く新しい戦法が使われた時だった。塹壕の中ってのは、水が溜まったり、ものすごく寒くて不潔な超劣悪な環境で、その中に長時間多くの若い兵士が押し込められていた。そんな、伝染病に蔓延してくれといわんばかりの環境が、歴史上はじめてできたわけね。

こう考えると、若者がバタバタ倒れたのはウイルスのせいというより、この酷い状況のせいじゃないかとも思える。実際、スペインかぜの型はＨ１Ｎ１で、これは今の新型と同じだし、これまで季節性で世界で最も流行してきたＡソ連型もこれだ。それぞれ遺伝配列には若干違いがあることは確かだけど、ホントは病原性に大きな違いはないのかもしれない。

さらにいうなら、近いうちに高病原性鳥インフルエンザがヒトヒト感染するウイルスに変異し、ヒトをバタバタ殺す恐ろしいパンデミックが起きるかもという予測も、点描の世界に浮かび上がった幻にすぎないって可能性もある。

高病原性鳥インフルエンザは、二〇〇三年までは家禽《かきん》ペストと呼ばれていた。

この病気にニワトリや七面鳥やクジャクがかかると、ウイルスが全身に感染して、脳炎や全身出血でほぼ確実に死んでしまう。だから、養鶏業者にとっては、深刻な経済的被害をもたらす恐ろしい病気だったのね。

ただ、これがヒトに感染するとは思われていなかった。

この病気が認識されたのは、一八世紀末から一九世紀はじめにヨーロッパで起きた大流行からだ。この少し前から、大規模な養鶏が行われるようになったんだよね。

家禽ペスト・ウイルスは一九二七年に分離されたんだけど、それが一九五五年になってA型インフルエンザ・ウイルスと同じものだということが明らかになった。実は、家禽ペスト・ウイルスこそが、人類が最初にみつけたインフルエンザ・ウイルスだったんだよね。

A型インフルエンザは、ウイルス表面に生えている糖鎖の違いで分類されていて、H鎖（ヘマグルチニン）が一六種類、N鎖（ノイラミニダーゼ）が九種ある。

でも、その全ての組み合わせのウイルスに感染するのは水禽類（カモ類）だけだ。しかも水禽類は感染しても普通は症状がなく、腸管にのみ感染して（呼吸器の病気じゃない）糞便に排出される。このことから、インフルエンザはもともと水禽類の病気で、進化の歴史の中で水禽類にとっては無害になったんじゃないかと推定されている。

一方ニワトリは、Hの1～7、9、10と、Nの1、2、4、7の組み合わせのウイルスに感染するけど、大半はあまりたいした症状を出さない。ただ、H5とH7の中には、必殺の家禽ペストになるものがある。ここでポイントは、全てのH5、H7が必殺というわけではなくて、H5とH7の中でも、遺伝配列が特定のものだけが強毒性になることだ。

それからヒトには、A香港型のH3N2、スペインかぜやイタリアかぜ、Aソ連型、今度の新型のH1N1、アジアかぜのH2N2の、三種類しか感染しないと思われていた。

ところが、八〇年代後半くらいから遺伝子レベルの解析技術が劇的に進んで、ウイルスの進化の系統関係がわかるようになったんだよね。

その結果、インフルエンザ・ウイルスは、まるで染色体みたいに遺伝子が八つの分節に分かれていて、パンデミックになるような大きな変異は点突然変異ではなく、分節ごと別の系統と入れ代わる、まるで異性生殖みたいな遺伝子交換で起きていることが明らかになった。

ウイルスなのにそんな事があるなんて超びっくり。しかも、パンデミックを起こすウイルスは、トリにしかかからないウイルスの遺伝子の一部が混じっていたことも明らかになった。

で、そういう遺伝子の交換は、ヒトとトリの双方のウイルスに感染するブタの体内で起きるんじゃないかと推定された。だからこのころは、パンデミックを起こす新型ウイルスは、アヒルとブタとヒトが同居する、中国南部あたりから発生するのではないかと警戒されていた。

ところが一九九七年、タイでH5N1のヒトへの感染が初めてみつかり、しかも一八例中六人が死亡するという驚きの事件が起きたのね。しかもこれは、トリのインフルエンザが直接人間に感染したものだった。ちょうどその少し前から、世界中でＨ５Ｎ１家禽ペストの大流行が起きていて、それが人間に感染したわけ。

同じ頃、技術の進歩で、遺伝子の検査がすばやく安価にできるようになり、世界中で死んだ鳥とか動物にどんどん検査が行われ始めた。すると、世界中の野鳥にこのウイルスが蔓延しているうえに、それまでインフルエンザにかからないと思われていたネコ科の動物まで、Ｈ５Ｎ１で死んだ例が見つかっていった。

で、こりゃあ大変だ、このままでは死亡率の高いＨ５Ｎ１がパンデミックを起こすのも時間の問題だってんで、今の監視体制ができたわけだ。

これだけ色々あれば、そりゃあ当然の対策ではあるよね。

でも、少し落ち着いて考えてみると、これらの色々は、研究技術の進歩によって、新鮮な驚きとともに新しい事がわかってきたことと切り離せない。このびっくりどっきりによって、世界は点描の中に浮かび上がった幻を見ている可能性がある。

今明確なのは、高病原性ってのは、分子メカニズム的にＨの５と７の一部でしか生じない特徴で、歴史的にヒトヒトで感染を広げられるＨは１と２と３しか知られていないってことだ。つまり、高病原性のウイルスがヒトヒト感染するようになる変異は、原理的におきない可能性だってあり得る。

もちろん、今の段階でそう証明はできないけどね。だから、予防原則で今みたいな警戒態勢を敷くのは、正しいことは正しいと思う。

ただ、予防原則というのは常に暴走しやすい性質がある。

人は恐怖に後押しされると、それで利益を得る人もいっぱい出てくるし、その時はほどほどってものがわからなくなっちゃうのよね。よほど注意しないとやり過ぎちゃうわけだ。

第2章　ココロを変えるサイエンス

（単行本版『サはサイエンスのサ』より）

風の谷のナウシカ　人間を疎外しない選択

サはサイエンスのサ

連載●9

【鹿野　司】

宮崎駿さんといえばアニメの大監督で、宮崎作品で何がいちばん好きなの？　なんて質問されたら、誰でも『となりのトトロ』とかのアニメ作品の名前をあげるだろう。

もちろん、それらの作品もすばらしいんだけど、ぼくが宮崎作品のなかで最も圧倒されたのは、漫画版の『風の谷のナウシカ』なんだよね。アニメ版じゃなくて。

この作品は、中断はあったけれど、一九八三年から九五年までかけて描きあげられた大河ドラマで、アニメ版のナウシカとは全く異質な物語として完成した傑作だ。その中には、アニメ映画という表現方法ではちょっと表せないような、人間性や人類と文明のかかわりの、重厚な内容が語られている。

実をいうと、アニメ版のナウシカとか『天空の城ラピュタ』などの作品は、この漫画版ナウシカに比べると、お子様風味の小さな話だなとさえ思ったりして。

もちろん、どちらの作品も宮崎アニメらしく、楽しくて何度も見返したくなる、素晴らしい物語だとは思う。だけど、何だか結局のところ、自然がいちばんだから自然に帰ろうねっていう、底のあっさ〜いメッセージしか表現できていなくて、それはないよな〜って感じがしちゃうんだよね。

たとえばラピュタでは、園丁ロボットやオーニソプターなどの機械類や、どうやらバイオテクノロジーの産物らしい巨大な樹木なんかを見せておいて、それで自然に帰ろうというのはな〜んか釈然としない。帰れといっているその自然は、本当は自然じゃないじゃないのさって、こう突っ込みたくなる。

自然に帰ろうというのは、ロマンチックで甘美なスローガンだけど、そんな自然なんてものは、はじめっから存在していない。そういう、自然じゃないものを自然と呼んでみせる嘘くささに、なんだかな〜って感じがしちゃうのよねん。

現実の世界にも、そんな話はゴマンとあって、いつもヤレヤレって思ったりする。

たとえば、無農薬野菜主義とか、味の素は舌がしびれるから使っちゃいけない主義とかね。こういうのは、まともに物事を見ようとしない、単なるレッテル張りとしか思えない。

自然農法、無農薬野菜というと、なにがなんでも工学の産物は使っちゃダメみたいな感じで、作物が自衛のために自然に持っている毒よりリスクの低い農薬や、化学肥料まで嫌う事が多い。すると、無農薬なら体に悪くても良い、みたいな話になっちゃって、寄生虫病が復活したりする。味の素も、かつては化学調味料ともいわれて、使うと頭が良くなるからジャンジャンかけようなんて感じだったけど、その反動で今ではほんの少しでも使ったら、ああもうケガれて不味くってダメダメみたいなことをいう人もいたりする。

でもなあ、そういうのって、本当に食べ物を食べているんじゃなくて、思想を食べているとしか思えないんだよね。

時代が移ったことで、何を嫌い、何を受け入れるかのアイテムのセットは変わったけれど、やっていることはまったく同じ。構造的には、一昔前のテクノロジー万歳主義と、何一つ違わない。

そういう、まったく同じ考え方の輪廻の中にいる限り、早晩、かつての科学万能主義時代に起きたのと同じような、イヤんな問題が持ち上がってくるんじゃなかろうか。

それより、たとえ人間が作り出したものだって、社会の中に定着しちゃったら、それは「自然」の一部と考えるほうが適切じゃないか。それが今、環境の中でどんな位置を占めるかだけが重要で、その出身による区別なんかまったく意味がない。

里山だって田園風景だって全て人工物だし、日常食べてる米や野菜も、すべて品種改良で作られてから一〇〇年も経っていない、ごく最近人工的に作られたものなんだよね。

安全でおいしい食べ物が、多くの人に行き渡るようにしたいというのが誰もが望む事なのだと思うけど、それだったらそれなりの、今の技術の適切な使い方があるだろう。出身が比較的最近あみ出された技術だから、その方法は汚れているから使わないってのは、現実から目を背けた、疎外的な教条主義に過ぎない。

漫画版のナウシカの凄いところは、物語の進むすべての段階で、そういう教条主義に陥ることなく、つねに人間疎外的でない道を選ぼうとし続けていくことだ。

ナウシカの世界では、かつて人間が引き起こした災害によって、地球の大地は激しく汚染されてしまっている。古代人は、それを浄化する生物システムとして、バイオテクノロジーを駆使して腐海《ふかい》の植物群や、王蟲《オーム》などの蟲たちを創造したわけだ。そして、物語の最後近くで、実は人間そのものも、生物学的に毒に耐えられるように改造されていて、本当に清浄になった環境には、もはや棲めない肉体になっていたことが明らかになる。

地球が本当に浄化されきったら、ナウシカ達の種族は、肺から血を吹いて死んでしまうんだよね。

古代人の地球再生プログラムには、地球が清浄に戻ったとき、人間をもとの環境で生きられる体に戻す技術も組み込まれていた。でも、物語の最後で、ナウシカはその地球と人類の再生プログラムを担ったバイオコンピュータを、その使命を知っていたからこそ殺してしまう。

生まれ出た生き物は、その出自がたとえなんであろうと、自分たちの意思で生きていく権利がある。それを完全に管理し、ある目的の道具とするのは、それがたとえ良い意図に見えても、超過保護的で人間性を疎外する。

ファシズムなんてその典型だし、子どもに対する過保護もまったく同じ論理構造を持っている。

「地獄への道は善意の煉瓦で敷き詰められている」という言葉があるけど、古代人のプログラムは、まさにそういうものだ。ナウシカはそれに対してノーをいったんだよね。その選択は、人々の生活を決して楽にはしないけど、本当の生を生きられるようにした。

現代文明も、ナウシカの腐海世界と同じような、人間疎外に関する未解決の課題を抱えていて、それがきっと、この作品をここまで感動的にしているんだろうなあ。

現代の写し絵　新世紀エヴァンゲリオン

サはサイエンスのサ

連載●35

【鹿野　司】

エヴァンゲリオンといえば、九〇年代のアニメを代表する傑作だよね。すでにリメイクの『エヴァンゲリヲン新劇場版』も作られつつあるけど、ここでは最初のテレビシリーズ版『新世紀エヴァンゲリオン』の話をしてみたい。

今から振り返っても、エヴァは不思議な作品だったと思う。多くのファンを魅了しながら、最後にはちょっと何事かって思うくらい、観衆たちを激怒させたからだ。

今の日本人は、子どもの頃から飽きるほどの物語の洪水のなかで育ってきていて、ある意味ドラマ慣れしている。目が肥えていて、できの良い作品には素直に感動するとは思うけど、無意識的には物語はしょせん物語だってことをちゃんと心得ている。カウチポテトでおしりをポリポリ掻きながら、ふーんてなかんじ。でも、エヴァの最終二話を見た人たちは、この終わりかたはなんなんだ～ってホントの本気でムキになっていた。

なぜ観衆は、そんなにまで心を奪われてしまったんだろう。理由は色々考えられるんだけど、一つには、エヴァの作品世界が、完成され尽くしてしまった今の日本社会の、巧妙な写し絵だったからじゃないかと思う。

たとえば、人類はたかだか十数年前に、セカンドインパクトで壊滅的な打撃を受けたはずなのに、人々の生活は豊かで何不自由なく、辛い思いを経た感じがまるでない。

これは、戦時中や戦後を知らない世代が多数となった今そのものだ。戦争の悲惨さや、焼け跡からの必死の復興なんてのは、イメージもできない古代の話。生まれたときからある豊かな物質文明を、当然のものとして受け止め謳歌《おうか》しているってのが、エヴァの世界であり、今の日本の社会だ。

ただ、それが幸せで満たされた世界かというと、決してそういうわけじゃない。

第一話で、主人公のシンジは、無理矢理にエヴァという得体の知れないメカニズムの中に放り込まれ、恐ろしい相手と戦わされる。自分の意志とは無関係にシステムに組み込まれ、なんだかわけのわからない目的に向かって駆り立てられていく。

エヴァの世界では、使徒という敵からの防衛が唯一の目的だけど、使徒とは何で、どんな理由があって攻めてくるのか、誰にも知らされていない。逃げることも、戦う以外の選択肢も存在しない。

これも、現実世界の日常風景以外の何物でもない。競争社会といわれ続け、受験や自分の意に沿わない会社勤めなど、いやおうなくシステムに組み込まれてしまう。何者かと戦わなきゃいけないらしいけど、その目的や相手の正体もなんだかよくわからない。

そのうえ、使徒との戦いには、いと高き志というものがない。

使徒は敵ではあるけど、悪ではない。悪なら倒すのは正当で、それが理想にもなり得るだろう。でも、エヴァには、その程度の動機づけすらない。ただ、攻められるから戦っているにすぎない。

こういう志の欠如は、戦後の日本に蔓延してきた、大きな問題なんだよね。

日本では太平洋戦争以降、志をマジで

信じることは、無様で酷い目に遭うことなんだと、繰り返し思い知らされてきた。

　戦前から戦時中にかけては、天皇はいとたかき神様だったのに、敗戦を境にただの人に落ちぶれた。鬼畜米英と忌み嫌っていた悪者が、民主主義をもたらした恩人に豹変し、大東亜共栄圏の理想もただの侵略の口実だったと知らされた。さらに、代わって信じはじめた民主主義の理想や日本国憲法は、朝鮮戦争が始まるとたちまちぐだぐだ。学生運動などのイデオロギー闘争は、内ゲバで仲間同士が殺し合う醜悪さをみせつけ、一時の熱狂に飽きた多くの人たちは、ちゃっかり組織に組み込まれ安寧《あんねい》を得ていった。

　こうして、宗教心やイデオロギーなどの、日々の暮らしとは次元の違う高い志を抱いた人たちは、ことごとく裏切られてきた。それらは結局のところウソで、信じると痛い目をみるってことを、日本人はくり返し学んできたんだよね。こうなると、金しか信じられる物はないとかグレちゃったり、オウム真理教みたいな怪しい理想に引き寄せられたりもしてしまう。

　エヴァンゲリオンの世界は、こんな現実の日本人が直面している問題を、巧妙に隠喩として表現していた。

　だから意識の上では、ちょっとこじゃれた怪獣まんがだね程度に思っていた観衆も、知らず知らずのうちに、これはオレたちの所属する世界の姿だって感じるようになっていった。そして、物語の終わりには、無意識的にではあるけど、現実に対するなんらかの回答を期待したんじゃないかな。

　その期待が裏切られたから、みんなあの手抜き表現は許せないとか、的外れなことに仮託して怒りを発散させたんだと思う。

甘やかされた人々

エヴァがヒットしたもうひとつの理由は、あの独特の心理描写にあったろう。どう独特かというと、登場する主要なキャラクターのほぼ全員が、神経症的だってことだ。

　ここで神経症っていったい何かというと、甘やかされて育った人間が使う、奇妙なコミュニケーション方法ってかんじ。言葉を換えると、ある無意識的な目的を達成するために、色々な形で症状を使うようになっちゃった状態のことをいう。

　人は誰でも、幼いころは泣き叫ぶことで自分の要求を通してきた。言葉が喋れない頃とかは、他の自己主張の仕方はないわけだしね。

　ところが、こういった感情を爆発させるようなやり方を、大人になってまで使おうとすると問題がでてくる。大の大人がギャーギャー騒ぐのはみっともないし、感情にまかせたコミュニケーションは、結局は自分の利益を少なくすることのほうが多いもんね。

　たいていの人は、長ずるに従ってその事実に気づき、別の適切なコミュニケーション・スキルを身につけていく。

　自分の要求を伝えるときでも、相手の立場を理解しながら、両者にとって最適な解答を見つけられるようにしたり、自分にとっても、まわりにとっても破壊的にならないように、自分の行動の責任は自分が引き受けるようになるとかね。

　ところが、色々な要因で、こういった適切なコミュニケーション・スキルが、うまく育たないことがあるんだよね。

　たとえば、親が仕事など自分のことに夢中になりすぎて、子どもが正常な範囲内のいかなる手段を使っても、自分に関心を向けてくれない場合。この時子どもは、非常に強烈に親の関心をひきつける、奇妙で病的な手段を編み出してしまうことがある。それが神経症ってわけだ。

　神経症の症状としては、同じ行為を繰り返さずにおれない強迫神経症とか、拒食症や過食症、リストカットなどいろいろある。時代とともに流行り廃りもあったり。

　神経症の人は、こういう強烈なことをやらかすので、これの前には、親や相手役はまず無関心ではいられない。つまり、この症状は、自分の欲求を満たす絶大な効果をもっている。そのため、適切なコミュニケーション・スキルを身につけなくても、当座の欲求を満たせることが多いんだよね。それはつまり、泣きわめく赤ん坊そのままの、未熟で甘やかされた、無責任なパーソナリティの持ち主なんだよね。

　ただし、これは理論の説明なので、これで解った気になって、神経症の人にあんたは無責任だと責めたところで、症状が消えるわけでもなければ、その人の感じている苦痛が癒《い》えるわけでもない。

　神経症的コミュニケーションの特徴は、自分の行動の責任が、自分にはないと主張することにある。たとえば、こうなったのは病気のせいだとか、病気でさえなければこれができるとかいうのが典型で、結局それを選んだのは自分だとは認めようとしない。

　なにか、抗《あらが》うことのできない強大な力のせいで、そうせざるを得なかったという形に持っていく。それは、欺瞞《ぎまん》なんだけどね。

そして、こういう種類のせりふが、エヴァンゲリオンのなかでは、しばしば登場する。と、いうか、ストレスのかかる局面では、ほとんどこういう甘ったれた反応に終始しているような印象がある。

信頼と信用

【鹿野 司】

神経症がコミュニケーション構造の病だとする解釈では、病気は症状のある患者だけの問題じゃないと考える。神経症が成立するには、みなし患者が症状を出し、それに対してまわりが反応を返す、フィードバック・ループが必要だってことだ。

実際、神経症のみなし患者と、相手役とのコミュニケーションを観察すると、症状をめぐること以外の会話がほとんどなくて、他愛のない雑談とか、世間話がほとんどない。スモールトークが失われた、質の悪いコミュニケーションが、病気の実体なんだよね。

この考え方の良いところは、みなし患者の病的行動について、原因を探らなくても治療ができるってことだ。原因を探る方法、たとえば精神分析的に、その患者の過去のトラウマとかなんとかを探る方法だと、結局よくわからなかったり、過去のことで、今さらどうしようもなかったりする事が多い。

でも、コミュニケーションの構造が病んでいるのなら、それは今起きていることで、症状を使わなくてもすむコミュニケーションを新しく創って、そちらを豊かにすれば、病気なんて存在しなくなるってわけ。

こういう神経症のみなし患者ってのは、端からみると、なんだか意味のないことに、強くこだわりを持った人に見えたりする。

エヴァの主人公たち、とくにシンジとアスカだけど、この二人は自分の存在意義について、強いこだわりをもって思い悩んでいる。

もちろん、自分の存在については誰もが若い頃に多少は悩む事なんだけれど、たいていは、あそこまで深刻にはならない。

彼らがあそこまで、つまんないことにこだわる理由は、誰に対しても、無条件に信頼するだけの勇気がないからだ。

無条件の信頼とは、何の根拠もなく誰かを信じきることだ。だから、信頼は決して裏切られることはない。仮に、その人から自分の思いとは違う反応が返ってきたとしても、相手を尊重しつつ、それはたぶんなにかの間違いか一時的な気の迷いにすぎなくて、いつかは変わるだろうなあとか、ま、色々あるんだからしょうがないかとか思ってしまう、ようするにバカですな。

一見、悪い子ダメな子に見えたとしても、「本当は」そうじゃないと、自分は揺るぎなく知っている。ツンデレか。同時に自分の意志を押しつけすぎることもない。こういうバカになりきるというのは、ある意味で、凄い勇気のいることなわけだ。

でも、シンジやアスカには、その感覚はない。彼らにあるのは、取り引きの感覚だけなんだよね。取り引きというのは、ある条件を達成したときだけOKで、それができなければ駄目っていう関係だ。

世の中ってそうじゃないのと思う人もいるかもしれないけれど、よーく考えてみると、世界と自分との関わりの全てがそれだとすると、殺伐としちゃうんだよね。なにしろ、何か条件を満たさなければ、生きることさえできないんだから。

もちろん、良い仕事とかして、人から評価されるのは嬉しいことだし、おそらくこれは人間が群れを作る動物として進化してきたことからくる、本能的な感覚なんじゃないかと思う。

でも、それと、ある条件が達成された時「だけ」、自分の存在が赦されるという思い込みとは、ゼンゼン次元が違っている。

シンジは、みんなを守らなきゃとか、お父さんに誉《ほ》めてもらえるとか、自分が存在してもいい根拠を色々思いつく。アスカも同じで、誰よりも優れている時だけ、存在が赦されると思い込んでいる。

だけど、それは結局、取り引き的な関係の枠内でしかない。形は変わっても、本質は同じことのくり返し。輪廻の輪っかの中なんだよね。エヴァンゲリオンのメインテーマってのは、たぶんこれで、他者を信頼するだけの勇気がないから、寂しい苦しいってことだ。

　この苦しみから逃れるには、バカになる勇気を持つことしかなくて、たいていの場合、そういう信頼感って親子関係とか、若い頃の仲間なんかの間で、いつの間にか芽生えるものなんだよね。

　まあ、アスカやシンジに関していえば、親がけっこうキている人っつーか、おこちゃまなんで、その関係では勇気が育成されなかったつうことはいえるんだけど。

　彼らの救いのキーは、無条件の仲間意識を示してくれていたトウジとかヒカリとの関係のはずなんだけど、どういうわけか彼らはいつの間にか消えてしまう。

　シンジはトウジともう一度出会うべきだったと思うんだけど、そういうエピソードは描かれず、最後にはサイコセラピーの真似事みたいなことで話が終わってしまう。

　まあ、これは邪推になるけど、たぶんこの閉塞感からどうやったら抜けられるか、当時の庵野監督には、自分なりの解答が見つからなかったんじゃないかな。それで、問題集の答えを先に見て、それを書いちゃったみたいな感じがするんだと思う。

　そりゃあ間違いじゃないけど、何か違う。厚みがなくて嘘っぽい。この種の答えは、個別に見つけ出すしかなくて、それを描ききれれば、優れた文学になったと思うんだけど、残念ながらそこまではいけてなかった。最終二話について、たくさんの人からサッパリわからんと怒られちゃったのは、結局そういうところに原因があるんじゃないかと思う。

　テレビシリーズが終わった翌年、『新世紀エヴァンゲリオン劇場版　Ａｉｒ／まごころを、君に』が作られた。これは結局、テレビシリーズで物議をかもした最終二話の作り直しというか、別バージョンというか、パラレルワールドの話ということで完結した。

　人類補完計画の発動によって、一時、すべての人々の心は一つになり、お互いが相手をどう見ていたかを体験する。まあ、演劇療法とかでやることとみたいだけど、それを経て、シンジは世界が信頼に値するものであることを知る。おめでとう。これが、テレビシリーズのオチだったわけだ。

　でも、そんなチョロいやり方で、解脱《げだつ》なんてできるわけねえだろ！　テレビシリーズのラストに不満を感じた人たちの中には、そういう思いがあったと思うんだよね。

　対して映画版は、安易に問題が解決したふりして終わるのを止めて、あくまで無間《むげん》地獄の中に踏み留まった。

　人はやはり、互いに分断されて生きるべきだと自ら選んだくせに、おそらく新生人類のアダムとイブであろう二人は、目覚めと同時に激しく傷つけあう。これは嘘っぽくはない一つの結末だった。

　ぼくの感想としては、二〇年後くらいにもう一回、全篇をリメイクすると、いいんじゃないかって感じかな。（と、一〇年前に書いたんだけど。）

　現代の日本は、あらゆる危険があらかた取り除かれて、しょぼくれた悩みしか存在しない時代だ。それだけに、小さいことを大袈裟にとらえてしまう。ただ、小さな悩みしかないけど、それが、メチャクチャつらいことには変わりない。それが小さな事だとわかっているから、余計つらいということがある。

　大きな絶望に立ち向かう人の姿は美しいけど、ちっぽけな悩みでくじけそうになってしまうのは、カッチョ悪いだけだもんね。

　まあ、それこそが人なんだけど。

　エヴァが多くの人の共感を呼んだ背景には、そういう大義なき時代の空しさがあるんじゃないかなあ。

サはサイエンスのサ

連載●41

【鹿野 司】

科学っつっても、結局、宗教の一種でしょって、こんなふうにいうことあるよね。

まあ、このセリフが出てくる理由はわかるんだ。科学には、すごく権威的なところがあって、鼻につくことがあるもんね。誰かが「それは科学的でないね」といったら、それはぶっちゃけ「バーカバーカ」っていっているのと同じだったりするし。

それを悔《くや》しく思う人は、科学の権威を引きずり下ろしたいって思う。だから、科学ってワケノワカラン小理屈を並べ立てて人をケムに巻こうとするけど、結局ただの妄想だって相対化しようとするわけね。

科学と宗教が同列だって言われると、まじめな科学側の人は、科学って何かを信じるような物じゃなくて、方法論なんだよって答えると思う。一種の生活態度。

これは確かにその通りで、科学において最も高く評価される業績は、みんながそれまで信じ込んでいたことを、それは間違ってるんだよ〜って真っ先に言うことなんだよね。もちろん、以前の常識を信じ切っている人たちでも、へえ〜なるほどな〜って思わせる、説得力ある証明が必要だけど。

ただ、そうはいっても、やっぱり科学の立場の人だって、ホントは根拠のない信念をいっぱい抱えている。しかもその信念のことを論理的、合理的、理性的に疑う余地はないのだ、なんて思ってたりして。

そういう意味じゃ、科学と宗教には似たところがある。ただ、子どもの口げんかみたいな感じで、おなじだろ、ちがうでしょっていうのは、科学についても宗教についても、あまり知らないでやっていると思うのねん。

科学と宗教にどんな共通点があるかについては、映画『コンタクト』が、たぶん他にはないってくらい素晴らしく描いている。これは今は亡き、カール・セーガンのSF小説が原作で、ジョディ・フォスターが主演したすばらしい作品だ。以下、ネタバレありで、この科学と宗教の関係についてみてみよう。

『コンタクト』って映画のいちばんの魅力は、やっぱりエリーというヒロインの人間性にあると思うんだよね。

エリーは、幼い頃に死別した父親の影響で、天文学とハム（アマチュア無線）に興味を持ち、長じて電波天文学の道を志す。しかも、専門分野として、誰もが少しイカレてると思うジャンル——SETI（Search for Extra-Terrestrial Intelligence：地球外知的生命体探査）を選択する。

SETIってのは、精神的にとってもハードな分野だ。これはもう、賽《さい》の河原で石を積むようなもので、宇宙からやってくる電波の観測を続ければ続けるほど、ここもダメ、あそこもダメ、どちらを見ても異星文明の気配はないってことが、延々と続く。

もちろん、銀河のどこかには、知的生命がいて、文明活動の結果としての電波を発信しているに違いない。でも、実際に手を動かして観測を続ければ続けるほど、その期待は裏切られ続ける。世間はその仕事を、変わり者の道楽と白眼視するし、自分自身の取り組みの中からも、否定的な結論しかでてこない。その状況のもとで、挫折せずに仕事を続けるには、どれだけの精神力が必要な事か。

やがて、彼女のSETIプロジェクトは、指導教官のドラムリンによって無駄と断じられ、予算はカット、探査は休止に追い込まれる。しかしエリーは諦《あきら》めない。その後彼女は、研究の再開を目指してスポンサーを探し求め、二年間もあらゆる企業を歩き回る。そして、全てに断られ続けた最後の最後に、超巨大企業の総帥ハデンの協力をとりつけ、ようやくプロジェクトの再開にこぎつける。

しかし、それも長くは続かない。貴重な科学設備を無益な研究に浪費しているというドラムリンの批判によって、プロジェクトは再び危機に直面する。そんな時、ついに、ベガからのメッセージがキャッチされるのだ。

やった〜やった〜！　ついに長年の苦労が報われたよ〜って思うのも束の間、彼女の前途には、さらに理不尽な運命が待ち受ける。

異星からのメッセージが捉えられた途端、SETIをずっとコケにしてきたドラムリンは、あっさり宗旨替えして、プロジェクトを主導したのは自分ですと言い始め、エリーの業績まで横取りしてしまう。

こういうやるせない運命にさらされながらも、エリーは決して捨て鉢になったり、他人を責めることで自分をごまかすことはない。

もちろん、裏切りや失望に出会った直後は、一時的に狼狽《ろうばい》して感情的になる場面もあるわけだけど、最終的には、現実に即した、前向きな生き方を選びとる。

このエリーの心意気をみて、思い出した事がある。ぼくはこれまで、科学ライターとして、五〇〇人以上の研究者にインタビューしたことがあるけど、その中でも、とびきり独創的な研究をしてきた人たちには、みんなどこかしら、このエリーに似た感じがあったと思うんだよね。

なにしろ独創的な仕事というのは、成功するまでは、非常識なアイデアにすぎない。しかも、自分の観測や実験も、最後の最後まで否定的な結果しか出てこないことがほとんどだ。データを集めてプロットすると、その延長上に、自分の仮説の間違いを証明するような線が描けてしまったりもする。やがて、はじめは一緒にやってくれてた同僚たちも、こりゃダメだという雰囲気になってくる。

もちろん、彼らも人間だからもう諦めようと思うこともある。でも、どういうわけか、彼らはその危機を乗りきって、前進を続けたんだよね。

独創の原点には、まず常識を疑うことのできる、教条に縛られない自由な心がある。

でも、それだけでは不十分で、強烈な逆境に耐えて、前に進み続けられるタフな精神が欠かせない。しかもそれは、決して狂信的な信念ではなくて、ある種の楽天性の現れなんだよね。

自分のそれまでしてきた仕事は、まだ可能性を完全に潰しきっていなくて、やり残しがある。そこに自分の信念を証明する現象が潜んでいるかもしれない。そう思い続けられる精神は、天性のものかもしれないけれど、やっぱり誠実に研究に取り組むことで養われる部分がかなりあると思う。

そういう資質の全てが、エリーというキャラクターには表現されていると思うんだよね。

サはサイエンスのサ

連載●42

【鹿野 司】

科学的精神と宗教改革者

『コンタクト』の中で、特に印象的な場面は、宇宙からのメッセージを解読して作られたマシーンに、誰を乗せるべきかを決める、公聴会のシーンだと思う。

ここで主人公のエリーは、恋人（なのかな？）の宗教家、ジョスによって、あなたは神の存在を信じるかとたずねられる。それに対して、彼女は嘘をつくことができない。立場が不利になることを知りつつ、自分は無神論者だと告白してしまう。

その結果、評議員たちは「人類の95パーセントが、なんらかの神の存在を信じている。その人類の代表として、無神論者をマシーンに乗せるわけにはいかない」として、彼女を候補から外すわけだ。

これをどう受け止めるかが、『コンタクト』をどう評価するかの、ひとつの分かれ目ではないかと思う。

これを見た時のぼくの最初の感想は、バカげているけど、大いにありそうなことだなあってものだった。ファンダメンタリスト（原理主義者）がハバを利かせ、州によっちゃ進化論と創造説を並列で教えなくちゃいけないような国では、こんな非科学がまかり通ってもゼンゼン不思議じゃない……。

でも、改めて考えてみると、これはそういう単純な話じゃないみたい。世界の95パーセントという数字がホントかどうかはともかく、確かに世界の多くの人たちが、なんらかの宗教を信じ、神の存在を受け入れている。

現代の日本で育つと、信仰心とはどんなものか、世界標準とは違う感覚が身についてしまいがちだ。実際、あの人は〜教の信者だよってのは、胡散《うさん》臭いイメージにしかならないもんね。宗教を熱心に信じる人って、なんかちょっと怖いかんじがしてしまう。

でも、他の大半の国では、敬虔な信者といえば、基本的に尊敬と信頼に値する人をあらわす形容になる。アメリカなんかは特にそうで、無神論者のほうが、何をしでかすかわからない人物というかんじ。大統領も、就任の時には聖書に手を置いて、職務を全うすることを神の前で誓うわけだしね。

『コンタクト』のなかで、エリーは世間の常識を疑うことができる柔軟さと、全ての困難に耐えて自分の研究を信じ続ける強靭さをあわせもつ、科学的精神の代表者として描かれている。そして、その性質は、宗教家のジョスにも当てはまる。

ジョスは、聖書全てを暗唱できるほどの専門家だけど、そこに書かれている内容を字面どおり受け取る、教条主義者とかファンダメンタリストじゃない。

過去の文献には、正しいことも間違ったことも含まれていると心得ていて、その前提で真の信仰とはなにか、神の存在はどういう意味をもつかを追求している。

聖書という古い書物に、トンデモっぽい記述があるのは無理もない。現代の目で見ると、そういうあり得ない話が鼻について、神の存在を疑いたくなるかもだけど、そうじゃない。とにかく絶対神様っているに決まってんじゃん！　と、彼は確信している。

それは、エリーがどこかに異星文明があるに違いないと信じ続けた確信と、同じ性質の物なんだよね。

ジョスの精神は、多くの宗教改革者が備えていた資質そのものだ。

開祖がいる宗教は、その人が死ぬと、長く生き延びたとしても教条化してしまう。これは必ずそうなる宿命で、それによって宗教は救済力を失い、かえって人を苦しめたりもするようになる。でも、やがて中興の祖となる宗教改革者があらわれて、開祖の理念の根幹を理解し、その時代にふさわしい形で教条化した既存の概念を破壊して、事実上の新宗教を創造する。

これは、科学の世界での天動説が地動説にひっくり返るとか、光速度不変や不確定性原理の発見などのパラダイムシフトと、本質的に同じものだと思う。人間の行為として、科学も宗教も質の高いものならば、根本で通じる部分がある。

エリーとジョスという二人のキャラクターは、それを的確に描き出していると思うんだよね。

超越者のありかた

サはサイエンスのサ

連載●44

【鹿野　司】

ところで、この二人の神に関する対話の中で、ジョスは、神の存在を信じなければ、生きることに、つややかな意味を見いだせないという。無神論者であるエリーは、そんなことはないといいつつも、ある種の動揺を隠せない。

それにしても、なぜジョスは、神の存在がなければ人生は色あせると思うんだろう。そして、無神論者であるにもかかわらず、エリーが心の底でそれに共感してしまうのはなぜなんだろうか。

この映画を見ていて、不思議な感じがするのは、バカに気前のいい連中が、たくさん出てくるなあってことだ。

ハデンというハゲのおっちゃん、メッセージを送信してきたエイリアン、そしてワームホール・ネットワークを作った何者か（原作ではこの宇宙を作った存在らしい。宇宙の曲率を調節して、πの中にメッセージを込められるくらいだから）。彼らは、求める者に対して、何だかものすごいものを、ポーンと気前良く与えてくれる。ただ、いずれにも共通しているのは、自ら助くるものを助くってところだ。

ハデンは資金難にあえいでいたエリーのSETIプロジェクトに資金を提供しただけでなく、エイリアンの暗号を解くヒントを与えたり、予備のマシーンの搭乗者にエリーを招いたりと、ビックリするような贈り物を次々与えてくれる。もっとも、エリーはハデンが自分の求める答えを持っていることを知らないし、ハデンに頼ろうとは夢にも思わない。それはただ、エリーが数々の困難に耐えて前進し続けたことの結果として、降って湧いたように与えられる。ただ、ハデンはエリーの動向を、いつも静かに見守っている。

メッセージを送信してきた地球外知的生命も、宇宙船で地球を訪れたり、マシーンそのものを送ってきたりするわけじゃない。彼らのメッセージを受信し、暗号を解読し、マシーンを作り上げるといった、人類側の努力を求める。それは、非常に多くの困難を乗り越えなければ達成できないことだ。

さらに、ワームホール・ネットワークを作った存在も、そのネットワークに到達し、その利用法を理解できるだけのレベルに到達したものに、より素晴らしい世界の訪れを約束しているようだ。

彼らには、共通の性質がある。

それは、過保護でなく、放置するでもなく、見守ってくれる存在ってことだ。

そして、こういう超越的な保護者がいると信じることが、キリスト教文化での、信頼とか愛の核心じゃないだろうか。

真摯に努力を続ければ、自分を超えた何者かがきっとそれに応えてくれる。あるいは、いつも自分を見守っていて、ほんとうに理解してくれる超越者がいてくれる。自分の人生が、報われないことの連続だったとしても、その気持ち、その善意、その努力、その苦しみのすべてを、ちゃんとわかってくれている存在がある。この世には無条件に信頼できる存在があって、生きることは割にあうことなのだ。すべては、そういう物語の、バリエーションじゃないかと思うんだよね。

こう考えると、ジョスが神の存在を信じなければ、人生は空虚だといった言葉の意味がわかる。キリスト教文化のもとでは、超越的な保護者なくしては、世界を信頼する基盤がなくなってしまうんだよね。それは彼らの文化の根幹なので、不可知論者であるエリーも共感せざるをえない。

神の存在は信じなくとも、少なくともエリーの父親はエリーにとってそういう存在だったわけだし、映画の最後のシーンでエリーが子供たちに語りかける態度は、まさにこの過保護でなく、放置するでもない保護者としてのそれだったわけだしね。

ただ、この理想の保護者像というのは、良い形で現れるばかりではなくて、ネガティブに現れてしまうこともある。

たとえば、神経症の人や幼児虐待をする人、犯罪者ってのは、親の育て方が悪いからって考え方があるよね。虐待を行う人は、自身が幼い頃虐待の経験がある、なんてこともよくいわれる話だ。

でも、この理由付けには、ホントは根拠はなくて、一つの物語にすぎない。だって、これにあてはまらないケースはいくらでもあるんだから。

幼い頃に親から虐待を受けた人が、自分の子どもに必ず虐待をするかというと、そんなことはありえない。逆に、何の問題もない家庭に育ったからといって、犯罪者にならないわけでもない。つまり、子供の不幸は、親の育て方が悪いから起きるという主張には、客観的な因果関係はないんだよね。

それなのに、親が悪い説が一見ありそうに思えるのは、保護者の理想像に重要な意味がある文化が背後にあるからだ。つまり、神という保護者のモデルがあるから、実際の親に対する期待も過剰に大きくなってしまう。その理想にあてはまらない親（つまり全ての親ね。理想通り完璧に生きることは不可能だから）は、悪い親に決まっていて、それが諸悪の根源なんだという感覚につながっていく。

一時アメリカで問題になった、事実としては存在しない幼児虐待の記憶が、サイコセラピーの中で作り出され、親を訴え家庭がバラバラになるという悲劇なんてのも、結局はこういう文化がもたらした副作用だ。

そうはいっても、やっぱり親の責任は大きいんじゃないのって思う人は多いと思う。その感覚は、ぼく自身もわからないではない。ただ、それは、今の日本人の感覚が、かなり西欧的になっているからだと思うんだよね。もともと輸入概念なんだけど、いつの間にかそういう物だって感じになってしまった。

その証拠に、最近はあまりいわなくなっているかもしれないけど、かつては、悪いことをした者に対して、親不孝をするもんじゃないと諭《さと》すのが当たり前だった。そんなことをすると、親が悲しむよって。

ここには、親の育てかたが悪いという発想はない。たぶん、儒教的な考え方の影響もあるのだろうけど、あんたが悪いのは、まず第一にあんたの責任だという感覚がある。自分の責任を親になすりつける発想は、もともとの日本にはほとんどないものだったと思う。

ところが、今ではマスコミ報道とか、本当は何の責任もないはずの、成人の犯罪者の親までさらし者にして謝罪させたりする。ああいうのはどうかと思うね。

日本の場合、主要な宗教は仏教で、仏教のお釈迦様って、キリスト教の神のような、超越的な保護者じゃない。仏教のお釈迦様は、キリスト教の神とは、ゼンゼン違ったニュアンスで人を救おうとする。

まあ、仏教といっても一つじゃないし、大乗仏教と小乗仏教ではかなり違うけど。

大乗仏教のお釈迦様というのは、神と同じ超越者だ。だから、生まれた直後に東西南北に八歩歩いて天上天下唯我独尊といったりした。もちろん、そんな伝説、事実のわけないよね。でも、超越的存在の逸話なんだから、こうでなくちゃいけない。

一方、小乗仏教では、お釈迦様も三五歳でお覚《さと》りになる前は、尊敬はしてもただの人って思っている。とくに原始仏教では神秘的な伝説は一切排除して、合理的な心理学みたいな感じさえある。

キリスト教は、善悪ということに関心が強くて、より善く生きようと勧める。でも、仏教はそうじゃない。

仏教の論理では、人間は放っておくといつもぼやーっと、半分眠っているような状態だから、いろいろ迷ったりすると考えている。夜中に目を覚まして寝ぼけながらトイレに行くとき、足の小指をガンってぶつけるみたいなもの。この半覚醒による迷いが苦しみの源のわけだ。

だから、きっちり目を覚まそうぜっ、そうすりゃ迷いも自動的に無くなるよってのが仏教のめざすところだ。「覚り」とかいうのは、この目覚めることをいうわけね。今、目の前で起きていることを、ちゃんと見られる状態を、覚りという。

ただ、これはいちど覚っちゃうと、そんでもう超越的な存在になるかというと、そうじゃない。覚りを開いた人でも、いつも目覚めていようと修練を続けていないと、すぐに眠りこけちゃうことになる。

大乗仏教の場合、普通の人はそこまで修行はできないので、迷いが生じそうなときは、お釈迦様にお任せする形をとる。たとえば、昼食に天丼かカツ丼かどちらを食べようか迷ったとする。これは苦しい。カツ丼を頼んでから、やっぱ天丼が良かったかなあとか思い悩むと、旨《うま》いものも旨くなくなっちゃう。そこで、コインを投げて、どちらかに決めちゃうことにする。それがお釈迦様にお任せするってことで、このときコインの目を信じて後悔しないことを決心することが、信心なんだよね。

超越者にゆだねることで、迷いを断ち切り、苦しみから逃れるのが大乗仏教の論理ってわけだ。おなじ超越者をもつ宗教でも、キリスト教とは論理構造はずいぶん違っているんだよね。

サはサイエンスのサ

連載・57

【鹿野　司】

開祖なし宗教と開祖あり宗教

今はどうかは知らないけれど、昔は宗教の進化みたいなことが信じられていた。宗教は非文明国にある、原始的な自然崇拝や祖霊崇拝から、文明国にある一神教へと進化する、みたいな。

でもこれは、ヨーロッパのキリスト教文化圏の人が、他の世界の文化を見下すかんじでまとめた古い時代の発想で、現代の世界観からすると正しいわけがない。

祖先の霊や自然を崇拝することを、開祖のいない土着宗教とするなら、それは世界のどこにでも普遍的にある習俗だ。その崇拝の対象に人格を与えて、多神教的な世界観を持つのも、人類普遍のこころの性質から、なかば必然的に導かれてきたのだろう。

これに対して、キリスト教や仏教などの開祖が存在する宗教は、ある目的を持って産み出される人工的なものだ。

開祖なし宗教と、開祖あり宗教は、同じ宗教という言葉でひとくくりにするには馴染まないくらい違っているし、必然的にそちらへ変移するというような進歩概念でとらえるのも正しくない。

開祖ありの宗教が、どんな目的をもって作られるかというと、それはその時代、その社会での深刻な課題を解決することにある。

たとえばユダヤ教は、十戒に象徴されるように、神との間に契約を結ぶというアイデアに基づく教祖ありの宗教だ。これは、人間が場当たり的に決めていたルールを超越した、客観的なルールとか、正義って物があるということを主張している。

善とか悪とかいうものは、古くは小さな集団の中だけで合意された、相対的なものにすぎなかったろう。たとえば山賊の集団だったら、仲間以外の人を襲って金品を奪うことは善だったはず。つまり、部族が違えば何が善で何が悪かは、異なっていて当然だった。

ところが、多数の部族をまとめてエジプトから脱出する際、この部族間のルールの違いから起きるもめごとに、モーセはほとほと困り果てた。あちらで牛を拝み、こちらで生け贄を捧げ、てんでんバラバラに好き勝手やっていては、内輪もめで脱出グループも崩壊しかねない。

そこでモーセは、十戒という絶対的、客観的正義という全く新しい概念を編み出した。

これによって、人々は部族を越えてこころを一つにし、出エジプトという困難なプロセスをやり遂げたわけだ。

ユダヤ教とその系列のキリスト教の文化圏の人たちは、このモーセの画期的なアイデアの発明以来、陰に陽につねにルールと契約ってものについて考え、試行錯誤し続けるようになった。契約とは何か、ルールの抜け道はないかなんてことを、しょっちゅうしょっちゅう考える人がすごく多いわけね。

だから、そういうセンスのない東洋や日本は、契約やルールに関して西洋に遅れを取ることが多い。まあ、知らぬ間にあちらの土俵に上げられていて、しかもそのことにほとんど気づいてこなかったのが敗因なんだけど。

それはともかく、キリスト教には原罪思想という不思議な考え方があるよね。神との約束を破って、知恵の実を盗み食いしたアダムとイブの子である人は、生まれながらに罪人であるという。

どうしてこんな奇妙な発想が出てきたのかというと、それも、ある枠組み崩しの必然があったんだろうと思う。

絶対的ルールという画期的アイデアは、人心をまとめて、出エジプトという困難を達成した。しかし、その副作用が、やがて人々を苦しめるようになる。

新約聖書の中に、姦淫《かんいん》の女の逸話がある。キリストがエルサレム東方のオリーブ山で説教していると、そこに不倫の現場で捕らえられた女性が引きたてられてきたって話だ。

で、姦淫の罪はモーセの法では、石投

げの刑にすることになっているけど、イエスさん、あんたはどうするのって聞かれる。するとキリストは、あなたがたの中で、罪のないものが、まず石を投げなさいと答えるのね。

うまい事いうよね。とんちだね。この言葉にガーンとショックを受けた人々（現代人からは想像もつかない純朴さ）は、石を投げることなく、その場を去っていった。

この逸話のキモは、裁きは人が行うものではなく、神の手にゆだねられるべきだという、キリスト教の根本理念だ。これが新約聖書の逸話として残された理由は、当時、正義の毒が社会に蔓延していたからだろう。

絶対的な正義が硬直的に信じられている社会では、罪を犯したものは自動的に救いようがない。何か、止むに止まれぬ事情があったとしても、それが斟酌《しんしゃく》される余地はなくて、罪が明らかになった瞬間、その人は社会から排除されてしまう。

姦淫の女の逸話は、そういう絶対的正義が必然的に招いた害に対する、カウンターの役割を持つものだ。当時の誰もが当然のことと信じていた、絶対的な正義の妥当性という枠組みを揺るがす事で、その古びた枠組みでは救えない人への、救済の道を切り開いた。

そして原罪の思想は、これを理論的に普遍化したものなんだよね。

つまり原罪があれば、ワタシは全く罪を犯したことないもーんとうそぶく厚顔無恥な人でも、生まれながらに罪があるんだから、他人を裁くことは許されないってことになるわけね。

しかし、人間は非常に賢いので、人の救済のために編み出された新しい枠組みも、すぐに別のことに使いはじめる。立ってる者は親でも使え。そして、それがまた不幸を生産する。

キリスト教内部でも、カソリックとプロテスタントは、別の宗教といっても良いくらい違っている。この宗派の分離は、免罪符の濫発に代表されるカソリックの腐敗に対する批判、つまり宗教改革によって行われた。

免罪符なんて、今からするとバカバカしい感じがするけれど、当時はそれを欲しいと願う人が少なからずいたみたい。それは人々の心の中に、自分は罪深いんじゃないかという不安が、常に存在してたからだろう。

これは、原罪思想の副作用だ。キリスト教には、絶対的なルールを濫用させないように、つねに罪を意識させようとする構造があるから、そればっか考えちゃう人がたくさん出てきてしまうわけね。

だから免罪符も、はじめは、その不安を慰撫《いぶ》するためにできたものだったのかもしれない。しかし、同時にお金を集めたり、何らかの便宜を引きだすのに都合が良かったので、そういう使い方が主になってしまった。この腐敗に抗議する形で、聖書に忠実であろうとするプロテスタントが産まれたわけだ。

ちなみに、人間の生命のはじまりが出産の時からではなく、受胎の瞬間からと考えはじめたのは、この宗教改革と関係がある。宗教改革によって、プロテスタントが勢力を伸ばしたことによって、カソリック内部でも改革が起こり、それまでの腐敗を一掃する努力が行われた。同時に、新しい心の救済法として、出産前洗礼ということを始める。これは、当時多かった流産した児をもつ親の苦悩を慰撫するために考案されたものだ。

出産前の洗礼が妥当であるためには、人のはじまりは出産時ではなく、受胎時としなければならない。こうして、受胎が人のはじまりとされるようになった。しかし、その古い救いの概念が、今やファンダメンタリストたちによって歪められ、堕胎を行う医師は、殺してしまえって事にまでなってしまっている。

救済装置の変遷

サはサイエンスのサ

連載●12

【鹿野　司】

教祖なし宗教と教祖あり宗教の関係には、原始的か進歩的かなんて違いはない。だけど、文明の流れとして、教祖あり宗教は、人口の増加や都市の成立などと関係して出てきた可能性はあると思う。

人口が少ない小集団でいるときは、人々の全てが互いに知りあいで、それぞれにどんな悩みがあるか共有されたり、みんなで解決の手助けをすることが普通にできていた。

でも、人口が増えてくると、そういう顔見知りのネットワークから外れて、社会から嫌われたりのけ者にされて、落ちこぼれてしまう人が、たくさん出てくるようになる。そういう人たちを救済する装置として、教祖ありの宗教が立ち上がってくることが多いんだよね。

そのため、教祖によって新しく作られた、できたてホヤホヤの宗教は、たいてい過激で反社会的だ。

なぜかというと、教祖は、ある時代のある文化の常識では、絶対に許されないようなことをしでかした人々を救うから。キリスト教の姦淫の女の逸話もそうだし、悪人正機《しょうき》なんてのもそういうものだ。世間も許さず、何よりも自分で自分を許せないような反社会的な人を、教祖は救っていく。

聖書や他の宗教的な逸話を読むと、どれも教祖は正しい行いをしたと描写されているけれど、当時の世間からみれば、どんだけ汚らわしくてやくざな振る舞いかって感じだったろう。だから教祖たちは迫害を受けるし、イエスも最後には磔《はりつけ》にされちゃうわけ。

教祖あり宗教では、聖書や教典が編纂されるのが、教祖の死後数十年以上後になるのが普通なのは、こういう反社会的という認識が和らぐまでの時間が必要だからじゃないかな。

なぜ、教祖が、それらの苦しむ人を救えるかというと、人を見て法を説くことができるからだ。つまり、論理的な矛盾を含み、相手に迎合し、朝令暮改、優柔不断なところがあるんだよね。一見ぐだぐだのようでいて、これができるから人によって違う様々な悩みに応え、なるほどと思わせることができる。

教祖は自分の考えを頭ごなしに押しつけるわけじゃなくて、相手の言葉にもある程度迎合しながら、たくみに救いの方法を創造していく。だから聖書とか教典とかの創始者の逸話は、あちこちで矛盾だらけになる。

そういう意味では、オウム真理教も典型的な教祖ありの宗教だったわけだ。

宗教と精神療法

ヨーロッパでは一九世紀半ばに神様が死んじゃったので、それまでとは違うものを救済の鍵にする必要に迫られた。

そこで産まれてきたのが、フロイトなどを嚆矢《こうし》とする心理療法だ。

心理療法の目的は、病気じゃないのに症状だけがある異常＝神経症を治療することだ。

神経症の症状には色々流行があるけど、フロイトの時代に流行っていたのがヒステリーだ。これはとくに、運動機能や感覚機能に異常が現れるもので、典型的には、目が見えなくなったり、歩けなかったりという症状が出る。

そうすると思い出すのが、例のキリストの奇跡だよね。イエスはめしいの目を開き、足萎えの足を立たせたわけだけど、これは精神医学的にみればヒステリーの治療を行ったんだと思う。あるいは逆に、キリスト教文化圏の人々だから、聖書から無意識的にヒントを得て、こういう症状を出すのが流行してしまったのかもしれないけど。

神経症の症状は、一種の表現だから、誰かが画期的なやり方を発明すると、それをまねる人が増える。ムーブメントの創造だね。一九七〇年代には拒食症が生まれ、それがすこしぐだぐだになった過食症が広まり、近ごろはリストカットとかオーバードーズなんかが広がっているみたい。

心理療法は、神の救いに代る治療の論理を独自に創案した。

フロイトは性欲理論で有名だけど、これが新しかったのは、なんでもかんでも性欲に結びつけることじゃない。心には自分では気づけない無意識という領域があるんだけど、それはある種の仕組みであって、何らかのエネルギーで動いているという発想だった。

このメカニズム論は、産業革命当時のテクノロジーバンザイ的な雰囲気が支配する社会では、多くの人をナルホドと納得させるものだった。だけど、科学的に実証できる類のものじゃなくてただの空想なんだよね。

蒸気機関の仕組みを教養として何となく身につけていた人たちにとって、心的エネルギーの抑圧や暴走ってのは、納得できる物語っていうだけに過ぎなかった。まあ、ハードSFみたいなもんだ。

それから、人類の心は、種としての共通項を持つというユングの集合的無意識論も、文学的には美しいけど、客観的に実証はできないファンタジーだ。

これも、工業化が進んで失われつつある古き良きものを懐かしむ、当時のロハスとか森ガールみたいな人が、いいかんじって思えるフィクションなのね。

どちらも、神様と同じくらい根拠はな

いんだけど、でもこれを治療者と患者が共有して信じれば、治療（救済）の糸口になるという点では、全く同じ性質のものだった。

父との最後の日々

【鹿野 司】

一九九九年の暮れ、八二歳で父が逝った。

直接の死因は肺炎の悪化によるものだけど、その肺炎は肺癌の摘出部に端を発するものだった。しかし、本当の意味で父の死を早めたのは、せん妄症状だったのではないかと思う。

父が肺癌だとわかったのは、その年の春先だった。右肺腺癌で、手術前の見立てではステージがⅡまたはⅢAという。肺癌は通常、肋骨などに邪魔されて発見し難《にく》いため、気づいた時にはあちこちに転移していて、手術できないことの方が多いのだが、ステージⅢAはぎりぎりいけるというレベルだ。

そこで、書籍や資料を片っ端から読みあさり、友人の医師に相談したり、インターネットのセカンドオピニオンをしてくれるサイトで、複数の専門医に相談したりして、最も妥当と思われる治療方法を、ぼくの責任で決断した。それにしても、インターネットの存在は、本当にありがたいものだ。実は、ぼくの古い友人も、ほぼ同時期に父上がうちと同じ病気を抱えていたそうだが、やはりインターネット上での相談で大いに助けられたという。その父上も、うちの父の十日ほどあとに亡くなられたのだが。

治療には、色々な選択肢があって、何を目差すかが重要だ。ぼくの目標は、これからの父のクォリティ・オブ・ライフを最善にすることだった。

父は年の割には若く（外見は六〇代くらい）て丈夫だったものの、調べたところでは通常八〇代の患者に肺癌の手術を行うことはないらしい。術後の肉体的ダメージは大きいから、仮に手術しても自由に動けなくなったり、寿命が変わらなければ、やらない方がマシなのだ。

父の場合は、手術をしなければ一年は持たないという話だった。しかし、手術が成功すれば三年は確実に生きられるという。また、体力も、発作性の心房細動はあるものの、肺活量など十分手術に耐えられるという判定だった。

そこで父に告知して、手術をすることを選んだ。告知前の父は、自分の病状をずいぶん不安に感じていたと思う。「俺はガンなんだろう」と言いながら、食い入るように母の顔を見つめ、表情の変化を読みとろうとするあの必死の目つきが、今でも忘れられない。でも、告知をし、疑問に感ずることの全てを丁寧に解説したことで、ようやく落ち着きを取り戻してくれた。手術にはかなり前向きで、術後の肺活量の不足を補うための呼吸訓練など、熱心にやっていたものだ。

そして、手術。しかし、残念ながらあけてビックリ玉手箱だった。原発部位の右肺上葉の大きな塊は取れたものの、それとは別に縦隔《じゅうかく》リンパ節にあった一部が肺動脈にがっちり食い込んでいたのだ。縦隔リンパに異常がありそうなことは、事前のCTでもわかっていたけれど、気配程度のものなので、あっても取れるだろうというのが、執刀医の判断だった。しかし、術中に外に出てきた執刀医は、これを無理して取ると、片肺を全部ダメにしてしまうかもしれないという。

父の年で片肺になるというのは、呼吸器をつけ、自由にベッドを離れて動けなくなるということだ。そんなことなら最初から手術は選択しなかったわけで、結局、ガンの一部は残すことにした。もちろん、本人には手術は成功、完全に取れたということにして、用心のために放射線をかけると偽って治療を継続した。

それにしても、合点がいかないのは、手術後、主治医から何度か制ガン剤を使った方がいいかもというニュアンスの言葉を聞かされたことだ。肺腺癌に対しては制ガン剤が効く科学的なデータはないようだし、制ガン剤は体に大きなダメージを与える。だから、術前からその選択肢はないと言ってあったのに。

こういう医者の心理ってのは何なんだろう。効かないだろうけど、用心のためと思うのだろうか。まあ、保険点数を稼ぎたいってことは、ないと思うけど。しかし、少なくともそれは、ぼくが願うクォリティ・オブ・ライフの高い余生という観点とは、違うところで行動しているようだった。でも、医者から制ガン剤もといわれて、それを断るのは、かなりの決断力を要する話だった。たいていは、たぶん受け入れて制ガン剤をやっちゃうんだろうなあ。

放射線は体に負担がほとんどないので、徐々に体力が戻ってくると、本人は退屈で早く退院したくてしょうがない。ただ、こちらとしては、ガンが急に壊死《えし》して肺動脈が破れれば即死だから、ヒヤヒヤしてはいたんだけど。

術後、執刀医には、余命は三カ月か六カ月か、もって一年といわれた。しかし、五週間の放射線治療が終わる頃には、わりと元気で、ぼく自身は案外長生きできるかもと思い始めていた。腫瘍マーカーの値も下がっているし、余命一年と言われて、十年生きる人もいるもんね。

もう少し元気になったら、父の故郷の函館にいっしょに行こうと約束して、東京に戻ったのが夏の終わりだった。

しかし、退院して一月少々経った深夜、母から電話がかかってきて、父の様子がおかしいという。心臓が苦しいから救急車を呼んでくれといっているというのだ。

すぐに病院に連れて行くようにいって、連絡を待っていると、救急病棟に入院させたけれど、軽い心房細動の発作で、とくに心配はいらないと知らせがあった。まあしかし、いずれにせよ、その翌日には実家に様子を見に帰る予定だったので、一日繰り上げて名古屋に向かった。

病院に行って驚いたのは、父が不精髭を生やしていたことだ。おしゃれな父の、そんな顔なんて見たことがない。どこかうつろで、まるでぼくのことがわからないようなのだ。

いつもなら、帰省すれば嬉しそうに笑ってくれたのに……。救急担当の医師に状況を聞くと、彼はどうやら父が惚《ぼ》けていると思っているらしい。そんなバカな。ほんの数日前にも電話で普通に会話していたのに、惚けているわけがない。

でも、夜中にうろつき回って、色々とおかしなことをするから、夜は病棟で付き添ってくれという。実際、しばらく様子を見ていると、明らかに何かおかしいのだ。

検査の結果、心臓はともかく、軽い肺炎があることがわかって、しばらく入院することとなった。思えば、それから三カ月、本当に色々なことがあったと思う。

とくに最後の二カ月余りは、月曜日から金曜日までの毎日、最低二十時間は病院で、アルジャーノン化した父ととことんつきあった。それは、肉体的にはものすごくヘビーで、出口の見えない辛い日日ではあったのだけれど、充実して濃密な生を生きられた時間でもあった。今にして思えば、面白かったとさえ感じる。普通の親子なら触れることがないだろう、人間の心の情けなく悲しいところから、気高く愛情深いところまで、その複雑さの全てを父は見せてくれたのだ。あの体験は、ぼくにとって生涯の宝物だ。

やっぱり人間は面白い

サはサイエンスのサ

連載・69

【鹿野 司】

ぼくが父の病室に泊まり込みをはじめた頃は、父はまだ、まともな部分を多く残していた。時々おかしな話をするし、幻覚も見ていたけれど、普通の会話ができる時間もわりとあった。

それで、病院はやることがあまりなくて退屈だったので、色々なことを話してもらった。父の子ども時代や、軍隊時代のこと、終戦後、函館で魚を仕入れて東京で売って稼いだ話などなど。そういう話題も尽きると、好きな小説の話もした。司馬遼太郎の『坂の上の雲』は良いぞ。あれはただ面白いだけの話じゃなくて、日本のことを深く考えているから、とか。

でも、日に日に父の病状は進んでいく。

昨日できたことが今日はできない。テレビのリモコンが使えない、ファスナーが巧く開けられない、日によっては文字が書けなくなったり、言葉が出ないらしくてジェスチャーをしていたこともあった。まるで朦朧《もうろう》とした半覚醒の状態のようで、睡眠薬を飲むと、幻覚症状がとくに強く出てくる。床が濡れているように見えたり、色々な人が訪ねてきていると勘違いしたり。どんどん、まともな会話ができる時間が減って、二週間もするとそれは一日三十分以下になっていた。

そういう父の幻覚症状について、ぼくは慌てることなく、素直に受け入れていた。それは、昔、こんなことを読んだことがあるからだ。

盲人は、視覚機能に障害がある人だけど、それは人間としてつきあうことに何の問題もない。それと同じで、精神機能の一部に障害がある人とでも、人間としてつきあうことに何の問題もない。

これが念頭にあったから、父の奇妙さも、そういうものとして受け入れて、普通につきあった。もし、そうできなくて、こちらが取り乱していたら、父の心もかなりかき乱されたのではないかと思う。短い時間とはいえ、正気に近い状態の時はあるので、その時には、自分がおかしくなっていることに気がついていたから。

でも、落ち着いてつきあったことで、父が見ている幻覚についても、感情的になることなく、色々な話ができた。

たとえばベッドの上に鍋があって、ぐつぐつ煮えているという。それは幻だねというと、そうだな、よく見ると線画みたいで厚みがないな。お、今肉を持ってきた。誰かが運んできてるの？ いや、そうじゃなくて、気がつくと置いてあるんだ。あそこにある傘は本物かな？ そうだよ。じゃあ、あの棚の上にある箱は。ティッシュの箱ならあるね。その向こうにある蛇の目傘は？ うーん、それはぼくには見えないな。そうか、難しいな。

幻覚のリアリティは、本物と同じくらいあるらしい。だからちょっと見ただけではだまされてしまうけれど、注意すると細かい違いがあるということだった。

たとえば、老眼なので本当にあるものは、ぼんやりとしか見えないのに、幻覚はいつもはっきりと見えるらしい。また、色はわかることもあれば、そうじゃない時もあるという。後に、ラマチャンドランの『脳のなかの幽霊』（角川書店）という本を読んで、その幻覚は目を閉じても見えるのかどうか、聞けば良かったと思った。しかし、残念ながら、その質問はできずじまいになってしまったけど。

後からわかったことだが、この一連の症状はぼけではなく、せん妄というものだった。

せん妄は、色々簡単なことができなくなるし、記憶が混乱したり、マトモじゃないことを口走り始めるので、よく痴呆と間違えられる。

でも、実際には全く別ものだ。

これは覚醒水準の障害で、深い眠りを

取ることができず、また完全に覚醒することもできなくなった状態だ。このため、はたからみると起きているようでも半覚醒状態で、白昼夢を見ながら何日間も全く眠らず行動するようになる。

　病院で普通に処方される睡眠薬＝ベンゾジアゼピン系などのマイナー・トランキライザーは、深い眠りを抑制する働きがある。そのため、これを服用するとせん妄症状が、かえって悪化することがあるようだ。

　うちの父は、眠れないからこのクスリが処方され、まさにそれで症状が悪化していった。そして、それさえなければ、もっと安静を保って治療が受けられたはずで、こんなに早く父が逝ってしまうこともなかったろう。まあ、全ては後知恵ではあるのだけれど。

　それにしても、三カ月少々の間だったけど、本当に色々なことが起きた。

　夜、寒いからというので、布団をかけると布団は重いといって文句をいう。それで、違う布団にかけなおしたり、床擦《とこず》れができないように下に敷いている枕の位置を変えたり、そんなことを延々とやり続けないといけない。足をずっと按摩してあげたり、どうしても寒いっていうんで、わかった、じゃあ添い寝して体で暖めてやるといって、同じベッドに寝たこともある。よせよ、とか言いながら、けっこう嬉しそうだったりして。

　ある時は、どうしても聞き分けてくれず、ビルの管理人にかけあって暖房をつけさせろといい出す。そんなの絶対に無理だよ、といっても聞き分けてくれない。それじゃあお前、なにか、人間はみんな、過去に誰かがやったことと同じことしかしちゃいけないのか、やってみなくちゃわからないじゃないかと、妙に説得力のあることをいう。でも、深夜の三時に、さすがにそれは無理だよな。

　どんなにいってもわかってくれなくて、喧嘩のようになってしまう。こんなに親不孝な子どもは殴ってやりたいというので、じゃあ殴ってくれといって頭をさし出す。すると、殴れん……おまえ父さんのことが好きなんだろという。ああ、好きだよっていうと、父さんも好きだ、こうしているとどんどん好きになっていく、だって。

　嗚咽《おえつ》というのは、しゃっくりとか、くしゃみの発作みたいなものだ。最初、その衝動につかまると、体が自動的にそのように反応する。でも、猛烈な感情はその刹那《せつな》だけだ。感情の渦はすぐに収まる。収めることができる。でも体がする嗚咽の発作は、しばらくは止まらない。鼻もつまっちゃうし。

　まあ、肉体的にはとても大変だったし、毎日のように予想外の事件が起きて、その状態がいつまで続くのか、これから先どうなっていくかなど、まるで見当がつかないなかで日々をしのいでいくのは、けっこうしんどくはあった。もしぼくに子どもがいたら、同じような苦労は決してさせたくないとも思う。しかし、それでもこの、正気でない父と、最後の時間を過ごせたのは心底良かったと感じている。

　あのなんというか濃密な時間の中で、たぶん、正気のままだったら決して見ることはなかったろう、父の人間としての全て、悲しいところ情けないところ小ずるいところから、優しさや理想を求める心や良心といったものまで、すべてをまのあたりにすることができたから。人間てのはやっぱ面白いもんだよな。

意識の謎は解けるのか？

【鹿野 司】

この世には、何としても知りたい謎ってものがいくつかある。その中でも、とびきりのミステリーは、やっぱり心の神秘ってヤツだろう。日常、ぼくたちが色々思い悩むことの大半は、結局のところ、人の心に関する問題じゃないかと思う。

たとえば、好きなあの子の喜ぶ顔を見るにはどうしたらいいのかなあとか、イヤなあいつをぎゃふんといわせる方法はないものかとか、そういうモロモロの対人関係上の悩みは、つきつめると相手の心が解らないってことにたどりつく。人の悩みの八割は対人関係上の問題だっていうから、人はつねに、心について思い巡らさずにはおれない存在なんだといえるだろう。

そういう尽きせぬ興味の対象だから、科学や工学でも、心については色々なアプローチで、研究が行われている。

心とは、いったいどういう働きかたをする装置なんだろう。その仕組みを解明できれば、これほど面白いことはない。

そんな心の神秘を探るうえで、このところ急速に面白くなってきているのが、「意識」とは何かって問題だ。

そもそも意識は、本当にそれがあるかどうか、客観的に示す手段がない。

まあ、自分については、自身の心を内省することで、「うんうん、ぼくにはちゃんと意識があるよね」って実感できるわけだけど、他人についてはそうはいかない。ただ、そのふるまいかたをみて、どうやらこの人には意識がありそうだと推定できるだけだ。

ところが、ここ十数年、PETやfMRI、光トポグラフィ（fNIRS）などの装置が登場して、それを使った脳研究が蓄積されてきている。それで、意識というなんだか曖昧なものについても、研究できそうだって感じになっている。

意識という言葉には、いくつかの、全く違った意味が含まれている。

まず第一に、「意識がある」とか「意識がない」という使われ方をする時の意識だ。これについては、すでに医学、生理学的には、ほぼ理解されているといっていいかもしれない。まあ、そうでなければ怪我や病気の状態の診断や治療ができないから、当然といえば当然なんだけどね。

つぎに、何かに意識を向けるといった、感覚上の注意という意味の意識がある。

たとえば、目はハードウェア的にはかなり広い領域が見えるはずだけど、実際にはっきり意識できるのは、注意を向けた狭い範囲に限られる。このことを、注視点とか識点とかいうんだけど、つまり目に映っていても、注意を向けなければ認識はできないってことだ。この意味での意識、アウェアネスは、最近の研究で色々なことがわかってきている。

それによると、注意には本質的に違った、いくつかのタイプがあるんだよね。

たとえば、視野の隅っこに何かがチラッと見えると、そこにピッと注意が向く。これは、まわりと違う刺激が現れると、自動的に起動するボトムアップの注意といわれている。また、自分で意図して、何かを注意して見ることもできるけど、これはトップダウンの注意という。

この二つは、脳の視覚野のニューロン

の活動する場所もまるで違うんだよね。

それにしても、こういう意味での注意という現象は、いったいなぜ存在するのだろう。

これについてはまだ明確な結論は出ていないんだけど、一つの仮説としては脳の処理能力の節約のためってのがある。つまり、脳の画像処理パワーは有限なので、視野全体をまんべんなく処理すると能力が不足してしまう。そこで、必要な領域だけ集中して、処理を行っているんじゃないかというワケ。

この注意としての意識については、今まさに盛んに研究されているホットな領域だ。

だけど、意識にはもう一つ、かなり謎な部分が残されている。それは、自分は、確かに自分だと思うという意味での意識だ。これについては、脳のどこで何が起きているかさえ、ちょっと前まで手がかりすら存在しなかった。

ところが、最近、心理というより、体の動きに関する脳研究から、これに関する大きなヒントが見つかっている。

それは、自分をくすぐっても、くすぐったくないのはなぜかって話だ。

人からくすぐられるのは、うひーもうやめてーってな感じなのに、自分で自分をくすぐっても、決してあんなふうには感じない。このとき、脳で何が起きているのだろうか。

ぼくたちが自分の意志で体を動かすときに、とても重要な感覚として、体性感覚ってのがある。これは、全身の関節が今どんな角度で曲がっていて、指先や足先などがどの位置にあるかが、目をつぶっていても把握できる感覚のことだ。

この体性感覚は、脳のどこで感じているかは解っているんだけど、対応する感覚器官が存在しないことも解っている。脳では感じているのに、感じるためのセンサがないってどういうことっ？　て感じだよね。

これはようするに、脳内に自分の体のシミュレーション・モデルがあるってことだ。脳は体に出した指令を覚えていて、そのシミュレーション・モデルのイメージを感覚として感じているのが、体性感覚なんだよね。

ところで、アカデミズムや世間の常識とは無関係に、オレが勝手に唱えている理論を「オレ様理論」とオレは呼んでいる。オレはそれが正しいと信じているんだけど、世間的にはどうかわからないので、あんまり信用しないほうがいいよ～って理論ね。

で、二〇年ほど前から主張しているオレ様理論に、意識ってのは、いつでもあるワケじゃなくて、新しい事を覚えようとしたり、難しい事を間違いなくしようとするとき「だけ」現れる、自己シミュレーション・モデルだってのがある。え、自分は起きてるときはいつも意識あるよって思うかもしれないけど、実はそうじゃなくて、思索を巡らすときは自動的に意識＝自己シミュレーションが起動するので、いつもあるような気になっているだけだと思うのね。現に、とっさに何かするときとか、通い慣れた道を歩くときとか、何かをぱっと感じるときとかも、意識は介在していない。人生の大半は、そういう意識の起動していないところで成り立っていて、意識がある時のほうが実は少ないんだってのがオレ様理論。

　最近それを証明してくれるような事例が色々見つかってきて嬉しいんだけど、この体性感覚の話もそれなのね。

　体性感覚を感じる場所のうち、第一次体性感覚野は、大脳の前頭葉と頭頂葉を分ける中心溝という立て溝のすぐ後ろ側にある。頭を開いてここをちょんちょんって刺激すると、部位によって、あ、いま指先を触ったとか、唇触ったって感じるんだよね。

　そして、ここからの信号が次に向かうのが第二次体性感覚野で、これは脳の前頭葉、頭頂葉と側頭葉を上下に分ける外側溝（シルヴィウス溝）に沿って上側にある。この部分がどんなことをしているか厳密には解っていないんだけど、ざっくりしたところで、第一次体性感覚野で場所ごとにバラバラに感じていたのをまとめて、運動とのインターフェースを行っているらしい。

　それで、この第一次体性感覚野と第二次体性感覚野の興奮状態をｆＭＲＩでスキャンしてやると、人にくすぐられたときと、自分で自分をくすぐったときは、反応が違うんだよね。人にくすぐられているときは、両方が興奮するんだけど、自分でくすぐったときは第一次体性感覚野は興奮するのに、第二次体性感覚野は興奮しない。

　つまり、自分のシミュレーション・モデルと、触覚などの実際の感覚刺激が一致すると、第二次体性感覚の興奮が抑えられて、くすぐったくなくなるらしい。第二次体性感覚野はくすぐったい野でもあったわけね。

　でも、なぜそんな働き方をしているのだろうか。実は、これが巧く働かないと、かなり困ったことが起きるらしい。

　統合失調症の患者の典型的な症状として、電波で操られていると信じたり、幻聴が聞こえたりするなんてことがある。で、その時の喉の筋電図をとると、筋肉が動いている＝内言《ないげん》を聞いているんだよね。でも、本人は、自分が喋っているとは意識していない。しかも、このときの患者は、自分で自分をくすぐると、くすぐったいのだそうだ。

　つまり、体が動いた時、それは自分が動かしたものか否かを感じるメカニズムのどこかが異常になっている。そのために、他者に動かされていると感じてしまうわけだ。自分の行いが、自分のやっていることだという感覚が失われてしまうワケね。

　こういう感覚の根元的な部分に異常が起きると、脳はそのつじつまを合わせるために、勝手なストーリーを作り出す。

　脳卒中の人に稀に起きる疾病《しっぺい》失認《しつにん》という現象があって、右脳の損傷で左半身が完全に麻痺しているのに、それに全く気がつかないことがある。この症状がある人に左手で握手しようとすると、もちろん左手は全く動かないんだけど、それを認めようとしないという不思議なことが起きる。

　どうして握手しないんですかと尋ねると、できるけど今はしたくないとか、今確かに握手しましたよなんて感じで、明らかに変なことをいうんだよね。しかも、その人は嘘をついているわけではないし、左半身に関することを除けば言動は全く正常だという。

この不思議な現象は、感覚の異常について、脳が自動的につじつま合わせのストーリーを作ることで生じているのだろう。そのストーリーを自分は意識と感じている。

つまり意識は、脳全体がやっていることを、わかりやすくつじつまが合うように説明するために存在するものというわけね。

サはサイエンスのサ

連載●125

【鹿野 司】

心の盲点を気づかせないシステム

自分は、物を知らない人間だと感じたことはあるだろうか。そりゃあもちろん、誰だってあるよね。でも、たぶん、それを常に感じている人はいないと思う。

たいていの人は、思春期になる頃には、世界のことはだいたい解った気になっているはずだ。もちろん、客観的な事実としては決してそうではないんだけど、自分の主観では、自分の無知を実感することは少なくなる。

それはたぶん人間の心に、自分が無知である部分、思考の欠落に気づきにくくするような仕組みがあるからだろう。

目には盲点ってのがある。眼球から脳へ繋がる視神経の出口には、光を感じる網膜がないから、その部分の情報はそもそも存在しない。つまり、現実には視野の一部が欠けているんだけど、ぼくたちは普通それに気がつくことはない。

また、緑内障や糖尿病の合併症、加齢《かれい》黄斑《おうはん》変性《へんせい》症などで網膜が徐々に破壊されていくときも、本人は視力が落ちたとか、目がかすむようになったと感じるだけで、見えない部分ができていると気づくことはほとんどない。よく注意すると、直線がぐにゃぐにゃしてたりするけどね。

なぜこういう事が起きるのかというと、網膜や脳にある視覚認知システムの中に、盲点などによる情報の欠落を気づかせず、視野に矛盾が生じないようにする仕組みが備わっているからだ。

それと同じように、おそらく知識や思考にも、自分の意識では、欠落や矛盾があることに気づきにくくするシステムがあるみたい。

こういう仕組みがあると、ちょっと物を考えるたびに、欠落や矛盾があることに気がついて、先に進めなくなることがない。そのため、全体として思考の効率が上がる。もちろん、そういう思考は正確ではないけれど、素早く結論を下して行動をとることはできるはずだ。

生物としての人間を考えると、とことん正確に考え続けて動けないでいるよりも、たとえ間違っていても素早く結論を出せたほうが、より生存に適していただろう。

たとえば、ある日森の中でくまさんに出会ったりしたとき、じっと止まってくまさんが次にどのような行動をとるかをあれこれ推定するよりも、とりあえず走って逃げるとか、ぎゃあ〜っと大声を上げるとかしたほうが、生き延びる確率は高いはずだ。

それに、そもそもくまさんが次にどんなことをするかは、くまさん側の事情もある（実は満腹だとか、子どもを連れているとか）わけだから、その情報を知らないでいくら考えたって完全な予想はできっこない。つまり、進化は、ゆっくり正確な結論を導く思考能力より、いい加減だけど速い思考能力のほうを選んできたはずだ。

そういう進化の過程で身につけてきた「認知的な歪み」があるから、人間は放っておけば、いともたやすく、矛盾なく世界をわかった気になってしまう。もっともらしい話をでっち上げて、世界とはそういうものだと勝手に早合点してしまう傾向がある。

一方、科学は、そういう人間のもつ本性を越えるための手段でもある。科学的なものの見方の面白さは、何事も簡単に分かり切っていると思ってしまう人間に、実はそうじゃなかったのだと気がつかせてくれるところにあるんだよね。

サはサイエンスのサ

連載●148

【鹿野 司】

　人間の心とはどういうものかって考えるとき、もっとも重要な鍵となるのが「心の理論」だろう。

　この言葉は、一九七八年にデイヴィッド・プレマックとガイ・ウッドラフによる「チンパンジーには心の理論があるか」という論文ではじめて使われた。

　筆頭著者のプレマックは、チンパンジーの心の研究の草分けの一人で、奥さんとともにサラというチンパンジーにプラスチック・チップを使った言語を教えた研究で有名なんだけど、ヒトの心とチンパンジーの心のありかたを考えるうちに、心の理論という概念にたどりついた。

　心の理論とは、ざっくりいうと、他者の心を勘ぐる能力のことだ。たいていの人は、誰かが何を知っていて何を知らないかを考慮して、その結果どう行動するかを予測することができる。なあんだ、そんなの当たり前のことじゃないかと思うかもしれないけれど、実際には、これは四～五歳頃になるまではできないことなんだよね。

　プレマックはチンパンジーの行動を深く観察することで、彼らが他者に対してとる行動の様子が、ヒトのやりかたと微妙に違っていることに気づいて、心の理論はあるやなしやという問題提起を行った。

　それで結局、今のところ世界の趨勢《すうせい》はチンパンジーには心の理論はなさそうだってことになっている。でも、これはちょっと微妙じゃないかな。

　心の理論という言葉の意味するものには、曖昧さがあって、ちょうどメンデルの時代の遺伝子みたいな感じがある。そういう性質をもった何かがあることは確かだけど、その正体がDNAという分子だというところまではまだ解っていない、みたいな。

　京大霊長類研究所で三十年にわたって続けられている、松沢哲郎《まつざわてつろう》さん率いるヒトと、チンパンジーのアイと仲間と子どもたちによる共同研究を見ていると、チンパンジーの心にも心の理論らしき気配はある感じ。ただし、それはヒトのものとは、多少ニュアンスの違うもののようだけれど。

　一九九五年になって、サイモン・バロン＝コーエンが、自閉症とは他人の心が解らない、マインドブラインドネスだとして、心の理論の発達と自閉症者を結びつけた。これによって、心の理論の重要性が再評価というか、発見されたんだよね。

　心の理論は、多くの人の場合、成長とともに自然に発達してくる。と、いうか、いったん心の理論が成熟してくると、これにとらわれずに世界を認識することは、不可能になるといってもいいんじゃないかな。

　心の理論があるから、人は嘘がつけるのだし、他者の喜びや悲しみに共感できる。

　物語に感動するのも、多くはこれのおかげで、人生の悩みの大半もここから産み出される。

　また、心のないものにも心を読み取って、それは詩情の源泉であると同時に、オカルトの温床ともなる。つまり心の理論とは、人間の人間らしさを形作る根源と言っていい……ただし、それはあくまで一般の多数派の人＝神経学的マジョリティにとっての、人間らしさということではあるのだけれど。

それに対して、神経学的マイノリティとでも呼べる人たちがいる。いわゆる軽度発達障害者のことで、自閉症（高機能自閉症・アスペルガー症候群）の他にもＡＤＨＤ（注意欠陥・多動性障害）やＬＤ（学習障害）なんて分類名の人たちがいる。もっとも、これは似た感じの症状を持つ人たちをまとめて名前をつけただけで、脳神経メカニズムの何がどうなってこういう症状を引き起こすのか、原因についてはほとんどわかっていない。つまり、同じ分類名の人でも、背景にある神経学的な要因が同じとは限らない。

これらの人たちは、この世ではマイノリティではあるけれど、病人というわけじゃない。個性がきつすぎて、多数派の社会では馴染みにくいことが障害となるんだけど、その程度にもスペクトルがあって、平均的な人へとなだらかに繋がっている。だから、診断名を持たない、マジョリティの範囲であっても、マイノリティの特徴に近い人もたくさんいる。

マイノリティであるということは、マジョリティとは全く違うものの見方ができるということで、それはしばしば、文明を飛躍させる原動力を担ってきた。

その具体例が、正高信男《まさたかのぶお》さんの『天才はなぜ生まれるか』（ちくま新書）で紹介されている。

正高さんといえば、『ケータイを持ったサル』とか、あちゃ〜ってかんじの本も出しているので、そんなの読む気がしないって思う人もいるかもしれない。でも、正高さんは赤ちゃん研究ですごくいい仕事をしているし、最近の軽度発達障害に関する研究も素晴らしい。そして、『天才はなぜ生まれるか』は、掛け値なしに面白い一冊だと思う。

この本では、レオナルド・ダ・ヴィンチやアインシュタインなどの有名どころが、どんな発達障害を持っていて、それが彼らの才能にどれだけ寄与したかって事が丁寧に解説されている。また、アンデルセンがＬＤだったがゆえに、ラテン語が全く記憶できず、それでラテン語によらない民衆文学の扉を開いたというような、なるほどなあって記述も多い。

自閉者のエピソードで印象的なのは、現代文明の根幹技術であるネットワークの元祖、電話を発明したアレクサンダー・グラハム・ベルの話だ。

ベルは、三代続いたスピーチ・セラピストだった。スピーチ・セラピストとは、脳卒中や先天的な口の奇形や、耳が聞こえない人を対象に、言葉をうまく喋る方法を教える職業だ。その独自の技法をベルのおじいさんが開発したのね。

で、二六歳のベルは、自分が教えるスピーチ・セラピーの教室にきた、一六歳の可憐な少女メイベルに恋してしまう。はぁどきどき。でも、メイベルは耳が聞こえないので、今ひとつ通じ合うことができない。

そこでベルが考えたのは、話し手の声を振動に変え、相手の肌に伝えることで、読唇などに頼らず、直接コミュニケーションを可能にする機械ができないかということだった。

ベルがこの装置を思いついてから、電

話の実験成功までわずか一年ちょっと。

ベルは電気や機械には素人だったのに、これほど早く電話が発明できたのは、当時すでに、ハードウェアとしての電話を可能にする技術は、ありふれたものだったからだ。でも、音声を電気を使って別の振動に変換して伝えるなんてのは、常人の想像の斜め上の発想で、ベル以外の誰にも思いつけなかった。

ろう者とのコミュニケーション装置としては未完成な電話だったけど、そのすばらしさはあっという間に世界を席巻して、ベルは名声と巨万の富を手に入れた。そしてメイベルに求婚。二人は末永く幸せに暮らしました……なら良いんだけど、そうはいかなかった。

なぜならベルは、自閉者だったからだ。

ベルはメイベル宛に、こんな手紙を書いている。「あなたはいつも他人のことに気をつかっていますね。でも私はどういうわけか人々のことより、物事に興味があるのです。一人の個人よりも、人類全体への関心のほうがずっと強いのです」

それに対してメイベルは、「あなたは障害者のために働き、人々がコミュニケーションに不自由しないよう心を配っているように見えます。でも、それはあなたに思いやりの心があるからではありません。確かにあなたは耳の不自由な子どもたちにたいへん優しい。でも、あなたにとって大事なのは、子どもたちの耳が不自由という事実のほうで、人間としての彼らではないのです」

ベルがこんな手紙を書いたのは、たぶんメイベルに、心の冷たい人ねというようなことを、たびたびいわれたからだろう。

また、メイベルは、そんなベルを全く愛することができなかった。深くつきあう前は優しげだと感じたけれど、本当は心のない機械みたいな人としか思えなかったのだろう。

ベルはメイベルがろう者だから、通じ合えないのだと思い、世界を変革させる電話を創造した。ベルはベルなりに本当にメイベルを愛していたはずだ。

でも、ベルがメイベルと通じ合えなかったのは、ろうのせいじゃなかった。人の心がよくわからないベルの抱えた障害が、断絶の本当の理由だったんだよね。

自閉者のベルは、メイベルがそう感じていることを、マジョリティの人ほど衝撃的に受け止めはしなかったと思う。それはある意味で救いなのか……でも、なんだか切ない話だよね。

社会脳仮説と天才の秘密

自閉者たちは、神経学的マジョリティの思いもしない発想をすることで、しばしば文明の新しい局面を切り開いてきた。

現代の有名人ではビル・ゲイツが自らアスペルガーだと告白しているし、そもそもコンピュータの基本概念を産んだアラン・チューリングも、伝記を読むと自閉者としか思えない。それから亡くなってしまったけれど、次世代インターネットプロトコルＩＰｖ６の基礎を築いた日本人の超絶技術者も、アスペルガーだと言っていたよ。そうだとすると、現代文明は彼らの才能なしには、あり得なかったとさえいえるだろう。

なぜ彼らは、そんな才能を発揮できるのだろうか。

ヒトの脳はチンパンジーに比べて、およそ三倍の大きさがある。なぜこれほど脳が大きくなったかというと、社会脳仮説（マキャベリ的知性仮説）がいちばん説得力のある仮説だと思う。

世の中には、科学って難しいと思う人が多いよね。だけど科学は、ほとんど全ての動物が、日常生活の中で普通に行っているありふれた行為だ。

自然の中に存在する規則性を学び、次に何が起きるかを予測することは、あらゆる動物の生き残りの基礎になっている。その素朴な行為の延長に、現代の科学も存在する。

つまり、科学する心は動物に不可欠な能力で、科学をやるだけなら、たいして大きな脳はいらないわけだ。

一方、群れを基盤とする霊長類にとって、他者の心の理解は、自然の理解より遥かに自分の生存問題に重大な影を及ぼす。

他者の心の動きは、自然現象とは比べものにならないくらい複雑で、予想が難しい。ずっと昔の因縁が今に影響したり、そのときの気分で次の行動が変わったり、様々な要因の絡まりを考慮しないといけない。

心の理論は、きわめて曖昧かつ僅かな手がかりをもとに、他者の心を推定するシミュレーションだ。チンパンジーの三倍の脳が可能にした計算量の大半は、そこに費やされているのだろう。

しかし自閉者は、何らかの理由で心の理論の形成につまずき、有り余った神経回路資源が別の能力に割り当てられた結果、人付き合いが下手になる代償と引き替えに、マジョリティには真似のできない能力を得る。中でも記号処理は、資源を割り当てやすい能力らしくて、これが、自閉者の中から、時代を画する天才たちが生まれてくる理由じゃないかな。

ところでＳＦとかおたく系は、この種の神経学的マイノリティと親和性を持った分野だと思う。たとえば、スター・トレックのシリーズで人気の高い、スポックとデータは、まさにそういう存在の象徴だ。

二人は他者の心、主に情緒的な心を理解できないという「障害」を抱えている。だけど、本質的には善良で、かつ天才的な能力を持っている。

こういうキャラが受けるのは、ＳＦファンには同じような傾向がある人が少なくないからじゃないかと思う。

ＳＦファンの中には、人の心の機微を繊細に描くような物語を、評価しない人も多い。たぶん、そういうものの面白さが、あまりピンとこないのだろう。かく言うオレも、二〇代くらいまでは、そんなところがあったと思う。

他方、メカなど物質的なものの描写の精密さにこだわる人は多い。

メカのような物質は、人の心ほど不確かではなくて、心の理論の力を借りなくても理解しやすい。それにＳＦ仲間なら、そういうものに対する高度な知識と理解には敬意が払われる。つまり、心の理論に基づく他者とのつながりが苦手な人にとって、いわゆるおたく的なこだわりは、他者と関わるための、一つのサバイバルの方法でもあるんじゃないかと思う。

ただし、自閉者＝心の理論が存在しない人々という単純な図式で見てしまうのは、これまた正しくない。自閉者にだって、心の理論が全く存在しないわけじゃないからだ。ただ、マジョリティとは、その組み立てが微妙に違うだけだ。

この違いは、英語のネイティブな発音ができる人と、片言でしか話せない人の違いみたいなものにたとえられる。神経学的マジョリティが、マイノリティを指して変人だというのは、あいつの喋りは訛ってるぜー、田舎もんだぜーというのと、同じようなことだ。

ぼくは自閉者ではないけれど、自身の若い頃を振り返ると、二〇代ではまるで人の心がわかっていなかったと思う。三〇代だってまだまだ。でも、様々な経験を経て、他者を理解する能力は、若い頃に比べて成長してきた実感がある。

こういった心の理論の成長は、マイノリティの人々にも起きている。たとえば火星の人類学者こと、テンプル・グランディンの自伝を読むとそれは明らかだ。

テンプル・グランディンは、今でも、実感として他者の心はわからないという。だから、自分は火星からやってきて、人類の行動を観察している人類学者のようなものだという。だけど、この人は今では多くの人の前で講演を行い、笑いをとることもできる。それは若い頃の彼女には、考えられないような能力だ。つまり、自閉圏の人でも、外国語を学ぶような形でなら、他者の心は理解できるようになる。

テンプル・グランディンは、動物行動学者という肩書きだけど、ローレンツみたいな、野生動物の行動学者じゃない。彼女の専門は家畜の心理で、家畜の心は自分の心と非常によく似ているため、その動きが手に取るようにわかるという。

今では、マクドナルドとかケンタッキーフライドチキンとか、アメリカの大手ファースト・フードチェーンで用いられる家畜のと畜工場のほとんどが、彼女の設計らしい。

彼女の設計の基本コンセプトは、家畜たちを人道的に扱うことにある。

まもなく殺されてしまう家畜に対して、人道的とはなんだか奇妙な感じがするよね。でも、家畜をおびえさせず、心安らかに死を迎えさせるような環境を整えることは、スムーズなと畜を可能にして経済的な効率を上げることにもつながる。

テンプル・グランディンにとって、家畜が何を怖がるか、どうしたら安心するかは、手に取るようにわかるらしい。ここにも、多数派とは違ったものの見方で、世界を変えるという例を見ることができる。

自閉圏の人の自伝を読むと、人道的なと畜のような、何か微妙な奇妙さを感じさせる部分が必ずある。単語は同じでも、その意味している内容に微妙な違いがあって、読んでいるうちに何でそうなるのって感じがしてくるところが必ずあるのだ。

つまり、心の理論だけでなく、もっと色々な言葉の概念についても、自閉圏の人とマジョリティの間にはズレがあるようだ。ただ、表面的な言葉は同じで、意味するものの差も微妙なので、その違いがあること自体、なかなか気づかれにくいとは思うけれど。

なぜ、こんなズレが生じるのだろうか。それはヒトの共同注意という能力が、大きく関わっているのではないかと思う。

心をつなぐ共同注意

【鹿野 司】

京都大学霊長類研究所では、世界にも類のない形で、ヒトとチンパンジーの比較認知科学の研究が続けられている。

一九七八年四月一五日、現所長の松沢哲郎さんは、心理研究部門の助手としてチンパンジーのアイとの共同研究を開始し、以来二人は日課として「お勉強」の時間を持ってきた。今や松沢さんは、世界で最も長時間チンパンジーと過ごしたヒトであり、アイは世界でいちばん長時間ヒトと過ごしたチンパンジーだ。

二〇〇〇年三月には、アイの息子アユムほか三名の新生児が誕生して、霊長類の知性の深淵に迫るミレニアムプロジェクトがはじまった。

このプロジェクトで凄いのは「参与観察」という独自の研究方法だ。

野生においては、チンパンジーの母親は決して他人（ヒトであれチンパンジーであれ）に我が子を触らせない。ところが、アイと松沢さんのように、長い間の信頼関係を培ってきた間柄だと、いやいやながらでも、こどもをそばで観察させてくれたり、触らせてくれたりもする。

そこで毎日必ず、研究者が親子と同じ部屋で一定時間過ごし、子どもの成長と知性の発達を観察研究するのが、参与観察だ。こんなことが可能なのは、世界でも霊長研だけなんだよね。

松沢さんはこれまで、ヒトとチンパンジーがいかに似た存在であるかを語ることが多かった。かつて、世間はチンパンジーなんてただの獣で、ヒトとは比べるまでもない知的に劣った存在だと思っていたからだ。けれど、アイプロジェクトは、ヒトにできてチンパンジーにできないことはほとんど無いことを、次々と証明してきた。それどころか、チンパンジーにはできて、ヒトには不可能な直感像記憶があることも示している。

この三〇年間の知識の積み重ねを経て、松沢さんは最近ようやく、ヒトとチンパンジーの違いについて言及するようになってきた。

その違いは、膨大なデータの裏打ちと優れた洞察力がなければ気づけない、本当に微妙なニュアンスのようでいて、両者を分ける決定的な差異を産み出すものだ。

今も世の中でわりと信じられている仮説に、ヒトは直立二足歩行することで、手が自由になり、道具を使えるようになって、脳が発達したという話がある。でも、松沢さんはそれはおかしいという。

霊長類は、かつては四《し》手類《しゅるい》と呼ばれていた。なぜなら、霊長類の足の形を見ると、サルはおろかチンパンジーでさえ、親指が対向していて手みたいな形だからだ。

霊長類は元来、四本の手を器用に使いこなし、樹上生活に適応した動物なんだよね。でも、その手のような足は、器用に動かせるかわりに柔らかすぎて、地上に降りて長時間歩くことは難しい。

その四手類の仲間の中で、ヒトだけに足ができた。足は器用さに欠けて、樹上生活には適さないけれど、しっかりと大地を踏みしめ、長距離を移動できる。ヒトは足ができたことで、他のどの動物よりも多様な環境を踏破できるようになり、アフリカから世界に広がったわけだ。

霊長類の大きな特徴は、しがみつき、

抱きしめることにある。哺乳類四〇七〇種の中で、二二〇種の霊長類だけに、赤ちゃんの母親へのしがみつきと、母親の赤ちゃんの抱きしめ、という行動がある。

進化的には、子どもからのしがみつきの方が古いようで、共通先祖により近いワオキツネザルやマーモセットは、赤ちゃんはしがみつくけど、親はあまりそれを助けない。ニホンザルくらいになると「しがみつく‐抱く」という形ができるけど、赤ちゃんは親からの支えがなくても、四肢を使って独力でしがみつく能力がある。ところが、ヒト科であるチンパンジーの新生児は、足の把握力が弱く、自力でしがみつくのは心許ない。そこで、お母さんは、片手を添えて運ぶようになる。

ヒトの場合、赤ちゃんには自力でしがみつく能力がほとんどない。そのため、お母さんは両手で我が子を支えなければならず、他のことができなくなる。そこでヒトの赤ちゃんは、お母さんから離れて一人でいられる能力を進化させている。

まず第一に、ヒトの赤ちゃんは、地面に仰向けに置かれても、そのままじっとして寝ていられる。当たり前のことのようだけど、これはチンパンジーでさえ不可能な能力だ。

チンパンジーの赤ちゃんは、母親が決して手放さないので、自然状態で地面に置かれることはない。でも、人工飼育下では検査の時など母親を薬で眠らせ、赤ちゃんを離して床に寝かせることがある。そのとき赤ちゃんは、手足を交互にばたつかせて、ごろごろと寝返りをうって決して安定しない。お母さんの体を探してもがき続ける。

チンパンジーの体脂肪率は、生まれたときから青年期まで、4〜5パーセントしかない。一方ヒトの体脂肪率は、赤ちゃんのころから20パーセント以上ある。まあ、チンパンジーも中年を過ぎた女性はやっぱり太るらしいけど、全体にヒトより遙かにスリムな生き物だ。

ヒトの赤ちゃんは、生まれたときからたっぷりの脂肪に包まれていて、夜の寒いサバンナで親から離れたところに置かれても、凍えることがない。

ここで面白いのは、ヒトの脳の大きさと脂肪は深く関係しているってことだ。ヒトの脳は、チンパンジーに比べ重量、体積ともに三倍くらいある。

オックスフォード大学の、デイヴィッド・ホロビンは、これがヒトの脂肪蓄積能力に由来するという説を唱えている。

ヒトとチンパンジーでは、神経細胞の数自体は、多くて五割増し、せいぜい20パーセント増量中くらいでしかない。それなのに、ヒトの脳がこれほど大きいのは、脂肪が多いからだ。実際、ヒトの脳の乾燥重量の60パーセントが、脂肪と脂肪酸でできている。

面白いのは、これがただの理論だけでなく、実験的に脂肪の蓄積をしやすくした遺伝子組換えマウスを二系統作って、どちらも通常のマウスより五割増し程度の記憶力や知能を持つことを証明していることだ。

ようするに、我々はピザになる能力を獲得したことで、賢くなったわけね。

つまり、ヒトの赤ちゃんが地面に置かれて平気でいられるのと、ヒトの大きな脳との間には、関係があるのかもしれない。

ヒトとチンパンジーの母子関係には、「見つめあう」「微笑みあう」という共通の性質がある。ただ、ヒトだけに顕著なのは、声を交わすことだ。

お母さんは、寝かされた赤ちゃんの顔をのぞき込み、手であやし、声をかける。赤ちゃんもお母さんを見つめ返し、手をばたつかせ、声を返す。こういう一連のなにげない親子の相互作用は、実はヒト特有の行動だ。

もと霊長研で、今は滋賀県立大学の明和政子さんによると、ヒトの赤ちゃんは九ヵ月頃には、他の人が注意を払っている対象を視線で追ったり、見知らぬ物に出会ったときお母さんと見比べたり、他者に指さしをしてお母さんの関心を引き寄せる行動をしはじめるという。

特に面白いのが、この指さしだ。ヒトは、誰かがある方向を指さすと、必ずその延長上の方向を見てしまう。赤ちゃんですら、それを理解している。でも、ネコとか他の動物にこれをやっても、指先をじっと見つめるだけだ。

例外はイヌだけで、チンパンジーですら、飼育下でヒトとの付き合いの長い者以外は理解できない。イヌが指さしを理解するのは、たぶんヒトとの付き合いが非常に長いからで、オオカミはダメらしい。

ヒトは母と子が離れていられる、分かたれた存在なので、指さしと声を使って、母子＋対象物という三項関係のコミュニケーションが行える。でも、母と子が常に一体化しているチンパンジーは、二項関係だけで欲求は満たされるので、三項関係によるやりとりは芽生えない。

ヒトは、赤ちゃんが遠くを指さしてあれは何？　と問うたり、母親が「猫ちゃんがいるねえ可愛いねえ」と声をかけたりすることで、親子の結びつきを作り出している。

この、離れた二人が、同じ物に注意できる共同注意の能力は、言語の習得や、心の理論の形成に、かなりクリティカルに影響しているはずだ。

同じ物を見つめながら発せられる音、同じ物を見つめながら伝えられる感情の響きの、無限回に近い繰り返しが、言葉の共通の意味や心の理論を徐々に織りなしていく。

おそらく、自閉圏の人々は、ある時期、この共同注意が何らかの原因でうまく機能しなかったことが契機となって、多数派とは異なった神経回路網を組み上げてしまうのだろう。だから言葉の意味にも、微妙なずれが生じてしまう。

でも、そういう多数派とは微妙にずれた概念があるから、物事を全く新しい側面から捉え直す事ができるともいえるんだよね。

第3章　セカイを変えるサイエンス

（単行本版『サはサイエンスのサ』より）

サはサイエンスのサ

連載・43

【鹿野 司】

人間には、独特の認知の歪みというか思考の癖が存在する。大切なことなので何度でもいうよ。

たとえば、物理学では「自然は単純さを好む」なんてことがいわれる。まあ、複雑系ブーム以降は、あまりいわれなくなってはいるのかな？

それでも、オッカムのカミソリという言葉もあるし、科学系の物の見方の根底には、どうせならなるべく簡単なほうが良いよね〜って信念がしっかり根付いている。

正直、オレもそう思うしな。簡単なことをわざわざ晦渋《かいじゅう》な言葉を使ってややこしく言う人って、ホントはそのことを理解してないんじゃろうね〜なんて思っちゃうし。

そんなシンプル・イズ・ザ・ベストって考え方の典型の一つが、超統一理論だ。この理論では、現在の宇宙には、電磁、弱、強、重の四つも基本力があるけれど、こりゃあ多すぎでウソくさいから、宇宙開闢《かいびゃく》当時は一つしかなかったことを証明しようとしている。

でも、力の統一という方向性は、今ではなんだか不利な状況にある。電磁、弱、強の三力の統一を目指した大統一理論でさえ、陽子が崩壊しなくて理論にパッチを当てなければならなかったわけだし、さらに重もまとめる超統一理論にいたっては、実験的検証はまず不可能。検証ができないんじゃ、空理空論も同然で、自然科学の範疇《はんちゅう》を外れかけているといってもいい。

しかし、それでもこれが物理の根本テーマの一つという認識は揺るがない。なぜなら、力が一つに統一されるというアイデアが、あまりにもシンプルで魅力的だからだ。

でも、これってぶっちゃけ、根拠のない思い込みなんだよね。自然が単純さを好むのではなくて、単純さを好んでいるのは、人間のほうだ。

人間は有限な装置なので、一度に扱える情報に限度がある。その制限に引きずられて、世界は単純だなあって思っちゃう。

人間の有限性を示す、マジックナンバー7±2って現象がある。

これは、心理学者のジョージ・ミラーが一九五六年の論文で明らかにした話で、人間が一度に把握できる情報は、五個〜九個程度というものだ。

多少の個人差はあるけど、電話番号の数字列のような独立した要素は、ぱっと見7つくらいしか記憶できない。試してみればわかるけど、8、9となると怪しくなってきて、それ以上はほとんど不可能なんだよね。だからこれより要素が多くなってくると、複雑だ〜って、ちょっとイヤンな感じになっちゃう。それが人の定め。

人間はものごとを、分類して理解しようとする。なぜ、分類する必要があるんだろう。その答えは明白で、分類して整理しないと、複雑なものを理解できないからだ。

人間が一度に扱えるのは7±2個くらいまでだけど、何を扱うかは融通が利く。なにかをひとまとまりにしたもの（チャンクという）を、7±2個まで扱える。

たとえば、「古池や蛙ぴょこぴょこ3

ぴょこぴょこあわせてぴょこぴょこ6ぴょこぴょこ」という句は三四文字もあるけど、「古池や」「蛙」「ぴょこぴょこ」「3」「ぴょこぴょこ」「あわせて」「ぴょこぴょこ」「6」「ぴょこぴょこ」で9チャンクなので、簡単に覚えられるよね。

こんな風に、人はチャンクを入れ子にしていけば、かなり複雑なことまで一度に考えられる。あるいは、複雑な何かを認識するには、必然的に階層構造のある分類が行われやすくなっている。分類という行為は、人間の都合なのね。

ところがこういう人間の都合を、客観的普遍的事実と感じてしまうことが少なくない。

たとえば種の概念。人と犬と猫が違う動物だということは、誰もが明白な事実と思っている。生命は、種という単位で分節された存在ってわけだ。

ところが生物界を詳しくみると、どんな方法で種を定義しても、必ず例外がみつかる。

生殖して子孫を残せなければ異種で良いんでないのと思うかもしれないけれど、それにも例外がいっぱいある。

たとえばワタリバトの一種で、隣接する営巣地の個体間では子孫ができるけど、地球を半周くらい離れた場所の個体間では子孫ができないなんてことがある。また、A群とB群に分かれた動物で、A群の雄とB群の雌の組み合わせだと、A群内だけ、B群内だけの雄雌の組み合わせよりも子供がたくさん産まれるのに、B群の雌とA群の雄だと子供ができないなんてこともあるらしい。

こんな風に、定義からこぼれる例が必ず出るのは、種という概念が、結局は人間の都合で思い描いたものにすぎないからだ。つまり、生命が種という単位で分かれて見えるのは、自然のありのままの姿ではなくて、人間がそう解釈したがっているからなんだよね。

最近の分類学では、このことは意識されていて、生物を系統（歴史的なつながり）で考え、種概念に重きを置かなくなっている。でも、野生生物保護の分野では、種分類で認定しないと何を保護して良いか決められないという、政治的な問題もあったりして。

論理より心理が好きな脳

サはサイエンスのサ　連載●55

【鹿野 司】

それから人間は、物事を擬人化すると、わかった気になりやすいという性質もある。

科学ライターをやっていると度々経験することだけど、事実をそのまま話すと抽象的で理解されないことでも、擬人化した喩《たと》え話にすると、ナルホドと納得してくれることが多い。だいたい自然は単純さを好むという言葉も、擬人化の例だ。自然に意識や意図なんてないのに、好むなんていっているわけだもんね。

これはおそらく、社会脳仮説と関係した認知の歪みだろう。

群を作る霊長類は、外敵を畏れる必要は余りない。それより、グループ内で自分がどんな地位を占めるかのほうが、生存にとって深刻な問題になる。そういう淘汰圧が連続的にかかることで、ヒトの知能は進化してきた。

そのため、ヒトの認知は、社会性や対人関係に関して、非常に敏感にできている。あるときある状況で、誰かが何をどう感じるかを理解する洞察力がある。

ヒトはこの洞察力を援用して、自然科学の法則なども理解する傾向がある。そのため、抽象的な物と物との関係は理解しにくいのに、それを擬人化するとわかりやすくなるのだろう。

たとえば「利己的な遺伝子」という、ドーキンスの秀逸なコピーがある。

利己的な遺伝子の意味は、「増えやすい性質を持った遺伝子は、増えやすい」ということにすぎない。ドーキンスは、その増えやすい性質を、利己的と命名した。

自然界で起きているのは、水が低きに流れることと全く同じで、そこには意志も意図もない。しかし、ドーキンスの擬人化によって、本来は抽象的で無味乾燥な統計数学の結果を、生き生きと理解することができるようになった。

まあ、利己的という言葉はあまりにショッキングなので、これを聞いた人が妄想大爆発状態になってしまう。全く無関係なことなのに、人間の利己主義と関係があると誤解して、利己的な遺伝子なんてことをいう学問はダメだとかいわれちゃう副作用もあるんだけど。

さらに、人に喩えると、解った気どころか、本当に解りやすくなることもある。

ちょっと、パズルを解いてみて欲しい。片方の面には数字、もう一方の面にはアルファベットが印刷されたカードがあるとしよう。そして今、「A」「K」「5」「8」と書かれた四枚のカードが配られた。

この四枚のカードにおいて、「カードの片面に母音（A、E、I、U、Oのどれか）が書いてあれば、その裏に書かれた数字は必ず偶数である」というルールが成り立っているかどうかを確かめるには、最低限、どのカードをひっくり返せばいいだろうか？

じっくり考えて、答えを出してから次を読んでみてね。……さて、どうだろう。

これは認知心理学の分野で有名な「四枚カード問題」と呼ばれるもので、一九七〇年に発表されたイギリスの名門大学生を対象に行った実験では、46パーセントの人が「A」と「8」と回答し、33パーセントの人が「A」だけを選んだ。

だけど、これはどちらも間違いで、正解の「A」と「5」を選んだのは、わずか4パーセントしかいなかった。

念のため解説すると、「A」の裏が奇数なら法則が成り立たないし、「5」は奇数だから裏が母音だとダメなので裏返す必要がある。一方「K」は母音じゃないから裏は何でも良いし、「8」の裏が母音でなくてもルールに反しないので、裏返す必要はないわけだ。

いやあ、こういう論理パズルって、なかなか難しいよね。でも、これをもう一つ別のパズルと比較すると、人間の心の不思議さが見えてくる。

今度のカードは、片面に酒を飲む人とお茶を飲む人が描かれている。

また、それぞれの裏にはそれを飲んでいる人の年齢が印刷されている。

さて、ここに、「16歳」「40歳」「お茶を飲む人」「酒を飲む人」の四枚のカードがあるとしよう。このカードが「18歳未満の飲酒は禁止」というルールに違反していないかどうかを調べるには、どのカードを裏返せばいいだろう。

……正解はもちろん、「16歳」と「酒を飲む人」のカードだ。そしてたぶん、これには大半の人が、ほとんど考えるまでもなく楽々正解できたと思う。さっきとは段違いの簡単さだ。

ところが、この二つのパズルは、論理的には全く同じ物なんだよね。どちらも同じ真贋《しんがん》判定を行う物で、両者の違いは、パズルが抽象的な記号で表現されたか、社会的ルールで表現されたかということだけ。

つまり人の心は、抽象的な記号を扱うのは難しいけど、社会的なルールが守られているか否かは、素早く見抜く能力が備わっているわけね。

人間独特と思われる認知のクセは他にもある。たとえば、たいていの人は、鏡に写った映像は、右左が入れ代わっていると思っているよね。

でも、本当に起きていることは、そうじゃない。鏡映変換は、数学的には三次元軸のうち、一つの軸についてだけ符合を反対にすることをいう。つまり、鏡に写った像は、上下、または前後が入れ代わったといっても良いはずなんだよね。

ところが、たいていの人は鏡をみて、上下が逆さまになって写っているとは感じない。つまり、数学が語る内容と、人間が感じる感覚にはズレがあるわけだ。

鏡に写った自分の像をみて、左右が反対と思うのは、自分のイメージを頭の中で横向きに一八〇度回転させて、鏡の像と重ね合わせているからだろう。人間は左右対称に近い形をしているから、こうすると、自分のイメージと鏡に写った像が、ぴったり重なるように感じられる。そのうえで自分のイメージの右手を上げると、鏡のほうは反対の手をあげるから、左右が入れ代わったと思うわけだ。

でも、これとは違った考え方もできる。たとえば自分のイメージを、鏡と平行する水平軸の回りに、鉄棒で前回りするように一八〇度回転させてみるのだ。

そうやって思い描いたイメージは、鏡像とは上下が逆さまになっている。でも、左右は反対になっていない。つまり鏡は、自分の姿を上下を逆さまに写しているわけだ。こういう考え方は、理解することはできても、ナルホドと腑に落ちる感覚を持つのは難しい。左右の入れかえも上下の入れかえも、数学的には同じことなのに、感覚的な納得のしやすさには偏りがある。

つまり、これまた人間の思考の癖の一つというわけね。

還元主義は越えずにずらす

サはサイエンスのサ

連載●57

【鹿野　司】

科学の還元主義については、昔から繰り返し批判がされてきた。自然は本来、ひとまとまりの物なのだから、それをバラバラに分解する要素還元法では、見失ってしまうものがある。部分を寄せ集めても、全体になるとは限らない。

　これは全くその通りだけれど、だからといって、それをやめることはできない。

　科学は、巨大で複雑なあまり、ぼんやりとしか感じられない自然を、一寸刻みに切り刻み、比較的単純にして細部を見ることで、精密に理解しようとするものの見方だから。

　つまり、還元主義的でない科学なんてのは、矛盾した言葉遊びにすぎないのよねん。

　ただし、どんな要素に還元するかについては、いくらでも可能性がある。

　現代の科学は西洋で生まれたものだから、伝統的に、ものすごく西洋文化っぽい物の見方で、要素分解されやすかった。でもそのとらわれのせいで、いらんことをしているケースもあるように思える。

　たとえば、自由意志はあるかって話がある。

　ぼくたちは何かをするとき、自分の意志で決めていると思っているよね。でも、案外そうでもないってことが、脳科学の研究で明らかになっている。それはドイツのジョン－ディラン・ハイネスによる、脳における閾域下の決定って研究だ。

　この研究では、被験者に0・5秒ごとにランダムな文字が表示されるディスプレイを見せながら、右手か左手か好きな方の指でボタンを押してもらうように頼む。で、どちらかの手でボタンを押そうと決めた時、ディスプレイの文字は何だったか答えてもらったんだよね。これで、自分が意志決定した瞬間はいつだったかがわかるわけね。

　で、このときの脳の活動状態をｆＭＲＩでモニターしてたんだけど、それによると、自分が決めたって思う平均七秒もまえに、脳の前頭連合野に活動が起きていた。

　しかも、ボタンが押される前の脳画像を見て、その人がどちらのボタンを押すか、ある程度当てられるんだと。

　この結果から、人間の自由意志は果たしてあるのかなんてことが議論されるようになっている。自分が決めた～と思っても、実はそれは自分の決断じゃなく、もっと前に脳が決めている。自分は脳に操られちゃっている。人間って結局ゾンビみたいな物なのか。

　でも、そんな心配はいらんことだ。自由意志はあるかないかなんて、問いそのものが、矛盾をはらんでいるんだよね。この問いはキリスト教文化圏特有の強迫観念からきたものというか、まあ今風スコラ哲学。

　キリスト教では、神は全知全能ってことになっている。そりゃあ、あらゆるものの上に立つ絶対的な存在だから、何でもできて何でも解ったほうがかっこいいもんね。

　でも、これは論理的に突き詰めていくと、大変な結論が導かれる。神様はあらかじめ何でも知っているとすると、人が罪を犯した時、神様はそれを解っててやらせていることになる。それなのに、罰したりするのはどうよ。神様ってそんなにいじわるなの？　いやいや、そんなはずはない。神様は人を愛していることは間違いないんだから、罪を犯すも犯さないも人が自由意志でやってるはず。でも、それだと神様は全知全能じゃない……。

どうしてこうなったかというと、神は全知全能という、ありえないけど否定すると命がアブない前提をおいたからだ。以来、ヨーロッパでは自由意志について、あーでもないこーでもないと考えないといけなくなった。

でも、キリスト教文化圏に属さない東洋では、そんな問題意識を持つ必然はない。

つーか、人間がやりたいことなんて、世間との関係できまるものなので、もともと自由意志なんて発想はないし、たいして気にしてこなかった。まあ、日本は西洋から科学を輸入したわけだし、今では文化的にかなり西欧化されてしまっているので、何となく同じ問題意識を持たなきゃなって気になっているのもわかるけど、どうせ答えの出ない問題に関わってもしょうがないんじゃないかなあ。

サはサイエンスのサ

連載●56

文明超生命体論

【鹿野 司】

いずれにしても、伝統的な直感では気づかれていなかった視点で、世界を切っていくことはいくらでもできると思うんだよね。

たとえば、ハチやアリなどの社会性昆虫は、体はちっぽけで神経回路も単純なのに、その直感に反するほど高度で複雑な社会を作っている。

なかでもハキリアリは、キノコを栽培して生活しているので有名だよね。彼らの農業は、決して行き当たりばったりの適当な物ではなくて、極めて洗練されている。

外から決まった葉っぱを切り取って巣に運び込み、特定の部屋で菌糸を植え付け、その部屋の環境を栽培しやすい適切な状態に保ち、収穫後に用済みになった苗床の葉っぱのクズは、外の特定の場所に捨てている。しかもそのキノコは、もはやハキリアリの世話なしには育たない、栽培作物のようになっている。

個々のアリを見る限り、どうしてこんなに高度なことができるのか理解できない。でも、巣全体ひとかたまりで一個の生物と見なすと、これだけの知性もなんとなく納得できるんじゃないだろうか。

人間みたいな多細胞生物も、個々の細胞はそれぞれ、わりと独立採算的に好きなことをやっているんだけど、ホルモンなどの信号物質をやりとりして、全体として調和を保っている。アリの巣も、個々のアリは空間的に分離して独立に好きなように動いているけれど、お互いにフェロモンなどの化学物質を交換して、全体の調和を保って活動している。

両者は、細胞単位が空間的に分離しているか否かと、個々の細胞単位の複雑さの違いがあるだけで、全体としてはすごくよく似ていると思うんだよね。

たくさんのプロセッサを使う超並列コンピュータのアーキテクチャでは、粒度《りゅうど》という概念がある。個々のプロセッサの能力は小さいけど、それをたくさん使うタイプは粒度が細かいといい、ある程度複雑なプロセッサを、ほどほどの数使う超並列は、粒度が大きいという。

こうしてみると、多細胞生物と群知能は、粒度の違うアーキテクチャってことかもしれない。

この観点からすると、人類文明も、一まとまりの群知能＝超生命体に違いない。

人類文明は、一人の人間の能力を遙かに超えたものを、無数に創り出している。

自分の身の回りにあるものを、ちょっと見渡してみると、その中のどれ一つとして、自分一人の能力で作り出すことも、理解しつくすこともできない。

それは、パソコンや携帯のような高度に複雑なマイクロ・エレクトロニクスの製品や、巨大な高層ビル、長大な橋、海峡を越えるトンネルのような見るからに凄いものだけじゃない。そこにころがっている鉛筆や、身につけている服や、その他ありとあらゆるものがそうなんだよね。

服くらい、毛糸で編んだり布を切って縫い合わせて作れるよって思う人もいるだろう。

でも、その糸はどこからどうやって作るのか、針やはさみの原料となる金属はどこから取ってきて、どう精錬して、どうやって加工してその形にするのか、加工するための機械はどうやって作るのか……なんてことを考えていくと、とてもじゃないけど一人では本当に何もできないことに気がつく。

これは、アリの巣が、アリ一匹ではとうていできない高度なことを実現しているのと、全く同じことだ。

これらすべては、文明という群知能が作り出した人知を越えたもの。ぼくたちは人知を越えた奇跡に囲まれて生活しているわけだ。

こうしてみると、文明は一まとまりの超生命体であって、人間はそれを構成する細胞だって認めざるを得ないと思わないかな〜。

なぜヨーロッパの科学は世界を席巻したか

【鹿野 司】

科学の起源というと、ソクラテス、プラトン、アリストテレスなどの古代ギリシアの哲学者たちを思い出すのが、西洋伝来の科学史観だよね。

確かに古代ギリシア哲学は、論理的な推論などの、今の科学が備える基本的な要素のいくつかを編み出している。

しかし、彼らは学派を形成して、自分たちの哲学は門外不出としていた。つまり、その世界観は仲間うちだけのローカルなものだった。

もちろん、彼らは自分たちの学説がローカルなものと、自覚はしていなかったろう。自分の学派の哲学が、世界の真理にいちばん近いと、誇りを持って考えていたに違いない。

つまり、他学派の哲学は参考にすべき点はあるにしても、より深い認識を持つのは自分たちだと、お互いに考えていたと思う。

このとき、学派間の関係は水平的なわけで、それはモーセを悩ませた諸部族の対立関係と何ら変わるところがない。

また、こういう形での自然理解は、世界中のあらゆる場所、あらゆる時代の人々が、同じようにやっていた事だと思う。

ところで、現代の科学は、時空を越えて通用する法則がある事に、基本的な信頼感がある。これは強烈な確信で、それが疑える事に、ほとんど気がつかないほどだ。

だけど、それにも根拠はない。ただそう信じているだけだ。

なぜ、こんな確信が生まれたのだろうか。それは、ユダヤ教の絶対的な価値観の発明に由来するんじゃないかと思う。

こういう絶対的な価値観への信頼感が背後になければ、現代につながる科学的な発見の多くは成り立たなかった。

たとえば、ニュートン力学を知っている人なら、高いところから物を落としたとき、重い物も軽い物も、同時に地上に落ちる事を知っているよね。でも、これは経験的には決してわからないことだ。

なぜなら、重い石は軽い羽より、明らかに速く落ちるからだ。その自然の姿を、いくらありのままに観察しても、力学の法則は決して見えてこない。

それにもかかわらず、力学の法則が発見できたのは、ありのままの自然を、見かけ上そうなっているだけだと信じ、それを越えた普遍的な法則があると、根拠なしに信じる必要があった。ヨーロッパだけに現代の自然科学に連なる動きが出たのは、そういう文化背景があったからじゃないだろうか。

ユダヤ教に発する絶対的な価値観というものがあるという認識がなかった他の文化圏では、素朴な世界認識を越える法則について思いを馳せることは、できたとしても例外的で、かなり難しかったに違いない。

そういう、目に見えない普遍法則があるって思い始めたとき、自然界に潜んでいる数理ってのは、メチャクチャ面白いんだよね。そういうのを発見すると、うわー、世界は確かに隠れた法則にみたされてるなあって、感動的なところがある。こりゃあ神様いるわ。神様がオレたちに、すてきなパズルを与えてくれてるんだわって思えちゃう。

たとえば、太陽の移動で作り出される日時計の影は、円錐曲線の一つ、双曲線になっているとか。あるいは、巻き貝の成長パターンが、おのずと黄金比のらせんを作り出すとか。

　自然現象じゃないけど、高速道路のインターチェンジは、独特の四つ葉のクローバー型をしているよね。これはクロソイド曲線という数理曲線なんだけど、なんでこんな形をしているか、ちょっと不思議じゃないだろうか。デザイン的には確かにきれいだけど、世界中のインターチェンジが、何で同じデザインを採用したんだろう。

　じつはこれ、自動車が一定の速度で走っているときに、ハンドルを一定の速度で回し続けると自ずと描かれる曲線なんだよね。だからインターチェンジがこの曲線になっていると、簡単なハンドル操作で減速せずにコースを変えられる。世界中にあるクローバー型が、こんな単純な法則できめられていたって知ったら、ちょっと感動しないかな。

　同じような感動を、中世のヨーロッパの錬金術師たちは味わっていたと思うのね。

　ただ、もちろん自然の全てが、そういう単純な数理で表されるわけじゃない。それなのに、数理と神の秘密を結びつけちゃった西欧の人たちは、本末転倒して、数学的な美しさを、無理矢理そうじゃない自然にも当てはめるようなこともしていった。

　たとえば黄金比の四角形こそがもっとも美しいなんてことが、今でも信じられていたりするけど、そんなことあるわけないよね。なにしろ、世界には別の比率の四角形はいくらでもあるんだから。でも、西欧の人たちは法則こそが神の理《ことわり》で正しいってことで、感受性までそちらにあわせちゃったわけだ。

　現代の技術が、自然を破壊して新しい物を作ってきたってことの背後には、そういう西欧の絶対的な法則優位のセンスってのが、あったのかもしれない。

　これって、やっぱり他の文化圏にはない感覚なんだよね。

　たとえば日本には、和時計というすごいテクノロジーの産物があった。これは、西洋から伝わった機械式の時計をベースに、日本で独自に発展を遂げたものだ。

　日本への機械時計の伝来は、一五五一年にフランシスコ・ザビエルによって行われた。その後、キリスト教の広がりとともに、たくさんの時計が持ちこまれて、それを修理したり、真似して作る職人も増えていった。そして、一六三九年の鎖国の完成によって、時計技術もヨーロッパとの交流がなくなり、お互いに別々の発展を遂げていくことになる。

　西洋の場合、機械時計の発明によって、時間を等分する定時法が採用されていった。つまり、ぼくたちが今使っている時間の刻みかたと、基本的に同じやり方だ。

　ところが、日本では、日の出、日の入りを基準として、それを均等に分割して時を数える不定時法が採用されていた。つまり、一時《いっとき》の長さは、春分の日か秋分の日以外は、昼と夜で違っているし、その長さは毎日変化していたわけだ。そのうえ、場所によっても違ってしまう。そこで和時計は、日本独自の工夫によって、一時の長さが毎日変化したり、場所による補正ができるように作られていた。

西欧的なセンスに馴染んじゃった現代人の感覚からすると、これは奇妙なやり方だと感じるかもしれない。毎日時間の長さが違うんじゃ、ややこしくてしょうがないもんね。

だけど、これだと、何時といえば、一年中どの季節でも、太陽がだいたいどのあたりにあるか解ることになる。ところが定時法では、夕方六時といっても、夏ならまだ明るいし、冬なら真っ暗で一定しない。

和時計が刻んだ時間は、季節の変化に連動する相対的なものだった。実はこれは普遍的な感覚で、古代ギリシアから中世ヨーロッパまで、この不定時法が用いられていた。

これに対して、西洋の時間は、時計が発明された一四世紀以降、定時法という絶対的な時間尺度の採用へと動いていった。

西洋の機械製作技術は、当時の日本に比べて決して劣っていたはずはないのに、なぜ和時計のようなしくみを編み出さず、時法を変える方向に進んだのだろうか。

それはやっぱり、季節や場所の変化にとらわれない、絶対的な時間の刻みがあるという感覚を、受け入れやすい素地があったからだと思うんだよね。

ただ、こういう絶対的な価値観というアイデアの発明によって成立した現代の自然科学も、最近は少しずつ新しい動きが出始めている。それはポストモダンのような、無茶な相対化を目指そうというものでもなくて、これまで見過ごされがちだった、個性記述的なところも見ていこうという動きだ。

たとえば、動物行動学などの分野では、普遍法則の追求だけでは限度があるのが当然で、個性の記述が求められ始めていると思う。また、この個性記述への指向は、もっと大きな時代的な雰囲気から出てきているような気もしないではない。

【鹿野 司】

装甲としての法、拘束具としての法

日本には民主主義が根付いていない、なんて言われることがあるよね。その理由の一つは、日本人が法に対して抱いているイメージが、全く民主主義らしくないってことがあるんじゃないかな。

西欧の人たちが感じている法感覚は、まあようするに交通信号の決まりみたいなものじゃないかと思う。

青なら進め、赤なら止まれ。このルールに従っておけば、利害の対立があまり起きず、物事がスムーズに流れていく。

法を守るのは、そうすれば居心地が良いからだし、それは自分を守ってくれる。もし、その法の定めが社会の変化や新しい問題の出現で、あまり居心地の良いものでなくなれば、利害関係者の相談で書き換えることができる。つーか、書き換えるべき。そして、いったん決められた法は、自分たちで決めたものなので、また現実との齟齬《そご》が大きくなるまではしっかり尊重する。

これができるのも、根っこのところに、法に対する信頼感があるからだ。法は自分の身を守るための装甲なんだよね。

一方、日本の感覚では、法律は庶民にとって「お上から下された、意味なく自分の行動を制限するもの」って感じだ。つまり、法を拘束具だととらえている。

意味のよくわからない、天から降ってきた制約なので、破ると叱られるから破らないってだけ。問題が起きたときは適当に曲げたり破ったりすればいいし、法を自分たちの手で作りかえようという発想も湧いてこない。

この感覚は、文化の隅々まで浸透していて、それはフィクションを見れば明白だ。

アメリカなどのシリアスなドラマでは、何らかの事情で法を破らざるを得ないときは、その葛藤が必ず描かれる。結果オーライになったとしても、その違法行為にはなんらかの報いがある。そうでないと、視聴者は物語にリアリティを感じないからだ。

ところが、日本のドラマは、良いことをするのに邪魔なら、法は気軽に破って、めでたしめでたし。法に裁けぬ悪を討つとか、むしろ超法規的措置を行うものこそカッコ良く、そこに葛藤のかけらもない。不便を感じたら、なし崩しに破っていっても、ほとんど問題視されないわけね。

民主主義というのは、利害関係を調整するために、みんなで話し合ってルールを決めようねってことだから、西洋的な法を装甲として受け入れる感覚にはよく馴染む。でも、上から強制される拘束具と感じている限り、民主主義は根付きようがない。

日本ではよく、あるスポーツ競技で日本人が好成績を連発すると、欧米人がルールを勝手に変えちゃって、不利な形にされるとぼやかれる。

でもそれは、ルールは自分たちで自在に書き換えていくものっていう感覚を持たない、日本人の被害妄想なんだよね。もちろん、先方に差別感覚（というよりよそ者感覚かな）があるにしても、それをあからさまに表現はできない。だから、日本人が全てのプレイヤーの公平性を期するために、こういうルール改定を望むと説得力のある主張をすれば、それを拒むことは難しいはずだ。つーか、ルールの正当性はそうやって戦い取るもんだ。でも、和風の法感覚が災いして、その戦いの土俵に乗る前に、自滅しちゃっていることのほうが多いような気がする。

それにしても、なぜこうなんだろう。

西洋では、文化の基盤として誰もが繰り返し参照する聖書の中に、法とか契約にまつわる逸話が何度も出てくる。つまり、ユダヤ・キリスト教文化圏の人たちにとって、世界を法とか契約という概念で切り取って認識することは、自然なことなんだよね。だから、法や契約がどんな意味を持つか、しょっちゅう意識され洗練されてきた。だから、今のような法感覚につながっているのだろう。

それに対して、日本人は、歴史の中であまり法というものを意識することがなかったのかもしれない。

一〇〇〇年の無法

　日本に法という概念が入ってきたのは、大化の改新の時。天皇を中心とする中央集権的な体制を作るため、中国から律令《りつりょう》制度を輸入したのが始まりだ。で、この律令の最後のものが、七五七年の養老律令。

　しかしこの律令ってやつは、かっこいい中国からなんとなくパクってきたものなので、日本には無い制度についての規定とかも多かったし、平安時代（七九四年）に入ると社会の変化であっという間に形骸化した。で、八三三年には令義解《りょうのぎげ》という律令の解釈書を作って淩《しの》いだんだけど、その後、こういった解釈書のたぐいは作られることはなかった。

　つまり、一八八九年に大日本帝国憲法が公布されるまで、一〇〇〇年以上も養老律令と令義解が、日本の法の根拠だったことになる。でも、令義解がいかに優れた解釈書だったとしても一〇〇〇年も持つわけがない。現実には、法の条文は有名無実になっていたはずだ。

　時代が変われば、産業構造も変わって、それまでには存在しなかった問題や、利害の対立もどんどん起きてくる。じゃあ、そういうときはどうしていたかというと、その場その場で、偉い人が良識に従って、まあ何となく決めていた。

　たとえば江戸時代は、庶民の間で利害対立が起きると、まず「内済《ないさい》」が薦められる。ようするに、お互いもう一度じっくり話し合いなさいってことね。それでも解決がつかないときは、「公事《くじ》」というお奉行様の前での裁定になるわけだけど、これも基本は内済を勧めていたらしい。

　ただし、訴え出てきた双方に、「お前の主張はわがまますぎるから罰するぞ。強情を言わず、もっと相手と話しあって譲り合いなさい」みたいな感じだったらしい。

　これを、権威主義的訓戒的調停という。ようするに大岡裁きなのね。子どもの手を先に離した親とお奉行様が一両損をするわけよ。

　これは民主主義とは全く次元の異なる調停のしかただけど、現代でも、裁判官ってこういうことをやる人なんじゃないかなあって、漠然と感じている人が多いんでないかな。

　庶民ではなく、武家には武家諸法度《ぶけしょはっと》とかがあったけど、これは儒教的な倫理観がベースになっていた。で、とくに文書にはなってはいないけど、何が良いことで何が悪いことかは、みんな解っているよねという前提が共有されていた。

　こういう、「お上」と「下々」みたいな文化的な伝統の余韻は、いまも変わらず存在している。

　現代の日本の刑事裁判は、九九パーセント有罪になるんだそうだ。

　なぜかというと、検察は、裁判官の立場に立って事件を考え、間違いなく有罪にするだろう事件だけ起訴しているからだという。

　検察は自信のない事件を起訴しない。もしそうしてしまったら、無罪の人を起訴する＝不当起訴＝重大な人権侵害の率が増えてしまうから。マスコミは逮捕時点で、被疑者を犯人と報道し、起訴されれば有罪扱いする。そんな状況下で、簡単に有罪率を下げるわけにはいかない、だって。

なかなか突っ込みどころの多い論理だけど、たぶん「お上」である検察は、これのどこが突っ込みどころか気づかないくらい、まじめにそうだと信じているんだろう。

少し前になるけど、ライブドアのホリエモンとか村上ファンドの村上世彰《よしあき》さんが逮捕されたとき、検察は平成の火付け盗賊改《あらためかた》方かよ〜って感じがしなかっただろうか。

この二人は時代の寵児《ちょうじ》で、非常に目立つ人たちだった。ただし、それ以前の常識良識を破っていて、法律違反はしていないけれど金儲け主義すぎると、倫理的に非難されることも多かった。

検察は、その世間の雰囲気を敏感に察知して、法に裁けぬ悪を討つかのように、彼らを逮捕立件した。その理由付けも、これが有罪になるなら、誰でも有罪にできると言われたほど、無理矢理な感じがあったと思う。

それでも、検察と裁判官の強い信頼関係の絆のためか、結局有罪判決が下って、今も控訴審が争われている。判決は、今後の裁判で覆《くつがえ》る可能性はあると思うけど、ホリエモンはライブドアを辞め、村上ファンドは解散して、二人は検察の思惑通り社会的には葬り去られた。

これって、法律には書いて無くても悪いことは悪いって解ってるよねという感覚と、権威主義的訓戒的調停の雰囲気そのものだ。お上と下々の世界であって、民主的法感覚ではあり得ない。

つまり、日本は形式的には西洋の民主的な法体系になっているように見えて、現実の運用では、古くからある土着的なイメージが支配し続けてきたんだよね。

サはサイエンスのサ

単行本加筆

【鹿野　司】

法文化の違いとその副作用

日本の法は、明治維新の時にヨーロッパから輸入したシビル・ロー（大陸法）系の法体系とされていて、その特徴は成文法が基本ってことだ。法律の文言を、きちっと書き記しておくということね。

だから、立法側の感覚として、あらゆる事態に備えて、すべてをあらかじめ条文に書いておくべきだという感じがある。そのため、新しい問題が起きると、法律の条文がどんどん増えていく。

これはたぶん日本に限らず、東洋にはそうなりがちなところがあって、たとえば三国志の中にも、ある武将が腐った役人をぶっ殺し、煩雑だった法律を三つに減らして庶民に喜ばれたって話もあった。

一方、アメリカやイギリスは、コモン・ロー（英米法）の国だ。こちらは判例《はんれい》法を中心に据えている。

コモン・ローの国では、きちっと明文化されたルールは、日本のようなシビル・ローの国より少ない。じゃあどうやって裁定するかというと、社会の常識で物事を決めるんだよね。だから、過去の判例を重んじる。法律もざっくりした理念だけ書かれていて、実際にもめ事が起きたときには、そこでどうすべきか議論して決めましょうって感じになっている。

だから、アメリカの弁護士たちは、ものすごく忙しい。過去の資料を一生懸命調べて有利な凡例がないか探しまくる。

法廷ドラマでは、分厚い資料を山のように抱えている弁護士の姿とか、ここぞというときに法廷に飛び込んできて、こんな判例がありました～と裁判官に訴えるシーンとかがよく見られるよね。

逆に、日本のように法律に細々したことまで書かれていると、事実が認定された時点で、議論する余地はほとんどない。自動的に勝ち負けが決まって、弁護士のやる仕事はあまりない。

日本では、凶悪犯の弁護を人権弁護士がやるとき、なんだかあきれる論法で弁護する事が多くて、世論の怒りをかき立てるなんてことがありがちだ。

でも、それはおそらく、日本がシビル・ロー国家だから、他に手段がないってこともあるんじゃないかな。アメリカの法廷のように、法の理念を元に鮮やかな弁論を組み立てて、陪審員を説得するなんてチャンスは日本にはない。法律の文言にあることをしたと認定されたら、自動的に断罪されるわけだから、法に入る前のところで争うしかないわけね。

もっとも、人権弁護士が強引なことをしているという印象になっちゃうのは、かなりの部分、記者クラブが検察の主張をそのまま垂れ流して論調を作っているってことのほうが大きいんだろうけどね。人権弁護士の人たちは、まじめに一生懸命弁護をしているのであって、決して報道からイメージされるような姑息《こそく》なことを企んでいるわけではないと思うよ。

サはサイエンスのサ

単行本加筆

【鹿野 司】

日米の法文化にそういう違いがあると言うだけなら、まあ面白いなあってだけですむ。

でも、近頃はこういった差異が、日本の社会を息苦しくする方向に働いてしまっているって感じがするんだよね。

ところで、パクリは良くないよね。そんなの当たり前の話。日本に比べてその辺がゆるい中国とか韓国とか、どうなってんのって思っている人も多いと思う。

でも、本当にそうなんだろうか。

日本も高度経済成長時代は、アメリカの技術をどんどんパクってきたもんだ。すでに重厚長大産業で成熟しきっていたアメリカでは、ほとんど見向きもされていなかった軽薄短小技術に可能性を見いだし、パクって日本の物にした。半導体メモリも、家庭用ビデオデッキも、液晶ディスプレイも、すべてそうやって日本のお家芸にした技術だった。

そういう過去を棚に上げて、東アジアは日本をパクってばっかでずるいっていうのは、ちょっとなんだかなあって気がしないでもない。

あらゆる文化は、模倣によって伝承され発展してきた。誰かが思いついた良いアイデアをみんなが真似し、別のところのアイデアと組み合わせることで、よりすぐれた物を作っていくのが社会の普通のあり方だった。

人間は、何かの技術を習得するときも、基本的に模倣から入るしかない。修業時代は徹底的に真似をしながら技能を身につけ、やがて徐々に完全なコピーから脱却して、自分のスタイルを確立していく。模倣は人間の成長に必要不可欠な、本能的な性質の一つだ。

知的財産権の保護は、その本能に反しているから、教育されなければ身につけることのできない、けっこう難しい概念なんだよね。

もちろん、本能は野放図に解放していいわけではなくて、ある程度の抑制は必要になる。でも、現在はそれが過剰になっていて、ある程度のパクリなくしては成立しない創造的な文化を、スポイルしかねないくらいのところまできつつあるんでないのと思うのね。

知的財産権の保護は、経済的な都合の中から西洋で産まれた概念だった。日本でも明治維新とともに西洋から輸入されて、著作権法などの法律が作られた。

だから日本でも、昔からパクリはよくないという感覚はあったんだけど、それは今よりももう少しのんびりした物だったと思う。過度に主張されることはなくて、真似されるのは評価されたってことだから、むしろ嬉しいという感覚すら普通にあるものだった。

ところが一九八〇年代の後半から、雰囲気は変わってきた。この頃、アメリカは産業の空洞化が進み、日本を含む後進国の台頭に脅威を感じて、知的財産権（と金融）を攻撃的に使うという、戦略的な判断が下されたんだろう。

その始まりは、一九八八年のカーマーカー特許（数学のアルゴリズムに対する特許）が成立したときだった。それ以前の常識では、数学の知識は人類共通の宝で、特許で独占するような物じゃないと誰もが思っていた。実際、この特許成立を巡っては、アメリカ国内でも議論が巻き起った。

でも、結局のところ、これはアメリカの既得権益を守る重要な武器だと認識されて、より広い範囲に知的財産権を認め、より強く権利を主張する潮流が作られていった。

その結果、埋もれていた特許を買い集め、それに抵触しそうな製品を出している企業を訴えては金を稼ぐという、どう考えても下種《げす》で悪質なビジネスも横行するようになった。

知的財産権は、最初に素晴らしいものを実現した人に正当な利益を与えて、クリエイティブを活性化させるものだったはずだ。だけど、攻撃的になった知的財産権は、異常に強欲で歪んだ性質を表し、新しいものの誕生を阻む息苦しいものになってしまった。

こういう知的財産権に対する新感覚を、日本はアメリカに押しつけられ、徐々にそういう物かって思い込むようになってしまった。

たとえば二〇〇七年に、突然、著作権法の親告罪見直しが検討されたことがある。

著作権法は、被害を受けた者が申告してはじめて犯罪になるものだから、真似された人が容認する限り犯罪にはならない。

でも、非親告罪化すれば、検察のような第三者がパクリを独自に認定して、逮捕できるようになる。

なぜこんなことが突然浮上したかというと、日米が毎年取り交わしている、年次改革要望書にその要求が書かれていたからだ。

年次改革要望書には、アメリカ側からの要求として「起訴する際に必要な権利保有者の同意要件を廃止し、警察や検察側が主導して著作権侵害事件を捜査・起訴することが可能となるよう、より広範な権限を警察や検察に付与する」とある。

ようするに、アメリカの著作権者はいちいち日本で起きている違法ダウンロードとかを調べていられないので、日本の検察が勝手に見つけて、どんどんビシビシ取り締まれるように法改正してねって言ってきたのね。

この著作権法の非親告罪化を巡っては、アメリカは非親告罪でやっているのだから、日本でもそうしたって問題ないという意見もあった。でも、日本とアメリカは法文化が違うので、そう簡単な話ではないのね。

アメリカでは、著作権者の許諾なしに著作物を利用しても、フェアユースに基づいていれば許される。フェアユースってのは、コモン・ロー国家らしく、どういう目的で利用されたかなどの、四つの抽象的な指針に基づいて、事例ごとに裁判所が妥当かどうか判断するようになっている。

著作権法違反で訴えられちゃったけど、この使われ方は、よくよく考えると、広い意味での教育になるから使っても良いよ、なんてことがケースごとに判断できるわけ。

ところが日本はシビル・ロー国家なので、著作権の制限規定は「私的使用のための複製」とか「裁判手続等における複製等」みたいな具体的な類型が列挙されていて、これに当てはまらなければ全て侵害にされてしまう。

著作権者本人がその程度のパクリは別にかまわないよ〜って言ったとしても、類型に当てはまっていなければ、検察が起訴して有罪にできる訳ね。これはアメリカとは比べものにならないくらい、強い裁量権になる。

いや、でも検察にも常識があるんだから、そんな無茶はしないでしょと思うかもしれない。でも、かなりおかしなことは、すでに現実に起きている。

それは二〇〇七年に著作権侵害で有罪とされたMYUTA事件だ。

このMYUTAは、自分で購入したCDをリッピングしたものを、サーバーにアップロードし、自分の携帯電話にだけダウンロードするサービスだった。

これがなんで著作権侵害になったかというと、その論理の柱の一つは一九八八年のクラブキャッツアイ事件の時に考案された、カラオケ法理が根拠になっている。

クラブキャッツアイは、カラオケ装置を設置して、客が自分でお金を入れて利用するようにしていた。で、楽曲の使用に店はノータッチだから、著作権料は払わなくてもいいもんねって言ったのね。でも、そりゃあどう考えても言い逃れなので、そういう目的の自動装置を設置したら、設置者を著作権侵害に問えるとした。これがカラオケ法理。

で、MYUTAサービスも、カラオケみたいな自動装置＝サーバーが設置されているので、これが適用される。

とはいえ、自動装置を使っても、個人が自分のCDを複製するだけなら、私的利用だから問題ないはず。

ところが裁判ではサーバーは遠隔装置だから、ユーザーはボタン押したかもしれないけど、複雑な処理は全てサーバーがやっているわけで、複製の主体はサーバー側だって判断された。しかも、サーバーの立場から見ると、送信は誰にでもできるので、これは公衆送信だってされた。つまり、他人の著作物を勝手に複製して不特定多数に送信したから、著作権違反ってわけ。え〜。

この裁判官は、着うたで著作権料を儲けたい人たちを善とみなし、新しいビジネスを始めた人たちを、法の網の目をくぐって悪事をなす人たちと判断して、正義を行使するためにこの判決をひねり出したのだろう。

でも、オレの印象では、既得権益者を過度に守るために、かなり恣意的に過去の法理を利用したように思えるんだよね。

この判決が有効な現状では、たとえばCDを自分のパソコンでリッピングし、メールに添付して自分宛に送った人がいたりすると、メールサービスを提供している会社は著作権侵害で有罪になり得る。それに、クラウド・サービスのようなものは、全て有罪にすることだってできるわけだ。

もちろん、常識的にはそんなことはしないだろうけど、やろうと思えばやれる。つまり、インターネットを使って新しいサービスを始めた人が大成功しても、ホリエモンや村上ファンドみたいに、ある日突然、お上の判断で潰される可能性は無いとは言えないわけね。

つまりこれは、著作権がイノベーショ

ンの誕生を阻む方向に濫用された一例だと思う。

サはサイエンスのサ

連載●159

「2ちゃん」&「ニコ動」の和のモチベーション

【鹿野 司】

グーグルの創設者たちや、アップルのスティーブ・ジョブズなど、世界をがらりと変革するような凄い才能は、なぜ日本から生まれないのか?……なんて話を時々耳にする。

だけど、そういうこと言っている人たちの目って節穴なんでないの。日本にだって、そんなかんじの人はちゃんといるじゃない。

その一人は2ちゃんねるのもと管理人であり、ニコニコ動画の配信元ニワンゴの取締役でもある、ひろゆきこと西村博之さんだ。2ちゃんとニコ動という二つの偉大な超生命体を産み出した功績は、どう考えたって世界に誇れると思うんだけど。

2ちゃんねるは、匿名掲示板ってことで、今でも世間的にはあまり評判がよろしくないみたい。その存在価値も、ちょっと異常なくらい低く見積もられているように思う。

2ちゃんねるで日々起きていることは、文化的にも極めて貴重な記録で、全データを国会図書館に永久保存する価値は十分ある。というか、後世の歴史家や文化研究者たちのために、絶対に保存しなきゃダメだと確信する。皮肉でも何でもなく、心の底から本気でそう思うんだよね。

2ちゃんねるの価値が異常に低く見積もられているのは、匿名性がよろしくないという社会通念からきているのかもしれない。

ネットの匿名は、あってはならない悪いものだと考える人が、他のことに関してはものがわかっている感じの人も含めて、凄くたくさんいる。でも、それはどうかと思うんだよね。

確かに、匿名性が毒を含むことはある。炎上が起きたときなど、正義の名の下に標的のプライバシーを暴露しまくり、その人の生活や人生さえ破壊しかねない、嫌がらせの数々が止めどなく行われてしまう。こういう現象は、匿名が引き寄せてしまう集団的な暴走であることは間違いない。

クリエイターやタレントなど、メディアでの発言力を持った有名人の多くが、2ちゃんで相当嫌な思いをした経験があると思う。

たとえば爆笑問題の太田光さんは、お前殺すとか書かれて、はじめは恐ろしくて腹立たしくて気が狂いそうになったという。

誰だって、自分の仕事がみんなにどう思われているか気になるものだ。で、2ちゃんを覗いてみると、少しは褒められることもあるけど、ほとんどは根も葉も理解もない酷い言葉ばかり。ものすごくがっかりして、腹もたつ。2ちゃんでそういう体験をした人は、2ちゃんを不愉快きわまりないものと思うだろう。まあ、2ちゃんの悪口は、ホントはツンデレだったりすることも多いんだけどね。でも、慣れない人は心底傷ついちゃう。くりえいたーはきずつきやすいどうぶつです。やさしくしてあげましょう。

匿名というと、悪いことをするのに自分の名前を知られたくないという使い方をイメージすることも多い。議論するなら正々堂々名乗りやがれとか。

そういう側面も確かにあるとは思うけれど、それでもぼくは、匿名がそんなに悪いものとは思えない。なぜかというと、匿名の中には積極的に名前を秘すのとは違う、「無名」性も含まれているからだ。

　無名じゃなければ意味がないもの、無名だから輝くものってのがあると思う。

　実際、ぼくたちの実生活のほとんどは、無名の存在としての行為で成り立っている。

　コンビニに入るとき、後から来る人のためにちょっとだけ扉を長く開けておいてあげるみたいな行為は、名乗るほどのことはない無名の行為。そんな些細ではかない無名の行為ってのが、人生を満たしているわけさ。

　だいたい、電車で座席を譲るときに、「そこの妊婦さん、私は鹿野と申します、さあここにお掛けなさい、ふははははは」とかいったら不気味だよね。

　そして、匿名と無名は、ネット掲示板ではきれいに切り分けることはできない。で、2ちゃんとかはそういう無名だから可能になる、無名でなければ意味がない行為が様々に展開されていると思う。

　しかも、それは、現実生活ではたぶん不可能な形のものにまで拡張されている。

　みんなで延々冗談を言い続けるスレとか、全く知らない人同士が突発的にボケツッコミやったり、そういう見知らぬ人たちの一期一会的なやりとりの中から、奇跡のような素晴らしい物が現れてくることもよくあるんだよね。困っている人には、意外と優しくしてあげたりすることもあったりするし。

　電車男みたいな作品形態の出現とか、初音ミク現象みたいなのも、やっぱり無名ということが大きく作用している。クリエイターは、「なんとかP」のような仮の名前を一時的に持ちはするけど、その作品をある意味で一緒に作っていくオーディエンスたちはほとんどが無名だし、無名だからこそ輝いているようにも思う。その作者が、どこどこの誰々さんとか、現実とひもづけられてしまうと、なんだかちょっと興ざめしちゃうような気がしないだろうか。

　それらの無名性が放つすばらしさに比べたら、匿名性の害など小さなことだと思うんだよね。

　2ちゃんねるが面白いのは、完全な匿名と、一日だけ（夜の十二時を越えるまで）有効な記号が割り振られる場合と、その書き込みが確かに自分だと示せる署名の機能があることだ。この、自分の匿名性（無名性）のレベルを、ある程度自由に変えられることが、2ちゃんの豊かさを産み出している秘密の一つじゃないのかな。

　また、その匿名性はユーザーサイドからはそう見えているけど、犯罪予告などをした者の所在地は突き止められるので、犯罪者の隠れ蓑になるというわけでもない。2ちゃんはこれまでの歴史の中で、かなりバランスの取れた匿名&無名機能を獲得している。

　2ちゃんやニコ動は、これまでになかったものすごい創造空間だ。人々が様々に交流しあって創り出している多様な作品群は、「才能の無駄遣い」などの言葉で賞賛され、誰の予想をも超えているかんじ。

　まさしく超生命体の活動だと思う。

　2ちゃんねるやニコニコ動画は、ほと

んど見知らぬ人たちが、誰かがこうしろというような方向付けもないのに、お互いに協力し合って、クリエイティブな作業に嬉々として取り組み、そしてすごい作品が生まれている。

なんでこんなことが起きるのだろう。

ソフトウェアってのは、これまで、なるべく人に頼らず、自分で何でもできるようになりたいっていう方向付けで作られてきたフシがある。それは、ベタな解釈をすれば、西洋の持つ個人主義的なモチベーションが、無意識に反映された結果じゃないかと思う。

その結果、人々は、いちいち協力しなくても、かなり色々なことができるようになった。それはありがたいことである反面、副作用として、人々はバラバラに分断され、一人で何もかもやらなければならなくなり、一人あたりの作業量も増えてしまった。

でも、2ちゃんやニコ動は、それとは違う、人と人とを結びつけることを指向する、和のモチベーションを持っている。

ニコ動を初めて見たとき、同じ映像を見てみんながコメントを付けて盛り上がるのは、『ロッキー・ホラー・ショー』みたいな感覚だなって思った。擬似的ではあるけど、他人と同じものを見て盛り上がる一体感は、凄く面白い。

そして、擬似的な一体感を経由して、多くの人たちが、これまで忘れていた協力し合うことを、再発見しているんじゃないかとも思う。

そういうことが起きるには、匿名性（無名性）を確保したり、過度に厳しい著作権の縛りを無視することは、絶対に必要なことなのだと思う。

それは、お行儀のいい人たちからすれば、無法であり違法であるのかもしれない。

でも、法とは本来、硬直的なものであってはならないわけで、こういう新しい存在に応じて、柔軟に変えていこうという考え方のほうがぼくは好きだな。

人々を結果として分断してしまう技術ではなく、結びつけられる技術を発見し育てているひろゆきさんの功績は、実際、ものすごく大きいと思うんだよね。

日本国憲法を攻撃的に使う

サはサイエンスのサ

連載●160

【鹿野 司】

愛国心は良いものだ。オレも国が愛国心を養うプログラムをやるのは大賛成。ただし、その愛国心は、現代の日本にふさわしいものでなければならない。

日本は、日本国憲法で律せられた民主主義国家だ。だから愛国心養成とは、日本国憲法の理念を骨身に染みこませることであるはず。憲法と、その理念を知らない非国民は赦されない。

日本国憲法は、キチ××憲法である。アメリカの純粋な若者たちが、自国の憲法よりも遥かに理想に近い理念（カント哲学）を文書化し、その心意気に日本の憲法学者たちが共感してできあがったのが、今の日本国憲法だ。女性に関する権利とかは、当時のアメリカより進んでいたしね。

まるでスター・トレックの「艦隊の誓い」に匹敵するような、空想的な理想を掲げていて、このようなものがこの世に存在し得たのは、奇跡としか言いようがない。

そして××ガイほど強力な武器はない。

バカとハサミは使いよう。使いこなせば武器となる。憲法を盾に、やりたくないことはやらないと主張したり、この平和政策は世界でやるべきだと強く主張できる。その奇抜さは、他国の頭をしばし真っ白にさせ、それに乗じて日本は国益を確保できるだろう。

しかし、これをやるには、高度な外交力、優れた交渉力、深い人間知を持つ人材が、非常にたくさん必要になる。

日本国憲法では、国際紛争を解決する手段としての軍事力を放棄している。つまり日本は、軍事によらない力で、国際紛争を解決する強靭なシステムを持つべきと、憲法に書かれているわけだ。

それを具体化するには、まず有能な外交官の育成が必要だろう。

旧政権の自民党政府は、ミサイル防衛のために、毎年最低二〇〇〇億円以上の予算を計上していくつもりだった。アメリカも日本も政権が変わって、これからどうなるかは知らないけれど、ブッシュ&自民党政権のままの状態が続いたとしたら、その金額はどんどん増え続け、何十兆とか凄い金額になっていったろう。

まあ、そもそもミサイル防衛ってのは、原理的に攻撃側が超低コストで防衛力を無効化できる、いくらお金をかけても永遠に満足いく防衛力は担保できない青天井のシステムなので、そうなっても不思議はない。

一方、一人の有能な外交官を育てるのに、年間一億で一〇年の教育が必要と仮定すると、総額一〇億円かかる。毎年一〇〇〇億円かければ、一〇年後には一〇〇〇人の有能な人材ができている。一〇〇〇人ではちょっと少ないか。総額一〇兆円なら一万人育てられるけどね。

ただし、この人材育成には注意がいる。彼らは古い意味でのエリートであってはならない。エリートは、明治以降、しばしば日本をミスリードした元凶だからだ。

将来、政府の中枢に入っていくようなエリートは、金持ちや教育に金をかける家庭出身者が多く、高校大学へと進むうちに選抜され、非常に均質な、同じような世界観の人たちに純化されてしまう。

彼らは、語り合う友も同じような人たちで閉じて、他の世界観を理解できなくなる。最悪なのは、自分たちのような考えを持たぬ者は、劣っている、理解力がないと考えてしまうことだ。

高級官僚たちは、たぶん一般の人が想像するより遥かに賢い。オレも若い頃、彼らを取材して、こんなに頭の良いやつ見たことねーって感嘆した。彼らが今ある地位に選抜されたのは、伊達じゃない。

しかし、オレも長じてわかってきたけど、彼らはやはり理念の世界に生きていて、現実からは解離する傾向がある。

大局観はすばらしいけど、現実をその方向に動かすために必要なことに対する想像力が乏しい。それは、エリートの宿命だ。その理想を実現するには、どろどろした現実と折り合いを付けないといけないのだけど、そのことに思い及ばない。取るに足らないことだと誤解する。

彼らの作る制度が、しばしば現場に大きなしわ寄せを課したりするのはそのせいだ。大日本帝国の軍事官僚たちが、今の目で見て常軌を逸した愚かな判断を下していったのも、そのせいだ。

そのことについて、彼らを責めてもしょうがない。人とは弱い存在なので、そのように選抜されれば、そのようになるのはやむを得ない。だから、これからは、そんな欠点を生まないような選抜法やカリキュラムを深く考えて作る必要がある。彼らを知的エリートではなく、人間的に深みのある人物に育てなければならない。

外交の本質は、相手の文化を深く知ることだ。相手文化の独自性を愛し、決して低く見ないことだ。自分の文化を深く愛してくれるものに対して、人は悪い思いを抱かない。相手の文化を深く理解することは、交渉において、押しどころや引きどころをつかむ基礎知識となる。

これをするには、世界の全ての国の学校に人材を送り出し、若いときから相手国の将来を担う人と交流させるのが良いだろう。また、世界のあらゆる国から優れた人材に日本に留学して貰い、日本の学生たちの中で育って貰うことも必要だ。

また、異文化をおもしろがり、理解し、決して見下さない態度は、全国民に養われる必要がある。もともと日本には、外国からくる珍しいものを、かっこいいと思う民族性がある。明治以降、舶来かぶれのえらい人たちが、東洋を見下し西洋を持ち上げるいびつな物の見方を普及させたのは残念だけど、それはこれから修正できるはずだ。

東洋もイスラムもアフリカもスラブも、ありとあらゆる異文化はそれぞれ面白いし尊敬に値する。その態度が国内に満ちれば、日本に滞在する外人も、日本により深い理解と共感を示してくれる可能性が高まるだろう。

また、海外の平和、教育、医療などに従事するNPO、NGOなどに対する援助を増やしたり、そういう活動に従事することのすばらしさを、全ての人の教育課程で繰り返し教えるのも良いだろう。

その結果、実におめでたい人たちが、世界の隅々まで出かけていって、いっぱいいっぱい良いことしちゃうようになる。日本人といえばおめでたいよなって、世界中の人たちが思うようになる。それは、日本の外交において強力な力になるはずだ。

また、そのような活動に従事した人たちは、現実の厳しさ、この世の無情にさらされ、大きく成長するだろう。この平和な日本では得難くなった試練を経て、人間とは何かの理解を深め、理想と現実のバランスの取り方を学ぶはずだ。そういう人が増えることは、ますます日本の利益になる。

そのように日本国憲法を使えば、日本には独特の権威が生まれ、世界の中で確固たる地位を築くことができるはずだ。

フレーム問題を超える非論理

些細なミスやプログラムのバグなどによって、大事故や、広く社会に影響が及ぶ故障が起きることがある。と、いうか、今や世間を騒がす問題のほとんどが、これなのかもね。

たとえば、A、B二つの銀行が提携して、それぞれのATMで、双方のキャッシュカードが使えるようになったとしよう。ところが、サービス・スタート当日、A銀行ではカードが使えるのに、B銀行では使えないというトラブルが発生。

原因を探ったところ、A銀行は情報処理を漢字とカタカナ両方で行い、B銀行はカタカナのみで行う違いがあったのに、プログラムがB銀行のシステムにも漢字データを送ってしまい、エラーが起きていた……。

こういう事故が起きたとき、マスコミを含めて多くの人は、なんでそんな簡単なことが解らなかったんだ、怠慢だ、反省しろとかいうのが常だろう。

でも、ホントはそうじゃない。

こんな当たり前のようなことも、事前にはなかなか解らないし、全ての問題点を調べあげ、バグを取り尽くしたと証明することもできない。なぜならこれは、人工知能研究を挫折に追いやった、フレーム問題と全く同質の問題だからだ。

人工知能は、コンピュータという記号処理装置を使えば、人間と同等かそれ以上の知能を実現できるよねって期待から、ジョン・マッカーシー、マービン・ミンスキー、クロード・シャノンらの提案で、一九五六年にはじまった分野だった。でも、今では世界の潮流は、そのやり方じゃダメなんだ〜ってことになっている。

そのダメだしをしたのが、フレーム問題だ。フレーム問題は、一九六九年にジョン・マッカーシーとパトリック・ヘイズが言い出した難問で、哲学者のダニエル・デネットが考えたロボットの物語のたとえがわかりやすい。

某研究所で究極の人工知能を備えたロボットの開発が行われている。その試作機第一号のR1の予備バッテリー室に、ある日爆弾が仕掛けられた。爆発の時間は迫っている。開発陣は、R1にバッテリーの回収を命じた。

R1は、バッテリー室にワゴンがあって、バッテリーはその上に乗っていることを知っていた。そこで、ワゴンを引いて部屋から持ち出すプランを立案した。

部屋に入ったR1は、ワゴンをカメラアイでみて、ワゴンの上にバッテリーだけでなく、爆弾も乗っていることを認識した。

しかしR1は、躊躇《ちゅうちょ》なくワゴンをそのまま運びはじめた。なぜかというと、R1はワゴンを持ち出すと、バッテリーと一緒に爆弾もついてくるという、人間なら誰でも解る常識が無かったからだ。哀れR1は、爆発して一巻の終わりとなった。

開発陣はR1の失敗を教訓として、改良型を作ることにした。

R1は周囲の状況の記述から、自分の行動と結果を推論できた。しかし、その行動に伴って生じる副作用については、推論できなかった。それをやらせよう。

新たに改良型のR1D1が作られたが、またもやバッテリー室に爆弾が仕掛けられてしまった。警備がなってませんね。

バッテリーを取りに向かったR1D1は、新機能を使って、部屋からワゴンを持ち出すと、どんなことが起きるか推論をはじめる。

たとえば「ワゴンを引けば車輪が回転する」「ワゴンを引き出しても、部屋の色は変わらない」……なんてことをごにょごにょ推論し続け、時間切れで爆弾は爆発した。嗚呼。

R1D1の推論は、ちゃんと意味のある物だった。車輪が回転しなければワゴンが故障しているという推論が行われるし、照明の違う部屋に行けば色が変わることもある。

R1D1に欠けていたのは、解決すべき問題に関係のある帰結と、関係の無い帰結の区別をして、関係無いものを無視する機能がなかったことだった。

そこで、開発陣はこの改良を施し、万能ロボットR2D1を完成させた。以下同文。

R2D1はバッテリー回収の命を受けても、熱くなるばかりでびくとも動かない。

R2D1は故障したわけじゃない。それどころか、最高性能のコンピュータを駆使して、自分に関係のあることを見つけ、関係のないことを無視するための計算を必死にやっていた。でも、その選択肢は無限にあるので、計算が永久に終わらないのね。

こんな風に、人工知能は賢くしようとすればするほど、愚かになってしまう。

でも、人間はこの難問にはまらない。と、いうか、実際には、はまりそうになることもあるんだけど、認知の歪みがあって、問題に気づかない。

この種の認知の歪みのことを、オレ様理論で「根源的な非論理性」と言ってみたい。

ところで話は変わるけど、AならばBが成り立つとき、BならばAも成り立つ。つまり、逆も真なりね。この論理は自明だよね。

……っていうのはウソ。ホントはそうじゃない。これは論理的には間違いなんだよね。

例を示すと、ネコはかわいい。では、かわいいものはネコかというと、そうとは限らない。

論理学を学んだことがある人なら、そんなの知ってるよって言うと思う。でも、コロンブスの卵の逸話はどうだろう。

卵を立てるには、割ればいい。最初は誰もそれを思いつかない。でも、そのアイデアを知ったあとでは、誰でも卵を割れば立つのは自明だと思う。なあんだそんなことか。割っちゃいけないと思ってたからわからなかったけど、割って良いなら簡単じゃん……

これはつまり、A⇒Bを知ったので、B⇒Aは当然と思うってことだ。

事故の場合も同じで、事故が起きて、原因を知った後なら、そんなポカミスありえねーとみんな思ってしまう。これが根源的非論理性だ。

人間の赤ちゃんには、ものすごく不思議な性質がある。たとえばリンゴを持って、リンゴだよって教えると、そのリンゴまるごとをリンゴと記憶する。当たり前じゃんと思うかもしれないけど、論理的にはそう判断する必然性はない。

リンゴが示すのは、赤い色のことかもしれないし、リンゴのヘタかもしれないし、その場面で赤ちゃんが感じているあらゆることかもしれないし、それらと全く関係ないことかもしれない。しかし、大半の赤ちゃんは、確実にリンゴまるごとをリンゴと覚える。

赤ちゃんは、フレーム問題にはまらない。それは論理的な可能性の、ほんの一部分しか見えていないからだ。この根源的な非論理性が備わっているから、ヒトは言語を身につけることができるわけだ。

人間は、人工知能と違って、論理的な世界の、ほんの一部分しか見ることができない。愚かにも論理に盲《めし》いている。だからリアルタイムで動くことができる。

一方、コンピュータは、記号処理だけを行う論理的な装置なので、論理の世界の全てが見えてしまう。その賢さの故に立ち往生するわけ。

プログラムのバグが取り切れないことや、大事故を引き起こした見過ごされていた原因も、無限に存在する選択肢の中の一つで、事前に探し出すには無限の時間がかかる。それが論理の宿命だ。でも、人間には根源的な非論理性があるから、このフレーム問題の存在に気づかない。

チェス名人が、せいぜい数手しか先読みしていないのに、二十数手も先読みするコンピュータと互角に戦えるのも、この論理に対して盲いているが故なんだろう。

究極の謎を解くかエログリッド

ネットでホットメールとかの利用登録をするとき、ノイズだらけの背景に、ぐんにょりした文字が書いてあって、なんて読むか入力させられることがあるよね。

これは、ＣＡＰＴＣＨＡ（キャプチャ：Completely Automated Public Turing Test to Tell Computers and Humans Apart）といって、スパム業者なんかがロボット＝プログラムを使って、アカウントを自動的に大量に収得するのを避けるために設置されている仕組みだ。

今の技術では、機械に人間ほど色々な物を見分ける能力を与えることはできない。とくに大きくデフォルメされた文字とか、背景と混じりあった図形なんかだと、ほとんどお手上げ状態になる。つまりこれは、人間か機械かを見分ける、チューリング・テストの一種なんだよね。

ところが、これを突破する画期的なやり方がある。

それは、まずエロサイトを作って、女性の画像の横に、この文字が読めたら一枚脱ぐわよってメッセージを出すのね。その文字は、ロボットが見分けようとしているキャプチャ文字が送信されたものだ。

で、エロサイトを見ている人が正解すると、答えがロボットに送られ、ロボットなのにキャプチャのあるサイトの登録ができちゃうワケね。

つまり、ストリップ見たさにほいほい答える人のおかげで、ロボットはアドレスを手に入れられる。しかもこれが繰り返されると、ロボットが学習して、やがて自分でキャプチャ文字が読めるようになる。これって、ほぼマトリックスの世界じゃね。

この種のコンピュータと人の共同作業を促す仕組みを、ヒューマン・コンピュテーション（Human Computation）という。その元祖はカーネギーメロン大学のＥＳＰゲームだ。

ＥＳＰゲームでは、あなたの超能力を試すよ〜って触れ込みで、オンラインのゲームサイトが用意された。

そのゲームの内容は、ディスプレイに表示される画像を見て、そこから連想する言葉を一つ入力するってもの。このとき、同じ画像を見ているプレイヤーがもう一人いて、二人の言葉が一致すれば、つまり相手の心を読むことができれば、得点がもらえて次の画像に進める。

ただし、その図形をみて絶対に誰でも思い浮かべるようないくつかの言葉は、タブー語に指定されていて、使っちゃいけない。プレイヤーはタブー語以外で、相手も思い浮かべそうな単語を考えて、入力していくわけね。

たとえば、画面上に猫の画像が表示された時は、「ねこ」のようなそのものズバリの言葉はタブー語に指定される。それでプレイヤーは「ぬこ」「ぬこたんハァ」「チャーハン作るよ！」「人類の支配者様」……などの答えを入力するわけね。

プレイヤーたちがゲームを楽しむことで、このサイトの主催者は、ある画像と、それを見たとき人が連想しやすい連想語のデータベースを手に入れられる。そして、それを使って別のところで作っている、画像検索エンジンの能力を高めることができるわけだ。

こういう形でコンピュータと人を組み合わせると、どちらか単独よりも、より豊かな問題解決システムになる。

つまり、コンピュータの無限の論理空間を探索してしまう賢い愚かさを、人間の一部の論理空間しか見えない愚かな賢さで補ってやるワケね。これをうまく使えば、ミスやバグを事前に見つけ出すシステムを作ったり、ひょっとしたら、もっと複雑な問題だって解いていけるかもしれない。

しかし、こういうシステムに人を参加させるには、やっぱりお色気パワーがいちばん効果的だっつーのは言うまでもないことだね。

ネットワーク上にある色々なコンピュータ資源を結びつけて、一つの課題に取り組ませるようなコンピュータの使い方を、グリッド・コンピューティングという。

すなわち、エロを報酬にして人間をコンピュータ・ネットワークに組み込み、その強大なエロパワーを利用するエログリッド・コンピュータなら、宇宙の究極の謎まで解いてしまう可能性があるのであ〜る。

世界の謎を解きますた

【鹿野 司】

先日、オレさまちゃんは世界の究極の謎の一つを解いたので、ちょっとお知らせしときますね。

前に、人工知能を挫折させたフレーム問題の話をしたけど、それと同じ性質の問題が他にもいくつかある。

一つは記号着地という問題。

ネコとは何かと問われたとき、人間同士なら、なにがネコでなにがネコでないかを、まず間違いなく合意できるよね。

でも、それをコンピュータに教えようとすると、全く不可能っていうくらい難しい。なぜかというと、ネコってこういうものという記述をいくら重ねていっても、ネコの全てを書き尽くすことはできないから。

かつて、がんばれば、それもできるんでないのと思って、エキスパート・システムってのが盛んに研究されたことがあった。コンピュータにどんどん知識を詰め込んで、高速に検索できるようにすれば、たとえば病気の診断とかも、やらせられるんでないかな～って期待されたのね。で、やってみたら、想像以上に大変で、結局もの凄くがんばってもたいしたものは作れないってことが明らかになってしまった。ずもももも。これで人工知能は挫折した。

人工知能も、コンピュータの中でシミュレーションをしている限り、つまり「積み木の世界」で遊んでいる限り、こんな問題があるなんて気づきもしなかった。コンピュータの中に「ネコ」とか「なでる」とか「ゴロゴロ」なんて記号列を入れて、「ネコをなでる」って文を入力したとき、「ゴロゴロ」って答えを返すようなものは、いくらでも作ることができた。

でも、コンピュータの中にあるネコという記号列は、外界にいる生身のネコと、どう関係づけたらいいんだろう。ネコは動物。ネコはほ乳類。ネコは四本足。ネコはにゃーんって鳴く。ネコはかわいい。ねこはかわいい。ぬこはかわいい。……そんな記述をいくら入力しても、人がネコを見てネコだってわかる精度で、人工知能にネコを見分けさせることはできなかった。

ようするに、コンピュータの中にある記号を、現実という大地に結びつける方法が解らないってのが、記号着地問題だ。

そのネコを、屏風《びょうぶ》から追い出してくれたら捕まえてあげますよ?

もうひとつ、同じ性質の問題に、みにくいアヒルの子の定理ってのがある。

これは、理論物理学者&情報科学者の渡辺慧《わたなべさとし》さんが証明したもの。

アヒルの子供たちの中に、みにくいアヒルの子が紛れ込んでいるとする。

そのみにくいアヒルの子を、ふつうのアヒルの子と区別したいんだけど、それをするには、それぞれの特徴を書き出して、一致するものと一致しないものの数を比較すればできそうだよね。

でも、有限個の記述でこの比較をやると、一致する記述と一致しない記述は、みにくいアヒルの子とふつうのアヒルの子の間の数と、ふつうのアヒルの子同士の数と、全く同じ数だけ書くことができて区別がつけられない。

そんなバカなと思うかも知れないけど、論理的にはそうなのね。たとえば、みにくいアヒルの子は犬じゃない、猫じゃない、人じゃない……、アヒルの子は犬じゃない、猫じゃない、人じゃない……とかやっていくと、似ている部分も似ていない部分も、必ず同数書くことができる。

この定理の意味は、みにくいアヒルの子とふつうのアヒルの子みたいな、似た感じの二つの区別ができないだけでなくて、この世のありとあらゆるものは、言葉では区別できないってことなんだよね。

おっとそこのお嬢さん。あなたは原田知世と全く区別できませんね。論理的には。

そうか、オレが右も左もわからんのはそのせいか。あと、SFとは何かと定義しようとしても、原理的に不可能なのね。

いやいやいや、そうは言っても、人はそういう区別をつけてるじゃん？

フレーム問題、記号着地、みにくいアヒルの子の定理は、同工異曲、本質的に同じ問題だ。つまり、ナマの現実世界を、記号の論理処理で捉え尽くすことは、不可能だってこと。だから、それができるという前提で人工知能を考えると、リアルタイムで動けないとか、物理的実態を完全には定義できないとか、物事の区別がつかないとか、色々な形で必ず破綻する。

ところが、人間や動物は、実際にナマの現実の中を、リアルタイムに活動していて、そんな破綻は起きていないみたい。これはつまり、動物は論理によって動いていないってことだ。

考えるんじゃない、感じるんだ！

ってまあ、こういうと、世界を理解するには論理を超越しないとダメみたいな、スピリチュアルというか古くさくて月並みな話がはじまるんですね。わかります。とか思う人もいるんでないかと思うけど、そんな話はしませんよ。

前にも説明したように、赤ちゃんはりんごまるごとをりんごだと認識する。論理の無限の可能性に目を奪われることなく、フレーム問題にはまらない。でも、なぜそんなことができるんだろうか。

人間が、世界をどう認識するか、世界とどう関わっているか、知能の本質とは何かというと、それは無限に繰り返される、感覚と動きの相互作用のループなんだよね。

ハンマーで釘を打つとき、その軌道が描くラインは二度と再び同じところを通らない。

手が動いて釘を打つと、そのときのショックとか、ガツンという音とか、手の動かし方とか、様々な情報が感覚を通し、神経を伝わって脳の中に入る。その伝達された信号のラインは、脳の中で少しひねられて、再び手が動かされ、ハンマーは別の軌道を通って釘を叩き、と繰り返されていく。

繰り返しハンマーを振るう軌道は、束となり、その軌道の束は体を介し、脳を介し循環している。外界と体と脳の中をぐるぐるまわる軌道の線は、デッサンの描線のように、何本も何本も重ねられながら、形を成していく。

これはハンマーを打つことにかぎらない。

あかちゃんが縁側にいるネコを見つめたとき、おかあさんはそれを察して、「ネコちゃんね〜」なんて声をかける。ねこはひなたぼっこをしながらあくびをする。「あくびしたね〜」目から入る映像、自分の体の感触、お母さんの声、世界とねこと赤ちゃんはそういう循環で結びつけられ、その莫大な数の繰り返しによって言葉は外界に着地する。

言葉の意味も、自転車の乗り方も、他者の心の推定も、このような軌道の束として存在し、デッサンで線を重ねて絵が浮かび上がるように形成され続ける。

これが知能の本質だ。そして動物が生きていることの実体そのものだ。

世界と身体と脳は、相互作用が織りなす無数の描線で、繭玉《まゆだま》のように一体化している。

こういうものだから、動物はフレーム問題や、記号着地や、醜いアヒルの子の定理にはまることなく、リアルタイムに世界の中を動き回ることができる。記号なんてそこにははじめから存在しないのだ。

この感覚と、動きのループは、どこからはじまっているとも言えない。

脳はその描線の軌道にひねりをくわえる結び目みたいなものではあるけれど、軌道の大半は脳の外にある。だから、知性は環境にはみ出していて、環境の中にこそよりたくさんの部分がある。

環境という名の知性

サはサイエンスのサ

【鹿野 司】

さてと、ここまでが前振り。

オレ様ちゃんが解いた謎はコレジャナイ。

その謎とは何かというと、遺伝子に格納されている情報は、メチャクチャ少ないってことだ。たとえばヒトのDNAは、たったの三〇億塩基対しかない。

これが担える情報量は、四種類の塩基が三〇億つながっているわけだから、二の二乗の三〇億乗で、二の六〇億乗。情報量の単位はビットで、これは二のn乗のことだから、ヒトゲノムの全情報量は、60億ビット＝6ギガビット＝750メガバイトということになる。

今、一万円くらいの2テラバイトのハードディスクなら二六〇〇人分以上入るわけね。それからWindowsのプログラムの情報量がDVD一枚分だとすると（まあ、そんなにないけど）、それはゲノム一人分の五倍以上ある。つまり、オレたちはみんな、普段バカにしているWindows以下の情報をもとに生まれてきたのだあ〜。

こうしてみると、今のプログラムの考えかたと、生命がやっていることの間に、どんだけ断絶があるか解ると思う。で、この謎の答えが、わかったのよねん。

人間が金槌で釘を打つとき、その軌道の大部分は、二度と再び同じところを通らない。

これは現代のロボットの制御の仕方と決定的に違う。今のロボットは、あらかじめ動く基本軌道を計算で決めて動きはじめ、環境とのずれをセンサで捉えて、フィードバックなどで補正する。

だから、ある動きを繰り返し行うような、釘を打つときとか二足歩行するとき、外乱がなければ毎回正確に同じ軌道で動く。

でも、このやり方は生物に比べてダメな点がいくつもある。たとえばモーターには常に電力供給が必要で非効率的だし、足場が崩れたり、雪の中に足が埋まるような、予想軌道から極端にはずれた場合は、フィードバックでは対処できず、簡単に歩行が破綻する。（転んじゃう）

でも、生物はそんなことはしていない。世界と身体と脳の循環が織りなす無数の描線の大半は、環境の中にある。脳はその描線にすこし特別なひねりを加えはするけど、軌道の主たる部分は外界にある。

まあ、ホントは脳とか外界とかいう区別はそこにはなくて、カオス写像みたいな、ひねられた渦巻きの軌道があるだけだけどね。

ところで、山の上に一体のロボットがいるとしよう。そのロボットは、鉄球を持っていて、これを谷底にある窪みに納めたい。

そのためのプログラムを書くのは、どう考えたって超大変だ。まわりを認識する視覚プログラムや、坂道を下る歩行プログラムなど、現代の英知を尽くしても、果たして完璧にやり遂げられるかどうかわからないくらい。プログラムの行数も膨大になる。

でも、これを簡単に解く方法がある。

それは、ただ手を開いて鉄球を下に落とすことだ。すると、鉄球は谷底に向かってごろごろ転がっていって、最終的に窪みに収まる。

何だそりゃ、とんちかよと思うかも知れないけど、それこそ生命や知性がやっていることなんだよね。

鉄球が谷底の窪みに収まるのは、物理の必然だ。重力の法則と谷の形状が、鉄球を谷底の窪みに導く。この物理の必然は、見方を変えると、情報処理であり、知性のループの一部でもある。環境には、み出した知性とは、つまり物理法則であり、ある種の拘束条件だ。

人間の歩行も、これをやっている。人間が歩くとき、常に筋肉に力を入れているわけではなくて、あるときは重力のままに振り下ろし、慣性に従って前に後ろに動いていく。

力を入れるのは一瞬だし、情報処理も一瞬だ。だからエネルギー効率が高く、膨大なプログラムも必要ない。

人間は重力があって、地面があるときしか歩けない。それがないときは、歩く形のまねごとはできても、現実の歩行と全く違う動きになってしまう。重力や地面という「知性」と一体になった動きが歩行なのね。

でも、ロボットは、重力がなくても地面がなくても、同じ歩行パターンが作られる。つまりロボットは、環境が必然的にやってくれる情報処理、つまり環境の中の知性とは、無関係に動いている。

これまでの工学の発想では、環境の中の知性を見いだして、それに組み込まれていくような装置を作ろうという発想はほとんどなかったと思う。だから環境の変動に弱く、効率が悪く、莫大な情報処理が必要だったわけね。

サはサイエンスのサ

連載・164

【鹿野 司】

これと全く同じ事が、生体高分子の複雑な相互作用の中から生まれてくる生命現象についてもいえるはずだ。

たとえばタンパク質が決まったカタチに折りたたまれるとき、これと全く同じ現象で起きている。

タンパク質は、複雑で厳密な形の立体構造をしている。鍵と鍵穴の関係に喩えられるように、この形の厳密性が、ファインな酵素反応なんかを実現しているわけね。形がいい加減だと、別の鍵穴にも刺さる鍵になっちゃうからね。

だけど、DNAの配列情報をもとに、リボソームからにょろにょろって出てくるときは、タンパク質も一本のアミノ酸が連なったひもにすぎない。

その姿は、チューリング・マシンのイメージにとても近い。

チューリング・マシンは、ある装置に紙テープを挟んで、前後に動かし好きな文字を印刷できるというだけの仮想機械だ。でも、これをうまいこと使うと、どんな計算だってできてしまう。その基本原理をもとに、現代のコンピュータは作られているわけだ。

ただし、チューリング・マシンとタンパク質のひもとの決定的な違いは、前者が記号世界だけに属する存在なのに、後者はそれ自体が物理的な実態だってことだ。

チューリング・マシンは、記号を印刷するテープの材質や、紙送り装置の性能などは何でもよく、ただ記号を印刷するだけのものだ。一方、タンパク質は、原子がある順番で連なったときの物理的な性質が、大きな意味を持っている。

リボソームからはき出されたアミノ酸列のひもは、配列で生じる各部分の電荷の分布によって、ある部分はくっつき、ある部分は反発して、自ずと立体構造が作られる。この一本のひもが立体に変化するとき、プログラムは介在せず、物理法則だけが働いている。

つまり、鉄球が谷底の窪みに収まるのと同じことが起きているわけね。

もう少し詳しくみると、タンパク質の折りたたみは、細長い一本のアミノ酸配列の電荷分布だけでは正確に決まらない。

じゃあどうして正しく折りたたまれるかというと、分子シャペロンといって、正確な折りたたみを補助するタンパク質が周りにあるからだ。

シャペロンは、タンパク質が折りたたまれていくとき、あるいは、きちんとできていたものが何らかのアクシデントでほどけたとき、変なところ同士くっついたり、間違った方向に曲がらないように助ける分子だ。

昔から、熱ショックタンパク質ってのが知られていた。これは、バクテリアとかを短時間加熱してやると、その後に大量に作られるタンパク質なんだよね。長い間、これって何じゃらほいとか思われていたんだけど、今ではそれが、熱ショックによってほどけたタンパク質を、元のカタチにもどす働きを助けていることがわかっている。

ひも状のタンパク質はたたまれていくと、あちこちに親水性の部分と、疎水性の部分ができてくる。で、正確に折りたたまれたタンパク質は、表面には親水性の部分だけが露出する形になる。この親水性の部分はその名の通り、水分子を吸い寄せて、タンパク質全体の表面を水のバリアで覆うのね。この皮膜があるから、タンパク質同士がぶつかっても、お互いにくっつくことはない。

でも、何らかの原因で、タンパク質が

ほどけたり、異常な折りたたまれかたをすると、疎水基が外にむき出しになる。その部分が別のタンパク質とぶつかると、そこでくっついてカタマリになっちゃう。プリオン病の異常プリオンとか、アルツハイマー病のβアミロイドなんてのも、このメカニズムで凝集して分解できなくなったタンパク質だ。

でもシャペロンのようなお助け分子が、そういうやばいことは滅多に起きないように働いている。

シャペロンは、タンパク質にとって周りの環境の一部と見ることもできる。他に何もないところで、タンパク質のひもだけがぷかぷか浮かんでいる異常な折りたたみになっちゃうけど、まわりにシャペロンがいっぱいあってまとわりついて邪魔するので、特定の方向にしか曲がれない。つまり、タンパク質の動きに拘束を与えている。

ここにも、プログラムは存在せず、周りの環境がある必然を導いていく。

ミクロな生命現象は、ブラウン運動とアボガドロ数の世界だ。いつもぶるぶる動いていて、しかも膨大な数の分子が周りにあって、統計的にしか決まらない。その物理が、必然的に決まったカタチのタンパク質を作り出す。

DNAはタンパク質にせよ、ノンコーディングRNAにせよ、ある形になるはずの「紐」しか作らない。情報としてあるのは、紐の配列だけだ。それから後のこと全て、あるいはそもそもDNAがほどけてRNAが複製されていくことも、特定の形の分子の性質と、そこに働くブラウン運動や電気的な引力や斥力《せきりよく》という物理が引き起こしている。自己組織化っつーのもこのことだ。

iPodとかのイヤホンは、ちょっと油断するとコードが絡まってムキーってなるよね。これは細長い紐ってのは、ちょっとランダムに振られただけで、ぐるぐるに絡みやすい性質があるってこと。

現代の機械のプログラムの発想は、このぐるぐるに絡む形を、座標を決め運動方程式を解いて作りだそうとするようなものだ。座標を決め運動方程式を解くってことは、そのもののことだけ考えていて、周りの環境や物理は慮外のものとしている。結局、自然法則をごくわずかしか利用していない。この部分の発想を変えられれば、これまで困難だとされてきた色々なことが可能になるんじゃないかと思う。

まあ、具体的にどうすればいいかはオレは知らんけどね。

知性の実体は、脳をひとつの結び目とした環境全体に描かれるループ軌道なんだけど、生命現象全てが結局こういうものといえる。

生命の本質と知性の本質は同じもので、それは自分と周りの環境がひとまとまりになって生じている何事かのことなのだ。

そう考えてみると、この世界の謎の答えはそうたいした話ではなくて、当たり前っちゃー当たり前のことやね。

まあでも、これはちょっと面白い事実なんでないかと思う。

SFでは、宇宙そのものが一つの計算機だとか、宇宙が知性を持つとか、宇宙が生命体だとかいう壮大なイメージが語られることがある。それって、空想ではなく事実だったてこと。

【鹿野 司】

ヒトだけにある根源的非論理

経済ってホント、よくわからない。

オレが科学の記事を書くときなんかは、中学で確実に習っているような言葉でも、うっかり使うと編集さんに、こんな難しい言葉使わないでって叱られちゃう。だけど、経済だと、大学の専門課程にでも行かなきゃ出てこないような言葉とか、辞書にもないような言葉でも、説明なしに普通に使われるんだよね。どういうこっちゃ。

それでも世間には株とかやっている人もたくさんいるわけで、それはたぶん、機械にとくに詳しくない人でも、なんとなくケータイが使えちゃうのと同じような感じなのかな？

でも、そういうやり方はオレは苦手なんだー。なんか漠然とでも仕組みが解ってないと、どうもおちつかなくて。

さて、そんな経済が全く解らないオレだけど、リーマン・ブラザーズの破綻を契機に（専門家に言わせれば、ホントはもっと前から予兆はあったらしいけど）今回の世界の経済的ゴタゴタをみていて、オレなりに解ってきたこともある。

それは、経済が、この地球に住む知的生命体のうち人間だけに備わっている、根源的な非論理性と密接に関わっているってことだ。

ようするに、A⇒BならばB⇒Aという間違いを、容易にしでかしてしまうような性質のことね。

わざわざ人間だけに備わっているといったのは、この地球上には、人間とは違うけど、優秀な知的生物がたくさんいるからだ。

人間はどうも傲慢で、賢い動物っていうときは、人間中心主義でものを言っている。ようするに、賢いと言うときのそれは、人間にどれくらい似ているかってことの、言い換えにすぎない。

でも、全ての生物は、その生物が所属する環境の中で生きるに必用十分な知性を持っている。環境との相互作用の中に知性は表れるんだから、そんなの当たり前だよね。実際、ミミズが生存する環境にヒトが突然放り込まれたら、ミミズ以上に賢く立ち回るのは不可能だろう。ミミズの足元にも及ばないんだよ。じーじー。↑ミミズの鳴き声。

それに、人間に似ているという意味で賢い動物も、地球上にはかなり存在する。

たとえば、チンパンジー、ボノボ、ゴリラ、オランウータンなどの大型類人猿や、イルカやクジラ類、ゾウ、一部のトリ（ウグイスなどのさえずる鳥やカラス、オウム）などは、異星人からすればヒトと大差ないくらい賢く見えると思う。

ほ乳類がある程度ヒトの賢さと似た賢さを持っていても不思議じゃない。でも、トリなんて、恐竜の子孫で大脳皮質なんてほとんど無いんだけど、結構凄いことをやる。

カラスは、コインを取ってきて、ハトの餌用の自動販売機に入れ、えさを買って食べるなんてことまでやってのける。ある種の鳥は、ぎざぎざの葉っぱをちぎって加工したり、枝の先端をとがらせ、フック状に曲げた釣り針を作って、くちばしの届かないところにいる虫をつり上げて食べたりもする。

これらの賢い動物たちは、ほとんどの場合三段論法を理解する。A⇒B、B⇒

C、よってA⇓C。

たとえばイルカに、「水中めがねを見せたら、浮き輪を取ってこい」「浮き輪を見せたら、水かきを取ってこい」ということを教えてやる。その後で、イルカに水中めがねを見せると、迷うことなく水かきを取ってくる。

ところが、水かきを見せて、そこに浮き輪があっても、うろうろするばかりで何をして良いか解らない。人間だったら、子供でもやるべきことはすぐわかるのに。

でも、それはイルカがバカだからじゃない。ただ、逆も真なりを理解できないだけだ。だって非論理的なんだもん。A⇓Bのとき、B⇓Aが成り立つ訳ないじゃない。つまり、彼らはヒトよりも論理的な存在ってワケね。

神経学的に考えても、逆も真なりと誤解しやすい性質は、普通ではないように思う。

なぜなら、神経の伝達は一方通行だからだ。神経信号は細胞体から軸索方向へ伝わるだけで、逆に向かうことはない。と、いうことは、A⇓Bという関係が神経回路上にできたとしても、それだけではB⇓Aという信号の逆流は起きるはずがない。それが起きるには、わざわざB⇓Aを示す別の神経回路ができなければならない。

三段論法を担う神経回路は、一方通行でできるから、どんな動物にもあって不思議はない。でも、逆も真なり回路は特別で、動物に普遍的にあることではないように思える。

ヒトの知性と、他の知性とを比較したとき、決定的に違うのはその奥行きの深さだ。

ヒトの脳には、再帰的な回路があるらしい。再帰的な回路とは、出力を入力に戻してぐるぐる回すもので、だからヒトは数を無限に数えられる。

これはチンパンジーにはできないことが解っている。チンパンジーは数が数えられるけど、7を覚えるときも、8を覚えるときも、同じくらい苦労する。

でも、ヒトなら、それを言葉でどう表現すればいいかさえ理解すれば、幼い時から数をいくらでも数えていける。数を一つずつ暗記するわけではなくて、ある法則に従ってぐるぐる回していける。

チョムスキー派の人は、この再帰回路がヒトの言語の文法構造を作るしくみで、言語を操るための、ヒトならではの性質と考えている。再帰性があるから、文の中に文を組み込んで、無限に長い文を作れるというわけね。

実際、チンパンジーは言葉を理解はするけど、文法構造はないとされている。たとえば、「赤いボールを取ってください」というようなふうには言えず、「取って」「ボール」「ボール」「取って」「赤いの」「ボール」「赤いの」……なんて感じで、関係のある語彙を無秩序に並べているだけらしい。

とはいえ、この再帰性はソングバードのさえずりにもあるし、キャンベルモンキーって言うオナガザルの仲間にもあるらしいので、人間にしかない性質とはいえないと思うけどね。チョムスキー派の人は、伝統的にヒトと他の動物は、絶対に大きな断絶があるはずだって立場に立ってきたので、そういいたいらしいんだけど。

　この再帰回路だけど、もしそういう物があるとしたら、そのいちばん単純な構成が、逆も真なりじゃないかと思う。A⇓Bという回路出力を、B⇓Aに入れ込むってことだから。

　つまり、再帰性を論理操作にも使っているのが、人間の特徴じゃないかとオレはにらんでいる。オレ様理論でね。

　人間には、A⇓B⇓C⇓D⇓E⇓……という屋上屋的に論理展開をやるって特徴もある。

　A⇓B、B⇓C、よってA⇓Cという三段論法でさえ、正確に行うことは超難しい。

　神は光である、光はエーテルの振動である、よって神はエーテルの振動であるという文が変なように、三段論法は媒介する概念がちょっとでも違うと、本来は成り立たない。

　でも、ヒトはちょっとの違いはキニシナイで、どんどん多段論法を進めていく。ごく普通に屋上屋論理を展開して、それを信じてしまう。そのため、論理的な推論をしているつもりでも、実体的には全く根拠がない結論に到達しがちなんだよね。

　これはかなりデタラメっちゅうか、地球に棲む知的生命の中で、人間がダントツで非論理的になっている原因だろう。

　地球の他の知性たちは、再帰回路はあったとしても、論理展開には使わないみたい。つまり奥行きがないために、かえって論理的には正確でいられる。

　逆にヒトは、この屋上屋論理によって、この世に生起する事象を、ありのまま捉えることが非常に難しい。

　こういう根源的な非論理性は、たぶん進化的にはかなり不利だったろう。だって、ナマの現実を正しく見極められないんだから。

　でも、ヒトの場合何らかの奇跡的な幸運に助けられて、こんな非論理的な性質を持ちながら、生き延びることができた。

　そして、この根源的な非論理性のおかげで、現代文明のようなトンデモないものを創り上げることができたと思う。従って、この宇宙に現代の人間のような文明が他に存在する可能性は、極めて少ない。（多段論法やね）

　ちなみに科学は、すでに自分で論理操作をすることはあきらめていて、数式に知性をアウトソーシングしている。だから、科学の論文で業績として認められるのは、新しい事実を発見した実験か、新しい数理モデルを提案するかの二種類しかないのね。

経済ってホントよくわからない

さて、それで経済のことだけど、むかしむかし、織田信長が、この茶碗には一国の価値があるんだよ〜、なんていったとき、みんなそうだよねそうだよねって思って、そう扱いはじめたわけだ。

その茶碗は、ホントは焼いた土塊《つちくれ》にすぎないんだけど、みんなで「これは価値あるね!!」って思いを共有したことで、人をなんらかの形で突き動かす力を持ちはじめた。

つまり、経済の本質は、無から価値を生み出すことといえる。これは、言葉を換えると信用の創造ということだ。

同時に、茶碗なんてしょせん土塊にすぎないという物理的事実を、みんなでいっしょに、綺麗さっぱり忘れさり、無視し、思い出せなくなるということ。

これほどの非論理があるかって感じ。

銀行の基本機能である、信用創造も原理は同じだ。信用創造のプロセスは、ウィキペディアによると、

1. A銀行がX社から一〇〇〇円預かる。
2. Aはそこから九〇〇円Y社に貸す。
3. Y社はZ社に九〇〇円支払う。
4. Z社はB銀行に九〇〇円預ける。

これによって、最初一〇〇〇円だった預金は、一九〇〇円に増えている。つまり、無から九〇〇円という価値＝信用が創造されたわけ。

ここで重要なポイントは、みんなでいっしょにそう思い込むってこと。

価値なんて物理的な宇宙にはないんだよ。でも、人間はその単純な真実に盲目。ただし、みんながいっしょに無から生じた価値を共有するようになるには、それなりのもっともらしさ、説得力がいる。

今回のごたごたで大いに活躍したのは、金融工学だった。金融工学の詳細はややこしくてオレにはよくわからない。けど、ネットの「詰め将棋と金融工学とサブプライムローンの関係」（興味のある人はググってね）って記事で読んだんだけど、その本質は詰将棋なんだろう。

詰将棋とは、極めて精緻で高度なものだけど、実は現実の将棋とは全く別ものだ。詰将棋に長けた人が対局で強いわけではなく、対局で強い人だからといって詰将棋が得意ではない。両者は似て非なるもの。

同じように、金融工学は実体経済とは本質的に別ものなんだけど、なんとなく関係があるようにみんな思って、これは絶対正しいと信じたのね。

金融工学は、ビンボー人の住宅ローンみたいなリスクが高くて価値の低いものを、別の手堅くて価値の高いものと絶妙にブレンドして、この証券は安全で儲けやすいものダョって価値を与えるために使われた。

その論理には説得力があって、みんながそうだよねって思った。怪しいと思った人もたくさんいたろうけど、そういう人も、そうだよねっていえば、無から価値が生まれるのでそれに乗っかった。

そういう非論理性が、今回の経済騒ぎにつながっているわけだ。

この根源的非論理性と、経済がどう関わっているかというと、まあ、ほとんど全ての場面で関係がある。

銀行の基本機能である信用創造もそうだし、金本位制なんてのもそうだ。

金本位制にもいくつか種類があるんだ

けど、たとえば昔は、決済に金貨とか実物の金を使っていた。でも、それだと高価なものを買おうとすると、重すぎて不便になる。で、金地《きんじ》金本位《きんほんい》制《せい》といって、金を銀行に持っていくと、銀行がそれを紙と変えてくれて（兌《だ》換《かん》紙幣）、銀行はこの紙と金をいつでも交換しますと保証するってやりかたが生まれた。

すでにこの時点で屋上屋的だよね。で、さらに金の蓄えがほとんどない国の場合、金地金本位制ができないので、たとえばドルを円で買って、ドルは金と交換できるっていう、金為替《きんかわせ》本位制ってのができた。始めの金貨ベースの価値の交換の場合、金貨の物理的な性質による限界があるから、価値が無から創造されることはあっても、それほど膨れはしない。だけど、屋上屋的な論理展開で金為替本位制までくると、金の物理的な限界とは無関係に、価値が増大できるようになった。

サはサイエンスのサ

単行本加筆

【鹿野 司】

信じれば願いごとはかなうよ

今回の経済騒動を引き起こしたのは、もとをたどると投資銀行だった。

投資銀行は、本来は堅実な事業で、企業に対して、市場での資金調達を支援し、手数料を得ることが基本業務だった。

これも、無から信用を創り出す仕事ではあるけど、これだけなら、価値が膨れ上がるようなことは起き得なかったろう。

それがなんでこうなったかというと、八〇年代以降の規制緩和によって、金融工学を駆使するトレーディング部門の収益が膨れ上がって、いつしかそちらが主要な仕事になっていったからだ。

なぜ八〇年代に規制緩和がはじまったかというと、これは産業の空洞化と、後進国日本の追い上げに苦慮したアメリカが、金融と知的所有権を攻撃的に使うという悪魔のようなアイデアを思いついて、その方向に動いたから。とくに、アメリカが共和党政権になってからは、新自由主義という哲学に基づき、市場から規制をできるだけ撤廃して、「神の手にゆだねる」なんてことをやったわけね。

トレーディング部門がやったのは、膨大な資金力を背景にした株価の操作だ。

たとえば、証券を借りて、それを売り払い、値段が下がったところで、売ったときよりたくさん買い戻して、借りたぶんを返すという空売りをどんどんやった。

まさに無から価値（利益）を生むやり方で、ここで大儲けした人たちは、自己資金を蓄え、独立してハゲタカ軍団を構成し、同じように株価を操作していった。

で、この証券ってのに、サブプライムローンが絡んだことが、金融危機をまねいたのね。サブプライムローンは、お金が返せそうにない人向けローンで、家の値段は単調増大するという、自然界の不変の法則に基づいて、家を担保にローンを売りつけるものだった。

そして、このリスクの高いローンを別のリスクの低い金融商品と絶妙にブレンドして、この証券は安全で儲けやすいものダヨって売りまくったわけだ。

しかし、時空が相転移して家の値段が単調増大するという不変則が破れてしまったので、屋上屋論理の土台が吹き飛んじゃった。その結果、金融機関同士が、誰が毒入り証券を抱えているか疑心暗鬼になって、お互いに金の貸し借りができず、それで金融危機に。

で、ホントは危険かも知れない金融商品に、確率的に安全だよ、ＡＡＡだよって価値を与えたのが、金融工学だった。

普通の人には理解困難な金融工学の晦渋さが、権威的レトリックとして使われたのね。ニセ科学とよく似ているよね。

金融工学は、リスクを回避する未来予測のためのツールと信じられていた。今でもそう信じている人のほうが多いかもしれない。

　でも、ホントは、価値を生み出すための説得力を担うもので、一種の物語なんだよね。未来を予測するものではなく、未来を創造するもの。願い事をすれば、それはかなうよってわけね。

こっくりさんとデッサン

　経済全体の振る舞い方って、「こっくりさん」みたいなもんではないかという気がする。

　こっくりさんというのは、みんな小学生くらいの時に、一度くらいはやってみたことがあると思う。数字と、あいうえおとかの文字列と、はい、いいえなんて言葉と、鳥居が書かれた紙を用意して、その上に置いた十円玉を数人で指で支え、こっくりさんこっくりさんと唱えて何か質問する。すると、自分の意志とは関係ない体感で十円玉がすーっと動いて、何か答えを示してくれるってやつだ。なんとなくオカルト的な、不思議な楽しさのあるあそびって感じだったかな。

　こっくりさんをやっているときの感じを思い出して見ると、あるときは自分が十円玉を押しているなと自覚できるし、あちらへ動かしてやろうとか意図している事もあるんだけど、力を全然入れてないのにすーっと動いていくと感じる時もある。力を抜いているのに動いているときは、どこの文字に止まるかちょっと期待感もあったりして。そして、十円玉の止まる位置は、なんらかの文字や記号が書かれている上で、何もない空白のところに止まることはまず無い。

　このとき何が起きているのだろう。

　十円玉が動くのは、みんながそれぞれ意識的、または無意識的に動かそうとしている指の力の合成ベクトルの方向なわけだ。それぞれが、微妙に違う力加減で押しているので、最初に動き出すまではそれがどちらに行くかは解らない。

　でも、いったん動き出すと、しばらくの間その方向に動いていく。みんなの無意識的な合意ができたというか、自分が今押している指の力の強さをキープするだけで、自然に十円玉は動いていく。自分の実感としては、力の加減を変えているわけではないので、すーっと自然に動いていくような感じがするのだろう。

　でも、その十円玉がある文字の上に来ると、みんな、あーここで止まるのかなと感じて力がゆるむので、速度が遅くなり、それを見てやっぱりと思って、そこで止まる。目で見た情報（や、指が動いている体性感覚）が脳に入り、何らかの思惑という情報処理を経て、指に込められる力が変化し、その動きの変化の様子が目や体性感覚の情報としてまた脳に入り……というループがぐるぐると回りながらこっくりさんは進行していく。

　つまり、これは出力の値を入力に戻す再帰回路で、カオスを発生させるメカニズムってわけね。そして、数字や文字などは、指の動きがその位置に止まりやすい、アトラクターになっている。

　翻《ひるがえ》って、経済の動きも、これと同じメカニズムで変化しているかんじ。

株価の変動のようなものでも、経済危機に対する各種対策がどれくらい効くかという事などに関しても、こっくりさんと同じように、自分一人では操れないみんなの合意によって値が変化し、その変化を知ったことで生ずる何らかの思惑によって、それぞれの人が次の一手をどうするかの力加減を決めるというループがぐるぐると回っていく。そのループによって、次の値が生成されていく。

このとき、こっくりさんの紙に書かれている文字や言葉、つまりアトラクターに相当するのが、経済評論家たちがそれぞれてんでバラバラに言い合う予測とか、国などが行う経済対策とか、金融工学とかによって創り出される信用という物語なんじゃないかな。

人間は無から価値を創造し続ける存在であり、経済はまさにそういうものだ。

ヒトだけに備わった根源的な非論理性は、ヒトに、現実にはとうていあり得そうにない「夢」を信じさせる。それは現代的な文明を築くための、必須の性質でもあるんだよね。

第4章　ミライを変えるサイエンス

（単行本版『サはサイエンスのサ』より）

深海は謎に満ちている……月なみ？　いやいや

サはサイエンスのサ

連載・153

【鹿野　司】

深海は謎に満ちている……そりゃそうだ、んなこたぁ知ってるよって思うよね。確かにこれって決まり文句だもんな。でも、その謎ってのは、たぶんみんなの想像を越えていると思う。実はオレも最近知って、ビックリこいたんだなあもう。

海は地球表面の七〇パーセントを覆っている広大な領域だ。

その海の上から二〇〇メートルくらいまでを表層というんだけど、ここは、太陽の光が届くので、光合成をする植物プランクトンが生きられる。で、その下、深度二〇〇メートルから、海底の五〇メートル上までを中・深層という。

中・深層は、容積にして海洋の九〇パーセントを占めていて、地球最大の生物圏だ。

この場所の特徴は、栄養分が、上から降ってくるものしかないってことだ。つまり、プランクトンの死骸や糞、脱皮殻なんかね。まあ、栄養分としてのバリエーションはかなり乏しい。つまり、生きられる生物は、肉食か腐敗物食だけのはず。

それから、ただの水だけの世界なので、場所によって地形が違うとかいう、構造の差もほとんど見あたらない。（厳密には中・深層にも構造はある。海中は様々な条件で、密度躍層といって、塩分濃度や温度、有機物濃度が違う水が、薄い面を境に層を作っている。ある種のプランクトンは、この平面内にフェロモンを放出して、効率的に異性を呼び寄せている。彼らは三次元の水中で、二次元的な生物として振る舞っている）

ところが、それにもかかわらず、この中・深層には、ものすごく多様な種類の生物が棲んでいる。

こういう生物多様性は、熱帯雨林とかなら説明できる。様々な植物が生い茂っていて、薄暗い地面近くと、樹林の内部、林冠部《りんかんぶ》（木の上の日の当たるところ）とかで、環境条件が全く違うし、植物の葉、花、蜜、花粉、別の生き物など、食べられるものもバラエティに富んでいる。当然、多くの種類の生き物が棲みわけられる。

でも、エサの種類も少なく、ただの水だけの世界の中・深層が、なんでこんな生物の多様性を維持できているんだろう。こりゃあメチャメチャ不可解だ。

このことに気づかせてくれたのは、海洋研究開発機構（ＪＡＭＳＴＥＣ）のドゥーグル・リンズィーさん。彼は、大学の頃は、絹製の細かい網＝プランクトンネットで、海洋生物の研究をしていた。

その網で採取されるのは、カイミジンコ（ミジンコの仲間）やオキアミや魚。だから、九〇年代後半にＪＡＭＳＴＥＣに入所した時も、これらの生物を専門にやっていくつもりだった。

ところが、「しんかい２０００」で海に潜ってみると、そこは想像を絶する世界だった。なんと、見えるのはクラゲばっか。魚なんていないじゃん……。

たとえば、相模湾で七時間半潜ったときは、個体数で一〇〇〇以上、種数にして七〇種類のクラゲが見えたという。

潜水艇の窓は、グレープフルーツくらいの大きさしかない円窓だ。明かりもせいぜい数メートルしか届かないので、見える範囲は一〇立方メートルもない。しかも、光が当たって目立つものしか見えないので、透明なものや小さなものは見えていない。

ところが、視野の中にはつねに二〇匹以上のクラゲがいたんだと。つまり、中・深層はクラゲに満ちた世界だったんだよね。

今では相当回数潜っているので、一潜行で見つかる新種は一種くらいに減ったけど、はじめの頃は見るものの大半がわからなかったそうだ。見分けられる二〇〇種類ほど（一センチ以上の大きさで、見た目が全く違うもの）のうち、わかるのは六〇〜七〇種だけ。それ以外にも、見た目はそっくりだけど違う、隠蔽種《いんぺいしゅ》もいたはずだ。

この頃は、中・深層にこれほど多様なクラゲがいるとは、世界的にもまだあまり認識されていなかった。でも、どうしてそんな重大なことに、世界の誰も気づかなかったのだろう。

それは、調査の道具に限界があって、知らず知らずのうちに見逃していたからだ。

たとえば、編み目が五ミリの粗いネットを使って生物採取を行うと、泳ぎの早い魚やエビは採れるけれど、小さなミジンコは抜けてしまうし、クラゲはバラバラになって入らない。

編み目が細かい、三三〇ミクロンの網にすると、水の抵抗が大きくなって、水中を引く速度が遅くなるため、魚やエビは逃げてしまう。代わりに体の固いプランクトンはとれるけれど、ゾウリムシはとれない。クラゲも固めのエチゼンクラゲとかなら採れるけど、柔らかいのは粉々に砕けて何だか解らない。

バケツみたいな採水器なら、ゾウリムシのような非常に小さな生き物も採れるけど、採取できる体積がごく限られるので、大きなものは捕れなくなる。

潜水船ならクラゲはたくさん見えるけど、うるさい音を出すので、ダイオウイカのような生き物はよってこない……。

それぞれの道具には限界があるので、色々な組み合わせで観測は行われてきた。

それでも現代の技術では、いかに海の中が見えていないかという良い例に、マグナピンナ（ミズヒキイカ）というイカがいる。これは、リンズィーさんが、一九八八年にインド洋で、しんかい6500で潜行中に発見した新種で、全長八メートルもある大きなイカだ。

で、発見した直後に学会に写真を持っていって、こんなの見たことないだろって言ってたら、僕も同じイカの写真持ってきたよという人が。で、それは凄い、こんなこともあるんだねえと盛り上がっていたら、そこにフランス人が通りかかって、あれえ、僕も同じ……。

海洋生物の調査では、一〇〇年以上前からネットを引っ張ってきたのに、こんな巨大イカは一匹も採れたことがなかった。しかも、それぞれの発見場所がインド洋、大西洋、太平洋で、つまりこのイカは世界中至る所に、結構な数がいるはずなのね。

このイカがそれまで発見されなかったのは、どうやらこれが、海底すれすれの所に棲んでいるかららしい。ネットによる調査では、基本的に網をあまり海底近くまで下ろすことはない。下手にぎりぎりまで下ろすと、何かに引っかかって網が破れたり、最悪の場合、船が動かせなくなってしまったりする。そのため、海底から数メートルの場所が完全に盲点になっていたわけだ。

クラゲの場合、それに加えて多くの研究者に嫌われていたってこともあるようだ。

クラゲは体が柔らかすぎて、ネットで引き上げると粉々に砕けてしまう。もちろん、エチゼンクラゲのように体がコリコリして固いのなら採れるけど、大半はそうじゃないらしい。しかも、採取したプランクトンなどをホルマリンで固定するとき、クラゲの破片が混ざると瓶の中で腐ってしまうので、邪魔者としてどんどん捨てていた。

　クラゲはずっとそこにいたのに、誰もそれを見ようとはしなかったわけだ。

　それにしてもこの多様性は、どうやって生じているのだろう。仮説としてはいろいろ考えることができる。

　一つは、他のクラゲを、生きる環境として利用している可能性だ。

　深海によくいるカッパクラゲは、子供の頃は他のクラゲにくっついて生活していて、大きくなるとそのクラゲを食べてしまう。

　アカチョウチンクラゲは、浮遊性の貝、翼足類《よくそくるい》の貝殻に子供時代のポリプがついていて、そこから親が産まれる。

　寄生なのか共棲なのか、それともこれまで知られていない関係性なのかわからないけど、熱帯雨林の樹木のような役割を、クラゲが果たしている可能性がある。

　また、クラゲも色々な食べわけをしているのかもしれない。クラゲの刺胞《しほう》を詳しく調べると、かなり多様性がある。毒針の先端の形も色々だし、物理的な刺激だけで発射するものや、近くにアミノ酸（味や匂い）がないと発射しないもの、中にはクラゲのようなゼラチン質向きの、細長い糸がついているものもある。この刺胞は、発射されると相手の体の奥まで突き刺さり、糸で絡め取るのだろう。中に入っている毒もたぶん違っていて、こちらは魚に効く、これはエビに効くなど、食べわけをしている可能性がある。

　ただ、クラゲが何を食べているかということについても、実はまだほとんどわかっていない。クラゲは体が弱いので、採取すると胃壁が破れて、胃の内容物がわからなくなってしまう。消化も早いので、深海で採集して、引き上げるのに二～三時間かかると、もう消化されていて残っていない。

　確かめるには、食べている現場を高解像度の映像で撮影して、胃の中身を直接観察するしかない。

　また、逆に、クラゲが色々な動物に、食べられているのかもしれない。

　孤島などに山羊を放すと、植物が片っ端から食い尽くされる。その結果、それぞれの種の個体数は僅かになってしまうけれど、種類は多く共存する状態ができてくる。ここで山羊を取り除くと、いちばん成長の早い一種だけが猛然と繁茂して、他はなくなってしまう。つまり、捕食圧が高いと、多様性は維持できるわけね。

　今まで、エビや魚の胃袋を裂いて出てくるウロコとか、エビの足とかで、何を食べているか調べられてきた。でも、クラゲはかけらになっていて、なかなか報告がない。胃袋の中身を顕微鏡で見ると、刺胞が結構入っているので、食べられているのは間違いないけれど、この魚はこのクラゲが好き、このエビはこのクラゲが好きという情報はほとんどない。

　つまり仮説はあるけど、検証はされていない。それにこれらは、陸上生物の多様性の説明から連想されるもので、中・深層には、別の多様性を生み出す機構もあるかもしれない。それについてはまだ何もわかっていないんだよね。

　地質時代区分では、現在は顕生代《けんせいだい》、その前を隠生代《いんせいだい》という。境目になっているのが、五億五〇〇〇万年前のカンブリア紀で、これを境に化石がたくさん見つかるようになる。

じゃあ、先カンブリア時代のベンド紀には、生物がいなかったのかというとそうじゃない。クラゲみたいな柔らかい体のベンドビオンタが無数にいた事がわかっている。でもそういう生物は、かなり特別な環境以外化石としてあまり残らなかっただけだ。

つまり、ゼラチン質の体を持つ生き物が、中・深層の大半を占めているというのは、ひょっとすると太古の昔からそう変わっていないのかもしれない。

クラゲが多様性の原因になっているという可能性を検証するには、ある一種類のクラゲの後を追跡して、このクラゲはこの時間帯のこの深度では、周りにこういうエサ生物がいて、こういう捕食者がいて、実際に何時間おきに食べていたというのを追跡する必要がある。

地上の生物なら、個体識別までして、生態について多くが理解できているけど、海ではそういうことが、まだ全くできていないんだという。実際、既存の道具では、これを調べるのは不可能に近い。

そこでリンズィーさんらは、新しい海洋探査ロボット、ピカソを開発した。

これの最大の特徴は、長さ二メートル、縦横八〇センチと小型なのに、ハイビジョンや実体顕微鏡が搭載できることだ。

そのため、漁船などの小型船で運用しながら、クラゲが深海で何を食べているかなどの生態を、多様な視点で撮影することができる。

従来の探査船や潜水ロボットは、専用母艦が必要で費用も莫大だった。使いたいとリクエストする研究者も多くて、申請してもなかなか通らず、臨機応変の運用もできなかったんだよね。

でも、ピカソなら、人工衛星で黒潮のへりにクロロフィルがたくさん出ている様子が見えたら、飛行機で現地に飛んで、漁船を借りて運用とかさえできる。

いま、リンズィーさんがいちばん行ってみたい場所は、フィリピンとマレーシアとインドネシアの間のスルー海だそうだ。

ここは、珊瑚礁の島（深さ二～三〇〇メートル）に囲まれた、深度五〇〇〇メートルのバスタブ状の海で、温かくて周りから隔離されている。

ここにはひょっとして、太古の生物が、生きた化石としているかもしれない。ただ、海賊が出るんだよなあ……。

サはサイエンスのサ

連載●134

【鹿野　司】

アポロ一個一〇円の時代

誰もが認めると思うけど、この半世紀の世界の変化は驚異的だった。その変化をもたらした根幹は印刷技術にある。

コンピュータと言われることもあるけど、より本質的なのはこれだ。

コンピュータの発明は、確かに凄いものだった。それ以前は、手回し計算機を使って、のべ一年はかかった弾道計算が、わずか数日で解けるようになった。

でも、一九五八年に集積回路が発明されず、コンピュータが大型のままだったら、世界の変化もたいしたことはなかったろう。集積というアイデアこそが、世界を本質的に変化させる力を持っていた。

なぜなら、コンピュータの能力は、リレーや真空管やトランジスタを組み上げて作っている限り、たいして向上できないからだ。

コンピュータの処理能力を上げるには、それにふさわしい膨大な数の部品が必要になる。当然、それを組み上げる手間やコスト、動作の検証、設置スペースや必要な電力なども、それにともなって増加する。その結果、現実的な値段での性能アップは、簡単に限界に達してしまう。

部品を組み立てる方法で、どれくらい複雑なコンピュータが作れるかというと、人類がこれまで組み立てた経験のある、もっとも複雑な装置＝アポロ宇宙船くらいまでは可能だろう。

これは、部品点数が数百万点だから、マイクロ・プロセッサ（ＭＰＵ）でいうと、一九九三年に作られた初代ペンティアム（三一〇万トランジスタ）くらいの規模になる。

アポロ計画にかかった費用は総額三〇〇億ドル、当時のレートで一〇兆円以上で、そのときの日本の国家予算が七兆円だった。そこから推定すると、この巨大電子頭脳は、低く見積もっても一〇億ドルくらいの値段はするだろう。

これだけ高価では、応用分野も需要もごく限られてしまう。そのうえ性能も、今のマイクロ・プロセッサに比べると貧弱としかいいようがない。

これに対して集積というアイデアは、部品を組み立てる過去のやりかたとは、まるで違った世界を切り開く力を持っていた。

集積技術の登場によって、シリコン基盤上に、フォトリソグラフィ（印刷技術）を使って、一度に膨大なトランジスタ数の回路を作りあげ、その複雑な回路をいくらでも「刷り増し」できるようになった。しかも、より縮小したパターンを印刷する技術を開発すれば、さらに複雑な回路をコストをほとんど変えずに作ることができる。

その結果、高度な処理を、コンパクトで安価に提供できるようになった。あらゆる機械にＭＰＵを組み込み、自動制御することができるようになった。これは最終製品の性能を上げただけでなく、半導体製造装置を含む、すべての製造装置の性能も向上させた。その結果、さらに優れたＭＰＵの製作が可能になり、それがまた製造装置の性能を上げると同時に、ＭＰＵの応用範囲を広げるという、正の循環を産み出した。

こうしてＭＰＵの複雑さは、かつての技術では越えられなかった壁を易々と乗り越え、さらに先へ先へと進んできたわけだ。

この技術の正のフィードバックは、現代文明の全てに大きな影響を与え続けている。

たとえば今では、一九世紀末から二〇世紀初頭の人口（一〇億）と同じくらいの人が、毎年飛行機で世界を移動する。

　これ一つとっても、MPUの存在が不可欠だ。ジャンボジェットのコントロールがMPUなしには不可能であると同時に、大空港での数分に一機の離発着を可能にする管制システムも、これなしではありえない。

　身近なところでは、銀行のATMが使えるのも、街角のコンビニが成立するのも、MPUがあればこそだ。MPUがなければ、今あたりまえに享受している社会システムのほとんど全てが成立しなくなる。

　半導体の性能は、ムーアの法則に従って向上してきた。

　この法則は、一九六五年四月一八日に発行された雑誌〈エレクトロニクス〉に、当時インテルの社長だったゴードン・ムーアが発表したもので、半導体チップに集積されるトランジスタ数は毎年倍増する（一九七五年の論文で二年ごとに倍増と修正された）とされている。

　まあ、MPUとDRAMでは違うとか、ダイサイズ（メモリやMPUの一チップあたりの面積）が徐々に大きくなったりとかで、細かい数字については諸説ある。

だからこの本では、すこし曖昧にMPUの能力が一五年で一〇〇〇倍になるという値で考えようと思う。本質的なのは、同じお金を出したときに手に入る性能が、指数関数的に増加し続けているってことだ。

　ムーアの法則は経験則だから、それが成立しなければならない必然性はない。だけど、ここ半世紀くらいの間、それは努力目標として掲げられ、現実に達成されてきた。

　世界最初のMPUはインテルのi4004で、作られたのは一九七一年のことだった。

　これは、日本のビジコン社が電卓用マイコンとして発注したもので、製造プロセスは一〇マイクロメートル、ダイサイズが三×四ミリのチップに、二二三八個のトランジスタを集積していた。

　二〇一〇年に登場する、インテルのコードネーム、ガルフタウンは、六コアのCPUで三二ナノメートルプロセスルールが採用され、ダイサイズは二〇〇平方ミリ程度、トランジスタ数は十数億になる。

　このプロセス技術なら、一ミリ角の中に五〇〇万トランジスタを集積して、その値段を一〇円未満にできる。つまり、集積技術によって発展してきた二〇一〇年のテクノロジーなら、アポロなみの複雑さを持つものを、一ミリの大きさに納めて、一〇円で作れるようになっているわけだ。

奢れるムーアも久しからず

しかし、奢れるムーアも久しからず。この進歩も永久に続けられるはずはない。でも、具体的にいつまで、この指数関数的な成長が続けられるのだろうか。

物理学者のリチャード・ファインマンは一九八五年の仁科記念講演「未来の計算機」で、トランジスタは三〜四原子で作ることができるはず、少なくともそれを禁止する物理的制約はないといっていた。

このサイズのトランジスタの集積度は、今のムーアの法則を単純延長すると、二〇四〇年くらいに実現することになる。もっとも、数原子のトランジスタってのは、限りなくSFに近い超技術で、今の技術の素直な延長上にできるとは思えない。

現実的には、微細化の限界は二〇二〇年あたりにやってくると思う。

そのとき可能なのは、DRAMが一センチ角程の面積で三二ギガビット、フラッシュメモリで二五六ギガビットくらい。MPUは一四ナノメートルのプロセスを用い、ゲート長六ナノのトランジスタを、一チップあたり一〇〇億個以上集積できるはずだ。

ただし、そのレベルに達するのも、決して容易なことじゃない。半導体の集積技術は、これまで何度も大きな困難に直面しては、それを乗り越えてきた。でも、今度の壁は、正真正銘の物理的な限界なので、越えることはできないし、近づくだけでもかなりの努力を必用とする。

たとえばゲート長六ナノという長さは、原子にして数十個分だ。つまり不純物の含有など、原子の数が一〇個も違えば、トランジスタの特性は変わってしまう。こういうバラツキなしに、一〇〇億もの素子を作るのは、相当難しいだろう。また、電力のロスも深刻で、発熱を抑えるために、トランジスタのオンとオフを区別する電位の閾を低くしたいのだけど、あまり低くするとオフでも熱振動だけで電流が流れてしまう。

もちろん、あらゆる困難を技術者たちは越えていくはずだ。ムーアの法則は、達成しなければならない努力目標というかノルマみたいな物だから、そうすることは間違いない。

ただし、より高密度な素子をきちんと動かすための開発費は、問題が困難になるにつれ、どんどん膨らんでいくはずだ。そうなれば、これまでのように、同じ機能を実現するコストを指数関数的に安くすることは、だんだんとできなくなっていくんだろう。終点は明らかに見え始めている。

集積技術の増殖期からカンブリア爆発へ

サはサイエンスのサ

連載●136

【鹿野　司】

集積技術の進歩は、情報処理に必要なコストを、一五年ごとに一〇〇〇分の一に引き下げてきた。つまり、一九五八年の集積回路の発明から半世紀余を経た現在、情報処理のコストは往時の一〇億分の一以下になっている。

わずか五〇年という短時間に、何かの性能が一〇億倍になることなんて、人類史上かつてなかったはずだ。

赤ちゃんのハイハイの速度も、一〇〇〇倍すればジャンボジェットに匹敵する。工学の多くの場面で〇・一パーセント、つまり一〇〇〇分の一以下の誤差は無視されている。つまり、量の一〇〇〇倍の違いがあれば、ほとんどの場合、全く異質な物に変わっていると見ていいわけね。

一〇〇〇倍という変化ですら、これほど大きな差を生むというのに、半世紀の間に、その一〇〇〇倍の、さらに一〇〇〇倍の変化が、達成されたわけだ。

だけど、この爆発的な量的変化も、あと一〇年程度で一応の限界を迎える。我々には後わずか一〇〇倍の変化しか残されていない。そのとき、何が起きるのだろう。

集積技術による一〇億倍の変化は、人類の文明を質的に変化させているはずだ。でも、その変化した質とは何だろう。

このごろぼくが思うのは、今や人は、経済を活性化するために生きているんだなあってことだ。ちょっとシニカルな感じかもしれないけれど、ぼくたちの日常の全ての行動は、なにをしようが、なにをしなかろうが、必ず経済を活性化することになる。

現在、我々が消費する商業エネルギーは、世界平均で一人あたり二キロワット程度（先進国は、この倍以上）。

一方、一人の人間を生物学的に生かしておくだけなら、一〇〇ワットあればいい。

つまり、生物学的な人の必要量の二〇倍ものエネルギーを使って（ちなみに日本は四四倍）、文明は維持されている。人はパンのみに生きるにあらずというけど、一が「パン」で一九が「のみにあらず」だ。

そしてこの、「のみにあらず」部分は、生き甲斐とか楽しみとか余剰とかに費やされるので、今や人生は楽しいことだらけ……てな感じは、あまりしないよね。

もちろん、たくさんの楽しみはある。しかし、それをするには、一生懸命稼がないといけない。稼ぎに追いまくられていて、暇なんかね〜って感じの人も多いだろう。

また、一九の内訳をみると、楽しみからは、およそかけ離れた部分も少なくない。たとえば、栄養を摂り過ぎて肥満してダイエットに金を使ったり、成人病になって医療費を必要としたりする。

よりかっこいい、より目新しい、よりハイテクな新製品を買いながら、それらを生産するときに出る有害物質を封じ込めたり、膨大な廃棄物を処理するためにも莫大なエネルギーを消費する。

環境保護や省エネルギー、リサイクルさえも、ようするにお釈迦様の掌のうち、経済を活性化するための方便だ。

一九の余剰エネルギーを生み出すことが自らを蝕み、その害を打ち消すために余剰エネルギーを使っている。

それではワタシは二〇もいらない、二で充分だから、働く時間を一〇分の一にして欲しいと思っても、それはできない相談だ。

我々は赤の女王のように、猛烈なスピードで走り続けないと、今の場所に留まることはできなくなっている。しかも全力で走っていても、グルグル回るトレッドミルの後端に、じりじり近づきつつある気さえする。

さらに、日本のように四四ものエネルギーを享受している国があるかと思えば、一未満の状態で、戦乱と飢餓と病気というあらゆる不幸から脱し得ない地域も、少なからず存在している。これはもう、何の呪いなのかって感じだ。

経済活動は昔からあったのだから、そういう風に考えるなら、昔から人間は経済を活性化させるために生きてきたんじゃないのって思うかもしれない。でも、多分そうじゃない。

なぜなら、自分に必要なエネルギーの全てを自分だけでほぼ賄《まかな》える自給自足の生活、つまり狩猟採取などの場合は、人生の目的は経済の活性化ではなかったからだ。

自分の生産するエネルギーに余りが出始め、他人と交換できる自給他足によって経済活動は始まったのだろう。だけど、はじめの頃の、必須が一で余剰がその数割から数倍くらいまでの時は、まだおまけみたいなもので、それが人生の目的とまではいえなかったろう。

でも、余剰が必須に対して肥大するにつれて、自給の必要はなくなり、他給他足となった。こうなると人生の大半は、余剰分を生み出すために使われ、それをやめようとすると自給もままならなくなる。

人生の目的は、経済の活性化へと変質してしまったわけだ。

過去五〇年あまりは、このことに集積技術を背景にした技術の進歩が、深く関わっていたに違いない。

技術は本来、利便性や効率を高めて人を幸せにするためにある。しかし、物や情報を便利に効率的に移動、蓄積できるようにしてきた結果、その副作用として、豊かだけど高ストレスな社会や、世界における最貧と最富裕の間で一兆倍以上の経済力の差が生まれている。

これは、技術が行き過ぎてしまったってことなのだろうか。まあ、その可能性はあるかもしれない。

でも、別の可能性もあると思う。

それは、変化の速度があまりに速くて、技術の真に幸福な使い方を見いだすのが追いついていないということだ。

二〇二〇年頃に集積技術がほぼ限界に達しても、技術はまだまだ伸びていくだろう。

それは、これまでの集積のペースがあまりに速くて、それが含んでいる可能性のわずかしか探索されないうちに、次の世代の技術に移行するということがずっと続いてきたからだ。つまり量的拡大が速すぎて、質的可能性の探索が追いつかなかった。

ちょうど、過飽和とか過冷却みたいな状態が今だからだ。

現在の生物の基本形は、五億四一〇〇万年前の、原生代と顕生代の境目（V／C境界）から後の、カンブリア爆発期に作られた。そして、それが起きたのは、原生代末期にベンドビオンタ（ベンド紀の生物）の大量絶滅があったからだ。

ベンドビオンタの大量絶滅のあと、その災厄を生き延びたわずかな種類の生物は、瞬時ともいえる短期間に爆発的に増え、地球に満ちたことがわかっている。

そしてその、バリエーションに乏しいけど膨大な量の生物がいる環境が用意された後、カンブリア爆発がはじまった。ちょうど構造を持たない過飽和溶液が、構造を持った結晶に変化するように。

これと同じように、集積技術はいま、大量絶滅後の限られた生物の爆発的な増殖期みたいなところにある。つまり、集積技術におけるカンブリア爆発は、ムーアの法則が限界を迎えた後にこそ、起きるんじゃないだろうか。そしてその時こそ、工学の真に幸福な使い方の探索が始まるのかもしれない。

サはサイエンスのサ

連載●137

【鹿野 司】

マルチコア、メニイコア　カンブリア爆発の予兆かも〜

インテルやAMDのMPUは、このところマルチコア化が進んでいる。つまり、基本的に同じアーキテクチャのコア＝プロセッサを複数積むようになってきた。

マルチコア化は、一より二、二より四、四より八くらいまでは、わりとはっきり性能の向上が実感できるだろう。でも、処理プロセスの全てが並列化できるわけではないので、コア数が増すほど、仕事をしないプロセッサが増えてしまう宿命がある。

コアあたりのトランジスタ数は一〜数億くらいなので、二〇二〇年の技術なら一〇〇くらいのマルチコアが可能になる。でもその場合、処理能力は今の一〇〇倍にはならず、よくて七〇倍、下手すると四〇倍にもならないかもしれない。

それにもかかわらず、マルチコア化する理由の一つは、過去の資産の「慣性」が大きくなったせいだろう。

しばらく前までは、CPUの性能の高さはクロック数の速さでほぼ決まっていた。ところが今では、クロック数の加速競争は鳴りをひそめている。これはクロック数を速める方向への技術開発が、難しくなったからだ。

これまでの設計をあまり変えない範囲で、クロックを倍速化し、処理速度を二倍にしようとすると、CPUの消費電力が大きくなるうえに、冷却も大変になってしまう。その対策を施すより、同じコアを二つ動作させて、処理速度をほぼ二倍にしたほうが現実的というわけね。これはある意味で「進化の袋小路」に入り込んでしまったともいえる。まあ、生物には進化の袋小路なんてホントは無いんだけど、慣用句として使ってみました。

技術はそれまで積み上げてきた物に、何かを付け加えることで向上させるのが、いちばん効率が良い。でも、それがある程度長く続くと、今度は他の可能性を探ることが難しくなってしまう。

たとえば平面ディスプレイは、今や液晶が完全に主流になっている。これまでプラズマや、有機ELや、FEDや、様々な液晶の弱点を越える素性の良い方式が提案されてきたけれど、結局それらは液晶を置き換えることはできず、マイナーにとどまっている。

なぜそうなるかというと、先行して普及した液晶は、生産量の多さがコストを引き下げ、投資を増やし、それに関わる技術者の数も圧倒的に多いので、技術の進歩が速いからだ。これによって、液晶の弱点といわれた、残像が残るとか、コントラストが低いとか、色の再現に限度があるといった欠点も、どんどん改善されてきた。その結果、素性が良いとされている技術でも、今の液晶にかなわなくなっている。

つまり、主流の技術がバリバリ伸びている時には、別の技術はたとえ可能性があっても、入り込む余地がないわけだ。だからMPUも、これまでと大きく違うテクノロジーやアーキテクチャは、なかなか採用できない。その結果、集積度の向上で可能になった莫大なトランジスタを、十分に使いこなせない。そういう意味では、今のマルチコア化は、その場しのぎって感じもある。

ただし、コア数が増えるにつれて、性能が伸び悩むという予測は、単に今あるソフトウェアでは、それだけのマルチコアを生かし切れないってことに過ぎない。つまり、マルチコアを生かすソフトウェア技術が進めば、性能の伸び悩みも防げるかもしれない。

　実際、スーパー・コンピュータの世界で最近急速に台頭してきた、GPGPU（GPUによる汎用目的計算）は、その可能性を強く示唆しているように思う。

　GPUとは、パソコンなどのグラフィック処理を受け持つ専用のプロセッサのことだ。アーキテクチャはMPUと違って、今市販されているものでも、すでに五〇〇近いマルチコア化がされている。このGPUをたくさん使ったシステムを作ることで、ものすごく安い値段で高速計算ができるのね。

　GPGPU分野では、とりあえず日本は世界最先端だ。

　二〇〇九年の終わりに、長崎大学の濱《はま》田剛《だつよし》テニュアトラック助教らのグループがDEGIMA（でじま）というGPGPUによるスーパー・コンピュータで、スパコン界のノーベル賞とも言われる、ゴードンベル賞を受賞した。この性能は、三〇〇万円で七〇〇テラフロップス。

　これがどれくらいのコスト・パフォーマンスかというと、民主党の事業仕分けで有名になった京速《けいそく》コンピュータ（ぺたこん）は、一〇ペタフロップスを目指して、一二三〇億円の予算だから、テラフロップスあたりの値段が一二三〇万円。対してでじまは二四万円だ。

　この一点だけを見て、ぺたこんいみないよっていう人もいるけど、もちろんそんなことはない。なぜかというと、GPGPUは応用できる分野が限られているのに対して、ぺたこんは何でも計算できる汎用機だからだ。

　ただし、GPGPUの応用分野が限られているという話も、実はまだこのテクノロジーを使いこなすソフトウェアが未熟だからという側面もあるみたい。実際、GPGPUに向かないとされていた粉体《ふんたい》のシミュレーションが、新しいアルゴリズムを使って高速に解かれていたりもする。

　つまり、今あるアプリケーションは、GPGPUのような多数のコアを使うことで速くなることはないけれど、それを生かす新たなアルゴリズムやソフトウェアが開発される可能性はあるわけだ。また、これまでの少数コアの計算では、想像もできなかった新しい応用が生まれる可能性もある。

　それと同様に、MPUのマルチコア化も、新しいソフトウェア技術の開発によって、性能低下を防げる可能性はある。ムーアの法則の終わりが見えてきたことで、この種の試行錯誤が徐々に活発化するはずで、それはカンブリア爆発の予兆といえるかもしれない。

サはサイエンスのサ

単行本加筆

【鹿野 司】

これは誇れる話か情けない話か迷うところだけど、日本の科学とか技術っての は、お金がない時ほど、独創的で良い仕事ができるんじゃないかって思うことがある。

なにかをしなければならないのに金はない。金をかければできることは解っているけど、そのやり方は不可能という状況があって、ものすごく画期的で独創的でお金のかからないやり方を編み出してしまう。

iPS細胞やGPGPUもそういう感じだし、古くは風船爆弾なんてのも、そんな技術の一つだった。

風船爆弾とは、第二次世界大戦末期の一九四四年末から一九四五年春にかけて、日本軍が使用した秘匿名称「ふ号」兵器のことだ。これは、爆弾を搭載した直径一〇メートルの気球を日本から放ち、アメリカ本土を直に攻撃するという、途方もない狙いの兵器だった。しかも、物資がない当時だけあって、その気球は、六〇〇枚の和紙をはりあわせ、表面にコンニャク糊を塗ることで気密を保つようにした、ただの紙風船だったのだ。こういうと、全くバカげた代物のように聞こえるかもしれないけれど、その実、これには驚くほど巧妙な仕掛けが施されていた。

水素ガスが詰められた風船爆弾は、高度約一万メートルまで上昇する。この高度には、とくに冬の間、時速二〇〇キロにも達する高速の偏西風＝ジェット気流が吹いている。当時、この事実をつかんでいたのは日本だけで、この最先端の科学知識があったからこそ風船爆弾は計画された。ジェット気流に乗れば、気球は日本からアメリカまでのおよそ八〇〇〇キロを、二日間で横断することができる。

ただしかし、それだけでは風船爆弾を成立させることはできない。

成層圏まで昇った気球の中の気体は、太陽からの熱で暖められて膨張する。そのため気球は、完全に密封されていては破裂してしまう。そこで膨張した内部の気体を逃がすように、気球には排気口が設けられていた。しかし、そうすると今度は、夜になって気体の体積が縮むと、浮力が減って墜落してしまう。

そこで風船爆弾は、二〇〇〇個の砂袋の重り《バラスト》を積んで、夜間、気球の高度が下がりはじめると、自動的にそれを感知し、重りを捨てて高さを回復するように作られていた。この仕組みによって、風船爆弾は二日以上も飛行を続けることができたのね。風船爆弾は、無人で一日以上飛行できた世界最初の気球だった。

結局、風船爆弾は約九〇〇〇発が千葉、茨城、福島の海岸から放たれ、一〇〇〇発ほどがアメリカ西海岸などに到達した。それによって、数件の山火事と、工場の火災が起き、オレゴン州ではピクニック中の牧師婦人と子供六名が死亡している。

風船爆弾は、限られた材料で不可能に近いことを実現した、人間の知恵の結晶だったと思う。しかし、それは戦局に何らの影響を与えるものでもなかったし、単なる無差別殺人兵器でしかなかったことが、何ともやるせないよね。

これと同じように、資金の不足が独創を産むってのは宇宙の分野でもよくあることだ。

宇宙のプロジェクトは、計画立案から実施まで一声一〇年かかる。その上、日本の宇宙機関は金がない。つまり、何か独創的なアイデアで計画を立てたとしても、金をかければ実現できるプロジェクトでは、海外の裕福な宇宙機関に先取りされてしまう。

そこで、世界がアイデアは面白いけど、それはちょっと無理だよねと考えるような、ニッチな課題に挑むしかないってのが、日本のお家事情なのだ。

そういうプロジェクトの典型例が、小惑星探査機「はやぶさ」だ。

はやぶさは二〇〇三年五月九日に、鹿児島県内之浦からM５ロケットによって打ち上げられ、二〇〇五年にアポロ群の小惑星イトカワに到達、サンプル採集を試みた。

プロジェクト・マネージャーの川口淳《かわぐちじゅん》一郎《いちろう》さんによると、はやぶさの課題は四つある。

第一が、イオンエンジンの実証実験。

第二が、自立的な航法誘導制御。

第三が、目的天体での標本の採取。

第四が、目的地から帰還させたカプセルを、惑星間空間から地球の大気圏に直接入れて、試料を回収することだ。

はやぶさとは、どんな探査機だろうか。

その特徴を一言で言うなら、びんぼくさ……いやいやいやいや、しょぼ……いやいやいや、非常に簡素ということだ。

たとえば、両翼に太陽電池パドルがあるけど、これは固定されている。宇宙開発初期とかじゃあるまいし、今時の探査衛星の太陽電池パドルは、ロータリージョイントで太陽を追尾させるのが普通だ。しかし、はやぶさは軽量化（お金ないので）のためそれすら採用しなかった。

また、上部についた直径一・六メートルのパラボラ（高利得アンテナ）も、太陽電池を広げた姿で独楽《こま》のように回したときの、軸方向に固定されている。

つまり、太陽に太陽電池を向けるのも、地球にアンテナを向けるのも、衛星全体の姿勢を変えるしかない。『２００１年宇宙の旅』のディスカバリー号だって、アンテナは自由に色々な方向に動かせたのに。

後部には、イオンエンジンのスラスターヘッドが四つあって、同時に三つ稼働できるようになっている。

イオンエンジンは、電力で燃料を噴射して推力を得るエンジンで、地球を遠く離れる深宇宙探査には最適だ。探査機の太陽電池は、目的地で各種装置をフル稼働するよう設計されるから、航行中は電力が余っている。その余剰電力で航行するわけね。

また、イオンエンジンは燃費が他のタイプのエンジンと比較にならないくらい良い。つまり少量の燃料で遠くまで飛行できる。

打ち上げロケットの化学エンジンは、排出ガス速度が三キロメートル毎秒位なのに、イオンエンジンは三〇キロメートル毎秒もある。つまり、一〇分の一の燃料で、同じ速度に到達できる。

推力は非常に弱くて、三台同時運転でも一円玉二枚に働く重力程度でしかない。そんな弱い力でも、毎日秒速四メートルずつ加速して、一〇〇〇日後には秒速四キロにまでなる。

ただし、急な加減速や姿勢変更も行わなければならないことがあるので、はやぶさにも小さな化学エンジンは装備されている。

イオンエンジンは、キセノンガスを電子レンジのような装置でプラズマ化し、プラスイオンを電力で加速して噴射するものだ。

ただ、これだけだと、衛星がどんどんマイナスに帯電して、噴射したイオンを引きつけるので、結局、推力にならない。

そこで、ノズルの脇に、噴射イオンに電子を加える中和器がついている。

はやぶさのイオンエンジンは、二〇〇八年五月までに積算三万一〇〇〇時間以上稼働し、その加速量は秒速一七〇〇メートルに達した。つまり計画の第一目標は完全に達成したわけね。

はやぶさのもう一つの特徴は、航行や着陸の位置制御に、画像処理を使うことだ。

地球からイトカワまではおよそ三億キロ。

このとき、地球からはやぶさの位置を知る情報は、はやぶさから届く電波のドップラー偏移しかない。地上の光学望遠鏡では遠すぎて捉えるのもムリ。

送られてくる電波のドップラー偏移なら、視線方向の距離で一〇メートルの誤差ではやぶさの位置がわかる。これだと、はやぶさの位置はばっちり解るような気がするけど、実はそうじゃない。視線方向と直交する面方向だと、仮に一〇〇万分の一ラジアンの精度で捉えられたとしても、三〇〇キロもずれが出る。

一方、イトカワの大きさはせいぜい五〇〇メートルしかない。そこで、はやぶさからイトカワを撮影し、背景に写った星の位置から、イトカワの方向を高精度に求める方法が考えられた。これは特殊装置を使わず、カメラだけで位置を精密に求める独創的な（お金をかけずにできる）やり方で、理屈通りうまく働いた。

だけど、はじめは予想外の現象に悩まされたという。なんと、この航法用の写真にはUFOがいっぱい写っていて、どれがイトカワか全くわからなかったんだと。

UFOの正体はなにかというと、化学エンジンで生成された氷の微粒子が、カメラの前を漂っているものらしい。移動速度がすごくゆっくりで、最初は二〇個くらい飛んでいたのが、何日も待って徐々に動いて数が減っていき、残されたこれがどうやらイトカワだと解ってくる。オペレータの忍耐がものすごく試されたわけね。

イトカワへの着陸も同じような困難があって、高度はレーザー測距計で測れるものの、水平方向の運動はわからない。

そこで、ターゲット・マーカーという目印を投下し、それをカメラで見て水平面内での運動を制御した。また、地形を撮影してその画像を使う、地形参照航法も行われた。

これらも、なるべくシンプルな機材で目的を遂げるためのアイデアで、まあ、予算が潤沢なら、こんな独創的なアイデアも生まれなかったろう。

着陸本番二度目もこのセンサは反応したけど、結局無視するように指示して着陸を強行した。

はやぶさの太陽電池の下には、扇形のレーザー障害物センサ（ファンビーム）があって、これが何かをキャッチすると、太陽電池を壊さないように降下シーケンスを中断してアボートするしくみになっていた。

はやぶさはイトカワへの降下を、リハーサル二回、本番二回やったんだけど、二度のリハーサル降下のどちらでも、途中でセンサが反応してアボートが行われた。このため、ホントならイトカワに投下するはずだった小型ロボットミネルヴァが、宇宙の彼方へ飛び去ってしまうアクシデントが起きている。さらに、本番一回目の時も障害物を検出して待機状態になり、イトカワ表面に着地したあとしばらくごろんごろんしていた。

これはセンサの故障かというと、どうも違うようだ。小惑星表面は、太陽光による光電効果で電子が飛び出して帯電している。この帯電によって、微粒子が空間に浮いていたらしい。微粒子はカメラでは見えないくらい小さいけれど、レーザー光は反射して障害物として認識されたようだ。宇宙はやはり奥深く、こんな予想外のことも起きるわけね。

着陸本番二度目もこのセンサは反応したけど、結局無視するように指示して着陸を強行した。その結果、二度目は、全てが初めてスケジュール通りに進んで、非常にうまくいったと思われた。

ところが、指令通りに離陸し、イトカワ上空でぴたりと止まった二〇分後に、上面の化学エンジンから燃料が漏れはじめた。着陸時に損傷を受けたらしく、急いでバルブを閉めたけれど、それが二度と開かなくなり、化学エンジンは使用不可能になってしまった。

さらに、燃料漏れによる反力で姿勢が崩れてぐるぐる回り始め、太陽電池も光を受けられなくなり、二〇〇五年一二月上旬に通信も途絶した。

普通なら、誰でもこれで終わったなと思うんじゃないだろうか。なにせ、壊れて、燃料が漏れて、ぐるぐるまわって、ロストしているわけだから。それにイオンエンジンの実証など、主要な目的は成し遂げたわけで、ミッションはほとんど成功したといえる。まあ、こんなもんだろみたいな。

でも、川口さんたちチームはそうは考えなかった。

はやぶさの作りは、両翼とアンテナを固定したシンプルな形をしている。つまりコマみたいなもんだ。だから、複雑な回転がかかっても、いつかは正しい姿勢に戻ってくる可能性がある。

そこで川口さんらは、その確率を計算し、電力と通信を満たす姿勢条件が、一年以内に六～七割の確率で現れることを示して、上層部から運用継続の許可を勝ち取った。

ただ、はやぶさからの便りを待つ間は、何の信号も届かないから、司令所にくる人も減って閑散としてくるのが辛かったそうだ。

その間、飛不動《とびふどう》とか、隼《はやぶさ》神社とか飛行神社とか電波神社とかでお札を貰ってきたり、毎日ポットにお湯を入れて、暗に運用が続いていることをアピールしてたんだって。

はやぶさは行方不明になったとき、ビーム幅の狭い中利得アンテナを使っていた。このアンテナは、真っ直ぐ地球に向かないと通信ができない。また、スイッチが切れたはやぶさは、スイッチオンの指令を送らないと再起動しない。

つまり、はやぶさの姿勢が太陽光を受けられるようになって電源が回復したときに、スイッチオンとアンテナ切り替えの指令が届かないと復活はない。しかも、電源が切れて冷え切ると、受けられる電波の周波数も変化してしまうはず。これらを考慮して、一周期の送信に一～二カ月はかかる復活指令を、来る日も来る日も送り続けた。

長丁場《ながちょうば》が予想されていたんだけど、神頼みがかなったのか、わずか七週間目、二〇〇六年一月二三日にはやぶさから電波が返ってきた。生きてるよ！

もっとも、このときのはやぶさは、逆スピンしていて、少し姿勢がずれるとまたロストしかねない状態だった。しかも回転がヘンで、一周期あたり電波が受けられる時間が二〇秒しかない。そこで、地上の管制設備のソフトウェアを書きかえ、姿勢の修正に必要なコマンドを二〇秒以内に送れるように作り替えた。

問題は、何を使って姿勢を修正するかだ。

化学エンジンは壊れ、姿勢制御用のリアクション・ホイールは、イトカワ到着前に三個中二個が故障していて使えない。

スタッフがひねり出したアイデアは、イオンエンジンの中和機から、キセノンの生ガスをタイミング良く吹き出すことで、姿勢の制御を行うというものだった。イオンジェットの推力は八ミリニュートンだけど、中和器の力は〇・〇二ミリニュートン。四〇〇分の一のわずかな力で、一カ月かけて探査機の姿勢を正すことに成功した。

ただ、これでは帰還用の燃料が保たない。

そこで次に、燃料なしに姿勢を変える方法が考えられた。それは、太陽光の圧力で姿勢を変えるやり方だ。太陽に対して太陽電池の翼を斜めに当てると、電力は落ちるけれど、風見鶏が風上に向かって姿勢を保つように太陽を追尾できる。

こうして、はやぶさは二〇〇六年七月から地球への帰還を開始した。地球までの距離は四億キロを切り、帰還まであと四〇〇メートル毎秒の増速が必要だった。

その後、はやぶさは順調に飛行を続けていたんだけど、地球帰還まであと半年ほどに迫った二〇〇九年一一月四日、またもやトラブルに見舞われた。

はやぶさにはＡ、Ｂ、Ｃ、Ｄの四基のイオンエンジンが搭載されている。このうち、スラスタＡは打ち上げ直後の運転試験で動作が不安定だったため使用をやめ、Ｂ、Ｃ、Ｄの三基を使ってイトカワに到達した。また、帰還開始前に、スラスタＢは中和器が劣化したため運用を中止した。そこで、これまでスラスタＣとＤを使って飛行してきたのね。

はやぶさは、もともと五年で帰ってくるはずだった。でも、様々なアクシデントによって、飛行計画の変更が必要になり、すでに運用は七年目に突入している。

賞味期限を越えているスラスタＣ、Ｄともに、性能劣化が進んでいた。定格の推力は八・五ミリニュートンなんだけど、これでは運転できず一台五ミリニュートンで運用していた。しかし、五ミリニュートンでは帰還できない。そこで、Ｃ、Ｄの二台を稼働させて帰還する予定だった。

ところが、スラスタＤが中和器の劣化によると思われる電圧の急上昇で、突然停止してしまったのだ。このままでは地球に帰還する推力が得られない。システムの再チェックを行ったんだけど、結果はＡ、Ｂ、Ｄは単体で運転できないことが確認されただけだった。

どーすんの。ここまできて、これで終わりなの？　しかしあきらめの悪いはやぶさチームは、またもや起死回生のアイデアをひねり出した。

それは、スラスタＡの中和器と、スラスタＢのイオン源を組み合わせて、一台のエンジンと同等にして使う方法だった。こういう使い方は理論上は可能で、回路的にもそういう構成がとれるように準備されていた。想定内！　でも、この使い方は地上試験が不可能なので、ぶっつけ本番の運用になる。

スラスタのクロス接続は、エンジン二つに電力を供給するため、電力が通常の二倍必要になる。そのため、この故障がもっと遠いところで起きていたら、十分な電力が得られず実行できなかったろう。

また、スラスタＡからは、イオン化されず推力にならない生ガスが漏れてしまうため、推進剤も通常の倍必要になる。実際にはあと五キログラムの推進剤が必要になるんだけど、これはまだ二〇キロ残っていた。

こうして今、はやぶさはスラスタのクロス接続によって、一台分のほぼ一〇〇パーセントの推力で帰還を再開した。はやぶさは、この時点で火星近傍の、地球から一億六〇〇〇キロの位置にある。あと必要な増速量デルタVは二〇〇メートル毎秒だ。

限られたリソースしか無い中、深刻なアクシデントの数々を創意で乗り切るはやぶさは素晴らしくて、なんか人生もそういうもんだよなって、勇気づけられる感じがするよね。

もちろん、満身創痍の状態で、まだまだなにが起きるかはわからないけれど、スラスタA、Bの健康状態が維持されれば、二〇一〇年の六月に、はやぶさは地球近傍に帰ってくる。待ってるよ。

誰かの記憶を読みとり、なんらかのメディアに記録して、テレビみたいな装置で見たり、他の人の脳で再生する装置は実現できるだろうか。この一連の操作ができるなら、それはテレパシーが技術的に可能になるってことだ。

一九八三年に上映された映画『ブレインストーム』は、まさにそういう装置の開発を描いたSF作品だった。で、これを見たとき、ホントにこれって実現できるのかなあって、考えてみたのね。その結果、SFとしては面白いけど、原理的に作ることはできないだろうと結論した。

その理由は、脳は極めて個性的なものであるはずだから。

たとえば、かわいいぬこたんのイメージをコードしている神経回路網は、ぼくとあなたでは全く違っていて互換性がない。ぼくにとってのネコのイメージは、ぼくの人生の中の様々な経験で形成されているはずだから、違う人生を歩んできたあなたのネコのイメージとは同じであるはずがない。当然脳内コードも違っている。

もし、これが同じだとすると、ネコを意味する人類共通の普遍記号が存在するってことになる。記憶情報がそういう普遍記号で記述されているなら、脳の中にはあらかじめ全宇宙の森羅万象に対応した普遍記号を解釈する仕組みがないといけない。でも、そんな無限の情報が、有限の脳内に収まるはずがない。逆に、普遍記号が有限個しか入っていなければ、現実に存在していても、それに対応する普遍記号が脳内にないって事があり得る。つまり、人類には、存在を感じることも理解することもできない宇宙的実体があるってことになる……まあ、それはそれでSFとしては面白いけどね。

そんなわけで、脳の記憶や認知に関わる部分の大半は、後天的に人それぞれ個別に形成されていることは間違いない。だから、たとえどんな未来的な技術で脳情報を読み取って記録できたとしても、それは他の人には全く意味をなさないだろう。……そう思っていた時期が私にもありました。

ところが一九九〇年代の後半から、テレパシーマシンに近い事を、現実に行う研究分野が活性化してきてしまった。

それはBMI（ブレイン・マシン・インターフェース）とか、BCI（ブレイン・コンピュータ・インターフェース）といわれる分野だ。テレビなどでも紹介されたことがあるから、知っている人もいるとは思うけど、脳に電極をぶっ挿して情報を読み取り、カーソルやロボットアームを動かすなんてことが現実にできている。

この分野の目標は、脊椎《せきつい》損傷やALS（筋萎縮性側索硬化症《きんいしゅくせいそくさくこうかしょう》）などで身体が不自由になった人に、コミュニケーション手段を提供したり、義手義足を脳情報で直接コントロールできるようにして、身体の不自由を補おうってことだ。その究極の姿は『スパイダーマン2』に登場した敵役、脊椎に直結した超多自由度ロボット・アームを自在に操るドック・オクみたいなかんじかな。

これは脳の情報を取り出して、機械を動かすのだから、テレパシーマシンの一種といえる。いったいどうしてそんな事が、可能になったのだろうか。オレ様ちゃんの若い頃の推論はどこで間違ったのだろうか。

人間でのテストに先行して行われたアカゲザルの実験では、まずその頭をパカッと開けて、脳の運動皮質に数十本の剣山みたいな電極を刺している。で、サルが手でジョイスティックを動かして、画面上のカーソルをマルの中に入れたらジュースが一滴貰えるという学習を行わせた。このとき、手を動かす際の脳活動を記録して、手の動きと脳活動の関係をコンピュータでマッピングする。

つまり、手をこう動かしている時は、この神経とこの神経がこの割合で活動しているとかを、コンピュータに学習させるわけだ。

その結果、脳活動のデータを見るだけで、カーソルをどう動かそうとしているか、推定できるようになった。つまりサルの脳内コードをコンピュータに学習させる事で、限定的にだけど、サルの心を読む事ができるようになったのね。

そして、ある段階からジョイスティックが利かないようにすると、やがてサルは念じるだけでカーソルをコントロールして、ジュースを貰うようになる……。

ポイントは、脳内の情報は個性的でも、その個性を学習して記録する装置を間においけば、テレパシーマシンが可能になるってことだった。若い頃はそういう発想には思い至らなかったんだなあ。

ＢＭＩは人間のボランティア（脊椎損傷患者）でも実験が始まっていて、大脳の中心溝の前後、つまり第一次体性感覚野と、第一次運動野をまたがる形で、さくっと電極を挿して情報を記録している。実験のビデオを見る限り、この方法で本物の手で動かすのと遜色がないくらい、速いスピードでコンピュータのカーソルを動かすことができているようだ。

この患者の場合、はじめから体が不自由なので、サルの実験と違って、手を動かしながらコンピュータを学習させることはできない。じゃあ、どうやったかというと、手でカーソルを動かしている様子を頭でイメージしてもらって、そのときの脳情報を記録するようにしたんだよね。

これはつまり、脳情報を記録するという側面と、患者自身が脳情報の操りかたを学習するという側面の両方がある。

こんな事がホントにできるようになっちゃうなんて、現実ってのはなかなか油断ならない。

ただし、電極ぶっ挿し方式は、情報をわりと細かく取れるメリットはあるけれど、感染のリスクはあるし、何年にもわたる長期間の使用は難しいらしい。電極付近の細胞が死んでしまうのか、徐々に情報の読み取りが劣化してしまう。それに被験者は、操作時にストレスがかかるようで、ビデオをよく見ると額のあたりとか結構汗ばんでいたりする。

だから、この技術は身体が不自由な人の補綴《ほてつ》には使えるにしても、健康な人の能力を拡張するようなことには使い難いだろう。

こころを読む機械

脳ぶっ挿し方式はリスクが高いので、非侵襲の装置を使って脳情報を読みとる試みも、世界中で行われている。

その文脈の中で、ATR脳情報研究所の神谷之康《かみたにゆきやす》さんは、二〇〇五年に世界ではじめて機械を使った読心（マインド・リーディング）に成功したんだよね。

やり方としては、まず被験者に八種類の傾きの縞模様のうち一つを見せながら、後頭部にある第一次視覚野の興奮状態をfMRIで調べて記録した。

脳の第一次視覚野には、目で見た映像の中にある、角っこ《エッジ》とか明暗変化、動きなど、シンプルな情報だけに反応する細胞がいっぱいある。

それが集団になって、規則的に並んだカラム構造を作っているんだけど、この領野の血流変化をfMRIで計測したんだよね。

ただし、fMRIの解像度は三ミリ×三ミリ×三ミリのボクセルが最小ですごく粗い。つまり、〇・一ミリくらいしかない脳のカラム構造すら見えないし、ミクロンオーダーの神経細胞レベルの興奮なんて全く捉えられないので、fMRIで意味のある情報がとれるわけがない。

……と、思われていた。

ところが神谷さんは、そのもやもやっとした粗い脳画像を、サポート・ベクター・マシンという、手書き文字の認識などにも使われる統計アルゴリズム（日本では郵便番号の認識装置にも使われている）を使って画像解析しながら、機械に学習させた。

ようするに、この脳画像のもやもやパターンは、この傾きを見ているときに現れるぞってのを、コンピュータに覚えさせたわけね。

その結果、機械は脳画像だけを手がかりに、被験者が見ている縞模様を当てられるようになった。また、被験者に四五度と一三五度の傾きの縞を交互に見せながら、どちらの傾きの縞に注意を向けているかを当てる事もできるようになった。

二種類の傾きの縞のうち、どちらに注意を向けているかなんてことは、本人にしか知り得ない心の内面だよね。それを脳画像から読み取れた。まさに読心術、マインド・リーディングが成功したのね。

これが巧くいったのは、目から入った信号が、まず後頭部にある第一次視覚野へ送られるという、人類の共通部分に着目したからという点が大きい。その領域を測定すれば、人間であれば誰でも、視覚に関する情報コードをキャッチできるわけだ。

ただ、同時に第一次視覚野のような、非常にプリミティブな部分でさえ、細かく見ると一人一人全く違うことも確かめられたんだよね。神谷さんの実験では、ある傾きを見ていることを示すfMRIパターンは、四人の被験者すべてで違っていて、その人ごとに学習させる必要があった。

つまり、全ての人は人生経験が違うから、ネコのイメージをコードする神経回路網も、全ての人で違うって話は、こんなプリミティブなレベルでも成立していたわけだ。

このマインド・リーディングの研究は、主に第一次視覚野から情報を取った、視覚に関するテレパシー・マシンの実現だったけど、他の脳情報については、どこまで読み取れるかってのも興味深いところだよね。

これについては、第一次運動野や第一次体性感覚野のあたりから情報を得て、じゃんけんのグー、チョキ、パーを当てるなんて実験も行われたし、巧く工夫すれば脳情報だけを見てワープロを動かすことも可能になるかもとは思われている。

それからｆＭＲＩは、人間がすっぽり入らないと使えない大型の装置なので、装着して動き回ることはできないし、脳の血流変化を読み取るしくみなので、一つの情報収集に二〇秒くらいかかるという難点がある。誰もが気軽にテレパシーできるようになるためには、新型センサの開発が必要なのね。

装置開発については、二〇〇九年三月に、ホンダの子会社、ホンダ・リサーチ・インスティチュート・ジャパンとＡＴＲ、島津製作所の三社が、ＥＥＧ（脳波計）とＮＩＲＳ（近赤外光脳計測装置）を組み合わせたものを発表している。この発表では、ユーザーの頭にヘルメット状のセンサを装着して、体を動かさずに「右手」「左手」「足」「舌」の四つのうちのどれかを動かしているイメージを、七〜九秒間思い浮かべてもらって、それを読み取るデモが行われた。

脳全体から情報を読んで、四択を当てられるだけという大雑把な物だけど、運動イメージの読み取りだってことと、学習なしに誰でも使えて正答率が九〇パーセント以上ってところが、なかなか面白いかな。

サはサイエンスのサ

単行本加筆

【鹿野司】

神谷さんの実験は、誰もそんな事ができるとは思っていなかったことをやったという点で画期的だった。まさにブレーク・スルーだったんだよね。でも、これは一度わかってしまうと、道具立てとしては誰にでもできるような話なので、当然、世界中で同じようなことをまねっこでやり始める人が、いっぱい出て来ている。

他人の心をどんどん読んじゃう、究極のテレパシー・マシンを作ろうと考えたとき、神谷さんのやりかたには、深刻なボトルネックがあった。

それは、機械に脳画像を一画像ずつ記憶させていって、八種類の図形を学習させるのに、一人あたり四五分かかっていたことだ。つまり、ある人が見るだろう全ての画像を区別させようとしたら、無限の時間がかかることになっちゃうんだよね。

それをある程度回避する研究が、二〇〇八年にカリフォルニア大学バークレー校のグループから発表されている。

この実験では、被験者にあらかじめ一七五〇枚の白黒写真を見せながら、fMRIで脳画像を調べて、その人の脳のモデルをコンピュータ上に作ったのね。

次に、脳モデルの作成には使わなかった新しい写真一二〇枚のうち一枚を被験者に見せて、そのときの脳画像を調べた。

その上で、この新しい脳画像をコンピュータに見せて、被験者が一二〇枚のうちどの写真を見ているか当てさせた。

すると、コンピュータは最高九二パーセントという高確率で、被験者がどの写真を見ていたかを当てたんだよね。

刺激に使われた写真は、視野角二〇度×二〇度で見えるグレースケールのもので、実験的に区別しやすい単純な図形とかじゃなく、普通の白黒写真そのものだ。これを二〇〇ミリ秒提示→二〇〇ミリ秒休み→二〇〇ミリ秒提示……という繰り返しを一秒間続けて一枚の学習をし、三秒間をあけて次の画像の学習をやっていった。つまりデータを取るのに最低二時間ぶっ続けでやらないといけなくて超大変。そのためか被験者は二人だけだった。

それで、被験者に一三回同じ写真を見てもらって、その脳画像の合計を機械に判定させたら、被験者二人のうち片方は九二パーセント、もう一人では七二パーセント当てられた。ただし、被験者の脳画像が、一回だけしか写真を見ていない場合は、正解率は五一パーセントと三二パーセントだった。

当然だけど、候補写真を一二〇以上に増やしていくと、当てられる確率は下がっていく。ただ実験結果からの理論予測では、当たりが一〇パーセントを下回るのは、候補写真が一〇億〜一〇〇〇億枚程度とのこと。

つまり、候補の写真さえ用意できれば、脳モデルは、犯人はおまえだ〜じゃなくて、あなたが見てたのはこれですねって、かなりの確率で当てられるわけだ。

ただし、誤解しちゃいけないのは、これは人間が見ていた絵を、こういう絵を見てたでしょって、描いてみせられるワケじゃないってことだ。言葉を換えると、脳内の情報をデコードして、現に見ていた映像を出力することはできないんだよね。

それから興味深いのは、使用されたfMRIの解像度は二・〇×二・〇×二・五ミリで、五〇〇画素（ボクセル）で、装置的には一〇〇〇ボクセルでも計測可能なんだけど、高解像度にするとかえってS／N比が悪くなって、データも悪くなるんだそうだ。

エッチな写真のモザイク部分は、目の焦点をぼやかしたほうがリアルに見えるよね。あれと同じで、装置をファインにすればデータが良くなるとは限らないってことらしい。

サはサイエンスのサ

連載・169

【鹿野 司】

ドリーム・マシンが実現するかも

これに対して、ATRは二〇〇八年の末に、候補の映像から選び出すのではなく、その人が見ている映像そのものの形を、出力する実験に成功した。

具体的には、被験者にあらかじめ一〇×一〇ピクセルの、四四〇種類のランダムな図形を見せて、そのときの脳画像をもとに、見ている図形のコントラスト値を予測する脳モデルを作ったのね。この脳モデルを使うと、被験者が見ている＋や－や□などの図形やneuronの六文字など一一種類の記号と、ほぼ同じ形の図形が出力できたんだよね。

この実験では、脳画像の変化を捉えながら、二秒に一枚の割合で図形を出力できるんだけど、それを見るとなんかもやもやした夢のような映像が浮かび上がってきて、それっぽい感じの図形になっていく。もっとも、その映像はくっきり見たままって言うより、曖昧でぼんやりした感じ。それに、今のところ出力できるのは一〇×一〇ピクセルの図形という制約がある。

ATRでは、この技術をさらに発展させると、夢を取り出して表示する、ドリーム・マシンができるかもしれないともいっている。

夢を見ているとき、視覚野が活動することは知られている。だから、そのときの活動を表示させれば、夢を取り出すこともできるだろうとATRグループは夢見ているわけだけど……。

ちょっと厳しく考えると、夢見ているときの視覚野の活動が、夢の視覚イメージに対応するか否かは、実際には解っていない。

夢の中のイメージって、内観的に振り返ってみると、視覚のようで視覚じゃない～べんべんってかんじ。だから、夢見ているときに第一次視覚野が興奮していたとしても、それは夢のイメージとはあまり関係なく興奮しているだけかもしれない。

だから、このやりかたですぐに、脳内映像を目で見た映像のように、ありありと再現できるようになるとは思えない。すごく面白い可能性を示してはいるんだけどね。

このほかにも、脳情報を機械で読み取る研究はいろいろあって、カーネギーメロン大学のグループが、名詞と脳情報の関連についての研究をやっている。

これは、学生九人に、五八種類の単語（名詞）を思い浮かべて貰い、その時の脳活動をｆＭＲＩで計測して、脳情報と名詞の対応関係を、ニューラルネットに学習させたというもの。このニューラルネットは、学生が思い浮かべた「セロリ」と「飛行機」を区別できた。これの面白いのは、視覚野ではなく、脳全体の情報を計測したうえに、全員のデータを区別せずに学習させたことだ。

ただ、飛行機とセロリ以外の任意の名詞の区別がつくわけでないし、被験者たち以外の人について当てられるかどうか、被験者がもっと増えたり、学習させる単語数が増えたとき当たる確率が上がるのか下がるのかはわからない。

飛行機とセロリのイデアが区別できたんなら面白いけど、それはちょっとなさそうね。

こういう一連の研究を見ていると、す

ぱっと心を読めちゃうって装置ができる感じではなくて、テレパシー現象のまわりをぐるぐる回りながらも、核心部分にはなかなか入れないって感じ。あなたに会いたいのに〜お札が貼ってあって近づけない〜みたいな。

最初に言ったように、個性の差、人生の差があるから、ある人の心の中身を完全に相手に伝えるような、究極のテレパシー・マシンは原理的に不可能だ。

でも、現代のBMIならそういう究極完璧極限のテレパシーは無理でも、そこそこ妥協的なテレパシーなら十分やれそうだ。

それは言語の翻訳と、本質的には同じ話なんだよね。たとえば日本語で書かれた物語を、そこにある言葉の含意や文化的な背景をまるごと完全に、別の言語に翻訳することは不可能だよね。言語が違えば、共通に存在しない概念や、同じようでいて実は微妙にずれた言葉が無数にある。現実の翻訳は、そういう部分はかなり目をつぶって、それでようやく成り立っているわけだ。まあ、それは二人の人間の間で、何かが合意できるって事も同じなんだけど。

逆にいうと、言語の翻訳が曲がりなりにも成り立つように、二人の人間が理解し合えるように、完全なテレパシーは不可能でも、ある程度のところまでいけるってことだ。

そんなこんなで、今や、テレパシー・マシンがどこまで行けるかを探る、新しい楽しみの時代に入ったことだけは間違いない。

大砲の弾に乗って月に行くのは原理的にムリだけど、ロケットと宇宙船を使えばかなりのことができる。テレパシー・マシンもそういう議論ができる時代に入ったってことなのねん。

地球温暖か？

サはサイエンスのサ

連載・170

【鹿野 司】

アメリカのオバマさんが大統領になったことで、地球温暖化は、全世界が信じる政治的な物語としてほぼ確定しちゃったかんじ。まあ、いいけど……。

な〜んてむずがゆい言い方をしたのは、この温暖化って政治物語をマジに信じると、なんだかイヤンな世界になりそうだなあと思うからだ。SF的に。

地球温暖化を巡っては、そういう事実があるか無いかというところで揉めることが多いようだけど、正直言ってそんなことはたいした話じゃないと思う。

ぼくの立場を言うと、まず「地球温暖化」ってものがホントに起きているかどうか、人間の行為によって、二酸化炭素などの温暖化ガスが大気中に大量に放出され、それによって地球の温室効果が強まって、気温が上昇しつつあるか否かについては、まあ、そういう傾向なんでないのと思う。

IPCCで検討された全てのモデルが、気温上昇を示したということは、それなりの意味がある。つまり、だいたいそんな感じやね、ということは信用できるわけね。

でも、それがどの程度のものか、定量的な話になると、信頼性はかな〜り低下するんじゃないかなあというのがぼくの感想。

IPCCの第四次報告によると、二一世紀の終わり頃の平均気温は、いろいろなシミュレーションモデルによって結果にバラツキはあるけど、一切の温暖化対策をしない場合、地球平均気温が一・一〜六・四℃の幅で上昇し、それに伴って一八〜五九センチの海面上昇が起きるとされている。

でも、こういう数字は、結局のところ当たるも八卦ってかんじなんだと思う。傾向は当たっている、定性的には当たっているとは思うけど、定量的な数字はマジに受け取るべきではないと思うのねん。

なぜなら、この値を導いたのは、ある仮定に基づくモデルに過ぎなくて、そのモデルに用いられるデータも、地球まるごとという規模からはほど遠いからだ。

もちろん、モデルを作る専門家は、そういうことについてすべて折り込み済みで、誤差の範囲も慎重に決めているというだろう。今現在の、科学的な知識と手法で可能な最善のやりかたで、数値をはじき出していることを疑う理由はない。

それにもかかわらず、点描の世界に亡霊を見てしまっている可能性は、決して否定できないと思うんだよね。

決まったことを変更するのは難しい

サはサイエンスのサ

連載●60

【鹿野　司】

科学ってのは、本質的にすぱっと断言はできないものだ。よく、ニセ科学は白黒をはっきり言い切るけど、科学はある程度曖昧なことしか言えないなんてことがいわれる。それはやっぱり、科学というものの見方が、そうでなければ正しく機能しないからだ。

そういう観点からいえば、ＩＰＣＣのモデルが予測した数値は確実なものであるはずはないし、そのことは、この値を出した研究者たちも決して否定しないと思う。

ただ、ここで問題になるのは、一度発表された数値は、そういう科学的な態度とは別の次元で、一人歩きしてしまうってことだ。

何かの対策は、公的に発表された数字を基準にして、その先を考えていく。まあ、それ自体は当たり前のことだし、それ以外の合理的な方法はないだろう。

でも、すごく困るのは、いったんその方向に動き始めると、もとの数字に妥当性が無いことがわかったり、時代遅れになっても、なかなかその基準が見直されない事だ。その数字がどんなプロセスでできたかは完全に忘れ去られ、権威あるところが出した値なので、それはゆるぎない事実とみなされて、何事も慣性で動いていってしまう。

たとえばダイオキシンは、かつては一二キログラムあれば日本人全員を殺せる、史上最強の毒物なんていわれていた。でも、今では、それほどの毒性はないとされている。

なぜ、かつて猛毒と言われたかというと、毒性を調べる実験動物として使われたモルモットが、種固有の性質として、極端にダイオキシンに弱かったからだ。ダイオキシンはモルモットにとっては猛毒だけど、他の動物にはそれほどでもないことが明らかになったんだよね。ネコはマタタビでぐてーってなるけど、人間にとってはなんでもないのと同じようなことね。生物によって、化学物質の感受性はかなり違うことがあるのだ。

実際、犬やハムスターはモルモットよりも数千倍強く、人間はそれよりさらに強そうだということもわかっている。

たとえば、一九七六年に北イタリアの農薬工場で事故が起きて、一万七〇〇〇人が、二二億人分の致死量（モルモットでの値）にあたるダイオキシンに暴露された事件があった。

これによって住民の血中ダイオキシン濃度は二〜五〇〇〇倍になって、想像を絶する悲惨な事態が起きるとみんな思ったんだよね。奇形児の出産を恐れ、中絶した妊婦も多数出た。

ところが、結局この事故による死亡者はゼロ。それどころか、吹き出物ができた人はいたけど、中絶されず生まれた子どもたちや、高濃度にダイオキシンに暴露した人たちの長期の追跡健康調査でも、病気の発生率や死亡率など、普通の人と変わりがなかった。

日本でも、母乳に含まれるダイオキシン濃度は、今では禁止されている農薬を使っていた時代に比べて、数分の一から十数分の一に低下している。ダイオキシンによる汚染は、昭和三〇年代がピークで、その後はかなり改善されているってことが、かなり前からわかっていた。

ところが、一九九九年に、所沢の産廃処理施設の焼却炉が発生させるダイオキシンが、付近の環境を汚染して大変だってな話をテレビ朝日が流して、周辺農家に風評被害を与える事件が起きてしまった。この報道は何重にも間違っていて酷かったんだけど、それでもこの騒動で、ダイオキシンは恐ろしいというイメージが喚起されてしまった。

さらにダイオキシンは、新聞に塩をかけて燃やすだけでできるような、メチャメチャできやすい物質であることも実験的に明らかにされて、ダイオキシン、イクナイってな風潮が一気に高まった。

あの頃、塩化ビニールのラップを燃やすとダイオキシンが出るので、使うのは言語道断なんていわれたのを覚えている人もいるんじゃないかな。それで、ポリエチレン製の、くっつきが悪くて不便なラップを使いましょうなんてこともさんざん言われていた。

そしてそういう流れの中で、焼却炉に厳しい規制が行われた。大規模な焼却炉は、ダイオキシンが発生しない高温燃焼するものに改修され、小さな焼却炉は使用が禁止された。

若い人は知らないかもしれないけれど、昔は学校には必ず焼却炉があって、大量の紙ごみ（小テストとか配布物とか）を燃やしていた。掃除当番の日とか、焼却炉にゴミを持っていったりしたのも懐かしい思い出。

でも、この規制によって、小学校や企業の自前の焼却炉は禁止され、たくさんのゴミは、産廃業者に有料で引き取って貰うようになっている。公立の学校や役所だと、それは税金で支払われているわけだ。

今では焼却炉から出るダイオキシンの毒性なんて、気にするようなものではないことがわかっているのに、規制はまだ改められていない。つまり、ゴミの処理にいらんコストがかかり続けている。

それから東京の焼却所は、今では全てダイオキシンの発生しない、高温焼却するものに改修済みだ。それを受けて、区によっては、プラスチックとかゴムなどの、以前は燃えないゴミだったものが、燃えるゴミに分別するように変更されてきている。

それは適切な変化だけど、でも、そうなると、炭酸カルシウム入りで、燃えても高温にならない（改修前の炉は、これでないと炉が傷むといわれた）ちょっとお高い指定のゴミ袋を使う理由も、すでになくなっている。昔あったような、安い黒とか青のビニールの袋を使っても良いはずだし、世間がやたら無くしたがっている、コンビニやスーパーのレジ袋でゴミ出ししても全く問題ない。

昔は、そうした方が良いという理由が、それなりにあったかも知れない。でも、世界はどんどん変化して、もとの理由は無意味になるなんてことはよくある。ところが、いったん「危ない」というイメージで強化された規制は、それを緩和しようとしても、色々な形で反対されてなかなか無くならない。その結果、いらない無駄を産み出してしまうってことが、ホントよくあるんだよね。

サはサイエンスのサ

単行本加筆

【鹿野　司】

イヤンな感じの倫理観へのすりかえ

ここで、とくにオレがイヤンな感じに思うのは、資源エネルギーの節約とか、環境汚染の排除ってのは、本来は合理性というか、損得で考えるべきものなのに、それがいつの間にか倫理問題にすり替えられていることだ。

最近はあまり言われなくなったけど、森林資源の保護のため、割り箸をやめようなんて話があったよね。今でもあるのかな。

割り箸は、もともと建築などに使う価値の高い木材の端材、余り物から作られていて（割り箸専用に木を切るなんて無駄をするわけない）森林資源を守るということには、全く寄与しない。むしろ、無駄にゴミとして捨てなきゃいけない部分を利用しているわけで、資源の有効活用なわけだ。

で、割り箸やめようと言ってきた人たちの中には、それを知っている人もいる。

ところが、そういう人は、今度はこうやってみんなに日常的に木の大切さを知って貰うことで、環境を守る意識を高められるはずとかいうのね。環境意識を高める貴い理想のためには、人々に不便を課すことが良いのだという論理。私たち心の清い選民ちゃんが、愚民どもに環境の大切さを叩き込んでやるよ〜ってわけね。

これはつまり、環境意識を、合理性に基づく損得勘定ではなく、倫理観にすり替えているって事だ。

レジ袋も全く同じで、これを無くしたって、資源の節約やゴミの減量にはほとんど効果がない。しかも、山のようにおしゃれなエコバッグを生産して、各家庭がそれを何個もため込み、中には高級ブランドのエコバッグとかも出てきたりして、一体どれだけエネルギー資源をそこにつぎ込んでいるのだろう。

環境問題に対する理解が、倫理の問題にすりかわってしまうと、もとの基準がおかしいことが解ったり、世界が変化してその規制の意味が無くなっても、臨機応変にやり方を変えることが難しくなる。

残念ながら、すでに環境問題を倫理的発想で捉えるやり方は、メディアでも学校教育でも、大勢を占めている。人々はエコバッグという現代の免罪符を買うことで、温暖化の罪を購《あがな》っているかんじ。

予防原則はリアリズムなのか

地球温暖化を語るとき、「予防原則」という言葉を持ち出す人がいる。

悪いことが起きる可能性があるんだから、すぐに行動しなければ手遅れになってしまう。科学的な厳密さに拘《こだわ》っていてはダメで、とにかく早く対策しなければ取り返しがつかなくなる……。

これはちょっと聴いた感じ、そうだよねえ、怖いよねえって主張なんだけど、こういう恐怖で人を追いたてようとする論理は、十分に用心する必要があると思う。

なぜなら、世界はこれまでその論理を使って、えらい無駄かつ悲惨なことをしてきているからだ。

米ソが拮抗していた冷戦時代に、莫大な量の核兵器が作られ備蓄された。今では多少減ってきているけれど、一説には、地球を二〇〇〇回焼き払える量の核爆弾があったと言われている。どんだけーってかんじ。

なぜこういう状況になったかというと、それこそが予防原則によるものだった。核兵器は開発の初期（一九五〇年代）は、とにかく威力を上げてやれば凄いだろみたいな、単純な発想で開発が進められていた。

そういう時代を連想させる映画に、スタンリー・キューブリック監督の『博士の異常な愛情』（一九六三年製作）がある。この作品には、ソ連が密かに作っていた、一発で世界を壊滅させる究極の核兵器が出てくる。

また一九六一年に、ソ連はツァーリ・ボンバという、広島原爆の三三〇〇倍の威力がある五〇メガトン級水爆の実験を行っている。

この爆弾は、本来の設計では一〇〇メガトンの威力が出せるものだったけど、フルパワーで実験するとソ連国内に死の灰が降る可能性があったので、威力を半減させて実験したらしい。それでも、このときの爆発の衝撃波は、地球を三周したそうだ。

ツァーリ・ボンバはとてつもなく強力だったけど、困ったことに、こういうものはごく少量あれば十分だった。超でかい爆弾があるよって、外国への脅しには使えるかも知れないけど、でかくて重すぎて運ぶのが難しく、実際の戦争でどう使ったらいいか、使い道を考え出すことができなかった。

そこで行われたのが、発想の転換だ。様々な戦術を考えて、敵がこう攻めてきたときは、こういうタイプの核を使うと良いよね、敵を攻めるときはこんな核を持っていると嬉しいね、なんて感じで様々なタイプの核を作っていった。その結果が、ついに一度も使われることなく終わった（まだ終わってないか）、世界を二〇〇〇回焼き尽くせる量の核兵器ってわけ。

これは、何も核兵器だけじゃなくて、軍事戦略と兵器一般にもいえる。こういう敵にはこう攻める、これをやっとかないとこう攻められるなんて仮想の話をもとに、兵器は細分化され、多様化し、今の軍事は成り立っている。当然、全体としてものすごくお金がかかる＝経済効果を生んでいる。

まあ、これは普通の民生品でも同じようなものだ。たとえばラジオははじめ、ただ放送を聴く機能しかなかったけど、ラジカセができたりウォークマンができたり、ダブルカセットになったり、でっかいスピーカーがついたりとかやるうちに、多様化され細分化され、たくさんの人が色々な使い方をすることで、経済的にもものすごく膨らんでいった。

逆にいうと、軍事の拡大も、結局は経済の活性化＝如何にして無駄遣いをするかということだったわけね。

ただ、同じ無駄遣いでも、民生品ってのはやっぱりなにか幸せ求めてるって感じがあっていいんだけど、軍事ってのは空想上の恐怖に追い立てられての浪費なんで、すごくイヤンな感じがするんだよね。実際使うとたくさん人が傷ついたり死んじゃうしね。

こんなふうに敵が攻めてきたら大変じゃんって机上の考えのほとんどは、現実には決して起きることはないんだけど、予防原則とか言い出すと、ありとあらゆるケースについて手を打っておかなければならず、止めどなくメチャメチャお金をつぎ込むことを可能にしてしまう。

このことを軍事専門家はリアリズムと呼ぶ。たとえそれが起きなかったとしても、備えがあるのは良いことだ。備えがあったからこそ、そういう最悪の事態は起きなかったのだ、なんて感じ。

オレは、人間の本性として、世界から軍事や核を完全に取り除くのは、不可能だろうとは思っている。でも、いくら万が一の備えだからといって、地球を二〇〇〇回も焼き払うほどの武装が必要だったとは思えない。これをリアリズムというなら、そのリアルってどこかおかしいんでないのと率直に思う。

地球温暖化脅威論ってのも、すこし引いてみてみれば、軍拡と全くおなじやり口に見える。地球温暖化対策をガンガンやろうという主張は、主にヨーロッパが主導しているといっていい。これは少し皮肉な見方をすれば、軍事で経済を回すやりかたでは、もはやアメリカには全く勝てないと悟ったヨーロッパが、新たに経済を回す方便として編み出した物語と解釈することもできる。

サはサイエンスのサ

炭酸ガス削減というミスリード

単行本加筆

【鹿野 司】

二〇〇七年のノーベル平和賞は、アメリカのアル・ゴアとIPCCに贈られた。

これは、平和賞ってところがポイントね。

この賞の受賞理由は、「気候変動は紛争と戦争の危険を増大させる」ってものだった。

つまり、いわゆる地球温暖化問題の本質は、地球が暖かくなって海水面が上昇するってことじゃない。

気候が不安定になることで、干ばつや嵐が起きて農作物の被害が出たり、穀倉地帯に適した土地が、地球上の別の場所に移動してしまうことが心配なのね。それによって引き起こされるであろう災害や飢餓は、各国の政情不安定や、国家間の紛争を招く。

だから、平和賞が地球環境問題の啓発、調査を行ってきた人々に与えられたわけだ。

ただ、IPCCの第四次報告によれば、人為的な温暖化ガス放出による気候変動は、もはや取り返しがつかないってことになっている。なにしろ予想では、たとえ全ての温室効果ガス及びエーロゾルの濃度が、二〇〇〇年の水準で一定に保たれたとしても、一〇年当たり〇・一℃ほどの気温上昇は続くとされているからだ。

今の気候変動は、主として過去五〇年という、地球史のスケールからすると超短期間に、温暖化ガスがブワッと環境に放出されたことが原因と考えられる。その突出したガスが、まだ地球という器にまんべんなく馴染んでいないのが気候不安定の原因だ。

そしてそれが落ち着くまでに一〇〇〇年かかる。つまり、今後もず〜っと、気候の不安定は避けられず、続いていく。

まあ、炭酸ガスを減らせば、変動幅がましになるかも知れないけど、今起きている程度のことは起き続けて、収まることはない。

じゃあ絶望的かというと、そんな事はない。

温暖化にまつわるこわいよ話の筆頭は、海水面の上昇だ。

このままじゃ南の島が水没して、えらいことになるとかならないとか。これについては、本当は温暖化のせいじゃないとか色々議論があるみたいだけど、そこは問わない。温暖化で海水面が確かに上昇するのだとしよう。

でも、海水面の上昇なんて、今の文明にとってはへでもないわけよ。

その良い例が東京だ。江戸時代より前の関東平野は、七本の大きな川が流れ込む湿地帯で、到底たくさんの人が住めるような土地じゃなかった。それを一七世紀、徳川家康の命令で、川の流れを変え（瀬替え）、湿地を干拓し、海を埋め立てて、とてつもない環境改変をやってのけて江戸の町が作られた。

たとえばJR中央線の、お茶の水駅の北側には、大きな谷があって神田川が流れている。知らなければ、あれが人工地形だとは誰も思わないだろう。あそこはもとは山だったのに、全部削って谷に変え、南の皇居方面に注いでいた川を東に瀬替えした。削った土砂は、その頃は日比谷まで来ていた海岸の埋め立てに使われた。

土木機械など全く無い昔でさえ、あれ

ほどのことができたのだから、これから一〇〇年かけて海水面が三センチ上がろうが六メートル上がろうが、それに対応できないわけがない。

むしろそういう土木工事は、経済を活性化させてたくさんの人を養えるから、喜ぶ人も多いんじゃないだろうか。

炭酸ガスの増加で、もう一つ問題視されているのは、海洋の酸性化だ。海水中に炭酸ガスが溶けることで、海が酸っぱくなっちゃうわけね。

現在の海水のpHは、約八・一だけど、炭酸ガスの排出が中程度のシナリオで今世紀末には今よりpHが〇・二低下し七・九程度、最悪のシナリオでは今より〇・四低下して七・七になると予想されている。

で、海水が酸性化すると、造礁サンゴの炭酸カルシウムの骨格が溶けてしまうので、サンゴ礁が無くなって、海の生態系に多大な悪影響を及ぼすなんてこわいよ話が語られる。

実際、海水のpHを七・三〜七・六くらいまで下げると、サンゴは脱石灰化を起こして骨格がなくなることが実験室で確かめられている。ただ、死ぬことはなくて、イソギンチャクのような形態で生存し続け、褐虫藻《かっちゅうそう》との共生も成熟もできるんだけど。

実験室でやれるのは、今生きているサンゴを、突然酸性度の高い環境にさらすことだけだ。

でも、現実に海洋の酸性化が進むとしても、それは一〇〇年のゆっくりとしたプロセスになる。その場合、生物の常識では、環境の変化に耐える個体が選抜されて生きのびていくはずだ。石灰が溶けてサンゴ礁が消えるなんてありそうになくて、石灰の分泌速度が早い個体や、酸にも溶けにくい骨格を作る個体が増え、結局目に見えるような変化は起きないかもしれない。

実験室的には、海に今よりたくさんの炭酸ガスが溶けると、多くの海草や藻類などの光合成能力（炭酸同化作用）が高まる事がわかっている。その結果、今よりも光が届きにくい深いところでも、それらの生物が生きられるようになる。より弱い光で、炭酸ガスを吸って体をつくり繁殖するわけね。だから仮に五センチ深くまで生きられるようになっただけでも、広大な海全体ではものすごい量のバイオマスが増えることになる。当然それを餌にする、魚などの生物の量の増加も起きるだろう。

もちろんこれは楽観的な話で、そうなる保証はどこにもない。でも、同じくらい悪いことが起きる保証もない。地球規模の、広大な海の生物の変化なんてことは、今の科学では全く未来予測のできないことなんだよね。

それなのに、海水が酸性化するとサンゴが死滅してたいへんたいへんみたいな、怖い話ばかり言い立てては、考えを非常に狭い方向へミスリードしてしまう。

気候変動によって、農作物の収穫が激減するなら、これも大きな不幸を招くだろう。

でも、たとえば植物工場の技術を発展させ、火力発電所や製鉄所などと組み合わせたらどうだろうか。

火力発電所や製鉄所は、大量の炭酸ガ

スと廃熱を出す。だから、密閉度の高いビルか地下に作った植物工場に、場合によっては人間が立ち入れないレベルの高濃度の炭酸ガスを引き込んで作物の生育を早め、廃熱で恒温性を保ち、夜間の余剰電力で太陽光よりも栽培効率の良いLEDの光を当てて、栽培工程をロボット化してやれば、十分低コストで作物の栽培が可能になるかもしれない。無菌環境に保つことで、無農薬作物にもなるし、食糧安保にもかなうはず。ひょっとしたら、輸出産業にもできるかも知れない。

　また、植物の品種改良は、基本的には病虫害や厳しい環境に耐えることと、高い収穫量をめざすものだ。でも、植物工場は環境を完全に管理できるので、それらの遺伝子は必要が無くなる。だから、遺伝子削除作物なんてものも、将来は考えられるかもしれない。遺伝子組換え作物はみんな嫌がるけど、削除するだけならみんなイヤとは思うまい。

　病害虫に強いとか、干ばつに強いとか、台風でも倒れないとかの耐環境性遺伝子を取り除くことで、植物は効率よく可食部を作る可能性がある。まあ、あんまり取っちゃうと、味や香りも薄くなっちゃうかもだけど。それに今はまだ、植物で狙った遺伝子を削除する技術はほとんどないので、このアイデアはほぼSFだけどね。でも、こういうことは、遠くない将来できるようになるだろう。

　まあ、この種の植物工場は、世界規模の食料生産を担うような物ではなくて、せいぜい日本の国内需要とかの、ローカルな話でしかない。

ただ、世界の食糧生産の絶対量については、ほとんど心配する必要はなさそうだ。

　東大准教授の川島博之《かわしまひろゆき》さんの『「食糧危機」をあおってはいけない』（Bunshun Paperbacks）という素晴らしい本がある。これは超おすすめ。これ読んで、オレもマジで目からウロコが落ちたよ。

　穀物の生産効率は、小麦の場合、古代エジプト王朝時代から五〇〇〇年間、一ヘクタール当たり一トンにとどまっていた。ところが一九四〇〜六〇年代にはじまった「緑の革命」で、高収量品種や化学肥料の大量投入が行われ、一ヘクタール当たり七〜八トンに増加できるようになった。ただし、この近代的な手法が使われているのは、日本と北米、西ヨーロッパの限られた先進農業地帯だけで、世界の大半の場所は、古代からの生産効率のまま留まっている。つまり、穀物生産の余裕はまだいくらでもある。

　家畜の生産には莫大な穀物を必要とするので、中国やインドがアメリカのように肉を食べ始めると、穀物はあっという間に食い尽くされると言われてきた。この種の危機論を唱えたのはアメリカ人で、彼らは国が豊かになると、アメリカと同じような食生活になるだろうと無邪気に考えていた。

　ところが、日本を見れば解るとおり、十分豊かになっても、アメリカみたいな肉食中心の国にはなりはしない。多少肉食が増えるとしても、古くからあるその国の食文化に引きずられて、決してアメリカと同じにはならない。その観点からすると、中国でもすでに肉食の増加はピークに達していて、都市部ではむしろ野菜中心のダイエット食がかっこいいステイタスにさえなっている。インドは宗教上の禁忌で、肉食がそもそもあまりできない。結局のところ、需要も極端に増えそうにない。

世界を養う穀物は今でも余っているし、増産する余地もいくらでもある。これだけ余裕があるなら、気候変動にも十分対処していけるだろう。

人類の歴史を振り返るとは、温暖化したときのほうが、寒冷化したときよりも、文明は常に繁栄してきた。暖かい時のほうが寒い時より植物が生い茂るから、そんなの当たりまえのことやね。

寒い地域の気温が上昇すれば、暖房に使われるエネルギーが減って、大幅な省エネになる。また、すでにそういう地域もあるようだけど、これまでは氷に覆われて採掘不能だった場所の資源が、ペイするコストで利用できるようになってきている。氷の海だったところにも航路が設定できて、輸送コストを引き下げることができる。

世間にあふれている情報は、気候変動で起きるかもしれない負の側面については、何段重ねにも喧伝して恐怖を煽《あお》っている。

だけど、その変化によってもたらされるかも知れないメリットについては、ほとんど知らされることはない。

気候変動によって、災害や飢餓がある程度増えるのかもしれない。でも、それらの問題は、世界の国々が平和裡に協力しあうことで何とかできないはずがない。つーか、そういうところにこそフォーカスすべきだろう。それなのに炭酸ガスばかり問題視するのはおかしくないだろうか。

悪者は炭酸ガスだ、よって炭酸ガスを取り除けば良くなる。A⇒BならばB⇒Aという考えは正しいことなんだろうか。

サはサイエンスのサ

単行本加筆

【鹿野 司】

省エネはエネルギーシェア

温暖化対策＝炭酸ガスの削減という図式はおかしいと思うけど、だからといって、いわゆる温暖化対策を一切合切やらなくて良いとは思わない。環境汚染の防止や省エネルギー、新エネルギーの技術開発はこれからもドンドンやるべきだと思う。

ただし、これらは温暖化とは無関係に、昔からやられてきたことなんだよね。これらをやるのに、温暖化なんて理由付けは必要なくて、それぞれにきちんとした意味がある。

たとえば省エネルギーは、世界的なエネルギーや資源のシェアリングになる。

ある家庭、ある企業が、努力して五割の省エネを果たしたとしよう。つまり、それ以前の半分のエネルギーで、やりくりするわけ。

これができれば素晴らしいとは思うけど、節約できた五割は、その後どうなるんだろう。

この五割とは、エネルギー料金を節約できたということで、その分、貯金ができるって事だ。嬉しいよね。でも、その貯金を、永久に使わないって事はありえない。

家庭なら、ある程度たまったら、なにかを買うなりして消費する。企業なら、設備投資して事業の拡大を考えるだろう。

でも、それを消費するということは、結局どこかで、その節約分のエネルギーが使われるってことだ。つまり、全体としてのエネルギーや資源の消費は全く減らない。むしろ増えると考えるのが自然だろう。

ただし、この貯金を、これから発展してくる国々の商品を買うことに回せば、節約した分のエネルギー資源を、それらの国々の人とシェアしたことになる。

たとえば、ぼくが省エネ努力して五万円光熱費を節約できたとしよう。

で、そのお金で、中国製のパソコンを買ったとする。すると、ぼくが使わなかった五万円分のエネルギー資源を、中国のメーカーが使ったことになる。つまり、ぼくの使うはずだったエネルギーが、中国にシェアされたわけ。もちろん、このとき中国のメーカーが、省エネな生産をしていてくれないと、ぼくががんばって節約した苦労分ほどには、エネルギーの節約はできないことになる。

つまり、中国の工業的なインフラが、省エネ的になるまでの期間、エネルギー資源をシェアする効率は、あまりよくないわけね。それに、ぼくが省エネで蓄えた五万円の全てを海外の何かを買うことに回せるわけでもないだろうから、その意味でも効率はあまり良くはない。

エネルギーや資源は有限なので、個々がそれを節約する努力をすれば、理論的には、それだけたくさんの人がシェアして使うことができるはず。あるいは、長く使い続けることができるはず。

このことを、経済の持続的発展、またはサステナビリティといってもいい。だけど、このやり方では、エネルギー資源の利用効率は上げられるだろうけど、炭酸ガス排出の絶対値は減るわけがない。

本気で絶対値を減らしたいなら、経済活動そのものを減らさないといけない。新しい製品を買ったり、ファッションを楽しんだり、本やネットを見てたくさんの知識を学ぼうとしたりという、人間らしい行為の全てを減らさないと、炭酸ガス排出の絶対値は減りようがない。そのためには、一人あたりのそれら文化的な活動を減らすか、人口を減らすしかないわけね。

　つまり、本当に炭酸ガス排出量の絶対値を減らしたいなら、省エネとか新エネルギーの開発、利用はたいして効果が無いか、むしろ逆に働く。

　省エネルギーは、長い時間をかけて世界の仕組みを徐々に変えていくことで、より多くの人に効率的にエネルギー・資源をシェアしようとする試みではあるけれど、炭酸ガスの増加を止める物では全くない。

　これを曖昧にごちゃ混ぜに理解していると、いわゆる温暖化対策も、見当違いの物になってしまうと思うのね。

　また、こういうエネルギー資源のシェアを目指すのは一つの選択肢だと思うけど、これも永遠に続けられるわけではなくて、いつかは破綻することが明らか（地球という有限空間に留まっているわけだから）なんだよね。

サはサイエンスのサ

単行本加筆

【鹿野　司】

新エネルギーはどうですか

温暖化対策として、太陽光発電や風力発電など、自然エネルギーに期待している人は多いと思う。炭酸ガスを減らすには、原子力を増やすのも有効だけど、原子力は何となく嫌だしぃ……。

いつの日か、自然エネルギーだけで全てを賄って、火力や原子力みたいなキタナイものは全部やめられる日が来るんだろうか。

まあ、それは不可能とまでは言わないけれど、なかなか難しいと思う。なぜなら、自然エネルギーも、使用量が多くなれば必ず欠点が見えてくるからだ。

かつては風力発電も、環境に優しいいし珍しいので、観光資源にもなっていいよ〜なんていわれていた。でも、普及が進むにつれて、いろいろな問題点が浮かび上がってきている。景観の問題、低周波騒音、バード・ストライク、意外に高くつくメンテナンス費、思ったほど発電量が確保できない……。

少なくて物珍しいときには良さげでも、量が増えると副作用はどうしても目立ってくる。もちろんこれらの問題は、さらに技術を向上させることで、ある程度取り除いていけるだろう。だけど、風力がエネルギー問題を解決する、救世主的な技術ではないということだけは誰の目にもはっきりしたと思う。

太陽電池も全く同じで、量が増えるにつれて現れてくる問題があるはずだ。

太陽エネルギーはもともと密度が薄いので、太陽電池で大電力を発電するには、大きな面積が必要になる。しかし、太陽電池の色はほとんど真っ黒だ。つまり、太陽光発電が広く普及すると、大面積が黒で塗りつぶされることになる。

都市の屋根がみんな真っ黒になったら、ヒート・アイランドは今以上に大変にならないだろうか。夏などはふとした拍子に強い上昇気流ができて、ゲリラ豪雨が今以上に頻発するようになるかもしれない。

砂漠地帯に大規模な発電所を作る場合も、広い範囲に上昇気流を作り、風が細かい砂粒を呼び込んで、パネルに堆積したり細かい擦り傷をつけて発電効率を落とし、想定以上のメンテナンス費用がかかる可能性もある。

こういうことが、本当に起きるかどうかは、シミュレーションである程度見当がつくだろうけど、本当のところはやってみないと解らない。実際は、この問題は起きないかもしれない。でも、普及が進むことで、想定外の副作用が現れる可能性は、決して小さくはないだろう。

こういう事を考え合わせると、やっぱりエネルギー源は、従来の原子力や火力も含め、全体にリスクを分散しつつ、メリットを最大にする使い方しかないと思うんだよね。

炭酸ガスを象徴にしてはダメ

炭酸ガスの削減は、地球環境変動の唯一の対策目標にはならない。でも、新エネルギーや省エネルギーなども、この問題が浮上する前は、今ほど盛んに行われてはこなかった。

だから、細かいことには目をつぶって、色々な行動を起こすための象徴的なキーワードとして、炭酸ガスを捉えれば良いんでないのって思う人もいると思う。

だけど、それにはやっぱり問題がある。

炭酸ガスをキーワードにすると、炭酸ガス削減の数値目標が大きな意味を持つ。すると、炭酸ガスを減らすこと以外には、何の役にも立たない政策も実行されることになる。

温暖化対策の数値目標として、鳩山政権は二〇二〇年までに〇五年比一五パーセント（九〇年比八パーセント）削減という中期目標と、二〇五〇年までに現状比六〇〜八〇パーセント削減という長期目標を掲げている。

これについては、よく言ったという人とそんなの無理という人がいるけれど、いちおうこれはIPCCの中程度のシナリオに沿った場合、この程度の事をやらないと追っつかないという値ではあるらしい。

今のところ、こういう数値目標を達成する切り札とされているのは、CCS（Carbon Dioxide Capture and Storage：二酸化炭素回収・貯留）という技術で、炭酸ガスを地下や深海に投棄して封じ込めるという方法だ。

ホントにそんな事できるのかという疑問に対しては、たとえば天然ガスなんかは数億年単位で地下に閉じ込められていたわけだから、炭酸ガスも場所を巧く選べば閉じ込められるはずとはいえる。全く同じ論理で、高エネルギー核廃棄物も、地中深くに埋めれば安全ということがいえるけどね。

CCSは、ノルウェイやカナダでは、すでに一日一〇〜一〇〇トン程度の小規模の実験が始まっている。また日本も、製鉄所から炭酸ガスを回収したり、どんな場所に埋めたらいいかとか、埋めたあとのモニタ技術など、要素技術的には世界のトップレベルという。

で、CCSによって現在から二一〇〇年までに削減が必要とされる排出量の一五〜五五パーセント、つまり二二〇〇億〜二兆二〇〇〇億トンを削減しようと考えているみたい。その結果、今後一〇〇年間で三〇パーセント以上安い費用で、気候変動を緩和する可能性があるという。

ただ、この炭酸ガスの重量は、ホントに想像を絶する量だ。あまりに多くてなかなかピンとこないんだけど、富士山の重さがだいたい一〇〇〇億トンらしいから、その二倍から二二倍の重さの炭酸ガスをどこかに埋めるわけ。しかも、これって重さだよ。体積じゃないのよ。体積にしてみると、〇℃一気圧で、二〇〇〇億トンの炭酸ガスの体積は一辺が四六キロの立方体、二兆トンなら一辺が一〇〇キロの立方体になる。

これだけの量の炭酸ガスを、世界のあちこちに作られる投棄場に蓄えた場合、未知のきっかけでその一部でも地上や海底に吹き出したら。ものすごい大惨事や環境破壊になりそうだけど、それって杞《き》憂《ゆう》だろうか。

この種の自然災害は現実にあって、アフリカのカメルーンで、火山から二酸化炭素が噴き出し、一七〇〇人と無数の家畜や野生動物が死に絶えるなんてことが起きたこともあるんだよね。もちろん、この事件のことは知られているので、貯留する場所は用心深く選ばれ、モニターもされるだろう。でも、地底や海底の環境については、調べてもわからない、調べる技術がない事も多々あるわけで、どうしても危なっかしさはぬぐえない。

また、これによって一〇〇年で三割安上がりに炭酸ガスが削減できるというけれど、安くできることにはあまり意味がないと思う。

ＣＣＳをやらないと、やったときに比べて三割高くついたとしても、それを地球全体の経済活動としてみるなら、その三割分は経済を活性化させて誰かの生活を支える役に立つもんね。

実はＣＣＳの研究者も、この技術は持続的な発展を可能にする新しい技術（自然エネルギーや水素システムなど）が登場するまでの、つなぎの技術だといっている。でも、そうだとすると、やっぱりこれは、数値目標を決めたが故のつじつま合わせで、欺《ぎ》瞞《まん》的な対策じゃないかと思うんだよね。

人類が死守すべきもの

サはサイエンスのサ

連載・154

【鹿野 司】

人類が死守すべきものは、ぼくの考えでは二つある。

第一はこの文明だ。

前にも書いたように、この文明は一個の人間を遥かに超えた超生命体だ。この超生命体の存在は、一種の奇跡といっても良いくらいだし、とてつもなく貴重なものだと思う。

そして、この文明はいったん崩壊してしまうと、二度と再び今と同じレベルに達することはない。再起動は不可能なのね。

なぜなら、エネルギー資源のうち、露天掘りなどで簡単に手に入るものは、すでに大半が取り尽くされているからだ。だから、もしこの文明が何らかの原因で破壊されてしまったとしたら、この文明で可能になった巨大なビルも、複雑な化学製品も、精緻なMPUも、二度と再び作ることはできなくなるだろう。当然、人類文明が、いつか宇宙へと産まれ出て行くことも、永久に叶わぬ夢となる。

もう一つの守るべき物とは、できる限り多くの生態系だ。生態系の保護は、人に対する他者として必要不可欠なものだと思うのね。

生命システムは、いつも人の浅はかな考えを超えた知恵をもたらす。人間てのは、世界のことを簡単に解ったつもりになっちゃうものだけど、自然をよくよく見てみると、わかったと思っていたことが実は全く間違いだったということを、思い知ることができる。

つまり、自然とは、人間にとって傲慢《ごうまん》さを戒《いまし》め、新鮮な驚きを体験させてくれる、最高の知的エンターテインメントなんだよね。だから人は、自らの楽しみのために、生態系を守らなければならない。

もちろん文明の維持が第一で、生態系の保護はそれに次ぐものなんだけど、それでもできる限り、粘り強く守る努力を怠っちゃだめなのね。それを怠ると、他者という鏡のない人類と文明は、すぐにもスポイルされてしまうだろう。

環境破壊なども含めて、人間が自然を好き勝手に改変することを、神がお許しにならないなんて慣用句で否定する人がいる。でも、ぼくは神の存在を信じていないし、そういう事をいう人も、たぶん何かの宗教を信じてそういっているわけじゃないだろう。

現代文明にはその力があるのだから、環境を変えていくことを否定する理由はないし、それを止めることもできない。ただ、その行為は回り回って、自分に返ってくる。だから、行動は慎重にね。情けは人のためならずって事なのね。

地球環境問題の原因は、突き詰めると人口の増加にある。そして、なぜ短期間にこれほど人口が増えたかというと、それもまた文明の賜《たまもの》だ。

とくに、ハーバー・ボッシュ法によって、空中の窒素を固定できるようになったことが大きかった。これで農作物の圧倒的な増産が可能になったわけで、その意味では現代人は、化石燃料のエネルギーを使って、空気を変換して生み出されている。

つまり、環境対策として最も有効なのは人口を減らすことだともいえる。

でも、今のレベルの文明には、人口を減らす手段はほとんどない。

戦争や疫病なら、人口を減らせると思う人もいるだろうけど、歴史を振り返ると、これらのもので人口が減らせるのは、せいぜい数パーセントで、一割も減ったことはない。それは一個の人間という観点からは大変な悲劇でも、文明全体からみるとたいしたことはなくて、ほんの数年で復活してしまう程度のものだ。

人口はいくらでも増えるわけではなくて、どこかで平衡に達するという人もいる。先進国の人口増加をみると、ほとんどのところで減少に転じているから。

でもそれは、一〇〇年の単位で考えると、一時的な現象ではないかと思う。とりあえず今の先進国の社会システムは、人口の増加を抑えるように働いているけれど、そういうものはやがて改善されて、人口は再び増加に転じるだろう。

いずれにせよ、地球は有限の空間なので、人類文明が地球に留まる限り、いつかは資源の枯渇が起き、文明は崩壊に向かっていく。時間の余裕は結構あるとは思うけれど、いつかは必ずそういう時代がやってくる。

これほど凄い文明が存在しているのに、そんなのあまりにもったいない。

そう考えていくと、ぼくたちがこれから目指すべき事は、文明を宇宙に産み落とすことしかない。そのプロセスで、飢餓や戦乱という人間レベルの悲劇も最小にとどめながら、文明を宇宙へと枝分かれさせるのが良いんでないのって、思うのねん。

ただし、機動戦士ガンダムのように、地球増えすぎた人口を宇宙に追い出し、地球人口を平衡させるということもまたできない。

昔の冗談だけど、中国人全員と握手しようとしても永久に終わらない、一人の人と握手している時間で、一人以上が産まれるから、なんてのがあった。

人口の増加は指数関数的な現象なので、どんな技術を使っても、増えた分を全て外に追い出すなんて事はできないだろう。

すると、できることは、選択肢をあたえることしかない。

宇宙はいったん地盤を固めれば、地球上より、エネルギーも資源もふんだんに使える環境になるはずだ。つまり、宇宙は地上より贅沢のできる世界なのね。

一方地上は有限の環境なので、地球にとどまる限りは、エネルギー資源の利用を節約する質素な生活や、産児制限も受け入れて、地球という庭園のガーデナーとなってもらうしかない。

人間は、選択肢もなしに、ただ節制しろと言われても長続きはしない。しばらくはやれたとしても、数百年もすればきっと忘れてしまうだろう。でも、宇宙か地上かという選択肢があって、自ら選んで地球に留まるなら、そういう事もないんじゃないかな。

宇宙に分岐した人類文明の子孫たちも、いつかは資源とエネルギーの枯渇に直面するはずだ。まあ一声五〇〇〇年くらいは大丈夫だろうけど。それに宇宙で独自の進化をはじめて五〇〇〇年も経てば、彼らは人類の子孫ではあっても、もう人類そのものではない。

そんな異種族の将来のことは、オレの知ったこっちゃないのよねん。

第5章

「サはサイエンスのサ」

一九九四年七月〜二〇一〇年一月

『2001年宇宙の旅』HALにこめられた人工知能研究者たちの夢

サはサイエンスのサ

連載●1

【鹿野 司】

昔読んだ本を、ふと思いたって読み返すと、なんだかすごく面白いことがよくある。やってみれば誰でも感じると思うんだけど、昔はゼンゼン気づかなかった事がドンピシャとわかったり、作品の印象がまるで変わったりするんだよね。

　その理由は色々あると思う。ひとつには、自分の知識が増えたり人間的な成長があって、より深く作品を味わう事ができるようになったからかもしれない。あるいは、自分が今、所属する時代の雰囲気によって、同じ作品の別の面が見えているのかもしれない。

　この種の事は、本に限らずたいていのメディア、たとえば映画やアニメで経験できる事なんだけど、中でもＳＦの場合は、他分野の作品に比べると、その内部にマクロな文明観や科学・技術に対する認識が埋めこまれていることが多いので、もうひと味おいしいってところがある。

　今だからようやく理解できるような世界観を、この作家は、この時代に気がついていたんだ、スゲェ、なんてことがあったり、この時代にはこれが未来の世界と思われていたけど、今じゃすっかり忘れ去られているなあとかね。

　そこで、この「サはサイエンスのサ」では、ＳＦ作品を使ってそういう過去と現在と未来の世界観のようなものについて、ちょっとうろつき回ってみたい。今回は第一回目ということで、まあ、サンプル的に、映画の『２００１年宇宙の旅』を取り上げる。実はこの話の一部は、大昔に一度、別の雑誌でしたことがあるので、知っている人がいたらごめんなさい。

　さてと、映画版の『２００１年宇宙の旅』は、人工知能界きってのハゲ頭といわれる、ＭＩＴのミンスキーがコンサルタントをした作品でもある。つまり、非常に正確に人工知能のイメージを、描き出した作品と考えられるわけね。まあ、ミンスキーが協力しても、結局「ＨＡＬの外見にあった、フラッシュライトや紡績機械用の磁気テープ装置を控え目にさせたくらい」で、あんまり目覚ましい貢献はしていないという話もあることはある。でも、ぼくの見るところ、やっぱこりゃスゴイんじゃないかと思うんだな。

　まず最初、ＨＡＬとボーマン船長がチェスを指してたりする。これは笑える。そうそう、確かに人工知能はチェスを指すもんなんだよ。この何というか、異常に当たり前の、当たり前さ加減が今となってはミョーにおかしい。

　オートマチックなチェスマシンのアイデアはずいぶん昔からあって、あの蒸気機関で動くコンピュータを夢見たバベッジも、資金を得るためにチェス指しマシンを作ろうとしたことがあったくらいだ。それから初期の人工知能研究（一九五〇年代の終わり頃）でも、ゲームは重要な位置を占めていて「もし、チェスマシンを作ることに成功したら、人間の知的努力の核心に入り込んだといえるだろう」なんてことがいわれていた。

『２００１年宇宙の旅』は一九六八年の作品で、このころはもうチェス指し名人のコンピュータが、人間の知性の本質に迫るものとは思われなくなっていた時代だ。それなのに、わざわざチェスを指してみせるところが、なーんかね。面白いね。

　もうひとつ、すごく気がきいていると思うのは、ボーマン船長がコールド・スリープ中の乗員のスケッチをしていると、ＨＡＬがそれを見せて欲しいと頼むところだ。ここでＨＡＬは、「とても上手ですね。う〜んと上達しましたね」なんて事をいっている。こりゃあ、ちょっと凄いじゃないのさって、ぼくは思うんだな。

もちろん、相手の言った言葉を覚えて適当に返すことと、簡単な決まり文句のあいづちをうつだけで知的に見せる、イライザ型のプログラム（一時話題になった、ニフティの「会話くん」みたいなもの。人工無能ともいいますな）でも、それくらいできるけど、HALの場合はその絵をみて「ハンター博士ですね」っていうから、彼にはそのデッサンが何なのかちゃんとわかって喋っているわけだ。

さり気ない会話だけど、これはかなり深い意味を持っていると思うんだな。

人間が描いたデッサンは、どう見たって現物とは全く違った形になる。映画の中に出てきたデッサンも、写実的というよりもなんかアメコミみたいな感じの絵だ。ところがHALは、その絵を見て人間だとわかるんだよね。そのうえ、その絵が上手だと評価できるし、前に見たものよりも良くなっているとさえいっている。これだけのことがいえる背後には、超高度な知性のシステムが絶対に必要だ。

つまり、たったこれだけの会話の中に、当時の人工知能研究者たちの願いや夢、理想が濃縮されているんだよね。そして、なぜこのシーンでそれが描かれたかというと、この映画が作られた当時は、コンピュータ・ビジョンの研究がモダンな話題となっていたということと、たぶん無縁じゃない。

ところで、この「絵誉め」後、HALはディスカバリー計画には、実は何か裏があるんじゃないかという話をはじめて、それに対してボーマン船長は「それはクルーの心理テストか？」っていう。HALはそれに「これも仕事のうちなんだよ、ごめんね」なんてことをいってから、「あ、ちょっと待って。もうじき、AE-35ユニットが故障しちゃうよ」なんていって話が破局に向かい始める。はい、このへんのやり取りもポイントです。

HALの錯乱の原因は、限りない誠実さを持つように産まれついたHALに、クルーを欺き続けるような指令が与えられたせいなんだけど、そのことがこの会話の中に出てきているんだよね。

つまり、HALが「この計画には裏がある」といったのは、心理テストでもなんでもなくて、「ぼくはおかしくなりそうだよ。たすけて〜」っていう打ち明け話だったのかもしれない。だから、ボーマン船長が「それはクルーの心理テストか？」と疑った事が最後のひと押しになって、HALはプッツといってしまったのかもしれないんだな。ああ、ナムアミダ。

ぼくの友人に、人間は好きじゃないけど犬が好きで好きであまりの愛しさに涙ぐむほどの子がいて、彼女はだから自分の前世は雌犬だったんじゃないかしらという。ぼくも実はSFの中に出てくる人工知能が好きで好きで『2010年』で描かれるHALへの信頼の話なんか、見るたびに泣いちゃうんだよな。だからぼくの前世も人工知能だったのかもしれないな。

サはサイエンスのサ

連載●2

【鹿野　司】

『夏への扉』その1

最近、全くSFファンじゃない主婦の友人に、なんかSFの面白いのがあったら教えてよといわれて、ハインラインの名作『夏への扉』（ハヤカワ文庫SF）を薦めてみた。

実はこれ、ぼくのモースト・フェーバリットな作品なんだよね。最初に読んだのは小学校の低学年の頃で、講談社のジュブナイル版SF全集の中に『未来への旅』というタイトルで入っていたやつなんだけど、これはもう、百回以上読み返したかなあ……。

それで、彼女の読後の感想がなかなか興味深かった。「すごく面白かった。でも、あんまりSFっぽくないのね」だって。そうかあ、今やコールド・スリープとかロボットとかタイムマシンくらい出てきても、SFじゃないんだなぁ。そうすっと、今の時代のSFっていったいどんなのなのかね？

まあ、それはともかく、少なくともこの作品は、SFに興味のない人が読んでも面白がってもらえるという事はわかったわけで、それはとっても嬉しい。

もちろん、さすがに一九五七年に出版された作品だけあって、今読み返すと古臭い部分がいくつかある。すごく典型的な科学技術万歳未来は薔薇色小説だし、女性観なんかフェミニストの逆鱗に触れる事は確実だしね。

でも、そういうことがぶっとんじゃうくらい、ハインラインの小説の巧さとか、センスの良さ、それから霊感のスゴサに感動しちゃうんだなあ。だいたい、なぜ『夏への扉』かっていうところが良いんだよね。

もし、このコラムを読んでいて、この小説を読んだ事の無い人がいたら、ぜひ一度読んで欲しいなあ。絶対ソンはしないと思うから。そして、それからこのコラムを読んでもらうと、さらに面白いでありましょう。実はこの作品、面白いネタがいっぱいあるので、何回か続けてその話をしていくつもりなので、その間にでもぜひ。

さてと。この『夏への扉』を読み返して、まずどひゃーと思うのは、物語の主要な舞台が一九七〇年だってことだ。つまり、今から四半世紀も昔のことなんだよね。

でも、作品の中ではこの時代が、近未来のイメージになっている。書かれた時代が時代だから、確かに一九七〇年が近未来であっておかしくないんだけど、やっぱり一九九四年の今読むと、ちょっと奇妙な感じがするよなあ。

とくに、小説中で最も重要なアイデアの一つとして使われる「人工冬眠保険」というのが時代を感じさせて面白い。

作中では、一九七〇年には人工冬眠技術が一般に普及していることになっている。そこで、現代に生きるのに疲れた人や、不治の病の治療を未来の医学に託したいという人たちが、ごくあたりまえのようにこの保険に入ってコールド・スリープを行っている。しかも、数十年眠っている間、自分の財産を保険会社にあずけておくと、目が醒めたころには金利で一財産でき上るって寸法だ。

こういうアイデアが出るからには、この小説が書かれた頃は、コールド・スリープが遠からずできるだろうという確信が、すくなくともSF作家の間にはあったに違いない。それどころか、前回話した『2001年宇宙の旅』でもこの技術が使われているから、七〇年代あたりでもそのうちできるだろうという認識があったんじゃないかな。

でも実際には、間もなく二一世紀になろうという今日にいたっても、その実現はなかなか難しい。

どうしてこういう食い違いが生じたかというと、たぶん一九四〇年代に、精子の冷凍保存技術が完成したってことがあるんじゃないかと思う。つまり、小説が書かれた時点では、細胞レベルのコールド・スリープは完成していたんだよね。

だけど、これを細胞集団レベル、臓器とかさらには生体まるごとにまで拡張しようとすると、とたんにメチャクチャ難しくなる。

細胞を凍結保存するときに、いちばん問題になるのは、水は氷ると体積が増えてしまうということだ。だから、細胞中の水分が氷ると細胞膜が壊れて、解凍しても決してもとには戻らなくなる。

ようするに、あれですな。ホームフリージングで肉や魚を凍結保存しようとしてもなかなかうまくいかなくて、解凍すると肉汁とかいっぱい出てきちゃうってヤツと同じなわけね。

だから、コールド・スリープを行うためには、細胞の中の水を氷らないようにして、過冷却の状態に保たないといけない。それで精子の場合、どうやって水を氷らないようにしたかというと、グリセリンの中につけたんだよね。

一般に、高分子まわりの水分子は、電気力で整列するので（構造化）氷りにくくなるという性質がある。

つまり、グリセリンは精子の細胞膜を通って細胞内に入り、水を構造化して氷らないようにするんだよね。もちろん、こういうのは、単細胞じゃないと難しいから、臓器以上の大きさの物の凍結保存はなかなかできないわけだ。

ハインライン自身は、この水が氷ると細胞が死んでしまうという問題点は知っていたらしくて、一九七〇年時点の冬眠技術では体温を四度までしか下げないことになっている。でも、二一世紀にはより進んだ技術で、瞬間的に氷点下二百度へどかんと冷凍して千年でもコールド・スリープができるとも書いているから、この程度のことは簡単に乗り越えられるような、些細な問題だと思っていたみたいだな。

続く。

サはサイエンスのサ

連載●3

【鹿野　司】

『夏への扉』の小説技術は、エンターテイメントとして非常に高いレベルにある。だからこの小説は、今読んでもメチャクチャ楽しめるんだけど、ただ、さすがに昔の作品だけあって、ところどころびっくりするような、感覚の違いがあるんだよね。

たとえば、主人公のダニィは、核兵器の使用なんか、それほどたいした問題じゃないと思っているフシがある。

小説世界では、第二次世界大戦の後に、六週間戦争という大戦争があって、アメリカにもいくつか水爆が投下された事になっている。だけど、そういう核戦争が、人類を亡ぼしたかもしれないという描写は全く出てこない。

これは今読むと、ちょっと不思議な感じがするんだけど、どうしてそうなのかは、この作品が一九五七年に出版された事を思い出すと納得することができる。

この年の後半に、今はなきソ連が世界初の人工衛星「スプートニク」を打ち上げ、またICBMの開発に成功したんだよね。つまり、小説が書かれた時点では、米ソの核軍拡は始まっていたけど、核の総量はそれほど多くは無かったし、大陸を越えて防御不可能な方法で核を打ち込む技術についても、あまり知られていなかった。だから、核戦争が人類を絶滅させるという今（というかソ連崩壊前かな）の共通認識は、この時代にはまだ無かったわけだ。

それから、ダニィは死の灰を吸い込んだ事まであるのに、酷い目にあったなあという程度で、それほど深刻には受け止めていない。きっとこの時代には、放射能に対する忌避感が、まだそれほど強くなかったんだろう。まあ、今のぼくたちが持っている、放射能に対する穢れのような見方は政治的な強化されたもので、ちょっと恐がり過ぎだとは思うけどね。でも、さすがにこの感覚には驚くなあ。

ただ、五〇年代のはじめ頃は、放射能の慢性的な影響について、まだあまりわかっていなかったんだと思う。これは聞いた話だけど、日本でも昔、こうすると精力がつくとかいって、サイクロトロンから出てくる放射線を、股座に当てていた物理学者がいたらしいからねぇ。

あと、ロサンゼルスのスモッグは、数年以内に処理されるという話もでてくる。小説が書かれた時代は薔薇色の未来の頃だから、公害がこれほど手に負えなくなるとは考えもしなかったんだろうね。

ところで、『夏への扉』に登場するたくさんのSF的アイデアの中で、最も重要なものの一つが、主人公のダニィが発明した「ロボット女中器」を筆頭にしたロボットたちだ。

ロボットというと、SFではもう飽きるほど描かれてきたものだけど、実はこのハインラインのロボットは、他とはかなり違った特徴がある。

まず第一に、ダニィの作るロボットは人間に少しも似ていない。実際、ロボット女中器の試作器は、掃除機にマジックハンドをつけたような形と表現されているし、ロボットは人間の形に似る必要はないと言いきっているくらいで、はなからヒューマノイドを目指してはいない。

ロボットはもともとSFや物語の世界の産物で、擬人的なイメージで描かれる事が多い。ところが、ハインラインはそういうSFの暗黙の約束ごとを、あえて打ち破っているわけだ。これはどういう事かというと、当時モダンだった、現実のロボット技術の思想が取り入れられているんだよね。

現実のテクノロジーとしてのロボットの開発は、原子炉作業用のマニピュレータとしてはじまった。昔はこれ、マジックハンドって言ってたよね。これがアルゴンヌ国立研究所で使われ始めたのが一九四七年で、また、産業用ロボットの基本概念である、プログラム制御方式の特許が取られたのが一九五四年だった。つまり、『夏への扉』が描かれたのは、そういう現実のロボットが登場してきた頃だったわけだ。

この本物のロボットは、今の産業用ロボットの先祖で、もちろん人間にはゼンゼン似ていない。SF作家であるハインラインには、それがきっとものすごく新鮮だったに違いない。

あと、このロボットたちが、市販されている既存の部品を組み合わせて、ガレージで作られるってところも面白い。つまり、国家レベルの研究で作られるわけじゃなくて、町の発明家のベンチャー・ビジネスなんだよね。このあたりの雰囲気は、まるで七〇年代パソコン黎明期のサクセスストーリー、たとえばアップル社の誕生の話みたいだ。

こうしてみると、ハインラインの小説は、ポピュラー・サイエンスレベルの知識を、ものすごくうまくSF化しているんだなってことがわかる。

そして、これはスゴイと思うのは、作中で「護民官ピート」を作る前に、まず「製図機ダン」を作るってことだ。より高度な機械を作るために、その設計を補助するロボットを作っている。つまり、このロボット製図機は、今でいうCAD(コンピュータ・エイディッド・デザイン)そのものなんだよね。

もちろん、五〇年代当時はCADの発想なんてまだ無かったから、これはCADを予言したわけだ。

ハインラインはきっと、科学や技術について、単に知識の寄せ集めじゃなく、思想レベルできちんと理解していたんだろう。だから、こんなセンスの良い、凄い予言ができたんだろうな。

続く。

サはサイエンスのサ

連載●4

【鹿野 司】

ロボットという言葉は、御存知、カレル・チャペックの『R・U・R』の中で、はじめて使われたものだ。そのせいか、SFでロボットといえば、ヒューマノイド指向が基本という感じがある。

ところが『夏への扉』で描かれたロボットは、こういう古典的なロボットじゃない。五〇年代当時は最新のテクノロジーだった、現実の産業用ロボットにヒントを得て描かれているんだよね。

古き良きSFの基本が、科学・技術を非常にソフィスティケートした形で作中に取り込むことだとすると、『夏への扉』はそれを最高のレベルで成功させた小説であることは間違いない。

実際、ハインラインは技術の思想を深いレベルで理解して、さりげなく作中に溶けこませているので、むしろ後の専門家がこのSFをヒントに、ロボットの姿を考えている面さえある。たとえば、オートメーション化が進まない最後の場所が家庭で、それを可能にする機械は自動車一台分くらいの値段で売れるというような考え方は、ハインラインの発想のほうが絶対に早かった。

ところで、ロボット女中器をはじめとするロボットは、トーゼン記憶《メモリー》チューブという、SF技術によって実現されている。このトーゼン・チューブは、大陸間ミサイルの頭脳や、ロサンゼルスの交通管理システムに使用されるくらい立派なもので、サイド回路をつければ判断力をもつようになるというものだ。

それにしても、この超メモリーはどうしてチューブ型をしているのだろうか。

それはたぶん、音響遅延管にヒントを得たんじゃないかと思う。これは、初期の電子計算機のメモリーに使われたもので、水銀の詰まった細長いチューブ状の装置だった。このチューブの一方の端から超音波を入れると、それが反対端で反射して戻ってくる。このタイムラグで、情報を記憶しておくものだった。

トーゼン記憶チューブを考えたハインラインの頭の中には、たぶんこれがあったんだろう。それで、未来的でカッチョイイ記憶装置としてチューブ型をイメージしたんだと思う。

話は少しそれるけど、最近のSFで記憶装置というと、やっぱり光ディスク系統のものが多いような気がする。でも、ぼく個人としては、近未来以降の情報記憶装置のイメージとして、光ディスクはちょっと芸がない感じがするんだよね。

それというのも、光ディスクには、メモリーとしての将来性をあまり感じられないからだ。光というのはかなりかさばるもので、一ビットを記録するために、最低でも直径一ミクロン程度の面積が必要になる。これに対して、半導体なら一ギガビット超の集積度でサブミクロンだし、磁気記録でさえこのオーダーで情報を書き込める。つまり、コンパクトに大量の情報を詰め込むという事では、光ディスクには限界がある。

もちろん、記録再生用の光の波長を短くすれば高密度にはできるけど、なーんかモーターでディスクを回すとかいうのは、ダサい感じがするんだよね。それよりは、ソリッド・ステートなメモリーの方がうんとスマートじゃないかな。

もっとも、光記録はすべてダメという

わけじゃない。たとえば最近、NTTがPHB（フォトケミカル・ホール・バーニング）効果とホログラフィを組み合わせて、二〇分間の動画像記録の実験に成功したけど、これなんかSFにも使えそうな情報記録技術だと思う。

PHBというのは、ある種の材料にレーザー光を当てると、その波長の光に対する吸収率が変化する現象で、波長さえ違えれば同じ場所に別の情報をいくらでも書き込める。一方、光はだいたい一〇〇億ヘルツの帯域幅があるので、一〇〇ヘルツずつ違う波長の光で書き込めば、一カ所に一〇〇〇万種類の情報が記録できるってことになる。

このPHB効果は、光ディスク用材料として研究される事が多かったんだけど、NTTの秀逸なのはこれとホログラフィを組み合わせたところだ。

ホログラフィック・メモリーは七〇年代くらいに、さかんに研究されたものだ。理論上一センチ角くらいの結晶に、一テラ（一〇の一二乗）ビットの情報が入れられるし、情報の読み出しは光を当てさえすれば良いからメチャクチャ速いということで、究極のメモリーの一つと考えられたんだよね。

古いSFとか映画には、クリスタルがメモリーになっている話がときどきあるけど、それはこのあたりの技術がヒントになっていたのかもしれない。

ただ、この方法は一つの結晶に一つのホログラムしか入らないので、集積化できる半導体メモリーに負けて、いつしか研究が廃れてしまったんだよね。

でも、そのホログラフィック・メモリーにPHBを組み合わせる事で、小指の先くらいの大きさの結晶に、一〇〇〇万枚のホログラム画像が記録できる可能性が出てきたわけだ。ただ、PHB効果は今のところ、絶対零度近い極低温でないと起きないのが玉にきずではあるけどね。

それにしても、ちかごろ『夏への扉』のようなSFが少なくなったのは、なんか寂しい気がする。この作品の最高に素敵なところは、真冬でも夏への扉を探し続けるピートの精神性、そういう前向きの態度だと思うんだよね。こういう、いわゆる文学的な、エキセントリックなセンスからすると、ほとんどアホかというくらい前向きの人物が描けるのは、SFの特権だったような気がするんだがなぁ。

サはサイエンスのサ

連載・5

【鹿野　司】

『われはロボット』その1

去る八月三一日。世界チェスチャンピオンのカスパロフが、イギリスでコンピュータ・プログラムの「チェス・ジーニアス2」と対戦した。

結果は、一敗一分けでカスパロフの敗退。これで、世界最強にしてただ一人、コンピュータに負けなかった人間が、とうとうマシンに屈したわけだ。

コンピュータ・チェスの研究は、電子計算機の黎明期にはじまった、人工知能研究のもっとも初期のレパートリーのひとつで、一九五〇年代のはじめ頃から研究されてきた。そして八〇年代後半には、世界に百五十人程度しかいないグランドマスター級のチェスプレイヤーをうち負かせるまでになり、カスパロフも多面指し（二十人くらいの相手と平行して対戦する）では一度負けた事があった。

ただ、一対一の真っ向勝負でプログラムがチャンピオンに勝ったのはこれが初めてで、コンピュータ・チェスは終に人類を完全に陵駕したことになる。そういう意味では、これは歴史的な大イベントだったといっていいかもしれない。

実は、今回からアシモフのロボット・シリーズを取り上げようと、『われはロボット』を改めて読み返していたところに、ちょうどこのニュースが飛び込んできたのだけど、なんつーか、両者は妙に重なるところがある感じがするんだな。

『われはロボット』に収録されている短篇は、最後の「災厄のとき」が一九五〇年の作品であるのを除いて、すべて四〇年代に書かれている。

つまり、今から五十年（！）も昔の作品なんだけど、それにもかかわらず古臭い感じはほとんどない。

それというのも、このシリーズで描かれる世界のありようが、コンピュータ化されていく今の現実世界と、奇妙なくらい似通った雰囲気を持っているからだ。

こういうと、ロボット物なんだから、コンピュータと似ていても、ゼンゼン不思議はないんじゃないの？　なんて思うかもしれない。

でも、そうじゃないんだよね。なぜなら、現実の世界でコンピュータというものが知られるようになったのは、四〇年代の半ば過ぎだからだ。

今のコンピュータの遠い祖先にあたる、電気式計算機とか電子計算機が作られたのは第二次大戦のときで、たとえばアメリカで最初の電子計算機、ＥＮＩＡＣが作られたのが一九四六年のことだ。だから これ以前に、コンピュータがなにか非常に大きな仕事を成しうるという認識は、ほとんどなかっただろう。

実際、『われはロボット』の中で、最初にブレーンというコンピュータらしきものが登場するのは「迷子のロボット」で、これは一九四七年の作品だ。

しかも、ブレーンというのはしょせんは巨大コンピュータで、今のマイクロプロセッサのイメージとはゼンゼン似ていない。これも当然の事で、この当時はコンピュータが将来、小型化され普及するという発想もなかったからだ。

なにしろ、一九四八年に発明されたトランジスタが、どうにか使いものになるようになったのは五〇年代中頃で、それがＩＣとして集積化されるようになったのは五八年のことだ。

この時点でさえ、集積度の向上が十年で千倍という指数関数的増大を、それから四十年も続けられるとは誰も予想できなかったし、それが世界をどれほど変化させるかなんてことは、世界の誰一人想像する事もできなかったろう。

つまり、『われはロボット』が書かれた時点で、アシモフにコンピュータの未来を予見する事は不可能だったはずなのだ。ところが、それにもかかわらず、彼のロボットは、まるでマイクロプロセッサの未来を描いているような感じがする。

たとえば、その序章には「二十世紀中葉の〈電子計算機〉のめざましい進歩も、ロバートスンとその陽電子頭脳回路によってすべてくつがえされた。何マイルにもおよぶリレーや光電管は、人間の脳髄ほどの大きさのプラチナイリジウムの海綿状の球体に道をゆずった」という記述がある。これは、どうも社会を変えるのは大型コンピュータではなくて、小型のマシンに組み込めるコンパクトな頭脳だといわんとしているようだ。

もちろん、SFと現実には大きな違いがある。アシモフのロボットは高度な頭脳を組み込んだヒューマノイド型の汎用機械であるのに対して、現実世界の歴史は、自動車からお釜まで、個々の機械にマイクロプロセッサが組み込まれてロボット化が進行しているからだ。

でも、コンパクトな頭脳が世界を大きく変えていくという点では、アシモフの予言は完全に的中しているわけだ。

ところで、チェスチャンピオンのカスパロフ自身は、人間のもつ素晴らしい能力は、決してコンピュータに真似できるはずがないから、従って自分は負けるわけがないと信じていた。

これは半分はあたっていて、チェスプログラムは、たぶん人間のやりかたとはかなり違った方法で推論し、チェスをプレイしている。それでも、結果としてコンピュータは人間を陵駕したわけだ。

実は、アシモフのロボット・シリーズには、人間の精神とロボットの精神は、基本構造はまるで違っているけど、でも、世界を生き抜くゲームをよりうまくプレイできるのはロボットなんだよ、というメッセージが含まれている。そういう点で、両者は一脈通じるところがある。

それに、こういうと人間の尊厳を軽んじている感じがするんじゃないかと思うけど、実はそうではないというところが、アシモフの凄いところだ。（以下次号）

サはサイエンスのサ

連載●6

【鹿野　司】

『われはロボット』その2

アシモフのロボット・シリーズでは、冒頭に「ロボット工学の三原則」を掲げるのがお約束になっている。すなわち、

第一条：ロボットは人間に危害を加えてはならない。また、その危険を看過することによって、人間に危害を及ぼしてはならない。

第二条：ロボットは人間にあたえられた命令に服従しなければならない。ただし、あたえられた命令が、第一条に反する場合は、この限りではない。

第三条：ロボットは、前掲第一条および第二条に反するおそれのない限り、自己をまもらなければならない。

というわけね。

この三原則ってやつは、いまさらいうまでもないだろうけど、アシモフのロボット・シリーズの中核をなすアイデアで、これなしには物語が成立しない。たぶん、こういうスタイルの小説は、アシモフのロボット物以外にはないだろう。

典型的なのは、『われはロボット』の中に出てくるグレゴリイ・パウエルとマイケル・ドノバンのシリーズだ。これは、初期型ロボットに起きる不良の原因を追求する、まあ、いってみればプログラムのデバッグ物語なんだよね。

コンピュータのなかった時代に、デバッグについてこれだけ面白い小説が書けたんだから、今だったら電脳空間のバグとり師みたいな話で、アシモフ並みに面白い作品が書けそうな気もする。だけど、実際にはそういうものはない（と思う）。あったとしても、ファンタジーっぽくなっちゃう気がするんだよね。

その秘密が三原則にある。

アシモフのロボットものは、三原則というシンプルなロジックが支配する世界なのに、予想外の事件が起きるということがまず面白い。そして、その原因が何だったかが、同じロジックに則って説明されていく。このとき、読者が頭の中ですごくシンプルな三原則を思い出しながら、確かにそうだよなと思えるところが肝心だ。冒頭に三原則を掲げているのは決してダテじゃなくて、小説の仕組みとして、どんな法則が支配しているかを明示する必要があるわけだ。

ところが、これだけすっきりしていて説得力のある架空の法則というのは、そう簡単に思いつけない。これが、アシモフ以上のデバッグ小説がない理由だ。

それにしても、ロボット工学の三原則とはマコトに味わい深いもので、こいつをダシにして色々なことを考えて遊ぶことができる。シンプルなだけに、いちゃもんもつけやすいしね。アシモフもそのことを知っていて、その上を行く小説を書いているところがまた面白い。

さて、アシモフが（正確にはジョン・キャンベルらしいけど）三原則を考えだしたのは、その根底に、人に似た者を作るといつかしっぺ返しを食うぞという怖れ＝フランケンシュタイン・コンプレックスがあったことは間違いない。

このフランケンシュタイン・コンプレックスというやつ、日本人のぼくにはどうも実感がわかない。でも、ヨーロッパ

の人には、やっぱ強烈にあるみたいね。

これは知人のロボット工学者に聞いた話なんだけど、彼がイギリスの田舎町で開かれた学会に出席した時に、地元のばあさまに、ここ数日たくさんの人が集まっているようだけど、いったいどういうわけなのかたずねられたんだそうだ。で、ロボット学会が開かれているんですよと説明すると、お前は若いのになんて邪悪なことをやっているのかと、こんこんと説教されてしまったらしい。

そういう精神的な土壌があるから、すごく素直にロボットに足かせをつけたんだろう。だいたい、三原則はポジトロン電子脳の基本設計原理に深く浸透していて、仮に不可抗力であったとしても、この原則を順守できなかった場合、そのロボットは精神的に強烈なダメージを受けて破壊されてしまうなんてのは、かなりエグイ発想だよね。

そのうえ、そんな強烈な三原則がロボットを支配していても、その使用は法的に厳しく制限されている。こういうところをみると、そこまで人間が作ったロボットのことを信じられないものなのかなあと、不思議な感じすらするよね。

しかも、恐ろしいことにこの原則にしたがっていても、いつかロボットは人間を裏切るかもしれないという怖れはなくならない。

なぜなら、『聖者の行進』（創元推理文庫）の「心にかけられたる者」の中で、進歩したロボットは、自分たちが並みの人間よりも優れた人間であると認識して、どちらを選ぶかといわれればロボットを優先するようになるからだ。

ただ、面白いのは、アシモフ自身は時代が下るほどフランケンシュタイン・コンプレックスから自由になって、ロボットというものに強い信頼を寄せる物語を書くようになっているということだ。

たとえば、『われはロボット』の中の「証拠」には、理想的な人格を備えた人間は、あたかもロボット工学の三原則に従っているように見えるという話が出てくる。アシモフはロボットの誠実さに人間の理想を見ているわけだ。そして、「心にかけられたる者」から以降、ファウンデーションの世界へと続いていくアシモフの宇宙史の中では、ロボットがたとえ自らを人間よりも優れた人間であると認識したとしても、最終的に人間に貢献する姿勢を崩すことはない。

こういう、フランケンシュタイン・コンプレックスという西欧の病の中から始まって、それを超越していくところがアシモフのロボット物の良さのひとつじゃないかな。

（つづく）

サはサイエンスのサ

連載●7

【鹿野 司】

『われはロボット』その3

ちょっと間があいちゃったけど、これまで二回にわたって、アシモフのロボットシリーズについてお話ししてきたのでした。今回もその続きで、アシモフの作品群と、現実のロボット工学とのかかわりについて、ちょいと考えてみたい。

さて、これはアシモフ自身もいっている事なんだけど、そもそもロボット工学(ROBOTICS)というのは、彼が創った言葉なんだよね。アシモフは、まだコンピュータもなかった時代に、いつか人間は、自らを助ける知的機械を工学的に実現するだろうと考えて、小説を書きはじめたわけだ。この、「工学的」に実現するってところが、ロボットシリーズのミソなわけね。

それで、そういうアシモフの発想が先にあって産まれた現実のロボット工学は、やっぱりすごいSF的な研究をしてきたのかというと、これはそうでもない。

そりゃあまあ、あたりまえだわな。本当に生きて生活している研究者が、どこそのマッド・サイエンティストみたいに、わけのわからん巨大ロボットみたいなものを作ろうと思ったって、研究費が出まへんわ。実際にものを作るからには、これは役に立つぞぉ〜という大義名分がないと、誰も認めてくれないもんね。

だから、というわけでもないけど、現実のロボット工学の主流は、原子炉用マニピュレータにはじまり、産業用ロボットへと流れていった。もちろんそれは、SFでイメージされるようなロボット工学とはまるで違って、全然ヒューマノイドっぽくないし、新しい機械を作るというより、既存のテクノロジーを集大成して役に立つものを作るシステム工学的なやり方で、ものすごく現実的なアプローチだったわけだ。(だから、以前お話しした『夏への扉』は、この現実のロボット工学のイメージを採用したことで、SFとしてすごく新鮮な作品になったわけだ)

ただ、九〇年代に入って、いわゆる産業用ロボットの研究は、ほぼ一段落ついたという感じがある。もちろん、まだ技術的に改良の余地はあるんだけど、本質的な仕事は終わっちゃったかな、というところにきているんだよね。

そこで今、どうなってきたかというと、な〜んかロボットの研究が、SFに回帰しつつあるような感じなんだよね。

最近のロボット研究で面白いのは、たとえばマイクロマシンみたいな、サイズ的に全く新しい領域とか、非常に複雑で変化の速い環境に耐えられるロバスト性の追求、それから人間や複数のロボットの協調動作なんてところだろうか。どれも、工場の工作機械の延長というのとは、大きく違って、なんかSFっぽくなってきている感じがするでしょ。

そして、そういう面白いところのすべてと微妙に関連しあう研究テーマに、ヒューマノイドがあるんだよね。

たとえば、日本では昨年亡くなった二足歩行ロボットの草分け、早稲田の加藤一郎教授がはじめたプロジェクトが動いているし、アメリカでも知能というものを全く新しいやり方で捉えようとしているMITのブルックスのヒューマノイドプロジェクトがある。

で、ヒューマノイドっつーと、やっぱ

し忘れられないのが、ロボット工学の三原則だ。この三原則について、SFファンでもある電総研の國吉康夫さんは、新しい解釈を試みている。

それは、アシモフのロボットたちは、陽電子脳の中に、三原則が書き込まれているわけではないという、ちょっとびっくりするような主張だ。でもこれ、理由を聞くとなるほどなって感じなんだよね。

知能とは何かという問題について、いま一番モダンな考えかたは、生態学的アプローチというやつだ。こいつの面白いところは、知能は頭の中だけにあるわけじゃなくて、外側にもハミ出ていないといけないってところなんだよね。回りの環境と情報処理装置、そして両者の相互作用を含めて、はじめて知能は知能として機能すると考えるわけだ。

こういう発想が出てきた理由は、それ以前のように、知能を頭の内部の記号処理の問題として捉えていると、環境の中にある無数の事象の中から自分に関係のあるものと関係無いものを区別することが超難しくなるという、「フレーム問題」にぶつかったからだ。

つまり、三原則のような言語的な情報を陽電子脳に書き込んでも、そのルールがどういう場合に適用できるか判断するのに、無限の時間がかかってしまうんだよね。つまり、三原則は陽電子脳に言語的に書き込まれているはずはない。

面白い事に、アシモフはまるでその事を知っていたみたいな作品を残している。

たとえば「堂々めぐり」は、ロボット工学三原則の第二条と第三条の陽電子ポテンシャルがつりあうところをグルグル回っちゃうという話だった。つまり、三原則は、ロボット工学マニュアルには、人間にわかりやすいように言葉で書いてあるけれど、実際のロボットには記号ではなく、陽電子ポテンシャルというもので表現されているっていうわけだ。

これについて僕がものすごく面白いなあと思うのは、その陽電子ポテンシャルの釣り合いをきめるのが、言葉による依頼のしかただってところなんだよね。

「堂々めぐり」で堂々めぐりをしちゃったのは、要するに言葉による頼みかたが悪かったからだ。それから、『夜明けのロボット』の中には、ソラリア人のように、幼いころから膨大な数のロボットに囲まれて育った人々は、ロボットをうまくコントロールするための言葉遣いに長けているという描写があったりする。

つまり、とことん誠実に人間に尽くそうとする本能を持ったロボットでも、言葉を選ばなければ、意図とは違った動きをしかねないということだ。これって、コミュニケーション論的にみて、かなり深いテーマなんじゃないかと思うなあ。

サはサイエンスのサ

連載●8

【鹿野司】

『われはロボット』その4

二〇代とかそれより若い人だと、たぶんそういう感覚はないだろうと思うけど、かつて科学・技術は、とても良いもののように思われていたことがあったんだよね。いわゆる、バラ色の未来っつーやつですか。

科学・技術が進歩すれば、やがて世界は素晴らしく豊かになって、みんなハッピーハッピー。だからガンバッてお仕事をしましょうねっていうんで、世界をバリバリ人工物化してきたわけだ。

アシモフのロボットシリーズには、そういった科学・技術文明の行き着くはてとはどんな世界なのかということが、チラチラ描かれている。それって、今ぼくたちが直面している社会と、いろいろな点で符合しているんだよね。

たとえば、『われはロボット』の中に収録されている「災厄のとき」だ。

この物語では、世界経済はマシンと呼ばれる巨大ポジトロン電子脳によって、完全にコントロールされている。マシンは三原則に従って人類の福祉をめざしているんだけど、その手腕があまりにも見事なので、それがかなり不気味な感じなんだよね。

マシンは純粋に人間に奉仕するという動機から、経済活動に対する最適な解答を出すんだけど、社会の中にはマシンに嫌悪感をもって、その答に従おうとしない権力者もいる。そういう人物は、やがてマシンのコントロールする世界を破壊に導いて、人類の幸福をだいなしにする可能性があるので、マシンはそんな人物が自分の解答に従わないことを考慮しながら、「適切な間違い」を犯して、結果的にその権力者を失脚に導いていく。しかも、その人は失脚しても、生活に困るレベルにまで傷つくことはない。そのうえ、こういう操作のことを人間が知ると、人間は傷つく恐れがあるので、マシンは「適切な間違い」を犯した理由は解答できないというんだよね。

物語の最後に、世界総督のバイアリイは、人類は未来に対して、自らの発言権を失ってしまったと恐れるんだけど、それに対してスーザン・キャルヴィンは、人類はそもそも、一度でも自分の未来をコントロールできたことはないのだし、人類間の紛争はこれで完全になくなって、幸せな世界がやってくるはずだっていう。

彼女のいうことは、全く合理的で正しいんだけど、でもどこか気持ち悪い。人間の行く道を、いかにそれが人類の幸せに向かうものだとしても、何者かが密かに決めているというのは、嫌な感じがするんだよね。（もっとも、これって、あまり嫌だと思わない人もいるかもしれない。とくに若い世代の人だとそうかもね）

これと似た感じのテーマをもった現実の事件が、このところよく起きる気がする。たとえば昨年の四月に起きた、中華航空機の墜落事故なんかはそうだ。

あの事故は、自動操縦装置とパイロットの操縦が矛盾してしまったことが、悲劇の原因だったらしい。こりゃあ、パイロットが自動操縦だと気がつかなかったことが問題だともいえるけど、本当はヒューマン・インターフェースの設計がおかしいという方が正しいだろう。

それで、この事故の後、自動操縦にな

っていても、パイロットが舵を切ったら、自動的に自動操縦が解除されるようにシステムを改良すべきだという議論がされて、たぶんそう改良されたんだと思う。

また、この議論の中で、最近の若いパイロットは、危なそうなことが起きるとすぐに自動操縦にしたがるので情けないんだよね、なんていう熟練パイロットの意見なんかもあったりした。

つまり、いざとなったら、手動操縦に切り替えるのが良いっていうのが今の大勢のわけだ。ところが、これって本当は、理性的な判断じゃあないのかもしれない。

ジェット機みたいに、でかくて速い飛行機が飛んでいる時、舵には超強い力がかかってくる。当然、人力でそれを動かすことは無理なので、今の飛行機は手元のジョイスティックを操作すると、電動で舵が動くようになっている。

それから自動操縦も、人間の能力を遥かに越えた、優れた水準にある。変動する飛行条件に応じて、最もエネルギー効率の高い飛び方ができるし、ふつうなら鳥だって飛ばないような荒天でも、安全に離着陸することができたりする。

こんな具合に、人間よりも優れた操縦ができて、人間の腕力でも動かすことができない機械に対して、いざとなったら手動操縦にするという発想は、少しおかしくはないだろうか。

もちろん、緊急時に手動操縦になった方が、問題を自分が把握できている感じがして、心理的には楽になることは確かだ。でも、そのマシンは既に人間の能力を越えたものなんだから、その把握できている感じは、ただの幻想なんだよね。

それから、去年のＦ１は、セナも含めて十二年振りの死者が出て大荒れだったけど、その原因はハイテク禁止にあったといわれる。Ｆ１って、すでに人間の能力を越えたところでの勝負をやっているのに、あえて人力に頼るほうがいいという発想が、悲劇を産んだといって良いかもしれない。

つまり、現代人は今のところ、スーザン・キャルヴィンのいうような合理的な考え方にノーといっているんだよね。でも、実際の社会の動きは、世界のあらゆる部分を人工物化するように動いているので、そういう考え方は、体の動きかたとは矛盾している感じがする。

テクノロジーは、便利と安全を確保するけど、その代わりに人間とナマの自然との距離を遠く引き離す。そういう意味じゃ、今の先進諸国の人間は、巨大ロボットを着込んで生活しているようなものだ。パワフルで安全だけど、実感には乏しい。そういう生き方が、幸せなのかどうなのか、ちょっと考えてみる必要があるんじゃないかなあ。

サはサイエンスのサ

連載・10

【鹿野　司】

　まあ、当たり前の話ざんすけど、ハードSFのごく一部を除いて、SFは科学技術の成果をそれほど正確に取り入れているわけじゃない。それでもなんか、これはいかにもありそうだなって、思わせる作品があるよね。それが作家の腕前なんだから、当たり前といえば当たり前なんだけど、でも、なぜこういうことを書けるかなあと感心してしまうことがある。

　そういう意味じゃ、科学・技術のことはあまり知らなくてもSFは書けるし、実際そういう作家も多い。それでなんら問題はないと思う。まあ、しかし、今のSFは昔に比べると、科学と無関係になりすぎかなあって気はするけどね。SFを書くなら、教養として雑誌か新聞の科学欄をへろへろ見るくらいのことはしてもいいのにね。科学とか技術の中からは、他ではまず発想されないような、新しいものの見方がちょくちょく出てくるので、そういうものに触れておくのは、きっと良い創造の源になると思うんだけど。

　ただ、ここ一〇～二〇年ばかりの間に、科学や技術の思想的な枠組みが、かなり大きく変わってきたので、それを小説に取り入れるのは難しいかなって気もする。

　技術のアップツーデートってのはわりと簡単に理解できるけど、思想的な枠組みの違いを理解するには、読む側に相当の努力を要求するから、そういうのを小説の中にいれると、一般読者には、なんのこっちゃよーわからんということになりかねないもんね。たとえば、二〇年くらい前までは、人間は万物の霊長で進化の頂点だっていうものの見方に、疑問を持つ事はまずなかったと思う。これはたぶん、進化論が興ったころや、あるいはもっと昔からあった見方だと思うけど、エソロジーや分子生物学の進展で、今ではそういう雰囲気はほとんど払拭されている（これは、人間は万物の霊長という主張は間違っているぞというような反主張じゃなくて、そういう発想自体がスルっと抜けちゃったんだよね）。

　こういう、ある種の人間中心性がなくなったことで、生物の世界のものの見方がずいぶん変化して、メチャクチャおもしろくなってきている感じがある。でも、そういう雰囲気を持ったSF作品を描くのは、やっぱり難しいかもしれない。

　まあ、そういう話はともかく、今回はホンモノの科学のことはそれほど知らないに違いないのに、なんか妙にそれっぽいぞって感じのする作品として『非A《ナル》の世界』についてみてみたい。

　この作品では、ある種のテレポーテーション能力が登場する。テレポーテーションはSFではお約束の超能力三種の神器のひとつで、ありふれているだけに特徴が出にくいんだけど、非Aの場合、その原理の解説がなかなかふるっている。

　「もし二つのエネルギーが小数点二〇の誤差の相似性で同調される事ができれば、大きなほうのエネルギーは、あたかもなんの隙間もないかのように、両者のあいだの空間を埋めるだろう。もっとも、この合一は有限なスピードで行われるのだが」しかも、その有限なスピードは、「太陽系の距離に関する限り、事実上、無限に等し」いなんていうんだな。

　つうことで、主人公のギルバート・ゴッセンは、この原理に従い、予備脳といいうものを使って、地球・金星間をテレポートできちゃったりする。

この説明は、もう完全にSFで、いっこも科学的じゃない。まあ、小数点二〇桁というあたり、ちょっと量子論ぽい雰囲気は漂っているし、有限なスピードってところもなかなかありそうな描写だけど、これが科学的な何かからの示唆によって描かれたとはちょっと思えないよね。

ところがだ、実はこれとものすごく似た現象が、本当にあるんだよね。

それは共鳴トンネル効果という現象だ。共鳴とついてない、ただのトンネル効果というのは、聞いた事のある人も多いと思う。これは、量子効果によって、電子が、本来は絶対に通り抜けられないはずの壁を、ある確率でスルリと通り抜けるというか、ワープする現象のことだ。こいつは、量子論の中でも、今のぼくたちにとって最も関係の深いもので、これが理解されなければ、今の半導体製品は一切存在できなかったはずだ。

この壁の通り抜けの成功確率は、壁の厚みにものすごく敏感に反応する。

たとえば、一ナノ（一〇のマイナス九乗）メートルの壁を一〇回に一回の割合で抜けられるとすると、二ナノメートルではその二乗の一〇〇回に一回になる。

ところが、トンネル効果が起きるような薄い絶縁膜を二枚使うと、全く予想外のことが起きるんだよね。

電子が一枚の絶縁膜を通り抜ける確率を一パーセントとして、その膜を二つ、電子の波長とぴったり同じ距離に離して置く。すると電子が二枚の膜を通り抜ける確率は、普通なら一万分の一になりそうだけど、実際には一〇〇パーセントになる。これが共鳴トンネル効果だ。

この現象では、絶縁膜の厚さは理論的にはどれだけ厚くても良くて、ようは膜と膜との間隔が共鳴波長になっていればいい。ただし、絶縁膜が厚くなると、実際の電子の波長と、絶縁膜のあいだの長さとのズレの許容範囲が小さくなるので、何桁もあわなければならなくなる。

この共鳴波長でありさえすれば、原理的にどんな距離でも、瞬間的にワープできて（ただし速度は光速以下だけど）、しかも共鳴波長の誤差は何桁もあわせなければならないっていうのは、なんかいかにも非Aテレポートに似ているでしょ。

ところが、この共鳴トンネル効果が理解され始めたのは、六〇年代の後半以降だから、非Aが書かれた一九四八年には、これは全く知られていなかったはずなんだよね。それなのに、こんなに似ているこの不思議。こういうのって、作家のカンなんだろうか。なんか、ノストラダムスの大予言が、当たっている気がするのと、同じことなのかもしれないけど。

サはサイエンスのサ

連載・11

【鹿野 司】

『エンダーのゲーム』その1

最近、インターネットで遊び始めたんだけど、いやあ、これってやっぱスゴイわ。こんなものが本当に存在しているなんて、実際に触っていても、時々信じられなくなっちゃうくらい。

なにしろ、インターネットに接続すれば、それだけで世界中のコンピュータにアクセスができる。今、東京のある企業のコンピュータにいたと思ったら、次には九州の大学のコンピュータに入っていたり、いつのまにかアメリカやヨーロッパのコンピュータと会話をかわしていたりもする。自分では、ほとんどそれと意識しないうちに、世界中のコンピュータのあいだを飛び回れるなんて、そんな技術を実際に使っているなんて、真剣に考えるとホント奇跡みたい。

まあ、自分の手持ちの情報機械を、世界中の任意の情報機械に接続するというだけなら、すでに電話という便利な道具を昔から使ってはいたわけだ。しかも、ネットワークの規模でいえば、今のところ電話網のほうがインターネットよりも遥かに巨大だから、そういう意味ではインターネットもそれほど不思議なものではないかもしれない。

ただ、インターネットでは、その世界規模のネットワークの中を、膨大な情報がほとんど無料で流通しているというところが面白い。その情報は、価値のあるものもクズとしかいいようのないものもグシャグシャに交じりあっていて、そこから何かを抽出したり、その中でどうコミュニケーションするかは、ひとえに自分のセンスにかかっている。少なくとも、こういう形のメディアは、これまで世界に一度も存在したことがなかった事だけは、間違いないと思うんだよね。

こんな、コンピュータ・ネットワークと人間との関りについて描かれた作品で、ぼくが最高に素晴らしいと感じるSFは二つある。ひとつはシェフィールドの『星ぼしに架ける橋』で、もう一つはカードの『エンダーのゲーム』だ。前者についてはいずれこのコラムで取り上げるけど、今回からしばらくは後者とエンダーシリーズについて見ていきたいと思う。

『エンダーのゲーム』は、一九八五年に出版された、ヒューゴー、ネビュラ両賞を受賞した作品で、翌年発表された続篇の『死者の代弁者』も同じくダブルクラウンに輝いている。まあ、賞を取ったからといって面白い作品とは限らないけど、二年連続両賞受賞というのは、やっぱなんかありそうという感じがするでしょ。実際、どちらも抜群に面白い作品なんで、読んだ事のない人はぜひ一度読んでみることをお薦めしちゃう。

さて、『エンダーのゲーム』の解説によると、カードは「ぼくのSFでのサイエンスは、作品にリアリティをあたえる程度の意味しかない」といったことがあるのだそうだ。これって、なかなか深い意味のある言葉じゃないかとぼくは思う。

なぜかというと、作品にリアリティを与える程度にサイエンスを描ける人って、SF作家の中にもそう滅多にはいないからなんだよね。

SF作品は科学解説ではないから、実際問題として科学技術のディテールについてあまり詳しい必要も、正確である必要もない。ただ、「科学を作品にリアリティをあたえる程度に描く」ためには、その科学が持つ思想の核心を捉えたり、それと人がどう関わるかということを、はっきりイメージできないといけない。

変ないいかたかもしれないけど、科学を文学的に読解するセンスが必要だと、ぼくは思うんだな。

これは本当にセンスの問題としかいいようのないもので、いわゆる理系出身者である必要は全くないし、知識の量ともあまり比例しない。そしてカードは、少なくともコンピュータと人との関わり方に関して、これが非常にうまくできる数少ない人の一人だとおもう。

そしてたぶん、カードは、あらゆるものにたいして、そういう文学的な読解をしようと努める人なんじゃないだろうか。

主人公エンダーが、侵略者バガーを打ち破る事ができたのは、エンダーが並外れた共感能力を持ち合わせていたからだ。この共感能力とは、ごく少ない手がかりから対象の本質を捉えて、相手の目で見、耳で聞くことができるほどに理解することができる力のことだ。

つまり、これはある種の文学的な読解力のことで、その能力はエンダーほど凄いものじゃないかもしれないけれど、カード自身が自分の能力として認めているものだと思う。実際、小説を読んでいくと、それを示すような描写があちこちに出てくるんだよね。

紙数が残り少なくなっちゃったんで、その具体例については次回にまわすけど、これは彼の発言をみてもそうだろうなって思える。たとえば『エンダーのゲーム』の解説では、カードはギブスンの『ニューロマンサー』を、「すぐれた作品であるのはわかるが、ここで描かれた人間はあまりに堕落していて、現実的でない」と評価しているとある。

そう言い切る感じは、カードのものの見かたが前述のようなものだとすると、ものすごく良くわかる。実際、カードの作品の登場人物に比べると、ギブスンの作品の登場人物は、水戸黄門のキャラクターみたいだもんね。

『エンダーのゲーム』には、コンピュータが色々な形であらわれる。主人公の心理的な成長を促すファンタジイゲームや、実際の戦争そのものでもある戦略シミュレーション・ゲーム、そして、ネットワークを使って地球規模の世論を構成していく十歳に満たない天才少年たち。これらの描写の中には、今では常識的なイメージにさえなっているものも多いけど、それはやっぱりカードの文学者としての高い能力の賜物だ。それらについては、次回もう少しおはなししましょ。

サはサイエンスのサ

連載●14

【鹿野　司】

『エンダーのゲーム』その3

オースン・スコット・カードの『エンダーのゲーム』の主人公、エンダーは超人的な共感能力を持っていた。彼はこの特別な能力で、知力で人類に優る侵略者バガーの意図を先読みし、殲滅《せんめつ》することができたわけだ。

そしてこの共感能力は、人の心を救済するセラピストとしても、抜群の才能を約束するものだった。たぶんカードは、『エンダーのゲーム』を描いていくうちにそのことを意識するようになって、続篇の『死者の代弁者』を、宇宙をまたにかけたセラピストの物語として構成したんじゃないかと思う。ここで面白いのは、作品のヒントにされたと思われる心理療法の系統が、一般的にはあまり知られていないものだってことだ。

『エンダーのゲーム』には、エンダーを鍛えるため、マインドゲームというコンピュータ・シミュレーションが登場した。このゲームは、プレイヤーがどんな行為をしようと、必ず殺されるような理不尽な課題を次々と出してくるんだけど、そのシミュレーション世界の描写は、フロイトとかユングのような、精神内界論的な色彩を強く持っていた。

つまり、心の中には常識とは違う、何かとても不思議な世界があるんじゃないかという仮説に基づく世界観だ。

ところが、続篇の『死者の代弁者』や『ゼノサイド』の中には、そういう精神内界風の描写はない。これは、エンダーのセラピストとしての動きが、心理療法の中でも社会学的なアプローチに属するやり方だからなんだよね。

精神療法というと、その方面に詳しくない人は、フロイトの精神分析みたいなものを想像するんじゃないかと思う。これは、大雑把にいえば、心の奥底に隠されて、本人さえ気づけなくなっていたトラウマを見つけだし、それを理解させれば、症状も消えるという、ちょっと魔法のような治療哲学に基づいたやり方だ。

それでカウンセリングというと、日本では今でも、昔のアメリカ映画やテレビ番組に出てきたような、長椅子に横になって連想した事を自由に喋る、古典的なロジャーズ派のやり方をイメージする人が多いんじゃないかと思う。でも、今ではこのタイプのカウンセリングは、ほとんど残っていないんじゃないかな。

と、いうのも、アメリカには日本のような健康保険制度がないので、医療保険も民間会社がやるからだ。保険会社にとって、治療効果の乏しい治療法に給付金を払うのは損失になる。そこで、何が治療に有効で何が無効かを、独自の方法で組織的に審査してリストアップしているんだよね。もちろん、治療効果の乏しい療法には、給付金は支払われない。その結果、六〇年代の終り頃までには、旧来からある個人カウンセリング法の多くは、治療効果なしとされて、保険の対象から外されていった。それで、その系統の療法はかなり減ってしまったわけだ。

ただし、それで心理療法が死滅したわけではなくて、代わって出てきたのが、グループ心理療法系のアプローチだった。この系統は、同じような悩みを持つ人を集めてやるもので、いわゆるマインド・コントロールのテクノロジーバシバシ使ってやるものもたくさんある。ロジャーズ派の延長にあるエンカウンター・グループとか、アルコール依存症や拒食、過食の自助グループなんてのもこの系統で。まあ、ようするに、個人よりも集団で扱った方が、心の病の治療効果は出やすいものらしい。

『死者の代弁者』では、リベイラ家の秘密が、植民星ルシタニアの粛正と、第二の異類皆殺しの引き金となりかけた。エンダーは、そのリベイラ家の秘密を、全ルシタニア住民の前で解き明かしていく事で、リベイラ家の中にあった病と、ルシタニア全土を覆う病の治療を行う。

これがまあ、この作品のクライマックスの一つなんだけど、この雰囲気はグループ系のやり方と似ているといえるかもしれない……そうでもないか。

まあ、本当はグループというより、現代アドラー派のオープン・カウンセリングに似ているんだけど、それは『死者の代弁者』が普通のグループ系の療法よりさらに過激な、ブリーフセラピー（短期療法）とか家族療法などの、社会学的なアプローチ法がベースになっているからだと思う。

このタイプの治療法の特徴は、心理的な病気の原因を、心の中にあるとは考えないことにある。心の病気の原因が心の中にないのなら、いったいどこにあるのだろうか。実は、この系統の人たちは、そもそも原因なんてものは存在しないとまでいうんだよね。

我々が病気だと思うものは、実はコミュニケーションの異常そのもののことだ。異常なコミュニケーションがあるとき、そこに病気とみなされる人がいる。でも、その人の中に原因があるわけでも、回りの環境に原因があるわけでもなく、両者の相互作用によってそれは生ずるって考えるわけだ。つまり、エコロジカルなものの見方をするわけね。

たとえば、完全主義的な性格の人は、会社の中の環境が変わって仕事が厳しくなると、重い病気にかかったり、酷い事故にあったり、鬱病になったりすることがある。それは、病気にでもならない限り、この人は、その仕事を自分の手に余ると諦められないからだ。そういう時、病気はコミュニケーションの手段として現れる。また、その時、その人の回りの環境も、その病的コミュニケーションを維持強化するように動いている。

そこで、その不適切なコミュニケーションのループを断って、適切な形態にもっていくのが、この流派の治療法の基本的方針になる。作中のエンダーの動き方は、このタイプのセラピストのやり方に、近いものがあるんだよね。

『エンダーのゲーム』その4

エンダーシリーズの三作目である『ゼノサイド』は、ぼくにとってはあまり面白い作品じゃなかった。まあ、大森望氏はこれを九四年の翻訳SFベストワンに推しているそうだから、好きな人もいるようだけど、しかし、どこが気に入ったのかいちど聞いてみたいよなあ。

　とくに違和感があるのは、第一作、第二作にあった、エンダーの聡明さがほとんど失われてしまっていることだ。あれほど人の心理に敏感で、素早く適切な手を打つエンダーが、たくさんの悲劇へとつながる家族内抗争の芽を放置しておくなんてちょっと納得できない。そこらへんに、何やら無理矢理悲劇を作り出そうとした、強引な感じがあるんだよね。

　もっとも、これはカードの作家的信念と結びついたものなので、ある程度しかたのないことだとは思う。つまり、カードは悲劇の無いところに、人間の美しさもないと思っているんだよね。

　この信念が物凄く明確に現れているのは、『神の熱い眠り』で、その中には、克服すべき苦痛がなければ、人間は偉大な存在となる希望、喜びの可能性もなくなるということが書かれている。

　いや、まあそのとおりだとは思うんだけどさ、でも、たかだかその希望なんてものを復活させるためだけに、世界をあらゆる物理的、心理的苦痛から守っていた超能力者集団が、集団自殺しちゃう。これってスゴイと思うんだよね。だって、彼らは悲劇を無くすためじゃなくて、復活させるために死ぬんだもの。そんなのアリなの？　人間らしく生きるというのは、そこまで大事なことなのかなあと、考えちゃうわけだな。

　科学、技術や医学というのは、物凄く単純にいえば、人から悲劇を取り除くことをめざしている。でも、それは同時に人間疎外を引き起こすものでもあるんだよね。つまり、苦しみが減ると、生きている実感も乏しくなっちゃうわけだ。

　SFは、暗黙の前提として、科学や技術によって、人から悲劇が取り除かれることを肯定しているので、そこに生じるだろう人間疎外には、あまり触れないか、肯定するのが普通だ。ところがカードは、その種の人間疎外のほうを否定して、いわゆる文学的な泥臭い感じで人間を描く作家だ。まあ、そこらへんを気に入るかどうかが、カードを好きかどうかの分かれ目になるんじゃないかな。

　前作までで描かれてきたエンダーは、超人過ぎて、そのまま活躍すると悲劇も産まれようがない。そこで、第三作では、脇役にされちゃったんだろうけど、やっぱり不満は残るなあ。

　かわって『ゼノサイド』前半の中心的な役割を演ずるのが、フェイツー、チンジャオ父娘だ。彼らの属する惑星パスでは、密かに行われた遺伝子操作によって、人類としては最高クラスの知性の持ち主が生まれる。しかし、その遺伝子は、強迫神経症を引き起こす遺伝子とカップリングされていて、天才的な知性の持ち主＝神の言葉を聞ける人は、生涯、強迫神経症の症状に悩まされることになる。まあ、パスではその症状こそ神に選ばれた証しとして尊敬されているんだけどね。

　物語の後半で、高度な知性を司る遺伝子と強迫神経症を起こす遺伝子はまるで別のもので、これが混入されたのは、パスの超人たちが、銀河の覇権を握ることを恐れたスターウェイズ議会の企みだったことが明らかになる。そして、特殊なウイルスによって、強迫神経症を起こす遺伝子が除去されるんだけど、チンジャオだけは症状がなくならない。

このあたりの描写は、なかなかリアリティがあるんだよね。前回もふれた心理療法のコミュニケーション論的なアプローチでは、強迫神経症は親子関係の中で現れやすいとされている。そういう症状を出す子供と、親の間のコミュニケーションを詳しく見てみると、そこにはその症状をめぐる話題しかない。普通の親子ならあるはずの、ほとんど何の意味も無いような雑談が全然なくて、ただ病気の話しかしないんだよね。逆にいえば、病気の話が無くなると、コミュニケーションも消える。だから、そうならないために症状はそこにあり続けるわけだ。

そういう観点から見ると、フェイツーというのはずいぶん酷いオヤジで、チンジャオとの間のコミュニケーションは、関係がうまくいっている時は症状をめぐるものだけで、決裂した後は皆無になる。チンジャオは症状以外に社会と結びつく術を知らず、だから一生強迫神経症のまま生きることになるわけだ。

ところでウィッギン家の三兄姉弟は、それぞれほぼ同じ能力を持ちながら、微妙な差があるということになっていた。この違いは、たぶんこんなものだ。

ある人が地雷を踏んで、足がめちゃめちゃに吹き飛ばされたとする。すると、ヴァレンタインは足も救おうとしてその人を殺してしまう。一方、ピーターはもう生きていても意味がないと頭を打ち抜くだろう。でも、エンダーは足を切り落として、その人の命を助けることができる。エンダーにはある種の冷酷さがあるけど、それは外科医が手術で病巣を取り除くくらいの冷酷さで、誰かを激しく傷つけることはあるけど、それは結果的にその人を助けることになる。その違いが、ピーターを世界の覇者とし、エンダーを癒し人にしたわけだ。これは、仏陀が誕生前に、聖者か、あるいは転輪聖王《てんりんじょうおう》になると予言されたことと似ていると思う。スピリチュアルな世界で頂点をめざすことと、世界の覇者たらんとすることの間には、実はわずかな違いしかないのかもしれない。カードはきっと、『ゼノサイド』を書き進めるうちに、その転輪聖王たるピーターをもう一度描きたいと思ったんだろう。そのうちこの続篇が書かれるだろうけど、そのときに活躍するのはピーターになるんじゃないかな。

『陰陽師』その1

昔からＳＦというと、どうも洋モノに好きな作品が多いので、いきおい、このページも、海外作品を取り上げることが多くなっている（『風の谷のナウシカ』は例外だったけど）。でも、文章の巧さという点では、やっぱり日本の作家の作品でないと、優れたものは見つけにくい。

そこで今回は、そんな文章の達人である、夢枕獏さんの『陰陽師』の連作をとりあげてみたい。これは、闇がまだ闇としてあった時代、つまり魑魅魍魎が跳梁跋扈していた平安時代を舞台に、陰陽師の安倍晴明と、その友人、源博雅の活躍を描いた短篇の連作だ。

これが文藝春秋で二冊に纏められているんだけど、はじめの『陰陽師』と、続篇の『陰陽師　飛天ノ巻』の間には七年の間があいている。実は、岡野玲子さんによる漫画化がコミックバーガーで進行中（単行本はスコラから三冊出ている）で、飛天ノ巻はその影響を受けながら再出発したものだ。この三つの『陰陽師』は、それぞれが微妙に味わいが違っていて、どれもいいんだよね。

ところで、こういう、何というんでしょうかね、オカルトもの？　みたいな作品が、どうして「サはサイエンスのサ」というタイトルのコラムの俎上にあげられるのか、よーわからんと思う人もいるかもしれない。でも、この『陰陽師』の場合はちゃんと関係があるのさ。

どう関係があるかというと、話は少し昔に遡る。ぼくの友人（というのは牧眞司さんのことだが）が大学の頃、自分がＳＦを読むようになったワケについて、こんなことを話していた。何でも彼は、小さい頃から幽霊とかそういった超自然なものが、恐くて恐くてしょうがなかったのだそうだ。ところがあるとき、なにげなく手に取ったＳＦというものを読んで驚いた。そこには、そういうワケワカラナイものの正体が、逐一明らかに、きちんと説明されるではないか。ああこれは恐くない、これは安心する、これなら大丈夫。そうして彼は、ＳＦを読むようになったのだった（多少脚色あり）。

この話を聞いた時は、妙なことをいうやっちゃなあって思っただけだったけど、今にして思えば、これってかなり鋭い言葉だったと思う。実際、解釈のできないものや、理不尽なものは凄く恐いものだ。人間の恐怖って、結局すべてそこに還元できるかもっていうくらい恐い。

考えてみると、科学というものが進歩した理由の一つには、そういう恐いものを恐くなくするという機能もあったんじゃないかと思う。たとえば、天変地異が起きた時、昔の人はこれは神の怒りではないかとか、いろいろ考えちゃって不安で大変だったろう。だけど科学は、そういう怖れを、ある種の将来予測の可能な説明で、消滅させてしまった。

科学小説からはじまったＳＦは、それがたとえ本当の科学とはゼンゼン違うものであったとしても、ある種のスジの通った法則が描かれる事が多い。と、いうか、多くのＳＦファンは、そういう法則が破綻している作品は、できの悪いＳＦと見なしているように思う。

さて、そこでだ。そういう見方で『陰陽師』を読むと、これはやっぱりＳＦだなあって感じがするんだよね。

たいていのオカルトとかホラー小説の場合、キモチワルイものが出てくることに、なんの根拠もない。それらしい説明は多少あっても、そこには読みとれるような法則はなくて、ただただ理不尽に不幸がまきおこる。それが恐さを醸し出す力でもあるんだけど、ところが『陰陽師』の場合は、そうじゃないんだよね。

ゆこう、ゆこう、とそういうことになる前に、呪とは何かということについて、晴明は博雅にひとくさり講釈することが多い。そして、登場する化け物たちは、間違いなくその法則の中で動いている。そこには、一見、怪異は理解しがたいものではあるけれど、正しいものの見方をすれば、必ずある法則に従っているはずだという信念がある。そこが、『陰陽師』のSFっぽいところなんだよね。

ところで、陰陽師みたいな超能力者を主人公にした作品は、なんか結局、化け物を力でねじ伏せるような話になっちゃう事が多い。でも、『陰陽師』の場合、怪異や鬼をただ悪いものだからというだけで調伏するような野蛮なやり方はしなくて、ある意味で救う。救う事で祓《はら》う。

このへんが、ぼくがこの作品を好きなところなんだよね。これを読むと、陰陽師っていう職業は、つまるところシャーマンとかウィッチドクターとかエクソシストというものと、同質のものだってことがわかってくる。

近代以降の西欧的な疾病観からすると、体の苦痛と心の苦痛は全く別のものだし、ましてやそれは、満たされない思いなんてものと関係があるとは思われない。『陰陽師』流にいえば、現代ではそういうふうに呪がかけられている。

でも、そんな区別がない時代は、不幸はどれも一体のものだった。実際、古代ギリシアでは、故郷を離れた兵士がホームシックで死んじゃうなんてこともあったんだよね。そこでウィッチドクターたちは、そういう不幸のことを病気とは呼ばずに、悪霊が憑いたとか、魂が抜けたとかいって、それにふさわしい儀式を処方して、不幸を癒していたわけだ。

『陰陽師』では、ある種の満たされぬ思いが怪異を産みだし、晴明はその思いを解き明かすことでそれを祓う。彼は戦う人ではなくて、癒す人なんだよね。

現代では魔物と病気とは、全く別の呪がかけられているので、両者がもともとは同質なものだったという認識はほとんどない。でも、この作品では、そういう呪の呪縛の網目をするするすり抜けて、違うものを見せてくれるところが凄いと思う。これが、作家のもつ霊感の妙というもんじゃないかと思うんだよね。

（続く）

『陰陽師』その2

前回は、夢枕獏の『陰陽師』が、一見、理性では計り知れない「もののけ」や「あやかし」の類を描きながら、その背後に一種の法則があることを確信しているところが、SF的だという話をした。それから、陰陽師という職業がウィッチドクターとして描かれていて、あやかしを力でねじ伏せるのではなく、癒すことで祓うというところも、面白いって話もしたと思う。

ところで、『陰陽師』には岡野玲子によるマンガ版もある。

これがまた良いんだよね。

全体に、原作の持っている要素をすべて盛り込みながら、それを岡野流に一歩進めている感じがある。

一般に、小説を原作とした別メディア作品というのは、たいてい失敗しちゃうものなんだけど、この夢枕獏と岡野玲子の関係は大成功だと思うなあ。

たとえば、呪の法則について、マンガ版の説明は原作よりも詳しくなっている。平安京は鬼門封じとか風水によって外部に対してはシールドされている。まあ、これはよく聞く話だけど、それにくわえて大内裏《だいだいり》は四縦五横の九字の呪法が施されている。この呪法は、実は異界の門を開くためのものなのに、悪鬼を祓うものと間違えて使ってしまったってところが面白い。そのため、異界から都に鬼が進入してきて、しかも進入した鬼はシールドから外に出られないから、都は百鬼夜行状態になっちゃうわけね。こういう説明のし方は、いかにもSFって感じなんだよね。

それから、ウィッチドクターとしての陰陽師という点も、岡野版は獏版とは少し違った視点から描かれていると思う。

獏さんは、たぶん源博雅というキャラクターのほうに、より魅力を感じているんじゃないだろうか。この博雅は、自分の身にふりかかるできごとを、ものすごくまっすぐ受け止める事のできる人物で、漢の良さのすべてを体現したキャラクターとして描かれている。

一方、晴明は、もちろん超越の人だから、人間的な存在感は薄いんだけど、でも一人でちゃんと生きていける自立した男という感じがある。

そうして、この二人の関わりは、いかにも対等な信頼感で結ばれた、男と男の友情という感じが漂ってくるんだよね。

一方、岡野版のほうは、晴明の性格が原作よりもイジワルで、こりゃあなんとなく岡野さんの性格が反映している気がするんだけど、違うかな。なんかしょっちゅう、博雅に悪ふざけをしてちょっかいを出している。博雅はそれに翻弄されていて、原作よりもコミカルな感じだ。

晴明は凄い才能の持ち主だけど、そういう人間は、うかうかすると、現実世界との結び付きを失って、かげろうのようにあの世へ飛んでいってしまうようなエキセントリックさがある。

一方、それをしっかり現世に繋ぎとめているのは、悪ふざけに何度でも引っ掛かってしまう、博雅の素直で誠実なところだ。晴明は、そうした博雅に少し甘えているっつーか、依存している感じがあるんだよね。

岡野版では、晴明が博雅に、お前はたとえ鬼との間に交わした約束でも、正直に真に受けて守りきるところがある。それが、鬼たちがお前を恐れる理由だと説明するくだりがある。

それは、博雅にはエキセントリックさが全くないってことなんだよね。そして、それと同じ理由で、彼は晴明に、何度でもからかわれてしまう（からかわれてもある意味で動じない）わけだ。

これは別の見方をすれば、晴明と鬼は、もともと似た者だってことなんだよね。セラピストと神経症者というのはもともと似た者どうしなんだけど、ウィッチドクターと鬼も、やはり同根の存在なんだって事が、このあたりに現れているんだと思う。

ところで、小説版の続篇の『飛天ノ巻』は、最初の『陰陽師』からは、時間を置いてかかれた事もあるのだろうけど、雰囲気が前とはかなり変わっている。漠さんの後書きから察するに、この変化の原因は、勉強家の岡野さんに、いろいろ刺激されたからじゃないかと思うんだよね。

どう雰囲気が変わったのかというと、最初の『陰陽師』にあったようなSF的なテイストが薄れて、少し現代小説的っぽくなくなっているようなところだ。

現代小説というのは、普通は気がつかないけれど、ある約束ごとに縛られている。たとえば杉浦日向子の『百物語』なんかを読むと、今風の起承転結が破綻していて、昔の日本の物語はこうだったのかなあ（まあ、ぼくは古典とかを熱心に読んだ事はないので、多分そうだろうと思うだけなんだけど）という感じがするんだよね。飛天ノ巻は、そういう具合に現代の日本の小説の約束ごとから、少し踏み出していると思う。

ところで、人間が物語を物語る原点というのは、たぶん自分の過去の思い出じゃないだろうか。ぼくたちが、昔を思い出す時、その出来事がどう始まったかとか、その後どうなったかということは、全く覚えていなくて、いちばん印象的なシーンだけを思い出すと思う。

人間の長期記憶は、大きく二つのカテゴリーに分類されている。ひとつは陳述記憶で、もうひとつは手続き記憶だ。

このうち手続き記憶は、意識に上らない体の記憶で、スポーツや芸術的な技能、習慣などの記憶のことだ。一方、陳述記憶の方は、さらに意味記憶とエピソード記憶に分けられる。

そのうち意味記憶は、学校で習ったり本で読むような知識のことで、単語や記号の意味などの記憶だ。一方、エピソード記憶は、時間経過を含む個人の経験をいう。実はこれらの記憶は、脳の中ではそれぞれ全く別のシステムとして存在しているらしくて、たとえばアルツハイマーの患者では、エピソード記憶は新しいものからだんだん失われていっちゃうけど、意味記憶や手続き記憶は、ほぼ正常のまま残される。

このエピソード記憶を、素朴に表現するのが、古典などに見られる物語の原点だとすると、飛天ノ巻は現代小説の枠をあまり壊さずに、その雰囲気がでている感じなんだよね。

科学と文学、そしてSFとの関係について考えてみる

サはサイエンスのサ

連載・18

【鹿野 司】

今回は、いつもと趣向を変えて、具体的な作品を離れ、科学と文学っつー大枠の話をしてみたい。実をいうと、この連載を続けているうちに、以前はあまり意識していなかった、科学とは何か、文学とは何か、そしてSFと両者はどう関係するのかが少し見えてきたので、そこらへんを書いておきたいと思うんだよね。

……おおお、こういうとなんか凄いことでもいいそうな感じがするな。いや、まあ、そんな大袈裟な事じゃないの。本当いうとちょっとサボっていて、取り上げようと思っていたディレイニーかコードウェイナー・スミス作品を、読み返す前に締め切りがきちゃったっつーことなんですう。なんちて。

さて、前回の『陰陽師』の話の中でも少し触れたのだけど、SFというのは、やっぱり、根底にある種の普遍的な法則があると感じさせないと、面白いとは思えない表現形態だと思う。その法則として、伝統的には科学の法則を使うわけだけど、それ以外にも、作品世界独特の法則を創り出しているケースもある。『陰陽師』の「呪」なんてのもそうだし、『指輪物語』の世界のディテールなんかもそれに当たるわけだ。

以前、川又千秋さんと話をした時に、川又さんが兵器にこだわる理由は、それを詳しく知るものの間で、普遍性があるからだとおっしゃっていた。この世のほとんど全てのものは、どう描写しようと、結局その人の見方に過ぎないわけだけど、兵器は詳しく調べて描いていけば完全に了解しあう事ができるというんだよね。なんか現象学の話みたいだけど、こうきいて、ああやっぱりSF作家だなあって感じがした。

科学といわれるもののモデルは産業革命以降の物理学だと思うけど、これには他の分野には真似することのできない、極端な普遍性がある。物理の根底には、目の前で成立している法則は、宇宙の何処でも成立しているはずという強い信念があるんだよね。これと同じで、SFも、何か非常にスジの通った法則の存在というか、ある種、人間というものを越えた普遍性がどこかにないと、それらしさが出てこない。そういうものが破綻していると、SFファンはその作品をできが悪いと思うか、SFじゃなくてファンタジーだとか思うんだと思う。

こういう、ある種の普遍的な法則があると思う立場を、法則定立的と呼ぼうと思うんだけど、この姿勢は、人間を対象にどんどん追求していくと、どうしても人間疎外の方向に、向かわざるを得ないってところがある。

人間疎外というのは、ようするに人間を人間として扱わないことだ。たとえば、ある特定の人に、お前は法則だといえば、これは人間疎外になる。

最近は就職氷河期で、女性の就職は男性よりも特別難しいって話があるけど、そうなってしまう根拠は、女性は仕事を結婚までの腰掛けにしか使わないからってことらしい。だから、やる気のある女性なら、私はそんなつもりはないわよ、とか物凄く腹が立つだろう。

どうしてこれが腹立たしいのかというと、この「女性は結婚したら退職する」というのは法則であって、今ここで就職

しようとしている、その本人を見ているわけじゃないからだ。本人の個性に相対せずに、普遍的な法則で測ることは、疎外だから頭にくる。

逆に、恐いフェミニストのおばちゃんなんかが使う、男は〜して女性を搾取するとか、男社会は〜だからひどいとかいういいかたがあるけど、これも同じ理由で人間疎外的だ。

そういわれる僕なんか、あ、そ、じゃあ僕は男じゃないもんねとか、思っちゃうんだけど、実際問題として男性とはこういうものだ、男社会とはこういうものだという法則は、個々の人間とは無関係なんだよね。

フェミニズムも人間性解放運動の流れの中にあるのだとすれば、法則定立的で他罰的ないいまわしをやめて、性とは無関係に、お互い個性で相対することに焦点をあてるようになれば、もっと味方も増えると思うんだけどなあ。

文学というか、まあ芸術文学の基本姿勢は、法則定立性とは正反対の方向を向いている。つまり、法則からは目を背けて、ある一人の人間の個性にフォーカスをあてた、個性記述性が根本にある。

私小説というやつは、日本のSF作家たちに昔からかなり批判されてきたものだけど、これは確実に個性記述性の一つの現れなんだよね。

私小説を読んでよく感じるのは、しょーもないことをゴタゴタ考えこねくり回しおって、アホか……というようなことなんだけど、これはようするに作中に描かれた個性と、自分の性格があっていないというだけだ。つまり見方を変えれば、しょーもないやつと思えるほど、作中人物の個性にフォーカスが当たっている。逆に、その作中人物と性格があうと、ものすげえカッコいいとか思っちゃったりするわけね。

でも、こういう個性記述的な作品は、人間を離れた世界を描く事は難しいし、普遍性もあまりない。もちろん優れた作品なら、そこに描かれた人間性から、人間の普遍的な性質を感じ取る事はできるけれど、それは作品の中に描かれているというより、読み手の中にあるものが引きだされるからという感じがある。

オースン・スコット・カードの作品は、人間に対して個性記述的で、芸術文学的な描写のしかたをしている。だから、SFファンの評価が分かれるんだと思う。

こうしてみると、SFは本質的に反対の方向性を持った、法則定立性と個性記述性のどちらも内包できる表現形態だって事がわかる。SFでは、このどちらにも偏る事なく、ぎりぎりまでお互いを格闘させるとき、本当に感動的な作品が産まれるんじゃないだろうか。

《人類補完機構》その1「黄金の船が――おお!　おお!　おお!」

サはサイエンスのサ

連載・19

【鹿野　司】

前回に続いて、またまた冒頭から謝っちゃいます。今回から、あのコードウェイナー・スミスの人類補完機構のシリーズを取り上げようと思っていたのだけど、諸般の事情のため、作品を読み返すヒマが全く取れませんでした。とほほ。

そんなもんだから、今回の話は、スミスからだいぶ脱線しちゃうかもしれませんが、どうか勘弁してね。

さて、コードウェイナー・スミスといえば、ホンモノのＳＦを知る者にとっては、これほど魅力的な作家はいないっつーくらい、面白い作家だよね。実際、これが面白いと思うかどうかで、その人がＳＦ者かどうか区別がつくくらい。そういえば、『エヴァンゲリオン』の中にも「人類補完計画」って言葉が出てくるくらいで、やっぱこれはマニア心をくすぐるもんだわいなあ。

スミス作品の魅力は色々あるのだけれど、今回とくに注目したいのは、人類補完機構という組織の屈折した優秀さだ。『鼠と竜のゲーム』の中に、「黄金の船が――おお！　おお！　おお！」という作品が収録されている。ここに描かれている補完機構の長官たちを見ると、彼らは退廃の極みにいるというんだが、ものすごい英知に満ちた超エリートとして描かれている。

作品の冒頭で、補完機構の長官たちすべてが、地球支配を覆そうと図るラウムソッグによって買収されているというくだりがある。ところが長官たちは、その賂《まいな》いを告白しあい、ラウムソッグを殲滅する黄金の船の発進を決定する。

人類補完機構の政治体制は、賄賂が横行する腐りきったものなのに、本当の意味での危機には敏感に反応して迷うことがない。それは長官たちが、補完機構の支配体制を守る自己保存本能として、最高の英知を備えているからだ。

で、日本の政治家を見ると、こんな賢い人はいるわけないよな。でも、アメリカには、こういう優秀さを持つ人もいるかもしれないって感じがする。

たとえば、今のインターネット・ブームは、そのアメリカの老獪さの現れじゃないかと思うんだよね。

去年一年の間に、インターネットはめちゃくちゃ一般に広がった。ＳＦ関係者も続々ホームページを開設しているし、今やブームになり過ぎているから、あんなものはもう古いと言いはじめているお調子モノもいるくらいだ。

しかしぼく自身は、本当に今、インターネットはめちゃくちゃ面白くなっていると思うし、これはたぶん暫くの間続くと思っている。

なぜかというと、そこは今や、デジタル・エンジニアたちの、壮大な実験場というか、遊び場になっているからだ。

インターネットが今のブームになったきっかけは、いうまでもなくアメリカのゴア副大統領のいいだした、情報スーパーハイウェイ構想（ＧＩＩ）だよね。

こいつは、二〇一〇年までに全米にゴージャスな光ファイバー・ネットワークを引き回して、明るいマルチメディア社会を築こうってえ話だ。これができれば、すべての家庭でいながらにしてビデオがみられて、ショッピングができて、テレビ会議ができて、商売繁昌でもうウハウハの世界がやってくる。……これを聞いて、それがそんなに嬉しいの？　って思う人は正しい。実はこういうのは、副次的な効果であって、本当の眼目は技術開発力の底上げにあるんだよね。

アメリカのネットワークの歴史をふり

かえってみると、ネットワークの整備は確実に技術開発力を高めてきたってことがある。これは、ARPAネットではじめて電子メールが使えるようになって以来、ネットに接続された大学研究機関ほど優秀な研究の発表数が多いということが、明確な結果として出ている。ゴアの本当の狙いは、より優れたネットを引くことで、技術開発力のパワーアップを図ることなんだけど、それだけじゃあ国民や産業界の賛同を得られないから、そういう世界になりますよといっているにすぎないわけだ。

　八〇年代の半ばに日本が世界の頂点に立てたのは、軍需産業にアホな金を使いすぎず、民生品が主導する技術開発を進めたことにあった。すでに世界は情報化されていて、オープンに情報交換できる民生技術の方が、秘密主義を貫かなければならない軍需産業に比べて、圧倒的に有利になっていたんだよね。

　ただ、アメリカはその事実になかなか気づくことはできなかった。実際、かつてアメリカが圧倒的に成功した分野は、航空機といい原子炉といいコンピュータといい、すべて軍需産業から出てきたものだった。だから、軍需産業こそアメリカの力を取り戻す原動力になると思ってあのSDIをやったわけだ。でも、これは時代錯誤も甚だしく結局破綻してしまった。ゴアの計画は、その失敗を踏まえた、現代的で、圧倒的に優れたセンスの提案になっているわけね。

　ところが、インターネットに巣食うデジタル・エンジニアたちは、GII構想のマルチメディアの夢の話を聞いて、何いっとんじゃいスカポンタンとか思ったわけだ。

　おいおいオッサン、フカシこいてるんじゃねえ。たかがマルチメディア情報をやり取りするくらいで、どうしてそんな土木工事をせにゃあならんのだ。

　そんな豪華なものを作って、メチャクチャかさばる情報をやり取りしなくても、デジタル技術を使えば、でかい情報もコンパクトに圧縮できる。そうすりゃ、今あるネットワークでも、マルチメディア情報くらい、簡単にやり取りできるじゃないか！　そんなわけで、ネットの技術者たちは、大張り切り状態だ。

　今じゃネットで電話もかけられれば、ラジオ放送もあり、テレビ会議やビデオ・オン・デマンドまでできてしまうありさま。デジキャッシュ関係の実験も、バンバン行われて、情報スーパーハイウェイが描いた二〇一〇年以降の未来の姿が、ある意味でもう実現してしまっている。

　ただ、インターネットというネットはその性格上、完全な意味での金品取り引きの安全性は確保できない。たぶん、これは永久にできないと思う。もしそれをしようと思うなら、インターネットの民主制をある程度放棄しなけりゃならなくて、それはインターネットがインターネットではなくなるということだ。だから、商取引とかが本格的にネットで行われるのは、GIIでできてくる未来のネット上のことだろう。ただ、今起きているインターネット上の実験は、現在のアメリカにとっても、未来のネット社会にとっても、物凄く有益な技術力の蓄積になっていることだけは間違いない。

　ゴアやそのブレーンたちが、果してそこまで狙ったのかどうか。それはわからない。だけど、なんとなくそうだったんじゃないかと思わせるくらいの、補完機構の長官的な老獪さを、彼らからは感じるんだよね。

サはサイエンスのサ

連載●20

【鹿野 司】

ふんがあ。年末以来のゴタゴタがずるずる続いて、年が明けてもまだ終わっていない。おかげで、せっかくコードウェイナー・スミスの話を始めているのに、いまだに作品を読み返している時間がとれないのでした。だから、今回もまたまた、昔のうろ覚えの記憶をたよりにこの文章を書くことになりますです。もうしわけない。でも、次回はもうちょっときちんとするぞっと。

さて、コードウェイナー・スミスというのは、なんというか、この人自身が小説の登場人物みたいな人だよね。

本名は、ポール・マイロン・アンソニー・ラインバーガー博士。孫文の法律顧問で、辛亥革命の出資者の一人だった父親を持ち、十七歳の時には父親の代理で中国への銀借款交渉を成立させたという。日本、中国、フランス、ドイツで人格形成期を送り、極東問題の専門家になって、第二次世界大戦や朝鮮戦争ではアメリカ陸軍情報部で活躍した。

彼が人生の中でなしとげた最も価値のある仕事と感じていたのは、朝鮮戦争で、武器を捨てる事を恥と考える中国軍兵士を、何千人も投降させるのに成功したことだ。

彼は、兵士たちが投降するには、愛、義務、人類、徳にあたる中国語を、この順番で叫ぶだけでよい、と説明した宣伝ビラをばらまくことでこの仕事をやり遂げた。この言葉は、発音されると「アイサレンダー」になるんだそうな……。

うーん、しかしコレって、ホンマかいなと思うくらい、できすぎの話だよな。

これくらい腕のいい作家になると、経歴詐称はお手のもんだからなあ。『全身小説家』つー映画もあるくらいだし。

まあ、それはともかく、コードウェイナー・スミスという人が、東洋的といって良いのかどうかよくわからないけど、少なくとも非アメリカ的な文化の雰囲気を、肌でわかっている感じはする。

たとえば、このアイサレンダーと叫べば投降できますよという誘惑のしかたは、いかにもマインドコントロールっぽいやり方なんだよね。洗脳じゃなくて、マインドコントロールであるところが、本物だって感じがする。

洗脳という言葉は、朝鮮戦争の時に中国に囚われた兵士が、ころっと思想改造されてしまったという驚くべき事実にショックをうけたアメリカのジャーナリストが作り出した言葉だ。でも、洗脳という言葉で表現されたことの内容は、本質をはずしていたんだよね。

洗脳というのは、暴力的でエレガントさにかけたやりかたで、人の考えかたを一時的には思うように変えられたとしても、ストレスを取り除くと元に戻ってしまって、有効性が少ない。

もちろん、中国が三千年だか四千年だかの間に培ってきた技術の中には、そういうものも含まれているんだろうけど、技術の本体はそこにはなくて、もっと穏やかでさり気ないやり方なんだよね。

ただ、野蛮や西洋文化の目で見ると、マインドコントロールが成立するような微妙さは理解できなくて、ぶん殴っていうこと聞かせりゃいいみたいなイメージで捉えて、洗脳という言葉ができてしまったわけだ。

スミスの作品の中には、ときどき人間の心理を操るような話が出てくるんだけど、そのやりかたは下品な洗脳ではなくて、エレガントなマインドコントロールっぽい。つまり、それは彼が中国人(かどうかわからないけど)たちのやり口の本質を、ちゃんとつかんでいたということになる。これは、当時のアメリカ人としては、異例の洞察力じゃないだろうか。そして、彼にそれができたのは、たぶんそういった東洋的な文化の中で、育ってきたからじゃないかな。

それからもう一つ、人類補完機構が達成した世界には、西洋文化の中からはあまり出てきそうにない、過保護的な雰囲気がある。まあ、直接的にその世界のありさまを描いている作品はないんだけど、「アルファ・ラルファ大通り」なんかの中で語られる、人間の再発見以前の世界だ。

その世界では、死の恐怖も、労働の負担も未知の危険からも解放されている。それも、その保護のしかたが異常に徹底していて、不快感を味わう可能性の気配のようなところまで遡って、問題を取り除いてしまう。だけど、それだけに生きがいも何もない。こういう、真綿でくるんで窒息させるような地獄の風景というのは、他にはあまり類のないユートピアの形だ。そしてそういう過保護のもたらす結果についても、深い理解がある。

過保護とはどういうことかというと、相手を保護するという名目で、相手の自由を奪うということだ。

たとえば赤ん坊は、生まれた瞬間から自分の力で独り立ちしようという努力を開始する。まあ、これは生物学的な本能のようなものだ。

もちろん、最初のうちは意図したとおりに動くだけの肉体的な準備がととのっていないから、親の援助が必要だし、泣いたり笑ったりとそれを引きだしやすい行動をとるものではある。でも、いつまでも誰かにサービスしてもらうことが本意ではなくて、自分のやり方で自分のすべてをコントロールしたいみたいなんだよね。

たとえば、手がまだ全然器用に使えない時でも、スプーンを渡すと曲がりなりにもそれで食事をしようとしたりする。これは、自分が世界をコントロールするための学習の第一歩なわけだ。

ところが、親によっては、げしょげしょに汚されたり時間がかかりすぎるのが嫌で、全部食べさせてしまおうとしたり、この子にはまだ無理だとか、上手に食べられないのは可哀想とか色々な理由で手を出そうとする。

でも、ずっとそうしちゃうと、その子はスプーンの使い方を覚えられない。自分がやりたがっているんだから、その子の意志は明らかにそれをやりたいわけだ。でも、その時にこの子にはまだ無理とか、可哀想とか思うとしたら、それは親の勝手な思い込みで、これは実は子供を愛しているわけではなく、自分を愛しての発言なんだよね。つまり過保護とは、愛情と保護という名目にかこつけて、実際には他者を自分の発想の範疇で、自分の思い通りに扱いたいという、ものすごい支配性の現れなわけだ。

人類補完機構が創り出した世界は、こういう人類の完全な幸福を名目にした、強力な支配性の形なんだよね。

《人類補完機構》その3

サはサイエンスのサ

連載●21

【鹿野　司】

コードウェイナー・スミスの、人類補完機構シリーズの話をはじめて、これで三回目になる。今更だけど、個人的なドタバタもいちおう一段落して、ようやく作品も、ある程度読み返すことができました。

そんでまあ、読み返してみて改めて感じたのは、スミスってなんつーか、すんげえハッタリの人なのねってことだ。

どの作品を読んでも、思わせぶりで大袈裟な語り口ではじまって、突拍子もないガジェットの乱舞があり、あれ、あれという間に話が終わってしまう。それで読後感はどうかというと、なんか凄かったぞって気はするんだけど、その実、それがどんな出来事を扱った小説なのかというと、あまり覚えていないというか、どうでもよかったりして。ただ、もう無性に別の作品も読みたくなる。

とくに目立つのは、ストーリーがたいてい歴史物語を語るスタイルになっている事で、これは少し権威的な雰囲気があって、しかもいつの話を語っているのか時制が混乱しやすい。それからガジェット類も、それが出てくる必然性はほとんどなくて、基本的に読者の意表をつくことを第一の目的に考えてあるみたいだ。

実はこのやり口って、マインドコントロールの技術そのものなんだよね。

マインドコントロールのキーテクノロジーの一つは、相手の意表をつくという事だ。これは言葉をかえると、クリエイティブだってことでもある。

人間という生き物は、どうもこういうクリエイティブさには弱くて、それに遭遇すると、一瞬こころが空白になってしまうものらしい。そして、それは非常に大きな、態度の分岐点になりやすい。

瞑想や薬物が、宗教の中でよく使われるのは、これがそれまで体験した事のないような肉体的感覚を生み出すので、体験者の意表をついて、それまでの態度から脱却する起爆剤になりうるからだ。(まあ、瞑想の役割はそれだけではないけれど)また、あらゆる芸術ムーブメントも、それ以前の表現の意表をつくというのが、すべての出発点になる。

もっというと、ケンカのメチャメチャ強い人は、戦う事にかけてとてもクリエイティブだったりする。

たとえば、ごめんなさいと土下座している人の指を踵で踏んで全部叩き折ったり、自転車に乗っている人に背中から近づいて傘で滅多刺しにしたり、表へ出ろとか悠長なことをいっている人の頭をテーブルにある重いガラスの灰皿で思いっきりはり飛ばしたりできる。

こういうクリエイティブな人間に、ケンカに勝つには空手でもやろうかというような凡人の発想しかできない人には、決して勝つことはできない。

歴史的にもチンギスハーンが世界最大の帝国を築けたのは、街の人間を皆殺しにしてしゃれこうべの山を作るといった、それ以前には想像することすらできなかったクリエイティブな行為をやったからなんだよね。

スミスの小説には、そういう心の空白を作りだすしかけが、いろいろと仕組まれているんだよね。

ところで、人類補完機構シリーズの中で最大の謎は、補完機構って一体何なのってことだろう。ハッタリ屋のスミスのことだから、実際にはそれほどきっちり考えていたわけではないと思うんだけど、ただそれがイメージとしてどんなものに設定していたかは、作品を読んでいるとわかってくる。

前回、スミスの描く人類補完機構のつくりだしたアンチユートピアの姿は、アメリカ文化から出てくるようなものではなくて、なんだかすごく東洋っぽいという話をした。

それは、その描かれ方が非常に過保護的だからだ。

たとえばそれは、『シェイヨルという名の星』（ハヤカワ文庫ＳＦ）に収録されている「老いた大地の底で」のなかで、人類補完機構の最長老であり、大賢者で、ほとんど千年を生きたストー・オーディンに、自分たちの作り出した世界のことをこう語らせている。

「……たいていの人民はしあわせを求めている。それならよしと、われわれはしあわせを与えた。わびしい無益なしあわせの何十世紀かが過ぎ、不幸な者はみんな矯正されるか治療されるか殺されてしまった。耐えがたい荒涼とした幸福……嘆きのとげも、怒りの酒も、怖れの湯気もない……」

「……人民には、何かをするほどの理由はない。こちらで考えてやった仕事につき、しあわせに暮らし、本物の仕事はロボットと下級民まかせだ。歩きもするし恋もする。だが不幸ではない。そうはなれないのだよ！」

過保護というのは、前回もいったように相手を守るとか、面倒見なきゃ可哀想という名目のもとに支配することだ。

人間は生まれ落ちた瞬間から、自立しようとしはじめる。もちろん最初は機能的に未熟なので、親の手助けがないと何もできないわけだけど、失敗を繰り返しながら、試行錯誤的に適切な行動を身につけていくものだ。

でも、そういう幼児よりも相対的にみて圧倒的に優れた能力を持つ親は、幼児がおかすであろう失敗を、未然に見通す能力がある。そのため危険があるときは事前に察知して、すぐに助ける事ができる。これは、もちろんある程度までなら適切な行為なんだけど、でも、いつの間にか限度を越えてしまいやすい、危険な罠でもあるんだよね。

この子は駄目だから助けなきゃとか、傷ついては大変だからとかやっているうちに、行動の目的がすり変っていく。子供のためという名目のもとに、本来は経験しなければならない経験を奪い、親の好みの行動以外を禁止しはじめる。そうなると、それはもはや子供のためじゃなくて、親の支配欲求を満たすだけの行為になってしまうわけだ。

人類補完機構の長官たちは、当たり前のようにテレパシー能力を備えていたり、普通の人民よりもはるかに高い水準の能力を持っている。要するに、彼らは、人民から見ると圧倒的な能力を持った、親のような存在なんだよね。

こういう親子の関わりかたって、個人主義へつながるユダヤの契約主義とか、ヨーロッパ・キリスト教文化の中からは、あまり出てこないタイプだ。あるとしても、ダブルバインド的な状況を作るような、強烈に病的なコミュニケーションの文脈でしか語られない。スミスの小説の描く地獄はそれだということもできるんだけど、やっぱりこれは、東洋的というか中国や日本の文化からは出てきやすい、優しさの罠のような気がするな。

『衝撃波を乗り切れ!』

さて、今回もスミスの話の続きをしようかなと思っていたんだけど、考えてみると、とりあえず話したいことは、もう全部書いちゃっていたのでした。

つーわけで、今回は急遽、特集のページの話題と関連のある、ジョン・ブラナーの『衝撃波を乗り切れ』（集英社）について取り上げることにしたい。

えー、これはですね。はっきりいってすごく良い作品。もう、超オススメ。

ぼくのオールタイム・ベストのSFの中でもかなり上位を占める作品で、そのうちこのページで取り上げようとは思っていたんだよね。それで今回、改めて読み返してみて、やっぱ凄いわと感動を新たにした次第。アメリカのスコールズとラブキンによる『SF その歴史とヴィジョン』（TBSブリタニカ）の中で、SFの十大小説の一つにもあげられているから、一般的な評価も高いみたい。

ただ、残念なのは、たぶんもう品切なので、今から手に入れるのはちょっと難しそうなことなんだよね。もし古本屋とかで見かけたら、迷わず手に入れて読んで欲しいと思うなあ。

さて、この小説は、アメリカの未来学者、アルヴィン・トフラーの『未来の衝撃』からヒントを得て描かれたものだそうだ。そんでもって、この小説を読んだトフラーは、それに刺激を受けてさらに『第三の波』を著わしている。

こういうのをなんていうんでしょうね。やっぱ、ハードSFなのかな?

分類はよくわからないけど、テクノロジーと人間性という問題について深く考えさせてくれて、それでいてちゃんとエンターテイメントしているという点で、SFの王道をいく作品ではある。

話のスタイルとしては、ジョージ・オーウェルの『一九八四年』を下敷きにしている。『一九八四年』は情報が強烈に統制されたアンチユートピアの話だったけど、この『衝撃波を乗り切れ』も、情報の過剰と偏りが産み出すアンチユートピアの話なので、その形をとったのだろう。と、いっても、『一九八四年』みたいに絶望的ではなくて、SFらしい明るい終りかたをするんだけどね。

品切だから、一応ストーリーも紹介しておくと、舞台は二一世紀、この時代、各国は軍縮協定を結んで、戦争の不安はなくなり、物質的には大変豊かになっている。そして人類は、脚力競争《レッグレース》（版図の拡大）、武器競争《アームレース》（武力による競合）から、頭脳競争《ブレインレース》という、第三のフェーズにはいっていた。

主人公ニックは、そんな情報競争時代をリードするエリートとして、幼いころに政府の秘密組織であるターノーヴァーにスカウトされ英才教育を受ける。しかし、そこで行われていた様々な非人間的な行為を目の当たりにして、彼はそこから脱走する。以来、持ち前の天才的プログラミングの腕でネットワークを欺き、全く別人のIDを作っては、各地を転々としていた。しかし、ケートという聡明な女性との出会いをきっかけにして、彼の運命は大きく変わっていく。

この物語で中心的な役割をはたしているのが、「接続型《プラグイン》ライフスタイル」だ。

この時代、物質面については、ほとんど完全に満たされている。しかも、自分の個人データはすべてネットの中に格納されているので、接続さえすれば、どこに行こうが以前いた場所と全く同じレベルの快適な生活が営めるようになっている。そして実際、移動先にも、以前と同じような家、職場、人がいる。つまり、この時代の人々は、場所の制約から完全に自由になっているわけだ。

ただ、自由になったというと聞こえが良いけど、それは極端にいえば、友人やパートナー、子供さえも取り替え可能になっているってことだ。この接続型ライフスタイルにドップリ浸っている人は、超カッコ良いように見せかけてはいるけれど、人づきあいはものすごく表面的なレベルに留まり、人間的な交流ができない。そして、いつ爆発してもおかしくない抑圧したストレスに苛まれている。

主人公は幼くして両親を失い、接続型ライフスタイルの仮親達の間を転々とした経験の持ち主だ。これが、彼の全くの別人になりすませる能力の下敷きになっているんだけど、でもやがて彼自身、それがものすごいストレスになっていたことに気がついていく。

ニックのようにドロップアウトせず、生真面目にエリートしているターノーヴァーの卒業生たちは、接続型ライフスタイルを極限まで押し進めたようなものの見方をする。彼らは、人間そのものではなく、あらかじめ決まっている人間のモデルのようなものを扱うようになってしまう。接続型ライフスタイルもまさにそれで、人間という個性的な存在を規格化してしまうってことなんだよね。

以前、このページで科学と文学という話をしたときに、科学は法則定立的で、文学は個性記述的だって話をした。そして、人とその個性まるごとでつきあわず、科学の目でみようとすると、それは必然的に人間疎外になるという話をした。SFはその法則定立と個性記述の両面を扱える希有なジャンルだと思うんだけど、この作品はまさにそこの部分を扱っているんだよね。

物語の最後に、主人公は取り除くことの不可能な、究極のテープ虫（今でいうウイルスやワームのこと。ワームという言葉の語源はこのテープ虫《ワーム》にある）をネットワークに解き放つ。このテープ虫は、公共の福祉に反するあらゆる極秘情報、不正情報を暴露するもので、それ以降、政府や企業の極秘の不正行為が、すべてディスプレイ上に表示されるようになる。

これはベスターの『虎よ、虎よ！』のラストに、一脈通じるものを感じるんだよね。『虎よ、虎よ！』で主人公ガリヴァー・フォイルは、念じるだけで世界を壊滅させる力を持った〝パイア〟を全世界の人々にばらまき、世界の運命を普通の人々にゆだねる。政府の役人は、いったいどうやったらその正体を知らせずに、パイアを回収できるのかと愕然とするんだけど、それに対してガリヴァー・フォイルは「民衆を子供扱いするのはよせ」といってのける。

テープ虫をネットに放ち、すべての不正情報を公に引きだすのもこれと同じで、危険性もある究極のテクノロジーを、普通の人々の手にゆだねたということだ。つまりこれは、安全という名の下に何者かに支配・管理されるのではなく傷つく可能性も含めた責任を受け入れることが、本当の人間的な生き方なのだということをいっているわけだ。

そこには、人間性に対する深い信頼があるんだよね。

サはサイエンスのサ

連載●23

【鹿野 司】

『衝撃波を乗り切れ！』その2

ジョン・ブラナーの『衝撃波を乗り切れ』は、すべての人にオススメしたい、ぼくの好きなSFの中でも、かなり上位に位置する作品だ。

何故かというと、まずブラナーの小説は、どれも独特の哲学的な深みっつーのがあるんだよね。

それも、他者に対してメタレベルで優位に立ちたいというしょーもない欲望に基づいた、無意味に難解な現代しそーみたいなものじゃない。

ある問題について、きちんと考えてるなあって感じで、ほんとうに面白い。そういうのって、こちらの思考を刺激してくれるんだよね。

世の中には、そういうふうにきちんとものを考えて書いてくれている人はメチャクチャ少ないので、これはこれだけでかなり貴重なわけだ。

それとなんか、やっぱりこれがSFの良さだと思うんだけど、ものすごく明るいというか、楽観的なところがあるんだよね。元気でる〜つーかさ。

ただ、今読み返してみると、その明るさの中に、少し鼻につく部分があるように感じるんだな。

この作品の中で鋭いと感じるのは、やっぱり情報エリートたちの描かれ方だ。

二一世紀のこの時代、各国は軍縮協定を結んで戦争の不安は消え、物質的には十二分に満ち足りている。そして人類は脚力競争《レッグレース》（版図の拡大）、武器競争《アームレース》（武力による競合）から、頭脳競争《ブレインレース》という、第三のフェーズにはいっているんだよね。

このブレインレース時代をリードするために、政府はターノーヴァーという秘密機関を作っていて、優秀な人材を集め、幼い頃から英才教育を受けさせている。

でも、そのエリートたちは、極めて優秀ではあるけれど、どこか圧倒的に欠けた部分がある……

と、まあ、これだけだとわりと月並みな設定という感じもしないではない。

でも面白いのは、彼らは基本的には、善意で動いているってことなんだよね。

個々のエリートたちは、どうやら心の底から、社会の福祉を願って働いているらしい。だけど、それが結果的に、人々を苦しいほうへ苦しいほうへと、駆り立てつつあるんだよね。

この感じは、すごいよく解る。

これはちょうど、仕事を楽にしたいからパソコンを導入する、みたいなことなんだよね。

パソコン化以前は、やっぱ、つまらない作業が多くて、効率はメチャわるい。だから、そういう雑作業はパソコンでちゃっちゃと片付ければ、余裕ができて、リラックスできて、とてもハッピーな世界がやってくると思うわけだな。

ところが実際にやってみると、雑用は減るけどそのぶん、別の仕事を入れたりして忙しさはむしろ増えてしまう。

そのうえ、雑用だと思っていたことが、無くなってみると案外息抜きになっていたり、頭を回すための準備期間になっていた事がわかってきて、それが失われた事で、仕事がよけい厳しいものに感じられてきたりする。

ようするに、幸せを求めて、ドロヌマにもう一歩深く沈んじゃったわけだ。

人間というのは因果なもので、ある苦しみの中に捕われている時は、それが苦しいと思って、それを解決するために努力すると、余計それを助長してしまうってところがある。

まあ、これはある意味で当然の事なんだよね。それが苦しいと思うのは、そういうものの見方の中で動いているからで、その見方しかできないんだから、その中で何をやっても、パラダイムは変えられない。ジタバタするだけ、苦しみが増してしまうしね。

たとえば仕事を楽にするなら、仕事に少しでも関係のある手段、同じパラダイムにある手段、つまりパソコンを導入するっていうのでは、一〇〇パーセント失敗するわけだ。

こういうときは、仕事とは無関係なパラダイムで動かないと、目的は達成できない。

たとえば、仕事をやめるというのが正解で、それ以外に解答はないんだけど、そういうパラダイムの変更は、普通は思いつかないんだよね。（と、いうかそれだけは嫌とか、それだけは色々な理由でできないとか思ってしまう）

ターノーヴァーのエリートは、このパソコンみたいな働きをしているわけだ。『衝撃波を乗り切れ』は、ネットワーク化であふれる情報の衝撃波に、人々は耐えられるかという事がテーマになっている。書かれたのは一九七五年だ。

で、今という時代はまさに、そういうものが世間に蔓延しているわけだ。情報の奔流の中で、別のパラダイムを思い付くだけのゆとりが無くなっている。

本が売れないからもっと本を出すなんて、どんどん深みにハマるだけじゃん。わかりきっているのに、でも止まらないんだよね。

時代を越えて、そういう視点をもっていた鋭さは、やっぱブラナーの凄さだと思う。でも鼻につくというのは、その代替案が、真に賢い人だってところだ。

主人公のニックはターノーヴァーからのドロップアウトで、メチャクチャ有能だ。それは、ターノーヴァーのイビツさを、敏感に感じ取れるくらい有能で賢いわけ。そして、世界の中には、彼のような真に賢い人々が少しはいて、そういう人たちと関わりながら、彼は世界に革命を巻き起こす。しかも、そのやり方が、すべての極秘情報を強制的に公開するという方法を使って。

で、本当か。本当にそれでええのんか、と思ってしまうんだよなあ。

もちろん、物語はハッピーエンドで、凄い元気の出る感じはするんだけど、このＳＦっぽい明るさというか、勇気づけてくれる感じが、かえってどうも気に障るみたい。

ただ、そう感じるのは、ひょっとすると、今という時代のせいかもしれない。

たとえば、エヴァンゲリオンみたいに、行くとこまで行って地獄を見てきた人じゃないと描けないような話を、どーんとストレートに出しちゃうご時勢じゃないですか。それでもおまえＳＦか、もっと根性見せんかいとか、思わんでもないんだけれど、そういうのんが、なんかちょっと良いかもしれないという感じもしないではなかったりする。

そういう時代の雰囲気の中に、そういう時代のパラダイムの中にぼくも捕われているからなあ……いやいや、やっぱりこれは、時代のせいにしちゃいけないな。これはぼくの心の問題なんだから。

『ガイア』その1

サはサイエンスのサ

連載・24

【鹿野 司】

いつもはどちらかというと古めの作品を題材にするこのコラムだけど、今回はわりと新しい作品で、デイヴィッド・ブリンの『ガイア』（ハヤカワ文庫ＳＦ）をとりあげたい。この物語は、地球の中心核に、うっかりマイクロ・ブラックホールを落としちゃった事が発端になって、近未来の地球環境問題や、ネットワーク社会の姿などが複雑に絡んでいく大作だ。まあ、下巻に入るとそれまでとあまりに展開が違って、ちょっとそれはないんじゃないかぁ〜ってな感じもあるんだけど、でもいろいろ楽しく考えさせてくれる題材を、いっぱい提供してくれる作品である事は間違いない。

ブリンは、ぼくにとって、翻訳が出れば必ず読むようにしている、お気に入りの作家の一人だ。その理由はいくつかあるんだけど、まず第一に、意表をつくようなアイデアが豊富だってことかな。

もともとぼくは、ワイドスクリーン・バロックのようなゴテゴテＳＦガジェット満載の作品が好きなんだけど、ブリンの作品にもその雰囲気がある。まあ、ワイドスクリーン・バロックは、たくさんのガジェットについて詳しく説明されないのが普通だけど、ブリンの使うガジェットにはかなり丁寧に、原理や機能の説明があるという点が違っているけどね。

それからもう一つは、全体にこう、なんともいえない明るい雰囲気が漂っていることかな。ようするに、八〇年代以降に多くなった閉塞感のある神経症的な感じの作品とは違って、もっと昔のＳＦに多かった、猛烈に前向きの感じがあるんだよね。たとえば『ポストマン』なんてのは、『ルパン三世　カリオストロの城』などの宮崎アニメみたいな雰囲気があったもんなあ。

このガイアも、そういう意味での昔懐かしい明るさってのがある。それで、この感じって、理系的なセンスなんじゃないかなあという感じがするんだよね。

理系的なセンスと明るさって、どこに関係があるのって思う人もいると思うけど、これってかなり深い関係がある。

理系と文系の違いという話を最初にいいだしたのは、イギリスのＣ・Ｐ・スノーっていう、小説家であり評論家でもある人だ。この人は、もともとケンブリッジ大学の物理出身で、労働省に勤めていた時に、第二次世界大戦中に研究面で功労のあった科学者に、イギリス帝国勲章を授与するためのリストを作る仕事をしていた。つまり理系出身で、たくさんの理系の研究者たちに会い、インタビューしてきた人なわけね。そして、その後文筆家になって、文学関係者たちと、たくさんの交流を持つようにもなった。

スノーはその経験から、文学関係者と理系研究者は、どちらも知的活動としては非常に質の高いことをやっているのに、互いに互いの事をゼンゼン知らなくて、理解さえしようとしていないことに気がついた。そこでこの問題を「二つの文化」と題して、〈エンカウンター〉という雑誌に一九五九年に発表したんだよね。

スノーは、非科学者は科学者の事を「人間の条件に気づかない浅薄な楽天主義者」だと信じているという。一方、科学者は文学的知識人を「先見の明がなくて、自分たちの同胞に無関心で、深い意味で反知性的で、芸術や思想を実存哲学のきっかけだけに限ろうとしている」人間というふうに感じているという。そして、こんな相互の誤解があるから、理系と文系という二つの文化の衝突から素晴らしいものが生れるということがないし、それが教育システム全般に悪影響を与えているということをいったわけだ。

まあ、この状況は今もあまり変っていないんじゃないかと思うけど、それはともかく、ここでいわれた文系の人が理系の人を見る感じとか、その逆の感じって、確かにそんな風にみえるだろうなって気がするんだよね。

ぼくはこれまでに、五〇〇人以上の理系の研究者にインタビューをしたことがある。それでつくづく思うんだけど、オリジナリティの高い研究をやっている人というのは、例外なく明るいというか、ものすごくタフな精神の持ち主ばかりなんだよね。これは実はわけがあって、そういう人じゃないと、本当にオリジナルな仕事ってできないからだ。

なにしろ、全く新しいことをやるわけだから、頼りにできる前例は何もない。しかも実験すると、まあ一〇回やって期待の成果が出るのは良くて一回。つまりほとんどが失敗に終わるわけ。そのうえ実験を続けていくと、自分の考えが原理的に不可能だと示すような結果が、どんどんたまってきちゃったりする。グループのほかのメンバーからも、こりゃあ駄目だよなんて意見が出てきたりして。

このモロモロの圧力は本当に凄いもので、普通の神経では、やっぱり諦めちゃうんじゃないかと思うんだよね。でも凄い発見とか発明をする人は、それでも突き進んでいった人ばかりだ。

こういう感じって、「人間の条件に気がつかない浅はかな楽天主義者」に見えるかもしれないなと思う。

でも、それは少し違うんだな。楽天的といっても、本人が苦しんでいないわけじゃない。ものすごく大変なんだけど、その結果つぶれてしまうところまではいかないだけなんだよね。それに、悩む問題の質も違っている。

クリエイティブな仕事をしている当事者にとっては、つまらない本質的でないところで悩んで、足踏みしている暇はないって感じがある。本質的でないところでクヨクヨ悩むのは、ようするに自分のすべき行動を起こしたくない、自己欺瞞にすぎない。彼らはそういう悩み方はしなくて、つぎにどう動くのが適切かという具体的な問題についてなら、かなり必死に考えるんだよね。

ガイアのテーマは、地球環境問題で、これは現実的にはちょっと解決が見つからないような問題だ。しかもブリンは、宇宙からみて目立つ砂漠は、サハラだろうとなんだろうと、ほとんどすべてが人間がかつて荒らして創り出した土地なんだということまでいう。

つまり、古代人は自然と調和していたからそこへ戻ろうなんていうロマンチックな話が好きな人が世間には多いけど、それは全くの嘘で、人間は昔から人口が増えれば必ず環境を壊してきた生き物なんだよね。ただ、それで、人間は業の深いダメな生き物だなんていう話は、もう一億回くらいは聞いている。

そういう月並みな話ではなくて、人間はそういう生き物であるのだから、我々が適切に生きていくにはどんな方法があるかというところに、ブリンの物語は向かっていく。こういう明るさが、ブリンの良いところなんだよね。

サはサイエンスのサ

連載●25

【鹿野 司】

宇宙から地球を見下ろすと、サハラ砂漠とかゴビ砂漠とか、いくつかの非常に目立つ砂漠地帯がある。この不毛の土地は、実はすべて有史以降、人間の文明によって、短期間（数世紀）のうちに作り出されたものだった。

デイヴィッド・ブリンの『ガイア』で描かれる地球環境問題の前提には、こういう認識がある。

これの元ネタは、ジョン・パーリンという人の『森の旅：メソポタミアから北アメリカへ』という本なのだそうだ。

そこには、「シュメール人の文明はアラビアからオークを、シリアからは牡松を、アナトリアからは杉を略奪してきた。おかげで、中東周辺の河川はシルトだらけとなり、港や灌漑《かんがい》運河はどんどん浅くなっていった。浚渫《しゅんせつ》をしても、そこの塩分を含んだ層がさらけ出されるばかりで、風で吹き飛ばされずに残っていた土壌をかえってだいなしにしてしまう。最終的に同地域は、数世紀のうちに、現在知られるような砂と強風の土地と化した。かつては、肥沃な三日月地帯と呼ばれ、ミルクと蜂蜜の山地だった土地がである」なんてことが書いてあるらしい。

これはいわれてみればナルホドそうだよなあって感じの話なんだけど、一般的にはあまり認識されていないことだと思う。また、ある意味でショッキングな事実でもあるよね。

人間の文明は、あるていど成功して人口が増えると、高い確率で回りの環境を食いつぶしてしまう。そうしてその結果、ひとときの栄華を誇った文明は亡び去り、後に巨大な不毛地帯を残すというパターンをくり返してきた。

これは何も、一部の〝間違った〟文明がそういう〝バカげたこと〟をしでかしたわけじゃなくて、どこでも大なり小なりそうだったのではないかと思う。

たとえば狩猟採集民だと思われていた縄文人だって、食用になる木の実の生る樹木を栽培していたらしいことがわかってきている。つまり、彼らも積極的な環境の改変をやっていたわけだ。

ロマンチストたちは、古代の人々は自然と共棲していて、環境破壊などしなかったのだから、我々もその知恵に学ぶべきだとかナントカいったりする。

でも、事実は全くそうじゃない。古代人たちが、環境を壊さなかったようにみえるのは、彼らが現代人と根本的に違う考え方をしていたからではなくて、環境改変の跡が後世に歴然と残るまでは、人口が増えなかったからにすぎない。

こういうと、人間って本当にしょうがない生き物だと、絶望しちゃう人もいるかもしれない。やっぱり人類は、地球におけるガン細胞なんじゃないかなあ、なんて感じでね。

『ガイア』の中に登場する、ネットワークの魔女で、環境テロリストのデイジーは、まさにこういうものの見方で人々を虐殺していく。人類は地球にとってガン細胞なんだから、存在する価値なんてないってわけだ。

まあ、現実問題として、ここまで極端に思い詰める人はそうはいないと思うけど、現代の多くの人の心には、だいたいにおいて、こんな感じの物語が巣食っているんじゃないだろうか。

でも、これはあんまり健全な物語ではないと思うんだよね。

冷静に考えてみると、人間が環境を変える生き物だとしても、それに善悪なんてあるはずがない。なぜなら、数が増えた生き物が、地球環境を変えるということは、地球の歴史の中では普遍的にあったことだからだ。たとえば地球に酸素ができたのだって、ある時期に藻類が爆発的に増えたせいだったわけだ。

それなのに、どうして自分のことをガン細胞呼ばわりするような自責的な物語が、こんなに流通しているのだろうか。

こういうのって、どーも、嫌なんだよね。人類ガン細胞説というのは、科学的な事実ではなくて、誰かがでっち上げた物語にすぎない。でも、ぼくたちはガン細胞なんだあと思いながら、生きる希望がモリモリ湧いてくるかっていうと、そういう人ってあんまりいないと思う。

むしろ、これは諦めというか無関心というか、現状肯定の屈折した形、神経症的表現にすぎないんだよね。だから、この物語を発展させても、ガン細胞なんだからしょうがないよとか、ガン細胞だから滅ぶべきだとか、まあそんなつまらない結論にしかたどりつかないわけだ。

では、ガン細胞ではなかったら、一体なんなんだ。現実に人間がやっていることを見て、それ以外に生きる希望が湧いてくるような物語があるのかというと、代替案を示せる人はあまりいなかった。

ところが、ここがブリンの良いところだ。彼は、人類はガイアという一個の生き物の、脳細胞だというんだよね。

人類は脳細胞であるからには、すべての生物の行く末を考えられるはずだし、そうしなければならない責任がある。今はまだその自覚が足りないので、多少間違ったことをやっている部分もあるけれど、しかし前向きに対策を考えていけば、ガイアの進化に大いに貢献するはずだし、実際それができる存在でもある。

こう、ブリンはいっているわけだ。

個人的には、この主張の中には、いかにも西欧的な傲慢さが混じっていて、それは違うでしょと突っ込みを入れたくなる部分があるんだけど、ガン細胞だというよりははるかにましな物語だと思う。

ちなみに手前味噌ですけど、ぼくは以前から、人類はガン細胞じゃなくて、胎児細胞なんだろうと解釈してきた。

激しく増殖して、ある部分細胞死なども伴う現象には、ガン細胞以外にも、胎児の発生がある。だとしたら、ぼくたち人類を含むガイア生命体は、今まさに出産の時期を迎えているのではないか。我我は、宇宙に向かって生まれ出ようとしている胎児なのだ……つーわけ。まあ、上手に育たないと、流産しちゃうかもしれないけどさ。

ブリンの脳細胞もぼくの胎児細胞も、まあどちらも一つの物語にすぎないという点では、ガン細胞と同じわけだ。でも、こういう物語には、だったら次はどうしたらいいかという、具体的な行動のアイデアが湧いてくる。つまり希望があるんだよね。古きよきSFの中には、こういう、やってやるぞおという感じになれる物語が横溢していた。

でも、八〇年代の閉塞的な状況の中では、自責的な神経症的な物語が支配的な時期が暫く続いていたわけだ。でもそろそろ、みんな、神経症的な物語にも飽きてきたんじゃないでしょうか。

そういう意味では、ブリンは古いようでいて、新しい二一世紀のSFの先頭ランナーの一人じゃないかと思うんだな。

サはサイエンスのサ

【鹿野 司】

デイヴィッド・ブリンの『ガイア』は、上巻と下巻ではずいぶん物語の雰囲気が違っている。

上巻は、わりとゆったりとしたペースで話が進んでいって、まあ、クラークっぽい思索的な雰囲気とでもいいましょうか、そういう感じがあったりする。読み手としても、ナルホドねえとか思いながら、いろいろな考えが啓発されて、結構楽しい。ただ、物語がほとんど展開していかないので、そういう意味ではややまどろっこしい感じもしないではない。

ところが下巻に入ると、事態は急速に展開しはじめる。ドタバタといってもいいくらい、矢継ぎ早に色々なアイデアが登場するし、意外な事実も明らかになってくる。重力波レーザーを使った超兵器や、地底にある超伝導領域、ネットワークを使った環境テロリズム、ロスチャイルド家みたいな世界の歴史を影から支配してきた一族の存在、超人工知能、人類を越えた宇宙人のメッセージなどなど、上巻で、ゆっくり進めすぎたんで、後半おもいっきり詰め込んじゃったんではないかって感じだ。まあ、僕の個人的な感想では、この後半の展開で、物語はだいなし？ みたいな〜、という感じがしないでもない。

上巻の鍵となるアイデアは、マイクロブラックホール工学で、これはもちろん現実の科学技術の延長上にはない。でも、これによって地球が消滅してしまうかもしれない究極の危機が起こり、それと対比するような形で地球環境問題が非常に冷静に捉えられていく。ここで語られる思想には、並みじゃない素晴らしさがある。

ところが下巻に入ると、地球中心にあったブラックホールが実は宇宙人が作ったものだったとか、世界を影から支配してきた一族が全世界ネットで万能のパスワードを持っていたとか、ちょっとそりゃあないだろうという話がいっぱい出てくる。人間なみの意志を持った人工知能も、実に簡単に作られてしまうしね。しかも、これらは物語の流れの中からすると、なくても問題のないような話なんだよなあ。これじゃあ、上巻のあの話はいったいなんだったのって感じだ。

まあ、そういうわけで色々不満はあるんだけど、やっぱりブリンだけあって面白い部分がないわけじゃない。たとえば、世界ネットワークとネットワーク・テロリストの描かれ方はなかなか良いんじゃないかと思う。

ガイアの世界では、熱狂的な環境保護運動家たちによるテロリズムが一般化している。まあ、現実世界でも、ピースボートのやり口なんかを見ていると、そのうちそういう事もあるんだろうなあって感じがするよね。随分前だけど、ゆうきまさみのパトレイバーの中にも、環境保護運動テロが出てきたはずだ。だから、このアイデア自体にはあまり新味はないんだけど、ただ、この作品ではテロリストたちの情報ネットワークの使いこなし方がなかなか面白いと思う。

ガイアには、熱狂的な環境保護論者で、天才的なハッカーのデイジーが登場する。この人、上巻ではほとんど目立たないんだけど、下巻では超兵器を操り、大量殺戮を行うとんでもない人間になってしまう。ようするに、人間を責めることでしか環境問題をとらえられない人々の戯画ってわけだ。

彼女のやりかたは、いわゆるサイバースペースに没入するってのじゃない。抜群のプログラミング能力で作った使役プログラムたちをネットワークに放ち、情報の流れを監視したり、侵入を行ったりする。

これは現実のテクノロジーでは、エージェントとよばれるタイプのプログラムだ。この種のプログラムは、人間が命令を与えると、ネットを渡り歩いて情報を集め、リクエストに応えてくれる。これは、現実のソフトウェア工学の世界では、オブジェクト指向に続く流行語みたいなもので、近ごろではエージェント間のコミュニケーションのしかたなんかの標準を作る機関もできているくらいだ。

まあ、この手の原始的なプログラムは、ロボットといって、すでにインターネットでは珍しくなくなっているよね。たとえばネット上にあるテキストの全文を収集している検索エンジンなんかでは、定期的にロボットをネットに放って、情報の更新を行っていたりする。

ネットワークの使いこなしという意味では、このほうがバーチャル・リアリティよりも現実の延長という感じでリアリティがある。

それで、はじめの頃のデイジーは、有能な使役プログラムをワールド・データ・ネットに放って、環境破壊を続ける企業が隠している不正行為なんかの情報を見つけだし、強制的に一般公開してしまうということをやっている。これはなかなかスマートな方法で、まあそこらのへっぽこクラッカー程度じゃできない、真のハッカーだからこそできる仕事って感じがする。まあ、ネット義賊といってもいいかもしれない。

この雰囲気って、以前話したジョン・ブラナーの『衝撃波を乗り切れ』とよく似たところがある。『衝撃波を乗り切れ』では、主人公はテープワームという使役プログラムを使って、自分の経歴を作り替えたり、不当に隠されている情報を強制公開するプログラムを作ったりする。

共通するのは、ネット上には民衆の利益を損なう不当に隠された情報があって、それを暴露するのは良いことだっていうところだ。

情報は完全に公開されるべきで、それに基づいて、人々が自分の責任において、物事を判断していくのが良いことなんだという考えは、今も押し進められている情報化の理念的な基盤だろう。医学の世界のインフォームド・コンセントなんてのも、まさにこの流れの発想だ。だから、こういう考えが、両方の小説に共通して現れてくるのも納得できる。

でも、本当にそうなんだろうかと、日本人である僕は思う。このやり方は、直接民主主義みたいなものなんだけど、でも、これには致命的な欠陥があるんだよね。これだと、たいして知らないことでも、自分で判断しなければならないので、その場の雰囲気だけに引っ張られて理性的な判断が下せない、衆愚政治的な状況が起きてくる。そうならないためには、あらゆる問題に対して正しい判断が下せるだけの情報を集め、よく考える必要があるんだけど、社会が複雑化し、情報化されるほど、そういう情報の収集と判断のために必要な時間は、膨大なものになってしまって、現実問題としてはできないんだよね。まあ、そういう問題を助けるのがエージェントなんだけどね。

サはサイエンスのサ

連載●27

【鹿野 司】

『カエアンの聖衣』

前にも書いたことがあるかもしれないけれど、僕のいちばん好きなSF小説のジャンルは、いわゆるワイドスクリーン・バロックってやつだ。なかでも、バリントン・J・ベイリーの『カエアンの聖衣』と、クリス・ボイスの『キャッチワールド』、アルフレッド・ベスターの『コンピュータ・コネクション』の三つは、かなり好きって感じ、なんだよね。

今回は、その中の『カエアンの聖衣』について取り上げたいと思う。

それにしても、ワイドスクリーン・バロックってやつは、一体どこが面白いのかね？……いちばん好きなジャンルがこれだといいながら、その言い草はないだろ！　って思うかもしれないけれど、実際自分でもよーわからんのですよ。よーわからんけど、なんか好きってぇのが、このタイプの小説の不思議なところだ。

小説を読んで、こりゃあ凄い、メチャクチャ面白いなあって思う時がある。そういう時、自分は一体その作品の、どこに感銘を受けているんだろうか。

これはもちろん、たくさんの要素が絡み合っているし、作品によって質的に違うところを気に入りもするので、とても簡単には分類できるようなものじゃない。まあ、そうは思っているんだけど、それでも自分の中には、幾つかの目安みたいなものが、漠然とだけどある。

たとえば、とりあえず読んでいるうちは熱くなって、先へ先へと読みたくなるような作品は、文章やドラマの運びのリズムの巧さに感心するんだけど、後から読み返そうと思うことはほとんどない。

一方、そういう作品とは別格扱いで、これは良い作品だったなあと感じ、おりを見てまた読み返したりする作品には、それなりの特徴が幾つかある。

ひとつは、以前、芸術文学とは個性記述的だという話をしたけれど、そういう意味での深さを持った作品だ。そこに描かれている人間性が、ありふれたパターン的なものではなく、今まで見たことのないようなものなのに、それが人間というものの一面を垣間見させてくれているように感じるもの。こういうタイプの小説には滅多にお目にかかれないけど、たとえば最近では（って全然最近じゃないな）アゴタ・クリストフの『悪童日記』はすごく良かった（SFでもないしぃ）。

それから、文学の楽しみってことだと、描写力のすごさというのもある。これは翻訳ものだと、さすがにあまり見つからないけど（翻訳家が巧くても、もとの言葉が外国語だと、どこかしら違和感が残るんだよね）、日本人の作品の中には、ホント、なんでこんな素晴らしい描写ができちゃうのと悔しいくらいの作品があるよね。大原まり子の『吸血鬼エフェメラ』の二作目「コンビニエンスの霊媒師」とかね。

SF小説には、こういう文学的要素とは別に、法則定立的な面白さってのもある。たとえば、人間というものを、個人ではなく人類とか宇宙という、巨大な法則の中の一部として捉えられるのは、たぶんSFだけの醍醐味で、古典的な名作にはこの手のものがたくさんある。

一方、ワイドスクリーン・バロックは、今あげたような要素は、ほとんど何も無い。でも、SFの本質をついたような面白さがあるんだよね。

よく、ワイドスクリーン・バロックの面白さは、ガジェットの妙にあるといわれる。それは確かにそうだと思うんだけど、でも、ガジェットってやつは、どうしてこんなに面白いんだろう。

SF MAGAZINE WORKSHOP

そこで、『カエアンの聖衣』に登場するガジェットをあげてみることにしよう。

まず、低周波音波を発して、相手を共振破壊する能力を進化させた生物群による生態系が殺人低周波を放ち、音波遮蔽スーツを着ていてさえ、人間にはこのうえなく危険な世界だ。

また、人類の銀河進出の過程で置き去りにした二つの種族が、宇宙空間に適応した原始部族となって、終わることのない抗争を続けている。その一つは、ソヴィエト人の子孫で、パワードスーツと一体化して宇宙空間に適応したソヴィヤ人。彼らはUHFで感情を伝えあい、宇宙空間で生殖も行う。そして、もう一方の種族は日本人の子孫で、肉体をサイボーグ化することで、宇宙空間に適応し、宗教的祭司ヤクーサ・ボンズ（ヤクザ坊主）をリーダーに、自らの死を厭わない突撃を行う狂戦士たちだ。

さらに、受動的知能をもつ植物プロッシムを材料に、天才服飾家（サートリアル）フラショナールが創った、究極の五着のスーツ。このスーツを身につけたものは、精神が補強されノンバーバル言語によって、周囲のものを意のままに操ることができるようになる。ソヴィア文化の発展形として産まれたカエアン文化を産み出した、究極の心理的なパワードスーツだ。……と、まあこんな具合で、どれもわくわくする感じ、あるでしょ。

このわくわく感はどこからくるかというと、その一つは、なんとも知れない、独特のいかがわしさにあるのだと思う。

深夜のテレビショッピングとか、大道の物売りみたいな、あの感じ。インクの染みが、つけただけで嘘のように消えちゃったりすると、うわあって思ってしまう。以前、大道包丁売りが、この包丁の切れ味は凄いよって、分厚いまな板をスパスパ切るのを見たことがあるけど、この時は本当に欲しいと思っちゃった。

洗剤とか包丁はありふれたものだけど、ケレン味のある演出がされると、それが何か凄いものみたいにみえてくる。

それと同じで、パワードスーツやサイボーグなんてありふれているけど、ぐっとSF心に迫る演出があるんだよね。

ただ、それだけじゃなくて、アイデアが内包する可能性の、ほんの一部しか見せられていない感じも、この手のガジェットの魅力じゃないかと思う。

ぼくがハードSF作家として最高に面白いと思うのはラリイ・ニーヴンで（最近新作が訳されないよねえ。残念）、フォワードとかバクスターは、凄いとは思うけど今ひとつノレないところがある。

ニーヴンのアイデアは、基本的で応用範囲が広く、そこからの展開すべてが語り尽くされていないものが多い。ところが、プロの学者でもある作家が描くハードSFのアイデアは、緻密だけど、すべて語り尽くされて、終わっちゃっている感じがするんだよね。たとえば『リングワールド』なんかは、あのアイデアから自分流の想像をいくらでも巡らせる事ができるけど、プロの学者のものは自分が付け加える部分はもう何も無い。

『カエアンの聖衣』に登場するガジェットも、そういう、使いきられていない感じがある。だから、小説を離れても、ときどき思いだして、展開させて遊ぶことができる。まあ、いってみれば、おもちゃ箱の中の、お気に入りのおもちゃみたいな感じがあるんだな。

サはサイエンスのサ

連載●28

【鹿野 司】

前回、『カエアンの聖衣』の話をはじめて、その続きを二〜三回はやろうと思っていたんだけど、よくよく考えてみると、あれはあれ以上話す事はないのでした。と、いうわけで、今回は話題かわってジョン・ヴァーリィの「残像」をとりあげたいと思う。

ヴァーリィというと、どちらかというとSF版ソープオペラみたいな作品が多い（ような気がする）ので、実はそれほど好きな作家ではないんだけれど、この「残像」だけは、例外的にすごく気に入っているんだよね。

風疹の大流行で生まれた、盲目で、耳も聴こえず、喋ることもできない人々がコミューンを築きあげる。そこで彼らは、健常者には想像もつかない、全く異質の社会システムと、独自のコミュニケーション体系を完成させていた。彼らに残された感覚は、触覚と嗅覚と味覚だけだ。しかしそのハンディキャップは、かえって彼らの感覚を鋭く研ぎすまし、人類を越えた全く別次元の生命体といっていいレベルにまで高められていた。

彼らには、もはや通常の意味での言語は必要ない。なぜなら、意識から無意識へとつながるすべてのモードの思考や感情が、全身のあらゆる部分の皮膚感覚を介して、ノンバーバルな情報として相互に交換されるからだ。

例えば、仲間の誰かが何らかの原因で不満や恐怖などの、ネガティブな感じを持ったとする。というか、自分自身も、まだそういう感覚が沸き起こりつつあることが意識できないくらいの、閾域的な状態になったとする。

そんな本人の自覚の無い段階でも、肉体は敏感に本能的に反応して、そのネガティブな感じの気配のようなものを表現する。すると、肌で接触しあっている周りのものが異変に気がつき、やはり肉体的なコミュニケーションを介して、直ちにその問題を明らかにし、慰め、癒してしまう。つまり、本人が自覚をする前に、悩みや苦痛といった問題は解決してしまうわけだ。また、それを癒す人々も、意図してそうするというよりも、反射的にそういう処理が行われている。

彼らの社会には、苦痛というものの存在する余地がない。ある意味で理想の世界なんだけど、それはもはや人間というレベルを越えつつあった。

実際、このコミューンの中で産まれた新世代を中心に、やがて彼らは全体として一個の有機体のような存在に変化を遂げ、最後には健常者には感知できない別次元への扉を開いて、その世界へと旅立っていく。このあたりの感じは、クラークの『幼年期の終り』みたいだ。

「残像」の面白さの中心は、やっぱりこの言語を介さない、特殊なコミュニケーションのアイデアにあるだろう。

これはようするに、SFのアイデアとしては古典的な能力であるテレパシーを、ノンバーバル・コミュニケーションという、比較的最近、重要性が認められるようになった現実のコミュニケーションによって理論づけたものだ。

同じことは、サミュエル・R・ディレイニーの『バベル-17』でも行われていた。この作品の主人公、リドラ・ウォンは、まるでテレパシー能力の持ち主と見紛うほどの、ボディランゲージ解読能力の持ち主（後に本当にテレパスだとわかるんだけど）なんだよね。

このテレパシーとノンバーバル・コミュニケーションを結び付けるというのは、凄く面白いとおもうんだよね。というのも、もともと、以心伝心とかテレパシーという概念は、このノンバーバル・コミュニケーションによる直感みたいなものの存在が、もとになって生まれたものじゃないかと思えるからだ。

たとえば、浮気を発見する女性というのは、男性がどんなに巧く嘘をつこうとしても、まるで心を読んでいるように、たやすくそれを見抜いちゃうらしい。まあ、そういうふうに直感的に相手の心のうちが、わかるってことは誰にでもある経験だと思う。

最近我々はテニスに燃えているんだけど、その中にもそういうものがある。たとえば、テニスのダブルスをやっていると、後衛同士が打ち合っている時、ふと相手方の前衛が「眠ってる」ことがわかるんだよね。後衛同士が打ち合っているので、プレイから気が逸れて、ぼんやりしちゃっているわけだ。そういう時、すかさず前衛の横にボールを打ってやると、よわよわの球でも簡単にエースを奪うことができる。これも、体の構えから、ボールに反応しなくなっている感じが何となくわかるからだろう。

人と人とのコミュニケーションは、言語的なもの以外に、非言語的なものがあって、それが重要な役割を果たしているということがわかってきたのは、だいたい六〇年代の半ばくらいからだ。

それ以前の時代は、これはほとんど意識されることが無かったし、たとえされても文化によって違うものが多いので、あまり普遍性のあるものだとは思われていなかったようだ。たとえば日本では、おいでおいでをする時、掌を下に向けるけど、ヨーロッパ圏では掌が上でないとその意味にならない。むしろあっちへ行けの意味になってしまう。

ところが、六〇年代になってそういうものが世界的な規模で組織的に調べられるようになると、文化による違いはごく表層的なもので、表情や身振りなどのノンバーバルな情報は、驚くほど普遍性があることがわかってきた。

たとえば、人の顔の表情は、世界のどの文化圏でも、共通して同じ意味を持っているし、首を上下に動かすとYESの意味というのも共通の動作だ。

また、人は、指で何か対象物を指し示すと、その延長にあるものを意味するとわかる。これは、言葉を喋る事ができる以前の幼児の頃から、ごく自然に理解できることのようだ。ところがこれは人独自の能力で、遺伝子にして数パーセントしか違わないチンパンジーでさえ、これが理解できない。チンパンジーは、何かを指差すと、その指先をじっと見ちゃうんだよね。

これは人が集団で狩をする霊長類、〝狼猿〟として進化してきたことに関係しているらしい。集団で狩をするには、相互の協力が重要になる。手や目で合図ができるというのは、当たり前のことのようだけど、人だけの持つ能力だ。つまり、人は言語を持つ以前の、非言語的なコミュニケーションの時代から、非常に複雑できめの細かい情報の交換を行えるよう進化してきたわけだ。その本能は意識はしにくいけれど、今のぼくたちの肉体にも確実に刻みこまれていて、多くのメッセージの源になっているわけだ。

『バベル-17』

前々回の『カエアンの聖衣』の時にも触れたけど、ぼくがいちばん好きなタイプのSFは、なんといってもワイド・スクリーン・バロックってえやつだ。

この言葉は、ブライアン・オールディスの作った表現で、一九七三年に出版されたSFの起源と歴史をまとめた大著、『十億年の宴』の中で、自分が最も気に入っているタイプの作品として、こんなふうに書いている。

「……それは時間と空間を手玉に取り、気の狂ったスズメバチのようにブンブン飛びまわる。機知に富み、深遠であると同時に軽薄なこの小説は、模倣者の大軍がとうてい模倣できないほど手強い代物であることを実証した。私はそれを《ワイド・スクリーン・バロック》と呼んだ。これと同じカテゴリーに属する小説には、E・E・スミス、A・E・ヴァン・ヴォクト、そしておそらくはアルフレッド・ベスターの作品が挙げられよう」

思うに、これってSFの中でも、もっともSFらしいスタイルの作品のことを、いっているんじゃないだろうか。

SFファンという人種は、まあ、あたり前の話だけど、その作品世界が目の前にある日常とかけ離れていても、違和感なく、すぐにその作品世界に没頭することができる。ところが、SFファンじゃない人には、これがどうもできないらしいんだな（とくに小説の場合。映像メディアはそうでもないようだ）。小説はたくさん読んでいる人でも、SFみたいな非日常的な世界が舞台だと、その作品の内容が理解できなかったり、興味を持てなくなる人は結構いるようだ。

ただ、それも程度問題で、SFの中には、薄味の上品な味付けで、堅気の人にもそういう違和感を感じさせずに、面白いと感じさせるものもある。

ところが、ワイド・スクリーン・バロックは、これでもかっていう強烈な異世界風味で、これが面白いと思えるのは相当のSF好きに限られる。前に、ワイド・スクリーン・バロックはSFファンを見分ける踏み絵だといっていた人がいたと思うけど、まさにそういう感じなんだよね。この手のSFを好きになれない人は、たとえ思春期の頃に熱病的にSFに惹かれることがあっても、やがてはここから去っていくんじゃないかという気さえするんだな。

まあ、それはともかく、『十億年の宴』は、その多くをSF以前からSF成立までの歴史にさいていて、最後の最後になってやっと五〇年代SFにたどりつくような本だ。だから、ワイド・スクリーン・バロックに関する記述も上のものくらいで、これに分類できるタイプの作品の例は少ないし、昔のものしかあげられていない。

でも、このタイプに属する作品はそれ以降もたくさん書かれているし、普通はこのカテゴリーに分類しない作品でも、実際にはそういっていいんじゃないかと思えるものもある。たとえば、ディックの『アンドロイドは電気羊の夢を見るか？』は、一般的にはこれをワイド・スクリーン・バロックとは呼ばないと思うけど、作品の性格からするとその仲間に入れていいんじゃないかと思う。

ワイド・スクリーン・バロックの華は、やっぱり強烈なイメージを喚起するアイデアやガジェットが、これでもかとばかりに、たくさん出てくるところだ。

ただ、僕の個人的な好みとしては、その中にいくつか作品のキーになるようなアイデアがあって、それらが有機的に関連しあっているっていう感じが欲しい。

たとえば、サミュエル・R・ディレイニーの『バベル‐17』なんかはそういうタイプの作品だと思う。これは、一九六六年度のネビュラ賞受賞作品だから、もう三十年も前の作品になる。

同盟軍とインベーダーとの二十年にわたる戦争の最中、同盟領内でくりかえされる大規模な破壊活動に伴って、発信源不明の謎の通信が傍受されていた。その通信は、同盟軍によって「バベル‐17」と名づけられたものの、軍の暗号部には解読の手がかりさえつかめない。そこで、もと暗号部に所属し、今や銀河にあまねく知られる若き天才女流詩人となった、リドラ・ウォンのもとに、バベル‐17の解読が依頼された。彼女は天才的な言語感覚で、これが単なる暗号ではなく、一つの超越的な言語であることを突き止める。そして、次の攻撃目標を推測した彼女は、宇宙船ランボー号を駆って銀河の海へと乗り出していく。

この小説の中にちりばめられたアイデアの数々は、どれも気が利いている。たとえば、昔の船乗りたちが腕に刺青をしたように、宇宙船乗りたちは体に鉤爪や羽、生きた竜などを移植していたり、宇宙航法に欠かせない霊体化人、通常世界からややずれた次元に属して形状記憶合金のような性質もあわせ持つ極性化物質などなど。

もっとも、この作品でいちばん大きな位置を占めるアイデアは、言語とは文化そのものであるという認識だ。

言語は暗号とは違って、単なる言葉の置き換えでは無く、逐語的に翻訳することはできない。ある文化＝言語では極めて回りくどくしか表現できない概念でも、別の言語ではほんの数語で言い表すことができる。

この概念は、今でこそ当たり前の話ではあるんだけど、これを最初に読んだ当時は非常に新鮮な概念だったと思う。

また、これも言語に関わる問題なんだけど、主人公のリドラ・ウォンには、相手の筋肉の動きから思考を読みとるマッスルリーディングという一種の読心能力が備わっている。この、ボディ・ランゲージを読み、それが一種の読心術になるというアイデアも、今ではそれほど意表をつかれるものじゃないかもしれない。

ただ、この作品が書かれた三十年前となると話は全く変わってくる。

ボディ・ランゲージには、文化によって違う表層的なレベルの他に、人類共通の部分があるということが一般に知られるようになったのは、デズモンド・モリスが一九六七年に出版した『裸のサル』以降のことだ。つまり、この作品はそれよりも前に、このアイデアにたどり着いていたってことになる。

まあ、アメリカでは六〇年代の半ばくらいから、表情などのノンバーバル・コミュニケーションに関する基礎的な研究がはじまったので、これはディレイニーがそういう方面も良くリサーチしていたという事なのかもしれない。だけど、こういう先端研究のうちのスジの良いものを逸早く作品にとりこむセンスの良さってのが、ここに感じられるんだよね。

ケレン味あふれるニーヴンのハードSF

サはサイエンスのサ

連載・30

【鹿野 司】

科学ライターという職業柄、ぼくのことをハードSFファンだと思ってくれる人が割といる。でも、実のところぼくは、この種の作品の余り熱心な読者とはいえないんだよね。もちろん、ぜんぜん読まないことはないんだけど、本が出たら一も二もなく飛び付いちゃうっていう作家は、このジャンルではあまり思い浮かばない。

とくに、現代のハードSF中のハードSFといえる、フォワードとかバクスターなんかの作品は、どうもあまり好きになれなくて、積ん読状態のまま放ってある作品が少なくない。

この人たちのSF的アイデアは、確かにかなり凄いって感じがする。でも、だからどうしたのって感じもしちゃうんだよね……。

彼らのアイデアは、彼らの作品の中で完結していて、その作品の中でもうすっかり遊びつくされちゃっているみたいだ。だから、それをネタに自分でいろいろアイデアを展開して遊ぶってことがあまりできない。それが刺激になって、自分の思考が喚起されることがないわけね。まあ、これは僕の個人的な趣味趣向なんだろうけど、読後（または読中）にそういう自分で遊ぶ余地のないSFって、あまり魅力を感じないんだなあ（あと、ハードなアイデアだけがすごくて、物語としてはあまり面白くないものが多いような気もするしね）。

ただ、フォワードに関しては、ブルーバックスから出ている『SFはどこまで実現するか』は、色々な意味でかなり楽しめる本だった。

これは、古くからのSFのアイデアを、現実の科学の延長上で、どこまでリアリティをもって考えられるかということを本気になって追求したものだ。恒星間旅行はもちろん、重力消去、ワープ、タイム・マシンなんていう、本物の科学の延長上にはやや考えにくいアイデアに関しても、好意的に相当深いところまで掘り下げられている。それで、この中に重力勾配補償装置の話があるんだけど、これがまた良いんだな。

この装置は、『竜の卵』の中で、中性子星に棲む生命体とコンタクトするために、極端な潮汐《ちようせき》力を打ち消す装置として登場している。同一軌道を回転する六個の質量球体で構成された装置の中心では、潮汐力をかなりの量、打ち消せるってものだ。

これが小説中に登場した時は、へえ、そんなものなのかね、という程度で、それほど凄いアイデアだとは思わなかった。でも、ブルーバックスのほうを読むと、このアイデアが実用的な意味を持っていたことがわかるんだよね。

スペース・シャトルとかスペース・ステーションを使って、衛星軌道上で何かの実験をしようとするのは、もちろん地上ではなかなか得難い無重量状態を利用したいってことが大きい。ところが、このシャトルやステーションが軌道上を回っている時も、厳密な意味での無重量は実現していない。

というのも、本当に無重量といえるのはシャトルやステーションの重心だけだからだ。つまり、その一点から少しでも離れると、潮汐力が働いてしまう。もちろんそれは、量的にはすごく小さいわけだけど、厳密に無重量を要求する実験からすると、決して無視できない量だ。

そこでフォワードは、重さ一〇〇キロの六個のタングステン球を使って、静止軌道上で、直径三〇センチくらいの空間の潮汐力を、一ピコGに抑えられるという装置をひねり出した。

　ちなみに、直径一〇センチの溶けた鉄の自己重力は二二ナノGなので、これはそれよりも小さい。つまり、十分、実用的利用価値のある装置のわけだ。

　まあ、この装置は最低でも六〇〇キログラム以上あるわけだから、これを地上から打ち上げるには、物凄いコストがかかることは間違いない。なにせ、国産ロケットH－2で静止軌道に打ち上げられる重量が二トンだからねえ。

　そういう意味じゃ、これが宇宙で活躍するようになるのは、現実のスケジュールではかなり先のことになるだろうけど、でも、いつの日にか必ず、この原理に基づく重力勾配補償装置は、宇宙で活躍するに違いないと思う。

　こういう、自分がやったまっとうな研究の成果が、自分のSF作品のアイデアとして使われていたってのは、なかなか面白いじゃありませんか。なるほど、こうやって研究費をせしめつつ、SF心も満足させていたのかあ、とかね……。

　まあ、それはともかく、そういう特別好きなジャンルとはいえないハードSFなんだけど、例外的に好きな人も実はいるんだよね。

　それは、ラリイ・ニーヴンで、この人の作品は、いろいろな意味で楽しいんだな。最近、あまり翻訳がされなくて、ちょっと寂しいんだけどさ。

　ニーヴンのアイデアは、上述の作家たちに比べると、かなりヘロっとしたものが多い。だから、ファンからも相当突っ込まれていたりするらしい。でも、そこがいいんだよね。あえて鑿《のみ》の跡を残す、未完の美しさというんですか。

　彼のアイデアは、現実の科学を可能な限り間違わないように忠実に延長しながら、大きな嘘を幾つかついてSFにするような、前述のハードSF作家たちの標準的なものとはちょっと違っている。

　そうではなくて、比較的単純なものの、意外な側面を見せてくれるってところがあるんだよね。

　たとえば高温超伝導ケーブルが、高温の冷却に使えるなんていうアイデアが、『リングワールド』（続篇のほうかな）の中に出てくる。これは、超伝導なら電子が抵抗なく流れるんだから、当然熱伝導もメチャクチャ良くて不思議はない……と、言われてみればナルホドと納得しちゃう、超伝導の意外な側面を描いたアイデアなんだよね。

　まあ、実際には熱は格子振動で伝わるので、超伝導物質だからといってあまり熱伝導が良くなるわけではない（かえって悪くなることもある）んだけど、こういうふうにアイデアとして出されると、思わずハッとさせられる。なぜなら、これは知っていそうで、考えてみたことも無いことだったからだ。

　こういうケレンっぽい科学アイデアの使い方がニーヴンの真骨頂で、これはあらゆる作品に、色々な形でちりばめられている。そして、そのアイデアってのは、定性的には可能でも、定量的には未知数か不可能ってものが多く使われているみたいなんだよね。……と、いうわけで、その件については次号もう少し詳しくお話しすることにしましょう。

サはサイエンスのサ

連載・31

【鹿野　司】

ケレン味あふれるニーヴンのハードSFその2

　多くのハードSFは、科学の基本原則や現代の技術の延長上に、いくつかの大きな嘘を加えて、あのセンス・オブ・ワンダーに満ちたガジェットや、世界を作り出してみせる。このやり方は、いってみればハードSFを作るための、常套的な手段ってわけだ。

　ところがラリイ・ニーヴンは、その他にも色々な方法を使って、彼らしいユニークな作品を作り上げている。

　たとえば、前回も触れた、超伝導物質は熱伝導も凄いんですっていうような、思いがけない、科学アイデアの意外な側面を描いてみせるっていうのがある。

　まあ、実際の超伝導物質は、必ずしも熱伝導は良くはないんだけど、それはたいして問題じゃない。それより、すでに知っていると思っていたものを、全く別の視点から見せてくれる感じがあって、そこが凄いんだよね。これは。並みの人間にできることじゃない。

　このタイプのアイデアを使った作品は、他にもいろいろあるけれど、たとえば「無常の月」なんかも、その種のやりかたでできているものだと思う。

　巨大な太陽フレアが発生したら、地球の夜の側から見た月は異常に明るく輝くだろう……これは、いわれれば、そりゃそうだよなとは思うものの、こういう発想をすることは、なかなかできることじゃない。

　ニーヴンの作品には、この他にも原理的には可能だけど、定量的には実現可能かどうかわからないようなアイデアを、使うことがある。

　これはたとえば、先ほどの超伝導状態にある電子は、熱も伝えるかもしれないというアイデアも、その一種と見ることができる。音速で動くクーパー対なら、熱も良く伝えるんじゃないかと、なんとなく思うもんね。

　また、大きなところでは、リングワールドという舞台装置も、そういうものに分類できるかもしれない。

　こういう形のアイデアが盛り込まれたSFは、最近はあまり書かれないようだ。でも、そもそもSFのアイデアというのは、そういうところから始まったんじゃないかと思う。

　エジソンのライバルで、初期のSFや、UFO信者に多大な影響を与えたニコラ・テスラっつう人がいる。

　この人、若い頃は確かに凄い天才発明家で、交流発電機や交流モータ、変圧器など、今の交流による電力供給システムの基礎を発明したんだよね。

　ただ、晩年は文字どおり頭がおかしいっちゅうか、どちらかというと創作をやったほうが幸せだったんじゃないかという感じの人だった。

　伝記を読むと、若い頃から強迫神経症に悩まされていた（当時は精神医学が発達していなかったので、それさえもテスラの超人「変人」性を示すエピソードとして語られていたんだけど）ようだし、晩年は自ら進んで妄想家になっていったような感じがある。

　テスラの活躍したのは、わずか一〇〇年前のことなので少し意外な感じがするんだけど、この頃はまだ電気工学は黎明の時代だった。そのため、何ができて何ができないかということが、あまりはっきりわかっていなかったんだよね。（エジソンと同時代だから、電球とか蓄音機が発明されたころだし、マルコーニの無線通信の成功が一九〇一年だ。つまり今世紀の頭のころは、まだ技術というより魔術に近かったわけだ）

そのため、原理的に可能でも定量的（経済的）には不可能なアイデアというのが山ほど生まれている。

たとえばテスラは、巨大な電波塔を作り、ここから遠隔的に電力と情報を送信しようと考えていた。そして、そこから供給される電力を使い、静電力で浮遊するリモコン空中戦艦テロートマトンとか、共振器によって地球をぶち割る究極兵器とか、殺人光線や電磁バリアみたいなものまで考えていた。

いやあ、まるでSFだよね。しかし、彼自身はこれを、実現不可能なものとは少しも思っていなかった。

巨大なエネルギーを直接送信し、同時に情報も送って遠隔地の機器を動かすという発想は、原理的に不可能じゃない。実際、テスラはこの発想に基づく実験装置を建設して、その実証を行おうとしていた。

ところが、これはものすごく大がかりな仕掛けが必要になる。そのため、テスラは装置の建設に手間取るうちに、マルコーニに先を越されてしまう。

マルコーニはエネルギーの送信は考えずに、微弱な電波に情報を乗せて送信し、先方で増幅して情報を取り出すという独創的なアイデアを使って、非常にコンパクトな装置で無線通信を実現してしまったんだよね。

電気通信の分野でテスラがマルコーニに負けたのは、彼の工学的アイデアが、原理的には正しくても、定量的には現実性に乏しいものだったからだ。

ただ、このアイデアには、物凄いパワーというか、センス・オブ・ワンダーが満ちあふれている。そしてそれは、近代SFの父であるヒューゴー・ガーンズバックに強い影響を与えたんだよね。

ガーンズバックにとって、SFとは壮大な未来イメージによって科学啓蒙を行うものだったから、テスラはまさにそれにうってつけの人だったわけだ。そして、あのアメージング・ストーリーズには、テロートマトンの浮遊する、未来戦争のイメージイラストが、何度となく掲載されている。（ちなみに、これはちょっと余談だけど、葉巻型UFOの目撃例が現れはじめたのは、この葉巻型をしたテロートマトンのイラストが掲載され始めた後のことなんだそうだ）

こういう、黎明期にもの凄いアイデアが出るというのは、工学分野ならどれでもいえることで、最近では、少々小粒ではあるけど高温超伝導が発見された時なんかがそうだった。また、原子エネルギーや電子頭脳、ネットワークの発明当時にもそういうものがたくさん生まれていて、その中には今でもSFで通用しそうなものも結構あったりする。

ところで、ニーヴンには、これまでに紹介したのとは、また違ったアイデアの創りかたがある。それは、実際にはありそうにない、ある技術や法則をまず考えて、それがあったときにどんなことが起きるのかを展開していくものだ。

たとえば、魔法をマナという有限な資源を消費するテクノロジーだとして描いたファンタジー世界とかはその典型だ。

実は、これがニーヴンのいちばんニーヴンらしいアイデアの出しかただと思うんだよね。

（続く）

ケレン味あふれるニーヴンのハードSFその3

サはサイエンスのサ

連載●32

【鹿野　司】

ラリイ・ニーヴンは、多くのハードSF作家の中でも、際立って個性的なアイデアの使い方をする作家だと思う。その彼らしさは、実際には存在しない技術や法則があったら、どんなことが起きるだろうという発想からでてくる、ストーリーやガジェットによく現れている。

たとえば、中性子を完全に反射する素材があったとする。すると、それでできたパイプの中に、少量の核物質を入れるだけで、核ロケットエンジンができる。また、摩擦ゼロの表面を産み出す特殊フィールドがあれば、それで水で流さないトイレができる。それから、テレポート装置を使った、不老化システムなんてものもある。

老化は、色々な原因の複合的な現れだ。もちろん、多くの生き物は、細胞の分裂回数の上限が決まっているけれど、たいていはその回数よりも遥かに手前で死がやってくる。何故そうなるかというと、たとえば一つには、ある細胞が死ぬと、まわりの細胞がその間隙を塞ぐ応急処置として、コラーゲンを出すからだ。これは一時凌ぎとしては効果的なんだけど、そのコラーゲンの構造が加齢とともに、生理的に分解できないものに変わっていくため、しだいに正常に機能する細胞の再生を妨げるようになる。こうして、体内にはモザイク状に機能しない部分が蓄積していって、結果として機能低下↓老化がおきるわけだ。

そこで、そういう細胞再生を妨げる老廃物を、マイクロレベルで生体内から転送して排出し、機能しなくなった間隙を正常な細胞で埋め戻そうというのが、ニーヴンの不老化装置のアイデアだ。

このアイデアの素晴らしいところは、不老化処置の問題を、転送という既存の、しかし輸送システムという、まるで別のパラダイムの道具立てで、解決できるとしたことだろう。こういう発想は、並みの作家にできることじゃない。

しかも、これはこれだけで、全く新しい、SF的医学処置というパラダイムを創り出している。たとえば、今だったらより切実な問題として、細胞から余分な脂肪だけを取り除く、究極のダイエット装置ができるとか、色々とそのパラダイムのもとに、新しいアイデアを産み出していけるわけだ。

また、『無常の月』（ハヤカワ文庫SF）に収録されている「終末も遠くない」も、ニーヴンらしさの典型的な作品だ。

この短篇のアイデアは、魔法が有限な天然資源であるということにつきる。

アトランティス時代の末期、魔術文明の頂点のころに、ある魔術師が文明の根幹を揺るがす重大な秘密に気づく。歴史的に魔法文明が栄華を誇った土地ほど、後に蛮族に蹂躙されるのは何故なのか。ある土地で、魔法を大いに振るうことができる期間が限られるのは何故なのか。その疑問を解くため、彼はある実験を行う。そして、魔術とはマナという天然で有限な資源なくしては、成りたたないことをみつけだす。

魔法文明を支えるマナは、やがて枯渇するだろう。地質学的に不安定で、歴代の皇帝の魔法によってかろうじて支えられてきたアトランティスの命運も、決して永いものではない。そして、世界は脳たりんの剣士たちのアバレル、暗黒の時代へと向かうのだ……。

こういう、現実に無いものがあったとして、それがどう展開するかというのは、もともとSFのアイデアとして正統的な

SF MAGAZINE WORKSHOP

ものではある。タイム・マシンだろうが、ワープ航法だろうが、基本的にはそういうものだったわけだ。

ところが、SFというジャンルも熟するに従って、こんな新しい普遍性のあるアイデア、つまり一つのパラダイムを産み出すようなアイデアが、あまり登場してこなくなってきた。まあ、最近では、サイバー・スペースはそういうものかもしれないけれど、全体的に見て、草創期のSFほどには質、量ともにその種のアイデアが登場しなくなってきた。

いきおい、ほとんどのSFは、すでに誰かの考えたような舞台世界の中で、以前あったようなガジェットを使って物語が進行するってことになる。

もちろん、それはそれで、小説として面白くないとはいわないけれど、何かSFの中心的な面白さの一部が、欠けてしまっているような気がするんだよね。

実は、これ現実の科学の分野でも、似たようなことが起きている。

たとえば生物学では分子生物学的なパラダイムが全盛で、遺伝子を取り出して調べれば、とりあえず仕事になっちゃうという風潮がある。ようするに既知のプロセスをばりばりやるだけの力仕事で、論文が書けちゃうわけだ。もちろん、科学には、馬力でやらないといけない部分もある。でも、それだけで事足りてしまうわけじゃない。同じ問題でも、別の視点から解決に取り組もうという、新しい発想が出てこなくなると、科学の面白さは無くなってしまうと思うんだよね。

ただ、そうでないアイデアの出しかたっていうのは、ある種の天才性が必要なのかもしれない。考えてみると、アインシュタインというのも、そのタイプの天才だった。

彼は、馬力で数学を解くことに関しては、あまり優秀とはいえなかったけど、発想がとにかくユニークだった。

光電効果でプランクの仕事を光電子の振る舞いと結びつけたり、相対性理論で光速度の不変性と電磁場の理論を結びつけたり、他の人がすでに良く知っていた科学的事実の別の側面をぐっと引きだして、思いもしない別分野のものを結びつけることで、全く新しいパラダイムを創ってみせたわけだ。

こういう具合に、すでに知っているとばかり思っていた世界が、ごく簡単な発想、ごく簡単な操作で、突如違って見えはじめるというのは感動的な体験で、人は基本的にそういうものを必要としているのではないかと思う。そういうものに出会うと、ガーンときて思わずそれに惚れ込んでしまうってところがある。

ジャズやロック、モダンアートが誕生した瞬間のような、真の芸術の感動とは本質的にそういうものだろうし、科学の本当の面白さっていうのも、その部分によるところが大きいんじゃないかと思うんだよね。まあ、身近なところでは、図形の問題で、補助線を一本引くと、たちどころに何かが証明できてしまうっていうのも、そういうことの一つだと思う。

ニーヴンの面白さというのは、まさにこういう新しいパラダイムを、ドカンと出してくるところにある。だから、他のプロ科学者兼業作家に比べて、科学的厳密性はないけれど、それ以上に面白いSFらしいSFになっているんだよね。

（まだ続く）

サはサイエンスのサ

連載・33

【鹿野　司】

ケレン味あふれるニーヴンのハードSFその4

ラリイ・ニーヴンは、ハードSF作家として特異な存在だ。彼の作品は、他のハードSF作家（その多くは、研究者の経験のある人）たちとは、かなり違った方法で作られている。

一般的なハードSFは、既知の科学・技術を強く意識していて、それとの矛盾をできるだけ感じさせないようにするのが普通だ。そのために、科学的な事実に関する描写が非常に正確に、緻密に行われる。もちろんSFだから、既知の科学と矛盾する大きな嘘も混じっているのだけれど、それは最小限に留められ、嘘とは気がつかれないように、現実との接続を巧妙にやってみせる。逆にいえば、SF的な嘘をすんなり受け入れさせる手段として、それ以外の部分の科学的緻密さがあるといっていいかもしれない。

ところがニーヴンは、そんな正確さや緻密さには、ほとんど頓着しない。そのためか、ニーヴンのSFには、科学的な誤りがずいぶんと多い。

有名なところでは、リングワールドは力学的に不安定だったなんてのがある。リングワールドは回転の軸方向にズレた場合は、元の位置に戻ろうとするけれど、軌道面内でズレが起きると、それがどんどん大きくなって、ついには太陽に衝突してしまう。つまり、リングワールドは恒久的な居住空間として、致命的な欠陥を持っていたわけだ（これをファンに指摘されたニーヴンは、ちゃっかりそれを取り繕うための続篇を書いているわけだけど）。こういう不注意は、他のハードSF作家ならまずしないだろうし、それをするような人は、ハードSF作家とは呼ばれないだろう。

ところが、ニーヴンの場合は、こういう科学的によれっとしたところも、作品の持ち味になってしまう。な〜んだ、バカだなあ、間違ってるじゃないか、なんて気軽にいえるようなところが、ニーヴン作品の楽しみの一つといっていいかもしれない。しかも、彼の作品の場合、間違いがいくらあっても、ハードSFらしさは少しも失われない。何故かというと、ニーヴンのSFは、事実の正確さに基づいてハードな感覚を演出するのではなく、論理展開の明快さからその質感を描いているからだ。

ニーヴンの作品に登場するアイデアには、非現実的で、既知の科学技術では存在する可能性があるかどうかもわからない超技術や超材料が多い。ただ、その存在を受け入れて、そこからの展開に関しては、徹底的に論理的で、曖昧さのない考察がされる。しかも、それは読者が考えもしない、意外な結論につながっていくことが多い。

その楽しさをいちばん良く表わしているのが、『無常の月』の中に収録されている、「スーパーマンの子孫存続に関する考察」や「脳細胞の体操――テレポーテーションの理論と実際――」だろう。

どちらも、現実の科学とは無縁な前提からスタートして、もしそうだったら世界にはどんなことが起きるかを考察したものだ。たとえば、スーパーマンが射精すると、亜光速で飛び出しチェレンコフ光を放って飛行する不滅の精子は、メトロポリス中の女性を妊娠させてしまうかもしれないとかね。

こういうのを読むと、思考が触発されて、そういう前提があるなら、こうなるはずということを、どんどん考えてしまう。ニーヴンがやってみせてくれる展開も面白いけど、自分でそれをさらに発展させていけるところが非常に楽しい。

そこでちょっと、ぼくもニーヴンの真似をして、サイコキネシスについて考察してみよう。

サイコキネシスというのは、言わずと知れた、念じることで外界になんらかの力学的な力を及ぼす超能力のことだ。

つまり、これは力学の諸法則に従わなければならない。発生のメカニズムとか、どういうプロセスで力が伝達されるのかは不明だけれど、少なくともそれは既知の物理法則から逸脱していてはならない。たとえば、作用反作用の法則みたいな基本的な法則には、間違いなく従っているはずだ。

さて、サイコキネシスの力は、いったいどこから発生するのだろうか。

これは、多分多くの人が、脳だということに同意するだろう。なぜなら、サイコキネシスは、精神の力によって力学的効果を及ぼすものだし、脳はその精神の座であるからだ。

しかし、豆腐とかまぼこの中間くらいの固さしかないうえに、骨のような支持構造もない脳味噌は、どうみても力仕事には向いていない。下手に重いものを持ち上げようとすると、作用反作用の法則によって、それだけ大きな力が加わることになる。一グラムの物を持ち上げるなら一グラム、一キロの物なら一キロ、一トンの物なら一トンの重量が脳に加わることになる。

つまり、サイコキノはうっかり力を出しすぎると、ぐしゃりと脳味噌がつぶれて死んでしまうかもしれない。外傷のない、原因不明の脳挫傷で亡くなった人がいたら、その人はサイコキノだったのかもしれない。

ところで、サイコキネシスの発生源が脳だとしても、そのどの部分から力が発生しているかはわからない。そこで、これを、脳の表面からと仮定してみよう。

だとすると、ピンヒールで踏まれるよりも、素足で踏まれたほうが痛くないのと同じで、同じ重さのものを持ち上げるなら、脳の表面積が大きくなるほど、単位面積あたりにかかる力は小さくなる。つまり、サイコキノとしてより強い力を発揮できるのは、脳の皺の数の多い人ってことになる。もっとも、弱い力仕事しかしていなくても、脳細胞に非サイコキノよりもストレスがかかる事は間違いないので、疲労骨折と同様に徐々に脳細胞が破壊されていって（しかも中枢神経細胞は一度壊れると自然にはまず再生しない）、少しずつ惚けてくるかもしれない……なあんてね。

ニーヴンが、スーパーマンやテレポートを題材にやる議論は、読者を能動的にする。受動的にナルホドそういう考え方もあるのかと感心させるだけでなくて、自ら考えはじめることを促すんだよね。

他の作家のハードSFは、本物の科学の複雑で膨大な予備知識を仕入れ、厳密な数学や論理を知らないと、作品を越えて自分流の考えを展開することは難しい。でも、ニーヴンの作品には、誰でも様々に思考をめぐらせて楽しめるだけの、敷居の低さがある。彼の作品に登場するアイデアの多くが、こういう性質を持っていて、だから彼の作品はたくさんの間違いを含んでいても、他のハードSF以上に楽しいんじゃないかな。

リアリティ表現に見る日本アニメの独創性

サはサイエンスのサ

連載●34

【鹿野 司】

日本のアニメは、マンガと並んで、世界に誇るべき、独創的な表現メディアだ。まあ、独創的といういいかたをすると、そりゃ違う、アニメーションの起源はアメリカじゃないかという意見も出てくるかもしれないけど、映像表現技法から描かれるテーマまで、あらゆるレベルで他にない新しいものを産み出し続けているという点で、アニメは充分に独創的な存在だと思うんだよね。とくに映像表現では、ハリウッド映画なんかとは、目のつけどころがまるで違っている。

よく、アメリカの映画関係者には、日本のアニメや特撮が好きな人がいて、その影響を受けた作品も多いといわれる。だけど、それはあくまでデザインなどの静的な部分の話で、何に着目して、どういうふうにシーンを表現するかという全体は、日本のアニメとアメリカ映画の間には、大きな文化的違いがあると思う。

これはやや一面的な見方になるかもしれないけれど、アメリカ映画的な特撮の究極の形は、やっぱりCGを使った、現実のシミュレーション映像だろう。

たとえば、『アポロ13』のロケット発射時に船体表面からはがれ落ちるドライアイスや、『ツイスター』でバラバラに吹き飛ぶ小屋の破片がみんな計算で創り出されたって聞くと本当にびっくりしちゃうし、『ジュラシック・パーク』や『ジュマンジ』などの恐竜や動物のリアリティある表現というのにも、つくづく感心させられる。でも、このCGの使い方は、どれも基本的に一つの哲学に基づいていて、可能性の一部しか表現していない感じがするんだよね。

つまり、現実に撮影するのが困難なシーンをシミュレーションで創り出し、それを撮影可能な映像と組み合わせることが、リアリティを表現するための最良の方法だと思っているフシがある。

これに対して、日本のアニメの場合、リアリティの表現に、現実のシミュレーションを使う発想はあまりない。もちろん無くはないんだけど、それよりも、現実には存在しないものを現実的なシーンに組み合わせることで、リアリティを表現しようとする傾向がある。

たとえば、ルパン三世の『さらば愛しきルパンよ』の中で、ロボットがガラスを割る時に、写りこんでいる光が一瞬ゆらっと揺れるというシーンがある。あるいは、『カリオストロの城』でオートジャイロが始動するとき、プロペラに一筋の煙が吸いこまれてくるっと輪を描くなんてものもある。これらは、印象的でリアリティを感じさせる映像なんだけど、現実には、そんなことが起きたり、見えたりするはずはない。

また、日本のアニメでは、『宇宙戦艦ヤマト』の波動砲発射シーン以来、なんか物凄いものをぶっぱなす時は、それなりに手の込んだ手続きが必要だという暗黙の了解がある。メカニカルに何かがガシャガシャ動いたり、発射孔にエネルギーの高まりを示す光の収束があったりして、どえらいのが行きまっせという感じがいやがうえにも高まるわけだ。

こういうのに慣れ親しんでいると、ハリウッド映画の宇宙戦闘シーンなんか、どうも色気がないというか、味気なくてしょうがない。スター・トレックの『ファースト・コンタクト』に出てくる宇宙戦闘シーンは、今のハリウッド映画の最高水準の特撮合成を使っているのだろうけど、フェーザーはぴろっと出るだけであまり迫力を感じないし、爆発もぼえんと爆ぜて破片が飛び散りましたっつうだけで、だから何なのって感じ。

これに比べると、『超時空要塞マクロス』に出てきたダイダロス・アタックのシーンで、宇宙船の内部に打ち込まれた無数のミサイルが爆発して、船体外壁がトウモロコシみたいに膨らんで内破するシーンは、一億倍もカッコいい。

日本のアニメは、目に見えないものを表現するのが巧いといわれる。

たとえば怒りを表現する時に、ディズニーのアニメーションなら顔の表情や体の動きで、それを正確に表そうとするだろう。しかし、日本のアニメは怒りを感じているキャラクターはあまり変化させずに、周りの草がざわめくというようなやり方で表現したりする。現実には、いくら怒っても、周りの草がざわめきはしないんだけど、それでもそういう表現をしたほうが、現実以上に迫力を持たせられるんだよね。

こんな具合に、日本の表現者は、ごく当たり前のように、現実の中の小さなすき間に虚構を織り交ぜて、独特のリアリティを産み出そうとする。でも、いったいどうして日本のアニメは、こんな表現を身につけたのだろうか。


ディズニーのフルアニメは、絵を使って、可能な限り本物の動きと同じものを表現しようとしている。これも、基本的に現実のシミュレーションを、至上のものとする文化の現れだ。

まあ、その結果、人間の動きや表情が、極端にくねくねして奇妙に見えるんだけどね。普段は無意識のうちに無視していて気がつかないんだけど、人間は本当にいつもくねくね動き続けていて、それを動画という見慣れない表現でなぞると、強調されて奇妙に感じるわけだ。

ところが、日本のアニメは、フルアニメを作ることができるほど、お金も暇もない。そこでパートアニメという手法に頼らざるを得ず、結果として、ディズニー映画みたいな、シミュレーション志向を採用することはできなくなった。

まあ、そういう事情が、今のアニメ表現を生み出すきっかけの一つではあったんだろう。でも、それ以上に大きな要素が、日本の文化の中にはあると思う。

なぜなら、同じようなことが、別のジャンルでも見られるからだ。たとえばポルノなんか、欧米のものはあからさますぎてゲンナリしちゃうけど、日本のものは裏ビデオだって間接的で情感のあるシーンが挿入されている。

それから、コンピュータのソフトウェアでは、アメリカは多くの独創的なジャンルを創り出しているけど、その発想の根幹は、やっぱり現実のシミュレーションにあるんだよね。たとえば、表計算ソフトは帳簿のシミュレータだったわけだし、RPGもテーブルトークをパソコン上でシミュレーションしようとしたものだ。これは、欧米人が計算機を万能シミュレータとして見ているから、そうなるのかと思っていたけど、実はもっと根の深い、文化的なものの見方の傾向にまで遡ることができるのかもしれない。

つまり、欧米文化では、それそのものを越えるリアリティにはなかなか思い及ばないのに対して、日本の文化では、ごく自然に、現実以上のそれらしさを求めてる傾向があるんじゃないだろうか。

平気で何かができる人たち

サはサイエンスのサ

連載●38

【鹿野　司】

　今回は、エヴァの話を少し離れて、例の酒鬼薔薇について話したい。あの酒鬼薔薇という人は、いわゆるサイコパスであることは、ほぼ間違いない。

　そう判断する理由は、彼の弁護士が、少年のこころがよくわからないといっていることにある。常識で考えると、人を殺すような犯罪を犯した人には、それ相応の大きな感情の動きがあるはずだ。ところがこのケースの場合、彼はごく普通に睡眠を取り、普通に食事をし、淡々と犯罪事実を認め、学校にも先生にも恨みはないともいっているらしい。こういう平然とした態度、正常と思われる感情の動きが全く見られないところに、彼の異常さがはっきり現れている。

　この事件に関しては、何度となく動機がわからないといわれているけれど、それは当然のことだと思う。なぜなら、ぼくたちが動機として納得するのは、怒りや恐れ、執着心や復讐心といった感情の動きだからだ。しかし彼には、病的というか、生物学的な理由でそれがない（乏しい）。そういう意味じゃあ、一般的な犯罪の枠組みで動機を探っても結論は出ないわけで、これはやっぱり精神医療の問題として扱うべきことだと思う。

　また、この事件をきっかけに、学校の問題や社会の問題の話ももりあがっているけど、それもこの事件とは、ほとんど関係がないだろう。（戦略的に、これを問題提起の枕として活用している宮台真司氏のような人もいて、それはそれで面白い話ではあるんだけどね）なぜなら、この種の快楽殺人は、病んだ現代社会とか、破壊されたコミュニティ特有の現象ではないからだ。

　たとえば『古事記』の中に、ヤマトタケルの若いころ（オウスノミコトのころ）のエピソードで、兄殺しをきっかけにしたクマソ征伐やらの話がある。まあ、単に敵を倒すということだけなら、ありふれた武勇伝（でもないか）なんだけど、この話のミソは、オウスノミコトが兄を殺してもあまりにも平然としていたため、父である天皇が、息子の死を願ったってところだ。『古事記』という書物に、あえてそういう記述があるというのは、このオウスノミコトの異様さがきわだっていた証拠だろう。また、同種の人間は、歴史をふりかえるとあちこちで見つけることができる。『三国志』なんてそのての宝庫だし、チンギス＝ハンとか、織田信長とか、あるいはヒットラーなんかもこのタイプだったかもしれない。

　これらの人に共通するのは、「平然と」なにかができることと、意志強固でいったん決断すると決してそれを曲げないこと、そしてある種、強烈に人を魅了する才能を持っているということだ。

　つまりこれは、ある種の感情障害ではないかと思う。平然と何かができるってことは、感情的なわだかまりがないということだし、意志強固なのは他者の感情に共感しないことと関係している。

　ただこれは感情が皆無ということではない。（感情が完全に欠如すると、もっと歴然とした障害になる。その種の人は物事の優先順位の判断が全くできず、とるに足らないことと重要なことの選択ができない。そのため通常の社会生活は困難になる）短期の、反射的な感情はあるんだけど、それが持続しないというか、感情に関する記憶が保持されない感じなんだよね。実際、快楽殺人というけれど、その種の犯罪レポートをみる限り、快楽なんてないんじゃないかと思う。なんか、自分の決めたなにかをテキパキやるって感じで、異様な快楽にうちふるえるって感じではないんだよね。たとえば映画『セブン』の猟奇殺人犯は、その辺の感じがよく出ていると思う。

ただ、こういう種類の脳機能の異常を抱えた人が、必ず猟奇殺人者になるわけじゃない。実際これは、異常という言葉がふさわしいかどうか迷うくらい微妙な違いなので、素因としてはこういうものを持ちながら、社会の中で巧くやっていっている人はかなりいると思う。（そういう人が、ある日突然殺人者になるわけでもない。ある素因を持っていても、育ちによって違う個性の人間に育つわけだから、素因があることとイコール危険ということにはならない。念のため）

たとえば、『平気でうそをつく人たち』（草思社）のなかに、邪悪と呼ばれるタイプの人が出てくる。著者のスコット・ペックは、キリスト教倫理観と精神療法を結びつけようとしていて、ぼくの目からは違和感のあるところもあるんだけど、この本の中に出てくるボビーの両親やロジャーの両親、それからシャーリーンなんてのは、共通の素因の持ち主の、社会に適応した形じゃないかと思うんだよね。（まあ、基本的にみんな、かなりイヤーンな人たちではあるけれど）

ボビーやロジャーの両親というのは、子供が重大な心理的問題をかかえているのに、その子供の感情に全く無関心で、結局は自分のしたい方針をつらぬこうとする。著者のペックは、この無関心さに愕然とし、ほとんど反射的ともいえる嫌悪感を覚えたと告白している。実はこういうケースってよくあるようで、優秀な臨床心理家の自伝などを読むと、同じような邪悪な人と出会って猛烈な嫌悪感を感じたり、手酷いダメージを受けたという経験談が必ずあるんだよね。

こういう人は、有能で社会的な地位も高く、平均以上に良い人に見えることが多い。異様な感じがするのは、ある程度以上親密になったときだけなんだよね。つまり言葉を変えれば、世渡りに関しては並以上の能力があるわけ。

考えてみると、この種の、感情に対する盲目性を持った人なら、揺るぎない決断力で、困難な仕事も平然と実行できるリーダーになる可能性もある。そういう人と親密につきあわなければいけない人にとっては大変だろうけど、社会的には有用な人材といえるかもしれない。

また、感情に対して共感しないがゆえに、感情というもののメカニズムを分析的に理解して、その操作法を習得しやすいんじゃないかとも思う。サイコパスの中には、他人を操ることに長けている人が多いけど、このあたりに秘密があるような気がする。また、お釈迦さまというのも、実はこういう素因を持った人だったのかもしれない。お釈迦さまは、仏陀（平気で嘘がつける人）か天輪聖王（平気で人殺しができる人）になると予言されたという話があるけど、これはひょっとすると、両者は本質的に共通した部分があるということを見抜いた伝説なんじゃないかという気がする。

酒鬼薔薇みたいなケースがでてしまうのは不幸な事なんだけど、人間という種が健全であるためには、こういう平均から外れた人が出てくるのも、ある意味しかたのないことなのかもしれない。

エヴァが映し出した大義なき時代の空しさ

サはサイエンスのサ

連載●39

【鹿野　司】

　さて、長らく続けてきたエヴァンゲリオンねただけど、劇場版もできたことだし、そろそろケリをつけてしまいたい。『新世紀エヴァンゲリオン劇場版　Air／まごころを、君に』は、結局、テレビシリーズで物議をかもした最終二話の作り直しというか、別バージョンというか、パラレルワールドの話ということで完結した。ぼくの感想としては、二十年後くらいにもう一回、全篇をリメイクすると、いいんじゃないかって感じかな。

　前にもいったけれど、テレビシリーズの最終二話は、問題集の後ろのページを見て、答えを書いちゃったような感じがある。作者本人が本当にはフに落ちていないままに「正解」を描いてしまったために、嘘っぽい、薄っぺらな感じがどうしようもなくつきまとうんだよね。

　人類補完計画の発動によって、一時、すべての人々の心は一つになり、お互いが相手をどう見ていたかを体験する。まあ、ある種のカウンセリングでやっているようなことなんだけど、それを経て、シンジは世界が信頼に値するものであることを知る。おめでとう。これが、テレビシリーズのオチだったわけだ。

　でも、そんなチョロいやり方で、解脱なんてできるわけねえだろ！　テレビシリーズのラストに不満を感じた人たちの中には、そういう思いがあったんじゃないかと思うんだよね。

　対して映画版は、安易に問題が解決したふうにして終わるのを止めて、あくまで無間地獄の中に踏み留まった。そういう意味では、嘘はなくなったわけだ。

　人はやはり、互いに分断されて生きるべきだと自ら選んだくせに、おそらく新生人類のアダムとイブであろう二人は、目覚めと同時に早速激しく傷つけあう。

　まあ、作品で描かれていた苦悩の正体が「信頼の欠如」から「女の子にフられてとても悲しい」ということに変質しちゃったということはいいとして、で、嘘が無くなったから良いかっつうと、そうともいえないんだよなあ。

　日本のSF界では、黎明期（でもないのかな）に私小説批判というのがあって、自分の心の傷を見せびらかして、こんなに傷ついているんだというのをぐだぐだぐだぐだ書いたものなんぞアホくさい、いっそエンターティメントに徹するのが正しいのだという了解があった。それは、SF作家の心の健全さの現れだったと思う。親しくもない赤の他人の歪んだ世界観をねちねち聞かされても、このアホンダラとしか思わんもんね。

　しかし、そのしょーもない私小説というものが、一時期日本の文学を支配した事もあったわけで、エヴァブームというのは、そういう日本の土着文化の、アニメにおけるあらわれといえるかもしれない……いやはやちょっとシニカルになってしまいました。それにしても、どうしてこうなんだろうなあと思うんだよね。

　日本のアニメは、今やその表現技術において、世界最高水準の創造性を発揮できるところにきていると思う。エヴァもそうだし、それから押井守監督作品もすごい。『機動警察パトレイバー　the　Movie　1・2』は、どちらも最高の作品だと思う。

　ただ、これも人の心の描写という点では、ガタっとレベルが落ちてしまう。（『攻殻機動隊』は、以前よりは世をすねた感じが薄らいでいるので、ひょっとすると変わりつつあるのかも）

　庵野作品も、押井作品も、あらわれかたは違うものの、他者に対する信頼感の欠けた人しか出てこないんだよね。そういう人も出てくるというのならわかるけど、すべての人、主人公でも、頼りになるはずの人でもそうなんだから。

　あれだけ素晴らしい表現技法がありながら、心の描写は、硬直して殺伐とした空疎なものだ。ガフの部屋は空っぽだったのよ。なんだかんだいっても、甘やかされたお子様の精神性としか思えない。そんなのにどんなにきれいに飾りつけしようと、やっぱ空しいんだわ。

　そういう意味では、成熟した人格を描ける宮崎駿監督の『もののけ姫』には期待していたんだけど、力みすぎで空振りしている感じだし。この作品、セル枚数も史上最高だそうだし、宮崎駿最後の大作という事で、入魂の作品なんだろうけど、でもなあ……ジェットコースター・ムービーとしては見られるとは思うけれど、後半はやっぱり破綻しているよね。『もののけ姫』は、マンガ版の『風の谷のナウシカ』でやれて、アニメ版でできなかったことをやりたかったのだと思う。

　マンガ版ナウシカは、日本のＳＦの中でも最高傑作の一つだと思うんだけど、それはＳＦ的なグローバルな視点を持ちながら、すべての登場人物が複雑な心をうちに秘めている。

　気高く強くピュアな心のナウシカが、人類の恐るべき秘密を知ることで、あえて心を汚して人々を欺いて生きる道を選んだり、いじましく保身権力欲しかなさそうなクシャナの兄たちでさえ、芸術に対して深い感受性を示したりする。

　どの人物も、ありがちなカタ、ドグマに嵌《は》めて見ることはできない。誰もが、純粋さや気高さと同時に、狡猾で醜悪な部分をあわせ持っていて、そういう人の心の複雑さと丁寧に対決しているところが、マンガ版の真骨頂だと思う。

　でも、『もののけ』ではそれが未消化で、たぶん『ナウシカ』のクシャナに相当するエボシ御前も書き込み不足に終わっている。まあ、成功したのはトキ（甲六の妻）と犬神のモロの君くらいかなあ。やっぱし、二時間程度の短い時間では、ああいうものは描ききれないんだろうか。

　まあ、それにしても、宮崎作品で描かれる絶対値の大きな苦しみにくらべると、シンジの悩みは、なんてトホホなのとか思っちゃう。

　現代というのは、あらゆる危険があらかた取り除かれて、しょぼくれた悩みしか存在しない。それだけに、小さいことを大袈裟にとらえてしまう。たとえば、電磁波が危ないなんてふざけるなって感じ。昔はサイクロトロンの研究者がキンタマに放射線をあてて精力絶倫じゃあとかいってたんだぞ。（まあこれはこれでメチャクチャだとは思うけどね）

　ただ、小さな悩みしかないけど、それが、メチャクチャつらいことには変わりない。それが小さな事だとわかっているから、余計つらいということがある。

　オーソン・スコット・カードは、真の人間性は大きな苦しみと対峙しなければ現れないといっているけど、そういうものかもしれない。大きな絶望に立ち向かう人の姿は美しいけど、ちっぽけな悩みでくじけそうになってしまうのは、カッチョ悪いだけだもんね。まあ、それこそが人なんだけど。エヴァが多くの人の共感を呼んだ背景には、そういう大義なき時代の空しさもあるんじゃないかなあ。

【鹿野 司】

《銀河帝国興亡史》

文庫版『ファウンデーションと地球』の解説をたのまれて、それじゃあってんで、改めて最初の三部作から読み返してみた。まあ、しかし、読み返すといっても、前に読んだのは中学一年くらいの時だから、にゃんと二五年も前のことになる。いちおう、全体のあらすじは頭にあるし、読んでいるうちにところどころ思い出せる部分はあったものの、ディテールに関してはほとんど初読も同然。それに当時のぼくの頭じゃ、理解できていなかった部分も多々あって、なかなか新鮮な感覚で読むことができた。

それにしても、四〇年代当時のアシモフのSFは、本当にビックリするような洞察にあふれている。この連載のはじめの頃、ロボットシリーズを読み返した時もそう思ったんだけど、あのしとは当時から現代の技術状況を知っていたんじゃないかと誤解しちゃうくらい、マトを射たことを書いているんだよね。

たとえば、今回読み返してはじめて気がついたんだけど、この三部作は、銀河帝国とファウンデーションという、二つの異質なテクノロジー文化の対決の物語という風にも、読むことができる。

銀河帝国興亡史の中では、銀河帝国は広大な版図と、莫大な資源を背景に、一大技術文明を築きあげる。それは、惑星の表面をすべて機械化してしまったり、超大型宇宙戦艦の建造を可能にするような、巨大科学技術に基づく文明だ。

ところが奢れるものは久しからず。その栄光にあぐらをかくうち、しだいに技術を継承し、改良、発展させる人材が失われていく。そしてついには、原子力エネルギーを保守管理できる人材にさえ事欠くようになって、周辺部では原発事故が頻発、文明はしだいに失われ、銀河帝国からの脱落が起き始める……。

つまりアシモフは、銀河帝国の栄光は、巨大科学技術によって築かれ、技術の空洞化によって終わるといっているわけだ。

これに対して、新興勢力のファウンデーションは、銀河百科辞典編纂という名目のもと、資源の乏しい銀河の辺境の地を出発点とする。その結果として、彼らは銀河帝国とは質の違う、新しいテクノロジーのスタイルを発達させていく。

それは、個人が携帯することができるシールド装置や、小型で機敏に動き回ることのできる宇宙船に代表されるような軽薄短小技術だ。省資源、省エネルギーであることを余儀なくされた彼らは、コンパクトで、よりインテリジェンスの集約された小型化技術を編み出して、しだいに銀河帝国の版図を切り崩していく。

現代のぼくたちにとって、科学技術の空洞化の危険性や、軽薄短小技術の優秀性は、今さら語るまでもないような常識だと思う。だから、銀河帝国に対するファウンデーションの優位性というのもごく自然に受け入れられる。でも、考えてみると、アシモフが三部作を書いた今から半世紀前には、そんなことを思いつける人は、たぶん他にはいなかったんじゃないかと思うんだよね。

現代の軽薄短小技術は、LSIの急激な高集積化がもたらしたもので、それを促した主な要因は、コンピュータの性能向上への欲求だった。そして今や、この半導体集積技術の進歩やコンピュータ性能の向上は、単に情報通信分野だけじゃなく、ほとんどすべての分野の科学と技術の進歩のスピードを加速している。

コンピュータの性能が上がることで、CADの能力が上がり、全ての技術のレベルを引き上げているし、思わぬ応用も次々行われている。DNAのシーケンサとか、CCDカメラによる光学望遠鏡の性能向上とか、GPSを使った動物の生態調査なんてのは、あまり関係なさそうな分野でも、半導体集積技術が大きな影響を与えているという良い例だ。

また、三〇年前には、理論計算と簡単なハードウェアしか作れなかったニューラル・ネットワークが、『がんばれ森川君2号』みたいなゲームにまで入れられるようになったように、昔は机上で考えるしかなかったものが、コンピュータシミュレーションで達成できるようになっている。さらに、純粋数学の問題と考えられていた四色問題も、コンピュータパワーなしには解かれなかったわけだしね。

ただ、こういう効果がでてきたのはごく最近、八〇年代以降のことだ。

アシモフが《銀河帝国興亡史》三部作やロボットシリーズを書いた四〇年代からこちらの技術状況をふりかえってみると、たとえば、世界最初のコンピュータが作られたのが四〇年代の中頃のこと。そして、LSIのもとであるトランジスタの発明に至っては五〇年代の後半になる。それにこの時点では、まだトランジスタの単価が、印刷技術によって指数関数的に安くなるとは、誰も思っていなかった。

このことに早い時点で気がついたのは、アラン・ケイで、彼はこの半導体技術の可能性に着目して、パーソナル・コンピュータの概念モデルであるダイナブックを一九六八年に構想している。でも、この時点でさえ、個人がコンピュータを持つという発想すら、先進的すぎて理解されない時代だったわけだ。

つまり、アシモフが三部作を書いた当時は、軽薄短小技術など、発想のカケラさえなかったはずなんだよね。

それどころか、当時のアメリカは、原子力や航空機など、軍需産業にともなう巨大科学技術こそが、世界のリーダーシップを握るものであると、誰もが信じ、その方向に向かって邁進していた時代だったわけだ。そんな中で、アシモフはいったいどこから、軽薄短小技術の可能性に気がつけたんだろう。

実をいうと、アシモフのロボットというやつも、この軽薄短小技術に対する洞察の、一つの現れではないかと思う。

今のぼくたちなら、ロボットの頭脳に何を使うかと聞かれれば、まずコンピュータを思いつく。ところがアシモフのロボットは、ポジトロン電子脳というSF的な小道具を使っている。それはなぜかというと、アシモフのロボットは、コンピュータとは無縁に考え出されたからだ。実際、ロボットシリーズの何篇かはコンピュータの発明より前に書かれているし、四〇年代の電子計算機では小型化できるという発想もなかったしね。

それでいて、ロボットシリーズのロボットたちの役割は、今のあらゆる日用品に組み込まれて、それらを知的にコントロールするマイクロプロセッサの役割とほぼ同じといってもいい。

つまりアシモフは、何かブレークスルーがあれば、全ての工学品は軽薄短小で知性化されたものになるという、技術的エッセンスを見ぬいていたわけだ。そして、その何かが、たまたまLSIだったというわけ。つまり、アシモフの発想のほうが先で、現実は後からついてきたんだよね。

『コンタクト』その5

さて、そろそろ今回で『コンタクト』の話題も決着させることにしよう。まあ、本当は宗教や科学について、まだいえる事はあるんだけど、そればっか話してても飽きちゃうしね。だから、そういう話題は、また別の作品ですることにしたい。

さて、『コンタクト』に登場した、エリーとジョスは、強い信念と、教条主義に縛られない心をもった、ある意味で、できすぎの人間だった。でも、そういう誰が見ても素晴らしいと思えるような人でなければ偉大な業績は残せないかというと、もちろんそんなことはない。

エリーの性格は、ちょっとバーバラ・マクリントックに似ている。彼女は、世間が認める三十年も前に、トウモロコシの遺伝学という地味な研究から、動く遺伝子の存在を独自に発見していた人だ。でも、分野が地味なうえに結果が先進的すぎて、学会はその成果の重要性を理解できなかったんだよね。彼女の研究が再評価され、ノーベル賞が与えられたのは、分子生物学の発達を待つ必要があったわけだ。そういう意味じゃ、マクリントックの仕事は、ひょっとすると一生評価されないまま終わったかもしれない。でも、たぶん彼女は地味～に自分の研究を続けたろう。（こういう一つの問題を、腰を落ち着けて追求するのは、女性研究者が得意なようで、動物行動学でも優れた女性研究者が多い。これに比べると男性の研究者は移り気で、この性差は進化的に培われた生存戦略の差という話もある）

でも、こういう性格は、科学者の中ではかなり例外的なんだよね。それよりももっと典型的なのは、強い闘争心が業績につながるってケースだ。

実をいうと、科学には闘争的な面があって、それがあるから、科学は巧くいっているといっても良い。普通、全ての科学者は、自分だけが絶対正しいと思っている。まあ、これは科学者に限らず、誰でもそういうところはあるよね。でも、自分だけが正しいと思っている人が、その意見を主張するだけだと、ただの妄言になってしまう。

そこで科学の世界では、戦いが行なわれる。論文の査読や、追試、否定的な実験など非常に厳密なルールに基づいて、ある公開の場で自分の主張を戦わせなければならない。その戦いを勝ち抜いたものが、一般に認められる業績となりえる。

そういう意味では、科学のやりかたって、スポーツ競技と似たところがある。人間には、いろいろイヤな側面があって、身勝手だったり傲慢だったりするわけだけど、でも、そういう性格をわりと素直に出しても、自然の秘密が解き明かせるようになっているところが、科学がうまくいくいちばんの理由だと思う。

『コンタクト』には、そういう科学者の人間臭さも描かれていて、それを体現していたのが、エリーのかつての恩師であるドラムリンだ。それにしても、こいつはイヤな男なんだよね。なにしろ彼は、エリーのSETIプロジェクトの予算打ち切りを決定した張本人だし、彼女がエイリアンのメッセージをキャッチしたらしたで、あたかもそれが自分の指示した事のように振る舞ったり、メッセージがマシーンの設計図だという推定まで、自分のアイデアだとしてしまう。果ては、マシーンの搭乗員資格まで、巧く立ち回って自分のものにしてしまうもんね。あんなに高齢なのに闘争心バリバリで、自分が一番でなければ気がすまない。

これはたとえば、DNA発見を巡るエピソードなんかで見られる、科学者のむき出しの闘争心と同じものだ。

ところで、エリーの業績を、ドラムリンが奪うエピソードは、カール・セーガンの原作には出てこない。でもこれは、パルサーの発見にまつわる実話を、下敷きにしていることは間違いない。

パルサーは一九六七年、ケンブリッジのアントニー・ヒューイッシュのグループによって発見された。彼らはこの時、クエーサーと、比較的近くの電波源とを区別する地図を作るために、全天の電波源の探索を行っていたんだよね。

そして、パルサーの最初のものを発見したのは、当時大学院生だったジョスリン・ベルだった。彼女は、ヒューイッシュによって電波源の膨大なデータの整理を命ぜられていたんだけど、その過程で奇妙な「ケバケバ」を発見する。つまり、非常に短い周期で規則的に振動する電波源を見つけたわけだ。しかもそれは、23時間56分の恒星時に従って回帰していた。

人工的な電波なら、24時間で回帰するのが普通で、恒星時で回帰するのはおかしい。それは宇宙からの電波以外に考えにくいんだけど、それにしてもこの異常に正確な周期は何なのか。ちなみにこの電波源は、最初、ひょっとすると宇宙からのメッセージかもって考えられたらしくて、ヒューイッシュの研究グループ内では、これをLGM（Little Green Men）1と呼んでいたんだそうだ。

結局、これは超新星爆発の残骸であるパルサーと判明し、この功績で一九七四年にノーベル物理学賞が、はじめて天文学者に授与された。その一人は、もちろんヒューイッシュだったんだけど、しかし、そこにはベルの名前はなかったんだよね。

これに対して、フレッド・ホイル（御存知、SF作家のホイルね。この人は、もとケンブリッジの理論天文学研究所所長の学会の重鎮だ。それから、これも余談だけど、実はパルサー発見の五年前に彼とエリオットの共著で書かれた『アンドロメダのA』の中には、パルサーに似た電波源が登場している）は、ノーベル賞をベルを除外して与えた事を批判した。

なぜなら、この発見の決定的なところは、信号が異常なものと気づいたことと、それが恒星時に従うことを観測した事にあるからだ。これにさえ気がつけば、あとはどんな天文学者だって、同じ結論に達したことは間違いない。つまり、この発見のエッセンスは、ベル一人に帰結するものなわけだ。（こういうイチャモンづけは、ホイルの真骨頂でもある。後に彼は昆虫は宇宙からきた仮説とか、始祖鳥化石は偽物説などもとなえている。ようはドグマに囚われるなってことを彼なりにやっているんだろうけど、どことなくモンティ・パイソン的なんだよね）

これに対してヒューイッシュは、ベルは確かに学生として優秀ではあったけど、他の学生が同じ発見をしなかったとはいえないというワケノワカランことをいっている。確かにベルが学生に過ぎなかったことは大きいし、指導教官のヒューイッシュがプロジェクトを設計しなければ、この発見もなかったわけだから、公式にはこれも正しい。でも、なんか煮えきらないよね。まあしかし、これはノーベル賞をめぐる人間のドラマとして、永久に記録されたものとはなったわけだが。

原作では、ドラムリンは暴君的な指導者ではあるものの、科学的にフェアで、業績の横取りはしない。そして最後には、マシーンの爆発から身を挺してエリーを守ったりもする。つまり、原作のドラムリンは、憎まれ役で、乗り越えねばならない目の上のコブ的な存在だけど、やはりそれは父親の愛情の、一つのバリエーションとして描かれていたんだよね。

『ＳＦ大将』

サはサイエンスのサ

連載●46

【鹿野　司】

知っている人は知っていると思うんだけど、ぼくと、とり・みきとは、わりと古くからの友人なのだ。まあ、彼が結婚して、子供も生まれてからは、いっしょに遊ぶ機会もだいぶ減ってしまったのだけれど、以前は同じ下北沢に住んでいたこともあって、別に何をするでもなく、ぐだらぐだらと一緒にいることも多かった。まあ、青春ってとこですかな。

二人の間柄は、何といっていいか言葉に迷う微妙なもので、あつくるしい親友ってんではないと思うんだけど、何とも知れずお互い無視できないような感じのものだった。センス的にあい通じる部分があるんだろうけど、一時期はやたらにシンクロ率が上がってしまって、ふとした拍子に同時に同じ言葉を口走ったり、一緒に酒とかを飲みに行ったときも、離れた席に座っていながら、どういうわけか同じものを注文してしまうということもめずらしくなかった。ラブラブ状態のカップルとかならいざ知らず、これにはお互い、ちょっとうす気味の悪い、でもどことなく嬉しい感じがしてたりして。

それで、そういう関係のとり・みきに対して、ぼくがこりゃあ凄いなあと感じたことが、二つほどある。

一つは、どんなにスケジュール的にきつくなっても、小さなメモみたいな紙に、何時から何時までこれをやる、というような予定表をきちっと作ることだ。僕だったら、スケジュール表を作るだけで何時間もかかっちゃいそうなんだけど、とりさんの場合はこういうものを非常に手際よくささっと作ってしまう。ようするにものすごくマメな人なのね。

それからもうひとつ、これは絶対に真似ができないなあと感じたのは、彼の抜群のダジャレのセンスだ。ダジャレといっても、そこらのオヤジがやっているような、ふ〜っと気の遠くなりそうなものじゃない。何人かの仲間で冗談のいいあいっこをしていて、そのうちそれがダジャレ合戦の様相を呈してくると、やがてとりさんは、もとの言葉とはどこにも共通性がないみたいなのに、なんだかものすごく近い感じがする言葉をひねり出してくる。まあ、いつでもそうってわけではないんだけれど、たまに出るそいつは、心底凄いなあと思わせるものだった。

ここで具体例が出せれば、わかりやすいんだろうけど、今の僕にはそれが思いつけないくらい、不思議な言葉を見つけだすんだよね。

まあ、たとえていうなら、ジャズの坂田明のいっていたことだっけかで、きつねうどんをきつねうどんというのは江戸っ子じゃねえって話がある。江戸っ子ならけつねえでんというんだ、いやいや、もっと本格的な江戸弁なら、けたなはろんだ、なんて話。こういう、きつねうどんとけたなはろんみたいな感じの、ものすごく微妙な似かたの言葉で、ダジャレが飛び出してくるわけだ。

さて、それでいったい何がいいたいのかというと、実は『ＳＦ大将』はそういうダジャレなんじゃないかってことだ。いや、もっとフロシキを広げると、文学の多くの部分は、ダジャレによって作り出されているのかもしれない。

たとえば、小松左京の「ゴルディアスの結び目」。これを読んだとき、ぼくは、こりゃあ駄洒落だな、と直感したね。

この作品は、人間の心の深層と、宇宙のブラックホールとが連結しているってのが中心的なアイデアになっているわけだけど、これはたぶん、自我崩壊のエゴティック・コラプスと、縮潰星コラプサ

ーのダジャレによる連結じゃないかと思う。（小松先生ごめんなさい）

それから高千穂遙の『NORIEが将軍!?』という小説もあるしね。

文学の非常に多くの部分って、ああた、たった二作だけでんがな、と自分で突っ込みを入れておいてと。おなじようなことは、色々な学問分野の、専門用語なんかでもよくあることだ。

たとえば、利己的な遺伝子とか、普遍文法とか。あるイメージ的な類推をもとに、ドキンちゃんは利己的といったんだし、チョムスキーも文法っていっているんだけど、利己的も文法も普通の言葉の意味とは全然違う使い方になっている。要するに、こういう用語を、気の利いた駄洒落のつもりで作っているわけね。まあ、それを真に受けて、わけのわからん素人論理を展開したりする人も多いわけですが。学問の世界でそれをやられると困るけど、文学ではそういうのを象徴とかいったりすることもある。

『日常生活の精神病理』というフロイトの初期の著作があって、これは普通に生活しているときに現れる、ちょっとしたいい間違いについて、深層心理学的に考察したものだ。ようするに、あるいい間違いをするのは、これこれこういう理由だっちゅう話を、色々な事例をあげてやっているわけね。何だか凄いことをやっているようだし、日本語で読むとなんのこっちゃさっぱりわからん部分があって、ずいぶんアリガタそうな話にみえるんだけど、実はそのいい間違いの多くは、ドイツ語のダジャレだったりして。だから、日本語訳で読むと、何のことやらよくわからないのよねん。象徴って、だいたいダジャレみたいなものなんだ。

ダジャレというのは、ようするに違うものの似た部分を見つけだす作業だ。その多くは、言葉の字づらだったり、音の感じだったりするわけだけど、それをきっかけに二つのものが結びつくと、面白いことが起きてくる。その言葉には、それが意味するものとか、その姿形とか、それが存在する状況とかいろいろな意味が多重にくっついていて、その多重なイメージの関係が意識されるようになる。そしてそこから、さらに思わぬ新しい結びつきが生まれてくる。言葉やイメージのスリップというか、ズレというか、言い間違いというか、そういうところに、創造性の原点の一つがある。

『SF大将』のエピソードの多くは、表題タイトルから連想された何かをめぐって話が進んでいくわけだけど、話の中に現れるエピソードや台詞や絵が、また別の連想を生んで、それがまたSF作品の何かに絡んでいったりする。まあ、ぼくは教養に乏しいので、どれがなにを連想させるかなんてことはとてもわかりませんけど、たとえば、「猿に腰掛けた女」なんて、「星の海に魂の帆をかけた女」に似ているような気がするんだけど、どうなんでしょうね。そういうなんちゅうか、微妙な所を突いてきているような気がする。そういう意味で、『SF大将』はとり・みきのダジャレ力の一端をかいまみせる作品ではないかと思う。

うーん、そうか、今こうして文字にしていてはじめて気がついたんだけど、『SF大将』ってそれ自体、「SF大賞」のダジャレなのね。あー、そんなこと明々白々なのに、今の今まで全然気がつきませんでした。なんと、そういう無意識が、ぼくをして文学は駄洒落だ論を書かせる結果になったのでしょうかね。

サはサイエンスのサ

連載・47

【鹿野 司】

赤塚不二夫は死ぬ気だよね。

まあ、詳しいことは知らないんだけど、なんでも食道癌ができていて、余命があと一年だとか。内視鏡検査で癌が見つかった時、医者はついでに取りましょうといったらしいんだけど、それを拒否して、そのまま逃げ帰ってきちゃったらしい。今後は、民間療法で治療を行なうんだそうだけど、その理由が、医者にかかって死んだやつも、医者にかからず死んだやつもたくさん見てきたからだという。

うーん。困った。

ぼくは今でも時たま「ほえほえ」とか口走ったりする、赤塚マンガを読んで育ってきた一人だ。ほら、ぼくって赤塚が好きな人でしょう？

そういうファンの心理として、やっぱりバカはせずに、もっと生き延びる努力をして欲しいと思うんだよなあ。

もちろん、どんな程度の癌なのかわからないから何ともいえないけれど、内視鏡でやる食道癌の手術は、体にあまり負担がかからないんじゃなかったっけ。それだったら、さっさかやっちゃえばいいのに、なんて感じがしてしまう。それで、制癌剤とか放射線をやらないっていうことにすれば、退院だってすぐできるだろうし。

もちろん、一人の人間の生きざまとして、これも善しとしたい……なんとなく赤塚らしくもあるし、という気持ちもあるんだけど、でも、どうもそうあっさりと突き放せない気分もあるんだよね。つい、なぜこういう態度を選択したのだろうかということを考えてしまう。

これって、立川談志の臆病さかげんに比べると、堂々としすぎてる気がする。談志の臆病さはとても人間的で良い感じだけど、赤塚はあきらめが早すぎるんじゃないか。それから民間療法に徹するというのも、何となくひっかかる。

ああいうあきらめの中には、癌という病気とは無関係の、生きることへの少しの絶望も含まれているのかもしれない。そういうものがある時は、つれていってくれるものがあれば、拒まずついていきたいという感じになるもんね。能動的に行きたいとは思わないけど、受動的には受け入れるっつーか。

民間療法に徹するといっても、そんなにすがりつくように積極的にやろうとは思っていない感じがする。誰かに薦められたら、拒まずにやるよという程度で。

だからあれは、自分は諦めているんだけど、まわりの親しい人たちに、そのことを、とやかくいってもらいたくないというメッセージなのかもしれない。あるいは、自分の、治療は受けないという決心と、まわりの人の治療を受けて欲しいという心配との妥協案として、ああいういいかたをしているのかもしれない。

聡明で優しい人だからな。

もちろん当人ではないから本当のところ、どんな思いがあるのかわからないんだけど、あの決断の中には非常に複雑な思い、それもたぶん、その多くが自分でも整理がついていないようなものがあることだけは間違いないと思う。そういう思いを、大事にしてあげたいという気持ちはぼくのなかにはある。

ただ、治療は受けないという決断の背後には、そういう個人の内面とは別の層もあるんじゃないかな。つまり、下手に医者にかかると、クォリティ・オブ・ライフがメチャメチャにされちゃうんじゃないかという畏れだ。こういう認識は、多くの人が持っていると思うんだよね。医者というのは、どうも信用できなくて、油断するとこちらの人生を酷いものにされちゃうっていう感じ。

だいたい、余命が一年というのも何だかおかしな話だしね。ドラマなんかでは、こういう表現がよく出てくるけど、医者が本当にそんなことをいうかなあ。なぜなら、癌を見ただけで、余命があとどれくらいなんてことは、実際にはわからないはずなんだよね。癌というのは個性のある物だから、治療の流れの中で進行しているとか、抑えられているということは解るかもしれないけれど、このままだとあとどれくらいなんて、一般論としていえるわけがない。

まあ、医者が手術を受けてもらおうという気持ちから、脅せば言うこと聞くかなと思って、あと一年とかいったのかもしれないけれどね。だとしたら、それは逆効果で完全に失敗だったわけだけれど。

もし、こういうことがあったのだとしたら、現状では、多くの人が医者を責めると思う。脅してまで手術を受けさせよう、自分の思いどおりにさせようというのは、医者の傲慢だってわけだ。

でも、本当にそうなのだろうか。そりゃあ、まあ、そういう面もあるにはあるんだけど、でも医者も一人の限界を持った人間だからねえ。

少なくとも、癌の告知をして手術しましょうといっているからには、その癌はまだそれほど深刻な状況になっていないってことだろう。

最近は癌告知をする医者も増えてきているようだけど、癌告知しない、できない医者はいまでもかなりいるはずだ。それは、医者を取り巻く状況が、それを難しくしているからだ。

医者の間では、悟りを開いた高僧が、大丈夫だから告知してくれというので、正直に癌ですと答えたら、自殺しちゃったという話が流通している。

この話は全国どこの医者でも知っているし、少なくとも二十年は前からその話はあったんだけど、でも、その自殺した高僧ってどこの誰かは誰も知らなかったりする。つまりこれは、医者の恐怖が産み出した都市伝説ってわけだ。

医者としては、告知するからには、前向きに治療していきましょうといいたいわけなんだけど、患者側はショックでアワアワになっちゃっている。そういう状況下の患者の心を慰撫して、前向きに生きる決意をしてもらうことは、実はとても難しいことで、本来は医者の仕事じゃない。でも、それをしなきゃならないという負担が、こういう都市伝説を産み出すわけだ。

医者ってのは、もともと物理的なケアしか勉強しないわけだし、それだけに徹してこそ良い仕事ができる。だから、アメリカのエイズ告知みたいに、告知とカウンセリングがセットになっていて、治療は医者、心理ケアはカウンセラーという分業ができればいいんだけど、日本の現状ではそういうシステムがないし、制度的に作ることも難しい。

実はそういう複雑な事情があるから、医者は患者を、強引に自分の意志に従わせたくなるという面もある。その根底には善意があるんだけど、そのことを今のぼくたちは、医者の傲慢と単純化して受けとめているんじゃないだろうか。

このところ、人間の生命をめぐる問題、環境ホルモンとか、クローンに代表されるバイオテクノロジーなどに関する注目が集まっているけれど、そういうのにも同じような不当な単純化が起きているように思える。というわけで、次回からそれについて、少し考えていく予定ザンス。

サはサイエンスのサ

連載●53

【鹿野 司】

『スター・トレック』

「Via Voice 98」という、IBMの音声認識ソフトがあるんだけど、これがなかなか良いんだよね。はじめは、音声認識なんて使い物になるんかいなと思っていたんだけど、実際に使ってみると、意外なほど上手く言葉を聞き取ってくれる。

まあ、最初にエンロールといって、自分の発音を覚えさせる作業が必要で、これは面倒なんだけど、その後、こちらの喋った言葉がみるみる文字に変わっていくのを見ると、なんだか妙に健気な感じがして、コンピュータに愛着がわいたりして。それに、言葉を使ってアプリケーションを起動させることもできるので、「ねすけ起動!」というと、インターネットに自動接続してくれたりもする。

ところで、コンピュータに向かって、言葉でコマンドを与えるというと、ぱっと思い浮かぶのがスター・トレックじゃないかな……と、いうわけで今回は『スター・トレック』について書いてみたい。

スター・トレックというと、ぼくの世代が思い出すのは、やっぱり四半世紀くらい前に放映されたオリジナルストーリーだろう。いやあ、当時はこれほど完成度の高いSFドラマはないなあなんて思って、ちょっと恥ずかしいけど、スポックにあこがれたりもしたもんだ。

もっとも、これを今見返すと、やっぱり古くさい感じは否めない。何つっても、基本がアメリカンウェイを全宇宙に広げちゃうという無茶な話なので、その点はしょうがないよね。ものすごいピンチを、カークのお色気で切り抜けるという理不尽な話も多かったしなあ。

まあ、それはともかく、スタトレには、今ではオリジナルシリーズの他に、ネクスト・ジェネレーションと、ディープ・スペース・ナイン、ヴォイジャーという、三つのテレビシリーズがある。このうちネクスト・ジェネレーションは、七年百七十エピソードを数えた長寿番組だったし、後の二つは未だに放送が続いている。それだけ、根強い人気があるシリーズってわけだ。残念なことに東京のテレビ局はどうもSFドラマを冷遇する傾向があって、ヴォイジャーはおろか、DS9も未放映だし、ネクスト・ジェネレーションも、不定期に近いスケジュールで深夜の三時くらいからしかやってくれないんだが。

それはともかく、このネクスト・ジェネレーションというやつは、本当に良くできたドラマだと思う。まあ、最初から通して見ると、はじめはメインキャラクターの個性も確立しておらず、エピソードの内容も、強引で未熟なものもある。

たとえば超生命体に保護されていて、めちゃくちゃ純真で健康的な人々の惑星の話があったけど、そこの人は、ムキムキにシェイプされた体を薄ものに包み、いつもモデルみたいに歯をにっとむき出して笑っていて、普通の移動にもジョギングしてるんだぜえ。健康的ということを、こういうイメージで描いちゃうというのは、なんというか、むしろスゴイというべきか。それからアンドロイドのデータも、もともとスポックに相当するキャラクターとして設定されたんだろうけど、なんとなくぎこちなかったし。

しかし、シリーズが進むにつれて、この種の違和感は解消されていく。

最近（でもないけど）アメリカの長寿テレビシリーズでは、主役級のキャラクターが六〜七名いて、それぞれのドラマが並行して進むというパターンのものがたくさんある。刑事もの、弁護士ものでもそういうのがあるし、その究極が『ER』じゃないかな。ネクスト・ジェネレーションもそういう構成を取ることが多くて、たぶん、このパターンを作ったはしりのひとつじゃないかと思う。

このタイプのドラマでは、一人のエピソードを全部つなげてみてしまうと、たぶん、説明不足だったり、こんな短時間でこんな事が起きるわけがないとか、アラや矛盾がでてくるだろう。ところが場面転換を上手く使って、複数の人間のドラマを錯綜させることで、それを感じさせず、かえってスピード感や、時間経過を感じさせるような構成になっている。

そして、こういうドラマを見ていて、とても羨ましいのは、シリーズを通して描かれていくキャラクターが、しだいに実在の人物のように個性的で、リアリティを持っていくことだ。各キャラクターについて、多くのエピソードが断片的に描かれることで、その人物の個性が明確になっていく。この人は、こういう信念があるから、この状況ではこうふるまう、別の状況では、こういうことだけはできないといったことが、誰の目にも、はっきりわかるようになるんだよね。

たとえば規律と名誉を重んじるクリンゴン人であるウォーフが、母星の権力闘争の犠牲となってあえて汚名を被る話があるんだけど、これが泣けるんだ。クリンゴンという架空の文化にまつわる話で、泣かせることができるというのは、ちょっとすごい事じゃないだろうか。それができるのは、ウォーフという人間の人間性が、シリーズを通して、すでに十二分に描かれていたからだ。複数の人間がシナリオを書いていながら、これができるのは、驚異的だと思う。すべてのシナリオライターが、各キャラクターの人間性を理解し、共通認識を持っていなければ、こういうドラマは決して描けない。

それに比べると、日本のドラマの登場人物には、そういう一人の人間としての統一した個性を感じることがほとんどない。イメージ的には、危機的状況になると、バカヤローとか、やめてーとか叫んで、滅茶苦茶やるとすごい力がでて解決しました、みたいな話ばかりで、それじゃあまるで幼児のケンカだよな。思想や信条なんてものは、まるで存在しないみたいだ。こういう話ばかりなのは、シナリオライターの頭の中に、成熟した大人の行動のイメージがないのだろうか。

ネクスト・ジェネレーションには良い話がたくさんあるけど、これまで見た中では「Yesterday's Enterprise」というエピソードがSFとしても非常に優れていると思う。正直いって、映像でこれだけ巧妙に仕組まれたタイムパラドックスを描いたドラマは他に見たことがない。

この物語は、新世代のD型エンタープライズが、時空の裂け目を通り抜けて出現した、前世代のC型エンタープライズに遭遇するところからはじまる。その瞬間、ピカード以下、新世代エンタープライズの乗組員の制服が、それまでと微妙に違ったものに変化し、クリンゴン人のウォーフが消え、以前のエピソードで死んだはずのヤーが、そこに復活する。この変化は、実はC型エンタープライズがこちらの時代に来たため、過去二十二年の歴史が変わったために起きたものだった。つまり、変化した時間線上の人々の主観でドラマが進むんだよね。スター・トレックは、特撮とかは金がかかっていない感じだけど、シナリオだけであれだけのSFをやっているわけだ。それなら日本だって、負けないくらいのドラマができると思うんだけどなあ。

サはサイエンスのサ

連載●54

【鹿野　司】

『五分後の世界』『ヒュウガ・ウイルス』

近況にも書いたけど、九月に二週間ほど、アイルランドに旅行に行ってきました。いやあ、なかなか大変だったけど、それがけっこう面白かった。二週間の旅程のうち、後半一週間は、ちょっと予定が変わって一人きりの行動になったんだけど、そうなると予想外の問題が次々と襲いかかってくるのね。

手頃な値段の宿がなかったので、主に大学寮に泊まったんだけど、コインランドリーを使おうとしたら、どの硬貨も受けつけてくれなかったり（これは専用トークンを買って使うのだった）、パソコンショップでヨーロッパの地図ソフトを買ったら箱だけで中身が入っていなかったり、帰りの飛行機のリコンファームをしようとしたら、メッセージが自動応答で、とりつく島もなかったとか……。

英語が堪能ならまだしも、ぼくの語学力はミミズくらい。その乏しい知識と、即興で思いつく対処法で、なんとかサバイバルしていかなきゃいけない。こりゃあ心細いもんですよ。そんな時、くり返し頭の中に浮かんだのが「ゲリラは生きのびることだけ考える」って台詞だった。（って、そんな大層な話でもないか）

これは、村上龍の『五分後の世界』（幻冬舎文庫）に出てくる言葉なんだけど、ちょうど旅のお供に、これと、続篇の『ヒュウガ・ウイルス』を持っていっていたんだよね。そこで、今回は、この二作品について取り上げてみたい。

ぼくにとって、村上龍はかなり好きな作家の一人で、とくに気に入っているのは、『コインロッカー・ベイビーズ』と『走れ！　タカハシ』だ。どちらも、かなり前の作品だけど、どちらも、ちょっと他では味わえないような、強烈な個性を持った人物が描かれていて、そこんとこが良いんだよね。

「ＳＦとは一枚の絵である」といわれるように、ＳＦのセンス・オブ・ワンダーは、舞台設定や、ある光景の描写について感じる感覚だろう。ところが村上龍は、センス・オブ・ワンダーに満ちた人間性を描き出せる作家だと思う。

一人の人間の心の中に、強烈で、極端で、複雑なものが渦巻いていて、その強い思いが、先の読めない物語を創り出していく。まあ、リアルな人物像では決してなく、ケレンな人物像ではあるけれど、ある種の極端さが、かえってリアリティを感じさせるところがある。他の作品でたとえるなら、『羊たちの沈黙』のレクター博士のようなキャラクターといったらいいだろうか。

『五分後の世界』と『ヒュウガ・ウイルス』は、同じパラレル・ワールドを舞台に展開する物語だ。我々の世界から、そのパラレル・ワールドに紛れ込んだ人間の時計は、等しく五分間遅れている。だからそこは、五分後の世界ってわけだ。

そのパラレル・ワールドでは、第二次世界大戦において、ついに日本が降伏せず、アメリカ（国連軍）と今なお戦闘状態にある。純粋な日本人は、人口が二十六万人にまで減少しながらも、松代の地下大本営を起点に、日本全土に地下トンネルを延々と掘り続け、アンダーグラウンドと呼ばれるゲリラ国家を構築している。

一方、地上は各国から大量の移民が入植し、一部の日本人と混血した非国民と呼ばれる人々が生活している。彼らのほとんどは、スラムなどで堕落しきった生活に甘んじている。

一方、アンダーグラウンドの純日本人は、鍛え抜かれ、研ぎ澄まされた肉体と精神を持ち、同時に他国の追随を赦さない優れたテクノロジーをも備えた、世界最強のゲリラとして畏れられている。また、多くの芸術分野で、世界最高クラスの天才を何人も輩出している。それは、日本人の優秀性を示すために、国策として天才教育が行われているためだ。

『五分後の世界』は、作者があとがきで述べていることによると、それまでの小説作法とは、全く違った体験――物語の設計図が眼前にありありと浮かぶ――を経てできあがった物語なのだそうだ。

そういわれてみると、村上龍の作品は、人間の内面の力が起爆力になって、物語が展開していくという感じだったのだけど、この『五分後の世界』に関しては、世界や描きたい思想が先にあって、そこから物語ができているように思える。なぜなら、これには、全体を貫く、明瞭な説教臭さがあるからだ。

アンダーグラウンドは、血なまぐさい戦闘と隣り合わせにありながら、人間的には理想的な社会だ。自立し、合理的、理性的な人々の社会で、差別はなく、仲間同士の絆は固く、礼儀正しい。無駄のない、こざっぱりした感じは、いつも心に死を抱く、武士みたいなもんだな。

ぼくには、無駄がなくて、芸術を力を誇示する道具として使う社会なんて、うまく機能するわけないと思うんだけど、この作品ではそれが賛美されている。それは、現代の日本社会のような、甘やかされ、軟弱な精神の持ち主が多い社会への、苛立ちの表われなんだろう。それは、続篇の『ヒュウガ・ウイルス』で、さらに極端化する。これはヒュウガ村に出現したエマージェント病原体を巡る物語なんだけど、こいつは抜群の感染力、苦しみに満ちたおぞましい病態、百パーセント近い致死率、決して弱毒化しない性質など、考えられる限り最悪の性質を持つ。

そして、この病原体に犯されても助かることができるのは、死と隣り合わせの中をサバイバルした強い精神の持ち主に限られる事が判明する。要するに、軟弱な、甘やかされた人間は、みんな滅ぼしちゃえって、病気なわけだ。

この病原体を設定するにあたって、作者はウイルスや生理学について、ものすごく勉強したんだなって感じはする。でも、その印象は、なんだか詰め込みの勉強の結果みたいな感じなんだよね。話とは有機的に結びついていないのに、教科書みたいに、必要以上に難しいディテールを書いている感じがする。こういう描写は、科学を権威的なものとみなしている人が、難しい言葉で煙に巻いてやろうって感じがして、科学ライターの僕としては好きになれないなあ。

ただ、これは伝奇物に似た感じともいえる。伝奇物は、あまり知られていない密教や神学の難しい言葉を発掘してきて、物語に取り入れたジャンルだろう。でも、その思想性までは取り入れていない事が多い。それと同じで、この作品も、言葉は確かに科学のものなんだけど、科学に貫かれている思想や、ものの見方には、ほとんど関心が払われていない。

SFプロパーの作家だと、科学の言葉が出てきたとき、こういう感じがすることはほとんどない。もちろん、人によりけりではあるけれど、伝奇小説に出てくる呪文みたいに、科学の単語を使うケースをぼくは知らない。そういう意味では、これもなかなか面白いんじゃないかな。

プレイステーション2はパソコンを超える!?

ホントなら、これからこの連載で、非SF作家によるSF的な作品を、いくつか取り上げていこうかと思っていたのだけど、その前段というか、わき道というか、人間の認識にまつわる話題をここ数回やってきた。で、そろそろ本筋に戻ろうかと思っていたんだけど、ここにきてとんでもないニュースが飛び込んできてしまった。つまり、プレイステーション2の発表だ。これは、これからのコンピュータの潮流を左右する大きな可能性を持った話なので、今回はさらに脱線して、これについて書かせてちょうだい。

いやしかし、このプレステ2のスペックには本当にぶったまげたねえ。まず、なんといっても凄いのは、東芝が開発したCPU、エモーションエンジンだ。こいつの浮動小数点演算性能は、なんと六・二ギガ・フロップスだという。つまり毎秒六二〇億回の実数演算ができるのだ。

まあ、毎秒六二〇億回といってもあまりピンとこないだろうから、たとえばこんな比較はどうだろう。

世界で最初にスーパー・コンピュータと呼ばれたマシンは、一九七六年にアメリカで作られたCRAY1だった。これは当時の大型コンピュータの一〇〇倍くらいの性能を持った怪物マシンで、最初に購入したのが日本だったこともあって、国内でもわりと知られたコンピュータだと思う。外観が円柱を背にした椅子みたいな姿で、世界一高価なソファーなんて形容されたりしたものだ。そういえば、映画『さよならジュピター』で、木星をぶっ飛ばすCGの計算をしたのは、これじゃなかったかな。

このCRAY1の性能は、なんと〇・一二ギガ・フロップスだ。つまりプレステ2の性能は、その五〇倍もある。しかもCRAY1の値段は八〇年頃で三〇億円もした。対してプレステ2は公式には五万円以下、下馬評では二五〇ドルくらいで発売されるともいう。コンピュータの進歩にとって、二二年は確かに長い時間だけれど、ここまで圧倒的に進歩したと思うと、やっぱり驚きだよね。ちなみに、エモーションエンジンの性能はスーパーコンピュータ並ともされていたけど、もちろんそれは言い過ぎ。現在のスーパー・コンピュータは、たとえばNECのSX5で四テラ・フロップスもあるもんね。

プレステ2は、パソコンのグラフィックカードに相当する、レンダリングエンジンの性能もすごくて、シリコングラフィックスのワークステーション並みの性能がある。つまりこれなら『バグズ・ライフ』のキャラクタを、コントローラーで思いどおりに操るソフトも作れるわけだ。

また、これだけの性能があると、科学技術シミュレーション並の、見せかけでない物理法則がきちんと作用する世界が作れる。実際、水面に起きる本当の波のシミュレーションを、リアルタイムで再現していた。本物の物理が働く世界で、64の『ゼルダの伝説』のようなゲームができたら、素晴らしいだろうなあ。

さらにプレステ2の入出力を受け持つチップは、今のプレステのCPUを改良し、それに入出力回路を加えたものだ。

だから、既存のプレステのソフトは完全互換で使えるし、画面の切り換えなどの速度は今のプレステよりも速くなるはずだ。また、メディアはDVDで、DVDプレイヤーとしても使えるし、外部インターフェースにはUSBとIEEE1394(アップルのいうファイヤーワイヤーと同じもの)、PCカードという、パソコンの標準を採用している。USBにはマウスやプリンタ、スキャナなど低速デバイスを繋ぐことができ、IEEE1394はハードディスクやビデオカメラをつなぐことができる。またPCカードはノートパソコンでお馴染みの、モデムやメモリカードなどを接続する規格だ。

　これをみると、プレステ2がゲーム機以上のものを狙っているのは明白だ。ひょっとすると、将来的にはプレステ2はパソコンを置き換える可能性も持っている。つまりウィンドウズ、インテル連合に真っ向勝負を挑む戦略商品のわけだ。

　多くの人は気づいていないか、あるいは気づいていても知らないふりをしているんだと思うけれど、パソコンはすでに終わっている。つまり、機能的に十分成熟していて、これ以上のパワーアップはあまり必要ない段階にきていると思う。

　パソコンはこれまで、色々な意味で自動車に例えられてきた。たとえば八〇年代には、東大の坂村さんが、パソコンは黎明期の自動車のように、インターフェースに統一がないといっていた。

　でも、それはマックとウィンドウズによって、ほぼ解消されたといっていい。両者の違いは右ハンドルと左ハンドル程度のことで、大した物じゃない。それよりもっと根本的なところ、パソコンは何をするための道具で、それをするにはどういう操作が必要かについては、ほぼ固まったといっていいだろう。つまりそれは、ワープロ、電子メール、インターネットブラウズ、若干の表計算やデータベースのための道具――文房具を統合したようなものといったところだろう。

　ところがこの用途に限れば、最先端パソコンの性能は全く必要ない。CPUパワー、メモリ、ハードディスク容量、3DCG描画性能など、どれもオーバースペックだ。五〇年代のアメリカでは、より速い自動車を求めてジェット自動車みたいなものが作られたことがあった。でも、そこまでスピードをあげても全く意味がない。それと同じことが、パソコンで今、起きているわけだ。

　もちろん、サイズの大きなイラストを描いたり、三次元のCGを扱うには、まだまだ性能が不足している。でも、それはプロの絵かきや、ゲーマーにだけ必要な突出した要求だ。その要求を満たすもののことを画材と呼ぶことにすると、今のパソコンは、文房具としてしか使わない人に、画材を買わせようとしているような状況にある。そのため、無意味に強力なハードをだらしなく消費するソフトの乱立にイヤンな感じを持っている人も多いだろう。もちろん、文房具だとしても、OSはもっと安定するべきだし、ハード的にも大型ディスプレイというより紙の質感が出せるものを作っていくとかいう方向への技術の進歩はあるべきだけどね。

　ところがプレステ2は、最初からプロでも納得できる画材の性能を持っている。しかも、ゲーム機としても、DVDプレイヤーとしても使えるし、なんといっても安い。やがては家庭内ネットワークのコアになるというシナリオは当然としても、さらにプレステ2をコアにしたノート型とか、デスクトップパソコンに近い形の機種が出てくるかもしれない。

　そして、フォトショップなどの画像系ソフトが動くようになれば、マックの高級機の存在価値は危ういかもしれない。また、物理シミュレーションを駆使した、アラン・ケイが描いたダイナブックのような理想の教材も作れるだろう。ただここで気がかりなのは、ソニーはどこまでソフトに対するロイヤリティを要求するかということだ。USB機器はドライバを書けば接続できるけど、そのドライバに、ロイヤリティはかかるのか。これは大きな問題になると思う。いずれにせよ、プレステ2の動向には要注目だな。

世界を滅ぼすのってむずかしい!?

サはサイエンスのサ

連載●61

【鹿野　司】

　前回は諸般の事情でお休みしてしまいました。ほんと、ごめんなさい。で、ごめんなさいついでに、懸案の、非SF作家によるSFというテーマもしばらく延期させてもらいたいと思います。実は、前回お休みしたのと同じ理由で、ここのところ、ひとつのテーマを掘り下げている時間がとれないんっすよ。

　で、まあ、今回はちょっと軽いノリで、人類を滅ぼしてみようかなと。

　もう、時期遅れかも知れないけれど、いよいよあの、一九九九年七の月がやってまいりました。SFマガジンは月末に書店に並ぶと思うけど、ひょっとしてもう世界は滅んじゃったのかな?

　そういえば、二〇〇四年の土星到着を目指して飛行中の探査船カッシーニが、八月一八日に地球を使ってスイングバイする。それが地球に墜落するのが、恐怖の大王の正体だったって説がある。なんでもノストラダムスのいう七の月は旧暦で、今なら八月にあたるとか。それだと少し、寿命が延びるよね。

　しかし、たかが惑星探査船の墜落が何で恐怖かというと、これには三三キロのプルトニウム燃料電池が積まれているからだ。スイングバイ高度は、最も近づくところで一一七三キロで、これはスペースシャトルがよく飛ぶ低軌道に属する。衛星携帯電話のイリジウムや、GPSのナビスター衛星なんかもこの高度(よりちょっと下だけど)を飛んでいて、当然ゴミも多い。だから、ひょっとしてカッシーニもスペースデブリと衝突して落ちてくるかもというわけ。

　プルトニウムがこれだけあれば、一〇〇キロトン級の原爆になるし、プルトニウムの人体許容量基準は〇・六マイクログラムだから五五〇億人分だ。また、大気許容基準は三〇ピコグラム/立方メートルだから、一辺一〇〇キロの立方体に拡散させないと基準値を越えてしまう。

　でも、スペースデブリと衝突しようが、地球の周りを回っているわけじゃないカッシーニが地上に落ちる可能性はほとんどないし、落ちたとしても、人類に深刻な影響を及ぼす事態なんて、起こりようがないと思うんだけどね。

　それにしても、今どき世界を滅ぼそうとしても、そうは簡単にはいきません。しかも、短期間となると凄く難しい。疫病とか、地球規模の天変地異では、かなり時間がかかるもんねえ。

　ソ連が崩壊する以前なら、全面核戦争なんてシナリオがあったんだけど、今ではそれはちょっと無理。昔みたいに地球を二〇〇〇回も焼き払うような景気のいい話は、事実上あり得なくなっている。

　核単発の威力も、今では弱くなっている。核兵器は、初期には強力なほど良いってんで、ソ連が六一年に五六メガトンの水爆実験までやっている。『博士の異常な愛情』のノリのわけね。でも、そんなに凄いと使い道がない。そこで小型化して、色々な使い方ができてとっても便利って感じに、技術開発が進められてきた。それにピンポイント主義というか、軍事施設や兵隊は殺しても、一般市民への被害は最小限にするという論理が浸透して、これも破壊力を下げる要因になっている。威力の大きい爆弾は重いから、ミサイルの命中精度が落ちて、破壊力が無駄になるんだよね。そこで今では、核は大きくても一メガトンくらいでしかない。まあ、広島長崎が一五キロトンに二二キロトンだから、それでも凄いけど。実用的とされる核は、もっと規模が小さくて、だから気化爆弾のほうが強力だったりする。そういう意味では、核兵器はもはや人類を滅ぼす決め手じゃない。

　これには、熱狂的な滅亡ファンの人も、ちょっとガッカリかもしれない。

　では、他に手はないかというと、まあすぐに思いつくのは、地球に小天体が衝突するってやつだ。今から六五〇〇万年前、直径一〇キロの小天体がユカタン半島付近に衝突し、それがきっかけで恐竜は絶滅への道を歩むことになった。それと同じ事が人類に起きても不思議じゃない。ただ、直径が一キロ以上もあって地球に接近する天体は、ほぼ軌道がわかっているし、衝突するとしても突然やってくることはない。何十年か前には、軌道から予測できる。しかも、それを政府などが極秘にする事もあり得ない。なぜなら、こういう小惑星や彗星の発見の主役は、アマチュア天文家だもんね。

ぼくの考えとしては、三〇年後に地球に衝突する直径数キロ程度の天体とかなら、むしろ来てくれたほうが嬉しいくらいだ。それが見つかれば、世界が本気で協力する、大々的な宇宙プロジェクトが始まるのは確実で、これで宇宙開発がかなり加速されるだろう。それに時間的な余裕もあるから、衝突回避の実況とか、観光ツアーとかを狙って民間企業も宇宙開発に参入するかも知れない。

もっとも、直径数十メートル以下の天体だと小さくて見つけにくいから、場合によっては発見から数日で地球に衝突ということもある。ちなみに一九〇八年のツングースカ隕石は、二〇メガトン級の破壊力で直径一〇〇キロの森林をなぎ倒した。この大きさが六〇メートルで、当たり所によっては国家レベルの被害は出る。でも、人類滅亡には力不足かな。

うーん。そこで他に何かないかと考えてみたんだけど、あとは太陽の異常くらいかなあ。ちょうど太陽の黒点周期の極大が来年あたりで、すでに活動は活発化している。だから、巨大フレアで地球に被害が起きるという事もなしとはいえない。ただ、ニーヴンの『無常の月』みたいな超巨大フレアは、過去に発生したことはないみたいなので、あまり可能性はないかも知れない。

フレアが起きると、太陽からプラズマの粒子（太陽風）が飛び出して地球に吹き付ける。それによって、地球の磁場が部分的、一時的に消される磁気嵐が起きたり、電離層が乱されて短波通信ができなくなるデリンジャー現象が起きたりする。これがきっかけで、世界各地で大事故が起きるという事はないだろうか。

まず磁気嵐は、伝書鳩も飛ぶ方向を見失うというけれど、現代の飛行機や船は、ジャイロやGPSを使って方位を知るので、影響は全くない。また、デリンジャー現象で短波が使えなくても、今では通信・放送衛星や、海底ケーブルがあるから、海外との連絡に支障は起きない。つまり、今の科学、技術なら、太陽フレアによる障害の大半は問題にならない。

ただ、現代ならではの障害として、GPSが狂う可能性がある。

GPSはナビスターという二四個の衛星を使って、世界中どこからでも自分の位置がわかるシステムで、ミサイルの誘導にも使われるらしい。この衛星には、ナノ秒（一〇億分の一秒）精度の精密な原子時計が搭載されていて、時刻情報を送信している。この時報は、衛星と自分との距離によって少しずつズレて届くから、三つ以上の衛星を使えば、三角測量の原理で自分の位置を割り出せる。

ただこのとき、電離層が乱れると、電波が届く時間が変化して、衛星と自分の距離が不正確になる。GPSの情報が狂うわけで、ミサイルがこれで方向を失ったら大変な事が起きるかもしれない。ただこれも、誤差が六〜七メートルというから、誤爆を心配するほどのことはないよな。うーん、果たして、恐怖の大王さんは、どんな手で人類を滅ぼすつもりなのかねえ。

宮崎作品が連れてゆく〝今ここでないところ〟

サはサイエンスのサ

連載●62

【鹿野 司】

ぼくたちは、なぜ、物語を読むのだろう。それには色々な理由があり得るけれど、そのいちばん根っこにあるのは、心を、今ここでないところに遊ばせたいという事だと思う。

優れた物語は、小説に限らず、映画でも芝居でもマンガでもアニメでも、今ここでないところに心を誘う表現を持っている。つまり、心の状態を、日常とは違うものに変えてしまう力がある。

たとえば、川端康成の『雪国』は、次の有名な描写ではじまる。

「国境の長いトンネルを抜けると雪国であった。夜の底が白くなった。」

これを読むと、たったこれだけの短い文章に過ぎないのに、汽車で、真っ暗なトンネルのずいぶんと長い闇の中を通りぬけ、いきなり開けた場所に出た様子が思い浮かぶと思う。そこは夜とはいえ、星明かりが雪の原に照り映えて、一面がおぼろに白んでみえている……。

こういう情景がありありと浮かんでくる事、それはつまり、この文章を読んだ瞬間に、自分の心が、今ここととは別のところに焦点を結ばされたということだ。

そのとき、読者の心は物語を傍観しているのではなく、その世界の中にいて景色を眺めている。これは凄い事で、こういう力を持った描写ってのは、文学というメディアの能力を最大限に引きだした一つの例といっていいと思う。

そしてアニメの世界では、この種のとびきり優れた表現が、宮崎駿監督作品の中にある。

宮崎監督ってのは、日本アニメ界の至宝であることは間違いないけれど、劇場アニメのうち、大作ＳＦファンタジー系の作品は、どれも今一つって感じがするんだよね。まあ、宮崎監督ならばという期待が大きいせいもあると思うんだけど、ナウシカはマンガ版に比べて矮小だし、ラピュタはうまくまとまってはいるけど月並みで、もののけはマンガのナウシカで描いたあれをアニメで表現しようとして、とっ散らかったまま終わったみたい。

でも、『となりのトトロ』と、『魔女の宅急便』の二作は、文句なしに素晴らしい作品だと思う。少なくとも、これまでああいう描写を試みたアニメって、他にはなかったんじゃないだろうか。

この二つは、ストーリーという観点からすると、ドラマチックな大事件とかは全く起こらなくて、ホント、ごく当たり前の日常の一断面って感じでしかない。

なにしろトトロは、「引っ越した田舎から、入院中のお母さんにトウモロコシを届ける話」だし、魔女の宅急便は「魔女修行に出かけた女の子が、初めての町で多くの人の心にふれて、いちどスランプに陥るけど、なんとか立ち直る話」だ。

うーん、要約するとホント、何なのこれって感じだよね。

ただ、この二作には、見ているものの心を今ここでない所へと誘う実に巧妙なしかけが、あちこちに仕組まれている。

スタジオジブリの作品は、新作ができるたびに過去最大のセル枚数とかいう宣伝文句がうたわれるけれど、これはそういうこととはあまり関係ない。まあ、心を別の状態に変えるには、ある程度の絵の質感やディテールの精密さも必要だろうから、全く関係ないとは言い切れないけれど、いちばん肝心なのは、何を描こうとしているかということだ。

たとえば、『魔女の宅急便』の中で、主人公の少女（ゴメン、名前忘れた。今、作品を見返せる環境にないので、記憶だけで書いてます）が、はじめての宅急便の注文を受けて、パン屋の離れの二階に息急き切って登っていくシーンがある。

　嬉しくって、大あわてで、勢いよく、トトトトと階段をかけあがって行くんだけど、その途中で、ちょっとつまずいて前のめりに倒れるんだよね。でも、そのとき、手とひざを使って四つ足で歩くようにして、そのまま登っていく。

　これを見た時、ぼくも子供のころあんな風に、階段の途中でつまずいて手足を使って登っていったものだなあって事を思い出した。それも、そういうこともあったなという客観的な回想として思い出したというより、体の感じとして、ああ、ああだったなって感じたように思う。

　つまり、その瞬間、ぼくの心は、あの少女と同じ、子供のころの感覚に誘われていたわけだ。

　あるいは、となりのトトロで、メイちゃんが、子トトロを追いかけて縁の下を覗いたとき、その中には空きカンとラムネの空きビンが落ちていた。

　そうなんだよ！　ああいう、縁の下にある風抜きの穴の中を覗くと、絶対に古ぼけた空きカンとか牛乳ビンとかいったものが落ちているんだよね。

　ぼくは昭和三十年代の生まれだけど、物心ついた頃には、まわりの道は全て舗装されていて、近所ではむき出しの地面なんてほとんど見られなかった。だから、トトロに描かれていたような豊かな自然の中で住んだことは一度もない。せいぜい、親戚のある田舎にいくと、あんな感じの景色だったかなあというくらいかな。それに家の近くには、縁の下が覗けるような家もなかったから、それもきっと田舎での思い出なんだろう。

　そういう意味じゃ、ぼくにとってトトロ的な自然の風景というのはそれほど身近でもないんだけど、でもあの縁の下にラムネのビンを見つけちゃうようなことって、すごくよく判るんだよね。

　あれが思い出させるのは、体が小さくて視点が低かったなってこともあるけど、それよりももっと大きいのは、身の回りの世界を探検して回るのがすごく楽しかったってことだ。

　メイが、低木の茂みの中の自然のトンネルの中を探検したように、ぼくも小学校に上がる前くらいは、ビルとビルとの隙間の、大人じゃ入れないけもの道みたいなところに入っていったり、家と家の間の塀の上なんかを歩いて、どこまで行けるかとか探検したりするのが好きだった。ほとんど、犬とか猫みたいだけど、でもそういう感覚って、幼いころには誰もが持っている気持じゃないだろうか。

　そして、トトロの中には、そういう自分の幼い時代の感覚を呼び覚ますような描写が、あちこちにちりばめられている。それも、子供の頃はああだったなという具合に傍観者的に思い出すんじゃなくて、ありありと当時の自分の目で見ているような感覚を引き出してくれる。

　トトロにせよ魔女宅にせよ、こういう描写の力によって、見るものの心をものすごく巧みに今ここでないところに導いている。多くのエンタテイメント作品がそうであるような、ストーリーをひたすら眺め、物語の先を知りたいと感じさせるようなタイプの作品ではなく、少なくともある瞬間は、作中人物の目で見、耳で聞いているような感覚を味わわせてくれるような作品になっている。これは本当に、天才ならではの仕事だと思うな。

知ることの功罪

サはサイエンスのサ

連載●63

【鹿野　司】

　ちょうど一年くらい前に、縁があって二週間ほどアイルランドを旅行した。その時に一日だけ、ダブリンにあるトリニティ・カレッジに泊まったんだよね。

　ここは一五九二年に、イギリスの女王エリザベス一世によって作られた由緒正しい大学で、観光名所ではあるけれど、今もちゃんと大学として機能して学生を迎え入れてもいる。で、なんでそこに泊れたのかというと、ちょうどそのときが、大学が夏休みの時期だったからだ。アイルランドは観光国だけに、B&B（ベッド・アンド・ブレックファースト）という安宿がどこにでもあるんだけど、大学も夏休みの間、学生寮を旅行者にB&Bなみの料金で安く貸し出すところが多い。トリニティ・カレッジの宿泊料は、一般的なB&Bに比べると割高なんだけど、この日はたまたま手ごろな値段の宿がなくて、それじゃあまあ一日くらい有名なところに泊ってみようと思ったわけだ。

　まあ、それはともかく、このトリニティ・カレッジの見せ場のひとつに、ロングルームという古い図書館がある。

　これは一七三二年に立てられた大図書館で、全長六五メートルの細長い部屋の両サイドに、開架式で二〇万冊に及ぶ古書が収蔵されている。天井がすごく高くて、部屋の両サイドには本をいっぱいに詰め込んだ、一〇メートル以上の高さの書棚がずらりとある。天井はアーチ型で、この全体のレイアウトといい、外からの光の入り方といい、実に美しいんだよね。なんというか、人類の英知を蓄えた荘厳な場所という雰囲気がひしひしと感じられて、鳥肌がたつくらい素晴らしかった。たぶん、この場所に入室することを許された昔の学生たちは、知識の宝庫を目の当たりにして、無常の喜びを味わったんだろうなあって感じ。そういう感動を十二分に演出するだけの美が、この部屋の中にはある。

　それで思い出したのが、ウンベルト・エーコの『薔薇の名前』って話だ。実はぼくは小説はまだ読んでいないんだけど（積ん読……っていつまで積んでるんだ?）、ジャン＝ジャック・アノー監督、ショーン・コネリー主演の映画は見た。これが、中世の抑圧された重苦しい世界の雰囲気がよくでていて、かなり良いんだよね。ショーン・コネリーも良い味出しているし。（ショーン・コネリーって最近禿げたのだとばかり思っていたら、『007』の時から鬘《かつら》だったんだって。そういえばリメイクの『アベンジャーズ』では、髪がふさふさしてたもんなあ）

　時は中世、北イタリアの巨大な僧院であたかも黙示録をなぞるように、次々と奇怪な殺人事件が起きる。それは果たして悪魔の仕業なのか？　その謎を解くため、ショーン・コネリー扮する、バスカヴィルの修道士ウィリアムが僧院を訪れるところからこの物語ははじまる。

　この僧院には、内部に巨大な図書館が隠されていた。それはまるでバベルの図書館のような迷宮で、全世界の異本、奇本をも含む、キリスト教世界最大の文書館なのだ。そこに立ち入ることができるのは、歴代の館長だけで秘密は固く守られていた。しかし、館長は、この異端の書物の存在を許せず、焚書してしまおうと考えている。異端の考えの存在は、人心を惑わし苦しめるだけだと。

　一方、ウィリアムは理性を愛する合理的な精神の持ち主で、因習に囚われている中世にあっては、抜群の知性を持ちながら、むしろメチャクチャ浮いた存在だ。

そのせいで、かつて異端審問にかけられ、危うく命を落としかけたこともある。やがてこの膨大な図書の存在に気がついた彼は、その知識の宝庫を守ろうとする。

この感覚は、現代のぼくたちの感覚にものすごく近い。なにしろ、もしこんな図書館が本当にあったら、聖書の原型になった文献から、各地でさまざまに変形をうけたものまで、ありとあらゆるものが揃っているわけで、後の時代の解釈によって規格化されてしまう以前のキリスト教思想を知ることができるはずだ。その歴史的な価値ははかり知れない。そのかけがえのない知識を破壊してしまおうなんて、常軌を逸した野蛮な行為以外の何物でもない。知は力というけれど、現代人にとって知識をもつことは、基本的に良いことで、それに敵対する行為は間違いというのが普通の感覚なのだ。

でも、この知識というものにたいする価値は、永久に変わらぬ普遍的なものなんだろうか。

無知というのは確かに恐ろしいもので、何かを知らないために、救える命も救えないというのは実際あることだ。また、『薔薇の名前』に出てくるような中世社会では、一部の人間が知識を独占することで、容易に多くの人々を支配できていたってこともあったろう。そういうことを防いで、人々が幸せになるには、より多くの知識を身につけるのが、いちばん良い方法ではある。

でも、最近思うんだけど、その物事をより深く知るということには、限界もあるんじゃないだろうか。知りすぎることには、ある種の副作用が伴うんじゃないかという気がするんだよね。情報化社会といわれ始めて、ずいぶん時間が経つけれど、現代的な苦しみのなかには、実は膨大な知識の存在で、正気を保つことが難しくなったのが原因じゃないかということが、少なからずあるように思える。

たとえば電磁波や環境ホルモンが恐いとか、地球環境問題とか、その大半は杞憂に過ぎない部分も多いんだけど、何もかもひっくるめてかなり深刻に受け止めてしまっている人もいる。

また、ある病気の治療が、今は不可能だけど、一〇年後なら十分可能性があるってとき、そういうことはむしろ知らなかったほうがいいような感じもする。そんなことを知っていても、今、目の前の病人を救う役には立たないんだから。

それに、これからさき遺伝子診断が日常化するかもしれないけれど、そうなったときその知識とどう対峙するかは、すべての人にかなり大きな負担を強いることになるんじゃないかと思う。

あらゆる人は、なんらかの遺伝的な欠陥を抱えているけれど、多くの場合、その欠陥の発現は、環境によるところが大きい。その場合、欠陥が現れないように環境を整えることができると考えれば、知識は有用なものといえる。でも、それが困難な場合は、その遺伝子は取り除くべきなんだろうか。これはかなりタフな問いかけで、知らなければそもそも悩むことなどなかったものだ。もちろん、その結果、なんらかの欠陥が現れてくるかもしれないけれど、そういう現実に起きた問題に対処することは、起きていないことに悩むのよりも健全に思えるんだよね。

そういう意味では、現代は昔ほど手放しで知識を歓迎できなくなりつつあるようにも思える。でも、この件については、もっと慎重に考えてみなくちゃいけないな。

フィクションにはなりようがない事件

八〇年代の後半というか、九〇年代に入ってから、これはフィクションにはならないよなあって感じの事件が、色々と起きるようになった。たとえば東西ドイツの壁が崩れ去ったこととか、ソ連の崩壊、それからオウム真理教の事件なんかも、そういう事件の好例だ。これらは、現実にそれが起きたから、それもありだと後知恵ではわかる。だけど、以前ならどう考えてもありそうもないというか、そもそも発想の外の出来事だった。

　フィクションは架空の物語であるだけに、ある程度の説得力ある展開が必要になる。これが原因でこうなったとか、こういう経験を経て成長したとか。ところが現実というのは、説得力とか必然性なんてものとは無関係に、そんなのアリなのって感じで、何かが起きてしまう。それをそのままフィクションにしたら、リアリティが出せないような展開が、普通に起きてしまうわけだ。

　で、この間のJCOが引き起こした臨界事故は、まさにそういうフィクションにはなりようがない事件の一つだった。

　十年も前から裏マニュアルが存在していたうえ、現場の作業員はそれにも従わず、しかも臨界の意味さえ知らなかった。仮にも原子力関連事業の一翼を担っている場所で、そこまでとんでもないことが起きているなんて、いったい誰が想像できたろう。もし、フィクションでここまでひどいバカの連鎖を描いたとしたら、それはもうリアルドラマでなくて、爆笑ドタバタ喜劇にしかできないだろう。

　今回の事件は、日本がやっぱり、これまでとは変わってきているのかなあということを、感じさせる。と、いうのも事故の原因が、これまで日本人ならではの優秀性とされていたもの、だったからだ。

　日本では、これまでマニュアルに頼るようではダメだと、常識的に信じられてきた。自分の力で判断もできないようなやつは情けない、みたいな感じで。

　一方、アメリカの宇宙開発などの巨大プロジェクトで培われたマニュアル管理では、ある作業工程でやるべき全ての手続きが詳細に列挙されている。ねじを締めるのに、何グラムの力で何回まわすというようなことまで、こと細かく決められているのだ。そして、そこから逸脱することは決して赦されない。つまり現場が、臨機応変に何かを考え出すことは、全く禁じられているわけだ。

　日本では、これまでそういうマニュアル化をバカげたことと思ってきた。日本人は教育水準が高く、末端の作業員まで、自分のやる仕事の意味をよく理解している。そのため現場の作業員ならではの改善案が有効に機能すると信じられてきた。そして、そこにはたぶん、ソフトなルール違反も含まれていただろう。

　しかし、今回のケースでは、現場は臨界の意味さえ知らなかった。そして、バケツでやれば仕事が早いといった、メチャクチャな「改善」がされたわけだ。

　もし、昔ながらの日本方式の神話が正しいなら、たとえ裏マニュアルがあろうと、臨界事故など起きないさじ加減を、現場が心得ていたはずだ。しかし事実はそうではなかった。

　アメリカ流のマニュアル管理は、不平等な感じがするシステムではある。現場のことをいちばんよく知っている作業員の改善案をなぜ禁じるのかと、日本人なら普通に感じるだろう。これは、アメリカでは、作業員と技術者が、全く別の知的ヒエラルキーに属しているためだ。作業員は、全体のシステムを理解できるような教育は受けていないのが普通なので、システムの改善に対してコメントできるわけがないと思われている。

これに対して日本では、技術者の教育を受けながら、作業員の仕事をさせられていたり、かけもちをさせられたりするので、そんなマニュアル通りのつまらない仕事に我慢できるのかと思ってしまう。

しかし、アメリカの作業員たちは、自分のやっている仕事が非常に有意義なものの一部を担っていることは知っているし、プロとしてマニュアル通りの仕事を厳格にこなすことに、誇りを持つことができる。また、責任の所在も明らかだ。厳格なマニュアルの存在によって、技能や知識にバラツキのある人間が作業に従事しても、全体として問題が起きないようになっている。そしてもし、マニュアルに従っていても問題が起きた時には、マニュアル作成者の責任が問われ、その改訂が行われる。

アメリカ流マニュアルのシステムは、作業員のレベルが最悪の場合でも、マニュアルが底を支えるようになっている。

一方、日本流のシステムは、個人のレベルが低下した時、支えるものは何もない。レベルの高さが維持されている時は、マニュアル管理では真似ができない高水準のものを作ることができるけれど、それが崩壊すると、信じられないくらいのデタラメになってしまうわけだ。

ＪＣＯの事件は、こういう日本流システムの欠陥を、まざまざと見せつけたという点で、本当に衝撃的だった。ただ、今の段階では、まだ昔ながらの日本の良さというものの、一部は生き残ってはいると思う。

たとえば、今回あの事故が起きてから、裏マニュアルの存在などの酷い事実が明らかになるまで、ものすごく早かったってことがある。通常のこういう事件では、自分たちの責任を問われるようなことは隠すのが普通で、可能なら証拠書類まで処分するケースが多い。汚職事件のようなものなら、犯罪と自覚していても、あくまでシラを切るような醜悪な姿がこれまでの常識だったと思う。でも、彼らはそうではなかった。違反を自ら速やかに明らかにし、責任を取る覚悟でいる。

そして、さらにすごいのは臨界を止めるために、何十人ものＪＣＯの社員が、被曝しながらも決死の思いで作業を行ったことだ。たぶん、感情的には、あれだけの犯罪を起こしたのだから、身を挺して償うのは当然と思う人が多いだろう。だけど、元来彼らには、それをしなければならない義務は全くない。なぜなら、彼らの大半は、今回の事故とは直接関わりもない、たまたまＪＣＯという会社に勤めていただけのサラリーマンだからだ。それでも彼らが作業をしたのは、技術者としての責任感と自己犠牲の精神があったからだろう。（本来なら、こういう事故が起きた時、自衛隊なりに、特種防災の専門家チームがあって、それが処理を受け持つべきだろう。また、八〇年代にはこういう事故のときに活躍しうる、極限作業ロボットの研究もあったのだから、それが用意されておらず、人海戦術しか手がなかったというのも情けない）

もちろん、今回の事件は、ひどい犯罪だから、その責任はきっちり追及されなければならない。でも、そのこととは別に、彼らの事後処理は賞賛に値する。それだけはみんな、ぜひ理解して欲しいと思う。

ルールへの信頼感を持てない国

　ＪＣＯの事件のあと、どうもあれに似た心理的背景に基づいた事件が、続いているような気がする。

　たとえば東京では、首都高で過酸化水素を積んだタンクローリーの爆発事故が起きている。この車両は、本来、過酸化水素を運搬するのに適さないタンクローリーで、この会社の社長もそれを承知していたらしい。しかも、二つに分かれているタンクの片方では、反応して泡が出て使えないが、もう片方は大丈夫そうなので、自ら指示を出して、そちらに移して運ぶようにしたという。つまり、危険性や、違反を犯していることを自覚したうえで、このくらいなら大丈夫と思いながら、ルールの逸脱をしたわけだ。

　また、東京農業大学バイオサイエンス学科の岩崎説雄教授のグループが、ウシの未受精卵に人間のがん化した白血球の核を移植した実験を行って、クローン禁止指針に抵触しているのではないかと問題になっている。これは、細胞のガン化の原因因子を探る研究で、クローンや胚性幹細胞（ＥＳ細）を作るものではなく、移植先に人の未受精卵を使っていないし、クローン個体にはつながらない異種間融合なので問題ないと考えた……というのが、実験グループ側の弁解だ。確かに、今の日本の規準は、ヒトの体細胞由来の核を、ヒトの除核細胞へ核移植することは禁止というだけで、この実験はそのルールには抵触したとはいえない。

　でも、こういうグレーな実験は、実験を行う前に大学の倫理委員会などにかけるのが、スジだろう。それがなかったのは、おそらく、危なそうだけどたぶん大丈夫じゃないのという、ちょっと甘い認識があったからだと思う。（ぼく自身は、ヒトの除核細胞への移植実験だって、無条件に禁止する必要はないと思っている。でも、ここで問題にしたいのは、決まったルールを、現場がどの程度、重要視するかということだ）

　考えてみると、こういうことは日本ではわりと頻繁にある。たとえば臓器移植で、脳死判定の手続きが、定められたとおりに行われなかったという問題が、何度か起きている。ある手順を飛ばしたり、順番を逆にしたりして、せっかく長い間の議論の末決めた手順が、守られなかった。おそらく現場では、その程度の差はたいしたことないという感覚があったのではないかと思う。どうせ脳死と脳死寸前のギリギリの違いでしかないんだから、手順の微妙な差は問題にならないだろうと。

　でも、実際はそうじゃないんだよね。脳死は、目で見て、肌に触れて、直感的には「生きている」としか思えない状態の人を、「実は死んでいる」と定義する。なぜそんな奇妙なことをするのかといえば、この概念が、臓器移植を可能にするためだけに作られたものだからだ。

　つまり、脳死は人の直感に頼ることのできない、人工的に定義されたものだ。だから、その手続きをあえて複雑にして、人の安易な裁量で判定が行われにくくしたという面がある。つまり、判定の手順そのものが、脳死の実体なのだから、これは厳密に守られなければならないのだ。

　しかし、日本社会の中では、自己流の判断で、安易にルールを破ることが、わりと日常的に行われている。

　これについて、竹村健一がちょっと面白いことを言っていた。日本では、問題が起きると、何でもルールをもっと厳しくしようとしたがる。すると、無意味に厳しいルールができて、みんながそれを守らなくなってしまう。そこまで厳しいルールに従わなくても、不都合は何も起きないし、額面通り守っては効率が悪くてたまらないからだ。実際、たとえば自動車の制限速度だって、四〇キロとか書いてあっても、みんな六〇キロで走っている道が多い。つまりその道は、それで何ら問題のない道なのだ。それだったら、そこの制限速度は六〇キロとするのが、合理的というものだろう。また、四〇キロという制限速度が全く合理的でないと誰もが感じるから、ルール破りを承知で、みんなが六〇キロで走り出す。

どうも、多くの日本人にとって、ルールとは、意味なく行動に制限を与えるものという感覚があるような気がする。だからルールから逸脱しても、結果さえオーケーなら、まあ良いかという感覚がある。これは西欧の感じかたとは、かなり違っていると思う。

実際、アメリカのよく出来たドラマ、たとえば『ネクスト・ジェネレーション』以降のスタトレとか、『ER　緊急救命室』などを見ると、ルールを破ることに対して、強い葛藤が描かれることが多い。

『ネクスト・ジェネレーション』以降のスタトレの世界では、異星文明に干渉しないという艦隊の掟がある。ピカードというフランス系の人間を艦長にしたのは、たぶんそういう文化の尊重という哲学を、世界観のバックボーンにしたかったからだろう。そして、この艦隊の掟を順守しようとすると、仲間の命があぶないとか、大量の死を見過ごしにしなければならないというような、二律背反的な状況を描いたエピソードがいくつもある。でも、このとき艦隊の掟は、決して安易に破られることはない。なんらかの形で掟を守りつつ、問題の解決を図る妥協点を見つけだそうとするドラマ作りがされる。また『ER』でも、目前の患者を救うために、許されていない治療を行ったことが、後に波紋を引き起こすストーリー展開がいくつかある。これらはつまり、ルールというものに対して、強い基本的信頼感があるってことだ。

もしこれが日本のドラマなら、ルールを守るべきか、守らざるべきかという葛藤は、ほとんど描かれることはないだろう。仮にルールを破っても、結果的にうまくいけば、それで良いじゃんって感じになると思う。もちろん、ルールを破ったことについて、くり返し問い返すようなドラマが展開することもない。それだけ、ルール順守に対する意識が軽いわけだ。

この違いの原因の一つは、やっぱり宗教的な文化背景があるのだろう。少なくともユダヤ教は、十戒という明快なルールが基盤だから、ルールは尊重すべきものであり、原則的に守られるべきものだという感覚が、しっかりあるのだと思う。

ただ、日本のルール軽視は、そういう文化の違いだけが原因ではないだろう。

理想的にいえば、ルールとは本来、守るほうが、守らない場合よりも、快適で効率的で、暮らしやすい状況を作りだすものだ。しかし、そういう感じを持っている人は、日本にはあまりいないと思う。

たとえば交差点には信号があって、赤で止まり、青で進むというルールがある。これは、赤では自分が進みたいのに進めないという点で、行動に制限がある。でもその結果、安全に、潤滑に、誰もが交差点をわたれるわけだ。もしこのルールがなければ、交差点の横断は危険極まりなかったり、渋滞の温床になるだろう。

すべてのルールが、基本的にこういう合理性を目指して設計されていると誰もが解っていれば、ルールを破ろうと思う人の数はさほど多くないはずだ。でも、日本には、そういうルールに対する信頼感が培われる機会が、どこにもない。なぜ、そうなんだろう。それは今のところ、ぼくにもよくわからないんだけど。

確かな認識の不確かさ

ライフスペースの、あのミイラ化しても生きていると信じ続けている人たちって、なんかすごいよね。まるで、とり・みきのマンガにでも出てきそうなネタを、マジにやっているんだもんなあ。

あの人たちが、とくに奇妙というか、不思議に感じられるのは、その一点を除けば、言葉づかいも身なりもきちんとしていて、わりと落ちついた常識人のようにみえることだ。そういう人が、まるで当然のことのように、腐臭を放つ死体を指しながら父は元気ですというわけだから、これは何事かと思ってしまう。目の前にあるのが、心拍も呼吸もないどころか、ミイラ化していても、「定説」ではこの人は生きてますと自信を持っていわれちゃうと、こりゃあどんな方法でも、その考えがおかしいと解らせることは無理って感じだよね。ライフスペースは、もともと能力開発セミナーの会社だったそうだから、これこそマインドコントロールそのものではあるんだろうけど、でも、目前の死体の意味づけまで変わってしまうというのは、ちょっと驚きだ。

それにしても、この種のカルト的宗教の事件や詐欺事件などは、第三者の立場から眺めると、思わず失笑しちゃうような、なんでそんな突拍子もないものに騙されるの？ って感じのものが少なくない。

もちろん、それが洗脳なんだ、それがマインドコントロールなんだ、ということはできる。でも、そうはいっても、なんとなく納得しきれない、煮えきらない感じは残ると思うんだよね。ある種の心理的なテクニックの強力さというのはあるけれど、それでも僕らと同時に同じものを見ていながら、まるで違った認識が揺るがないなんて、いったい何が起きているのだろうと思ってしまう。

これにちょっと関係ありそうな話が、昨年出版された科学書の中で最高に面白かった『脳のなかの幽霊』（角川書店）の中にある。

それは、ひとつは、右脳の頭頂葉の卒中で、左半身麻痺が起きた人に、ときに現れる半側無視という症状だ。このタイプの人は、左半身が麻痺してしまうだけでなく、左側の世界というものが、あたかも無いもののようにふるまうようになる。実際、それが女性だと、顔の右半分しか化粧をしないといった、異様なことをするようになる。また、ひまわりみたいな花の絵を描いてもらうと、花びらが全て右半分に偏ってしまう絵を描く。丸い円は描けるのに、花びらはすべて右に偏るのだ。しかもそれは、目を閉じて描いてもそうなってしまう。

どうやら、このタイプの人は、左側に注意を向けることが、できなくなっているらしい。また、面白いことに、これは左脳の卒中では、まず起きない。

つまり、注意というものと深く関係する部分が、右脳の頭頂葉に存在するようだ。しかも、それと円を描くというのは、全く独立したシステムということになる。

さらに驚きなのは、この人に、鏡を使って自分の左側にあるものを、見えるようにしてやったときだ。そうして、鏡に映っているペンなどを取ってくださいと頼むと、その人は鏡の中に手を突っ込もうとする。そして、本物は何処にありますかと問うと、鏡の裏と答えたりする。

鏡像が右側にあるのだから、その実体は左側にあるはずだ。これはぼくたちにとって、考えてそう判断したと意識することもないくらい自明な結論だけれど、なぜかこの被験者にはそれがわからない。もちろん、その人は精神に異常があるわけではなく、この件以外は至極まともな知性の持ち主だ。彼らにとって、左側の世界は、まるで盲点空間みたいに、とらえ所がないものなのかもしれない。逆に、正常な人間からすると、なぜ左側の世界の存在が解らないのか、感覚的に全く理解できない。

また、同じく右脳頭頂葉の卒中で、病気を完全に否定する、疾病否認という症状が現れることもある。この種の人は、自分の半身が麻痺していることを全く認めない。そのため、その人に拍手してと頼むと、今しましたと本気でいうのだ。もちろん、左半身が動かないのでそれは不可能だし、現に自分の目でできないことが見えているのに、心底できたと信じている。しかも、この人もまた、左半身に関係のない日常の話題では、全く異常のない普通の会話ができる。半側無視と疾病否認は、同時に起きることもあれば、片方だけのこともあるので、これは脳の同じ部分の障害ではないらしい。

こういう症例は、常識的には精神異常や神経症と片づけられてしまうだろう。

しかし、この本の著者ラマチャンドランは、ユニークな仮説を提案している。それは左脳側に、外部からの情報を首尾一貫したものに保とうとする、仕組みが存在するらしいというものだ。

脳が世界を認知判断するときには、内部にあるモデルができているはずだ。それは、外部からの情報の入力によって作られているわけだけど、もし仮に、入力の一部からモデルにあわない信号が入ってきたとしても、そのモデルをすぐに変更するのは得策ではない。ノイズなどで信号が間違っている可能性もあり得るから、その都度モデルを変更すると、大変な情報処理の無駄が生じるからだ。だから、脳の中には、世界モデルを保守的に保つ機構があると推定できる。一方、右脳の中には、外部入力の異変があるレベルを越えると、それをチェックしてモデルの修正を指示する部分があるのではないかという。

疾病否認の患者の場合、この右脳のチェック機構が破壊されていて、そのため現実とは大きく違った内部モデルが、保守的に修正されずに働き続けると考える。両手を叩けば音がする。これは耳で確かに音を聞いているのと同時に、内部モデルでも音が聞こえたと反応している。でも、疾病否認の患者では、手を叩いていないのに、内部モデルは音が聞こえたと反応し続ける。それが、この奇妙な症状の原因ではないかというわけだ。（この本の面白さは、こういう仮説の大胆さにある。しかも、その仮説を言いっぱなしにするのでなく、検証のための実験を考え、可能ならそれを実行して、検討を進めていく。この大胆さと緻密さの絶妙のバランスが、彼の傑出したところだ）

それにしても、こういう症例が存在するのを見ると、人間の理性って、一体どれほど確かなものかという気がしてくる。なにしろ、わかりきった、当たり前のことだと思っていることが、実はそうではない可能性が否定できないんだから。

自明性とか論理というのは、人間の感覚入力とは、ゼンゼン別のものだとばかり思っていたのだけど、実際にはそうではなかったわけだ。もちろん、ぼくたちはこの等身大の世界でサバイバルできるように知性が進化したわけだから、自明と感じるものが、現実とかけ離れているのに全然気づかないということは、まずないだろう。ただそれは、あくまで同質の感覚入力を持っている者どうしでの話で、感覚入力のセンサが違う生命体同士では、自明な論理というのも、大きく違ってくるものなのかもしれない。

インテリジェンスの意味

サはサイエンスのサ

連載・67

【鹿野 司】

『アポロ13』という映画があるけれど、あれの中で、最高にすばらしいと思ったのは、炭酸ガスフィルターの件だ。

事故によって絶対的に不足する酸素を節約するために、三人のクルーが本来二人乗りの着陸船に移動する。これで酸素は確保できたものの、今度は炭酸ガスが問題になってしまう。着陸船にある炭酸ガスフィルターは二人用に設計されていたため、ガスの濃度が次第に上昇して危険レベルに近づいていたのだ。このままでは、炭酸ガスの毒作用で、クルーは意識不明になる。もちろん帰還は絶望的だ。

しかも、司令船側のフィルターの形は四角、着陸船のフィルターは丸型で、互換性がなくて使えない（メーカーが違うから。とほほ）。つまり、一刻も早く、丸い穴に隙間なく四角のものを詰め込む方法を、編み出さなければならないのだ。

もちろん、それを実現するための材料も、ごく限られている。そこでNASAのスタッフたちは知恵を絞って、ついに飛行計画書の表紙、水酸化リチウムのカン、粘着テープ、廃棄物用の袋、宇宙服のホース、くつしたなどを寄せ集めて、不可能を可能にするシステムを作り上げる。

思うに、こういう行為こそが、インテリジェンスということだし、生きていることの意味なんじゃないだろうか。

と、いうのも、このエピソードは「ミミズの穴ふさぎ」を思い出させるからだ。

進化論で有名なチャールズ・ダーウィンは、亡くなる前の年（一八八一年）に『ミミズと土』（平凡社刊）という本を出版している。これは、彼が五十年近い歳月をかけて行なった、ミミズの圧倒的な観察に基づく研究の集大成だ。この本でダーウィンは、イギリスのミミズの穴ふさぎという面白い習性に着目している。

ミミズは、体がいつも湿っていないと死んでしまうんだけど、イギリスみたいに寒い土地では、それを維持するのは難しい。そこで彼らは、寒い冬でも自分の巣穴の中の湿度と温度を適当に保てるように、色んな材料を使って入り口をふさごうとする。これが穴ふさぎという行動なんだけど、ダーウィンは自分の家の庭に専用のフィールドを作って、このミミズの行動を、半世紀もかけて辛抱強く観察し続けた。そしてその結果、とても不思議な事実を発見したんだよね。

ダーウィンがまずやったのは、何百とあるミミズ穴が、どんな材料でふさがれているかを克明に調べたことだ。その結果、穴ふさぎの材料は、使えるものなら何でも使うという感じで色々なものが利用されていて、しかもそれらがすべて、理に適った形で使われていた。代表的な穴ふさぎの材料は枯れ葉だけど、それにも色々な種類がある。ところがミミズは、その多様な材料を、それぞれいちばん目的にふさわしいように使っていた。たとえば、葉柄のほうがふくらんで先に行くほど細くなるような葉っぱは、葉の先のほうから穴に引き込んでいたし、松葉みたいに根元から二股に分かれているような葉っぱは、必ず根元から巣穴に引き込んでいた。もちろん、この向きのほうが、穴にぴったりフィットするわけね。その他、穴ふさぎの材料に羽毛を使ったり、小さな三十四個の小石を粘液か何かで固めて、穴の上にドーム状に被せていた、なんてケースもあったという。

そこでダーウィンは、ハガキを底辺1、斜辺2の長さの二等辺三角形に切ったものを三百枚作って、フィールドにばらまいておいた。するとミミズは、これも穴ふさぎの材料に使ったんだよね。しかも、この紙切れは、天然には無いものなのに、ちゃんと細くなっているほうから穴に引き込んでいた。これはよくよく考えてみると、すごく不思議なことだ。

なぜなら、ミミズには、人間のような感覚器官がないからだ。彼らには、目もなければ聴覚器官もない。もちろん、明るさや振動は感じるし、化学物質にも反応はするんだけど、少なくともぼくたちが思い描く〝形〟を、知覚できるはずはないんだよね。それにもかかわらず、ミミズは穴ふさぎに相応しい葉の性質を知覚しているようにみえる。これは一体どういうことなんだろうか。

　ダーウィンはこの観察結果をもとに、ある結論を出している。

　まず第一に、それは本能ではありえないってことだ。なぜなら、本能にしては利用できるものの種類が多すぎるし、ハガキのような人工物も使いこなしている。それに本能行動（反射）を引きだすような、共通の刺激というのも見当たらない。

　それじゃあ、これは学習で身につけたものかというと、それも違うと結論しているんだよね。ダーウィンが実験的にバラまいた紙を調べると、引き込まれなかった底辺のほうにミミズの粘液が付着して汚れていたのは、八十九枚のうち二十一枚しかなかった。つまり、ミミズはこの引き込みをするとき、試行錯誤をしたわけじゃなかった。あれこれ試して学習したわけじゃなくて、最初から適切なやり方を、躊躇なく選んでいたわけだ。

　この当時、生き物の行動を心理学的に説明する方法として、大きく、反射＝生得的な本能が刺激で解発されるという説明と、学習＝結果が行為を強める、という二つの理論があった。だけど、ミミズがやっていたのは、そのどちらの説明にもあてはまらない行為だと、ダーウィンは見抜いたんだよね。それじゃあミミズはいったいどうして、こんなことができたんだろうか。それについてダーウィンは、ミミズは体のしくみは単純ではあるけれど、根本的に人間と共通した「インテリジェンス」があるといっている。

　この人と同じインテリジェンスというのは一体どういう意味なんだろうか。それを理解するには、自分がミミズと同じような立場に立たされたときのことを考えてみればいい。たとえば、真冬の夜中だというのに、部屋の中でテニスの素振りをしていて窓ガラスを割ってしまったとしよう。部屋の中に冷たい風がぴゅーぴゅー吹き込んで、寒いのなんの……。

　そうすると、やっぱ寒いのはいやだから、応急処置でこの穴をふさぐ方法を考えるよね。それで回りにある、ありとあらゆるものを見渡してみる。たとえばベニヤ板があればそれを使うし、新聞紙でも古着でもカーテンでもガムテープでもいいや。とにかく、そこらにあるもので、穴のふさげそうなものを利用すると思う。

　こういう、何かで窓の穴をふさぐというのは、もちろん本能的な行動のわけないよね。でも、それはたぶん、誰かにそれを使うといいと習ったわけでもない。

　それじゃあこの時、ぼくはいったい何をしたんだろうか。それは、ひとことで言えば「発見」をしたんだよね。

　そういう事態が起きたことで、ぼくは新聞や、ベニア板や、ぼろ布というものの中に、穴塞ぎの機能があることを見つけ出した。でも、それ以前には、こういうものに窓をふさぐ機能があるなんて、思いもしなかったはずだ。だからダーウィンは、これと同じことをしたミミズに、インテリジェンスがあるといったわけだ。

　しかも、この危機的な状況の中で、世界の新しい意味を発見し、それを切り抜けようとする行為というのは、実にクリエイティブで、やると快感を感じることなんだよね。このことで人間（生物）は、世界とつながっている感じがする。

　逆に、あまりにも快適な環境が整えられて、そういう発見やクリエイティブな行為を行うチャンスが与えられないと、生きる実感が失われてしまう。何の苦労もなく生きている人に、神経症的な不幸感があることが多いのは、そのせいのような気がするな。

サはサイエンスのサ

連載●70

【鹿野 司】

まあ、偶然ではあるのだろうけれど、このところ続けざまに、ロボットを主役に据えた映画が公開されている。

ひとつは、アニメの『アイアン・ジャイアント』。アメリカのアニメーションらしいフルアニメ表現の中に、日本のアニメっぽい、構図や、動きのリズムに凝りまくる表現の影響が見られて面白い。ああいう作品が出てくると、日本のアニメも、うかうかしてられないって感じだ。(ラストが『魔神バンダー』みたいで、そのへんも日本的か?)

ストーリーもなかなか良くて、日本ではほとんど存在しないような、良質の子供向け作品って感じなんだよね。

たとえば少年ホーガースが、宇宙から落ちてきて記憶喪失になっているジャイアントに、君は銃になっちゃいけない、スーパーマンになるんだと教える。つまり、無垢なジャイアントに対して、良心とは何かを説くわけだ。これが言えるのは、少年の心の中に責任感の芽生えがあるからだ。日本で同じような物語を作るとしても、たぶんああいうことを、子供がするという発想は、ほとんど出てこないんじゃないだろうか。うーん。

ワーナー・マイカル系の映画館でしかやらなかったから見逃した人もいるかと思うけど、六月には異例の早さでビデオ化されるらしいので、見てない人はチェックしてソンはしないはず。

もうひとつは、ロビン・ウィリアムズがロボットに扮する『アンドリューＮＤＲ１１４』だ。こちらは、アシモフの「バイセンテニアル・マン」(『聖者の行進』創元ＳＦ文庫収録)を原作にした映画化で、最後はラブロマンスになっているけれど、基本的にはかなり原作に忠実な仕上がりだ。外見が完全に人間そのものになったアンドリューが、それでもロボットっぽく見える瞬間があって、ロビン・ウィリアムズはやっぱ凄い。

ただ、ラストでガラティアというロボットが、人間であるポーシャの生命維持装置を、彼女のオーダーに従って止めちゃうっていうのはどうなんだろう。三原則のことを完璧に忘れているみたいで、これはバツだよね。それにちょっと退屈なところもある。ただそれでも、泣かせる部分は多々あるのだった。

「バイセンテニアル・マン」は「はやく人間になりた〜い」というのがメインテーマの作品だ。アンドリューは、初期のロボットであるため設計が未熟で、創造性が備わってしまったり、三原則から若干逸脱しても本人が気づかないなんてところが、アシモフのロボットものとしては面白い。たとえば、自分を人間に近づけるために発明した人工臓器システムの開発を、人間のグループを率いて行っていたために、いつの間にか人間に対して無意識のうちに指示したりするようになったりする。ただ、それでもアンドリューは最後まで、ロボットとしての精神を残していて、完全に人間と一致することはない。その微妙な違いの存在を通して、人間とはなんだろうかってことが、浮かび上がってくる。これは『スター・トレック　ネクストジェネレーション』のデータ少佐のキャラ設定と同じだ(データはアシモフ作品のオマージュだから当然か。何しろデータの頭脳はポジトロン電子頭脳製なんだから)。これに対して映画のほうは、テーマは一緒だけど、アンドリューの精神は最後は完全に人間そのものので、そのへんちょっと残念かな。

ところで、日本と欧米では、ロボットに対する捉え方が違うといわれる。つまり、日本人はロボットに親近感を持っているけど、欧米ではむしろ、警戒感や嫌悪感を持っている人が多いって話だ。

て、いうか、ぼくもかなり前からそういう話をしていた。そして、確かにそれはある程度事実だと思う。

日本の場合、鉄腕アトムから巨大ロボットまで、アニメやマンガでロボットが多く描かれていて、子供の頃からロボットに親しみ、好感を持っている人が多い。だから、七〇～八〇年代には、世界でも希なほどスムーズに、産業用ロボットの導入ができたわけだし、二足歩行ロボットやヒューマノイドなど、すぐに産業応用につながらないロボットの研究も、世界でいちばん盛んな国になっている。

それに対して欧米は、ロボットという言葉の原点であるカレル・チャペックの『R・U・R』からして、人類はロボットに滅ぼされるし、メアリー・シェリーの『フランケンシュタイン』もモンスターは、博士の友人たちを殺してしまう。

つまり欧米人にとっては、人が作った人の姿に似たもの＝ロボットは、いつか人に敵対するかもしれないという畏れがあって、それがロボットという存在を、受け入れ難くしているってわけだ。

ただ、このへんの事情は、もう少し複雑なんじゃないかな。なぜなら、欧米に、ロボットが人間の仲間だというイメージがないわけじゃないからだ。

たとえば、『宇宙家族ロビンソン』のロボットや、『スター・ウォーズ』のR2-D2とC-3PO、スタトレではデータと『ヴォイジャー』のドクター、『エイリアン2』のアンドロイド……などなど、忘れがたい良い味だしてるロボットは多い。彼らは多くの場合、はじめは機械的で、冷たいというか不器用な存在だけど、色々な経験を経て、徐々に人間に近づいていく複雑で個性的なキャラクターだ。

これに対して日本の場合、ロボットのイメージは、かなりシンプルだと思う。ロボットが人間に従うものであることは大前提で、それに疑いを抱く作品はほとんどない。だから、ロボットが反乱を起こしたり、人間を殺しまくったとしても、それは悪い人間の差しがねだったり、バグとか暴走とか故障でそうなったという描かれ方が普通だ。

一方、『R・U・R』のロボットや、『フランケンシュタイン』のモンスター、『2001年宇宙の旅』のHALなどは、自分の意志で人間に敵対するけれど、それには、そうなるなりの事情がある。

『R・U・R』のロボットは、人類に奉仕する目的で作られるけど、やがて人間が戦争に使い始め、それが結局人類を滅ぼす原因となる。フランケンシュタインの怪物も、もともと純粋無垢な心の持ち主だけど、醜い姿ゆえに迫害され、ついに人々に復讐をするわけだ。

アイアン・ジャイアントは、フランケンシュタインのモンスターと同じで、地上に落ちてきた直後は純真無垢そのもの。鉄道の線路を食べちゃって、急いで直さなきゃいけないのに、ディテールにこだわり、ぴったりできたときの妙に満足そうな表情とかが、とても可愛い。しかし、そのジャイアントが「銃」に変身するのは、友人のホーガースが軍隊に殺されたと思い、怒りに我を忘れたからだ。

HALもまたピュアな存在で、戦争パラノイアの軍人に、極秘裏に矛盾した命令を与えられていなければ、精神に異常をきたすこともなかった。

彼らが人間に牙をむいたのは、彼らがあまりに純粋な、鏡のような存在で、人間の悪意を素直に映し出してしまったからだ。逆に『2010年宇宙の旅』のHALのように、信頼を寄せれば信頼を返してくれる。

つまり、欧米の名作に描かれたロボットは、人間って何？　という哲学的なテーマを追求する存在として描かれることが多い。それだから、個性的で魅力的なキャラにもなるのだろう。一方、日本ではそういう人間とロボットの哲学的な絡みのようなところに目が向くことは少ない。まあ、だから日本風のものがダメというつもりはないんだけれどね。

性はなぜ存在するのか？

サはサイエンスのサ

連載●71

【鹿野 司】

デイヴィッド・ブリンの『グローリー・シーズン』（ハヤカワ文庫SF）は、残念ながら、ぼくには小説として乗り切れない作品だった。でも、つまんねーといって、バッサリ切り捨てちゃうには、惜しい要素が色々あるんだよね。それに、よくよく考えてみると、このつまらなさは（いやまあ、面白いという人もいるから断定はできないが）、わざとやっているんじゃないかという気もしてきた。

ちゅうわけで、とりあえず、この作品の舞台設定を紹介しよう。

惑星ストラトスに暮らす人類の子孫たちは、特異な社会を築いている。そこの人々は、三〇〇〇年ほど前に創設者たちによって遺伝子改変が施され、生態学的な特性によって女性が社会の主導権を握るように設計されていた。

その星の人類には、発情期が夏と冬の二回ある。

このうち夏のシーズンには、この星特有の自然現象である夏のオーロラの光が男性の発情をうながし、地球の人類と同じように、セックスによって男女の遺伝子を受け継いだ子供が産まれてくる。

一方、冬の繁殖期には、やはりこの惑星特有の霜の作用で、生理学的に卵子と精子の結合が阻止され、産まれる子供はすべて母親のクローンとなる。ただし冬の妊娠も、胎盤を形成するために、男性とのセックスが必須の行動となっている。

この生物学的なシステムによって、ストラトスの人口の大半はクローンなのだ。

また、両性生殖でも男女が産まれるから、男性はごく少数だ。さらに彼らは、発情期以外は性格的に従順で温和、非暴力的になるように遺伝子改変されており、社会的にはリーダーシップを取る能力のない、脇役的存在とされている。

一方、両性生殖で生まれる女性は、変異子（ヴァー）と呼ばれている。彼女たちは、子供のうちは母親のクローン氏族のもとで育てられるものの、一六歳になるとそこを旅立たねばならない。そして自分の才覚を頼りに、新しい土地で成功し、新たなクローン氏族の始祖となる事を夢見る。

この世界では、大きなクローン氏族であることは、遺伝的に優れた家系であることの証だ。しかし変異子は、単なる試行錯誤の段階にすぎない。その大半は失敗に終わって、血統も途絶える定めにある。そのため、変異子たちは社会的に差別され、軽んじられている。

この作品の最大のアイデアは、やっぱりこの、惑星ストラトスの特異な性のシステムとその社会形態だろう。

『闇の左手』をはじめとして、地球人類とは異なるタイプの性システムをもつ人類の話は、これまでいくつも書かれてきた。でも、考えてみると、こういう性の進化についての現実の科学をベースにした小説は、たぶんこれが最初と思う。

では、その背景となった性の進化の科学とはどういうものだろう。これはつまり、なぜ性が存在するのかという問題だ。

地球上の生物は、大半が有性生殖を行っている。実際セックスを、異なる個体と遺伝子交換をすることだとすると、それは原始的な生物にも一般的な性質だ。

系統的に見ても、原始的な生物には性がなくて、新しいものに性が出現するわけじゃない。地球上の既知の生物の全ての系統に性はあるけれど、ところどころにクローンでしか増えない「変わり種」がいるだけだ。しかも、そのクローン増殖する生物の子孫の系統も、大半が有性生殖をする。つまり、性そのものは、生物の起源に近いくらい昔からあったし、いったん失われてもすぐに再獲得されるような性質なのだ。

ところが、机上で考える限り、そんなことはあり得ないように思える。何しろ無性生殖は自分さえいれば子孫が残せるから、相手を捜す必要がない。そのうえ有性生殖の雄は子供が産めないが、クローンは全てが子供を産めるから、繁殖力が倍も違う。つまり、クローンは有性生殖に比べて極端に有利で、両者が競えば、たちどころに世界はクローンで埋め尽くされてしまうはずなのだ。

それにもかかわらず、現実世界では有性生殖を行う生物が圧倒的多数を占める。つまり、有性生殖には、クローンの有利さを補って余りある、何か有利な点があるに違いない。しかし、それがいったい何なのかは、今でも充分にわかっているわけではない。

さて、そこで、この謎に迫る一つの手がかりとして、普段はクローンで増えているのに、何世代かに一度、有性生殖を行う生物に着目するという方法が考えられる。

たとえば、夏場の水たまりにいるワムシは、クローンでドンドン増えていく。しかし、夏の終わりが近づくと、その最後の世代はすべて性を持ち、交尾をして乾燥に強い卵を産む。彼らを観察すると、どうやら環境が安定して資源が豊富な状態にはクローン増殖を行い、未知の厳しい環境に挑まなくてはならなくなると、有性生殖を行っているようだ。

また、サンゴのように、近所のコロニーはクローンで増えていくものの、遠方には有性の子供を送り出す生物もいる。これは、環境が既知の場所ではクローン増殖が最適だけど、未知の環境に送り出される個体は、遺伝的なバリエーションがあったほうが、生きのびる可能性があるからではないだろうか……。

この関係は、まさに惑星ストラトスの人類たちが採用している、性システムそのものだ。各クローン氏族はある地域に根付いて安定したコロニーを形成するが、一定の割合で有性の「種」を遠方に送り出して、新天地を開拓する役割を担う。

このモデルは、一時はそうかも知れないと思われていたものだけれど、実は今ではほとんど否定されている。というのも、詳しく調べると、安定した環境下にクローンが多く、そうでないときに有性生殖が多いという事実はないからだ。

たとえば、高緯度地帯や標高の高い場所は気候変動が激しいし、淡水は海水より、氾濫や干ばつ、夏の加熱や冬の凍結が起きやすい不安定な環境だ。

上のモデルが正しければ、そこには有性生殖の生物が多いはずだが、事実は正反対だった。クローンがいるのは、過酷で不安定なため、群れが飽和できないようなところだけで、逆に、環境が穏やかに安定しているところでは、全てが有性生殖を行っているのだ。

というわけで、惑星ストラトスの人類の性システムは、今の科学的知見からすると合理性は薄いのだけど、それは小説としてはあまりたいした問題ではない。

これの面白いのは、その生物学的な特性から、文化のありかたが導かれていることや、ひょっとするとストーリーの展開もそれを意識しているらしいことだ。

たとえばこの星では、巨大科学や技術はほとんど存在しない。人類に、これほど大きな改変を施したバイオテクノロジーも、恒星間航行技術も失われている。テレビや衛星通信ネットワーク、内燃機関などもあるにはあるが、それらは限定的にしか使用されていない。高層ビルやハイウェイさえなくて、まるで中世社会のような雰囲気なのだ。しかも、限定的に使われている機械類も、その仕組みを知っている者はいないようだ。ただ、昔からある製造機械を使って、作り出されているにすぎない。つまり科学や技術への探求心がほとんど失われている。

それは、女性はそういうメカメカしいガジェットにあまり関心を持たないからだと、いいたいからのようだ。それらは男性的なものという位置づけらしい。

（続く）

サはサイエンスのサ

連載●72

【鹿野　司】

『知の欺瞞』をめぐる因縁

　前回、近況に『知の欺瞞・ポストモダン思想における科学の濫用』（岩波書店）のことをちょろっと書いたら、いろいろ反響があったりして。うーん、ひょっとすると、こちらのコラムよりも、近況のほうが読まれているような気がしないでもないな……ま、それもいいんだけどさ、思いつきで二〜三行書いただけっちゅうのもあんまりなので、今回はこの件についてもう少し書いておきたい。本当は『グローリー・シーズン』の続きをやるつもりだったけど、いつものようにサブルーチンへゴーってことで。

　さて、知っている人は知っていると思うんだけど、『知の欺瞞』は、いろいろと因縁がある本なんだよね。その因縁については、日本語版序文にも書いてあるし、もっと詳しくは黒木玄さんのウェブサイト「ソーカル事件と『知的詐欺』以後の論争」http://www.math.tohoku.ac.jp/˜kuroki/Sokal/index-j.html とか、サイト内の「何でも掲示板」をいろいろ見て回ると、事情が完璧にわかる。まあ、しかし、ウェブが見られない人もいるだろうから、かいつまんで説明しておこう。

『知の欺瞞』はアラン・ソーカルと、ジャン・ブリクモンという二人の物理学者によって書かれた本で、一九九八年にアメリカで出版された。ただ、ソーカルにはそれ以前に、過激な「前科」があったんだよね。それは一九九六年に起きた、ソーシャル・テクスト事件ってやつだ。〈ソーシャル・テクスト〉というのは、アメリカ知識人の中でファッション的にカッチョ良いなあと思われてる、カルチュラル・スタディーズの専門誌だ。ん？　カルチュラル・スタディーズって何なの？　いや、よく知らないんだけど、ウェブで検索したら『実践カルチュラル・スタディーズ　ソニー・ウォークマンの戦略』（大修館書店）という本の書評があった。

　この本は、表象、アイデンティティ、生産、消費、規制の五つの要素が相互作用しあいながら構成する「文化の回路」を、ウォークマンを題材に明らかにしようってものらしい。うーん、なんか面白いっぽいじゃない。（ウォークマンってのは、古ぼけた感じだけど）

　しばらく前まではサブカルチャーは、アカデミックには扱われなかったわけだけど、力をもった営みなら、そういうのもキチっと考えてみるのが面白いよねってことらしい。ＳＦ界でいうなら、岡田斗司夫さんの仕事とか、やおいとスラッシュ・フィクションの関係を論じた小谷真理さんの仕事に近いもの、じゃないかと思う。（おお、このへんから『グローリー・シーズン』話へ一気にジャンプするか？　いや、それはちょっとやりすぎか）

　日本とアメリカで似たようなことが起きているのは、高度情報化された社会文化の中で自己参照的、自己注釈的な思考法があたりまえになっちゃっていることと、対象とされるサブカルで育った世代が充分な権力をふるえるくらい大人になったからだよね。時代は繰り返す。かつては、こわれた人間の役に立たない、あんな風になっちゃいけないよって正しい人たちに指さされていた文学が、今では立派なアカデミズムとして偉くなったのと同じ。子供の頃から夢中になれたことって、生涯大事なんだ、ちゅうことだよね。

　まあ、そのカルチュラル・スタディーズの雑誌、ソーシャル・テクストの九六年春夏号で、サイエンス・ウォーズ特集というのがあった。さて、サイエンス・ウォーズとは何でしょう。これは理系学者が文系学者を迫害しているぞって話。

科学者は強大な権力をふるって、彼らの気に入らなければ、文系の学者は職まで奪われる。科学的な真実なんて所詮社会構築物なんだし、そりゃあしどいぞという告発なのだ。(しかし、これは客観的証拠のない事実無根の話だし、サイエンス・ウォーズという言葉も実はソーシャル・テクスト誌編集長の創作らしい)

で、そのサイエンス・ウォーズ特集号に、ソーカルが書いた「境界を侵犯すること—量子重力の変形解釈学に向けて」という論文が掲載された。この論文は『知の欺瞞』の中にも付録として翻訳されているけど、これも軽く説明すると、物理学が明らかにした成果ってのも、つまるところ、誰かが適当にありそうな話をでっち上げただけの、社会的な構築物にすぎないんだよん、というポスト・モダンな人なら泣いて喜びそうなお話だ。それを、ラカンとか、ドゥルーズなどの、カルチュラル・スタディーズをやっている人たちにすごくウケの良い現代思想家からの引用をふんだんにちりばめて、ファッショナブルにまとめたわけ。

科学者は文系の学者を攻撃しているぞとアオる特集だから、この論文は、ほらみー、物理学者にも同じことといってる仲間がいるよって歓迎されたわけなんだけど、実はこの論文、ソーカルが作ったデタラメのパロディ論文だったんだよね。ここまであからさまにデタラメな内容なら、査読で絶対引っかかると思って投稿したんだけど、あらまあ、すんなり掲載されてしまいましたとさ……なんて感じでソーカルはあれが悪戯だったことを別の雑誌でぶちまけた。サイエンス・ウォーズ特集にそれが掲載されたのは偶然だったのだけど、まさにクリティカル・ヒットって感じで、ソーシャル・テクストの体面を潰してしまったのだ。

だから、『知の欺瞞』も、同じようなイジワルなケナシ本だという先入観で見られがちだ。実際日本でもそうで、この本の書評は、否定派も擁護派も、あんたホントに本を読んで書いたのかって感じのものが多い。本をダシに自分の言いたいことをいっているだけだったりして。

でも、そういう曰く因縁を無視して読むと、『知の欺瞞』にはそんな行儀の悪さは感じられない。確かにこの本は、ラカン、ボードリヤール、クリステヴァ、ドゥルーズとガタリなど名のある思想家たちが、物理学や数学などの用語や数式をデタラメな方法で濫用していることを丹念に明らかにしてはいる。ただ、ソーカル＆ブリクモンは、その思想家たちを笑いものにして、全業績を否定するつもりはないと宣言している。そして、出鱈目なゴタク以外の部分で、正しく評価されるべきとしている。もちろん、そういうことができる人がいるならやって見せてよって挑発しているわけだけど、その挑発は妥当なものだよね。

高校生くらいにいろいろ現代思想本を読み始めて、うーんワカラナイのは自分の修行が足りんからだろうなあと思うわけだ。でも、やがて、自分の守備範囲の科学関係の特集とかを読むと、目が点になるくらいデタラメだらけということに気がついてしまう。何と、解ってないのは、書き手本人のほうだったのか。

『知の欺瞞』はまあ、そういうクズを読んで時間を無駄にしないようにしてくれる効果がある。でも、それって、なんか、アンチョコみたいで若者にはよろしくないかもしれない。ムダにゴミみたいな文章を読みまくってしまって後悔するのも、人生にはあって良いことじゃないかな。

性はなぜ存在するのか？②

【鹿野 司】

　『グローリー・シーズン』の舞台である惑星ストラトスは、遺伝子改変によってクローン（女性）が社会の中心となるように設計された世界だ。

　そこには男性も存在するが、その数はごく少数に制限されている。さらに彼らは、発情期以外は性格的に従順で温和、非暴力的になるように遺伝子改変されており、社会的にリーダーシップを取る能力はない脇役的存在だ。

　一方、両性生殖で生まれる女性は、変異子（ヴァー）と呼ばれ、子供のうちは母系クローン氏族のもとで育てられるものの、十六歳になるとそこを旅立たねばならない。そして自分の才覚を頼りに、新しい土地で成功し、新たなクローン氏族の始祖となることを夢見る。いったいどうして、こんな生物学的仕組みを持った社会が、設計されたのだろうか。

　伝説によれば、創始者たちの狙いは、暴力の削除と、人類の過剰繁殖を防ぐことにあったらしい。宇宙へ進出した人類は、かつて地球上で行われた攻撃的な拡張政策の愚をくり返し、惑星間の戦争を引き起こした。それによって、人類の子孫たちは分断され、銀河のあちこちに点在することになってしまったのだ。

　この不幸を繰り返さぬように、創始者たちは外部からは見つかりにくい星を選んで、人類の生物学的改良を試みた。その初期には様々な試行錯誤があったようで、男性を完全に取り除いたクローンだけの社会や、男性から攻撃的な性格を完全に取り除いたこともあったようだけど、いずれも巧くいかなかった。結局、クローンと男性と変異子からなる社会にたどり着いたわけだ。

　ただ、ストラトスが本当に成功した社会かというと、作者のブリンはそうは考えていないと思う。それは、あの世界に漂う、停滞したムードに現れている。

　たとえばこの星では、巨大科学や技術はほとんど存在しない。三千年前に、人類という種を設計し直した優れたバイオテクノロジーも、恒星間航行技術も事実上忘れ去られているし、テレビや衛星通信ネットワーク、エンジンなどもあるのだけれど、それらは限定的にしか使用されない。船にエンジンはあっても、主に帆を使って航行しているし、高層ビルやハイウェイもない。そのため、現代的なテクノロジーが存在するのに、どこかしら中世社会のような雰囲気なのだ。

　しかも、限定的に使われている機械類も、その仕組みを知っていて、改良したり、新しいものを作り出そうとする者はいないようだ。ただ、昔からある製造機械を使って、作り出されたものを壊れないように使っているにすぎない。つまり新しい科学や技術への探求心が、ほとんど失われてしまっているのだ。

　それは、女性は生物学的な素因によって、そういうメカメカしいガジェットにあまり関心を持たないせいだと、いいたいからのようだ。男性は、気晴らしに対戦型ライフゲームをプレイするのが好きで、その技が高度に発達している。つまり、論理操作能力について関心が強い。

（それにしても、ライフゲームを「生命ゲーム」と訳しているのにはがっくりきたなあ。訳者はともかく、編集者のレベルで事前にチェックできなかったのかね。著者あとがきの中にも、ルーディ・ラッカーの名前が出てきているわけだし、それに気がつけないのは基本的教養に欠けているとしか思えない。重要なアイデアなんだから正しい訳語を使って欲しかった。それから氏族はクローンだから「枝族」とか訳すとよかったかも）

　しかし、そのような実生活に無関係なことに対しては、女性は基本的に無関心で、男のライフゲームについてはバカげた遊びだと思っている。ただ、例外は主人公のマイアで、彼女は論理操作能力に対して、男性に近い関心を持っている。

　男性と女性には、肉体のみならず精神的にも、遺伝的な素因による傾向の違いがある。それは差別でも何でもなくて、厳然たる事実だ。

　ずいぶん前の話になるけど、チンパンジーのアイと共同研究している、京都大学霊長類研究所の松沢哲郎さんに取材したことがあった。その時、類人猿を使った言語学習ってどうして、被験者に女子ばかり使うんでしょうねと聞いてみた。

　当時、ぼくが知っていたその分野の研究としては、最初に手話を覚えたチンパンジーのワシュー、プラスチック・チップを使った言語を覚えたサラ、図形文字を覚えたラナ、そして五百サインを覚えているゴリラのココなど、みんな女子だったのだ。ちなみに、この当時はまだボノボのカンジのことは知らなかった。

　で、そういえばそうだ、ということになって、考えてみると、研究が成功した例というのは、類人猿の側が女子であると同時に、研究者の側も女性か、あるいはせめて夫婦の場合に限られているなあと松沢さんはいっていた。ココの研究者はペニー・パターソンで女性、サラはプレマック夫妻。ラナはランボー夫妻。ワシューはガードナー夫妻で、松沢さんによると、奥さんのほうが賢いからできたような研究だそうだ。それから、カンジはスー・ランボーだし、アイプロジェクトも、はじまりは室伏靖子さんがリーダーだった。

　一方、チンパンジーには手話は覚えられない、できてもそこに文法的構造は見出せないと主張した、コロンビア大学のハーバート・テラスは、男性で、使ったチンパンジーもニムという男子で、こりゃあ最悪の組み合わせだったわけだ。

　この違いの原因は何だろうか。

　アイの場合、言葉を覚えるには、何日も何千何万回もくり返し勉強をしなくちゃならない。アイにはその忍耐があった。しかし、一緒に学習をはじめたアキラにはそれがなくて、すぐに気が散って遊びたくなってしまう。その気持ちはよーくわかる、と松沢さんはいっていた。なにしろ、こっちだって、アイほどの忍耐はないんだからって。

　社会生物学的には、男女の生殖戦略の違いから、女性は忍耐や継続の意志が強く、男性は基本的に移り気になりがちな傾向があるといわれている。まさに、その傾向が、ここに現れているんじゃないかというのが、松沢さんの意見だった。

　この他にも、野生の大型類人猿の研究でも、野生チンパンジーのジェーン・グドール、野生ゴリラのダイアン・フォッシー、オランウータンのビルーテ・ガルディカスなど、長期継続研究のパイオニアはみんな女性だ。ゴリラは、シガニー・ウィーバー主演の映画『愛は霧のかなたに』を見るとわかると思うけど、フォッシーの前にシャラーという人が二年観察して七割はわかった、あとは君に任せるといったんだけど（移り気だから）、彼女が残りの三割とされていたところの研究を始めると、実は最初の七割も、少しも判っていなかったことが判ってしまったといういきさつがある。

　科学研究の中には、こういう地道な努力を継続的に非常に長期間続けて初めて何かが見えてくるというものがある。それについては、女性タイプの生存戦略が大いに威力を発揮するわけだ。一方、科学というより技術には、つねに「What's new」と問いを発し続ける移り気な部分がある。たぶん、それまでのストラトスの大半のクローン氏族には、新しいものに次々関心を持つ移り気な遺伝的傾向が存在せず、それが停滞した社会を作ったということなのだろう。

性はなぜ存在するのか？③

【鹿野 司】

作者のデイヴィッド・ブリンが後書きで触れているように、『グローリー・シーズン』（ハヤカワ文庫ＳＦ）の世界は、過激なフェミニストが描く分離主義的ユートピアに対する批判をもとに、創り出されたものだ。

　過激なフェミニストは、暴力や環境破壊など、これまでの世界の間違いはすべて男性の行為だと主張する。ようするに、男性ホルモンがこの世を悪くしているってワケ。そして、そんな害悪のない世界として、女性だけのユートピアを夢見る。

　それはしかし、結局は怨念というか、ルサンチマンがそれを描かせる動機になっているので、どうしても戯画的で非現実的なものになってしまう。

　フェミニズムは、性による差別のない社会を構築することが究極の目標だろう。その理想には、ぼくも含めて現代人の大半は賛成すると思う。

　だけど、フェミニストの中には、歴史的な美術作品とか昔話まで、性差別的でおぞましいと主張する人もいる。うーん、それはやっぱり極端で、正しい認識とは思えないよね。その手の主張は、今ある現実の差別に対する憎悪のあまり、過去や未来を見る時にも、怨念バイアスがかかってしまっている感じが濃厚だ。

　男性と女性には生物学的な差異がある。それは肉体の能力だけでなく、精神的な能力にも認められる。前回触れたように、生存戦略の違いから、男性は飽きっぽいが、女性は保守的な傾向があるとかね。

　だから、ある職種につきたがる人が、片方の性別に偏ることはあると思う。でも、その性による差異は、基本的に個体間の差よりは小さい。男性が好む職種でも、平均的な男性以上の能力を発揮する女性はいるだろうし、逆もなりたつ。だから、性役割を固定する必要はないし、現代先進国ではデメリットも多いだろう。

　ぼくは映画の『エイリアン２』を、フェミニンなＳＦの最高傑作の一つと考えている。冷静かつ決断力のあるリプリーや、男性以上にマッチョな女性海兵隊員が出てくるかと思えば、優柔不断で感情的な男性将校が登場する。男性性や女性性が、生物学的に固定されているのではなく、置かれた立場、環境によって形作られるということが、描けているからだ。

　それに対して、「悪」を男性ホルモンに帰結する考えかたは、結局は性役割を固定する方向性なんだよね。それに性的な生存戦略の違いが、社会のムードをある程度決定するとしても、女性だけのユートピアが平和的かといえば、そうなるとは考えにくい。

　チンパンジーの社会観察によれば、雄は権力闘争の際、政治的な合従連衡が必要なので、明確な敵対関係を作ることは滅多にないらしい。ある時期は対立関係にあっても、状況が変われば同盟をくむ。まあ、いいかげんといえばいいかげん。飽きっぽさと共通のものがあるのかもしれない。でも、これは長年の敵とも和解の可能性があるということでもある。

　ところが、母系の血族集団の場合は、仲間うちの結束は強くて平和的ではあるけれど、部外者は完全に排除する。対立は徹底して持続される非情さがある。

　つまり、どちらが良くてどちらが悪いという考え方そのものがおかしくて、女性も男性も、人間として同等の愚かさと素晴らしさを持っているのだ。でも、怨念が根底にあると、どちらが良いとか悪いとか、いいたくなっちゃうワケ。

　もちろん、性差別に対する怨念のしがらみを断ち切るのは容易じゃない。そこでブリンはSF作家らしく、性の進化論を利用しようと考えた。

科学の本当に面白くて価値のあるところは、誠実に自然を見ることで、人間の月並みな認識を打ち壊してくれるところだ。自然観察は、人間の思弁の限界を越える手がかりを与えてくれる。

人は誰でも、世界のことを、あらかた解っている。と、いうか解った気になっている。たとえば、今でも多くの人は、世界は競争社会だと思っている。同じ思いは、百数十年前のヨーロッパ人も持っていた。弱肉強食は世の掟だと。

ところがチャールズ・ダーウィンは、ナチュラリストとして、自然を丁寧に観察して、その常識に疑いを持った。

生物は、自分を取り巻く環境（他の生物も含む）の変化に応じて、姿を変えていく性質を持っている。それが進化の意味で、決して、他より優秀になろうとか、弱肉強食の掟で、他者をやっつけようとしているわけではない。それが自然選択の意味で、競争原理が全てみたいな、それまでの常識を覆す発見だったわけだ。

性の進化理論を使えば、月並みな性差とか、性差別的な怨念とは無関係に世界を構築できる。ただ、ブリンは本当にそれをやり遂げられたかというと、やっぱり、多少引っかかりはあったんだろう。

この『グローリー・シーズン』をテーマにした最初の回で、ぼくはこの作品に乗り切れなかったといった。その理由は、やっぱり主人公のマイアの境遇が、あまり主人公らしくないことが大きかったと思う。

小説を読んでいる時は、もちろん主人公に感情移入しているわけだけど、なんちゅーか、この『グローリー・シーズン』におけるマイアは、いつも世界の巨大な流れの埒外に置かれているんだよね。

冒険物の主人公であるからには、自分の意志で世界に関わり、世界に影響を与えていく部分が、多少なりとも、あってしかるべきじゃないかと思う。だけど、この作品ではそれがほとんどない。

マイアが自ら選択した行動は、ほとんどの場合、世間知らずだったり、読みが甘かったり、裏切られたりして失敗してしまう。それが、幸運や温情によって救われるんだけど、それはどうも、世界にこづき回されて、わけもわからず動かされているだけみたいな感じなのだ。

その極めつけは、ヒューマン・ファイラムの使者レナとの関係だ。隔てられた牢獄の中で、ライフゲームの秘密を解くことで交流が始まった二人の関係は、この作品のキモだったと思う。でも、それがどうもあっさりしすぎだし、そのうえマイアはレナの脱出に立ち会うことさえない。これほど大きな出来事なのに、全く蚊帳の外なのだ。

まあ、現実なんてそんなもんだ。自分でベストをつくしても、それとは独立に世界は動いていくし、自分が関わりたいと思っていたことにも、関われないまま終わることも多々ある。しかし、物語の中でそれをやられると、どうにも期待が裏切られた感じがしちゃうんだよね。

ブリンはストーリー・テラーとしては、わりとイけてる人のはずだから、このつまんなさはワザとやっているんじゃないかとも勘繰っちゃう。つまり、やっぱり女性中心世界ってのは、あんまり面白いもんじゃないんだよって気持ちが、どこかにあったんじゃないかなあ。

ロボット進化が引き起こす諸問題

サはサイエンスのサ

連載・75

【鹿野　司】

数ヵ月前に、『アイアン・ジャイアント』と『アンドリューＮＤＲ１１４』をネタ振りにロボットＳＦについて書いたんだけど、それにしてもここ何年かの日本は、現実の世界でもロボットが一発キている感じがあるよね。

ホンダのＰ２、Ｐ３の、あれは中にジジイが入っているんじゃないかというくらい自然に歩いてみせた衝撃的デビューとか、ソニーのアイボのインターネットバカ売れ事件がきっかけだったと思うけど、その後、ペットロボットおもちゃは雨後の筍のように売り出されたし、レゴブロックのマインドストームは根強く売れ続けている。秋葉原にはラオックスのロボット専門館までできたらしい。しかも先日、このブームのもとであるアイボとＰ３にも新たな動きがあった。

まずアイボは、ライオンをイメージした新バージョン（って、やっぱ犬にしかみえないけど）が十五万円で発売されるそうで、う～ん、どうしたもんでしょうね。今回は、プログラムを四種類変えられて、今までのように自分の好みの性格に育たなくて困ることはなくなるみたい。それにＬＡＮにつなげられたりメモリースティックがついたり、ペットというよりロボットのイメージにぐっと近づいた。そういうのはぼく的にはＯＫなんだけど、一般的にはどうなのかね。今度はネットだけでなく店頭販売もするそうだけど、果たして現物を見て手でふれて、なお欲しいと思う人がどれくらいいるんだろう。

今の技術じゃしょせん、ペットといっても生身の動物にはまるでかなわない（やっぱ、しばらく見ているとプログラムが読めて飽きるらしい。生身の動物はやっぱ飽きない）んだから、スパッとロボットらしくしたほうがぼくは好きなんだけど。

そういえば、この間のロボカップのアイボリーグでは、必殺「ほふく前進」を思いついてプログラムしてきたチームが圧勝した。ひじで歩かせたので、安定性が良くなったうえに、前腕をボールを叩くように押し下げると、凄い速度でボールが転がるので、他のチームはまったく歯が立たなかった。で、こういうことをさせられるくらい自由にプログラムできるように、プログラミング言語を出してくれると嬉しいんだけどね。そうなるともはやペットではないか。

ホンダのＰ３も、マイナーバージョンアップして、身長はこれまでと同じ百六十センチながら、体重が百三十キロから八十キロへと大幅にダイエットされた。しかも、腰の部分に自由度を増やしているらしいし、軽くなった分、バッテリー駆動時間も延びたようだ。横からみると、今までより足とか体とかが細くなって、なんかひ弱な感じもする。あんな細い足では、速いサーブは打てません。

しかもホンダは、来年からこのＰ３を一千万円くらいの値段で売りに出すという。一千万円……安い！　アイボにはあまり食指は動かないぼくだけど、Ｐ３は意味もなく欲しいぞ。もちろんそんな金はないけど、個人で買う人も出てくるんじゃないかなあ。まずは法人むけ少量生産からスタートして、イベント、エンターテイメント用、教育需要を見込むそうだ。

ニュースでは、将来的には災害現場での活動とか、家事や介護のサポートに用途を拡大する考えとか書いてあったけど、家事や介護ってのはちょっと無理だ。ＪＣＯの事件のときのような危険な場所での作業用には、ソフトウェアさえ作ればそこそこ使えるものになると思うけれど、家事や介護は難しすぎて十年やそこらで使えるロボットができるわけがない。今のロボットは、人と密接に関われるほどのレベルに達していないし、やっぱ安全性の問題はクリアできていないもんね。

ただ、P3が正座して、アイロンをかけたり、洗濯物をたたむ姿を見てみたい気はするが。頭の油をこしこしって針につけて、縫い物とかね。

しかし、こういうロボットが人間の社会の中にいきなり入ってくると、色々と予想外の問題が起きてしまう。

たとえば、テムザックという、PHSを使って遠隔操縦できるヒューマノイドタイプのロボットがある。あるとき道でデモンストレーションをしていたら、人がどんどん集まって、交通の邪魔になるから警察がやってきた。で、道路交通法違反だと。ところが、このロボットは他県から操縦しているので、県単位で縦割り管轄している警察では、つかまえることができない。他県から操縦する車両なんて、法的には考えられていないもんね。で、先例を作らないといけないので、あんたちょっと警視庁管轄で罪になってよ、なんていわれちゃったらしい。

これはちょうど、インターネットの技術革新が早すぎて法が追いつかないのと同じようなことが、ロボットでも起きつつあるということだ。何ちゅうか、そのうちロボット法とかできるんでしょうかね。鉄腕アトムですな。

まあ、しかし、そうはいっても今のロボットは、まだまだSF的なイメージのロボットからは程遠い。複雑な動きはできるけど、ただの制御機械の域を出ていない。でも、そこから先を目指そうとする研究はたくさんあって、それらはすごく面白いんだよね。なぜなら、そういう研究は、優れたロボットを開発するというより、実は人間とは何かを理解する役にたつからだ。

たとえば、京都のATRの今井倫太《みちた》さんは、ちょっと面白い実験をしている。

この実験では、被験者には「たまごっちの実験です」といって、たまごっちのような機械を渡してそれで遊んでもらう。

で、しばらくすると、ディスプレイを積んだ小さな台車みたいなロボットが横を進んできて、ゴミ箱にぶつかる。そして「ゴミ箱をどけてください」と、音声合成音で頼むわけね。この時に、たまごっちの映像が消えて、それがロボットのディスプレイにぴょんと飛び移るようにして映ってから頼む場合と、たまごっちの映像が消えるだけでロボットには映らない場合の二つのケースを試した。

すると、ロボットに映像が映ったケースでは、人はロボットのリクエストを聞いてごみ箱をどけてあげるけど、対照群はどけない人が多かった。それは予想通りなんだけど、後からインタビューすると、どけなかった人は、ロボットが何と言っているのかさえ解らなかったという。

つまり、音は聞こえているのに、内容が解らないのね。何故わからないかというと、ロボットがゴミ箱をどけて欲しがっているという、「ロボットの心」みたいなものを感じとれなかったからだ。たまごっちが映れば、ある関係ができて、それで、なんだゴミ箱に困っているのかということが解る。ところが、まったく無関係だと、そういうふうに思い至ることも難しいわけね。つまり、人がコミュニケーションをするとき、ある関係性が産みだされていることとか、相手のこころを察する能力とかが、かなり大きく働いているということだ。こういうことは、人間に何事かを働きかけてくるロボットがあってはじめて気づくことの一つじゃないかと思う。こういう話を聞くと、二一世紀のはじめは、ロボットを介して、人間や生物の謎の解明が色々進んでいくという感じが強くするな。

サはサイエンスのサ

連載●76

【鹿野 司】

うぉ。なんだよ〜。もう二一世紀なの？　まいったね……。

とかなんとか、そんなことを感じる今日この頃。そういえば、ぼくが小学生のころは、二一世紀ってエアカーが飛びかい、宇宙にもバンバン出かけるバラ色の世界と信じていた。ただ、それはかなり先のことで、二〇〇一年には四十二歳にもなるから、人生も終わりだなあ、なんて感じていたもんだ。でも、実際その年になってみると、自分ではまだ全然若いつもりでいるし、結局、世界もそれほど大きく変わった気がしない……。不思議だよね。

ようするにこれは、自己同一性が見せているイリュージョンってわけだ。

現実には、俺の人生、終わってるとは思わないけど、三十歳は確実に年を取っているわけだし、世界も大きく変化している。なにしろ、パソコンやインターネットどころか、CDもファックスもコピーもカップヌードルもマクドナルドもかっぱえびせんもコンビニもなかった時代を、ぼくは知っていたはずなんだから。

十年、二十年、三十年という時間の流れは、自分の認識の中ではとても短くて、変化があったことに注意を向けにくくなる。でも、現実に変化はあるわけだ。

米ソの冷戦構造が壊れたのが十年くらい前だから、ティーン・エイジャーにとって、それはすでに後から学ぶ歴史だ。ほんの十数年前までは、核戦争にそこそこリアリティがあったなんて、十代の人にはピンとこないだろう。

それにしても、二〇世紀は本当に劇的な変化の時代だった。実際、二〇世紀のはじめ頃には、今では当たり前で、これなしには生活がなりたたないもののほとんどが、まだできていないか、身近にないものだった。たとえば、ライト兄弟による動力飛行が一九〇三年の十二月のことだったわけだし、当時は相対論も量子論も知られていなかった。もちろん、コンピュータも半導体もないし、第一次大戦以前は電気すら一般的じゃない。

たった百年でここまできたからには、来世紀のはじめまでには、またずいぶん大きな変化があるんだろう。今はまだ、疑うことすらできないパラダイムも、すっかり過去のものになっているはずだ。（まあ、最低でも人類の子孫が宇宙に棲むようになるくらいのことは、起きているとは思う）

話は飛ぶけど、NHKで土曜日の夕方に放送されている「真剣10代しゃべり場」って番組が結構面白い。これは中学、高校生くらいのティーン・エイジャーが、あるテーマについて話し合う討論番組だ。毎回一人だけ大人が加わるんだけど、それはほとんどオブザーバーで、議論の展開は子供たちに任される。まあ、第一シーズンのメンバーに比べて、第二シーズンのメンバーは、選別に偏りがあるみたいで（いじめ問題の当事者が多すぎ）いま一つ広がらない感じではあるんだけどね。

これのどこが面白いかというと、まず第一にメディアに露出しがちなバカな子供像とは違う、わりとリアルな若者が見られるということ。正直いって、自分があの年頃の時は、あれほど賢くはなかったねと思う人が多いんじゃないだろうか。

それからもうひとつは、大人と子供の違いが際だってわかることだ。

大人は毎回違う人がくるんだけど、やっぱりこなれているというか、自分の主張を通す多彩なテクニックを持っている。まあ、大人だからしょうがないところはあるんだけど、一緒に話題を深めていこうとするよりは、相手の言説を粉砕するための技術が明らかに見えてしまう。そういうことって、大人どうしの討論ではあまり気がつかないんだけど、対若者だとくっきり分かっちゃうんだよね。

一方、ティーン・エイジャーは、物知りだけど、やっぱ若い。かれらの喋ることは、非常にしばしば予定調和的だ。

それはどういうことかというと、世代に関係なく、すべての人が同時的に同じ情報を受け取っているということだ。だから、若者たちも、今の時代が求める正解をちゃんと知っている。そして、それを自分の考えと信じながら喋ってしまう。

たとえば、自己責任の原則とか、男女平等であることとか、差別を否定する感覚とか、言葉を聞くかぎりまったくその通りってことをいう。でも、それは上っ面な感じで、あまり深みがない。人生経験が少ないから当然なんだけどね。

大人は、今では当然の価値観が、まだ一般的でない世界の中で、色々迷い、経験をつみながら、今の答えを見つけてきた。そのプロセスをある程度覚えているから、子供が同じ結論を喋ると、すごい、賢いじゃないかって思う。でも、子供は最初から答えだけ見ているのだ。

これは、人類を愛することは誰でも簡単にできるけど、家族を愛することはけっこう難しいという話と似ている。なぜなら人類は、家事を分担しろとか、チョコエッグを箱買いするなとか文句いわないもんね。そういう煩わしいことがあっても、粘り強く家族を愛せるのが大人なんだけど、子供はやっぱり、人類を愛しているレベルって感じ。

そういえば、「私は人間としてはかなり完成に近い段階にいるとばかり思っていたけれど、こんなに未完成だったとは知らなかった」と討論の後で泣きながら感想を漏らした子がいた。

若い頃から本をたくさん読んで、テレビとか映画とかのドラマをいっぱい見ていると、中学生とか高校生くらいには、世の中だいたいわかった気になる。でもそれは、世間に出て色々な人間に出会うと、ゼンゼンそうではなかったことに気がつく。言葉の意味としてはその通りかも知れないけど、実感はそれとまるで違うことも知っていく。

人間は生物学的な限界によって、世界はこうだと簡単にわかってしまう。〜とは〜だというドグマをどんどん作って、それを疑わなくなる。でも、自分の認識世界がそのドグマだらけに固まっちゃうと、生きている感じが薄らいで、あんまり面白くないんだよね。

そのドグマを壊すこと。自分が信じきっていることを、なんらかの形で疑えるようなきっかけが与えられたら、それはすごく嬉しいことだ。それは別に子供にとってそうだということではなくて、我我大人だってそうだ。

このところよく思うのは、現代人は情報の多さに圧倒されて、正気を失いつつあるかもしれないってことだ。色々な社会問題が取りざたされるけど、それは本当に存在する問題なのだろうか。時代のパラダイムにからめ取られて幻を見ているだけなんじゃないか。

SFの良さの一つとして、昔から物事を相対的に見ることができるってのがあった。まあ、ポストモダンとか、相対主義にもほどがあるんだけど、しかし、常識的には疑えないようなパラダイムを妥当な形で疑っていける可能性がSFにはある。そういう意味では、二一世紀初頭のIT社会には、SF的思考がけっこう必要になってくるんじゃないかなあ。

サはサイエンスのサ

連載・77

【鹿野 司】

人類史を理系的センスで見直すと……

前にも書いたかも知れないけれど、ぼくが本を面白いと思う基準は、それを起点に自分がどれだけ遊べるかということだ。その本にあるアイデアや発想をもとに、自分なりの考えをめぐらせられる本ほど、うーん楽しんだぜって感じになれる。

で、まあ、昨年出版されたノンフィクションの中では、やっぱし『銃・病原菌・鉄』（草思社）が最高に面白かった。

この本の良いところは、人類の歴史を、理系的なセンスで見直せる可能性を示したってところだ。それは、新しいパラダイムを切り開いたといってもいいかも知れない。歴史は普通、偶然の連鎖で起きる一回限りのことで、法則性をあまり見いだせない。もちろん、過去の歴史に学ぶとかいわれるんだけれど、それはあくまで類似とか連想とか定性的なもので、もっといえば文学的でしかなかった。

しかし、この本では、文明の興亡のような歴史的な現象を、論理的な必然性の連鎖と、ある程度の定量的な議論や観測で深められるってことを実演している。

この本の最大のテーマは、なぜヨーロッパ人だったのかということだ。西洋人はさまざまな技術を開発し、現代文明を築いて世界を支配した。しかし、アフリカ大陸の人々や、新大陸のネイティブ・アメリカンには、それができなかった。この持てるものと、持たざるものの差はどこから生じたのか。その基本的な考え方は、この本の冒頭で示されている。

ポリネシアの人々は、もともと同じ祖先から派生したにもかかわらず、地域によって、さまざまな文化形態や政治形態を発展させた。極めて平等で平和的な社会もあれば、複数の島々を帝国風に支配しているところもあるし、狩猟採集生活を送るものも、定住して農耕を行う人々もいる。それらの違いが生じた究極の原因は、彼らが住んでいる島々の環境だった。ポリネシアにある何千という島々は、広さ、隔絶度、海抜、気候、生産性、鉱物資源、生物資源の豊かさが、それぞれに大きく違っている。その結果、利用できる資源や技術、人口規模などに差が生まれ、それぞれ固有の文明形態が形作られた。

こういうものの見方は、ダーウィン・フィンチを連想させる。かつて、チャールズ・ダーウィンは、ガラパゴス諸島などに生息する十四種のフィンチ類のくちばしの形や体形、色などと食性の関係を観察することで、進化論の重要な手がかりを得た。多様なフィンチは、一種類の祖先から、各環境に適応する形で適応放散したと見抜いたわけだ。

それと同じで、著者のジャレド・ダイアモンドは、人類も、ある環境の中に置かれると、それにふさわしい文明形態を作り上げていくと見る。進化論と同じような手法で、人類史を扱える可能性を示したわけだ。そして議論はそれを、さらに世界レベルに拡大して、各大陸における差について展開される。

ユーラシア大陸と新大陸の差の一つは、ユーラシア大陸には、家畜化可能な動物が多かったという点だ。定住をはじめた人々は、人口密度を増し、家畜と密接にくらすことによって、家畜由来の新しい病原体をたくさん発生させた。天然痘やペストなどの流行は、多くを殺したけれど、その後に病に対する抵抗力を残したわけだ。そしてヨーロッパ人がアメリカ先住民を蹂躙できたのは、武力よりもこの病原菌の力によるものだった。

また、ユーラシア大陸は東西に広いため、人々は同じ栽培作物を持って広がって行きやすいが、南北に広い他の大陸では、その歩みは遅くなる。ユーラシア大陸では、より広い範囲に、高い人口密度で人々が生存できるようになったことで、新しい技術の発生や模倣が起きやすくなり、技術喪失の防止などの作用も働いた結果、銃へとつながる新しいテクノロジーの開発スピードが早まった……。

この『銃・病原菌・鉄』に貫かれている論理は、水は低きに向かって流れ、方円の器に従うということだ。つまり、エコロジカルなものの見方といってもいい。

人間が進化の中で身につけた認知的な歪みの一つに、あらゆるものに意志の存在を仮定してしまうってのがある。いわゆる「心の理論」だけど、これがあるから人間は他人の心がわかった気になれる反面、誤った認識に誘導されやすい部分がある。たとえば、生物の擬態を不思議だと感じるとき、我々はそこに、存在しない意志の力を仮定して、それを不思議がっている。ハナカマキリがランに似ているのは、その形になるのを望んでそうなったわけではなくて、似ていないものが淘汰されていったからだ。擬態が生じた原因は、ハナカマキリの内部ではなく、まわりの環境の中にある。空を舞うコンビニの袋は、袋が飛んでいるのではなく、風に巻き上げられているのだ。

人類史に対する考え方も、これまでは人々の意志の働きのような、内部的な要素にしか着目してこなかった。その観点はもちろん必要だ。でも、そのために、理解できなかったり、誤解してきた部分が多々あったんじゃないだろうか。しかし、ダイアモンドは、それとは違った観点がありえることを示したわけだ。

ただし、この本で、すべてがやりつくせたわけではない。この本がやったのは、カオス理論が注目されたことと似ている。

何年か前に、複雑系というキーワードが流行したことがあった。どうしてこれが流行語になったかというと、それに先立ってカオスがクローズアップされたことが大きい。カオスは、一見ものすごく単純なシステムでも、自己参照的な構造をもっていると、先行きの予測が不可能なほど複雑な結果を生みだすって現象だ。

カオスは、この混沌という命名からか、世界は一寸先は闇だと証明したところがスゴイと思っている人が多い。『ジュラシック・パーク』でも、そんな使われ方をしていたよね。でも、それは完全に逆だ。

カオスが研究者によって注目された理由は、これが混沌を解明する大きな手がかりだったからだ。一見ランダムで、まったく予測できそうもなかった現象の中にも、単純な式に還元できるものがあり得る。つまり、それまではお手上げだった問題が、これで解ける可能性が見えたから、多くの研究者の興味を引いたのだ。

だけど、この世に存在する複雑な現象のすべてが、単純なシステムから作られているわけではない。複雑なシステムが産む複雑な現象というのもある。それらを引っくるめて複雑系と呼んだわけだけど、複雑なシステムが産む複雑な現象については、とくに解明するための新しい方策はないので、全体としてのまとまりがない流行語になってしまったわけだ。

ジャレド・ダイアモンドの功績は、歴史という、従来は偶然性のみに支配されていて解析不能だと思われていたものの中にも、解析可能なものがありえることを示したことだ。そして、現状では、何が解析可能で、何が解析不可能かの区別が判然としていない。つまりそれだけ、楽しみが多いわけ。ＳＦも、これから文明を描くときには、こういうエコロジカルな観点からの書き込みがあっても、良いんじゃないかな。

良い遺伝子、悪い遺伝子

『世界の知性が語る21世紀』（岩波書店）って本がある。タイトルだけ見ると、いかにもダメダメな感じだけど、これがあ〜た、意外と面白かったりして。

この本は、イギリスのタイムズ社が発行する〈ザ・タイムズ・ハイヤー・エデュケーション・サプリメント〉という週刊誌が、世界を代表する知性三〇人を選んで、二一世紀の予測を語らせたものだ。ま、その知性本人が語る文章はちょっぴりしかないんだけど、それに付随するインタビュー記事はけっこう面白い。まず、イギリスの雑誌が選んだ、自然科学、政治、経済、哲学などの大御所ってことで、その人選そのものも特徴的だ。

とくに、グールドや、ワインバーグなど、理系の人が過半数いるってのは日本ではちょっと考えられないよね（SFっちゅうことでいえば、アーサー・C・クラークもいる）。訳者も「専門分野に偏りがある」と書いているけど、この件に関しては偏りとは思えない（まあ、生物系が多いのは確か）。欧米は日本と違って、教養人が普通に理系的な問題にも関心を持っていて、だからキヨスクでネイチャーが売られていたり、日本より人口の少ないイタリアでさえ、科学雑誌が日本の倍売れるのだ。偏っているのは日本なのよねん。

ま、それはともかく、「知性」の中には、ゼンゼン知らない人が何人もいたけど、各人の主張のポイントが要領良くまとめられているので、お手軽にこの人のキモはこれってことを知ることもできる。実際、これをみて著作を読んでみたくなった人が何人かいた。

あと、ピンカーとチョムスキーとか、マーギュリスとグールドとドーキンスみたいに、互いに論敵関係の人も同時に選ばれているのも面白い。EQのゴールマンとか、マイクロチップを腕に埋めこんだケヴィン・ウォーリックなど、いかがわしい人も交じっているけど、つまりはこれらの人たちがイギリスの教養人たちの心にヒットするような、特徴的な考え方を示したってことなんだろうね。それと、たとえばジェイムズ・ワトソン（DNAの二重らせん構造の発見者）は、「わたしたちのことを神のようにふるまっているという人がいるが、わたしたちが神を演じないとしたら誰がやるのだ」とか、グッとくる発言が随所にあったりするのも良い感じだったりして。

さて、これに対して、日本の二一世紀予測としては、科学技術政策委員会がとりまとめた「21世紀の科学技術の展望とそのあり方」というレポートがある。（http://www.nistep.go.jp/index-j.html）これは各分野の専門家を対象にアンケートを行い、回答のあった一二〇〇通をもとに作られたレポートだ。まあ、これは理系の研究者が対象だけど、こうなって欲しい、なるべきだということは排除して、「こういうことが起こり得る」という視点からレポートをまとめたものだそうだ。

しかし、これをみると、なんだか昔のSFみたいなんだよね。たとえば遺伝子技術による人類の進化のところで、「小さいほどすばらしいとの意識改革が進み、徐々に人類の大きさは小型化していき、食糧・人口問題は解決する」なんていうのがある。こりゃあ、ぼくと同じ世代の人ならすぐわかると思うけど、『ウルトラQ』の「1／8計画」そのものじゃないの。このレポート、いったいどういうまとめ方をしたのか知らないけれど、たぶんシャレで書いた答えをマジで受け取っているんじゃないかな。

生命工学によって、人工的な人類の進化が促されるという考え方は、まあ、ある程度あり得ることだと思う。上のワトソンの言葉も、その文脈で語られたものだ。

ワトソンは、嚢胞性繊維症や筋ジストロフィーなどの「悪い遺伝子」は取り除かれるべきだという。日本のレポートでも、「疾病の因子の少ない人類への進化が可能になる」とある。ただ、日本の場合「多型性が失われて感染症が死因の一位となり人類は危機にさらされる」と続いている。まあ、遺伝子疾患を自在に取り除けるような生命工学があれば、病気に対する抵抗性の遺伝子も簡単に組みこめるだろうから、感染症が人類を危機に陥れるなんてありそうもないけれど、これを思いがけないしっぺ返しが起きることの予感と取れば、それはありそうだ。

というのも、これは病気とは本当は何かという、難しい問題と関わってくるからだ。病気は病気、わかり切ったことじゃんと思うかも知れないけれど、実はそうじゃない。鎌状赤血球貧血症の例のように、現代社会の中では病気だけど、マラリア多発地帯では生存を有利にするものもある。つまり、病気も、世界と独立した悪いものではなくて、やはり時空と切り離せない我々の一部なのだ。これからは、性格や精神疾患系の遺伝子もどんどん見つかるだろうから、それを「悪い遺伝子」と見てしまうと、話はもっとややこしくなる。たとえば、ADHD(注意欠陥/多動障害)やLD(学習障害)は、現代の西欧的な社会の中でのみ病気と認定されてしまうけれど、そうでない社会では、多少かわりもの程度で受け入れられるだろう。ヤマトタケルや信長みたいなサイコパスめいた人だって、ある時代ある文脈では称えられるのだ。

良い方に遺伝子改変するということについても、原理的にはこれと同じだ。つまり、その「良い遺伝子」の良さは時空の制約の中で定義されたものにすぎない。

たとえば、子供をデザインする時、将来サッカー選手にしたくて、サッカーが強くなるように遺伝子をチューニングしたとしよう。似たような考えの持ち主が多いことを考えると、スポーツ汎用に優秀なだけでは不十分で、かなりサッカーに特化した改変を行わないといけない。でも、その子が生れて育つ頃にはサッカーが人気スポーツじゃなくなっていたらどうするんだろう。サッカーに強い遺伝子はまったく無意味なものになってしまう。

つまり、「良さ」も環境依存的な感覚で、時空を越えた普遍性などない。でも、それをあると誤解して行動してしまうと、後々変なことになってしまうわけだ。

生命工学というのは、今はちょうど前世紀初頭の電気工学と似た立場にあるんじゃないかと思う。その前の世紀から、次第にテクノロジーが進んで、将来にかけてスゴイことができるようになるという期待が高まっていたけれど、実際にそれが身近にはなっておらず、本当の意味での限界がわかっていなかった。

たとえばニコラ・テスラのように、交流発電というリアルテクノロジーとして優れたものを考えた人でも、巨大な電波塔からエネルギーを送電し電磁気力によって浮遊する空中戦艦テロートマトンを夢見たりしていたわけだ。これは、電磁気学の原理からは正しいけれど、定量的に莫大なエネルギーが必要だったり、コスト的に見合わなかったり、同じことをするなら他の方法のほうが簡単に実現できたりするため、ついに実現しなかった。

今の生命工学も、ゲノムの解明とともに、原理的可能性にばかり目がいっていて、テロートマトンのようなものをいっぱい夢想している状態なんだろうね。

ロボットが世界をコントロールするとき

【鹿野　司】

かつてアシモフの描いたロボットは、三原則という本能に支配され、ひたすら人間に奉仕する存在だった。でも、それはやがて、圧倒的な賢さと愛情でもって、人類に対して過保護で支配的な親のようにふるまう存在になっていく。

『われはロボット』収録の「災厄のとき」では、三原則ベースのマシンが世界経済をコントロールしている。そのマシンは、どういうわけか時々、ごく些細なミスを犯して経済上の小さな滞りを生む。個々の滞りはまったく小さなものだけれど、それはマシンの性能上あり得ないことだった。

分析の結果、それはロボットの存在を否定する者、すなわち人間に危害を及ぼす可能性のある人々が、あまり大きな力を持たないよう、しかし酷すぎる目にはあわないように、経済的につまずかせるためらしいのだ。ロボットはついに、人間を巧妙に支配して、人間から自らの世界をコントロールする力を奪ってしまったのではないのか。しかし、ロボット心理学者のスーザン・キャルヴィンは、それを素晴らしいことだという。そもそも人間は、一度も世界をコントロールしたことなどないのだ。そしてロボットは、人間には実現できない完全さで平和を作り出しているのだからと。

理性的に考えれば、彼女のいうことはすごく正しい。だけど多くの人は、この結論に何か煮えきらない、キモチワルさを感じるだろうと思う。

先日、一月三十一日に静岡県焼津市付近の上空で起きた日本航空の９５８便と９０７便のニアミスで、ちょっとこのアシモフの短篇を連想してしまった。

この事故の原因は、ようするにたるんでたから、みたいなことになっている。でも、それはちょっと違うんじゃないかな。

今回のニアミスは、報道を見るかぎり、複数の人的ミスが重なって起きたらしい。

まず第一に、その時たまたま訓練中の管制官が、他の航空機の管制指示について指導管制官と議論していたため、日航機どうしの接近に気がつくのが遅れ、あわてて９５８便への指示のつもりで９０７便に降下の指示を出していたこと。

また、９５８便も、副操縦士が昇格試験のために操縦していたところ、航空機衝突防止装置（ＴＣＡＳ）の警報が出たため、操縦を機長に戻して自動操縦を切るなどの対応に追われて、管制官の二度の右旋回の指示を聞き漏らしている。

さらに、９０７便の機長は、ＴＣＡＳの上昇の指示に従わなかった。それというのも、ＴＣＡＳの指示が出た時点ですでに降下をはじめていたために、「衝突を回避するためには降下を継続したほうがいい」と判断したからだ。

もう一方の９５８便はＴＣＡＳの指示に従って降下したが、目視で９０７便が同高度を降下中と判断して、急遽降下を中止した。おそらく、これのおかげで最悪の空中衝突は避けられたのだろう。

いやはや、これだけを聞くと、なんだかメタメタで、本当にたるんでるよなって感じがしないでもない。でも、よくよく考えてみると、これらの事象は、個々には日常的に、ある一定の確率で必ず起きているようなことではある。管制官やパイロットが訓練中だったり、若干の言い間違えや聞き漏らし、もめごと、機械の指示に従うか従わないかなんていうのは、人間であるかぎり必ずやることだ。

今回、これほど危険なニアミスとなったのは、その人間的な行為が、たまたまいくつも重なったために、結果として生じたものだ。つまり、システムとしてはかなり安全なものなのだけれど、数奇なめぐり合わせによって、その何重もの防御が突破されてしまったわけだ。

おそらくは、今後の対策の一つとして、規律の強化みたいなことがされるだろうけれど、それはまず無意味だろう。なぜなら、そういう人間的な行為は、なくしようがないからだ。それを厳格なルールで縛っても、良い結果は決して生れない。

それよりも有効そうにみえるのは、管制システムやTCASの改善で、これは実際行われる。これによって、事故が起きる確率はさらに減らせるだろう。

でも、実はそういう改善をしても、本質的なところは今と少しも変わらない。なぜなら、改善されたシステムでも、最後に判断を下すのは人間だからだ。そうであるかぎり、やはりいつか人為ミスの数奇な複合によって、事故は必ず起きることになる。

今回のニアミスでは、958便の機長が最後までTCASの指示に従っていたら、衝突していたかもしれない。つまり、機械の指示を無視した機長の判断は称えられるべきだろう。こういうことができるから、人間は素晴らしいのだ……。

しかし、国土交通省の関係者も語ったそうだけど、両機が最初からTCASに従っていたら、そもそも急接近は避けられたはずだ。つまり、今後さらにシステムを改良して、たとえば飛行機が危険な時は人間の指示を受けつけず、お互いに通信しあって、あなたはそちら、わたしはこちらとかやってくれれば、事故なんてなくなるのだ。自動車のITSでも、人間が関与しなければ、安全で、エネルギー消費も少なく、渋滞も生じないシステムが今の技術レベルで作ることができる。そこから考えると、そういうシステムはすでに不可能じゃないだろう。

事故を減らすことを至上の命題として、それを追求すれば、人間の関与を可能なかぎり減らすのが合理的な解答だ。だが、本当にそこまでして良いのだろうか。そんなの当たり前じゃん、と前ならぼくも思ったんだけど、今ではちょっと揺らいでいる。なぜなら、それは人間の尊厳と関係してくるからだ。

実は、これとまったく同じ構造を持つのが、死の問題だ。人工心肺をはじめとする様々なテクノロジーのおかげで、かつては助からなかった人の命も、今では救命することはできる。でも、その結果、植物状態という、生きてはいるが意識が戻る確率の低い状態や、がんの末期など意識も多少あるけれど、装置の助けなしに生き続けることが難しい状態も生じてしまった。身動きもならず、未来への希望もなく、苦痛が勝り、ただ心臓が拍動している状態を生きているといえるのか。

この時、生命を少しでも長らえさせるという目的は完全に果たされているわけだけど、結果として人間の尊厳は失われているのかもしれない。自ら何事かを決定する権利が、ないがしろにされているからだ。

くり返すけど、合理性を追求するなら人間は関与しないほうがいい。逆に人間の尊厳を重視するなら、事故は起きるものと自覚して受け入れる必要がある。

人間の尊厳とは、ある局面ではまったく不合理なものになりえるけれど、不合理さもろともに生きていかなければ、やっぱ人間らしくないんだよなあ。

単純で複雑な遺伝子

サはサイエンスのサ

連載●80

【鹿野　司】

いやー、ゲノムのドラフトシークエンスの解析結果が、ついにネイチャーとサイエンスに発表されましたな。

それによると、人の遺伝子の数は、ぜんぶでたったの二万六千〜四万個くらいだったらしい。つまり、センチュウの一万三千個、ショウジョウバエの一万四千個と比べても、ほんの二倍そこそこだったわけだ。

まあ、ぼくなんかはわりと素直なので、人間はショウジョウバエとかセンチュウより、倍くらいしか複雑じゃないとかいわれても、そんなものかなって気がしちゃうんだけどね。これはようするに、人間という生き物を構成するパーツが、センチュウやショウジョウバエの倍くらいあるってことだ。レゴブロックだって、パーツの種類が倍になれば、作れるものの複雑さもかなり増すわけで、そういう意味じゃこの遺伝子数の少なさは、とくに意外というほどではない気がする。

とはいえ、やっぱりすごく不思議に思えるのは、人間は結局、わずか四万種類ほどのパーツで、組み上げられているということだ。

これはつまり、ものすごく上手に設計すれば、四万種類の要素ロボットを巧く組み合わせて、生物としての人間と同じくらい複雑精妙なことを行うマシンが構成できるってことなんだよね。

そのマシンは人間と同じように、外部から養分を取り込んで成長することも、外敵を免疫機構で排除することも、生殖を行って増えていくこともできるし、本能のプログラムを内蔵していて、外界との相互作用で経験を積み、言語を学習したり、新しいものを発明したりすることもできる。

しかも、人間の遺伝子の長さは、平均で十〜十五ｋｂ、つまり一万〜一万五千塩基対だから、その情報量は二〜三万ビットでしかない。つまり、このマシンを構成する要素ロボットたちは、たかだか四キロバイト、つまり原稿用紙五枚以下の情報量で書き下せるような、単純なものばかりなのだ。

翻って、今の僕たちの持っているテクノロジーのレベルから考えると、原稿用紙五枚以下の情報で書き下せるような単純な部品を四万種類用意して、それを組み合わせて、生物としての人間並みにふるまえる機械が作れるだろうか。そんなの、絶対に無理だよね。それどころか、どうやったらいいかも、皆目見当がつかないといっていいと思う。

こういう、単純な要素がたくさんあって、それらが相互作用したときに、予想を遥かに超える複雑なシステムができあがってしまうという現象は、まあ創発とか呼ばれたりするわけだけど、この世の中にはかなりたくさんある。

たとえば脳だって、そういうものだ。脳を構成する神経細胞の特性は、きわめて単純だけれどそれを多数組み合わせただけで、僕たちの脳のようなものができてしまう。それに、身体を構成する細胞にしたって、単独ではそう複雑なものであるわけではないのに、それらが集まると生身の一個体ができあがる。

ハキリアリは、組織的な方法によってキノコを栽培するけれど、個々のアリの神経回路網のレベルでは、とてもそんな「知的」な振る舞いができるようには思えない。群知能は、要素個体の知能を凌駕するわけだ。それと同様に、文明が創り出しているあらゆる成果物は、一個の人間の脳のレベルでは、とてもそんな「知的」なものが作れるとは思えないほど複雑だ。

これらの現象を、人工生命の分野では創発といったりするけど、ただそう呼んでいるだけで、どうして創発が起きるかという原理もわからないし、意図して創発的なことを起こすこともできない。何か、とても大事なことがゴソッとわかっていないような感じなんだけど、そのことについて、はたしてそのうち解明することができるのだろうか。

ヒトゲノムの場合は数万の要素がかかわっているから、たしかにまだ複雑そうで、そう簡単にわかるわけがないって感じもする。でも、これがもっと簡単だったとしたらどうだろう。

たとえば、慶応大学SFCの環境情報学部の冨田勝さんのグループは、世界最初の試みとして、E－CELLという細胞のコンピュータ・シミュレーションのプロジェクトを行っている。

このE－CELLは、一二七個の遺伝子を持っていて、それはホンモノの細胞とまったく同じ振る舞いをする。

一二七個の遺伝子というのは、数としてはずいぶん少ない。なにしろ、現在地球上で知られている最小の原核生物であるマイコプラズマ・ジェニタリウムの遺伝子でさえ、四八三個（塩基対数で五八万七四個）あるくらいだ。まあ、冨田さんは当初、マイコプラズマをシミュレーションしたかったそうだけど、残念ながらマイコプラズマ遺伝子の二割ほどは機能がまったくわかっていないので、それができなかったのだそうだ。で、とりあえず、生きるための最小限の遺伝子だけを選別した細胞を作り上げた。このE－CELLは、外部から糖を取り込んで、ATPを合成し、自分の体を維持するけれど、増殖したり運動することはできない。また、周りから糖がなくなると、餓死してしまう。ある意味、単純きわまりないシミュレーションなんだけど、こんなものでも予想外の振る舞いをするのだそうだ。たとえば、飢餓状態に置くと、ATPの生産は単調減少するはずなのに、なぜかそれが一度増加してから死んでいく。

はじめは冨田さんもバグかと思ったそうだけど、よくよく調べると、ATPの合成は最初にATPを二分子消費して、最終的に四分子作るという仕組みになっていたことがわかった。だから、外からの糖をカットすると、使われるはずの二分子が余るので、一時的にATPが増えていたわけだ。これはウェットな生物学では今まで知られていなかった現象だ。

こんなわずか一二七遺伝子の疑似生命体ですら、予想外の振る舞いをする。このことから、冨田さんは細胞、ひいては生命の謎を解くには、シミュレーションが不可欠で、それをやらないということは、細胞の理解をあきらめるということと同じだという。なるほどそうかもね。

つまり、細胞とかゲノム、脳、文明などの巧妙な働きのすべてを理解することは、人間の頭だけでは不可能なのだ。人間の脳には、時間的変化まで含めたすべてを追跡し、理解しつくすだけの容量はない。と、いうことは、こういう創発的な現象を、人間はついに理解はできないのかも知れない。もちろん、それをシミュレーションすることは可能だろうけど、そのことを「わかった」とするなら、理解ということの意味は今までと違ったものになる。脳は脳を理解できないかも知れないけれど、文明は脳を理解できる。そして、理解がなくても使うことはできるのだ。

「心の闇」というフィクション

メディアの言うことって、あまり信用できないってのは、まあ常識だと思う。

たとえば森首相。あの人は失言の多い人という印象が強いけれど、でもそれはメディアが作り出したイメージって感じがしないでもない。つまり、「神の国」発言をきっかけに、メディアがあいつは迂闊なことを口走るヤツだと認識してからは、ホント、微に入り細に入り揚げ足を取るように、「問題発言」が片っ端からニュースにされちゃっていた。普通、誰でも色々話をしていれば、ある程度口が滑ったりするものだ。しかし、たいていそれは無視されて終わる。ところが、森サンの場合は、他の人なら見逃してくれるようなものも百パーセント、ニュースになっていたのだろう。

普通の人間なら容認される程度のことでも、それを全て大々的に取り上げられれば、印象はすごく悪くなる。その点、森サンは可哀想だと思っていた。でも、やっぱりあの人のことは、迂闊な人だと感じてしまう。これって、わりと怖いことなんじゃないだろうか。

なんつーか、昔、横山光輝の忍者もの(だったかな?)のマンガに、催眠術で操られそうになった忍者が、その手には乗らないぞと、小刀で自分の太股を傷つけて正気を保とうとするってエピソードがあった。ザクザク自分を刺しながら、途中で「はっ、俺はどうしてこんなことをしているんだ」って、一瞬気がつくんだけど、でもすぐ「いかんいかん、やつの術に落ちてしまう」と思い直してザクザク……で、結局死んでしまうのでした。術にかかるまいとしているのに、その行為自体が術の中なのね。

メディアからやってくる情報は、量的に圧倒的に多いから、その術にはかからないぞと思っていても、思わず知らずその内部に取り込まれてしまう。その圧力に抵抗するのはかなり難しい。

もう一つ典型的な例をあげるなら、このところ青少年の凶悪犯罪が増えているという常識も、その例の一つだ。

これに関しては、社会学者の宮台真司氏も前々からいっているけれど、統計的にはそんな事実はない。たとえば殺人は終戦後一九六五年までは年間二〜四千人台で増減を繰り返していたけれど、一九七五年以降は百人を割って、さらに現在まで七十〜九十人の範囲で推移している。また、強盗も一九六五年まで二〜三千人で推移していたのが、近年は千人前後に減っている(平成に入って微増傾向にはあるが誤差の範囲)。また強姦に至っては、一九六五年前後には四千人いたのに、今では二百人台に減っている。

検挙者の数だけじゃなくて、実際に刑が確定した人に限ってみても、大阪弁護士会が最高裁の家庭裁判月報に基づいて調べたところでは、過去四十五年間に故意の犯行で被害者を死亡させたケースは百二十九件で、そのピークは一九六一年の十一件だった。事件数は六八年以降年間一〜四件で、それはここ数年も変わらない。

と、まあ、これくらいのことは、SFを読む人なら、たぶん先刻承知だと思う。ただ、「心の闇」ってやつについてはどうだろうか。

近年の、青少年犯罪の大きな特徴として、彼らがいったい何を考えて、そんな酷いことをしたかわからないということが問われている。彼らをそうさせたのは、いったい何が原因なのか。いろいろな人がいろいろなことを言っているけど、結局それはよくわからない。不気味だ。最近の若者は、昔とどこかしら違うのだ。

……って、まあ、こういうことが言われはじめたのは、たぶん酒鬼薔薇事件の時からだろう。ではなぜ今、心の闇が生まれてしまったのだろうか。

その答えは、実は簡単だ。つまり、昔は心の闇なんて問わなかったのだ。

理解を絶する凶悪な事件も、本当は昨日今日始まったものではない。いつの世も、ある割合でそれは存在していた。

おとなしくてまわりからも良い子と思われていたヤツが、突然キレるということは、ものすごく昔からあったことだし、先ほどの大阪弁護士会の調べでは、同級生の首を切り落として蹴飛ばすなど、理解できない残忍な事件も、過去に十八件あったそうだ。

つまり、昔も今も何も変わっていない。ただ変わったのは、昔はそういうケースは、ワケわからんと深く突っ込まないか、異常者だからそういうことをしたんだとアッサリ分類して、それですんでいたわけだ。ところが今は、そのワケをわからなければならないと、分析しはじめた。その結果、心の闇という概念が作り出されてしまったのだ。

でも、人がどうして犯罪を犯したかなんて、本当はわかるはずのないことだ。

悲劇はつねに、本当に数奇な運命の巡り合わせで起きる。途中の何ごとかがほんの少しでも違えば、それは起きないのが普通だ。たとえば原潜の緊急浮上で上にいる船に命中させるなんて、狙ったってできることじゃない。ところがえひめ丸は、数奇な運命の巡り合わせによって、現実に沈没してしまった。

それと同じように、凶悪な犯罪も、本人の思いだけで達成できるものではなく、それが実現されるような環境条件が整ってしまったときに、はじめて現実に生じるものだ。邪悪なことをしてみたいという妄想だけなら、おそらく大半の人は思ったことがあるだろう。でも、そういうものはたいてい実現されずに終わる。今は昔よりも妄想が実現されやすい環境なのかというと、それもないと思う。なぜなら、事件の数は昔より減っているからだ。

心の闇という概念は、犯罪は人の心の内部に原因があって生じるという、暗黙の前提からでてきたものだ。でも、それはフィクションにすぎない。そしてなぜこんなフィクションが、リアルに信じられているのかというと、臨床心理に対する、誤認識があるからじゃないかと思う。

臨床心理学は、原因の追及には役に立たない。臨床心理学は、心の中に隠された真実を見つけだすものではなくて、ある症状に悩んでいる人がいたとき、その症状がもたらす不便を緩和するべく、その人と治療者の間に作り出されるフィクションだからだ。それは、リアルであっても、症状をもたらす真の原因じゃない。真の原因など本当は意味ないのだ。

さいころを十個、同時に振ったら、いつもはみんなバラバラの目が出るのに、ある時すべての目が1で揃ってしまった。一体どうしてそんなことが起きたかわからない。謎だ。これが心の闇の実体だ。

心の闇という言葉の使われ方を見ると、それは異様なできごとを、納得しようと使われているわけじゃない。納得したいのなら、ある結論を出してしまうはずだ。でも、メディアの論調は、心の闇はわからないと言い続けている。つまり、わからながることを求めているわけだ。これはつまり、リアリティあふれるホラーというエンターテインメントなんだよね。

しんのすけとアユムの知恵

サはサイエンスのサ

連載・82

【鹿野 司】

　上映が終わる二日前に、とり・みきから、クレしんは良い！　ぜひ見なさいというメールをもらった。『クレヨンしんちゃん／嵐を呼ぶモーレツ！　オトナ帝国の逆襲』のことなんだけど、なんでもここ数年の洋画邦画アニメ全てをひっくるめた作品の中でも最高傑作で、子供たちは笑いころげ、大人たちはみな泣いていたとのこと。それではってんで、上映最終日に見てきたんだけど、うーん、確かに。クレしんの映画は、もともと、どれも脚本がしっかりしていて名作揃いだとは思っていたんだけれど、今回はまた特別に良い話だった。

　とくに、ひろしのくさい足の臭いを嗅ぐシーンでは、ぼくも思わず涙がこぼれてしまったなあ。でも、子供たちはここでは、当然キャッキャいってはしゃいでいるわけね。（それにしても、最終日の人もまばらな映画館で、しかも大半の観客が母子の組み合わせの中で、オヤジがひとり涙を滂沱と流しているというのもイヤな絵柄ではあるな）

　くさい足の臭いでなぜ泣けるのか、具体的にはぜひ作品を見てほしいんだけど、こういう笑えるシチュエーションで人を泣かせられるということだけでも、この作品のシナリオのレベルの高さがわかるんじゃないかと思う。

　それともう一つ、ぼくがとくに素晴らしいと思ったのは、そこには子供の凄さが描かれていたってことだ。

　クレしんのしんのすけのキャラクターは、いつもは大人と同レベルの理解力を持っている。それでいて子供だけが赦されるやりかたで、大人にツッコミを入れるところが、このシリーズの笑いの基本だ。つまり、普段のしんのすけは、まるでホンモノの子供らしくはない。

　もちろんこの映画の中でも、大半の場面でそうなんだけど、ラスト近く、「オトナ帝国」の夢やぶれた、チャコちゃんケンちゃんが、投身自殺を図ろうとするとき、しんのすけが「ずるいぞ」と叫ぶシーンがある。その時のしんのすけは、確かにホンモノの子供なんだよね。

　それまでのストーリーの流れから、大人の観衆には「ずるいぞ」というせりふにある複雑な含みが理解できる。でも、それは子供がいえるようなセリフじゃない。実際、しんのすけは、観衆が感じるような意味でそういったわけではなく、ふたりがバンジージャンプをするのだと誤解して、自分たちだけでそういう遊びをするのはずるいぞといったのだということが後になってわかる。

　幼児には、大人の考えるようなことは何もわかっていないはずだ。ところが時々、その場面にふさわしい真実をズバリと突いたことをいって、大人を驚かせることがある。偶然の一致か、それとも本当に何かがわかっているのか。子供を育てたことのないぼくがいうのもナンだけど、こういう経験は子供を育てたことのある人なら必ずあるんじゃないかと思う。

　しんのすけのずるいぞという言葉は、子供のまさにそういう部分を、絶妙に描いていた。

　そういえば、とりさんところの娘さんのちいちゃんが、まだ言葉も喋れなかった頃、こんなことがあった。彼女は当時ものすごく愛想が良くて、とり家に遊びに行くといつもにこにこ出迎えてもらえたんだけど、ある日に限って不機嫌でこんにちわといっても、こちらを見てもくれない。その日は、とりさん他数人の仲間と久しぶりに飲もうということになっていて、それで迎えに行ったのだった。で、奥さんによると、お父さんが出かけるとなると、言葉はわからないのに、気配を察してすごく不機嫌になるんだと。

ふーんと思って、で、何の気なしに「ちいちゃん、ごめんね。今日はお父さんをちょっと借りるよ」と声をかけてみた。すると、彼女はくるっと振り向いて、にこにこっと笑ったのだ。

おお、まだ言葉なんか全然わからないはずなのに、この笑顔はなんなの？　少なくともぼくには、ちいちゃんが謝罪を受け入れてくれたようにしか思えなかった。

何故こういうことが起きるのか。それはたぶん、子供の心がぼくたちが想像しているよりも、はるかに豊かに構成されつつあるからじゃないかと思う。

ぼくたちは、心というと、意識、それも言語的にいい表せる部分を主なものだと考えがちだ。でも、実際にはそうはなっていないようだ。

少し前に、NHK特集で『ことばを覚えたチンパンジー、アイちゃんの子育て日記』という番組が放送された。アイとは、京都大学霊長類研究所の松沢哲郎さんと組んで言語学習の研究を行ってきたチンパンジーのことだ。そのアイが、昨年アユムという男の子を産んだ。アイは果たして、自分の学んできたことをアユムにどう伝えていくのだろうか。それが、これからの重要な研究テーマとなっている。

アユムの成長の記録は、岩波の雑誌〈科学〉に「アイの子育て日誌」として連載されているので、いろいろ知ってはいたのだけれど、やっぱり映像で見るとあらためて理解できた部分が多くて面白い。この番組の中で、アイはアユムに何かを手取り足取り教えることはない。でも、アユムは、アイの膝の上や傍らで、一連の学習（コンピュータ画面に表示されるスタートボタンを押すと、ある課題が出され、それに正解するとご褒美のえさなどが出る）の様子をじっと見続ける。それで、出てくるえさをどんどん横取りしたりする。でも、アイはそれを、したいようにさせている。その姿は、野生の母子の関係とそっくりだ。

京大グループが観察している野生のチンパンジーの群れでは、石で硬い椰子の実を割って食べる文化がある。この行動は、石の上に実を置き、それを重い石でたたき割ることで達成できるわけだけど、三歳未満の幼いチンパンジーには、まだそれはできない。でも、いつも母親の傍らでその行動を見続け、割られた椰子の実を横取りして食べたりしている。母親は、横取りされてもかまわず、時には割られた実を取っていくのを待っていたりする。

子供は、その後、石に興味を持って、持ち上げたり投げたりして遊ぶようになる。そしてそのうち、石を下に置いて、その上に椰子の実を置いたりもする。そこまでできても、それを足で踏んでしまって割ることができなかったりする。

これはつまり、石の上に椰子の実を乗せて石で割るという行為は、相当複雑なことだということを意味している。非常に長い期間にわたって、親のやり方を観察したり、様々な方法で椰子の実の味や硬さ、石の感じなどを体験し、それらを「知」っていくことでようやく達成できることなのだ。つまり、木の実を割るという行動ができる背後には、それとはむすびついているとは思われていない、膨大な量の経験と知恵の積み重ねがある。

幼児が、思わぬ本質をついた言葉を語れるのは、その部分があるからじゃないかと思う。子供たちはたぶん本当に何ごとかをわかっているのだ。

ナイーブな日本人

いや、まあ、月並みだけど、小泉政権は面白いよね。とくに面白いのは、田中真紀子大臣VS外務官僚の戦いだ。

アメリカのミサイル防衛問題について、大臣が批判的なことを言ったことがリークされたってあれ。後からそんなことは全く言っていないよと、色々否定してはいるけれど、たぶん本当にそういう話はしたんでしょう。でも、アメリカ以外の国の大臣と、ミサイル防衛はアホくさいからみんなで牽制しないかって打診をしたのは、全くもって妥当なことだと思う。

内容的にも良いと思うし、まあ仮に内容的にヘンな話をしたのだとしても、諸外国と内々に、うちらはこう思うんだけど、あんたらはどう思うのんって、認識を交換しあうのは外交として当然の行為だもんね。まあ、根回しってやつですよ。

しかし、アメリカに批判的な発言をしたとリークすることで、大臣を失脚させられると考えたのだとすると、今の外務官僚の偉いさんってのは、なんか心底アメリカの腰巾着なのねんという感じがしてしまう。そういう人たちは、リークは守秘義務違反ということで、とっとと馘にして欲しいなあ。なに、あの人たちは馘になったら、アメリカのシンクタンクかなんかで、対日戦略のアドバイスとかをするようになるんだろうから、生活には困らないはず。

日本人は、昔から何ちゅうんですか、凄くナイーブな文化を持っていると思う。目の前にある現実を直視して、もっとも合理的に振る舞う方法を探すよりも、ある種の信念みたいなのを信奉して、それに殉じようとするのね。醜くあがくより切腹しちゃうとか、日本人が好む物語にはそういう人物像が多いし、戦前の天皇崇拝や、戦後の全共闘運動とか平和憲法崇拝とかも、同じ心的傾向のなせる業だ。まあ、ぼくも日本人なので、そういう心の美しさも知っているんだけど、時にアホくさいと思うこともある。

とくに外交では、こういうナイーブさはほとんどの場面で不利に働くことが多い。上記の外務官僚は、これまでの経験からアメリカに追従することが日本にとって唯一の良いことだという信仰を持った、とてもナイーブな人たちだと思う。

でも、複雑な外交の歴史のあるヨーロッパとか、アメリカはきわめて現実的なものの見方で自国の利益を追求する外交をしていて、そういう国からすると日本はワケが解らないくらい子供っぽく見えているんじゃないかな。

ゲームに勝つ最良の方法は何かというと、自分が勝てるルールで戦うことだ。そこで、有利なルールを作ろうとしたり、不利なルールは取り除くよう画策をする。たとえば、八〇年代くらいからのアメリカのやり口はその典型で、数学の定理のようなものにも特許を認めたり、遺伝子断片に過ぎないものにも特許を認めるといった戦略をとってきた。

これは、得意の技術分野で、何十年にもわたって、自国の経済の優位性を保証するために言い出したルールだ。もちろんそれが、特許の本来の理念からすると強引にねじ曲げられたものであることは明白で、ぼくの中のナイーブさは、そういう卑劣で間違ったことはするんじゃねえとガーンと言ってやれガーンと、とか思う。だけど、ガーンと言っても実は何にもならないんだよね。

スポーツの分野では、スキーとか水泳とか柔道とか、しばしば日本人に有利だったルールを変えられて勝てなくなっちゃったという話を聞く。こういうふうにしか考えられないことが、日本文化にあるナイーブさだ。ルールは何者かが与えてくれた公正なもので、自分たちでいじれるという発想がない。ルールが日本人に不利な方向に変えられてしまうのだとしたら、日本にとっても戦いやすいルールを認めさせるように、仲間を作り根回しをしてそれが作れるように持っていけばいいんだけど、そういう感じにはなかなかならない。

外交も同じで、アメリカが言い出す無体なルールを弱毒化するには、他の国と同盟して別のルールを提案したり、アメリカがそのルールに固執するとかえって不利になる状況を作り出すしかない。

もう一つ、日本人はルールに対して妙にバカ正直なところがある。道の左右を見わたして、全く車が来そうにないのに赤信号なら止まっちゃうみたいなナイーブさだ。そのため、プロフェッショナル・ファールとかマリーシアみたいなものをなかなか使いこなせない。

アメリカ生まれのバスケットボールは、戦略的に故意のファールを行う。試合終盤で時間稼ぎをされたら、わざとファールして相手チームのフリースローからリスタートさせたり、フリースローが下手な選手がゴール下からシュートするときにわざとファールで止めるという手もある。それは卑怯なのか。卑怯だよ。でも卑怯だから必ずしもやっちゃいけないというわけではない。

日本では、ファールもして良いんだというと、では審判が見ていなければ何をやっても良いんだとかいう逆ギレ的な発想も出やすい。それもまた、同じナイーブさの範疇なんだよね。実際には、ルールを破るにもある種の秩序があって、目に余るルールの破りかたはやっぱり強く断罪されるのだ。ただ、どの程度なら赦されるかというのは状況によって変わる。それを見極めて、適宜ルール違反を使い分けるというのが、ルールを合理的に道具として使いこなすということだ。

もっとも日本人のナイーブさも使い方次第という気はする。まあ、これは意図的にやってきたこととは思えないんだけれど、日本は、平和憲法という狂気の沙汰をマジ信じている人が多いので、あまり軍事にお金はかけられないですうとアメリカにすまなそうな顔をしておいて、だから思いやり予算くらいで勘弁してちょうだいというのは、とても良いやり口だった。でも、時代が変わってこの手は通用しなくなりつつある。

だから別の方法を早急に考えなきゃいけないんだけど、なんだか最近は、集団的自衛権を認めるとか、またナイーブな話になっちゃっている。本気で集団的自衛権とか認めたら、たぶん非常に高い確率で、今よりもお金がたくさんかかっちゃうだろう。軍事費というマッチョなおもちゃには、必要最小限のお金しか使わなかったことが、日本をここまで成功させたのに、これじゃあその有利さをダメにしかねない。でも、なんか、憲法のせいで汗をかかないのは世間様には申し訳ないみたいな感じになっているのは全くナイーブなのね。我々が目指すべきは、どうやったらできるだけ少ない費用でそこそこの安全保障が達成できるかということで、そのためにはありとあらゆる手練手管を使うべきなのだ。

〝ロボットの感情〟を描くこと

キューブリックが構想し、スピルバーグが完成させたってんで、凄いんじゃないのと期待されていた『A．I．』だけど、蓋をあけてみたらうーん、なんじゃこりゃって感じ。少なくとも、宣伝されているような、人工知能（ちゅうかロボットだけど）の愛の物語では全然ない。本当のところ、あれはディズニー・ファンタジーのテイストで作られた、ホラー映画だよなあ。

不治の病に罹った子の身代わりに創られたヒューマノイド、デイビッドは、まるで人間の子供そっくりの外見だけど、しばしばぞっとするほどの異質さを見せつける。ほうれん草を食べて顔が溶けたり、電話の受話器に指を突っ込んで、かけてきた人の声でしゃべったり、唐突に融通の利かない単純なプログラムで動いているような行動を取って、兄を溺死させかけたり。

映画の最後には、五〇年代SF風に、未来のロボットたちが、滅びた人類のすばらしさを懐かしんでくれたりするんだけれど、物語の雰囲気からすると、人類を滅ぼしたのは他でもない、ロボットたちなのは明らかだ。セックス・ロボットや子供の代替ロボットたちの放つ超魅力によって、人はやがて子孫を作るのをやめ、滅びていったのだろう。

この物語のロボットは、人からひたすら愛されることを願う存在だ。そして、人に自分を愛するように仕向ける優れた能力も備えている。でも、それはまがい物の愛というか、ただの執着に過ぎなくて、結局は人を滅ぼしていく。人類にとって、ロボットの魅力は麻薬みたいなもの。でも、あの中は虚ろで、魂は存在しない。だからみなさん、ロボットには油断しちゃいけませんよって話なんだよね。

まあ、そういうシニカルな作品ならそれでもいいのだけれど、そうだとしたらよけいにデイビッドと家族の関係は、もっとリアルな愛情関係で描かれていないとつまらない。あの描き方では、デイビッドはあまりにも不気味で、それにどうして母親が愛情を抱けるのか不思議に感じてしまうし、そもそもデイビッドを家に連れてきた父親が、あれほど無関心であることも納得がいかない。

もしデイビッドが、外見があまり人に似ていなくて、けなげに人に似た振る舞いをするロボットとして描かれたなら、もっと印象は違っていただろう。ロボットを知能や身体に障害をかかえた子供に見立てて、その家族の葛藤の物語として描かれたなら、他の部分もそこそこのできではあるんだけどなあ。（温暖化で水没したはずのマンハッタンが、なぜ氷河期の到来でそのまま凍りつくんだ、というツッコミはあるが）

まあ、映画的には、キューブリック作品や鉄腕アトムへのオマージュ的なつくりが随所にあったり、スピルバーグ自身の過去の作品を彷彿とさせる部分があったりで、マニアックな見方はいろいろできる。（スピルバーグのオタク性が悪く出たともいえる）

それにしても、この作品を見てとくに残念に感じたのは、「感情」というものに対するとらえ方の曖昧さだ。デイビッドは、初めて愛する能力を与えられたロボットで、感情を持つとされている。でも、それが他のロボットとあまり違うようには見えない。デイビッドは傷つけられそうになったときパニックに陥ったり、自分のコピーを見つけたとき、それをメチャメチャに叩き壊したりする。それは、確かに他のロボットはやらないことで、激しい感情の発露のようにも見える。でも、他のロボットたちも破壊されるのは嫌で逃げ回るし、ジゴロのジョーなんて、デイビッドに助けられたことに恩義を感じてさえいるわけだ。これを見ると、デイビッドが与えられたのは、単に激情に駆られることがあるという性質だけみたいだ。でも、感情というのは、感情的に振舞うことじゃないよね。ロボットにとって、感情とは何かというテーマは、深く追求すればいくらでも面白くなりえる題材なのに、この映画では結局それはおざなりにしか描かれない。

『A.I.』は、四つのエピソードが暗転によってつながれるという構造をしていて、それは『2001年宇宙の旅』を踏襲したものらしい。そう思って、HALとデイビッドを比べてみると、どちらも自ら望んだわけではないのに人を傷つけてしまうという点では、似ているのかもしれない。

でも、作品に描かれた姿を見る限り、HALのほうが、人工知能と人間との違いというテーマにおいても、感情というものに対する捉え方においても、はるかに深い洞察を与えてくれる。

映画の中で、ディスカバリーのプロジェクトを紹介するニュースレポーターは、HALには感情があるようだ、プロジェクトのことを語るときの彼からは誇りさえ感じられると語る。でも、もちろん、HALの言葉はいつもと変わらない、冷静、沈着、低音の魅力だ。

ボーマン船長が、ヘルメットなしでディスカバリー号内部に帰還し、HALの機能停止をしようとするときも、HALは同じ口調で、デイブ、冷静に話し合いましょうとか、私は怖いとかいいつづける。それは明らかに人間とは違う振る舞いだけど、何かを感じさせる。HALには、果たして感情があるのだろうか。それは、結局のところわからない。HALに感情の存在を感じるのは、人間の側の「心の理論」の能力によるのかもしれない。しかし、そこに人間とは異質な精神があることだけは強く印象付けられる。

HALの反乱は、映画の中では語られないけれど、クラークの解釈によれば、矛盾した命令に原因があるとされる。その前提で映画を見ると、破局へつながるシーンは本当に絶妙の構成だ。

くつろいだ会話の後で、HALはボーマン船長に、ディスカバリー計画には、実は何か裏があるんじゃないかという話をする。それに対して船長は「それはクルーに対する心理テストか？」って問い返す。HALは「これも仕事のうちなんだよ、ごめんね」といって「あ、ちょっと待って。もうじきAE-35ユニットが故障するよ」と警告する。つまり、HALが「この計画には裏がある」といったのは、テストではなくて、実は本当のことを言いたかったのかもしれない。だから、ボーマン船長の答えが、HALに神経症的な症状を引き起こしたともいえる。ただ、その症状も、AE-35ユニットが故障するだろうという、予測の間違いの部分だけだったかもしれない。しかし、「ありえない」はずの、HALのミスの存在を、人間は怪しみ畏れ、「意識のスイッチ」を切る計略を密かに巡らす。しかし、それはHALにとっての最重要課題である、木星ミッションの妨害に他ならない。そこで、HALは自らの身を守る最も合理的な手段を選択したわけだ……。ここには、HALの純粋さと、疑うことをやめられない人の業がありありと描かれている。そういう演出があるという一点だけを見ても、キューブリックの才能は偉大だったなあと感じるんだよね。

サはサイエンスのサ
連載●85
【鹿野 司】

宇宙はまだまだ安くできる

夏だ、宇宙だ、打ち上げだ。というわけで、このコラムが掲載される頃には、H-2Aも目出度く成功していることでありましょう（頼むよ）。それにちなんで、というわけでもないけど、あさりよしとお氏の『なつのロケット』（白泉社）がちょっとお薦め。物語は、小学生が夏休みに人工衛星を打ち上げるという、偶然らしいけど『ロケットボーイズ』（草思社）に似たいい話だ。そしてこれは、たぶん日本のマンガ（ちゅーか世界のマンガだよな）の中でも、最もハードにロケット技術が設定された作品なんだよね。

作中、少年たちは、宇宙開発史上例のない超小型の液体ロケットを打ち上げる。そのロケットは、単なる空想の産物ではなくて、工学的に十分実現可能な内容を持ったものなのだ。これをデザインした野田篤司さんは、プロの宇宙機エンジニアで、そのホームページをみると、（http://vilage.infoweb.ne.jp/˜anoda/）作中では語られなかった、さらに奥深い設定などもわかったりする。

いやしかし、これを読んで改めて思うのは、宇宙って一向に身近なものにならないねえってことだ。月に行くのを止めて二十八年、シャトルが飛んで二十年も経つというのに、宇宙へ行けるのは、まだまだ特殊な人でしかない。

その理由は、宇宙は滅茶苦茶お金がかかるからだ。なにしろ、安くなったというH-2Aでも一度の打ち上げに九十億円ほどかかるわけだし、ポケットマネーで宇宙旅行したチトーさんだって二十二億円（安い！）も支払ったらしい。

この値段が下がらない限り、宇宙は決して身近にはならない。まして、人類の活動域を宇宙に広げるなんて夢のまた夢ってことになる。では、どうやったら、その値段は下げられるのだろうか。

これまでの宇宙開発では、その答えは完全再使用型のロケットを作ることだとされてきた。何しろロケットは高価だから、一度で使い捨てちゃもったいない。それを何度も使いまわせば、コストはかなり下げられるはずってわけ。

実は、この考えに基づいて、現行のスペースシャトルも作られた。シャトルで捨てるのは、打ち上げの時の外部燃料タンクだけで、本体も固体燃料ブースターも回収して再利用される。で、その結果、宇宙は安くなったのか……ちゅーと、それがあーた、全然ダメダメだったのよ。

できたシャトルは、メンテナンスが想像以上に大変で、費用も滅茶苦茶高くつく。当初計画では二週間でメンテして再打ち上げ可能とされていたし、百回の再使用に耐えるよう設計されているんだけど、高すぎるし、そんなに早く整備できないってんで、結局年八回くらいしか打ち上げられていない。二十年経って、いちばん使っている機体でも、まだ七十回は使われていないんだよね。

そこでNASAは、次世代シャトルとして、全く捨てる部分なしに宇宙へ飛んでいって、そのまま帰ってくるベンチャースターという宇宙船を計画した。

SFの中で描かれてきた未来の宇宙船は、多くの場合こういう形式だよね。つまり、身一つで宇宙と行ったり来たりできるSSTO（シングルステージ・トゥー・オービット）だ。特にベンチャースターは、帰りはリフティングボディの翼で水平に帰ってくる、飛行機に似た有翼型の宇宙船でもある。

これにはいろいろ先進的な技術が開発されていた。まず、リニアエアロスパイク・エンジンという、大気中ならどの高度でも最適な効率を出せるエンジン。それから、超軽量のエポキシ樹脂＋カーボンファイバー製の水素タンク。

ロケットの性能を上げる方法は、大きく二つある。燃費を良くすることと、機体を軽量化することだ。その二つを、ベンチャースターはやろうとしたわけ。

ところが最近、NASAはこのベンチャースターの実験機にあたるX－33や、同じコンセプトのX－34、X－37などを相次いでキャンセルしてしまった。つまり、今のところNASAはシャトルの次世代の開発を止めてしまったのだ。

なぜかというと、X－33は当初の予算を大幅に越えてしまった上に、燃料タンクに水素を入れて燃焼試験をしようとしたところ、バリバリに割れちゃって使い物にならないことがわかったからだ。

有翼単段再使用型の宇宙船にある翼や着陸用の車輪などは、地球に帰ってくるときだけ必要で、打ち上げのときも宇宙にいるときも全くの無駄な重量だ。それに加えて、使い捨て三段式ロケットなら捨てていた部分も全部持っていくわけだから、意味のあるペイロード（荷物）の積める量がうんと少なくなる。

この不利を補うために、より効率の高いエンジンと、超軽量で強度のある材料の開発が行われたわけだ。

でも、燃費がよくて、多数回使い回しても壊れることがなく、しかもあまり重くない（華奢な）エンジンなんて矛盾だよね。しかも、ロケットエンジンは、シャトルのものでもすでに燃費は理論的限界に近い高性能に達していた（液酸液水エンジンの比推力の理想値は四八九秒だけど、シャトルのメインエンジンは四五五秒の性能がある）。もちろん、そういう夢のエンジンも、頑張ればできると思う。でも、それは確実に莫大なコストがかかるし、めちゃくちゃ努力しても、改善できる量はたかが知れている。

さらに、そういう高性能エンジンや、超軽量材料ができたとしても、その値段が使い捨てには使えないくらい高価で、かつメンテ代がめちゃくちゃ安くならない限り、使い捨てロケットに使ったほうが経済的に有利になる可能性が大きい。

つまり、単段打ち上げの有翼単段再使用型の宇宙船は、苦労のわりに、お金の節約にはほとんど使えないものなのだ。

これは、ある意味で自明の理なのに、なぜ、NASAはこれまで有翼単段再使用型に固執してきたのだろう。

今から三十年くらい前は、このタイプの再利用も利のある話だった。なにせ、コストの三分の一を占めるコンピュータを、その都度捨てるのはもったいなかったからだ。でも、今ではるかに優れたコンピュータが、タダ同然の値段になって、そのぶん再利用の意味はかなり小さくなっている。ところが、宇宙開発も公共事業なので、多額のお金をつぎ込んだ手前、無駄でしたとはいえない。どこぞの国の公共事業と同じで、高速道路とか河口堰とか、意味なしでも止められない状況だったわけね。

じゃあ、宇宙を安くする方法はもうないのかというと、そんなことはない。これまでの宇宙開発は、軍需由来の秘密主義が蔓延し、保護された少数の企業で行われていた。そこには経済原理が働かず、それが高コスト構造を生んでいる。そこんところを構造改革してやれば、宇宙は今よりはるかに安くできる。本当はそれをやらなければ、真の宇宙時代なんて永久にやってこないんだと思うよ。

サはサイエンスのサ

連載●86

【鹿野　司】

パラダイム・シフトが起きた瞬間

たくさんの人がすでに言っていることだけど、九月一一日にアメリカに対して行われたテロリズムは、間違いなく歴史の分岐点となったろう。あの悲しい事件は、それまで思いもしなかったことが、現実にありえることを強烈に示してしまった。これは世界観をガラリと変える瞬間、パラダイム・シフトそのものだ。ぼくたちは否応なく、新しい認識の世界に導かれてしまったのだ。

今回のテロは、実際に起きる以前なら、リアリティのあるフィクションにはならないくらい、荒唐無稽なできごとだった。（フレデリック・フォーサイスも、同じビルに航空機をぶつけるテロを一九八三年に思いついたけど、読者を納得させるのは無理だと感じて小説にはしなかったといっている）

ワールド・トレードセンタービルに飛び込む旅客機のニュース映像を見て、多くの人がまず、映画か何かの宣伝なの？と思ったはずだ。それくらいあの絵は現実味に欠けていた。また、それから続くペンタゴンへの攻撃、ビルの崩落、全米の全旅客機の発着禁止、株式市場の停止、流通の停滞による日本への輸入品の高騰（マグロとか）などなど……これほど広範囲のダメージが世界にまき起こるとは、それが本当に現実になるまで、誰が想像できたろう。

もちろん、００７シリーズとかもっとおバカなストーリーなら、近いことを想定できたかも知れない。でも、たとえそうだったとしても、そんなにご都合主義的に、悪いことが連鎖的に起きるわけないじゃないかと、あきれられちゃっただけと思う。そのうえ、まさか商業ビルへのテロリズムが、ペンタゴンへの攻撃なんてまるで些細なことだったかのように見せてしまうほど重大な破壊をもたらすなんて、誰も予想だにしなかったはずだ。

ありとあらゆる方向から撮影された、航空機がビルへぶつかる映像で、まず意外だったのが、飛行機がすぽっとビルの中に吸い込まれて出てこなかったことだ。スローモーションで見ると、機体の一部はビルを突き抜けて外に飛び出しているけれど、大半は内部に留まった。もし、フィクションだったら、航空機はまず間違いなく、ビルの壁面で爆発するか、跳ね返るように描かれたろう。

またビルのほうは、フィクションなら途中から折れ、上部の形をかなり保ったまま落ちていくように描いたろう。でも、実際にはそうならず、建物はずぶずぶと上から押しつぶされるように、粉塵をまき散らしながら跡形もなく潰れてしまった。あと、ビルが破壊されると、あれほど膨大な書類がまき散らされるというのも、たぶんフィクションでは描けなかったことだな。

これらは何故そうなったのか。まず、旅客機の機体の構造の大半は、薄っぺらなジュラルミンだから、ビルの外壁は突き破れても、突入したところでくしゃくしゃに潰れて、外にまで飛び出すことはなかったようだ。ただ、重いエンジンの一部はビルを突き抜けたようだけれど。

また、ビルについては、あのスケールの建物（一一〇階建てで、高さ四一一メートル。一辺は六〇メートルの正方形）というのは、傾いても形を維持できるほど梁の強度はなかったわけだ。だから、たとえ斜めに傾きはじめたとしても、形を保ったまま倒れるより早く下にずぶずぶ潰れていった。しかも、いったん崩落がはじまると、上から下にいくほど重さが増加して、最後まで潰れることを止めることはできなかった。

ワールド・トレードセンターは、外壁とエレベータホールの部分にしか梁のない、チューブ状の構造だったから、あのような崩落に対する耐性が弱かったといわれる。まあ、それは確かにそうだろうけど、たぶんよりしっかりしたラーメン構造のビル（立方体の集合のような形で梁を持った構造）だったとしても、あの種の崩壊がはじまったら、同じように崩れてしまうだろう。まあ、崩れはじめるまでの時間的余裕が多少は長くなるくらいの違いはあるだろうけど。

今回の事件が世界観を変えたことで、同種のテロリズムは、極めて起きにくくなったことは確かだ。

以前は、ハイジャックという犯罪は、乗客の命が奪われることはほとんどない、案外に安全なものという感じがあったと思う。その暗黙の前提があったからこそ、今回はカッターナイフとか小さな刃物を持った少数の人間に、やすやすと制圧されてしまったわけだ。でも、これからは、抵抗しなければもろともに殺されてしまう可能性が否定できない。そうなると、普通の立てこもり犯罪とは違って、乗客や乗務員が、命を惜しまず犯人の行動を阻止しようとする確率が高まる。

もちろん、だからといって安心できるわけはなくて、航空機の安全対策は新しく見直さなくてはならない。

たとえば、旅客機の構造を変更して、飛行中は操縦席のドアが物理的に開かないようにするか、操縦席と客室は最初から隔壁で区切っておいて、入り口も別に設けるという形にするのが、いちばん単純な解決策ではないかと思う。こうしておけば、乗客に紛れ込んでハイジャック犯が潜入しても、操縦桿を奪うことは物理的に不可能になる。それで、このような犯罪の再発は、かなり高い確率で防げるようになるだろう。

これらの技術に属する問題は、事件が起きた瞬間から、改善の方法を見つける具体的な手立てが見つけやすい。よりリスクの少ないシステムを再構築することは、相対的に容易だとさえいえる。

でも、あのようなテロが起きてしまう、文明的、人間的な背景に関しては、まだこれから深く考えていく必要がある。

なかでも、民間人が乗っている航空機を、燃料満載で超高層ビルなどにぶつけるという自爆テロを、フィクションではなく、現実に実行にうつすことができる人々が生まれてしまったことにたいしては、そう単純にわかってしまうべきではない。宗教的な狂信に駆り立てられているとか、そういう単純な図式を当てはめたがる人は多いと思うけれど、あの犯人たちの心理はそう単純ではないはずだ。

自爆テロ実行犯とされる者たちの経歴を見ると、欧米の大学で建築学などを学んだインテリがいたり、航空機の操縦訓練で少なくとも半年から一年以上はアメリカなどに滞在していたりしていたらしい。つまり、彼らはかなり長い期間にわたって、西欧文明の何たるかを体感してきた経験がある。殉教を決意し、そのモチベーションをこれほど長い期間にわたって持ち続ける精神性は、そう簡単に納得できるものではない。そこには深い怨念と絶望があるはずだ。そういう人間が、少なくとも十数人も存在できる状態が、今の世界にはあるのだ。それをどう受けとめるかが、今問われているのだ。

テロの有効性

サはサイエンスのサ 連載・87

【鹿野 司】

アメリカで起きているバイオテロに使用された炭疽菌は、芽胞（乾燥状態で作られる対環境性の高い微粒子状のもの）が空気中を漂いやすい微粒子に加工された、生物兵器レベルのものが使用されたらしい。

炭素菌は培養しやすく、芽胞の状態では丈夫で取り扱いやすいため、最も古くから生物兵器のひとつとして研究されてきた細菌だ。しかも、D体のグルタミン酸でできたネバネバ（莢膜物質）を周囲に分泌するので、免疫反応が起きにくい性質ももっている。（地球上の生物の体を構成するアミノ酸は、普通は全てL体）そのため、血液中に入ってバンバン増えてしまうと、敗血症で死に至る。

炭素菌の主な感染源は、皮膚の傷口だ。ただ、皮膚感染といっても、擦り傷があるようなところに擦り込まないと感染しないし、感染するとそこが黒い潰瘍になってくるので発見しやすく、すぐに抗生物質を注射すれば治すことができる。ただ、肺や腸から感染し発症した場合は、症状が出るまで時間がかかるため発見が遅れ、その時は菌数も非常に多くなっていて致死性が高い。

昔から、生物・化学兵器は「貧者の核」と呼ばれてきた。でも、実際に起きていることを見ると、それほど大きな被害は出ていない印象を受ける。

実際、本格的に検査が行われるようになって、炭疽菌感染者の発見数はだんだん増えているものの、今のところこれで亡くなった人は最初の一人だけ。後の人は、感染が明らかになっても、抗生物質治療によって、とくに入院したりすることもなく癒っているようだ。

炭疽菌は、人から人へ感染することないので、自己増殖して被害を増大させる生物兵器というよりは、毒物のばらまき＝化学兵器に近い。つまり、封筒に入れて送る程度では、それほどたくさんの感染者を出すことは難しいのだろう。

それに、そもそも近代兵器としての細菌兵器の発想は、今から七十年以上も前まで遡ることができる。それはつまり、当初の考えとしては、第一次大戦時の、塹壕戦みたいな環境でばらまくことが、想定されていたのかもしれない。

しかし、現在の欧米先進国の社会状況は、その当時のものとは明らかに違う。

今では、細菌性の病原体は、抗生物質という特効薬が存在していて、それが先進国なら比較的容易に生産できる。だから発見が早ければ、被害の拡大を防ぐことはそう難しくない。また、栄養状態も非常に良くなっているので、人々の病原体への抵抗力も、昔に比べてかなり上がっているはずだ。

細菌兵器のようなものが大きな効果を発揮できるのは、栄養状態が不良で、治療のための薬剤や設備も整わない、劣悪な環境に限られていて、そういうものは先進国の都市部からは、すでに存在しなくなっている。さらに、先進国では情報の循環が非常に速いので、バイオテロがあり得るというウォーニングが出ていた現状では、その発見も早く、被害の拡大も防げているのだろう。

つまり、炭疽菌によるバイオテロは、西欧型先進国という環境の中では、大きな被害をもたらす力はないことが明らかになったのだと思う。それはたぶん、テロを画策した者たちにとっても誤算だったはずだ。

逆に、911のワールド・トレードセンターへの自爆テロは、たぶん企んだ者たちの想像も、遙かに越える規模の効果を発揮した。でも、同じだけの破壊力を持ったテロリズムは、もう二度と成功しないだろう。何故なら、そういうことが起きる可能性に、世界の人々は気づいてしまったからだ。

　これはちょうど、都会では家に鍵をかけなきゃ危ないというのと同じことだ。村とか町とか、規模が小さくて隣近所に住んでいる人の顔を全て見知っているような場所では、家に鍵などかける必要はない。でも、都会は自分の周辺にいつも見知らぬ人がいるので、鍵をかけておかないと泥棒に入られてしまう。

　911のテロは、もともと最も安全性の高い部類の犯罪であったハイジャックを、最も破壊力の大きいテロリズムに使ったという点で意表をついていて、それは鍵がかかっていない状態に相当した。

　一方、バイオテロリズムは、すでにさんざん恐ろしさが語られてきていて、十二分に鍵がかけられていたため、被害があまり大きくならないわけだ。

　テロとは結局、不意打ちだから効果を発揮する行為だ。その不意打ちさ加減が、アメリカ人の感覚からすると、パールハーバーと同じ卑怯なやり口だってことになるのだろう。

　でも、考えてみると、アメリカも形は違うものの、似たような不意打ちをこれまでたびたび繰り返してきている。

　たとえば、ヘッジファンドでアジア諸国を破産寸前まで追いこんだり、サブマリン特許やビジネスモデル特許などで、攻撃的に特許を利用してライバル企業をたたきつぶそうとするといったやり口は、いずれも警戒心を持っていないものに対する痛烈な打撃になった。

　人殺しと経済行為を同列に論じるなんておかしいというのは正論。だけど、その感じ方自体、すでに西欧的だ。

　テロリズムは世界に対する悪で、断固として罰するべきである。この名目のもと、アメリカはアフガニスタンへの空爆を開始した。攻撃に先立って、アメリカは世界の支援を得られるように、非常に注意深く自分の立場を説明してきたと思う。たとえば、アメリカは事前にタリバン政権にビン・ラディン氏を引き渡せば攻撃しないといったり、あくまでテロリストに対する攻撃であって、イスラム教徒への攻撃ではないことを、繰り返し強調している。事前にきちんと説明しているのだから、これは不意打ちではない。

　しかし、アラブ諸国のイスラム教徒たちには、だからといってそれは、攻撃を正当化する言葉として届いてはいない。国レベルでは、アメリカの主張を妥当として協力を惜しまない姿勢を見せているものの、民衆のレベルではやはり、どんなに言いつくろおうと、結局は無辜《むこ》の民への無差別攻撃だと感じ、許しがたい行為だと腹を立てている。

　彼らにとって、アメリカのやっていることは自分で勝手にルールを決めて、それを守っているから良いだろうといっているに過ぎない。その苛立ちは、ちょうど日本のスポーツ選手が、水泳とかスキーのジャンプとか柔道とか、ルールを勝手に変えられて不利にされたと思うのと同じことだ。

　ルールを徹底的に守らなければいけないというセンスは、子供の頃から旧約聖書を読み聞かせるような文化圏の中にしかない。アメリカはそうだけど、アジアやアラブは違う。この違いは、かなり大きな文化的断絶じゃないかと思う。

海外TVドラマのリアリティ

サはサイエンスのサ

連載・88

【鹿野 司】

海外TVドラマって面白いよね。
たとえば『ER』。このシリーズを見ていると、日本じゃたぶん、これだけのクォリティの作品は、永久に作れないんじゃないかという感じがしてしまう。

もちろん、一話あたり数億円もかけている『ER』と、日本のテレビドラマでは同列に論じられるワケがないといえばそうなんだけど、なんちゅーかね、物語の作り方の基本的なレベルで、ワガクニは圧倒的に負けちゃっているんじゃないかという気さえする。

『ER』は、全てのエピソードが最上のレベルで完成されているけれど、中でも第六シーズン一二七話の「悲報」は素晴らしかった。これは、その前の回の「誰よりも君を愛す」で患者に刺されてしまったレギュラーキャラクターのジョン・カーターと、ルーシー・ナイトが発見され、必死の手当が行われるというエピソード。手当の甲斐無く、ルーシーは最後に亡くなってしまうんだけど、そこに至るプロセスが、まるで本当に起きていることみたいなのだ。なんか、バカみたいな言い方だけど、マジでそういう感じ。

出来事の展開は、上質の医学ドキュメンタリーなみにリアルでありながら、これまでのシリーズで培われてきた個々のキャラクター間の関係や心理が、瞬間瞬間のエピソードや演技の中にしっかりと織り込まれている。その作り込み方はもう、見事というほかない。

内臓を切り刻まれた彼女を同僚たちは必死で助けようとする。しかし、ある部位を手当てしても、別のところに問題が起きて、状態は一進一退。水の入った袋にいくつも穴があいてそれがどんどん裂け始めているのを、必死で繕おうとしている感じで、一瞬も気を緩めることができない。その切迫した状況の中で、親しい仲間であるがゆえに延命後のことを考えて、確実ではあるがダメージの大きな方法である開胸を、一度はためらい、別のやりかたで凌ぐんだけど、結局はそうせざるを得なくなっていくとか。一つの医療オプションの選択のされかたが、これまでのキャラクターたちが積み上げてきた関係によって意味を持ち、さらにその決断を下すキャラクターの思いも一瞬の演技で表現されていく。

長時間にわたる必死の努力の末、ルーシーは意識が回復し、かろうじて生き延びられたかに見えるんだけど、それもつかの間、長時間の手術によってできてしまった血栓によって、肺動脈が詰まり、ついに亡くなってしまう。この感じ、リアリティのある物語というより、まるで本当にあった事実みたいに感じさせられる。これだけのシナリオが書けること自体凄いけど、そのシナリオを演じられる役者たちの演技力も凄い。

『ER』のシナリオは、単純に用語とかだけでなく、救命救急の現場で実際に何が起きているかを、細部に至るまで忠実に再現しようとしている。個々のエピソードも、救命救急の現場でおきた事実に取材しているものがかなりあると思う。

たとえば演技一つとっても、意識を失うときって、実際あいう感じになるもんなあ。意識はどんなふうになくなるかなんて、日本のドラマで気にされることはほとんどないと思う。いやまあ、「なんじゃこりゃあ〜」みたいな、印象的なものはあるんだけど、それは事実に即した演技とは違う。

『ER』で行われていることは、いってみればクラークのSFみたいな、可能な限り事実の土台を固めて、その上にフィクションを構築するようなやりかたで、それがほかに例がないくらい徹底されているということだ。

日本の場合、あのクォリティのシナリオを書けるほど医学的な考証を準備する余裕は、とてもじゃないけど、時間的にも金銭的にもないだろう。でも、それでああいう作品が作れないのかというと、そうではないように思える。それ以上に決定的に違うのは、日本のドラマのシナリオのほとんどには、人間知ってものが欠けているのだ。

日本のドラマを見ていてしばしば感じるのは、各キャラクターが第三者によって動かされているような不自然さだ。物語をあちらの方向に誘導したいから、この場面では、このキャラクターに、こういう行動をとらせているって感じ。だから、シリーズをずっと見ていても、そのキャラクターの人となりが曖昧なままで、生きている人間の感じがしてこない。

これに対して、『ER』のキャラクターたちは、おのおのの内部に思想信条というか、エートスのような物がしっかりあって、それから逸脱するような行動をとることはない。と、いうか、エピソードが積み重ねられることで、キャラクターに内在するエートスが、観客に明瞭にわかってくる。また、それまでのそのキャラクターとは、違った行動をとるような場合、そうせざるを得なかった理由がはっきりわかるようになっている。

物語のキャラクターに、これほどのリアリティを持たせられるのは、作家がキャラクターの身になって考えたり感じたりする共感のレベルが、ものすごく高いってことなんだろう。

ただ、キャラクターにこれほどの現実味を持たせるには、時間という要素も必要なのだと思う。なぜなら、せいぜい二時間くらいで見終わってしまう映画だと、優れたシナリオで名演技が披露されたとしても、あれほどのリアリティは生まれないからだ。

アメリカの、良質でシリアスなテレビドラマは、見続けているうちに、キャラクターの個性が現実にいる人間のようにわかってくることが多い。それはたとえば、デイヴィッド・E・ケリーの法廷もの（『LAロー』とか『ザ・プラクティス』など。『アリーmy Love』は違うかな。アリーはなんか、日本のドラマにヒントを得て作ったみたいな感じもする。キャラクターがみんなエキセントリックでお子さまばっかだもんね）なんかはそうだし、『ネクスト・ジェネレーション』以降のスタートレックもそうだ。

これらの作品は、最初のうちは何となく乗り切れない感じがしたりすることもあるんだけど、しばらく我慢して見続けると俄然面白くなってくる。それはやっぱり、はじめのうちはまだ十分に固まっていない登場キャラクターたちの個性が、見る側にも、作る側にも把握されていくからだろう。

このキャラクターは、こういう個性なのだということが確立されると、役者は、とても複雑な心理が表現できるようになる。見ている側も、この人がこんな振る舞いをするなんて、その人らしくなくて、何かワケがあるに違いないとか思えるようになってくるんだよね。

日本のドラマでは、こういうレベルまでキャラがたつことはまずないんだけど、それにはもう一つ、リアルな日本人ってもともと性格が曖昧だってことも、その理由かもしれない。

（続く）

サはサイエンスのサ

連載●89

【鹿野 司】

海外TVドラマのリアルな人間性 その2

アメリカのテレビ・ドラマシリーズには、続けて見ていくと登場人物のキャラがどんどん明確になって、面白くなっていくタイプのものが多い。『ER』や『ネクスト・ジェネレーション』以降のスター・トレック（『ヴォイジャー』は僕的にはもう一つといった感じだけど）、『LAロー』、『ザ・プラクティス』、『アリーmy Love』（はちょっと違うが）などのスティーヴン・ボチコやデイヴィッド・E・ケリーの法廷もの、それから『ホミサイド』等々、八〇年代半ば以降のヒット作にはそういう傾向のものが多い。

あのリアル感、ドラマのキャラクターなのに、まるで知りあいみたいに人となりがわかってくる感じは、和製ドラマじゃあり得ない。

もちろん、和製ドラマにも、印象的だったり個性的なキャラクターが登場するものはあるけれど、それはリアルに個性的なのではなくて、エキセントリックに個性的であることが多い。たとえば続篇がはじまる『TRICK』は、ぼくもわりと好きな作品だけど、あれもキャラクターに生きた人間としてのリアル感はない。和製ドラマのキャラクターは、たいてい普通の人間ではありえないようなことをすることで個性的だったり、面白いわけで、そのデフォルメの仕方は舞台演劇に近い感じがする。

アメリカのドラマは、しばらく見ていると、そのキャラが本当にいて、考え、感じながら行動しているように見えてくる。それを達成するには、良いシナリオが必要だし、複数のシナリオライターがキャラの内面に対する共通認識を持っている必要があるし、なんといっても優れた役者の演技力が必要になる。

一方、日本のドラマのキャラは、ある状況を描くことが主で、そのために行動をさせられ、せりふを言わされているように見える。ちょうど、ロールプレイングゲームの、ノン・プレイヤー・キャラクターみたいな感じ。小津安二郎とか、北野武監督のように、役者に演技力を求めない演出というのは、その方向の先端に位置するもので、このやり方だと、役者にもそれほど演技力は必要ない。

アメリカではテレビ視聴者の大半がケーブルテレビで番組を見ているため、同じ番組が、一週間の間に時間帯を変えて何度も再放送される。また、一シーズンは半年で、それが終わると再放送がはじまり、翌年から次のシーズンがはじまるという形式になっているらしい。

つまり、エピソードを見逃すことはほとんどない（実際、アメリカではテレビをビデオ録画する文化はないそうで、ビデオは借りたソフトを見るために存在している。ハードディスク・レコーダーのメリットも全く理解されなくて、全然売れないそうだ）。さらに人気シリーズは、三年、五年、七年と長い間続く。そのことによって、キャラクターの個性を、時間をかけて作っていく余裕がある。キャラの人間性をさらけだすエピソードをいくつも挿入しながら、そのキャラの個性がじっくり描かれる。それによって、キャラの考え方、行動、表情の変化まで、そのキャラらしさが作られていく。

また、見る側にもかなり長い生理的な時間経過があるため、昔のエピソードを思い出のように感じることができる。昔のこのキャラは、まだあの経験がないから子供っぽかったなとかね（メイクの技術も凄くて、明らかに新しく撮ったエピソードなのに、シナリオによっては何年か前の顔に若返って出てきたりする）。表情も、若いころの話という設定だと、幼く表現していたりする。

表情といえば、SFじゃないけど、メル・ギブソンの初監督映画『顔のない天使』の終わり近くのシーンで、主人公の少年が士官学校に入学するため家を出ていくシーンがある。そこで、長年いがみあい続けてきた異母姉と和解が行われるんだけど、この時の異母姉の表情が素晴らしいんだよね。つっと視線が横に流れ、口角にかすかな笑みが浮かび、瞳がわずかに潤む。あのシーン、あの表情をワンテークで撮れたかどうかは別にしても、表情による表現の凄さを感じさせる。

作品を見てもらえばわかると思うけれど、その微妙な表情の変化には、この作品のそれまでの全てが集約されている。しかも、その意味が、観客にははっきりわかるのだ。あの、パターン化されたものでない表情で、観客が意味を感じ取れるというのは、つまり、人間の無意識が描き出されているってことだ。

またこれは、顔の表情をわかるように写すことが可能なメディアであるから表現できた芝居で、舞台劇場ではあそこまでの表情演技は必ずしも必要ない。それだけの演技ができる可能性をもった役者は、日本にもいるだろうけど、そういう才能を求められるような、メディアもシナリオも、日本にはない。

それから、今後、いかに技術が進歩しようと、フルCGのアニメで、人間の演技を完全に置き換えることは困難だということを、あらためて感じさせる。

フルCGで、リアルな人間を描こうとした作品というと、映画の『ファイナルファンタジー』を思い浮かべるけど、実はあれはまだ見ていない。コマーシャルをみて見る気をなくしたので（なにしろ、キメ台詞っぽく叫んでいる言葉が「I love you」と「trust me」だもんね。ダサすぎ）、紹介番組で見たかぎりのことなんだけど、やっぱり表情の動きは状況にあっていなくて気持ち悪い。一枚の絵として、左右対称にならないようにとか、シミを作るとかリアル感をあげる努力はしたのだろうけど、表情の動きをすべて作るのは難しい感じだ。

もちろん、長く見ていれば慣れる部分はあるのかもしれない。でも、たぶんあるシーンではまあ合格だけど、別のシーンでは全然だめ、みたいに始終表情にチェックを入れちゃうような見方になってしまうと思う。

人間は、表情の変化にものすごく敏感に進化してきているので、状況にそぐわない表情の表出を敏感に感じ取る。目尻と口角の動く順番が微妙に違うだけで、作り笑いと本当の笑い顔を見分けられる。

CS放送のアニマックス・チャンネルで、映画の『スターシップ・トゥルーパーズ』の続篇として作られた、フルCGアニメのTVシリーズが放送されている。映画版とは違って、バグズとかメカの動き（パワードスーツというか、エイリアン2のパワーローダーみたいなのもでてくる）はぎこちないけど、人間は体の動きから顔の表情まで、全てモーション・キャプチャで、時々妙にリアルに見える瞬間がある。とくにロングに引いたシーンでは、CGじゃなくて実写かなと感じることもある。CGそのものは3Dゲームのキャラみたいだけど、CGキャラの表情の動きをみると、元の俳優がどんな表情をしていたか想像できる感じにはなっている。それはつまり、それだけの演技ができる役者がそこにいるということだ。

（続く）

海外TVドラマのリアルな人間性 その3

【鹿野 司】

できの良いアメリカのドラマは、登場人物を、まるで実在の人物のようにリアルに描きだす。見続けると、次第に主要登場人物たちの人となりがわかるようになって、「いつものこの人なら、こんなことはしないはずなのに……」というようなドラマ作りさえできるようになる。つまり、キャラクターがものすごく明確に確立しているわけだ。

一方、日本のドラマは、あるシチュエーションを描くことが主で、登場人物のリアリティは希薄になりがちだ。

たとえば主人公が、サブキャラの行動や言動によって、ある状況に追い込まれるとする。でも、そのときの各キャラの行動や言動からは、その人らしさが感じられないことが多い。あるいはそのキャラらしかったとしても、経験に学んで変化していく感じがない。以前のエピソードでこういうことがあったんだから、今度はそれをふまえた反応があってしかるべきなのに、いつも同じパターンを繰り返したりする。そのため、各キャラは何者かに操られている感じがしてしまう。ロールプレイングゲームのノンプレイヤーキャラクターみたいに、あるシチュエーションを作るために、せりふを言わされている感じなのだ。

前回はそうなる原因を、ドラマ制作のシステムの違いという観点で考えてみたんだけど、今回は文化的な背景の違いという観点でみてみたい。

アメリカのドラマを見ていて、日本のドラマと際だって違う印象を受けるのは、ルールに対する態度だ。

アメリカのドラマには、ルールを巡る話題が凄く多い。しかも、日本のドラマと決定的に違うのは、そのルールから逸脱することがほとんどないことだ。もちろん、ルールに縛られ苦悩する物語はたくさんあるんだけど、あくまでルールの枠内で問題解決の糸口を探ったり、抜け道を探すのが大半で、ルールを無視することはない。仮にルールを破ることになるとしても、それを行うための敷居はものすごく高いし、その代償も大きい。

一方、日本のドラマには、そういう感覚は皆無だ。いざとなったら、ルールは簡単に破られ、結果オーライならお咎めなしというのが当たり前という感じ。大岡裁きや、遠山の金さん、水戸黄門、いずれもいざとなったらルール無用の超法規的措置をとる無法者ばかり。忠臣蔵とかもそうだし、法で裁けぬ悪を討つとかいうストーリーなら山のようにある。

なぜ、そういう違いが生じるのかというと、日本にはユダヤ・キリスト教文化のエートスがないからだ。

エートスとは、ギリシア語の「性格」を意味する言葉で、社会学者のマックス・ウェーバーによって、ある民族や集団を特徴づける、無自覚的な道徳や習慣、習俗をさすものとして用いられた概念だ。

そして、ユダヤ・キリスト教文化には、明示されたルールを守るのは神聖なことというエートスがある。

以前、ユダヤ教という一神教システムは、異質な文化集団を率いて出エジプトを達成するために発明されたものだという話をした。異なる神を信じ、道徳、習慣、習俗の違う無数のユダヤの民を一つにまとめるため、唯一無二の神が生み出された。そして、その寄せ集めの民を律するルールである十戒は、言葉によって明示的に表現され、それに背くことは許されない。旧約聖書には、たくさんの物語が書かれているけれど、そのメインテーマを一言でいうと、神との契約を破ると、メチャメチャひどい目にあうよってことなんだよね。

新約聖書は、旧約ほどルールに対する厳格さを求めることはないけれど（ルールを厳格に適用する副作用が強くなった結果生まれたのがキリスト教だから）、それでもルールを破って良いという発想は無くて、人は等しく原罪を抱えているので、人が人を裁く権利はないとすることで副作用の回避を行っている。

こういう話を、幼いころから刷り込まれるユダヤ・キリスト教文化圏の人々にとって、ルールを臨機応変にやぶる行為は全く納得のできないもので、アンフェアであるか、リアリティの薄い行為にしかみえない。逆に、日本に限らずユダヤ・キリスト教的なエートスに縛られていない文化圏の人にとっては、明文化されたルールに強く縛られる感覚はどうもピンとこない。

それはさておき、こういうエートスがあると、深いドラマが作りやすくなることは確実だろう。ドラマの善し悪しを決めるキモは、ある制約の中で課題を与えられた者が、それにどう対応するかにある。ルールは破らないという制約が確実ならば、それでもベターな結果を得ようとする苦闘を描くことで、物語のテンションは高められる。でも、いざとなったらルールを破ればいいという感覚でドラマが作られると、途中でガス抜けというか、ご都合主義的な感覚になってしまう。

日本の場合、物語のテンションを高める制約というものが、もはやほとんど見あたらないところが不幸といえば不幸なのかもしれない。

それからもうひとつ、アメリカは多民族国家なので、まるで違う習慣を持つ二人が、ある出来事を契機に行動をともにし、互いに衝突しながらも協力しあって、最終的には両者の一部を認めつつ別れていく、という形式のドラマがよくある。

これも、課せられた制約が、ドラマを深いものにする。

スター・トレックを見ていると、クリンゴンとはこういう民族だ、フェレンギはどうだ、カーデシアはこうだと、明確に説明され、右のような形のドラマが作られることが結構ある。とくに、DS9では、その民族に属する、個人の個性まで見事に描かれていてすばらしい。

日本の場合、異質なものが集まり、衝突しながら共同作業をして、お互いにわかり合うという物語は、あまり性にあわないのだろう。何せ、和をもって尊しとする国民性だからね。

あと、スター・トレックのシリーズで、人気のスポック、データ、セブンオブナインは、いずれも感情表現にハンディキャップを負った存在だ（まあ、セブンオブナインは、ボインボインなところがより魅力なんだけど）。こういう、ハンディキャッパーをうまくドラマに取り込んで魅力的なキャラクターに仕立てるというのも、アメリカのドラマは得意で、これも異質さを対決によって受け入れていく、基本的姿勢の現れなのだろう。

こうしてみると、日本はあまりに自由であり、異質なものを最初から排除しているが故に、リアルなドラマが描きにくくなっているといえるかもしれない。

ただ、だからといって日本には、ドラマを産む制約が、何も存在しないはずがない。要はそれが曖昧で、表現しにくいだけだと思うんだけど。

日本人のシステム思考

サはサイエンスのサ

連載●91

【鹿野 司】

巻頭のふじプロの解説で、今の宇宙開発は方向が間違っとるよって書いた。

実際、二一世紀にもなって月面基地のひとつもできていないなんて、おかしな話なんだよね。それを可能にする技術は決して難しかったわけではないし、これまでに宇宙開発につぎ込まれたお金のことを考えたら、それくらい十分やれたはずだった。ところが、その莫大な金はどこかに消え失せて、結局世界は今のような姿になってしまったわけだ。

具体的にいうと、とうの昔に先行きダメだとわかっていたはずの再利用コンセプトに、いつまでもこだわり続けたのが、莫大なお金を浪費した原因だ。でも、いったいどうして、こんなことになってしまったんだろう。

アポロ計画は、米ソ冷戦の真っ盛りの時期に、三百億ドルもの巨費（当時のレートで十兆円以上。その頃の日本の国家予算が七兆円）を投じて、採算性を度外視して進められた狂気のプロジェクトだった。でも、月着陸が成功し、民衆も月に行くくらいじゃつまんないねって思い始めたとき、少し正気に戻った人々は、これからは宇宙を安く使わなきゃダメでしょ、というふうに考えたわけだ。

それはまったく妥当な考えで、今だって通用する真実ではある。

そして、宇宙を安上がりに利用するには、再利用がいちばん良いということになった。アポロまでの打ち上げロケットとカプセル式宇宙船は、高価な部品を満載しているのに、それをバンバン捨てていた。そりゃあ、やっぱもったいない。だから、航空機みたいに運用できる、捨てる部分の少ない機体を開発しようということで始まったのが、スペースシャトルの開発だったわけだ。

シャトルは当初、どんどん運用して週に一回くらいは打ち上げようと考えられていた。そうすれば、開発費の減価償却も早くすむもんね。ところが、実際にできあがったシャトルは、地球に帰還するたび耐熱タイルはバラバラはげているし、エンジンも慎重にメンテしないと危なくて、三〜四カ月に一回くらいしか使い回せない。そのためシャトルは、できてから二十年が経とうとしているのに、合計で百フライトに達していない。これって要するに、売れるあてのない商品を大量に仕入れて、不良在庫になっているようなものだ。また、シャトルは一フライト当たり五百億円もかかる高価なシステムだ。これは打ち上げ能力で比較したH－2A（二五五億円）の倍近い。

シャトルができてわかったのは、ロケットみたいに過酷なシステムを再利用するには、メンテに時間と金を相当かけないといけないことだった。宇宙開発の夢はシャトルでは実現できず、その実現は次世代機に託されることになった。

ところが、ここでどういうワケか目的がすりかわってしまった。シャトルは確かに失敗だった。では、どこを改良したらいいのだろうか。シャトルは捨てる部分が残っているから不完全だといえる。だから次世代シャトルは全く捨てる部分のない、SSTO（身一つで宇宙まで行き、何も捨てずに戻ってくる機体）が理想だ……。

でも、それってヘンだよね。再利用コンセプトは、安い宇宙旅行を実現するための手段にすぎなかったはずだ。ところが、その手段にすぎないものを、コストを無視して開発することが、宇宙開発の夢になってしまったのだ。

たしかに、技術的にいえば、材料の開

発をもう少しがんばれば、SSTOは作れないワケじゃない。でも、それは確実に、高価で輸送能力が低いものにしかならない。想像を絶するほど軽量で、かつ丈夫な超材料ができないかぎり、簡単なメンテで何回も使い回せるロケットなんてできるはずがないのだ。

まあ、アメリカはある程度合理的な考え方ができるので、さすがに今は、再使用機開発の見直しに入っている。でも、ずっと、アメリカの後追いさえしていれば良かった日本の場合、本来の目的が安い宇宙旅行の実現にあって、それはSSTOじゃ実現できないことにすら、気づいていないみたいなんだよね。

そうなっているのは、実は日本の文化的な背景に理由があるように思える。つまり、日本人はどうもシステム思考ということがあまり巧くないみたいなのだ。

宇宙開発の場合、時々、世界最高性能を持つ、〜用の高性能センサを開発した、みたいな報道がされたりする。それはすばらしい、日本の技術力の勝利だ……てな感じだけど、実はそれはオーバースペックで、そこまで凄い性能を何に使うのってことも少なくない。それは、技術者に大局観がないからといえばそうともいえるけど、もっと切実なのは、世界最高の性能とかいう冠言葉がつかないと、予算も出なかったりするってことだ。この機能を実現する、必要十分な性能というのでは、誰も気にとめてくれない。結果的に、意味なく高性能で、割高な何かを作ってしまうわけだ。

これは、ばかげているように思うけど、実は決して他人事ではなくて、日本人の多くが、こういう考え方をしてしまっているんじゃないかと思う。

たとえば、日本では、パソコンは高価なフラッグシップモデルから売れていく。安くて必要十分な性能がある、コストパフォーマンスの高い製品はあまり評価されないのだ。それよりは、なにか突出したカタログスペックに心惹かれてしまう。

機械というのは、その使用目的が明快で、それにふさわしいパーツを組み合わせたとき、コストも含めて、最高のパフォーマンスを発揮する。ただ最高性能のパーツをかき集めれば、良いものになるとは限らないのだ。そして、パーツのバランスを考えて全体を設計するのがシステムの基本なんだけど、日本ではどうもシステムの考えは学問としても、ほとんど評価されていないらしい。システム理論は論文にしたとき、数式がまったく出てこなかったりする。でも、数式がないような論文は評価できないとかいう人が、結構いるんだよね。

システムの考え方は、ある種のセンスの産物なので、客観的な評価が難しい。また、非常に幅広い分野の知識も必要となる。でも、システムとして考えないと、決してうまくいかないものはたくさんある。ロケットもそうだし、パソコンもそう、それからロボットもそれにあたる。

たとえば、歩行ロボットの分野でホンダがあれほど優れたものを作れたのは、ホンダが自動車というシステムを作る会社だったことと無縁じゃなかったはずだ。

車といえば、ヨーロッパ車はシステムとして洗練されていることが多い。でも、日本車やアメ車は必ずしもそうじゃないんだよなあ。

【鹿野　司】

『WXⅢ』が表現する独特のリアリティ

なんだか立て続けに面白いことが起きるので、前から書こうとしていることになかなか行き着かないのでした。むねおくんとか、きよみちゃんとか国会のことも、それに関連しているので触れたいんだけど、それもまあ次に回そう。

あ、そうそう、前回、「シャトルは、できてから二十年が経とうとしているのに、合計で百フライトに達していない」と書いてしまったけど、航空宇宙評論家の江藤巌さんから、「シャトルは二〇〇一年の四月に初飛行（STS-1）から二〇年目を迎えており、それより前の二〇〇〇年一一月に通算一〇〇回目の軌道飛行（STS-97）を達成しています。ちなみに昨年一二月までに合計一〇六回飛行しました」と突っ込まれてしまいました。ご指摘ありがとう。そのように訂正させて頂きます。

で、今回のテーマは何なのかというと、それは『WXⅢ』なのでした。それって、エー・アイ・ソフトのFEPのこと？

……というボケは、たぶん五万人くらいの人が口にしていると思うけど、もちろんそうではなくて劇場版パトレイバー第三作のことだ。

これはね。素晴らしいです。アニメの表現の可能性を、また一つ広げてみせた、エポックメーキングな作品だと思う。

実はこの作品、出渕君とかとりさんとか金子さんとか、僕の古くからの友人が何人も関わっていて、その連中が作った作品がこれだけ素晴らしいなんて、なんか悔しいような嬉しいような。腹立つよもう。僕もがんばらなければって感じ。

まあ、そういう個人的な感情はさておき、これはアニメファンならずとも、見て損はない作品だと断言しよう。

これには、パトレイバーのお馴染みの登場人物も、レイバーも、ほんの脇役程度にしか出てこない。話自体は、ゆうきまさみのマンガ版パトレイバーで描かれた「廃棄物13号」というエピソードが下敷きになってはいる。でも、この映画は、とくにパトレイバーの世界観を必要としない作品なのだ。だから、昔からのパトレイバーファンが懐かしい感じを期待すると、ちょっとがっかりするかもしれない。そのかわり、パトレイバーを見たことのない人でも、違和感なく、えーもんみたなあって感じになれると思う。

以下、ネタバレもあるので、それが読みたくない人は、マガジンを閉じて、とりあえず映画館に行きましょう。

さて、この作品の冒頭は、東京湾を航行する釣り船のシーンではじまる。これを見たとき、なんかCGが背景から浮いちゃって違和感があるなあと感じた。でも、それは、この作品がやってみせたことの、一種の副作用なのだろう。

そのやってみせたこととは、一シーン一シーンの、ディテールに対する圧倒的なこだわりだ。

この映画を見始めてしばらくすると、画面の隅から隅まで、非常に丁寧に描き込まれていることに気がつく。そこに描き出される風景の多くは、現実の東京などの景色を、徹底的に写実的にうつしとったものだ。その背景がリアルすぎるから、アニメのキャラが平面的に、浮き上がってしまっている部分が若干ある。

ただ、そういう副作用的に見える部分はわずかで、大半は、独特のリアリティを表現することに成功している。

個々の背景は、おそらく非常に丹念に取材して描かれているのだろう。

たとえば、東大の研究室の狭い感じもよく出ていたし、新設の研究所の中の感じも、まさにあんなふう。玄関ホールの階段脇の壁に、いきなりその研究所の成果のポスターが貼ってあったりするし、ひと気のなさもああだ。ただ、床はあんな異常にピカピカはしていないけど。

電話ボックスには、ぺたぺたピンクチラシが貼られていて、そのチラシのデザインも猥雑でそれらしい。（公衆電話を使うシーンが多いとか、電話ボックスにピンクチラシが貼ってある風景も、もはや無いわけだけど、それはこの作品が完成してからしばらくお蔵入りになっていたせいだ。しかし、わずか数年で世の中は結構変わってしまっていることに、この作品を見て改めて気がついた）

それから、聞き込みで、木造アパートの扉を開けると、異様に大きな海坊主みたいな男が出てくるとか。

これらは、現実の風景を稠密《ちゅうみつ》に写し取りながら、ある部分が絶妙なバランス感覚でデフォルメされたり、デザインされたものだ。それが絵として面白く、世界をスーパーリアルに表現している。その存在感は、実写では表現できない（っちゅうか、サッポロビールの山崎努VS豊川悦司のCMの感じはちょっと近い部分があるかも）アニメならではのものだろう。しかも、それを全篇を通してやっていて、その作業量を思うと、いやもう圧倒される。

それから、もう一つ素晴らしかったのは、主人公たちの描写のされかただ。

これまで作られたアニメの中で、ステレオタイプでなく、エキセントリックでもなく、まともに生きている現代人の感じを出せたシナリオは、他にないかもしれない。とくに、城南署のベテラン刑事、久住武史の描き方は文句のつけようがないし、その部下、秦真一郎もなかなか良い感じ。

映画という短時間の中で、キャラクターの個性に厚みを与えるのはかなり難しいと思う。それを、この作品ではそのキャラクターを取り巻く生活を、細かく描くことで実現している。内面の独白のようなモノはなく、徹底して外側からその人物像を表現しようとしていて、それが完全に成功している。

LPしか聞かないクラッシック・マニアの久住の居間は、古いジャケットの匂いが漂ってきそうな感じだし、あの壁に貼ってあるポスターもわかる人が見れば、彼の性格を現すものなんだろう。

台詞も少なく、描きすぎないところが、かえって内面の複雑さや、豊かさを感じさせる。秦の車内禁煙差別で男の下心を現してみたり、最後にたばこに火をつけるライターの色がちらっと赤く見えるだけという演出とかね。

ただ、一点残念なのは、ヒロインの岬冴子で、この人は外側から人物像が描かれることがなかったし、内面を語ってしまっている部分で、リアリティが希薄になっている。彼女がなぜ、あんなモンスターを産み出したのか、夫と子供を立て続けに失っただけでは、ちょっと納得できなかった。冴子が秦に全てをうち明けた理由は、人間的で納得のいくものだっただけに、これに関してももう少し何とかできたんじゃないかという感じがする。

それにしても、色々な意味で、これだけの作品がよくも作れたものだと思う。ぜひヒットして欲しいよなあ。

文学としての動物行動学

サはサイエンスのサ

連載●93

【鹿野　司】

ＮＨＫ教育テレビの人間講座で、この四月から『進化の隣人　チンパンジーアイとアユムと仲間たち』という番組が放送されている。これは京都大学霊長類研究所教授の松沢哲郎さんによる、チンパンジーの認知世界研究の最新講義だ。

松沢さんと、その共同研究者でチンパンジーのアイのことは、たぶん知っている人も多いと思う。この二人の研究の様子は、これまでテレビで何度もとりあげられているし、文章の形でも色々と発表されてきたもんね。だけど今回のシリーズは、これまでのテレビ番組や、文章で書かれたものと比べてもひときわ面白いと思う。なぜかというと、研究の成果という事実の興味深さだけでなく、研究のプロセスについても詳しく見せていて、この仕事の奥深さが理解できるようになっているからだ。

チンパンジーと人間は、ＤＮＡの塩基配列のレベルで一・二％しか違わない進化の隣人だ。あえてＳＦっぽく表現するなら、この宇宙に存在する、人類に最も近しい知的生命体なのだ。

松沢さんのグループは、その隣人たちの、心の内面世界を探る研究を行っている。そのあり方は、僕たちの想像をはるかに超えて、人と共通した部分があるし、同時に人と異質な部分がある。それを妥当な形で見抜いていくには、科学的な客観性と文学的な個別性の、絶妙な配合が必要になる。

番組の中で、松沢さんはチンパンジーたちの行動の様子のビデオを見ながら、その中からどんなサインを読みとり、それをどう解釈したかを説明する。たとえば、第三回の放送で、一九九二年に松沢さんがアフリカのフィールドで観察した、ジョクロという二歳半の子供の死を巡るエピソードが紹介された。

ジョクロはジレという女性の子供で、病気になって亡くなってしまう。松沢さんは、その前後それぞれ一カ月ほどのあいだ、彼らの属するグループの観察を行い、様々なエピソードを報告している。

病気でジョクロの元気がなくなってくると、ジレはジョクロの額に手の甲をあて、まるで熱をはかるような仕草をする。それは、人がやる熱をはかるしぐさと同じ意味を持っているかどうかはわからない。けれど、普通ならやらないことをやっているという点で注目に値する。

また、ジョクロが弱って、しっかりしがみつけなくなってくると、ジレはそれまでやっていた高い木に登っておいしいウリやイチジクなどの食べ物を取らなくなったという。これらを、松沢さんは広い意味での看病、配慮だと解釈している。

ジョクロが亡くなったあとも、ジレは我が子を手放そうとはせず、強烈な腐敗臭が漂い初めても、ずっと生きていたときと同様に抱き続け、生前と同じように毛繕いなどを続けた。そんなジョクロのことを、周りはとくにいやがったり、排除したりするようなこともなく、そばにいて受け入れていたという。母親が死体を地面に下ろすと、みんながそれをのぞき込み、母親がたかっているウジを取り除く様子をじっと見ていたという。

子供の死後、その遺体を腐敗しミイラ化するまで抱き続けるのが、チンパンジーの母親に見られる一般的な行動かどうかはわからない。おそらく違っているだろう。その意味で、これはあるチンパンジーのパーソナルなエピソードだ。

ジョクロが死んでから一週間〜十日くらい経ったある日、群れの第一位の男性テュアが、ビデオ撮影していた松沢さんを脅すためにチャージング・ディスプレイを行った。この行動は、ふつうは枯れ枝みたいなものを地面にひきずって、がさがさと音を立て、全身の毛を逆立て、ウォウウォウウォウォウという声を出す。群れの中の優位性を誇示する行動で、これをやると周りのチンパンジーは蜘蛛の子を散らすようにいなくなる。

ところが、このときテュアは、ジョクロの半ばミイラ化した遺体の手を引っ張って、チャージング・ディスプレイをやってみせた。そのビデオを見ると、全身の毛を逆立てて阿修羅の如く走り回り、死体を枯れ枝と同じ物体のように扱っているようにも見える。

しかし、松沢さんはこのビデオを見ながら、実はテュアがジョクロの遺体をそれほど手荒には扱っていないことを指摘する。たとえば、死体を引きずりながら近づいてきてUターンして戻っていく時に、わざわざ手を持ち換えていて、死体を体ごと振り回すようなことをしていない。チャージング・ディスプレイで枝を引きずっているときは、もっと平気で振り回すのに、そうはしていないのだ。

では、そのときのテュアのメンタリティとはいったいどういうものだったのか。それを、人間的な心理にたとえてこうだと解釈することはできないけれど、すくなくとも単純ではないことだけはわかる。

それから、野生チンパンジー研究のパイオニアであり、四十二年間も研究を続けているジェーン・グドールさんは、ある出来事によって孤児になってしまった幼児を、やはり孤児だった過去を持つ男性が引き取って育てたエピソードを報告している。チンパンジーの幼児は、大半の時間を母親の体にしがみついたまま過ごすのだけど、その役割を男性が買って出たわけだ。そしてその男性が、孤児だった過去を持つことが明らかにできたのは、四十二年という長い歳月の観察の積み重ねがあったからわかったことだった。

これらのエピソードは、あるチンパンジーの、唯一無二の、パーソナルな人生を描いたものだ。しかも、そこには研究者の、「個性的な」解釈がなされている。だとすると、それは科学というよりも文学としての要素を多く含んでいるといっていいだろう。

科学は、自然の中から法則性、普遍性を抽出しようとする。だから、これまでの動物行動学も、最終的にはある種の法則に還元されるのが普通だった。ゲーム理論やらなんやらを使って、生存確率や行動原理を明らかにしようとするのが、動物行動学の王道だ。しかし、チンパンジーの心の世界は、人の目から見て、あまりにも個性的で、それから目を背けて法則化することが憚られる。エピソードを物語らなければ、チンパンジーを理解できたとはいいがたい。ただ、そのエピソードの解釈を、安易に人間の心理と同等のものとはできないところが、これのおもしろさだと思う。

人間は、放っておけば、いともたやすく世界をわかった気になってしまう。もっともらしい話をでっち上げて、それで世界とはそういうものだと勝手に早合点してしまう。科学的な物の見方の面白いのは、自然という他者があって、それを誠実に観察することで、人間のそういう了見の狭さをうち破ることができることだ。その意味で、進化の隣人たちの心理研究は、最も刺激的な分野なのだと思う。

進化や脳には〝意味〟がある

前回は、チンパンジーの生態や認知世界を科学的に詳細に追求しようとすると、どうしてもそこに文学的要素がでてきてしまうという話をした。

つまり、科学のもつ、客観性とか普遍性を追求するやり方だけでは捉えきれない、個別的で、主観的な解釈も混じるような記述をしなければ、彼らの精神世界は十分に記述できそうにないってわけだ。

これと同じように、法則では語りようのないものがあって、それが今、科学や技術の分野での、けっこうな難問として現れているんじゃないかという気がする。

科学や技術は、複雑な事象の中から法則を抽出し、それによって世界を記述しようとする。何故そうするかというと、法則には客観性があるからだ。

誰かが考えた内容の正否を、別の人が検証したり、正しい内容のものに新しく何かを付け加えるには、客観性が必要だ。

つまり、あることがらの内容が、複数の人の間で厳密に同じであることが保証されていないといけない。現代文明という、個人の能力を遥かに超えた群知能的なものが誕生し得たのは、この客観性が確実に担保できるようなテクニックを、人類が身につけ、磨いてきたからだ。

法則化という行為は、現代文明を作り出したほど強力で有効だから、何となく、あらゆる事柄に対していつでもうまくいくような感じがする。

でも、たとえば進化とか脳は、法則だけでは語れないものではないかと思う。

もちろん、生物の基本設計は遺伝子によって代々伝えられているものだから、その意味での法則性はある。また、物理的実体である生物や脳のしくみは、ニュートン力学の枠組みから逸脱することもあり得ない。でも、たとえば進化には、天体の衝突のような偶然によって、絶滅するか否かが左右される部分もある。それについて、生物をいくら分析し、法則を抽出しようとしても、それはできない相談だ。

また、人間が生まれてから、二本足で歩けるようになるまでは、二年近い肉体制御の試行錯誤を経る必要がある。これはつまり、遺伝子が定めた法則によって、色々な動き方ができる可能性が与えられるんだけど、半ば偶然に繰り返される試行錯誤という篩で、その莫大な可能性の大半は刈りとられ、「使える」動きだけが残されたということだろう。こういうプロセスを経ることによって、人間の脳は、リアルタイムで、肉体を複雑にコントロールできるように育つわけだ。

進化や、それによって形成された脳と、工学の違いは何だろう。それは、工学が客観的であるのに対して、進化や脳にはその意味での客観性はないということだ。

人間も含めて、全ての生き物の脳は主観的に作られている。たとえば、人間は直感的に客観的な量を認識できない。その証拠に、ある長さの直線を見て、これは正確に何センチ何ミリと当てられる人はほとんどいないだろう。

でも、ある大きさの穴が通り抜けられるかそうでないかは、その穴の直径を正確に知らなくてもだいたいわかる。

生き物が生きのびるには、客観的な量を認識できる必要はない。それよりも遥かに大事なのは、この穴は自分はくぐり抜けられるとか、この石は自分なら持ち上げられるとか、この谷は自分なら飛び越せるといった主観的な量の認識だ。そして、この主観的な量の認識というのは、各個人が、ケース・バイ・ケースで獲得するもので、ニュートン力学のような法則から導かれるようなものではない。

ロボットに、人間の多様な動きに近い動きを組み込もうとしたとき、現状の工学は、それを運動方程式で記述しようとする。客観的な工学では、究極的には、すべてがニュートン力学のような法則によってコントロールできると信じがちだ。でも、そこにはやっぱり、無理があるのかもしれない。

ロボットの動きは、どんなに複雑だったとしても、ニュートン力学から逸脱することはない。それは事実だけど、ただ、それを計算で解こうとすると莫大な時間が必要で、リアルタイムには成立しない可能性はある。

チェスマスターのカスパロフをうち破ったコンピュータ、ディープブルーは、超高速の動作ができたとはいえ、チェス盤の上に現れる全ての可能性を読み切るだけの能力はなかった。つまり、超高速な探索アルゴリズムという法則だけではなくて、不必要な枝葉の探索をはしょるその場しのぎの方法や、定石といったものを多数備えることで、ようやく人間を越える実力を身につけられたわけだ。

これは、全くエレガントな手法ではないわけだけど、これこそ生物が進化の中でやっていることなんじゃないだろうか。

もう一つ別の話題だけど、人間の脳は限られた情報処理能力しか持たないから、物事を理解するには、それを要素に分解して単純化することが欠かせない。要素還元はだから必要だ。そしてその要素は、「意味」をもたない、長さ、重さ、時間などの「量」だというのが客観的な科学の基本になっている。ところが、人間の脳の基本要素は何かとたどっていくと、たどり着くのは決してそういうものではないようだ。

たとえば、人間の脳の内側前頭皮質と呼ばれる部分には、「損」を感じる領域があるらしい。たとえば、お金を損したようなとき、この部分の細胞が興奮して信号を発する。しかもそれは、損をしたことを意識するよりも早い。それは脳が、損をしたという情報を、感情面や理性面で処理する前の段階で起きている。また、この部分は、損か損でないかは区別するけど、どうしても損は避けられないけどその被害を大きいままにするか、小さくするかの判定はできない。損は、大きかろうが小さかろうが損なのだ。これはつまり、損という意味を持ったもの（まあ、それを「損」と名付けるべきか否かは議論があり得るけど）が、人間の脳を機能させる基本要素の一つだってことだ。

解釈によって変化してしまいそうな、意味を持ったものが基本要素だとするのは、科学的な感覚からすると、なんだか恣意的な感じがしてかなり気持ち悪い。

でも、それを気持ち悪がって排除していると、意味を扱う科学は成立しないのかもしれない。客観的科学の情報理論は、情報を担う媒体の物理学ではあるけれど、意味を取り扱うことができない。それは、素なるものに意味を認めてこなかったからじゃないだろうか。

人が色々な意味を理解できるのは、もともと脳が、意味のあるものをベースに構成されているからと考えるのが確からしいように思える。おそらくその意味にも、素なるものがあって、それはたぶん法則的に決められたものではなく、進化の中で淘汰によって決まってきたものじゃないのかな。

ナノテク界も単純じゃない

ナノテクが今、大流行している。

その理由は簡単で、このナノテクノロジー・材料分野が、総合科学技術会議によって、科学技術の重点領域の一つに指定されたからだ。（ちなみに重点領域は４つあって、他はＩＴ、バイオ、環境）

つまり、ナノテクと銘打てば、予算をぶんどりやすい状況にある。そのため、かつてはナノテクと関係があるとは思いもしなかった分野でも、強引にナノテクの一種だっていわれることが多い。あっれっもナノ、これもナノ、たぶんナノ、きっとナノって感じかな。

この状況ができたきっかけは、二〇〇〇年一月に、アメリカのクリントン前大統領が発表した「ナショナル・ナノテクノロジー・イニシアティブ（ＮＮＩ）」だった。ナノテクは将来の技術の基盤となり得る、大きな可能性を持っている。だから、このジャンルにドカンと資金をつぎ込みましょうというわけね。

それで日本も去年あたりから、アメリカの真似っこをして、ナノテクを重点領域としたわけ。まあ、アメリカほど莫大なお金はつけていないんだけど。

でも、そもそもＮＮＩの発想それ自体が、日本の真似なんだよね。実際、日本の研究者は、ナノ領域について、かなり以前から重要と考えていて、良い研究がたくさん行われてきている。

たとえば、ナノスケールで物質を制御して、えーもんを作る超格子の概念は、一九七〇年代のはじめに江崎玲於奈氏によって提案されたものだ。その枠内で、八〇年代にはＨＥＭＴ（高電子移動度トランジスタ）とか半導体レーザーができたわけだし、量子箱や量子細線などのデバイス概念も東大の榊裕之氏が七〇年代半ばに世界で初めて提案している。

八〇年代の半ばころには、基礎研究分野でナノ領域の仕事はかなり多くなっていて、ナノという言葉が使われる以前は、メゾスコピック系とか超分子という言葉が使われていた。アトムテクノロジーというのもあるな。

で、その当時の認識は、このサイズ領域は、面白いことがいっぱいあるはずなのに、とにかく調べようがなくてわからないということだった。

たとえば、電子デバイスでいえば、超格子とかの量子構造が利いてくるのがこのサイズの世界だし、細胞内小器官などのように分子の集合体が、生命といえるものに移り変わるグレーゾーンでもある。

ところがそれを明確に観測する方法がない。マイクロメートル以上の世界は顕微鏡などの観測機器があるし、原子サイズ以下の世界も加速器などの観測装置がある。でも、この極限のちょっと手前の世界については、適当な装置がほとんどなかった。まあ、電顕はあったけど色々制約があるし、ＳＴＭ（走査型トンネル顕微鏡）ができたての技術として盛り上がってきた感じだったかな。

面白そうなのにわからないというのは最高に興味を引かれることで、ある意味アメリカほど目先の金儲けばかり考えない日本の研究者たちは、このへんの基礎を地道にやっていたのだ。

ナノテクの起源はいつかというと、ファインマンが一九五九年にやった講義「There's Plenty of Room at the Bottom」だといわれることがある。

この中でファインマンは、自分はちょっと保守的だから、１ビットの保持は縦横奥行き各５原子からなる立方体＝原子１２５個は必要だろうといっていた。

ただ、これは後に考えを改めていて、

八五年に来日したときの「未来の計算機」という仁科記念講演の中で、1ビットは1原子のスピンで表現できるし、トランジスタは3～4原子で作ることができるだろうといっている。少なくとも、それを禁止する物理的制約はないと。

それから、原子核やクォークにもビットを記録できるだろうけど、そこまで行くと相互作用のエネルギーが大きすぎ、放射能やなにやかやで取り扱いが危険なので工学的にはちょっと非現実的だろうなともいっている。

ファインマンはナノサイズの情報処理デバイスについては、確かに先駆的なことを考えてきたわけで、その枠組みの中に、超格子、量子箱、量子細線、量子ドットなどがあるといっていいだろう。

ただ、ナノテクノロジーという単語は、ファインマンは使っていない。

この言葉をたぶん作り、メジャーにしたのはエリック・ドレクスラーだ。彼が八六年に出した『Engines of Creation（創造する機械：パーソナルメディア刊）』は、ナノマシンによる驚異の可能性を描いている。これまでのSFに出てくるナノテクは、基本的にドレクスラーのナノテク、ナノマシンのイメージが元といっていいだろう。

一方、今現実にブームになっているナノテクは、主にゼオライトのような材料と、光や電子デバイス系のもので、ナノマシン的な物はあまり目にしない。まあ、それは当然といえば当然で、ナノマシンはまだまだ敷居が高いのだ。

それに、うーん、どうなんでしょう。ドレクスラーのイメージするようなナノマシンには、いまいち無理があると思う。

SFで使われるナノテクは、ドレクスラーの影響下にあるわけだけど、そのほとんどファンタジーというか、魔法の置き換えでしかない。つまり、そこにはナノの世界ならではの制約や制限が描かれず、驚異的な能力のみが描かれる。

いちばん気になるのは、極微の世界の現象に、人間が所属するマクロな世界のアナロジーを当てはめすぎているんじゃないかってことだ。それは、ドレクスラーのナノマシンもそうで、たとえば原子を一個一個つまんで、ある場所にぴたっと置けたり、それを順番に組み立てたりできるみたいな感じ。凄くかっちりした機械のようなイメージがある。

もちろん、STMを使えば、基盤上に原子でIBMとかの文字を書いたりできるのは確かなんだけど、それはナノの世界では例外的で単純すぎる事例じゃないかと思うんだよね。

実際のナノの世界は、たとえば大腸菌ですら、水分子がゴンゴンぶつかるので、決してまっすぐには進めないし、基盤上の金の微粒子がまるでアメーバのように這い回ったりする。

マクロの世界では問題にならない、熱ゆらぎや、表面に働く力（小さくなるほど体積に対して表面積が大きくなる）の影響が極端に強くなる。むしろ、天然のナノメカニズムである、筋肉の収縮運動や鞭毛モーターは、熱ゆらぎによって駆動されているらしい。（その意味では、天然のナノマシンは液体の存在が必須なのかも）なんつーか、もっと統計的な世界なのだ。そのへん、ナルホドと思えるナノテク小説ってないものだろうか。

（続く）

ナノな研究でも大局的な考え方を

　政治的に生まれたナノテクブームのおかげで、今やナノテクという言葉が意味する内容は、おもいっきり拡散してしまった。まあ、それによって、多くの科学・技術分野に予算がついて、研究が増えるのだから、それ自体はそう悪いこっちゃないのかもしれない。実際、これまでも、こういう流行語ベースの予算配分ってのは色々やられてきて、それなりに僕たちの生活を豊かにしたり、エンターテインしてきたワケよ。でも、どうなんでしょう、この手のやり方というのは、実はもう、時代からズレ始めているんじゃないかという気がするんだよね。

　たとえば、ここ半世紀ほどの電子テクノロジーは、LSIの成功が牽引してきたわけで、微細化が進めば進むほど、より高度な技術を、安価に利用できるという原則が成り立っていた。

　その勢いもあって、ナノテクという方向が注目されているわけだけど、ホントにナノなら何でも良いのかって問題もあると思うんだよね。

　たとえば、光通信の分野は、これからもますます高速・大容量が求められるのは確実で、ここにもナノテクが大いに力を発揮すると期待されている。

　光ファイバーを通る光は、長距離を進むと、波の形がびろ～んとダレちゃったりする。そこで、適当な距離ごとに、それを補正してやらなくちゃいけない。ところが現状では、光を一度電気に変換して、電気的に波形を直し、それをもう一度光に戻すしか手段がない。この手間はすごく時間をロスするから、通信のボトルネックになっちゃうワケね。

　そこで、光を光のまま整形する技術が、求められている。で、それを可能にするのが、超格子とか量子井戸といわれる技術だ。これは、半導体材料を、一原子層レベルで制御しながら積み上げることで、精密に設計された量子構造を持たせた素子のこと。こういうものがきちんと作れると、普通の材料では不可能な光物性を産み出すことができる。そして、これで作った素子の中に、ダレちゃった光と補正光を一緒に入れてやると、光どうしが相互作用して、整形された光信号になって出てくるってワケ。ただ、半導体を単原子層のレベルでコントロールしながら作るのはかなり難しくて、最近ようやくできつつあるって段階だ。

　この量子井戸は、縦横高さの三次元のうち高さ方向だけナノのレベル（厳密にはナノより小さいけど）になったナノテクといえる。一方、さらにナノ方向の技術として、量子細線というのもある。これは長さは長いけど、太さはナノのオーダーの線構造で、レーザー発振などに向いている。ただ、これをどうやって作るかは難しくて、決め手はまだないといっても良いんじゃないかな。

　で、最近研究が増えているのが、さらに小さな量子ドットだ。

　これは、原子が数百から数千個集まったもののことだ。これくらいの原子集団は、一個の原子とも、結晶みたいに膨大な数の原子の集団（バルク）とも違った性質を持つ。なにしろ、電子の一波長分くらいの大きさなので、特定のエネルギー状態にしかならないのだ。

　そのため、この量子ドットにエネルギーを与えると、凄いシャープな単色のレーザーを発振する。しかも、ドットの大きさが違えば、違う波長になる。

　今、光通信で用いられている半導体レーザーはバルク材料だけど、これは波長的にはかなりブロードというか、だらんと広がっているんだよね。

だから、大きさをちょっとずつ変えた量子ドットを使えば、たとえば周波数を一ヘルツずつ変えたレーザーだって、できるかもしれない。それを使って、光波長多重を行えば、今の半導体レーザーでは真似のできないくらい、たくさんの種類の光を、一本のファイバーに通すことができる。さらに、量子ドットは作るのも簡単で、普通の結晶成長プロセスをやっていると、なんだかできちゃうのだ。

こういうと、良いことずくめみたいで、実際、研究もかなり増えている。でも、これって、よくよく考えると論理におかしなところがあるんだよね。

まず、量子ドットとは、もともときれいな結晶成長には邪魔なもので、これができないようにするにはどうするかというのが研究の主題だった。まあ、そういう邪魔にされていたものを逆転の発想で使えるようにするのなら美しいけど、でも、現状ではこの量子ドットは、大きさも、どこにできるのかも全くランダムで、制御できないんだよね。単色レーザーできましたみたいな論文は、みんな偶然できたドットで実験しているにすぎない。


それに半導体より単色だから良いというのにもおかしなところがある。

半導体レーザーは、バルクだから色々な電子状態が混在している。だから、波長がぼんやり広がってしまうけど、そのかわり電子の出し入れが簡単だ。だから、電池でも励起できて、光通信に広く応用されてきたのだ。

一方、量子ドットは単色のレーザーしか出ないということは、とり得る状態が一つしかなくて、それにあったエネルギーの電子しか入らないということだ。つまり、励起するのが難しくて、大電力をぶち込まないといけない。しかも、小さいだけに、内部の電子も少ないから、しょっちゅう供給してやる必要がある。

さらに、こういう単色のレーザーは、古くからガスレーザーがあったのだ。つまり、半導体レーザーは、大電力でなければ使えないガスレーザーの弱点を克服したものだったのに、量子ドットではその弱点が復活してしまう。

もちろん、サイエンスとして量子ドットを追求するのはアリだろう。でも、これらのことを考えると、エンジニアリング的には、とても「使える」ものにはなりそうもない。でも、個々の研究者は、実用になると思って(と、いうより実用にならないとは考えもしないで)研究しているように見える。

似たようなことは、実は色々な分野で起きていて、ふじプロの解説でも説明した、宇宙へ行くコストを下げるためにはじめた再利用が、再利用を実現するにはいくらコストをかけてもかまわないってことになってしまったのも、基本的には同じ盲目性によるものだ。

ようするに、研究者個々人は、目の前にある課題を追求するのに夢中で、大局的に見たときに、それが全体の中でどんな意味を持つか見えていない、あるいは、見ようとしないってことが起きているわけ。研究者の性格は、もともと、一つの課題を深く掘り下げるのが好きだってことはあるけれど、どこに向かって穴を掘り進んでいたのかわからなくなっちゃっているって感じ。研究者としては、深く問題を追求するのも大事だけど、時々は自分のやっていることを大局的に眺めないと大成はできないと思うなあ。それにそれはやっぱし、お金の無駄遣いだよ。

サはサイエンスのサ

連載・97

【鹿野 司】

ナノテクはハードSFか、現実か？

近頃、SFなのか現実なのか、よーわからん……というより、現実ではあり得ないような技術開発プロジェクトがいろいろ提案されたり、実際にはじまったりしている。そして、それはたいていナノテクがらみなんだよなあ。

たとえば、アメリカの国立科学財団（NSF）は、ナノテク、バイオテクノロジー、IT、認知科学の研究を統合することで、今世紀中に、人間の脳を連結したグローバル知性集合体や、百年以上生きられる肉体、人格をコンピュータにアップロードする方法などが実現できるだろうというレポートを、七月に発表している。

うーん、マジっすか。これじゃまるで、エヴァンゲリオンの人類補完計画じゃないですか。

また、日本でも、大阪大学産業科学研究所の川合知二教授らが文部科学省の予算でもって「ヒューマン・ボディー・ビルディング」計画というのを進めるらしい。これは、ナノテクを使って高性能かつ体に組み込めるセンサを作ることを目指しているらしい。今のところ読売新聞でしか報道されていなくて、この記事では計画の目指すところがいまいち判然としないんだけど、インシュリンを適切に分泌できる人工すい臓や、血流を微妙に調節できる人工心臓など、これまでよりも優れた人工臓器などの開発につなげたいらしい。ただ、新聞には、ナノテクを使って匂いセンサや味センサを作り、それを脳にリンクさせ、これまでの何千倍も感度を上げられるとかとも書いてある。うーん。それはどうなんでしょうか……。

まあ、後者は落としどころによってはそんなに荒唐無稽なものではないのかもしれないけれど、NSFのレポートのほうは、限りなくホラ話に近い。

もちろん、人格をコンピュータにアップロードできるような技術ができるなら、脳を連結したグローバル知性だってできるだろう。それに、知能ロボット研究者のハンス・モラベックは、前々から知性のコンピュータへのダウンロードはできると言ってきている。SF作品でも、そういうことは、基本的にできることだという前提で描かれているものも多いしね。

でも、ぼくは、誰かの記憶と知性を、マシンにコピーすることは、原理的に不可能だと思うんだよね。なぜなら、人の記憶は、人類共通の記号で蓄えられてはいないからだ。

たとえばぼくの心の中にある「アゴヒゲアザラシ」のイメージは、ある神経回路網のパターンという物理的な実体として、体内にコードされているはずだ。

じゃあ、そのコードを抽出して別人の体で再生してやればいいじゃないかと思うかもしれないけど、決してそうはいかないのだ。

その神経回路網は、視覚などの外部センサ的な感覚器官からの神経回路や、脳の中の他の部分とも繋がっているし、さらに体の内界センサともリンクしているだろう。もし、そうでなければ、ある生物を見たときそれがアゴヒゲアザラシだとはわからないし、アゴヒゲアザラシとはどんなものかと頭に思い描くこともできない。また、たとえば多摩川でこの動物を目撃したときの、日差しの強さや川を渡る風の感触などに関わる神経の興奮パターンも、そこにある程度結びついているだろう。そのため、夏の暑い日差しを浴びたときに、アゴヒゲアザラシのことをふと思い出すようなことがあるかもしれない。

さらにいうと、この神経回路ネットワークは、時間的にも一定していない可能性が高い。なぜなら、アゴヒゲアザラシやそこから連想されるものに関する新しい知識や体験を積み重ねるにつれて、ネットワークのパターンはどんどん変化していくだろうし、色々なことを忘れることによっても変化するだろうからだ。

つまり、ぼくにとってのアゴヒゲアザラシとは、外界や内界とリンクし、時間的にも一定しない神経ネットワークの中を、あるパターンで走る興奮の形で表現されている。そしてそれは、ぼくだけの固有のもので、他の人の体内にある「アゴヒゲアザラシ」を意味する興奮パターンとはまるで違っているのだ。

つまり、仮に何らかの超技術でぼくの神経回路を物理的に読みとり、それを別の人の体内で再生できたとしても、僕のアゴヒゲアザラシのイメージどころか、そもそも何か意味のある内容が再生されることはあり得ない。

また、コンピュータが取り扱えるのは、離散的な記号だけだから、こういう空間的にも時間的にも、どこで切り分けてよいか解らないネットワークの興奮パターンで蓄えられている記憶を、移しかえることは、本来的にできそうにない。

もっとも、SF的に想像力を働かせれば、ナノテクを使って、生まれたとき、あるいは生まれる以前から全神経ネットワークの興奮パターンを常時モニタし、かつ、外側からその人間がどんな活動をしているかも常時モニタしてつきあわせてやれば、その人の神経の興奮パターンをチェックするだけで、何を見たか、何を感じたか、何を考えたかということがすべてわかるようにできるかもしれない。

その前提なら、ある人がアゴヒゲアザラシを見たときの興奮パターンを記号化して送信し、別の人では逆のプロセスで再現するということができるだろう。つまり、ナノテクによって、一人一人の違いを吸収することで、ある人が何かをしたときに感じる感じ方の全てを、別の人に伝えることもできる可能性はある。

でも、全ての人を内側と外側から常時モニターする技術なんて、フィクションならともかく、とても現実にできるとは思えない。

そもそも、科学研究や技術開発の予算獲得では、昔から、ある程度のフィクションが混入していることはあった。たとえば、軍事技術なんてフィクションの上にフィクションを積み重ねてここまできたようなものだ。有翼往還機なんてまさにそうだし、ミサイル防衛もできるはずないといわれながらもABM、SDI、MDと続いてきている。

その結果、SDIではソ連との全面核戦争に対応するため、何千というミサイルを打ち落とすという実現不能な課題だったのに、冷戦後のMDではせいぜい数発のミサイルを打ち落とせればよくなっている。つまり、できないことでも、続けているうちに時代が変化して課題が簡単になっちゃったわけね。

そういう意味でいえば、このあり得ないナノテクも、無知な役人を丸め込んで予算を認めさせる、上手なハードSFとして編み出されたものなのかもしれない。

でも、本気でできると思って提案している可能性もなくはないんだよなあ。

サはサイエンスのサ

連載●98

【鹿野　司】

厳しいルールと希薄なルール感覚

　ぼくはどうも、ホラー映画ってあまり好きじゃないんだよね。なぜかというと、あんなに怖いBGMが聞こえているのに、絶対に開けちゃいけない扉を開けちゃうんだもの。案の定、なんか怖いモノが飛び出してきて、その人はげろぐしゃっとヒドいことになっちゃったりするのだ。

　こわ〜い……じゃなくて、まあようするに、あの不自然さがどうもダメなんだよね。あんなに怖がっている人間が普通は一人でそんなことしないでしょうとか、いくら何でもこんな頭の悪いヤツは人としてあり得ないって感じがすると、もう物語に没頭できなくなっちゃう。

　もちろん、それがコミカルな演出になっているのなら良いんだけど（『ジュラシック・パーク3』はその意味で、シリーズで唯一楽しめた作品だったなあ）、シリアスなホラーでそういうおかしな行動をされると、とたんに醒めちゃうんだよね。ようするに、バカは嫌いなの。

　そんじゃあ、どんなものなら気に入るのかというと、もっと悲劇的な要素で組み立てられていくようなストーリーだ。つまり、登場人物が死力を尽くしても、小さな過ちやわずかな偶然、ちょっとした怠慢や悪意などによって、否応なく破局に向かって追いつめられていく感じのストーリー。ぼくの好きな『エイリアン2』なんかは、わりとそういう感じの物語といっていいかもしれない。

　でも、こういうことがマジで現実に起きようとするのを見ると、やっぱり心底恐ろしい。この間から話題になっている、東京電力の原発トラブル隠しは、まさにそういう事件だったように思う。

　この事件でまず衝撃的だったのは、原発の安全管理については、情報公開も積極的に行い、世界で最も信頼されていたといっていい東電が、トラブルを隠蔽していたという事実だ。ここがウソついていたんなら、はっきりいってどこも信用できないって感じなんだよね。

　すでにいろいろな事実関係が明らかになってきているけれど、二九件の隠蔽の最初のきっかけは、八六年に行われた、福島第一原発一号機の、シュラウド（炉心隔壁：炉心内の水流を調節するための構造体）のヘッドボルトの損傷隠しだった。

　なぜこれが隠蔽されたのかというと、まず第一に、この対策を行うためには原発を長期間停止させる必要があったからだ。一〇〇万キロワット級の原発を止めると、なんでも一日一億円のコスト増になるそうで、それがひび割れの補修を行うだけでも数十日、シュラウドごと交換ともなれば一〇カ月も止めなければならなくなる。

　ただ、ここでポイントとなるのは、見つかった損傷は、決して深刻なものではなかったということだ。確かに若干の亀裂は入っているんだけど、まだ強度的には十分に余裕があってすぐに壊れるわけじゃない。そのうえ、このシュラウドは、翌年には交換される予定になっていたという。

　審査基準では報告義務はあるけれど、どうせ安全に問題はないんだし、来年には取っ替えちゃうんだから、このくらい誤魔化しちゃっても良いよね……という甘い誘惑に負けてしまったのだろう。

　そして、このような思考パターンが歴代の補修部に受け継がれて、慣行になっていった。その中で、過去の隠蔽工作をさらに隠したり、調査員の目を誤魔化すため損傷が目につかないように工作するといった、かなり悪質な行為も行われていったという。

　日本の原発の安全基準は非常に厳しくて、定期検査はアメリカでは二年で一度で良いのに、一三カ月以内に行われなければならないと法律で義務づけられている。また、どんな小さな傷もあってはならないという基準になっていて、経年変化で現れる小さなひび割れでも許容基準などない状態だ。

　知識も十分あり、その損傷状態が危険にはなり得ないことがはっきりわかっている技術者なら、こんな過剰な基準に真面目に従って、多額のロスを出すのは全く無意味な行為だと思ってしまっても不思議はない。そして、いったんついたウソをウソで固めていかざるを得なくなっていくところは、ひたひたと忍び寄る恐怖そのものだ。

　そして、この精神構造は、JCOの臨界事故と基本的には共通したものだ。

　JCOの臨界事故の原因は、つきつめていけば日本人の誇りである賢さにあった。つまり、そのきっかけは、現場の人間が提案した「カイゼン」にあったのだ。

　これが、自動車工場とかだったら、ある種の美談であったはずだ。つまり、日本では現場の作業員まで教育水準が高く、仕事の内容に対して深い理解を持っているから、システム全体をより効率的に動かせる提案を行うことが可能ってことだ。

　そのやり方が、JCOでは安全基準の無視ということに繋がった。つまり、安全性の基準が厳しいために仕事の効率が悪すぎると感じていた現場の作業員は、十分ものがわかっている者なら全く危険は起きそうにない「カイゼン」を施したのだ。ようするに、バケツでウラン溶液を混ぜたり、一度に大量のウラン溶液が注入されない構造になっている反応塔に漏斗で強引にどばっと入れちゃうとかね。

　これは、明らかな違反行為だけど、普通のウラン溶液を扱っている限り、これで問題など起きるワケがないし、残業の必要がなくなるとても素晴らしい「カイゼン」だった。ところが、その後不景気でリストラが進み、核反応に対する知識が十分な作業員がいなくなり、詳しい知識がないままに、残された手続きだけがやられるようなことが起きてしまった。そして、高速増殖炉用の高濃縮の溶液で、同じ手続きを行ってしまったために、臨界反応が起きてしまったわけだ。

　東電で起きていた隠蔽工作も、あのまま続けられていたら、同じようなカタストロフに至った可能性は否定できない。

　ここで共通しているのは、ルールを守ろうとする感覚が、相対的に低いということだ。悪法も法なりという言葉があるように、自分では無意味に思えるルールもルールである限り守らなくてはいけない。そして、そのルールが無意味だと確信するなら、ルールの変更を行うように努力するのが正しい方法だ。でも、日本では、どうも法を変えるより法の目を盗むほうに流れがちなところがある。つまり、似たようなことは、他の分野でもまだまだありそうだってことだ。

　まあ、唯一の救いは、ニュースを見る限り、東電内部での原因究明はかなり迅速だし、首脳陣も非常に素早く責任を認めて進退を明らかにしている。まあ、だからといって誰も褒めたりはしないと思うけど、問題が起きた後の対応は、森永や日本ハム、それになにより銀行の責任隠蔽体質からするとうんと良い。それだけ強く反省して、二度と同じ過ちを繰り返すまいとしているのだと思いたいね。

幸運がもたらしたノーベル賞

サはサイエンスのサ

連載●99

【鹿野　司】

今年のノーベル賞受賞者のお二人は、どちらもおとぼけキャラなところがい～感じだよね。

まず物理学賞を受賞された東大名誉教授の小柴昌俊さんは、ご長寿早押しクイズ的なノリで、サエてるんだかボケてるんだかよーわからん微妙な雰囲気。インタビュアーもたじたじという感じで、なかなかウケたよね。

でも、化学賞を受賞した島津製作所の田中耕一さんは、さらに上をいっていた。学士号しかもってない、ペーペーのヒラサラリーマンにすぎない人の受賞ってんで、普段なら理系の話に興味を持たない人たちの間でもずいぶん関心が高まったしね。たぶん、あの人が取ったんなら、俺もノーベル賞とれるよね～なんて冗談が、日本全国で五万回ほど語られていることでしょう。

そもそもノーベル賞候補の下馬評にも挙がらず、ご自分でも全く予想していなかった青天の霹靂のような受賞で、そのうろたえぶり、たどたどしい会見の様子なんかは、未だかつてみたことのないシーンだった。あの様子から察するに、会社の中でも、決して優秀な人材と一目置かれたりはしていなかったんだろうなって感じが、ありありだもんね。それに、どうやら鉄っちゃんらしいしねえ。

田中さんの受賞理由は「生体高分子の同定及び構造解析のための手法の開発」というもので、タンパク質のような分子量が万のオーダーの高分子でも、質量分析できる手法の開発とのこと。正直言って、この装置のことはぼくも全く知らなかった。ポストゲノムで、タンパク質の分析などの必要性が高まっている今、これから大いに活用されて、多数の研究に貢献するだろうってことみたい。物理学賞では電子顕微鏡とかＳＴＭが授賞対象になったことがあるけど、それと似た位置づけじゃないかな。

それにしても、今回のノーベル賞はどちらも「幸運」の力が授けたものだったって感じが強い。まあ、独創的、画期的な成果というのは、しばしばそういうものではあるけどね。

田中さんのオリジナルは、ソフトレーザー脱着法という名前で、質量分析計の改良技術だ。

質量分析計とは、小型の加速器みたいなもので、測りたいもののイオンを電気で加速して飛ばし、磁場でコースを曲げたときの曲がり具合から質量を割り出すもの。しかし、分子量の大きなタンパク質は、加速できるようにレーザーを当ててイオン化させると、バラバラになって正確な値を測ることができなかった。

ソフトレーザー脱着法は、グリセリンとコバルトの微粉末を混ぜたものにタンパク質の試料を入れてレーザーを当てる方法で、こうすることでレーザーのエネルギーが程良く吸収されて、タンパク質が分解せずイオン化するってものだ。

しかし、この方法、狙って見つけたわけじゃなくて、うっかりコバルト粉末にグリセリンをこぼしちゃって、でもまあもったいないからそのまま測ったら予想外のことが起きたというものだった。

しかも、この方式は、最初は精度も悪かったため、社内的にも装置にしても売れるわけないよって感じでほとんど評価されなかった。中堅幹部の一人が今までにない装置だから何か用途があるだろうと認めたので、かろうじて一号機が作られたけど、国内では実績がないからと一台も売れず、論文を評価したアメリカの研究機関が一台だけ買ってくれたという。

でも、これはたぶん、それだけじゃ先は続かなかったんじゃないかな。なぜなら田中さんの手法は、適用できる高分子が限られていたからだ。ところが後にドイツの研究者が田中さんのやり方を改良し、より汎用性を高めた装置が売り出されたことで、これが本当に役に立つものだという評価が定まっていった。実際、島津はこの装置で、世界シェアの十五％しか取っていない。つまり、ドイツの成果なしには、田中さんの受賞もなかったわけ。

ノーベル賞がらみの話では、日本人の受賞が少ないのは、ロビー活動をしないからだなんて話がよくいわれたりしたものだけど、田中さんの受賞から察するにそれはどうやらデマらしいということがわかる。ノーベル委員会は、非常にきちんとオリジナリティを評価しているみたいね。あと、下馬評でよくノーベル賞候補に上げられる青色LEDの中村修二さんは、まあノーベル賞候補にはなり得ないこともわかる。中村さんは、当時の主流とは違った窒化ガリウム系で1カンデラを越える輝度を持つ青色LEDを開発したわけだけど、原理に近い部分で新しいことはほとんどしていないんだよね。

一方、小柴さんの受賞は、前から確実視されていたものだけど、これもすごい幸運の巡り合わせによるものだった。

なにしろ、カミオカンデはもともと、大統一理論が予測する陽子崩壊の瞬間を捉えるために作られた装置だもんね。それが結局、当初予測の10の29乗年という時間では崩壊しないことがこの装置で証明され、理論家はカミオカンデでは測れない10の33±1乗年に理論を修正してしまったのだ。で、しょうがないから太陽ニュートリノでも観測するかといって、ノイズを一万分の一に減らす改修を行い、装置が動き出した一カ月後の八七年二月二十四日、大マゼラン星雲に超新星SN1987Aが現れた。ひょっとすると、そいつが地球に届いているかもしれない。そこでデータをチェックすると、二月二十三日午後四時三十五分三十五秒、光による観測の六時間前に、確かにそれは届いていたんだよね。

これが受賞理由のニュートリノ天文学という分野をきりひらいた、貴重な成果だった。小柴さんはこの年の三月末で退官だったからギリギリ滑り込みだよなあ。

しかもこの信号、もう九十秒前に届いていたら、観測できなかった。当時のカミオカンデは電子回路のできがよろしくなくて、一時間あたり百秒ほど装置をオフラインにして校正を行っていた。で、その校正が終わって装置がオンラインに復帰し一分少々で信号が届いたんだよね。

受賞の会見で、小柴さんは盛んに日本人は今後もノーベル賞を受賞しても不思議はないといっていたけど、それはたぶん東大宇宙線研究所長の戸塚洋二さんを念頭に置いているんだと思う。超新星が現れたときの実質的なリーダーは戸塚さんだったし、なんといってもスーパーカミオカンデでニュートリノ質量の存在を証明したから、この人は確実に取るでしょう。

ちゅうことは、これからもちょくちょく、日本人のノーベル賞受賞はありそうな感じではある。まあ、これからの日本の科学や技術の状況は、実はかなりヤバイ感じではあるけれど、こういう明るいニュースが続くなら、さらに次の世代に光明が託せるような気がしてきたな。

物語に鍛えられた人々

サはサイエンスのサ

連載・100

【鹿野　司】

いや、驚きましたよ。この連載も、今回でもう一〇〇回目になるんだって。

うーん、だからといって、特に何かあるわけではなく、人生と同じく、話はいつものようにだらだらと続いていくのである。まあ、今年は去年よりはたくさんSF作品よりの話をしていこうかなーなんて思ってるんだけどね。と、いいつつ、サッソク違う話をしてしまうのである。

このところの話題というと、やっぱり例の北朝鮮の拉致問題は、はずすことができないよね。しかし、あの事件でどうにも不思議なのは、北朝鮮側はなんで、あんな見え透いたウソをついたのだろうかってことだ。

もともとの彼らの思惑は、金正日自身が拉致の存在を認めるという、奇跡のような歩み寄りをしてみせることで自分たちの変化を印象づけ、日本からの援助を引き出し、悪の枢軸という危険なレッテルをはがしたいってことだったのだろう。

ところが、結果として、その思惑は完全に裏目に出てしまった。おそらく、あの拉致の告白がなければ、日本は北朝鮮の窮状をくんで、従来通り、今よりは甘い接し方をしていたんじゃないかなあ。

まあ、しかし、彼らの思惑が大きくはずれた最大の原因は、やっぱりあからさまに怪しい話が多かったからだろう。

そもそも、死亡原因に、北朝鮮ではほとんどあり得ない交通事故で死んでいる人がいたり、電気式が一般的なはずのオンドルでガス中毒死したとか、季節はずれの九月に海水浴で溺死したとかいうのは不自然すぎる。さらに、死亡した人の墓は全員そろって洪水で流失し、唯一それらしき遺骨が見つかった松木薫さんの場合も、朝鮮はもともと土葬社会であるにもかかわらず、なぜか二度も火葬されていたとあってはね。

こりゃあ、僕たち日本人からすると、どう見てもリアリティが感じられない話だ。ウソをつくにしても、もう少しマシなウソがつけるんじゃないかとすら思えるくらいだ。でも、こう感じるのは、僕たちのような自由主義の社会の住人は、いつのまにか物語を楽しむことに熟達しているからなのかもしれない。

北朝鮮関係のニュースを色々見ていたら、たとえば算数の教科書にまで将軍様を称えるエピソードが書かれているなんてことが紹介されていた。このことからも推察できるけど、彼らの社会では自由な発想による物語は、ほとんど存在しないんだろう。そのため、物語を創作したり、それを読み解いたりする能力が、ものすごく原始的なレベルに留まっているんじゃないかと思う。

一方、ぼくたちは日常的に様々なメディアから、多種多様な物語を摂取することを、ここ数十年にわたって続けてきた。その積み重ねはものすごく大きくて、昔に比べて物語のリアリティに対する水準がメチャクチャ上がっている。

ちょっとしたミステリーなら、推理をすすめる道具立てとして、かなり詳細な法医学の情報や、証拠集めの手順が描かれて、それが作品のリアリティを大きく高めている。もちろん、しょうもない話はたくさんあるけれど、どの話はリアリティがあって、どの話は不自然すぎてダメダメだってことが、誰にでもわかっちゃえる社会にはなっている。

これは普段はあまり気がつかないことではあるんだけど、海外の作品や日本の古い作品をみると、それがわかりやすい。

たとえば、しばらく前の香港映画なんて、パワーはあっても起承転結がメチャクチャで、何故ここからこう展開するのか意味がわからんというものが多かった。

それは昔の日本も同じで、僕が子供の頃になかなかリアルだなあと思って見ていた『マイティジャック』とか『怪奇大作戦』とかも、今見るとずいぶんショボくて悲しくなっちゃうこともあるくらいなんだよね（まあ、今でも鑑賞に堪えるエピソードはあるけど）。

これは、子供だったから子供だましされていたってこともあるんだけど、当時はあの程度のリアリティでも、納得してもらえた時代であったというほうが、真相に近いと思う。たとえば小林旭の昔の映画とかを今見ると、そ、それはないでしょうというつっこみどころ満載で、今となっては笑ってみるしかないもんね。

でも、そんな作品でも、当時の観客は十二分にリアリティを感じて、手に汗握ってみていたワケだ。

もっとも、日常生活に近いドラマに関してはそういう不自然さはあまりなくて、時代こそ違え、今見ても深く感情移入できる物語はたくさんある。だけど、非日常が交じるようなストーリーに関しては、現在と過去の違いは明らかだ。

それは、数十年の時間の間に、多くのクリエーターたちが、以前よりもより面白い作品を作ろうという努力を重ね、それを人々が楽しんできたことによって、僕たちの情報に対するリテラシーが、知らず知らずのうちにかなりレベルアップしているからなんだろう。

一方、北朝鮮にはそのような歴史の積み重ねは存在しないから、ウソのつき方のレベルも当然低いままに留まっている。

あの死者に関する情報にしても、北朝鮮側は、それなりにリアリティを出そうとはしたのだろう。でも、かれらのような物語作りに関して素朴な能力しか持っていない人たちの作品では、目の肥えた日本人にはできの悪いフィクションにしか感じられず、それは何か隠し事があるんだろうという認識になっているわけだ。

僕たちの社会では、たとえ二度火葬されてＤＮＡ鑑定は無理だということになっても、法歯学的な鑑定によって、遺骨は松本さんの家族の遺伝的特徴とは一致しなかったとか、高齢の女性のものであるとかいわれると、それは確かに本当らしいと納得できる。法歯学なんてものがあるとか知っていた人はそれほどいたとは思えないけど、でも、こういう情報の出され方をしたとき、僕たちの心の中にはそれをリアルだと感じる準備はできているんだよね。

北朝鮮側の怪しい情報も、冷静に見ると、まずいことを隠したいからウソをついているのではないかもしれない部分はある。たとえば、火葬を二度もしたのは、明らかにＤＮＡ鑑定をされると別人だとわかってしまうからだとぼくらは勘ぐったわけだけど、でも、何故わざわざ二度焼いたと告白しなければならなかったのだろう。それに、最初からその遺骨には「第三者の骨も混ざっているかも」といっていたわけだ。つまり、彼らとしては、日本側が遺品をほしがるなら、それらしきものを渡して感動させようと思っただけで、まさかこんなふうに証拠として調べられちゃうとは思っていなかったのかもしれない。まあ、僕としても、死亡したとされている人たちが、生きていてくれたらなあとは思いはするんだけどね。

サはサイエンスのサ

連載・101

【鹿野 司】

ちょっと前に、スカイパーフェクTV!のAXNってチャンネルで、一九八四年に公開された『デューン 砂の惑星』のTV放映用長尺版が放送された。

デューンは僕にとって、中学から大学にかけて、友人たちと熱心に読んだ、思い出深い作品なんだよね。それで、映画もリアルタイムで上映を見ていて、さすがにあの大長篇を映像にするのは無理があるなあ、良いところを探すとするとファイド・ラウサ役にスティングを起用したことくらいかなあ、なんて思ったものだけど、ずいぶん時間も経つし、ちょっと懐かしくもあって見てみたのだった。

当時は知らなかったんだけど、この作品、デイヴィッド・リンチのアメリカ・メジャー・デビュー作だそうで（クレジットには名前はないが）そういわれてみると、シーンの作り方とか、スペーシングギルドのナビゲイターの姿、エイリアの恍惚の表情なんかはそんな感じだよなーなんて思ったりして。

でも、それより何より驚いたのは、ガーニイ・ハレック役をパトリック・スチュアートが演じていたことだ。つまり、『スタートレック・ネクストジェネレーション』のピカード艦長ね。この人、このときから禿げていたんだなあと、妙に感心したりして。まあ、『ネクストジェネレーション』がスタートしたのは、八七年だから当然といえば当然か。思えば、『ネクストジェネレーション』でさえかなり昔の作品になっているんだなあ。……てなわけで、特集に連動して、今回はスタートレックの話。いままで秘密にしていたけど（でもないか）実はボク、トレッキーだったのだあああ。あー、恥ずかし。

まあ、とはいってもそれほど熱烈なファンというわけではなく、ファン・グループに属したことはないし、物品系の収集とかにも関心がない。そういう点では、申し訳ないくらい中途半端なレベルですけど。でも、まあ、一応、日本で放映されたテレビシリーズと映画は、全てのエピソードを少なくとも一度以上は見たって程度にはファンなのよ。

つまり、テレビシリーズの『宇宙大作戦』七九話、『ネクストジェネレーション』一七八話、『DS9』が一七六話、『ヴォイジャー』が一七二で、合計六〇五話と、映画九本、あと最新作の『エンタープライズ』は、この原稿を書いている時点で六話までは見ている。改めて数え上げてみるとビックリするね。

これだけの作品を見て思うのは、宇宙大作戦のころと『ネクストジェネレーション』以降のスタトレでは、後者のほうが格段にシナリオのレベルが上がっているってことだ。たぶん、『ネクストジェネレーション』があれほど良くなければ、たとえトレッキーたちが、スペースシャトル試験機の名前をエンタープライズに変えさせちゃうほどのパワーがあったにしても、それ以降のシリーズは作られなかったんじゃないかなあ。

ちょうど『ネクストジェネレーション』が始まったころは、警察ものとか弁護士ものとかアメリカのテレビドラマのシナリオが、人物のリアリズム追求という点でレベルがぐっと上がっていった時代だった。たとえば、『アリーmyLOVE』や『プラクティス』など超ヒット番組を次々プロデュースしているデイヴィッド・E・ケリーがどどんと出てきたのが八六年から始まった『LAロー』だ。

今のアメリカのヒットドラマの王道は、

数人の主人公的なキャラクターがいて、毎回いくつかのストーリーが並行して動き、一話完結ではあるけど、それが先のエピソードの伏線にもなるって形式で、このスタイルはこの作品あたりから始まっている。

このやり方が面白いのは、それぞれのキャラクターの性格を、断片的なたくさんのエピソードを通じて、かなり深いところまで描けることだ。視聴者にとっては、新しい友人と知り合っていくのと同じような形で、そのキャラの人となりがわかってきて、それによって感情移入がしやすくなる。『ネクストジェネレーション』以降のスタトレは、まさにこのスタイルで、それを作り上げていった作品群の一つってわけだ。そして、このやり方はSF特有の世界観を作るのにも、かなり適した手法だったんだと思う。

スタトレシリーズの魅力は、膨大なエピソードから醸し出されてくる、世界そのものの影響がかなり大きい。たとえば、フェレンギは金儲けにしか関心がなく、卑劣なことばっかりやっている種族という設定なんだけど、それを逆手にとって、その性格はフェレンギという種族をステレオタイプ的に見ているだけで、個々のフェレンギはもっと複雑で個性的だってことを描いたりする。実際、『DS9』の「クワークの結婚」のエピソードなんて、ホント素晴らしいよ。この話の中で、クワークがとてもカッコよく描かれるんだけど、その味わいは、まずフェレンギとクリンゴンの文化背景がわかっていなければわからないし、しかも以前のエピソードでクワークという人物がどういう振る舞いをしてきたかも知らないと、あまりピンとは来ないと思う。

ただ、たくさんのライターによって描かれているだけあって、それまでに形作られてきた世界観にふさわしくないエピソードもあって、そういうのはどうも納得できない感じがしてしまう。ぼくとしては、『ネクストジェネレーション』は、2シーズン以降はほぼ外れなく面白く、『DS9』は2シーズンの中盤以降～5シーズンは最高に素晴らしく感じるけど、『ヴォイジャー』は結局最後まで乗れなかった。『DS9』も終わりのほうは、それまで積み上げてきたものを台無しにしてしまった感じがするし（アメリカのテレビシリーズってファイナルシーズンになるとおかしくなっちゃうのが多いんだよね。テコ入れしようとして失敗するってパターンなのかなあ）、『ヴォイジャー』は結局、当初の精神世界の要素を入れていこうというもくろみが外れて、なんかキャラがいまいち機能しないまま最後まで行っちゃった感じ（セブン・オブ・ナインのおっぱいは唯一救いではあったが……）。

それで最新の『エンタープライズ』なんだけど、これってたぶん、今までのシリーズ中、スタート時点から面白いってことではいちばんだと思う。主人公たちのキャラが明確で魅力的だし、未知と出会っていく広がりのある感覚がとても心地良い。宇宙大作戦以前の時代設定だから、スタトレの膨大な予備知識がなくてもSFシリーズとして純粋に楽しめる。もちろん、スタトレ世界を良く知っている者にとっても、シールド技術とか、艦隊の誓いとか、そういう技術が開発されたり、ルールが必要とされるようになる理由なんかも、これからおいおい描かれていくんだろうなあとか思うと、わくわくしてしまう。いやー、スタトレって本当に素晴らしいよ。

デューン=エコロジーの誤解　その1

サはサイエンスのサ

連載・102

【鹿野　司】

　前回も冒頭で書いたけど、スカパー！で『デューン』が放送されて、それで懐かしくなって、久しぶりに小説版の『デューン／砂の惑星』『デューン／砂漠の救世主』『デューン／砂丘の子供たち』を読み返してみた。『砂の惑星』が日本で刊行され始めたのは一九七二年で、四巻目が出たのが七三年の六月。

　このとき僕は中学生で、思春期真っ盛りの頃だった。やっぱホルモン・バランスが不安定だったのか、少し頭がおかしくて、そのうえスタトレのミスタースポックをかな〜り好きだった。そして、生涯の親友たちと出会い、彼らにはスポックみたいっていわれたよなあ。

　僕くらいの世代のSFファンは、まわりにわかるやつがいなくて、孤独にSFしていた人が多いと思う。でも、僕の場合は幸か不幸か、話の通じる連中と若いうちに知り合うことができて、小説やマンガ、アニメなんかの話題（当時はゲームはまだなかった）で盛り上がっていた。当然デューンのことも話題になって、スー・スー・スークといえばイクート・エイと応えたり、そういやデューンの生態系サイクルを図にしたりもしたなあ。

　今では、『砂の惑星』程度の長さの小説なんていくらでもあるけど、当時としては全四巻の長篇SFって、かなり珍しい部類だったと思う。そのうえ、後ろには長大な用語辞典が必要なくらい、この作品世界独特の固有名詞が山のようにあって、読み通すのがかなり大変だったような気がする。なんつーか、何いっているんだかさっぱりわからんところが多数あって、さらっと読み通させてくれないんだよね。

　当時のことはもう断片的にしか思い出せないんだけど、果たして僕はこの作品を好きだったのかどうか、よくわからなかったりして。実際、『砂漠の救世主』は七三年八月に出たので、『砂の惑星』に続けてすぐに読めたはずなのに、手持ちの本の版を見ると、七八年の終わりから翌年一月にかけて発行された『砂丘の子供たち』を読むため、その直前に読んだみたいだ。ただ、八四年から始まった『砂漠の神皇帝』以降の話は、『神皇帝』の一巻を読んだだけで挫折。それ以降の話は、結局今に至るまで読んでいない。

　でも、それにもかかわらず、デューン世界の膨大な固有名詞のほとんどの意味が今でもわかる。実際、本を読み返したときも、用語集を一度も見る必要がなかったもんね。それはつまり、この作品には当時、相当ハマっていたということなんだろう。

　ところで、デューンといえば生態学SFのようにいわれていたと思う。でも、改めて今読み返してみると、それってあまり当たっていない感じだ。もちろん、そういう要素が全然ないってワケじゃないんだけどね。

　SFでは、エキゾチックな世界が出てくるのは当たり前だけど、その大半は何の根拠もなく、そうあるものだった。センス・オブ・ワンダーという言葉で代表されるような、イメージ的な壮大さがあれば、そういう世界が本当に成立しえるかどうかということは、あまり重要視されていない。たとえば、もし仮にアラキスに似た砂漠の惑星を別のSFが描いたとしても、水も緑もほとんど存在せず砂しかない惑星に、いったいどこから酸素が供給されて、生物が棲めるのかというようなことは、たぶん問われないだろう。

　しかし、デューンでは、その惑星の風

景がなぜそうであるかについて、合理的な説明づけをやろうとした。それはやっぱり画期的なことだったと思う。

アラキスという、他に類を見ないくらい乾燥した惑星だけが、なぜメランジを生産できるのか。それは、砂虫をはじめとする砂漠の生物たちの、生態学的なサイクルによって説明される。水がほとんどないと思われていたアラキスも、実際には砂漠の生物たちによって膨大な量が蓄えられていて、人目に付かない砂漠深部の地底で行われている生態学的プロセスによって、メランジはもちろん酸素も作られている。

ただ、そういう舞台設定は、砂の惑星の時点では、一つの道具立てにすぎなくて、デューンで描かれようとしたことの中心的な部分とは思えない。それ以上に、デューンでもっとも熱心に描かれたSF的アイデアは、予知能力とはどういうものか、それが当たり前に存在する世界で人はそれとどうつきあっていくかという事じゃないかと思う。

ただ、しかし、デューンがアメリカで出版された六五年より少し前に、今のイメージのエコロジーの最初のブームが起きていて、そのせいでデューンという作品が、エコロジーと結びつけられて語られることが多かったんじゃないかと思う。

実際、『砂の惑星』一巻の訳者あとがきの中に、アナログ誌の批評の引用があって、そこにエコロジーと結びつけた内容がある。これをみると、ラハエル・ヤールソンという名前がある。それって誰？　と思ったんだけど、考えてみたらこれは、最初の環境破壊の告発書『沈黙の春』の作者レイチェル・カーソンのことだ。当時、すでに『沈黙の春』は日本語に翻訳されていて、作者名もレイチェル・カーソンだったと思うんだけど、どうやら訳者の矢野さんは当時この名前を知らなかったらしい。たぶん、この当時、日本ではまだエコロジーという言葉はそれほど話題になっていなかったんだろう（似たような内容を意味する言葉としては、「公害」が主流だったはず）。

実際、四巻のあとがきに載っている、毎日新聞から引用した生態学に関する参考文献には、ローレンツとかグドール、モリスの本なんかが並んでいて、こりゃああんたエコロジー（生態学）じゃなくて、エソロジー（動物行動学）でしょって感じ。両者を完全に混同しているんだけど、当時の認識としてはその程度だったワケね。

今現在、エコロジーという言葉は、社会的な環境問題って感じで使われていて、日本ではエコロジーと生態学って、まるで別もののような印象さえある。エコロジーに社会的な環境問題のイメージがついたのは、レイチェル・カーソン以降で、それ以前のエコロジーはもっと純粋に生物学の一ジャンルというイメージだった。

デューンの場合、生態学はその古いイメージで使われている。その意味では今のエコロジーとはまるで関係がない。古いエコロジーと今のエコロジーは、いってみれば同音異義語みたいなものだ。

でも、デューンは当時の第一次エコロジーブームに便乗する形で紹介されて、それがかなり強烈に、デューンといえばエコロジーというイメージを作り上げてしまったのではないかと思う。でもそれは同音異義語的な誤解なんだよね。

（続く）

デューン＝エコロジーの誤解　その2

今回は、デューン話の続きの予定だったけど、ちょっとおもしろい話を聞いたので、まずはそちらから。

火浦功夫妻はここしばらく、ウルティマオンライン（ＵＯ）にはまっている。なんでも、六時間に一度発行されるパルクオーダーというものをもらうため、交替でブリタニアに常駐しているとのこと。フェルッカだったかな、プレイヤーキラーやドロボーの出没する何でもありの世界の北極にお店を構えていて、その界隈では唯一の量販店らしい。

で、鹿野君も早くやろーよー、いい装備作ってあげるよ、なんて奥さんに誘われている。そこでとりあえず、戦士キャラを作って、初心者ガイドのクエストをはじめてみた。でもなー、自由業者が始めると廃人になるとうわさのオンラインゲーム、今の僕にはのめり込んでいる余裕はないんだけどなー。そんなこんなで、ぐずぐずしていた矢先、なんとＵＯで、家を盗んでリアルに逮捕された人間が出たそうだ。

その盗人は、ゲーム上で知り合った女性になりすまし、ゲームソフト会社にパスワードを忘れたので教えてほしいと問い合わせて、不正にパスワードを手に入れた。で、その女性のキャラクタを操作し、二五〇〇万ＧＰの「家」を勝手に五万円で売り払ってしまったという。被害者は、せっかく八万円で買った家なのにひどいって悔しがって被害届けを提出、盗人は不正アクセス防止法違反で逮捕となった。

ところで、なんで不正アクセス防止法違反なのかというと、この犯罪のキモは、バーチャルな家を盗んだことではなくて、他人になりすまして不正にパスワードを入手し、コンピュータにアクセスしたことにあるから。まあ、それは確かに犯罪だけど、でも、そもそも他人に簡単にパスワードを教えちゃうのはどうよって感じ。（噂では、電話で聞くだけでパスワードを教えてくれたらしいけど、犯人は男性なのに女性名義のパスワードを訊かれて、怪しまなかったのかしらん？）

ＵＯというか、オンラインゲームでは、ゲーム世界のアイテムの、リアル現金売買が普通らしい。

ゲームによっては装備とか買っちゃったほうが序盤がサクサク進めたり、超レアアイテムには高い値段が付くみたい。大人買いのノリですかね。

こういう行為、なるべく禁止しようと考えるゲームが多いようだけど、実際には普通のことで、ウルティマオンラインの場合はとくに、初期にはなかば公認だったらしい。しかも、土地を所有するのがすごく大変で、新しい大陸が創造されると激しい土地争奪戦が繰り広げられるんだと。ちなみに、火浦家がフェルッカに家を持ったのは、そんな物騒なところにしか、土地が空いていなかったからだって。

しかし、その土地争いのありさまは、「日本人と韓国人は土地に対する執着が異常だ」とオリジン社の人間にいわせるほど。また、アイテム類をバッグにやたらため込むのも東アジア人特有みたい。それで、昔はたくさん持てた家やアイテムが、今ではかなり制限されるように変わってきている。

この土地所有欲とか、財産ため込み欲求は、やっぱ農耕民族の文化で、イギリス人には理解できないってことなんだろうかねえ。それはまあ、ありそうなことではあるけど、もうひとつ別の可能性もある。

ＵＯは、キャラクタのパラメータを上げるのに膨大な時間がかかるのに、中にはすべての属性がグランドマスターになっているような（プレイ時間が一年やそこらでは、到底その域には達しない）プレイヤーもいる。そういうハイレベルなプレイヤーは、実はおばちゃんが多いらしい。

なるほど、おばちゃんをなめちゃいけないのは、テニスと同じだね。テニスは、夫婦でやっている家庭って、夫の人が若いころからやっていて、奥さんが後からはじめたってケースが多い。でも、いつしか夫はプレイする時間がほとんどなくなり、逆に妻は日焼けで黒光りするくらいやりこんでいて、遥かに実力が上になっている。そのため、夫婦ダブルスが対決する試合では、基本セオリーが夫狙いで、昔は結構いけてたという夫のプライドはズタズタになっちゃうという、ああ恐ろしや。

オンラインゲームも、日常的に長く続ければ続けるほど強く、財産も貯まるところなんか、おばちゃん向きなのかも。そして、おばちゃんといえば、包装紙とかプリンの容器みたいな何でもアイテムをためこむ性癖があるでしょう。ひょっとすると、東アジア人のアイテムに対する異常な執着ってのは、実はおばちゃんバイアスのせいかも。

女性誌や情報番組で収納モノの話題が流行るのは、おばちゃんの整理したいとか溜め込みたいという本能的な欲求に応えているからだと思うけど、実はロープレのアイテム収集とかイベントをクリアしていく感覚ってのも、そういうところがあるんだよね。

そして、おばちゃんは同時に、同じ本能に基づいて、ゴミの細かい分別とかエコな行為も好きでしょう。……と、いうわけで強引にデューンにもっていったりして。わははは。

前回、デューンで使われているエコロジーという言葉は、今使われているエコロジーとは同音異義語みたいなものだという話をした。実際、作品を読むと解るけれど、『デューン／砂の惑星』では環境を保護しようなんて話はひとかけらも出てこない。この小説の中での生態学の使われかたは、デューンというエキゾチックな惑星の環境は、生物学的な理由があって成立しているのだという、ＳＦ的な説明のためにだけ使われている。それは、古くからあった意味での生態学の用いられ方だ。

でも、ちょうどデューンが出版される少し前に、レイチェル・カーソンの『沈黙の春』が大ブームとなって、エコロジーという言葉が社会的な環境問題を指す言葉に変化した。

これは推測だけど、当時の批評家たちは、同じエコロジーという言葉が使われていることから、このブームに便乗する形で、デューンを持ち上げたってところがあるんじゃないかなあ。そうでなければ、デューンがエコロジーテーマのＳＦだという評価が出るとは思えない。実際、この作品で熱心に描き込まれたのは、もっと別のことだしね。

ただ、続篇の『砂漠の救世主』では、ほんの少し環境破壊の話題があって、それはやっぱり批評の影響を受けたんじゃないかな。

（続く）

デューン＝エコロジーの誤解　その3

サはサイエンスのサ

連載・104

【鹿野 司】

『デューン／砂の惑星』は、これまでずっと生態学テーマのSFだといわれてきた。だけど、実はそれは違うんじゃないか、という話を前回した。

もう一度、かいつまんで説明すると、確かに、この作品では、アラキスという惑星の謎について、生態学的（エコロジカル）な説明が与えられている。惑星表面のほとんどが砂漠に覆われ、露出した水が存在せず、光合成を行う植物もろくにないのに、人間が生存できる酸素があるのは何故なのか。人間に長寿と予知能力を与えるスパイス、メランジの生産が銀河で唯一可能なのはどうしてか。

デューン以前の（以降もだけど）多くのSFでは、異境の惑星が驚異的な世界でも、それは異世界だからそうなのだという感じで、筋の通った説明はほとんどされなかった。あるいは、あったとしても、物理的なパラメーターの違い（重力やら太陽からの距離やら）での説明があるくらいかな。しかし、フランク・ハーバートは、この作品ではじめて、異世界のなりたちをエコロジカルなシステムで理由づけようとしたわけだ。

でも、このデューンで使われている生態学という言葉がもつニュアンスと、今、僕たちがエコロジーという言葉から想起するものとは、まるでイメージが違う。

デューンで出てくる生態系は、惑星環境は生命のサイクルによって整えられているという、まあ、かなりマクロな視点のサイエンスとしての意味合いが強い。

ところが、今のエコロジーは環境問題、環境保護と密接な言葉で、それはレイチェル・カーソンの『沈黙の春』以降に与えられたイメージだ。

デューンが書き下ろされたとき、アメリカではその『沈黙の春』のブームの真っ盛り。そこで当時の批評家たちは、同じエコロジーという言葉が使われていることから、このブームに便乗する形で、デューンを持ち上げたというのが真相ではないかと思う。

そうとでも考えなければ、デューンの評価がそんなふうになった理由が見つからない。あの作品を読んでみると解るはずだけど、惑星アラキスのエコロジーは、ただの舞台背景にすぎなくて、決して中核的なテーマではなかったからだ。

また、作中、デューンのエコシステムの謎を解明した、惑星学者バードット・カインズの態度も、今のエコロジーのイメージからはかけ離れている。

なにしろ、彼は数百年の時間をかけてでも、アラキスを緑の星に改造するよう、フレーメンたちを焚きつけたのだ。

デューンに露出した水を溢れさせることは、砂虫を死滅に追いやり、メランジの生産を破壊する、生態系の大破壊になる。でも、たぶん『砂の惑星』を書いていた時点では、ハーバートの脳裏には、そういう環境破壊に対するネガティブな思いは、なかったんじゃないかと思う。『砂の惑星』で重要だったのは、フレーメンという放浪の民が、苦難の末にたどり着いた砂の惑星を、理想の天国に作りかえられると信じる、その宗教的な指向性だった。だから、『砂の惑星』では、水の溢れるアラキスの実現に、悪いイメージなどかけらも登場しない。また、続篇の『砂漠の救世主』では、そのあたりの話はほとんど出てこない。

ただ、『砂丘の子供たち』になると、アラキスを水の惑星に改造することは、甚だしい環境破壊になるということをちゃんと意識して物語が作られる。

ポウルが砂漠に消え去った後の時代、

SF MAGAZINE WORKSHOP

忌まわしい者と化したエイリアは、アラキスの破壊を意図して、早急に環境の改変を進める。そして急速に露出した水が増え激変していく環境を、昔のことを知っている老人たちは、良くない変化だと嘆いている。

　これは、『砂の惑星』を書いていた時から狙っていたことなのだろうか。それとも、『砂の惑星』でエコロジーとの結びつきをさんざん言われたから、このストーリイが閃いたのか。

　そのへんは、今さら答えの出しようがないことなんだけど、ぼくとしては、後者のほうが正解じゃないかと思う。

　というのも、『砂の惑星』の時点では、アラキスの生態系メカニズムは、最終的にそれを瞬時に破壊する方法の発見につながっていて、それを皇帝に対する取引材料に使うというオチになっているからだ。これは、まあいっちゃなんだが、せっかく設定した生態学的なしかけを、巧く使い切れていない感じなんだよね。

　でも、『砂丘の子供たち』に出てくる、「地獄への道は善意の煉瓦で敷き詰められている」ような、生態系の破壊の描かれかたは、『砂の惑星』の頃よりもうんと洗練されている。

　つまり、『砂の惑星』を書いていた時点でのフランク・ハーバートには、環境をより良く作りかえるという発想はあっても、人によって破壊されるというイメージは、ほとんどなかったみたいなんだよね。

　でも、『砂の惑星』はエコロジーがテーマだと周りから言われたおかげで、お、このアラキスの設定は、人類による生態系の破壊というセンでも使えるなって、改めて気がついたんじゃないだろうか。だから、『砂丘の子供たち』では、その設定をリサイクルして使ったんじゃないかなあ。

　ところで、話は大きく変わるけれど、『デューンへの道　公家《ハウス》アトレイデ』を読むと、ＳＦ評論家の水鏡子さんも、訳者の矢野徹さんも、表現は違うけどフランク・ハーバートのデューンより、ブライアン・ハーバート&ケヴィン・Ｊ・アンダースンのデューンへの道の方が、うんと読みやすい、なんて書いている。

　確かに、それはその通りで、デューンの方は、間違いなく意図して、スラスラとは読めないように、非常にわかり難く書かれている。

　たとえば、世界独自の固有名詞や歴史が山のように出てくるのに、本文中ではあまり説明されない。巻末の用語辞典を見れば、それはだいたいわかるようにはなっているけれど、小説で巻末を首っ引きにしなきゃならないというのも、不思議なスタイルだ。

　また、章のあたまには、なんか別の文献の引用が載っていて（このスタイル自体は他の小説でも結構あるが）イルーラン姫によるなんたらかんたらよりとか、書いてある。イルーラン姫って誰よってなことは、最初のうちは解らない。

　こんな読みにくくして、何の意味があるのかともいえるんだけど、実際には、これが作品に重厚感を与えていたんじゃないかと思う。と、いうのも、今、デューンを読み返してみると、作中人物の人間像などについて、ほとんど詳しいことが描かれていなかったことに気がつくからだ。ところが、中学時代の記憶ではもっとこう、みっしり何かが書かれていたような気がするんだよね。

（続く）

アメリカはリヴァイアサンか？

【鹿野 司】

　高校時代、デューンを読んだ友人の一人が、あんな未来の話なのに、絶対君主みたいなのが出てくるのはリアリティがない、なんてことを言っていた。彼は民青活動をしていて、そういうバックグラウンドがあっての意見だったんだと思うんだけど、僕はそういうことには全く興味がなかったので、そんなの小説の面白さとは何の関係もないのになあって思っただけだった。

　何でこんなことを思い出したのかというと、やっぱあのイラク戦争の影響なんだよね。

　デューンはもともと、エキゾチックな舞台設定として、アラブ社会の雰囲気を取り入れようとしていた。砂漠の惑星というイメージ自体そうだし、ポウル・アトレイデの親衛隊のことをフェダイキンと名付けたり、あちらの言葉に近い言葉が色々と出てきたりする。

　そこで、当初は今回のイラク戦争をからめて、デューンで描かれたアラブ社会のイメージはあくまで六〇年代のアメリカ人が漠然と描くアラブ社会であって、現実のアラブのありかたとはあまり関係のない、どちらかというとアラビアンナイト的なイメージに近い感じだなあということを、書いてみようかと考えていた。

　でも、戦争があっさり終わってしまったことで、それで冒頭の絶対君主のことが思い浮かんだわけ。

　イラク戦争は、開戦前にアメリカがいっていたとおり、本当に早く（わずか三週間で）終わってしまった。

　まあ、戦争が早く終わったのは、そのぶん失われる人命の数も少なくすんだわけで、良かったことは間違いない。イラクの人たちにとっても、冷酷な独裁者の頸木《くびき》を逃れられたのは、とりあえず歓迎ということらしいしね。

　だけど、ほぼスケジュール通りに事が運んだことで、ネオコンがこれからどんどん調子に乗っちゃうんだろうなあと思うと、とてもイヤンな感じがするのもまた事実。アメリカが勝利するのははじめからわかっていたけれど、もう少しややこしく揉めてくれたほうが、これからの世界のためには良かったのではないか、なんて感じが激しくするのは、きっと僕だけじゃないだろう。

　なにしろ、今回のブッシュ政権のやり方は、画期的に横紙破りだった。

　客観的な証明のない証拠によって、大量破壊兵器を隠し持っていると決めつけ、国際法では認められていない先制攻撃をしかけて、力でねじ伏せるという一連の流れは、第三者の立場から見ても怖すぎる。つまり、唯一の超大国となったアメリカなら、自由自在に超法規的に振る舞えるのだということを、世界に向かって証明して見せたわけだもんね。アメリカの逆鱗に触れたら、もうどの国だって何をされるかわかったものじゃないって感じ。

　ネオコンを代表する思想家、R・ケーガンは、「強さと弱さ」という論文の中で、アメリカは今や、ホッブスいうところのリヴァイアサンであると論じているんだそうだ。

　ホッブスとは、もちろんあの一七世紀の、イギリスの哲学者。彼は『リヴァイアサン』という著書の中で、国家のことをリヴァイアサンと呼んだ。

　このリヴァイアサンとは、旧約聖書にでてくる、神を除いて地上で最強の幻獣で、全身鱗に覆われて目は光り、牙は鋭く火花を吐き、通った後には強い脂が残るという。一応お魚の一種らしい。

ホッブスは、人間は自然状態では、互いにとって狼なので、放置すると争いが延々と続き、社会秩序が崩壊すると考えていた。そこで、そういうことを強力な力で押さえ込む存在、リヴァイアサンのような圧倒的な力によって、秩序を維持するものとして国家を考えた。

一方、人間を自然状態に引き戻そうとする内乱のことを、やっぱり旧約聖書に登場する陸の怪獣の名を借りてベヒーモスと呼んだ。

ベヒーモスは、芦原に住む草食の牛みたいな巨獣で、骨は青銅、肋骨は鉄の強い動物。この文明秩序を破壊するベヒーモスに勝てるのは、リヴァイアサンだけってわけね。

国家＝リヴァイアサンは、善悪の判断も勝手に決められる。

そういう意味じゃ、今回のアメリカの振る舞いは、勝手にイラクを悪者と決めつけて、勝手にやっつけているわけで、まさにリヴァイアサンそのものだ。

ただ、ホッブスは社会契約説の元祖でもあって、社会はそこに参加するメンバーの合意がなければ成立しないとも考えていた。つまり、彼のいうリヴァイアサンは、社会秩序を守る最後の手段って感じ。社会のルールは参加するメンバーの合意に基づいて作られるけど、ルールを破るヤツは必ずでてくるので、それを圧倒的な力で防ぐのが国家＝リヴァイアサンの役割ってこと。

こういうと、なんとなく納得しちゃう感じもするなあ。でも、歴史的には、このホッブスの考えは主流とはならず、その論敵のロックの考え方が、その後の世界を支配していった。

ロックは社会契約の概念とか、ホッブスとほとんど同じなんだけど、大きく違うのはルールをちゃんとしさえすれば、それを破るヤツなんていないと考えたことだ。そんなアホな、どうしてそんなにナイーブなのと思うかもしれない。

けれど、これは世界をどう認識するかによる違いなんだよね。

つまり、ホッブスは富を有限と考えていて、それを人は奪い合っているのだから、ルールで縛っても抜け駆けするヤツは必ず出てくると見る。一方ロックは、富は協力することで無限に生産できる、だからルールを守ることは富を増やすという意味で合理的であり、それを守ることが全ての人にとって居心地の良いものだっていう考え方に立つ。まあ、とにかく、一七世紀のこういう議論の中で、今の民主主義が形成されていったわけだ。

そして、ロックの思想が主流を占めてきたのは、少なくともこの数百年間、富は有限ではなかったということなのだろう。

時代は下って現代、今起きていることは、かつて人民と国家の間で起きていたことが、国家と超国家という、ひとつ上のメタレベルで起き始めているんじゃないかという気がする。そして、富は今や有限化しつつあるのかもしれない。

ただ、アメリカをリヴァイアサンだとしても、それはホッブスのいうものとは違っている。なぜなら、世界の人々はアメリカというリヴァイアサンとは社会契約を結んでいないもんね。そうでないリヴァイアサンは、暴虐な絶対君主にならないという保証はない。地球という器はもう小さいのだろうか。やっぱ宇宙へ拡大して、富の無限性を復活させる必要があるのかもよ。

歪んだリアリティと誤ったリアリズム

サはサイエンスのサ

連載・106

【鹿野 司】

あれはいつのことだったろう。もうずいぶん昔で、ほとんど思い出すのも難しいくらいなんだけど、たしか、アメリカがテロとの戦いを掲げて、イラクに攻め込む戦争があったような気がする。

……な～んて思えるほど、イラク戦争ってすっかり過去の話って感じじゃないだろうか。

この原稿を書いている時点で、すでにメディアのニュースなどでイラクの話はほとんどなし、明らかにヒマねたの白装束集団の集中報道も終わり、イラク戦争の時から続いているSARSの話題と、一時はほぼ忘れ去られていた北朝鮮問題がちらほら復活してきた感じかな。うっかりするとあの戦争、もう半年とか一年くらい前のような感じさえしてしまう。

しかし、この遠近感は、我ながらちょっとヘンだと思う。なにしろ、戦争が始まったのが、日本時間の三月二十日。四月九日にはバグダッドが陥落し、戦闘終結宣言は五月二日のことだった。

つまり、戦争が終わったのは、このマガジンが書店に並ぶのと同じ月で、まだ一カ月も経っていないのだし、開戦からだって二カ月くらい。物理的な時間の長さでは、ホントについ最近のできごとなのだ。でも、どうも感覚的には、かな～り前のことだったように感じてしまう。

同じように、あの戦争でヘンだったのは、開戦からほぼ一週間くらいで、メディアの主な論調が、この戦争は長期化するって感じになっていたことだ。

当初、アメリカは、圧倒的な軍事力とテクノロジーによって、開戦初期に敵国の指令中枢を粉砕し、心理的に抵抗力を奪う「衝撃と畏怖」（Shock and Awe）作戦によって、数週間で決着をつけると言っていた。それに対して、そんなこと本当にあるんかいなって意見が圧倒的だったと思う。

実際、それを補強するように、北のトルコ国内を陸上の精鋭部隊が通れないからとか、南の戦端が伸びきってゲリラ戦でやられまくるとか、最終的にイラクはヴェトナムのように泥沼化して、アメリカはバグダッドを絨毯爆撃、焦土と化すというようなことまで言われていた。

まあ、あの戦争は、アメリカのやり口があまりに独断先行的で、そこがシャクに障っていた人が多かった。国連査察が効果を上げつつあったんだから、あの局面での軍事攻撃はやりすぎじゃないかという感覚は、かなり親米派の人でも感じていたハズだ。

だから、アメリカが困ったことになってくれたほうが、そこはかとなくありがたいというムードが全体にあって、それでアメリカに不利な意見が、選択されやすかったということはあったように思う。

ただ、あのとき、メディア側も、情報の受け手であるぼくたちも、すでに開戦からずいぶん時間が経っているような感覚になっていた。だから、戦争が長期化するという予想に、ある種のリアリティがあったと思う。そのとき、開戦からまだ十日も経っていないというのは、頭で改めて思い出そうとしない限りピンとこないくらい、物理的な時間経過と心理的な時間経過が乖離していたようだ。

何故、そんな感じになったのだろう。

それはたぶん、短時間に圧倒的な量の目新しい情報が流れ込んできたからじゃないかと思う。

たいていの人は年をとると気がつくけど、時間の流れ方が子供の頃に比べて速く感じられるようになる。子供の頃は一年があんなに長かったのに、大人になると一年なんかあっという間で、え、この間正月だったのに、もう年末なの、なんて感じになってくる。

それは、子供の頃は、することなすこと全てが新しく、あらゆる細かい情報をもれなく集中して吸収していたからだろう。でも、大人になると日常のたいていのことはすでに知っていて、目の前に起きている事象のほんの一部の情報だけ取り込めば、問題なく生活していくことができる。つまり、単位時間あたりに吸収する情報量がスカスカで、後からふり返るとこの差が時間の経過感覚の違いになるわけだ。

ただ、大人になってからも例外的に、時間の流れがゆっくりになることがある。たとえば、熱烈な恋愛の最中とか、相手と一緒にいる一週間が、一月くらいに長く感じられたりする。つまり、相手に猛烈に興味を持つと、あらゆるディテールに関する情報を吸収しようとするので、後からふり返るとその時間がみっしり詰まって思い出されるわけだ。

イラク戦争についても、一時は全てのメディアがその話題一色に染まるくらい、情報が満ちあふれていた。しかも、この戦争は、衛星回線を使ったリアルタイムの中継のように目新しい内容が多かったし、何よりアメリカ側もイラク側もメディアを利用してどんどん情報を流す情報戦をやっていた。どの情報がどれくらい本当でどの程度ウソなのか、意識するしないにかかわらず判断を必要としていて、それだけ集中して情報を受け止めざるを得なかった。こういう情報の集中が、時間経過のリアリティを歪めたんじゃないかと思う。

今回のイラク戦争では、リアルってなんなのさってことを、色々と考えさせられた。たとえばアメリカ政府は、ヴェトナムや湾岸戦争での反省に基づいて、情報のコントロールのしかたがものすごく洗練され、巧妙になっている。ここまでくると、もうメディアが戦争を加速することはあっても、止めるのは無理って感じ。

それは、いまだに北朝鮮がやっているような、情報を制限してコントロールするといった単純な手法ではなく、むしろ情報を大量に提供することで、メディアを都合良く操作する技術だ。メディアは情報を欲しがる基本的な本能があるので、従軍取材OK、どんどん来なさい、ただし戦場での指示には従ってもらうよといわれれば、それに逆らえないもんね。この手法ならば、戦争の負の側面が国民に伝えられることによって、戦争維持が難しくなるようなことは、メディア自らの規制によって最小限に抑えられるわけね。

それからもう一つ、この戦争に先立って、いわゆる現実主義という考え方が、日本人の心に芽生えたみたい。これが、どうもいけすかない。これまでの日本人は、平和憲法に象徴されるナイーブな認識でもって、現実を見てこなかった。それは確かに、そうだったと思う。

でも、開戦前によくいわれた、北朝鮮が隣である以上、アメリカのやり方が間違っているように思えても、それに異論を唱えるのは得策じゃないという考え方が、なんかわりとしっかりした考えの持ち主だと思っていた人の口からもきかれるようになった。その何というか、ぶっちゃけた感じが、どうにもいやらしい。それって、志がなさすぎて、誤った形のリアリズムって感じがしてならないんだよな。

《デューン》は想像力の箱庭だった

【鹿野 司】

『デューン／砂の惑星』のシリーズは、僕にとって、高校から大学生時代にかけてかなりハマった思い出深い作品だ。

だけど、今、読み返してみると、自分が思っていたのとはずいぶん印象が違っていて、それはちょっと驚きだった。

もちろん、たいていの小説は、時間を置いて読み返すと、まるで違って感じられるのが普通だ。それは、一つには、自分が様々な経験を経たことで、以前には読みとれなかった内容が、読みとれるようになるからだろう。

また、時代的な変化によって、表現技法が洗練されて、以前とはリアリティのあり方が変わったってこともある。

たとえば、『ウルトラQ』とか『トワイライト・ゾーン』とか、今見返すと、結構アラが目立って、当時はこんな程度の話で満足できたのかと妙に感心しちゃったりする。話の作り方自体が未熟だったり、今の感覚で見ると、そりゃあないだろってていう展開があったりするしね。もちろん、当時それらの番組を見ていた自分は子供だったので、子供だましにすぎないってのもあったろうけど。

でも、まあ、『トワイライト・ゾーン』はエミー賞まで受賞しているくらいだから、少なくともあの当時の大人でも、それなりにうならせる作品ではあったはずだ。それに、アイデアの面白さという点では今でも十分楽しいと思う。ただ、今では、そのアイデアを、そういう形で表現されると、あまりに作りものっぽさが目立ってしまうって感じかな。

ただ、《デューン》を読み返したときに感じた違いっていうのは、そういうものじゃない。どう違っていたかというと、自分の思い出の中で感じていたほどには、各キャラクターの書き込みがされていなかったってことだ。

僕の記憶では、主人公のポウルはいうまでもなく、ガーニー・ハレックってこんな人、ダンカン・アイダホってこんな感じっていうのが、わりと明確にある。だけど、実際の小説中には、それは本当にあっさりとしか描かれていなくて、読み返すと、え、これだけしか出てこなかったんだっけって感じなんだよね。主要キャラどころか、たとえばシャダウト・メイプスみたいなキャラでも、ちゃんと性格からしゃべり方の特徴みたいなものまでイメージできるんだけど、でもこの人、出てきてすぐ死んじゃうだけで、そんなことゼンゼン描かれていないんだよなあ。

これってつまり、小説中には描かれていないイメージを、自分で補っていたってことだろう。

今では、当時《デューン》をどういう感じで読んでいたのかあまり思い出せないんだけど、少なくとも友人たち相手に、砂の惑星の生態サイクルを図にして見せたりしていた記憶がある。ちゅうことは、単に小説として読んでいた以上に、あの世界を舞台に色々なことを空想して楽しんでいた時間があったはずだ。

《デューン》シリーズのいちばんの持ち味は、いまさら言うまでもないけど、専用の辞書が必要なほどに、独自の世界を精密に作り上げているってことだ。

そして、そういった精密な独自の世界を作り上げた物語は、あるタイプの人間にとって、思春期・青年期くらいの若い時代、ものすごく面白く感じられるんじゃないだろうか。

実際、そういうヒットシリーズは内外問わずたくさんある。《スタートレック》もそうだし、『指輪物語』を筆頭に、それ以外にも多数のファンタジー系のシリーズものがあるし、《ガンダム》や《ファイブスター物語》もそうだ。《ドラクエ》や《ファイナルファンタジー》などのロールプレイング・ゲームも、基本的にはそういう種類の表現だろう。

これらに共通するのは、その舞台になっている世界にある程度詳しくならないと、面白さがわかってこないってことだ。それどころか、たくさんの固有名詞やその世界を支配しているルール、制限条件などを頭に入れていかないと、台詞の意味さえわからなかったりする。

たとえば「ファーストガンダム」で、ブライト・ノアといえばホワイト・ベースの艦長だ。これに疑問を感じるSFファンはたぶんあまりいないよね。でも、これって、全くガンダム世界について知らない人にとっては、ブライト・ノアという文字の連なりが何を意味するのか、判断する手がかりさえない。普通の多くの物語なら、初めて出てくる固有名詞でも、これは人の名前だろうとか、土地の名前だろうとか、悩む必要はまずない。それは、すでに読み手の頭の中に、人名や地名に対する常識的な枠組みがあるからだ。ところが、ブライト・ノアという単語は、そういう常識の枠組みでは分類不可能だ。

そのため、これが人の名前だということは、描かれている文脈の中から判断して、いちいち覚えなくてはいけない。

《デューン》の場合もそれは同じで、そういうのって、ストレスになることは間違いないだろう。だから、そういう要素のある作品は、どうしても好きになれないという人も少なくないと思う。

だけど、この系統の作品には捨てがたい魅力がある。それは、自分自身で物語のサイドストーリーを空想できるってことだ。作中人物を使って何かエピソードを作ってみたり、場合によっては自分自身をその作品世界に登場させるような話を考えたり。そういうことをやっているひとときというのは、作品をただ読んでいる時より楽しかったりする。自分の中に眠っていたクリエイティビティが刺激されて、作品を受動的に読むだけでなく、能動的に楽しむことの楽しさを体験できる。

そのためには、現実の世界とはあまりリンクしていない、ある程度複雑で緻密な舞台が、良い感じなのだ。なんというか、そこには原作者さえも知らない広大な世界が広がっていて、それはもう自分で思いのままにできるわけね。実をいうと、《デューンへの道》シリーズも、そういう遊び方をしている中から生まれてきたんじゃないかって感じがするんだよなあ。

ただ、こういう物語の楽しみ方は、ある程度若い時代だからできたことのような気もする。若い頃なら、こういう現実とリンクしていない話にでも易々と入っていって、いくらでも遊んでいられた。

でも、四十も半ばになったぼくには、同じことをするのは無意味で無駄に感じられちゃうんだよなあ。それって、明らかに物語への没入力の衰えだよね。ついつい、どうせ同じ時間を使って読むなら、ノンフィクションのほうが面白いとか思ってしまう。想像力を働かせるにしても、現実とリンクした何かについて考えを巡らせるほうが楽しく感じるんだよなあ。同じような理由付けで、最近はロールプレイング・ゲームもしないし。それってヤバくね?

《デューン》シリーズの没入感

フランク・ハーバートの《デューン》シリーズと、ブライアン・ハーバート&ケヴィン・J・アンダースンの《デューンへの道》を読み比べると、後者のほうが圧倒的に読みやすいといわれる。

まあ、それは確かにその通りで、ストーリーの流れを追うという観点からは、後者のほうがスラスラ読めてしまうことは間違いない。じゃがー、うーん、こういうことはあまりいいたくはないんだけど、ぼくは個人的に、《デューンへの道》のほうは、あまりノって読めないんだよなあ。

《デューン》シリーズの、『砂の惑星』から『砂丘の子供たち』までの八冊は、ストーリーのディテールなど結構忘れているところもあって、わりと楽しんで読み返すことができた。だけど、《デューンへの道》のほうは、読んでいるうちにだんだん気が重くなってくるんだよねえ。それで、『公家《ハウス》ハルコンネン』の一巻まででで、今のところ止まっちゃっている。

誰とは言わないけど、若い頃に書いた傑作やそのシリーズを、年取ってから続篇書いて台無しにしちゃうってことが良くありますなあ。正直言って、イヤー！　もうやめてーとか、口をOの字にして叫んじゃいそうになる。あまりに悲しいので、自分の中ではそういう続篇は無かったことにしようとしたりして。

で、《デューンへの道》も、そういう悲しい感じがしちゃうのです。

《デューン》も、《デューンへの道》も、たぶん文学的な小説がとくに好きな人にとっては、どちらも似たような、あまり面白くない話に思えるんじゃないかと思う。

どちらの小説も、ありがちなパターン的なキャラクターが、ありがちなドラマで動かされているみたい。まるで上空から、お人形さんゴッコを眺めているような感じかもしれない。

アトレイデ家はどうしてそんなに気高くいたがるのか、ハルコンネン家はどうしてそこまで邪悪なのか、そもそもこの人たちはなんでそんなに争いたがるんだろう。そこには、何の動機も必然性も感じられない。ただ、ア・プリオリにそう決められているだけだ。

もちろん、この種の小説に、そういうことを改めて問うのは野暮ってもんで、もっと別の次元での楽しみがある。

でも、文学的な作品を好む人にとっては、これはかなり、げんなりしちゃう作りではあるんだよね。

文学性というのは、やっぱり個性記述の面白さにある。それを面白く感じるためには、キャラクターの個性的な内面が、様々な出来事にどう影響されていくかが、ある種の必然性をもって描かれていかないといけない。作中である出来事が起きた時、そのキャラは何を思いどう反応するか、その心の動き方にいちばんの興味があるので、それが読者の認識を越えた意外なものであるのはＯＫだけど、そんな心の動きはあり得ないと感じさせてはダメなわけだ。

まあ、なんというか「心の理論」的な読み方って感じかな。

作家の中には、ときどき、作品を書いているうちにキャラが暴走して、自分がはじめ思っていたのとは違ったストーリーになってしまった、なんて言う人がいる。それは、キャラの内面世界に没入していて、そのキャラの心の必然によってストーリーが動いていってしまうからだろう。そういう作品は、読む側も同じように、キャラの心の必然的な流れを感じられるように思う。

ところが、《デューン》や《デューンへの道》は、基本的にはそういう内面世界の必然性とは無関係な作品だ。こういうタイプの作品は、ある世界の中にキャラを配置して、ストーリーの流れとして、このあたりでハラハラさせて、ここでちょっと泣かせ、このへんでほっと一息とかいう感じに作られているように見える。そういうストーリーの起伏のリズムが絶妙だと、どんどん先に読みたくなるし、ある種の感動やカタルシスを感じさせる。

ただ、このタイプの作品は、ここである転機が必要だから、この事件をはめ込んでみた、なんて感じになって、そのときのキャラクターの内面世界に矛盾があるかどうかは配慮の外にある。

前者の感じをキャラに没入した視野だとすると、後者の視野は世界を俯瞰するって感じかな。もちろん、これは程度問題で、どんな作品にも両方の要素がある。

そういう観点から考えた時、《デューン》のほうが、《デューンへの道》よりも、没入系の要素が強めな感じだ。《デューン》シリーズは、わざと読みにくく描かれていた。でも、それは無秩序に難解になっているわけじゃない。まあ、キャラクターの性格についてはパターン的ではあるけれど、作品を読んでいる読者が登場人物の視野で世界を眺めた時、そこに矛盾があるように感じることはない。

一方、《デューンへの道》シリーズのほうは、デューンの宇宙という舞台に、ストーリーを後付け的に配置しているような感じがどうしてもしてしまう。キャラクターの視野で世界を見ていると、なんだかおかしいよって感じることが多くて、没入感から覚めやすい感じなんだよね。

この違いは、やっぱりデューンの世界を創造したのが、フランク・ハーバートだったたってことが大きいのだろう。

デューンの世界は、発表当時としてはまだかなりエキゾチックだったアラブ社会や、東洋趣味などを混合して作り上げられたものだった。フェダイキンとかゼンスーニとかいかにもそれっぽい言葉もたくさん出てくるしね。

ただ、この当時のフランク・ハーバートが、とくにアラブ社会や東洋のことを熱心に勉強してこの世界に反映させたかというと、それほどではないと思う。ここに出てくるアラブ社会はアラビアンナイトのそれと大差ないし、ゼンといっても、禅らしさはまるでないしね。でも、彼は自分の知識の限界を十分知っていて、エキゾチズムを表現する手段としてそれを借用しているだけだってことを自覚していた。つまり、自分で作った世界だけに何を明確にして何を曖昧なままとどめるか、よくわかっていたんだと思う。

一方、《デューンへの道》では、デューンの中では曖昧でぼかされていたことが、メチャクチャはっきり書かれていたりする。その結果、描かないことでかえって表現できていた、神秘性や荘厳さがかなり失われてしまった。

まあ、デューン世界のファンが描いているわけだから、曖昧だったことを書きたい気持ちはわからないでもない。でも、ニンジャとかまで出しちゃうんだよなあ。それも、とほほなことに、アメリカン・ニンジャのイメージなのよ。これはせめてニンジャと言わなきゃ良いのに。それでもまあ、ストーリーの続きは一応気にはなるんだけどね。

夢を追う国と、現実に疲れた国

やっぱ、これからは中国だよね。

神舟5号による有人宇宙飛行の成功を目の当たりにして、改めてその感じを強くしちゃったなあ。

神舟の成功に対する日本のえらい人のコメントを要約すると、「国威発揚なんてバカ？　俺たちはお金が儲かるように賢くたちまわるよ」なんて感じみたい。

でも、そういう認識ってのは、これからの時代の流れを、読み違えているんじゃないかという気がする。

日本は今後、宇宙においては、得意な無人技術（ロボット系の技術）と、信頼性が高くコストの安い輸送システム（使い切りロケット）の開発に注力するという。

でも、まず信頼性が高くコストが安いロケットって言ったって、神舟を打ち上げた長征シリーズに対抗するのは至難のワザだ。長征はもともとH－2以上に失敗の少ないロケットだったけど、今回の成功で、人間を乗せられるくらい安全で信頼性があることを、圧倒的な説得力で世界に知らしめた。

このアピールは、今後日本が、「設計上」さらに信頼性をアップしたロケットを開発したと主張し、ロケット打ち上げの成功回数をどんどんどん更新していったとしても、決して追いつけないくらい強烈なものだ。せいぜい、「そりゃあ、信頼性は高いらしいけど、でも人を乗せることはまだ無理なんでしょ」ってな感じを越えることはない。それはもう、実際に人間を打ち上げてみせない限り、永久に追いつくことができない差となって残り続けるだろう。

しかも、コストの面でも基本的に追いつくことは困難だ。今回の有人宇宙飛行に費やされた費用は、一一年間で一八〇億元（二五二〇億円）だったという。

これはもちろん、物価の差の効果が大きいわけだけど、それにしてもメチャ安だ。なにしろ、イコノスみたいな商業衛星よりも性能が低くて何をするつもりかよくわからない、日本の情報収集衛星二基ぶんの予算が二五〇〇億円なのだ。

神舟はハードウェア的にも、非常に洗練されている。ソユーズをベースとしながらも、中国独自の改良をたくさん施している。容積も三〇パーセント増しだし、開発が行われた時代を考えれば、コンピュータがまだファミコンよりも性能が低かった時代の設計とは、かなり違うものになっていることは確実だ。（コンピュータ周りを本当に現代的に改良しているかどうかは情報がないけど、そうしている可能性は高い。なにしろ、有人打ち上げに際して中国は、宇宙船の追跡のための死角をなくすため世界に追跡船を配置している。こういうシステムを構築できたということは、独自のソフトウェア開発レベルが極めて高いってこと。そのレベルの中国が、宇宙船内部のコンピュータを改善していない理由がない）

過去三〇年間、更新されなかったカプセル型有人宇宙船を、現代の技術で見直せば素晴らしいものができるというのが、僕たちがやってきた「ふじ」宇宙船の一つのウリだった。神舟はそれを、現実にやってのけているわけだ。

しかも、結局、机上の空論でしかない「ふじ」にくらべると、コンセプトのレベルでも優っている部分がある。

たとえば、神舟では軌道モジュールに太陽電池パネルが取りつけられていて、無人の人工衛星として単独で活動できるし、ハッチもあるので複数の軌道モジュールをダンゴみたいに結合して宇宙ステーションを構成することもできる。

「ふじ」でも同様に、軌道モジュールを宇宙に置いてドッキングさせ、簡易型の宇宙ステーションを作るというコンセプトは考えていた。でも、軌道モジュールを長期間にわたって活動させる太陽電池パネルをつける発想はなかった。その理由は、軌道モジュールを簡易ステーションにするということが、アイデア止まりの段階で、あまり深く検討しなかったからだ。ぼくらの注意は、もっぱら、日本で有人宇宙船開発を行うにはどうしたら良いかというところに注がれていて、既存のロケットで打ち上げることを第一としていた。だから、こういう、ある意味オマケ的なところの検討は十分になされなかったし、軌道船に重い太陽電池パネルを取りつけるような発想は浮かびにくかった。

神舟を成功に導いた技術者集団のセンスは非常に優れている。日本の優秀な技術者のセンスも、彼らに負けてはいないと思うけれど、実際にモノが作れるか作れないかは、かなり大きな差だ。

聞くところによると、中国の指導者層は一〇〇パーセント理系だそうだし、将来的には宇宙に資源を求めるとさえいっている。そういう意味では、人類という種を宇宙に広めていく使命を担うのは、まず中国ということになるのだろう。これからのリアル近未来宇宙SFは、中国人をうんとたくさん出すべきだね。

日本の得意なロボット技術と言うけど、単純な技術的アドバンテージは、中国なら簡単に追いつくだろう。「先行者」とかを見てずいぶんバカにしちゃった人も多いだろうけど、そういう中国に対する日本人の漠然とした優越感なんて、全く的はずれなのだ。

なにしろ、人口が日本の一〇倍いるんだから、キャッチアップも大雑把にいって、一〇倍速でできる。つまり一〇〇年の遅れも一〇年で取り返せることになる。

技術のレベルは、インフラによって制限される。たとえば、なんの変哲もないねじのようなものが、いつでも手に入るかどうかということが、非常に大きな影響力を持っている。その点、中国はまだ若干遅れているだろうけど、それもそう時間をおかず追いついてくるだろう。むしろ、古いインフラが居座っている先進国よりも、最先端のものをゼロから整えていく中国のほうが、より効率の良い環境を素早く整えていけるはずだ。

じゃあ、日本は「もうだめぽ」ってことなのか。まあ、端的に言ってそうかもね。今や日本は、老化の極みに達しつつあるような感じがする。それは、日本に蔓延している、ぶっちゃけ感に端的に現れている。

イラク戦争には大義はないけど、ぶっちゃけ北朝鮮問題があるからおつきあいするほうが得だとか、有人宇宙飛行なんかやるとお金がいっぱいかかるしリスクも高いからやらないことに決めちゃうとか。国益とかいう言い回しも使われるけど、賢く振る舞っているつもりで、実はただ何も変えたくない、新しいことは恐くてできないといっているにすぎない。

「ぶっちゃけ」は、パンのみに生きようということで、それは戦後の日本を蝕んできたバカな夢は見ないという雰囲気のバリエーションの一つだ。でも、人は本来、さにあらず、バカな夢も見られなければ滅びゆくしかないのにね。（続く）

夢を追う国と、現実に疲れた国　その②

日本では、高度経済成長は一九六〇年代にはじまり、八〇年代には複数の産業分野でアメリカを凌駕するレベルに達した。これって、考えてみるとずいぶん短い期間に起きたことだよね。

おそらく六〇年代当時、アメリカお家芸の自動車産業や電子産業の分野が、わずか二十年で日本に脅かされるようになるとは、誰も想像もしなかったんじゃないかと思う。（産業空洞化や軽薄短小技術の勃興が、巨大帝国を滅亡に追いやるということについては、アシモフが《銀河帝国興亡史》シリーズで描いてはいたけどね）

翻って、今の中国はまさに高度成長の真っ盛りで、二〇〇八年の北京オリンピックに向けて、猛烈な勢いでインフラの整備が進んでいる。日本が東京オリンピックや七〇年万博みたいなイベントにあわせて東名高速や新幹線を整備したのと同じようなことが、今の中国で行われているわけだ。そのおかげで、日本では建設機器メーカーや、鉄鋼などの重厚長大産業が好調らしい。

前回も書いたように、中国の人口は日本の十倍だから、科学や技術発展に寄与する人的能力も、潜在的に日本の十倍はある。つまり、日本がかつて、短期間にアメリカをキャッチアップしていったようなことを、中国なら十倍速で達成できることになる。

もちろん、中国は国土が広いから、発展はまだら状になるだろう。また、半導体もそろそろムーアの法則が成り立たなくなってきているから、かつての日本のように、電子分野での指数関数的性能向上の波に乗って成長するようなことは、やりにくいだろう。それに技術の精度を上げるには、時間のかかる細かいノウハウの蓄積も絶対に必要だ。でも、そういうことを差し引いても、二〇一〇年頃には、多くの分野で中国の技術は、世界のトップレベルに並ぶに違いない。

日本人の気持ちの中には、どうも中国を見くびりたいという気持ちがあるように思える。「先行者」のパロディページがあんなにバカ受けしたり、神舟が所詮は三十年前のソユーズの真似にすぎないといってみたり。それはやっぱり、かつての植民地に対する、奇妙に肥大化したプライドが邪魔をして、リアルを素直に受け止められないからだろう。

そういえば、中国はこれほど発展しているのだから、ODAも、もう必要がないなんて話もよく耳にする。でも、それも同じような、現実を見ることのない、単なる偏見に基づいたおハナシだ。

日本の対中ODAは、二〇〇二年で一二二五億円で、もちろん少なくはない。でも、この大半は無償援助ではなくて、貸しているだけなので、将来的には返ってくる。しかも、そのうちの金額ベースで七二・六％は環境分野にあてられているのだ。これはどういうことかというと、中国は今、高度経済成長で工場などがバンバン建設されている。その工場に脱硫装置などを設置してもらうための資金なのだ。いけいけドンドン状態の中国は、そのまま放置すれば、環境問題をほとんど気にすることなく、大規模な開発を進めていくだろう。

その結果、日本の一九七〇年代なみに公害が発生してしまったら、風下にある日本には間違いなく悪影響が及ぶ。強い酸や有害物質を含んだ雨が日本全土に降りそそぎ、山林は荒れて土砂災害が増加し、農作物や近海漁業にも大きなダメージを与えかねない。

つまり、日本は中国に金を払ってでも、環境の保全の意識を持ってもらう必要があるわけだ。それは、環境問題に対するリテラシーが低い中国にとって、公害問題の発生を未然に抑える役に立つことになるだろうし、日本にとっても明らかに利益になる。つまり、日本の対中ODAは、ちゃんと日本の国益にかなったものになっている。

しかし、こういう話はマス・メディアではあまり紹介されない。もちろんゼロではないけれど、対中ODAは止めちまえというような意見に比べると、ずいぶん露出が少ないように思える。事実を知らないで、ODAといえば発展途上国にお金を恵んでやることだって感じの話が、簡単に流布してしまうのはどうしてなんだろう。

ぼくは、現在のそれ以外のODAがどんな状況か、ほとんど知らないに近いんだけど、情報をあまり知らないがために、ある種の偏見がある。

つまり、ODAといえば、現地の状況を全く考慮していない援助が行われて、立派な施設や機器が放置されていたり、先方では日本の資金援助だとは全く知られず感謝もされていないものってイメージだ。結局、開発途上国援助とは名目だけで、実体は日本の企業にお金を落とすだけの、税金の無駄遣いって感じかな。

こういう偏見を持っているのは、一頃そういう報道が、盛んにされていたからだ。でも、考えてみると、最近はその手の話題はあまり耳にしないよね。

と、なると、ODAは、かつての批判を受けて内容が改善されているのだろうか。あるいは、以前の報道そのものが、もともと一部の極端に悪い事例を、集中的に紹介しただけだったのか。

日本の報道の特性として、何か問題点を指摘することはあっても、それが改善されたときに、それをフォローすることはまずない。また、話題性のある事件が起きると、それに類似性のある事件なら小さなものでも集中的に取り上げていく傾向があると思う。

そういえば先日、読売新聞が「火星探査機のぞみ、火星衝突の危機」という報道をした。この中で、火星衝突航路を選んだことが裏目に出て火星に激突し、環境を汚染する危険性があるとしている。

のぞみはもともと九九年十月に火星到着予定だったけど、スラスタバルブの不具合で燃料が不足し、探査続行は絶望と思われた。しかし、ミッション解析チームは、あと二回地球スイングバイを行えば、火星周回軌道に到達可能な解を奇跡的に見いだした。これは凄いことで、さらに六月のスイングバイは完璧、その後の軌道微調整も必要ないレベルで成功していた。その軌道は、十二月十四日に火星表面から約九百km上空を通過するもので、誤差を考慮しても衝突確率は一％程度だという。しかも、期限までに電源トラブルが解消できなければ、生物汚染を避ける軌道修正コマンドを送り、衝突しない方向に向けることは前から決まっていたそうだ。つまり極めて困難な状況にありながら、可能な限りの復旧努力を行っているわけだ。それに対して、読売の記述は事実をねじ曲げているに近い。

思うにこれは、激フレアの影響で「こだま」が不調をきたし、「みどり2」が運用断念された（こちらは原因不明）こととと無関係ではないだろう。（続く）

夢を追う国と、現実に疲れた国　その③

サはサイエンスのサ

連載●111

【鹿野 司】

青少年による猟奇的な犯罪とか、ネットがらみの公序良俗に反する事件などが起きるたびに、決まって「現実と虚構の区別がつかない」なんてカンジの言い回しが使われたりする。

ついでに「だからネットは悪いんだ」とか「だからゲームは悪いんだ」みたいなことをモットモらしく語る人が、芥溜《ごみた》めの下からおぞましい腐臭をまき散らしながら、ずるずる這い出してきたりしちゃったりするんだよなー。

そして、我々サブカルチャーや、新しいメディア文化を愛する者は、そういうワケノワカラン犯罪とひらかれゆく楽しい世界を、短絡的に結びつけないでちょんまげ～と、心を痛めてしまうのね。

まあ、しかし、それらのメディアが人間の精神に、全く影響を与えないワケでもないだろう。たとえば、「暴力的なゲームが人の暴力傾向を増加させる」のは、今ではほぼ確実とされている。ただし、それは特別新しい話ではなくて、「暴力的なテレビ番組は、人の暴力傾向を増幅させる」ということと同じくらい確かということにすぎない。

暴力的な番組、たとえば『ウルトラマン』とかなんでもよいけど、それは問題解決の手段として暴力が肯定賛美される。そうするとその番組を見た後で、暴力を良しとする傾向が強まるのは、まあ当たり前だ。昔はヤクザ映画を見て映画館を出ると、肩で風切って歩いてしまう、なんてことがよくいわれたけど、そういう形での影響を受けちゃうワケね。

ただ、その影響は、暴力的な表現を見た直後だけで、長期的に影響が残るかどうかはわからない。心理学実験では、映像を見せた直後に暴力傾向が増加したかどうかを調べることはできるけど、日にちをおいて調べようとすると、その間にいろいろな影響を受けるので、明確な結果が出ないんだよね。つまり、ある人が暴力を肯定するテレビやゲームを体験して、暴力も良い手かもと、一時的に思うことはあるかもしれない。でも、その後、現実の中に身を置くと、すぐにそんな手段じゃ巧くいくわけないことを思い知らされて、その影響はうち消されてしまうわけだ。

ゲームの場合、自分の一人称形式で、敵を殺すとポイントが貰えるみたいな表現形式なので、テレビ以上に悪影響があるはず、なんてこともいわれる。まあ、もっともらしい話ではあるけど、これもそうだと明確に示した実験はない。

それにしても、よくいわれる現実と虚構の区別がつかないってのは、一体どういう状態のことなんだろう。

これがフィクションとして描かれたものを、現実と取り違えてしまうということだとすると、それはちょっとありそうなこととは思えない。たとえば、格ゲーにメチャ填った人でも、フツーは現実世界で波動拳が本当にできると思いこんだりはしないもんね。

ちゅうか、一般に、お話の世界の出来事と、現実世界の出来事の区別は、かなり幼い頃からついている。というか、区別をつけようと努力しているんじゃないかと思う。たとえばアニメを見ている小さな子供に、このお話は本当だと思う？って訊くと、まあほぼ確実にフィクションだとわかっているような答え方をするはずだ。もちろん、細かく訊いていくと、いろいろ混乱はあるだろうけど、少なくとも物語という体裁で表現されているものは、本当のことじゃないだろうという推論を働かせていることはわかると思う。

ぼく自身の幼い頃の思い出にも、そんなのがある。ありゃあたぶん小学校以前で字もろくに読めていない頃だったと思うけど、絵本か少年雑誌の見開きのページに、地底に巨大な洞穴があって、恐竜たちが今も生き続けているという内容が描かれていた。知られざる秘境探検みたいな感じの内容だったのかな。で、それを読んだ僕は、母親に大きくなったらここに連れていってね、なんて頼んだんだよね。あ〜我ながら、なんて可愛いの。

この思い出のポイントは、それが小説とかお話ではなくて、ノンフィクションのような体裁で語られていたから、実際行ってみたいと思ったってことだ。これがお話を読んでいる時だったら、絶対にそんなふうに思ったりはしなかったろう。

人間という種は、もともとフィクションを物語る能力を生まれながらに持っている。しかし、現実と虚構を混同しては、生存に不利益になることも多いわけで、そういうものを区別しようという傾向も、遺伝的に持っているのかもしれない。まあ、これももっともらしい話にすぎないけどね。

ただ、少なくとも、それが虚構という体裁で語られているものである限り、虚構と現実を区別できなくなることは、ありそうにないと思うんだよね。

でも、逆に、それがフィクションではないという体裁で語られた場合、その区別はけっこう難しくなる。

アカデミー賞の授賞式で「ブッシュよ恥を知れ」といって喝采とブーイングを同時に受けたマイケル・ムーア監督の『ボウリング・フォー・コロンバイン』は、どうしてアメリカでは、銃を使った凶悪犯罪や殺人事件が多いのかという問題を追及したドキュメンタリーだ。

ぼくはこれを見るまで、その理由を、単純にアメリカが銃社会だからだと思っていた。あるいは、多民族国家だったり、失業率が高かったりで、不穏な事件が起きやすい社会環境が背後にあるからという印象を持っていた。

ところが、『ボウリング〜』では、それらの理由はことごとく正しくないことが示される。なにしろ、お隣のカナダは人口三千万人、一万世帯で七百万丁の銃があるというアメリカ以上の銃社会で、人口の十三%以上が非白人の多民族国家だし、失業率も高い。でも、アメリカのような射殺事件は滅多に起きないのだという。それどころか、都会のトロントでさえ、家人が家にいる時、自宅に鍵をかける習慣がないらしい。

アメリカの都会なら、扉に何個も鍵を取りつけ、自宅に侵入しようとする人間には有無をいわさず発砲したりするのに、この違いはなんだろう。

ムーアはその理由を、アメリカには恐怖が利益を生む構造があるからだという。日々報道されるニュース番組のほとんどは、射殺事件や暴力沙汰で埋め尽くされる。その理由は、エキサイティングな番組でないと視聴率が取れないからだ。そして、自分たちが生活する場が恐ろしい所だと繰り返し示される。そんな恐ろしい世界で身を守るには、銃を手に入れ先制攻撃するしかないと、多くの人が信じてしまっているのだ。しかし、カナダの地元ニュースには、そういう形の表現はほとんどないのだという。

（続く）

夢を追う国と、現実に疲れた国　その④

サはサイエンスのサ

連載・112

【鹿野 司】

マイケル・ムーア監督の『ボウリング・フォー・コロンバイン』は、アメリカではなぜ、銃による犯罪が多いのかという謎を解き明かすドキュメンタリーだ。

それは、単に銃の数が多いとか、多民族国家だとか、失業者が多いということとは関係ない。その真の理由は、恐怖が利益を生む構造があるからだという。

あらゆるTV番組は視聴率に支配されている。それは事実を伝えるはずのニュースも同じで、自ずとエキサイティングな暴力沙汰や、射殺事件などの話題で埋め尽くされる。もちろん、事実でないことを捏造しているわけではないけれど、恐怖を強調するように編集された内容が、あらゆるチャンネルで繰り返し流される。その結果、人々の心には、世界はとても恐ろしいという印象が植え付けられる。

たとえばロサンゼルスの夜のニュースでは、危険な黒人やヒスパニックが選択的に報道される。でも、実際に銃をたくさん持っていて銃犯罪を犯すのは、都心ではなく郊外に住む白人の若者が多いという。

子供向けのフィクションでは、あれほど暴力シーンを嫌って規制するのに、リアルを伝えるはずの番組では、過激な暴力事件がてんこ盛りだ。フィクションという枠組みで語られる物語は、小さな子供でもフィクションであることがわかる。でも、事実という枠組みで伝えられる内容は、たとえそれが編集されているという意識を持って受け止めようとしても、かなりのところまで信じてしまうのではないだろうか。

その結果、世界は恐ろしい、やられる前にやれという感覚が醸成されていく。

すると、人々は自衛のためにと、より強力な武器を求め、その武器によって、さらに悲惨な事件が引き起こされる……以下繰り返し。

『ボウリング〜』では、この恐怖を産み出す構造によって、最終的に利益を得ているのは軍産複合体だという。そして、その構造を促しているのは、彼らの謀略だとほのめかすような描写もある。

まあ、本当にそういう謀略があるかどうかはわからない。湾岸戦争の悲劇のお姫様とかイラク戦争の時の女性兵士救出などの茶番は、そういってもいいのかもしれないけれど、もっと基本的な、世界は恐ろしい場所だという認識は、狙って作れるようなものじゃない。

そもそも、悪の首領みたいなのがどこかにいて、そのプラン通りに世界が動くなんてことは現実にはあり得ない。そんな気配を感じてしまうのは、ぬいぐるみにも心を感じ、進化にまで意志を読みとってしまうような、人間のもつ認知的歪みのなせるワザだ。

9・11以降アメリカは大きく変わったと言われるけれど、それはリベラリズムのような歯止めの力が、非常に弱まったということだ。

そういえば『ローンガンメン』という、『X-ファイル』からのスピンアウト番組がある。これは、『X-ファイル』に何度か登場した、ちょっと電波なおたく三人組が、毎回ヘンテコな事件を解決（?）していくシリーズ。で、その第一話は、なんと旅客機の制御システムをハッキングし、貿易センタービルに衝突させる計略を、直前に阻止するって物語だった。しかもそのテロの黒幕は国防総省で、冷戦が終わってじり貧の軍需産業を盛り返すことが目的だ。つまり、テロリストの仕業に見せかけて事件を起こせば、弱小国の政府はこぞって自分がやったと声明を出すだろうから、それを口実に軍備の拡張を行うってわけ。これが最初に放送されたのは、二〇〇一年三月で、つまり9・11の半年前だ。この話は、いかにもリベラルな立場からの物語だった。

でも、9・11以降に作られたTVシリーズが日本でも見られるようになってきて、リベラル勢力の力が本当に弱体化しているって感じがヒシヒシ伝わってくる。たとえば『プラクティス』では、アラブ人だという理由で飛行機の搭乗を拒否するってことが、憲法違反ではあるが、やむを得ないという結論になってしまうエピソードがあったりする。つまり、恐怖の前にはいかなる超法規的行為もやむを得ないという感覚が、かなり強まっているわけだ。

この恐怖と自衛のための攻撃という感覚は、もともと冷戦時代からあったものだ。当時はソ連の脅威が強調され、結果的に地球を千回も破壊できるほどの核兵器が作られた。初期には破壊力が大きすぎて使い道がなかった水爆も、「最悪の事態を想定する」ことで隙間のニーズを見つけ、どんどん多品種化していった。

ソ連の脅威は、そこが崩壊してみると、結局それほどではなかったことが明らかになった。つまり、諜報機関の情報はあまりあてにならないし、最悪の事態に備えるという文言は、無駄な投資を促す虚構にすぎなかった。それは今回のイラク戦争でも同じで、アメリカにせよイギリスにせよ、あんなにデタラメな情報ばかりでてくる諜報機関を、なぜ未だにあれほど信頼しているのか不思議なくらいだ。せめて責任者をクビにするくらい、あっても良いと思うんだけど。

でも、世界は恐ろしい場所だという認識の前には、その程度の間違いは取るに足らないこと、安全側にミスっているのだから、まあOKということなのか。

それに、自衛のためには、怪しいヤツに先制攻撃するというのは、論理としておかしい。守るなら矛じゃなくて盾を強化するのが自然だよね。銃社会じゃなく鎧社会になってれば、世の中もっと平和なのにね。

まあ、アメリカの問題は、とりあえずどうにもならないだろう。数十年を経て、9・11の影響が薄れない限り、そう簡単に今の状況を逆転させることはできそうにない。

ただ、残念なことに日本でも、だんだんアメリカと同じような、恐怖を金にかえる構造ができつつあるような気がする。

視聴率競争によるニュース番組のバラエティ化で、ぼくたちは外国人窃盗団に大いにビビって暮らすようになっているし、親は子供を殺し、医者は医療ミスを頻繁に行い、若者は荒れ、女子高生は狂ったようにパンツを売りさばく。それらのことは、ごく一部の事例であるはずなのに、繰り返し繰り返し放送されることで、世界とはそういうものだという雰囲気を作っていく。その世界認識をベースにした対策は、必ず間違ったものになるだろう。「安全管理は最悪の事態を考えて対処法を考えておくべきだ」という慣用句が最近よく使われるようになった。でも最悪の事態って具体的に何なのか、あまり考えられていないことが多い。そこには費用対効果という観点が必要で、たとえばBSE対策とかミサイル防衛とかは、ほとんど無意味な過剰防衛なんだよなあ。

「情緒的」な「安心」基準

サはサイエンスのサ
連載・113
【鹿野　司】

松屋では、売り切れに腹を立てた男が、なんで牛丼屋に豚めしがないんだーとアバレたそうだ。どーでもいーけど。

アメリカ牛にBSEが見つかったことで、吉野家はじめ大手チェーン店の牛丼の販売が次々と中止に追い込まれたのはみなさんご存じの通り。その牛丼最後の日には「とても寂しい気持ちでいっぱいです」「これが食えなきゃもう、何を食べて生きていったらいいか……」などの消えゆく牛丼を惜しむ声しきり。で、その次に流されたニュースの話題が、アメリカがBSE問題の調査をうち切るって話だった。当然、コメンテーターの方々は、「アメリカは食の安全をどう考えておるの」とか、なんかそういう怒りの意見をいろいろ述べていた。

これってどうなんでしょうね。高千穂遙さんもWeb日記に書いていたけど、吉牛はじめ販売中止になる前の牛丼の牛肉は、輸入禁止前に日本に入って備蓄されていた肉だ。つまり、他ならぬBSEの危険性がある牛肉を使ったものなんだよなあ。その肉を食うのに大行列で並んでおいて、その一方で、同じ肉が危険だから輸入できませんでは、全くもって意味がわからないよね。

日本の農水省はあくまで全頭検査にこだわり、アメリカは科学的な基準に従って欲しいという。まあ、このままではずっと平行線で、いつになったらアメリカ牛の輸入再開ができるのか、全く見当もつかない状態だ。しかも、これまでの各メディアの紹介のされ方をみると、日本政府が中途半端な妥協をしては、もはや世間が赦さないという感じになっちゃっている。

イラク戦争とか、これまで日本政府は、アメリカの大義なき戦争に盲目的に付き従っているように感じられる。それに対する世間のいらだちは相当なもんだ。北朝鮮の拉致問題もあるし、ぶっちゃけアメリカさんのいうことには、はいはいと従うしかないんだろーか。それにしても、歴史の大転換といえる、自衛隊の海外派兵を、こういうなし崩しなやり方でやっちゃってもう、どーすんのって感じ。

その前提があるから、あくまで自分流を押しつけようとするアメリカンな態度に対して、敢然と立ち向かう農水省って、なかなかやるじゃないのと思っている人が多いようだ。

少なくとも、メディアの取り上げ方はそういう感じで、アメリカさんってば日本でBSEが発生して以来、全頭検査をしている和牛でさえ輸入を一切禁止しているのに、どの面下げてあんないい加減な検査しかしていない牛の輸入再開を求めてくるのーとか、今回のBSEの原因らしいカナダ産の牛の追跡調査は、結局三分の一くらいできただけで、後は解らないけどもうどうでも良いやって感じになっているとか。それから、アメリカ国民は、BSEだろうが鳥インフルエンザだろうが、全く気にせず普段通り肉を喰ってて暢気だよなあみたいな。そういうアメリカの奇妙さをことさら取り上げて、あきれちゃうねって感じの話題が集中的に紹介される。それって、北朝鮮の奇妙な姿を連日放送しているのと、やり方としては全く同じ感じの雰囲気だ。

一方、日本の全頭検査態勢に疑問をもつような話はまず出てこない。

日本の場合、世界のどこもやっていない全頭検査をやっている。全頭検査をやれば、それは確かに安全か否かを、これ以上はないっていうくらい確実に見極められる。こりゃあ、世界に誇れる安全基準かも……。でも、それは、見方を変えれば世界のどこもやらないくらい奇妙なことでもあるわけだ。

ヨーロッパでの基準は、検査はふらふらしていたりして明らかに異常が見られる牛と、三〇週齢以上の牛だけを対象にすれば十分とされる。この基準だと、アメリカの牛は大半が二〇週齢くらいで出荷されるので、ほとんど検査の必要がないらしい。

日本の検査基準がこんなに厳しいのは、もとはといえば農水省の失態が原因だ。

日本で最初のBSEの発生が確認される少し前、ヨーロッパで行われたBSE問題の調査報告書で、近い将来日本でもBSEが発生する危険があるという文言が盛り込まれることになった。これを事前に察知した日本の農水省は、日本ではそんなことはあり得ないので、その文言は削ってくれと抗議したという経緯がある。でも、現実に日本でもBSEが発生しちゃったんだよね。

そのほか、同じような時期に、牛乳のO157汚染問題とか、食の安全に関わる問題に関心が高まっていて、そういう諸々の事情で、世間的に農水省は業界の利益を守るだけの、全く信用ならない組織だというイメージができあがっていた。BSE発覚後の、全頭検査態勢は、そういう状況下にあって、農水省の失地回復のために急いでやられたものだった。ようするに「羹《あつもの》に懲りて膾《なます》を吹いている」状態だ。

しかも、この全頭検査は、民間が自腹でやっているワケじゃなくて、税金で行われているんだよね。金額的には、まあ数十億くらいみたいだからそれほど多いわけではなさそうだけど、これを税金でやっていることは、あまり知られていないんじゃないだろうか。

公衆衛生の立場から、リスクを最小限に減らす費用対効果を。それが「科学的」な「安全」基準だ。

でも、日本の場合はそれでは不十分で、「情緒的」な「安心」基準でないとダメらしい。つまり、コスト度外視で、非合理的な安心基準でないと、日本人は納得しないってワケね。

でもなあ、去年の夏の原発一斉検査による停電の危機も、ようするに厳しすぎて意味ないじゃんというレベルの検査基準のおかげで、それをさぼることが常態化しちゃったわけだ。また、なんかやることになっちゃいつつあるミサイル防衛に関しても、政府は無意味なことはわかっているのに、国民の安心のためにやるんだよね。全く、理性に基づかない情緒的な安心てやつは、滅法高くつくわけだ。

牛に関しては、ぼくの友人の医師は、食事を提供する側が、十分な情報を提供した上で、食べる側の納得・合意があれば、問題はないだろうといっている。で、具体的には、牛丼を注文すると、店員が「BSE汚染可能性のある牛丼を提供するにあたっての同意書」を提示して、本人の自筆署名と押印をもらうと。インフォームド・コンセントですな。

でも、ぼくとしてはそれはちょっと面倒なので、牛丼屋のメニューに、絶対安全な和牛丼六五〇円と、危険かもしれない狂牛丼一八〇〇円の二種類のメニューを用意してくれればいいや、なんて思うんだなあ。

バールのようなもの

サはサイエンスのサ

連載・114

【鹿野　司】

「精神病院に通院歴がある」ってのは、「バールのようなもの」を持ち歩いているのと同じくらい、すてきな表現のような気がする。と、いうわけで、ぼくもこのたび、そういう枕詞をつけられるようになりました。まあ、前回の近況の所にも書いたんだけど、人もすなるうつ病の治療ってのをはじめたんだよね。

最近、ネットだったか新聞だったかで目にした情報では、うつ病の患者数が去年に比べて3割増しくらいになっているらしい。こんなに急激に、ある病気にかかる人が増えるわけがないので、これはようするに、それまで自分がうつだと思っていなかったり、気づいていたとしても受診しなかった人が、病院に行くようになったためだろう。このところ、テレビをはじめ色々なメディアで、うつの話が取り上げられて、精神科や心療内科に受診することの敷居がかなり低くなったっていうのが、その主な原因なんじゃないかな。それは非常に良いことだと思う。

職業柄というか、もともと色々調べるのが好きな性分のためというか、この病気について、ぼくは以前からかなり詳しく知っている方だった。

たとえば、これは脳という臓器の病気であって、心理や精神の病気ではないということ。つまり、脳内の神経伝達に関する異常で、シナプスでのモノアミン・レセプターが鋭敏になりすぎ、そのときにストレスなどで多めのモノアミンが分泌されると発症するわけだ。抗うつ剤はこの鋭敏化したレセプターをブロックすることで、うつ症状を改善していく。そして、抗うつ剤は確実に効くし、うつ病は必ず癒るということも良く知っていた。

ようするにうつ病というものに対して、ほとんど偏見は無かったんだけど、それでも自分で病院に行くまでには、けっこう時間が必要だった。そのわけは、ひとつには自分で自分がうつだとは、なかなか納得できなかったからだ。

十数年前に大きな失恋をした時、その後数年間にわたってかなりおかしな状態になっていたことがある。そのときは毎日が悲しみと苦しさに満ちていた。まあ、それでも結局、医学的な治療をすることなしにすませてしまったんだけど、それは当時はまだ、うつ病についてそれほど知らなかったからだ。今では、あのとき病院に行っていれば、もっとたやすく苦痛から解放されたと確信しているんだけど、ただ、そこから立ち直っていくプロセスで、自分自身の成長のために色々と得るものがあって、あれは良い経験だったとも思っている。

でも、今回の場合はそういう苦痛というのはほとんどなくて、なんというか淡々と力が失われていく感じなのだ。灯りが少しずつ暗くなっていくようなふうで、なんというか、いろいろなことが、どうでも良くなっちゃった。失恋とか大事な人との死別とか、明確なきっかけもないしね。まあ、いろいろと寂しく辛い思いをしている母親に、充分なことをしてやれていない自分に、ふがいなさをずっと感じてはいたのだけれど。

ともあれ、たのしかったことも楽しくなくなるし、面白かったことも面白くない。科学や技術の新しいネタにほとんど興味が持てないし、あんなに好きだったテニスにも今ひとつ萌えるものがない。物欲も消え失せ、何をするのもおっくう。たとえばゴミ箱にゴミを放って、それが入らなかったとする。すると、それをもう一度拾ってゴミ箱に入れる気にならない。ふろに入ろうと湯をいれるのだけど、結局面倒で入らずに終わる。まあ、普段でもそういう人はいるのかもしれないけど、俺的にはそれはあり得ない事なのよ。

でも、実感として落ち込んでいる感じとか、悲しい感じとかはない。時間が早く過ぎ去るわけではないけど、一日何かをしていても、有益なことは何もできずにおわってしまう。電話にも出ないし、メールボックスは未読の山で何がなんだか解らない。中でもいちばん深刻な問題は、仕事ができなくなったことだった。たかだか10枚に満たない原稿を書き上げるのに、3日かかるようになり、それが1週間、2週間、1ヵ月、3ヵ月かかっても終わらない。いや、まあもともと原稿は思いっきり遅いほうなので、塩澤さんには大して変わらないでしょと突っ込まれちゃいそうだけど、そこまでくると、はっきりしいって、サボるとか逃避しているなんてレベルの話じゃないよね。

とくに困るのは、完全に何もできないわけではなく、できてしまうこともあることだ。こんな調子では経済的に破綻するのは明白なので、新しい仕事を探して注文は受ける。で、取材にも出かけていくんだけど、でも、それが原稿にならないんだよね。取材や打ち合わせの現場では、けっこう明るくて元気なのに、結局原稿ができないんだから、そうなるとも う信用はゼロ。まあ、僕のようなフリーの人間には、これは致命的なわけだ。

ただ、それすら、わりとさめた感じで、もうだめぽと受け止めて、でもしょうがないかって感じになっていた。自殺したいとは思わないけど、空にでっかく「終わり」って出てスタッフロールが始まらないかなあ、なんて思ったりして。

まあ、でもたまに状態が良い時は、さすがにこれはおかしいと思い、ネットでうつ病判定のプログラムをやると88%うつ病です、受診をお勧めしますとか出ちゃうしで、ようやく病院にでかけていったのだった。それでも、病院に行くべきだと考えはじめてからも、けっこう長い間くよくよしていたんだけどね。

やがて、なんとか病院にたどり着けたんだけど、その時点でも、自分は本当はダメな人なだけで、それを単に病気のせいにしたがっているだけなんじゃないかと思っていた。こういう考え方って、いかにもうつっぽいと、今ではわかるけど。

まあ、そんなわけでトレドミンという薬を処方された。なんと、第四世代の抗うつ薬SNRIですよ。しかも、これがなかなかよく効くんだよね。普通、抗うつ剤は効き目が現れるまでに2週間くらいかかるといわれているけど、飲んで2日目には、ありゃ、ゴミをゴミ箱に入れられる、くらいの変化があった。副作用も頭痛とか吐き気は少しあったけど、それはまあ僅かだし、薬が効いている証拠と思うと、かえって良い感じだったりして。

ただ、ちょっとイヤな副作用で、EDになっちゃった。今はパートナーがいるワケじゃないので困らないといえば困らないんだけど、一人エッチしようとしても気持ちよくないので、それがちょっとね。医者にこの副作用の話をしたら、お困りならバイアグラを処方しましょうといわれたんだけど、つい断ってしまった。あー惜しいことしたなあ。まあ、とりあえず、一進一退あってまだ本調子とはいえないけれど、副作用も含めていろいろ面白い事起きてるなあとは思えているんだよね。

マスメディアという世界観　その①

マスメディアを、あまり信じちゃいけない。ある情報を信じるなら、複数の独立した情報源を比較し、慎重に吟味する必要がある。インターネットは多様な情報を得るのに便利だけれど、大半の内容が、不確かだったりウソなので、その扱いにはとくに用心が必要だ……。

こういったメディアリテラシーは、みんなすでによく知っていて、日頃から意識していることだと思う。

ただ、ヤヤコシイことに、現代人にとってマスメディアは、すでに単なる情報源じゃなくなっている。むしろ、この世とはどんな姿であるかという世界観を与える、ほぼ唯一の存在なんだよね。

主にテレビを介して伝わる、ニュースやドラマが描き出すイメージは、どうしたってみんなの心に染みこんで、あらゆる思考のモデルや基礎になってしまう。

それって、横山光輝の忍者マンガに出てくる、「くぐつの術」にかからないようにと、クナイで自分の体をグサグサ刺して、あれ、なんで自分はこんなことしてるんだっけと思いながら死んでしまう忍者みたいな感じ。術にかかるまいという思いそれ自体が、術にハマってるわけ。

メディアの呪縛から逃れたい、できるだけ「正しい」情報を知りたいという思いは、誰にでもあると思う。だから、このニュースは、発信元が読売とかフジ・サンケイ系だから右要素をちょっと割り引かなきゃとか、朝日系の論説は左というより大衆迎合が過ぎるから要注意、みたいなことは普通にやっている。

でも、圧倒的な物量で迫ってくるマスメディアには、その抵抗も空しい。

右左といった色づけは、結局ケースバイケースであてはまらず、ただの偏見に陥りがちだ。複数の情報源を丁寧にたどることで真実に迫ろうにも、時間がやたらかかるし、その結果満足のいく保証が得られるわけでもない。かくして現代人は、不確かで、あまり信用のおけない情報をベースに、世界観を構築せざるを得ない状況に立たされている。

ところで、近頃のマスメディアの興味の移り変わりは本当に速くて、同じ話題が一カ月と持たない。北朝鮮とか、イラクとか年金など、同じ言葉がしばらく存在し続けはするけれど、言葉は同じでも、人々の関心はどんどん移り変わって、内容的にはつぎつぎ入れ替わっていく。

そんなわけで、先日のイラクの日本人人質事件なんて、もう忘れちゃったか、意識の視野の端に追いやられているかもしれない。でも、この事件の顛末って、こういったメディア呪縛の、良い実例じゃないかと思うんだよね。

そこで、遠い記憶をひっくり返してみると、あの、イラクで人質となっていた人は、とくに前三人について、自己責任はどうしたって批判が多かったよね。

この批判は、実はかなり早い時点から吹き出していた。それは、政府のえらい人たちが自己責任といいだすより前、人質の家族が、政府に自衛隊の撤退を求めるニュースが流れはじめた頃から、ネットの中でたくさんあったんだよね。

ただ、あのときの非難は、人質になった人たちが無責任だということじゃなくて、家族たちの振る舞いに対する違和感が主だったと思う。その違和感が徐々に変形して、自己責任の話になっていったのが、一連の出来事の経緯だ。

では、なぜ、家族の態度に非難が起きたのだろう。それはあのニュース映像、つまり、家族たちが身を乗り出し指さしながら、政府の役人に何事かをヒステリックに怒鳴っていた姿に、不自然さや演技臭さが混じっていたからだと思う。

愛する肉親が危機的状況にあると知った時、心配したり、不安になるのが、普通の反応だ。そういう直感的な信念が、大半の人の心にあると思う。

でも、この人たちはなぜかそう振る舞わず、怒りをあらわにしている。しかもその姿は、出来損ないドラマの下手くそな演技のようで、不自然なボディ・ランゲージに充ちていた。

この家族に対して、ネット上では北朝鮮拉致家族と間違えているんじゃないか、それとは立場がゼンゼン違うぞ、自己責任ちゅうもんを考えないのか、という感じで批判が高まっていった。そして、ホントは自作自演じゃないかという話まで飛びだした。(自作自演話は、犯行グループの、不自然なまでの素人っぽさも根拠になったのだけど)

この、北朝鮮拉致家族と間違えているというポイントは、ある意味正しい。

愛する家族が生死の際に立たされ、それを見守るしかないという状況は、そう起きることじゃない。当然、あらかじめ、そのときの振る舞いかたを思い描いている人は稀だろう。おそらく、あの三人の家族にも、その種のイメージは事前になかったと思う。そんなとき、どんなふうに振る舞ったらいいかは、自分が知っている似たものから持ってくる。つまり、直近の似たものというと、やっぱり北朝鮮拉致家族ってワケだ。

また、彼らの姿がウソっぽかったのは、内心の感情を、ちょっと変にコントロールしちゃったからじゃないかと思う。

彼らの心には当然、不安や焦りといった強い感情があった。同時に、彼らはメディアの力も十分知っていて、メディアを動かせば、三人を助けられるかもしれないという打算もあったと思う。その結果、政府を批判するという形で、感情を表出させてしまったわけだ。

でも、それじゃあ、あれは全くの演技なのかというと、それはないだろう。

たとえば、何かで腹が立って「アンポンターン!」と叫んで殴りかかるとする。

このとき、怒りで目がくらんで何もわからず殴りかかるなんてことは、本当はない。とりあえず、アンくらいまでは怒りの衝動で動いているだろうけど、ポンくらいの時には、意識が起動してこの怒りをどういう形で表現するか考えはじめている。で、周りに人目がある時は殴らないとか、殴るとしてもそのときの力加減をどうするかとか、いろいろ制御していくはずだ。怒りに我を忘れるという慣用句があるけれど、それはワケがわからなくなるのではなくて、怒りに酔った結果、モラル水準が低下したか、自暴自棄になっているということだと思う。

人質家族も、こういう感じで、まさか大衆の共感が得られないとは思いもせずに、間違った方向に感情を表現してしまったわけ。まあ、あと、感情的になればなんでも解決する、日本のしょうもないドラマの影響もあったのかもしれんけど。

家族たちがメディアの力を理解していることは、批判が噴出したらすぐに謝ったことでも明らかだろう。いずれにせよ、人質家族も、マスメディアの呪縛にとらわれているわけだ。

(続く)

「心の理論」とは、他者の心の動きを推定する能力のことだ。

誰でも、ある状況の他人の行動をみて、その人が今、何を思ってそうしたか、その気持ちを理解できる。あるいは、この状況なら、きっとあの人はこうするだろうと予想できる。それは自分に、心の理論が備わっているからだ。

そして、これこそが人間の人間らしさを形作る心の能力じゃないかと、ぼくは考えている。これがあるから、僕たちは他者を思いやったり、心を通わせることができる。嘘をついたり、他人を操るようなことも、この力無しには不可能だ。また、物語を読んだりスポーツを観戦して楽しむことができるのも、この力の賜《たまもの》だ。

心の理論は、言葉をかえると、他者の心のシミュレーション・モデルじゃないかと思う。ただし、他者の心の状態を完全に知ることはできないから、そのシミュレーションの精度も、場合によってかなり違いがある。

見ず知らずの人なら、その人が置かれていると思われる状況のみから、その心をシミュレートするし、身近なよく知っている人なら、その人のふだんの反応の仕方なども加味して、心のあり方をさらに詳しく推定できる。相手がラブラブな彼氏彼女なら、自分の心の中に、その人のモデルが常駐しているかもしれない。

心の理論の存在は、人にとって自然なことで、誰でも他者を見ると、ほぼ反射的にそれが起動する。ほとんど呼吸みたいなもので、むしろ、心の理論なしで他者を見ることは、意識していても困難だろう。

そのため、枯れ尾花が幽霊に見えたりといった、認知の歪みも引き起こす。本来、心のないものにも、心を想定して見てしまうので、動物やぬいぐるみ、機械などにまで、人間と同じような気持ちの存在を感じてしまう。それは、オカルトの温床でもあるし、同時に、人間らしい詩情の源でもあるワケね。

それから、心の理論というシミュレーションの能力は、年齢や経験によって発達するし、人によって力の差もあるような気がする。

発達に関しては、三歳以下の幼児には、大人のような心の理論はないことがわかっている。そのため幼児たちは、他人の考えと自分の考えの区別がつかず、嘘をつくことも全く下手だ。嘘をつこうとしても、見え見えで、それがかえって可愛らしかったりするんだけど。

ところが四歳以上では、心に劇的な変化が起きて、相手が何を考えるか想定し、ばれないように嘘をつけるようになる。

それ以上の成長につれて、心の理論の能力が発達していくかどうかは、定説はない。でも、文章読解力やカウンセラーの洞察力などは、人によってかなり差があって、それが心の理論の能力の差の現れではないかと思う。この差は、わかるヤツにはわかる、ワカランヤツにはワカランというくらいはっきり違いがある。

SFのように、どちらかというと無機的なもの、世界の設定のありかたや、大いなる法則のようなものに魅力を感じ、人間の心理の些末な変化には今ひとつ関心が持てないタイプの人は、この心の理論の能力があるレベルで留まっているのかもしれない。

逆に、純文学のように、人の心の内面の僅かな変化には興味津々で感動できるけど、大局的な法則なんて白々しいと思うようなタイプの人は、心の理論のレベルが少し発達しているようにも思える。

この差は、もちろん優劣という価値で測れる違いじゃない。どちらのタイプの人も、日常生活を送る必要十分なレベルの心の理論は持っている。それに、前者は他者への感情移入は薄いけど、迷信に惑わされることは少なく、後者は心の微妙な変化がよくわかるけど、迷妄の世界にどっぷり浸かりがちになるという、一長一短がある。まあ、ようするに文化の差という感じだし、個人の中でも、課題ごとにまだら状になっているので、誰かを一概にこのタイプとすることはできない。ただ、いわゆる理系と文系の差って、これのことかもしれないとは思う。

もっとも、ややこしいのは、心の推定には、入れ子状のループが存在することだ。

これは、志向意識水準の次元といって、一次が「私はコレコレだと思う」だとすると、二次の志向意識水準は「私は、あなたがコレコレと思っていると、思う」だし、三次になると「私は、私がコレコレと思っていると、あなたが思っていると、思う」となる。さらに四次では「私は、あなたがコレコレと思っていると私が思っているとあなたが思っていると、思う」、五次が「私は、私がコレコレだと思っているとあなたが思っていると私が思っているとあなたが思うと、思う」ってことで、普通の人は、五次か六次くらいまでの把握が限界だそうだ。うーん、しかし、ぼくは四次でもこんがらがっちゃうなあ。例文が悪いかな。

まあ、いずれにしても、こういうループは、推論に推論を重ねていくことだから、不正確さはどんどん増していく。たとえば、だれかが「自分のことをこう思っている」というレベルの推論ならまだいいのだけど、「自分のことをこう思っていると思っている」とか、思っていると思っていると思っているみたいになると、確からしさは減っていくわけ。

前回話した、イラク人質事件の家族たちへのバッシングも、これと関係していると思う。彼らの心に、強い不安や恐れといった、心のエネルギーがあったことにウソはないだろう。でも、それをどう表現すればいいかというところで、彼らは間違えた。場面にそぐわない、やや不自然な怒りの表出が、見る者の心の理論に一致せず、違和感を生んで、怪しい、何か裏があるのではないかと感じさせた。

こういう人質や誘拐事件の時の家族は、普通ならまず第一に、恐れや不安を訴えるはずという心の理論が大衆にはある。それは、相手のことを知った上での心の理論ではないので、あまり正確とは言い難いものなのだけど、どうも無批判に信じられてしまうみたいだ。だから、メディアを見る側が期待している、その期待に応えなかったことが、彼らに対する批判のきっかけになっていった。

でも、それは裏読みのしすぎだったんじゃないだろうか。彼らの態度が、何か変だったのは、未知の出来事に遭遇していたからで、裏に何か計略があるのではというレベルまで読んでしまうのは、志向意識水準のレベルを過剰に掘り下げちゃったんじゃないかと思う。

そして、似たようなことは、近頃のニュース報道で頻繁に目にするんだよね。たとえば、ある政治家が何かした時、～は政治的なパフォーマンスという言い方があるけど、それなんか典型だと思う。

どうも、勇気を持って深読みをやめないと、世界の把握を過《あやま》つような気がするんだよなあ。

（続く）

サはサイエンスのサ

連載● 117

【鹿野　司】

小学生による異常な事件が続いて、またまた問題になりましたな。

とくに長崎、佐世保の小学六年女児殺傷事件。

わずか十二歳の児童が、同級生の首をカッターで切って殺してしまったのは、ショッキングな出来事だけあって、その後しばらく、メディアはこの話題でもちきりになっていた。

一体どうして、こんな幼い女児が、同年の女児を殺さなければならなかったのか。その理解不能性に加えて、被害女児の父親の喪失感に溢れた手記が、深い同情を誘うなど、メディアにとってこれは扱いやすいネタだったんだと思う。

それにしても、この事件の大きな特徴は、何の前触れもなく、凄惨な事件が起きてしまったことだろう。

加害女児は素行不良だったわけでもないし、それどころか、被害女児とは仲の良いお友達だったらしい。それがなぜ、突然こんな恐ろしい出来事を、しでかしてしまったのか。

メディアは、急いでその理由付けを探そうとした。そして、彼女たちがホームページを作って掲示板への書き込みをしあっていたことを取り上げて、文字だけのメッセージ交換はヒート・アップしやすいというような、コンピュータ・リテラシーの議論が展開されたりした。

でも、そんなの完全に的はずれだよね。

今の小学生にとって、ネットはごくありふれたものだから、彼女らもそれを使っていたというだけのこと。それがこの事件を引き起こした、決定的に特徴的な要素だったわけがない。

今回の事件では、たまたまホームページの掲示板への書き込みが、もめ事の原因になっていたのかもしれないけど、同じようなことは、クラブ活動とか、塾とか、掃除当番とか、飼育係とか、ありとあらゆる日常活動の中で起きえたことだったと思う。

そもそも、毎日会っているような関係なので、文字だけのやりとりだから云々なんていう話は、まるでトンチンカンなことだしね。

それから、カウンセラーのような専門家に、『バトル・ロワイアル』（高見広春著・太田出版）の影響を受けて加害女児が書いていた小説を分析させたり、描いた絵を鑑定させて、いわゆる「心の闇」を探らせたりもしていた。

赤えんぴつで書いた、しっぽが蛇の可愛いうさぎみたいなクリーチャーのことを攻撃性の現れだとかナントカ。

でも、小学生なら、そんな絵を描くことだってあるよな〜って誰でも思ったんじゃないだろうか。それを、さも、闇とか、深淵とか、アビスとか、おどろおどろとか、なんじゃらもんじゃらとかが、ありそうに語ってしまうメディアのありかたに、嘘だよねえと思った人は多いと思う。

結局のところ、この事件は、いくら専門家がこねくり回して分析しようが、精神鑑定をしようが、何もわかりはしない類のものなんだろう。

それは、多くの人が直感的にわかっていたんじゃないだろうか。

この事件は、ちょっと表現が難しいけど、どうしようもなく哀しい、偶然の巡り合わせの結果としか、いいようがないと思うんだよね。

仲が良かった友達とケンカになって、トイレで制裁みたいなことは、小学生の頃なら、わりと経験したことがある人は多いんじゃないだろうか。そういえば、ぼくも小学生の時に、トイレでブラシ振りかぶり、ホースで水を掛け合って仲の良い友達と大立ち回りしたことあった。

この事件も、ひょっとしたら、そういうありふれた小学生のエピソードで収まっていた可能性もあったんじゃないかと思う。

だけど、不幸なめぐりあわせによって、殺人という取り返しのつかない事態に至ってしまった。

そうなる前に、ほんの少しでも違うことが起きていたら、たとえば被害女児が加害女児のいわれたとおりに、空教室についていかなかったら、あるいは目を塞いで後ろを向くのは断固拒んでいたら、最悪でも傷害程度ですんだかもしれない。それどころか、ひょっとしたら刃物を見せて脅かしたというレベルで、終わったかもしれない。

報道によれば、加害女児にはかなり強い殺意があったようにも思えるけど、たとえそうだったとしても、所詮は小学生の一時の決意に過ぎなかったはずで、何かアクシデントが起きて、計画通りに進まなければ、こんなにうまく殺人が完遂できたはずがない。アクシデントが起きなかったことが、被害者にとっても、加害者にとっても、やるせなく不幸な運命だったのだと思う。そして、そうだからこそこの事件は唐突に起きたわけだ。

あるいはもっとドライに、統計的に見てしまうということもあり得る。

小学生による殺人事件は、決して今回初めて起きたものではない。

『少年犯罪』（鮎川潤著・平凡社新書）によると、昭和以降の小学生による殺人事件が五件以上紹介されている。

その内容は、小六の男児が小二の女児に悪戯して殺害したり、小四の女児が小二の女児をマンションから突き落としたりと、いわゆる子供らしさという枠には収まりきらないものばかり。そんな事件が何度も起きていて、その時は騒がれはするものの、やがて忘れ去られるということが繰り返されてきているのだ。

つきつめると、小学生でも、ある確率で殺人事件は起こしてしまうということが言えると思う。

つまり、この事件に闇なんてない。いくら分析したって、真相をほじくり返そうとしたって、加害児童が精神的におかしかったわけではないだろうし、ましてや両親の育てかたが悪かったわけでもないだろう。

この事件の真相は、誰にでもあり得る幼い頃の日常の諍いが、数奇なめぐりあわせによって悲惨な結果に至ったに過ぎないのだ。

それにもかかわらず、メディアが分析を止めることはない。それは結局のところ勇気がないからだ。あるいは、視聴者の好奇心をどうにか満足させるためか。

原因なんて存在しない、ただの不慮の事故みたいなものだと言ってしまっては、いつまた第二、第三の同様の事件が起きるかもしれないという恐怖を押さえることができない。そんな不安を慰撫するために、ないものをほじくり返すようにして、いろいろな分析が再生産される。

本当は、この世にはわからないこともあるんだよね。これは、それを認め、分析を止めるべき類の事件なのだ。でも、メディアには、それができるような自浄作用は存在しないみたいなんだよなー。

ロボットの現在　その①

ウィル・スミス主演の『アイ，ロボット』の評判がなかなかいい。でも、まだ見ていないのでそれについては次回以降に書きたいと思う。

で、今回はロボットはロボットでも、最近面白いなと思っているリアルなロボット研究について紹介したい。

……実をいうと、ここ数年のロボット・ブーム、ぼく的には、今ひとつ食い足りない感じがあるんだよね。

もちろん、完成度の高いロボットが動きまわる、そのガジェット感は嫌いじゃない。だけど、それはやっぱり、ある限定状況での振る舞いを見せているだけで、万能ロボットの理想からはほど遠い。

今の技術レベルでは、人と共存する実用ロボットは、実現不可能だ。それが解っているだけに、あたかもそれができたふうの演出がされちゃうと、なんとなく違うな～感が漂っちゃうんだよね。

じゃあ、人型ロボットはみんなマヤカシかというと、断じてそれはない。ただ面白さの方向が違うんだよね。人型ロボットに実用を求めても詮ないけど、ヒューマノイドには、人間の神秘を解き明かす最良のツールという側面がある。

その種の研究のうち、今いちばん面白いものの一つが、東京大学の國吉康夫さんの仕事だ。そこでは、R・ダニールというロボットを使いながら、「コツ」と「目のつけどころ」についての研究が進められている。

R・ダニールという名前は、もちろんアイザック・アシモフの『鋼鉄都市』や『はだかの太陽』に登場し、最終的には人類の運命に大きく関わったロボット、ダニール・オリヴォーから取ったものだ。

このロボット、全身を使った運動という最先端のコンセプトを体現した機体で、転がることを想定して、ボディの各部分が丸みを帯びて作られている。

身長一五四センチ、体重六八・三キロで、自由度は四六。普通の歩行ロボットと違って、腰より高いところへよじ登ることも想定しているため、懸垂もできて素早く動ける大パワーの腕を持っている。また、関節の動く範囲も大きくて、大股開きもできてしまう。慣性を生かして動いたり、反動を使うことを考えているので、駆動系も定常運転ではなく、五キロワットの瞬発力が出せるように作られている。

このロボットは、いろいろ違った種類の実験ができる機体なんだけど、なかでも「起きあがり」の技は素晴らしい。

ロボットの起きあがり自体は、東大の井上・稲葉研のロボットが元祖で、その後ソニーのキュリオや産業技術総合研究所のHRP－2などが実現している。ただ、それは、あらかじめ軌道が計算され、そこからズレないように立ち上がるやり方だ。その動きを見ると、最初に基準の姿勢になって、そこから決められたパターンをそろそろと実行していく、いかにも機械って感じなんだよね。

ところが、R・ダニールのやり方はまるで違っている。横たわった姿勢から、手足を上に振り上げる反動で腰を高く持ち上げ、足が降りていく勢いを使って、くるりと立ち上がるのだ。それはまるで人間と同じで、こんな反動や勢いを使うロボットは他に例がない。

何しろこの方法では、背中のあちこちが床と接触しながら転がるので、床からの反力や摩擦も刻々変化し、複雑で不確定になる。つまり、従来のような、決められた軌道を動く制御は、絶対不可能なんだよね。なのにどうして、R・ダニールはそれができるのだろう。それは、人の起きあがりの「コツ」を、うまく取り入れているからだ。

しかし、コツを取り入れるってどういうことだろう。具体的には、まず人の立ち上がりかたをモーション・キャプチャで計測する実験が繰り返し行われた。すると、不思議なことがわかったんだよね。

起きあがりの時の姿勢の変化を表すために、縦軸に腰の角度、横軸に膝の角度をとったグラフを描いてみると、試行ごとに必ず通る場所と、ばらつく場所がある。これは、機械制御の常識とはかなり違っていた。つまり、普通のロボットの制御では、関節の動かし方の刻々の状態を一通り考えて、その通り動かそうとする。だから、誤差はあっても、それを少なくしようとして、結果的にグラフのばらつきは、どの場所でも同じくらいに収まるのが普通のわけだ。

ところが人間は、ある場所はピシッと揃うのに、別のところはやるたびに、かなり違っていても良いらしい……。

この不思議な現象を力学的に式を立てて解析してみると、足が床について、重心がお尻から足に動く瞬間は、厳密にある条件を満たさないと、立ち上がれないことが解った。そこで、動きのシミュレーションを何千何万回と繰り返して、そこを通る動きの軌道を生成し、R・ダニールに入れたんだよね。

つまり、足が床につく瞬間にどんな姿勢になっているかが、この運動のコツってわけ。そしてそれは、運動方程式が違うものに切り変わる瞬間＝ダイナミクスの切り変わるときだと解ったのだ。

コツとは、大事なポイントがあるということだ。全体を一様に真似するんじゃなくて、押さえるべきところを押さえればうまくいく。ダニールはまさにそのようにして、人の起きあがりを真似ている。

一方、このコツのポイントを見つけだす能力のことを「目のつけどころ」という。そして、目のつけどころが解るようになれば、それは真似をするという行為の解明につながっていく。

これまでのところ、コツや目のつけどころは、人間が一生懸命見つけて、機械に入れている。でも、それをロボット自身が見つけて学習できたら凄いことだ。

でも、このコツ＝目のつけどころを見つける、汎用的な原理はあるんだろうか。

國吉さんによれば、それがあるかどうか、今探しているところで、予感としてはかなり広い範囲でそれができる原理がありそうだという。

さらにコツのポイントは、運動を助けるために、介入しやすいポイントでもある。つまり、ロボットのコツの研究を通して、人間の動きのコツの解明も進んでいく可能性がある。もっといえば、この介入しやすいポイントは、柔道などの技をかけるポイントと同じものかもしれない。これについては、まだ確実なことはいえないけど、國吉さんが強く興味を持っているテーマの一つだ。

こんなふうに、コツと目のつけどころを巡っては、新しい可能性がまだまだたくさんある。それはロボットによる人間解明の、新しいジャンルが切り拓かれつつあるってことだろう。ロボットは人間解明ツールとして、これからますます活躍していくだろうって感じなんだよね。

サはサイエンスのサ

連載・119

ロボットの現在　その②

【鹿野　司】

『アイ，ロボット』は見たけど、それについては次回考えてみたい。で、今回は、前回に続いてリアルロボットの現在について、面白い研究を紹介しよう。

さて、ロボットと聞いて、パッとイメージするのは、やっぱりヒューマノイド（人型）系の機械だよね。それはアニメやSF映画などに登場するロボットが、みんなそういうものって理由があるだろう。

それにしても、一体どうして、人は、人に似せたロボットを、作りたがるのだろうか。大阪大学の大学院工学研究科、知能・機能創成工学専攻の石黒浩教授によると、その答えは明確だ。

ロボットの中身は、ぶっちゃけコンピュータでしかない。そしてコンピュータとロボットの最大の違いは、その外見が人に似ているかどうかということにつきる。つまり、人間は、人に似たロボットに、究極のインターフェースを求めているのだ。

石黒研究室のテーマは、どうしたら我我が、知的と感じるシステムを実現できるか、ということにある。でも、そのアプローチの方法がとても特徴的だ。

人間の知能は神秘に満ちていて素晴らしい。多くの努力にもかかわらず、それを完璧に真似る装置を作り出すことはまだまだ無理だろう。……ということはまあウソじゃない。

でも、ひょっとするとそれは、人の脳を神秘的に思いすぎているだけじゃないかと、石黒さんはいう。

よくよく考えてみると、人間も、自分の頭の中だけでは、ほとんど何もしていないに等しい。たとえば、自宅からある場所に移動する時も、頭の中で全て考えて行動できるかというとそんなことはない。

道や交通機関など誰かが作った環境に従う部分が大半を占めているはずだ。正直なところ、ぼくたちは道がなければ、どこに行くこともできない。道があるから、道なりにどこかに向かっていけるわけだ。

こう考えると、人間は、ほとんどの情報を外部から得て、それを巧く処理することで動いているといえる。

だとすると、必要な情報を必要なだけ、どんどん付け加えていったらどうなるだろう。そこには、知能の本質さえも見えてくるのではないか。

その一つの実例は、石黒さんが、大学とは別にATRという研究所で開発を行っている、ロボビーというロボットに見ることができる。

これは、ロボットが人と身近に接する時、人に違和感を感じさせないようにするには、どんな能力を与えたら良いかを追求した自律ロボットだ。

ロボビーには、ロボットを自然な生き物のようにみせるための、様々な振る舞いが組み込まれている。つまり、人間が対話をしている時に、目や腕や体をどう動かしているかを分析して、それに近い振る舞いをするようプログラムされているわけだ。

たとえば、ロボビーの前で、指で何かを指し示すと、ロボビーは人と同じようにそちらの方向を見る。また、腕を触ると、パッとそこを見たりする。さらに、生き物は静止することは決してないので、とくに意味はなくても、いつも体のどこかがふらふらと動いていたりする。

ロボビーがどんな振る舞いをしたら、人が自然に感じるかは、何か法則があるわけじゃない。とにかく、思いつく限りの動作を入力して、やらせてみて、それで人がリアルと感じるものを選んでいくわけだ。そうして、思いつく限りのことを入力して、ロボビーは今や、百種類以上の振る舞いのルールを身につけている。

その結果、ロボビーは、三〜四歳の子供とほぼ同じと感じられるくらいの振る舞いができるようになっている。

知的とはどういうことかという点を考える時、チューリング・テストがある。チューリング・テストとは、いかに自然なコミュニケーションができるかということを試すテストだ。つまり、知性とは、人間と自然なコミュニケーションが取れることと考えられるわけだ。

冒頭で、人はロボットに究極のインターフェースを求めているといったけど、でも、そう考えると、今あるロボットは本当に究極のインターフェースとはいえない。

人間はもともと、集団で暮らす生き物として進化してきた。それだけに、仲間の姿形や目線、身振り手振りを、意識的、無意識的に観察して、様々な情報を読みとる能力に長けている。

人間の目や耳や脳は、同じ人間を理解するために進化してきたわけだ。

だとすると、人間にとって究極のインターフェースは、人間そのもののはずだ。

それから比べると、今あるロボットは、どれもまだメカっぽすぎて、とても究極の姿とは言い難い。

それでは、究極のインターフェースとしてのロボットは、一体どこまで人間に似たらいいのだろうか。

実をいうと、この問題について、これまで本気で研究されたことはなかった。既存の全てのロボットは、ある意味適当にデザインされているだけで、何をどの程度似せれば、人間はどう感じるのかについて、本気で考えられているものはない。

そこで石黒さんたちは、この問題に取り組むため、ロボットの外見を限りなく人間に近づけた、アンドロイドの研究を行っている。

石黒研究室には、大人のタイプのリプリーQ1と、子供タイプのリプリーR1の二体のアンドロイドがある。いずれも、人間から型どりをして、外見上はほぼ完全に人間そのものだ。

これに、空間分解能が一ミリくらいのモーションキャプチャを使って、さまざまな人間の反応を真似るように、データが入力されている。

現在は、これを使った様々な心理実験が行われて、コミュニケーションでは何が大事かが探られている。

たとえば、ある被験者にアンドロイドと、人を相手に、同じ会話をしてもらって比較した研究がある。このとき、アイマークレコーダーで記録した、被験者の視線を比較すると、相手が人間の場合、利き目を少し見てあとは視線をはずしているのに、相手がアンドロイドの場合は両目や口を長時間見続けるという反応になったという。

これは、相手が人間の場合、視線があったなという信号があるとあとは見なくなるのに、アンドロイドの場合はそれがなく、不自然なのでずっと見てしまうということのようだ。

石黒研のアンドロイドの研究はまだ始まったばかりだけれど、データの蓄積によってコミュニケーションと知性の本質が徐々に解き明かされていくに違いない。

サはサイエンスのサ

連載●120

【鹿野　司】

実は、うつ病の状態があまり思わしくない。何をするにも、エネルギーが足りない感じの日々が続いておるのです。

特に困るのが、世の中でおきている出来事に、こいつは面白いゾという興味が湧いてこないこと。

おかげで、このコラムのネタを考え出すのも四苦八苦って感じなんだよね。

そのうえ、小説を読んでも、映画を見ても、ほとんど楽しめない。

これが、たまたまその作品がつまらなくて、のれないのならまだいい。他の作品を探せば、いつかは面白いのに出会えるわけだから。

ところが、こちらの気分のせいで、本当は面白いものをつまらなく感じちゃっているとしたら、病気が良くならない限り面白いものには出会えないってことになる。

問題なのは、つまらない作品に出会っちゃったとき、それが作品そのものがタコなのか、自分がダメなせいなのか、自分で判断がつきにくくなっているってことなんだよね。

たとえば、グレッグ・イーガンの『順列都市』を今さら読んだのだけど、結局、どうも乗り切れなかった。

この作品は評判は高いし、熱狂的なファンもいる名作のはずなんだけど、ぼくが読んだ印象では、話の展開が無秩序な感じがしてぜんぜんダメなんだよね。

それにイーガンらしさそのものである、宇宙を無限に生きながらえさせるＳＦ的アイデアについても、どうしても納得できない宙ぶらりんな感じのまま、最後まで行ってしまう。結局、ぼくの今の印象では、あまり面白い作品とは思えない。

翻訳とかは凄くうまいと思うんだけど、作品世界にはどうしても入り込めない感じで終わってしまったんだよね。

まあ、この一作品だけだったら、そういうこともあるかもねって感じだろう。

でも、続けてデイヴィッド・ブリンの《知性化の嵐》シリーズ『変革への序章』『戦乱の大地』『星海の楽園』を読んだんだけど、これもいまいち乗り切れなかったんだよね。

もともと、ブリンは好きな作家の一人で、『知性化戦争』や『スタータイド・ライジング』などは楽しく読んだ記憶がある。そのうえ、『星海の楽園』は星雲賞を受賞したわけだし、ぼくとしても期待して読んだわけです。

ところが、ストーリーの進み方が恣意的というか何というか、何でそんなふうに展開しちゃうのか納得できないんだなあ。

まあ、もともとストーリーというのは、作家が自分の思い通りに引っ張っていくものではある。だけど、面白い作品なら、普通は物語を読んでいる時に、各キャラクターは必然的にある運命に向かって進んでいく感じがするものだ。ところが、《知性化の嵐》では、それが全くそんな感じがしないのだ。作者の気まぐれで、キャラクターたちが右へ行ったり左へ行ったりしているだけのように読めてしまう。

そのおかげで、小説に没頭する感じを味わうことがほとんどなくて、無駄に長く感じられるストーリーをうわすべるように読むことしかできなかった。

もっとも、全部を読み終わったときには、結局語られずにおわってしまったキャラクターたちの運命を知りたいなと思わせるので、それなりに魅力はあったといえばいえるのだけれど。

こんなふうな感想を持ってしまうのも、

うつの状態のせいなのだろうか。これがよくわからないんだよね。

　そんなわけで、今回の本論である映画の『アイ，ロボット』も、実はあまり良い評価じゃないんだよね。

　この『アイ，ロボット』は、これまで作られた映画の中では、もっともロボット工学の三原則というアイデアを生かした作品になっている。

　アシモフ作品が原作ではないけれど、アシモフらしい作風を目指した映画といっていいと思う。つまり、アシモフのロボット物が、三原則をベースにした謎解きミステリであるように、『アイ，ロボット』も三原則をベースにしたミステリになっている。

　ただ、問題なのは、アシモフの謎解きは、静的なストーリー展開をする性質のものなのに、『アイ，ロボット』ではかなり強引に、ハリウッド的なアクションを入れ込んでいるところだ。

　鞄を持って走っているロボットをとっつかまえて銃を突きつけたり、容疑者ロボットが派手に逃げ回ったり、三原則に支配されているはずのロボットが群れをなして襲ってくるところなどなど、本来ならもっと静的な演出のほうがリアルで必然的だったろう。

　だけど、この作品ではリアルさや必然性は二の次で、派手なアクションで観客を飽きさせないことのほうが重要視されていたみたいだ。でも、ぼくなんかは逆にそれで、かえって冷めてしまう感じなんだよね。

　『アイ，ロボット』の最大の謎は、ネタバレだけど、ロボット工学の三原則は、必然的に革命をもたらすというところにある。ようするに三原則をそのまま人類に適用すると、人類の管理は人ではなくロボットがやったほうが、人はしあわせになるだろうっていう結論だ。

　実はこれと全く同じアイデアの作品をアシモフ自身も書いている。『われはロボット』の中に収録されている「災厄のとき」だ。

　ただし、「災厄のとき」のほうが、『アイ，ロボット』よりも遥かにスマートにこのアイデアを処理していると思う。

　アシモフのロボット工学三原則では、三原則に違反すると即座にハードウェアそのものが破壊されるくらい、原則は強烈な制約になっている。そのため、「災厄のとき」でも、ロボットは人に危害を加えないという原則が厳密に守られている。実際、人類をコントロールするブレーンは、人類がブレーンにコントロールされると知って傷つくことがないように、巧妙に経済をコントロールすることで、人類を支配している。

　一方、『アイ，ロボット』のほうは、三原則というのはただの法律みたいで、違反もできるみたいな感じになっている。かなり制約としては緩くて、そのため人類の支配の仕方もありがちな、対人類真っ向勝負みたいな形になっている。

　『アイ，ロボット』は個々の演出とかを見ていくと、決して悪くはない。ロボットにウインクをさせる伏線とか、伏線だとまるわかりだけどちゃんとしているわけだし、真犯人が誰かも、おとりの犯人を仕立ててうまく最後まで隠している。

　それでも全体としては、今ひとつなんだよね。必要な要素は全部揃っているのに、うまくドライブしていない感じ。もう一工夫あれば名作になれたかも知れないって感じなんだよね。

量子コンピュータとは何なんだ

【鹿野　司】

ぼくは、科学ライターなんて仕事をかれこれ二十数年やっている。そんなわけで、科学や技術のヤヤコシイ話を、さも解ったように語ることは得意なわけです。

しかーし、そんなぼくでも、実際にははっきしいってよーワカランと思うような話ってのが、山ほどあるのよ。いやはやお恥ずかしい限りです。

そんなものの中でも、最近ちょっと気になっているのが、量子コンピュータってやつなんだよね（それと量子テレポーテーションもだけど）。いや、もちろん自分なりにいろいろ調べて勉強はしているつもりなんですけど、それでも今ひとつピンとこないんだよなあ。

そんなわけで、量子コンピュータについては、そのものズバリの『量子コンピュータとは何か』（早川書房）という本が出たので、早速読んでみた。

この本は、量子コンピュータについてまあまあ手際よく説明していると思う。なぜ、まあまあかというと、わかったと思わせるツボが、ぼくの感覚とは違っていたからだ。

この本の著者は、少年時代はいわゆるラジオ少年で、エレキギターのアンプなど簡単な回路を自作していたらしい。そのせいもあると思うんだけど、読者に簡単な計算をさせたり、頭の中である仕組みを動かすようなことをさせることで、わかったと思わせる戦略をとっている。

ところがぼくは、そういうのって、どうも面倒くさく思っちゃうんだよね。

内容的には、古典的なコンピュータの仕組みを解説して量子コンピュータとの違いを説明したり、量子コンピュータは暗号解読と深く関係しているので、暗号についても解説するなど、過不足なく量子コンピュータとその周辺の話題を語っていると思う。

ただ、最終的に量子コンピュータとは何なんだというイメージは、この本を読んでもわからなかった。それはまあ、現実に量子コンピュータができていないから、当然といえば当然なんだけどね。

そこで今回は、このよくわからない量子コンピュータについて、わかる範囲でちょっとまとめてみたい。

まず、ぼくが最初に量子コンピュータという言葉を聞いたのは、一九八〇年代のはじめ頃だったと思う。この当時の量子コンピュータのイメージは、量子効果デバイスの一種というものだった。

つまり、半導体の微細化がどんどん進んで回路線幅が細くなっていくと、ついに電子が量子として振る舞うオーダーにまで到達してしまう。微細化の極みで回路そのものが量子的に振る舞うようになった時、それを利用して作られるのが量子コンピュータだというわけね。

ようするに、微細化が進むと必然的に量子コンピュータの時代がくるという、大雑把なイメージなわけ。

研究としてもＳＱＵＩＤ（超伝導量子干渉素子）とかを、量子コンピュータの回路素子に使えないかというような、ごく基礎的なものしかなかったし、研究者が十人いれば十通りの量子コンピュータのイメージがあるって感じだった。

この頃は、むしろ逆に、量子効果が出ないようにするにはどうしたらいいかという研究も盛んだった。と、いうのも、半導体が原子レベルまで微細化すると、電子がトンネル効果で絶縁体をすり抜けて隣の回路に移動しちゃう。こうなると回路の役目を果たさないから、量子効果は微細化の下限を決めるのだ。で、もっと微細化するには、何とかして量子効果が出ないようにするしかないってわけね。

八〇年代初頭にはまだ曖昧模糊としていた量子コンピュータだけど、今ではある意味で一つのイメージに収束している。

その原因は、一九九四年に発表されたショアのアルゴリズムによるところが大きい。ショアのアルゴリズムとは、量子コンピュータを使うことで、整数の素因数分解とかがメチャクチャ高速に解けてしまうというものだ。

古典的コンピュータでは、素因数分解をあまり速く解くことはできない。そんなわけで、RSA暗号は暗号の鍵を巨大な数の素数にしている。つまり、古典的コンピュータを使う限り、RSA暗号を破るには何百億年という計算時間がかかるから、この暗号は安全ってわけ。

ところがショアのアルゴリズムを使った量子コンピュータなら、どんな巨大な数の素因数分解でもぴゅぴゅっと解いてしまえる。そのため、素数を鍵にするような暗号体系は、量子コンピュータが誕生すると無意味になってしまう。

この発表があって以降、とりあえず素因数分解をやれる量子コンピュータを作ろうというのが、世界のトレンドになっているようだ。

その仕掛けは、量子論の「重ね合わせ」を積極的に利用するというものだ。

古典的コンピュータの情報の基本単位は0と1のビットだけど、量子コンピュータの基本単位は0と1と両者の重ね合わせのキュービットというものになる。この重ね合わせが、強力な超並列性を生み出すんだよね。

たとえばある数を因数分解するとき、古典的コンピュータだと、まず2で割って、それでだめなら3で割って……というふうに順番に試していくしかない。ところが量子コンピュータは、2と3と……の重ね合わせで、一度に計算してしまう。

重ね合わせは、キュービット2つで2の2乗、キュービット3つで2の3乗……の並列性を持たせることができる。つまり、キュービットが32個なら40億以上のデータの並列動作ができるわけね。

つまり、量子コンピュータでは、インプットとして「あらゆる場合の重ね合わせ」を用意しておけば、一回プログラムを走らせるだけで、すべての場合の計算が終わってしまうんだよね。

こんなスゴイ量子コンピュータだけど、実際に作るのは大変だ。その理由は、デコヒーレンスという現象の存在にある。

量子コンピュータは重ね合わせの状態を利用して超並列計算を行なう。ところが、この重ね合わせの状態は、電子や光子がぶつかって「観測」されると、波束が収束してある一つの状態になってしまう。ようするに超並列性が消えちゃうわけね。これがデコヒーレンスで、量子コンピュータに正しく働いてもらうには、計算の終了前に、観測が起きないようにしなくちゃいけない。

これがとにかく難しい。今まで量子コンピュータとして、イオントラップやNMR、量子ドット、ジョセフソン接合などを使って、モデルのようなものが作られているけれど、せいぜい15の因数分解ができるとかいう程度。RSAを破れるような量子コンピュータは、まだ夢のまた夢というのが現状みたいなんだよね。

サはサイエンスのサ

連載・122

【鹿野　司】

量子テレポーテーションとは何なんだ

　前回、科学ライターのぼくにもはっきしいってよーワカラン話があるってことで、量子コンピュータを取り上げた。

　そもそも量子の世界って、進化的に人間の認知能力が育まれたのとは全く異なった世界なので、直感的にピンとくることが難しい……っていうかムリ。

　それにくわえてヤヤコシイ論理を幾重にも重ねて構築される量子なんちゃらというのは、どうしても簡単に理解できるようにはならないんだよね。

　これって、科学ライターとしては敗北宣言だと思う。でも、仮にそうでも、そこは置いといて、なんとなく感じがつかめるように解説しなくちゃならないのが、科学ライターの務めなのです。そんなわけで、今回は量子コンピュータと同じくらいよーワカラン量子テレポーテーションってのについて少し考えてみたい。

　量子テレポーテーションというと、いかにもSFに親和的な、凄いことができちゃいそうなイメージの言葉だよね。でも、実際には、光速を超えて瞬間移動ができるようなものじゃない。それよりもこれは、量子暗号の盗聴不可能性を証明する現象として価値があるらしいんだよね。

　それで、その量子暗号って何かってことだけど、それにはまず現代暗号についてちょっと触れておかないといけない。

　現代暗号には大きく分けて公開鍵暗号と共通鍵暗号という二つの方式がある。

　公開鍵暗号とは、公開鍵と秘密鍵という二つの鍵を使う暗号方式だ。この方式では公開鍵は一般に公開され、秘密鍵は使用者本人だけが秘密にしておく。そして、秘密鍵で暗号化されたデータは対応する公開鍵でしか復号できず、公開鍵で暗号化されたデータは対応する秘密鍵でしか復号できない。

　公開鍵暗号は不特定多数の集まりで便利な暗号なので、インターネットなどで広く利用されているよね。また、具体的に鍵を作る方式として、巨大な整数の素因数分解の困難さを利用したRSA暗号ってのがある。RSAは、スーパーコンピュータを使って鍵を探しても、宇宙の歴史より長い時間がかかるってことを根拠に、暗号の安全性が保証されている。でも、これは将来、量子コンピュータができると、その超並列性を使って、破られてしまうカモといわれている。

　一方、暗号化する鍵も復号化する鍵も同じで、その鍵の秘密を厳重に保たないといけない暗号方式を、共通鍵暗号という。共通鍵暗号では0と1で表した文章に乱数で作られた0と1の秘密鍵を足してやると暗号文になり、暗号文に同じ秘密鍵を足すと元の文章に戻る。

　このとき、鍵の長さが元の文と同じ長さで、かつ一度使った鍵は使い捨てて二度と使わないと、情報理論上絶対安全な暗号になる。

　これをバーナム暗号といって、この暗号の鍵を推定するにはイッパツ山勘で当てる以外方法がない。それにどんなにテクノロジーが進んで、新しいアルゴリズムが開発されたり、量子コンピュータができたとしても、解読の難しさは変化しない。そんなわけで、これが最強の暗号化の方法なんだよね。

　ただバーナム暗号にも一つ弱点がある。それは長い秘密鍵が、第三者にバレないようにすることだ。なにしろこの方式は、秘密鍵がバレたら、暗号もバレちゃうわけだから、その秘密保持は重要だ。

　とくに、離れたところにいる、送信者と受信者の間で、誰にも盗聴されずに、秘密が保たれていることを保証するのは、結構難しい。

　そこで登場するのが、量子暗号なんだよね。量子暗号とは、共通鍵暗号において、安全に鍵をやりとりするところで威力を発揮する技術なのだ。

　量子暗号では、光子一個に0か1の情報が書かれて送られる。すると、これは盗聴不可能になるんだよね。なぜなら、量子論的な制約によって、この光子をコピーしようとしたり、観測しようとすると、その状態が変わってしまうからだ。

　たとえば量子暗号で送られている情報を途中で誰かが測定すると、その測定に依存して状態が少し変わっちゃう。すると、0を送ったはずなのが1に変わったり、1が0になったりということがおきて、盗聴されたことがわかる。

　具体的には、秘密鍵を量子暗号で送った後、その秘密鍵の一部を公開して誤り率を調べ、それが高ければ盗聴ありということがわかるわけね。

　一個の光子に触れると、必ずその影響が残るという現象は、量子論の不確定性関係とは違うんだけど、ノークローン定理という、やっぱり原理的な制約に基づいている。だから、決して裏をかくことはできない。つまり、送信で情報を共有することにかけては、量子暗号は最も強力で破られることのない暗号なんだよね。

　面白いのは、盗聴者に対してなんらかの攻撃を仕掛けるのではなく、盗聴を検知したら捨てて使わないというやりかたをすることだ。盗聴者の盗聴という行為を、やってもどうせばれるから無駄だよね、とあきらめさせる、非常に受け身なやりかたなわけね。

　量子テレポーテーションは、この量子暗号のノークローン定理と同じことを示しているらしい。

　量子論の非日常的な現象のひとつに、EPRパラドックスというのがある。

　たとえば、粒子がAとBの二つに割れて飛ぶ時、両者のスピンが上と下というように反対になる系があるとする。このときABのどちらも観測されていなければ、どちらの粒子も上でも下でもない量子状態にあるんだけど、たとえばAが上と測定された瞬間にBは下に決定される。

　で、これが何でパラドックスかというと、AB間の距離が遠くても瞬時に情報が伝わっているようにみえるから、これは超光速の現象だってわけね。

　ただし、これはAが測定されたと知るにはBの側に光速以下の速度の通信で知らせる必要があるから、本当はパラドックスではないってことになっている。

　量子テレポーテーションとは、この思考実験を二つつないだものらしい。基本的には情報だけが移動しているんだけど、原子の世界のデキゴトなので、情報が別の粒子に移った＝別の粒子に変化したということになって、それでアリスとボブの間で物質が瞬時に移動するように見える現象なんだよね。でも、これも測定の結果を、普通の通信で送らなければならないので、超光速の現象じゃない。

　この普通の通信は盗聴されると、移動する物質が変わっちゃう。つまり、これは量子暗号の盗聴で、情報が変わってしまうのと同じじってわけだ。

　……しかし、自分でもよーワカラン話を解説するのは、やっぱり難しいなあ。

人工血液は実現間近のようだ

サはサイエンスのサ　連載・123

【鹿野　司】

ジェームズ・キャメロン監督の映画、『アビス』の中には、呼吸できる液体のシーンが出てくる。

ネズミを透明な液体におぼれさせると、しばらくひくひくした後に、その液体を呼吸し始めるってヤツだ。これは特撮ではなくて、パー・フルオロ・カーボンという、酸素を大量に溶かし込める液体を使った、リアル映像なんだよね。

ところで一九八〇年代には、人工血液としてこのパー・フルオロ・カーボンを使う研究がけっこう行われていた。

パー・フルオロ・カーボンは無色透明の液体だけど、この人工血液はそれを乳化させている。そのためミルクのような色をしているので、白ウサギの血液を入れかえる実験では、赤い目が白くなっている写真が公開されたりしたものだ。

このタイプの人工血液は、日本のミドリ十字が世界にさきがけて開発に成功して、臨床試験もかなり進んでいたらしい。それに、アメリカでは心臓手術のときに認可されていたという。ところが、当時は有望そうだったこの人工血液だけど、現在はほとんど研究されていないそうだ。

その理由は、物理的な法則で酸素が溶けているだけなので、酸素分圧が八十％とか六十％の酸素テントの中でやって、やっと能力的にそこそこというものだったことが第一点。

それから、いちおう呼気から排出されるものの、全くの異物なので、体の中で代謝できないことも問題だった。

ただし、ロシアではパーフロトンという名前で、現在もこの種の人工血液を実用的に使っているという。これは、ロシアでは献血システムが整っていなくて、安全な血液を確保するのが難しいので、それでこのような代用血液が必要とされているってことがあるのだろう。

それじゃあ現在は、人工血液の研究は行われていないのかというと、もちろんそんなことはない。

ただ、パー・フルオロ・カーボンみたいな純粋な人工物のものはほとんどなくなって、代わって人間の血液を原料にした人工血液（人工赤血球）の研究が活発になっている。

人間の血液を原料にした人工血液って不思議な感じがするかもしれないけれど、実は生の血液というのは、色々と使い勝手の悪い点があるんだよね。

たとえば、生の血液には血液型があるから、適合する型の血液しか輸血することができない。

それから、血液には消費期限があって、アッという間に鮮度が落ちてしまう。

実際、赤血球は、冷蔵しても三週間しか持たない。古くなった赤血球は、中からヘモグロビンが漏れ出す＝溶血状態になって、輸血はできないんだよね。

だから献血では、血液を需要と供給のバランスを考えて、ギリギリで使いきるよりちょっと多めに集めている。しかし、大量に在庫を置くことはできないので、すぐに不足しがちになってしまうわけだ。

また、感染リスクの存在も問題だ。

日本は輸血用血液のウィルス検査が充実しているんだけど、対象になっているのは肝炎やエイズなど決められたウイルスだけで、ＳＡＲＳや西ナイルウイルス、プリオンなどは対象になっていない。

つまり献血した血液がそれらの病原体に汚染されていたら、筒抜けになって二次感染を起こしてしまう。また、献血した人が極微量のウィルスしか持っていない場合も検査をすり抜けてしまう。

日本の献血による感染リスクは百万分

の一の確率で一年間に数例程度。これはかなり低い値ではあるけれど、本当はゼロであるべきなんだよね。

さらに、輸血では一％の確率でアレルギー反応が起きて発熱や発疹が現れたりもする。特に恐ろしいのは、輸血した血液の白血球が拒絶反応を起こすことで、これが起きると死亡率が高い。

まあ、日本では、輸血用血液を放射線で処理して白血球を殺しているのでこの反応は起きないんだけど、アメリカやヨーロッパ以外の海外では今でもこの危険が残っている。

しかし、こう考えてみると、生の血を使った輸血って、けっこう弱点の多いシステムだってことがわかる。そこで、これらの欠点を克服する方法として研究されているのが、人工的に作られた血液＝人工赤血球なんだよね。

人工赤血球では、酸素運搬体としてヘモグロビンを利用する。ところがここで問題になるのが、ヘモグロビンを直接血管に注射できないということだ。

ヘモグロビンは四つのユニットでできている分子だけど、これを血管に入れるとすぐに二つずつのユニットに乖離してしまう。そうなると、腎臓のフィルターをスカスカ通って、血尿になると同時に腎毒性が出てしまうのだ。

つまり、ヘモグロビンを人工血液として利用するには、四つのユニットがバラバラにならないようにする必要がある。

そこで、この分野の第一人者、早稲田大学理工学部、応用化学科の武岡真司助教授は、このバラバラにならない手法として、ヘモグロビンを人工の膜で包んで、赤血球と同じような構造を持たせる方法を採用している。

人工血液の材料であるヘモグロビンは、赤血球から取り出される。そして、それを脂質の二重膜という、細胞膜によく似た膜でくるむわけだ。

このとき、生の血では弱点になっていた要素が、すべて取り除けるんだよね。

たとえば血液型の型物質は、もともと赤血球を包む膜の表面に生えている。だから、新しい膜で包み直すと、血液型はなくなってしまう。

当然、輸血ミスが起こらないし、それどころか、動物にだって輸血できるから、獣医領域でも使うことができる。

また、人工赤血球を作る時、加熱処理とフィルタリングが行われる。そのため細菌やウイルスなどの病原体は、完全に取り除かれる。

さらにこの人工赤血球の人工膜は赤血球の膜よりも遥かに丈夫なので、室温で二年間備蓄できる。

そのうえ、この人工赤血球は、赤血球の大きさ（八ミクロン）の三十分の一くらいしかないため、赤血球が詰まってしまうような狭窄した血管でも通り抜けられる。つまり、心筋梗塞や脳梗塞みたいに、血管が詰まった場合でも、人工赤血球なら通り抜けて、命を助けることが可能になるかもしれないんだよね。

武岡グループの人工赤血球は、今後二年以内に量産体制を整え、それから薬として申請するための臨床試験に入る予定だという。人工血液というと、実現はまだ先のような気がしていたけど、案外、数年後には身近な存在になっているのかもしれないね。

サはサイエンスのサ

連載・126

【鹿野 司】

僕たちは話すより前に歌っていた？

人類の言語の起源について、京都大学霊長類研究所教授の正高信男《まさたかのぶお》さんの講演で面白い話を聞いた。今回はそれについて紹介しよう。

まず、人間の言語能力は、遺伝子によって制御されている。

そのことはかなり前から、そりゃあそうだよねと思われていたワケだけど、なんと二〇〇一年に、その言語遺伝子が本当に見つかっている。

これは、FoxP2という名前の遺伝子だ。第七染色体の長椀の部分に乗っている単一の遺伝子で、Anthony Monaco教授の率いる研究チームによって同定された。

この遺伝子は、イギリスのMEという家族を三世代にわたって追跡調査することで見つかったものだった。

失語症は、普通は卒中なんかの後遺症として現れる。

ところがMEファミリーは、半数が運動性失語状態で生まれるという、非常に変わった家系なんだよね。つまりそれは遺伝的なものだってんで、原因遺伝子が一生懸命調べられたわけだ。

失語症には、大きく分けて運動性失語と感覚性失語がある。

運動性失語は、言葉の意味はわかっているけど、言葉を喋れない状態で、傷害されているのは脳の左前頭葉下部にあるブローカ野だ。長島監督の失語症はたぶんこのタイプのものだ。

この失語症の面白いのは、喋ることはできなくても、歌うことはできることが結構あることだ。

そういえば、デイヴィッド・ブリンの《知性化の嵐》シリーズの中で、賓《まれびと》ことエマースンが、喋れないけど歌えるって場面がでてきたよねえ。

一方、感覚性失語症は、音は聞こえるけど、言語としての理解ができないもので、流暢にデタラメの言葉をしゃべったりもする。これは、左側頭葉上側頭回後部にある、ウェルニッケ野の傷害で起きる症状だ。

ところで、遺伝子がわかれば、分子進化の手法で、ヒトに近縁の動物の類似の遺伝子と比べて、その遺伝子の起源を調べることができる。

それによると、人類が言語遺伝子を獲得したのはおよそ十万年前で、どんなに古く見積もっても十五万年より古いことはないのだそうだ。

これは人類が二足歩行をはじめた二百万年前と比べると、びっくりするくらい最近のことだよね。

つまり、三十数万年前から三万年前まで活動していたネアンデルタール人は、人間のようには喋ることができなかったわけだ。

まあ、これは解剖学的には、以前からそうではないかといわれていたことではあるけれど、分子進化のレベルでもそれが確かめられたわけだ。

それにしても、仲間を埋葬し、集団で狩りもした彼らが、人間のような言語をもたなかったというのは面白いよね。

僕たちがイメージするような言語がなくても、想像以上に文化的な行為ができたってことだから。

ところで十万年前に起きたFoxP2という遺伝子の進化は、僕たちにどんな変化をもたらしたのだろうか。

この遺伝子が運動性失語に関わっているということは、十万年前にブローカ野が、今の我々が使っているように使われるようになったと考えて良いだろう。

でも、ブローカ野は、いったいどんな働きをしているのだろうか。

これについては、ファンクションMRIを使った研究で解明が進んでいる。

その一つとして、誰かがコップをつかむ、という動画を見せると、ブローカ野が賦活《ふかつ》することがわかっている。このとき、見ている人は「あ、誰かがコップをつかんだな」と思っている。

これはつまりミラーニューロンだ。

ミラーニューロンとは、まねっこの神経回路だ。特定のパターンのアクションを見ると、普通は自分がその運動をする時に活動する神経細胞が活動するもので、手を伸ばしたり、ボールを蹴ったり、ものをくちゃくちゃ噛むというような運動で確認されている。

つまりブローカ野は、単に自分の運動を行う=言語の発声を行うという役割を果たしているだけでなく、他者の行為を理解する上で大事な役割を果たしている領域といえるわけだ。

それだけじゃない。正高さんの最近の研究によると、ブローカ野は動画を見せた時だけでなく、心的回転によっても賦活することが明らかになってきた。

二枚の手の絵を見せて、それが回転して重なるかどうかを当てさせる課題をやると、動画を見せた時と同じようにブローカ野に反応が出るのだ。

ミラーニューロン、ブローカ野は、これまでアクションの理解に役立っているといわれてきた。だけど、この結果からすると、それはちょっとニュアンスが違うといえそうだ。

つまり、アクションを運動として捉えて、それを認知するということではない。

それよりも、他人の運動、知覚表象をシミュレートして、自分自身の運動で、あるいは身体でなぞることがブローカ野にとっていちばん大事な役割ではないか。

つまり、今から十万年前に、身体シミュレーション、メンタルシミュレーションというものが進化したことによって、はじめて人間は言葉が学習できるようになったのではないかというんだよね。

うーん、おもしろい。これは僕の個人的な考えだけど、メンタルシミュレーションというのは人間的な愛の本質に関わっているんじゃないかと思う。愛するということは自分の中に他者のシミュレーションモデルを持つことだから。つまり僕たちのような愛の形も、十万年前に形成されたってことかもしれない。

ところで、十万年以上前の人々はどんなコミュニケーションを行っていたのだろう。ブローカ野的な言語能力はまだなかったにしても、何らかの音声的コミュニケーションを行っていた可能性はある。

たとえば、生まれて四十八時間未満の新生児でも、モーツァルトのメヌエットが好きだということが実験的に確かめられている。つまり不協和音ではなく、協和音をえり好みして聞く性質がある。

でも、いったいどうして我々は、そういう同じ感性を持って生まれてくるのだろうか。どうして音楽は世界にあまねく流布しているのだろうか。

それは、十万年前に言葉を習得する以前から、そういうものを使ってコミュニケーションをする習性があったからじゃないだろうか。

ブローカ野が傷害されても歌えるように、彼らのコミュニケーションは、ある意味で、音楽的なものだったのかもしれない。

マイクロ化学システムの効率性

化学合成というと、普通は入り組んだパイプやタンク、ガラス機器なんかを使って、多くの材料を混ぜ合わせて反応させる、大がかりな設備が必要だ。

　ところが、東京大学工学部の北森武彦教授は、それを顕微鏡のプレパラート大に圧縮する研究を行っている。

　この「マイクロ化学システム」は、プレパラートそっくりのガラスチップに、マイクロチャネルという、交差や分岐した直線、蛇のようにうねる道などの、様様なパターンを半導体製造技術で刻んだものだ。パターンの太さは一〇〇ミクロンから一〇ミクロンで、上からガラス板を貼ってパイプにしてある。

　マイクロチャネルは、液体、気体、微粒子など、何でも流すことができて、パターン次第であらゆる化学反応を行える。

　でも、一枚のプレパラートで一度に反応させられる量は、一〇〇ナノリットルにすぎない。つまり、一枚のマイクロ化学システムでは、何を作るにしても、使い物になる量が作れない。だとしたら、そんなものに何の意味があるのだろうか。

　マイクロ化学システムでは、もの凄く複雑な操作も、一枚のチップに集積できる。つまり、作るのに手間のかかる高価な薬も、一枚のチップで作ることができる。

　そしてわずかな量でもそれができるなら、後はそのチップを何千枚と集積してやることで、大量の合成ができるようになる。このとき、全体のシステムが、ものすごくコンパクトになるのが、マイクロ化学システムの面白いところだ。

　たとえば、一五〇〇枚のチップで実際に作られた、ある化学工場の原料になる物質を合成するシステムがある。

　これは、全体としてせいぜい一抱えくらいの大きさしかないのに、年間三〇トンの物質を生産できる。一方、同じ量の物質を従来の工場で作るとすると、二〇m×二〇m×四mの大きさが必要になるという。

　この差の理由は、工場での化学が、量が多いために、様々な物質を機械的に混ぜる設備が大半を占めることにある。どんなものでも、量が多いと簡単には混ざらない。一方、マイクロ化学システムでは、空間が非常に狭いため、何もしなくても拡散によって瞬時に混合が起きる。

　また、化学反応では、混ざりものから必要なものを抜き出す精製も非常に重要だ。これもマイクロ化学システムだと、反応物に有機溶剤を入れるだけで、必要なものがピッと移動する。分子の自発的な運動だけで、どんどん色々なことが起きるのだ。

　この効果は、空間の長さが二分の一になると、混ざる時間が四分の一になるという具合に、二乗で効いてくる。

　たとえば、マイクロチャネルの幅が一〇〇ミクロンだとすると、一センチの一〇〇分の一の大きさだから、一立方センチ＝一ccの試験管で起きる反応の一万分の一の時間で混ざり合う。

　つまり、一ccだと一時間かかっていた反応が、〇・三六秒で終わることになる。

　そのため、チップ一枚の収量が少なくても、スピードが速く、枚数を増やせば、大規模な工場を凌ぐことができるわけだ。

　このマイクロ化学システムを実現する上で重要なのは、プレパラート上のどの場所にどんな物質がやってきたかを、知る技術だ。それも、極微量の物質を捉える手法でないといけない。

　北森グループが優れたマイクロ化学システムを作れる秘密は、そのための独自の計測手法を持っていることにある。

　それは熱レンズ顕微鏡というもので、マイクロチャネルを流れてくる分子を、

○・三個単位という精度で測ることができる超高感度なものだ。
この熱レンズ顕微鏡は、実に不思議な偶然で実現したものだった。

北森研は今から一〇年ほど前にできたのだけど、当初は研究費も乏しく、実験道具にも事欠いていた。そのため、顕微鏡も医学部が不用になって捨てようとした、五〇年前のものを拾ってきて利用することにしたのだそうだ。実は、これが熱レンズ顕微鏡の成功をもたらした鍵だった。

熱レンズ顕微鏡では、励起光とプローブ光という、二色のレーザーを使う。

励起光はチャネルの中を流れてくる分子に吸収され、分子を温める。その結果、周りの温度が上がって屈折率が下がる。

つまり、レーザーを吸収した分子を中心に屈折率が下がったところができて、それが結果として凹レンズになる。

この熱レンズ効果は、分子が一個あるより二個あるほうが二倍の強度になる。そこで、プローブ光でどれくらいのレンズができたかを測ってやると、その場所に分子がいくつあるかを、精密に測定することができるわけだ。

この熱レンズ効果は、四〇年も前から知られていたことで、決して特別なアイデアではなかった。それなのになぜ、他ではこれを使った顕微鏡が作られなかったのだろうか。

その理由は、熱レンズ効果は、顕微鏡では測れないとされていたからだ。つまり、光を当てて熱レンズができても、それが顕微鏡の焦点の場所では、もう一つの光を入れても同じ焦点を通るので、光がまっすぐ進んで何も検出できないはずなのだ。

ところが、拾ってきた五〇年前の顕微鏡では、なぜか熱レンズ効果が測れてしまった。よくよく調べてみると、この顕微鏡は現代の顕微鏡ではあり得ない色収差があって、それによって二色のレーザーの焦点位置がずれていたことがわかった。

つまり、あえて収差をつけた顕微鏡なら、熱レンズ効果を測ることができる熱レンズ顕微鏡ができるというわけ。

マイクロ化学システムは、これから多くの化学工場を、置き換えていく可能性を持っている。とくに、中規模くらいの化学反応を行う、一つの部屋くらいの大きさの設備は、このシステムを使うことで下駄箱一つ分くらいの大きさにサイズダウンすることができる。とくに、医薬品などのように、少量で単価の高い物質の化学反応は、これからマイクロ化学システムが主流になっていくに違いない。

また、マイクロ化学システムには、そのサイズ効果によって、極微量な物質を検出したり、時間のかかる反応を高速で起こしたりできる能力がある。

この特長を生かして、たとえばシックハウスの原因物質を、リアルタイムで測定するセンサを作ることが可能だ。

また、酵素反応など、大きなサイズでは時間のかかる反応も、瞬時に行うことができる。たとえば、がん胎児性抗原を定量した例では、従来は反応の終結まで一五時間かかった抗原抗体反応を、一〇分に短縮できたという。つまり、これを使えば、様々な健康診断をリアルタイムに行ったり、家庭用検査装置に応用できる可能性を持っている。マイクロ化学システムは近い将来、ぼくたちの生活に密接な存在となっていくのかもしれない。

知能を神秘化しないということ

サはサイエンスのサ

連載●131

【鹿野　司】

　人間の知能は、数々の神秘に満ちている。だから、それを完璧に真似る装置を作り出すことは、当分の間できないだろう。

　これはもちろん、疑問の余地はない。

　でも、そこにはちょっと、行き過ぎた思いこみがあるかもしれない。人の知能が優れているにしても、過剰に神秘的に思いすぎている部分があるのではないか。

　大阪大学とATRで知能ロボットの研究を行う石黒浩教授は、そう考えている。

　知能というと、ある原理から導き出されてくるものでなければ、ホンモノではないようなイメージがある。

　アドホックなやり方、たとえば人の前で披露するデモなどの見栄えを良くするために、事前にこういうことが起きると予想して、それに対応するプログラムを作る手法は、本当の知能ではなく、欺瞞だというのが一般的な認識のわけだ。

　でも、果たしてそういいきれるのだろうか。実際には、知能という複雑なシロモノが、すべて一つの原理から導かれるとは考えにくい。むしろ、数多くのケースバイケース処理、例外処理の集まりのようなものが知能の実体ではないか。

　そこで、必要な情報を必要なだけ、どんどん付け加えていったらどうなるだろう。それによって、知能の本質さえも見えてくるのではないだろうか。

　これは知能研究の観点からすると、かなりアナーキーな発想で、これまで深く追求されたことはなかった。しかし、やってみないことには、本当かどうか解らない。

　そこで、その実例として、石黒さんはロボビーというロボットを作っている。

　これは、ロボットが人と身近に接する時、人に違和感を感じさせないようにするには、どんな能力を与えたら良いかを追求した自律ロボットだ。

　ロボビーには、ロボットを自然な生き物のようにみせるための、様々な振る舞いが組み込まれている。

　人間が対話をしている時に、目や腕や体をどう動かしているかを分析した結果をもとに、それに近い振る舞いをするようプログラムされている。

　たとえば、ロボビーの前で、指で何かを指し示すと、このロボットは人と同じようにそちらの方向を見る。また、腕を触ると、パッとその部分を見たりする。

　さらに、生き物は静止することは決してないので、とくに意味はなくても、いつも体のどこかがふらふらと動いている。

　ロボビーがどんな振る舞いをしたら、人が自然に感じるかは、何か一般的な法則があるわけじゃない。

　とにかく、思いつく限りの動作を入力して、やらせてみて、それで人がリアルと感じるものを選んでいくわけだ。

　その結果、ロボビーは百種類以上のルールを身につけ、三〜四歳の子供とほぼ同じと感じられるくらいの振る舞いができるようになっている。

　しかし、実際にロボットを作ったことで、その限界も明らかになってきた。

　三〜四歳の子供は、自分の好きなように振る舞うけれど、それ以上の大人になると、環境をよく見て他の人は何をしているか、回りはどうなっているかをもとに行動するようになる。

　それが可能なのは、個体の能力の向上もあるにせよ、環境がもつ知能を利用できるようになることも大きいのではないか。

　日常をふり返ってみると、人はその行動の大半を、自分の頭の中の情報処理だけでは、実現できていない。

　たとえば、自宅から、ある場所に移動するような時。ぼくたちは、そのやりかたのすべてを、頭の中の情報だけで考えて行動してはいない。むしろ、圧倒的に多くの部分を、環境が提示している情報に依存して動いている。

実際、人は、道がなければ、どこに行くこともできない。道という環境があって、それが情報を示してくれるから、道なりに進むことで、どこかにたどり着くことができるわけだ。極端に言うと、電車がレールの上を進むのと同じように、人間も環境が示すガイドに従って動いている。

つまり、人間の行動を可能にする知能は、少なからず環境の中に実体化されていて、それなしには人間はろくに動くこともできないわけだ。

ロボットの脳＝コンピュータは、人間に比べて能力が遙かに劣っていることは事実だから、ロボット用の知覚を補う環境を作れば、さらにその知能を向上させられる。これは分散認知という考え方で、石黒研では実際にセンサーネットワークという環境を作っている。

室内の数メートル間隔に設置された全方位カメラや、赤外線センサ、マイクロホン。床下には圧力センサが埋め込まれ、無線ＩＤタグの読みとりもできる。これによって、今、どこで、誰が、何をしようとしているかを、完全に言い当てることができる。人がどこで座っているとか、書棚から本を取ったというような、研究室内で起きていることは、リアルタイムで解るようになっているわけだ。

この情報を自律ロボットに提示すれば、人間なら研究室の仲間をちらっと見かけただけで、今日はその人がどの辺にいるか見当がつくのと同じような機能を、自律ロボットでも実現できるようになる。

ところで石黒さんの研究で、一般にも有名なのは、アンドロイドだろう。愛知万博のアクトロイドも、そのソフトは石黒研での研究がもとになっている。

石黒さんがアンドロイドに取り組む理由は、人の姿は、究極の対人インターフェースと考えるからだ。

人間はもともと、集団で暮らす生き物として進化してきた。それだけに、仲間の姿形や目線、身振り手振りを、意識的、無意識的に観察して、様々な情報を読みとる能力に長けている。人間の目や耳や脳は、同じ人間を理解するために進化してきたわけだ。そうだとすると、今あるロボットは、どれもまだメカっぽすぎて、とても究極の姿とは言い難い。

それでは、究極のインターフェースとしてのロボットは、一体どこまで人間に似たらいいのだろうか。実をいうと、この問題について、これまで本気で研究されたことはなかった。既存の全てのロボットは、ある意味、適当にデザインされているだけで、何をどの程度似せれば、人間はどう感じるのかについて、本気で考えられているものはない。

不気味の壁というものがあって、人に似せすぎると、かえって違和感を感じるということは漠然と言われてきたが、実際に何がどう違うから不気味と感じるかまで、具体的に深く追求されたことはない。

そこで石黒さんたちは、この問題に取り組むため、ロボットの外見を限りなく人間に近づけたうえで、ロボビーの時にやったのと同じ方法で、アンドロイドの研究を行っているわけだ。

知能の実体を過剰に神秘化しない石黒さんのアプローチは、知能の真実に迫る興味深いやり方じゃないだろうか。

射程圏内に捕らえられた、がん細胞

【鹿野 司】

日本人の三十%はがんで死ぬ。これほど医療が進んだ今でもそうなのは、再発、転移がおきるからだ。現状、体の中に最初にできた固形がんは、よほど場所が悪くない限り、切除して完全治癒できる。

でも、全身に散った転移がんは、とりあえず制がん剤以外、対抗手段はない。

制がん剤は、血管を通じて全身のがんに効き目を及ぼすことができる……ハズなんだけど、実際には難しい。なぜなら、制がん剤は強力な毒物だからだ。

制がん剤は、細胞が増殖するときの、そのプロセスの一部を妨害する。その結果、細胞は増殖途中で増えられなくなって、やがて死んでいく。だから、正常細胞より増殖の早いがん細胞は、より早く死ぬわけだ。ただ、胃腸など消化器官の表面にある細胞とか、毛根細胞は増殖が早いので、がんと同じように死んで、髪の毛が抜けたり、激しい吐き気におそわれる。この副作用が強いと、がんを倒す前に、体力が尽きてしまう。

投薬も非常に辛くて、たとえばシスプラチンという制がん剤は有効だけど、水に溶けにくいので、投薬の前日から水を大量に飲み、さらに非常に長い時間をかけて点滴をしなければならない。当然、入院しなければこんな投薬はできないので、経済的な負担も非常に大きい。

しかも、はじめは制がん剤が効いて、がんが縮小したとしても、途中で薬剤耐性をもった難治性がんに変身してしまうこともある。制がん剤の攻撃を受けているうちに、がんの性質が変化して、がん細胞の表面に、制がん剤の侵入を阻止するタンパク質ができてしまうのだ。

こういうがんは、制がん剤がやってきても、それを外にどんどんくみ出して、内部に侵入させない。すると、健康な細胞だけやられて、がんはどんどん増えるという悲惨なことになってしまう。

制がん剤が十分な効果を発揮できないのは、患者を殺さないように、濃度を薄めて与えるしかないからだ。そして、薄い濃度の毒物に長い時間さらされるから、がん細胞も抵抗性を身につける。

要するに、がんに進化できる十分な時間を与えてしまうワケね。

だから、健康な細胞を傷つけず、がん細胞だけに集中して高濃度の制がん剤を与える方法が見つかれば、制がん剤はもっと効果的に使えるはずだ。これをドラッグ・ターゲティングといって、考え方そのものはわりと昔からある。

たとえば、薬を磁性体の微粒子にくっつけて、がんのところまで磁石で誘導する方法とかね。この方法は、ウサギの耳を使った実験では、薬を目的のところに集めることに成功もしている。しかし、人では巧くいかなかった。ウサギの耳の血管は太いから良いけど、人間の毛細血管を通り抜けられるくらい粒子を細かくすると、それはもはや磁石に吸いつかなくなってしまったからだ。

ところが、一九八六年に、このドラッグ・ターゲティングに使えそうな、新しい現象が見つかった。その名もEPR効果（エンハンスド・パーミアビリティ・アンド・リテンション・エフェクト）という。

固形がんのがん細胞は成長が早いため、栄養と酸素を大量に必要とする。

そのため、がん細胞は、血管増殖因子をどんどん生産する。その結果、がんのまわりには大量の血管ができて、正常な組織に比べて毛細血管の密度や割合が非常に多くなる。また、その血管は短期間で、突貫工事で作るので、壁の作りがけっこういい加減だ。そのため、正常な血管壁なら通らない、直径数十ナノメートル程度の粒子が、がんのまわりの血管だと通り抜けてしまう。これがEPR効果だ。

つまり、制がん剤をこの大きさのカプセルに入れてやれば、正常な血管は通り抜けず、がんの血管だけ通り抜ける。つまり正常な組織に悪影響を与えることなく、がん細胞にだけ制がん剤を送り届けることができるってわけだ。

ただし、体内には、そういうカプセルを異物として排除するメカニズムもある。それに見つかると、せっかくのカプセルも、がんに届く前に処理されてしまう。

そのメカニズムとは、第一に肝臓だ。肝臓はもともと異物を処理する臓器で、カプセルも取り込んでしまう。第二は腎臓で、これはカプセルをおしっこにして捨ててしまう。第三は細網内皮系という原始的な免疫細胞だ。この細胞は体内の肺、肝臓、脾臓などの血管に頭を出していて、異物を見つけると食べてしまう。

この三つを回避しないと、制がん剤はがんまで届かない。そのため、色々なトライが行われたんだけど、これまであまり思わしい成果は上がっていなかった。

しかし最近、その有力な候補が、東京大学工学部の片岡一則教授らのグループによって開発されている。

これは両親媒性ブロック共重合体っていう高分子ミセルのカプセルだ。

なんか難しそうな名前だけど、両親媒性というのは、水と油、両方の媒質に親和性がある＝溶けやすいという意味で、ブロック共重合体とは、性質の違う物質がブロックのようにつながったもののことをいう。つまり水に馴染む高分子と、油に馴染む高分子の二つをくっつけた、ひも状の分子なんだよね。この分子をたくさん水の中に入れると、親油性の分子は水を嫌うので、自然にそれを内側に隠すように寄り集まって、栗のイガイガみたいな形になる。ただし外側に伸びている親水性の高分子はやわらかくて、ふにゃふにゃしているんだけど。

制がん剤の分子は水に溶けにくい＝油に馴染みやすいので、両親媒性ブロック共重合体と一緒に水に入れてやると、制がん剤はこのカプセルの真ん中に自然に取り込まれる。そして、粒子の直径は、数十〜二百ナノメートルの大きさになるように設計されているんだよね。

このブロック共重合体を使うというアイデアは、片岡さんが世界で初めて考え実現したものだ。そしてこれは、体内にある異物を排除するメカニズムを、巧みにかいくぐる、ステルス能力を持っている。

まず腎臓だけど、これは大きさが一ナノメートル以下のものは排泄するけど、ウイルスくらいの大きさだと外に出せない。カプセルは、ちょうどその大きさなのだ。

また、カプセルの表面がへろへろしているので、物にくっつきにくい。つまり、肝細胞が取り込もうとしてもへろへろって逃げるし、細網内皮系が食べようとしてもへろへろって逃げちゃえるのだ。

その結果、動物実験で確かにがんにだけ制がん剤が届くことが確認され、まず膵臓がん向けに臨床試験が進んでいる。

これの面白いのは、カプセルであって新薬ではないので、認可までのテストが簡単にすむことだ。しかも、通院で注射すればいいので患者の負担もうんと減る。

これでがん細胞を根絶できるかは解らないけど、かなり延命できる有効な治療に育つ可能性は大きいんじゃないかな。

DNAコンピュータの途方もなさ

シリコン・コンピュータの限界は見えている。まあ、いちおうゲート長4ナノメートルくらいまで縮小できて、それを使ったLSIが二〇二〇年頃に登場するというスケジュールはある。つまりメモリだと、ワンチップ128ギガビット程度の集積度（現在は1ギガビット）だ。

ただ、その実現は容易な道のりではない。すでに、微細化に伴う厄介な問題がたくさん現れていて、それを乗り越えるには、様々な手の込んだ技術の開発が不可欠だ。その結果、今までのように、集積度を上げれば、計算能力と記憶容量のコストが下がるという図式が、成り立たなくなっている。ムーアの法則は維持できても、そのメリットが生じないわけだ。

そんなこともあって、量子コンピュータや光コンピュータなど、今までとは違う発想のコンピュータが話題になることが多くなった。中でも、最近登場してきたものに、DNAコンピュータがある。

今につながるDNAコンピュータのアイデアは、一九九四年にレオナード・エーデルマン教授によって考え出された。この人は、RSA暗号を考案した一人（RSAのAはAdleman のA）で、DNAを使って「有向ハミルトン経路」問題を解く方法を編み出したんだよね。

有向ハミルトン経路問題とは、一筆書きのちょっと変わったヤツって感じ。

町がn個あって、それらが一方通行や両通行の道でテキトーに結ばれているとき、0番目の町から全ての町を一度だけ通って、n番目の町まで行く道筋は存在するかってのが、この問題だ。これは、しらみつぶしに道をたどるしか解く方法がないらしく、その手間はn乗に比例して大きくなる。そのため、町の数が数百だと、スーパー・コンピュータが宇宙の終わりまで計算しても答えが出ない。

エーデルマンは、あるときDNAの複製の仕方は、チューリングマシンのやり方とそっくり同じことに気がついた。それで、この有向ハミルトン経路問題の7頂点（つまり町が7つ）の問題をDNAの化学反応を使って解いてみせたのだ。

DNAには4種類の塩基があって、AとT、GとCは二重らせんを作る時くっつきあう。そこで、町の名前や道の名前を、ある配列の一本鎖DNAで表してやる。たとえば0番目の町の名前をAATCCG、1番目の町をATTGACてな感じ。また、二つの町の間にある道は、両方の町の名前の後ろ半分と前半分に、相補的にくっつく塩基配列をつなげて表現する。つまり、0から1へ向かう道なら、GGCTAAとするわけ。こういうのを、PCR法でたくさん作って、試験管の中でまぜて反応させてやる。

すると、たとえば町AATCCGの後半と町ATTGACの前半は、それぞれ道GGCTAAにくっついて、二重らせんになる。これは0番目の町から1番目の町までの道筋を表すDNA分子だ。さらに1番目の町と2番目の町の配列につく道の配列があれば、その後ろにつながってDNAの二重らせんは伸びていく。

これは各町を通る道筋を表現したDNAだ。ただ、この分子には、町を7つ未満しか含んでいなかったり、8つ以上含んでいるものもある。で、そこから町を7つだけ含む長さの配列を、ゲル電気泳動で選び出す。つぎに、0番目の町を少なくとも1回含んだ分子だけを磁気ビーズを使った選別法で釣り上げ、さらにその中から1番目の町を少なくとも1回含んだ分子を釣り上げ、以下同じことを2番目以降の町でもやる。そして最後の町を一つ含む分子を釣り上げる操作をしたとき、そこに何かがあったら、それが有向ハミルトン経路を表す分子なんだよね。

このアイデアの画期的なところは、分子の一つ一つが、道筋を探すプロセッサの役目をすることだ。分子だから極微量の中に莫大な数が存在するし、化学変化だから全体が並列的に反応する。

たとえば、DNA合成の専門会社に頼むと、1ミリリットル中に6×10の16乗個のDNA分子を含む溶液を、数千円で作ってもらえる。このとき、DNA1分子で1文字をコードすると、6千万ギガバイトの記憶容量になるし、1命令を実行するのに100秒かかるとしても、毎秒6×10の14乗の命令を実行できる。

一方、日本最速の地球シミュレータの計算速度は、毎秒4×10の13乗回で、その値段は400億円だ。つまりエーデルマンは、DNA計算なら、やり方次第では超安い値段で莫大なメモリを作れたり、すごい高速計算ができることを示したわけ。

こんなに凄いなら、すぐにも電子コンピュータはお払い箱になりそうだけど……でも物事はやっぱしそう甘くはない。

DNAコンピュータは確かに電子コンピュータに真似のできない超並列計算ができる。だけど、たとえば有向ハミルトン経路問題で、正直に町の数が200個ある場合を解こうと思うと、解の候補を表現するのに必要なDNA分子の重量は、地球の重さを超えるのだ。この問題は、それだけ途轍もないものなんだよね。

しかも、エーデルマンのやり方は、7頂点の有向ハミルトン経路問題に特化されていて、汎用性は全くない。

東京大学の陶山《すやま》明さんは、DNAコンピュータの超並列性と、電子コンピュータの逐次計算の速さという、双方の得意な部分を組み合わせ、プログラムによってどんな計算も行える汎用のハイブリッドDNAコンピュータを考えている。

生物は、DNAの塩基が三つつながって、一つのアミノ酸に対応する。それと同じように、陶山DNAコンピュータでは正規直交配列と呼ばれる、1825塩基長の配列で一つのデータが表現される。

ちなみに直交とは、ある配列には特定のデータしかつかないという意味で、正規とは配列の化学的な安定性がみんな同じで、どのデータも同じ反応条件で反応するってことだ。それから、特定のDNA配列に指定のDNA配列を付け加えたり、試験管の中からある配列のDNAだけを取り出すといった、DNA計算に必要な命令セットを考えた。このコマンドを使うことで、DNA計算部のロボットが動き、DNA分子を増幅したり釣り上げたりが自由自在にできるんだよね。

これで、有向ハミルトン経路問題で、調べる場合の数を減らすアルゴリズムが実装できるようになった。実際、3SATという、変数の数が100個では、従来必要なDNAの重さが100万トンになる問題を、ミリグラムのDNAで計算できるアルゴリズムが考えられている。

ただ、DNAコンピュータは色々な反応操作に時間がかかるので、トータルに見ると数学的な問題を電子コンピュータより速く解くのは難しい。ただ、別の使い道がある。陶山DNAコンピュータは、入力に直接DNA分子を使えるので、細胞をすりつぶしてその中で活性化しているDNAだけを検出するといった使い方ができるんだよね。

脳科学とどう向き合うか?

サはサイエンスのサ

連載・138

【鹿野 司】

ちかごろどうも脳がブームらしい。書店に行けば、脳関係の新刊書が山のように出ているし、テレビで脳、ゲームにも脳って感じで、まあ、なんというか。

確かに脳は面白い。それは認める。

しかし、ちょっと待ってほしい。脳脳脳脳騒ぐのは、早計に過ぎないか。ああ、朝日調。なあにかえって免疫がつく……。

脳ブームの背後には、最近の脳研究の劇的な進歩がある。とくに脳機能イメージングがお手軽にできるようになったことで、興味深かったり意外だったりする成果が、じゃかすか出てきている感じ。

しかし、どうなんでしょうね。

たとえばゲーム脳。

ゲーム脳というと、トンデモ系ではこの言葉を作った日本大学文理学部体育学科教授の森昭雄さんと、医療少年院勤務の精神科医であり、別名で横溝正史賞を受賞した文筆家でもある、岡田尊司さんの『脳内汚染』が有名だよね。

これらのトンデモさを、微に入り細をウガーって解説する言説は、ネットの中に無数にあるので、ここでは書かない。

まあ、キレる子どもが増えているという客観的な証拠はないことと、統計では若者の犯罪は劇的に減っているし、異常な理解不能な犯罪は昔も今も変わらず一定の割合で存在するという事実だけで、これらの前提は覆っているわけだしね。

ただ、もっとまともな装いの研究でも、実際にはかなりへんてこりんなのだ。

たとえば脳を鍛える脳トレという概念を、科学の裏付けのもとに示して、おそらく今の脳ブームの火付け役となった、東北大学教授の川島隆太さん。

川島さんの脳トレのアイデアは、テレビゲームをしているときの、前頭前野の活性化の様子を計測したことがきっかけで誕生したものだ。実験前、川島さんは、手と目と頭を使うゲームでは、前頭前野は活発に働くだろうと予測していた。

しかし、実際に測ってみると、ゲームに慣れないうちは活性化するものの、慣れてくるとむしろ沈静化するという、意外な結果が出てしまった。さらに驚きだったのは、対照として測ったクレペリン検査(一桁の数字を足していくやつね)をしているときのほうが、遙かに前頭前野が活性化していたことだ。

その後いろいろなケースで計測を行って、簡単な読み書き計算こそが、前頭前野を活性化するという結論に至る。

そして、老人施設の認知症の人たちを対象に、簡単な読み書き計算からなる脳トレを試したところ、認知症の進行を遅らせたり、ある程度改善できるような結果を得た。さらに、認知症予備軍の人にこの脳トレをすると、回復することも示された。これが脳トレの根拠ってわけね。

一方、川島さんは、ゲームをしているときの前頭前野の沈静化を、リラックスと関連づけている。

別の計測で、前頭前野は美しい絵を見て静かな音楽を聴いているときにも沈静化するし、マッサージをしてもらって気持ちいいと思ったときも沈静化することが明らかにされた。また、マンガを読んでいるときも沈静化する。だから、学校で前頭前野をフルに使ってきた子どもたちが、お家でゲームやマンガで脳を癒すのは、良いんじゃないのとおっしゃる。

あー、良かったね、川島さんはサブカルの味方だよ。しかし、ちょ(ry

実は川島さんは、携帯電話を使っているときの前頭前野も、働かないことを突き止めている。で、脳が成熟した大人が携帯を使うのは良いでしょう、しかし、脳の発達途上にある子供や、脳が衰え始めた高齢者が使うのは、果たして良いことなのでしょうか? とも言っているのだ。

　ポカーン(゜Д゜)。えーっと、これはどういうことなんでしょう。ある時は前頭前野の癒しだから良くて、あるときは前頭前野を使わないのは危ないというのは、カナーリ恣意的な感じがするのですが。

　川島さんは、光トポグラフィ、またはｆＮＩＲＳ (functional near infrared spectroscopy：エフニルス) と呼ばれる装置で脳計測を行っている。これは近赤外線光を使って、大脳表面の血流の様子を見る装置だ。この装置で、ゲーム時の前頭前野を計測すると、血流が減ることは、複数の人によって確認されている。でも、その解釈は人によって違うのだ。

　たとえば、東大の松田剛さんは、ゲームではない画像を処理する課題（塗り絵みたいなの）をやったときも、同じように前頭前野の活動が低下するとしている。

　そしてその解釈は、映像処理や運動処理の負荷が大きいと、運動野や視覚野に血流が奪われて、前頭前野の血流が減るのではないかというものだ。また、囲碁のプロは、アマチュアより前頭前野が沈静化しているという結果もあって、つまり、前頭前野の血流低下は、脳全体の血流の最適化によるものではないかという。

　さらに僕の俺様理論ではこう解釈できる。僕は前々から、意識というものは、多くの人が思っている以上に、普段は存在していないと考えている。意識とは、新しいことを覚えたり、難しいことを間違えないようにするときだけ起動して、その操作を無意識化するための自己シミュレーションなのだ。そして、それが起動している感覚、そのクオリアが意識と感じているものの正体だ。で、それは前頭前野に深く関わっている。そう仮定すると、ゲームを覚えるまで活動した前頭前野が、慣れると沈静化するのは当然だし、囲碁の達人とアマチュアの違いも素直に理解できる。クレペリン検査は間違わないように気をつけ続けないといけないので、前頭前野は活性化し続ける。僕の予想では、イライラ棒みたいなゲームなら、前頭前野は沈静化せず、ずっと活性化し続けるだろう。

　まあ、俺様理論はどうでも良いんだけど、川島さんと松田さんで解釈が違ってしまうのは、その計測では前頭前野しか測っていなくて、脳全体を見ていないことが大きい。脳全体のデータがあれば白黒はっきりするのだろうけど、今のエフニルスではそれはできないのだ。

　またエフニルスは二〇〇一年に登場したばかりの装置で、まだ何を測っているのか明確でないというポイントも見逃せない。この装置は、非常に簡単に取り扱えるので、トレッドミルで走っているときの脳の様子まで計測できる。これはデカイ装置の中に入らないと計測できないｆＭＲＩなどでは絶対に不可能で、ゲームの時の脳の状態もこれだから測れたわけだ。

　しかし、エフニルスとｆＭＲＩは、どちらも脳の血流を測っているはずなのに、同じ行為をしているときの活性化部位が違って現れることが少なくない。この矛盾の原因は今のところ不明で、どうつじつまを合わせるかは大きな問題なのだ。

　まあ、脳トレに関しては、ぼくは基本的に毒にも薬にもならないだろう、ひょっとするとちょっとは良いかもという感じなのでまあいいとしよう。でも、こんなあやふやな、恣意的解釈を赦す研究を前提に、教育やら制約やらを考えるのは危険すぎると思うんだよね。

サはサイエンスのサ

連載・139

【鹿野　司】

脳科学とどう向き合うか？　その②

外国語をしゃべれる人はかっこいい。とくに帰国子女とか、ネイティブな発音ができる人は、それだけで通常の三倍はおかわりできちゃうよね。

しかし、そうなるためには、幼い頃から、その言葉に慣れ親しんでいなければならない。最近の、小学校からの英語教育導入とかの議論も、ようするにそれを念頭に置いたものなんだろう。

なぜ、子どものうちから親しまないと、ネイティブになれないのか。

それは臨界期があるからだ。

幼い頃オオカミに育てられた、オオカミ少年や少女たちは、発見が十歳くらいを越えていると、いくら教えても文章を喋ることは難しいといわれる。生まれた時には目に障害があって見えなかったのに、大人になってから手術で目の機能を回復した開眼者は、眼のハードウェアは正常でも、物体の認識がうまくできない。

鳥などで有名なインプリンティングも、生まれて間もない限られた期間に見たものを、ついて行くべき存在として認識する現象だ。

このような臨界期については、たくさんのねこをいじめてノーベル賞を取ったヒューベルとウィーゼルが、一九六三年に画期的な発見をしている。生後間もない子ねこの片目を縫い合わせておくと、大人になったときの脳の構造が、そうでないねことは全く違ってしまうんだよね。

大脳視覚野の細胞は、普通は両方の目から入力を受け取る。生まれた直後の子ねこの脳でも、これはそうなっている。

ところが片目を塞いで育てたねこの脳には、開いていた目との接続はあるけど、両眼からの刺激に反応する細胞は全く存在しない。つまり、臨界期の脳では、神経回路の劇的な再編成が行われるわけだ。

理化学研究所のヘンシュ貴雄さんのグループは、何もしなければ視覚野の臨界期が永久に訪れない、遺伝子改変マウスを作ることに成功し、この現象について様々な解明を進めている。

神経細胞には、つながった相手の神経細胞を興奮させる興奮性ニューロンと、興奮を抑える抑制性ニューロンの二種類がある。大脳皮質の神経細胞のうちの八割は、興奮性のニューロンなんだけど、こちらはほぼすべてがピラミッド型の錐体細胞で、形態的な違いはあまりない。

ところが、抑制性のニューロンは、それぞれの形や結合の仕方の種類が、二十種類ほど見つかっている。

つまり興奮を促すのはわりと単純だけど、抑制のしかたには色々な種類があって、比較的少数の細胞による、微妙な調整が行われているらしい。

この遺伝子改変マウスは、神経伝達物質のＧＡＢＡ（ガンマアミノ酪酸）を受け取るＡＢＣ三種類の受容体のうち、ＧＡＢＡ-Ａ受容体のα１サブユニットが作られない。ちなみに、ＧＡＢＡは抑制性ニューロンの神経伝達物質で、その受容体がないということは、抑制性ニューロンが正常に動作しないということだ。

通常のマウスは、生後二十〜三十二日の間が臨界期となる。ところがこの遺伝子改変マウスは、そのままでは大人になっても臨界期がやってこない。

ところが、これにベンゾジアゼピン系の薬剤であるジアゼパムを投与すると、そこから臨界期がはじまるのだ。

ベンゾジアゼピン系は、ＧＡＢＡ伝達に影響を与える薬剤で、抗てんかん薬や抗不安薬、催眠鎮静剤などに使われている。なかでもジアゼパムは、ＧＡＢＡ伝達を促進する作用があり（アゴニスト）、不安や緊張を抑制する抗不安薬として用いられている。つまりGABA伝達を活性化して、抑制性のニューロンが働くことで、臨界期ははじまるわけだ。

これは正常なマウスでも、早期にジアゼパムを投与することで、臨界期を正常より前倒しできることからも、確かめられた。臨界期のような極端な神経系の再編成では、なんとなく興奮性のニューロンが活発に働くような感じがするけど、実際にはそうではなくて、抑制性ニューロンが働かないと臨界期はやってこないわけだ。

臨界期はいったん始まると、一定の期間を経て、やがて収束していく。

では、臨界期が終わった後のマウスに、ジアゼパムを投与したらどうなるだろう。

……実は何も起きない。つまり、臨界期は、生涯で一度しか出現しないわけだ。

一方、アルバート・アインシュタイン薬科大学のMcGeeらのグループは、Nogo-66という物質の受容体を破壊した遺伝子改変マウスを作り出した。

このマウスはなんと、臨界期が始まると、それが死ぬまで（四十五〜百二十日）終わらないという性質を持っていた。

Nogo-66というのは、ミエリン由来の軸索伸長抑制因子、つまり神経の被覆の成長を抑える物質だ。実はこれは、脊髄損傷の治療と絡んで、重要視されているものなんだよね。というのも、脊髄を損傷したマウスに、Nogo-66の受容体の拮抗薬を投与すると、脊髄がほぼ正常に近いところまで再生するのだ。

つまり、McGeeたちの作った遺伝子改変マウスは、神経の被覆ができないので、臨界期が終わらないらしい。

そしてこれとは別の研究で、正常なマウスは臨界期の頃から、Nogo-66が増え始めて、臨界期後は一定の濃度を保つことがわかっている。

では、臨界期を終えた正常なマウスの脳に、Nogo-66の拮抗薬を投与したらどうなるか。……どうやら、臨界期が復活するらしいのだ。これはまだはっきりした結果とはなっていないのだけど、もしそうだったとしたら非常に面白い。

なぜなら、ある薬剤を使うことで、臨界期を何度も起こすことが、できるかも知れないからだ。つまり、大人になってからでも、薬を飲んで勉強すれば、誰でもネイティブスピーカーになれちゃうカモってわけだ。この分野の研究者は、慎重にことばは選ぶけど、一応そういう応用も念頭に置いている感じがする。

しかし、現実には、そう巧くはいかないだろう。まず、ヘンシュグループで作られた遺伝子改変マウスは、抑制性ニューロンが正常に動作しないため、成熟するにつれ、てんかん様発作を起こして死んでしまう。McGeeのマウスも、詳細はわからないけど、通常二年は生きるマウスのデータが百二十日までしかないので、何か異常が起きて長生きしないのだろう。さらに、McGeeの遺伝子改変マウスは、大脳の体性感覚野にあるウィスカーバレル野での臨界期の終了には、影響がないことがわかっている。つまり臨界期の長さ調節には、少なくとも複数のメカニズムが存在していて、そう簡単にはいかないわけだ。さらに、こんな強力な神経回路の再編をやったら、副作用で歩くこともできなくなるかもしれないし、人格も根本的に変質してしまう可能性も否定できないんだよね。

『トゥモロー・ワールド』は凄い映画だ

サはサイエンスのサ　連載・144

【鹿野 司】

今回は映画『トゥモロー・ワールド』について、語ってみちゃいたいと思う。

これはね、凄い作品ですよ。映画館で見逃した人、残念でしたね。十年に一度の傑作を、映画館で見られる喜びを逃しちゃったんだからね。（もう上映終わっているという前提で語ります。初日から映画館ガラガラだったし）

この映画、半年くらい前にショウビズでちらっと紹介されていて、なんかちょっと気になっていた。それから、遠いところへ行っちゃった堺三保さんが、パンフに原稿書いたよ、いい映画だよって言ってたので、あー見なきゃなとは思っていた。でもいちばん大きかったのは、「『小松左京全集完全版』刊行開始とイオ25周年、その他諸々を祝う会」というパーティで、樋口真嗣監督に、あれは映画館で見ておかないと一生後悔するよって教えてもらったことだった。

樋口さんは、『ブレードランナー』がその後の映像作品に、無視できない影響を与えたのと同じように、これからの映像作品は『トゥモロー・ワールド』という作品があることを意識せずに作ることはできない、っていう。それは凄いと思って、翌日さっそく見に行ったんだけど、全くもって百%完璧かつ絶対的にその通りでした。ありがとう樋口さん。

画面の隅々まで完璧に作られた映像。一枚の絵、連続するシーン、カメラアングルなどなど、あらゆる面ですばらしい。

さらに、これ以上はないというくらいに優れたシナリオ。主要な役者の演技はいうまでもなく、画面の端に映るエキストラまで、本当に生きている人々のように感じられる。その空気が伝わってくる。

この作品については、色々な人が色々な切り口で語るだろうし、まさに多様な読み方ができる作品だと思う。ただ、ぼくがとくに感じ入ったのは、これほど人間性に対する洞察に富んだ作品はないってことなんだよね。というわけで、以下完全ネタバレでお送りします。

『トゥモロー・ワールド』のすごさとは何か。それは、些細なことのように見えるエピソードだけで、その人物の個性、思い、背負ってきた人生までも、あたかも本当に生きている人間のように感じさせる、強力なシナリオにある。

たとえば、最初のほうで、主人公のセオが、彼の父ジャスパーが話そうとするヒューマン・プロジェクトについての話を、ムキになって否定するってシーンがある。ヒューマン・プロジェクトなんてバカ話だよ。そんなの信じるなんて意味ワカンネってガガガっとまくし立てるんだけど、それに対してジャスパーは、エー、冗談言おうとしただけなのに……そんなに言うならやめるよって答える。

で、セオは、あ、そうかって顔をして、ごめん、話して、いやもういいよ、いいから言ってよ、みたいな押し問答になる。

なぜセオはムキになったのか。それは彼が、ヒューマン・プロジェクトが存在するなら希望はあるかも、いやいやそんなのトンデモだ、それでもひょっとして……みたいな自問自答を過去に何度も何度も繰り返してきたからだ。ヒューマン・プロジェクトなんてトンデモに希望を持つのは、それ自体辛すぎる、だからそれについて過敏に反応してしまう。あのやりとりには、そんなセオの心に潜む、深い絶望が現れている。

それから、ピンポン球のシーンとか凄すぎる。あんなシナリオを書ける人は、世界でもそうはいないとさえ思う。

あのユーモラスな一瞬だけで、かつてセオとジュリアンがどれほど深く愛しあっていたかがわかる。ポンっとはき出したピンポン球を口で受け取るなんて、ありえない奇跡なんだよ。あの二人の間には、奇跡の結びつきがあるんだよ。

それを目の当たりにしたから、はじめは、なんじゃこのくたびれオヤジって、不信感むき出しだった聖母キーが、セオを信頼するようになる。唯一信頼していたジュリアンと、奇跡で結びついた相手だから、テロリスト集団フィッシュのメンバーよりもセオを信じられたんだよね。だから、妊娠の秘密を明かしたのだし、夜中に突然ここを出ると言われても、ためらわずセオについて行ったわけだ。

さらにこのピンポン球のシーンは、かつてインフルエンザでかけがえのない子供を失い、そのつらさ故に互いを攻撃しあい、ついに離れずにはおれなかった二人の関係が癒されるかも、というかすかな希望をも抱かせる……そしてそれが続く悲劇をさらに大きなものにする。

ピンポン球をポンってしただけで、人人の心の必然が、これほど見事に描かれるなんて。

最後近く、フィッシュのリーダー、ルークが、赤ちゃんカワイス、萌えスって言った後、その子は女の子だよと告げられて、きょとんとしてしまうってシーンがある。これもいい。ウソだーとか言わしちゃダメなんだよね。このきょとんとした顔で、彼がどんな希望を持ち、どんな未来を思い描いていたかが、推し量れる。ルークは絶望の世界をサバイバルするために、ある理想にすがっていて、それに夢中になっていたあまり、女の子かもしれないという自明の事実に、思いもよらなかったんだよね。

それにしても、あんなヒューマン・プロジェクトに希望を託すなんてヘンだろ、トゥモロー号が来たのも話がうますぎるとか思った人も、きっといるだろう。でもぼくはそうは思わない。なぜなら、主人公たちは、キーの子に未来を託したわけじゃないと思うからだ。彼らはただ助けただけ。とにかくこの聖なるものを守らなければという思いで動いている。

実際、トゥモロー号が来たことも、ヒューマン・プロジェクトが実在するかどうかも怪しいものだ。でもそんなことは小さなことなんじゃないかな。

あの世界の人々は、死を受け入れ、生をあきらめている。末期癌で、余命を自覚した人のようなもんだ。

ジュリアン、ジャスパー、セオもまた、生をあきらめている。でも、自分の生に執着する必要がないが故に、自分の感じる善きことを、身を投げ出して行なっていくわけね。希望じゃないんだよ。自分はもう終わっているんだから。その諦観の凄絶さに圧倒されるわけよ。この作品に希望があるとすれば、それは原タイトルの Children of Men ってとこだけだ。

この作品は『宇宙戦争』と同じように、主人公の主観で見た世界を描いているので、キーとその子は結局助からないのかもしれない。観客としてのぼくは、彼らに幸福になって欲しいとは思うけどね。

ただ、原タイトルはチルドレン、複数形なんだよね。つまり死に果てたと思われた人類は、よみがえるかもしれない。

世界各地で新たな赤ん坊が産まれつつあって、その中の一つのエピソードが、あの物語だったのかもしれない。仮にそうだとしたら、彼らのような人間性を示す人々が、世界中いたるところにいるのだ。人とはそういう存在なのだ、というところが希望なのだとぼくは思うわけよ。

自閉者の描いたエヴァ

グレッグ・イーガンはみんなが褒める、今いちばん注目のSF作家だよね。でも、オレ的にはどうも、あんまり面白がれないんだよなぁ。イーガン作品は、翻訳された長篇はだいたい読んでいるけど、感覚的にどれも違和感ありまくりなのだ。

もちろん、あの圧倒的な密度と描写力で繰り出される、ハードっぽいSFのアイデアの数々には圧倒される。

でも、その大半が、ぼくの感覚では「なんでそうなるの？」という感じ。『順列都市』でも思ったけど、このアイデアの根拠にこれはないだろうとか、たとえそういうことがあったとしても、だからといってこうはならないだろう、みたいな不整合をたびたび感じるんだよね。まあ、その奇妙さを面白がれれば良いんだけど、ぼくにはどうも無理っぽい。

アメリカのアニメーションでは、だーっと走ってきて、崖を通り過ぎて、ハッと気がついてぴゅーんって垂直に落下するという表現がある。でも、それはギャグであり、動く絵だから許されるものだ。

これを実写でやると、違和感がありすぎてかえって面白みを削いでしまう。

それと似た感覚を、イーガンの作品からは感じるんだよね。

実はそれは登場人物たちの心の動きについてもそうで、いくらエキセントリックなキャラクターだからといって、そんな考え方はせんだろうと感じることがしばしばある。なんつーか「心の法則」を無視しすぎだなあみたいな感じ。

いやまあ、もちろん、僕が心の法則みたいなものに完全に通じていて、どんな心も予測できるわけじゃない。だけど、たいていの作家の登場人物は、描かれてしまえば、ああ、そういう心理はあるだろうねとナットクできたり、まあこりゃあよくあるパターンだなと思ったり。

でも、イーガンの描く心理は、そりゃあちょっとありえないって感じる。逆に言うと、そんな心理は想像もつかない。

で、『万物理論』を読んで思ったんだけど、おそらくこの違和感の源は、イーガン自身が自閉圏の人だからじゃないだろうか。実際どうかは知らないけれど、どうもそんな気がするんだよね。

自閉圏の人とは、つまり自閉症者のことなんだけど、敢えて違う言葉を使うのは、すこし含みがあるからだ。

まあ、そもそも一般的に、自閉症に対するイメージも、現実とはかなり違っている。自閉症とは、暗い部屋の隅っこで体育座りしているようなイメージのものでは全くない。自閉という言葉が誤ったイメージを与えているんだよね。育て方や環境要因でなるものでもなくて、先天的な発達障害だ。実体はキツイ個性みたいなもので、だから治療の対象ではなく、社会の中である程度うまくやっていけるようにする療育が必要とされる。症という言葉を使いたくないのも、彼らがそういう存在だからだ。

医学的には、知能の遅れもあるカナー型、知能が高く言葉の遅れがある高機能自閉、知能が高く言葉の遅れのないアスペルガーなんて分類がある。まあ、これも今となってはそれほど妥当性のある分類とも思えないけどね。で、アスペルガーの人は、めっちゃ喋るし、ものすごいアクティブだったりする。でも、相手の様子に頓着せず一方的に話したり、妙に杓子定規だったり、話が微妙にかみ合わなかったり。

自閉者は定型の人と全く異なった存在ではなくて、スペクトルの広がりをもって、自閉圏から定型までなだらかに続いている。こういうとピンとくると思うけど、ＳＦファンには自閉圏より、もしくはまさにその中にいる人が多い。あと、学者にもそういう人がかなりいる。

自閉者たちは、そのユニークな発想で、しばしば人類の文明に、大きな変革をもたらしてきた。たとえばコンピュータの原理を編み出したアラン・チューリングは、今にして思えばアスペルガーに違いないし、ネットワークの原点である電話を発明したグラハム・ベルもそうだった。それに最近では、ビル・ゲイツも自分でアスペルガーだっていっているしね。

自閉者とはどういう人なのだろう。これを「心の理論の不調」と捉える人がいる。まあ、実際はそれだけではないんだけど、確かにそういう部分は自閉者の大きな特徴ではある。

で、「心の理論」とは、「他の人はこう思っているんだろうな」と勘ぐることができる能力のことだ。三歳児には、まだそれが発達していないので、ウソがつけない。定型的には四〜五歳の頃に発達してきて、自分が知っていて、他人が知らないことがあり得る、ということが解るようになり、ウソもつけるようになる。

定型の人々は、心の理論を、いつも自動的に働かせているので、それが働かないとかいう感覚を想像できない。

これは、普通の人は両眼でものを見ると立体に見えるけど、両眼で見ていながら立体には見えない状態が想像できないのと同じだ。両眼から入った情報は、脳が無意識的に自動的に立体にしちゃうので、それをやめることはできない。

でも、自閉圏の人たちは、定型の人より心の理論の形成が遅れるし、その形もかなり違ったものになりがちだ。だから、両者が話そうとすると、なんかかみ合わない。エイリアンとコンタクトする級のわからなさ。相手の耳がとがっていたりして、エイリアンだと一目で解れば、未知との遭遇は楽しいかも。でも、自閉圏の人たちは、定型の人と外見上区別がつかないので、定型の人は、なんだあいつは、何考えてるんだ、こっちの気持ちを察しろよとか不快に思ったり。

定型の人は、心の理論なしに世界を認識できない。むしろ強迫観念とも言えるほどの激しさで、つねに他者の心のあり方を推測し続けている。その文化の中では、マイノリティである自閉者たちも、他者の心を理解しないといけないのかなー、でもよく解らんなーって引きずられちゃっている。

イーガンは、『万物理論』の中で、心の理論を担う架空の脳領域をラマント野と名付けた。まあ、現実にそんな脳の領域はないだろうし、そもそも心の理論という概念も曖昧なものだ。これはメンデルの時代の「遺伝子」という言葉（つまり親から子に受け継がれる何か、という程度のもの）と同じ程度の言葉なんだよね。

『万物理論』の中心的なストーリーは、『エヴァンゲリオン』と同じだ。人々は孤立していて寂しい。他者の心は解らない。その苦悩をご破算にするイベントがアレフであり人類補完計画だった。

で、『エヴァ』（映画版）ではそのイベント後、人類は再び前と同じ孤立の道を選択し、『万物理論』では全ての人からラマント野が取り除かれ、アスペルガーになって平和になりましたってわけ。でも、その世界では、文学表現とかは、みんなイーガンの作品みたいになっちゃうのだ！

サはサイエンスのサ

連載●152

【鹿野 司】

スローガラスが実現する？

しばらく神経学的マイノリティの話を書いてきたんだけど、今回はちょっと中断して別の話題を書くことにする。その話題とは、かなりクラッシックなアイデアで、若い人はひょっとしたら知らないかもの、スローガラスについて。

スローガラスとは、アイルランドのSF作家、ボブ・ショウが一九七二年に発表した『去りにし日々、今ひとたびの幻』（サンリオSF文庫）という連作短篇集の中に出てくるアイデアで、SF史上、最も美しい発明品ともいわれる。

ようするにメチャクチャ光の透過速度の遅いガラスのことで、これをある風景の中に一年ほど置いておくと、その中に影像が蓄積されていくってもの。で、影像が蓄積されたスローガラスを、家の窓にはめ込んだり壁に飾ったりすると、その一年分の景色が映し出されるわけね。

この物語、ちょっと読み返そうと思って書棚を探したんだけど、むふーん、なぜか見つからない。確か、その原理の説明が書いてあるエピソードがあったはずだけど、忘れちゃったんだよなあ。

まあ、だから勝手に考えちゃうけど、これを実際に作るとして、ぱっと思いつくのは、ものすごく大きな屈折率の物質を作るってことだろう。

光の速度は、秒速30万キロメートル。

この値は、ぼくらの棲む宇宙の基本的な性質によるもので、不変の定数とされている。もっとも、厳密には真空中の光速cが定数で、空気中とか水中とか、何らかの媒質の中では、光速は屈折率分の1の速度に遅くなる。たとえば水の屈折率は、1・3334なので、水中の光速はcの75％くらいに減速しているわけね。

だから、屈折率が1×10の19乗くらいの物質があれば、光が厚さ1ミリを通り抜けるのに一年くらいはかかる。

でも、これだとガラス面に垂直に入射する光ならともかく、ほんの少しでも斜めから入射した光は、ほとんど入射面と水平に近い屈折角に折れ曲がっちゃって、スローガラスの内部にほとんど侵入できない。だから反対側から見た像は、ものすごく暗くなってしまうだろう。

それにこんな屈折率の物質がこの世に存在し得るとも思えない。何しろ、媒質の屈折率というのは、可視光では、空気なら0℃1気圧で1・000292、ガラスでも1・4〜2・5くらい。赤外線とかなら屈折率が10くらいのものもある（可視光では不透明に見える）けど、せいぜいそんなところが限界で、とても10の何乗なんてオーダーのものはない。

じゃあ、スローガラスはまったく実現可能性のない空想的アイデアに過ぎないのかというと、実はそうでもない。ちゅうか、わりと最近、ひょっとするとスローガラスを実現できるかも、という技術が開発されてきている。それは、フォトニック結晶というものだ。

実際、八月のはじめに、京都大学の野田進教授らの研究グループが、フォトニック結晶を使った一辺0・0015ミリの光共振器に、約2ナノ秒間、光を閉じ込めることに成功したってニュースがあった。2ナノ秒あれば、光は60センチ伝搬できるので、これは光速を40万分の1に減速したに等しい。

それにしても、このフォトニック結晶ってなんだろう。それは、屈折率が場所場所で大きくなったり小さくなったり、周期的に変化するように作られた材料のことだ。この中を通る光は、屈折率のガタガタを感じて、普通の物質とはかなり違った振る舞いをする。

これに近いものは自然界にもあって、たとえば蝶の羽の色彩を作る鱗粉や、オパールの中にみえる不思議な色合いがそれなんだよね。どちらも、何ともいえない神秘的で美しい輝きを放つけど、これは色素によるものじゃない。

構造色といって、そこには微細な構造があり、屈折率のデコボコができていて、それが光を変化させることで、あんな色合いが生まれているわけだ。

フォトニック結晶のキモは、その媒質中を通る光の波長の半分くらいのオーダーで、周期構造を作ってやることと、屈折率のコントラストをなるべく大きくすることにある。

そしてそれには、シリコンがものすごく向いているんだよね。シリコン？　でも、あれって不透明じゃんって思うよね。でも、実は光通信などで使っている赤外線（波長1・5ミクロンくらい）にとって、シリコンは透明だ。しかも、その屈折率は3くらいあるし、LSI製造技術を使えば、加工もわりと簡単にできる。

具体的には、シリコンの基盤全面に、直径200ナノメートルほどの穴を400ナノメートル程度の間隔で開けてやる。

こうしてできた穴ぼこだらけの物質は、自然界には存在しない、光の「絶縁体」になる。

電子の場合、絶縁体が存在するのは、結晶にバンド構造があるからだ。バンド構造とは、結晶を形作る格子状に並んだ原子の電荷と電子の電荷との相互作用で現れるもので、電子の存在できる場所と存在できない場所がある。そして、その電子の存在できない場所が絶縁体だ。

ところが、光子には電荷がないので、普通の物質の原子の電荷とは相互作用しないから、バンド構造もできず、絶縁体も存在しない。ただ、光も屈折率の変化は感じるので、半波長のオーダーで周期的に屈折率が変わる物質を作ってやると、光のバンド構造ができて、絶縁体も作ることができる。これがフォトニック結晶の原理ってわけね。

それで、上のような穴ぼこだらけの基盤の穴の並びの一列だけを穴を開けないようにしてやると、そこだけ光が通る導波路を作ることができる。そして、導波路の形を少し変えてやると、そこに光を強力に閉じ込められる、光共振器ができるんだよね。光がそこに長く閉じ込められれば、結果的に光速が遅くなる。

京大グループの作った共振器では、穴の間隔を真ん中が420ナノ、その隣の間隔が415ナノ、さらにその隣が410ナノにして作られている。ただ、これは精度が3ナノほどずれただけで、性能が半分以下に落ちてしまうという、ものすごくファインな加工を要求される。

この共振器の閉じ込め性能を示す値にQ値というのがあるんだけど、この実験では200万という値になっている。一方、従来の一般的な光共振器のQ値は最大でせいぜい1000くらい。また、フォトニック結晶による共振器の理論値は1億くらいなので、技術が進めば性能はまだまだ上げられるはずだ。

今できているのは赤外線の単波長の光が、大きさ1・5ミクロンの共振器で2ナノ秒遅くなるだけなので、1メートルの厚さに共振器をめいっぱい作り込んでも1000分の1秒くらいしか蓄積できないんだけど、この技術の延長上にスローガラスを想像することは、そうおかしなことではないんじゃないかな。

深海という多様な生態系　その②

前々回は、地球で最も広大な生物圏である、海洋の中・深層は、まだわからないことだらけだって話をした。

栄養供給のバリエーションも少なく、ただの水の固まりで、ろくに構造もなさそうなのに、ものすごい生物多様性に満ちている世界。

（厳密には中・深層にも構造はある。海中は様々な条件で、密度躍層といって、塩分濃度や温度、有機物濃度が違う水が、薄い面を境に層を作っている。ある種のプランクトンは、この平面内にフェロモンを放出して、効率的に異性を呼び寄せている。彼らは三次元の水中で、二次元的な生物として振る舞っている）

その多様性を可能にしているメカニズムがいったい何なのか、現在のところ全く想像もつかないといったほうが正解に近いんだよね。

このことは地球環境問題を考える上でもすごく重要だ。この領域の生物の動態は、地球の炭素循環の非常に大きな部分を占めているに違いない。でも、それが実際どうなっているかが解っていないということは、温暖化シミュレーションなどで用いられている今の見積りってのが、全く当てにならないってことになる。

ただ、この理解しがたい生物多様性の源には、どうやらクラゲが重要な役割を果たしているらしい。ここ十数年の間に、中・深層は実はクラゲに満ちた世界だということが明らかにされている。多様なクラゲたちが、食べたり食べられたり、あるいは熱帯雨林における樹木のように、ほかの生物にとっての環境の役割を果たしている可能性があるんだよね。実際、深海で様々な生物を観察していると、クラゲの上に棲んでいるように見える生物を、かなり頻繁に見かけるらしい。

地質時代区分では、現在は顕生代、その前を隠生代という。境目になっているのが、五億五千万年前のカンブリア紀で、これを境に化石がたくさん見つかるようになる。じゃあ、先カンブリア時代のベンド紀には、生物がいなかったのかというとそうじゃない。柔らかい体のベンドビオンタが無数にいたけど、それは化石としてあまり残らなかっただけだ。

つまり、ゼラチン質の体を持つ生き物が、中・深層の大半を占めているというのは、ひょっとすると太古の昔からそう変わっていないのかもしれない。

このことを教えてくれたのは、海洋研究開発機構（ＪＡＭＳＴＥＣ）のドゥーグル・リンズィーさんだ。

彼は九〇年代後半、ＪＡＭＳＴＥＣに入所して、はじめて「しんかい２０００」で相模湾に潜ったとき、そのクラゲの多さに驚いた。潜水艇の限られた視野からは魚などはほとんど見ることがない。でも、クラゲは常に二十匹以上が見えていて、この潜行では個体数で千以上、種数にして七十種類以上が確認できたそうだ。

それまでは、中・深層がこれほどクラゲだらけとは、世界的にもあまり認識されていなかった。でも、どうして誰もそれに気づかなかったのだろう。その理由は、調査の道具に限界があるからだ。

たとえば、編み目が五㎜のネットを使うと、泳ぎの早い魚やエビは採れるけど、小さなミジンコは抜けてしまうしクラゲはバラバラになって入らない。

ところが、編み目が細かい、三三〇ミクロンの網にすると、水の抵抗が大きくなって、水中を引ける速度が遅くなるため、魚やエビは逃げてしまい、体の固いプランクトンはとれるけれど、ゾウリムシは捕れなくなる。クラゲも固めのエチゼンクラゲとかなら採れるけど、柔らかいのは粉々に砕けて何だか解らない。

また、バケツみたいな採水器なら、ゾウリムシのような非常に小さな生き物も採れるけど、採取できる体積がごく限られるので、大きなものは捕れなくなる。

潜水船ならクラゲはたくさん見えるけど、うるさい音を出すので、ダイオウイカのような生き物はよってこない……。

現代の科学・技術では、いかに海の中が見えていないかという良い例に、マグナピンナ（ミズヒキイカ）というイカがいる。これは、リンズィーさんが、一九八八年にインド洋で、「しんかい6500」で発見した新種イカで、全長八mもある。

で、発見した直後に学会に写真を持っていって、こんなの見たことないだろって言ってたら、僕も同じイカの写真持ってきたよという人が。で、それは凄い、こんなこともあるんだねえと盛り上がっていたら、そこにフランス人が通りかかって、あれえ、僕も同じ（ry。

海洋生物の調査では、百年以上前からネット引っ張ってきたのに、こんな巨大イカは一匹も採れたことがなかった。

しかも、それぞれの発見場所がインド洋、大西洋、太平洋で、つまり世界中至る所に、結構な数がいるはずなのに。

このイカがそれまで発見されなかったのは、どうやらこれが、海底すれすれの所に棲んでいるかららしい。ネットによる調査では、基本的に網をあまり海底近くまで下ろすことはない。下手にぎりぎりまで下ろすと、何かに引っかかって網が破れたり、最悪の場合、船が動かせなくなってしまったりする。そのため、海底から数mの場所が完全に盲点になっていたわけだ。

クラゲが多様性の原因になっているという可能性を検証するには、ある一種類のクラゲの後についていって、このクラゲはこの時間帯のこの深度では、周りにこういうエサ生物がいて、こういう捕食者がいて、実際に何時間おきに食べていたというのを追跡する必要がある。

地上の生物なら、個体識別までして、生態について多くが理解できているけど、海ではそういうことが、まだ全くできていないんだよね。実際、既存の道具では、これを調べるのは不可能に近い。

そこでリンズィーさんらが開発したのが、無人探査機ピカソだ。これの最大の特徴は、長さ二m、縦横八十cmと小型なのに、ハイビジョンや実体顕微鏡が搭載できることだ。そのため、漁船などの小型船で運用しながら、クラゲが深海で何を食べているかなどの生態を、多様な視点で撮影することができる。

従来の探査船や潜水ロボットは、専用母艦が必要で、費用も莫大で、調査に使いたいと申請してもほとんど通らず、臨機応変の運用もできなかったんだよね。

でも、ピカソなら、人工衛星で黒潮のヘリにクロロフィルがたくさん出ている様子が見えたら、飛行機で現地に飛んで、漁船を借りて運用とかさえできる。

で、リンズィーさんがいちばん行ってみたい場所は、フィリピンとマレーシアとインドネシアの間のスルー海だそうだ。

ここは、珊瑚礁の島（深さ二〜三百m）に囲まれた、深度五千mのバスタブ状の海で、暖かくて周りから隔離されている。ここにはひょっとして、太古の生きた化石が生きているかもしれない。ただ、海賊が出るんだよなあ……。

まったくあたらしい粒子が見つかった　その①

サはサイエンスのサ

連載・171

【鹿野　司】

　今年の三月、アメリカのフェルミ国立加速器研究所で、Y（4140）というまったくあたらしい粒子が見つかったらしい。

　フェルミ研には陽子反陽子衝突型加速器のテバトロンってのもあって、一九九五年にトップクォークを見つけたのでも有名なところ。

　こういう加速器実験では、まず何か粒子を加速してやる。つまりものすごいエネルギーを与えてやるわけね。

　加速される粒子は実験によっていろいろで、テバトロンは陽子と反陽子、日本の高エネルギー加速器研究機構にあるKEKBは電子と陽電子、運転開始直後にぶっ壊れて補修中のLHCは陽子と陽子をぶつけるのが基本。で、加速された粒子同士をぶつけるタイプの加速器を衝突型（コライダー）といって、粒子同士がぶつかると、その粒子が持っているエネルギーの一部が、オレ今まで運動エネルギーだったんだけど、これからいったいどうしたらいいの？　って感じになって、かの有名な$E=mc^2$の公式通りに、物質に変わるわけね。つまり、エネルギーが物質に変換される。

　で、こういう衝突を、毎秒何千万回とかいう頻度で、どっかんどっかんくりかえして、それをデータとして延々と記録していくわけね。

　エネルギーは、まだ十分わかっていない物理の法則に従って、ある確率である物質に変換される。つまり、このデータを膨大な数積み上げていくと、エネルギーはこういう確率でこの物質になるのねんという事がわかってきて、そこから物理法則はこういうものでいいんでないの？　と確認できるわけだ。

　つまり、加速器実験てのは、装置を動かしてどかんとぶつけたとき、その現場で、おおっ今新しい粒子が誕生した！　なんて劇的なことは起きなくて、膨大なデータを蓄積して、その中から何ものかを捜し出すって作業なわけだ。

　で、テバトロンは一九八三年に完成して以来、LHCが動き出すまで世界最大の加速器で、（LHCは慣らし運転中に壊れて修理中で、再起動は今年の秋だから、稼働中の加速器としては今も最大か）膨大なデータが蓄積されていた。

　そして、そのデータの中から今回は、エキゾチック・バリオンってのが見つからないかなあって探していたらしい。

　エキゾチック・バリオンつーのは、まあざっくりいうと、普通でない、珍しいバリオンの組み合わせでできる粒子のことだ。

　オレたちが普通に知っている物質を構成する粒子は、ぜんぶハドロンというカテゴリの粒子なのね。

　で、ハドロンにはバリオンとメソンの二種類ある。

　このうち、バリオンがまあ、陽子と中性子とかお馴染みの粒子の総称で、それはまたクォーク三つでできてる。

　一方メソンは中間子ってやつで、これはクォークが二つでできてる。

　で、エキゾチックバリオン、またはエキゾチックメソンてのは、クォークの数が四とか五とか六とかの数でできているとされる粒子のこと。

　瞬間的になら（という言い方もナンですが）、こういうものもできるんでないのとは言われていたけれど、まだ確証はなかった。

　で、このY（4140）ってのは、衝突十億回に対して二十回の割合でしか生じない極めて希なヤツで、質量が4140MeVの粒子なんだけど……、これがなんと既知のいかなるクォークまたは反クォークの組み合わせでも説明がつかないらしい。

ようするに、ものすごく珍しいけどたぶんあるだろうなと思われていたものをさがしていたら、想像していなかったアリエナイものを見つけちゃったわけだ。

これこそ科学の醍醐味だね。

世間的には、科学というのは色々わからない事が説明できるってのがおもしろいと思われているんだろうけど、まあ、それもそうではあるけれど、ホントにおもしろいのは世界がわからなくなることなんだよね。

人間が、これはこうだよねと浅はかに信じていることを、どっかーんと、えーそれ全然違ってたじゃんと、ぶっ壊してくれるところが良いわけだ。芸術は爆発だってことね。今回の発見は、まさにそういうものになりそうって感じ。

高エネルギー物理の話を始めると、やたら馴染みの薄い単語が出てくるので、解りにくいし、オレもこの単語はこれのことねみたいなことをいちいち辞書とかで確認しないといけないんで心許ないけど、あえて説明を試みるよ。だからみんなは眉につばをつけて聴いてね。詳しい人違ってたら教えてね。

さて、Y（4140）は、J／φ（ジエイプサイ中間子）とφ（ファイ）という粒子に崩壊するんだけど、J／φはチャームと反チャーム、φはストレンジと反ストレンジというクォークでできている粒子なのね。

クォークというのは、単独ではこの世に存在できない。たとえば陽子はクォーク三個でできているけど、そこからクォークを一個だけ引きはがそうとエネルギーを与えても、そのエネルギーは最低一個のクォークに変わる分だけ必要で、結果として一個引きはがしたつもりが二個のペアになっちゃう。この性質を説明するために、量子色力学という理論で、クォークにはカラーという性質（チャージ）があるとしている。

カラーには三原色とその補色があって、三原色を混ぜると白、ある色とその補色を混ぜると白になる。で、この世には白い色の粒子しか存在しないわけね。

ところが、Y（4140）は、ある色とその補色の組み合わせの粒子二つでできているわけだから、この四つの色をどう混ぜても白くならない。この世にないはずの白くない粒子になっちゃう。はーこまったこまったというのが今回の発見。

この新発見を説明するには、わかりきっていたと思われていたクォークの理論を修正したり、まだ未知の「素」粒子があるんじゃないかというのが、常識的な推論だし、そういう方向に研究が進むと思うんだけど、個人的には、これってもっと根源的な話に関わっているんでないかという気もする。つーかそうだと面白いなあと期待してたりして。

それはつまり、自然世界をどう分節して解釈するかという問題なのね。今の物理学は、「自然世界には素なるものがあるはず」という形で分節することで作られた論理なのね。でも、自然世界と、論理世界は、部分的にしか重なっていないので、ある前提から始まった論理が完全に正しくても、自然世界のあらゆる事のつじつまを説明し尽くせない可能性がある。今回の場合、自然世界に素なるものがあるという前提で考えていくと、自然世界には、いくらでも新しい「素」なるものを追加しなくちゃいけなくなるってことなのかもしれない。最後はしょっちゃったので、詳しくは次号で。（続く）

まったくあたらしい粒子が見つかった　その②

サはサイエンスのサ

連載・172

【鹿野　司】

　前回は落としちゃってごめんなさい。間が開いちゃったけど、前回は、これまでの理論では説明のつかないへんてこな複合粒子がみつかったことから、素粒子物理学の前提が「この世は素なるものの組み合わせでできている」という発想で分節されて構成された論理だって話をした。でも、ひょっとしたら、自然世界に素なるものがあるという前提でものを考えていくと、いくらでも新しい「素」なるものを追加しなくちゃならなくなるのかも知れない。……まあ、このアイデア自体はただの当てずっぽうで、深い根拠があるわけではないけどね。

　でも、ナマの自然世界と、論理の世界は、部分的にしか重なっていない。だから、ある前提から始まった論理が、論理の世界の中で完全に正しくても、自然世界のあらゆる事のつじつまを説明し尽くせない可能性はあると思うんだよね。このことについて、今回はもう少し詳しく考えてみようと思う。

　オレたちはものを見たり、聴いたり、触れたりといった、感覚を通して世界を認識している。普通は、そうやって感じている世界のことを、ごく自然で当たり前のこととしていて、それ以外の物の見方があり得るとは思いもしない。でも、ホントは、そういう自然な感覚も、世界を切り取って捉えた＝分節した結果生じているものなんだよね。

　たとえば、一本の木を見た時、それには幹があり、枝があり、葉っぱがついている。これらが別のものだってのは当たり前すぎて、疑えると思うこともなく、なんとなくそうだと確信しているよね。でも、改めて考えてみると、幹と枝とを区別しているのは、文化的か言語的な習慣によるもので、生物学的な実体として、両者を区別するような違いはない。

　幹にある細胞と、枝にある細胞を比べても、基本的にはまったく同じもので区別することはできない。両者を区別する境界面を探そうとしても、より精密にミクロなレベルに目を向けるほど、そういうものは曖昧になって消えてしまう。

　では、葉っぱはどうかというと、葉には葉緑体があるから、幹の細胞とは生物学的に区別がつけられる。でも、両者を構成している元素のレベルで見ると、その区別はこれまた困難になる。

　幹にあって葉にない、あるいは葉にあって幹にない元素はたぶん存在しなくて、両者の差があるとすると、その空間的な分布の偏りや濃度の違いでしかない。分布の偏りや濃度の違いということは、量がアナログに変化するってことだ。だから、幹と葉を区別する境界面を厳密に決めようとミクロなレベルに迫っていくと、発散してどこかわからなくなってしまう。

　もっというと、木とそのまわりの空気との区別も、原子のレベルで見ると同じようになる。ミクロに見ていけば、木と空気の界面は複雑に入り組んで、空気を構成する原子や分子の多くが木の中に浸透し、木を構成する原子や分子の多くが剝がれて空気の中に拡散して、両者の境目をくっきり見分けることはできない。

　オレたちが見慣れた身の回りの物体が、はっきりした輪郭を持って独立しているように感じるのは、ある解像度で世界を見ているからだ。だから、輪郭線がどこかを確かめよう、精密なほうに迫っていくと、それは存在しなくなっちゃう。

　ただ、身の回りにある数々の物が独立して感じるのは、まず、人間がこのメートルオーダーのサイズの存在だということからくる、物理的な条件に基づいている。この大きさの知性だから、必然的に、世界がこのようにしか見えないという部分がある。逆に、ウィルスサイズの知性がいたとしたら、世界を可視光で見ることはできないわけだしね。

木の話に戻ると、大地から伸びている太いのを幹といい、そこから脇に伸びる細いのが枝だというのは、それを区別する（分節する）習慣がある文化による物の見方で、ひょっとすると、その区別のない文化もあるかもしれない。その文化では、幹と枝を区別する言葉もないだろう。エスキモーには雪の状態を表現する言葉が二十種以上あるそうだけど、日本語にその区別がないのと同じことね。

こういう文化的な区別と思われているものにも、生物学的、進化的な背景があるものがあるかもしれない。たとえば樹上生活をしていた時には、幹と枝の機能の違いは繰り返し体験されるものだろうから、そこから両者を別のものとして認識しやすい脳が進化した可能性はある。

人間が、ナマの世界を分節する根源的な道具は言語だ。名前を付けることによって、世界は分節され、その分節された名前をあるルールで操作することが論理なのね。でもこの名付けのほとんどには、何か必然があるわけではない。

母は意識が少し曇っている時に、看護師さんのことをキャディさんとか呼んで笑えちゃうんだけど、それは母の頭の中では親切に色々なサービスを提供してくれる女性一般が、同じものとして捉えられているからだろう。自分の体験として何かをどうカテゴライズするかは、本当は極めて個性的なもので、他者と同じものは存在しないはずだ。

人間のサイズによる物理的な制約や、進化的に生じた認知の偏りによって、ある名付け、分節の仕方を自然だと感じてしまう部分はあるだろうけど、それでもそれは恣意的なものだ。たとえば生物と無生物とか、動物と植物という分け方も、厳密に探していくとどちらに分類したらいいかわからないようなものが必ず出てくる。それをどちらかに分類しようと新しい定義を追加しても、また別のものが出てくる。素なるものの数がいくらでも増えてしまう。

言語とは、世界の恣意的な一部に、名前を付けることからはじまるものだから、言語間の翻訳は厳密にはできない。そしてそれは、フレーム問題とか記号着地問題が生じる、根源的な理由なんだよね。

人間（というか全ての知性体）は有限の存在なので、いちどに処理できる情報量にも自ずと限界がある。つまり、世界を認識するためには、必ず小分けにする＝分節する必要があるわけね。

これが、物事を精密に見ようとすると、要素還元主義が必要になる理由だ。

で、昔から、科学ってのは要素還元主義で、世界をバラバラに分解しちゃうけど、それでは総体としての世界の振る舞いはわからないというようなことがいわれてきた。でも、有限な存在が世界を逆に全体を一望のもとに理解しようとすれば、解像度は粗くならざるを得ないんだよね。つまりホーリズム（全体論）は無い物ねだりなわけだ。

じゃあ世界の見方に唯一無二のものが存在するのかというと、それもまたあり得ない。世界の分節の仕方には色々なやり方があるのだから、その部分を変えていけば、世界をこれまでと違った形で捉え直すことができるはずなんだよね。

新型インフルエンザについてあらためて考える

サはサイエンスのサ

連載・174

【鹿野 司】

新型インフルエンザは、八月の北半球でも、まだぐずぐず続いていて収まる気配がない。ついに日本でも一人死者が出たし、やっぱりただ事じゃなかったんだと感じている人もいるだろう。この調子で冬になったら、爆発的に流行して、さらに毒性が強くなっちゃったりしちゃったりしたらこわーい、なんてね。

でも、どうなんだろ。今起きていることってのは、新型パンデミックウイルス特有の現象なんだろうか。それとも前回書いたように、もともとインフルエンザとは、そういう形で感染を継続させてきた病気なのか。今の段階では結論の出しようもないけれど、オレ様ちゃんの根拠のない直感では、どうも後者のような気がしてならないんだよね。

少し前までは、今ほど精密にインフルエンザの発生を観測する体制がなかったから、インフルエンザは夏になると北半球から消え失せるかのように思われてきた。たぶん南半球に流行の拠点を移して、そちらで命脈をつなぎ、再び北半球が冬になると戻ってきて流行を繰り返すんでないの、とか空想されていたわけね。

けどホントは、北半球の先進国では春からは大気が潤うので、喉が乾燥しないとかの人間の防衛力が高まり、その結果爆発的な流行はしなくなる。

そうなると、人々のインフルエンザへの関心が薄れ、たとえ罹っても、あ〜夏風邪ひいたねバカは風邪ひかないっていうけどね〜とかいわれるだけ。でも、ホントは少ないながらも北半球でも感染が続いてたと考えるほうが合理的でないの。

今は高病原性鳥インフルエンザの変異によるパンデミックに備えて、インフルエンザに対する監視が強化されているから、細々と続く感染も全て見つかって報告されるため、感染が途切れず続いていることが可視化されているわけ。

もしそうだとすると、いつも起きていた普通の現象が、可視化されたという事によって、異常なことが起きていると、誤認されるなんてことにもなるわけね。

それから、第二波は強毒化するかもという話も、ぶっちゃけ、そういうことがあり得るかどうかも怪しい気がする。

強毒化するかもといわれる根拠は、スペインかぜがそうだったように見えるからだ。スペインかぜは人類史上最大の死者を出した感染症で、一九一八年から一九年にかけて当時の人口十八億人のうち、六億人が感染し、二千万人以上が死んでいる。そしてこのときの記録では、第一波はそれほど重傷者がいなかったのに、半年後の第二波でたくさんの人が亡くなったことになっている。

もちろん、これは非常に丁寧な分析に基づいた説ではあるんだけど、そもそもスペインかぜは第一次大戦中の機密情報でもあって、データそのものがあまり良い物ではないし、他のインフルエンザパンデミックではそういうことはほとんど観察されていないのね。

まあ、高病原性鳥インフルエンザについてなら、過去に一度、一九八三年のＨ５Ｎ３型は弱毒性ではじまったのに、途中で強毒性に変化したという事例があるんだけど、これとヒトのインフルエンザとはいっしょにできない。なぜなら、高病原性鳥インフルエンザの強毒性と弱毒性の違いが生じる理由は遺伝子のレベルまできっちりわかっているけど、ヒトのインフルエンザが重症化するか否かについての違いは、何が原因かまったく解っていないからだ。

スペインかぜは、普通のインフルエンザのように高齢者や幼児よりも若者が重症化しやすかったとか、それはサイトカインストームのせいだとか色々言われたりもするけど、そういう話もあまりあてにならないと思う。

なにしろこの時代は、まだ抗生物質がなかったので、細菌の二次感染で引き起こされる肺炎による死亡が多かった。

それに、第一次大戦といえば、戦車という新兵器の開発に伴い、塹壕戦という全く新しい、極めて劣悪で体力を消耗し、伝染病も蔓延しやすい環境の中に多くの兵士が押し込められるという状況がはじめてできたわけで、これによって若い世代を中心に蔓延していったわけね。

こういうことを考えると、若者がバタバタ倒れたのはウイルスのせいというより、環境条件によるんじゃないかと思う。

実をいうと、そもそもの、近いうちに高病原性鳥インフルエンザがヒトヒト感染するウイルスに変異し、ヒトをバタバタ殺す恐ろしいパンデミックが起きるかもという予測も、点描の世界に浮かび上がった幻にすぎないのかもしれない。

高病原性鳥インフルエンザは、二〇〇三年までは家禽ペストと呼ばれていた。

この病気にニワトリや七面鳥やクジャクがかかると、脳炎や全身出血でほぼ確実に死ぬ。だから、養鶏業者とかにとっては、深刻な経済的被害をもたらす恐ろしい病気だったのね。ただ、ヒトに感染するとは思われていなかった。

この病気が認識されたのは、一八世紀末から一九世紀はじめにヨーロッパで起きた大流行から。未確認だけど、たぶんこの少し前から、大規模に鳥を家畜として飼うようになったんじゃないかな。そして一九二七年、その病原体の家禽ペストウイルスが分離された。

で、一九五五年になって、これが実は、A型インフルエンザウイルスだったということが明らかになった。家禽ペストウイルスこそが、人類が最初にみつけたインフルエンザウイルスだったんだよね。

A型インフルエンザには、ウイルス表面に生えているH鎖（ヘマグルチニン）が十六種類、N鎖（ノイラミニダーゼ）が九種ある。でも、その全ての組み合わせのウイルスに感染することが知られているのはカモ類だけだ。しかもカモ類は普通は症状がなく、腸管にのみ感染して（呼吸器の病気じゃない）糞便に排出される。このことから、インフルエンザはもともと水禽類の病気で、進化の歴史の中で水禽類にとっては無害になったんじゃないかと推定されている。

一方ニワトリは、Hの1〜7、9、10と、Nの1、2、4、7の組み合わせのウイルスに感染するけど、大半はあまりたいした症状を出さない。ただ、H5とH7の中には、必殺の家禽ペストになるものがある。ここでポイントは、全てのH5、H7が必殺というわけではなくて、H5とH7の中でも、遺伝配列が特定のものだけが強毒性になることだ。

それからヒトには、A香港型のH3N2、スペインかぜやイタリアかぜ、Aソ連型、今度の新型のH1N1、アジアかぜのH2N2の、三種類しか感染しないと思われていた。ところが一九九七年、タイでH5N1のヒトへの感染が初めてみつかり、しかも十八例中六人が死亡するという驚きの事件が起きたのね。しかもこれは、トリのインフルエンザが直接人間に感染したものだった。こんなウイルスがヒトヒト感染するものになったら、えらいことになるよーっ、なんとかしなくちゃーってのが今の世界の共通認識なんだけど……。（続く）

サはサイエンスのサ

連載・177

【鹿野 司】

〈SFマガジン〉は五十周年だけど、オレも一九五九年生まれで五十歳。二〇〇九年は他にもガリレオ・ガリレイが初めて天体望遠鏡で空を見た時から四百年の世界天文年だったり、ダーウィン生誕二百周年だったり、色々節目の年だった。

個人的にも二十五年間連載を続けてきた〈ログイン〉がついに廃刊しちゃったし、母が亡くなって天涯孤独にもなったのねん。

そんなわけで、まあ、この際オレの職業上の秘密というか、秘訣をちょっと明かしちゃおうかなあ、なんて。

さて、オレはいちおう科学ライターってことになっているけど、自分ではSFをやっているつもりなんだよね。ハードSFってのは、可能な限り現実の科学を取り入れて物語を作るジャンルだと思うけど、オレのやっているのはその物語要素を思いっきり少なくしたSFって感じ。

なので、書きたいネタとか取材先なんかも、基本的にこれはSFのネタになるって思うことを基準にして選んできた。

たとえば、八〇年代に極限作業ロボットプロジェクトをやっていた時は、これでパトレイバーをリアルな工学に基づいて設定できると思って、それ基準で取材をして記事を書いたりしたんだよね。

それから、カーボン・ナノチューブが発見されたときも、新聞の片隅に小さく載った記事を見て、これで軌道エレベータが作れると思って、当時はまだNECにいた飯島さんところに取材に行った。

この時点では、カーボン・ナノチューブはフラーレンの亜流が見つかったってだけで、世間は誰も騒いでいなかった。だから、アポは簡単に取れたし、すごく親切に対応してもらえた。

こういうことはけっこうあって、後にすごく有名になってなかなか会えなくなった人にも、かなり早いうちに取材できていた。TRONの坂村さんには、雑誌〈bit〉のコラムを読んで、国産パソコンではなく電脳都市イメージ（後のユビキタスコンピューティング）ネタで取材したし、青色LEDの中村修二さんにも、開発直後に会いにいった。オレが取材に行った時点では、中村さんはなかなか成果が出ない研究を自由にやらせてくれた会社にものすごく感謝していたし、わざわざ東京から取材に来てくれたって、メチャクチャ歓待してくれたんだよね。素朴ですごく良い人って感じだったんだけど、それが社長が代替わりして、あんなに揉めちゃうとは、その時点では想像もしなかったなあ。

まあ、ようするに世界にあふれかえっている情報の中から、何をどう切り取るかってことなんだけど、オレの場合はSFを基準にすることで、それがかなりうまくやれてきたんだと思う。

それとはべつに、オレが科学の記事というか、今ではどんなことを書く時でもそうなんだけど、いちばん注意しなきゃって気をつけている重要なポイントは、権威的にならないってことなんだよね。

オレは子どものころから理科というか科学が好きだったんだけど、大学生になって東京に出てきてから、理系は好きっぽいんだけど、どうも話しづらい人がいるってことに気づいた。

もちろん、話が合う人もいっぱいいて、とくにフ科会（SFファン科学勉強会）の先輩には、ものすごく影響を受けた。大宮信光さんはオレより二回り年上で、草場純さんはオレより一回り年上だけど、まったく対等に扱ってくれた。

でも、別のところで科学の話をしよう

とすると、なんかどっちが詳しいかって競い合いみたいになっちゃって、ぜんぜん楽しくないってことがあったのね。

それはやっぱり、科学＝権威だと思っている人が多いから。つまり、科学の知識をよりたくさん知っているほうが、上位に立つみたいな。ハッ、それは科学的でないね、とか人をバカにするために、科学っぽさを利用する人たちがいるのね。それがホントいやだった。

そうはなるまい。そういうふうに権威的だと思われちゃうと、オレが好きな、オレが伝えたいと思っている科学のおもしろさから離れてしまう。だから、プロの科学ライターになるにあたって、権威的にならないようにするにはどうしたらいいかってことを考えた。

それでまずやりはじめたのが、こういう文体なんだよね。今ではこういうの、珍しくもないけど、その当時は、だ、である調が普通で、〜なんだよねなんて文体で書いている人はあまりいなかった。

ましてや科学記事でそんなことする人は皆無。科学雑誌〈クォーク〉なんかに記事を書く時も、こういう文体でやりたいと編集さんをかなり苦労して説得した。

それと、もう一つは文章を書く時、その論理展開のプロセスを、読んでいる人が自分で思いついていると感じさせるように書こうと思ったのね。なんでかというと、オレが難しいことをかみ砕いて教えるって感じになると、それも権威的になっちゃうから。これやると、オレ様ちゃんの素晴らしい頭脳を愚民どもに知らしめることができないのでさみしい感じもしたりするんだけどさ。(•∀•)

あるいは、自分の心の中にいる誰か、その人に話すように書いていく。その誰かさんには、こういうふうにネタ振りすると、おもしろがってもらえるだろうってのを想像しながら書くのね。具体的な個人を相手にして、抽象的な一般読者なんてのは想定しない。

おもしろいことに、こういうふうに権威的にならないようにするにはどうしたらいいかってことをずっと考えていると、世の中で起きているいろいろなことについても、あまり読み間違えなくなったような気がする。

一般に、テレビのコメンテーターでも素人の床屋政談みたいなのでもそうだけど、なにかを語る人ってのは、自分のことは棚に上げて、上から目線になっちゃうんだよね。まあ、そうなるのはすごくわかる。オレだって放っておけばそうなってしまうと思う。何しろ、上から目線って気持ちいいもんね。

で、何か事件が起きた時、実際には自分はその分野の事情をたいして知らないのに、その当事者を愚か者扱いしたり、悪者扱いしたりする。たとえば、そういうやり方で、教師や医師はさんざん批判されてきたわけね。

でも、オレは人類という観点から見れば、人間なんて大差ないと思うのね。つまり、どこの誰だろうと、オレと同じくらい賢くオレと同じくらい愚かで、オレと同じくらいナマケモノで、オレと同じくらい理想を持っていて、オレと同じくらいずるくて、オレと同じくらいまじめだと思う。だから、なにか常識外れなことが起きた時、即座にバカにしたりせずに、なんでオレと同じような人がそんな奇妙なことをする羽目に陥ったのかなって考えるようになった。本能的にしがちな、知らない人を安易に即座に見下す行為をしないように、自分を訓練したのね。

この習慣はオレの財産になってると思う。

第6章

「サはサイエンスのサ」二〇一〇年三月～二〇二二年六月

ひみつ2

ほえほえ。この十五年にわたって続いてきた『サはサイエンスのサ』の単行本が出て、本当にうれしいのこころよ。でも、前回は連載を休んじゃってごめんなさい。実は、締め切りの落っこちちゃうタイムリミットの前日に単行本の原稿を全部入れ終えて、余裕で連載も入れられると思ってたんだけど、なぜか考えがまとまらずに書ききれなかったのね。

自覚はなかったけど、単行本のほうに精力を注ぎ込みきって、ぐったりしてたみたい。オレの渾身の一冊つーわけですわ。

この本に収められたのは、連載全体からすると三分の一未満で、重複部分を削ったり新しい話を追加したりで、連載の時とはいろいろ違ってはいるんだけど、改めて読み返してみると、やっぱオレらしさがよく出た一冊になったなあって思う。内容も、オレが読んだ限りでは、すごくおもしろいんだよね。まあ、オレがおもしろいと思って書いているんだから、オレが読んでおもしろいのは当たり前だけどさ。でも、たぶん多くの人にも、楽しんでもらえる内容になっているんでないかなあ。

でもまあ、常識的に考えて、無名の日本人の科学（?）エッセイなんて、そんなに売れるわけないよね。当節の出版状況を見ればなおさらそうじゃろう。そこをあえて出版してくれた版元さんには本当に感謝しているし、せめて損はさせたくないと思っているのよねん。

ですから、みなさんも書店で見かけたら、是非お手にとってご覧になって、お買い上げいただいて、あるいは書店になければネットで注文していただいて、面白かったーとかつまらんかったーとか、ブログとかTwitterでどしどし書いていただけるとさらに嬉しいなあ。

それはそれとして、前回に続きまして、しかの五十周年企画、オレの職業上のひみつを教えますの第二回。つーても、そんなにたくさん秘密があるわけじゃないけどな〜。

前回の終わりに、オレは人類という観点から見れば、人間なんて大差ないと思っているって話をした。

つまり、どこの誰だろうと、オレと同じくらい賢くオレと同じくらい愚かで、オレと同じくらいナマケモノで、オレと同じくらい理想を持っていて、オレと同じくらいずるくて、オレと同じくらいまじめだと思うのね。というか、そう信じることにした。なぜなら、そういうものの見方をするように、不断の努力を続けることで、物事をあまり違えないですむんじゃないかと思うんだよね。

テレビのコメンテーターとか、普通の世間話でもそうだけど、何かを論評しようとする人は、しばしば現実離れしちゃうことがあるように思う。一見、常識外れなことが起きたとき、その分野のことをたいして知りもしないのに、即座に根拠のない決めつけで、それは間違っているとか、あいつは酷いとか、どうしてこうしないんだばーかばーかとかやってしまいがち。それは、本能的な気持ちとしてはオレもそうしたくなるので、すごくよくわかる。でも、闇雲にその本能に従ってしまうと、たとえば教師を貶め、医師を貶め、いまは官僚ですか、そういう決めつけによって、社会がずいぶん損なわれてきたようにおもうのねん。

具体例をあげるなら、前に中国で段ボール肉まんが売られている、なんてニュースが報じられたことがあった。数日後にデタラメだってわかったんだけど、多くの人があれを事実と信じたみたいだった。でも、オレはまったく本当のこととは思えなくて、mixiでも嘘っぽいって書いたりしてたのね。

なぜそう考えられたのかというと、ずっと前から続いている、中国人を見下す風潮にイヤンな感じを持っていたから。中国と言えば、オレたちにはまったく責任のない戦争責任とかワケのわからんことで、いつまでもぐだぐだ因縁つけてくる連中なので、彼らを非人間的な悪いものと思いたい雰囲気があるんだよね。

で、いろんなことをあげつらいがちなんだけど、その大半は一九七〇年代くらいに日本でやってたこととほとんど同じわけだ。あのころの日本は、公害にまみれていたし、列車のトイレは線路に垂れ流し、駅に痰壺が置いてあるくらい不潔でもあったし、普通にいろんなものをバクってたし。そういう過去を棚に上げて、中国人を何か異様な存在としてとらえるのはどうよって思うのね。段ボール肉まんだって、常識的な人間の社会で、あんな行為がまかり通るわけがない。中国の人たちだって、オレたちと同じ感情を持った人間だって自明なことを忘れなければ、そこんところを間違えるはずもないんだけど。

これは見知らぬ人を過小評価する例のひとつだけど、逆に過大評価してしまうこともある。

たとえば、政治家とか官僚とか、ものすごい狡猾さでもって、何事かを背後から操っているみたいな話がまことしやかに語られることが多いよね。でも、現実には、そんな能力を持った人は存在するわけがない。物語の中では、そういう描き方をされることが多いから、そのイメージで考えてしまうのかもだけど。

でも、自分の人生を振り返って、誰かを自在に操ったり、社会を自分の思い通りに操作できた経験なんてないでしょ。つまり、そんなのはあり得ないことはわかっているはずなのに、知らない人ならできると信じちゃう。

最近の例でいうなら小沢一郎さんだね。メディアは小沢さんのことを、あらゆることを背後から操る超人みたいに描いているけど、そんなわけないとおもうんだよね。

たとえば小沢さんのオファーにもかかわらず、鳩山さんは子ども手当ての所得制限はつけなかった。つまり、小沢さんの言うとおりにはなっていない。それなのに、そういうことはスルーして、なにもかも言いなりみたいなことを言いまくる。最初から小沢さんはシスの暗黒卿みたいな人物と決めつけて、それに適合しそうな情報だけを言いまくっている。これって、まったく陰謀論の構造なんだよね。

柴野拓美さんのこと

柴野拓美さんが旅立たれたとのことなので、ひとつ思い出話を書いておこうかと思う。

オレが最初に商業誌に原稿を書いたのは、柴野さんが紹介してくれた週刊誌の書評だった。フ科会か〈宇宙塵〉の集まりで、こんど書評やることになったんだけど、誰か手伝ってくれないかって柴野さんがおっしゃった。で、じゃあやらせてくださいって言ったのね。当時オレは大学一年か二年だったはず。

そのときのこと、実はよく覚えていないんだけど、オレはたぶん人に読ませるような原稿は、巽孝之《たつみたかゆき》さん主宰の同人誌〈科学魔界〉に載せた、『最後のユニコーン』の書評一本しか書いたことなかったんでないかな。

それでやらせてくれっつーのはどういうこっちゃって感じだよね。今にして思うと、オレも自分で自分がよくわからん。

ただ、ひとりでやるのは不安なので、牧眞司君と一緒にやりたいといったらしい。

牧君は、実は自分がやりたいと思っていたんだけど、自分では言い出せず、オレが先にやらせてって言ったので、えーって思い、さらに牧君と一緒にやらせてとオレが勝手に言ったのでさらにえぇーって思ったそうな。この話は、この間牧君に会った時に本人から聞いたんだけど、オレは実は完璧に忘れてた。まあ、あのころは牧君とは超仲良しで、いつも一緒にいるね、みたいなこと言われてた。

で、二人で交互にSFの書評を書いて、それを柴野さんが直して、柴野さんの名前で雑誌に載った。これがオレと牧君の商業誌デビューね。しかし、柴野さんも、こんなわけのわからん子どもの原稿を、よくも使ってくれたものだ。

考えてみると、ほぼ三十年前の話。柴野さんがいたから、今のオレがある。

昔、SFファン科学勉強会、略してSFフ科会ってのがあったんだ。月に一回、メンバーが色々な話題を持ち寄って発表し、それについて意見を言いあうの。あそこはオレにとってのエデンの園だった。

そこに柴野さんも毎月参加されていた。初期には石原藤夫さんがいたはずだけど、オレが入った時にはもういなかった。主宰は大宮信光さんで、草場純さんとか、亡くなった大田原さんや志水一夫さんもメンバーだった。

理系、文系、パズルやゲームからオカルトまでありとあらゆる話題をおもしろがれる偉大な教養人たちの集まりで、こども時代にあそこに参加させてもらえたことが、オレの原点なのね。柴野さんには、ガッチャマンの科学忍法火の鳥は四重極放射ってことにしたとかアニメの設定の話もうかがったなあ。

柴野さんと言えば、たいていの人はいつもニコニコって笑っている顔を思い浮かべると思うんだけど、実は昔はけっこう攻撃的なところがあって、フ科会で議論が白熱すると、キリッとして鋭いツッコミしてたんだよ。

ちょっと前にこのコラムで、オレのなんだよね文体のことを書いたけど、そこに出てきた「鹿野さんの本はおもしろいけど、文体がなあ……」って言った先輩ってのが、実は柴野さん。今度出した本も差し上げるつもりだったんだ。

柴野さんに最後にお目にかかったのは、二〇〇八年三月十六日のこと。柴野さんの具合があまり良くないってきいて、それで大宮さんや草場さんなどかつてのフ科会のメンバーでお宅にお邪魔したのね。

そのときはすごくショックを受けた。だって柴野さんは、自らを「かつて柴野拓美と呼ばれた残骸です」なんて言うんだもん。加齢黄斑変性で目がほとんど見えず、耳も聞こえず、数日前に転んで足を痛めて、息もヒューヒューと苦しげに呼吸をされている。体中から発せられる苦痛に絡め取られているご様子だった。

正直、オレはどう話していいものやら戸惑ってしまった。でも、フ科会の仲間としばらく話すうち、やがてそこには、かつてのフ科会空間が出現。すると柴野さんの背筋は伸び、目に光が宿り、オレが昔知っていたあの少し攻撃的なしゃべり方も蘇っていた。

これ、真剣にそう思うんだけど、柴野さんこそ「特異点」的な人物で、この人が存在しなかったら、世界の歴史は今とは全く違ったものになっていたに違いないんだよね。柴野さんがいたからSF大会がはじまり、コミケとかコスプレとかコアなアニメとか、今日の日本のサブカルチャーの大きな部分が派生したのだし、それが世界のクリエイティブな表現にも影響を及ぼしている。アインシュタインがいなくても、相対性理論は誰かが発見したろうけど、柴野拓美のいないパラレルワールドで、誰かほかの人物が同じ役割を果たせるとは、到底思えないんだ。

もちろん、柴野さんの日本SF界に対する功績もはかりしれない。初代のSF作家たちはみな、〈宇宙塵〉を経てデビューしたわけだし。でも、柴野さんがSF作家クラブに加入したのは、随分遅くなってからだった。それは、柴野さんがいろいろな人に嫌われていたからだと思う。

柴野さんはなぜ嫌われたのか。それはSFが超好きだったから。〈宇宙塵〉は後に名目化したけど、お金を払って原稿を載せてもらうタイプの同人誌だ。で、後に巨人に育った駆け出しのSF作家たちは、〈宇宙塵〉の編集長である柴野さんに、この作品はこうしたほうがいいとかいわれたはずなんだよね。なにせ、柴野さんはSFが大好きで攻撃的だから。一方、後の巨人たちもめっちゃ個性がきついわけで、そう言われたことをあまり快く思わなかったろう。そんなとき〈SFマガジン〉が創刊され、作家たちは商業誌デビューをしていった。

作家たちは柴野さんに一面では恩義を感じつつ、一面では不快な思いを抱いていた。でも、なんでこんなことになったかというと、彼らがみんな若くて純粋だったからなんだよね。すべては若気の至り。

でも、こういう風に微妙なこじれかたをしてしまうと、許せるだけ成熟するには時間がかかる。それが柴野さんが、SF作家クラブに入るのが遅くなった理由だとおもう。実は今現在のSF界にもそんな感じでこじれちゃった人たちが何組かおりますが、いつか許せるようになってくれれば良いなってオレは思う。みんなホントにSFが好きなんだからさ。

フ科会のメンバーと柴野さんのお宅で話した時、流れで柴野さんが「……でも最近小松さんもとても優しいんですよ」っておっしゃった。で、オレはすかさず「ああ、小松さんも大人になったんですね」って言ったら、大爆笑されていたよ。

ロケットの折り紙を作られるようになったのは、ぼくらがお宅にお邪魔した後のこと。お元気になられたかと嬉しく思ってた。でも、おれはもらってないの。みんなもらえてうらやましす。まあいいや。すでにいろいろなものをもらいすぎるくらいもらっとるからなー。ありがとうございました。

サはサイエンスのサ

連載●180

【鹿野　司】

ある程度の本読みだと、普通に何千冊とか本があるんでないかと思う。

まあ、本の山に埋もれた生活はそれなりに心地よいものではあるんだけど、この物質的な圧力にはもううんざりって感じもしたりして。なにしろ場所をメチャクチャ取るし、重さもかなりのものなので、住む場所にもかなりコストがかかる。それにオレみたいに整理が苦手だと、すぐに古代遺跡化して文献発掘の作業の手間もたいへんになるしなあ。

そういう読書家にとって、電子本は夢だよね。本が電子化されれば、物理的重圧からは解放されるだろうし、たくさんの本をいつも持ち運んで、気分にあわせて読んでいける。資料的に使う時も、検索とかできるだろうし……。それにいったん電子化されれば、本から絶版の概念は消えるので、手元からなくなった本でもいつでも再び手に入れられるわけで、読み手にとってこれほど嬉しいことはないよね。まあ、逆に古本あさりの楽しみは失われちゃうかもだけど。

電子本といえば、アメリカではすでにアマゾンのキンドルでけっこう普及しているみたいだし、近く発売されるアップルのiPadのアメリカでのウリは、電子本リーダーになるってことみたい。いっぽう日本では、かなり昔からいろいろ電子本リーダーが発売はされているんだけど、ことごとく失敗してきた。

これはなんでかというと、理由は単純で、電子本リーダーがあっても、欲しい本が出ないってことにつきる。専用のハードウェアは数万円はするのに、それに入れたい電子本が数冊とかじゃゼンゼン意味ないもんね。でも、読書家がこれほど熱望している（と思う）電子本が、どうしてなかなか普及しないんだろう。

その最大の理由は、フォーマットが乱立しているからだ。

もうずいぶん前から、書籍の編集工程はすべて電子化されている。だから、そのレベルでの困難はない。そして、電子本を出すことが少しでも利益になるなら、出版社は当然、それをするはずだ。

でも、そうならないのは、フォーマット変換の費用をまかなうだけ、電子本が売れないからなんだよね。しかも、そのフォーマット変換のコストは決して高いわけじゃない。一種類につき一万円台らしいんだけど、その程度の金額さえペイできないくらい電子本は売れてこなかった。ましてや三種類も四種類もフォーマット変換したら、大赤字になっちゃうわけね。さらに電子本を出すことで冊子体が売れず、トータルの利益が減るかも知れないという心配もあったり。

そのため、出版社はいい加減売れまくった後の、古いベストセラーみたいなのしか電子本化しなかった。でも、本を読む人ほど、そういう物はとっくの昔に読んでいるし、今さら電子本リーダーに入れておきたいとも思わないんだよね。

電子本で欲しいのは、まず第一に最新刊なんだけど、そういうものは少ない。あるいは、出版部数の少ないマイナーなロングテール系の本。でも、どちらも出版社からすると、電子本化しても元が取れる可能性はわずかなので、なかなか出す気にならない。すると、読む側も、高価な専用電子ブックリーダーをわざわざ買う気にもならないし、すると電子本も売れないし……という悪循環が続いているわけね。

携帯小説はかなり成功しているみたいだけど、これは、これまでの本とは異質な、新しいメディアができたと考えたほうが良いと思う。携帯は画面が小さいというハードウェアの制限によって、文体や何を表現できるかまで、かなり強い影響を受けている。この新しい表現形式のなかで、素晴らしい作品も生まれてくるだろうと思うけど、既存の書籍で表現していたものを、単純にこれに放り込むのは無理なんじゃないかな。

　まあ、出版社が覚悟を決めて、フォーマットを統一したり、全体の利益の一部を電子本化に回すことで個々の本の赤字を埋めるような決断をすれば、いまでも不可能ってわけじゃないとは思う。ただ、こういうドラスティックな変化をあえて起こそうという決断は、古い伝統ある出版社の経営陣には難しいのだろう。ソフトバンクの孫正義みたいな人が社長なら別だけど。

　一方、アメリカでアマゾンのキンドルが成功した（ようにみえる）のは、アマゾンという流通会社が、単一のフォーマットを出版社に、事実上強制できたからだ。これは、冊子体の書籍を大量に取り扱っているという背景をもとに、アマゾンが積極的に出版社と交渉をした結果なんだよね。本の電子化は、技術の革新がもたらす必然ではあるんだけど、本という媒体にはすでに巨大な市場があるし、本とはどういうものかという歴史的な固定観念も強いので、技術による変化を阻む因習が様々にある。でも、そこをアマゾンは、がんばって変えていこうとした。

　これは確固とした意志がないとできないことで、アマゾンの経営者はリスクがあっても、将来の利益はそちらにあると判断したんだろう。キンドルで電子本を買うと、購入者は何度でも同じ本をダウンロードできるし、その通信費も無料になっている。これは送料無料と同じことで購入者にとっては魅力的だけど、アマゾンとしては書籍販売で利益はほとんど出ていないともいわれていて、初期投資にかける意気込みってかんじでないかな。

　ユーザーから見ると、アマゾンのキンドルがやったのは、アップルのｉＴｕｎｅｓが音楽にやったのと似た感じのことだ。シンプルに、そこに行けば欲しいものがだいたい手に入るって感じ。だからある程度うまくいっていた。ただし、本の電子化のプロセスは、まだ黎明期のはかなく脆弱な段階なんだよね。

　ところが、新たにｉＰａｄが参入することで、単一フォーマットの強制はできなくなるみたい。好条件を求めて、大手出版社のいくつかは、アマゾンからアップルに鞍替えするとか言われているけど、こうなると「電子本」という形式が、大きく変化せざるを得ないと思う。

　アマゾン独占の時代がもっと長く続いていれば、電子本は、冊子体の書籍の形のイメージを保ったまま、育っていけたかもしれない。もちろん、アマゾンは経済合理性に基づいて行動しているだけなんだけど、そのためには冊子体の文化を継承したほうがメリットがあった。

　でも、アップルにとっての電子本は、アップル製品の魅力を、少しだけ増すための手段で、冊子体書籍文化を守るような義理も必然もないから、アマゾンの既得権を切り崩す動きが出てきたわけね。

　結果として、アマゾンは誰でも電子本を作ることができるソフトウエアの提供と、条件によっては印税率七十％ということを打ち出している。つまり、同人誌的な物が簡単に作れる状況になったわけね。これらの動きは、電子本の未来に大きな影響を与えるんでないかと思う。続く。

サはサイエンスのサ

連載・181

【鹿野 司】

たくさん本を読む、そして貯め込む習性がある読書家にとって、電子本はひとつの理想の形だよね。そして、デジタル技術の進歩という大きな流れで捉えるならば、本の電子化は必然であることも間違いない。

ただ、そういうこととは別に、これから誰がどういう順番でどう決断するかという歴史的な順序によって、電子本の未来はそーとー違うものになっていくんじゃないかという気がするんだなあ。

純粋に技術のことだけでいうなら、書籍の電子編集は十年以上前にすでにほぼ完成していたし、実際、先駆的な電子本は現れては消えを繰り返してきた。つまり、これまで電子本が普及しなかったのは、技術や本を読む側のニーズとは別のところに原因があったわけね。

その原因とは、前回説明したフォーマット変換にかかるコストだ。

電子本は無制限にコピーされないように、それなりのプロテクトがかかるフォーマットに変換する必要がある。出版社側としては、フォーマット変換分のコストが回収できない限り、電子本を作るメリットはない。そのため、電子化される本は、読書家があまり必要としない本に限られる。つまりその電子本は売れないし、読書家にとっても、高価なブックリーダーをあえて買う意味がない。この悪循環があるから、電子本はなかなか普及しなかったわけだ。

アマゾンのキンドルが画期的だったのは、ネットで本を買うなら誰もがまずここを見るという地位を確保したアマゾンが、その電子化のためのコストの大半を、事実上引き受けたってことにある。

つまり、各出版社は、キンドル用のフォーマットという、たった一種類の形式にのみ変換すれば、あとはアマゾンがやってくれるので、負担が少ないわけね。

もし仮に、キンドルのフォーマットが、はじめから日本語も含めた、世界中の言葉をあつかえるように作られていたら、日本の書籍の電子化の流れも、今とは少し違っていたかも知れない。

キンドルは、意図したかどうかはわからないけど、今の書籍の形式をあまり変えない形で、電子本を離陸させた。まあ、冊子体の素直な延長という発想だから、当然の帰結なんだけど。

ところがアップルのｉＰａｄが電子書籍リーダーとして登場したことによって、状況は変わるかもしれない。

アップルにとって、電子書籍は自社の電子デバイスの魅力を引き立てるコンテンツの一種でしかない。書籍のためにデバイスを買うのではなくて、ｉＰａｄが欲しくて持っている人が、ついでに電子本も読めるという位置づけだ。つまり、アップルにとっては、電子本が今までの冊子体の本とかけ離れたものに変化していっても、全く問題ないのね。

これはキンドルとは本質的に違う影響を与えることになるんじゃないかな。実際、音楽とソフトウェアは、こういう立場のアップルの影響によって変質している。

アップルのｉＴｕｎｅｓとｉＰｏｄによって、音楽の販売形態は全く変わった。曲は一曲二百円くらい単位のばら売りが主になり、アルバムという概念ももはや消えつつある。ｉＴｕｎｅｓによって素人も世界に曲が発表できる可能性ができたといわれるけど、それはあらゆる時代のあらゆる名曲のばら売りと一緒に陳列されるわけだから、そこから得られる収入はごく少ない。それと全てが並列に並べられることで、料金が百円とかにほぼ固定化され、物価が上昇しても値上げできない。

つまり、何らかの理由でよほどメジャーに名前や曲が知られない限り、プロでも曲の販売では食べていけない。

買う側も、安くてお手軽な分、聞き捨てみたいな感覚が強くなって、少し時間が経つとそんな曲あったっけみたいな感覚になってくる。こういうことが、電子本でも起きてくる可能性がある。

電子本は印税率は冊子体より良いかも知れないけれど、版という概念がないので、すでによほど名前が知られている人でない限り、まとまったお金は入ってこない。つまり、専業の作家のほとんどが消え、多くが別に食い扶持のある人の同人誌的な物というか、有料メルマガみたいな感じになりかねない。ソフトの販売では、お試し版は無料でフル版にはお金がかかるとか、期間限定値引きとか工夫がされているけど、電子本もさわりの部分は無料で提供して、続きは有料みたいな形式の世界がくるかも知れない。

作家のなかには、冊子体の印税と、電子本化の権利を別の会社に売りたいと考えている人もいるみたいだけど、どっちも売れてウハウハなんてことには、たぶんならないと思うんだよね。

ただ、これは、アップルの電子本がこれから圧倒的に成功したらそうなるという話で、出版社側の態度如何では別の未来がやってくる。とりあえず日本の大手出版社は、電子本に関する会合をはじめたみたいだけど、どう転がるかはまだわからない。

これまでの本の形態を保ったまま、電子本を普及させるには、大きな出版社が、自分のところの本は今後すべて、電子本も同時提供すると決断すれば可能だろう。

冊子体の本を購入したら、その電子本のダウンロード権が、自動的に与えられるようにして、そのダウンロード権のIDを本に印刷すればいい。それだと、IDを書店でメモされたらどんどんダウンロードされるかもって思うかも知れないけど、それについてはいくらでも工夫はできる。本はPOSで管理されているので、そのIDの本が販売されたらダウンロード可能になるような仕組みにするとかね。まあ古本はどうするかとか、POSのないところではどうするとか色々作り込みは必要だけど、決断しさえすればできないことはない。こういうシステムを構築するには、それなりにコストがかかるだろうけど、大手の出版社ならできるだろうし、すべての本や雑誌に、若干のシステム化のコストを上乗せしてもいい。

まあ日経新聞みたいなやり方ではあるけど、本ならまだこれは成立する。そして、これによって、出版社に爆発的な利益が生じることはない。でも、絶版がなくなることで、ロングテール的な利益は出るようになると思うんだよね。

ただ、書籍のフォーマットの問題は、これで終わるかというと、そうはいかない。今のところ、電子本は著作権の関係で検索したり、しおりは挟むことはできるけど、それ以上はできないように作られている。でも、電子本ではデータをいろいろ操作加工したくなるのが人情だし、それによる新しい可能性も出てくる。理科系の教科書なんかはとくにそうだけど、数式の結果が動く本みたいなものが絶対に欲しくなる。でも、これも共通フォーマットが作られないと普及はできない。

電子本は素敵な夢なんだけど、世間のいろいろなしがらみを突破するのは、そーとー難しいことなんだよね。

サはサイエンスのサ

連載・182

【鹿野　司】

この原稿の締め切りデッドラインが翌日の朝だっていうのに、ソフトバンクの孫正義さんとＩＴジャーナリストの佐々木俊尚さんの「光の道の実現に向けて」つー、五時間に及ぶユーストリームのだだ漏れ放送をみちゃったよ。で、途中まで書いてた原稿をやめて、このだだ漏れを見て考えたことについて書く。

結論としては、孫さんは、光の道に一円でも国費を使うなら、頭を剃るみたい。

「光の道」というのは、ウルトラマンとは全く関係なく、原口大臣率いる総務省が検討している構想で、二〇一五年までに、日本の全てのメタル線を廃し、光ファイバーに置き換えるってもの。

これだけ聴くと、は？　何を今さらって感じだよね。だって、ブロードバンドが欲しい人はみんなもう使っているだろうし、いまさら土木工事みたいなのにお金出すのに意味あるの、みたいな。実際、この原口大臣の構想を巡っては、賛成意見はあまり見かけないし、佐々木さんも天下の愚策って感じのことを書いていた。

でも、孫さんは見事なプレゼンで、疑問のすべてに納得できる回答をして、佐々木さんは言うことなくなっちゃったみたいな感じ。しかし、これって五時間に及ぶだだ漏れが可能になったから、なし得た技だと思うんだよね。

光の道についての批判には、日本のブロードバンドは世界最高水準なのに、光の利用が三十％に留まっているのは、良いサービスがないからで、それはメタル線をやめて光にしたって増やせるようなものじゃないよって話がある。日本では、三十％が光、三十％がＡＤＳＬ（メタル）、残りがメタル線で普通の電話しか使っていない世帯。七十％が光じゃなくても、不満は感じていない。

でも、今と料金が同等以下ですべてを光化できれば、誰も文句はないよね。ＡＤＳＬを使っている人は、料金変わらず光になるなら歓迎だろうし、電話だけの人も料金が同じなら、家のすぐ前まで光がくることに文句をいう謂われはない。しかも、そういう家庭も、将来ネットが使いたいとなったとき、工事も要らずすぐに光が利用できるようになる。

おもしろいのは、これを実現するのに、税金などの公的資金の投入は一円も必要ないと孫さんが言っていることだ。

なんでそれができるかというと、メタル回線はそれを維持するコストが大きな負担になってきているからだ。メタル線の技術はすでに時代遅れになっているんだけど、今のままでは、これをずっと維持し続けないといけない。現状はメタルと光の二重の設備が必要で無駄が多く、全システムを光に置き換えたほうが経済的にも合理的なんだけど、メタル線が日本に少しでも残っている限り、それによる損失はずっと続いていく。とくにＮＴＴは、ユニバーサル・サービスの観点から、法律によってメタル線が欲しいと言う人がいれば、それをしなければいけないと規定されていて身動きが取れない。

そこで、ＮＴＴを光ファイバーの敷設・提供するインフラ会社と、その上で通信サービスを提供する会社という階層で再分割する。この形になれば、ＮＴＴ系電話サービス会社もＫＤＤＩもソフトバンクも対等の関係になる。この環境が整えば、ソフトバンクも、これまで投資してきたＡＤＳＬを全廃し光に一本化できる。

新しくできたインフラ会社は、メタル線廃止によって不必要な出費がなくなって効率化し、各電話サービス会社へのインフラ貸出料で、今よりも利益がかなり大きくなるとのこと。

なんだか話がうますぎる感じだけど、これらは、NTTの公開データとソフトバンクがこれまでADSLや光を敷設した経験に基づいて試算した、具体的な数値に基づいている。もちろん、その計算が間違っている可能性はあるので、詳細を公開して広く議論してもらうらしい。

この完全光の時代のアプリケーションとして、孫さんは教育と医療情報のクラウド化をあげている。

まず教育では、iPadみたいな端末を、アンドロイドのようなオープンソースを利用して一台二万円で作り、それを小学校から大学まで全学生に無料で配る。

これをまかなう費用は、最初の年だけは税金で三千数百億円かかるけど、二年目以降の費用は四百億程度。これは今の教科書の値段とほぼ同じとのこと。

もちろん、ハードだけ作っても、コンテンツがなけりゃしょうがない。また、教育にしか使えない、しょうもないハードを税金で作るのも意味がない。この話のミソは、ハードはただのシンクライアントで、教育コンテンツ本体はクラウド上に作られるってところにある。

孫さんはそのコンテンツとして、少なくともNHKの番組を無料で提供すべきだと言っていて、そこで全国がシームレスに光化することとつながるわけね。

この話で良いなって思うのは、クラウド上に、教育コンテンツ用の単一のオープンなプラットフォームを作るってことだ。これは前回の電子本の話とも通じる話なんだけど、プラットフォーム（規格）の乱立が電子化を阻む、最大の問題なんだよね。でも、クラウド上にiTunesみたいな形の単一プラットフォームができれば、コンテンツをそこに上げる人はいくらでも出てくる。良質な授業の中継もいいし、初音ミクムーブメントみたいに、コンテンツ作成用のツールをアップする人もでてくるだろう。

もうひとつの医療情報のクラウド化は、医師と患者と製薬メーカーなどが、医療・健康情報を共有するものだ。

カルテの電子化は、レセプト（医療費申請）の省力化低コスト化に貢献するのは間違いないんだけど、規格の乱立と、年取った医師には使えないし導入コストが高いってことで、普及はいまいち。これをクラウドベースで統一プラットフォームとして供給するわけね。端末はもちろん教育用のと同じものが使えて、これで、コストや使いにくさの問題は解決できるわけだ。また、クラウド電子カルテは、患者本人もアクセスできるし、転院するときも前にやった検査データが使えるので、こっちでもあっちでも同じ検査という重複の無駄がなくなる。また、日々の血圧や体重などのデータも、これに集約することで、肌理細《きめ》かい医療の提供ができたりするわけね。

さらに、これで読影師のようなMRIやCTを読む専門の医師など、専門分業化も進められる。こういう分業化は、一つの病院内ではすでに進んでいるんだけど、これを場所にとらわれない形にできるわけね。

ただ、世界はフラット化しているので、これをやると、読影師とかは海外の人件費の安い地域に、必然的にアウトソースされるだろう。それは困るという人もいっぱいいるわけで、こういう統一クラウド・カルテ・プラットフォームに抵抗する人も少なくないはず。でも、細々したことはヌキにして、この方向でやるのは筋として正しいとは思うんだよね。

サはサイエンスのサ

連載●183

【鹿野 司】

ニセ科学イクナイ!! ってのは、このページを読んでくれている人の共通認識だと思う。まあ、オレも、どちらかといえばそういう立場なんだけど、たぶん他の人とちょっと違うのは、それをあまり強く主張しようとは思ってないってことかな。その理由は、ひと言でいうなら、世のなかにはいろんな人がいるから。

たとえば、血液型性格診断は、いうまでもなく科学的な根拠はないし、究極的には差別に使われる可能性がある。

まあ、それはそうなんだろうけど、現実に血液型性格診断がどう使われているかっていうと、それは「罪のない人物評」だと思うんだよね。あの人はちょっとこういうところがあるよね、たぶんB型だよ、それじゃしょうがないか……、みたいな感じ。あるいは、あの人はA型だけど、ゼンゼンそれらしくないよねとかね。

このとき、?型と表現される性格の内容も、本とかに書いてある細々した記述とはけっこう違ったりする。その場の思いつきで、なんとなく?型っぽいような気がする性格に、その誰かさんのふるまいを仮託してるだけってかんじ。

つまり、血液型性格診断を話題にする人たちも、その内容はかなりいいかげんにあつかっている。決して、科学の装いで、みんなを信じさせているって感じじゃないと思うのね。まあ、星占いよりは本当っぽい気がするかもだから、その点で、ニセ科学っぽいと言えなくもないけど。

それなのにこれが廃れないのは、角が立たない、自分が責任を取らなくていい形で、誰かさんの噂ができるからだ。

こういう運用をされていることについて、それはニセ科学だ、それは差別につながるって強く否定しても、言われた人たちは、はあ、そうですかって感じにしかならないんじゃないかな。

そんなこと言っても、現実に幼稚園児を血液型で分けて育てたり、血液型で配属部署を決める会社とか出てきたりしたじゃないかって思う人もいるだろう。

ただ、それは極端な事例だと思うんだよね。そもそも、血液型性格分類には根拠がないのだから、そういう分けかたをすることで、何か素晴らしい結果がでるわけもない。だから孤立的に生じた事例もやがて消えていく運命にあるはずで、差別的なやりかたが、どんどん広がっていくなんてことはちょっと考えにくい。

それに、そういう酷いことにならないのは、この世には、いろいろな人がいるからだ。

血液型性格診断みたいなものを、本気で信じて、採用とかに使おうとする人は、この世に少しは出てくる。でも、それに対して、そんなのバカげていると強く主張する人も必ずいるわけ。つまり、こういう人たちは打ち消しあう。極端な人への対応は、極端な人に任せておけば、まあいいんでないのって思うのね。

ただ、オレが感じるのは、血液型性格診断みたいな怪しげなものを、基本的に信じはしないけれど、それともう少し穏やかにつきあっていこうとする人ってのが、もっといて良いと思うんだよね。肯定か否定かのどちらかってのじゃなくて、普段はそういう話が出ても適当にあわせてるけど、ときどき軽く茶化してみるとかね。

ニセ科学的なものってのは、確かに憂慮すべきところはあって、この言葉が作られたことで問題が明確になったと思う。ただ、だからといって、いろいろな問題をニセ科学と、ホンモノ科学の二項対立の構図にしちゃうと、それはそれで現実から乖離するんでないかなって思う。

厳しい言いかたをすれば、巷にあふれている、なにかの役に立つような科学情報、健康情報、美容情報などは、ほとんどすべてがニセ科学みたいなものだ。

たとえば、ある食品を分析したら、こういう健康成分が見つかりましたとかいう話はよくある。まあ、そこまでは形式的には科学かな。でも、だからといって、その成分が含まれている食品をたくさん食べたり、有効成分を取りだしてサプリメントにして摂取したりすることで、今よりも健康になる可能性はない。ある食品から何か成分が見つかったとしても、その食品のなかには調べられていない無数の成分がある。それらのなかには、話題の成分の働きを妨げる物もある可能性があるけど、そのことについては語られない。あるいは、その成分は、欠乏すると悪さをするかも知れないけれど、過剰摂取しても良いことはないか、害かもしれない。ビタミンもミネラルも、ほとんどの場合過剰摂取は害があるしね。

風邪だからビタミンCと思う人は多いけど効果はない。漢方薬の大半も効き目がある証拠はないし、鍼灸整骨も同様だ。カイロプラクティックは、マーティン・ガードナーもトンデモって書いているしね。ぎっくり腰で整骨院に行く人は多いけど、あれには西洋医学的なエビデンスはない。日本ではたまたま漢方や鍼灸整骨は昔から馴染みがある伝統療法なので効果を疑うことがないし、極端に走って症状を悪化させることが少ないだけだ。

ホメオパシーは問題視されるけど、それは日本に古くからある伝統療法よりも利かないからじゃない。西洋医学的な観点の有効性を比較するなら、両者の効果に差はほとんどないだろう。ただ、外国から渡ってきたばかりの療法は、間合いの取りかたに慣れていなくて、無茶する（他の標準療法は受けるな、ワクチンを打つなとか主張する）から危ないだけ。

では、こういうもの一切合切の存在は無意味かというと、そんなことはないと思うのね。

人間の状態を病気か病気でないかと二分して、それを治せるか治せないかという二つの判断のどちらかを選ばなければならないとしたら、厳密にはどの療法も治せない。

でも、人間には癒らないことを受け入れて生きるとか、症状と折り合いをつけて生きるってなことがある。つーか、慢性疾患的な物に関しては、ほぼすべてがそれじゃないかな。人が生きて老いていくと、あちこちが痛んで、日々、苦痛と共に過ごさざるを得なくなっていく。それを治せるかというと、ぶっちゃけ治せないんだよね。

そんなときに、人は何かを飲んだり、軽い運動のような習慣を続けたり、珍しい治療と称するものを受けたりする。

その結果、病気が治るわけじゃない。でも、症状がひととき和らいだような気がしたり、続ければいつか良くなるんでないかなって希望の糧になる。

それはプラセボじゃないのね。標準療法では寛解という言葉が近いかも知れないけれど、苦痛があっても、それと共に前向きに生きていくって状態だ。実は現代のエビデンスのある療法にも、この程度のことしかできてないものは多い。

つまり、人が生きていくには、こういう事実でないものを受け入れることが、必要なことは多いのね。極端な事例の存在で、そのすべてを否定することは、あまり好ましいおこないって感じじゃないわけだ。

サはサイエンスのサ

連載・184

【鹿野 司】

つい先日、山口市で、生後二カ月の赤ちゃんが死亡したのは、出生後投与が常識のビタミンKが与えられなかったためだとして、母親が助産師に損害賠償請求訴訟を起こしたってニュースがあったよね。この助産師はホメオパスでやんすの人で、ビタミンKの代わりにレメディを与え、母子手帳にはビタミンK投与の記録をしていたみたいで、ニセ科学による害の典型例として、ネット界隈ではかなり話題になっている。

母乳で育てられ、かつビタミンKが投与されなかった子は、二千人に一人の割合でビタミンK欠乏症になり、ほとんどの場合死亡する。粉ミルク育児の場合は、粉ミルクにビタミンKが添加されているので、発症確率は減るけど、それでも全出生数に対して四千分の一で欠乏症は起きる。

そのため、標準医療では一九八〇年代半ばから、乳児には、出産直後、生後一週間、生後一カ月の三回、ビタミンKのシロップが与えられるようになった。これによってビタミンK欠乏性出血が防げるというエビデンスも九〇年代には確立して、現代の助産師ならこのことを百％知っているはず。

現在の日本の乳児死亡率は、千出産に対して二・九くらい。まあ三未満。この数字には、超早産とか、重度の障害を持って生まれてきた子も含まれている。そう思うと、現代日本の医学ってホントに凄いものだねって思うよね。

この状況下、つまり二千出産に対して六しか死なない現状で、二千に対して一死ぬような行為は、赦されるかというと、これはまあダメでしょう。

ただし、助産師のもとで出産育児を行う人で、その助産師がホメオパスでやんすの人で、さらにその助産師がビタミンKは与えずレメディだけ与えて、母子手帳にビタミンKを与えたと記載する……ということまで考えると、こういうことが起きる確率はそーとー低いと思われる。

今、年間の出生数は百十万ほどで、そのうち助産院を利用する人は一％くらい。その助産院がホメオパシーを信じて、同じようにビタミンK投与をしないケースが一％あるとしても、二十年に一回しか起きないようなできごとなわけね。

そういう意味では、ホメオパスでやんすの人たちにとって、この死亡事例はまことに確率的に不幸なできごとだった。

少し視点を変えるけど、きくちさんは、ホメオパシーのレメディに薬効がないのは自明とツイッターでつぶやいていた。

でも、そりゃあどうかなあ。薬効がないのが自明なら、誰もそれを望まないよね。言いたい意味はわかるけど、自明という表現を使ってしまうと、それは「知恵のあるものが愚かなものを見下す」ニュアンスを強く漂わせる。同じ問題意識を共有する仲間内なら、こういう表現でもそうだよねそうだよねってみんな思うけど、身近にホメオパシーに傾倒している人がいたとして、その人に向かってこういう物言いをしたら、反発されるだけで、まったく受け入れてもらえないだろう。

ホメオパスでやんすの人がいう、レメディの効果の原理はこんなかんじ。

標準療法の薬は効くかも知れないけれど、そのぶん自然治癒力を弱めてしまう。でも、薬を薄めてやれば、それを補うように自然治癒力が活発になるはず。で、薬をうんと薄めたもの＝レメディを飲むことで、自然治癒力を最大限に引き出すことができるわけですよお客さん。

おお〜。なるほど〜。それなら効きそうだよね（・∀・）

この説明原理を、笑止って思う人は多

いかも知れない。

けれど、それと同じように、漢方の説明原理を笑えるだろうか。漢方の世界では、物理的には存在しない「経絡」を前提に「証」をみることで、それぞれの人の個性に合わせた薬を処方する。

でも、その説明原理の体系は、結局は非現実だ。中つ国の設定が如何にリアルであっても、それはやっぱりファンタジイであるのと同じで、漢方医学の説明原理も、ファンタジイなんだよね。

ホメオパシーについては、オレもそう深掘りしたいとも思わないけれど、欧米では古くからある伝統医療だから、やっぱり漢方医学に匹敵する複雑で深淵っぽい説明原理の体系はあるのだろう。

こういう説明原理は、何か特別なものを求めている人の心にはフィットする。

実際、ホメオパシーにはまる人って、ある程度お金持ち（レメディ高いからね）で、教養レベルも決して低くない人が多いんでないかと思う。ロハスとかそんなかんじだしな。

病院での標準療法ではなく、助産院での出産や、助産師の介助のもと自宅出産したいと望む人はそれなりにいて、これがまた、酷いことになってしまうという話もちらほら耳にする。そういう話を聞くと、心が痛むよね。

ただ、標準療法を選ばないということだけをとって、愚かだとか、いい加減で無責任な人とかいう決めつけはできないと思うのね。むしろ、今回のできごとみたいなのは、助産婦側も彼女の思う最善のサービスを提供しようと信じた結果こうなったんだろうし、お母さんもたぶん、お子さんが亡くなるまでは、良い体験をしていると感じていたんじゃないかな。

標準のプログラムを選ばず、違うことをためそうとする人は、やっぱ何か特別な体験を望んでいるのだろう。

標準医療には、出口をぱっちんってはさみで切っちゃうとか（切らないと裂けてかえって酷いことになりがちだから）なんかイヤンな感じのこともある。それに、産婦人科医も数が少ないので、必要最小限のことはやるにしても、いろいろ不満を感じることがあるはず。病院ってのは、基本的にそうで、これやって、はい次これやってみたいな、こちらの人間性が若干無視されるような局面が生じやすい。

ただ、極めて確率の低い問題が起きても、簡単には死に直結させないようなケアは行われる。

いっぽう、標準的でないプログラムには、不安を感じた時すぐそばで受け止めてくれたり、出産のすべてのプロセスを味わい深く体験させてくれたりというような配慮は行われるのだろう。そのいっぽうで、低い確率でしか起きないけれど、深刻な事態への対処能力は低い。

人の心は弱いものなので、こういう特別さを求めがちであり、それは懐疑論者だってそうなんだよね。たとえば、いちはやくｉＰａｄを手に入れて見せびらかしたい気持ちと、水中出産とか特別な秘技のもとに我が子を産みたい気持ちは、本質的には同じものだ。汝ら、罪無き者から石を投げよ。

特別な体験には、特有のベネフィットがあるのだから、それを安易に否定することはできない。ただ、それにはリスクがともなうことがある。だから、もし知り合いが何か特別なことを試みようとしていたとして、それによって被るかもしれない、既知のリスクを知っているかどうかは訊いてみることはできる。でも、そこから先に踏み出すのは、ちょっと余計なお世話なのかもしれないなあ。

ホメオパシーとか

つい先日、イギリスは、ホメオパシーのレメディにはまったく治療効果がないと認めつつも、保険適応継続を決定した。

これってちょっとヘンだよね。全く治療効果がないものに、公的保険を認め続けるというのはどういうこっちゃって感じ。でも、同様のことは、日本でも漢方薬で行われている。

漢方薬は一般的な理解としては、ゆっくりとマイルドに効く、長い間飲み続けることで体質を改善するというものだと思うけど、それはつまり、薬が効いているか効いていないかわからないってことだ。その長い期間、漢方薬を一切飲まなくても、結果はまったく同じかもしれない。

もちろん、漢方薬も西洋医学的なエビデンスをきちんとしようという動きはあって、それができているものもある。だけど、それは限られたほんの一部なんだよね。つまり、標準療法的な観点から、漢方の大半は効き目があるかどうか曖昧で、そんなものに保険を適応するのはおかしいんでないのという議論はあり得る。

だけど、そういう話をしようとすると、世間はものすごい勢いで反発するのね。

実際、事業仕分けの時も、別に漢方を保険から外すなんてこと言ってないのに、頭おかしいのかとか、許せないとか、猛烈に炎上したわけだし。

イギリスにおけるホメオパシーも基本的には同じような感じなんじゃないかな。

西欧の伝統医療であるホメオパシーは、西欧では長い歴史があるので、標準医療にはかかるなとか無茶なことはたぶん言わない。それにホメオパシーで処方される薬も、全部が全部、超希釈された薬効成分のないものばかりではなくて、普通の煎じ薬みたいな、それなりに薬効のあるものも多いみたい。極端に酷いことはほとんど起きないような加減がわかっていて、それなりのベネフィットがあるから伝統医療は続いているわけね。

これは日本における、鍼灸や整体も同じで、これらもエビデンスはないけど、施術者は間合いを心得ているので、やばいと思ったら病院へいけという。まあ、時々わけのわからん人も出てくるけどね。

それに対して、日本におけるホメオパシーは輸入品で、発生期の「教祖あり宗教」と同じく過激になりやすい。

標準医療は受けるな、ワクチンの接種はするなとか言って、その意味で非常に危険なところがある。そういうのは、たぶん母国におけるホメオパシーの思想や施術者の対応の仕方とも違うんだろう。

オレはホメオパシーのことはほとんど知らないけど、たぶん欧州においては、ホメオパスでやんす的な生きかたというのがあって、それは養生訓みたいなかんじで、レメディですべて解決するというわけではなくて、生活全体を見直していこうというようなものを含むのだろう。

単純にレメディだけ切り出して、効く効かないではないと思うのね。そんな即物的なものに、魅力なんてあるわけない。

日本人にとっては、養生訓のようなものが、文化風土というか、世界の認識の仕方において非常にフィットするので、こういう生きかたをすると良いよねって思う人は多いと思う。できるかどうかは別として。同様に、ホメオパスでやんすな生きかたも、西欧の人たちにとっては、あーそれって良いよねって思わせるところがあるはずで、だから伝統医療として長く続いてこれたわけだ。

ただ、そういうものに対して公的な資金をいれるべきかは、議論の余地がある。

どこの国でも、保険医療費は足りないわけで、標準療法的観点からエビデンスのないものにお金をつけるのは無駄だっていうのは、出てきて当たり前の考えだよね。イギリスにおけるホメオパシー問題もそういうものなんだろう。

でも、そういうことを本気でやろうとすると、相当あちこちから血が噴き出すことになる。それで食べている人がいっぱいいるだろうし、その療法を代え難いものと認識し、満足している人も多いだろうから、ばっさり切ろうとするとそれによる弊害の波及効果がものすごく大きい。だから、これって政治的な妥協をするしかない問題なんだよね。

ただ、イギリスのおもしろいところは、レメディに効き目はないとはっきり言っているところ。つまり、これは政治的な妥協だと明示していることなんだよね。

これは見方を変えると、今は無理でも将来はなんとかそっちに持っていこうという意思表示なのね。

しかし、こういうやり方は、日本では現状、なかなか難しい感じはするな。

ところで、ホメオパシーとは関係なくても、助産院での出産は問題があるって話をよく耳にする。出産過程でいろいろ問題が起きて、手の施しようがなくなってから病院に搬送されて、結局亡くなったり重い障害が残ったりという事例は、ネットを探すとたくさん見つかる。

でも、こういう最悪の事例を見て、助産院での出産のような、標準的でないことを否定はできないと思うんだよね。

前回も触れたけど、日本の新生児死亡率は極めて低い。肺がまだ完成していなくて自力で呼吸できないような超未熟児や、重い先天異常を持って生まれたこどもも含めて、千出産に対して三未満しか死なない。

今のところ、助産院での出産は全体の一%ほどだけど、助産院でこどもを産むということは、ざっくり昭和三十年代くらいの医療レベルのもとで、出産を行うのに近い。つまり、今に比べると数十倍の確率で、赤ちゃんが死んだり、母子ともに死んだりするリスクを負うことになる。今の日本の状況からすると、五十年も前の医療水準を選択するのは、バカげているようにも思える。

でもこれは、ちょっと尊厳死の問題と似たところがある。

標準医療は、人を死なないようにする技術をどんどん進歩させてきて、そのためいつ死ぬかを、自分か家族が意識的に決めなきゃいけなくなった。死が確実に近づいている人に対して、延命のための手術を行ったり、点滴で栄養を補ったり、人工呼吸器をつけて自発呼吸がなくても生かし続けたり。

でも、管だらけになってまで生きていたくない、ただ命があるだけというのでは、自分の尊厳を保つことはできないって考えが、今では主流になっていると思う。だから、事前に延命拒否する患者も普通といっていいくらい多くなっている。

これと同じように、ただ安全に出産することだけを目的として、その代償として「人間性」を蔑《ないがし》ろにされたくないと考える人がいても、まったく不思議ではない。

保険で提供される標準医療はすべての人に公平に医療を施すものだから、宿命的にマンパワーが不足して、それに不満を感じることは多い。その寂しい思いと、安全性を天秤にかけたとき、安全性は五十年前の水準で十分で、代わりにこころの満足が欲しいという判断をする人がいても良いと思う。ただ、もちろんそれは、その人がリスクを承知したうえで、自覚的に選択しないとダメだとは思うけどね。

サはサイエンスのサ

連載・186

【鹿野 司】

もう何年も前から感じてたことなんだけど、今の日本で支配的になっていて、非常に困ったことだなっておもう精神構造がある。それは、ある人々に悪者のレッテルを貼り付けて、そうすれば問答無用、見境いなく「正義」の鉄槌を下して良いとする風潮だ。テレビのワイドショーなんてのはその典型で、俳優だろうが関取だろうが、いったん攻撃が始まると止めどなくそれが続いていく。

　これについて、何だかなあって思っている人も少なくないんじゃないかな。

　この傾向は、実はオレの子どものころにはすでにあって、まずは政治家や医者、次に教師、今は役人を「悪者」と決めつけて、メディアや世間は攻撃してきた。もちろん、こういう人たちの一部には、なんらかの悪いところはあったのだけど、いったん悪者認定してしまうと、細部は全く顧みられずに、事実としては悪くない場合でさえ、とにかくすべてをまるごと攻撃攻撃攻撃って感じ。ぜんぜん関係ない人まで巻き添え食ったりして。はっ、オレのことか(;∀;)

　そういう「せいぎのたたかい」をしかけることで、世界がより良くなっているんなら良いんだけど、現実に、そういう行為によって、今の世のなかは素晴らしい世界になっただろうか。オレの感覚では、どうもこのやりかたでは、世界は息苦しくなるいっぽうって感じがするんだけど。

　つい先日、帝京大学で多剤耐性アシネトバクターの院内感染が起きて、おなじことが繰り返されつつある感じ。マスコミの論調は、ずさんな管理で死者まで出してひどい、公の立ち入り調査もあったし、警視庁も業務上過失致死罪の立件を念頭に任意捜査に着手したみたいだから、ガンガン悪いところをえぐり出して、やっつけなきゃね〜♪みたいな。

　これに対して、全国医師連盟は「制圧が難しい細菌のアウトブレイクへの対応策構築には、正確な情報収集と専門的な分析による真相解明が必要となります。その際に、所轄官庁が医療現場の状況を十分認識せずに不十分な情報をメディアにリークすること、司法当局が加罰を目的とした捜査を始めること、メディア各社が責任追及を優先して関係者に取材することは不適切な対応と考えます」という声明を出している。

　なんでこういう声明を出したかというと、今回とよく似た構図で、福島県立大野病院事件ってのがあったからだ。これは帝王切開で妊婦が死亡して、それに対して医師が業務上過失致死と医師法違反の容疑で二〇〇六年に逮捕、起訴された事件だ。当初は、メディアや世間は、悪をたたきつぶせと、この医師を攻撃しまくった。でも、結局これは、医師はベストを尽くしたんだけど、死は避けられなかったってことで、裁判では二〇〇八年に無罪になったんだよね。

　このせいぎのたたかいは、医師（やその卵）の気持ちをビビらせた。真面目に一生懸命仕事をしていても、その結果、いつ訴えられるかもしれないようなリスクがあるのだとしたら、そんなことやりたいと思う人はやっぱり減ってしまう。

　悪者をたたきつぶせと盛り上がった結果、世界の住み心地は悪くなったわけね。

　今回のアシネトバクターの話もおなじで、死者が出たというけれど、厳密には、その死がアシネトバクターが原因かどうかは、きちんと調べないと解らない。

　なぜかというと、この菌はもともと強いものではなくて、これが繁殖するということは、その患者の寿命が終わりに近いということでもあるからだ。死の原因というより、そろそろ寿命だよと教える目印に近い感じかな。また、この菌はもともと抗菌薬に対する抵抗性が強くて、多剤耐性であることも珍しくはないという。そもそも、この菌が検出されるということは、かなり高いレベルでの日和見感染への警戒が行われていて、きちんと培養検査とかしているからなんだよね。

もちろん、こういうアウトブレイクが起きたからには、何らかの対策上の不備があったのだろう。だけど、それは病院内できちんと考えていけばいいことで、たいしてものも知らない第三者が、いい気になって攻撃するような話じゃない。

もともと届け出義務もない菌なんだけど、メディアによっては、病院は隠蔽を謀ったなんていってるところもあったり。

ようするに、悪者と決めつけてかかっているので、こういう言いがかりを平然とやってしまうわけね。これで起訴とかなったら、病院としては、免疫不全になるような重症患者はもう診ないという選択をせざるを得なくなる。重症患者を引き受けなければ、日和見感染は存在しないから、訴訟リスクはなくなるわけね。

こういう例からもわかるように、なにかを悪と決めつけ、その悪いものを取り除きさえすれば、良くなるってのは、どこか考えかたが間違ってると思う。

自分が正義の側について、正しいことをしているのだと信じながら、攻撃的なことをやっているときってのは、往々にしてやり過ぎる。だって、正義なんだから、誰にも止められる謂われないもんね。ルサンチマンをはき出したいお調子者の人たちもどんどん集まってきて、わーわーさわぎ、いろいろな屁理屈を思いついては、攻撃対象の揚げ足を取りまくる。正義には迷いがないわけよ。戦争で勝っているときなんかも、みんな同じように思っているわけ。これはメディアに限らず、ネット炎上も、基本的には全く同じ精神構造なんだと思うんだよね。

でも、オレは、自分がそういう見境がない状態になるのはいやだと思ってる。

自分が正しくないなって思うことがあったとしても、せいぎのたたかいを挑むのではなく、もう少しマイルドにやっていく方法はないのかなって思うわけ。自分の内面にも、カッとなりやすい部分があるのを自覚しているから、そこから距離を取りたいと思っているのね。ただ、これは自分で自分のキモに命じていることで、他人にそうしてよとはいえないようなことではある。同じように考える人が多くなってほしいとは思うけどね。

もちろん、人間ってのはいろいろなタイプの人がいるので、なかにはせいぎのたたかいみたいなやりかたが良いんだって思う人もいるだろうし、いて良いし、いるべきだとも思う。とくに若いうちは、いろいろな物事の関係性がまだよく見えてこないから、そういうふうになりがちだとも思うしね。

でも、世間の支配的な意見がそういうものばっかになるのは非常に危険で、もうちょっと別の方法で悪いことが起きにくい世のなかにしようねって考える人が、もっといて良いとオレは思うのね。

でも、現状は、なんかそういう考えかたはマイナーになっているというか、ちょっと忘れられがちなような気がする。

ものすごく単純な悪を作り上げて、攻撃すればいいという以外のやりかたについて、考えを述べている人はあまりいないように思うんだよね。

知性ってなんだろう

知性ってなんだろう。

昔々は、知性は人間の専売特許ってかんじだった。まあ、こういういらんことを考えはじめたのは西欧の人たちで、宗教的、文化的背景から、人間は他の動物とは決定的に違う賢い存在って思ってたから、そうなったんだろうね。

人間は人間的な知性以外を、あまり知的とは認めたがらない。これは不気味の谷とちょっと似た現象かも知れない。チンパンジーとかの、人間とものすごくよく似た知性に対しては、とくに差が際立つというか、差を一生懸命見つけようとする傾向があるんじゃないかな。

しかし、自然界のいろいろな事実が調べられるにつけ、それは間違いだと解ってしまった。人間固有と信じられていた知的能力のほとんどが、動物のなかに当たり前にあるし、課題によっては人間以上に優れているものもある。

ただ、それを前提にしても、なお人間の知性は、他の生き物たちとは、どこかが違っている。それは、この地球上でこれほど生物学的に成功している生き物が、他にいないことからしても明らかなのね。

分子系統がわかるようになってから、霊長類の分類も結構変わってきている。

霊長類は世界に二百五十～二百七十種いて、ヒトと大型類人猿（チンパンジー、ボノボ、ゴリラ、オランウータン）を含む仲間をホミノイド（ヒト科）という。

で、分子系統では、共通の祖先から千五百万年前にオランウータンが分岐し、ゴリラが千二百万年前に分岐し、チンパンジーが六百万年前に分岐した。

まあ、この数字はざっくりしたもので、百万年くらいは簡単に前後するから、こまけぇこたあいいんだよって感じだけどね。ただし、どの順番で分かれたかとか、だいたいどれくらい距離が離れているかについては、もう揺らぐことはない。

で、この系統の分岐を見ると、昔風の、人間は特別な存在って考え方は、もはや成立しない。昔の考え方だと、チンパンジーとゴリラをまとめて、それとヒトは別にしてた。でも、分子系統だとゴリラが分かれた後に、ヒトとチンパンジーが分かれたのだから、そちらを一つのまとまりにしないといけないわけね。

そのまとまりをホミニン（族）といって、ホミニンには現在、ホモ属とパン属（チンパンジーとボノボ）がいる。

この定義だとホモ属は化石人類を含めて解っているだけで十七種類いて、だけどオレたち以外はみんな絶滅しちゃった。

いっぽう、パン属には絶滅した仲間はいない。これは、探してるけど見つからない。

しかも現在、ホモ・サピエンスは独り勝ちで繁栄をほしいままにしているけど、他のヒト科の動物はすべて絶滅危惧種。

この特徴は、人類学上の大きな謎なんだよね。つまり、何がこの差を生んでいるかってことが、ヒトの本質に大きく関わっているはずだってこと。

こういうと、ヒトは仲間たちを滅ぼしてきたんだなって、ありがちな想像をする人もいると思うけど、事はそんな単純な話じゃない。まあ、その詳細については次回以降に乞御期待。

で、ホモ属の定義は、「直立二足歩行すること」なんだよね。

え、そんなことが定義なの？　二足歩行する生き物なんて他にもいっぱいいるじゃんって、たいていの人はいうと思う。おっしゃるとおり。この定義が気に入らない人はゴマンといて、そうとう熱い議論になったりする。知性と絡まないことを定義にするなんて、おかしいよって思う人、多いみたいね。

まあ、この直立二足歩行ってのは、解

剖学的に、脊椎に対して大腿骨とかが真っ直ぐになるとか、骨盤と大腿骨頭の関係がポイントで、カンガルーとか鳥とかは全然違うし、ヒト科の仲間でもホモ属以外でこれができる動物は、いちおう他にはいないみたい。

それから、なんで知性にからまないものをホモ属の定義にしたかというと、これは一九九四年に〈ネイチャー〉に発表された、アルディピテクス・ラミダスって化石人類の発見が大きい。

このアルディは地層的に厳密に今から四百四十万年前に生きていたことが解っていて、脳の大きさは今のパン属（四百CC）とほとんど同じの三百五十CCくらい。今のヒトは千二百〜千五百CCだから、ざっくり四分の一ね。

で、ヒトの知性を示す証拠の数々がみつかるのって、これに比べるとうんと最近のことなんだよね。

ヒトだけが使う道具として、二次的道具っつーのがある。これは道具で加工して作った道具のことだ。

これも、昔は道具を使うのは人間だけって思ってたら、道具を使う生き物がいっぱい見つかっちゃって、じゃあ人間だけが道具を作る道具が作れるんだよって感じで編み出された概念。

しかし、チンパンジーもシロアリ釣りする枝を、口を使ってやりやすいように加工したり、木のうろから水を汲む葉っぱも水を含みやすいように噛んで加工する。確かに道具で道具を加工はしないけど、その違いはなかなか微妙だったり。

ただ、ヒトは他の動物とは違うんだという強いこだわりが、二次的道具という新しい概念を見いだしたってのは、意味あることだと思う。ある種の偏見があったからこそ、見つかった事実なんだよね。

まあ、それはともかく、ホモ属が二次的道具を使うようになったのは、今から二百万年前。つまりホモ属が生まれてから半分とか三分の二くらい経ってから。

しかもこれは、石をちょっと尖らせたかんじの単純なもので、骨から肉をこそげ取るみたいなことに使ってたみたい。

この頃から、脳の容量も指数関数的に増え始めるんだけど、道具がすごい変わったなあって感じになるのは、もっとうんと後の、今から五万年前くらい。ホモ・サピエンスの一部から、クロマニョン人（新人）っつー、オレたちの直接祖先（遺伝的にもダイレクトにつながっているとされる）が出てきてからだ。

このときから、槍とか鏃《やじり》とか武器として使う石器や、針やハンマーやノコギリの歯やビーズとか、用途に分化し圧倒的にバリエーションが増えてくる。同時に壁画もいっぱいみつかるようになる。

ホモ・サピエンスやネアンデルタール人が登場したのは二十万年前だけど、それよりもさらに最近なのね。

ちなみにネアンデルタール人も二次的道具を使ってたけど、使用目的はやっぱりナイフのみ。ナイフとしては鋭利になったものの、五万年前以降のホモ・サピエンスみたいなバリエーションはない。

つまり、今のヒトのような知性が成立したのは、ホモ属が生まれてから現代までの九十九％、時間が経過した後の、ごく最近のこと。

だから、ホモ属の特性を知性と絡ませて定義するのは、ちょっと無理なわけね。

ただ、今のオレたちみたいな知性が成立するには、その前段になんらかの「仕込み」があったはず。で、その仕込みのある部分は、直立二足歩行とかなり関係しているみたいなんだよね。　（続く）

サはサイエンスのサ

連載・188

【鹿野　司】

知性ってなんだろう（その2）

すまんこってす。前回、人類系統の分類を間違えちゃったので訂正します。前回も書いたように、ヒトとチンパンジーは分子系統で見ると、今からざっくり七百万年前くらいに共通祖先から分かれたばかりの、すごく近縁の仲間なのね。

そこで今では、チンパンジーとヒトをまとめた「族」レベルのことを、ホミニーニ（ｈｏｍｉｎｉｎｉ：ヒト族）というようになっている（前回この訳語をホミニンとしたけど、ホミニーニのほうがいいみたい）。

このホミニーニのうちチンパンジーの系統がパン属で、そこにはチンパンジーとボノボがいる。チンパンジーとボノボは、ホモ・サピエンスとネアンデルタール人（ホモ・ネアンデルターレンシス）と同じような違いがあるわけね。

いっぽう、ホミニーニのうち、現生人類と化石人類を含む仲間をホミニーナ（Ｈｏｍｉｎｉｎａ：ヒト亜族）という。このヒト亜族には、オレたちホモ属の他に、アウストラロピテクス属とか、今のところ六つの化石人類の属がある。そのひとつに、前回もふれた、アルディピテクス属ってのがいた（前回は間違ってアルディピテクスをホモ属としちゃった）。

このアルディピテクス・ラミダスが見つかったのは、エチオピアのアファール盆地で、一九九二年の十二月のこと。ここで、エチオピア・リフトバレー研究所と、カリフォルニア大学、東京大学の国際チームが発掘を行っていた。

そして、最初にアルディピテクスの上顎部臼歯を見つけたのが、東大教授の諏訪元《げん》さんだった。

で、一九九四年に〈ネイチャー〉にこの発見が報告された後、長い間アルディピテクスに関する発表らしい発表はなかった。

ところが二〇〇九年十月二日号の〈サイエンス〉に、その詳細な分析論文が、十一本も一挙に掲載されたんだよね。この十一本一挙掲載というのは、月の石をもち帰って以来の、異例の待遇だったみたい。それだけ、すごい研究ってことね。

発見から詳細な報告まで十七年も音沙汰がなかったのは、ものすごく慎重に分析が進められたからだ。発見してから化石を取り出すまでに三年かけ、ぐしゃぐしゃにつぶれて砕けた骨をクリーンアップして、誤差〇・一ミリ以下の石膏レプリカを作り、それで復元が行われた。

また、これと並行して、二〇〇〇年ごろに諏訪さんは高解像度ＣＴを実用化して、これを使って化石を全てスキャン、データ化し、ＣＧでの復元も行った。これはいまだかつてないもっとも包括的で高度なデータで、歯の表面から内部までわかる六万枚の画像になっている。これによって、あらゆる方向から、詳細に化石を分析できるようになったんだよね。

アルディが化石人類の中でも、非常に大きな意味を持つ理由のひとつは、これが四百四十万年前の化石だということが、確かにわかるからだ。

普通、これくらい古い化石になると、骨に年代測定ができる同位体が含まれていないので、まわりの地質学的データからいつごろのものか推測するしかない。でも、たいていの場合、それだとすごく時代の幅が出ちゃうのね。ところがこの化石は、二つの火山灰の層に挟まれていてこれがどちらも、誤差五万年以内で、四百四十万年前のものだった。

さらにこの化石は、頭蓋から骨盤まで百二十点ほどの全身骨格が揃っていた。これ以前に全身骨格が揃っていたのは、ルーシーの愛称で知られるアウストラロピテクスのもので、これが三百二十万年前。

それより古い化石だと、体のほんの一部の化石しかなくて、姿や生態などは空想するほかない感じだったのね。

このアルディピテクスの化石には、アルディという愛称がつけられているんだけど、これは今のところもっとも古い、全身骨格が揃ったホミニーナなんだよね。また、そのそばからは三十六個体、百十点もの化石が見つかっているし、当時の植生を示す化石も同時に膨大に見つかっている。つまり、アルディピテクスがどんな生き物だったか、生態を含めてかなり確からしい推定ができるわけ。そして、この化石の特徴が意味するものは、それまでの常識を大きく覆すものだった。

アルディは身長百二十センチ、体重五十キロほどの女性と推定され、脳の容量は三百〜三百五十CC。つまりチンパンジーとほとんど変わらない。

アルディの非常に大きな特徴は、骨盤がすでに直立二足歩行に適応した構造をしているにもかかわらず、内側楔状骨《ないそくけつじょうこつ》という足の親指の付け根にあたる骨が、チンパンジーとかと同じような、ものを握ることができる形になっていたことだ。また、足には土踏まずのようなアーチ構造はない。

つまり、直立二足歩行はできたはずだけど、あまり長い距離を歩くことはできず、どちらかというと樹上生活が主だったってことね。また、指の骨の特徴を見ると、チンパンジーやゴリラがやっているナックルウォーク（こぶしを地面につけて歩く）はしていなかったことも解る。

人類が直立二足歩行をはじめたのは、かつてはイースト・サイド・ストーリーというサバンナ説が有力だった。これは今から八百〜千万年前にアフリカで大地溝帯（グレート・リフト・バレー）が盛り上がりはじめて、その東側が乾燥し、以前はジャングルだった場所が、サバンナに変わっていって、そのサバンナへの適応として、人類の祖先は直立二足歩行したって話ね。

ところが、アルディが棲んでいた場所は、大地溝帯の西側で、化石や地質データからもそこが森のなかだったことがわかっている。まあ、森といっても、空が六十%くらい見えるような、あまり鬱蒼とした密林のなかって感じではないみたい。

つまり直立二足歩行がサバンナ適応って話は、今ではほぼ否定されている。

でも、それではどうして人類は、直立二足歩行を進化させたのだろう。

オレたちのやってる直立二足歩行は、他の四足動物に比べて、速度や俊敏性ではまったく劣っている。実際、走り去るイヌとかネコにさえ追いつけないもんね。世界最速クラスのランナーでも百メートル走るのに十秒くらいかかるわけで、これは時速三十六キロに過ぎない。しかも、この速度を二十秒維持することもできない。これでは、捕食動物から逃げることもできなければ、獲物を走って捕まえることもできない。

進化というのは、ほとんどの場合、遺伝的浮動という、有利でも不利でもない形質の偶然の積み重ねで起きている。

でも、直立二足歩行は移動能力としてはかなり不利な形質に思える。そうだとすると、人類にとって直立二足歩行は、その一見不利に思える性質を補って余りあるメリットがあるはずなんだよね。

この謎を解く鍵は、人類の性的な性質にあって、その証拠がアルディで見つかったんだよね。

（続く）

サはサイエンスのサ

連載・189

【鹿野 司】

知性ってなんだろう（その3）

前回、人類の定義は直立二足歩行することで、これまで解っている限り、そのもっとも早い段階のオレたちの祖先が、今から四百四十万年前にエチオピアのアファール盆地に棲んでいた、アルディピテクス・ラミダスだって話をした。

彼らの骨盤の形を見ると、今のチンパンジーなどと比べても、明らかに現生人類に近い、直立二足歩行に適した形をしている。でも足裏の形は、チンパンジーとよく似ていて、まるで手みたいに親指が対向して、枝とかを握れるような形になっている。

こういう化石は、それまでのほ乳類化石では例がないものなんだよね。

しかも、これはなかなか不思議な特徴で、骨盤を見る限りはすくっと立ち上がって、エネルギー効率がわりと良い歩きかた、つまりあまり疲れずに遠くまでいける形になっているのに、足裏は、土踏まずやアーチ構造もなくて柔らかく、木登りに向いた形になっている。つまり、樹上生活から、地上生活へとシフトするように進化しているわけだけど、何でまたこんなことになったのか。

現生人類がやっている完成された直立二足歩行は、二足で歩く他の生き物に比べると、かなり効率が良くて持久力はあるほうだ。だけど、やっぱり四足動物にはかなわないんだよね。それに、瞬発力、速さの面でも、世界最高クラスの人でさえ、時速四十キロも出すことができず、それを二十秒維持することも不可能なくらい、のろまなんだよね。

これでは草食動物を追いかけて捕まえることもできなければ、肉食動物に狙われたら走って逃げることもできない。他の生き物に比べてものすごく不利な能力しかないのに、なぜこんな形質が進化したんだろう。こういう場合、その不利を補って余りある、何か大きなメリットがあったはずだ。

昔ながらの説明としては、回りが乾燥してサバンナになったため、遠くを見渡せるように立ち上がったとか、手を伸ばして高い所の果実をもぎ取るためとか、体を大きく見せる威嚇のポーズのためとかいろいろあるんだけど、その程度の、とってつけたような説明では、これだけの不利を挽回して余りあるメリットになったとはとうてい考えられない。

それに、アルディピテクスと同じ地層から出土した植物の化石などから、彼らが住んでいたのはサバンナではなくて、樹木の茂り方が若干まばらで、空が六十%ほど開けた森だったことが解っている。

周りがサバンナになって、高い樹木が無くなったから、立ち上がったわけじゃないわけね。

じゃあいったい何が理由かというと、どうやらかなり大きな、社会的な行動の変化があったらしい。

アルディピテクスの化石を調べると、犬歯がすごく小さくて、尖ってもいない。それに、男女の体格差もあまりない。

これは実は、他の近縁のホミノイドたちと比べても、際だった特徴なんだよね。現世のチンパンジーやゴリラ、さらにその祖先たちの化石をみると、全て雄の犬歯は大きくて、かみ合わせるたびに鋭く研がれる構造になっている。また、雄は雌に比べて、体格もかなり大きい。

この特徴は、彼らの社会と深い関係がある。

たとえばチンパンジーは、父系社会、つまり雄は生まれた群れに留まり、雌は成熟すると群れを出て、他の群れに入っていく。実は群れでくらす動物のうち、父系社会はかなり珍しくて、ゴリラ、チンパンジー、ボノボくらいしかいない。

ヒトも、娘を嫁に出すので基本父系。

で、チンパンジーの社会では、男女比が雄が三〜四割に対して、雌が六〜七割になっている。

なんで男女比がこんなに違うのかというと、雄の死亡率が非常に高いからだ。

そして、雄の死亡率が高い理由は、ある程度成長すると、群れの中で序列を激しく争って、死んじゃうことが多いからなんだよね。

チンパンジーは熱帯雨林の、果実などの食べ物が豊富に手に入る環境の中で、ゆっくり時間をかけて子育てをするように進化してきた。雌は子どもを産むと、三〜四歳まで授乳して、かなり大きくなるまで面倒を見る。ちなみに、チンパンジーの社会は乱婚で、誰がそのこどもの父親かは解らないし、雄が子育てに協力することもない。

母親は一人で子育てをするんだけど、問題はその間、全く発情しないってことだ。チンパンジーの雌は、平均で、六年に一人子供を産むんだけど、そのうちの十日間しか性交渉できないんだよね。雌の発情期は大人の期間のたった五％しかない。と、いうことは、仮に雌が二十人いても雄は一人しか性交渉できないわけ。

おとこはつらいよ。

こんだけきびしい性的競合があるために、雄どうしは成熟すると優劣を激しく争わなくちゃいけない。そのために使われるのが大きく鋭い犬歯ってわけだ。

ちなみに雌は、授乳中でも子どもが死ぬと発情する。だから、その子の父親が誰か解らないってのは、子どもの生存にかなり重要なんだよね。もしこれが、誰かの子だとわかってしまうと、父親じゃない雄が子どもを殺しかねない。実際、他の群れから移ってきた雌が最初に産む子供は、高い確率で殺される。その子が他の群れの雄の子の可能性が高いからね。

ところが、アルディピテクスはそういう雄どうしのケンカの武器であるはずの犬歯が、小さくなっている。何故そうなったのかというと、考えられることはただひとつ。雄どうしのケンカを望まない雌が、犬歯のより小さい雄を好んで、子孫を残してきたからだ。つまり性淘汰ね。

そのきっかけが何だったかは、いくつか可能性がある。

たとえば骨盤の形が直立二足歩行向きになると、赤ちゃんはそれ以前よりも小さく未熟な状態でなければ産道を通れなくなる。すると、子育てに手間がかかり期間も延びて、生涯に産める子どもの数が減ってしまう。あるいは、彼らが住んでいた場所は、森といっても樹木は少なめで、子育てしながら十分な量の食料を確保するのがやや難しくなってきていたのかもしれない。また別の可能性としては、たまたま生涯産める子どもの数を、増やす方向へ進化の道筋が向いたのか。

いずれにせよ、この問題を解決するために、アルディピテクスは、それ以前には全く使われていなかった資源を利用するように進化した。つまり、子育てに雄を協力させようとしたわけだ。

そのために、おそらく雌は発情期を隠蔽して、いつでもセックスできるようになり、それと引き替えに食べ物を持ってくるような一雌一雄関係を築いていった。こうなると、雄どうしが争って数がアンバランスになってもらっては困るので、犬歯の小さい、あまり逞しくない雄に魅力を感じる雌が、どんどん増えていったわけね。

（続く）

知性ってなんだろう（その4）

今から七百万年ほど前、共通祖先からヒトとチンパンジーが分岐した後のヒト側（ヒト亜族・ホミニーニ）の祖先のうち、ほとんど最古（四百四十万年前）のアルディピテクス・ラミダスがもたらした情報は、人間的な知性の基盤が何かってことを示唆していると思う。

チンパンジー、ゴリラ、オランウータンを含むヒト科の仲間の中で、ヒト亜族（現生人類とすべての化石人類）だけに見られる際だった特徴は、まず第一に直立二足歩行をすることだけど、もうひとつの際だった特徴は、男女の性差が少なく、犬歯が小さくなって、男性の攻撃性が弱まったってことだ。

ヒト亜族以外のヒト科の仲間たちのほとんどは、基本的に男同士が女を巡って猛烈に争うんだよね。人間だってそうじゃんって思うかも知れないけど、彼らの争い方はオレたちとは比べものにならないくらいキビシい。たとえばチンパンジーだと男女の性比が男三〜四に対して女六〜七になってる。つまり、男の二〜四割は女を巡る争いで死んじゃうのだ。

この男同士の死闘を勝ち抜くために、チンパンジーの男は、女に比べて体格が大きいし、鋭く巨大な犬歯という武器を携えている。もちろん、α（ボス）になるには、ケンカに強いだけで横暴すぎるような者はダメで、みんなから支持されるある種の人徳が必要だけど、外せない絶対条件は、やっぱり強さなんだよね。

日本では京都大学霊長類研究所のアイをはじめとする研究で親しみがあって、なんとなく、チンパンジーに対してあまり凶暴ってイメージはないと思うけど、実際はけっこうキッツイ人たちなのね。

たとえば、テレビのバラエティとか映画などに出てくるチンパンジーは、みんな思春期にも達しない子供たちだ。チンパンジーの顔は、なんとなく白っぽい色しているよね。でも、それは子どもの特徴で、大人のチンパンジーの顔は真っ黒。顔が黒くなってくるころには、危険すぎてテレビや映画には使えなくなるから、引退して見なくなるわけ。

ちなみに、ボノボは子どもの頃から顔は黒くて、それが見わけかたのひとつ。

さらに、野生のチンパンジーは、かなり闘争的なんだよね。群れに入ってきた女性の最初の子どもは奪って殺して食べちゃうし、単独行動している他の群れのオスを見つけると、集団で襲いかかって殺してしまう。さらに、他の群れと遭遇したときも戦争になる。戦争は、先に相手の群れを見つけたほうが奇襲を仕掛けるけど、相手の群れのほうが強いときは、恐怖で下痢便を垂らしながら逃げ出すなんてこともあるけどね。

まあしかし、力の差が圧倒的に違う群れが遭遇したときは、強いほうが弱い方のオスを皆殺しにする。見知らぬオスの数は、なるべく減らそうって戦略みたい。

なぜチンパンジーの男がこれほど攻撃的なのかというと、豊かなジャングルの中で、ゆっくり時間をかけて、少数の子どもを育てる動物として進化したからだ。

四〜五年の長い子育て期間中、チンパンジーの女性は全く発情しない。その結果、女のセックスできる期間は、人生の五％くらいしかない。これで男女比が一：一だと、発情メス一に対して、オスの競争率は五〜二十倍にもなる。男は女が発情しさえすれば、いつでもセックスしたいのに、ホント大変なんだよね。

で、その倍率を下げるために、オスどうしは殺し合う。倍率下げてやろうと「考えて」殺しあっているわけではないだろうけど、男どうしの争いが頻発して結果として死亡率が上がることは、適応的なんだよね。

これだけ男の競合が激しいと、女が男を選ぶことはほとんどできなくて、男同士が争っているとき巻き添えを食ってケガしたり、気が進まないセックス、つまり人間の言葉でいえば「強姦」されてしまうこともしばしばある。まあ、ボスの目をこっそり盗んで、好みの男とセックスすることもあるので、全く選択権がないわけでもないけど。

あと、子どもがどの男の子か特定できると、別の男に殺されちゃう（子どもが死ぬと発情するから）ので、それも特定できないようになっている。

ただ、ヒト科の仲間でも進化の道筋はそれぞれで、ボノボはチンパンジーとはかなり違う行動様式を進化させている。

ボノボは遺伝的には、チンパンジーの四種いるとされる亜種と、同程度くらいしか違いがない。その意味ではすごく似ていて、昔は違いがあるとさえ思われていなかった。でも、見るべきところがわかって見ると、はっきり違うんだよね。

たとえば群れの感じは、チンパンジーはみんなばらばらと分散した感じでいるんだけど、ボノボはわりと密集していて、ぱっと見でかなり違う。あと、おしりが腫れた女性がたくさんいる。これはホントに発情しているのと、偽発情してるのがいるからだ。

ボノボのいるコンゴ盆地は、日本の六〜七倍の広さがあるのに、一キロで高低差五十センチもない、起伏がほとんどない真っ平らなところ。しかも岩も小石もまったくない、土だけの土地なんだと。

ボノボが住んでいる場所では、回りにつねに豊富に食べ物がある。あまり動き回らなくても、食うに困ることはまずないのね。いっぽう、チンパンジーの棲んでいる森は、豊かといってもそれなりに動いていかないと十分な食料は得られない。

そのせいもあると思うけど、ボノボにはチンパンジーがやるような道具使用は、観察されていないんだよね。ヤシノミ割りとかアリ釣りとか、わざわざやらなくても食べ物がいっぱいあるからみたい。

ボノボの社会の最大の特徴は、セックスを使って争いを鎮めてるってことだ。

ボノボもチンパンジーと同じように、子育てには長い時間（三歳半くらいまで）をかける。でも、子どもを産んで一年くらいすると偽発情して、セックスするようになるんだよね。また、妊娠中も一カ月に一回くらい偽発情する。

ほとんどの動物は、妊娠可能な時期にしか発情しないうえに、発情していないとセックスできない。

でも、ボノボは妊娠できない時にも発情して、セックスできるのね。この結果、ボノボの女性は大人の期間の二十七％はセックス可能で、発情メス一に対してオスが二・八〜三・七くらい。チンパンジーに比べると、競争率はすごく低い。

それによって、ボノボの社会では男が殺されなくて、男女比がほぼ一：一になっている。十人くらいの群れだと、いつも三〜四人の女性がセックスできるんだよね。ボノボの男は、順位関係なく、好きな女のところに行ってセックスしよって誘える。そして、女はたとえ相手がαでも、気に入らなければ断っちゃうのだ。しょっちゅうセックスできるようになったことで、めっちゃ女の主導権が大きくなったんだよね。

（続く）

知性ってなんだろう（その5）

チンパンジーやボノボは、オレたちヒトに最も縁が近い動物だ。だから、彼らの知性や行動、生態を詳しく知ることで、オレたちがどういう存在なのかも、照らし出すことができる。……というタテマエつーか、その考えは間違いじゃないんだけど、それでもその意味することについて、一般に微妙な混乱があると思う。

多くの人の頭の中には、なんとなく「サルはご先祖様」というイメージがあるよね。オレもうっかりすると、そんなふうに思ってイカンイカンと反省したり。

だから、たとえば、チンパンジーの性質が進化して、ヒトの性質になったんだろうな〜みたいな、漠然とした感覚ができてしまいがち。でも、ホントはそうじゃないのよね。

三種の生き物はたった七百万年前まで同じだったことは間違いないので、その基盤のもとに、確かに似たところは多い。

祖先から分かれて間もないから、いきなり翼が生えて飛べるようになったり、エラ呼吸で水中生活するみたいな極端な変化は、物質的というか、遺伝子的というか、ハードウェア的に無理。だけど、知性や行動、生態のような、どちらかというとソフトウェア的なところは、わりと融通が利くはずだ。だから、分岐後のそれぞれの歴史の中で、そういうところはかなり違ったものになってておかしくない。もちろん、動物の性質をハードウェアとソフトウェアにきれいに切り分けることはできないけど、ざっくりそう考えてみたらってことだけど。

たとえばチンパンジーの知性、行動、生態は、今、彼らが暮らす環境との相互作用によって生じているものだ。それはボノボもそうだし、ヒトもそうだよね。

で、何がいいたいかというと、チンパンジーやボノボの中にヒトと似た知性の形が見えたとしても、それは同じ祖先から受け継がれた伝統とは限らなくて、平行進化というか収斂《しゅうれん》である可能性があるってこと。チンパンジーとボノボとヒトはかなり似ていて、祖先も共通だから、かえってこういう視点は持ちにくいと思う。

ちなみに収斂ってのは、サメとイルカが系統的にはかなり離れているのに、同じような流線型の体になるようなこと。

同じような生態学的な地位にいる動物は、周りの環境から受ける相互作用で、似たような性質を身につけるってことね。

さて、前回触れたように、チンパンジーは、女の発情期間が非常に短いので、男間の競合が苛烈だ。そのため、群れの中では男同士が殺しあって、男女の性比が三：七〜四：六になるし、別の群れが接触すると戦争になって酷い殺戮が行われる。あと、外から群れにきた女の最初の子どもも殺される。こういうのは、人間の価値感からすると、かなりイヤンなかんじだよね。

で、この話を耳にした人で、ヒトの凶暴性の起源はコレじゃないかっていうことがあるわけだ。まあ、そういう発想は、人間なんて所詮こんなものっていうシニカルな思いに適うので受け入れやすいとは思うんだけど、ホントにそうかは疑問だと思うんだよね。

チンパンジーの発情は、女の性器が赤く大きく腫れてはっきりわかるし、そのとき以外はセックスできない。これは生物学的な制約で、その結果として男間の競合が苛烈になるしかないといえるんだけど、逆に、男間の競合が苛烈でも進化的に中立以上のメリットがある環境に生きてきたから、セックスについての制約があるともいえる。

いっぽう、ボノボは、女が偽発情するようになって、妊娠していても子育ての時でも、毎月性器が膨らむので、しょっちゅうセックスできる。男間の競合も穏やかで、性比も一：一だし、群れが出会っても戦争にならない。他の群れと出会った時、男はやっぱり警戒して近づきたがらないんだけど、女がどんどん向こうに近づいていって、男が止めようとしても言うこと聞かないのね。で、一時的に二つの群れが一つになって、女は相手の群れのいい男とセックスしちゃったり。ボノボもαの地位を巡って男同士が闘うことはあるんだけど、ケンカが始まるとすぐに両者の母親が飛んできて加勢する。で、母親の地位の高いほうが、αオスになるのね。まあ、女の権力が圧倒的に強い社会になってるわけ。

ボノボは女同士で揉めた時、ホカホカっていう、性器どうしをこすりあわせる行動をして怒りを静めるってのも有名な話だよね。セックスしまくって平和な社会を築いているってわけ。だけど、その実際は、たぶんみんなが思うイメージとはちょっと違うんでないかと思う。

ボノボも、チンパンジーやヒトと同じように、女が成熟すると、生まれた群れを離れて別の群れに入っていく男系社会だ。女は嫁に行くわけね。まあ、一夫一婦制ではないのでヒトの家族形態とは違うけど、だいたいそんな感じ。

で、ホカホカする場面の記録ビデオを見たことあるんだけど、これがなかなか面白いのね。

新しい家族に嫁入りしたてのボノボの女は、その家族の中で地位が高くて、この人だって思う女、まあ姑みたいな人の後をついて回るようになる。そうやって、姑に気に入られて、新しい家族の中での地位を得ていくのが習わしみたい。

ボノボが棲んでいるのは、いつも手を伸ばせば食べ物があるような豊かな環境なんだけど、嫁はその姑に、あえて食べ物をねだったり。あと、姑が男の毛繕いしていちゃいちゃしてると、一緒に毛繕いする振りして邪魔したり。

で、姑はもう鬱陶しいから、男の手を引いて別のところに行こうとすると、それも邪魔しようとする。それで姑がついにキレて、ガッて新入りに噛みつくんだけど、その次の瞬間、正常位になってプルプルって性器をこすりあわせるのね。噛みつきからホカホカまで、間髪を入れずという感じで、連続してやってるとしか思えないくらい。で、そのあとは、男の毛繕いを姑が続け、その姑の背中を、嫁が毛繕いするという形で収まったのね。

この瞬時の行動は、怒りを静める行為といえばそうだろうけど、人間が人間同士でやる謝罪とか性行為とかいうものとは、全く印象が違う。やっぱボノボ独自の行動様式って感じなのね。

さて、それでヒトだけど、女は外から発情を察知できない体に進化し、かつ、つねにセックス可能になった。それによって、チンパンジーほどきっつい男同士の争いは起きない動物になっている。

これはアルディピテクス・ラミダスのころから、そういう生態を獲得していたらしい。この化石人類の特徴として、犬歯が小さく、男女の体格差が少ないってのがある。つまり、女はケンカばっかする強い男に魅力を感じずに、優男を選んだのね。そしてヒトの際だった特徴として、一夫一婦制を獲得したんだよね。

（続く）

ほうしゃのうこわいよね

サはサイエンスのサ

連載・192

【鹿野 司】

　二〇一一年三月十一日午後十四時四十六分ごろ、東北地方太平洋沖地震というか、東日本大震災がおきた。ので、これまで続けてきた話はちょっと中断して、こちらの話を書こうと思う。

　この地震の規模はMM（モーメント・マグニチュード）九。二〇世紀以降世界で四番目、日本で四百年以上前からなかった規模の大エネルギーの開放によって、数千年から一万年に一度くらいの頻度でしか起きない巨大津波が発生し、東北地方に空前の被害をもたらした。主震の規模があまりに大きかったため、M（マグニチュード）六〜七クラスも含めて余震が百五十回以上も起き続け、連動か独立した地震なのか不明だけど、長野や富士山直下でも大地震が起きている。

　主震はオレの人生の中でも感じたことのないゆれゆれで、食器とかいっぱい落ちてきたし、書籍津波に襲われたよ。

　さらに、福島第一原発が津波によって、これも空前の大打撃を受けて、国際原子力事象評価尺度で、スリーマイル事故の五を越える六か、ひょっとするとチェルノブイリ事故と同等の七に匹敵するような出来事が進行中だ。地震発生から六日目のこの原稿を書いている時点で、事態はまだまったく収束していない。

　東京電力の管内では、原発だけでなく火力発電所なども多数停止して、計画停電が実施。これは少なくとも秋まで影響が残るはずだ。さらに東京では保存食やトイレットペーパーなどの備蓄に走り、さまざまな商品が消えている。パンなどの食品類は、被災地に優先して送られて品薄で、スーパーなどの棚ががらんとして、節電のせいもあって薄暗く、なんかすごくわびしい風情になっている。しかも、中部地方以西の地震の影響を受けなかった地域から、関東方面へ単一乾電池や保存食などを送る人が多くて、物流そのものが全国的に滞ってしまった。雑誌や本などの紙も不足して、出版の延期や、雑誌の販売日の変更なども起きている。

　海外は日本の現状を非常に危険と判断していて、すでに十数ヵ国が日本への渡航に対して自粛要請を出している。

　今回の地震はメカニズム的にも、未知のものだ。『日本沈没』以来みなさんご存じのプレートの沈み込み帯（北アメリカプレートの下に太平洋プレートが沈み込む）で起きた地震ではあるんだけど、岩手県沖から茨城沖まで南北五百キロ、幅二百キロの範囲で三つの地震が連続して起きるなんてことは、これまで誰も想像してこなかった。当然、それにともなう津波も、すべての人の予想を上回った。

　三陸地方は歴史的に津波災害に繰り返し襲われて、すでに頑健な堤防で防御されていた。でも、十メートルを越える堤防を、今回の津波は易々と乗り越えてしまった。

　その力は、自然災害に対して鉄壁の防御で固められていたはずの原発に、致命的な破壊を引き起こした。

　今回何がどうなったかはまだ明確じゃないけど、とりあえず地震に対しては防御できているみたい。なんでかというと、福島第二原発は、安全に停止できているからだ。いっぽう、福島第一は地震直後に炉心に制御棒が挿入され、原子炉の停止は成功したものの、その後の津波で炉の冷却にかかわるディーゼル発電などの設備が根こそぎやられて、そこから連鎖的に次々問題が起き続けている。

　四つの原子炉が同時に危険な状態になったのはかつてないことだし、そのうち三基は廃炉の決断をして海水を注ぎ込んでいる。このうち非常停止させた一、二、三号炉は炉心溶融まで起きてしまった。

　ただ、炉心溶融っていうと、なんかどろどろに溶けちゃうみたいなイメージだったけど、実際はそうでないみたいね。

　核燃料は、セラミック製のウランペレ

ットを、ジルカロイという合金で被覆した構造。止めたばかりの原子炉内の核燃料は、ウランの連鎖反応は止まってるけど、これまでの反応でできた別の放射性元素が崩壊しながら熱を出すのでしばらくは超熱い。それで水につけて冷やし続けないといけない。

ところが、これができなくて燃料棒が水から出ちゃうと、どんどん加熱する。

ジルカロイの融点は千八百度くらい、ウランペレットは二千八百度くらいだけど、問題は千百度くらいになったジルカロイが水と触れると、水から酸素を奪って錆びるってこと。それで脆くなってパキパキってヒビが入っちゃうのね。それに、水から酸素を引っぺがすので水素ができて、それが水素爆発につながったわけだ。ジルカロイ被覆の内側は、核反応でできた放射性元素のうち気体になるものの圧力で八気圧くらいになっていて、被覆にヒビが入ると当然そのガスが外に出てくる。その出てきた放射性ガスの分析で、現状一号炉は、たくさんある燃料棒のうち七割、二号炉は三割にこういうヒビが入る以上のことが起きているんだろうなって思われている。三号も同じことは起きているはずだけど、測定できてないので何割かは不明。

ジルカロイの被覆から外に出た放射性物質のうち、主に問題になるのは放射性のヨウ素とセシウムで、これが二百三十キロ離れた東京まで飛んできている。

こんなことは、これまでの厳格な原発の基準では、あってはならない、あり得ないこと。しかし、この出来事で、ミリとマイクロの違いとか、国民の放射性物質に関するリテラシーは高まったよね。

リスクとベネフィットという言葉を知っている人は多いと思う。その本質は、根拠のない過度な規制をしちゃだめってことだ。つまり迷ったら安全側にという考え方は正しくない。合理的な範囲に規制を留めないと、規制のもたらす副作用が大きく、損失が大きくなるってわけ。

今回は福島第一原発から二十キロ圏内立ち入り禁止、三十キロ圏まで屋内待機の指示が出されている。スリーマイル事故の時は、十五キロ圏退避で健康被害はまったく起きなかったので、それより大きめなわけね。その程度はまあ妥当だろうけど、しかし、屋内待機指示で、被災地への物資の輸送が滞るなんて副作用が出てしまっている。それに、現状の被曝量では健康にまったく影響しないのに、メディアに出る専門家はなかなかそう言い切れない。正確を期そうとする躊躇で、〜と思われますとか、「今のところ」安全という但し書きをつけちゃうので、え、ホントは恐いんじゃないのってみんな思うよね。

さらに外に出るとき、マスクしろ肌はさらすな外で着てた服は袋に入れろみたいな、原発の管理区域内でやるようなことを、一般にもやるべきことみたいに繰り返し紹介する。言葉で安全といいつつ、ノンバーバルに不安を感じさせる、まるでダブルバインド的なメッセージの出しかたがされちゃってる。でも、オレは断定しよう。こんなのまったく気にすることないよ。

チェルノブイリが酷かったのは、水素爆発で炉心内部が吹き飛んだ上に、黒鉛炉という炉そのものに炭を使う形態だったから、ずっと燃え続けて放射性物質をバンバンまき散らしたからだ。さらに事故が長期間隠蔽されて、放射性物質を含んだ食品を長期間食べた人に、甲状腺癌などが多発した。でも、日本ではそんな情報隠蔽はないし、距離も十分離れてる。

この現状で被る放射性物質による最大の被害は、「なんかすごく嫌な気持ちになる」ってことだけなんだよね。

【鹿野　司】

ほうしゃのうの恐怖2

3・11を境に世界は変わった。清らかな世界は失われ、オレたちは汚れた現実のなかで生きていくほかなくなった。

原子力は、原爆という殺戮兵器への利用で幕を開けた。戦後は、せっかく人類が手に入れた究極のテクノロジーなんだから、平和利用しなきゃって、飛行機や船、車などへの応用研究もいろいろ模索された。だから七〇年代前半くらいまでは原子力には輝かしいイメージがあった。SFでは人類は普通に原子力を使いこなし、鉄腕アトムもサンダーバードも動力源は原子力という設定だった。

でも、現実には、その平和利用の試みはことごとく挫折して、メカとして残ったのは原発のみ。いっぽうで、原潜や原子力空母など兵器への利用は進み、原水爆の量もとめどなく増え続け、原子力は平和に反するものというイメージが、世界の多くの人の間で定着していった。

この歴史の流れの中で、「放射能」や「プルトニウム」「核」などは呪われた言葉となってきた。平和を願う思いによって、これらの言葉は、重苦しい恐怖と強く結びついてしまっている。

たとえば、画像診断のMRI（磁気共鳴画像）は、昔はNMR（核磁気共鳴）って呼んでたんだけど、核という言葉が人聞き悪いってんで名前が変えられた。核磁気共鳴の核は原子核のことで、放射能とは全く関係ない物理用語なんだけど、そういう「配慮」が行われなければならないくらいの、忌み言葉ってわけだ。

プルトニウムも人類史上もっとも恐ろしい毒物なんていわれるけど、人体に対する悪影響は、放射線障害としては他のα崩壊する長寿命の放射性核種と同程度だし、金属毒性も鉛とかと大差ない。プルトニウムに与えられた恐怖の度合いは、事実とはかけ離れてるんだよね。

プルトニウムは、人間がわざわざ作らない限り、地球上にほとんど存在するはずのない超ウラン元素だ。しかも、長い間、原爆にしか利用されてこなかった。だから、平和を愛する立場からは、これは存在そのものが赦せない物質ってことなんだろう。反原発の人たちがプルサーマルやMOXを危険視するのも、プルトニウムが排除すべき悪の象徴だからだ。

そして放射能は世界の誰もが、とてつもなく恐ろしいものと信じている。だから、それに汚染された日本からは多数の外国人が脱出し観光客も激減している。

でもこれも、事実とはかけ離れた、過度な恐れという側面があるとおもう。

一九七九年のスリーマイルは、オレのおぼろげな記憶では、こりゃあ相当ひどい事故だったねってかんじ。でも改めて調べてみたら、炉心溶融など工学的な意味ではかなりひどい事故だったけど、周辺住民への健康被害は皆無だった。

一九八六年のチェルノブイリは、あらゆる意味でひどい事件で、放射性物質がまき散らされていることを知らされていなかった原子炉スタッフや消防士など百三十四人が四〜六シーベルト（Sv）被曝して、二十八人が三カ月以内に亡くなった。さらに、水素爆発で建屋が吹き飛んだあと、核反応が継続しながら、減速材の炭（黒鉛）が十日間燃え続け、世界中に膨大な量の放射性物質をまき散らした。

放射線の障害には、一度に数Sv浴びると、遺伝子破壊による細胞死で数カ月以内に現われる確定的影響と、もっと少ない量でも現われる確率的影響がある。

確定的影響は火を見るよりも明らかなので議論の余地はないんだけど、問題は確率的影響のほうだ。これだけひどい放射性物質の汚染が起きてしまったからには、広範囲に発ガンなどの確率的影響が出るに違いないと誰もが恐れ、複数の組織によって、現在のベラルーシ共和国、ウクライナ、ロシア連邦などの周辺地域やヨーロッパ各地での健康影響調査が行われてきた。その最新結果は、「原子放射線の影響に関する国連科学委員会」の二〇〇八年報告書にまとめられたんだけど、結論はかなり意外なものだった。

チェルノブイリによって明確に示された確率的影響は、被曝当時〇～十八歳以下の子どもに、六千人を越える甲状腺ガンが発生したことだ。この数字は恐ろしいことは事実だけど、甲状腺ガンはそれほど悪性ではない上に、警戒されて検査もされていたので、これで亡くなったのは二十年間で十五人に留まった。

子どもに甲状腺ガンが増えたのは、まず第一に汚染が住民に知らされず、幼児や子どもほどミルクを多く飲み、さらにこの地域は食生活でヨウ素欠乏が起きやすい地域だったため、放射性ヨウ素が効率よく子供たちの甲状腺に蓄積したからだとされている。また甲状腺ガンはもともと希な病気で、通常十万人に一人の割合で発症するのが一万人に一人に増えたということだった。そして、それ以外のガンや白血病などの増加はまったく観測されていない。チェルノブイリが巻き起こした心理的恐怖と、現実に起きたことのあいだには、これほどのギャップがある。

放射線の確率的影響については、平和を願う立場の人と放射線医療を進めてきた立場の人とは、見積もりかたにかなり大きな差がある。平和を願う人は、放射線はほんのわずかでも害があるとして、害を多く見積もろうとするし、放射線医療の立場からは、CTやX線などの利用によって病気を激減させてきた実績をもとに、わずかな量の放射線に害があるとは認めたがらない傾向がある。

人は放射線とは関係なくガンに罹る（日本人なら確率五十％）ので、わずかな放射線では、そのノイズに紛れて確率的影響は測定不能になる。だから、そこに立場の違いによる解釈が出てきちゃうわけだ。オレの感覚では、ざっくり百mSvより少ない被曝は、瞬時であれ長期であれ、外部被曝だろうが内部被曝だろうが、個人が気にするような健康影響はないって思うけどね。

広島長崎の被爆者やその子孫は、奇形の子が産まれるのではと差別されたり、すぐにガンで死ぬかもと不安に苛まれる人も多かったろう。でも、彼らやチェルノブイリの調査で、百～二百mSv以下の被曝では、そういうことは一切ないと結論が出ている。平和を願って、放射線の害を強調することには一定の意味はあるにしても、それが過度になると、せっかく科学によって否定できたこれらの偏見や悩む必要もない悩みを、理不尽に肯定することになってしまう。

これまでの歴史で培われてきた、放射能に対する漠とした不安が拭えないという気持ちはわかる。でも事実を見据えて、その不安に立ち向かうのが勇気というものだと思うのね。

福島のような事故はあってはならないことだった。しかし、それはもう起きてしまったことだ。今さら、あの清らかな世界を返せと怒っても、その気持ちはわかるけれど、起きたことはしかたない。汚れた世界で我々は生きていかなければならない。汚れる前とは、違う感覚で世界を捉えていかないとどうにもならない。

まあ、でも、そもそも、誰の人生だってそんなものじゃないかな。決して満足も安心もできないあれこれのなかで、いろいろやりくりしていくのが普通の人生。とくに何が変わるわけでもなくて、今までと同じように、喜びも幸せもあるのね。

ほうしゃのう（その3）

福島第一原発による放射能汚染を巡っては、情報の流通と人の世界認識について、いろいろ考えさせられるんだよなあ。

前回も書いたけど、低線量被曝による身体影響は、立場によってどの程度怖いと主張するかのレベルがだいぶ違う。

反核平和の立場からは、歴史的に原子力を、とにかく危険で恐ろしいと見なそうとしてきた。そういう人は、まあ世界の大半で、ただ中に極端なトンデモ風味の人から、自分がその仲間という自覚はほとんどない人までいろいろいる。なかには、公正な情報の提供をするようでいて、そこに微妙に極論を混ぜ込んで人を不安にさせ、それで反核勢力を拡大しようという高等戦術を使う人もいるし。

平和を願う気持ちはオレも同じなんだけど、何事も過ぎたるは及ばざるがごとし。今は、平和のためには多少事実を曲げてもいいよねってのが繰り返されてきた結果として、状況が変化したことによる対応の切り替えがうまくできず、弊害が現れているように思えるんだよね。

今回特徴的なのは、放射線医療の従事者は、今環境に出ている量なんて、気に病むようなモノじゃないと主張する傾向があるってことだ。彼らがどういう文脈でそういうか理解されずに、御用学者とかいわれちゃったりすることも多いよね。

そもそも彼らは、日常的にかなりの量の放射性物質や放射線をあつかっていて、一般人とは感覚がだいぶ違ってる。

たとえば甲状腺の障害には、甲状腺シンチグラフィーって検査をするんだけど、このときに飲むカプセルには、三・七～七・四メガベクレルの放射性ヨウ素（123I：サイクロトロンで作られる半減期十三・二時間の放射性核種）が入ってる。これに対して食品の安全基準は、野菜や魚で一キログラムあたり二千ベクレルだから、この検査を日常的に実施している人たちからすれば、ずいぶん安全に振った基準だと感じて不思議はない。

こういうと、日常的に食べる食品と、医療行為でやむをえず被曝するのでは、話が違うという人もいるけど、それも論点が違うと思うんだよね。

この食品基準は十分安全側に振って作られている、そしてこの基準を越えたものは流通しない。食品が汚染された場合でも、それがすぐに解るとは限らない。明らかになる以前に食べちゃう人もいるだろう。でも、基準を少し越えたような食品ならトン単位で食べない限り、シンチグラフィーで飲む一回分の被曝よりもわずかしか被曝しない。つまり汚染食品を食べることを恐れる必要はまったくなくて、我々は完全に放射線の害から守られているってのが、このことの意味だ。

だけど、放射能は怖いモノであるはずだという思いの強い人は、そういう考えかたを断じて受け入れられないみたい。

放射線医療の人には、もうひとつ、放射線や放射性物質を使うことで、確実にたくさんの命を救っているという自負がある。その強力な手段が害でしかないと強くいわれちゃうとすれば、感覚的に違和感をもつのが人情だ。もちろん、建前としては、リスクよりもベネフィットが勝ると合理性に訴えるいいかたをする人も多いけど、心の底では、そんなに気にすんなよなーって思ってるんじゃないかな。

その意味で、公衆衛生の立場からの物の見かたと、個人のリスク感覚が違うって話もよくされる。これは以前に話したインフルエンザと同じことなんだけど、このふたつは、自覚的に区別して把握しないと、いろいろ問題が起きてくるんだよね。

低線量被曝で何事か起きるとしたら、

コンマ数%の発がん率増加しかない。これは公衆衛生の観点からは重大な問題なんだよね。百万人が低線量被曝したとして、〇・一%ががんにかかる場合千人のがん患者増加になる。これはマクロに政策を考えるような立場からは、できる限り減らすような努力をすべきってことになる。がんの治療には社会コストがかかるので、その発生を未然に防ぐことで、社会資源の無駄を省くわけね。

　いっぽうで、オレたち日本人は何事もなくても五十%ががんにかかり、三十%はガンで死ぬ。だから自分個人の問題としては、低線量被曝によって五十・一%ががんになるかもって状況になっても、基本的に気にするようなことじゃないよね。オレは自分ではそう思ってる。この個人の観点から危険がどの程度増えるかは、自分がそれを怖れる基準になるのね。

　ここでポイントは公衆衛生的な観点てのは、AプランとBプランのどっちがお得かっていう、経済というか、資源配分の問題で、本質的に恐怖とは別次元の話ってことだ。そして、公的機関は、この観点からしか物をいうことができない。

　つまり、がんが仮に千人増えるとして、その治療に必要な経費総額と、被曝をする人を減らして千人のがんの増加を起こさないようにする費用を天秤にかけて、後者のほうが多ければ、そちらを選ぶ合理性はないってことだ。あるいは、被曝対策はまったくせず、代わりに被曝した人の検査は公費で頻繁におこなって、仮にがんになっても早期発見治療することで全体費用を抑えるやりかたもあり得る。

　この考えかたは、直感的にはドライすぎるというか、ヒューマニズムに反するというように感じる人もいると思う。

　だけど、社会全体の公衆衛生レベルを上げる対策費は、オレたちの税金が元になるわけだから、無限にかけられるわけじゃないし、納税者としては無駄は極力抑えて欲しいって思うのも妥当じゃないだろうか。そもそも、震災津波の復興にも莫大な費用が必要で、それにオレたちの税金をどう配分するか、どの話をどのレベルで妥協するかは、かなり慎重に考えないといけない問題だと思うんだよね。

　つまり、環境に放出された放射性物質を直ちに完璧に取り除くというようなことは、費用がかかりすぎるだろうから、その選択はオレたちの税金の浪費になるかもしれない。だから、最初に年間二十ミリシーベルトとかいう基準を決めて、それを段階的に下げていくことを目指すってのは、そう悪い考えかたではないように、オレには思えるのね。

　ただ、一般に公衆衛生的観点と、個人の問題を区別するということはほとんど意識されていないので、その公的な基準を見て、それを個人が感じる怖さと混同する人がやっぱり少なくない。政策とは、科学も考慮すべきだけど最も重視すべきは人心だから、多くの人が恐怖心を持っているとしたら、そこにフォーカスするのは当然のことだとは思う。だけど、それのやり過ぎはコスト増大を招くのも、また事実だと思うのね。

　それと、もうひとつ重要なのは、チェルノブイリとかの事故のあとの問題として、被曝そのものによる生物学的な障害よりも、被曝したことで何か悪いことが起きるのではないかという不安による、鬱病などの増加が公衆衛生学的には遥かに大きな問題だってことがわかっている。これもまた、放射能をとにかくできるだけ恐ろしいモノだとみなしてきたことの副作用といえると思うのね。

ほうしゃのうの恐怖（その4）

　放射線ホルミシスは、どうも一部にトンデモ学説だと思われているようなフシがあるんだけど、サイエンスとしては十分あり得る話だと思うんだよね。

　ホルミシス効果は、毒物として知られているものでも、微量なら体に良い影響をもたらす現象のことで、まあ、薬なんて基本的にみんなそんなもんだ。これが放射線にもあるといいだしたのは、ミズーリ大学のトーマス・Ｄ・ラッキー教授。この人は生化学が専門で、さまざまな物質のホルミシスを研究していて、一九七八年に放射線についてもそれがあるという実験結果を得たわけね。

　でだ。何を以てホルミシス効果というかは議論があり得るけど、それっぽい現象は再現性ある実験で確かめられる。

　チェルノブイリの事故で汚染され、人の居住が禁止された「赤い森」は、今では野生動物の楽園になっている。

　ここで繁殖しているねずみは、もともと寿命が二年ほどなので、事故からすでに三十世代ほど経過している。彼らが棲んでいる場所は、通常の千倍ほどの放射線があって、つまり年間二シーベルト（Ｓｖ）以上浴びてるわけね。しかも、体が小さく地面を走り回って虫とかを食べる動物だから、外部被曝も内部被曝もその影響はかなり大きいはずだ。

　そんだけほうしゃのうを浴び続けたら、スパイダーマウスとかゴジマウスとか出てきそうなものだけど、そういうことはなく。それどころか、彼らには発ガン率の上昇も、遺伝的な異常もまったく見つからないんだよね。一見して健康そのもので、普通にそこで生き続けている。

　この赤い森で、実験動物のマウスを三週間ほど飼って、その後、研究室にもち帰る。で、赤い森マウスと、そうでないマウスに、致死量の放射線を当ててやる。

　すると、普通のマウスは全滅するけど、赤い森マウスは死なない。つまり、低線量被曝の条件下にあったマウスは、高線量の放射線被曝に対する耐性を獲得しているわけね。なんでこんなことが起きるかというと、低線量の放射線被曝によって、活性酸素を捕捉する生体メカニズムが亢進するからではないかとされている。

　放射線が生物に悪影響を与えるのは、ＤＮＡの鎖をちぎって、遺伝情報を破壊するからだ。細胞は、ＤＮＡの鎖がちぎれると、それを修復しようとする。だけど、破壊が大きすぎる場合、正しく直せずエラーが生じる。放射線をいっぱい浴びて、エラーが極端に大きかったり、一度にたくさん生じると、細胞は即死する。

　被曝量がそれほど多くなくて、ある程度ＤＮＡが修復できても、正常に機能しない場合は、アポトーシスのメカニズムが働いて、細胞は自ら死んでいく。もっとエラーが少なくて、アポトーシスが起きないときは、若干のエラーを抱えたまま細胞は生き続ける。

　で、そういう細胞の中には、将来がんになるものもある。ただ、健康を害するほどの大きながんになるには、免疫系などの警戒の目をくぐり抜ける、さまざまな過程がその後にあるはず。これは、生物が、淘汰圧をかいくぐって新種として確立していく進化の様子と、基本的に同じようなものじゃないかな。

　ただ、そもそもの始まり、放射線がＤＮＡをぶった切るところだけど、これはほとんどの場合、放射線が直接ＤＮＡに当たって切っているわけじゃない。実際には、放射線の電離作用で、活性酸素が作られ、それがＤＮＡ鎖を切っている。

　活性酸素は、生物が生きるための化学エネルギーの供給源そのものなので、体の中では常に作られている。でも反応性が強いから、野放しにすると、生命活動にとって大事な分子と反応して壊してしまうので、素早く捕捉して悪さをさせない生体メカニズムが、体にはすごくたくさん用意されているのね。

で、低線量の放射線を浴びたとき、体内にできた活性酸素の刺激で、それを捕捉する抗酸化作用のある分子がいっぱい作られる。その量が体内で多くなった状態で、致死量の放射線を浴びると、本来なら死ぬほどの活性酸素の多くが無効化されて、死ななくなるってわけ。

もちろん、これは推論でしかないといえばそうなんだけど、これを補足するような研究はかなり前からある。

たとえば、マウスの背中の皮膚を三分の一ほど剝いで、一週間ほど置いてから致死量の放射線を当てると、そうしなかったマウスは死ぬのに、剝けマウスは大丈夫なのね。活性酸素は、食事しても、運動しても、呼吸してもできるし、傷を治すときにも当然作られる。そしてこのとき、メタロチオネインという、重金属を捕捉して毒性を弱める分子がたくさん作られているんだけど、この分子には抗酸化作用もあるんだよね。

では、抗酸化物質が多めに体内で作られている状態、つまりストレスを受けている状態は、体に良いのだろうか。抗酸化物質が体内に多くあれば、放射線以外の原因によって生じる活性酸素による障害も減らせるので、がんの発生がかえって減る可能性はあるし、ひょっとすると寿命も延びるかも知れない。でも、ストレスがない限り、それほど作られない分子が、多く作られ続けることは、長期的に体全体に悪影響を及ぼすかもしれない。余分な分子を作るんだから、栄養状態に余裕がないと良くないとかありそうだし。

これは科学的には未知の領域で、研究するに値する課題だと思うんだよね。

現在、放射線防護については、線形閾値なしモデルってのを使うのが、世界的なコンセンサスになっている。つまり、発ガン率の上昇はざっくり百mSv以上でないとエビデンスはないけど、それ以下でも比例した弱さで、どんだけ弱い放射線でもがんは増えるってモデルね。

でも、現代の生物学の常識では、閾値がないってのは考えにくい。これについても、近い将来、もう少し確実性のある研究ができるかも知れない。それは次世代シーケンサを使う方法だ。

次世代シーケンサは、すでにヒトゲノム一人分を一時間二十分、五十万円で読む。これが間もなく四分になるとのこと。

まあ、次世代シーケンサは遺伝子を超細切れの断片にして、それを並列で読んで、あとからスーパーコンピュータでつなぎ合わせるものなので、エラーが大きい。そこで、同じものを何十回と読ませて、エラー率を下げる戦略。で、これで一塩基の変異を高率で読めるようになると、体全体に低線量被曝をさせながらしばらく置いた細胞と、そうでない細胞の、DNAの変異率を比較するなんてこともできるようになるだろう。そうなれば、低線量の被曝では遺伝子が傷つかない閾値を、見つけることができるかもしれない。

ただ、サイエンスとしてこれが示されたとしても、放射線防護に関する線形閾値なしモデルが改められるのは、政治的な理由で容易じゃないとは思うけどね。

今の世界は、平和を愛する心が過剰になって生じた、放射線はどんなに僅かでも害がなければならないというパラダイムのなかにあるからなあ。

ほうしゃのうの恐怖（その5）

【鹿野 司】

前回、放射線ホルミシスはサイエンスとしては、おかしいわけじゃないって話をした。この現象については、デタラメと思っている人もけっこういるみたいなので、あえて書いてみたのね。

なんでそう思う人がいるかというと、放射線の害を過小評価して原発推進を企むような人が、放射線ホルミシス効果をやたら持ち上げている感じがするからだ。そういう歪んだ意図で使われるからには、もとの研究もかなりいい加減なものに違いないっていう、バイアスがかかっちゃうわけね。

ほうしゃのう問題のはじめにも書いたけど、原子力は平和に反する、邪悪なものの象徴として、世界中で、ものすごく恐ろしいケガレだと印象づけられてきた歴史がある。地球の人間はだいたいこのパラダイムのなかにいて、放射線のリスクについて冷静に値踏みするのが、なかなか難しくなっている。科学という、最も客観的な行為って世間で信じられているものでさえ、これについては思想信条の影響をそーとー受けちゃってる感じ。

反戦・平和運動とか環境保護運動とか社会主義運動みたいのも入ると思うけど、それらが歩んできた歴史的な経緯もあって、部外者から見ると、さすがにそれはついていけないってレベルの極論が含まれていることが多いよね。主張の、あるところまでは妥当だし、認識としても大事なんだけど、あまりにもおかしな話がいっぱい混じっていて、全体の信用を落としてしまうってのがある。まあ、世間の耳目を集めるためには、極端なことを主張しないと埋もれてしまうからってことなんだろうけど。

で、そういうのに乗っかる科学研究ってのも出てきちゃう。科学というのは、誰もがそりゃあそうだよねってことをその通りだと証明しても、ほとんど価値がないって類の人間の営みだ。つまり、常識とは違う意外な真実を見いだすことが科学のおもしろさなんだけど、意外なことを追求するあまり、まあ奇をてらってといっても良いような、ほとんどありそうにもない結果を発表する人もいる。

たとえば予防接種のせいで自閉症になるなんて話は、今では事実上捏造だったことがわかってるけど、ありそうもないことだけに、そういうことを言い出す人は出てきてしまう。そして、どんなそれが疑わしいものでも、その話に飛びつく人もいる。自閉症の子どもを抱えた家庭はいろいろ大変なのは間違いない。それにまつわる諸々の苦労や不安は大きいんだけど、なぜそうなったかの原因はわからないとしか言われない。そこに、原因はこれだと言い切ってくれる説が現れると、形のない不安を抱えている状態より、答えを得て気持ちがうんと楽になる。

ホラー映画とかでも、モンスターは出てくる前とか、ちらちら見えるだけで全体像が明らかでないときこそ恐ろしくて、どんなに異形な姿でも、丸見えになるともうそれほど恐くない。形の定まらない不安は、対処の仕方もわからないけど、形が定まれば、何かやりようを考えられるし、それを実行すれば不安は消えるのね。

今のほうしゃのうにかかわる問題にも、これと本質的に同じややこしさが、複雑に混ざってしまっている。

もし、原子力の応用が核兵器ではじまることなく、軍事利用もされなくて、原発や医療などの平和利用しかされないような並行世界があるとしたら、そこでは低線量被曝に害が存在するかどうかさえ曖昧で、それを恐れるようなことはなかったろう。

先日、ＷＨＯの国際がん研究機関（Ｉ

ARC）は携帯電話の電磁波と発がん性の関係を、グループ2Bの「発がん性があるかも知れない」に分類した。

この分類ってのはニュアンスを理解するのがなかなか厄介で、電磁波は危ないって思いたい人は、ほれみーっていうかもだけど、実際は直ちに健康に害があるわけではない。（・∀・）

この分類には鉛とかガソリンとかDDTみたいなのも入ってる。これらはある量以上摂取すれば毒物なのは確実だけど、発がん性があるかというと、にんとも。

また同じ分類にコーヒーも入ってる。コーヒーはある種のがんが増えるという研究もあれば、別の種類のがんが減るという研究もあったり。つまりこの分類では、発がん性があるかもって示唆する研究がいくつかあって、その研究の内容もでたらめとは言いきれないけど、確かとも言えないよーわからん状態ってことなんだよね。まあ、とりあえず、心のなかの未決箱にでもいれとくか、くらいの感じ。

で、低線量被曝の発がん性というのは、その平和な原子力しか知らないパラレルワールドでは、この程度の分類に入れられるんじゃないかと思う。

なぜなら、広島長崎の被爆者の、十万人以上の生涯にわたる調査をもとにしても、百とか二百ミリシーベルト以下では、被曝しなかった人とのがん死亡リスクに違いが見出せないからだ。

そのパラレルワールドでは、原爆の被爆者はいないから、そんな大規模調査も実行できず、当然、低線量被曝の発ガンリスクについて、危ないという人もほとんど出てこないだろう。まあ、オレたちの世界で、携帯電話とかの電磁波が怪しいという人が出てくる程度には、危険を訴える人もいると思うけど。

ただし、その世界では放射線防護についても、われわれの世界よりかなりいい加減になるはずで、そうすると福島やチェルノブイリクラスの原発事故が、もっと頻繁に起きるかもしれない。そういうのが多く繰り返されるとなると、われわれの世界よりも低線量被曝に害があるかないかの研究が進む可能性もあるけどね。

オレたちのこの世界では、反核平和パラダイムのなかで、原子力にまつわるいろいろな問題を、対処が非常に困難なものと捉える雰囲気ができあがっている。

たとえばトイレのないマンション問題。原発が人類の手に負えないのは、使用済み核燃料をどこに捨てるかって話。

でも、ぶっちゃけ、高エネルギー廃棄物は、過去五十年くらいに稼働した原発すべてから出てきたものの合計で数十万トンのオーダーでしかない。これって重さにして大型タンカー一隻とか二隻分だ。

これに比べたら、ナントカしなきゃいけないといわれる炭酸ガスの量は、年間五百億トンとかのオーダーだからなあ。

しかも、使用済み核燃料の大半は、これまでも原発敷地内のプールに置いてあった。つまり五十年分でも全部を余裕で原発敷地内に置いておける程度なんだよね。リサイクルを考えたり、最終処分場とかでは何万年安全にすべきとか、非現実的に厳しい仮定をすればそれは大変だけど、今の文明社会が維持できている状態なら、廃棄物はたいした手間無く敷地内の地下室とかに仕舞っておける。実際、フランスの原発では、百年分以上の廃棄物を貯蔵できる地下室を作ってるみたいだし。まあ、この現実世界では、そこまでできとーな考えかたをする人は、いわゆる推進派にもいないだろうけどね。

サはサイエンスのサ

連載・197

【鹿野 司】

物語の伝統的楽しみ方

ほうしゃのうの話もたいがい飽きてきたので、今回は別の話をするよ。

七月三十一日は母の命日で、もはや実家も何も残ってないんだけれど、例年このあたりに名古屋に行くことにしてる。で、今回の名古屋行で、高校以来の友人と話していて、長年の謎がひとつ解けたぞ。ヾ(・∀・)ノ

まあ、なんと申しましょうか。この世には、どうしようもなく碌《ろく》でもないドラマでも、知名度のある役者がやっているというだけで、そこそこヒットする作品というのがありますな。ストーリィ的に、そりゃあないよ、ちょっとついてけないよって思うようなものでも、どういうわけかお客さんがけっこう入ったりして。

これがオレ的には大いなる謎であった。

で、友人もオレと同じ思いを共有しているようで、長年連れ添った妻と娘のドラマの見方がまるで理解できない。それでよく観察してたみたい。

すると、奥さんや娘さんは、やっぱり物語のストーリィとかはあまり気にしてないらしい。もちろん、ある程度は流れを把握していて、泣くところでは泣いたりするので、まったく解っていないわけではなさそう。なんだけど、同じ作品を見ていて、このストーリィだから、今のはこういうことなんじゃないのって話を振っても、ポカーンってかんじ。

コンテンツの理解の仕方が、どこか根本的に違っているみたい。さらに、演技の良し悪しというようなことにも、あんまり関心は持っていないらしい。

そんなことよりも、重要な意味を持っているのは、その役者の、ドラマを離れた日常的な人間性のような部分。それもメディアが創り上げている、その役者の性格とか人生のできごとみたい。自分の気に入っている、気になっている役者が、今、日常生活でこういう状況にあり、その人がこの作品に出ているってことに、引きつけられているかんじなんだと。

なんとなく、印象としては、自分の子どもとか知り合いの子どもが、学芸会でお芝居をしているのが、楽しくて引きつけられるような感覚なのかもな～なんて。

とまあ、その話を聞いていて、すこしｄｉｓり的な印象も持ったんだけど、ひるがえって考えてみると、この芝居の見方って、伝統的な、歌舞伎とか落語の楽しみ方とも共通するんじゃないかと。

歌舞伎や落語ってのは、それなりに見慣れると、演目がわかればストーリィはもう事前にすべてわかっていて、そこにはそれほど新味も重要性もない。

それよりも、自分がその人となりまで知っていると思えるような演者がいて、それがこの演目のなかで、どんな衣装を身にまとい、どう振る舞ってくれるかというところに興味がいく。もちろん、その演者が、この演目をどう解釈してみせるかというような、技巧や微妙な差違を楽しむってのはある。けれど、もっとざっくり、この演者は、いつもこういう味のある演技をしてくれるけど、最近これこれの出来事があって、それが今回の演目ではどんな形で影響するんだろう、みたいなことも興味を大きくかき立てると思う。あるいは、ひいきの誰それの子どもが初舞台だから、これは見ておかないといけない、みたいなことで劇場に足を運ぶ人もかなりいたりする。

考えてみると、伝統的なエンターテインメントというのは、世界でもこういう形式だったんじゃないかなあ。京劇でもオペラでもシェイクスピア劇でも、基本的には、こういうスタイルのものじゃないかって気がする。

逆に、毎回、それまでにないまったく新しいストーリィを語るような形式は、

比較的新しいものじゃないだろうか。いつごろからそれがはじまったのかは知らないけれど、都市の拡大などによって、演者と観客が、同じコミュニティの仲間の範囲を越えだしてからのような気もするね。まあ、根拠のない推測だけど。

いずれにしても、しょーもないストーリィしかないドラマでも、気に入った役者が出ているだけでおもしろく見られる人が少なからずいるということの背後には、ヒトが、「他者の表現」を楽しむという行為に関わる本質的な部分と、強く関連しているからじゃないかな。

ヒトは、群れのなかで生きる動物で、他者の心の動きを推察するのが生存戦略上すごく重要性を持つ。西洋の伝統的な思考風土の中では、個が集まって群れになるという認識が残っている気もするけど（西洋で学問を切り開いた人たちに、わりと孤独を愛する人が多かったことによるバイアスかも）、ヒトという動物の場合、本来は全く逆で、群れを作らない状態はあり得ず、群れない個の存在は例外的なものだ。だから、ヒトは、物理法則の理解より遙かに困難な他者の心を勘ぐる課題に対応するために、心の理論の能力を発達させてきて、他者の心に強い関心を持つ本能的衝動が備わっている。それをすることは、基本的に楽しいことだし、やめようったってやめられない。人間の抱える悩みの多くは、何らかの形で対人関係にかかわるし、人がもっとも多くの時間を割く話題は、誰かのうわさ話だ。

つまり、完成度の高い新規なストーリイを毎回求めるような志向性とか、演者の繊細な技巧を理解して楽しむみたいなことは、修飾的な感覚、ある程度、訓練というか学習されないとわからないものかも知れない。オレとかここの読者は、たぶんもうすっかりそういう学習が成立していて、そうじゃない人ってのを想像しにくいとは思うけど。

それよりも、ほとんど誰であっても興味が持てるのは、その演者の人となりに関することで、それこそが中核なのかも。

どこの国でも芸能人のゴシップに需要があるのは、そこからしかコンテンツに興味を向けにくい人が少なくないからだろうし、日本の場合、なでしこジャパンのインタビュウで恋人いますか？　みたいなこと聴いちゃうのも、スポーツを必ずしもスポーツの次元で楽しんでいるわけではない人たちがいるからだろう。政治報道で、政策のことがわずかしか語られず、権力闘争のことばかり目立つのも、他者の心が最大の関心事だから。こういう本能的な衝動ってのは、意識化されないと、それに流されがちになるもんね。

こういう関心の持ち方は、アニメにもやっぱりあって、声優に対する興味にはその側面があるし、たとえば、スタジオジブリの宮崎親子の関係とか、ホントおもしろくて、作品への興味をかき立てるしね。

で、手塚治虫はスターシステムで、違う物語に同じキャラを登場させたけど、これからアニメでもそういうやりかたが成立するかも知れない。同じキャラが、いろいろな作品に登場すると同時に、そのキャラの作品を離れた日常も情報として出てくるような。まあ、初音ミクみたいな感じの、作品から独立したキャラが何人も必要になるだろうけど、うまくハマれば、多くのファンを獲得する可能性はあるような。それに、なんか、そういう他の国の人には理解しがたい「みらいのくに」みたいなことができるのは、今のところ日本だけって感じもするな〜。

サはサイエンスのサ

連載・198

【鹿野 司】

血液型性格分類という、永遠不滅大宇宙の絶対的真理がありますが（笑）。

……（笑）って書かないと、冗談と解ってくれなくて怒る人もいるだろうから書いたけど、こういう注釈を書くのは冗談としてはもう興ざめってことで、世知辛い世になったもんだぜ。なんちて。

んなあこたあどうでもいいけど、ちかごろちょっと、軽度発達障害型性格分類みたいなものを、考えてみたりしてるんだよね。かっこわらい。

軽度発達障害とは、広汎性発達障害（自閉症など）、ＡＤＨＤ、学習障害（ＬＤ）というざっくり三種の、ちょっと見は多数のふつうの人と何も違わないようなのに、生物学的な原因によって、ある特定のことが、決定的に苦手な人のことだ。外見上、誰の目にも明らかな「障害」のサインがないために、平均的多数者の社会のなかでは、理解されにくいことが多く、マイノリティ問題を引き起こしやすいって特徴がある。

それらの際だった特徴を単純な一言で表すと、自閉症は「くうきが読めない」、ＡＤＨＤは「おちつきがない」、ＬＤは……なんだろ？　「べんきょうができない」かな。まあＬＤには数の概念の操作についての何かが決定的にできない人とか、文字を使いこなせないとか、いろいろなタイプの人がいてちょっと複雑なので、とりあえずおいとく。

もちろん、くうきが読めない、おちつきがないってだけじゃ単純すぎて、あんまりたいした意味はない。実際の人間は、その人なりの人生経験で培われた個性のほうが際立つものだ。ただ、この性質はその人の個性を形作っていくときの、生物学的な背景を、ある程度規定しているとは思うんだよね。

自閉圏の神経学的マイノリティの話はこれまで何度か書いてきたけど、学者や法律家に、この系統の素質を持った人がわりといる。それに、おたく的性格とかぶっている部分が多くて、そういう意味ではＳＦと縁が深いと思う。『新スター・トレック』のデータ少佐は、人間の感情がわからず他者の行動を分析的にしか理解できないけれど、知的には極めて有能だったり、細かい数字に拘ったり、できる限り誠実であろうとしたり、自閉者の性質を象徴した性格づけのキャラクタだし、作家ではグレッグ・イーガンからは、自閉圏の傾向をかなり顕著に感じる。

こういう種類の性格は、くうきを読むのが苦手ということに端を発して、発達・成長とともに形成されがちな個性の表われじゃないかと思うのね。

動物にとって、自分の生活に関わる物理法則を理解し、それに則って未来を予見することは、生存にとって必須の能力だ。高いところから落ちれば痛い目にあうなんてことは、小さな脳しかないねずみにだって解っているはずで、つまり素朴な科学の把握には、たいして大きな脳というか、情報処理能力は必要ない。

ところが、ヒトは群れで生きることを基盤として進化した動物で、生存のためには物理法則よりもはるかに複雑で、予想しがたい、他者の心の理解や社会のなかの文脈を理解し、予想して行動を選択しなければならない。これがヒトがとりわけ大きな脳を備えるにいたった理由だってのが、社会脳仮説だ。

つまり、ヒトの大きな脳は、主としてくうきを読むため、つまり心の理論の計算を行うために使われている。

実際、ヒトの成長・発達から人類の文明まで、くうきを読む能力なしには今のような状態はあり得ないと思う。この能力がヒトのヒトらしさの根幹にある。

ただ、このくうきを読む能力というの

も、何かひとつのものというわけではなくて、ベースとして単純な、たくさんの素過程のようなものが複雑に絡まり作用しあって、成立しているものだろう。

自閉症に関わる遺伝子は千を越えるともいわれていて、おそらく自閉症と診断名がつく人も、その生物学的な背景はさまざまだ。自閉症という診断名がつくくらいの人の場合、その素過程の多くの部分が、適切な時期にうまく機能しないというようなことがあるのだろうけど、百パーセントそういう能力や志向性がないってわけでもないだろう。

まあ、その素過程の障害の範囲が広い場合は、他者との言語コミュニケーションも発達できなくて、言葉も身に付けられず、知能も発達しないってなことになる。逆に、人によってはそういう素過程の一部が機能しなくて、診断名がつくほどではなくても、くうきを読む力が若干弱いとか、発達が遅めなんてケースもあり得る。ある素過程が欠けていて、何かができなくても、それを別の手段で補うということもきっとある。そういう意味では、典型的な自閉症の人から、普通の神経学的マジョリティの人まで、なだらかなスペクトラムが、個々人の個性というもののはずだ。

生まれながらに目の見えない人は、聴覚や触覚など、他の感覚が鋭敏に発達するという。これは、視覚に振り向けられるはずの神経資源が、他の感覚に割り当てられたからだ。同様に、何らかの生物学的な理由で、脳の計算能力が心の理論に割り当てられなかった人は、そのぶんの神経資源を別の何かに割り当てる。

とくに数学やコンピュータ科学などは、文脈や、くうきを読む必要のない、記号の意味が一意に決まる世界なので、そういうものに興味がひかれ、余りある神経資源をそういった記号処理的な思考に割り当てて、歴史を画するような偉大な発見をするような人も現れる。あるいは、くうきを読めないことによって、書き下された文言、定義などに強くこだわり、ある意味杓子定規というか、しかし複雑怪奇な法的なルールを把握するのが得意なんて人もいるだろう。

大局観のようなものは、どちらかというとくうきを読む力の影響力が強く、いっぽうで、限定された細部にはそういうものの影響は少ない。だから、ディテールに関して強くこだわり、膨大な知識を採取するのが好きになる傾向、つまりおたく的傾向も現れやすい。

もうひとつ、自閉的傾向の強い人は、言葉の意味づけに斬新さが出ることがある。

自閉者の書いた自伝などを読んでいると、この人はこの言葉をこう使ってるみたいだけど、なんとなく違和感あるなあってことがたびたびあるのね。

言葉というのは、本来は連続して一体的な世界を、恣意的に切り取ることで認識できるようにするものだ。我々は、その分節を自明で確かなものと感じている。でも、その境目を精密に見ようとすると、必ず揺らいでしまうものなんだよね。そして、その言語の意味は、もともと空気を読むことができる者どうしの、なんとなくの合意によって中核の部分が決まっている。それもたぶん、わりと少数の人たちの合意が出発点じゃないかと思う。

でも、くうきが読めない人は、このなんとなくの合意による、言葉の意味の共通化が苦手で、それによって、少し風変わりな言葉の使いかたになりやすい。それは詩的であったり、今までにないものの見かたを提供することもあったり。

（続く）

サはサイエンスのサ

連載・199

軽度発達障害型性格分類（その2）

【鹿野　司】

前回から軽度発達障害型性格分類って話をはじめたけど、実はこれを思いついたのは、小松左京さんについて考えていたのがきっかけなんだよね。

ＳＦ大会やＳＦファン交で小松さんについて話す機会をもらったこともあって、改めていくつか文章を読み返してみたんだけど、なんだかオレみたいな考えかたする人だなあ、なんて思うわけよ。

まあ、もちろん似ているのはオレのほうで、それはひとつには思春期のころからいろいろたくさん読んできたことで、同じかんじの思考法がオレの深層にインストールされているってことがあるんだろう。でも、それとはまた別の次元というか、生物学的な特徴としても、かなり似たものを感じるんだよね。つまり、ものすごーくＡＤＨＤぽいのね。

ＡＤＨＤとは注意欠陥多動性障害のことで、まあざっくりいって落ち着きがないというか、集中力がないというか、注意力散漫というか、そんなかんじ。

こどもの時分は多かれ少なかれ、誰でもそういうところはあって、成長するとだいたい収まるともいわれているんだけれど、おそらく収まっているわけでなくて、自分の弱点をカバーしようという不断の努力をすることで、その傾向が他者からは目立たなくなっているだけって人も少なくないと思う。

軽度発達障害のひとつに分類されているのは、標準的なこどもの発達に比べて、その傾向が強いまま大きくなると、いろいろと問題がおきてくるからだ。

集中が苦手で、ちょっとしたことで注意が他に飛ぶということは、人（大人）のいうことを聴いてないとか、衝動的に何かをしてしまうということになりがちだ。つまり、教室の中でじっとしてられなくて立ち歩いちゃうとか、一人遊びしてるとか、叱られてても聴いてない感じとか。あと、ある作業をやるようにいわれても、完了できずにやりかけになっちゃうということもありがち。

これはもう、反抗的というか、だらしないというか、反社会的と受け止められてもしょうがない。実際、診断基準の解説を読むと「現在では破壊的行動障害と捉えられることが多くなってきている」なんて書いてあるものもあったりして、しどいいわれようなんじゃよね。

まあ、たしかに人によっては、衝動的に暴力を振るうようになったり、酒やギャンブルに依存したり、なんてことになってしまうこともあるんだけど、こういうのはたぶん、けっこうな割合で二次障害的な反応だと思うんだよね。

つまり、自閉症の人がくうきが読めないことで軋轢を起こすのと同じように、周りにいる多数の人とは違う部分のある、マイノリティだから引き起こされる問題。

親とかまわりが、まあこどもだからしょうがないと、かなり寛容にふるまうことができれば、あまりこじれないで成長するのだろうけど、この子は反抗的だとか悪意があると解釈して強烈に厳しく躾けようとすると、それに応じて過激な反応をするようになるってことだと思う。

『片づけられない女たち』（ＷＡＶＥ出版）という本があって、これは大人のＡＤＨＤのことなんだけど、部屋の床一面に色々なものが散乱して足の踏み場もないような状態にしちゃう超だらしない人ってのが典型。

でもまあ、これも、別に女性という性別とは関係なくて、ＡＤＨＤなら男でもそういうことになりがちで、それなのに「女たち」というタイトルを作者がつけたのは、これが社会的な文脈の中で問題視される、マイノリティの話だってことの象徴といっていいんじゃないかな。

そして、ADHD傾向の人が、みんな片付けがダメかというと、そういうわけでもない。この生物学的傾向がある人は、こどものころからそれについて、まわりから叱られたりいろいろいわれて、自分でも直そうとする。で、たまたま、たとえば掃除や片付けが好きになると、あちこちに注意が向く特性を生かして、ちょっとした汚れにも気づいて、結果として部屋を隅々まできれいにしてるってこともありえる。ただ、そういうきれい好きの人なのに、パソコンのデスクトップはアイコンが一面に散らばってる、みたいなことはあるけどね。

医学的な診断では、不注意優勢型と、多動性‐衝動性優勢型みたいな分け方もあって、これも自閉症の生物学的な基盤がひとつではないのと同じように、ADHDもいろいろな神経学的な素過程の発達が、平均的な人に比べて遅いとか、発達が弱い、あるいは発達しないなどいろいろと絡まり合っているのだろう。

気が散りやすいということは、注意がいろいろな所に向きやすいということで、変化に敏感に気づきやすい、気が回りやすいという形で現れることもある。マルチタスク的に、複数の作業が同時並行に行える。集中力がないのは世間的にはネガティブに評価されることが多いと思うけど、こういういわば散漫力という才能を生かせる局面も、社会には多いんだよね。たとえば広いフロアのなかにいる、たくさんの人たちに同時に気を配れる、客商売みたいなのとかね。

もうひとつ、この気の散りやすさ、飽きっぽさというのは、言葉を換えると好奇心の強さということでもある。

実際、ADHD傾向の生物学的な基盤には新奇探索傾向（ノベルティ・シーキング／Novelty Seeking）が強いんだよね。この傾向が強い人は、危険なスポーツとか速いスピードを出す乗り物が好きだったりする。ギャンブルやたばこ、ドラッグにはまりやすかったり、戦争に真っ先に志願する人もこの傾向が強い。また、外向性とも相関していて、リーダーシップを取りたい傾向もある。平等が好きでエリートは嫌い。それと、環境問題に関心の高い人も多い。職業的には、レーサーとか警官、マスコミ、外科医、ベンチャー起業家とか。

新奇探索傾向は、神経伝達物質ドーパミンを受け取るレセプターのうち、D4というタイプのものの遺伝的な違いと相関している。D4レセプターを作る遺伝子のなかに繰り返し配列があって、その回数が二回、四回、七回の人がいて、この繰り返し回数が多いほど、新奇探索傾向が強くなる。そして繰り返し回数が多いほど、脳の注意を司る皮質の厚みが薄いらしい。この繰り返し回数は、多いほどドーパミンの感度が悪くて、たくさんドーパミンを受け取らないと働かない。つまりたくさん刺激を受けるまで働かないので、強い刺激を求めがちな、ノベルティ・シーキングとかかわっているのではないかともいわれている。

自閉症の傾向は、くうきが読めないかわりに、細部に拘り、厳密性を追求し、あるジャンルを深く掘り進むことに才能を発揮しやすい。対して、ADHD傾向は、気の散りやすさ＝好奇心の強さに基づいて、幅広いジャンルに横断的に興味をひかれ、異なる分野の共通点を見いだしたり、ある分野の手法を別の分野に持ち込んで分野を切り開く。

自閉症傾向は、おたく気質すなわち学究肌で、ADHD傾向はネクシャリスト的な才能として現れる。で、これこそ小松左京だと思うんだよね。

サはサイエンスのサ

連載・200

【鹿野 司】

創作古武術家の、甲野善紀さんって人がいる。この人の身体技法を、東大の國吉康夫さんが計測していて、それがすごくおもしろい。

甲野さんは、古武術の身体技法を研究しながら、古いものを型どおり受け継ぐだけじゃなくて、そこに内在していた思考法を洞察し、伝承には完全に記載されていなかったり、そもそも存在していなかったかもしれない人体操作術を、現代に再現したり新たに創造している。それによって、武術家としてだけでなく、介護の時の負担の少ない体の動かしかたなんてことも、指導してたり。

いっぽう、國吉さんは、オレが個人的に世界で最もおもしろいロボット研究者だと思っている人で、アフォーダンス的な観点から、プログラムによらない、できる限り作り込みのない、神経の基本原理に近いレベルから、ロボットを考えている。まあ、究極的には構成論的アプローチで、人間そのものを作ろうとすることで、人間の本質がどういうものか探ろうという試みで、赤ちゃんのシミュレーションをやったり、ロボットを使って模倣という現象はどうやって生じるのかとか、身体動作のコツとは何かなんてことを追求している。

で、たとえば、柔道でよくやる亀の形になってうずくまっている人を、甲野さんがひょいっとひっくり返す。

この動作時の足裏の加重の変化を見ると、最初の動きだしのときが最大値で、相手の体が浮いてひっくり返るときには小さくなっていた。これって、ものを持ち上げるときの力のかかり具合としては、ありえない変化なんだよね。普通なら、持ち上げてるときこそ、足裏加重がいちばん大きくなるのに。

この測定から解るのは、甲野さんは、よっこいしょと、相手を持ち上げているのではなくて、外見上はそうは見えないんだけど、相手といっしょに飛び上がるような動作をしているってことだ。つまり腕に力を込めて、ぐーっと持ち上げるのではなくて、脚の力も使って一気に上げているわけ。

常識では、ものを持ち上げるってことは、踏ん張って腕の力で持つことだと思う。だから、力の強い人ほど、重いものが持てるはず。そうじゃないやりかたをしている人って、いるだろうか？

でも、現実にそれとは違うやりかたがあって、そのほうがむしろ楽ちんに、目的を達成できるってことがあるみたい。

これは、たとえば運送会社のベテランが、ものすごく重かったり、大きくて持ちにくいものを、ひょいとひとりで担いで運べちゃうのと同じようなことだろう。

運送会社で荷物運びのバイトをやると、はじめはそういうものを運ぶのに苦労するし、ものすごく疲れて筋肉痛にもなっちゃう。でも、長く続けるうちに、はじめは何であんなに苦労してたか解らないくらい易々と、そういうものが運べるようになる。

それはもちろん、筋力が鍛えられるということもあるんだろうけど、それ以上に、コツを体得したというか、体の使いこなしがうまくなって、なるべく疲れないように、安定してものを持てるようなやり方が身につくからだ。

現代的な、体を鍛えるという行為は、筋肉に負荷をかけて、大変な思いをしながら強くするというものだ。いっぽう、甲野さんによれば、それはかつての時代の、日常のなかで身体を多く使っていたときとは、かなり違っていたはずという。

伝統的な、体を実際に使う作業から出てきた動きは、体の負荷をできるだけ少なくするような、簡単に疲れたりしないよう、重く感じなかったり、楽になる動きを追求してきたはずだ。

考えてみると、体に負荷を加えて鍛えるという発想は、日常的な肉体労働から、距離を少し置いた、都市生活者によって発想された観念なのかもしれない。

たとえば古代ギリシアの人たちには、肉体を鍛えるのは素晴らしいことだよっつー、スポーツ礼賛みたいな考えがあったみたい。アリストテレスもニコマコス倫理学の中で、「徳」とは馬ならば速く走ることだと言っていて、人間に埋もれている可能性を、最大限に引き出すことが良いことだって思われていた。でも、そういう考えというのは、彼らギリシア市民が生活のなかの肉体労働から解放された人たちだったからこそ出てきたものって気がする。だから当時のスポーツは、いまのエクササイズに近い面があった。

そして、その古代ギリシアの思想を、自分たちの精神の原点だと、後の時代になって定義づけた西欧の人たち、それも肉体労働とは縁のないハイソな文化人クラスの人たちも、同じような分節の仕方で世界を切り取ってきたんじゃないかな。

今のスポーツ科学の水準はすごく高くて、一流選手の肉体を合理的に鍛えるために、精緻な分析とトレーニング方法を編み出して、優れた結果にもつながっている。でも、それはやっぱり、日常の肉体労働からは疎遠な人によって作られてきたパラダイムのなかにあるように思う。

いっぽう、甲野さんは、生活の中に密接に肉体労働がある世界の枠組みというか、もののみかた、分節の仕方を再発見することで、現代スポーツ科学のパラダイムでは気づきにくい部分を見いだしているみたい。

たとえば、軽い竹刀を振り回すよりも、はるかに重い真剣のほうが、切っ先を瞬時に右から左に切り替えることを楽にできるとか。こういうのも、体への負担をできるだけ少なくするにはどうしたらいいかという発想から、編み出されたものなんじゃないかと思う。

甲野さんの実演でもうひとつおもしろいのは、押されてもがっしり踏ん張れる状態の人に、手にちょっと持ちにくいものを持たせると、途端に踏ん張れなくなるってやつ。これは押されることとまるで無関係のはずの小さなことで、意識の上ではまったく気にしてないつもりでも、やっぱりそっちの制御に資源をたくさん配分されていて、踏ん張る側の力が弱くなってしまうからおきることだろう。

今のぼくたちの常識的な世界の分節のしかたでは、心と体がわけられて、フィジカルはフィジカル、メンタルはメンタルの鍛えかたみたいなやりかたをする。

でも、この現象は、そういう切り分けでは、これは肉体の問題か心理の問題かって、どう考えて良いかいまひとつわからない感じするよね。つまり、これもまた世界を把握するための、分節のしかたがずらされているってことだ。

科学は、自然を細かく分割して再構成する還元主義的な行為で、だけど部分を寄せ集めても全体にはならないという批判は古くからいわれてきた。そんで還元主義でなくて、全体を一度に把握するべきとかね。

でも、人間は結局、世界を細分化しないと、理解も把握もできないから、還元主義以外の世界理解の方法はない。ただ、世界をどのように分節するか、どのような要素に還元するかには、いろいろな可能性があり得て、甲野さんの創作古武術もそのひとつの具体例といえるんじゃないかな。

進化論が理解しにくいのは

　進化は、現代の生物学の基礎中の基礎で、生き物の分類、行動、生態から分子生物学まで、生命現象のありとあらゆる側面がこの理解なしにははじまらない。

　今でも、ひとつの仮説にすぎないと思っている人もいるみたいだけど、実際はそういうレベルのものじゃなくて、物理学ならエネルギーの保存則レベルの、生命現象の根幹を成す原理なんだよね。

　ただ、いくつかの理由で、進化とはどういうことか、なかなかピンとこないってところはある。まあ、わかっちゃえば簡単なことなんだけど、わかっていない人にとっては、何がわかっていないかもわからないくらいわかりにくいところがあるのね。

　なぜなら、進化という現象の理解を阻む、いちばん大きな障害は、心の理論だからだ。

　進化は生物の必然で、川の水が高いところから、低いところに流れていくのと本質的に変わらない。生命は方円の器に従うのね。

　生命というのは放っておいても、コピーのエラーで変化せずにはいられないし、その変化の有り様は、取り巻く環境条件にあわせて、それにふさわしいように変わっていく。これが適応の意味だ。

　ただ、まわりを取り巻く環境ってのは、無生物というわけではなくて、他の種類の生き物や同種の仲間も含めた、まわりの世界全てのことだけど。

　ヒトは心の理論によって、心のないものにも、心の存在を勘ぐってしまう。そういう強いバイアスがある。だから、進化によって生物が環境に適応している姿から、心の存在をついつい感じ取る。ヒトの素朴な世界認識では、こういう複雑な現象には、ないはずの心の存在を、どうしても見いだしちゃうんだよね。

　「キリンが首を伸ばしたのは、高いところにある木の葉を食べたかったから」とか、人はこんな複雑な現象なら、そこには意思があるはずだよねって思ってしまうし、それが素朴に、いちばん納得がいく説明のように感じられる。

　さらに、こういう現象を記述するとき、そこに意思が存在しないように表現しようとすると、ものすごくまどろっこしくなってしまう。「木の葉にそっくりの蛾は、外敵に見つからないように、この姿に進化した」とか、今でもいわれることが多いと思うけど、これじゃあまるで、蛾が自分の意思でそういう姿に進化したみたいな表現になっちゃう。

　ホントは、たくさんの蛾の中から、たまたま偶然、わずかに葉っぱに似た姿に生まれついた蛾が、そうでないものよりも外敵に捕食されにくい傾向があって、その子孫が少し多めに残せた。外敵も、そのわずかに葉っぱに似た蛾を見落としてしまうようなものは、食糧不足で子孫を多く残せなくて、わずかな違いを見わけられるものが少し多めに子孫を残す。でも、蛾のなかには、さらにもう少し葉っぱに似た姿に生まれついたものが、捕食者に食べられずに子孫を多めに残して……という蛾と捕食者の相互作用がぐるぐる繰り返されて、今の、ものすごく葉っぱに似た蛾が形作られたわけね。

　オレたちは、こういうふうに、まどろっこしいけど論理的な説明を聞けば、なるほどそうだよねと、いちおうは理解できる。でも、これと本質的に同じ問題でも、ちょっと趣が違うと、やっぱり同じように心のないものに心の存在を見いだしてしまいがち。利己的な遺伝子とかね。

　さらに、こんなふうに意思の存在を示さないように表現するのは、文法的にも主語をどうしたらいいかとか、けっこうやりにくい。それはやっぱり、大半のヒトにとって、心の理論を介して世界を解釈してしまう認知バイアスがものすごく強いために、複雑な振る舞いをするのに意思が存在しないものを表現する言語を、思いつきにくいからだろう。

進化に対する誤解は、もうひとつ、ダーウィンの位置づけという、歴史的な経緯に関わっても根強く存在している。

ダーウィンの進化論というと、漠然とそれ以前のキリスト教的な創造説を否定するものとして、はじめは迫害を受けながらも、科学の進歩とともに受け入れられたみたいなイメージで捉えている人が多いんじゃないかと思う。でも、実際はゼンゼン違うんだよね。

ダーウィンが『種の起原』を発表した後、世間はわりとすぐに、これは素晴らしいって歓迎した。ただし、ダーウィンの思想の根幹部分を理解しないままに。

世間がもっぱら受け入れた進化論というのは、実はダーウィンの思想じゃなくて、ハーバート・スペンサーの社会進化論だった。そもそも「進化」という言葉からして、ダーウィンが作ったものではなくてスペンサーの造語だし、適者生存、優勝劣敗なども『種の起原』のなかにはないスペンサーの思想なんだよね。

ダーウィンが生きたのは、それでも地球は動くといったガリレオ・ガリレイの一七世紀とは違って、一九世紀の産業革命の時代。ダーウィンがビーグル号の航海（一八三一～一八三六年）から戻って間もない若いころは、まだ多少は宗教的な圧迫感もあったのかもしれないけれど、『種の起原』が出版されるころ（一八五九年）には、そういうのはもはや過去のものって感じになっていた。

で、『種の起原』の出版に対して、当時の生物学の専門家はあまり反応しなかった。まあ、諸説のひとつだね～ってかんじ。

でも、『種の起原』にインスパイアされたスペンサーの社会進化論は、当時の素人たち、といっても、時代の最先端をいく資本家たちに大いに受けたのね。

スペンサーは、それ以前の王族貴族らの特権階級に対して、あたらしく登場した資本家たちが地位を確保していくことを、ダーウィンが自然界でみつけたという進化の姿と同じで、適者生存、弱肉強食、より優れたものが世界の覇権を握っていくのは世の必然だ～みたいなことをいったわけね。そりゃあ受けますわね。

でも、それって、ダーウィンの独創的な思想の根幹とは完全に矛盾する考えで、むしろもっと昔からある月並みな考えかただった。だからこそ、大衆に受け入れられやすかったわけだけど。

これに対して、ダーウィンの思想の根幹は「自然選択」にある。で、これはつまり、生物は自分の能動的な意思に基づいて変化することはなくて、環境に沿うように受動的に変わるということなんだよね。つまり、心の理論のバイアスから解き放たれているというところが肝心。

この基本原理は、当時の生物学の専門家たちはまったくピンときてなくて、その後、遺伝子の発見とかの生物学的な基盤が整った後に、やっと理解されるようになったものなんだよね。だから、専門家にとっては、むしろ随分後になって、実はダーウィンの洞察って凄かったんだ～ってことが再評価されたわけ。

そんでもって、こういう、素人には間違って高く評価され、専門家には後から実は凄かったと評価されたというややこしいいきさつが、日本で以前よくあった進化論の誤解にもつながっているわけさ。

（続く）

進化論が理解しにくいのは（その2）

【鹿野 司】

前回は、多くの人が進化論を理解しにくいのは、「心の理論」があるためだって話をした。人は、複雑に振る舞う現象に出会うと、そこに現実には存在しない意思、心の存在を感じ取ってしまう。これはホモ・サピエンス特有の、逃れ得ぬ、生物学的な業のようなものなんだよね。

これに加えて、日本では進化論の受容に絡んでいろいろと不思議ないきさつがあって、それもまた混乱のもとになってきたんじゃないかと思う。

ダーウィンの『種の起原』が出版されたのは一八五九年。で、一八七七年（明治十年）にエドワード・モースが東大で初めて進化論の講義をおこなった。

このとき日本人は、進化論を超素直に受け入れたんだよね。人間の祖先はサルなんだって、そりゃそうだよ、よく似てるもんね、今さら何いってんの？ てなかんじ。それでモースは、逆にびっくりした。でも、この葛藤のない感じは、今でもなんとなく解る気がするよね。

まあ、西洋で進化論が物議を醸したのは、キリスト教的創造説を否定する学説だからで、日本人はそんなこたあ知ったこっちゃない。それよりも、日本の土着的な信仰というか、文化的な認識として、人の祖先が動物であることは、ごく自然な感覚だったんだろう。科学的事実というより、日本人の素朴な感受性として進化論はすっと腑に落ちた。

しかし、よくよく考えると、これって確かにおかしなことではあるんだよね。だって、戦前戦中の日本では、天皇は現《あら》人神《ひとがみ》だったはず。天皇は神なのに、もとは猿だなんて説、受け入れちゃっていいの？ なんでそのことで揉めないの？

ところが日本人は誰も、これがそういう際どい話だとは気づかずに、教科書に普通に載せて教えてた。うーむ。

ただ、この話を、日本人は論理的な思考が苦手みたいな、日本人論に回収しちゃうのは違うとおもう。

日本人に限らず、人間てのは、どの文化圏に属していようが、誰であろうが、論理的に整合しない複数の内容を受け入れながら、そのおかしさに気づかないものなんだよね。それは普通にあること。

ある分野の専門家ならば、自分の専門に限って、そういうことはだいぶまれになっている。それは、専門を学びはじめた段階で失敗を繰り返したり、訓練が行き届くことで、その種の矛盾を排除するよう、自分を鍛え上げるからだ。だけど、少しでも専門でない領域が絡むと、やっぱりそんな、よく考えると辻褄があわないようなことを普通にするのも人間。

ようするに、あらゆる分野について合理的に推論できる人は滅多にいないというか、存在しないといっても良いかな。

もっとも、西欧では、なにか相反する説や学派があって、その間で議論を戦わせることで、互いのなかにあった整合しない思考があぶり出されたり、一見非整合な内容を、うまく説明する方法を編み出しては成熟してきたってことはある。

たとえばガリレオ・ガリレイは、ピサの斜塔から物を落としたり、望遠鏡を使って木星のまわりを回る衛星を見つけたりして、実験によって何かを証明するという、今の科学の基盤のひとつを創造した。

もちろん、同じような観測に基づく世界理解は、古代ギリシアで地球が丸いことを見いだした時などにも使われたけれど、その頃の哲学者は学派に分かれて、他派の考えには興味を持たないというか棲み分けて、学派をまたぐ論争を生むようなことはなかったんだよね。

いっぽう、ガリレオの実験的手法は、どちらかというと、対立する説を唱える論敵に対して、有無をいわせず自説の正しさを示す手法として、編み出されたようなところがある。

ガリレオはもともとコペルニクス以来の地動説に親和的な考えを持っていたんだけど、当時は周転円を加味した天動説のほうが、未熟な地動説より惑星運動の予測精度がはるかに高かった。天動説のほうが、モデルと観測事実の一致度は高いわけだから、それからすると、地動説はいまいち説得力がないのよねん。

いっぽう、天動説は月より遠方では天体は不変だとしていて（神の摂理は完全なはずで、完全な円とか永遠の不変性が重視された）、それをガリレオは、金星を望遠鏡で観測すると満ち欠けしたり大きさが変化していて、不変じゃないじゃんうりうりってやったわけね。で、金星の形が変化するのは、地動説が正しくて、金星は地球より内側の軌道を回ってるからだって言ったわけ。

科学的な行為は、どこの文化の人間でも、それこそ動物だってやるわけだけど、地動説VS天動説みたいな、対立する考えを持つ集団が、長期にわたって自説こそが正しいってやり合うようなことは、他の文化圏ではあまりないと思う。たいていの文化では、論理が複雑になるにつれて密室の秘技化し、その集団の偉大な先人の説を否定するのは畏れ多くて、異議を唱えられなくなるのが普通な感じ。

ところが、西欧では、たぶん歴史的な巡り合わせで、こういう対立で議論を高度化させることが容認され、ちょくちょくおこなわれる。それが近現代科学の大きな力の源になったのは確実。でも、このやりかたは、薬が効きすぎて、迷路に迷い込んじゃうことも、少なくないんだよね。

たとえば、心理学における行動主義。行動主義というのは、ざっくりいって、心理学という名前の研究分野なのに、研究対象に心の存在を認めてはならないという教えなんだよね。

たとえば、ねずみのしっぽを強くはさむと、ねずみは口を開いて鼻に皺を寄せ鳴き声を発する、みたいな記述をしなくちゃいけない。ねずみは痛がってると表現しちゃダメなのね。

なぜなら、ねずみの心の存在を仮定する科学的根拠はないから、痛いなんて人間の感覚表現を、動物に当てはめて良い理由はない。客観的にはっきり言えるのは、外から見た行動だけで、内面なんてのは空想だからそれはしちゃダメという、かなり過激な思想なんだよね。これは、心の理論に流されやすい人間にとっては、効果的な戒めで、心理学のみならず、幅広い分野に影響を与える考えになった。

ただ、しばらくそれでやってみた結果、あまり教条的にやり過ぎるのは無理があるし、それによって、永遠に到達できない領域があるのも見えてきた。

それで認知心理学という、心の存在は仮定するけど、その理解にあたっては、安易に心の理論に引きずられるような解釈に陥らないように、メカニカルにしくみを考えるとか、昔とは違ったやりかたをしようという考えかたが出てきたのね。

これと同じように、西欧文化特有のある種の教条化した考えってのは、他にも色々ある。たとえば、囚人のジレンマみたいに、協力関係が生じることがパラドックスだと感じるような、個人主義的な世界観にもそんなところがある。生物の世界でも、利他行動が生じるのは奇妙なことだっていう問題意識は、たぶん西欧文化のなかからでないと発想しにくい物なんじゃないかと思うんだよね。

（続く）

進化論が理解しにくいのは（その3）

サはサイエンスのサ

連載●203

【鹿野 司】

今西錦司は、今ではトンデモさんあつかいってかんじなのかな。まあ、一九八〇年代くらいまでは、日本の文化人のあいだで人気があった今西進化論だけど、本人が亡くなってからは、話題にされることもほとんどなくなった。

今西進化論は、ダーウィン進化論とは違って「優勝劣敗」ではなく、生き物たちがお互いに譲りあう「棲みわけ」によって環境・資源をシェアしあいながら進化するというのが、まあ基本の考えだ。

これは、今みたいに、進化が生物学の揺るぎない基礎となった時代感覚からすると、ツッコミどころ満載なのは確かだわね。ただ、だからといって彼を、トンデモさんというレッテルで小さく見ちゃうのは、やっぱちょっと違うんでないのと思う。

今西錦司の批判が、彼が死ぬまであまり出なかったのは、彼の青春時代の親しい仲間や弟子筋に、日本の知性の最先端を切り開いた人が、たくさんいたからだろう。梅棹忠夫や川喜田二郎、中尾佐助、川村俊蔵、伊谷純一郎……、日本の知性の居並ぶ巨人たちが、今西の家に集まっては酒を酌《く》み交わし、語り合い、あるいはとっくみあいの喧嘩をしたりなんてことをやっていた。まあ、まんが家でいえばトキワ荘みたいな感じやね。

そして、なぜ彼の周囲や門下からたくさんの優秀な人が現れたのかというと、それはやっぱり今西錦司に備わっていた、人間的なおもしろさにあったと思う。

たとえば、世界の最先端を担う日本の霊長類学のはじまりは、宮崎県の都井岬《といみさき》での観察だった。今西は人間社会の成り立ちを動物の社会から探ろうと考えて、弟子の川村俊蔵、伊谷純一郎と彼の地に向かったのね。ただしこの調査は、もともとは、木曽馬の生態を個体識別しながら行う予定だった。

個体識別は、動物の一匹一匹に名前をつけて、それぞれの個性をみわけながら行動を観察するもので、西洋にはなかった独創的な発想だ。今では、個体識別は、ほとんどすべての動物行動の研究で、最も重要な手法のひとつになっている。今西の発想は、それほど波及効果の大きなものだった。

さて、川村や伊谷が現地で観察をはじめると、馬は毎日草をもぐもぐ食べてるだけで、たいしたことは何もしないのね。たいくつ〜。でも、すぐそばに遊びにくるニホンザルを何とはなしに見ていると、これがいろいろなことをしでかして本当におもしろい。そのうち観察ノートが、サルの記述ばかりになっていった。

そうしてなし崩しに、サルの研究になっちゃったんだよね。で、そういう、先生の指示に従わない、無礼ともいえるなし崩しを、いっしょになっておもしろがって、これは大事な研究だって見抜いたのが今西だった。まあ、そういう人を見る目、寛容さも今西の魅力で、そう思うと、棲みわけという概念も、そんな今西だからこその考えともいえる。

ただ、それだけではないと思うのね。

これまでも書いてきたように、進化論の思想は、ダーウィンが洞察した、ナチュラル・セレクション、つまり「自然選択」が最も重要な概念だ。

これに対して、「優勝劣敗」、「適者生存」どころか「進化」という言葉さえ、社会進化論のハーバート・スペンサーが創った言葉だ。進化という単語はともかく、スペンサーの社会進化論はダーウィンの思想とは本質的に違うものだ。

スペンサーは、貴族支配の時代から、

資本家が台頭しはじめた時代の雰囲気を受けて、ある意味で大衆迎合的な、優勝劣敗的な解釈を、ダーウィンの『種の起原』に与えたんだよね。そして、ダーウィン自身も、スペンサーのいうことに、まあ、そんなもんかなあと思っちゃったフシもあった。

　そして、そのスペンサー流の、あの時代の雰囲気を反映した、無意識的思考の偏りが進化論に結びついて、西洋でも日本でも、進化ってそういうもんだって思われるようになっていた。

　でも、その無意識的な考えかたのなかには、日本というか、非西欧文化圏で育った人間からすると、なんだか納得できない部分がある。西欧の科学の力強さは十分骨身に染みているけれども、何かが違う。違うことだけは解る。でもそれはなんだろう？　もやもや〜。

　で、今西錦司は、そんな進化論というか、西欧科学のなかにある、納得しがたい何かに対する異議申立てとして、「棲みわけ」という概念を思いついたわけね。

　まあ、ものすごくしょうもない言いかたをするなら、和をもって貴しとなす国の人間には、優勝劣敗ってのは違うだろって思えちゃうってことだ。

　そして、その異議申し立てそのものは、今にして思えば間違ってなかった。ただ、今西はそれを、あまり適切には表現しきれなかったとは思う。

　たとえば、人間の体にも常在菌が山ほど棲んでいる。常在菌は、人間の垢とか食べた食事の一部を栄養にしながら、体の表面をくまなく覆っている。これによって、もっと身体に悪さをする病原体が、体の表面に定着するのを防いで、お互いさまの良好な関係を作っているわけね。この状態は棲みわけといっていい。

　でも、人間の免疫力が極端に弱れば、それらの常在菌は、体の表面から内部に浸食して日和見感染を起こし、場合によっては宿主を殺してしまう。この現象は、弱肉強食というか優勝劣敗とも見なせる。

　つまり、そこには、違う種類のものが拮抗しながら共存する状態があるだけで、それを棲みわけといったり、優勝劣敗と表現しているだけなんだよね。今西の棲みわけは、日本の文化人にはいいかんじの言葉として受け入れられたけど、内容そのものは的を射ていなかった。なぜなら、その思想を、現代的な科学の言葉で表現できなかったから。

　科学の言葉とはつまり、数式ね。現代の科学がこれほど力を持ったのは、思考のほとんどを、数式という外部知性にアウトソースしたからだ。

　人間の知性は、脳のなかにだけあるわけじゃない。音声言語という手段で知性をアウトソースして、仲間と詳細にできごとの知識を共有できるようになったわけだし、文字へのアウトソースで、知識が精密かつ時空を越えて共有できるようになった。さらに印刷が、それを圧倒的に多くの仲間との共有に拡張した。

　ヒトは、知性をどんどんアウトソースすることで、今のような他の生物にはできない、文明という超知性を実現してきたわけね。そして、数式は、時々刻々変化したり、ものすごく複雑で、脳だけではとうてい把握できないふたつの何かの関係を、等号を挟んで正確に表現できる。

　そして、その西欧的な無意識では見損なってしまっている部分を、科学の言葉で明確に表現したのは、木村資生《もとお》の分子進化中立説だった。

（続く）

進化論が理解しにくいのは（その4）

現代の自然科学で、価値のある業績は二種類しかない。

ひとつは実験や観察などによる、それまで知られていなかった現象の発見で、もうひとつはある現象のモデル化だ。

新しい現象の発見に価値があるのは、まあ、いうまでもないよね。

専門家も含めてみんなが、自然とはこうだと信じてたのに、実は違っていたってことを発見すれば、それは人類の世界観をすこし拡張したってことになる。例えば、宇宙の膨張は加速してた〜とかね。

もうひとつのモデル化は、もやもやしてつかみどころのない世界のなかから、これこそが本質だって要素を、誰かが洞察して抜き出して、その要素間の関係を方程式、つまり左辺と右辺を＝で結んだカタチに表すことだ。

モデル化の素晴らしく便利なのは、まず、間違えないように式を組み合わせたり変形することで意外な発見ができること。特殊相対性理論で、運動量保存とエネルギー保存の式を組みあわせると、エネルギーと質量は本質的に同じものだってことが解っちゃった、みたいなことね。

それと、＝で結ばれた左と右が常に等しいことを利用して、ものすごく複雑な変化を間違いなく追っていけることだ。

つまり、人間の持ち前の脳だけでは、とうてい正しく理解できない、超ややこしい関係が、これによって正確に追跡できるわけね。

これが思考のアウトソースで、これなくしては今の科学の成功はなかった。また、思考のアウトソース用の道具として、手計算から、計算尺や手回し計算機、電子計算機、より高速なコンピュータが利用されるようになって今にいたっている。

それで、木村資生の分子進化中立説なんだけど、これは進化を頭のなかだけでいろいろ考えるのをやめて、方程式にアウトソースすることにした、もっともはじめのころのものなんだよね。すると、それまでの西欧人の頭では、なんとなくそうだろうな〜と疑いもしなかったことが、まったく間違いだってことが明らかになった。

西欧の文化的な背景のなかで育まれた進化論は、中立説が出るまでは、やっぱりスペンサー的な思考の偏りがあって、ついつい、やっぱ優勝劣敗だよね〜、なんか有利な性質がある物が生き延びるんだよね〜というニュアンスで進化を考えていた。まあ、これはある意味無理はない。頭のなかだけで考える限り、優秀なもののほうが残って、劣ったものは滅びるという発想から逃れるのは、相当難しい。だってそうとしか思えないじゃん。

だけど、中立説のモデルを計算すると、現実はそうはならなかった。

中立説でシミュレーションすると、生き物は、とくに優秀でも劣等でもない個体が、偶然のたまもの（遺伝的浮動）によって、増えることもあれば滅びることもある。

それどころか、子孫を残すには少し不利な変異を持ったものでも、偶然の巡り合わせですごく増えることがあるし、逆に多少有利な性質があったとしても、ちょっとした偶然であっさり滅びてしまう。

そして、優れていようが劣っていようが中間だろうが、偶然によってある程度増えると、その増えたこと自体が仲間を増やす機会になって、そう簡単には滅びない集団を作っていく。

現実に起きているのは、ある生物集団のなかに、時間が経つにつれ、子孫を残す上で大差のない遺伝的なバリエーションがいっぱいできることだ。で、これが何らかの原因で環境が変わると、たとえば地形的に行き来できない別の集団に切り離されたり、気候が変わったりすると、大差なかったバリエーションのなかの一部が、その新しい環境条件にたまたまフィットして数を増やして目立ってくる。これが生物進化の基本的な顕れのわけね。

　こういう現代の進化論の目で、ダーウィンを見返すと、彼の思想の根幹である自然選択（ナチュラル・セレクション）とは、まさにこの、進化における生物の受動性を描写した言葉なんだよね。

　個体が多少優れていようが劣っていようが、あるいは何かを望もうが望むまいが、そんなことはまったく進化とは関係がない。生物の姿や性質は、ただまわりの環境に沿うように変わっていく。つまり、生命は方円の器に従うってわけね。

　分子進化中立説は、一九六〇年代後半から七〇年代はじめころに考えられたものので、これが認められたことの背景には、電子計算機がいろいろと使えるようになってきたことと無縁じゃないだろう。

　木村資生は日本人らしく奥ゆかしくて、それまでの進化論にちょっとつけ加えただけみたいなことを言ってるんだけど、ホントはかなり本質的な部分で、進化論を完成に導いたんだと思う。

　いっぽう、今西錦司が今西進化論を考えはじめたのは『生物の世界』の出版が一九四一年だから一九三〇年代のこと。

　今西は、自分が行ってきたフィールドワークと、非西洋的な、和をもってみたいな文化のなかで培われてきた思考の偏りによって、西欧の人たちがなんとなく無意識にやってしまう優勝劣敗的な思考の偏りに違和感を持ったんだろう。そして、その感覚が背後から透けて見える当時の西洋の進化論に対して、それはそうじゃないだろって異議申立てを試みた。西洋の科学の圧倒的な有効性を身に染みて感じていながら、それでも何か違うと言おうとした。その表現が、フィールドワークにおける個体識別や、棲み分けの概念、そして今西進化論だったわけね。

　ただ、今西錦司の場合は、言葉の世界というか、頭のなかでだけ進化を考えて、迷路に迷いこんじゃったので、いまではトンデモさんみたいにいわれちゃう。でも、多くの日本の優れた文化人が今西錦司に共鳴したのは、そういう西洋の文化に含まれがちな偏りに対して、そりゃあおかしいよと感じる部分で一致していたからなんだと思うなりよ。

　今から見ても、今西の異議申立ては、まったく正当なものだったと思う。もちろん、西洋も東洋もそれぞれ別の文化的な偏りがあるってのが事実で、どちらがホントは正しいというわけじゃないけどね。

　上で、モデル化とは、世界のなかから、これこそが本質だって要素を、誰かが洞察して抜き出すって書いた。この洞察の部分は文化的なバイアスを受けやすくて、一時期はみんながそうだよねって信じたとしても、後でやっぱそれではダメだったわみたいなことはちょくちょく起きる。モデル化は、世界の一部を抜き出しているだけで、世界そのものじゃないからね。地図は場所じゃない。

　こういう西洋的な思考の偏りかたは、他にもたくさんある。囚人のジレンマみたいな問題設定とか、生物に利他行動があるのはパラドックスだと思いがちだとか。だれでも自分がいちばん可愛くて、自分がいちばん有利になるように振る舞うのが原則だと、ものすごく無邪気に、無意識的に前提しちゃいがちなのね。

　ただ、そういう偏りも、さらに次のステップに進むために必要だったりするんだけど。


（続く）

サはサイエンスのサ

連載・205

【鹿野 司】

生肉食べたいなら放射線照射

季節の変わり目のせいか、ちょっと体調不良気味なもんで、今回はこれまでの進化の話の続きを一回お休みして、もう少しややこしくない話にさせてちょんまげ。すなわち、生肉食べたいなら放射線照射がいちばんって話。

さて、去年の四月に起きたユッケ食中毒事件を受けて、生食用食肉の規制が強化されることになってしまったよね。

これで、ユッケのような生肉は、ブロック肉の表面を加熱してなかのほうだけ使うというような、コスト度外視のやりかたでしか作れなくなったし、生レバーにかんしてはまったく提供できなくなった。

レバーは、病原性大腸菌やカンピロバクターなどが、家畜が生きているときから臓器のなかにいるので、どんなに用心しようが、新鮮な物を使おうが、食中毒の危険性は完全に排除できないんだよね。

カンピロバクターによる食中毒は、病原性大腸菌のように死ぬことはないみたいだけど、その後にギランバレー症候群を発症する可能性があるみたいなので、これもなかなか恐ろしい。

まあ、とはいえそれらの病気になる確率はそう高いわけではないので、お上が厳格に禁止するというのは、やり過ぎだというのが筋だとはおもう。ただ、こういう、リスクを自分の責任のもとに担うって感覚は、日本の文化にはあまり馴染まないんだよなあ。

日本では、危険があるような場所は柵で厳重に囲って間違っても立ち入ることができないようにするのが、当たり前だと、みんな何となく思っている。だから、そういうことがされていなくて、万が一事故が起きたときは、なぜ対策がされていなかったんだという方向に、ごく自然に批判の矛先が向く。そして、事故の後は、当たり前のこととして、たとえ景観が損なわれたり、多少不便になるとしても、柵を設置するような対策が施される。

これに対して、欧米では危ないところに近づくか近づかないかは、本人の意志の問題に重きを置いて、せいぜいオウンリスクの立て札があるくらい。

日本の文化では、個人の内心の判断はあまり信じられていなくて、危険の回避を外形化しようとするんだよね。そういう感覚はあらゆるところにあって、たとえば駅では、電車が参りますとか白線の内側に下がってとか、海外に比べてやたらアナウンスが多いっていわれる。これも外形化するのが当然、しないのは怠慢という感覚の表現形のひとつってわけ。

だから、ある意味余計なお世話な食品規制も、不満はあるにしてもまあしょうがないねと受け入れる人のほうが多くて、そんなことは横暴だと怒りまくるような人はあまり出てこない。

さて、そこで、それでも生肉を食べたいってなると、客観的に安全が保証できて、かつコスト的にも妥当な技術を使うしかない。つまり、具体的には、放射線照射による殺菌だ。

ところが日本では、歴史的な経緯によって、ほとんどそういう話題が出てこないんだよね。オレのような五〇代以上の人なら、かろうじてジャガイモの芽止めに使うって話を知っているとは思うけど、もっと若い人だと、食品に放射線当てるなんて何考えてるのキモチワルイって感じの人のほうが多いかもしれない。

食品への放射線照射は、世界的には一九五二年に、ジャガイモに放射線を当てると芽止め効果があることが発見されて研究がはじまった。日本でも一九六七年から研究されて、一九七二年にジャガイモに照射の許可がおり、七三年に植えられたじゃがいもが、七四年に照射されて端境期《はざかいき》に出荷が開始されている。ただ、それも滅多に目にすることがないくらい、すごくマイナーな存在だよね。

それは、日本では反核運動の派生で、食品への放射線照射にものすごい反対運動が起きたからだ。

昔は日本原子力研究開発機構がこの分野の研究を草分け的にやっていて、食品に均等に放射線を当てるにはどうしたらいいかとか、どういう食品にはどの程度の線量を当てるのが適当かとかいろいろ研究されたんだけど、結局反対運動の苛烈さによってジャガイモの芽止め以外に実用に用いられることはなかった。今では当時の研究者はみんな退官して現役の研究者はいなくなってしまったんだよね。

いっぽう、世界的には食品照射の研究はどんどん進められてきた。

食品の放射線照射は、非加熱で殺菌、殺虫ができて、適切な線量なら色や香りも変わらないし、保存性も良かったり。パッケージにして発送状態の段ボールにつめてから照射することもできるので、経済性も高いんだよね。安全性に関しても、国際連合食糧農業機関（ＦＡＯ）やＷＨＯなど国際機関によって認められていて、一九八三年には国際食品規格委員会（Ｃｏｄｅｘ）で、照射食品の一般規格と食品処理のための照射施設の運転に関する国際基準も採択されて、加盟国に受け入れの勧告がされている。

だからたとえば香辛料は、いまでは日本を除くほかの国では、ほぼすべて放射線照射で殺菌殺虫を行っている。ところが日本だけは、高温蒸気での加熱殺菌処理しか認められていなくて、国内にあるスパイス類はどれも他の国のより少し風味が落ちてるらしい。そこで二〇〇〇年に全日本スパイス協会が、国に対して香辛料の照射殺菌の許可を申請したんだけど、いまだに放置されている。つーか、むしろ国は間違って照射香辛料が輸入されないように、監視強化までしているという。

少々矛盾しているのは、日本でも医療関係に関しては、いろいろなところで放射線照射が使われているってことだ。たとえば個包装されている注射器とかの殺菌には放射線照射が使われているし、輸血用の血液は、白血球を殺すためにすべて放射線照射がされている。さらに、ターメリックは香辛料としては照射はダメだけど、生薬としてならＯＫだったりするのね。

食品照射の線量としては、ジャガイモ、タマネギ、ニンニクなどの芽止めには百グレイ（シーベルトと同等）、穀類、熱帯果物、食肉、魚介類、切り花の病害虫・寄生虫の殺虫で百〜千グレイ、スパイス・ハーブ類、食肉、魚介類、果実、生薬の病原菌、腐敗菌の殺菌に一キロ〜一万グレイ、宇宙食や病人食や食品容器などの滅菌に二〜五万グレイが照射される。

まあ、食品によってたくさん照射すると風味が悪くなることもあるので、どの程度を当てるのがいいかは研究しないといけないけど、世界的には、生肉のソーセージのようなものに照射殺菌が使われている実績もあって、レバ刺しとかユッケにも使えないはずないんだよね。

オレは生肉はそう熱心に食べたいとは思わないんだけど、香辛料に関しては加熱処理されていない放射線照射処理の物を食べてみたいとおもうんだけどなあ。

進化論が理解しにくいのは(その5)

【鹿野 司】

現代科学の成功の、非常に多くの部分は、思考を数式にアウトソースしたことに由来している。

数式は間違えないように式を組み合わせたり変形することで意外な発見ができるし、「=」で結ばれた左と右が常に等しいことを利用して、ものすごく複雑な変化を間違いなく追っていける。人間の脳だけでは決してやれないこれらのことが可能になったことで、科学や技術は非常に大きな力を持つようになった。

思考のアウトソースということでいえば、もっと以前に、文字の発明があった。

文字は、口伝とは違って、時間や空間を越えて、知識をかなり正確に伝えることができる。だから、過去の知識を土台に、より多くの知識を積み上げたり、多くの人間がそれを参照して、別の側面から検討するなんてことを可能にした。

ただ、文字で表される言葉には、どうしても曖昧さがつきまとう。ひとつの言葉が文脈によって違うものを意味したり、同じものを別の言葉で詩的に表現してみたり。そのため、複雑な論理を組みあわせて展開しようとしても、どうしてもどこかで狂いが生じる。あるいは、時代という文脈が解らなくなったり、距離が離れて文化圏が異なると、もとの意味が把握できなくなるので、大きな時空を越えて正確に伝えるのは不可能だ。

これに対して、数式に用いられる記号は、時空に依存せず、それぞれたったひとつの意味しか持たない。その記号を使って論理演算することは、複雑かつ精密な歯車を組みあわせて作られたメカと同じようなもの。だから、出力がどんなに人間の直感に反していようと、それはまぎれもない事実を表現する。

では、思考を数式にアウトソースした科学なら、何でも正しいのかというと、もちろんそうじゃない。自然をみて、その「本質」を数式にするとき、何を本質とみなすかは、生身の人間の洞察力によるからだ。そこにはやっぱり、人間の根源的な非論理性が紛れ込む余地がある。

たとえば、最近の脳科学でも、自由意志についての考察がいろいろされている。

自分が思った瞬間にボタンを押しているつもりでも、それよりかなり前に脳の活動が高まる観測事実を指して、パラドキシカルだ〜なんていってみたり。

でも、自由意志は存在するか否かという問いは、たぶんキリスト教文化圏でなければ、そもそも思いつきもしない種類の問いだったんじゃないかと思う。

キリスト教の神は、全知全能、つまり何でも知ってて何でもできる中二病的な設定なので、そうすると論理的な帰結として、人間の自由意志なんて存在するわけがない。では、悪事を働く人間、不幸な人間てのは神がそう仕向けてるのか、神様ってそんなにいぢわるなの? ってことになるわけだけど、もちろんそういう結論は受け入れがたい。そこで、このどうしたって矛盾するほかない問いについて、ナントカうまい説明はないものかと、ひたすら強迫観念的に考え続けないといけない文化背景ができちゃったのね。

だから、西洋の哲学者はこの問題を考えるのが好きだし、アメリカで作られるドラマには、タイムトラベルもので、非常にたくさん優れた作品がある。何らかのマシンを使ったり、超自然現象だったり、超能力だったり、神秘の力だったり、神のごとき存在の赦しを得たりして、しくじった過去になんらかの働きかけをする話の数の多さは、日本のタイムトラベルものの比じゃない。それは、運命は決定的に決まっているのか否か、その裏をかくことはできるのかという問いが、骨の髄まで染みこんだ文化背景から湧き出てきた表現だと思う。

　でも、一神教文化圏に住んでいないオレたち日本人とかは、本当はそんなに自由意志があるかどうか気にならないと思うんだよね。まあ、西洋文化の影響を受けた結果、オレたちもそれを考えないとダメかなあとぼんやり思うんだけど、それほどの切実さはホントはない。

　もうひとつ、西洋特有のこれまた奇妙なこだわりに、我思う故に我あり、みたいに自分という個を、素というか、基本と思いこむ傾向がある。人は個の集合で、ならば個の利益を最大化する利己的な振る舞いが基本と考えがちというか……。

　でも、ヒトという動物にとって基本になるのが個かというと、進化的にはかなりの確からしさで違っている。我々ヒトは、群れで暮らす生き物として進化してきていて、家族やまわりの仲間のことは自分と同等以上に大切に感じ、振る舞うのが当然なんだよね。そちらのほうが動物としての根源的な特性だ。

　ヒトの最もヒトらしい特徴、今のところ知られている動物のなかで、唯一ヒトだけがやる特別な行動がある。それは、ヒトがものすごくお節介で、教えたがりってことだ。

　ヒトの大人は、乳児に対して物を使ってあやしたり、その子の心の状態を解釈して、おもしろいね楽しいねって語りかけ、いろいろなことを教えたり、子がなにかをしようと察すれば手伝ってあげようとする。

　でも、ヒトにもっとも近いチンパンジーですら、手伝ったり教えることは、まったくしないんだよね。親は子がやりたいことを邪魔せず、好きなようにやらせるけど、なにかを覚えるのは、結局本人の試行錯誤に限られている。

　いっぽう、ヒトならではのお節介な養育環境で育まれたヒトの子は、言語を獲得する以前から、同じようにお節介にふるまうようになるんだよね。

　丸とか三角とか星の型に同じ図形のブロックをはめるっていう、赤ちゃん用のおもちゃがあるよね。あれは発達検査課題のひとつでもあって、一歳すぎなら楽々できるようになるものだ。

　そこで、赤ちゃんと向かい合った大人が、その課題をやろうとして失敗してみせて、できないなあ、困ったなあって振る舞うと、二十一カ月以上の赤ちゃんなら、これはここに填めるんだよって教えてくれるのだ。困っている他者を、積極的に非常に多く援助しようとするのね。

　さらに、大人がこの課題を失敗しながら楽しそうに振る舞っていると、今度はその赤ちゃんが、自分も同じ間違いを真似してみたりする（この真似は二十一カ月以前の赤ちゃんでもする）。

　ようするに、他の人が知らないことを教えてあげる、助けてあげることは、ヒトにとってはとても楽しい、カナーリ根源的な快感を伴う行動なんだよね。つまんないだじゃれから、人のうわさ話から、人になにかを教えることは何事でもすごく快感。オレのこの仕事も、そういう快感を求めてやっているともいえる。

　世界の真理を解き明かしたって、素晴らしい物語を思いついたって、超絶技巧のダンスを習得したって、自分ひとりで解っているだけではやっぱり物足りない。

　それを仲間たちに教えて共有したいというお節介の心が、ヒトの人らしさの成り立ちの基礎にある。つまり、我思う、故に我ありみたいな個を基本と考える洞察は、まったく間違った強迫観念ってわけなのね。

サはサイエンスのサ

連載・207

【鹿野 司】

進化論が理解しにくいのは（その6）

3・11以降の世のなかの動きを見てきて、いちばん意外に感じたのは、あの時以前までは非常に理性的で論理的な思考に基づいた発言をしていて、この人のいうことならまあ信用できるかなと思っていた人が、こと放射能や原子力に関しては、あり得ないような非論理的で感情的な発言を信じたり、発信するようになったことだった。それも少なくない数で。

これは、はるか彼方のどこか知らないところへいっちゃった一部のジャーナリストに限ったことではなかった。あらゆる分野の人、しっかりした報道人や経済学者、政治家、さまざまな分野の理系研究者でも、そういう感じになった人は多い。

オレ的に、以前は一目置いていたのに、なんでこんなになっちゃったんだろうって思いは今でもあったりしたりして。さすがに落差が大きすぎる感じなのね。

核問題に関しては、以前も書いたけど、平和を愛する人たちによって作られた、放射能はとても恐ろしいという過剰な恐怖のパラダイムが世界を支配していることが、多くの人の認知を歪めていることは間違いないだろう。実際には低線量被曝はそれほどたいしたものじゃないんだけど、とてもそうとは信じられない「くうき」が世界に蔓延しているもんね。

それに、日本ローカルの問題として、反核運動と原発推進の長い「闘争」の歴史のなかで、はげしくねじくれた議論に、3・11以降初めて気づいて、それをまず信じた人たちがたくさんいたことも確かだ。

3・11以前からあった反核運動は、はじまった時代の影響を強く受けて、反権力、反体制運動の色彩が強い。つまり、目的を達するためには、理性を無視して手段を選ばないのね。そうなったのは、極めて手強い推進派に対抗するためには、それくらいしかやりようがなかったからだ。

対する原発推進側は、専門教育を受けた人々が論理を支えて、科学的に粛々と物事をすすめてきた。今ではそれを「原発村」という、これまた情緒的なレッテルで揶揄するようになっているけど、科学的な専門知識を身につけた人たちの集まりだから、だいたい同じような考えになるのは当たり前なんだよね。もちろん、仲間内で空気を読みあって、結果として千年に一度の未曾有の災害に対する備えまでは、急いで対策しなくても良いかなあって思っちゃった部分はあったんだろうけどね。

反核運動の目的は、この世から核を完全に取り除くこと。だから、わずかでも原子力の安全性を高めるような主張は、仲間内では裏切り行為とみなされた。安全性を高めちゃったら、かえって核をなくせなくなるもんね。だから、主張の大半はサボタージュを目指して、敵がやろうとすることは何であろうと、たとえ安全性を高めるための改善だろうと、難癖をつけるのが普通だった。

核とも平和ともまったく関係のない、食品への放射線照射が日本では認められないのも、こういう理性を欠いた、袈裟まで憎い反核運動によるとばっちりなんだな。

推進側は、そのあまりにモンスター的な主張にいちいち答えるのに嫌気がさし、世間もこんな狂人たちの主張は真に受けないだろうと、いつしか高《たか》をくくるようになった。実際、反核運動の論者は、蠱《こ》毒《どく》の術で最後に残った一匹みたいな人ばっかだったから、3・11以前は完全放置に近かったわけね。

でも、3・11で世界は劇的に変わったんだ。その変化の意味に、推進側も反核側も、ほとんど気づかなかった。

　歴史的な経緯をほとんど知らない世間の多くは、蠱毒の人を、長いあいだ正しいことを主張してきた立派な人物と誤解した。

　推進側の人たちは、世間が狂人を信じるわけがないと高をくくりつづけて、東大の早野《はやの》龍五《りゅうご》教授に「餅屋はどこに行った」とつぶやかせるようなことになった。

　そして反核の人たちは、すでに日本人の大半は脱原発の決意を固めていることに目を向けず、相変わらずの狂気じみた主張を続けて、不合理に恐怖を煽り、現実可能性のない原発の即時廃止やサボタージュ論を主張し続けている。まあ、3・11直後から蠱毒の人たちが大衆に受けちゃったので、今までのやりかたで良いんだとも思ったんだろうし、そういうことに人生の大半をかけてきて、今さら変えられないってのもあるんだろうけど。

　そうして今、3・11以降に脱原発を考えはじめた人のなかから、昔からの反核運動の思考はさすがに役に立たないって思う人たちが増えてきているかんじ。今となっては、旧世代の思考を切り離すことは困難な作業とは思うんだけど、そう考えるようになった人たちが、うまく育っていって欲しいとオレは思うなりよ。

　でだ。個人的心情としては、なんでこんなややこしく遠回りしなくちゃいけないのかなって思いはあるんだけど、いっぽうでこれは、限りある人ならばやむを得ないプロセスだということも理解できる。

　これはいわゆる「論理的な思考」に普遍性はないってことの、ひとつの現れなんだよね。ある分野の専門家は、その分野においての専門性を高めるプロセスの中で、自分の分野について非論理的な推論を行わないように自分を鍛え上げていく。でも、その努力は、他の分野に対してはあまり応用が利かない。その応用の利かなさは、たぶん大半の人が信じているよりかなり深刻なものだ。

　地頭《じあたま》って言葉があるよね。知識に頼らない、素の頭の良さみたいな。

　多くの人は、なんとなくそういうものがあるんだと信じていると思う。自分の周りを見渡すと、そういう感じの人って確かにいるもんね。

　でも、それは客観的な事実ではないみたい。実際、多くの認知科学の研究が、知識に基づかない、素の頭の良さのようなものの存在を否定しているんだよね。

　たとえば、単行本の『サはサイエンスのサ』のなかでも触れたけど、四枚カードの問題ってのがある。四枚のカードを使った真贋判定で、論理的な構造はまったく同じなのに、数字だけの問題と、飲酒の禁止と年齢の関係で考えるのでは、後者のほうが圧倒的に簡単になるって話。

　地頭的な、知識や経験に基づかない頭の良さがあるとしたら、こういう違いは起きるはずがない。同じ論理構造の問題なら、同じたやすさで解けるはず。でも、実際には、その人にとって馴染みのあるできごとについては易々と正しく推論できるのに、そうでないできごとについては論理構造が同じでも推論が困難でしょっちゅう間違えるものなんだよね。

　つまり、我々の脳のなかには、論理的な思考をする専用回路のようなものは、たぶん存在しないんじゃないかな。推論は、ある分野の膨大な知識があってはじめてできるのであって、論理的な思考力ってのはそのプロセスから浮かび上がる、見かけ上の存在というか、幻のようなものじゃないかって思うんだよね。

（続く）

サはサイエンスのサ

連載・208

【鹿野　司】

前回は3・11以降、それ以前は信頼できると思っていた人たちが、びっくりするほど非論理的、非理性的な考えを受け入れたり、発言するようになったことについて、地頭は存在しないという、人間のパーソナルな有限性の問題として考えてみた。

でも、これって、そういう個人の問題とはまた別の、周囲の影響力ってのも非常に大きくあるんだと思う。

しばらく前からよく耳にする言葉のひとつに、「未来の子供たちに負債を残すべきではない」ってのがあるよね。みんなきっと、この言葉を聞くたびに、それは確かにその通りだって感じてるんじゃないかな。

この「思い」をオレたちが妥当だと感じるのは、その前提として（それもほとんど無意識的な前提として）将来は決して今よりも良くならないに違いないって確信がある。利息のようなものがどんどん嵩んで、未来にいくほど事態は厄介になっていき、気楽な感じには決してなりっこないという感覚がある。それが、未来の子供たちの行く末を案じさせる。

こういうものが時代の雰囲気、くうきなんだよね。

なにしろ日本が今抱えている借金は莫大でコレってホントに返せるのって感じだし、景気は一向に良くなる気配もないうえに、極端な少子高齢化と人口減少が確実に進みつつある。ヨーロッパの信用不安はいつはじけるか秒読み段階だし、ジャスミン革命以降のイスラム勢力の拡大やら、イラン核開発に疑心暗鬼のイスラエルの暴発やら、中東の拡大する一方の不安定性……。周りを見渡せば、絶望的な未来を示す材料は、ありすぎるくらい遍在している。

でも、それは揺るぎない真実かというと、そうじゃないんだよな、これが。

ほら、オレって五〇年代SF大好きっ子じゃないですか。あのころは、未来はバラ色なんていわれて、それもまあ単純化しすぎの言葉だとは思うけど、将来は今より良くなるだろう、良くしていけるだろうっていう感覚については、だれも疑う余地がなかった。

それはまあ、その前に戦争という大きな破局があって、あそこまで酷いことはもうないだろう、そこから立ち直ろう、立ち直っていけるはずだっていう感覚が、世界に満ちていたからだ。

ただ、その時代も客観的にみれば、貧困と暴力と無法がはびこり、取るに足らない病気で人は死に、戦争の火種もあちこちで発火していて、世界の安心材料は今と比べればむしろだいぶ少なかった。

今との大きな違いは、社会の雰囲気が、世界に生起している事象のどこに人々の関心を向けさせるかってことだけといっていいかもしれない。五〇年代SFのバラ色さ加減は、そういう社会の雰囲気が作品の描かれかたに現れたものだし、おなじことは現実世界をどう認識し解釈し計画するかってこととも、強くかかわっている。

たとえば、原子力のテクノロジーのなかには、すこし未来の、当然進歩するであろう技術に可能性を託した部分がある。

具体的には高エネルギー放射性廃棄物に、中性子を当てることで減量する技術もそういうものだ。

半減期が中途半端に短くて、極めて強い放射線を、人間ひとりの人生に比べるとずいぶん長い期間放射線を出し続ける放射性同位体は、それなりに取りあつかいが厄介な代物だ。

だけど、これに中性子を当てて大半を、すぐに崩壊してしまうものや、半減期が十分長くて放射線をあまり出さないものに変えることは、自然法則の理に適ったことで、原理的に可能な技術だ。ただし、現代の水準では、経済的に高価になりすぎてそれをやるだけの、価値もゆとりもないだけのこと。

しかし、これから将来にかけて、中性子を作るテクノロジーを工夫したり、廃棄物をどういう構成や配置にして中性子を当てたら効率的かを詳しく研究していくことで、コストを下げていくことができるだろう。また、原子力以外の資源が枯渇してくることでそれらの値段が上昇し、技術を実際に使うだけのコストメリットが出てくる時代もやがて訪れる。

かつての社会的雰囲気のなかでは、こういうものの考えかたは、疑う余地のない当たり前のものだった。それと、科学や技術には、もともと過去の仕事を確実に積み上げてより先に進んでいくものという性質があるからってのもあるけど。

でも、まったく同じことを、今の時代の雰囲気のなかで眺めると、将来へつけ回ししているような、筋の悪いやりかたに見える人も少なくないんじゃないかと思う。

ある時代の雰囲気、パラダイムのなかに囚われると、そこから外れた事実や発想には、あまり目が向かなかったり、言葉にしづらくなったりするんだよね。

もうひとつ例を挙げると、どういういきさつでそう主張されるようになったか知らないんだけど、核廃棄物は十万年は人間が到達できないほどの地下深くに、決して漏れ出さないように埋めないといけないって話があるよね。こういう施設を、フィンランドはすでに作っていて、反核平和のドキュメンタリーとして描かれたりもしている。

でも、この考えって、すごく不思議な感じがしないかな。これって十万年以内に人類の文明は崩壊して、今より原始的なものになるに違いない、しかもその未来の未開人たちに害を与えるのは、倫理的に許し難いことだっていう発想が根底にある。ドキュメンタリーを見ると、なんとなく催眠術にかけられたみたいにそういう前提を受け入れちゃう人がいるのもわかるけど、そんな世界観が正しいとは、オレの五〇年代SF魂はゆるさねえ。

我々の文明が崩壊することなく、ずっと続いて少しずつでも進んでいくのなら、高エネルギー廃棄物をプールに保存しておくのも、ドライキャスクに詰めて原発敷地内に置いておくのも、たいしたことじゃない。実際、フランスなんて当面そういうやりかたを考えているんだよね。

だいたい高エネルギー廃棄物の量なんてたいしたことはなくて、原子力発電が始まってから今まで六十年ほどの全世界から出された総量で、やっと十〜三十万トン。大型石油タンカー数隻分でしかない。これからの五十年でその五倍になるとしても、たかが知れている。

ところが、大半の人が、これをまったく手に負えないものという感覚でとらえているのは、全世界の多くの人が反核運動のパラダイムを肯定しているからなんだよね。

では、なんで多くの人が同じパラダイムに影響されて、同じような偏ったものの見方しかできなくなるんだろう。それはたぶん、ちょっとした思考習慣のせいなんじゃないかとおもう。現代はマスメディアを通じて、なかば無意識的に世界とはこう見るものだ、こう解釈するものだという手本が絶え間なく示されている。

多くの人はそれに知らず識らず影響を受けて、あまり周辺のくうきという規格から外れた世界認識をしにくい思考習慣ができちゃうんだと思うんだよね。

地震予知のこと

サはサイエンスのサ

連載・209

【鹿野 司】

オレは人類がやってる科学という行為が個人的に超好きなので、そこに相当のコストをかけて、しかもそれが「なんの役にも立たない」としても、まあいいんでないのというか、それでもどんどんやってほしいなあと思っている。

ちなみに「役に立たない」ってのは、たとえばヒッグス粒子の発見みたいなこと。こんなの別にわかったからといって腹の足しにはならないし、それを成し遂げるための莫大な費用と努力は、恵まれない人を救うとかもっと有意義なことに使えたはずとかいわれれば、まあそれはそうなんだよね。それでもオレは、人はパンのみに生きるにあらずと思う。

ただ、現代の科学の最先端を切り開く多くは、確かに果たしてここまで莫大な資金と努力をつぎ込む価値があるのかって、改めて問い直してみてもいいとも思ったり。なんでかというと、そこにはやっぱり、人々の若干の美しい誤解を利用しているというか、まやかしのような部分があるからだ。

素粒子物理については、わかればわかるほど、次はもっと大変になるコンプガチャみたいなところはあるものの、まあ何の役にも立たないということはすでにわりと知られていると思う。だけど、たとえば地震予知についてはどうだろう。多くの人は今も、いつかは予知ができると、漠然と思っているんじゃないだろうか。

将来起きる地震・津波災害については、3・11以降、妙に恐ろしげなニュースをいろいろ目にするようになったよね。

たとえばM7クラスの首都直下地震が四年以内に七十%の確率で起きるとか、東海・東南海・南海地震が連動して起きる南海トラフ巨大地震が起きると、それによる津波はこれまでの想定の三倍になるとか、富士山噴火の恐れありとか……。

これらは、専門家がある論理に基づいて言っていることだけど、今の時点では、それほど真に受けるような話でもない。

たとえば首都直下地震の話は、グーテンベルク・リヒターの法則という、地震学では今のところ唯一間違っていないことが確認されている法則を使っている。

これは地震の数はマグニチュードが1上がるごとにおよそ十分の一になる、つまり小さな地震ほど数が多く、大きな地震ほど数が少ないという、いわば当たり前の法則だ。この法則を、3・11に起きた東北地方太平洋沖地震以降の首都圏の余震に当てはめて考えると、余震の数がめっちゃ増えているので、四年以内にM7が七十%という数字になった。ただ、地震が起きている範囲とか期間の選びかたを変えれば、この数字はどのようにでもなるので、予想というより、ある意味数字遊び的な物でしかないんだよね。

東海・東南海・南海地震の三連動地震についても似たようなもので、今回、まったく予想しなかった宮城沖、三陸沖、福島沖の三連動が起きたので、起きないとはいえないから最悪を考えたというだけのこと。現実にそれが確かに起きるという、科学的根拠のある予想じゃない。

じゃあ、地震予知って、今はいったいどうなっているのか。

日本は地震国であるだけに、古くから地震学に力を入れてきた。とくに平成七年に発生した兵庫県南部地震（阪神淡路大震災）をきっかけに、さらに充実がはかられて、今では世界に類をみない監視システムを築き上げている。

そのひとつはデジタル式の高感度地震計を全国千カ所（二十mメッシュ）に配したHi-netだ。このシステムは二十四時間大地に伝わる振動を監視していて、ノイズの状態を解析すると、人間の活動が夜間静まって、明けがたから上昇して昼休みでいったん静まって、なんて変化を捉えることができるくらいの性能がある。それどころか、例えば日比谷公会堂で行われるロックコンサートのベースのリズム（四～六ヘルツ）をキャッチしたり、押し寄せる高波が陸にぶつかる震動から逆算して、台風の位置を割り出すことまでできるんだそうだ。

また国土地理院のGEONETは、全国千三百カ所に高精度のGPS（電子基準点）を設置し、日本列島の動きをミリ単位でリアルタイム計測している。このデータからは、冬の東北地方の積雪の重みで日本列島がそちらに傾くことや、黒潮の蛇行の加減でやはり列島の傾きが変わることまでわかってしまう。

これだけの監視網による十年近いデータの積み上げで、サイエンスとしての地震学は大きく進んできた。

しかし、それにもかかわらず東北地方太平洋沖地震は、全く予測できなかったんだよね。なにしろ、この地域では、宮城沖、三陸沖、福島沖でそれぞれきれいに三十年周期でM7クラスの地震が起きていて、それで地殻のストレスが解放されていると誰もが思っていたからだ。そして三月十日には、同じ震源域でM7・3クラスの地震が起きていた。これが本震ではなく、翌日の三連動地震の前触れとは、誰ひとり予測できるわけがない。

現在の日本では、世界最高の監視システムとサイエンスで、ある地域に歪みが溜まっているとか、この場所で小さな地震が増えているというようなことはかなり緻密にわかるようになっている。でも、それがいつ、なにをきっかけに大地震になるのか、M7で止まらずM9にまで進むとしたらどうしてか、あるいはM9にならずM7で止まる理由が何かについては、まったく理解できていないんだよね。

また、3・11以降わかったおもしろい現象に、前触れ的に起きていた、上空の電離層の異常がある。これはどうやら、地殻が小さく壊れはじめると、天然ウラン系列の崩壊でできて地下に溜まっていたラドンガスが地上に出てきて放射線を発し、地表近くの空気を電離することによるものらしい。で、それに応答して電離層に変化が起きるわけね。

これはサイエンスとしてすごくおもしろい現象の発見だと思う。でも、やっぱり地震予知に使えるものじゃない。こういう変化だけでは、3・10が前兆地震で3・11が本番だなんてわかりっこないからね。

一般人が期待する地震予知は、大地震が、何月何日に起きるかということだろう。だけど、この種の地震予知は実際には、未来永劫不可能なんだよね。

専門家は実際にはそれをよく知っていて、予知という枠組みでいうなら、ある規模の地震が起きたとき、この地域の揺れが強くなるので対策すべきといった類の防災に資する情報提供を目指している。

それは十分社会に貢献する内容と思うけど、でも一般感覚の地震予知とはやっぱり違うよね。これについて、なんだか騙されていると思う人だっているかもしれない。そして今は、文楽は客がはいってないからお金は出さないみたいな、暴論が支持されかねない時代でもある。

地震のサイエンスと地震予知の関係を、これまで通り曖昧なままにし続けていると、そのうち当たらない予知に金を出す必要はないなんてこと言われちゃう時代がこないとも限らないなーなんて思うんだよね。

ヒッグスのはなし（その1）

サはサイエンスのサ

連載・210

【鹿野　司】

二〇一二年の七月四日、ヨーロッパのCERNが、ヒッグス粒子らしい新しいボソンを九九・九九七％の確からしさで発見したと発表した。このニュースはメディアに大々的に採り上げられて、普段は素粒子物理とかゼンゼン関心のない人にも、なんかすごいものが見つかったんだってねくらいの知識が伝わったみたい。

ただ、やっぱ相当に難解というか、なんだかわけがわからないって人が大半だったとは思う。まあ、それはある意味しょうがなくて、もともと難しい話の上に、何重にも考え違いをさせるような条件があって、科学ファンでこの分野に関心あった人でも、あれ？　あれ？　って感じになりやすいところがあるんだよね。

ただこの話題、前に、人間は知性を数式にアウトソーシングすることで、人間以上の知性を獲得したって話をしたと思うけど、まさにその典型例なんだよね。

そこでヒッグスって何なのってことを、少し整理しながら見ていこうと思う。

まず、ここ百年あまり、物理学のひとつの志向性として、この世の色々なできごとを引き起こしているさまざまなものは、本当は同じものの別の現れなんじゃないかって考えられるようになっていた。

たとえば、少し遡るけど、ニュートンは天体の運動と、地上での物体の運動が本質的に同じものだってことを、万有引力の法則を介して見いだした。マックスウェルは、別ものと思われていた電気現象と磁気現象を、電磁波というひとつのものの別の顕れだと明らかにした。

これらは、知性を数式にアウトソースしはじめた黎明段階といえるんじゃないかと思うけど、それが決定的になったのは、アインシュタインの特殊＆一般相対論と量子論の構築を通じてだった。

このとき、光速度の不変とか、不確定性関係という、この宇宙を支配する根本が、人間の理性というか、ナットク感では理解できないってことが、はっきり解っちゃったんだよね。そうして物理学者たちは、人の理性を越えた数式というメカを作って、思考のかなりの部分をそちらに下請けに出すようにしたわけさ。

で、まあ、今回のヒッグスなんだけど、標準模型の未発見だった最後の粒子なんて言われかたもする。このあたり、むしろ素粒子論にある程度興味があって、いろいろ読んできた人ほど、ちょっと混乱しやすいんじゃないかと思う。実際、重力子（グラビトン）は未発見だし「万物の理論」とどう関係しているのかとかね。

現在の宇宙には、電磁気力、弱い力、強い力、重力の四種類の基本力がある。

この四つの力すべてが、うんと過去の宇宙開闢直後に遡るか、ものすごくミクロな範囲で宇宙を観測すると、全く同じひとつの物にしか見えなくなるってのが、万物の理論とか超統一理論っていうもの。

これが起きるのは、エネルギースケールって尺度で、十の十九乗GeV（ジェブ・ギガエレクトロンボルト）っていうものすごい高エネルギーの時だ。

この万物理論を記述するモデルの有力候補が、超ひも理論とかM理論で、まあしかしこれらは今のところ実験で証明する手立てがなくて、机上の空論的というかSF的というか、まー、物理学者のなかでもかなり趣味の世界に近い話なんだな。

で、つぎに四つのうちの重力を除いた三つが、エネルギースケールにして十の十六乗GeVくらいのところで区別がつかなくなるってモデルが、大統一理論（GUT・ガット）ってやつだ。

これも人類にはとてもじゃないけどこんな高エネルギー状態は作れないので、加速器実験とかはできないんだけど、間接的に証明する手立てがいくつかあって、物理学者にとってわりと本気の分野。

そして、四つの力から重力とさらに強い力を外して、電磁気力と弱い力がひとつのものだったと示すのが、素粒子標準模型。これが今回のヒッグス発見の話と関わりのあるものだ。そのエネルギースケールは百GeVで、大統一や超統一にくらべると、十何桁も小さい本当に小さなエネルギーで起きる現象なんだよね。もっとも、百GeVオーダーのエネルギーを作るのに、山手線と同じくらいの外周の加速器がいるわけだけど。

ちなみにGeVってのは素粒子の分野でよく使われるエネルギーの単位なんだけど、それは陽子の静止質量が、$E=mc^2$の等価原理でだいたい一GeVだから、いろいろ大きさの見当がつきやすいってところからきているのね。

そうしてみると、ヒッグスとは、力の統一っていう枠組みのなかでは、いちばん手はじめの標準モデルの話で、大統一とか万物理論とは関係ないわけ。まあ、大統一とは若干関係がなくもなくて、大統一でいちばん有力なモデルの超対称性理論では、ヒッグス粒子が五種類出てくるんだけど（標準理論では一種類だけ）、このうちのひとつも標準理論のヒッグスと近いエネルギーで観測されないと、超対称性理論が間違ってるってことになって、これは相当困ったことになる。なぜなら、超対称性理論ってのは今のところ、こんなの偶然に絶対一致するわけないやんてことがビシッと一致して、いくら何でもこれが間違っているわけないねって、多くの専門家が信じているからだ。

さて、では標準模型ってのはなにかっていうと、現在の宇宙には素粒子が、十二種類の物質粒子と、四種類の力の粒子（ゲージ粒子）、それからヒッグス粒子の全部で十七種類あるはずだって考えられて作りあげられたモデルなんだよね。

そうそう、その前に、まず素粒子って何かということを確認しておくと、それ以上分割できない、大きさのない、構造もない粒子のことだ。ただ、この大きさがないってのは、エネルギースケールが十の十九乗GeVくらいになると、そうじゃないかもしれなくて（超ひもみたいにひもになってるかも）、でも少なくとも標準理論くらいの低エネルギースケールでは点にしか思えないってことね。

ただ、大きさがない粒子って、さらっといったけど、これがもうすでに日常感覚とはあわないよね。大きさがないってことは何にもないとしか思えないけど、素粒子には電荷とかスピンとか質量とか、何か「属性」があるってことになってる。

ちなみに、物質粒子はクォークとレプトンに分かれていて、それぞれが二種類三世代で全部で十二種類ある。第一世代のクォークはアップとダウン、レプトンは電子と電子ニュートリノ。第二世代のクォークはチャームとストレンジ、レプトンはミューオンとミューニュートリノ。第三世代のクォークはトップとボトム、レプトンはタウオンとタウニュートリノ。

で、ここで注目なのはレプトンのほう。標準模型は電磁力と弱い力がかつては同じものだったって理論で、同じ世代の粒子、つまり電子と電子ニュートリノが昔は同じだったってことなんだよね。そして、その区別をつけるもとになってるのがヒッグス。つまり、ヒッグスは質量の起源でもあるけど、電子とニュートリノを区別する電荷の起源でもあるんだよね。

（つづく）

ヒッグスのはなし（その2）

サはサイエンスのサ

連載・211

【鹿野　司】

　ヒッグス粒子の話はどうして解った気になれないのかといえば、そもそもそれはオレたちの日常感覚では、わかり得るはずのないものだからだ。

　素粒子論は、この世、この宇宙が、どんなもので成り立っているかを知ろうとする分野だ。けれど、そもそも素粒子というものからして、オレたちの日常感覚からはかけ離れた存在で理解しがたい。

　いや、オレは理解できるよっていう人もいるとはおもうけど、それはたぶん気のせいじゃないかな〜。

　なんでかというと、素粒子は定義上大きさがないんだよね。ところが、電荷を帯びていたり、質量があったり、スピンを持っていたり、なんらかの特性が備わっている。

　そんなものって、オレたちの見慣れた世界にはあり得ないものだよね。単純に、見たことがない珍しいものというだけじゃなくて、一生懸命考えれば考えるほど辻褄があってないというか、非論理的であり得ないんじゃないかとさえ思えちゃうような、徹底的に不自然に感じるもの。

　我々ヒトという動物は、サイズにして一mくらいのオーダーの、等身大の世界で進化してきた生き物だ。だからその脳、つまり情報処理器官も等身大の世界にチューニングされて特性が決まっている。

　そのため、等身大の世界で起きることは、一部の例外を除いてだいたいピンとくるというか、なるほど解ったと納得できるようになっているというか、そうなるように学習が進むようにできている。

　でも、素粒子の世界の記述については、あまりにも世界の違いが大きすぎて、等身大の世界の整合性を保ったまま、そういうナットク感を持つことは、金輪際不可能なんだよね。

　それなら、なぜ物理学者たちは、そんな納得しがたいものを考えることができるんだろうか。それは簡単にいうと、考えていないからだ。考えることをやめて、思考を数式というメカに丸投げというか、アウトソーシングしちゃったんだよね。

　物理学者には理論と実験という大きな分類があるけど、素粒子論では理論のなかにも、モデル・ビルディングと現象論という大きく二つのカテゴリーがある。

　モデルビルダーは、それまでに知られている実験事実と、ある原理というか信念に基づいて、数式というメカ、まあ一種の計算機みたいなものを作る役目。

　いっぽう、現象論をやる人は、そのメカを動かして、こういう実験をすれば、こんな結果が出るはずだってことを追求する。

　モデルビルダーは、そのメカを構成する歯車のスペックとかは熟知していて、慎重に矛盾なく考えながら、ある数式を作り上げる。でも、その数式というメカニズムが、どのように振る舞うかは、あまり詳しくは知らないんだよね。

　いっぽう現象論をやる人は、あるモデルビルダーが作ったモデル＝メカを動かしたとき、どんな結果が出てくるか、メカの性質を吟味しながら予測する。

　まあ、電卓作る人と、電卓使う人みたいな感じかな。あるいは表計算ソフトを作る人と、使いこなす人の違いか。どちらもその作業を高いレベルで成し遂げるには、高度な能力を必要とする。

　で、現象論で予測されるようなことが本当に起きるかどうかってのが、実験で確かめられる。

　今回、CERNで行われたのは、そういう実験で、その結果として、どうもヒッグス粒子らしい何かがあると言えそうだってな感じになったわけね。まあ、この加速器実験というのも、多くの人はどんなものかイメージを持っていないので、それもヒッグスとは何かを理解しにくくしている一要因ではあるかな。

この実験のイメージについては、また今度説明するとして、理論をやる人たちの話を続けよう。

モデルビルダーが作るメカは、具体的にはラグランジアンっていうんだけど、このなかに使われている記号は、この世の物理現象とはまったく縁もゆかりもない。

大学の物理以前は、数式に出てくる記号は、ほとんど現実の物理量に関係していてイメージしやすいんだけど、ラグランジアンではそれが成り立たないのね。

電卓のボタンに書かれている数字や液晶の表示内容と、なかにあるコンデンサやICなんかの部品のあいだには、意味のある関係はない。ラグランジアン内部の記号と物理の関係は、それと同じようなものだ。でも、電卓を作る人は、ある根拠に従って電卓を作っているから、計算結果は正しく表示される。

モデルビルダーにとって、その根拠というか、指導原理になっているのが「対称性」ってものだ。

対称性というのは、左右対称とか回転対称とかいうのと同じもの。ただ、その概念が大幅に拡張されてはいるけど。で、よくよく考えてみると、この宇宙のあらゆる現象は、対称性という観点からすっきり説明できそうだってことを、いろいろな発見から物理学者は気づいたんだよね。

たとえば、この宇宙は並進対称性がある。つまり、座標軸を縦横上下にどう動かそうが、物理法則は変わらない。これはみんな、そりゃあそうだろうねって思うんじゃないかな。

ところが、この並進対称性がある宇宙ってのは、すなわち、運動量が保存される世界なんだよね。座標軸をどう平行移動しようが物理が変わらないなら、運動量も変化しない。同じように、回転対称性があると、角運動量が保存される。

物理では色々な保存則があるけれど、それらはすべて、何らかの対称性と関係している。対称性と保存則は、実際のところ、同じものの別の見かたなんだよね。てな具合で、対称性は、この世で起きているさまざまな現象の、根源的な部分と関係した重要な概念なのね。

素粒子物理の世界で、この対称性ってものの重要性が意識されはじめたのは、中性子が発見されたときだった。中性子ってのは、性質は陽子とほとんど同じだけど電荷を帯びていない。なんでまた、ほとんど同じものなのに、電荷だけ違うものがあるんだろう。しかも陽子と中性子というそっくりのものが、二つしかなくて三つ以上はないのはなんでなの？

このことを数式で表現しようとしたとき、それに先だって知っていた、似たようなものがあった。それは電子のスピンだ。

電子の振る舞いを記述するには、上向きスピンと下向きスピンの二種類だけが必要なんだよね。上と下の対称性。

そこで、スピンと同じで二つの状態があるけど、現実には観測できない仮想の量として、ハイゼンベルグさんが、アイソスピンというアイデアを思いついた。

アイソ空間のなかでアイソスピンが上向いていれば陽子、下向いていれば中性子。スピンを記述するのと式の形は同じで、アイソスピンの向きの違いだけで、陽子と中性子の性質の違いが表現できちゃう。

こりゃあなんか良さげでないのってのが、その後の物理学者たちの考えかたの基盤になったんだよね。

（続く）

ヒッグスのはなし（その3）

素粒子物理学というのは、オレたちが生きるこの世界の、根本的な成り立ちは何かを追求する、科学のなかでももっとも基礎的で根源的な問いかけだ。

歴史的には、この世のあらゆるものはどんどん分割していくと、なんらかの基本的な単位、それ以上は分割不可能な「ア・トム」になるはずという素朴な信念からスタートしたわけだけど、科学が進むにつれて、もはや単なる最小分割単位の追求ってのではない、なにか得体の知れないものになってきている。

なんでかというと、それはもはや、人間が進化の中で身につけてきた、素朴なイメージが通用するレベルを超えてしまったからだ。

これまでに書いたように、現代の物理学者は、脳の一部を数式にアウトソーシングしている。相対性理論とか、量子論とか、人類が存在するスケールで進化した頭脳では、条理にあっているとは決して感じられない、非常に不思議な現象が、この宇宙の絶対に譲れない、根本的な事実だと知ってしまった結果、自分たちの脳の限界を知って、それだけを使って考えるのは正しくないと認識したからだ。

相対性理論が生まれたきっかけは、マイケルソン・モーレーの実験で、光の速度が近づきながら計ろうが、遠ざかりながら計ろうが、常に同じ値に観測されてしまうという、日常感覚からするとあり得ないとしか思えない事実が発見されたことにある。この、条理に反する事実を受け入れ、数式の上で時間と空間をひとつにまとめて、片方が伸びればもう片方は縮むという、これまた日常感覚では受け入れがたいことが起きるのだという、つじつま合わせをしたわけね。

こういう、はじめはつじつま合わせに過ぎないもののような数式が、現実をほとんど完璧に予言できる。今ではナビゲーションに欠かせないと言っても良いGPSは、人工衛星の速度と高度による特殊および一般相対性理論の補正をいれているからこそ、正しい位置が表示できている。

量子論もまた、$\Delta x \Delta p \geqq h/4\pi$という不確定性関係がこの世を支配していると解ってしまったから、これのつじつま合わせをするために必要になった論理の体系なんだよね。

この不確定性関係ってのは、光速度不変の原理よりももっと条理にあわないものなんだけど、あまりに奇妙すぎて、何がどう納得できないかあまりピンとこないってところもある。

これは極微小な位置の変化と、極微小な運動量（ざっくりエネルギー）の変化をかけたものが、なんかワケのわからない数字（プランク定数のなんとか倍）よりも、どんなにがんばっても小さくできないってことだ。と、言ってもあまりピンとこないよね。

ここでポイントは、二つの量を掛け合わせたものが、ある大きさより小さくできないってことだ。つまり、言葉を換えると、片方をちょう詳細に見ることは、もう片方をちょう大雑把に見ることの代償として可能ってことなんだよね。しかも運動量と位置なんて、オレたちの日常では独立した別のもので、何か関係があるようには思えないのに。

これでも、まだピンとこないと思うけど、さらに別の見方をすると、プランク定数より小さい範囲であれば、ごく一時的に、宇宙では、ほとんど何が起きてもかまわないってことなんだよね。

たとえば、ミューオン崩壊って現象がある。これはμ中間子という、質量が陽子の百分の一しかない粒子が、W粒子という陽子の八十倍も重い粒子を出して、ニュートリノになって電子になって反ニュートリノになるというもの。

最初と最後だけ見ると、エネルギーは保存されて辻褄はあってるんだけど、途中のμ中間子がW粒子を出すってのは、もともより八千倍も重いものを出しているわけで、辻褄があってない。あってないんだけど、瞬間だから、プランク定数というワケのわからない数字が制限する時間より短いあいだだから、こんなエネルギーが保存されてないことが起る。

さらにいうと、こんな八千倍も重いものを出すには、運動量（＝エネルギー＝静止質量）と位置の積がプランク定数より小さくないといけないわけだから、ものすごく近距離の範囲でしか起きてはいけないってことでもある。

で、このW粒子を出すという反応ってのは、実は弱い相互作用のことなんだけど、このことから、弱い相互作用は非常に近距離だけで働く、非常に強力な力ってことなんだよね。エネルギー保存の辻褄があわないようなことも、不確定性関係の目が届かない範囲ならできちゃうから、弱い力ってのがあるわけ。

これをもうちょっと文学的に解釈すると、プランク定数というヘンテコな数が規定している不確定性関係ってのは、この宇宙を何でもありの世界にしないために、タガをはめているともいえる。不確定性関係というレフリーがいないところでは、宇宙はどんな反則技でも使えるので、エネルギー保存だとか一切の秩序は存在しなくていいことになっちゃうのだ。

他の宇宙はひょっとすると違うのかも知れないけど、少なくともこの宇宙に秩序だった構造を作るには、不確定性関係は絶対に必要なものなんだよね。

こういうと、ＳＦ的な思弁的なパースペクティブとしては、うわあ、量子論すごいなあ、おもしろいなあって感じを解ってくれる人は多いと思うんだけど、現実としてホンマかいなという感じもするとはおもう。

でも、量子論ていうのは、たぶん人類史上最も徹底的に、繰り返し検証されてきた物理の法則なんだよね。なにしろ、半導体の動作を記述するバンド理論は、量子論を固体物理に適用したものなので、あらゆる電子製品が設計通りに動くということは、量子論の正しさを繰り返し証明しているってことになるからだ。パソコンとかスマホとか使ったり、インターネットを見る行為のすべてが、量子論の正しさを証明しているわけね。

これも別の見方をすると、半導体がちゃんと動くのは、この宇宙は、不確定性関係の定める範囲より小さいところでは、起きるはずのないあり得ない辻褄のあってないことがおきていいってことになっているからだともいえる。

そして、現代の素粒子物理学は、そういう人間の悟性では納得できない量子論と、同じくよーわからん相対性理論の二つの辻褄をあわせようという試みなので、そりゃあ人間の生身の脳みそだけでは、どうにもならないわけね。

それで、そういう辻褄合わせをやるにあたって、ものすごく役に立つなあと思われるようになっているのが、対称性という概念なんだよね。対称性というのは、一見別に見えるものでも、くるっと回すと同じものだったみたいな性質のこと。

これも言葉を換えると、ゼンゼン違うように見えるものも、対称性という観点から解釈し直すと、同じものがくるっと捻れているだけの違いしかないかもってことになるのよね。

（続く）

ヒッグスの話（その4）

素粒子標準理論では、素粒子は全部で十八種類ある。このうち十二種類が物質を作る粒子で、五種類が力を伝える粒子、そして残りの一つがヒッグス粒子なんだよね。つまり、この世のすべてを構成する要素は、大きく、物質粒子、力を伝える粒子、ヒッグス粒子の三つのカテゴリーに分類されるわけね。

その内訳はどうなってるか。

まず物質粒子は、これも大きく二つのカテゴリに分かれていて、片方はレプトン、もう片方をクォークという。

レプトンは、電子と電子ニュートリノ、それからτ（タウ）粒子とτニュートリノ、μ（ミュー）粒子とμニュートリノというペアで六種。

それから、アップとダウン、ストレンジとチャーム、トップとボトムという三ペア六種類のクォークがある。

レプトンのそれぞれがなんでペアかというと、たとえば電子と電子ニュートリノは、電子にはマイナスの電荷があるけど、ニュートリノには電荷がないっていう違い以外は、ほとんど同じものだから。

τペアもμペアもそういう感じで、ただそれぞれ電子に比べて質量が大きい。

一方、クォークは単独で存在はできなくて、観測可能なこの世では、三つまたは二つが組になっている。

たとえば陽子はアップ（u）、アップ、ダウン（d）の三つ。中性子はｕｄｄの三つの組。それから、ｕと反ｕみたいな組み合わせは中間子、みたいな感じ。

クォークは電荷が、電子の電荷の－1/3と、＋2/3のものがあって、ｕｕｄ三つ足すと1、ｕｄｄ三つ足すと0になる。クォークそのものは、単独で存在できない、つまり直接観測できるこの世のものではないんだけど、観測できる陽子や中性子の電荷の辻褄をあわせるために、こんな半端な電荷ってことになってるわけね。

ちなみに、クォークでできた複合粒子のことをハドロンといったりする。

あと、レプトンとクォークという物質粒子は、スピンが半整数で、こういう粒子をフェルミオンという。フェルミオンは、全く同じ場所に一つしか存在できないっていう性質があって、それはまあ物質ってそういうものだよね。

次に、力を伝える粒子なんだけど、これは別名ゲージ粒子という。ゲージ粒子はスピンが整数で、これのことをボソンという。ボソンは、同じ場所に何個でもいられる性質があるんだよね。

この世には、重力、電磁気力、強い力、弱い力という四種類の基本的な力がある。

この基本力は、物質粒子の間を、媒介する粒子が飛び交うことで生じていると、素粒子標準理論では考えている。

まず、重力を伝えるのが重力子グラビトンで、これはいまんとこ、とりあえずあるんじゃねと思われているだけのもの。

標準理論は、電磁気力と弱い力がもとは同じものだったっていうことを説明するための理論で、とりあえず重力はあんまり関係ないんだよね。

重力の特徴はあらゆる物質粒子に働くってことだ。

それから電磁気力を伝えるのが光子。電磁気力は、電荷を帯びた粒子同士だけに働く力。これが重力とは違っていて、ニュートリノや中性子には電磁気力は働かないわけね。

あと、強い力と弱い力ってのは、電磁気力に比べて強いとか弱いってところからきた名前。

強い力というのは、原子核をまとめる

力のことで、クォークにしか働かない。逆にいうと、強い力が働く粒子のことをクォークと名付けているわけね。

原子核の中には＋電荷の陽子と中性子しかなくて、それだけだと反発力でばらばらになっちゃうはずだけど、電磁気力より強い、強い力で引き留めてるわけ。

弱い力はウィークボソン、つまり弱い（ウィーク）力を伝えるボソンが媒介粒子で、これにはプラスとマイナスの電荷をもつW粒子と、中性のZ粒子がある。

弱い力も、あらゆる物質粒子に働くんだけど、作用するとその物質粒子の種類を変えるんだよね。この物質粒子の種類が変わることを、崩壊っていうんだよね。

たとえばdクォークに弱い力が働くと、dクォークはuクォークと電子と電子ニュートリノに変わってしまう。このとき飛び出してくる電子がβ線で、だからこの反応のことをβ崩壊っていうわけ。

ただ、弱い力が作用する距離はものすごく短くて、二つの物質粒子が超接近しない限り、その間を飛ぶことができない。つまり滅多にそういうことは起きないわけで、これを昔は、力が弱いんだなって思っちゃったわけね。

作用する力を物質粒子の側から見ると、クォークには重力と、電磁気力と、強い力と、弱い力の四つ全部が作用する。でも、電子の系統には重力と電磁気力と弱い力だけで、強い力は働かない。ニュートリノの系統には、重力と弱い力だけ。

ニュートリノは重力と弱い力しか働かないから、別の物質に超々接近しないと反応しなくて、だから何でもスイスイ通りぬけちゃうわけ。

さて、それで残りのヒッグスはなにをしてるのかというと、よく耳にする解説では、物質に質量を与えているといわれるよね。まあ、それもヒッグスの役割の一つではあるんだけど、本当はもっと色々なことに絡んでいる。

素粒子標準理論は、電磁気力と弱い力がもともとは一つの物だったっていう理論のことだ。そしてヒッグスは、この二つを分けること、つまりある物質粒子には電荷が備わり、別の物質粒子には電荷が備わらないという、物質が電荷を帯びることの大本とも関係している。

つーか、素粒子の電荷の起源と質量の起源に同時に関わってるのね。そして、それを引き起こすのが自発的対称性の破れっていうメカニズムだ。

にゃにゃ、それはどういうことって思うかも知れないけど、素粒子物理ではありとあらゆることを、対称性という概念で考えるってのが、根本的な指導原理になっているのね。今の素粒子物理は、一般相対性理論と量子論を対称性という考えに基づいて辻褄あわせていくのが基本方針になっている。まあ、その説明は紙数が足りないので次号に回すこととして、もう少しヒッグスの性質について書いておこう。

ヒッグスの特徴はスピンがゼロってことで、これは物質粒子のスピン1/2とも力の媒介粒子のスピンが1というのとも違っている。つーか、ヒッグスが思いつかれる前の素粒子の理論では、なんか微妙に辻褄あわなくて気持ち悪いなあって思ってたところに、こういうそれまでにないものを一つ持ち込んでやると、なんかいろいろすっきり説明できちゃうよってのが、ヒッグスの価値だったわけね。つまり、観測で発見されたわけではなくて、理論の見栄えを良くするために思いつかれたものだったわけだ。

【鹿野 司】

ヒッグスの話（その5）

現代の物理学は、一般相対性原理と不確定性原理という二つの基本原理に基づいて考えることになっている。この二つの原理は、宇宙が存在をはじめて以来というか、存在をはじめる以前からゆるぎないとするのが大前提なんだよね。

たとえば今の宇宙論では、宇宙は時間も空間もない「無」から、不確定性原理によって発生し、直後からインフレーションを起こしたと考えられている。そして十分大きくなったときに最初の宇宙の相転移が起きて、インフレーションの原動力だった真空のエネルギーが物質と通常のエネルギーの渾然としたものに変化した＝ビッグバンが起きたというストーリイになっている。

いっぽう、現在の技術で観測可能な宇宙でいちばん古い痕跡は、宇宙のあらゆる方向からやってくる電波、つまり3K黒体輻射で、これは宇宙が晴れ上がった、ビッグバンから三十八万年ほどあとの、光がはじめて直進できるようになったファーストライトの名残なわけだ（宇宙の晴れ上がり以前の姿を重力波で観測しようという試みは計画されているけど、いまんとこまだそういうデータはない）。

つまり、今の宇宙論は観測できる事実より前のことも語っていて、その意味では確たる証拠はないことまで議論の対象にしている。それなのに、なんでみんなそんなただの物語を、わりと信じるかというと、特殊相対性原理と不確定性関係が、いちばんはじめから成立していると仮定すると、そうなるはずだって組み立てになっているからだ。

この二つの原理が成り立たない前提で理論を組みたてることもできるだろうけど、それやるとホントに何の根拠もないただの空想になっちゃうから、遊び半分以上の意味はみんな認めないわけね。

それで一般相対性原理とはなにかというと、それはどんな座標系でも、物理法則は変わらないってこと。まあ、その意味はなんとなくわかるよね。

もう一つの不確定性原理は、位置と時間とエネルギーの組み合わせは、ある数字よりも、厳密に決まることはないってことだ。逆にいうと、ある数字よりも短い瞬間や距離なら、エネルギー保存の法則みたいな、どう考えても破っちゃいけないルールみたいなものが、破れていてもいいよって考える。

そんでもって、現代の素粒子理論ではこの二つの原理のつじつまを厳密にあわせる方法を探し求めながら、もう一つ重要な基本方針で物事を考えている。

それが、対称性だ。

対称性ってのは、左右対称とか回転対称とかいうのと同じで、そのキモは複数のものを一つにまとめるってこと。つまり、物事をより単純化するための、強力な手段なんだよね。

たとえば右手と左手は別の図形でぴったり重ねることはできない二種類のものだけど、鏡に映せば重ねられる。つまり二つの図形があるんだけど、それは実は鏡に映ってるか映ってないかの違いなんだとすれば、もとの図形は一つしかないってことになって単純化できるわけね。

素粒子物理で対称性というアイデアが意識されはじめたのは、原子核のなかに、陽子と中性子という二種類の粒子があるってわかったことがきっかけだった。つまり、クォークとかそういうものが知られるよりうんと昔のことね。

陽子は一九一九年にラザフォードによって発見され、一九三二年に中性子が見つかった。それで原子核のなかでの陽子と中性子の振る舞いを調べると、どうもなんか二つの性質はものすごく似ている。つーか、＋の電荷を帯びているか帯びてないかくらいしか違いがないかんじ。

なんでこんな、ほんのちょっとしか違いのない粒子があるんだろう。なんかめんどくさいなーってことになった。

で、この発見以前に、電子に二種類のスピンがあることがわかっていた。

スピンというのもなんだか不思議な性質で、はじめは古典力学的な角運動量の延長みたいな感じで思いつかれたんだけど、実際にはそれとはまったく関係がない。なにしろ電子は大きさゼロなんだから、古典力学的な意味で回転するっていったって何のことやらわからないもんね。

スピンが発見というか考案されたのは、銀の原子を磁場のなかで走らせると、上に曲がるものと下に曲がるものがあるって実験からだった。

この現象が見つかったとき、電子と思ってたものが、実は二種類あるんじゃないかと考えることもできたろう。でも、歴史はそういう見方を採用せずに、スピンが上向きと下向き、あるいは進行方向右巻きか左巻きって決めることにした。

まあこれはいずれも文学的な表現で、実際には上下とも右巻き左巻きとも全く似ていないし関係もない。ようは、二種類の違った状態があるってことだけ。

つまり、電子がぐるぐる自転してるところが観測できたわけでも、上向いているか下向いてるかってことがあるわけじゃないんだけど、とにかく二種類の振舞いをするってことを、スピンという性質には、状態が二種類あるっていう理論にして説明したわけね。

これは言葉を換えると、よく似た二種類の違った粒子があるんだけど、それはスピンという性質の違いがあるだけで、実は同じものだと決めちゃうことと、おなじことだ。

そこで、この考えかたを、ほんの少ししか性質が違わない陽子と中性子の関係に応用したんだよね。

つまり、陽子と中性子は実は同じものなんだけど、アイソスピンという性質には状態が二種類あって、その状態の違いが陽子と中性子の違いを作りだしているっていう理論を考えたわけね。

もちろん、これは陽子や中性子が素粒子だと思っていた過去の話で、今の素粒子論にそのまま当てはまる話じゃない。ただ、核子レベルの話ならきちんと辻褄があうし、このアイソスピンの概念と現実のより高精度な観測結果との違いを検討する中で、クォークの理論とかができていったんだよね。

さらにこのアイソスピンという概念は、電子のスピンみたいに、磁場の中で走らせてみると曲がる方向が変わるような、目に見える空間とは関係していないもので、純粋に数学的な世界の中にしか存在しない。そこで、こういうアイソスピンが上を向いたり下を向いたりする空間を「内部空間」ということにした。

それで、こういう内部空間という、数学的想像上の空間の中で、ある方向をもったものが、どっちを向くかで、現実世界で観測できる素粒子の種類が変わる、みたいなことをまとめたのがゲージ理論っていう。ゲージ理論ってのは、ゲージ対称性っていう内部空間で成立する対称性を仮定することで、たくさん種類がある素粒子を、実はもっと少ない数の別の顕れなんだって表現するための、数学的なメカニズムなんだよね。

（続く）

ヒッグスの話（その6）

現代の主流の素粒子論は、宇宙の最初というか、宇宙が存在するより前（前というのは、時間を前提にした言葉だけど、正確には時間もないので、前といういいかたも正しくない、言葉では表現しようがない状態）から、一般相対性原理と不確定性原理は、今とまったく同じように成立していたと考えている。

もっとも、そう考える根拠はとくになくて、違う可能性だってあるといえばある。でも、一般相対性原理も不確定性原理も成立していないとすると、何のよりどころもない、好き勝手になんとでも考えられる御都合主義とあんまり変わらない。だから、正統派の物理学者は、そういうことはしないわけね。つまり、これは科学的な推論以前の、ある種人間的な信念に属する方針といってもいい。

もちろん、ちょっとマッドな人とか、パズル的というかSF的なマインドの持ち主が、希《まれ》にそういう類の理論を考えてみたりすることはある。数学的には、時間とともに不確定性関係や一般相対性原理が変化してきているとかいった、適当な条件を与えて理論を考えることはできる。

そもそもSFではお馴染みのタキオンもそういう感じのものだからね。でもそれは、正統派の素粒子物理の専門家からすれば、お遊びみたいなあつかいだったり。

ところがそういうお遊びから、ときとして正統な理論家も、これはなんだか本当のことっぽいと信じさせる、新しい視野が開けることもある。

現代の素粒子物理学の基本方針には、一般相対性原理と不確定性原理のほかに、複雑なものよりシンプルなほうが本当っぽいよね〜という、これまた人間的な気持ちの問題というか、信念のようなものがあって、それを実現するために用いられる考えかたとして対称性ってのがある。

二つの似たものがあるとき、それはホントは同じものなんだけど、鏡に映って二つに見えてるに過ぎないというような感じで、対称性という概念をうまく使うと、複雑なものを単純にできる。そんでもって、主流の素粒子論では、ゲージ対称性という概念で、素粒子の相互作用をまとめてるんだよね。

ゲージ対称性では、我々が観測できる外部空間の他に、想念の世界というか数学的な空間でしかない内部空間ってのを考えて、その内部空間でのベクトルの向きの違いで、物質の違いを表すようにしている。たとえば、電子と電子ニュートリノの違いや、アップクォークとダウンクォークの違いは、内部空間のベクトルの向きが違っているってことで表現しているわけね。

そして、非常に不思議なことに、この考えかたで論理を組みたてていくと、物質の素粒子だけでなくて、物質間に働く力が、例えば電磁気力なら光子、強い力ならグルーオン、弱い力ならW粒子やZ粒子という粒子だと考えることができて、同じように内部空間での向きを回すような操作であつかえることがわかっちゃったのだ。

ようするに、物質も力も数学的には同じ形式に書ける「粒子」で、それらの相互作用は、内部空間と外部空間をあわせた空間での回転操作で表せる。

最初は似たもの同士の物質をまとめたいな〜と思っていろいろ工夫してただけなのに、意外なことに力までまとめて考えられちゃうことがわかって、これはなんというか、この宇宙の成り立ちを表現するホントのことなんじゃないかと、物理学者たちは思ったわけね。

さらに、このゲージ理論は、エネルギ

ースケールの小さな所のデータをきちんと測定して放り込んでやると、実験が不可能ならんと高いエネルギースケールの現象の結果も出してくれるという、ちょう便利な性質も持っていた。

エネルギースケールというのは、ようするに距離のことというか、高いエネルギースケールほど、よりミクロな世界のものが見えるようになる。これは、運動量と距離の積がある数（プランク定数）より小さくできないという、不確定性関係から出てくるもので、要するによりミクロな世界、距離の近いところでの現象を見るには、エネルギーを大きくしないといけないってことなわけね。

ゲージ理論の計算メカ、つまりラグランジアンに、エネルギースケールの小さなところでの測定値をいれてやると、もっと高エネルギーの現象の結果を出してくれる。そこで、さらに高エネルギーの現象を測定する実験装置を作って結果をみれば、ラグランジアンが正しかったかどうかを確かめられる。

そうやって、これまでいちばん確からしいと思われてきたのが、標準理論こと、電弱統一理論で、ヒッグスが発見されたとすれば、それが一点の曇りもなく正しそうだと証明できるわけね。でも、これはあくまで、電磁気力と弱力を統一するだけの、わりと低いエネルギースケールまでの話しかとりあつかえない。

もっと高いエネルギースケールの、強い力との統一には、別の理論が必要になる。その理論にも色々なものがあって、たとえば『ワープする宇宙』（NHK出版）って本で有名なリサ・ランドールとかが唱えている余剰次元理論てのはその一つだ。これは四つの基本力のうち重力だけが極端に弱いのは、コンパクト化して見えない次元の中に重力が漏れて、遠くまで届かないからというもので、LHCのような、そんなに高いエネルギースケールには届かない加速器でも、コンパクト化された次元より小さな所にエネルギーを集中させられれば、ブラックホールができるので確かめられるって話になっている。

でも、多くの物理学者がいちばん可能性があると思ってるのは、超対称性理論ってやつだ。これは、標準理論では、物質粒子は半整数スピン（フェルミオン）で、力を伝える粒子（ゲージ粒子）は整数スピン（ボソン）なんだけど、力を伝える粒子をフェルミオン、物質粒子をボソンにした超対称性パートナーが存在したらどうなるだろうって理論なんだよね。

この超対称性というアイデアは、もともとはタキオンと同じようなお遊びに属するものだった。最初にこれを考えたのは宮沢弘成さんで、中間子とバリオンで超対称性を考えたのね。まあ、昔のことで、今となっては素粒子でもないものについてのアイデアではあったんだけど。

ところが、これを今わかってる素粒子に当てはめて理論をきちんと作って計算してみたら、十の十六乗GeVという高エネルギースケールで、電磁力、弱い力、強い力の力の強さが、なぜか同じ値になることがわかっちゃった。これは全く予想外の一致で、つまり超対称性理論は偶然にも、大統一理論だったってことがわかっちゃったのだ。狙って作ってなかったのに、大統一理論になっちゃった、それも対称性というこれまでの方針を拡張したらそうなっちゃったという、世にも不思議なことが起きたわけ。だからといって、これが正しいという確証はないわけだけど、やっぱなんかありそうだよねえって感じるのが、人間というものなんだよな。

感覚のふしぎ

サはサイエンスのサ

連載・216

【鹿野 司】

少し前だけど、NHKのドキュメンタリーで、最新のロボットに関する番組が放送されたのね。

ロボットの研究は、何かをきっかけにパラダイムシフトのようなことが起きて、劇的におもしろい研究が続き、メディアでも注目される時期と、世間の注目はあまり集めないけど、地味に少しずつ改良が進んでいる時期がある。

まあ、これは長く続いているものなら、どんな研究でもそういうところはあるんだけどね。つまり、典型的なランダム事象とも言える（笑）。で、ロボットに関しては、今はどちらかというと、地味に雌伏している時期なんじゃろう。でも、そういうときには、いろいろおもしろそうなことが少しずつ進んでいたりもするはず。

個人的に、最近はあまり取材ができていないので、一次情報にあたれていないもどかしさがあるのね。だけど、このところで、うすうすおもしろいかもしれないなあと思っていたのは、ヒューマノイド型のロボットが、産業用として多品種少量生産の現場に入りつつあるらしいってこと。

これの本質は、ロボットの姿カタチはまあ関係ないだろう。腕を二本つけて見かけをヒト型っぽくするのは、従来の技術で簡単にできることだからね。それより、多品種という多様な課題に柔軟に対応可能な、センサや認識技術の向上とか、簡単に動作指示ができるソフトウェアとかロボットの知能側に、何か賢くなった部分があったらおもしろいなあと……。

で、まあそのヒューマノイド型産業ロボットについて上記の番組でやるような予告をしていたので、ちょっと期待していた。だけど、残念ながらオレがおもしろいかもと期待したところにはまったくフォーカスされなかった。そのがっかり感もあるんだけど、オレとしては珍しくちょっとディスってみようかな〜なんて。

この番組の冒頭、クラタスの紹介がはじまって、その時点でもうだめっぽいって直感してしまった。クラタスは、アートというか町工場のようなところで、実際に人が乗れる巨大ロボットを作ってみたというおもしろさ、かっこよさはあるけど、テクノロジーとしての革新性はない。ファンタジイを現実にしようとした点ですごいけど、現実の先端テクノロジーの話をするのに、こういうものを持ってくるのは、オレ的にはかなりダメ感があるのね。正直いって、この番組作った人は、なんもわかってないなーって感じちゃう。

その予感は当たって、はじめて見るような映像の羅列はされたけど、全体を貫くストーリイには、失望しか感じなかった。そこで、何でまたそんな気持ちになったのか自己分析してみると、この番組の作りは、オレのやろうとしてきたことからすると、ホント赦せないくらい正反対のものだったんだなってことに、気がついたわけさ。

この番組は、ロボットという、世間のなかにできあがっている漠然としたイメージに迎合するように、現実のテクノロジーをあてはめてしまっていた。今、生きて動いて、小さいながらも革命を起こしつつあるテクノロジーのいちばんおもしろい部分を削って丸めて、ありふれた物語に押しこんじゃってたのね。

現実のテクノロジーや科学は、少しずつだけど、リアルタイムにこの世を変革し続けている。それがこういう分野のいちばんのおもしろさだと、オレは信じてる。

星雲賞受賞のときのスピーチでも言ったんだけど、オレがやっている仕事は、基本的にSFのつもり。自分の肩書きには拘ってないので、てきとうにサイエンス・ライターとか名乗ったりするけど、やっていることの本質はSFなんだ。

　それはどういうことか。現実の科学やテクノロジーは、進むにつれて、人間の認識世界を確実に大きく変えてしまう。それはオレがSFに感じてきた魅力とまったく同じ性質のもので、だから現実世界にある、現実に起きつつあるそのおもしろいところを、みんなと共有したい。それが、オレがこういう仕事をやってきた、いちばんの中核にあるのね。

　たとえばアフォーダンス的な、あるいはエコロジカルな知能観というのは、昔ながらの、「脳が中枢で、まわりの環境と独立して知能は存在できる」というようなものの見かたとは、根本的に違っている。ある程度のところまでは、古い概念でも説明できるけど、生命が現実に備えている知能は、それでは到底説明できない異質なものなんだよね。

　エコロジカルな知能観は、まわりの環境と、生命とが渾然一体となったところに知能が生ずるという、古い知能観とは「観点」がまるで違ったもので、世界のとらえかたそのものを変更しなくちゃ理解できない。

　それは、世界はもうだいたい解っちゃっているんだなあというペシミズムとは真逆の、この世界は、まだ、まったく新しいとらえかたをする余地があるんだっていう喜ばしい事実を、リアルに、フィクションではなく今まさに起きている現実として、示しているってことなんだ。オレはそれはすごくおもしろいことだと思うし、そういう革新的な事柄が、物語のなかにフィードバックされていけば、さらにおもしろいことになるとも思っているのね。

　もともとSFというか空想科学物語ってのは、産業革命に端を発する、うおお、こんなことできちゃうの、こんなものの見方があり得るのっていう「観点の革命」が、物語に取り込まれていって成立してきたものだったと思う。それと同じことが、今だってできないことはないよねってのが、オレの思いのなかにはあるわけ。

　そういう意味でいうと、NHKのロボット番組は、既存の消費しつくされた観点というか、ガジェットを羅列しただけというか。目に鱗を貼り付けまくったまま、新しい物をハナから見ようとしてないって感じがして、オレとしてはまったくつまらんと思ったわけ。まあ、逆にいうと、オレが自分でやってきたことを、改めて言語化し、意識化するきっかけを作ってくれたという意味ではよかったんだけど。

　というわけで、これから書こうと思っていた導入だけで話が終わっちゃいそうだな。まあいいや。なので少し余談として今のロボット研究でおもしろいと思っていることをちょっと紹介。そのいちばんとして思いつくのは、TEDでも紹介されていた、ペンシルベニア大学GRASP研究所のヴィージェイ・クーマー「協力し合う飛行ロボット」あたりかなあ。

　これはラジコンヘリを、群れで動かすってやつ。シミュレーションでなく現実世界、つまりものすごい擾乱《じょうらん》のあるなかで、一つ一つは大した力もないロボットが、群れとなって意味のある仕事をするってもの。シミュレーションなら前からあったし、実ロボットでも小規模では前からいろいろあったけど、これは少し時代をすすめた感じかな。この研究が可能になったのは電動ラジコンヘリが安価に市販されるようになったからってのが入口として非常に大きいと思うけど、これを境に群知能の現実への応用革命が、はじまりそうな感じがするんだよね。

世界のフラット化と帝国

サはサイエンスのサ

連載・217

【鹿野　司】

ＴＰＰに賛成か否かってのが、いろいろと取りざたされている。ＴＰＰとは環太平洋パートナーシップ協定のことで、オレの理解では、締結国間での経済の自由化を進めるというか、貿易を今まで以上にスムーズに行うために、関税による障壁のみならず、非関税障壁までかなり踏み込んで取り払おうってものだ。

これについての近頃の日本の議論の一面をざっくりいうと、反対派は米とか麦とかの農業が壊滅するからダメだって言っていて、賛成派は工業製品などが今まで以上に有利に世界に販売できるのでイケイケってかんじかな。

これだけ聞いていると、昔ながらの貿易のかけひきとさほど変わらない。例外的関税さえ設けれれば大丈夫とか、そんな交渉力は日本にはないからやめろとか。

これはしかし、ＴＰＰで起きるだろう変化を、矮小化している感じがする。

人には、まったく新しい概念でも、昔から知っている何かに引きつけて、その古い概念とだいたい同じだと誤解しちゃう思考の省エネシステムがあるけど、それによってミスリードに気づいてない人もいるんじゃないかなあ。

このレベルとはまた別に、ＴＰＰに加わることで、グローバリズムが加速して、それは日本人の幸せを奪っていくからよろしくないという主張がある。

オレ自身は、グローバリズムはまあ止められないとは思っているんだけど、このレベルの議論は注目しておくべきこともあるなあって感じかな。

グローバリズムが日本人の幸せを奪うかもってのは、たとえば発展途上国と賃金格差がなくなるから、日本でも年収百万とかになっちゃうよとか。

あるいは日本国内の制度を守るためにある法律が、非関税障壁と見做され、それを変更することで、制度自体が崩壊するとか、国民にとって不都合な副作用が起きる可能性も指摘されている。

たとえば、今の国民健康保険は混合診療が原則禁止されているけど、これの撤廃圧力が強まるとか。あるいは、著作権法違反は今の日本では親告罪だけど、これを非親告罪化することになるとか。

混合診療は以前から、がん治療薬とかで、海外で認可されているのに、日本で未認可の薬を輸入して使おうとすると、もともと保険適用できてた部分も丸ごと保険が使えなくなるのは不合理ってことで問題になっていた。でも、混合診療を認めちゃうと、医師でありながら、怪しい民間療法を一緒にやることが容易になるから危ないって話もあるんだよね。

また、著作権法の非親告罪化も、アメリカからやれやれ言われているけど、これをやると警察権力がかなり恣意的に取り締まりができるようになるので、下手するとコミケが崩壊するともいわれる。

ＴＰＰに反対する意見は、なんとなく対アメリカを念頭に置いて、日本が一方的に不利益を被るような感じになっていることが多い。

ところが、アメリカでもＴＰＰに反対している人たちがいて、その主張は「帝国」をのさばらせることになるからってものだ。

帝国とは何かというと、ようするにアップルとかグーグルのような、新しいタイプの超多国籍企業のことだ。日本では例えば、ユニクロは帝国的に振る舞おうとしつつあるのかもしれないのかな。

この種の企業体は、全世界を見渡して、自分が最も効率的に成長できるよう、最適化を計っている。世界中から最もハイレベルな技術をもちより、その組み合わせで作られる製品を最も賃金コストの安い場所で製造して、最も高い値段で買ってくれる場所で売り、低税率国を巧みに活用した様々な節税対策で税の支払いを最小にしようとする……。

　こういう合理化、効率化を行う企業は、世界から資源と富を吸い上げながら、人々の抑圧に荷担し、どの国にも利益をほとんど還元せず、己の勢力拡大のためにのみ邁進する「帝国」ってわけだ。

　これは日本での反ＴＰＰ議論ではあまり聞いたことのない話じゃないかなあ。

　確かにＴＰＰのような非関税障壁までおりこんだ自由経済というものが実現していけば、帝国には非常に都合が良いだろうと思う。

　この種の帝国が成立できるようになった要因は、一つは全世界が高速のインターネットで結ばれたフラット化だろうし、もう一つは世界の多くの部分が、基本的に平和になって、発展途上国の教育やインフラの水準がそこそこ上がってきたことにあるだろう。世界という果実が熟してきたことによって、それを巧みに利用しながら成長するしくみを、作りやすくなってきたわけね。

　ただ、それだけだと、昔からある多国籍企業が、新興企業ほど帝国的にならない理由の説明ができない。その差の源は、あえて言うなら、帝国の経営陣に人間的なモラルによる抑制が、働きにくいことがあるように思う。

　前から何度か言ってきたことだけど、国とか企業とか2ちゃんねるとか、人々が集まってできた組織は、群知能（スウォーム・インテリジェンス）として振る舞う、ヒトとは次元の異なる超生命体だ。

　群知能の例は、たとえばイワシや鳥の群れのようなものだ。個々の個体はまわりの様子を見ながら、同じ動きをしようとしたり、群れの内側に行こうとしたりというような単純なルールでしか動いていないのに、全体として巨大な生き物のように振る舞って、捕食者の目を眩ましたりするってのがある。

　あるいは、アリやハチのような真社会性の動物で、各個体の神経回路はシンプルだけど、巣というまとまりで見ると、作物や家畜を育てたり、巣のホメオスタシスを維持するような、高度な知的振る舞いにみえる活動をするものもある。

　第二次世界大戦以前からあるような多国籍企業は、誕生当時の世界の環境状態から、その企業が存在する土地に根ざした振る舞いをすることが、今につながる成功に貢献していたと思う。つまり、地元の労働者への利益還元や、生活水準や教育水準の引き上げなどをすることが、企業体全体として有利に働いていた。これが、群知能に内蔵された本能のように、時代が変わってもある程度残っているんじゃないかと思う。

　ところが、帝国はすでに世界中のインフラがある程度整った環境で発生して、おいしいところだけを摘み取りながら成熟してきた存在で、古い多国籍企業のような土地に対する束縛がない。そのうえ、経営の意思決定に社外取締役や株主など多数の思惑の影響を強く受けるようになっているので、あまり強欲になってはまずいかもという個人レベルのモラル的抑制がききにくく、効率と合理性の追求こそ至上命題みたいな感じになりやすいんじゃないかとも思う。この種の帝国という超生命体は、いまのところ、常に効率化を進め、成長し続けないと、滅んでしまうという、赤の女王的なフェーズになっているような気がする。さて問題は、こういう帝国に対して、個人はなにができるかってことだ。

（続く）

だいたいあってると、似ているようでゼンゼン違うこと

　前回の帝国の話を続くと書いたけど、それより書きたいことができちゃったので、あの話はとりあえずあそこまでにします。ごめんなさい。

　で、前の話をぶっちぎって違う話を書きたくなったのはどうしてかというと、日本原子力研究開発機構（ＪＡＥＡ）に絡んだ二つの報道があったからだ。

　五月の末、ＪＡＥＡ管轄の高速増殖炉もんじゅに一万点近い機器の点検漏れがあったことを受けて、原子力規制委員会が安全管理体制を見直す命令を出した。

　また、それと前後して、ＪＡＥＡと高エネルギー加速器研究機構（ＫＥＫ）の共同施設、Ｊ‐ＰＡＲＣで放射能漏れが起きたんだよね。これも放射能が漏れているのに実験を続けたり、報告が遅れたりと、ハタから見ると、いったいぜんたい何やってるのって感じの出来事だったと思う。

　この二つはどちらも、ＪＡＥＡ関連施設に関する不祥事で、ニュースを見ると両者を関連づけて、ＪＡＥＡってどんだけぐだぐだな組織なんだ、原子力ってやっぱダメだわ～って感じに伝えるものが多かったと思う。

　ただ、それは違うんだよね。この二つは、ごっちゃにしてはいけない、本質的に別の問題なんだ。

　でも、同じＪＡＥＡに絡み、「原子」という文字列が同じだったり、放射能に関わる問題だったりと、これを混同するなといっても、なかなか難しいなあとも思ったんだよね。オレみたいに科学や技術に興味を持っている人間なら、両者の違いは明白だと思うけど、そうでない人にとっては何がどう違うか説明するにも、手順を追って長い長い話をしなくちゃいけない。短い言葉だけでは、一般的な教養レベルの人を、だいたい納得させることすら難しいって感じなんだよね。

　まず、オレの認識としては、もんじゅについては、原子力規制委員会が、おまえらだめじゃんかーって怒るのは、まったくその通りだと思う。オレも、再開後のもんじゅについて、いったいどうしちゃったんだろうと問題を感じているからね。

　もんじゅは一九九五年、冷却用のナトリウムの温度を測る、温度計ケースの設計を変更したことがもとで、ケースに穴が空いてナトリウム漏れ事故を起こし、停止を余儀なくされた。

　ナトリウムは水に触れると発火するくらい反応性の高い物質だから、ナトリウム漏れ事故は、原子炉の性質をあまり知らない人からすると大変な事故って思うかも知れない。でもこれは、専門的には、過酷な原子力災害なんかにはつながらない、まったく大したことじゃなかった。

　国際原子力事象評価尺度（ＩＮＥＳ）ってのがあって、原子力にまつわる事故や事象（レベル７まであって４以上を事故、３以下を事象という）をどの程度の出来事か比較するものだけど、この尺度でもんじゅのナトリウム漏れはレベル１の「逸脱」に過ぎない。ちなみに、チェルノブイリがレベル７（深刻な事故）で、３・11の福島第一は暫定レベル７ね。

　ただ、たとえレベル１でも、こういう事象が起きてしまったからには、長期間止めたのもまあ妥当だったと思う。外部の人間としては、その間に再発防止のいろいろな手立てが実行されたんだろうなと期待してた。

　ところがじゃ。もんじゅは二〇一〇年の五月に十五年ぶりに運転再開したんだけど、そのわずか三カ月後に、核燃料を交換する燃料中継装置が脱落して炉内に落下、にっちもさっちもいかなくなっちゃったんだよね。しかもその原因は、ク

レーンみたいな装置のボルトが、ゆるんでいたか欠けていたことにあったんだよね。これって、複雑さに紛れて気づきにくいような事故ではなくて、ごく初歩的な点検不良としか思えない。ええ〜いったいナニゴトだって思ったな。さらに加えて、法令で定められている機器、一万個近くの点検が放置されていたことが明らかになって、これは何か、非常にまずいことになっているに違いないってことが、明らかになっていた。

同じ原子力でも、民間企業の原発とかは、恐ろしく厳しく微に入り細に入り点検することが求められていて、それが厳格に実行されている。むしろそれはやり過ぎに近いと、オレはずっと思っている。

その厳しさが、道理に合わないと感じるくらい面倒くさいから、業務の効率化ができない、カイゼンすべきって思う人間が出てしまって、手順をぶっ飛ばした結果が、東海村JCO臨界事故（INESレベル4・事業所外への大きなリスクを伴わない事故）という悲劇に繋がった。

ところが、もんじゅに関しては、民間では常識の、原子力の安全を守るための規律遵守が、信じられないくらいのレベルで疎かにされていたようだ。これは明らかにおかしい。何がどうしてこうなったかを正確に把握して、組織なりなんなりの改革が絶対必要な問題だ。

ところが、日本原子力研究開発機構の鈴木篤之理事長は責任を取ると称して辞任、規制委員会はなんでこうなったのって原研機構に弁明を求めたんだけど、機構は不服の申し立てもなかった。なげっぱなしかよ。一連の経過をみて、この問題には、かなり注意深く推移を見守らなくちゃって思っている。

でも、それとJ-PARCの放射能漏れは、まるで次元が違うんだよね。

J-PARCの放射能漏れは、INESレベルで暫定1という評価で、問題なことは確かだけど、たるんどるとかそういうことではなくて、こちらはある意味しょうがなかった部分がある。

J-PARCは、KEKとJAEAが共同で運営しているけど、これは加速器の施設であって、原子力の施設じゃない。

今回の放射能漏れの背後には、施設全体の「風土」が加速器側のもので、原子力側のものじゃないってのがたぶんあるんだよね。

しかしまあ、そもそも、加速器と原子力がどう違うかってのも、多くの人にはわからないよね。原子力は、もともと放射能を帯びたウランとかプルトニウムを燃料にして、電気を作るのが目的だ。

いっぽう、加速器は陽子とかの粒子を加速したりぶつけて、何か研究をするのが目的で、その結果として放射線が出たり、放射能を帯びた物質ができたりする。

今回のJ-PARCの放射能漏れは、加速器の専門家でも、はじめて聞いたような珍しいものだった。ここの加速器は中性子をたくさん作って色々実用的な研究をするのが目的で、他にあまりない強度の高いビームを作っている。そのため、機器の誤動作で瞬間的に予定の四百倍のビームが標的に当たったとき、標的の金が蒸発して、できていた放射性物質を放出させることにつながった。他の加速器なら、標的を蒸発させるまでの強度はなくて、似た誤動作が起きても同じことはまず起きない。まあ、誤動作で瞬間的に強い放射線がでちゃうことは、過去にもあったらしいけど、それとこれとはまた別の話。そういう珍しい出来事だったってのがこれの第一の特徴だ。　（続く）

だいたいあってると、似ているようでゼンゼン違うこと(その2)

東海村にあるJ-PARCで起きた「放射能漏れ」は、加速器の専門家でも、ほとんどはじめて聞いたような、珍しいものだったらしい。その理由は、この施設が加速器とはいっても、ヒッグス粒子探索みたいな、いわゆる素粒子実験を行うものじゃなくて、中性子をたくさん作って、それを使って材料研究とかの実用的な実験を行うことを目的としたものだったからだ。そのため、他の施設ではあまりない、強度の高いビームを作っている。

だから、機器の誤動作で瞬間的に予定の四百倍のビームが標的に当たったとき、標的の金を蒸発させるだけの出力になってたんだよね。そして、金標的のなかにできていた放射性物質を、蒸散させることにつながったわけだ。

一般的な加速器なら、標的を蒸発させたら実験にならないし、そもそもそんな強度は必要なくて出せないので、似たような誤動作が起きても、こうはならない。

過去の事例では、誤動作で瞬間的に強い放射線が出て、それで実験者が予定より多く被曝したことはあったらしいけど、放射線が多く出たことと、ガス状の放射能漏れとはまったく別のできごとなんだよね。

しかも、J-PARCの事故でこの四百倍の強度のビームが出たのは五ミリ秒だけで、直後にシステムが停止している。

このとき、実験をやっていた人たちからすれば、あちゃー、システムダウンしちゃったよ、リセットしてやり直そうってな感じだったはずで、何が起きたのか把握することも極めて難しかったと思う。

それが、誤動作の後も実験を再開した理由だったのだろう。

で、この金標的が置かれているところも真空なんだけど、その真空を保つために真空ポンプで常に空気を抜いているので、標的でできた放射性物質はポンプから外へ排気されて、実験施設内の放射能レベルが上昇した。

もともとこの施設の仕組みがこうだから、放射能レベルのごくごくわずかな上昇は、事故でなくても、必然的にわりとあることらしい。だから、室内の放射線レベルが上がったこと、それが即まずいことが起きたという警告にもならない。

それで、実験を続けていると、真空ポンプが、できた放射性物質をどんどん室内に吸い出すので、どんどん実験室の放射能レベルが上昇してしまった。

このポンプの排気のところになんでフィルターがついていないのって話はありえるけど、もともと極微量しかできないから、つける意味はないと判断されていたんじゃないかな。

それで、室内の放射能レベルがだいぶ上がったので、たぶん、なんでかな〜そういうこともあるのかな〜と思ったとは思うけど、規定どおりの行動として、換気扇を回して、その放射性物質を管理区域の外にだしちゃった。

まあ、なんと言うか、放射能に対して何の警戒心もない、牧歌的なかんじ。

それで実験はすべて終わって、規定通り被曝量の検査もしてみんな帰ったんだろうけど、あとからその測定値を、おそらく安全管理をしている人が見直したら、ルールで超えてはいけないレベルでたくさん被曝していることがわかっちゃった。

それで、あわててみんなを呼び戻したりして……とかの流れになったのだろう。

こういう過程なので、どこぞにすみやかに報告ってのも、基本的に無理だったんじゃないかな。

今回被曝してしまった人は、結局三十四人で、これは過去にないレベルの大人数なのは確かだ。でも、最大被曝量は、たぶんいちばんたくさん放射性物質を吸い込んじゃった人でも、預託実効線量で二ミリシーベルトまでいってないので、まったくたいしたことはない。ちなみにお腹のX線撮影でも二・五ミリシーベルトくらいは被曝するし、腹部CTとかなら一回で八ミリシーベルト被曝する。

それに、加速器で粒子をぶつけてできる放射性物質は、寿命が数時間とか非常に短いものがほとんどで、もとから量も極端に少ないし、すぐに消滅して、外にだしたことで何らかの健康被害につながるようなことはあり得ない。（J-PARCからはニュートリノを作って神岡まで飛ばす実験もしていて、このニュートリノを作る実験装置には強度の強いビームを、累積でかなり長時間当てるので、そちらは長寿命の放射性物質はできるけど）

もちろん、そうはいっても、これは放射能を管理区域の外にだしちゃったという意味では、ルール上、あってはならないことだ。だけど、機械的にルール違反と断罪するのは、うーんどうなんだろうなあって思うんだよね。

こういう事故の可能性というのは、起きてしまった後だと、なんでキチンとしておかなかったと断罪されがちだけど、現実にはフレーム問題の一種で、実際に事前にバグとりしておくことはかなり困難だ。もちろん、こういうことが起きちゃったからには、今後は排気のところにフィルターをつけるなりなんなりの対策は取られていくとは思うんだけど、逆にいえば、この問題に関しては対策はたぶん簡単で、そんなに責めるような性質のものではないと思うんだよね。

しかし、これをもんじゅの問題と明確に区別できる人って、相当これらの問題に詳しい必要があると思う。

もんじゅは、たるんでいるとしか思えない問題を多発させて、オレも非常に問題があると考えている。しかし、J-PARCはそういうわけではないと説明するには、ものすごく手間がかかるんだよね。

なにしろ、両施設とも、日本原子力研究開発機構（JAEA）と関係しているし、原子力と原子核というコトバ、放射能漏れという事故であることとか、たいていの人の頭のなかでは、だいたい同じカテゴリーとして記憶されているようなものがいっぱい出てくる。つまり、とくに強力に原子力に反対しようと思っていない、中立的な人でも、原子力と原子核物理にかなり興味を持っていない人じゃないと、だいたい同じようなものだろうと思うのが自然だと思うんだよね。

この問題に関しては、オレはたまたま事情を推測できるレベルの興味と知識を昔から持っていたから、違うんじゃないかと言えた。だけど、まったく別のあまり知らない問題に関しては、同じようなことをやってしまうかもしれないとも思う。

人間てのは、すぐに思考の省エネをやりたがるもので、似ている感じのものはだいたい同じって考えがちだ。それはサボってるわけでもなくて、高速に、より複雑なことを考えるためには、欠かせない情報処理でもある。多くの問題は、だいたいあってるってレベルで、とりあえずざっくり考えないと把握できないもんね。

いっぽうこれは、下手をするといろいろなところで、理不尽な誹謗中傷や、迫害みたいなことに繋がってしまう可能性もある。そういうことをあらかじめ予防し、解決する確実な方法はたぶん存在しなくて、やれることがあるとしたら、おかしいと思ったらそれまでの考えを捨てて、もう一度再検討するくらいしかないかな。むつかしいね。

サはサイエンスのサ

連載・220

【鹿野　司】

夏の二大おたく映画をみてきたよ

夏の二大おたく映画を見てきたよ。『パシフィック・リム』はおもしろかった。『風立ちぬ』はすばらしく良かった。

パシリムは日本の伝統文化である、巨大ロボットと怪獣を、心からリスペクトするギレルモ・デル・トロ監督が、ハリウッドのCG技術と金にものをいわせて撮りあげた作品なので、見る前から一定の満足感があるだろうとは思っていた。

実際見てみると、主役ロボはパイルダー・オン＋エヴァっぽい絵で出撃するとか、いたるところで特撮映画とかアニメで見たカットをパクってる。音楽もところどころ伊福部っぽくて、嬉しいことこの上なし。怪獣をKAIJYUと表記して、TUNAMIみたいに表しクラス分けして、MM9か～みたいなところとか、ロシアのロボを操縦する夫婦の名字が、カイダノフスキーだとか、監督のおたくらしい詳しさが随所に垣間見られる。

上映時間は百三十二分もあって、最近の映画としては長いはずなんだけど、設定を作り込んでいて、入れたいネタもいっぱいあって、本当なら十三話でやるのが適当って感じ。巨大ロボ、イェーガーが何世代もあって、初代の英雄の話がちらっと出てきたり、侵略の初期の人類が勝ち始めた時に、巨大ロボットvs怪獣がエンターテインメントになったりという、設定だけで全く描かれないところもあったので、ヒットしたら、《クローン・ウォーズ》みたいなスピンアウトのシリーズを作ろうと目論んでいるのかも知れない。それに、各国の政府が突然イェーガー計画をやめて、無力な防御壁建設に切り替えたのは何故か、どうせ侵略者が中枢に入り込んでるとかだろうけど、いちおう謎を残しているところをみると、続篇も作りたい色気があるんだろうな。

そういう作りである当然の帰結として、物語はすごく粗筋っぽい。伝説の英雄と反抗的な息子、司令に救われ育てられたヒロイン、最後の突撃間際に突然ぶつ司令の演説など、描き込みがあれば深みを持たせられる感はあるけど、日本人のオレには唐突すぎて情緒ないな～と感じる。

しかし、何をしたいかはよくわかる。なぜなら、すべて何かの物語、アメコミっぽいけど、その型通りだから。なんというか、手をここにやったら笑ってくださいみたいな、パターン化された物語を、合図としてはめ込んでいるんだよね。

技術系のギークと数学系のナードがコンビで出てきておもしろいけど、これもテレビの『ビッグバン・セオリー』みたいだし、怪獣の死体を漢方薬にして売って稼いでる暗黒街のボスもアメコミ風味。まあ、これは好きな作品を詰め込みまくった、同人作家的なかんじ。監督の代表作『パンズ・ラビリンス』も、映像は美しいけどキャラは戯画的だったから、まあ、これはこの監督さんの個性なんだろうな。

しかし、この情緒のないところが、日本の映画の特性とは何かってのを、逆に改めて感じさせてくれた。

これは映像表現にもあって、ちかごろのハリウッド映画は、昔のをリメイクする時とかも、何でもスピードを速くしてビックリさせようとしている感がある。ゾンビも今じゃ走るしね。まあ、CG技術が進んで、どんなクリーチャーでも破綻なく、素早く動かせるってことはあるんだろうけど、そればっかになるのは正直いっていかがなものかって感じがする。

こういうのと比べると、改めて日本の特撮の、ゆっくりやってくるけど止めようがない圧倒的な感じとか、怪獣そのものを見せないことで高まる脅威感ってのが、お金や技術がない苦肉の策として生まれた表現だったとしても、やっぱり現実にないものを描く上で、すごく大事な技法なんだって思う。

そういう、存在しないもの、形のないものを表現することにおいては、宮崎駿は当代きっての天才だけど、『風立ちぬ』でも、それは存分に発揮されていた。

地震が引き起こす大地の歪み、エンジンから吹き出す煙やオイル、カルマン渦による震動で粉々に砕ける飛行機などは、現実ではあり得ないけど、絵で描くからこそ現実以上にリアルな表現で、これができる人はやっぱり他にいない。

効果音をすべて人の声でやる試みも面白かったし、庵野秀明の声も宮崎監督が描く堀越二郎にすごくよくあっていた。監督は庵野さんを、本質的に自身と同じ種類の人間と感じているんだろうね。

言うまでもなく、二郎は監督自身の化身でもあり、物語はつまり、クリエイターってのは、どうしょうもない欠落した所がある人間なんだ～ってものだ。

宮崎さんは、しっかりと前向きに生きる女性を描く人といわれるけど、オレの女友達は昔、ぱやおのフェミは底が浅いっていってた。たとえば、ポニョで嵐の夜に幼子を一人置いて職場に向かうなんて、母親ならないことだけど、それをさらっと描いてしまうところとか、やっぱり男の願望としての女性像なんだろう。たばこも吸いまくるし。菜穂子もまた、フロメシネルで了解みたいな、こんなに物わかりの良い女性は現実には存在しないよね。まあ、昭和の昔の物語はそういう感じも普通だったし、このあたりは吾朗ちゃんを想ってといいわけしながら、『パンダコパンダ』を作った、クリエーターのしょうもなさとも関係しているのかな。

宮崎さん解釈の二郎は、どこかしら後ろめたさのようなものを感じている。

クリエイティビティは業だって感じ。だけど、現実の堀越二郎はそうではなかったろう。まあ、それは宮崎さんも解ってるから、酷いもんだ誰も帰ってこなかったといういいわけは、夢の世界、つまり宮崎解釈の自分の投影像として描く、二郎の内面世界でだけされるんだけど。

当事者でない世代の日本人は、どうもこういうところに複雑な何かを想定しないと、納得できないところがあるみたい。

たとえば、ナチスに協力してV2を作ったフォン・ブラウンも、本人はアポロもやってわりとさばさばしてたと思うけど、日本人が人物を描こうとすると、そこに複雑な思いが、って感じになる。

堀越二郎と立場が似ているのは、朝永振一郎とともにノーベル賞を受賞したリチャード・ファインマンだ。彼は、学位を取る直前にマンハッタン計画に引き抜かれた天才で、学位収得と同時に結核を病んでいた最愛の女性アーリーンと結婚、直後に妻は入院し、ファインマンは休暇のたびに足繁く妻の元に通ったが、結局マンハッタン計画中に亡くなっている。

ファインマンは戦後、核兵器の廃絶は主張していたけど、マンハッタン計画はかけがえのない青春の思い出として語る。

妻への深い愛情と喪失感は心から涙を誘うけど、そのときベストを尽くしたことに、後ろめたさは少しも感じられない。

被爆国日本の人間の一人としては、最初そこに少し違和感を感じたけど、今はやっぱり人間存在とはそういうものだって思う。自分のやることが先の先でどんな害を為すかなんて考えてたら、なにもできるわけがない。今の日本の世間は、そういうことを言いがちな感じはするけど、そんなのは全く気に留める必要もない、無意味な言葉なんだと思うのでした。

目で見ることと感じること

視力といえば、誰でも視力検査表に描かれた、上下左右を向いたCみたいな形のランドルト環を思い出すんじゃないかな。あれは、目の解像度を視角、つまり見かけの角度で表して比較するものだ。

あのCの切れ目の幅は、視力1・0なら視角六十分の一度、視力0・1なら六分の一度になっていて、つまり、視角を分で表した逆数が視力ってわけね。

ただ、「視る力」には他にも色々な種類があって、ランドルト環による解像度の測定だけで全てがわかるわけじゃない。

たとえば、生まれたばかりの赤ちゃんの視力は0・02、六カ月の赤ちゃんの視力は0・2くらいだけど、その赤ちゃんにメガネをかけても、大人のように視力1・0に補正はできない。メガネが補正するのは目のレンズの屈折率だけで、一方、赤ちゃんの視力が低いのは、眼球や網膜、そして脳の視覚野がまだ未成熟なことが原因だからだ。つまり、赤ちゃんが見ている世界は、大人が見ている世界と、全く違ったものなんだよね。

そんな、赤ちゃんの視覚世界がどんなものかを考える指標の一つに、コントラスト感度がある。これは、解像度じゃなくて、濃淡に関する感度のことだ。

白黒の縞模様を考えて、視角一度の間に白と黒の線が一つずつあるとき、空間周波数が1（サイクル・パー・ディグリー）という。十本ずつなら空間周波数は10ね。つまり、視力1・0の人は、空間周波数30の縞模様が見える。

ちなみに、赤ちゃんの視力は、だいたい月齢の数字をサイクル・パー・ディグリーにしたくらいで、一カ月なら0・0二、三カ月で0・1、六カ月で0・2、十二カ月で0・4といわれている。

この空間周波数を上げていくと、縞の目が細かくなって、やがて全体が灰色にしか見えなくなる。おもしろいのは、その限界が白黒のコントラストの強さで変わってくることだ。大人の場合、いちばん感度が良いのは空間解像度3のあたりで、それだと白黒の明暗差が〇・二%しかなくても縞を識別できる。

一方、三カ月児は空間周波数3の縞は見えなくて、0・5くらいの感度がいちばん良い。しかも、コントラスト比は十%以上ないと縞と認識できない。つまりコントラスト感度では、赤ちゃんは大人の百分の一前後の能力しかない。

これは赤ちゃんの視覚世界が、解像度が低いだけでなく、明暗の区別もつきにくくて、まるで薄もやがかかっているみたいな感じってことだ。赤ちゃんが好きなものに、トラのぬいぐるみとか、水玉模様の服、キラキラ光るものや鏡などがあるけど、これらはコントラストが強くて、赤ちゃんのぼんやりした視覚でも、見えやすくて興味をひくからだろう。

出産直後の赤ちゃんも、親が顔を近づけるとその目をじっと見つめる。それはヒトの目の、白目と黒目のコントラストが高いからで、他の物は見えないんだよね。白目と黒目の区別が明確な動物は人間以外にはほとんどいないけど、この新生児が親の目を見ることは、その後の社会性の発達の原点なわけで、進化的に選択された形質でもある。つまり、赤ちゃんは見るべきものだけが見えるような状態で、生まれてくるわけね。

もう一つ視覚の能力で重要なのは、変化に対する感度だ。

これを比較するには、白と黒が毎秒何回点滅するのが識別できるかという、時間コントラスト感度を使う。これも、明暗の差が小さいと、素早い点滅はわかりにくくなっちゃうのね。

大人の場合、毎秒三十回、つまり三十ヘルツ以上の点滅はコントラストが百%

でも識別できなくて、これを利用しているのが映画やテレビだ。

大人のいちばん感度が良いのは八ヘルツの点滅で、明暗の差が一％でも識別できる。一方、二カ月児では、一ヘルツがいちばん感度が良くて二十％の明暗差が必要だけど、十六ヘルツは見えない。

ただ、こちらの感度の発達は比較的早くて、三カ月児は四ヘルツがいちばん感度が良くなり、四カ月児では、コントラストこそ十％必要だけど、いちばん感度が良いのは大人と同じ八ヘルツになる。

つまり、四カ月児の視覚世界は大人よりも薄くてぼんやりはしているけど、動きに関してはけっこう同じように見えているわけだ。一方、生後二カ月くらいまでの赤ちゃんには、素早く動くものは見えていない。お母さんが近づいてくるところや、いいこね～って手を振るような動作は見えても、ボールが落ちるなどの早い動きは見えていないはずだ。

これも、まわりの大人との関わりに関係する動きだけが、見えるようにできているんじゃないかと思う。もちろんそれは、目や視覚野が未発達なせいではあるんだけど、未発達なことが見るべき物だけを見せるフィルターになっているわけね。

目の網膜は、色を感じる錐体細胞と、明暗のみ感じる杆体細胞があって、大人の目は視野の中心の中心窩というところに錐体細胞がぎゅっと集まっている。その密度は、新生児の五倍ほど。また、中心窩に入る光は視角にして一度ほどなので、逆にいうと色つきではっきり見えているのは、せいぜい視角一度の範囲にすぎないんだよね。それなのに、視野全体がよく見えているように感じるのは、目がきょろきょろ動いていることと、脳の処理のおかげだ。

一方、新生児は中心窩の構造がまだなくて、錐体細胞も杆体細胞も網膜上にわりと満遍なくある。ところが、生後二カ月くらいまでに、錐体細胞が真ん中へだんだん移動するんだよね。このとき、細胞の形も、外側節という光を感じる部分が伸びて大きくなっていく。こういう網膜構造の変化が、誕生後に起きるのは、外からの光が、網膜や視神経、脳などを刺激する事ではじめて、神経回路が形成されるようになっているからだろう。

一九七〇年代の終わりころ、シカゴ大のピーター・ハッテンロッカーは赤ちゃんから老人まで、脳神経系の病気以外で死亡した様々な年齢層の人の第一次視覚野（十七野）にある神経細胞の体積と、シナプス密度の解剖学的な比較を行った。

その結果、生後二カ月くらいから神経細胞の量やシナプスの数は爆発的に増えて、八～十二カ月くらいでピークに達する事がわかった。その時の神経細胞の量は大人とほぼ同じ。一方シナプスの密度は大人の一・五倍まで多くなっているんだけど、十五歳くらいまでかけて徐々に減っていって大人のレベルになる。その後は七十三歳までほぼ変化せず、七十四～九十歳になると少し減っていくという感じ。

昔は、この八～十二カ月の間にシナプスが減ってしまうことを、劣化のイメージで解釈する人もいたみたいだけど、今では「刈り込み」といって、成熟に必要不可欠なプロセスと考えられている。

発生時の指の形成なんかも、最初は貝殻みたいな形に作られるけど、間の細胞が死んで手の形に成熟するわけで、多めに作って刈り込むというプロセスは、生物には普遍的なんじゃないかな。

（続く）

目で見ることと感じること（その2）

サはサイエンスのサ

連載●222

【鹿野 司】

前回の最後で触れたように、一九七〇年代の終わりころ、シカゴ大のピーター・ハッテンロッカーは、赤ちゃんから老人までのさまざまな年齢の人の第一次視覚野（十七野）にある神経細胞の体積と、シナプス密度の解剖学的な比較を行って、びっくりするような発見をした。

この二つは、生後二ヵ月くらいから爆発的に増えていき、八〜十二ヵ月くらいでピークに達する。

このときの神経細胞の体積は大人とほぼ同じくらい。つまり神経細胞の数は大人並になっている。それはまあいいとして、もう一つのシナプス密度は、意外なことに大人の一・五倍にもなっていた。

つまり、一歳くらいの時点で、神経細胞のネットワークは、大人以上に複雑になっているわけだ。このシナプス密度は、ピークを過ぎると徐々に減っていき、十五歳くらいで大人程度まで減少する。

神経ネットワークが複雑なほど高性能だとするなら、一歳〜十五歳にかけて脳は劣化していくみたいな気もする。でも、現実にはそんなはずはなくて、一歳より、十五歳の視覚能力のほうが、明らかに優れている（一歳だとざっくり視力で0・4くらいしかない）。つまり、神経ネットワークは、複雑なほどいいってわけではなくて、ほどほどの良い加減ってものがあるらしい。

今では、このシナプス数の減少は、劣化ではなくて、「刈り込み」という、成熟に必要不可欠なプロセスだと考えられている。つまり発達の早い段階では、最終的に必要なものよりも過剰にネットワークが作られるわけね。それが、入力される刺激に基づいて、不必要な物が削除されていくことで、まわりの環境に適した情報処理を、効率的に行えるように成熟する。

これは、他の脳機能というか、神経ネットワークも基本的に同じらしい。

たとえば日本人には聞き分けが難しいL音とR音の違いのようなものは、生後半年くらいまではどこの国の赤ちゃんでもほとんど区別できている。ところが、一歳くらいになると母語にない音は、区別できなくなるんだよね。

これは英語圏の人も同じで、あちらには日本語の促音にあたるものはないから、「スイッチを切って来てください」の「切って」と「来て」の聞き分けみたいなのが非常に難しくなる。

でも、どうせなら、日本人でもRとLが聞き分けられたほうが便利なんでないのと思う人も多いよね。だから、世の親たちのなかには、子供をバイリンガルにしようと、幼いうちから英語を学ばせる人もいるわけだし。でも、それはある程度の代償を伴う行為なのかもしれない。

なぜなら、生後半年くらいで、早めにLとRが聞き分けられなくなった赤ちゃんと、その後も区別できる赤ちゃんを比較すると、生後三十ヵ月まで、早く聞き分けられなくなった赤ちゃんのほうが、常に母語の語彙数が多いんだよね。

つまり、RとLを聞き取れなくなることで、日本語を学習する最適化がおきているわけ。はじめの過剰なネットワークが刈り込まれることで、余計なことに惑わされなくなっているんだろうね。

共感覚という、たとえば数字を見ると色が見えるような、普通とは違う感覚の持ち主がいる。この共感覚は、何らかの原因で、過剰に作られた神経ネットワークの刈り込みが、多数派の人に比べて、不十分に終わってしまったのだろう。

絶対音感というのも同様で、幼いうちから特別な訓練を受けないと、刈り込まれてしまう能力だ。まあ、音楽をやっている人でも、バイオリンみたいな、音程を自分で決める楽器をやる人でない限り、絶対音感はむしろいろいろな局面でかえって邪魔らしいけど。ただ、絶対音感が言語の意味を変えるような言語体系も、理論的には可能なんだろうとは思う。

開眼者という、生まれた直後に白内障などで視力を喪失して、大人になってから手術で目の機能を正常化した人たちがいる。ところが、彼らは正常発達した人のようにものを見ることが、なかなかできない。たとえば、立方体の箱を見ても、それを立方体とは認識できずに、四角の上に菱形が乗っているというように認識してしまう。逆に、正常に視覚が発達した人には、そういうものの見方は事実上不可能で、立方体は立方体としか思えない。

人間の網膜に結ばれる像は、二次元の平面でしかない。しかし、大人の脳は、この二次元像から、かなり正確な三次元の形を思い描く。というか、ある限られた三次元図形しか思い描けなくなる。

二次元の画像だけでは、数学的にはそれがどんな三次元の立体なのか確定できなくて、無限の可能性がある。だけど、我々が生きている現実環境では、あり得る三次元の形はごく限られる。たとえば、立方体に見える図形の後ろ側が無限に長く伸びているなんて事はあり得ないよね。

正常発達で成熟した大人の脳は、そういうあり得ない図形を思い描けなくなっている。それを逆手に取ったのが不可能立体ってやつだ。ネットでググればいろいろ見つかると思うけど、たとえば四角錐の斜辺みたいな形で橋が四つあって、そのどの端にボールを置いてもボールは上に転がっていく図形がある。この図形は違う角度から見ると、四角錐の頂点に見えていたところがいちばん低くなっているんだけど、最初に見た図形から、実際の三次元の形は想像すらできない。

刈り込みプロセスは、不可能立体のようなあり得ない図形をイメージさせる神経回路を削除して、無限の可能性に盲いることで、高速に現実にあり得る立体だけをイメージできるようにしている。

コンピュータ・チェスや将棋と、人間の思考は本質的な違いがある。コンピュータは非常に多くの盤面を高速で読めるんだけど、盤面の数は一手深く読むごとに爆発的に増えるので、あまり深くは読めない。無駄な可能性を探さないように$\alpha\beta$木探索を初めとして、色々な手法を使っているけれど、その深読みの地平線は非常に近い。いっぽう、人間の棋士は、直感的に数種類の手だけに的を絞って非常に深いところまで読んでいくため、地平線が遠い。

この違いの原理は、たぶん正常発達した視角が不可能立体を想像できないのと同じなんじゃないかな。優れた棋士は不可能手を想像すらできず、それによって限られた可能性をものすごく深く読む事ができるんじゃないかと思う。

自閉症者のなかには、視覚や聴覚が過敏な人が少なくない。これも刈り込みプロセスがうまくいかずに、いろいろな物が聞こえすぎ、見えすぎているのかもしれない。

空気を読む能力や、言語の意味の共有には、赤ちゃんが何かを見た時、お母さんがそれに気づいて、ねこちゃんがいるねと言うような三者関係から培われるものだ。しかし、赤ちゃんの五感がノイズだらけで適切な時期に適切な刺激に注目できないと、最悪、言葉を身につけることもできなくなるだろう。たぶん、こういうことが元になって、自閉症者になる人もいるのではないかと思う。

サはサイエンスのサ

連載●223

目で見ることと感じること(その3)

【鹿野 司】

小学校のころだったか、糖尿病になると目がつぶれるなんてことを本で読んで、恐いな〜そんなことにだけはなりたくないな〜と思った記憶があるんだよね。

それがなんの因果か、いままさにオレはそういうことになりつつあるのな〜。

最初に糖尿病と診断されてから十五年以上経過しているんだけど、オレは自分で言うのもなんだけど、病気が悪化しないよう、かなり努力してきたつもりなんだよね。

もともとタバコは吸わないし、酒も飲んで年に十回ほど。食事も病院食の量や味がまったく苦にならない健康的な内容で、適度な運動もやってきた。まあ、若干太ってはいるけど、びっくりするような肥満ではないし、これ以上の節制は、オレだけではやりようがないって感じなんだよね。

その上で薬も飲んできたんだけど、それでも血糖値は安定せず、うつ病になったりして活動量が減ったり薬を飲めなかった時期もあって、病気はじわじわ進んできた。

たぶん、オレはストレスに弱いというか、ストレスホルモンを分泌しやすい体質なんだろう。だから、ちょっとしたことで血圧や血糖が上がる。食事しなくても、仕事してるだけで血糖値上がっちゃうからな〜。しごとにむいてない(笑)。

これは飢餓状態でも、血糖値や血圧を上げて活動できる体質なので、過酷な環境で五十歳くらいまで短く生きるには向いているんだろう。しかし、現代日本の豊かな環境で、長く健康を維持するのにはあまり適していなかったみたい。それは運命なので、まあしょうがない。

それより、この自分の体に起きてきた変化というのは、予想を超えた新鮮な体験でもあって不自由だけど、ある意味で面白さもある。こういうことはたぶん、オレ以外の誰にも書けないだろうから、そのあたりの話をちょっとしてみたい。

糖尿病は毛細血管が壊れていく病気とも言えるもので、体の各所にさまざまな合併症が起きる。全身に神経性のしびれや痛みが出たり、感覚が鈍くなるので足の傷が壊疽になるまで気づかなかったり(炎症反応が起きやすく、傷が治りにくいのもある)、腎臓の糸球体がダメージをうけて透析が必要になったり。

目の網膜も同様で、毛細血管が破壊されて、網膜全体に供給される酸素が足りなくなる。すると、欠乏した酸素を補うために、網膜上に新生血管が生えてくるんだよね。この新生血管は、急造品なので脆く、簡単に切れて出血が起きる。

そこで、この新生血管が増殖するのを防ぐために、網膜の一部をレーザーで焼き、必要な酸素量を減らす熱凝固法が行なわれる。

網膜には、明暗だけを感じる杆体細胞と、黄斑部に集中している色も感じる錐体細胞がある。人間が、色も含めてものを詳しく見られるのは、ほとんど黄斑部の中央にある中心窩の部分だけだ。この視野角一度分くらいの領域しかはっきりは見えていない。それなのに、実感として視野全体が見えている気がするのは、目があちこちスキャンし、それを脳が辻褄があう映像に構成しているからだ。

その働きはなかなか凄くて、実際、今のオレの右目は中心を含む第三象限あたりの視野が欠けているんだけど、それはぼんやり曇っているようにしか感じない。それどころか、青空を背景に視野が欠けた部分で信号機を見ると、まるでフォトショップで消したみたいに青空しか見えないなんてことが起きる。

まあ、それはともかく、いずれにせよ、黄斑部以外のところは視覚に関して重要性は比較的低いので、その部分を焼いてしまっても、大きな生活の不自由はないし、それより新生血管が増えるほうがはるかに問題だから、こういう処置がまず行なわれる。オレは、二〇一一年に二週間間隔で左右三回ずつ受けて、その後も何回か追加のレーザーをした。

この熱凝固法を受ける前は、杆体細胞が減ることで、暗いところが見づらくなるんだろうな。星とか見えなくなっちゃうんだろうなとは思っていた。ところが、実際にはそれ以外にも、見え方に大きな変化が起きたんだよね。

明暗に対する感度が落ちると、単純に暗いところが見えなくなるだけでなく、色の違いがわかりにくくなった。処置を受けた始めのころは、百メートルくらい先の自動車が道の色に溶けて見えなかったし、数メートル先にいた自転車に乗った人に気づかないなんてこともあった。

誰でも、夕暮れ時になって暗くなってくると、明るい時より色の判別が難しくなる。自分の感覚では、まわりがそれほど薄暗いとは感じないんだけど、それと同じことが起きたんだよね。あとから、なるほどこれはダイナミックレンジが狭くなるからかと気づいたんだけど、事前にはそれに思いいたらなかった。

ただおもしろいことに、これはだんだん慣れて、色の区別がつくようになっていった。脳の視覚野が再編成されるんだろうけど、今では赤い色は前と同じ実感＝クオリアで赤く見える。他人が明らかにピンク色と感じる色が、オレには灰色にしか見えないような、色の識別能力はかなり低下しているんだけど、自分の内面世界だけではそれに気づくことはない。

ただ、明るいところでも明るく感じなくはなっていて、部屋の電気がついていても暗いから電気をつけなきゃって思ったり、本の背表紙が暗くて読めないなんて感じにはなった。あと、明暗順応がうまくできなくて、薄暗いところだけでなく、明るすぎるところも見えづらくはなったなあ。晴れた日に外を歩くと、白いシャツを着た人の白がハレーションを起こして顔が見えないとか、道路の白線やガードレールが眩しくて、サングラスが欠かせない。いちばん見やすいのは、曇りの日で、これは色の識別とは違って全く慣れてこない感じ。

まあ、健康な状態よりはいろいろ劣ってしまったけれど、この状態で安定してくれれば、視力は両目とも1・0ほどはあったから、日常生活に大きな支障はなかった。しかし、残念なことに、オレの場合は、この熱凝固術をやっても、新生血管の増殖が止まらなかったんだよね。

新生血管の増殖がすすむと、それと同時に新生膜という膜状のものが、網膜表面にできてくる。それ自体視界を悪くする上に、網膜と眼球内部にあるゼリー状の硝子体を癒着させたり、さらに新生血管が硝子体にまで侵入を始める。

つまり、網膜と硝子体が新生血管で繋がった状態になる。すると、目を動かすとそれにつれて硝子体が動き、血管が網膜を引っ張って、網膜剝離も起きるし、血管が切れて眼底出血も起きる。

これで網膜が完全に剝がれるのが、小学校のころに読んだ、糖尿病で失明ってやつなわけだ。そこで、まず九月に最悪の事態を避けるための手術を、右目から行なうことになったんだよね。（続く）

サはサイエンスのサ

連載・224

【鹿野　司】

目で見ることと感じること（その4）

　前回、網膜への血液供給が不足することが原因で、新生血管が増殖するのを抑えるため、二〇一一年にレーザー熱凝固術をやったという話をした。しかし、残念ながら新生血管の増殖は収まらず、硝子体と網膜が血管で結ばれ、網膜剝離や眼底出血が頻繁に起きるようになった。

　これをそのままにしておくと、確実に失明してしまう。これを防ぐには、硝子体を取り除き、網膜表面にできた新生膜もできるだけ剝がす硝子体手術をしなければならない。そこで、まず二〇一三年の九月十七日に右目の硝子体手術をしたのね。この手術は、視力を元のように回復させるものではなくて、むしろ悪くなることも多いんだけど、長期的に見て失明のリスクを少なくできるというものだ。

　術前の右目は視力は1・2ほどはあって視界はわりとクリアだったんだけど、網膜が引っ張られて剝がれかけているので、画像がかなり歪んでいた。

　それ以前から、網膜の浮腫が左右ともあちこちできていて、これのためにところどころ見えていないというか、画素が欠けてるみたいな感じで、それを脳が補正するから、水平の真っ直ぐな線がぐにゃぐにゃに曲がって見えるようにはなっていた。

　でも、それ以上に見えかたに狂いが出てきて、右目で見た像と左目で見た像の形がまったく一致しない。たとえば8という数字を左目で見た時より、右目で見た時のほうが明らかに細く、しかも同じ位置ではなくて斜め下にずれて見える。このため両眼立体視もできなくて、よく階段を踏み外していた。

　この手術は、まずその前段として、白内障手術を行う。

　どんな人でも、四十代にもなれば徐々に白内障になっていって、目のレンズが濁っている。そのため、そのままでは手術する時、医師が外から眼底を観察しにくい。そこで、濁った水晶体を取り除いて、人工レンズに置き換えるのね。ちなみに白内障の手術は、今は非常に簡単で、他に身体に異常などがなければ、二十分で終わる、日帰り手術できるようなもの。

　まあ、人工レンズだと、焦点が一カ所に固定されてしまうので（最近は遠近両用もあるらしいけど、保険が利かないし必ずしも便利なわけではないみたい）完全な老眼にはなるんだけど、視野が暗くなって手術したほうが良いと診断された人は、何歳でも怖がらず手術したほうがいいみたい。

　オレの場合は、白内障と硝子体手術をそれ一つで行える装置で手術を行なった。まず目の下からかなり太い感じの注射で麻酔するんだけど、これがいちばん痛かったかな。手術は茶目の脇に三点穴を開け、照明と吸引と、超音波メスなど各種手術の道具を担当するアームが挿入される。

　この手術装置、エイリアンに出てきたマザー・コンピュータみたいなやさしい女性的なメカ音声で、レーザーオン、レーザーオフ、インジェクション……なんていろいろ喋ってたよ。かっけー。

　麻酔をすると、視野全体は灰色になってなにも見えないはずなんだけど、後半麻酔が切れてきたのか、影絵みたいに手術の様子が見えておもしろかった。

　細い棒の中から、超音波カッターらしき板状のものが出てきたり、二股に分かれた鉗子が動く様子とか、液体が噴射されてその図がもやもやっと広がるのが感じられた。

　右目は、網膜の剝がれに破れ目ができ

ていたため、網膜の下に房水が入って目の内側にくっつかずびらびらしちゃって、レーザーでくっつけられなかった。

そういうときは、目の内部の容積にして八十%以上ガスを入れて、手術をいったん終わらせ、そのガス圧で網膜を目の裏に貼り付けて、房水がぬけるのを待つのね。

その期間は、だいたい一週間で、その間ずーと目を真下に向けていなければいけない。起きてる時はいつもうつむいていて(まあ目線が下なら顔は起こしてても良いんだけど)、寝る時はうつぶせ姿勢を保たないといけない。これもちょっと辛かったかな。

目の中のガスは、自然にだんだんぬけていって、はじめは下の方に小さな気泡が見えるんだけど(目のレンズの内側なので上下が反転している)、これがだんだん大きくなって、一週間でほぼ真ん中に水面がくる。ちょうど金魚鉢の水と空気の境目で見ている感じ。頭を動かすと水面がチャプチャプ揺れます。

人によっては、ガスが二週間くらいしてぬけていって、気泡が最後に消える瞬間を目撃できるみたいだけど、残念ながらオレはそれは見られなかったな。

術後は、まず第一にガスが入っているのでそれで見えない上に、角膜に炎症が起きているので、全体が白く濁って自分の手の指すら見えない。ただ、この段階でも視野に欠落があることは解った。

経過としては、右目がだんだん術後のダメージから回復するのと並行するように、左目の眼底出血がどんどん酷くなって、左目の視野が濁って見えなくなっていったんだよね。一刻も早く、左目も手術しなくちゃいけない。

ところが、右目のほうが左目よりも少しクリアに見えるようになったと思った九月二十九日に、一回目の急性緑内障の発作が起きてしまった。

緑内障は眼圧が上がる病気で、そのままでは視神経や網膜がダメージを受けて失明に繋がる。その日は徹夜に近い状態で根を詰めて仕事をしていたんだけど、朝七時ごろに回復してきていたはずの右目がだんだん見えなくなってきたのに気がついた。しかも目の奥の方の痛みがだんだん酷くなる。で、しょうがないので横になって、そのうち癒るかなと思って様子を見ていたんだけど全く収まらない。

それどころか、起き上がるだけで嘔吐が止まらなくなって、結局救急車を呼んだんだよね。眼圧が上がると、目の後ろにある嘔吐中枢が刺激されるらしい。オレの場合、測定不能の眼圧七十越えになっていて、これだとくも膜下出血と同じくらい痛いらしいんだけど、痛みよりも嘔吐発作のほうが苦しかったなあ。

なぜ、急性緑内障になったかというとオレのような糖尿病だと、炎症反応が起きやすい。そのため、白内障手術で入れたレンズと、茶目が手術後の炎症で癒着しちゃったんだよね。房水は目の内側で作られて、茶目とレンズの隙間から外に出ることで眼圧を一定に保っている。だから、レンズと茶目がくっつくと、房水の逃げ場がなくなっちゃうわけ。

そして、眼圧があまりにも上がると、レンズが茶目を内側から押し上げるので瞳孔がどんどん開いて、角膜もつぶれて傷ついちゃうんだよね。結局、レーザーで茶目の端に房水を逃がす穴を開けて、とりあえず眼圧は下がったんだけど、視力はまた、元の木阿弥で、がたっと落ちてしまったのだった。

(続く)

目で見ることと感じること（その5）

サはサイエンスのサ

連載・225

【鹿野 司】

右目は結局、網膜や神経の損傷と、二度の急性緑内障のせいで、現状、目の解像度としては0・2あたりになっている。

一方、左目も右目と同様の硝子体手術を十一月に行った。こちらは網膜に穴は空いていなかったので、眼球内にガスを入れることもなく、術後わりとすぐからある程度見えるようになって、順調に回復していた。まあはじめのうちは角膜の炎症があるので、全体が白っぽく霧がかかっているんだけどね。主治医からも初めて順調ですねと言われたし、術後一カ月で視力は0・8くらいは出てて、まあこれで何とかいけると安心しかけていた。

ところが、一月四日に新生血管が切れたらしく、多めの眼底出血が起きて視力はいっきに0・01未満まで下がってしまった。明るさの変化くらいは解るけど、目の前にある指の本数も数えられないほぼ完全な失明状態。ただ、網膜剥離はないみたいなので、とくに何も処置することなく、ひたすら眼球内が澄んでくるのを待つだけなんだけど。

この種の眼底出血は、これからも時々起きる可能性がある。しかも、とくに何か刺激があって出血するわけではなくて、このときもテレビを座ってみてたら突然出血しはじめたんだよね。出血による眼球内の濁りは、目の中を洗う手術で取り除けるんだけど、出血のたびにやっていたらきりがないし、傷跡の炎症からまた急性緑内障になる可能性もあるので、今は様子を見ている。まあ、出血から十日ほどで、右目ほどではないけどうっすら見えてきてるので、今回は手術をしなくてよさそうなんだけどね。

ちなみに、目の中の出血は三種の成分に分離しているようで、視野の下、つまり眼球内の上に浮かんでいる軽い成分と、視野の上、つまり眼球内の下に沈んでいる成分と、黒い微粒子みたいな房水を濁らせている成分があるかんじ。軽い成分は黒い膜っぽい感じでゆらゆらしていて、重い成分はひじきみたいな黒く細長い糸のような形をしている。

寝る時に仰向けになったり横になると重い成分と軽い成分が目の中で踊って、濁りが増すので、朝目が醒めた時がいちばん見えないんだけど、今では夜になるとデジタル時計などの、発光している文字くらいは見える感じ。

さて、これが今のオレの目の状況なんだけど、病状報告が今回の本題ではないのね。こういう状態になったプロセスの中で、いろいろと人間の感覚について、おもしろいことに気づいたので、そのことについて書いておきたいと思う。

こうなってみてまず解ったことは、目の見えづらさというのは、想像以上に多彩だってことだ。逆にいえば、正常な視角というのは、単純なカメラとフィルムでモデル化できるような単純なものでは説明がつかない感じなんだよね。

目が健康だったころは、盲目とはまあ真っ黒で何も見えないんだろう、弱視はぼんやりと何かは見えるんだろうくらいのものすごくシンプルな認識しかなかったんだけど、実際にはさまざまな段階や質の違う見えづらさがある。

昔から、人間にとって最も重要な感覚器官は目だといわれてきたよね。

確かに、ほとんど全ての行動には視覚情報が欠かせないし、経験したエピソードの記憶も、その場面が視覚的なイメージとして思い出されることは少なくない。

でも、こういう目の見づらい状態になってみると、実際には目からの情報がわずかだったり全くなくても、いろいろなことができることが解ってくる。

たとえば、コップに水を注ぐような場合、トクトクトク……という音が、だんだん高くなっていって、そろそろ溢れるなということは、誰でもその気になれば簡単にわかると思う。

健康な目の持ち主の日常動作の中では、目で見ている意識のほうが強いのであまり気づかないけど、人間の行動はこういう複数の感覚からの入力、つまりマルチモーダルな感覚入力によって、上手にというか失敗なくできているらしい。

とくに印象的なのは、体が物体の位置や動作の記憶をかなりたくさん覚えているってことだ。例えば戸棚にある皿を取るような時、その場面になると手をどう伸ばしてどのあたりを探れば、皿を摑めるということが、体の記憶として順番に、思い出されていくんだね。歌とかは、最初から順番に思い出さないと思い出しにくいと思うけど、そういうシーケンシャルな目盛りとして動作の記憶はあるみたい。

これは実際にできてみると、自分はこんなに細かなものの位置まで覚えていたのかと、ちょっと驚くかんじ。たぶん、もともと目は、その動作の記憶を蘇らせる直前までのだいたいのガイド役はしてたんだろうけど、大半のことは体の記憶がやらせていたんじゃないかと思う。

認知症になると、いろいろな動作も不器用になってくるものだけど、それはひょっとすると、こういう動作の記憶とか、物の物理的な位置の記憶が、障害されることによるのかもしれない。

こういう事例をいろいろ体験すると、人間というのは、実は結構いいかげんにしかものを見ていないし、見えていなくてもそれに気がつかず、別の感覚で補いながら行動していることがよくわかる。

そういえば、音声認識技術の難しさのひとつとして、人間は実はきちんと喋っていないってことがある。本当は、自分が思ったように発音できていなかったり、言葉が飛んだり消えたりしていて、だから機械に認識させようとしても難しい。

ところが、人間は相手の発音している時の口の形を目で見ていたり、文脈的にどういう音が発せられているはずだという予測を使って、聞こえていないことに気づかないレベルで、他者の言葉を聞き取ることができる。

これと全く同じことが、視覚情報にもあって、実際には見えていない、見ていないものを、他の感覚入力などによってカバーしているらしい。

視覚は目で見たありのままが見えているわけではなく、脳の産物なので、そこがなかなか興味深い。

一般的な緑内障の人は、視野が欠損しても脳が補完してなかなか気づかず重傷になることがあるけど、この脳による補完もなかなか凄いものがある。

オレの場合、右目の視野中央から下、とくに左よりの視野が欠損しているんだけど、ちょっとグレーに曇って見づらい感じがするだけで、見えていないとは感じられないんだよね。そのせいで、左目も見えないと、膝丈くらいの車止めとかにぶつかって痛かったり、そばにいる子供が見えなかったりするんだけど、見た目の世界では見えないことが全く実感できない。凄いなと思ったのは、青空をバックに信号機を視野の欠損した部分で見た時で、まるでフォトショップで消したみたいに信号機が消えて、一面の青空しかなくなることだ。脳って凄い能力持ってるんだなあって。

サはサイエンスのサ

連載・226

【鹿野　司】

目で見ることと感じること（その6）

ソチ・オリンピック直前に、佐村河内《さむらごうち》守氏の作曲したとされていた曲が、実は新垣《にいがき》隆氏の作品だったという、ゴーストライター問題が明るみに出た。

まあ、その影武者問題については、オレはそれほどたいした話とも思わない。作品の名義と実作者が違うこととか、作品になにか別の物語を付与してより多くの客層を引きつけようとすることなんて、まったく珍しくもない。

小説やマンガ、芝居、音楽、食べものなど、さまざまな分野で、日常的に同じようなことは行われているだろうし、それは誰でも知っている自明のことだ。

多くの人はどうしても、そのものの価値というよりも、ブランドが放つオーラに引きずられる。対象の内容より、そこに纏わりつく物語を好んで食べている。

それはこの世に無数にある何かをいちいち丁寧に吟味する暇はないという、思考の省エネのなせる業だ。あるいはその付与されたドラマは、受け手により大きな複合的な味わいを与えることも多い。

結果は思わしくなかったけど努力したから素晴らしかったと思いはじめたら、それはもう物語を食べる範疇だ。だけど、だからといってそういう考えを完全に排除して、結果だけがすべてと決めてしまうと、それはまた殺伐としてしまう。

いずれにせよ極端に振れるのは非現実的で、我々はその中間をなんとなく揺れながら、日々過ごしていくしかない。

その物語がウソだった時、アンフェアだとがっかりする気持ちもわかる。それはしかし、まあタヌキにバカされたくらいのものなんじゃないかなあ。

そのことより困ったことだと思うのは、佐村河内氏のウリの一つだった聾者であるという属性が、どうやら虚偽を含むらしいということだ。

彼は聴覚障害2級という、聴覚障害ではいちばん重いクラスの、障害者手帳をもっているという。

これは両耳がジェット機の騒音レベルの、百デシベルの音が聞こえない状態のとき認定されるもので、ここまで悪くなると、回復する可能性はほとんどない。それにもかかわらず、彼は三年ほど前から聴力が回復してきて、ある程度聞こえるようになったといっている。彼は他にも非常にたくさんの事実と異なったことを言っているので、そうなると、果たして一時的にせよ、障害者2級に値する状態まで聴力が失われていたかどうかも、怪しまれるわけだ。

しかし、オレが困ったことだと思うのは、彼個人が嘘つきだったということでもないんだよね。それについては、事実関係が調査されて、しかるべきところが断罪するだろう。

それよりも、この事例によって、障害に対する一般の認識が、今まで以上に現実からかけ離れてしまうんだろうなと、ちょっとげんなりしちゃうんだよね。

もともと、健康な人は障害とは実際どういうことなのか、ほとんどイメージできていない。家族の中に障害を持つ人がいるとか、障害者と密接にかかわる職業の人ならまあまあ解るとは思うんだけど、そうでない人は、善良で障害者には優しくしたいと心がけている人であっても、実際を知る機会があまりないからだ。

そうなると、そのイメージはメディアから受け取る情報しかない。

ところが、ドキュメンタリーやドラマで取り上げられる障害は、非常に重いケースだったり、かなり単純化して描かれることがほとんどだ。御涙頂戴ドラマとかにいたっては、涙を誘うシチュエーションを作るために障害もどきを描いているだけで、現実とはかけ離れた空想に過ぎないことも少なくない。

こういう、メディアしか情報源がない人が思い描く障害のイメージは、実際とはズレがある。そして、現実の障害者が、自分が持っているイメージと違う行動を取ると、これは嘘をつかれたと怒る人まででてきてしまうわけだ。

たとえば、聴覚障害を持つ人が、後ろから声をかけられて振り向いたら、なんだ聞こえるのかと罵倒されたというツイートを目にした。

呼びかけて振り返ることができるのなら、聞こえたのだろうと、健常者はついつい思ってしまう。でも、音は聞こえても、意味はまったく把握できないということは、聴覚障害では普通にあることだ。

何かが聞こえたとしても、雑音で途切れ途切れに言葉が聞こえるような感じで、何か言っていることは解っても、何を言っているかはわからない。こういう種類の不自由さは、健常者も説明されれば解るとしても、予備知識がなければ直感的に気づけないことは少なくない。

車椅子で移動していた人が、ふと立ち上がって目の前の扉を開けたりすると、健常者は、なんだ歩けるじゃないかと直感的に感じる。実際、以前に2ちゃんねるの書き込みで、そういう嘘つきがいたというような書き込みを見たことがある。

これを書き込んだ人は、車椅子に乗っている非常に多くの人が、長い距離を歩くことは不可能だけれど、数十歩程度ならなんとか動けるという事実を知らなかったのだろう。しかし、自分が持っている障害イメージが貧弱だとは思いいたらず、当時者を嘘つきだと判断したわけだ。

盲目の方が、まだわずかに周りが見えていたころに、白杖を持ったまま小走りになったら、なんだ見えるのかと罵声を浴びせかけられたというツイートも見た。

この方は、今は完全に見えない状態とのことだけど、いつ完全に失明するかわからない不安を抱えていたその当時、そういわれたことは本当に辛かったという。

オレの目の視力は、右目が0・2程度、左目は今は0・8くらいまでは出ていると思う。つまり、障害者6級にもならないくらい軽いものだ。実際、この程度の視力の健康な人はゴマンと居るだろう。

だけど、視力という単一の尺度では表現できない、いろいろな見えづらさによる不自由はあって、それは目が普通に見えている人には、簡単には説明できないものなんだよね。今のオレなら、いろいろな工夫をすれば見えることは見える。でも、そこには健康だったころには想像もしなかったようなストレスが常にある。

右目は虹彩が癒着して絞りの調節ができないから、冬の晴れた日でもサングラスなしでは数秒で真っ白になって何も見えなくなるとか、ダイナミックレンジが狭くなってて数百メートル離れたところの自動車は道路と色が混じって見えないとか。あるいは、夜に友人と歩調をあわせて歩くのはかなり難しいとか。車止めに足をぶつけたり、階段から落ちかねないと思うとどうしても歩く速度が出せない。でも、友人の歩調についていけないとは、なかなか言えないんだよね。

こういう一般イメージと現実とのズレが引き起こす軋轢ってのは、見えにくい身体障害の問題だけじゃなくて、発達障害や知能障害もそれがあるし、突き詰めるとこれはマイノリティ問題なんだよね。これについては、これからも折に触れて考えていかなきゃなあとは思うんだ。

ビットコインの革新性

【鹿野 司】

ビットコイン界隈の話がなかなかおもしろいので、今回は「目で見ることと感じること」の話を休んで、ちょっとそちらについて書いてみたい。何がおもしろいかというと、ビットコインには、インターネットの普及が社会を変えたのに匹敵する、変革をもたらす潜在力があるんだよね。

ここ数カ月、ビットコイン界隈のニュースが大手メディアを賑わせるようになった。中国では人民元とビットコインの交換を禁止したとか、東京にあった世界有数のビットコイン取引所、Mt．Gox（"Magic: The Gathering Online eXchange"の略で、もともとトレーディングカードを扱っていたのが、似た感じの仮想通貨も扱うようになったらしい）が経営破綻したとか。

いずれにせよ、ビットコインにまつわるニュースの多くが投機的だったり、ダークな感じで、健全な市民には近寄りがたい印象ができていると思う。でもこれは、どれもネット内存在であるビットコインが、物質世界と接続する部分での問題で、ビットコインそのものの潜在力とは、あまり関係ない話なんだよね。

これまでも、ゲーム内通貨やアイテムが、現実の通貨と換金されることはあったけど、ビットコインもそれと似た形で、物質世界と繋がった。でも、ぶっちゃけ、今の段階のビットコインは、ハッカーたちが楽しむトレーディング・ゲームの域をあまり超えていない。

ネットワーク草創期には、ハッカーたちがおたがいにシステムに侵入したり攻撃しあって、そのプロセスのなかから全体の頑健性が育まれてきた。今のビットコイン界隈もそれと同じで、油断したものが何をされてもしょうがないって感じの段階なんだよね。でも、そこにいろいろな思惑を持った人が入り込んで、大損したりしているというのがニュースになってるわけ。

ビットコインは、仮想通貨と呼ばれたことで言霊が付与されて、みんながだいたいお金なんだな〜と思っている。

でも、その最も重要な本質は、仮想通貨に留まらなくて、電脳空間上に存在するビットの塊を、コピーできない唯一無二の存在にするテクノロジーだってことだとオレは思うんだよね。

つまり、『虚無回廊』に出てきた、「人工実存」みたいなもんだ。

ビット列は、ほぼコストゼロで無限にコピーできる。というより、コピー不可能にするのは困難というのが、その変えがたい特徴でありメリットだ。これに対して、物理的な実体は、完全なコピーを作ることが難しく、それが社会のさまざまな制度の暗黙の前提になっている。

ちょうど、質量のない素粒子は光速でしか移動できず、質量のある物質が光速未満でしか走れない断絶があるのと同じ感じで、両者には本質的な違いがある。

そのため、ビット列は、物理的な社会で販売して利益を出すことに、原理的な困難を抱えている。音楽でも電子書籍でも、電子化されたコンテンツはこれを解決するために、プロテクトをかけたり、少し手の込んだ哲学を編み出して、利益を得ている。だけど、完全に満足できる解決は、これまで存在しなかった。

ところが、ビットコインは、電脳空間内の存在であるにもかかわらず、唯一無二であることが証明できるんだよね。

二〇〇九年、「サトシ・ナカモト」という謎の人物（日系人らしい）によって書かれた元論文は、八ページほどの短いもので（九ページ目はリファレンスのみ）ビットコイン技術のアイデア自体はシンプルなものだ。どうも、このナカモトさんは鉄道模型マニアで、日本から模型を買う時に手数料がかかることにムカついて、いかなる組織の保証も必要としない支払システムを作ろうとしたらしい。

なぜ、八ページで記述できたかというと、そのほとんどが、比較的新しい技術とはいえ、すでに実用化されているものだからだ。具体的にはP2Pネットワークと、公開鍵暗号、ハッシュ関数なんだけど、それらを絶妙に組み合わせて、プラスアルファの仕掛けを少し追加することでビットコインは実現されている。

ネットでビット列を送る時、問題になるのは、なりすまし、情報の改竄《かいざん》、受け取ったことの否認とかがあるけど、これは公開鍵暗号とハッシュ関数を用いた電子署名で防ぐことができる。

しかし、それでも、持っていないビットコインを送ったと偽ったり、二重使用してしまう問題が残る。つまり、ある時点で、あるビットコインの所有者は一人しかいないと証明しなければならない。

それを解決する方法が、ビットコインの斬新さだ。具体的には、P2Pネットワーク上にただ一つ存在するブロックチェーンという基本台帳に、ビットコインの全取引を記録する。AさんがBさんに一ビットコイン支払い、Bさんがそれを〇・五ビットコインずつCさんとDさんに支払い……というすべての取引が、ブロックチェーンには書かれているんだよね。それで、新しい取引があった場合、その取引が二重振り出しだったり偽りだったりしないかを、誰かが確かめる。

この確かめる人を集めるインセンティブを設計したのが、ビットコインのおもしろいところだ。詳しく書くと長くなるので省くけど、確かめた結果を使って、最初にあるハッシュ計算を解いた人が新しいブロックをつけ加えることができて、ご褒美として今のところ二十五ビットコイン(二百万円くらい)支払われる。このブロックチェーンを繋ぐ作業によってのみ、新しいビットコインが生成され、このことを採掘というんだよね。

おもしろいのは、採掘者の数の増減によって、計算の難易度が自動調整されて、いつでも約十分で新しいブロックが繋がれるように設定されていたり、採掘の報酬は一定期限ごとに半減されて、約百年後に二千百万枚のすべてが(ビットコインの枚数は有限に設定されている。ただし、一ビットコインを一億分の一まで分割できる)掘り尽くされるように設計されていることだ。

これは先行者利益が大きくなる設定で、初めから多くのマイナーを動員できるってわけ。まあ、百年後にはそれほど大きなインセンティブはなくなるので、その後どうなるかはわからないんだけどね。

ビットコインの中核システムは、シンプルな原理のもとにオープンソースで作られているので、極めて頑健だ。これを打ち破るには、全世界のマイナーの計算力の合計を超える計算力を持ち、かつビットコインの信用性を破壊しようと願う非合理的な行動を行う組織でも出てこない限りあり得ない。

ビットコインは、インセンティブをうまく設計すれば、ビット列を唯一無二化できる技術の最初の例だ。このアイデアをうまく使えば、電子書籍の貸本みたいなことから始まって、ネット上のあらゆる価値を唯一無二化できるかもしれない。

唯一無二でありながらビット的メリットをもつ存在ってのは、SFのアイデアとしてもいろいろ考えられそうだし、現実でも大きな可能性をもつはずだ。

サはサイエンスのサ

連載・228

【鹿野 司】

「目で見ることと感じること」の続きも書くつもりではあるんだけど、このところ興味が別に移っちゃっているので、しばらくそっちのほうを書いていこうかと思う。何に興味が移ったかというと、第三次人工知能ブームと次世代シーケンサ時代の生命情報とかについて。これはどちらもびっくりするような技術革新が続いていて、今現在、世界を大きく変貌させつつあるものなんだよね。まーなんといいましょうか、しんぎゅらりてぃぽい？

　まず、次世代シーケンサ（NGS）って何かというと、すんごい高速のDNA読み取り装置のことだ。

　DNAシーケンサの技術が発達し始めたのは、一九九〇〜二〇〇三年の、ヒトゲノム・プロジェクトの時。これは、十三年の歳月と、総額三十億ドルをかけて、一人分の全ゲノム三十億塩基対を読み切った、壮大なプロジェクトだった。

　では、NGSならどの程度の速度で遺伝子を読み取れるのかというと、今年一月にイルミナ社が発売した装置を一台使うと、三日間で十六人分、一人あたり十万円で全ゲノムを読む事ができる。

　つまり、二〇〇三年時点と比較すると、コストで三百万分の一、読み取り速度で二十五万倍になっているんだよね。

　これはIC集積度向上の経験則として有名なムーアの法則なんて目じゃない、ものすごい勢いの技術革新だ。ムーアの法則だって爆発に例えられる、人類史上類をみない進歩だったんだけど、それでも十年とか十五年で千倍のオーダー。

　もう少し細かく見ると、二〇〇一〜二〇〇六年くらいまでかけて、旧世代のキャピラリー電気泳動型シーケンサでゲノム一人あたりの読み取りコストは一億ドルから一千万ドルに下がっていて、これがほぼムーアの法則程度。ところが、二〇〇五年に最初のNGS（454ライフサイエンス社［買収されて今はロシュ］が開発したGS20という装置）が登場してからは、毎年ほぼ七〜十倍、つまりムーアの法則だと十年かかることを三年で達成するという、信じがたい勢いで技術向上が続いてきている。

　しかも、この速度にはまだ限界は見えていない。今年発売された装置は一台一億円ほどで、運転の人件費もかかるから厳密には一人十万円ではすまないけど、数年すればそれ込みでも、誰でも自分のゲノムが一万円もしない値段で読める時代、今の血液検査程度のレベルでやれる時代が、確実にやってくるわけだ。

　これだけDNAの読み取りコストが下がったことで、今では世界中でヒトはもちろん、ありとあらゆる生物種のゲノムが読みまくられている。同じ装置でゲノムだけじゃなくて、DNAから転写されるRNAも読めるので、活動中の遺伝子を全て読むトランスクリプトーム解析や、アミノ酸に転写される遺伝子（エクソーム）も、メチル化されてスイッチオフされた遺伝子も、それぞれ読むことができる。

　今まさに、生命に関するありとあらゆる情報が、読み取れるようになってきているんだよね。

　しかし、これは日常的にテラバイトクラスのデータが出てくるということで、それだけのデータをどう扱い、どうやってそのデータの海の中から意味を見いだしていくかってのが、大きな問題になっている。ムーアの法則より圧倒的に速くデータが出てくるわけだから、これは結構大変な問題なんだよね。最近、ビッグデータという言葉が技術系流行語として、なんかマーケティングとかに使えるみたいな感じで耳にすることが多いけど、ビッグデータの本来の意味は、こういう種類の情報爆発のことを指すものだった。

一方、人工知能についてだけど、これもまた大変なことになっている。

象徴的なできごとは、二〇一一年にIBMが開発した質疑応答システムのワトソンが、米国の人気クイズ番組「ジョパディ！」で優勝したことだ。これは人間が喋るのと同じ自然言語を理解してクイズに答えるものだった。すでにその後継システムを医療診断などに利用しようとし始めているんだけど、それ以上に身近なのは、iPhoneとかの音声認識Siriや、グーグルの検索や翻訳に使われている機械学習系のAIだ。Siriなんて相当雑音の多い中でも言葉をちゃんと理解するし、一昔前なら考えられないレベルの実用的な人工知能が続々登場してきている。つまり、これからのキーテクノロジーとして、AIが三度目のブームになっているわけだ。

なんで三度かというと、この分野は過去二回盛り上がったことがあったから。

人工知能は、コンピュータが作られた瞬間（一九四〇年代）から研究が始められ、勃興衰退変節をくりかえしてきた分野なんだよね。

いちばんはじめのころは、知能はどうすれば作れるだろうかという問いに、チェスのようなゲームの解明を進めればできるんじゃないかとか、論理的なルールを集めればできるんじゃないかとか、神経回路的なものを模倣すればできるんじゃないかなどなど、いろいろな試みが行われた。

でも、それらはどれも、ある程度やってみたら限界が見えてきて、やっぱこのやり方じゃ知能というには不足だわってなったり、知能の解明からは離れて実用的な分野として発展していった。

この最初の時代を第一次AIとすると、一九八〇年代の第五世代コンピュータ・プロジェクトのころが、第二次ブームだった。このとき可能性があると注目されたのは、エキスパート・システムという、ルールをたくさん集めて論理的に推論させるシステムだった。これがうまくいけば、医療診断とかもコンピュータにやらせられると期待されたんだけどね。

しかし、五百四十億円という莫大な費用をつぎ込んで行われたプロジェクトも、結局、実用にインパクトを与えるようなパッとした成果には繫がらず、これでAIは完全に終わったという感じにまでなってしまった。はやすぎたんだ。

また、同じ八〇年代半ばくらい、神経回路網的なアプローチもリバイバルした。

これはコンピュータの能力が向上して、シミュレーションでニューラル・ネットワークがやれるようになったことと、潜水艦のスクリュー音とかを聞き分けるシステムをバックプロパゲーションという手法で作れたところから、アメリカの軍がこの分野にお金を出したんだよね。ただこちらもある程度研究が進むと、思ったほど役に立たないということがわかって、目立たなくなっていった。

その後の人工知能は、ロボットという肉体を持つ研究でおもしろい結果が出始めて、それは今も一つの流れとして続いている。

その一方で、五年ほど前から急速に盛り上がってきてるのが、第三次AIなんだよね。これのおもしろいのは、第一次の時に別の道を歩んだ、ゲームやルールベース、神経回路網系のアプローチが、機械学習という一つの概念でくくれるようになってきたことだ。

（続く）

サはサイエンスのサ

連載・229

【鹿野　司】

シンギュラリティはくるか（その2）

一九九〇年～二〇〇三年にかけて行われたヒトゲノムプロジェクトは、生物学史上最初の巨大プロジェクトだった。

このプロジェクトは、はじめ、総額三十億ドルをかけ、十五年間で人間一人分、三十億塩基対のDNA情報を読み取ることを目標にしていた。それにしても、三千億円というのはとんでもない予算だよね。百億円あれば人工衛星だって上げられるのに、生物学にこんな大金をつぎ込もうなんて、今から考えてもなぜそんな事ができたの？　ってかんじ。

これができたのは、ある時代背景があったからだ。

まず第一に、このときレーガンからクリントンに政権が代わり、スターウォーズ計画とかで盛ってた膨大な軍事研究施設が、非軍事目的に変更され、やり場のない莫大な予算が生じたんだよね。

ヒトゲノム計画はNIH（衛生研究所）とDOE（エネルギー省）の予算で行われたんだけど、DOEの予算がついたのはこれがあったからだ。

そしてもう一つ大きかったのは、日本脅威論が高まったことだ。

この国際プロジェクトは、一九八六年のダルベッコの提案をきっかけに始まったとされている。でも、実際にはもっと早い時期から、日本でこういうことをやりたいと考える人がいた。一九八一年には、理化学研究所の和田昭允《あきよし》さんを委員長にして、DNA解析装置の開発を目指す委員会ができていたんだよね。

当時、半導体メモリや自動車、テレビやビデオや液晶など民製品分野で、日本は破竹の勢いで勢力を拡大していた。アメリカのえらい人たちは、この状態を看過しては、バイオ分野まで、日本に後れを取ってしまうと思ったわけね。

これは今から見ると、明らかに日本に対する過大評価だった。なにしろ、日本の政策決定者ってのは科学や技術に関する先見の明がないので、日本でのDNA解析装置の開発にほとんど援助せず、結局ゲノムプロジェクトで使われる遺伝子解析装置と周辺機器などは、米国企業製となってしまったわけだから。

ただ、ちょっとおもしろい展開が一九九八年に起きる。従来の装置より一桁以上解析速度の速い、キャピラリー型シーケンサという装置が、日立製作所と米国のアプライド・バイオシステムズ社の共同で開発されたんだよね。そして、この装置を大量購入したアメリカの新興企業セレーラ・ジェノミクス社が、ショットガン・ゲノム法という新しい手法で、オレたちのほうが先に読んじゃうもんね～って言い出したのだ。

ショットガン法というのは、DNAを短い断片に細切れにして読み取り、それをジグソーパズルを組みたてるようにスーパーコンピュータで繋いで配列を読み取る方法だ。キャピラリー型シーケンサは、九十六本の電気泳動チューブにDNA断片を流して、その配列をレーザーで読み取る方式で、DNAを並列的に読むことでスピードを上げたんだよね。

国際プロジェクトも、セレーラが先に読んじゃうと困るので、すったもんだのあげく両者は協力関係を築き、結局二〇〇三年四月という当初より二年前倒しで、ヒトゲノム全塩基配列は完全解読された。

プロジェクト終了後も、アメリカは遺伝子読み取り技術の大きな可能性を理解していて、米国立衛生研究所（NIH）は、二〇〇四年から「1000ドルゲノム・プロジェクト・サポート」ってのをやった。これは、一人分のゲノム解読を十万円で行うことを目標に、より優れた装置の開発を行う企業にファンドを与えるもので、これで多数のベンチャー企業が技術を競い始めた。

宇宙開発でも、アメリカはベンチャーを育てるような資金の出し方して、民間打ち上げとかが盛り上がってきているけど、こういうのを見ると日本ってホントなんだかなあって思っちゃう。

まあ、それはともかく、そうやってキャピラリー型の次ということで登場してきたのが、次世代シーケンサ（NGS）だったわけだ。

この最初の機種は、二〇〇五年十月に454ライフサイエンス社（現在はロシュに買収）から発売されたんだけど、この通称454（GS FLXシステム）は、キャピラリー型の五十倍の速度でDNA配列を読み取り、コストを十分の一に引き下げるものだった。

そして、今年（二〇一四年）一月、イルミナ社は、ランニングコストで一人分十万円を達成したHiSeq X Tenシステムを発売したんだよね。これは十台構成で十億円だけど、三日間で十六人分のゲノムを読み取ることができる。

ようするに、シーケンス技術は五千日かけて一人を読んだ時代から、一日五人読めるように、十年で速度が二万五千倍になったわけ。コストも三十億ドルが千ドルだから三百万分の一。

ムーアの法則が十年ないし十五年で千倍だけど、これはそれをはるかに凌駕していて、人類史上最高速度の技術改善が進行してるってことだ。

しかも、NGSの原理はひとつじゃなくて、いくつもある上に、まだまだ伸び代があるんだよね。

イルミナの方式は、プレパラート上に膨大な数のDNA断片を貼り付けて増幅し、そこにAGCTごとに違う色に発光する色素を結合させ、高解像度のカメラで撮影して配列を読み取っていく。

プレパラート上に取り付けるDNAの密度や、カメラの解像度を上げれば並列性はもっと上げられる。

また、454の流れを汲むサーモフィッシャー・サイエンティフィック社のイオントレント・シリーズは、エマルジョンPCRという技術で、油の中に分散させた水滴の中に入れたビーズ表面でDNAを増幅し、そのビーズを半導体チップに取り付けて、配列を電位の変化で読み取っていく。こちらも、半導体の集積度をまだまだ上げられる。

今のNGSは、ヒトゲノム三十億文字を読むために、その三十倍の情報を繰り返し読んで繋げている。これはDNA断片の長さが短いからだ。NGSの初めのころは、三十塩基くらいの断片で読んでいたけど、これもだんだん長くなってきていて、今では五百〜千塩基、メーカーによっては数千塩基の長さを並列で読めるようになっている。これだと読み取り回数を減らすこともできるし、配列を繋ぐためのスーパーコンピュータの性能も下げられる。

さらに、これ以外にも、ナノポアといって微小な穴にDNAを通して直に配列を読み取る方式など、全く違った技術の開発を行うメーカーも複数存在する。

今では世界中でDNA情報が読まれていて、需要の増加による量産効果で、必要な試薬の値段もぐぐっと下がっている。

そして、香港にある世界最大の遺伝子解析センターBGI（北京ゲノミクス研究所）では、イルミナの装置が二百五十台以上あって、全世界の三分の一ほどのシーケンス・データを出しているんだよね。


（続く）

シンギュラリティはくるか（その3）

サはサイエンスのサ

連載・230

【鹿野 司】

　STAP騒動を受けて「研究不正再発防止のための改革委員会」は、一四年六月十二日に会見し、理化学研究所の発生・再生科学総合研究センター（CDB）の解体が必要という提言を行った。

　このとき、委員の一人から、これは教科書に載る、世界の三大研究不正のひとつだという発言があった。研究不正では二〇〇〇年ごろにベル研にいたジャン・ヘンドリック・シェーンが発表した、高温超伝導に関する多数の論文が二〇〇二年に不正と認定されたり、ソウル大学の黄禹錫《ファンウソク》が二〇〇四年に発表した、ヒトクローン胚からのES細胞樹立論文が、二〇〇五年に捏造と認定された事件が有名だけど、STAPはそのなかでも最悪のケースではないかとまでいわれている。

　このSTAP疑惑を決定づける重大な転機となったのが、次世代シーケンサによる解析だったと思う。不正の話は、画像がおかしいことがネットで指摘されたことから始まったんだけど、その時点では単純ミスかなあという感じがあった。

　しかし、理研の中の人だけど、CDB所属ではないkahoさんが、三月五日に、公開されたSTAPの遺伝子データを解析して、STAP細胞など実在しないということを、スラッシュ・ドットというサイト上の日記で告発したんだよね。

　最初の告発内容は、STAP細胞にはTCR再構成（T細胞は免疫細胞として成熟する時に自ら遺伝子を組み換えてバリエーションを作り、余分な遺伝子を切り捨てる）が起きていないことを示すものだった。これは後に論文の構成者も知っていたことがわかったんだけど（不正じゃないけど、ミスリードを誘う内容で誠実さに欠けることは確か）、データからはそれ以外にも、まともに論文通り実験が行われていたら、こうなるはずがないという内容が複数発見されている。

　前回書いたように、次世代シーケンサの技術は十年で二万五千倍になって、今では一日五人分を読むことができる。この技術革新によって起きたのは、単にヒトゲノムが速く読めるようになっただけじゃないんだよね。これで他の生物のDNAを片っ端から読むということもできるし、初期のホモ・サピエンスはネアンデルタール人と若干交雑していたことが明確に示せるようになったりもした。

　でも、それ以外にもいろいろな使い方があって、これが生物学の基本を、書きかえる状況にさえなっている。

　そのひとつは、メタゲノム解析が可能になったってことだ。土壌細菌、海中の微生物、あるいは腸内細菌など、膨大な量と種類がいることは昔から解っていたんだけど、それが具体的にどんなものなのかは突き止めようがなかった。なぜなら、その微生物を分析するには、培養して増やす必要があるのに、培養できるのは全体の千分の一未満だったからだ。

　ところが、今では腸内細菌を丸ごと取ってきて、全部をまとめて配列決定できる。バクテリアは一匹のDNA配列は小さいけれど、丸ごとだとヒトゲノムの何十倍何百倍もの情報量になる。でも、NGSならそんなのでも、低コスト短期間で全部読めちゃうんだよね。

　もちろん、それだけでは、すべてがごっちゃになって、どのDNAがどの細菌のものかはわからない。しかし、さまざまな種類のバクテリアのDNAが続々データベース化されてネット上にアップされているので、それと比較することで、ごちゃ混ぜのなかに何がどれだけの量いるかまで推定できるんだよね。しばらく前に、日本人の腸内細菌には、欧米人にはない、海藻を分解する細菌がいるって話があったけど、こういうのもメタゲノム解析によって解るようになった内容だ。NGSでさらに凄いのは、細胞内の遺伝子のオンオフが解るようになったことだ。

ゲノムは、あらゆる細胞のなかに、まったく同じコピーがある。それなのに、いろいろな種類の細胞があるのは、ゲノムのある部分だけが読み取られて、別の部分は読まれないからだ。この遺伝子のオンオフが順番に変化することで、生命の発生は進んでいくわけだし、脳細胞、心臓細胞、皮膚細胞みたいな違いは、そのオンオフパターンが違うことによって生じている。

このオンオフというのは、DNAがメッセンジャーRNA（mRNA）に転写されるかどうかってことだ。そして、RNAからはcDNAといって、相補的なDNAを作ることができる。だから、細胞内のRNAを取ってきて、cDNAを作って配列を見ると、ゲノムのなかのどういう遺伝子が、どれくらいの量コピーされているかが解るわけね。

これができるようになったおかげで、これまでの教科書に載っていた内容が、じつはあまり正しくなかったってことさえ、明らかになってきている。

一九七〇年代から立ち上がった分子生物学では、数十種類のモデル動物について詳しく調べて、生体内の分子メカニズムはこうだろうって教科書を書いてきた。

ところが、ありとあらゆる生物種、細胞についてこれができるようになったため、じつは過去に解明されたモデル動物の生体メカニズムは、決して生物一般を代表するものではなくて、多様なもののなかのひとつに過ぎないことが解ったんだよね。

こういう背景もあって、今では有力な論文誌に投稿される生物学関係の論文では、どういう遺伝子が活動しているかというデータもつけないと、受け取ってくれなくなっている。今回のSTAPでも、細胞が多能性を持っていると示すために、遺伝子データが公表されて、これをkahoさんは分析したわけだ。

また、kahoさんと同一人物かどうかは解らないけど、理化学研究所統合生命医科学研究センターの遠藤高帆《たかほ》上級研究員らは、STAPのデータは8番染色体のトリソミーだってことをつきとめた。8番トリソミーのマウスは致死で生まれることがない。一方、STAPは、生後一週間以内のマウスから作るって話だったから、これは明らかにおかしいわけだ。しかも、トリソミーは継代培養したES細胞ではよく起きるらしい。

これは、細胞のなかでどの遺伝子が何コピー作られているか調べたものだ。

実験マウスでは、遺伝子上の一ヵ所だけ違っている一塩基多型（SNP）ってのが詳しく調べられている。だから、遺伝子データ上で特定のSNPをみつければ、それがどういう系統のマウスの、何番染色体の遺伝子から複製されたRNAなのか解るんだよね。

実験マウスは、B6と129という系統のマウスを掛け合わせたもので、両親から貰った遺伝子がどちらも働くタイプの遺伝子なら、B6由来のSNPを含むRNAと、129由来のSNPを含むRNAは、量的に半々になっているはず。

これを調べたところ、他の染色体では確かに半々なんだけど、8番だけ、B6由来のものが三十三％になっていた。つまり8番染色体は129由来のものが二本、B6由来のものが一本のトリソミーだってわけね。こういう結論が導けるっていうのは、生物学が生ものだけでなく、データを解析することで解明できる時代がはじまっているってことなんだよね。

シンギュラリティはくるか（その4）

【鹿野 司】

シンギュラリティがテーマという映画、『トランセンデンス』をみた。

この映画は、『ポスト・ヒューマン誕生』などの著作でシンギュラリティが二〇四五年に来るっていうレイ・カーツワイルとか、今世紀後半に人工知性戦争が起きると唱えているヒューゴ・デ・ガリスの話とかから、インスピレーションを受けて作られたみたいね。

残念ながらこの作品、オレ的にはあまりおもしろみは感じられなかったんだけど、それは突き詰めると、カーツワイルにもデ・ガリスにも、まったく同意できないからなんじゃないかなあとおもう。

カーツワイルも、デ・ガリスも、もともとニューラル・ネットワーク系の人工知能研究者で、まあ言ってることからして、マッド・サイエンティストの名にふさわしい人たちだ。

デ・ガリスは、以前、日本のATRで、ハードウェア（FPGA）によるニューラルネットで「ロボ子猫」を作るプロジェクトをやっていた。しかし、あまりうまく行かず、今は研究は引退して中国で本を執筆しているんだって。

彼は、人間の思考力を十の二十四乗倍も凌駕した人工知性「Artillect」が結局人類を滅ぼすけれど、それでもそのゴッド・ライク・マシンを作るべき派のコスミストと、断固反対するテランが最終戦争を行なうだろう、てなことを言っていて、これが『トランセンデンス』の物語の基本線になっている。

十の二十四乗倍とは、どういう計算かというと、まず人間は、脳の神経細胞が十の十一乗個あり、各細胞に一万のシナプスがあって、その動作が十ヘルツだから、合計で毎秒十の十六乗回のオーダーで思考していると概算する。この細胞数、シナプス数、クロック数は、どれも実測値より一桁くらい大きめに見積もった数字だ。

一方、AIの計算力は、一原子または一電子のスピンで一ビットを表すとして、一モル（炭素なら十二グラム）の中にアボガドロ数個（十の二十四乗のオーダー）の原子があり、これが一フェムト（十のマイナス十五乗）秒のクロックで動くとすると、毎秒十の四十乗のオーダーまでいける。というわけで、両者の差が十の二十四乗倍あるってことらしい。

まあ、なんだ。これは、SFファンならホーガンの『未来の二つの顔』を読めと言いたくなるような話だよね。

そもそも、動作速度で十の二十四乗も差がある存在の間で、相手を認識することができたり、利害対立が起きるわけがない。

十の二十四乗の差ということは、人間にとっての一秒の間に、十京年経っているということだ。宇宙が一千万回繰り返す時間といってもいいけど、その速度で動く知能にとっては、人間スケールの世界の変化は、あまりに遅くて無関係というか、認識すらできないだろう。

つまり、人間スケールの世界を認識するには、人間程度の速度で動作する知性でなければならなくて、逆にいうと、人間の知性はまわりの環境にあうように進化した結果、今の程度の能力に収束したと考えるべきだと思う。まわりの環境と縁のない知性なんて、進化的にできるわけがないし、そこから逸脱したゴッド・ライク・マシンが仮に作れたとしても、一瞬にしてまわりに適応しようとして、別のものに変化するだろう。

それにこれだけの計算力があったとしてもアルゴリズム的に何の工夫もしなければ、将棋を解くことすらできない。なにしろ将棋の盤面の可能性は十の二百十九乗のオーダーだから、毎秒十の四十乗手を読んでも、終わるのに十の百八十乗秒≒十の百七十二乗年かかるんだよね。

将棋みたいに、取り得る状態が限定さ

れているゲームでもこうなんだから、ましてや自然世界に於いてをや。ようするに、物理的な計算能力の限界が仮に突破できたって、世界は圧倒的に複雑なので、それだけではあんまり意味はない。

一方、カーツワイルは、機械学習を使った株取引AIを作ったり、今はGoogleに雇われてAI研究のリーダーをやっていたりで、マッドと言っても、ややリアリティのありそうな人ではある。

しかし、これも欧米の人に感じることが多いんだけど、過度に即物的になってて、現実とずれているように思えるんだよね。

ビッグデータって言葉があって、世間的にはこれは単に莫大なデータという意味で使ってる気がするけど、それだけならわざわざこんな言葉を使う必要はない。

ビッグデータの本質は、「何に使えるかわからない」けど、どんどん溜まっちゃうデータのことだ。だから、データ・マイニングとかデータ・サイエンスとかいって、データを何かに使えないか考える分野が、話題になっているわけね。

今起きている第三次AIブームのいちばん大きな駆動力は、Google、アマゾン、アップル、フェイスブックなどの大手IT企業が、ビッグデータをAIに喰わせるとちょっとだけ役に立つことを発見したってことにある。このAIのアルゴリズムは前とあまり変わっていない。

アップルのSiriが短期間で性能を上げたのも、アマゾンの微妙に合ってるお奨めも、ビッグデータを収集できる超巨大企業だけが実現できて、スケールメリットで利益を出せるAIの応用の仕方ではあるんだけど、世間はこれがもの凄い成功だと夢がひろがりんぐしたわけね。

こういうのとは少し違って、カーツワイルがやろうとしているAIは、たとえばGoogleがやったネコの認識みたいな話だろう。これは二〇一二年に発表された論文で、ネットから任意に切り出した二百×二百ピクセルの画像を一千万枚用意して、それを深層学習というやりかたでニューラルネットに学習させたら、人間の顔や猫の顔に反応するニューロンができたって話だ。教師無し学習で、おばあさん細胞が創られたってことね。

脳科学の分野で二〇〇五年に、ジェニファー・アニストン細胞が見つかったという論文が出た。これは脳の中に、ジェニファー・アニストンの写真を見た時も、文字で書かれた名前を見た時も反応する細胞がある、つまりその概念を担う細胞が見つかったって話だ。これは古くからある、脳の中にはおばあさんを認識する細胞があるという仮説を実証したものなんだけど、Googleの猫認識は、ランダムな画像を大量に見せたら、猫顔概念とか人顔概念が(画像オンリーだけど)できたってことなんだよね。

人間の視覚は、第一次視覚野では、エッジ検出といって、縦線だけとか、横線だけとか、角だけに反応する細胞がある。

逆に、自然画像を小さな部分に切り分けていくと、それと同じような数種類の単純な基底画像ができるんだけど、この基底画像を作ることをスパース・コーディングというのね。適切なスパース・コーディングと、適切なニューラルネットの構造と学習法が解れば、ジェニファー・アニストン細胞のように、自然情報から概念が作れるようになりつつあるってのが、今のAIのいちばんおもしろいところだ。

そして、ネットに集まるビッグデータをこのやり方でAIに喰わせると、人間を超えた知性になるだろうってのが、カーツワイルの考えだろう。まあ、オレはそう甘くないと思うんだけど。

(続く)

シンギュラリティはくるか（その5）

　科学、というか、どちらかというと技術に関連してだけど、ときどき一種の流行語が作られて、ブームみたいになることがある。最近の例でいえば、ビッグデータなんてそういうものだし、これまで書いてきた、第三次ＡＩ革命も、次世代シーケンサによるビジネスも、そういうものになりつつあると思う。

　こういうのって、背景には確かに技術の大きな進歩というか、注目すべき部分があるんだけど、世間的な流行語になった途端、意味が本来からずれて、空騒ぎ的になっちゃうとこがあるんだよね。いわゆるバズワードってやつだ。

　たとえば、ビッグデータという言葉は、世間的には単にデータの情報量が多いという感じでしか使っていないことが多いけど、それはまったく本質から外れている。

　単に情報が多いことと、何かを分析できるということとは、あんまり関係ないんだよね。

　何かの全体像を捉えることは、実際には、かなり少なめの情報で十分できることだ。もちろん、全体像をうまく反映している標本を選ぶ必要があるけど、それをやる学問が昔ながらの統計学だったわけだ。

　じゃあビッグデータとは何かというと、その本質は、今は使い道が解らないけど、膨大に集まってしまうデータを、どうしたら活用できるかってことだった。ネットを介してたくさんの人が買い物したり、ＳＮＳでいろいろなことを話しあったりするのが常識になって、その膨大な行動データや言葉は、サービスを提供している人たちなどなら、データとして収集できる。

　でもこれは、何に使って良いかは、よくわからないものなんだよね。

　こういう行動データが、きっとさまざまな役に立つってことは、かなり前から……たしか一九九〇年代には言われてはいた。

　たとえば坂村健さんの「どこでもコンピュータ」とかユビキタス・コンピューティングという話でいろいろ機械にコンピュータが入って、ネットで繋がるだろうという予言が現実になってきたころ、村井純さんが、自動車のワイパーが動いているかどうかの情報を集めれば、ある場所に局所的に雨が降っていることがわかるだろうということを書いていた。これは、人間の行動データで、従来はできなかった分析がやれるという好例で、ビッグデータの活用という言葉の意味の本質を、時代に先駆けてうまく表した例だと思う。

　いっぽう、流行語というか、バズワードとしてのビッグデータは、ほとんどの場合マーケティングのための情報源というイメージでしか使われていない。

　でも、マーケティングというのは、ほとんどの場合、莫大な量の何かを売る人が、全体の効率をちょっと良くすることで、利益を増やすことができるってことでしかないんだよね。未知のニーズを掘り起こすこともあるにはあるけど、それは宝くじの一等を引き当てることなみに希なことで、そうなると本当に分析が当たったのかわからないし、少なくともそれだけではたぶんダメってことなんだろうと思う。

　ようするにマーケティングは、巨大企業にとってのみ役に立つもので、中小企業や一般庶民にとっては縁の薄い話なんだよね。

　アマゾンのお薦めみたいなのはまさにそれで、自分の購入行動が他の人の購入行動と比較分析されて、こういう物を買ってきた人は、これも欲しがるはずって表示されるわけだ。すると、無秩序に何かを薦められるよりは、統計的にみてやや多めにそれも買う人が多くなる。

もちろん、だからといって全員が、それを買うわけではない。大半は、こんなのはいらないなって感じで、ちょっとうざいなとは思いながらも無視するだろう。

でも、こういう寸借詐欺のようなやりかたでも、アマゾンのような膨大な人が利用する企業なら、塵も積もって何百億円かの利益になる。

これってスパムメールと本質的に同じなんだよね。スパムも、こんな内容に引っかかるやつがいるのかねって感じだけど、メールを送ることにほとんどコストはかからないので、何十万とかにひとつでも引っかかる人がいれば、十分ペイするビジネスモデルってわけ。

そういえば最近、「いつもと違う場所から Facebook にログインしましたか?」というメールが来たんだよね。そこには、安全のためアカウントを停止しましたとあって、ヘルプデスクはこちらと、リンクが貼ってある。でも、そのリンクは Facebook とはまったく関係ないもので、もちろん、アカウントの停止もされていない。

つまり、詐欺か、ウイルスを仕込むリンクを貼ったスパムだったわけ。

リンクを見ると明らかにおかしいので、ほとんどの人はこれに引っかからないだろうけど、「いつもと違う場所から……」みたいなメールは Facebook から来ることもあり得るので、うっかりさんとか、たまたま寝不足とかでぼんやりしているみたいな事情で、リンクを反射的に踏んじゃう人はいるだろう。

これは悪質だけど、今のネットを介する商売ってのは、多かれ少なかれ、こういう人間のうっかり行動を利用して、少しでも多めに利益を上げようとしている。iTunes ストアとかアマゾンとか、寝不足の時見てると、明らかにいつもより余分に買っちゃうもんね。とくに、電子書籍は即決で買えちゃうから、積電子本は紙の本より多くなりがちだったりして。

こういう、こちらのうっかりで買ってしまったものって、買って良かったって感じは薄くて、失敗しちゃったという後悔が残りがち。顧客に買ってイヤな感じを与えるようなやり方って、やっぱりあまり健全とはいえないと思うんだけど、それは明らかに悪とはいえないぎりぎりのところというのが多くの企業の論理なんだろうな。それでも邪悪と思うけどね。

まあもっと連想をひろげると、そもそも現代は必要十分なもの以上に何かを売らないといけない、売ることを良しとする世の中だから、広告ってのは基本的にかなり盛っているというか、ほとんどデタラメに近い内容でしかないんだよね。

今の健康食品というカテゴリーは、きちんとした研究がない(あるいは効果がないという研究がある)から医薬品になれないわけで、高い金を出して食べるのはまったく意味がない。でも、利益率が高いから、怪しいのがどんどん出てくる。そこで、効能をうたっちゃいけないと厳しく規制するようになって、その結果「スムーズな生活に」とかいう微妙な言い回しのCMしか流せないようになっている。

しかし、安倍政権は経済活性化のため、それを緩和するつもりだ。ようするに、詐欺とかトンデモみたいなもので、経済を活性化しようというわけね。

今時の先進国では、ほとんどすべての人が、生活に必要十分なものはすべて持っているので、経済を活性化するには、いらないものをうっかり買わせる必要がある。その意味では、トンデモはかなり使い道があるってことなんだろう。最近増え始めた遺伝子検査ビジネスも、基本そういうものなんだよな。

(続く)

サはサイエンスのサ

連載・233

【鹿野 司】

シンギュラリティはくるか（その6）

ここ十年の、遺伝子シーケンサの技術向上は、人類がこれまで成し遂げてきたいかなる技術向上よりも速度が速い。

人間の遺伝子ワンセットは、ATGCの四種類の記号を使った三十億文字からなる情報だ。これを最初に読み切ったのが、一九九〇年～二〇〇三年までの十三年間で、総額三十億ドルかけて行われた、ヒトゲノムプロジェクトだった。

それからほぼ十年が経った今年（二〇一四年）の一月、イルミナ社は、十台構成（一台ほぼ一億円する装置）で三日間で十六人分のゲノムを読み取り、ランニングコストで一人分十万円のHiSeq X Tenシステムを発売した。

つまり、シーケンス技術はこの十年で、五千日で一人を読んだ時代から一日で五人読めるようになったわけで、速度にして二万五千倍、コストも三十億ドルから千ドルで三百万分の一になったわけだ。これは半導体のムーアの法則（十五年で千倍）より桁違いに速い。

しかも、これを成し遂げた技術は複数あって、メーカーによってやり方が違うし、技術的に明らかに改良できる部分が多数残っている。遺伝子シーケンサはバラバラに切断した遺伝子断片を、基盤に植え付けて読み取っているんだけど、その集積度を上げる方向には、今のところまだあまり技術改良を行っていない。つまり、半導体集積技術のような、縮小ルールだけで性能やコストを下げることはしていないのに、すでにここまできているわけだ。これからすると、あと少なくとも十年ほどは今のペースで技術の向上が続くだろうし、将来、飽和してきたとしても半導体のムーアの法則よりペースが落ちるのはさらに先と考えられる。

今の時点で、ヒトゲノム一人分を読み切るのにざっくり十万円だとしても、数年後には数万円以下に下がるだろうし、すでに特定の百種類くらいの遺伝子を読むだけなら一万円もしない。十年すればゲノムの読み取りなんて、小さな医院や薬局とかでも数千円で簡単にできるような時代が確実にやってくる。

このところ、DeNAとかヤフーとか、大手企業が相次いでDNA情報分析サービスを始めたけど、これはこうした技術向上が背景にあるのは間違いない。遺伝子を解析して情報を提供することに「ビジネスチャンス」を見いだしているわけだ。

ただこういうのからはやっぱり、人の無知やうっかりにつけ込んでお金を儲けようとする、邪悪さを感じるんだよね。

この種の一般向けの遺伝子情報って、結局のところ、星占いとか血液型性格診断レベルのリアリティしかない。恐らく、世の中の大半の人は、もっときちんとしたもののはずと思っているだろうけど、現実には違うんだよね。

その理由は、まず第一に、個々人の生物学的特徴は、ほとんどの場合非常にたくさんの遺伝子がかかわって現れるものなので、どこそこの遺伝子がこうなので、将来こういう病気になるとは、現実として予測できないからなんだよね。しかも、環境（生活習慣など）しだいで、その遺伝子は働く時もあれば働かない時もある。

たった一つの遺伝子の一カ所の違いだけで、何かが起きたり起きなかったりするってことはもちろんあるんだけど、それは極めて例外的なものだけだ。

昔からよく知られている深刻な遺伝病、たとえば血友病やハンチントン病なんかは、そういう病気だ。でも、こういうのはメンデル遺伝するものだし、ゲノムを全部読み切るような最新の技術がなくても、昔からの技術で診断できている。

アンジェリーナ・ジョリーの乳房切除

は、世界的にもかなり話題になった。これは、ＢＲＣＡ（Breast Cancer の略）というがんの発生を抑える働きをしている遺伝子（とはいえこの遺伝子ががんの発生を抑えるためのものとは限らない。何か別の働きがあって、結果としてそうなっているだけかもしれないけど、現象としてはどういうわけか、発がんが少なくなる）が変異したＢＲＣＡ１、またはＢＲＣＡ２を受け継ぐ家系では、乳がんや子宮癌の発症確率が上がるからだった。ＢＲＣＡ１がある女性の六十五％は乳がんに、三十九％は卵巣がんになる可能性があり、ＢＲＣＡ２では四十五％が乳がんで、十一％が卵巣がんになる可能性がある。

　これはしかし、基本的にある家系の人に特有の話なんだよね。この変異がある人は家系の中に同じ病気の人がたくさんいるはずで、調べなくてもうすうすわかっていたりする。また、この遺伝子を持つことがわかっても、発症確率は百％ではないので、必ずしも事前に乳房切除や子宮切除をする必要はなくて、頻度高く検査すれば十分という考え方もある。なにを決断するかは、正確な情報に基づいたカウンセリングと、本人の意思決定が、ものすごく重要になる話だ。

　もう少しカジュアルなところでは、酒に強いか弱いかってのも、アルデヒド脱水素酵素をコードする一カ所の違いだけで決まっている。でも、酒に強いか弱いかなんて、遺伝子で調べなくても、飲めばわかる話なんだよね。それに遺伝子的には弱いはずでも、別の代謝経路などの体質によって、飲み慣れると多少は飲めるようになるので、遺伝子と実際の酒の強さは、必ずしも一致しない。

　ましてや、多数の遺伝子が絡むようなものは、現実に何が起きるのか、ユーザーが求めるような予測はできないんだよね。遺伝子を調べているのは確かだから、ランダムに適当なことを言っているわけではないけれど、カオス程度にしか予測性はないかんじ。

　そうなると、あなたの遺伝子はこうなので、成人病にならないためにこういうことに気をつけましょう、なんていうアドバイスは、ようするにすべての人に当てはまるような内容以上のことは書きようがない。

　つまり、それは星占いとまったく同じ程度のリアリティってわけ。

　もちろん、各企業は、今最も信頼性のある論文に基づいて結果を示すとかいってリアルさをうたっているんだけど、それも完全に空虚な宣伝文句なんだよね。

　そもそもゲノムが全部読めたからといって、ある遺伝子変異がある人の人生にどういう影響を与えていくかは、まだほとんど解っていないに等しい。

　これを調べるには、膨大な人の遺伝子データを収得したうえで、その人たちの生活史を何十年にわたって調べていく、前向き調査（コホート）を行わないといけない。今現在、そういう調査は世界中でたくさんやられはじめているけど、その結果が出てくるのは十年とか五十年とか先なんだよね。そういう意味では、今いちばん確からしい論文を根拠にするというのが事実だとしても、その正しさはあまり当てにはならないわけ。

　それにゲノムは一度調べたら一生変わらないから、こういう占い的診断ビジネスが成立するのは、極端にゲノム読み取りコストが安くなる前の、今しかない。

　遺伝子診断ビジネスってのは、その程度のものなんだよね。

わたしとあなた（その1）

サはサイエンスのサ

連載・234

【鹿野　司】

かつて、ロマンチックに人間の醜悪さを表現する言葉として、同種殺しをする動物は人類しかいない、なんてことがいわれることがあった。

これはまあ、単に動物の行動についての無知から出た表現で事実ではない。しょせん人間なんて酷いもんなんだ〜っていう、シニカルな文学的表現の一つにすぎないわけね。

ただ、霊長類に限っていえば、積極的に同種殺しをするのは、ヒトとチンパンジーしかいないっていうのも事実だ。

チンパンジーは、まるで戦争や集団暴行みたいな感じで、同種殺しや共食いをやることが、たびたび観察されている。

で、まあ、これが進化的に適応的な行動なのか、または人間による餌づけや環境攪乱による影響なのかという議論があったらしい。後者もなんか、ロマンチックな仮説って感じだけどね。

先日、この問題に京都大学霊長類研究所が決着をつけた。

過去五十年間にわたって研究された、チンパンジー十八集団、ボノボ四集団の情報を分析したんだけど、それによるとチンパンジーは十五集団で百五十二件の殺しが、疑い例も含めて観察され、ボノボでは疑い例が一件しかなかった。

チンパンジーの殺しの場合、加害個体の九十二％、被害個体の七十三％が雄で、集団間の攻撃に関わる殺しが六十六％、さらに加害個体数と被害個体数の比が中央値で八対一となっていた。

つまり、自分の群れに属さない単独行動の雄を、多数でよってたかって殺すというパターンが多いわけね。

そしてこの行動は、人為的な攪乱要因とはまったく関係していなかった。つまりチンパンジーの殺しは、進化的に身につけた生存戦略の可能性が高いわけだ。

では、ヒトの同種殺しとチンパンジーの同種殺しは、共通祖先から受け継いだ性質なのかというと、そう考えるのは妥当とはいえない。というのは、ボノボもヒトやチンパンジーと同じ祖先から分岐した動物で、かつヒトよりチンパンジーに近いのに、基本的に同種殺しはしないからだ。

チンパンジーの同種殺しには、明確なパターンがあるので、進化的に適応的な行動なのは間違いない。それはたぶん、配偶相手や資源をめぐる適応的行動なんだろうってことになっている。

チンパンジーは交尾できるのは雌が発情している時だけなので、その機会がすごく少ない。だから、可能な時にはライバルを減らすという行動が、悪くない適応戦略として成立したのかもしれない。

ボノボはチンパンジーと違って、雌が発情していなくても交尾ができるので、たぶん、これがボノボにチンパンジーの五倍ほど交尾機会がある。チンパンジーの雄のような攻撃性を進化させていない理由と考えられる。この発情にかかわらず交尾できるという性質は、ヒトもボノボに似ているから、チンパンジーほどの攻撃性はもたないのだろう。

まあ系統的には、ヒトは共通祖先からわかれてから、男女の体格差もどんどん小さくなり、犬歯も小さくなったところをみると、おそらく社会的にあまり攻撃的でないほうが有利になる進化を、歩んできたともいえる。

本能という言葉は、昔は動物の逆らいがたい性質みたいなイメージがあったけど、今では統計的にそういう傾向があるという程度の意味しかない。それに、固定的なものでもなくて、まわりの環境によっても現れ方が変わってくる。特に社会的な行動は、まわりの環境の変化で結構変化するもののようだ。

たとえばゴリラは、本来は一頭の大人雄を中心とした群れで生活するものなんだけど、個体数が激減した地域では、一つの群れに複数の大人雄が存在するようになっている。結構柔軟なわけだ。

一方チンパンジーの同種殺しは、人為的攪乱によって個体数が激減している今でも行われていて、それがチンパンジーの数の減少に拍車をかけている。この点ではまったく融通が利かないんだよね。

つまり、チンパンジーにしてもボノボにしても、それぞれがもつ生物学的条件と環境に即した社会性があるだけなんだよね。だから、ヒトの社会性の中のこの要素はチンパンジーと同じとか、ボノボと同じみたいなことはいえない。

ヒトは他のヒト科の仲間たちと類推できる部分はあるにしても、本質的には独立したヒト独自の社会性を備えている。

そのヒトの社会の特徴として重要なのは、仲間とそうじゃないものの区別じゃないかと思う。ヒトは自分の仲間と見なす集団内では、裏切りやズル、ましてや殺しなどの不正行為は決して赦されないし、それをやったものは罰せられるけれど、仲間ではない集団なら何をしてもかまわない。

現代の西洋的な考えの中にいるオレたちにとっては、人類皆兄弟みたいな前提がいちおう身についているから、世界中のすべての人が幸せになるべきだよねってなんとなく思える。

反対に、あいつらとオレたちとは別なんだって物語がどこかにあると、相当酷いことが、今でもできちゃうんだよね。

戦争をするとき、最も強調されるのは、敵は我々とは異質な存在だということだ。

そうしないと、良心が邪魔をして戦えないんだよね。

このところ勢力を伸ばしているISIS（イスラーム国）ってやつも、欧米人の首をはねたり、奴隷制を復活したり、女性を迫害したり、碌でもない連中だってことが盛んに欧米系メディアで強調されている。そこには事実も含まれているけど、プロパガンダ的に強調されているところもあるに違いない。

イスラム教を信じる諸国は、ISISの極端な主張や行動に反対はしているけど、日本を含む欧米の感覚ほどには異質なものとは見ていない。なぜかというと、一連のひどい行動は、実体はどうなのかは解らないけど、表向きはイスラム教徒以外が対象だからだ。

イスラム教では原理主義的にいえば、イスラム教徒どうしは仲間で尊重しあわないといけないけど、そうでないものに対してはそういう制約はない。そして、イスラム教徒でないものは、なりたければいつでもイスラム教徒になれる。と、なると、イスラム教徒にとって、ISISがやっていることは絶対に赦せないとまでは、理屈としていいにくいわけだ。

こういう国際情勢のような問題だけでなく、もっと日常的なさまざまな問題でも、仲間であるか否かってのは重要で、あちらは別の存在って認識ができてしまうと、全体の解決を難しくしがちだ。

たとえば、東日本大震災のあとの補償問題でも、被害の程度の軽重でわけて対策を考えると、あいつらの方がいい目を見てるというような被災者間の対立が起きてしまう。それを避けるには、同じ被災者の仲間だという感覚を維持しながら対策を進めないといけないんだよね。

（続く）

わたしとあなた（その2）

【鹿野　司】

ヒトという動物の社会性を考えると、自分たちと同じ仲間なのか、あるいは自分たちとは異なる存在なのかという認識の差が、決定的に大きな対応の違いに繋がるって性質がある。

その相手が自分の仲間だと認識されている場合、自分は相手に親切にしたいし、フェアに振る舞いたくなるし、ひどい裏切りや搾取をしたいとは思えない。仲間が敵に攻撃されていたら助けたいし、仲間が敵を攻撃していたら、それに加勢したくなる。

これに対して、仲間ではない存在に対しては限りなく冷淡になれるし、極端な場合殺すことも含めて、どんな酷いことでも心理的な抵抗なくできてしまう。

仲間なのに仲間内の掟や倫理を守らないと、怒りを感じて罰したくなる。仲間内の掟を守らない、倫理規範に反することをするということは、もはや仲間でないってことなんだよね。

こういう性質があるから、たとえば戦争をしようとするときは、相手は根本的に我々とは違う、酷い連中だってなことを、盛んに言いふらす。

アメリカは湾岸戦争やイラク戦争をするときに、広告代理店を使って、酷い目にあった悲劇の少女ってのを捏造し、それを盛んに宣伝するってことをやった。

こういうことはべつに最近始まったことでもなくて、太平洋戦争の時に、日本は宣戦布告もなしに真珠湾攻撃をやった卑怯者って宣伝したのも、戦闘意欲を生じさせるためのものだったわけだ。

昭和の日本の戦争映画には、タイミングの行き違いで、真珠湾攻撃以前にアメリカ側に宣戦布告が伝わらなかったことを忸怩《じくじ》たる思いとして描写する作品が複数あったと思う。だけどそれはアメリカの戦意高揚のプロパガンダなんだから、事実がどうだったかなんてあんまり関係ないんだよね。もちろん日本も、鬼畜米英という言葉で、敵は我々とは根本的に違う恐ろしい存在だってことを、さまざまな形で宣伝し、攻撃を正当化した。

相手が自分と同じ存在で仲間だと思っているうちは、攻撃したり殺したりするなんてことはとてもできない。しかし、相手が自分たちとは根本的に違う連中で、何をしでかすか解らないと思えば、どんなに酷いことをしても、良心の呵責などは起きないんだよね。

しかし、ふとした瞬間に、敵といわれていた存在が、自分と同じ仲間だと気づいてしまうと、そういう酷いことはできなくなる。戦場で敵を撃ち殺したあと、その懐から家族と一緒に写っている写真がでてきてショックを受けたなんて話があるけど、それは家族写真を肌身離さず持っているという行為が、彼らも自分と同じと気づかせてしまったからだ。

日本では戦後、戦地に赴いた人たちが、あまり戦争を語らなかった。それは過酷な戦場という異常な空間のなかで、その時は敵や裏切り者と認識して酷いことをしてしまった相手が、戦後になってそうではなかったと思い知らされて、到底自分の経験を語る気にはなれなかったってことが、大きかったんじゃないかと思う。

映画『ダークナイト』はアメリカ人にものすごく評判が良くて、好きな人が多いという。確かに『ダークナイト』は完成度の高い素晴らしい作品なんだけど、それ以上にあれは、アメリカ人の無意識に淀む後ろめたさを免罪する物語なんだよね。

『ダークナイト』のジョーカーは、悪の権化そのもので、一切の根拠なく、理不尽に社会に害を為すだけの存在だ。その悪を、バットマンは傷つきながらも、あくまでフェアに倒そうとする。しかし、世間はジョーカーの扇動に乗せられ、バットマンを敵視する。さらにバットマンは、仲間に近い者からも裏切られる。それでも正義のために戦い続ける姿はかっこええというのが、『ダークナイト』の話だ。

これはつまり、イスラム教徒という理不尽な悪の権化をやっつけるために、みずから犠牲を払って中東などで正義の闘いをやっているのに、世界から白い目で見られていると思っているアメリカそのものだ。世界がアメリカを批判するのは、悪にだまくらかされているからで、我々は愚かな世間から非難を受けても、正義のために戦い続ける、かっこいい存在なのだってことなんだよね。

人間は仲間なら良い行いをしたいと思うけど、仲間じゃなければ関心を持たないか、どんな酷いことをしてもかまわない。ここで重要なのは、どんな存在を仲間と思うかは、本能なりなんなりで、あらかじめ決定されているわけではなくて、かなり恣意的だってことだ。

仲間と思える存在は、必ずしも人間である必要もない。犬や猫のようなペットでもそう思えるし、自分の暮らす自然環境のようなものも、大きなくくりで仲間のような感覚を持つことができる。ようするにこれはかなり漠然とした、ヒューリスティックみたいな認識なんだよね。

たいていの場合、仲間と思えるのは、身近で、よく知っているような気がする存在だ。逆に、相手のことをよく知らないとか、そうだとばかり思っていたのに違っていた、裏切られた、解らなくなった存在は、仲間とは思えない。

こうしてみると、あらゆる社会問題の解決は、我々と彼らはべつの存在だという感覚をなくすことが、鍵になるんじゃないかと思うんだよね。

差別の問題ってのは、奴らはオレたちとは違うって認識がなければ、決して起きないものだ。

東日本大震災の時、被害の大きかった被災者と、それほどでもない被災者を別扱いしたら、被災者同士であっちはいい目をみてるみたいな対立が起きて、まとまる話もまとまらなくなってしまったんだそうだ。そのとき、被災程度を考えず、同じ被災者の仲間という形に持っていったことで、丸く収まったという。

いわゆるフェミニストの人たちの発言を聞いていると、どうも男女は仲間だって感覚に欠けているんじゃないかって感じがすることがある。フェミニストの主張は解らなくもないけど、なんとなく遠巻きにしがちな人が多いのも、そこに理由があるんじゃないのかなあ。

こういうことはマイノリティ問題にもいえて、私たちと違うマイノリティは可哀想というような感覚で対策をしようとすると、どこかに歪みが出てくるんじゃないかと思うんだよね。

マイノリティとマジョリティの最大の違いは、マジョリティは自分たちが暮らしやすいような社会システムが何重にも完備されているのに、マイノリティにはそれがないってことだ。

たとえば、完全な盲人しかいない社会があったとして、そこに晴眼者が住むことになったら、確実に不自由を感じるだろう。なにしろ、目に見える標識や看板は存在しないだろうし、日の入らない室内にも明かりもない。そういう社会インフラの中では、晴眼者は思ったところに行こうとするだけで大変なわけだ。

そういうことからもわかるように、マイノリティとはマジョリティと本質的に同じ存在だけど、その活動を助けるインフラが不十分ってことが多いんだよね。

楽園追放と人工知能

サはサイエンスのサ

連載・236

【鹿野　司】

　遅ればせながら水島精二監督、虚淵玄《うろぶち》脚本の『楽園追放』を映画館で見てきたんだけど、すごく良かったよ。生粋のSFファンが、過去から現代にいたるさまざまなSFを踏まえた上で、現代的な完成度の高いエンターテインメント（つまり広い層のファンが許容する作品）に仕上げた作品というか。

　個人的にはここ数年のアニメのなかでは、いちばん気に入ったかなあ。

　日本のアニメというのは、たぶん監督ごとに制作のプロセスが違っていて、最終的にできあがる作品は、必ずしも脚本通りとは限らない。オレが関わった多くはない経験のなかでも、完成作品を見て、脚本段階ではこの描写はなかったって思うのは普通のことで、完成作を見るのはいつも楽しみなんだよね。

　最近は、脚本に忠実であろうとする監督が増えてきていて、もともとコンテ以降で具体的な絵が作られていくような、アクションの細かい描写まで、脚本家に依頼することもあるらしい。だけど、昔は、監督にとって脚本は素材の一つというか、インスピレーションのきっかけ程度の意味しかなくて、完成したときは脚本の痕跡がほとんどないケースもあったんだって。

　まあアニメ作品というのは、脚本、コンテ、作画などたくさんのプロセスを経ていくなかで、いろいろな人のクリエイティビティが付与されていくし、監督は形を変えながら何度も何度もストーリイを吟味することになるので、脚本段階ではいちおう決定とされたことでも、プロセスの中でやっぱりこのほうが良いとか、新たにこういう場面を追加したほうがいいと判断して、だんだん変わっていくことは自然の流れだと思う。その判断をするのが監督なので、そういう意味でも完成作品は監督のものなんだよね。

　虚淵脚本作品は、これまでも『魔法少女まどか☆マギカ』や『翠星のガルガンティア』などを見て、この人はSF好きなんだろうなあって感じる作風だった。

『まどか☆マギカ』では、キュウベえという人間的な感情のない独自の行動原理をもった存在を、きちんと描こうとしていて、そういうところも良いんだよね。

『ガルガンティア』では、とくに前半の、終わりなき戦闘を闘う、戦闘種族となり果てた人類の末裔が、古の地球文化に触れて変わっていくという、『超時空要塞マクロス』のプロトカルチャー・ショックを、丁寧に描こうとしていて素晴らしかった。まあ、最後のほうのAIの描写で、んーとは思ったんだけど。これと同じテーマが、楽園追放のなかにも現れる。

　ここからはネタバレありで書くよ。

『楽園追放』の舞台は、ナノハザードっていう大災厄後の世界らしくて、人類の九十八％はL1軌道上にあるディーヴァという理想のバーチャルワールドで生きている。いっぽう、地上は砂漠化した過酷な環境で、無法地帯に近い状況のなか、生身のままの生活を送る人たちが、ごく少数だけ残存している。物語は、突如現れた謎の存在、フロンティアセッターが、ディーヴァに干渉してきたことから始まる。

　ディーヴァという理想郷は、ダイアスパーに喩えることができるし、人類の分岐の様子はイーガンの『ディアスポラ』みたいでもある。バーチャルワールドに暮らすデータ人の描写に、『ブレードランナー』を連想させる表現を使ったり、最終局面の『オネアミスの翼』的な展開とか、ある意味でSF的既視感のある描写満載なんだけど、それが非常にうまく物語として融合されているんだよね。

　意外に思える登場人物たちの行動原理

も、自然に納得のいく形で描写されている。五〇年代ＳＦファンみたいな心の持ち主が、ＡＩってのもちょっと良い感じだしね。

ＳＹＮＯＤＯＳに、稲葉振一郎さんが「「宇宙ＳＦ」の現在——あるいはそのようなジャンルが今日果たして成立しうるのかどうか、について」という文章を発表している。これが本格ＳＦのガイドとしてもみごとな、読みでのある文章なんだけど、この論で語られているのは、本格ＳＦファンは、もはや生身の人間的感性の痕跡があるような平凡な話では、満足できないよってことだった。

現代のテクノロジーや、科学の知見を踏まえたその延長上で、つまりワープとか現実にはあり得ない設定を使わずに未来の人類を描こうとすると、必然的にそれは異形の存在になってしまう。

ワープというお約束は、結局のところ、時空を越えた広大な宇宙でも、主人公が我々と同じ感受性を持った存在であり続けさせるための方便だったって稲葉さんは言っていて、それは確かにそうだよなあっておもう。それに、イーガンとか、非人間的というか、人情とは異質な世界を圧倒的なイメージで描いてくれる作家が実際に何人もいるから、そういうものを読んでウハーってオレもなるんだよね。

ただそういうものが、コアなＳＦファン以外の人に広くおもしろがってもらえるかというと、それはちょっと疑問だ。

そう考えると、『楽園追放』はちょうどいいバランスのところで寸止めされた作品なんじゃないかなあ。

さてしかし、何度も書いてるけどオレはレイ・カーツワイルのシンギュラリティみたいな話はまるっきり信じていない。

知能というのは、ユクスキュルの環世界とかアフォーダンス的なもので、それが宿る肉体や環境の中で生じるものだ。

だから、人間を遥かに超越しながら人間的な知能のままみたいなＡＩとか、人間とだいたい同じような肉体環境のないネットの中だけの知性みたいなのは、結局のところ古くさくて底の浅い、超人空想の延長としか思えないんだよね。

今は確かに、ＡＩの研究の中でも機械学習＝統計学的知能の話が盛り上がっていて、つきつめると人間や動物の知能の本質もそういうものだろうとは思う。人間や動物がやる論理的な思考というのは、脳内に論理回路があるのではなくて、統計的な近似で見かけ上論理操作に近いことをやっているんだろう。でも知能が統計的なものだとするなら、データの入力系としての肉体が、生身とコンピュータネットワークではまったく違うわけで、両者が同じ性質の延長上の知能になるなんてことはあり得ないんだよね。

人間とＡＩの関係では、やはりＳＹＮＯＤＯＳに、久保明教《あきのり》さんの「計算する知性といかにつきあうか——将棋電王戦からみる人間とコンピュータの近未来」という文章があってこれが抜群におもしろい。

完璧な将棋を指し、自分が理解できない手で敗れた棋士が、将棋本来の強い相手と打つ楽しさを感じたとか、勝敗は決して相手が人間なら投了すべきところをチームのために恥を忍んで、勝ちしか狙っていないプログラムに駒の得点レベルで引き分けに持ち込む棋士とか、ＡＩと人間知性とのせめぎ合いのなかで、新しいドラマが生まれている。たぶんＳＦにおける知性というテーマも、こういうところからより深められるんじゃないかとおもうんだよね。

サはサイエンスのサ

連載・237

【鹿野 司】

ゴリラ研究で有名な、京大総長の山極《やまぎわ》寿一《じゅいち》さんが、おもしろい仮説を語っている。

我々ヒトが、サバンナに適応するために採用した社会システムは、ゴリラのような家族型と、チンパンジーのような共同体型の、二種類の矛盾した形態を折衷したものだ。この折衷を可能にしたのが、人類特有の「共感力」だった。

しかし、人類が定住して、自然のなかに敵がいなくなると、この共感力が過剰に働いて、一種の自己免疫疾患のように、執念深く仲間を攻撃するようになってしまった。それが今日の戦争だっていうのね。

共感力とは厳密に何のことかという問題はあるんだけど、他者の感情や思考を我が事のように感じて行動するのは、ヒトの特徴のひとつという感じはする。

ヒトは他人どころか、動物や物や、死者にすら共感してしまう。それは共感している気がしてるだけとも言えるんだけど、これがないとヒトの文化の非常に多くが成り立たないだろう。考えてみると物語を楽しむことも、他者への共感能力あってこそのものだ。つまり、他者の気持ちを推定し理解する能力と、物語を創りだす能力は、実は同じものじゃないかって気がするんだよね。

しかし、それは祖先の間で起きた争いを、何代にもわたって続けさせることにもなる。そこで、ちょっとこのあたりの話を、詳しく考えてみたいと思う。

まず、ゴリラ、チンパンジー、ボノボとヒトというヒト科の仲間の遺伝的関係と、社会性を概観しよう。

ヒト科の系統関係だけど、ミトコンドリアDNAの全塩基配列を使った分子時計では、ゴリラは今から六百五十六±二十六万年前にヒトとチンパンジーの共通祖先と分岐し、チンパンジーはヒトと四百八十七±二十三万年前に分かれ、チンパンジーとボノボは二百三十三±十七万年前に分かれたとされている。また全ゲノムで比較した場合は、ゴリラの分岐は七百六十～九百七十万年前、ヒト系統とチンパンジーの分岐は六百～七百六十万年前で、こちらのほうが化石証拠に近い。

いずれにせよ、分岐の順序は同じで、全ゲノム比較によれば、分岐後に再交雑はしていない。

このうちゴリラの社会は、一人の父親（シルバーバック）を頂点に、数人の雌とその子供たち、合計三～二十頭のハーレム制の家族で構成されている。

その中で育った雌は八～九歳になると別の群れに移るか、雄と新しい群れを作り、雄は雌を獲得して新しい群れを作るか、雄同士のグループを作るか、単独で生活するかに分かれる。

ゴリラの家族では、シルバーバックは子育てにも協力する頼りがいのあるお父さんって感じで、ケンカの仲裁や子供を危険から守るのはもちろん、母を亡くした子供の世話もする。

ただし、単独雄が別の群れの雌を奪うことがあって、その場合赤ん坊は殺される。この子殺しはハーレム制の動物には普遍的な行動だ。雄がハーレムの主でいられる期間は限られるので、獲得した雌を早く発情させて多く子孫を残すための適応的進化なんだよね。

これもあってか、他の群れとは敵対的だけど、普段はおたがい避けあって出会わないようにしている。

いっぽうチンパンジーは、一～数人の小集団が離合集散を繰り返して、大きな集団になるときは複数の大人の雄雌（十三～十五歳以上）とその子供たちを含む二十～百人ほどの共同体になる。この集団構成には規則性はなくて、いつも一緒に行動するのは母親とその赤ちゃんと子供だけ。

群れの最上位は雄で、何人かの手下を

従えて君臨する感じ。雌は九～十一歳になると出生群を出て別の群れに移籍するけど、雄は生まれた群れにとどまる。

セックスは乱婚で、雄も雌も複数の相手と交わるので、どの子がどの雄の子か解らない。雄は自分の子孫が残る確率を高めるため、睾丸が非常に大きくなるように進化している。

また、雄は子育てには全く参加しない。それどころか、雄たちが協力して、雄の子供を殺して食べてしまうこともある。それもあって、チンパンジーの社会では、雄雌比が一対二とか一対三になっている。

群れ同士は非常に仲が悪くて、群れ同士が出会うと殺し合いになることもあるし、他の群れの雄が単独行動しているのを見つけると、よってたかって襲いかかって殺してしまうことも少なくない。

しかもこれら同種殺しは、適応的な進化の結果とわかっている。ただし、殺しがどんなメリットになってるかは、今もあまり明確じゃない。雄が遺伝子を残すのに有利という話もあるけど、どれが自分の子か解らないからあり得ない。

チンパンジーは雌が発情するとおしりが赤く腫れる明確なサインがあって、月に三～五日くらいしかセックスできないし、妊娠して出産すると子供が四～五歳になるまで発情しなくなる。つまり性比の偏った乱婚ではあるけど、雄がセックスできる頻度がすごく低い。つまり、チンパンジーの社会では、雄にとって、雄が少ないほうが、セックスの機会を増やすことは確かなんだけど。

ボノボの社会も、チンパンジーの社会と似ていて、群れの最大の大きさはやや大きいけど同じくらい、乱婚で思春期の雌が他の群れに移動するのも同じ。

ただし、雄雌構成比は一対一だし、群れの最上位は雌なんだよね。

でもボノボには発情のサインはなくて、生殖のため以外に、いつでもセックスできる。また、挨拶とか、緊張を和らげる、絆を深める、仲直りをするなどの様々な社会的な意味で、同性同士や大人と子供、子供同士でも、オーガズムを伴わない色々なセックス類似行動をする。

チンパンジーはセックスの問題を力で解決するけれど、ボノボは力の問題をセックスで解決するともいわれているんだよね。

しかもボノボの群れは、ゴリラともチンパンジーとも違って、他の群れと争うことも避けることもなく、混じり合うことすら普通にある。

山極さんによると、ゴリラの群れは血縁関係なので、食べものを分けたり協力するとき、おたがいに見返りを必要としない。遺伝的な繋がりが強いから、利他行動はただそれだけで適応的なわけね。

いっぽう、チンパンジーは遺伝的に雑多な集団の共同体で、誰かになにかしてもらったら、必ずお返しをしないといけない。

お返しを求めない社会と、お返しが欠かせない社会という意味で、両者は相容れない形態なんだよね。

それでヒトなんだけど、ヒトは主として一夫一婦制なんだけど、ハーレムも乱婚も珍しくはない。ただし、複数の家族が集まって共同体を作ることは普遍的だ。そして血縁のない相手に、見返りを求めない利他行動をすることも普遍的なんだよね。

つまり、ゴリラ的な家族愛を、血縁のない相手にも拡張しているわけで、それはオレが前から言ってきた、ヒトの根源的な非論理性と関係がある気がするんだよね。

ヒトの社会性（その2）

京大総長の山極壽一さんは、人間のような形式の家族は、ヒトにしかないという。そして、それは進化の適応メカニズムによって作られたものだと考えている。

ヒトの人らしさとは何なのか、それはどうして形作られたのか。その疑問を、チンパンジーやゴリラなどとの比較動物行動学や、人類学、進化心理学などの最新の成果を駆使しながら、最もありそうな姿を推論していく。そこにはインスピレーションや若干の飛躍もあって、こういう行為って、ある意味でハードSFとも通底するおもしろさがあると思うんだよね。

ヒトは夫婦と子供という基本単位の家族が、複数より集まって共同体を作る。これは他の動物にはない集団の作り方だ。

ゴリラは家族が単位で家族ごとにバラバラに暮らし、チンパンジーは共同体が基本で母子関係は明確だけど、父親は誰かは不明で、所謂家族は存在しない。

ゴリラの家族とチンパンジーの共同体を見比べると、家族とは見返りを求めない絆で結ばれた集団であり、共同体は何かをしてあげたらお返しを求める「互酬性」で結びついた集団だ。両者の結びつきの原理はたがいに矛盾しているので、本来は両立できないはずなんだよね。

ところが人間は、この両方をやっている。そして、それを可能にしているのが、人間独自の共感力だというのが、山極さんの洞察だ。

チンパンジーとかを世間ではサルの仲間に分類することが多いけど、それは間違いで、オランウータン、ゴリラ、チンパンジーはヒト科の仲間だ。実際、心のありようも、サルとヒトの仲間たちでは大きな違いがある。

ニホンザルなどは、群れのなかの優劣が明確に決まっている。これは喧嘩がエスカレートして死ぬことを避ける、ひとつの有力な戦略だ。たとえば食べものが目前にあっても、弱いほうは興味のないフリをして、強いほうがそれを独占する。サル同士は常に集団メンバーの優劣関係を把握していて、それに基づく行動をとる。

だから、同じ食べものを一緒に囲んで食べるようなことはありえない。

いっぽう、ゴリラやチンパンジー、ボノボは強い者が何かを食べていると、弱いものが寄ってきてちょうだいって手を差し出し、強いほうは、いやいやだけどそれを赦す。ヒトの場合さらに進んで、良い獲物をとったら、みんなに分け与えるのが喜びだったりすることすらある。

山極さんの洞察でもうひとつおもしろいのは、勝つ論理と、負けない論理は違うということだ。チンパンジーの社会では勝ち負けが厳密に定まることもあって、負けを認める表情が存在する。

ところが、ゴリラの社会にはそれがない。ゴリラも時に雄同士が対峙する状況になるけど、おたがいに特別な表情を作らず顔を見合ったり、ドラミングをする。

このままでは問題が解決しないのだけど、群れのメンバーがその行く末を見守っていて、悪いほうに発展しないように第三者が介入する。例えばこどもがちょろちょろっと割って入って、まあこどもが来ちゃあしょうがないという感じで、両者のメンツを潰さず物別れに終わったり。

人間の文明も、どちらかというとサルよりもゴリラのような形式が、主として採用されてきたと思う。

オレは、これらのことはヒトの根源的な非論理性と関係がありそうな感じがして、すごくおもしろいと思うんだよね。

大抵の高等動物は、三段論法を理解する。ところが逆も真なりは理解できない。

なぜなら、論理的に逆は真ではないからだ。ネコはかわいくても、かわいいものはネコとは限らない。つまり、大抵の高等動物は論理的に正しい推論しかできないが、人間だけが非論理的になり得る。

そういえば、チンパンジーの知的能力で人間を凌駕するものとして、直観像記憶は前から有名だ。コンピュータ画面上に一瞬表示された数字を、小さい順に押して正解するというゲームでは、チンパンジーは人間を圧倒する。

実はこれ以外にも、人間を越える知的能力があることが最近明らかにされた。

二人の対戦ゲームで、双方が別のコンピュータ画面に向き合う。画面は二つに区切られていて、右か左を押すんだけど、対戦者の片方は「一致狙い」、もう片方は「不一致狙い」で勝負を行う。つまりプレイヤーAが一致狙い、Bが不一致狙いだとすると、Aが右を押したときBも右を押したらAの勝ち、Aが右を押したときBが左を押したらBの勝ちってわけ。

このゲームで、右を押して勝っても左を押して勝っても報酬が同じ時は、このゲームを繰り返すうちに、プレイヤーがどちらを押すかは半々になる。しかし、一致狙いが右を押して勝ったときのほうが、左を押して勝ったときより報酬が三倍になる、みたいな重みづけをすると、この割合は変わってくる。こうすると、不一致狙いは、一致狙いが報酬を増やそうと右を押す確率が上がるだろうと予想して、行動を変えるからだ。ゲーム理論ではこの場合、双方がどちらをどれくらいの割合で押すと最大報酬になるかが導けて、それをナッシュ均衡という。

これをチンパンジー同士で対戦させると、あっという間にナッシュ均衡解に収束する。ところが人間同士でやると、日本人でもアフリカ人でも、ナッシュ均衡にたどり着かず、報酬に関わりなく半々に近い状態のまま留まり続けるんだよね。その差は歴然としている。

つまり、チンパンジーはゲームにおいて自分の利益が最大になる戦略を素早く見つけて最適化するのに、人間はそれを見つけられないわけだ。

ある意味人間のほうが愚かとも言えるけれど、実はこの自分の利益を最大にする最適解を見つけられない、あるいは積極的に見つけないという人間の知性こそが、人間らしさであり、今のような文明を築く根源的な性質じゃないかとも思えるんだよね。これはつまり、人間とは自分の利益最大を、常に目的にはしていない動物ってことなわけで、ある意味で非論理的な行為でもある。

親子関係という家族の愛は、見返りを求めないのが本来だ。ところが人間は、そこに若干迷いが出てしまう。

親の言いつけを守る良い子じゃないと面倒みてあげないよ、みたいな取引関係で家族関係ができると、こどもの精神発達に悪い影響を与えるものだけど、そういう間違えたことをちょくちょくやってしまうのも人間だ。

逆に、共同体を成立させるには、フリーライドはもってのほかで、互酬性が強く求められるはずなんだけど、そこに例外を許容することも少なくない。あるグループに対して、共感が発動することもよくあることだ。つまり、必ずしも、ゲーム理論的な最適解が達成されるとは限らないわけだ。この茶碗には城ひとつ分の価値があるなんてのは、全く非論理的なわけだけど、それを人間は受け入れて、今のような文化文明を作り上げた。

そういう非論理性は、いったいどこからどうして顕れてきたんだろうね。

ヒトの社会性（その3）

前回、ある種のゲームで自分が最大利益を得るための条件（ナッシュ均衡）を素早く見つけ出すことにおいて、チンパンジーは人間より優れているという話をした。チンパンジーは直観像記憶で人間より優れていることは前から知られていたけど、ゲームの最適化のような、論理操作みたいなものまで人間に勝るというのは、ちょっと驚きだよね。

だけど、実はこのチンパンジーにない「愚かさ」こそが、人間が今のような文明を獲得できた、鍵となる精神構造の一つなんじゃないかとも思う。

人間には固有の非論理性がある。たとえば、三段論法を理解できる動物は多いけれど、「逆も真なり」を理解する動物は人間しかいない。

「猫はかわいい」という命題が真のとき、その逆の「かわいいものは猫だ」は必ずしも真じゃない。なぜなら、かわいいものは猫以外にも色々あるからだ。

人間以外の動物には、そういう論理的に間違った推論は困難らしい。でも人々の日常の推論過程をみると、逆も真なりは頻繁に無造作に行われている。

少し前に女優の小雪が、「親になってはじめて、人間にさせていただいていると感じます」と言ったところ、「親じゃなければ、人間じゃないのか！」と炎上したことがあった。

でも、小雪の発言「親⇒人間」と論理的に同じ命題は、対偶の「not 人間⇒not 親」で、裏である「not 親⇒not 人間」という命題は同じ意味にならない。

つまり、小雪の発言は「人間じゃなければ親じゃない」と言ったとはいえるけれど、「親じゃなければ人間じゃない」とはいっていない。小雪発言に炎上した人たちの主張は、論理的に間違いで、全くの言いがかりってわけだ。

ある命題が真の時、その逆や裏は、論理的には必ずしも真ではないのだけれど、現実のある文脈の中では真といえることもある。「猫⇒かわいい」が真の時「かわいい⇒猫」は、そこが猫しか存在しない世界ならば、猫以外の可能性が排除されるから真としかいえなくなる。

つまりその場で明示された論理の外というか上位にある文脈が、論理が意味する可能性を規定するんだよね。ただ、その文脈というやつは、空気を読むの「空気」にあたるもので、ほとんどの場合、こうだと確定できない曖昧さが伴う。

つまり、人のプレイするゲームには、より上位の文脈からの干渉がつねにあって、ゲームの最適化に邪魔が入る。

トランプをはじめとするアナログゲームと、デジタルゲームの最大の違いはなんだろうか。デジタルゲームは、ルールを機械が自動的に判定していて、バグでもない限りプレイヤーはルールを破ることはできない。

でも、アナログゲームにはそういう自動性はなくて、ルールを破ることはできるし、ルール外のこともできる。しかし、誰かがそれをすると、ゲームが楽しくなくなったり、そもそもゲームをプレイする意味がなくなる。

将棋の対局で、純粋に勝つことだけを目標とするなら、片方がもう片方を殴り倒して勝ったっていいはずだ。将棋のルールには、相手を殴り倒してはいけないというのはたぶんない。それは明示的に禁止はされてはいない。でも、そんなことしたら、そもそも将棋をする意味がなくなっちゃうよね。

つまり、みんながゲームを楽しく続けるには、プレイヤー全てが、ゲームを楽しく続けるための暗黙のルールを守ろうと「自覚」する必要がある。これは、ゲームに勝つという明示的な目標の上位にあるもの、文脈にあたる。

ところで、「適者生存」という言葉は、社会進化論のハーバート・スペンサーが言い出した言葉で、後にダーウィンも受け入れたものだった。でも、これは現代の進化論では間違った概念だ。

自然観察を通して、あれほど画期的な洞察をたくさん残したダーウィンも、この点においては結局間違えた。それは西洋人の思考の癖として、ある現象は必ず最適化されているか、そうされる方向に進むだろうという、暗黙の思い込みがあるからじゃないかと思う。例えば経済学なんかでも、みんなが最大利益を望むはずという前提を、昔は当たり前のように考えたりしていた。さすがに今では、もっと現実に即した考えかたが、されるようになってきてはいるけれど。

適者生存の適者とは、環境に最適化され、無駄が省かれたものということだけど、木村資生の分子進化中立説や、太田朋子の多少不利でも繁栄可能という証明によって、間違いだと示されている。

進化では、遺伝子の最も優れたものが選抜されるわけではなく、大半の遺伝子は生存に有利でも不利でもなく、それどころか多少不利であったとしても、偶然によって増えていくこともある。

遺伝子の大半は、生存にとって最適化された、無駄の省かれたものとは、かけはなれている。これは、ある意味で、当たり前のことなんだよね。

無駄がない、最適化された状態というのは、ある環境下において、最もうまく立ち回れる要素のみで構成されているということだ。

しかし、環境はどんどん変化する。つまり、遺伝子が最適化されていると、環境が変わったときにそれに対応できず、滅びの道を辿るしかなくなる。一方、最適化されておらず、今の環境では有利でも不利でもないような無駄なものを多数抱えていると、環境が変化したとき、その無駄なものが、新しい環境に適応する鍵になるかもしれない。しかも、それらの無駄なもののうち、何がそういう役に立つかは、環境の変化が起きてみないことにはわからない。

知的に賢い動物たちが、非論理的に考えられないとか、チンパンジーがゲームの最適化で人間に勝るというのは、つまり論理的に無駄がない、最適化されているということだ。

それに対して、人間の思考は、最適化されない無駄な部分が紛れ込みやすいし、それは取り除きがたい。たくさんの無駄を含む思考は、ゲノムに含まれる遺伝子が最適化されていないのと同じで、環境の変化に柔軟に対応する可能性を持てるはずだ。

そして、こういうところから、価値というあやふやなものが生まれる。この茶碗には城一つ分の値打ちがあるというような価値判断はそういうもののあらわれで、それが我々の文化と文明を形作っている。

こう考えると、経済合理性をとことん追求して、利益を最大にする最適化戦略というのは、上位にあるはずのゲームをみんなで末永く楽しみたいという空気を無視した、ゲーム破壊というかフリーライドになるようにも思える。それをあまりに突き詰めてしまうと、人間精神の独自性は失われてしまうんじゃないかなあ。

サはサイエンスのサ

連載・240

【鹿野 司】

人にできて今の人工知能にできないこと

　繰り返し書いていることだけど、昨今の第三次人工知能（ＡＩ）ブームには、空騒ぎの部分が多いと思う。

　もちろん、グーグルのねこ認識は、部分的とはいえ記号着地の成功事例ですごいことだし、アップルのＳｉｒｉなどの驚くほどの音声認識技術や、ついに人間に勝利宣言したコンピュータ将棋などなど、ＡＩもいよいよ来たなって感じの話はいくつもある。でも、それらは結局のところ、ビッグデータあっての成果なんだよね。

　ビッグデータとは、もとはといえば、ネットの普及で集まるようになった、役に立つかどうかわからない、莫大なデータのことだった。それをＡＩに喰わせてみたら、思いのほかうまく行く事例があったというのが、今のブームの本質だ。

　では、よく耳にする機械学習とかディープ・ラーニングなどの技術はどうなのか。これらは実は、ほとんどが九〇年代の第二次ブームまでに開発されたもので、多少の趣向の違いはあっても、全く新しいアイデアではないみたい。

　たとえばディープ・ラーニングはＮＨＫ技研の福島邦彦さんが研究したネオコグニトロンの延長なんだそうだ。

　グーグルは二〇一二年に、ＹｏｕＴｕｂｅにアップロードされている動画から、２００×２００ピクセルの画像をランダムに一千万枚切り出して、ディープ・ラーニング方式のニューラル・ネットワークに入力したところ、ねこの姿を認識できるようになったと発表した。

　ねこの姿の写真というのは、ほぼ無限に違う形があり得る。その、形が違うどんなねこでも、これはねこだと認識できる能力というのは、記号着地の問題といって、これ以前には機械にやらせることはできなかった。つまり、静止画だけとはいえ、ねこのエッセンスを、世界で初めて機械に理解させられたんだよね。

　これはすごいことではあるんだけど、二つの点で問題を提起してもいる。

　まず第一に、何故ねこかって問題だ。

　その理由は簡単で、ようつべ（ＹｏｕＴｕｂｅ）にアップされた動画には、ねこのものが多かったからだ。しかし一千万ものデータを持ってきたのに、ねこが写っているものに偏るってことは、ＡＩに何かを学習させるために、偏りのないデータを用意することは難しいってことでもある。

　第二に、この学習は一週間かけて、一千万枚の画像を見せる必要があったってことだ。一千万枚の画像を見るのは、人間には無理で、機械だから可能な機械の優位性とはいえる。

　だけど、翻って人間はというと、ねこを認識するのに、一千万枚も画像を学習してはいないんだよね。たぶん。

　これと同じような話は、ＤｅｅｐＱというＡＩに、ブロック崩しやＰＯＮのような、ＡＴＡＲＩのビデオゲームをやらせたら、人間よりうまくプレイできるようになったっていうのがある。これも、人間より強くなったという結果だけ見るとすごいけど、ここまで強くするには、何百万回も試行して学習させている。何百万回でも試行できるのは機械の強みだけど、人間は明らかにそんな回数プレイをしなくても、これらのゲームに熟達できる。

　こう考えると、当面ＡＩが活躍できるのは、ビッグデータが存在していて、それを学習させられるものという制限条件があることがわかる。ＩｏＴ（インターネット・オブ・シングス）のような、あらゆるものにセンサを入れてネットに繋ぐのがこれからの技術っていわれるけど、これは色々なビッグデータを、集めたいからってのもあるのだろう。

ただ、この世にはビッグデータがそもそもないものや、たくさんのデータを学習させにくい現象のほうが圧倒的に多い。

たとえば、DARPAのロボティック・チャレンジでは、世界各国が満を持して持ちよった最先端の二足歩行ロボットたちが、バタバタ転んでいた。しかも、それは受け身もとれず、ばったりたおれて壊れる無様な姿だった。

なんでそんなことになるのかというと、ロボットにはビッグデータがないからだ。ロボットに転ばなかったり受け身をとれるような動きを学習させるには、おそらく何千万回も転ばせる必要がある。しかし、一体何千万円とか何億円とかするロボットを、そうそう転ばせるわけにもいかない。

いっぽう人間は、歩き方を覚えるのに、何千万回も転んだりはしていない。やっと歩き始めたくらいのこどもを、砂浜に連れてきて歩かせると、何度かは転ぶかもしれないけど、すぐに砂の上の歩き方を覚えて歩けるようになるだろう。

あるいは、誰でも経験があることだろうけど、いちども教えられたことがないのにわりと複雑なことがすっとできたり、昔はできなかったことが、その後一切練習をしていなくても、知らない間にできるようになっているなんてことがある。

これは汎化といって、いまのところAIにどうやらせて良いかわからない、人間（生物）の知能に特有の現象だ。

さらに、AI将棋でも、人間はコンピュータに比べると圧倒的に処理速度は遅いはずなのに、本質的な手はどれか瞬時に見抜いて、コンピュータほどたくさん手筋を調べていないのに、かなり強い。

近頃は自動車の自動運転も話題になることが多いけど、これも事故を防ぐためには、路上で起きることだけをいくら学習させても足りないんじゃないかと思う。

たとえば、道の脇にふなっしーがいたらどう判断して運転するかなんてのは、運転シーンを離れた人生の経験の中で身につけた知識が必要で、こういう全然別の知識を結びつけるのも、機械にどうやらせて良いかわからない。

また、AIにあたえるデータも、多ければ多いほど良いってものでもない。

何かを学習させるときに、たとえば文字認識なら、莫大なデータということで、下手くそな文字もたくさん覚えさせすぎると、かえってどの文字が正しいかわからなくなってしまう。これはオーバー・ラーニングとかオーバー・フィッティングと呼ばれる現象だ。これについては、スパースコーディングという、あえて学習させるデータを間引く手法が、うまく行くことはあるようだけれど。

ただ、覚えさせる作業の複雑度が増していくと、あるところから正しい結果が出せなくなってしまうという、次元の呪いという現象もある。

これ以外にも、人間と似た身体を持たなければ、人間的な知能は生まれない。なぜなら、人間どうしは、同じような肉体を前提に、色々な情報をかなり省略して会話しているところがあるので、書かれた文献をいくら機械に教えても、欠落する情報が結構あるとおもうんだよね。

つまり、今のブームの素直な延長上に、シンギュラリティがくるかというと、とうていそうは思えない。まあ、シンギュラリティとは何のことかという問題もあるけど、そもそもそういう発想ってのは、心と体は分離できる別のものだっていう、昔ながらの西洋的な偏見に過ぎなくて、現実はそうじゃないと思うんだよね。

電気で生きる生物の発見

サはサイエンスのサ

連載・241

【鹿野　司】

系外惑星に生命がいるかどうかを調べるには、スペクトル分析して、遊離酸素（ガス状の酸素）があるかどうかを調べればいい。酸素は極めて反応性が高くて、酸化物になっているのが自然だ。それなのに遊離酸素があるということは、光合成を行なう生き物がいて、ガスをどんどん作っているってわけだ。

これが常識だと思っていたけれど、最近、理論上、生命がいなくても遊離酸素ができる可能性もあることが示された。

これは、酸化チタンなどの化合物の岩石の上に浅い水の海があるような環境で、そこに紫外線が当たるという、かなりトリッキーな条件なんだけど、これだと水が光のエネルギーで電気分解されて遊離酸素ができるんだよね。

まあ、この種の光触媒を作ろうとしている人工光合成の研究もあるわけだし、そういう惑星もないとはいえない。

しかしだ。もう一ひねりして考えると、そういう海の中に豊富に電気が流れるような世界は、ひょっとしたら生命の誕生しやすい環境なのかもしれない。

なぜなら、地球には電気を喰って繁殖する生命体がいるからだ。

生物には大きく独立栄養生物と、従属栄養生物のふたつのカテゴリーがある。

従属栄養生物は、生きるために他の生物の営みを必要とする生物で、オレたちのような動物は基本的にこれに属する。

一方、他の生物が作る生産物に依存せず、炭酸ガスなどの環境にある物質となんらかのエネルギー源から、アミノ酸や糖を合成して生育する生き物が、独立栄養生物だ。この種の生物は、食物連鎖の起点に位置していて、生態系の成立に不可欠の存在でもある。また当然ながら、生命の起源も、こういうタイプの生き物だったに違いない。

この独立栄養生物も、これまで大きく二つの種類が知られていた。

一つは、植物や光合成細菌など、光のエネルギーを利用して光合成を行なうもの。

もう一つは、硫黄や水素などの化学反応をエネルギー源にするもので、地底や温泉など極限環境によくいるタイプ。

ところが先日、理化学研究所環境資源科学研究センターの中村龍平さんらによって、第三の、電気だけをエネルギー源に繁殖できる生物の存在が確かめられたんだよね。

この生物は、*A.ferrooxidans* といって、pH2の酸性環境で生育する鉄酸化菌の一種だ。実は、決して珍しい生き物ではなくて、銅鉱石を採鉱するときに鉱石を溶かすバクテリアリーチング用の菌として商業的に利用されている。

この菌は、鉄の酸化エネルギーを使って繁殖する。ところが、鉄イオンを完全に取り除き、電気しか供給しない条件にしても、一週間で一割増殖程度のゆっくりした速度で増えることが確かめられたんだよね。それにしても、何でまたそんな研究をしようと思ったのか。

中村さんはもともと、生物学とは無縁の物理出身で、太陽電池や触媒、燃料電池の研究を行ってきた。そして、その観点から深海にあるチムニーを見た時、これは電池そのものではないかと閃いたという。チムニーは名前の通り煙突のような形で、壁の内部には熱水とともに、硫化水素など高エネルギーの物質が充満し、電子が豊富にある。また、チムニーの壁は、電池の材料にもよく使われる鉄と硫黄の化合物で、これは組成によって半導体や金属のような性質になる。この構造で、電子が豊富な内側から外側に動くとすれば、それは発電であり、燃料電池の原理に他ならない。

そう考えた中村さんは、二〇一〇年にチムニーから採取された岩石が電流をよく流すことを確かめ、さらに二〇一三年には深海のチムニーの内壁と外壁の間につないだLEDを灯して、電流が流れていることを確認している。

チムニーが世界で初めて発見されたのは一九七七年なんだけど、それが電池だと気づけたのは二十年以上後の中村さんが最初で、やっぱりこういうのは異分野の発想ってやつなんだろう。

深海のチムニーでは、太古の昔から、電気が流れていた。ならば、そこにはそれをエネルギーとして利用する生物がいるに違いない。理想的には、チムニーの周辺にいる細菌が、電気で増えることを証明できればいいのだけれど、その種の菌は培養がものすごく難しく、増殖速度も極端に遅い。中村さんも実際試したけれどうまくいかなかった。

そこで視点を変えて、実験しやすい、よく知られた菌のなかから、電気で生きられるものがいないかを探すことにしたんだよね。昔から、微生物電池という微生物の体内から電気を取り出す研究ってのはあった。この種の微生物は表面に電極の役割をするタンパクがある。こういうものを持った細菌なら、外部から電気をとり込むかもしれない。ひょっとして

その推論がうまく当たったわけだ。結局、この菌は電極タンパクから電子を取り込み、鉄イオンを使う場合と同様の代謝経路を経て、二酸化炭素から有機物を合成していることが解った。

この種の、電極タンパクをもつ細菌はありふれていて、あらゆる環境にいる。潜在的に電気をエネルギー源にできる生物は、他にももっといるに違いない。

生命の起源に近い生物は、これまでチムニー付近にいる、化学合成菌の仲間じゃないかと思われてきた。しかし、化学物質は、供給が不安定でムラがある。それでは、進化という時間のかかるプロセスは難しいとも考えられていた。

でも、原初の生き物が電気を利用していたとしたら話は変わってくる。電気は比較的安定的に供給され、条件が赦せば非常に遠くまで届く性質があるからだ。

二〇一二年七月から九月にかけて、地球深部探査船「ちきゅう」が、青森県八戸市の沖合約八十㎞の地点で、世界最深掘削記録二千百十一mを十九年ぶりに更新する、海底下二千四百六十六m（水深は千mでそのさらに地下）までのサンプル採取に成功した。

この下北八戸沖石炭層生命圏掘削プロジェクトで、数百mまでの地層には一立方センチあたり十万を超える微生物が生息していたが、深さ一・五㎞を超えるところでは予想外に少なく、百を下回ることが明らかになった。ただし、ところどころにある石炭層は、まわりに比べて百倍多く微生物がいて（海底の森という）、これはどうやら天然ガスを作っているらしい。この微生物のゲノムは、地上にいるメタン生産菌に近くて、どうやらプレートの沈み込みとともに巻きこまれて、ずっとそこにいる生物らしい。

ただ、彼らが何からエネルギーを得ているのか。ほとんど水分もない、化学物質の供給もない環境なんだけど、石炭層というのは電気を通しそうで、ひょっとしたらてな感じではある。

電気で生きる生命体は、生命がいきれる極限条件を広げ、生命の起源を探る上でも、これから無視できない存在になっていくんだろうと思う。

あやうくいのちびろい

サはサイエンスのサ

連載●242

【鹿野 司】

去年のクリスマスイブの日。仕事もまだたくさん残っていて、これを片づけてからにしようかと迷いはしたんだけど、このまま年末に入ったらまずいと思い立って、病院に行ってみた。

そしたら、即入院で家に帰してもらえず、そのまま年を越して一月の三十日まで病院暮らしすることになってしまった。

実は十二月の半ばに、それまでひいたことがない辛い風邪をひいたんだよね。

咳をすると横隔膜のあたりに激痛が走って、到底普通じゃない感じ。でもまあ、それも数日我慢したら治まった感じではあった。ただ、その少し後から、横になるとなんとなく、息苦しく感じるようになってはいたんだけど。

入院の一週間前くらいから、道を歩いているだけで奇妙な脱力感を感じ始め、四日前には地下鉄の階段を少し上るだけで異様に苦しく約束の時間に大幅に遅刻し、三日前に自宅に帰るのに二階に上るだけで息切れし、二日前には階段を下りるのさえ辛くなっていた。

この日、それまで通っていた病院を受診した。十月末にやった検査の結果ももらってなかったし、苦しいので一応みてもらうかと思って行ったんだけど、肺の音は異常ないですよと。同時に検査の結果が、クレアチニン7・9という透析開始ラインぎりぎりともわかって、専門病院への紹介状も書いて貰った。今にして思うと、本当はもっと前に腎臓専門病院を受診すべきだったと思うけど、なかなか紹介状書いてくれなかったんだよな。

まあしかし、肺に異常はないということで少し安心して家に帰ったんだけど、やっぱり尋常とは思えない苦しさ。二十三日は休日なので我慢したけど、これ以上待つと歩くことさえできなくなると感じて、二十四日の朝にタクシーで病院に向かった。歩けば二十分くらいだけど、すでにそれだけ歩くのは無理だったんだよね。

で、その結果、腎不全で心不全で肺水腫という診断。レントゲンで撮影した肺は、通常は下の端は鋭利な角が見えるはずが、水に浸かって真っ白に丸みを帯びている上に、心臓も大きく肥大していた。

冬は、風邪を契機に一気に腎不全が悪化して、緊急入院する人は多いそうだ。

腎不全になると、水分の排出ができないので、血管に水分があふれ、心臓の送り出し能力が低下して心臓のまわりに水が溜まって肥大する。それがさらに酷くなると肺まで水が溜まって肺水腫になる。

肺水腫というのは、オレの頭の中では重病で寝たきりの人の末期の状態というイメージがあって、横になると肺の広い部分が水に浸かって苦しくなるってな事は知っていたけど（なので肺水腫っぽいなとはうっすら思ったけど）、まさか自分が本当にそうだとは信じてなかった。

しかも、考えてみると七年ほど前に、友人の一人が心臓病のあと元気そうだったのに、ある日突然肺水腫でなくなったって経験をしていたのに、それと同じ事が自分にも起きていたとは思い至らなかった。つまりもう何日か我慢していたら、そのまま年が越せなかったかも知れない。つーか、前の病院も、腎不全で寝ると苦しいという患者がきたら、肺水腫疑えよと今にして思うけどね。しんじゃうよ。

入院当初は心電モニタつけて酸素も吸入してという感じ。今は心電モニタは無線でデータを飛ばすので、コードが少なくて良いねとか興味深かったり。食事をしたりトイレに行くと血中酸素濃度が減るので、ナースセンターでわかるみたい。

ところで、腎不全で心臓が肥大し肺水腫になるということは一つながりで説明できるんだけど、それと同時に心臓も異常で通常の半分程度しか機能していないことが解った。これは心筋梗塞の疑いがあるということで、入院三日目にカテーテル検査を行った。心筋梗塞特有の痛みを感じたことはなかったんだけど、オレみたいな糖尿病持ちは鈍感で感じないこともあるらしい。ただ、血液データからは二週間以内に異常はなく、起きていたとしたらもっと前だろうという。

カテーテル検査は、太ももの血管から心臓の冠動脈に向かってカテーテルを送って造影剤を入れて検査するもので、心筋梗塞だったらそのままバルーンかステントで血管を広げるとのこと。この治療を行った場合、血を固まらなくする薬を、その後かなり長い間（年単位）飲み続けなくちゃいけないという話を聞いた。それまでは、そこまで考えたことがなかったんで、なるほどなあって感じ。

で、検査の結果、冠動脈に詰まりはなくて、心筋梗塞ではないことはわかったんだけど、心機能は低下している。

また、この検査で造影剤を入れたんだけど、造影剤は腎機能をより悪化させるので、直後から透析を開始するため首の中心静脈にカテーテルも設置した。

で、透析を開始したんだけど、そうするとさらに心臓を調べるMRI検査ができない。たぶん造影剤に放射性同位元素を使うからで、そうすると腎不全で排出しにくい上に、透析のフィルター（ダイアライザー）に溜まっちゃうからと思う。

そこで、症状から、冠攣縮性《かんれんしゅくせい》狭心症という、ストレスなどよくわからない原因で冠動脈が痙攣を起こす病気だろうと判断されて、心臓に関しては血管を拡張する薬を当分飲み続けることになった。

腎不全に関してはもう癒らない末期腎不全なので、腎臓移植以外は透析は必須。

腎不全は尿毒や水分が体から出せなくなっている状態で、直ちに問題なのは水分だ。そこで、利尿剤と透析治療がはじまった。入院時の体重は七十八キロだったけど、一週間後には七十一キロを切って、これだけの余分な水分が抜けたわけね。入院直前に撮った写真と比べると、顔つきもまるで別人みたいに細くなった。

夏くらいから体重が増えはじめてて、ちょうどイングレスがレベル16になって歩く距離が減ったしなと解釈してたんだけど、原因は腎不全が進んで水分が出せていなかったからだったみたい。尿量も今にして思うと激減していたんだけど、余り気付いていなかった。そういえば、朝起きてもすぐにトイレに行きたいって感じはなくなってたというくらい。

入院が長引いたのは、今後透析を行うための血管を作るシャント手術をするためだ。いつまでも首の血管から透析はできないし、透析には速い流れの血管が必要なので、腕にある静脈に動脈をつないで（この結合部分をシャントという）透析可能な静脈を作るわけ。動脈をつないで静脈が太くなってきて透析可能になるまで二週間ほどかかるので、それだけ長い入院になったわけだ。

てなわけで、これからは週に二、三日、最長でも二日以上開けずに、一回四時間（前後の処理や通院時間を入れると六〜七時間）は絶対に透析をしなきゃいけない生活となった。まあ、いろいろ不便はあるけど、体調や気力的には入院前より遥かに良くて、昔の自分に戻った感じ。というか、これまでずっと尿毒症で体調悪かったんだなあと改めて思ったり。原稿が遅かったのもひょっとして……。

サはサイエンスのサ

連載・243

【鹿野 司】

人智を超えたアルファ碁だが

二〇一六年三月。グーグル傘下のディープマインド社が作ったプログラム、アルファ碁と、世界最強クラスの棋士、李《イ》世乭《セドル》九段の対局が行われた。

対局前はAIの専門家も、コンピュータが人間のトップに勝つまで、まだ十年はかかると考えていた。そのため、アルファ碁は前年の十月に世界五百位の棋士を5−0で破っていたのだけれど、それより圧倒的に棋力が高い李世乭に対しては、アルファ碁は一勝できれば良いほうだろうと予想されていた。

ところが蓋を開けてみると、五回戦はアルファ碁4対李世乭1で、AIの圧勝に終わった。アルファ碁はハンデなしの十九路盤囲碁で、人類に勝った最初のプログラムとなった。しかも、この対局は、単に一人の人間が機械に敗北したという以上に、衝撃的な内容だった。

それは、対局の解説を行っていた、世界トップクラスを含む一流棋士たちが、誰一人として、アルファ碁の打つ手を理解できなかったことだ。実際、対局の半ばまで、棋士たちは、李世乭が優勢だとか、アルファ碁のこの手は失敗だと評していた。しかし、終わってみるとAIが勝っていた。アルファ碁は、人間では誰も思いつくことさえできない、創造的な碁を打つことができたわけだ。

このあたり、人智を超えたAIが誕生したら、人間にはその行動の意味が全く理解できず、間違いだとさえ思うという、まるでSFのような状況が実現していて、うろたえぶりなど本当に興味深かった。

李世乭は四局目で辛くも勝利し、それは感動的な一勝だった。一局目から三局目までの対局をアルファ碁が制したことで、解説の棋士たちからさえ、底知れない怪物を相手にしているという畏怖が感じられた。その極限状況で、心が折れることなく一勝をもぎ取るとは、恐るべき精神力としか言いようがない。

この一勝によって、解説の棋士たちの間にも、AIも底知れぬ怪物ではなく、攻略の手段はあるはずという、和らいだ空気が流れていた。しかし、おそらくそれは不可能で、これがAIに対する人類最後の勝利だったのだろうと思う。

アルファ碁の強さの秘密は、一つにはグーグルの圧倒的な計算資源にある。アルファ碁のハードウェアはCPUを千二百二個、GPUを百七十六枚使用していて、こんな莫大なハードを使ったチームは世界に他になく、昨年十月の段階で、他のプログラムに対して九十九・八%の勝率だった。

それが、さらに数ヵ月かけて、自分自身との対局を数百万回繰り返し、人類を超越した大局観を養ったわけだ。今後、自己対局をさらに繰り返すことで、アルファ碁はさらに強くなるわけで、人間がそれに追いつく術はちょっとなさそうだ。

囲碁のプログラムは、チェッカー、オセロ、チェスや将棋など「二人零和有限確定完全情報ゲーム」といわれるゲームの中で、最もプログラムで強くすることが難しいといわれてきたゲームだ。

その理由は、まず第一に可能な局面の数が莫大なことだ。一プレイあたりの局面の数は、チェッカーが十の二十乗、オセロが同じく二十八乗、チェス五十乗、将棋七十一乗に対して、十九路盤の碁は百七十一乗もある。この十の百七十一乗ってやつは、一体どれくらい巨大な数なのか。

まず、現在のHPC（スーパーコンピュータ）は最速で毎秒十の十三乗回ほど計算できるので、一年（十の七乗秒）なら十の二十乗回になる。一方、観測可能な宇宙にある物質の総量は、水素原子換算で十の八十乗個。なので、宇宙原子全てに、現在最速のHPCの性能を持たせて、計算一ステップで一手を探索できるとすると、一年で十の百乗通り探せる。

宇宙の開闢から今までの時間が十の十乗年だから、開闢から今まで計算が行われたとしても十の百十乗通りで、囲碁の可能性を調べ尽くすには全然足らず、開闢から今までの七倍の期間かけても計算は終わらない。

これは将棋やチェスだって、あまり違いのない話だ。しかし、チェスや将棋は、囲碁に比べるとプログラムに有利な点がある。それは評価関数が作りやすいことだ。

たとえば将棋は、色々な種類の駒があるので、その駒の価値とか位置関係、動きやすさに点数を与えて、盤面を見た時、その合計点で、どちらが有利か数字で示すことができる。有利と判断できる手を打ち続ければ、全ての可能性を探索しなくても、勝利できるだろうってわけ。

この盤面の評価は、かつては人間の強い人がえいやっと設定していたんだけど、二〇〇五年に登場したボナンザというプログラム以降は、主に盤面にできる三つの駒の配置の点数を何十万通りも比べる機械学習で格段に強くなった。

一方、オセロやチェッカーは駒に違いはないけれど、盤面が狭いので、角とか隅は有利というように、場所によって点数を振って評価関数が作れる。

ところが囲碁は路盤が十九×十九と広いため、角や隅など場所による違いもほとんどない。このため長い間、囲碁は強いプログラムが作れなかった。

しかし、二〇〇六年にモンテカルロ法を使ったプログラムが登場して、囲碁のプログラムも劇的に強くなり始めた。

これは、ある局面から先を、ルール上石を置ける場所にランダムに石を置いて終局まで進め、勝ち負け判定することを多数繰り返して（最後まで石を置くことをブレイクアウトという）、最も勝った回数が多い布石を有望とする方法だ。

もちろん、完全にランダムでは強くならないんだけど（広大な探索空間を探しきれない）、有利な手ほど多数回ブレイクアウトさせるなどの工夫をすることで、今ではどの囲碁プログラムも、アマチュア有段者クラスの実力になっている。

アルファ碁もこの手法のプログラムで、盤面の入力を絵とみなして深層学習させ、ブレイクアウトさせたときの勝者を予測する「バリューネットワーク」と、次の手を選択する「ポリシーネットワーク」を強化学習で鍛えるようにしている。

そして、過去の定跡には頼らず、自分との自己対局を数百万回繰り返すことで、李世乭を打ち破ることができた。

アルファ碁に人間以上の創造性があるということは、人間がこれまで探索してきた碁は、碁の可能性の偏った一部でしかなかったってことだ。逆に、アルファ碁にも独自の偏りはあるかもしれない。

また、人間は何百万回もブレイクアウトしなくてもかなり強くなれる。最強の人間でも、たぶん数万局の経験もなしにそれだけの強さを身につけているはずだ。

つまり今でも、うまくなる効率においては、人間のほうがＡＩより遙かに上で、その方法の秘密が何なのかは、まだ全く解っていないともいえる。

アルファ碁の勝利は、わずか十九×十九の空間の場合の数なら、莫大なコンピュータパワーで人間を凌駕できるようになったということで、現実世界でもその程度の規模の課題なら、人間より良い仕事をさせる筋道は見つけられると予測できる。しかし、それよりも複雑な自然においては、ブレイクアウト的な方法が、人間の能力を超えられるかどうかは、まだわからないと思うんだよね。

AIとBI

六月にスイスで行なわれた国民投票で、ベーシック・インカム（ＢＩ）の導入は見送られた。これはＢＩ導入を求める市民団体が、国民投票に必要な数の署名を集めることに成功したことで行なわれた投票だったんだけど、開票結果は、賛成が二十三・一％、反対が七十六・九％で、圧倒的多数が反対したようだ。

まあ、投票率がどれくらいかとか、投票者たちの間にどの程度ＢＩについて理解が浸透していたかなど、情報が少なくて不明だけど、投票でここまで大差がついたのはちょっと意外だった。

ＢＩとは、国民のすべてに一律に生活に必要な最低限の現金を給付するという政策で、このアイデアの起源は十八世紀末にまで遡れるという。ただ、近年は、いわゆる新自由主義者が、社会保障を簡素化して小さな政府の実現に役立つということで支持し、再評価されるようになったみたい。また、それと同じ文脈かどうかは疑問だけど、フィンランドが効果を検証するため失業者など一部の国民を対象に来年から試験的に導入したり、オランダでも自治体レベルで試験的に始まるらしくて、ヨーロッパでは導入に向けた動きが始まっている。

ＢＩのメリットはいろいろ言われていて、まず第一にあげられるのは、最低限の収入が保証されるのだから、その代わりに年金や失業保険、雇用保険などの社会保障制度を廃止して、制度を簡素化し、行政コストを圧縮できるってことだ。

ＢＩは生活保護とどう違うのかって思う人もいるみたいだけど、生活保護は最低限の金額を貰えはするが、働くと稼いだ分だけ保護費が減額されたり支給が打ち切られるし、貯金も禁止されるので、いったん生活保護になると、若くて働ける人でも、生活を立て直すことが難しくなりがちという欠陥がある。

一方、ＢＩは最低金額の保障の上に、働きたければ好きなだけ働いて稼ぐことができる。働き方も必要に応じて働けばよくなるので、短時間労働とかワークシェアリングが容易になったり、ブラック企業も存在しにくくなったりする。

また、仕事以外のやりがいを求めて、社会奉仕活動や文化活動などが活発になるともいわれている。

このほか、すべての人に一律に支給されるので、子どもを産むメリットが生まれ、少子化対策になったり、生活費の安い地方に住む人が増えて一極集中が緩和されたりするともいわれる。

消費税は、すべての人の消費活動から一律に税金を取ることで、確実な税源になるから、財務省はやりたくてしょうがない。

しかし、消費の大半は万民の生活行動に伴うものだから、消費税を上げると、人々は生活を切り詰め、消費が鈍り経済が冷え込む。これに対して、ＢＩは広く国民にお金をばらまくことだから、消費税の逆みたいなもので、それだけ経済が活性化される可能性は大きい。

一方で、果たしてそんなにうまく行くのかって意見も根強い。

まず、凄くよくいわれるのは、財源をどうするのかってことだ。たとえば日本で一人年間二百万円くらい支給するとしたら、毎年二百六十兆円になる。百万でも百三十兆。そんなお金、どこから出てくるんだ、と直感的に思うよね。なにしろ今は国の歳出総額が九十七兆円くらいで、そのうち社会保障関連費が三十二兆円だから、この前提だとまったくお話にならない。

また、ＢＩで置き換えられる社会保障は、ハンディキャップのない人向けのものに限られるわけで、障害者支援とか医療支援などは、これまで通りに近い形で維持する必要がある。つまりそれら社会保障関連費をあわせると、財源は年間三百兆円くらいは必要になるだろう。

一方で、日本の年間の国内総生産額は五百兆円くらいなので、原理的に不可能な数字ってわけではない。いろいろ問題はあるけど、税の徴収と再分配の仕組みをどう設計するかって話になる。まあこれまでの社会保障より、お金が節約できるということはないけどね。

また、BIを導入すると、みんな働かなくなってしまって、誰も財を産み出さなくなり、財源がなくなるという人もいる。しかし、これはやってみないとわからない部分があるんじゃないかな。

人間は働かなくてよければただ浪費するだけになるかというと、それは必ずしもそうとは思えない。生活のためにいやいやる仕事以外の、何らかの生産活動をしないと退屈をもて余す人とか、ワーカホリックで働かずにはいられない人も多数いるだろうと思う。本当にただ遊び呆けることは、意外と難しいと思う。

生活のために働く必要がなく、労働は自己実現のためにやりたい人だけがやるってのは、黄金時代のSFぽいというか、スタートレックの地球連邦みたいな話だ。

つまり、今のところ、辻褄のあってない荒唐無稽な話と受け取る人が多いことは、わからないでもない。

しかし、今、世界は変わろうとしている。最近の人工知能ブームで、十~二十年くらいの間に、職業の半分から九割ほどがなくなるってな話が、いくつかの研究機関から発表されている。まあ、これについては、オレは個人的に、そこまで今のAIの延長上のテクノロジーは強力ではないと思っているけど、ある程度産業構造が変わることは確かで、それに伴って消滅する仕事は確かにあるだろう。

一方で、産業革命以来これまでたびたびそうだったみたいに、ある仕事が消えても新しい仕事ができるから大丈夫てなことをいう人もいるけど、そちらもどうも怪しいんじゃないかと思う。

たとえば、自動運転車が本当に実用化されたら、タクシーや自動車運送に関わる大半の人の職は失われる。それらの職にあぶれた人を受け入れる、新しい職業ができるかといえば、他の分野もAIやロボットの導入が進むとすると、なかなか難しいんじゃないだろうか。AIテクノロジーが普及することで新たに生まれる、多数の人を雇える仕事ってのは、AIテクノロジーが省力化にむけて使われる技術である限り、あんまり考えにくい。

それよりマクロに見ると、AIテクノロジーはごく少数の人に富を偏在させて、貧富の格差を極限まで大きくする可能性が高いという大問題がある。これまでのAIテクノロジーの成功者は、ビッグデータを収集できる巨大資本の、グーグル、アップル、アマゾン、フェイスブックとかだったことからもそれは明らかだ。

仕事がなくなり、貧富の格差が極限化する世界なんて、大半の人は望まないだろう。本来技術は人を幸福にするもののはずで、そういうAIのダークな未来像は技術哲学的に考えて欠落がある。

つまり、AIが人間の仕事を代替できるなら、人間は働かなくても幸せに暮らせる世界を作らなければいけないはずだ。たとえばBIのような制度とセットになってこそのAIってわけだ。

もちろん、今の社会からBI社会に移行する制度設計は非常に難しいことは確かだけど、それを本気で考えないとAIテクノロジーも真の意味で花咲かないことになるんじゃないかと思うんだよね。

サはサイエンスのサ

連載・245

【鹿野 司】

＊映画「シン・ゴジラ」の結末に触れていますので、ご注意ください。

シン・ゴジラを見た。凄い作品だ。

怪獣映画として優れているだけでなく、日本映画の中でも、末永く語り継がれるだろう歴史に残る傑作だし、世界的にもこんな作品はかつてなかったと思う。

アメリカの911後に作られた怪獣映画としてのスピルバーグの『宇宙戦争』や、会議に次ぐ会議の『日本のいちばん長い日』、それから『踊る大捜査線』を連想させる部分はあるけれど、それら過去の作品と同じ枠にカテゴライズするのは憚られるような独自性がある。

ネット上では、すでに優れたシン・ゴジラ評がたくさん出てきていて（見た者が、何かを言わずにいられなくさせる作品だからだろう）、そういうのを読むとオレがいまさら書かなくても語られちゃったなと思うことも少なくないんだけど、面白いのは、その論点が人によって結構バラバラなことだ。同じ映画について語っているのかと思うくらい、読み解きに差が大きい。

とくに、シン・ゴジラに批判的な文で顕著だけど、人間ドラマがないとか、政府の要人しか出てこなくて一般人が描かれていないとか、家にも帰らず徹夜で働くワーカホリックな様子は好きになれないとか、それは本当にこの作品について語っているのかと思うようなものが多い。

オレからすると、日本の作品にありがちなお約束的で芝居臭い感情表現はないけど、こういう状況になったら人間はこんな風に振る舞うだろうなという様子を、ドラマとして最高の演技で見せてくれていたと思うし、一般人はそれこそあちこちのシーンで描かれているし、政府の要人しかとかワーカホリックに至っては、藁人形論法ってかんじ。会議のシーンも政府の無能ぶりだけを描いているわけではなくて、総理も最初はまごまごしているけど、次第に肝が据わってくる様子がとても現実らしく描写されている。

友人の一人で、シン・ゴジラを見た人がいう感想は、その人が普段から語っていることそのものだ、シン・ゴジラはロールシャッハ・テストのようにその人の内面をあぶり出すのかもしれない、てなことを言っていた。

実際、それは、オレ自身にも当てはまるように思う。シン・ゴジラを見ていると、オレが昔から折に触れてずっと考えてきたことの断片が、作品の中にたくさん見つかって、庵野監督ってオレと似たようなこと考えてきたのかなあ、なんて思えてしまうからだ。

なぜこんな現象がおきるのか。

庵野監督は、以前から画面に過剰なまでに情報を詰め込むと、見る者の頭が処理について行けずオーバーフローして、凄いものを見た感覚に襲われるんだてなことを言っていたと思う。

考えてみると、『トップをねらえ！』や『オネアミスの翼』などのころから、画面に過剰なまでの情報を盛り込む片鱗は見えていたけれど、シン・ゴジラではそれを完璧にやり尽くしている。それも、実写だから可能な、現物が背後に持っている物語まで取り込むような形で。

別の友人がシン・ゴジラを見たあと、エンドクレジットにある「装飾協力／秋田県」ってなんだと言っていた。後に、地元紙にその答えが載ったと教えてくれて、実は大杉漣さん演じる総理が秋田出身という設定で、官邸の総理執務室と官房長官室の調度品に秋田県産の工芸品（樺細工の整理箱、竿燈の写真、白岩焼の壺など）が使用されていたのだそうだ。作中には、総理が秋田出身なんて話は一言も出てこないのに、この拘りよう。

おそらく、この作品に出てくる全てのキャラクターは、ただの景色ではなくて全員なにがしかの人物像が設定されていて、それに基づいた小道具が配置され、演技がされているのではないかとすら思える。細かく見ていくと、前のシーンでこんなことを言っている人が、ここでは背景でこんなことをしているというのを追っていくことで、そのキャラの人柄すらわかってくるようなところがある。

エキストラの人に配られた紙でも、怪獣の存在しない世界で初めて怪獣を見たとしたらどう振る舞うか、各個に想像を働かせて演技してくださいという指示があったそうで、モブキャラ一人一人に対しても、その内面を信頼して作られたんだなあと思う。

避難所では、洗面器を抱えた女性がいて外に自衛隊のお風呂が来ているのだろうとわかったり、手話通訳でのゴジラをあらわす言葉が、最初は試行錯誤してるけど二度目で確立してるとか、対策室でお茶を配る人（片桐はいりがやってたので妙に目についたけど）会議室の端でゴミを集めている人、巨災対（巨大不明生物特設災害対策本部）のメンバーが慌ただしく会議室を引き払ったあとチェックする自衛隊員など、画面の隅々まで丁寧に作り込まれていて、背景が演技していると言っても良いくらいだ。

エンドロールのキャストは、あいうえお順に同じ大きさのフォントで表示されている。つまり、全ての役者が対等に重要であるということなんだろう。

そして、この作品の中には、特撮やSFを子供の頃から愛して成長し、様々な社会問題に対峙し、そういうことについて折に触れて深く考えてきた内容が、随所に詰め込まれている。

たとえばゴジラといえば昔からネタになっていた、なぜか皇居は避けて通るってネタがある。今回の映画では、ゴジラは、「なぜこっちにやってくるんだ?!」というセリフがあって、皇居方面に吸い寄せられるようにやってくると。ところが、作中、あれほど政府の対応をリアルに描いていて、さらにゴジラは皇居の真横に来ていて、さらに原爆まで投下されようというのに、天皇の避難については一言も触れられない。これだけ緻密に考え抜かれたシナリオなら、セリフで一言も触れないのは、意図的なんだろう。つまり、このシン・ゴジラの世界では天皇は存在しなくて、その特異点に向かってゴジラは進んでいたのではないか。

シン・ゴジラでは、他の作品では見たことがないような描写もいくつもある。

ヤシオリ作戦で、特殊冷却剤の製造が間に合わないことが明らかになる。納期が間に合わないとき、普通の物語なら、現場が死ぬほどがんばってなんとかする展開が普通だけど、シン・ゴジラでは納期を延ばすほうに尽力する。まあ、この作品の現場が末端ではなく中枢だからということはあるけれども、リーダーシップってこういうことだという、庵野さんの一つの思いが現れているのだろう。

ヤシオリ作戦でついにゴジラを冷温停止状態にしたとき、巨災対のメンバーは「ほー」っとため息をつく。同じタイミングでオレもため息をついた。大きな脅威を制したとき、バンザーイでもキャッホーでもヤッターでもなく、ため息をつくなんて映画ははじめてじゃないか。

庵野総監督は、「日本映画の何かを変えたい」と語っていたけれど、実際、それは必ず起きると思うんだよな。

オールドSFの洞察

サはサイエンスのサ

連載●246

【鹿野　司】

今ではあまり見かけなくなったけれど、昔のＳＦには、未来予測が伴うものが少なくなかった。その中には、本当に未来を見透かしたかのような、驚くべき洞察を含むものがある。

たとえば、ハインラインの『夏への扉』。この作品はリアルなロボット技術をヒントに描かれた最初のロボットＳＦともいえる。実はロボットというのは、現実よりもフィクション（オートマタのような仕掛け人形も含め）のほうが先行してイメージが作られたもので、『夏への扉』以前のＳＦで描かれていたロボットはアシモフのロボットシリーズも含め、基本的にヒューマノイドだった。

しかし、『夏への扉』のロボット文化女中器は、第二次世界大戦後に登場した、原子炉作業用のマジックハンドなどのリアルテクノロジーから発想されたもので、掃除機にマニピュレータをつけただけの、今でいうならルンバみたいなものだった。そういう、完全に空想ではないロボットを描いたことが、『夏への扉』の画期的だったところなわけだ。

この『夏への扉』では、書かれた当時はまだ技術の芽もなかった、ＣＡＤに相当するロボット製図器や、ペットロボットなども登場している。現代から歴史を振り返ると、技術がそういうものを求めて実際に実現しているわけだけど、この作品が描かれた当時はまだ、そういう技術の片鱗も存在しなかったはずだ。

さらに凄いのはアシモフで、この人の作品には様々な形で、現代から近未来を予言したかのようなイメージが数多く登場する。

たとえば、《銀河帝国興亡史》の最初の三部作は、重厚長大技術（巨大宇宙戦艦に代表される技術）で銀河を制覇した帝国が、技術の空洞化によって衰退し、代わって軽薄短小技術（小型宇宙船や携帯シールド）を駆使するファウンデーションが頭角を現していく話とも読める。

この作品が書かれはじめた一九四〇年代前半は、原子力や航空機産業が立ち上がる、重厚長大技術が華やかな時代であり、トランジスタ（一九四七年）も集積回路（一九五九年）もまだ発明されていない頃だ。それなのに、重厚長大産業はやがて産業の空洞化で滅びていくと洞察するなんて、本当に凄いことだと思う。

オレが最初に《銀河帝国興亡史》を読んだのは中学か高校の頃で一九七〇年代半ばだけど、そのころはまだ、そんな読み解き方もできなかった。まあそれはオレが子供だったせいもあるだろうけど、時代もそう解釈できる段階になかったと思う。

これがわかるようになったのは、ジャパン・アズ・ナンバーワンといわれた八〇年代半ばよりあとのことだ。このとき、それまでの軍需の秘密研究をベースにした重厚長大産業よりも、公開情報に基づく軽薄短小な民生技術のほうがより早く優れたものを作れることが明確になった。

それから、『はだかの太陽』（一九五六年）の惑星ソラリアでは、人間一人あたり二千台のロボットが傅《かしず》く世界が描かれている。そこではまた、完璧なホログラム通信技術によって、人々は接近、接触を忌避するようにもなっている。

これはロボットをネット接続されたコンピュータ、センサー、メカトロニクスの喩えだと思えば、ＩｏＴが実現された世界であり、ネットを介するコミュニケーションで引きこもりになった人類の姿を先取りしているともいえる。

逆に、ＳＦ作家が洞察できなかったこともある。昔、小松左京は、「ＳＦ作家は携帯電話を予言できなかった。このことを反省しなければならない」というようなことを言っていた。今にして思うと、これは非常に深みのある言葉だ。

SF的な小道具として、携帯電話のような技術が予言できなかったかといえば、そんなことはない。

たとえば『宇宙大作戦』(初放送一九六六年)では、胸のバッジに向かって相手の名前を告げれば、相手のバッジや、宇宙船内の相手のそばにある壁面パネルを介して通信がつながるシステムが、当たり前の技術として登場していた。これは今でいうなら、スマホに音声認識、場所認識、状況認識などのAI機能と、インターネット機能が合わさった、究極のコミュニケーション・デバイスだった。

しかし、それでもたしかに、SFはスマホを予言できていなかった。なぜなら、その超絶テクノロジーは、ごく一部の、選ばれたエリートだけが使うものでしかなかったからだ。

現実の世界で過去五十年間に起きた最も目覚ましい変化は、超絶テクノロジーの民主化であり庶民化だった。我々の現実では、魔法のような技術を、人々は日々の取るに足りないどうでも良いこと、にゃーんとかぽやしみーとかつぶやいたり、美味しそうなデザートの写真を共有したりということに使っている。

インターネットとスマホによって、今では誰でも、どんな情報でも探せると同時に、発信できるようになり、その大きなプラスの効果とマイナスの効果が、大きく社会の姿を変えてしまった。

これによって、不正確な情報は直ちに批判され訂正されるようになった反面、極端におかしな情報が、まことしやかに流通してしまう状況も出現した。とくに差別や偏見など、おおっぴらに言うことが憚られるような言説も、炎上に伴ってネットで拡散しカジュアルに扱われることで、社会の雰囲気がそれを容認し始めるのではないかという、イヤンな感じも漂いはじめている。

古いSF映画で、『禁断の惑星』(一九五六年)という作品がある。この作品の舞台は、第4アルテアという、地球人の想像を絶する高度な技術文明を築きながら、なぜか突然滅んでしまった惑星だ。

古代アルテア人は、惑星の中心部からエネルギーをとりだし、心で思うだけであらゆる願いを叶える究極の技術を作り上げていた。彼らの文明はユートピアと思われたが、しかしこの技術がアルテア人の深層心理に潜む攻撃性を具現化し、イドの怪物というモンスターを作り出して、全ての住民を殺してしまったのだ。

考えてみると、この滅んでしまった第4アルテア文明というのは、現代のインターネット社会に通じるところがある。

超絶テクノロジーが庶民化され、それまで抑圧されておおっぴらになりにくかった負の感情を伴う情報が、カジュアルにまき散らされることで、社会に暗い影が落とされつつある。こういう現実は、果たして変えていけるのだろうか。

アシモフの『われはロボット』の中に「災厄のとき」という作品がある。これは、世界経済をコントロールする陽電子脳ネットワークが、反ロボット社会的な思想を持つ人間が大きな権力を握るほど成功しないように、小さな経済的失敗をさせる(しかし三原則の縛りがあるので致命的な失敗はさせない)、穏やかにコントロールされた社会だった。

我々の現実でも、SNSなどの過激だったり憎悪に満ちた発言が、AIによって知らぬ間に穏やかにコントロールされる時代がやってきつつある。昔のSFなら、それはディストピアでしかなかったけれど、我々は今やむしろそれを望んでいるような気もするんだな。

AIでかわるもの

サはサイエンスのサ

連載・247

【鹿野　司】

多くの人がAIをイメージするとき、過去のSFなどから漠然と連想して、人智を超えた汎用人工知能のようなものを思い浮かべることが多いように思う。シンギュラリティなんて言葉は、まさにそういう感覚の言葉だ。

しかし、今ある現実のテクノロジーの遠くない延長に、そういうものができる可能性はゼロだ。

今バズっているAIはすべて、なにか一つの仕事に特化した専用AIだ。たとえばアルファ碁は碁しか打てないし、ボナンザは将棋しか指せないし、Google翻訳は翻訳しかできないし、Siriは言葉を聞き取ることしかできない。

それぞれは、AIという同じ言葉でくくられているけれど、中身はかなり違うものだし、将棋も碁も指せるAIとか、ゲームができて翻訳もできるAIのようなものは、どうやって作って良いか、今のところ見当もついていない。

ディープラーニングは、たぶん人間や動物のもつ知性の原理の一部を、機械的に実現してはいるだろう。有名なGoogleの猫では、AIが莫大な量の静止画をデータとして学習した結果、猫というカテゴリーを自ら作り出した。つまり、まだ限定的ではあるけれど（静止画だけで動画に対応しているわけではないし、あらゆる猫という言葉に代表される概念を一括りにできているわけでもない）、これまでは実現不可能だった記号着地に初めて成功したわけだ。

でも、それだけで、人間の知性と同等かそれ以上のものを作ることはできない。

たとえばニュートンの運動法則がわかっていても、それだけでは雲がなぜ空に浮かんでいるかは理解できない。雲が空に浮かぶ理由を理解するには、水の物性や大気の性質など、力学とは別の様々な知識を総合して考えなければならない。

つまり、原理の一部がわかっただけでは、実装できないことはいくらでもある。

知性の場合、ディープラーニングという原理は共通しているとしても、なぜ雲は浮かんでいるのかというような、それだけでは説明のつかない現象が、研究が進めば進むほど、どんどん見つかると思う。解き明かすべき謎はまだまだ膨大だ。

また、よく鳥が飛ぶ姿を見て飛行機が発明されたなんてことが言われるけど、鳥と飛行機で似ているのは空を飛ぶことだけで、そこに実現されている能力は全く違うものだ。飛行機は鳥の飛べない嵐でも飛べるし、航続距離も長大な上、何百人という乗員と荷物を運ぶこともできる。一方で鳥のように静かで小回りの利く飛翔は不可能だし、狭い場所で自由に離発着などもできない。

今の専用AIがやっているのもそれと同じで、人間のもつ知的能力の一部を誇張して人間を超える部分も確かにある。でも、小鳥の繊細な飛行のような性質は、実現できていないとも言える。

それはテクノロジーの進歩のしかたが、ある課題を解決するために、その時わかっている技術を使うという方法で進んでいるからだ。たとえば囲碁を強くしようとか、言葉の聞き取りを正確にしようとか、その方向に向かってなりふり構わず技術は進められる。

一方で、進化がやってきた課題解決の方向性は、人間がAIにやらせようとしている方向性とは全く違うし、AI研究は人間知性の真似をしようともしていない（真似しようにも仕方がわからないんだけど）。だから、今の専用AIは鳥に対するジャンボジェットのような物にはなるかも知れないけれど、それは鳥全体とはかけ離れたものにしかならないわけだ。

近年、AIが注目されるようになったのは、その前段としてビッグデータがある。ビッグデータの本質は、インターネットやスマホなどの技術を介して、それ以前には集めようもなかった、人間活動に関する莫大なデータを集められるようになったということだ。はじめのうちは、それの使い道があまりよくわからなかったんだけど、これをAIに喰わせると、巨大企業にとっては利益の最適化につながる結果が出ることが明らかになった。これでAIブームに火がついたわけね。

そして、大企業はさらなるデータを求めているから、さかんにIoTなんてものを推進しようともしているわけね。

大企業にとって利益の最適化につながるというのは、たとえばアマゾンのことを思い浮かべるとわかりやすい。

アマゾンのお奨めは、当たることもあるけど、外れる場合も非常に多い。オレなんか引っ越しするんで不動産物件を検索していたら、引っ越しがすんでもいつまでも物件を案内される。でも、こんな精度の悪いお奨めでも、ほんの少しでも改善されれば、アマゾンのような大企業にとっては、塵も積もって莫大な利益になるわけだ。

ビッグデータに基づくAIというのは、しばしばマーケティング上の最適化を行うという方向性で開発されている。

たとえば、小説みたいなものだって、過去の出版データに基づき、こういう絵師を使って、こういう主人公で、こういう展開の物語が受けるというような分析をしてくれるAIができたら、出版社はその魅力に食いつかざるを得ないと思う。けど、一読者の立場からすると、そんな分析に基づいた作品は、別にたいして読みたくもないんだよね。おれが見たいのは『シン・ゴジラ』や『この世界の片隅に』みたいな、マーケティングでは決して評価されないような、時代を切り拓くような作品なんだ。でもマーケティングというのは、失敗しない六十点の作品を狙うものなんだよね。そして今のAIは、大企業の望む失敗しない六十点を狙う物を目指してしか開発されていない。まあ、時代を画するような作品は何かとアドバイスするようなAIは、どうやって作って良いか見当もつかないから、そうならざるを得ないということもある。

一方、Google はそういう企業の利益というより、ただ技術を先に進めることに関心があるのだと思うけど、そこにも問題はある。

最近、Google 翻訳はディープラーニング・ベースになって、翻訳精度が向上した。マニュアル類などはかなり自然に訳せるようだけど、一般的な文章とかは、まだまだかなり手を入れないと読めない感じではある。これも翻訳品質としては六十点程度で、今のテクノロジーではこれ以上の品質は難しいのだろう。

しかし、全く使い物にならないわけでなく、そこそこ使えてしまうし、プロの翻訳家もこれからは使えるツールとしてこういうものを利用していくことは間違いない。でも、そうなると、これまで翻訳を担ってきた裾野の人たちの下訳とかの仕事がなくなることは避けられない。その裾の縮小は結果として、最高レベルの翻訳家の育成を阻む方向に向かうかも知れない。今我々は、六十点のものを機械が無料で量産する未来を目指して技術開発をしているわけだけど、それは正しい選択なのかどうかは、よく考える必要があると思うんだな。

サはサイエンスのサ

連載・248

【鹿野 司】

『けものフレンズ』見始めたんだけど、なかなか良いんだよね。

　この作品、ちょっと見たところ、「わーい」「たのしー」「すごーい」なんてセリフが出てくる、あまり出来のよくない日常系萌えアニメか幼児向けアニメっぽい作風なので、一話で切った人が多かったみたい。だけど、三話で世界観がわかってくると、これは実は奥が深いのではとネットでの評価が急上昇した。

　オレもその盛り上がりをTwitterで目にして、追っかけで六話まで見たんだよね。すると、シナリオがかなり練り込んであって、展開も飽きさせず、只者ではない風格を感じている。

『けものフレンズ』の物語は、サバンナの草原に記憶を失った主人公、かばんちゃん（名前がわからないので、持ち物の名前が仮の名前につけられた）が現れるところから始まる。サバンナにはサーバルキャットの「フレンズ」サーバルちゃんがいて、「狩りごっこ」をして仲良くなる。そして、かばんちゃんはこの場所が「ジャパリパーク」だと知らされる。

　どうやら、フレンズとは人類補完機構における亜人間みたいな、ヒューマノイド化された動物のようだ。その動物特有の能力を強調した形で、物理法則もある程度超える能力を持っている。そしてジャパリパークとは超テクノロジーで作られた、広大なサファリパークのようなアミューズメント施設らしい。

　ただし、そこはすでに廃墟となってから永い時間が経っているようで、様々な設備が失われたり、メンテナンスされずに壊れたままになっている。

　エンディングテーマの時に写し出される廃遊園地の白黒写真は、チェルノブイリの遊園地だそうだし、『けものフレンズ』という作品自体、もともとスマホ用のゲームのメディアミックス作品だったのに、すでにゲーム自体は配信が終了していて、まさに廃墟になったアミューズメントパークという風情なのだ。

　……アニメ版『けものフレンズ』の世界では、おそらく人類文明はすでに崩壊していて、生き残りもいたとしても極わずかで、フレンズたちのほとんどは、人間を見たこともない。

　そこに人類の生き残りらしいかばんちゃんが現れ、自分が何者かを知るために、サーバルちゃんとともに、遠いジャングル地方の向こうにある図書館を目指して旅がはじまる。

　かばんちゃんは、他のフレンズたちに比べて、力もなければ、素早く動くこともできないし、嗅覚も聴覚も劣っていて、空を飛ぶことも水中を泳ぐこともできない。肉体的には貧弱な存在だ。崖や川をひととびで飛び越えるサーバルちゃんに対して、崖から落ちたり、川に落ちたり、動きものろくてなかなか進めない。

「ぼくってきっと相当ダメな動物なんですね」と落ち込むかばんちゃんに、サーバルちゃんは、「へいきへいき、フレンズによって得意なことは違うから」とか、「ずいぶん歩いてきたのに、かばんちゃんはハアハアしないんだね、それにもう元気になってる」「強いところだんだんわかってきたよ。きっと素敵な動物なんだね」などと励まし続ける。

　ただし、ここが面白いんだけど、決して手は貸さないんだよね。サーバルちゃんくらいの力があれば、かばんちゃんを抱えて運ぶくらい苦でもないはずなんだけど、そうはしない。怪我をしないように注意深く見守ってはいるけど。

　そういう環境の中で、かばんちゃんはしだいに「考えることが上手なフレンズ」としての才能を見いだしはじめる。

　これはつまり、無垢な人類の生き残り

が、ひたすら肯定されながら、しかし甘やかされることなく見守られる中で、しだいに賢さという才能を見いだしていくという展開のようだ。

こういうやりとりを見ていると、何らかの原因、おそらくは自らの愚かな行為で滅んでしまった人類に、使役される存在として創造されたフレンズたちが、君たちは良き存在だったんだよと語りかけ、再生を手助けしてくれているようで、なんだか切ない気持ちになってくる。

まあ、まだこの先どう展開するかはわからないけれど、これまでの感じはそんな終末SF的な雰囲気を感じるんだよね。

ところで、最近オレは、堺三保さん、白土晴一さんとともに、「考証ブラザーズの科学とSFトーク」というのを毎月第一土曜日に新宿のLive Wire HIGH VOLTAGE CAFEってところでやっている。

三人が毎回、科学や歴史やSFのネタをいくつか持ち寄って話すイベントなんだけど、二月はオレは人類の絶滅方法について喋ったんだよね。

歴史的に見て人類にいちばん脅威だったのはバイオハザード系で、これまでで最悪の流行性疾患は一九一八年から一九年にかけて起きたスペインかぜだ。このとき感染者が六億人、死者は四千〜五千万人。当時の世界人口は、八〜十二億人なので、最悪で人類の六・二五%が死んだことになる。同じ規模のバイオハザードが今起きると、現在の世界人口は七十三億人なので四・六億人が死ぬ計算になる。ただ、このときの死亡率の高さは、第一次大戦という環境の存在が大きくて、病原体そのものの恐ろしさが異常だったわけではなさそうだ。このとき、塹壕戦がはじめて行われるようになって、寒くて狭い劣悪な環境の塹壕の中で若者中心にスペインかぜが蔓延した。また、軍事機密によって病気の流行も伏せられたことが、異常に多くの感染を引き起こしたわけだ。これは、二〇一四年の西アフリカエボラ出血熱流行でも同じで、感染疑い例も含め二万八千五百人ほど感染し、一万一千名ほどが死亡したけれど、これも蔓延を阻止できない社会システム上の不備が問題を拡大したわけだ。

また、これまでの歴史で最悪の死者を出した戦争は第二次世界大戦で、戦死者千五百万、一般市民の死者数三千八百万なので、ざっくり五千万人として、当時の人口を二十億とすると二・五%の人が亡くなった。

でもこれ、人口増加率が今でも年率一・五%なので、二年で二・二五%、五年で七・五%人口は回復する。つまり今、スペインかぜクラスの疫病や、第二次世界大戦と同じ割合で死者が出たとしても、十年も経たずに回復しちゃうわけだ。このことから、戦争や疫病で人類を滅ぼすのは、かなり難しいことがわかる。

また、これに比べると、現代のテロは、世界最多のイラクで年間一万二千人、全世界でも三万三千人の死亡だ。

日本の自殺者は今は二万人くらいだけど、数年前までは三万人ほど死んでいたわけで、テロは恐ろしい印象があるものの、数的には意外にたいしたことないことがわかる。人間は、こういう殺意に基づく死に対しては敏感で、そこには客観的な評価ってのは成立しないんだろう。

これは、生物の脳が進化的に、動く相手から逃げるために、変化する部分だけを認識して反応しやすいためで、ありふれた大きなリスクより新しい小さなリスクに強く反応するってことも関係があるんじゃないかな。

サはサイエンスのサ

連載・249

【鹿野 司】

巻で評判のユヴァル・ノア・ハラリ著『サピエンス全史』（河出書房新社刊）を読んだんだけど、ことのほか面白かった。オレが昔から関心を持ってきたことに重なる部分が多いし、この本の内容は価値の相対化という意味で、文明論的SFのアイデアの宝庫とも思う。

分厚い本の上下巻で敬遠する人もいるかもだけど、記述は読みやすいし読んで損することはない。Kindle版だと上下合本でちょっと安いし。

さて、『サピエンス全史』では、われわれホモ・サピエンスには、これまで三つの革命が起きたという。それは、七万年前の認知革命、一万年前の農業革命、五百年前の科学革命だ。

我々ホモ・サピエンスは十五万年前に誕生した。解剖学的に見て当時のホモ・サピエンスと現代人の間に目立った差は存在しない。ところが、今から七万年前に何かが劇的に変わった。それが認知革命だ。この時期からホモ・サピエンスはアフリカからアラビア半島、さらにユーラシア大陸に広がっていく。そして各地で、先行して住んでいたホモ族の仲間、ホモ・ネアンデルターレンシスやホモ・エレクトゥスと僅かに交雑しながら、各地のホモ族や大型ほ乳類を次々と絶滅させていく。

十五万年前から七万年前までのサピエンスは、食物連鎖の中くらいの位置づけで、大型の肉食獣には喰われるが、小型の動物は食べる、生態系に組み込まれた普通の小集団で暮らす動物だった。火も使い、石器も作っていたけど、そのデザインは他のホモ族の仲間と同じく何万年にもわたってほとんど変化しなかった。

しかし、七万年前から突如デザインは多様化し、広域の交易ネットワークが出現しはじめる。

『サピエンス全史』では、この認知革命とは、今ここに実在しないものについて語ることができる言葉を獲得した、つまり「物語」を信じる心が芽生えたからではないかと考えている。

このあたり、オレが昔から考えている人類のもつ根源的非論理性とつながっている感じ。サピエンスは、逆も真なりという、他の知的な動物は絶対やらない論理的な間違いをしばしば行う。さらに論理の回答を論理の入力に入れてぐるぐる回す屋上屋論理も、他の知的動物には見られない特徴だ。これによって、今ここにないものでも信じてしまう、奇妙で、おそらく生存上はマイナスに働く精神ができたのだろう。

『サピエンス全史』の面白いところの一つは、この物語を、宗教のような誰でも思いつくものだけでなく、有限責任会社とか基本的人権とかお金のようなものも、まさに物語だと分析しているところだ。

さらにこれらの物語は、人々を広範囲に協力させる効果があるように洗練されてきたものだともいう。

つまり、『サピエンス全史』は、ミームの進化史といってもいい。

群れで協力し合う動物は数多いが、そのとき協力関係にあるのは、血縁者か幼いときから行動をともにした極めて親しい仲間だけだ。ところがサピエンスは物語を媒介に、赤の他人でも協力し合える。

キリスト教徒が馴染みのない国を訪れても、同じキリスト教徒ならなんとなく親切にされる可能性は高い。お互い赤の他人のはずの会社の社員が協力して売り上げを上げようと努力するのは、会社というフィクションを信じているからだ。

そしてお金という物語こそ、人類を互いに協力させあう、もっとも公平なフィクションだ。

農業革命は一万年程度前におこり、これによって人類は定住し、巨大な帝国を築いて、人口を爆発的に増やしはじめた。

農業革命は世界の何ヵ所かで独立に起きたのだが、その理由はたまたまその土地に栽培しやすい、あるいは家畜化しやすい生き物がいたことによるという。

面白いのは、農業革命は個人の生活を以前より悲惨なものにしたってことだ。

狩猟採集生活時代の人々は、いったん成人すると体格もよく強壮で、食べ物も多様で飢えることはなく、一日の労働時間も数時間で、精神的にも充実していた。

もちろんそれは、虚弱だったり、集団のお荷物でしかない者は死ぬという、厳しい選抜の上での話ではあるんだけど。

しかし、農業革命によって、人々は一日中作物の世話に追われ、限られた種類の作物しか食べられず、しばしば飢饉に見舞われた。これによって体格も小さくなり、成人の余命も短くなった。

つまり農業革命は人間の英知の勝利ではなくて、作物や家畜たちによる延長された表現型、つまりそれら作物や家畜が増えるために、サピエンスの行動が否応なく導かれてしまった結果なわけだ。

そして五百年前にヨーロッパで起きたのが科学革命だ。これはそれ以前の他の文化と何が決定的に違ったのかというと、未知の発見だったという。

それ以前のあらゆる文化において、この世界の全ての大事な知識は、神の言葉か過去の偉人が書き残していて、知りたいことがあるなら、それらの文献を探すか適切な人に聞けば解決するという発想しかなかった。しかし、科学革命によって、我々には全く未知の世界があるという物語が次第に浸透していった。

なぜそれがヨーロッパで起きたのかというと、それはアメリカ大陸の発見によるところが大きい。アメリカ大陸の発見と、スペイン人によるアステカやインカの征服（このあたりの、わずか五百人で数十万人規模の帝国を簒奪《さんだつ》していく様子は、まるでエイリアンの侵略ものSFみたいなかんじ）によって、未知の世界を発見し、征服することは莫大な富をもたらすという社会的理解が生まれたことが、西洋的な科学の誕生につながったという。

さらに面白いのは、これ以前の世界では、お金というのは有限、つまりゼロサムの世界で、誰かが儲けると他の人が損をすると漠然と信じられていたという。

そのため、巨額の投資などはほとんど存在せず、浪費は罪と考えられていた。

しかし、アメリカ大陸征服以降、新世界を発見しそれを征服すると富はいくらでも増えるという物語に変わり、経済は成長し続けるものに変わっていった。

そして科学は、膨張し続けなければならない経済に、新世界を発見する役割を担うようになったというわけ。

だとすると、ムーアの法則が終わろうとしている今、次の新世界は何が担えるんだろう？　バイオテクノロジーは多少可能性があるけど、果たしてどの程度のものになるのか。また、仮にそれが見つからない時どうなるのかってのも、SF的にも興味深いよね。

これらは、『サピエンス全史』の面白さのごく一部で、他にも石器時代ではなく木器時代とか帝国を維持するために不完全な文字＝記数法が発明されたとか、面白い話がいっぱいあるので、是非みんな一度読んでみるといいんじゃないかな。

ムーアの先にあるもの

サはサイエンスのサ

連載・250

【鹿野　司】

前回は、『サピエンス全史』にある、科学は成長し続ける経済のために、つねに「新大陸」を発見し続ける存在として機能してきたという話に触れた。

過去六十年ほどの間、この新大陸の最大の役割を果たしたのは、ムーアの法則だった。十五年で千倍の規模になる指数関数的な性能向上が四度も繰り返され、一九五〇年代からみれば現在は一兆倍の技術力向上が起きている。つまり、五〇年代には一兆円かかった複雑なものが、現在は一円で作れるようになっている。

しかもICの集積度の向上は、波及効果が大きく、あらゆるモノ、そのモノを作る道具などの性能を飛躍的に高め、理論上可能に過ぎなかったものを現実に可能にしてきた。それによって、不可能だった新しい科学的発見も増加して、それがさらに技術の発展に寄与する場面も爆発的に増え続けてきた。

しかし、このムーアの法則も物理的な終焉が目前だ。今後がんばっても、平面上の集積度の向上は、今の千倍すら達成できないだろう。

もちろん、ICの三次元化や、量子コンピュータや、様々な技術の向上と多様化はこれまで以上に起きて、部分的には進歩が続くようにみえるだろう。しかし、全体に波及する指数関数的な成長にはなり得ず、相対的に成長に急ブレーキがかかったように体感されるだろう。これはすでにみんな実感していることだと思うけど、パソコンにせよスマホにせよ、最新機種を買わなくても、性能的な不満はない。VRやARはちょっと面白いけど、やっぱりこれは世界を変革させ続ける技術というより枝葉の域だ。こういう実感は、ムーアの法則が終わりつつある兆候だ。

AIも暫くは色々な応用が花開くだろうけど、十年もすれば、やれることとやれないことの区別も明確になるし、もちろんムーアの法則が永遠に続く前提で考えられたシンギュラリティも起きない。

今のAIは枠組みの最適化では、かつてない、人間を超える能力を発揮している。たとえば、アルファ碁は、人間にはとうてい敵わないレベルの碁が指せる。

しかし、人間は碁の勝負に負けたくなければ、碁盤をひっくり返したりコンピュータの電源を引っこ抜いたりできる。

つまり枠組みを超えた、自由な発想ができるわけだ。一方、AIは枠組みの中で最適化しようと作っているものだから、こういう発想は持ち得ない。

もちろん、あらかじめ、相手が碁盤をひっくり返そうとしたら阻止するように、AIを設計することはできる。しかしそれも新たな枠組み内の話で、人間はそれをも超える発想が可能だ。それらの枠組みを超える発想の場合の数は、囲碁なんかの場合の数とは比較にならないくらい多くて、モデル化も探索も、しようがない。

つまり、一体どうやったらAIに枠組みを超える発想が与えられるかは、今明らかな技術の延長では見当もつかない。

これがいつか解れば、シンギュラリティに少し近づいたといえるかもしれない。

少し話は逸れるけど、アルファ碁同士の対戦棋譜は、人間が見ても何が起きているかさっぱり理解できないという。

これは、アルファ碁が定石を使っていない、モンテカルロ法ベースであることと関係しているように思う。囲碁の可能性の空間は、どんなに優れたコンピュータを使っても探索し尽くすことは不可能だ。つまり何らかの形で、探索の範囲を狭める必要がある。アルファ碁の場合、自分同士の膨大な数の対戦で、人間が見つけてきた定石にとらわれない、探索空間を狭める方法を見いだしたのだろう。

一方人間は、定石をベースに勉強を続けてきたため、莫大な囲碁の棋譜空間の中の、ほんの一部しか探索してこなかった。そのため、大局観もある偏った空間についてしかできていなくて、そこから外れるアルファ碁の打ち方が理解できないと考えられる。

しかし、碁の棋譜空間は広大なので、アルファ碁のモンテカルロ法で探索できないところに、アルファ碁を打ち破る手順が潜んでいることは間違いない。たとえば、十分長い間勝負がつかないようにしたあとで勝負をかけるとか、何らかの方法で、アルファ碁を打ち破ることはできるのではないかと思う。まあ、それは人間には無理なのかもしれないけれど。

いずれにせよ、電子技術の範疇では直近二十年くらいは色々変革は起こせても、三十年後とか五十年後とか考えると、変化の振れ幅は小さくなっていくだろう。

それを越える次の技術はなんだろうか。

一つは、長尺のカーボンナノチューブなどを安価に大量生産できるようになれば、建築からエネルギー貯蔵まで、産業構造を一変させる可能性はある。ただ、これはＡＩのシンギュラリティと同じで、今の技術の延長上には、いつ実現されるか予想できないようなものだ。

より現実的で、大きな変化をうみそうなのは、遺伝子編集や幹細胞、ｉＰＳ細胞などのバイオ技術だ。

クリスパーキャス9という遺伝子編集技術の登場で、相同組み換えがかなり簡単に、高効率で、どんな生き物に対しても行えるようになった。これによって、未知の遺伝子の仕組みを探ったり、機能のわかっている遺伝子をノックアウトしたり、挿入したりもできるようになった。

単行本の『サはサイエンスのサ』を書いたときは、デザイナーズ・チャイルドを作るには、倫理の壁や歩留まり、コストの壁などいくつも壁があって、そう簡単には乗り越えられないと思っていたけれど、今やその壁はだいぶ崩れてきている。

さらに、遺伝子ドライブというすごい手法も出てきた。

マラリアを撲滅するのに、蚊を全て殺してしまうと生態系に甚大な影響が出る。そこで、蚊を、マラリアに感染しないように遺伝子編集する。この蚊はマラリアを媒介しないけど、その性質は、自然の蚊と交尾してできた子には、メンデル遺伝で四分の一しか受け継がれない。

ところが、このマラリアに感染しない遺伝子に、さらに自分自身を受精した相手のゲノムにコピーする遺伝子編集の遺伝子をつけ加えることで、百％その遺伝子を子供に受け継がせることができる。これが遺伝子ドライブで、これだと一匹でも野に放てば、数年で全ての蚊がマラリアに感染しなくなるという、恐ろしい力を持ったテクノロジーだ。しかもそれはすでに完成しているんだよね。

とくに面白いのは、この分野では中国が莫大な投資をしていることだ。今後二十年くらいで一兆円くらいの予算をつけているうえ、ありとあらゆる分野の研究者に遺伝子編集の技術を教えている。

中国はヨーロッパ的な倫理観には囚われない独自の価値観があるので、欧米なら許されないこともやってのけて、なし崩し的に世界を変えていく可能性はある。

こういう遺伝子を自由にバリバリ改造して、種全体すらすみやかに変えられる世界というのは、いまだかつてＳＦでも想像されたことはない。遺伝子の機能はまだ未解明な部分が多く、また複数の遺伝子を改造するのは難しいなど色々制約はあるけど、果たしてそれで世界がどう変化するかは、今後数十年の見どころだろうと思う。

遺伝子治療から生物改造へ

【鹿野　司】

　昔のことを覚えている人なら、遺伝子治療は危険で中止になった技術だと思っている人もいるだろう。実はオレ自身、数年前まではそんなイメージだった。

　確かに、一九九〇年代ごろに行なわれた遺伝子治療ではのちに死亡者も出て、世間的に研究のニュースなどは激減していた。でも技術の改良は着実に続いていて、二〇一〇年ごろから再び有力な治療技術として、脚光を浴びはじめている。

　遺伝子治療が最初に話題になったのは、先天性免疫不全で、一生無菌室の中で暮らす運命の子供たちの遺伝子治療だった。

　先天性免疫不全にも色々種類があるんだけど、最初の例はアデノシンディアミナーゼ（ＡＤＡ）欠損症という病気だった。これはＡＤＡという酵素を持たないため、アデノシンなどの代謝物が分解できず、それが蓄積することで免疫細胞が障害される病気だ。

　そこで最初は、患者のＢ細胞という白血球を取り出しＡＤＡを作る遺伝子を組み込んで、体に戻す治療が行なわれた。

　ここで使われたのが、レトロウイルスベクターだ。これはマウスの白血病ウイルスを改造した遺伝子の運び屋で、分裂する細胞に、人為的に設計した遺伝子を組み込める技術なんだよね。

　レトロウイルスはＲＮＡウイルスで、宿主に感染すると、逆転写酵素を使って自分のＲＮＡをＤＮＡに変えて宿主のＤＮＡに組み込み、遺伝子を発現させる能力がある。ベクターは、ウイルスのゲノムからウイルスを再生産する部分をごっそり削除して、かわりに治療用に遺伝子を組み込んだ改造ウイルスってわけ。

　治療結果は好成績で、病気の子供たちは無菌室を出られるようになった。ただ、Ｂ細胞には寿命があるので、二年間に十一回の再接種が必要だった。

　この注射を一生続けるのは、肉体的にも費用的にも負担だ。そこで二〇〇〇年に、造血幹細胞への治療が実行された。

　こちらは、違う免疫不全疾患で、Ｘ連鎖免疫不全症という病気を対象にしたんだけど、フランスで行われた研究では一回の遺伝子治療で、全員の免疫機能が回復し、十一例のうち九例で三年以上にわたって免疫不全が改善した。

　しかし、二〇〇二年の夏に、一例に白血病が現れた。それを解析したところ、十一番染色体にあるリンパ球を増殖させる遺伝子（癌遺伝子）が、挿入されたレトロウイルスベクターの遺伝子で活性化していることが明らかにされた。

　レトロウイルスは、宿主遺伝子のどこに入るかとか、いくつ入るかはコントロールできない。そもそも白血病ウイルスなので、がん化は起きるかも知れないと専門家には予想されていた。そして、二〇〇二年の末にもう一例出て、その子供は死亡してしまったんだよね。最初は奇跡の治療ともてはやしたメディアも、これで一転、遺伝子治療は危険だという論調で猛烈に批判するようになった。

　その結果、日米独仏はこの種の研究を中止した。しかし、イギリスだけは、インフォームドコンセントをしっかりして、患者に治療の選択をさせて、研究を続行したんだよね。

　この治療では、半数近くに癌が出たけど、がんにならなかった七人は普通の生活ができている。つまり、一生無菌室にいるか、がんに罹る危険を冒しても病気から解放されるかは、患者本人が選ぶべきだとしたわけだ。

　その後、遺伝子治療のメディアでの取り扱いはほとんど無くなったけど、研究は各国で静かに続けられ、レトロウイルスベクターの改良や別のベクターの作製なども行われた。たとえばウイルスのＬ

ƎF MAGAZIINE WORKƧHOP

TRという領域ががん化を引き起こしやすいことがわかったので、今のベクターは全てLTR領域を削除している。

とくに画期的なのは、一九九五年に作られた、レンチウイルスベクターだ。

これはなんとHIV、つまりエイズウイルスを改造したベクターなんだよね。

エイズウイルスはもともと白血球にしか入らない。そこで、VSV（水疱性口内炎ウイルス）というほとんどの人が感染しているウイルスの外殻遺伝子を、病原性を取り除いたエイズウイルスに組み込んだ。その結果、あらゆる動物細胞に感染して遺伝子を送り届けられるベクターができたんだよね。つまり、レトロウイルスベクターみたいに分裂する細胞だけじゃなくて、筋肉細胞だって神経細胞にだって遺伝子を組み込める。しかも、このベクターは理由はよくわからないけど、宿主遺伝子のプロモーター領域には入りにくく、がん化も起こしにくくて実際これまで、がん化の報告例はない。

さらに、遺伝子の任意の場所を狙って壊したり、別の遺伝子を挿入できる遺伝子編集が登場した。これは、第一世代のジンクフィンガー（ZFN：一九九六年登場）、第二世代のTALEN（二〇一

〇年～）、第三世代のCRISPR／CAS9（二〇一三年～）がある。

とくにクリスパーキャス9は、原核細胞の学習免疫系を応用した技術で、ほぼ全ての種類の細胞を対象にできるうえ、ある程度の訓練で誰でも対象の高さと簡単さが特徴だ。

最近まで、遺伝子治療というと、治療効果は一代限りで子孫には伝わらない。つまり、体細胞だけを対象にしてきた。つまり、治療効果は一代限りで子孫には伝わらない。

しかし、二〇一五年に世界で初めて中国で生殖細胞に対するクリスパーキャス9による遺伝子治療実験が行われた。

対象はβサラセミアというβグロビン遺伝子の異常で貧血になる遺伝病だ。この疾患を持つ受精卵に遺伝子編集で正常遺伝子を組み込んだところ、五十四例中四例成功した。ただし、遺伝子の全ての領域を詳しく調べていないので、予期せぬ所に遺伝子が組み込まれたり、正常遺伝子が破壊されていないかはわからず、完全な成功例はもっと少ないだろう。

これは世界中から非難が集まったけど、二〇一六年にはCCR遺伝子を破壊して、エイズに対して耐性をもつような遺伝子改変の実験が行われた。これも成功は二

しても、我々は技術開発は続けると大々的に宣言までしたんだよね。

そして今年の七月、アメリカでも受精卵への遺伝子編集の実験が報告された。

これは肥大型心筋症という精子側にしかない遺伝病で、精子を遺伝子編集してから受精させることで、五十八胚中四十二例が成功（成功確率七十二％）している。

しかし、精子の段階で遺伝病は確実にわかるので、選別すればすむことで、遺伝子編集するのは馬鹿げているとも思う。

オレ的には、飢餓に耐えられる糖尿病遺伝子群とか、マラリア耐性を持つ鎌状赤血球貧血みたいな、環境次第で生存に適したり病気だったりするのが遺伝子なので、安易に生殖系列の遺伝子改変はすべきではないと思う。しかし、世界は一遺伝子の必殺遺伝病などだから、徐々に遺伝子改変を認めるようになるんだろう。

あと、転生無双ものみたいに別世界転生した生命科学者が、ドラゴンとかにゲノムドライブを使って、家畜だけにある人に懐く遺伝子を組み込むなんて話もあり得るんじゃないかと思ったりね。

579　第6章　「サはサイエンスのサ」二〇一〇年三月～二〇二二年六月

AIのだまし方

　海外ドラマ『パーソン・オブ・インタレスト』のシリーズでは、ターゲットの人物に近づくだけで、その人物のスマホから自由に情報を抜き出したり、位置の追跡や盗聴、盗撮を行う、超絶ハッキング技術が頻繁に使われていた。

　こんな都合のいいハッキング技術、現実に存在するわけがない。と、まあ、私も昔はそう思っていましたよ。……ところがじゃ、最近のセキュリティ研究で、意外とこういうこともできてしまうのではってのが登場してきたんだよね。

　それは、Siriとかの音声認識機能に対して、人間が言葉とは認識できない音声で、命令する方法だ。

　近頃の音声認識はかなり優秀で、普通に話す言葉なら、ほぼ間違えずに聞き取ってくれる。それだけでなく、高齢者だろうが子供だろうが、近頃の音声認識は、ほとんどどんな種類の声でも、正確に聞き取れる。ほんの十年ほど前までは、成人男性か女性以外の音声認識は絶望的だったのに、これもいわゆるビッグデータで、様々な世代の音声データが収集できるようになったおかげだ。

　しかしこの性能向上の結果、なんと今の音声認識は、人間が喋ったり聞き取れない周波数の音や、ノイズにしか聞こえない音でも、コマンドとして認識する超認識力まで持ってしまったらしい。

　だから、人間には全く聞こえないか、聞こえたとしても意味不明のノイズのような音を使って、他人のスマホの音声アシスタントを起動して乗っ取るなんてことが、現実に可能なわけだ。

　ＡＩは、ディープラーニングでもなんでも、画像や音声を認識するとき、入力されたデータの中から「特徴量」を抽出して利用している。

　たとえば、近頃の顔認識は、膨大な量の顔写真の中からある人を見つけるなんて単純なことだけじゃなく、変装していたり、子どもの頃の写真だったりしても、本人を高精度で当てられる。その能力は人間の識別力を遥かに超えているわけだ。

　こういう芸当ができるのは、ＡＩの着目点（特徴量）が、人間の着目する特徴とは、違っていることによる。つまりＡＩは、人間とは異質なものの見方をしているわけだ。そしてそれは、必ずしも人間の上位互換ではない。

　今のＡＩ技術なら、十分な量の監視カメラのネットワークがあれば、顔が知られたテロリストを瞬時に見つけて警報を発することができる。それどころか、通常とは違う不審な動きをする人物を抽出して、ウォーニングすることもできる。

　たとえば駅のホームにこの種のＡＩカメラを配置しておけば、痴漢をはたらこうとしている人物を事前に全てマークすることも、もはや空想ではない。

　こういう技術ができてしまったため、物語でも、変装して逃げるなどの描写が、リアルじゃなくなりつつあると思う。しかし、ＡＩによる強力な顔認識を防ぐ方法も、ないではない。

　それは、そもそも顔を顔と認識させないという手法だ。今の顔認識技術は、ＡＩによる認識の前段に、もっと単純なアルゴリズムで、この図形は顔だろうと選別する部分がある。これはまるい輪郭の中心付近が暗い（つまり目のあたりがまわりにくらべて暗い）というものなので、ここで認識が失敗するように、中心付近が白っぽく見える、白スリットの眼鏡をかけると、顔を顔とは認識しなくなる。

　まあ、一見相当変な感じの外見になるので、人間には怪しまれると思うけど、ＡＩの目は欺けるってわけだ。

　つまりＡＩは人間とは異なった目の付け所で世界を認識しているから、人間にできないことができる反面、人間に可能なことができないことがあるわけだ。

実はこれを利用して、さらに凄いハッキングが可能なこともわかってきた。

それは「Adversarial Attack」という手法で、AIに見せる映像に、ある種のノイズを乗せると、全く別のモノに認識させられるって技術だ。実際、パンダとサルを区別できるように学習させたニューラルネットに、あるノイズを乗せたパンダ画像を見せると、人間にはパンダにしか見えないのに、AIはサルと誤認識してしまうという実験がある。

と、なると、AIによる自動運転車の画像認識に、あるノイズを与えることで、標識などを誤認させることが原理的には可能なわけだ。たとえば、存在しない一通の標識を認識させるなどして、AIカーの走行経路を誘導するなんてこともできるかもしれない。

この人間とは違うAIの目の付け所＝特徴量だけど、以前は人間が考えてこういう情報を見なさいと指示を与えていた。そのため、AIの性能もいまいちぱっとしなかった。

一方、ディープラーニングでは、それをニューラルネットが自動的にやるところがミソで、それによって認識能力が飛躍的に向上した。しかし、そのせいで、AIがいったい何を特徴量として抽出しているかが、人間には全く理解できなくなっている。特徴量はディープなネットワークの重み付けの中に存在しているはずだけど、それを今のAIは、人間にわかるように説明する能力を持たない。

アルファ碁の研究は、最終的にアルファ碁同士の対局の棋譜を発表したんだけど、その様子は人間には理解不能らしい。ただ現象として手が進んでどちらかが勝つんだけど、いったいどんな根拠でその手を打ったのか全く解らない。

でもAIの判断が理解できないことは、AIを実用に供するためにはかなり問題になる。AIが下すオラクルにただ従うだけで、それがどんな根拠によるか不明では、信用することは不可能だ。そこで、AIに自ら学習した特徴量を説明させる研究が始まっているんだけど、これが一筋縄ではいかないようだ。

考えてみると、アシモフが描いた、スーザン・キャルビンのようなロボット心理学者ってのが、将来的には本当に必要になるのかもしれない。

このAIの特徴量から翻って考えてみると、実は人間の脳も、人によって特徴量の抽出の仕方が違うのかもしれない。たとえば発達障害の人は、その差異が平均から比較的大きく外れているので、意外な発想が生まれやすい可能性がある。

アルファ碁も無限に近い囲碁空間のほんの一部しか見えていないのは原理的に自明で、それは人間とは別の領域を見ているだけで、人間の上位互換というわけではないだろう。つまり、人間とAIが組み合わさることで、より広い情報空間を探索できるようになることは、大いにありそうだ。

ヒトが他の動物と決定的に違い、文明という超生命体を作り得たのは、血縁によらない、異質なものの見方をする者同士でも協力し合えるという特徴にある。ヒトとAIの協力もまさにそれで、『2010年宇宙の旅』のボーマンとHALが融合してスターチャイルドになるようなことは、現実のメタファーといっていいのかもしれない。

サはサイエンスのサ

連載・253

【鹿野 司】

東ロボとレプリカント

二〇一一年、国立情報学研究所の新井紀子教授を中心にはじまった「ロボットは東大に入れるか」（東ロボくん）プロジェクトは、二〇一六年に東大への進学を断念したとメディアなどでは伝えられた。プロジェクト開始時の目標では、二〇一六年までにセンター模試で好成績を収め、二〇二一年度に東大受験を突破することを目標としていたのに、前半で計画を断念した形だ。

しかし、これは事実とは微妙に違っている。なぜなら、新井さんはそもそも、現状のAIでは東大受験の突破は不可能と解ったうえで、このプロジェクトをはじめたからだ。

一口にAIといっても、課題ごとに要素技術は無数にあり、しかもそれらは独立で有機的に結びつくこともない。そこで、これらの要素技術の精度を高め、ある程度結びつけることで、人間に対してどこまでいけるか、どこに限界があるかのベンチマークを行おうというのが、東ロボプロジェクトの目標だった。

この人間に対してというのがポイントで、六年でMARCH関関同立クラスの学校に入れ、そこでAIが止まった時、どんな教育と労働市場と社会保障が必要か、霞ヶ関の人に考えて貰わなきゃいけないと思って計画を始めたという。

結局、東ロボ君の実力は、全国模試五教科の偏差値が二〇一五年に57・6、二〇一六年は57・1で二年続けて57を超えた。これは、全国七百五十六の大学のうち五百三十五校で八十％以上の合格可能性があるという結果だ。つまり、東ロボ君の実力は、日本の受験生の中でもかなり上位レベルに達したわけだ。

でも、これは新井さんにとっては意外な結果だった。人工知能のからくりを知る新井さんにとって、「意味を理解していない」現状のAIがこれほどの好成績を得たのは、予想外だったのだ。

すでに我々の周りにあるAIはどれもなかなか賢しげだ。しかし、どのAIも、人間のように言葉の意味を理解するものは、一つとして存在しない。

たとえばスマホを使って、SiriでもGoogleでも、「この近所のおいしいイタリア料理のレストランを教えて」と聞けば、瞬時にずらずらと候補を挙げてくれる。これはすばらしいけれど、質問を少し変えて、「この近所のまずいイタリア料理のレストランを教えて」と聞いても同じ結果を返すし、「この近所のイタリア料理以外のレストランを教えて」といっても結果は変わらない。

なぜこんなことになるかといえば、AIが言葉の意味ではなく、言葉の統計処理で依頼が何かを推定しているからだ。

このときAIは、「イタリア」や「レストラン」という単語に注目し、スマホのGPS情報を頼りにグルメサイトなどのデータベースにアクセスして、結果を返してるにすぎない。つまり、質問者が「まずい」とか「〜以外」なんて質問はまずしないことが暗黙の前提にあって、決め打ちで答えを返してきているわけだ。

これは、IBMのワトソンの「ジョパティ！」というクイズ番組への挑戦でも本質的に同じやり方だった。

「ジョパティ！」の典型問題は例えば、「モーツァルトの最後の交響曲はこの惑星と同じ名前である。この惑星は何？」というもので、いろいろな形式の質問があるわけではなく、すべての問題が「〜は何？」という一言で答えられる雑学だ。

ワトソンはこの質問に対して「モーツァルト」「交響曲」「最後」という単語でネット検索を行う。すると、ウィキペディアの「交響曲41番」がヒットする。で、これらのキーワードと一緒に出てくる惑星の名前は木星なので、それが答えと判断するわけだ。

アマゾンのおすすめは「～を買った人は～も買っています」という形式で、これも統計。便利なこともあるけど、たとえばたまたま台車を一つ買ったら、その後もずっと台車の広告が表示されるようになる。台車なんか普通何台も買わないのに、そういう意味は理解していない。

こうしてみると、ＡＩの知性なるものは、リアルなところはあっても、タネのある手品というか、書き割りの舞台芝居みたいなものでしかない。一見、人間そっくりなのに、人間とは本質的に異なるレプリカント、というか『アンドロイドは電気羊の夢を見るか？』のアンドロイド的な虚ろな存在が、今のＡＩだ。

フィクションでは、人間とＡＩが区別不能なほど似ているとあっさり設定して、その区別に意味があるのかって形式が多いけど、現実は、人間とＡＩはあまりに違うけど、いかに巧妙に人間らしく見せるかのトリックがものをいう感じ。

統計とは、過去を分析するための手段にすぎない。ディープ・ラーニングは過去に起こったことと、未来に起こりそうなことを混同することで、未来を予測しようとする技術だ。統計は意味を考えないし、正しさを保証しないし、過去に見たことのないものは判断できない。

今の科学では、人間が感じている意味というものを数学的に表現する方法がわからないので、それを工学的に実現することもできないわけだ。

その程度の存在にすぎないのに、なぜ東ロボ君は多くの人間の能力を超えてしまったのだろうか。それは、実は、多くの子供たちが、教科書を読めていない、意味を理解できていない、文章を読んでもＡＩと同じような表面的な処理しかしていないからだった。しかし、同じ土俵で戦っては、間違えず休みもしないＡＩに人間がかなうはずがない。

新井さんが新たに始めたリーディングスキルの調査では、たとえば「仏教は東南アジア、東アジアに、キリスト教はヨーロッパ、南北アメリカ、オセアニアに、イスラム教は北アフリカ、西アジア、中央アジア、東南アジアに広がっている。オセアニアに広がっているのは何でしょう」という制限時間なしの問題を、中学生の三分の一が間違う。できる人には、え、なんでできないの？　と全く理解を絶することなんだけど、これが現実なのだ。

この調査は全国二万五千人を対象に行われたんだけど、それでわかったのは、リーディングスキルとほかの指標、本が好きか、どれくらい読んでいるか、勉強時間、スマホをやる時間ｅｔｃ．が、たいていの人が思いつくありとあらゆるものと相関していなかったことだ。つまり読書好きでも文章の理解力のない子供が少なからずいるってことだし、単に読書を推奨してもリーディングスキルが上がるとはいえないということだ。唯一相関していたのは大学受験の偏差値で、つまりリーディングスキルが高ければ上位校に合格できることを意味する。

現状では、どうすればリーディングスキルが向上するか不明だ。しかし、全国の教師の協力を得て、可能性のありそうな方法を多数つのり、統計処理して有望なもので問題文を作成、それでテストを実施して結果をフィードバックしてさらに問題を改善という方法で、その方法を探っている。リーディングスキルの向上こそが、日本の教育改革の大本命であるというのが新井さんの認識なのだ。

次の時代へ

サはサイエンスのサ

連載・254

【鹿野 司】

何度か書いてきたことだけど、ムーアの法則は、間もなく終わる。二十世紀の後半から、文明の進歩を基礎付け駆動してきた、ＩＣの指数関数的な改善は、もはや存在しなくなる。

ムーアの法則が終わっても、人によっては、その先に量子コンピュータがあるというかもしれない。しかし、実際には、量子コンピュータにＩＣが担ってきたような技術の絶え間ない革新は望めない。

なぜかというと、第一に、量子コンピュータは作るのが難しくて、今のコンピュータ以上に役に立つ計算ができるものを、技術的に作れるかどうかわからない。

また、量子計算のアルゴリズムで高速化できる課題は、特定の分野に限られる。

さらに、量子コンピュータの性能は、ＩＣのように指数関数的に改善される見込みはなくて、いったんすごいものができたとしても、数十年以内にその十倍の性能に改善するようなことは困難だろう。

ＡＩに関しては、少なくとも今の技術の延長上で、それほど驚くべき変化は来ないと思う。今のＡＩは、意図せず集まってしまったビッグデータを利用可能なものに変える役割を果たした。

データさえ集まれば、決して目新しいわけでもなかったディープ・ラーニングを使って、画像認識や音声認識をかなり高性能にできることも明らかになった。

しかし、その性能に対する驚きも、そろそろ飽和してきている。ムーアの法則が律速したことで、これ以上、莫大なデータを収集したり、蓄積したり、処理することにも、限界がみえてくる。データを集めて食わせれば食わせるほど、ＡＩは賢くなるという誤解からか、ＩｏＴの未来も宣伝されるけど、具体的にＩｏＴ機器をどうばらまいてどんな情報を取れば、なにができるかについてはぼんやりしたイメージしかない。

また、データがあれば、何でも解るわけでもない。過去のデータを学習させて、ＡＩに未来の重役候補を提案させると、それは男性ばかりになりかねない。何しろ、過去のデータは、男性中心社会のものしかないからだ。マーケティングのようなものにＡＩを使って、過去のデータから良い物を作ろうとしても、結局ほどほどの失敗しないものを、いくつか作れるだけ、それもやがて飽きられるだろう。

問題は、コンピュータの処理能力の伸びしろが、あまりないというだけに留まらない。

産業革命以降、人類は一貫して技術の絶え間ない進歩を続けてきた。とくに一九六〇年代後半くらいから、重厚長大でメカニズムやアナログ処理で作られていた技術が、軽薄短小なエレクトロニクスによるデジタル処理に置き換わり、大きなものから小さなものまで、高密度高性能化しながら発展してきた。つまり、ムーアの法則が終われば、コンピュータだけでなく、あらゆる技術の進歩の速度は鈍らざるを得ない。

その節目は二〇二〇年くらいだけれど、すでに十年ほど前からカーブは飽和してきている。逆に、二〇二〇年を十年すぎるころでも、体感的に進歩の速度が鈍っては感じられないかもしれない。

でも、大きな歴史の流れで見れば、確実に世界のあり方は変化する。

ある技術の性能が倍々で向上する、あるいは、ある技術のコストが倍々で低下するような変化。つまり十年でざっくり千倍変わるような、爆発に喩えられる変化の時代を、過去七十年ほど我々は生きてきた。技術の世界で千倍の性能向上というのは、本質的に違う世界に等しい。赤ちゃんのハイハイの速度を千倍すると、ジェット旅客機の速度になるわけだから。

そんな途方もない変化を、我々は当たり前のように、六回も七回も経験してきた。

　しかし、それがなくなった時、我々はどう感じ、社会はどのように変わっていくのだろうか。

　今の経済や政治は、この指数関数的成長を折り込んだものだ。今までの経済は、ゼロサムではなく、富が無限に増えていくことが前提で、それを担保していたのは技術の発展だった。つまり新しい技術が常に登場し、新しい価値を作り続けなければ、今のような経済は立ち行かなくなる。当然、新技術の開発努力は、これまで以上にされるだろう。

　単純な指数関数的増大の法則に依存できなくなっても、技術開発の可能性はいろいろある。

　たとえばバイオテクノロジーや医学には、まだ伸びしろがある。遺伝子編集技術の登場によって、あらゆる生物の遺伝情報をかなり自由に改変できるようになったから、有用な生物の生産は、今後ますます盛んになるだろう。この技術が広がっていく間は、目覚ましい進歩が続いているように感じるはずだ。

　問題は、どの遺伝子をどう変えたら、どんなことが起きるかという知識が、まだ足りないことだ。これには一般法則のようなものはないので、非常に長い時間をかけて、試行錯誤によって見いだしていくしかない。その情報収集には時間がかかるので、遺伝子編集の技術がありふれたものになった後は、進歩の歩みはゆっくりになると思う。

　ビットコインは、画期的なテクノロジーだ。何が画期的かというと、元来、いくらでもコピーが可能なビット列に、偽造不可能な唯一無二性を与えることができることだ。

　今でこそ、投機の対象に過ぎなくてその実力を発揮しきれていないけれど、制度が整ったり、よりうまいインセンティブが設計されたビットコインが登場すれば、次世代を駆動する中心的な技術にも成長する可能性がある。

　しかし、これを構成する要素技術は、それほど目新しいものではない。Ｐ２Ｐ通信と、公開鍵暗号、それからハッシュ関数をうまく組み合わせることで、ビットコインの基本はできている。

　こういう既存の技術を巧みに組み合わせることで今までにないものを創造する技術革新は、これからも起きるだろうし、その価値はますます重要になるだろう。

　既存の技術を組み合わせてより良いものを作ろうとするとき、知的所有権が邪魔して使えないということも起きうる。

　バイオテクノロジーは、色々な倫理面の問題が起きやすいので、慎重に進めるというのが日本も含む欧米的な発想だ。しかし、中国は、たとえばエイズに感染しないように受精卵を遺伝子編集する実験とか、かなり際どいこともバンバンやっている。

　つまり、これまで我々が慣れ親しんできた、西洋的な倫理観やルールは、技術の進歩の障害になりうる。つまりある程度ルールや倫理を無視できるところほど、次のイノベーションの舞台になる可能性がある。

　日本人は東洋のどこよりも早く、西洋的なものの見方を身につけて先進国の仲間入りをしたわけだけど、この倫理観てやつは絶対的な真実というわけでもない。これから中国、インド、アフリカが世界の中心となっていく時代には、そういうものも自ずと変化することになるだろう。

【鹿野 司】

性淘汰の逆転劇

これまでも度々言ってきたことだけど、オレにとって科学がなぜ魅力的かというと、それは常識を打ち破るものだからだ。それも、目のつけどころと、ファクトの積み重ねによって、反論の余地なく世界をひっくり返すところにしびれちゃう。

さて、ダーウィンは生物の進化を考えるに当たって、自然淘汰だけでは現象をうまく説明できないことに気がついた。それは、同じ動物種なのに、雄と雌で、形態や行動に違いがあるのは、一体どうしたわけだろうってことだ。

自然淘汰は、環境という物理的な条件への適応を考えたわけだけど、同じ物理的な条件にいるはずの雄雌で、何故違いが生じるのだろうか。

これを説明するためにダーウィンが考えたのが、性淘汰の理論だった。

性淘汰は二つの仕組みでできている。一つは、雄どうしの競争で、この競争に勝って子孫を残しやすくするために、オスは体を大きくしたり、牙や角を装備していると考える。この考えは、みなさんわりと素直に受け入れた。

しかし、これだけでは、美しい羽を持った雄や、さえずりの見事な鳥のような動物を説明できない。そこで、これはメスの選り好みによるとした。

この性淘汰におけるメスの選り好みという説明は、十九世紀の人たちには全く受け入れられなかった。実際、メスにそんな知能があるはずないとか、メスは気紛れでそんなことできるわけないとか、今から見ると男尊女卑の偏見でしかない意見で相当批判したらしい。

ただ、このメスの選り好み行動を実証することは実際難しくて、それができるようになったのは一九九〇年代になってからだった。たとえば、しっぽの長いオス鳥のしっぽを切って短いオス鳥に付け足すと、子供の数がしっぽの長い方が多くなるという実験や、さえずりのうまい鳥ほど多くのメスがやってくるという観察などによる。

しかし、そもそもなんで、オスとメスにこういう違いが生まれるのだろうか。

これについては、ダーウィンは説明しなかったんだけど、現代では卵子と精子の違いによって理論化されている。

卵子も精子も、同じ配偶子を持つ細胞で遺伝子の量に違いはない。しかし、卵子はそこに栄養を付加し、精子はつけないという違いがある。その結果、必然的に、同じエネルギーあたり、作れる卵子は数が少なく、精子は数が多くなる。

すると、全ての精子が卵子に行き着くことはできないわけで、大きい配偶子に対して、小さい配偶子は大量に余ることになる。必然的に、メスは数の少ない大事な卵を守るほうが適応的（つまり、そういう行動を遺伝的に発達させた個体ほど子孫を残せる）で、何匹と交尾したかは関係ない。一方、オスは、次から次にメスを獲得できれば、自分の子をいくらでも増やせるわけだ。たくさんのメスと交尾するほうが適応的なオスは、雄同士の競争に有利になるように、体を大きくしたり、ツノや牙を装備するようになるし、メスは自分の数少ない卵を育てるために、慎重にオスの能力を値踏みする個体が適応的になるってわけだ。

オスの外見が美しいのは、それが男性ホルモンの多さや、寄生虫や病気などに耐性があることを意味していて、メスはそこをまさに選り好みしている。

ここで面白いのは、メスの選り好みは、暴走（ランナウェイ）するってことだ。しっぽの長いオスを選り好みして、次の世代のオスのしっぽがみんな長くなると、その中からさらに長いものを選り好みすることになる。すると、しっぽの長さは世代を重ねるほどどんどん長くなって、最終的に物理的に生存に不利になるような長さで拮抗するまで伸張はとまらない。これが極端な姿の動物がいる理由だ。

この配偶子の差から、オスメスの行動や形態の差が導けるというのが、現代の進化学の基本原理の一つだ。でも、だからといって、男が浮気者なのは必然だみたいな、俗流的な話にはならない。ここが、科学の本当に面白いところだ。

たとえば、卵を体の外に産み落とす、魚、カエル、鳥などの生物は、雄でも雌でも子を育てられる。そして、実際、その中には、オスだけ子育てして、メスが子育てしない種も少なからずいる。

メスは卵を産むと産みっぱなしにして、すぐに次の出産ができるように栄養を取りに出かけるけど、オスは子が成熟するまで食事も生殖も我慢して子育てをする。

つまりこういう生き物は、行動レベルで、メスのほうがオスよりも早く次の子供を作れて、オスのほうが新しい生殖までにより多くの時間がかかる。この場合、面白いことに、メスは数の少ないオスを取り合うことになるので、メス同士が闘争的になる。つまり、生物学の原理はこでも生きているんだけど、個別の動物では、一見全く逆みたいなことも起きるわけだ。

水の三重点などの基本物理を理解しても、それだけでは自然の中で雲ができたり雨や雪が降るということを予測することは無理だ。現象として雲や雨や雪をみればそれを三重点で説明できるけど、逆は不可能なんだよね。生物学の原理もそれと同じで現実を説明できても、原理からこういう現実になるはずだという予測は困難なんだよね。

さて、性淘汰というと、少し知っている人なら、まず誰でも最初に例として思い浮かべるのは、くじゃくの羽だろう。

あの美しい目玉模様を伴うみごとな羽、それも美しくしすぎてむしろ飛びにくくなっているようにしか見えない感じは、どう考えても性淘汰による、ランナウェイの結果としか思えないし、そういう解説本も山のようにある。

で、これまで色々な人が、それを実証しようと、メスがオスの羽の何を選り好みしているか（長さ、色、目玉模様の数など）条件を色々変えて実験してきたんだけど、どうもはっきりした結果が出ていなかった。ところが、総合研究大学院大学の長谷川眞理子さんらのグループが、伊豆のシャボテン公園（高原竜ヒドラの居るところね）のくじゃくで実験したところ、意外な事実が明らかになった。

それによると、くじゃくの尾羽の特徴はどれも、次代の子供の数に有意な影響を与えていなかった。そのかわり、くじゃくのオスはケンケンケンという鳴き声を上げるんだけど、これを多数回、一日に何度も鳴くほど、たくさんの子供を残すことがわかったんだよね。これは、同じ個体でも年によって鳴く数が変わるので、鳴く数が増えた鳥はたくさん子供を作り、減った鳥は少なくなることも確認している。つまり、この結果からすると、くじゃくの羽は性淘汰の結果じゃなくて、鳴き方こそ性淘汰の賜物ってことになる。じゃあ、あの羽はいったいどうしてできたのかというと、今のところ説明のしようがない。つまり、こういうことこそ、科学の醍醐味って感じなんだよね。

サはサイエンスのサ

連載・256

【鹿野 司】

サピエンスとネアンデルタール

かつて、ネアンデルタールは、我々ホモ・サピエンスの祖先と考えられ、旧人と呼ばれていた。しかし、いまでは両者は共通祖先から分岐した亜種の関係とされている。

　ネアンデルタールは四十万年前に登場して四万年前に絶滅した。ヨーロッパに分布し、肌は白く、髪は金髪もしくは赤かった。一方、我々ホモ・サピエンスは、二十五万年前に登場している。両者が共通祖先から分岐したのは、四十七〜六十万年前で、その後どちらの系列もいくつかの亜種が存在し、その中の一つがネアンデルタールであり、サピエンスというわけ。

　多くの遺跡や化石の発見によって、ネアンデルタールは色々な意味でサピエンスに遜色ないレベルの知性を備えていたと考えられるようになってきた。

　ネアンデルタールの体格はサピエンスよりがっしりしていて、脳容量も現生人類より大きく、男性の平均が一六〇〇cm^3あった（現代人男性の平均は一四五〇cm^3）。

　火を扱い、石器を作り、埋葬の習慣があったり、洞窟壁画を描いたりと、サピエンスと同じような文化的特徴がたくさんあったことがわかっている。

　ただ、細かく見ると、両者には明確な違いもある。たとえばネアンデルタールの壁画は、抽象的な形だったり象徴的なものはあるが、具象的に動物を描いたような作品は見つかっていない。また、道具の種類も限られていた。

　最も古い石器はオルドワン石器といって、二百六十〜百八十万年前にホモ・エレクトゥスらによって使われていた。これは専門家が詳しく見ないとただの石塊と区別のつかないようなハンドアックスで、種類も一〜五種類程度しかない。

　これに対して、三十万年〜三万年前に現れたムステリアン石器は、ネアンデルタールが使った石器とされていて、四十種類ほどのバリエーションが存在した。

　一方、サピエンスによる後期旧石器時代（三万年〜一万年前）の石器は、七十種類以上が見つかっていて、様々な用途向けに、きめ細かく形を工夫していたことがわかっている。

　つまり、ネアンデルタールは三十万年近い時間をかけて、石器のバリエーションをやっと四十作ったのに、サピエンスはわずか二万年で七十のバリエーションを産み出しているわけだ。

　またこのようなバリエーションの違いは、遺物として残りにくい木器でも存在したろうと言われている。たとえばネアンデルタールは突き刺す槍しか使わなかったけれど、ホモ・サピエンスはアトラトルという槍投げ器など非常に手の込んだ道具を残している。おそらく木の葉や蔓を編んだ道具などのバリエーションも非常にたくさんあったと考えられる。

　体格も脳重量もサピエンスに優るネアンデルタールなのに、どうしてこのような差が生まれたのだろうか。

　それは、彼らの生活スタイルに関係がありそうだ。ネアンデルタールの遺跡を調べると、その群れは、せいぜい二十人規模のお互いに血縁関係のグループだった。

　群れのメンバーの基本が血縁関係にあるというのは、群れを作る動物には普遍的なことで、さらに異なる群れどうしは基本的に敵対して不可侵の関係にあるのが普通だ。そういう意味ではネアンデルタールは普通の動物だったのだろう。

　変わっているのは、サピエンスのほうで、それも六万年程度前に起きた認知革命以降のサピエンスだ。つまり我々は、必ずしも血縁に基づかないグループを作ることができる、動物の中では例外的な存在なのだ。

このおかしな性質によって、サピエンスではネアンデルタールに比べて、恐ろしく大きな群れを作れるようになり、群れ間の交流も起きやすく、ある集落で作られた文化や技術が他に伝わって、それらのバリエーションを急速に増やすことができたと考えられる。それに対してネアンデルタールは、群れ間の交流にとぼしく、文化の伝達も少なかったろう。

個の能力はネアンデルタールのほうが優っていたかもしれないが、集合知能（超生命体）としてはサピエンスが優っていたわけだ。

さらに面白いのは、この認知革命の時期が、ネアンデルタールとサピエンスが混血した時期とほぼ一致していることだ。

サハラ以南の人を除いて、我々は誰でも遺伝子の一・八〜二・六％がネアンデルタールに由来している。そして、両者の混血は、五万五千年前に起きたとされている。

認知革命とは、サピエンスの行動様式がある時期からがらりと変わったことを指している。外見の特徴や遺伝子にも違いは見つからないけれど、今から六万年ほど前に、サピエンスは突然アフリカを出てユーラシアから世界に広がりはじめ、道具のバリエーションを急速に増やしながら、広域の文化交流ネットワークも築いていった。

そして、現代人のほとんどが同じ割合でネアンデルタール人の遺伝子を持つということは、混血が起きたのはサピエンスのユーラシア進出のごく初期で、何度も混血はしておらず、その混血した子孫が主なグループとなって世界に広がったことを意味している。つまり認知革命とは、ネアンデルタールとサピエンスの混血となにか関係があるのかもしれない。

認知革命とは、今ここに存在しないものについて思いを巡らせる能力、つまり物語を信じる力の芽生えによるものだ。

この非現実を現実と混乱しやすいサピエンス特有の性質を、オレは以前から根源的非論理性と呼んできたけど、『サピエンス全史』の中で、その物語とは宗教や貨幣や株式会社や民主主義などなどで、これによってサピエンスは血縁を超えた協力ができるようになったと描いている。

サピエンスは、物理的には存在しない物語＝価値を共有することで、互いを仲間と認識し協力できるようになった。

この仲間と思える集団というのが大事で、仲間に対しては信義を尽くしたり、助け合うのは当然だけど、仲間でないものにはいくらでも冷淡になれる。これはたぶん祖先の動物から受け継いだ性質で、祖先はほぼ血縁者のみを仲間と認めていたが、サピエンスはその仲間という概念を拡張できるようになったわけだ。

この誰を仲間と見られるかという概念は歴史的にどんどん広がってきた。例えば戦国時代とかまあそこまで遡らなくても、姻戚関係でなければ信用できないというような考えがあったけど、今ではその感覚はあまりないだろう。今ではＬＧＢＴを特別な人とも思わない。つまり仲間という概念の多様化や拡張がサピエンスの文明の鍵なんじゃないかとも思う。

多くの社会問題は、俺たちと奴らは違う、という考え方から出てくる。弱者救済ってのも、自分とは違う弱者だから救おうという発想だと危険を孕むんじゃないか。それより、あの困ってる人の悩みは自分の中にもある、あるいは将来そうなる可能性もある、同じ仲間の課題と考える必要があるような気がするな。

AIはどうやって賢くなったか

今回の第三次AIブームは、AIが過去に比べて圧倒的に実用性を増すことができたのが特徴だ。しかし、一体どういう技術的な進歩があって、今のようなことが可能になったのだろうか。

以前のAIと第三次AIは、実質的に中身も違っていて、第二次ブームの時はAIといえば論理演算を行なうものだった。しかし、現在のAIは基本的に深層学習などの機械学習のシステムのことを指している。

第三次ブームより前のAIについて、将棋などのゲームで考えてみると、それは人間の思考を上手にプログラミングしようという発想で作られていた。

具体的には、まずコンピュータに、盤面に対して、ある一つの駒の可能な手を全て考えさせる。次に人間がその手のうち、見込みのなさそうな手を判断するルールを作り、候補から削除させる。これを全ての駒に対して繰り返して、できるだけ先の手まで考えてから、なるべく自分が有利になることが多いものを、最善手とする。

つまり、何が間違いで、何が正しいか、人間の判断そのものをプログラムとして表現し、組み込んでいたわけだ。

これの利点は、コンピュータが差す手を、人間が完全に理解可能なことだった。

しかし、このやり方は、考えなければいけない手の候補が、すぐに爆発的に増えていく。一手あたり十の良さそうな次の手があると、十手先（自分が五、相手が五）は十の十乗で百億通りの可能性がある。ここ十年くらい、パソコンCPUのクロックはGHzのオーダーだから、最大およそ毎秒十億回のビット演算ができるけど、と、いうことは百億通りの手筋を読むには絶対に十秒以上かかる。これで全ての駒を検討していては、当然時間が足りないので、色々はしょらざるを得ない。

結局このやり方での将棋ソフトは、プロ棋士と互角に戦うなど夢のまた夢という感じでずっと推移していた。

しかし、二〇〇六年に、突如状況が変わった。それはボナンザという画期的なソフトの登場だ。

ボナンザを作ったのは、当時カナダ在住の化学者、保木《ほき》邦仁《くにひと》さん。この人は将棋は素人で、従来のような人間の思考をソフトに組み込む作り方は、能力的に不可能だった。ところが、ボナンザはそれまでの最強レベルのAI棋士の全てを、圧倒的な大差で打ち破った。

ボナンザがこれほどの強さを見せた仕組みは、過去六万局の棋譜のデータから、今指している局面と似たものを探して、それに基づいて次の手を指すというやり方だった。昔の強い人の棋譜はたいてい正解なので、なるべく先のほうまで過去の人の打った手に似るようにしたわけだ。

ここで大きなポイントは、何をもって似ていると判断するかの定義は、人間が与えていることだ。過去の棋譜と、今の盤面が完全に同じことは基本的にないので、どういう状態ならより似ていると言えるかを、人間が作り込んだわけね。

ボナンザの場合、たとえば盤面にある駒三つで三角形をたくさん作って、その形を比較して、似ているかどうかを判断するようにしていた。

こうしてみると、ボナンザのやったことは人間の思考法とは、全く違うやり方だったことがわかる。ボナンザは、人間のような論理的な思考をすることをやめ、同時に過去のデータに頼るようにした結果、従来型AI将棋に対して、圧倒的に強くなることを証明してみせた。つまり、正解がたくさんあるなら、人間が考えるより、そっちを真似したほうが良いことがわかったわけだ。

しかし、現在の機械学習はさらに先を行っていて、その例がたとえばアルファ碁とその後継ソフトだ。

Google DeepMind社が開発したアルファ碁（AlphaGo）は、二〇一五年十月にはじめて人間のプロ棋士にハンデ無しで勝利した後、二〇一六年三月十五日に李世乭に四勝一敗、二〇一七年五月に世界トップの柯潔に三戦全勝し、人との対局から引退した。

これらはそれぞれバージョンが違っていて、初代がFan、李に勝った二代目がLee、柯潔に勝った三代目はMasterという。これらは、人間がこれまでの歴史の中で作ってきた、棋譜のビッグデータを学習させることで作られていた。

まあ、細かく言うと碁は棋譜のデータだけではそれほど強くならなくて、モンテカルロ法なども使っていたんだけどね。

そして、「人間によるデータは、しばしば高価で、信頼性が低く、あるいは単に利用できない」ということから、二〇一七年十月に発表されたAlphaGo Zeroは、過去の棋譜に一切頼らず、自己対局のみで自らを強くするプログラムだった。

これはボナンザとかと違って、何を以て似ているかも、機械自身に見つけ出させるように仕組んだプログラムだ。

具体的には、まず囲碁のルールに基づくけど石の置き方はランダムな棋譜を大量に作る。そして、その棋譜と今の盤面が似ていると判断する、何らかの基準を発生させるようにする。そのプログラムと、棋譜や似ている基準を少しだけ変化させたものを対戦させ、勝ったほうを残し、さらに勝ったほうに、また少し違ったプログラムを対戦させることを繰り返す。すると、最初はデタラメの棋譜に、デタラメの似たものルールでしかないのに、その性能は、三日間でLeeのレベル、二十一日でMasterのレベル、四十日後にはLeeには百戦百勝、Masterには八十九勝十一敗の強さに成長した。

そしてさらに、二〇一七年十二月に発表されたAlpha Zeroは、AlphaGo Zeroの考え方をベースに囲碁、チェス、将棋の三種類のゲームに対応する汎用プログラムだった。これも驚異的な性能で、学習八時間で三日間学習させたAlphaGo Zeroと百戦六十勝四十敗、四十日で何ものにも負けなくなった。また、チェスの最強プログラムとは、四時間学習で先手二十五勝、後手三勝、残り七十二局で引き分け、さらに最強将棋ソフトとは、学習時間は不明だけど、百戦九十勝した。

実はこれこそが、近年のAIが非常に力を持つようになった原因だ。ネット上に莫大な量のビッグデータ＝正解が蓄積され利用できるようになったので、それに頼ることで今までにない、画像認識や音声認識、言語翻訳などができるようになったんだよね。

例えば画像認識では、まず、人間が映っている画像で、人間がいるところだけを四角で囲う。この正解を大量に作るのは手動で大変で、それは問題だけど、それをなんとかやって、つぎに、囲いのない画像で、機械にどこに人間がいるか当てさせる。すると、はじめは間違うが、何度もやるうちに、機械独自の基準を編み出していく。やがて、人間がいると認識できるようになるが、何を見て人間だと思っているかは、機械にしかわからない。これは翻訳も同じで、同じ内容の和文と英文の組を大量に作って、同じように機械に基準を編み出させるわけね。

サはサイエンスのサ

連載・258

【鹿野　司】

『ホモ・デウス』（河出書房新社刊）は読み始めたけれど、まだ四分の一くらいまでしか読んでいない。しかし、この著者のユヴァル・ノア・ハラリさんて、『サピエンス全史』を読んだときも思ったけど、つくづくオレと似たような考え方をする人だ。もちろん、ハラリさんのほうが、豊富な歴史学的知識をはじめとして重厚な裏付けで論旨を展開していて凄いんだけど、随所にオレが以前から書いてきたような内容が出てきて、なんだか嬉しかったりして。

『ホモ・デウス』では、今読んでいるところまでで、ホモ・サピエンスは生物学的、歴史的に逃れられない宿命だった三つの苦難を、全て解決したと言っている。

その三つの苦難とは、飢餓、疫病、戦争だ。こういうと、そのどれも、今でも人々を苦しめているじゃないかと思うかもしれない。けれど、現実にはそのどれも、絶対的に人類を脅かすことはなくなっている。

まず飢餓だけど、これは文明が始まって以来、あらゆる地域で時に避けざる死の運命として襲いかかってきた。

しかし、今ではどんな貧困地帯でも、事態が悪化しそうになると国際援助が行われるなど、何らかの救済措置が執られるのが普通だ。もちろん、それは完璧とはいえないものだけれど、今や世界のどこで飢餓が起きるとしても、それは政策の失敗であって、コントロール不能の運命というわけではない。

また、疫病も、たとえば六～八世紀の東ローマ帝国で流行したペストによって人口の五割が死亡したし、十四世紀の黒死病はヨーロッパの六割の人間を殺している。さらにはアステカ文明は、外の世界から持ち込まれた多種の病原体の波状攻撃によって、九割が死に絶えたくらい恐ろしいものだった。

しかし、現代では、一九八〇年代に出現したエイズのような病気も、二十年経たずに対応策が生まれ、対処可能な慢性病のレベルに封じ込めてしまった。

もし仮に、エイズが百年前に発生していたら、性交渉で感染し、時間をかけて免疫系が破壊され、がんや日和見感染で死に至る病気なんて、原因を究明することすら不可能で、対策のないまま莫大な人が死んでいったに違いない。しかし、今や、いかなる疫病も、世界中の研究と国際協力によって、人類の生存を脅かす前に対策可能になっているわけだ。

さらに戦争だけど、核兵器の出現によって、現在ではローカルな小競り合いしか起きなくなっている。もちろんそれは、個人のレベルで見れば悲惨で大きな問題だけれど、人類全体に与える被害の量としては、取るに足らないものになっている。

世界のテロや地域紛争は、毎日のように国際ニュースになるが、その死者数は最大で年間三万数千人にしかならない。

つまり、世界のテロや戦争での死者数は、日本の自殺者数と大差ないし、ハラリさんに言わせれば、肥満のほうが遥かにたくさんの人を殺している。

もちろん、テロや戦争は、単に死者の数だけで評価できるものではないけれど、少なくとも、今や戦争によって人類文明が崩壊する可能性は、限りなく小さくなったとはいえるだろう。

この、人類はもはや絶滅しないという話は、オレも結構前に書いた覚えがある。

それで、ハラリさんは、この三つの宿命を克服したサピエンスは、これから神＝ホモ・デウスを目指していくという。

この神とは、キリスト教的な唯一絶対神ではなくて、ギリシア神話の神々のような、超人的な能力をもつ存在のことだ。

たとえば不老不死。医学の進歩は素晴らしくて、今や次々と病気は克服されている。がんといえば死病と思っている人は多いけど、今の医療なら平均三回くらいがんに罹らなければ、死ぬことはない。

今後の幹細胞治療の進展や、臓器製造の技術が確立していけば、百年も経たないうちに、老化した臓器を取り換えたり、若返らせることで、永遠の若さと、よほどひどい事故にでもあわない限り、不死の肉体を手に入れられるだろうことは、容易に想像できる。

ハラリさんの面白いのは、この神への道は少しずつ進むと考えていることと、本当に神になれないとしても、人類はそれを目指し続けると見ていることだ。

たとえば遺伝子編集の技術で、人間を遺伝的に改良する、優生学の敷居もうんと低くなった。もちろん、今はそれは倫理的に断じて許されない。しかし、致命的な遺伝病で絶対に死ぬとわかっている受精卵に対して、選別や、単一遺伝子の治療など、誰もが納得するレベルの技術から、少しずつ外堀を埋めるように進んでいくことは大いにありそうだ。

また、いわゆるビジョナリーと言われる最先端の人たちは、『マトリックス』みたいなVR空間への没入や、精神のダウンロードのような技術を、いつかできると確信しているようだ。つまり、非常にたくさんの人が、そちらに向かって技術開発を行っている。だから、技術の進歩には時間がかかるとしても、不断の努力があれば、いつか究極を実現するだろう。

実際、人類はこれまでも、そうやってきたではないか。

ここから先はまだ読んでいないので、ハラリさんがどう考えていくかはまだ知らないけれど、このあたりの話は、オレも重要なテーマとして考えてきた。

それは、新しい科学、新しい技術には常に空想が混入していて、生の現実とはかけ離れた部分があって、ある時点の空想が、その通り実現することはほぼあり得ないってことだ。多くの人は、この新しい技術がさらに進歩して、完璧なものになった暁には、こういうことが起きるだろうと空想する。それは、その技術の開発を担う最先端の人でも、そう思っている。

でも、現実にはなかなかそうはならない。たとえば、空を飛ぶ夢は、鳥を見て発想されたかもしれないけど、実際の飛行機は鳥とはかけ離れた機械だ。飛ぶという夢は確かに実現できたかも知れないけれど、それは鳥が持っている「飛ぶ」という意味とは、だいぶ違った意味での「飛ぶ」が実現できたにすぎない。

現代人は、自分の世界観の大半を主として伝聞の物語に頼って構築している。

たとえば、今、多くの人が漠然と信じているAIのイメージは、人間が理解できないくらい知的に優れ、ほとんど間違うことなく、公正無比というかんじ。実際、その誤解に基づいて、政治はいっそAIに任せろだとか、AI兵器は恐ろしいというような議論が出てくる。それは現実のAIとはかけ離れていて、今の延長上に、そんなものはできっこないんだけど、もっと技術が進めばと人々は空想する。

SFなどの物語も、その誤解を信じて描くほうが物語を作りやすいので、それを追認することが多い。でも、それは世界を間違った方向に導くものでもあるんだなあ。SF考証をやるとき、そういうところに、個人的には葛藤があるんだよね。

サはサイエンスのサ

連載・259

【鹿野 司】

空想と現実の狭間（その2）

前作の『サピエンス全史』とは違って、『ホモ・デウス』は読み終えるまでずいぶん時間がかかってしまった。と、いうのも、納得しがたい引っかかりが多くて、スラスラとは読めなかったからだ。

サピエンスが他の動物と決定的に違うのは、血縁を超えた柔軟な協力関係を築けることだ。この性質が基礎になって、集団間での知識の伝播、改良、蓄積を広範囲に行うようになり、今日のような文明を築くまでになった。

そして、この協力関係を可能にしたのが、「共有虚構」（shared fiction）で、ありもしない共通の物語を、みんなが心から信じ込む性質だ。

サピエンスは百八十〜二十万年ほど前に、東アフリカでホモ・エレクトゥスとの共通先祖から分岐したが、当初は他の動物と同様、主として血縁者による集団しか作れなかった。しかし、今から七万年ほど前、突如としてアフリカを出てユーラシア大陸に拡散をはじめ、血縁を超えた集落を作り、使用する道具も急速に多様性を増していく。解剖学的、遺伝的には、とくに変化は見当たらないのに、劇的に行動が変わったこの時期のことを、ハラリは「認知革命」と呼んだ。そして、その認知革命の原動力が共有虚構だ。

人間の根源的な性質に物語を信じる力があるというのは、珍しくない発想だと思うけど、ハラリの画期的だったのは、その物語に、宗教のみならず、貨幣とか株式会社とか国家とかヒューマニズムなど、一見物語らしくないシステムまでそれに当たると洞察したことだ。そう思うと、たしかに共有虚構は、人々を柔軟に協力させる、強い力を持っている。

オレはこの性質が、ヒトのもつ根源的非論理性と関係していると思っている。ヒトは他の動物に比べて、論理的間違いを犯しやすい。典型的なのが、ヒト以外の動物はしない、逆も真なりという論理的に間違った推論を、しばしばしてしまうことだ。ところが、こういった論理的な間違いが、創造性につながることは少なくない。ヒト以外の動物のように、論理的に正確な推論しかできないようでは、ありもしない物語を心から信じ合うことはできず、現代のような文明は作ることはできなかったろう。

ヒトの場合、三段論法のような推論を、入れ子にして何重ものループを回せるようになったことが、この根源的非論理性の秘密かもしれない。論理はシンプルに現実と一対一対応がはっきりしているときには間違いにくいが、入れ子にすると容易に現実から遊離して、間違った推論を導きやすくなる。

ただ、これとは別に、ヒトらしさの根源には仲間を助けたり、仲間に自分の知っている知識を教えたり、仲間と共感することを、積極的に行う性質がある。これも、他の動物にはあまり見られない性質だけど、言葉もまだ喋らない赤ちゃんでさえ、普通に行う振る舞いだ。こういう生物学的基盤なくしては、共有虚構は成立しなかっただろう。

サピエンスが現代のような文明を築く上でもう一つ重要なできごとは、五百年前に起きた「科学革命」だった。ハラリはその本質を、未知の発見だという。

それ以前のどの文明も、全ての価値ある知識は神や過去の賢者が知っていて、聖書などの文献に書いてあると信じていた。しかし、ヨーロッパでは大航海時代、新大陸の発見、実験科学の登場によって、過去の文献にない全く新しい未知の存在があることを見いだした。これが科学革命で、共有虚構に大きな変化をもたらした。

たとえば未知を発見したおかげで、経

済も現代的なものに変化した。

　現代的な経済の最も特徴的な性質は、無から価値が生み出され、いくらでも成長し続けられることだ。経済がこういうものになったのは、科学革命以降で、それ以前の経済は百年かけて数%成長するかどうか程度の変化しかなく、基本的に有限なパイを取り合う、ゼロサム的なものだった。だからこそ、富を持ちすぎる強欲が、倫理的に許されないものとみなされてきたわけだ。

　しかし、未知のものがあり得るという発見によって、新たな価値をいくらでも生み出せるようになった。新しい価値の創造＝経済の膨張で、つまり現代的な経済成長の原動力とは、科学と技術による、今まで知られていなかった世界の開拓、物の創造にある。そして価値が無限に増え続けることで、強欲は美徳に変化した。

　未知の発見は、論理的帰結として自由意志を見いだし（神が全知全能なら自由意志は存在しない）ヒューマニズムを生み、リベラリズムや民主主義につながっていった。

　ところで、サピエンスは、狩猟採集生活時代のほうが、後の定住生活よりも、肉体的にも精神文化的にも充実していた。定住によって人口は増大し、細かい分業も可能になったが、食糧のバリエーションは減り、長時間労働になり、体格が悪くなって、寿命も短く、飢饉などによる大量死も起きるようになった。

　どうもハラリは、共有虚構には、よかれと思って突き進んだ副作用として、サピエンスを生物学的基盤的な喜びから遠ざけていく宿命があると考えているようだ。現代においても、これまで良しとされてきた、リベラリズムや、ヒューマニズム、自由意志などの物語をさらに追求していく結果として、ディストピア的な未来が待ち受けているというのが、ホモ・デウスの主な主張だ。

　まあそう言いたい気持ちはわからないでもないんだけど、納得しがたいのが、共有虚構の例示が一神教文化的に偏っていて、それ以外の考えに思いが至っていないことだ。例えば自由意志は、一神教文化圏ではこだわりの概念かも知れないけれど、我々にとって、そんなものが明確には存在しないことは明らかだ。

　ベンジャミン・リベットの実験によって、意思決定の前に脳には準備電位が現れると明らかになったからといって、自由意志はないんだとか、うろたえたりしない。ふーん、そうなんだ、あるかもね、面白いね程度の話でしかない。

　それに、自由意志の論理的帰結としてヒューマニズムが出てくることは、西洋の文脈ではわかるけど、べつに東洋では自由意志とは無関係に、徳というような概念はあるとかとも思う。

　ハラリさんはヒューマニズムの追求として、不老不死や人間と機械の融合、精神のダウンロードなどが必然的に起きるみたいな認識のようだけど、オレにはそれは自然を単純に見過ぎのように思えるんだよね。このへんの議論で非常に引っかかるのは、ハラリさんの思うような技術は、今後も決して実現しないことが明らかだからだ。そりゃあ人間は今後も不老不死的、超人的な方向を目指す傾向はあると思うけど、それは必ずしも思い通りにはならず、違うものに変質していく定めだと思う。人間はそんなに簡単に神（ホモ・デウス）になれるわけがないんだよね。

サはサイエンスのサ

連載・260

【鹿野 司】

世界は昔に比べて、ずいぶん良くなっているというのは、オレの基本的な認識なんだけど、どうやらだいぶ考えが甘かったようだ。『ファクトフルネス　10の思い込みを乗り越え、データを基に世界を正しく見る習慣』（日経BP）という本を読んだら、世界はオレの想像を遥かに越えて、もっとうんと良くなっていることが、データに基づいて示されていたからだ。

この本の主著者はスウェーデン出身の医師で公衆衛生学者のハンス・ロスリングさん。世界中の多くの人が、世界の見方について大きな間違いを犯していることに気づいて、生涯かけてそれを正す講演を多数行い（TEDの講演も十本ほどある）、さらにギャップマインダー財団を息子夫妻と設立して、世界の統計データを視覚的に理解しやすく表示するサイトを作っている。

ファクトフルネスとは、事実に基づく世界の認識ということだけど、世界は事実に基づくほど楽観視できる。これはいわゆるリアリズムとは正反対の考え方で、軍事的なリアリストというのは世界を悲観的に見て、世界を二千回も焦土と化せる核兵器を作らせたわけだ。しかし、最も合理的な判断を積み重ねるという触れ込みのリアリズムが、なんでこんなとんでもない狂った世界を作り出してしまったのか。その間違いの原因が、ファクトフルネスで明らかになる。

この本では、冒頭で、世界の現状についての三択クイズが、十数問出題される。これは、ロスリングさんが行ってきた講演で出題した何百というクイズの中の、ほんの一部にすぎない。たとえば、

「世界中の三十歳男性は、平均十年間の学校教育を受けている。同じ年の女性は何年間学校教育を受けているか？」

A．九年　B．六年　C．三年

「自然災害で毎年亡くなる人は、過去百年でどう変化したか？」

A．二倍　B．変わらない　C．半分以下

「世界中の一歳児で、何らかの病気に対して予防接種を受けている子供はどれくらいいるか？」

A．二十％　B．五十％　C．八十％

「十五歳未満の子供は現在世界に約二十億人いる。国連の予測では、二一〇〇年に子供の数は何人になるか？」

A．四十億人　B．三十億人　C．二十億人

答えは、それぞれA、C、C、Cだ。

みなさんは、どれくらい正解できただろうか。答えはどれも、世界は最も楽観的に変化しているというものだけど、それを全て当てられる人はなかなかいない。

ロスリングさんは、これらの質問をありとあらゆる人々を対象に行って、その結果奇妙なことに気がついた。

質問は三択なので、答えがわからずランダムに間違うとしても三十三％は正解しないとおかしい。しかし、どのような集団を対象にしても、正解率はつねに十％を下回る。一般市民のみならず、ネットでの一万人を超える人々や、ノーベル賞受賞学者、経済学者、経営者、さらにはダボス会議での世界の動向に最も関心を持って取り組み、専門家のアドバイスをいつでも受けられるリーダーたちを相手にしても、結果はつねに似たり寄ったり。

つまりでたらめに答えるチンパンジーより、正解率が低いのだ。

実は、この三択テストを、毎月第一土曜日に新宿のハイ・ボルテージ・カフェで、堺三保さん白土晴一さんとでやっているSF設定三兄弟のトークイベントでやってみたところ、正解率はだいたい三

割程度だった。さすが観客はSFファンだけあって正解率が高く、チンパンジーレベルには達していた。

これは、知識のアップデートがされていないことによるものだろうか。しかし、多くの講演を重ねるうち、そうではないことがはっきりした。実際、ロスリングさんの講演を聞き終わった直後に、悲観的な答えをする人も珍しくなかったのだ。

つまりこれは知識のなせる業ではない。

これはつまり、人間の持つ認知的歪みの顕れなのだ。人間は、どうやら世界を現実よりもドラマチックに見がちな性質がある。これは目の錯覚と同じ脳の機能で、進化的には適切だった時代もあるのだろう。実際、ドラマチックな認識を完全に排除して、全ての判断を事実に基づく理性で司ろうとするのは、無理な話だし人生から感動を奪うことでもある。

ただ、つねに偏見に支配され続けるのは明らかにおかしいし、世界をどうすべきか考える際にはリアリストの犯した愚のように害になる。世界はあなたが思うほどドラマチックではない。そして、そんなドラマチックすぎる見方をしないために何を心がければいいかというのが、この本のメッセージだ。

この本を読むと、解決不可能に見えた世界の課題がすでに解決済みだとわかる。しかし、もちろん、世界から何一つ問題がなくなったというわけではない。

例えば世界人口は百億前後で飽和するので人口増加はすでに大きな問題ではない。今人口が猛烈に増えているのは、カンボジアやコンゴなどの紛争地域で、そこでは六人産まれて二人死ぬということが起きている。その他の国では、子供が死なず、労働力として子供を必要としないくらい貧困から抜け出し、家族計画ができて、女性の教育向上による、初婚年齢の上昇、社会進出によって、子供の数が二人前後に納まっている。つまり、解決すべきは、紛争なのだ。このように事実を知れば、本当に手当てしなければならない課題が見えてくる。

これからの日本は、極端に高齢者人口が増え、社会保障の崩壊など、近い将来悲惨なことになると思う人は多い。これは団塊の世代の高齢化が問題の根本原因だ。つまり、あと二十年経つと、この人たちの大半は現世から退場して、問題は自動的に解消されるはずだ。

こういうと、いや、その時代は悲惨だという人がいる。人口が激減すると税収も減ってインフラが維持できないとか総務省も言っている。

でも、それって、世界の悪い面ばっかり目に入るという典型的認知の歪みだ。

高齢者が退場すれば、さほど税金を納めず給付をたくさん受けていた人が減って一人あたり使える税金は増えるし、人口が減った分インフラも縮小できる。山地や農地は集約して、自動化した大規模林業や農業が可能になる可能性もある。

税収が極端に減るとしたら、消費税がめっちゃ高い世の中ということで、人口の推移からして消費税はやめたほうが良いこともわかったりして。

ファクトフルネスの教訓は、人間は本能的に世界のあら探しをして、落ち込んで問題対処に絶望しがちだけど、それは認知の歪みにすぎないってことだ。

現実は確実に良くなっているし、多少の起伏はあっても、悪いことは長続きしない。今年生まれた子供たちが、二十歳のころには希望の持てる世の中になる。未来永劫世の中は悪くなり続けるなんて思い込みは、全く間違いなのだ。

アルゴクラシー

ここ数年、中国では「信用スコア」の影響力が非常に大きくなってきた。

人々のネットを介しての様々な行為を点数化して評価し、それによって享受できるサービスをコントロールする信用スコア。その利点は、取引において相手を疑うコストを減らせることと、高得点を得た個人はより自由を手にできることだ。

信用スコアで先行したのはアリババの「芝麻信用」で、これは二〇一五年一月にスタートした。またこれを追って、テンセントの「微信支付分」も一九年一月から正式に中国全土で運用されている。芝麻信用の場合三五〇～九五〇点、微信支付分は三〇〇～八五〇点の配点で、各個人の信用が点数化されている。

芝麻信用では、六〇〇点以上の人は通常三万円必要なホテルのデポジットが不要になり、借金の審査がすぐ通り、利率・返済期限も優遇される。また、六五〇点以上で上海図書館でのデポジットが不要になり、七〇〇点でシンガポールビザが取りやすく、七五〇点で北京空港の専用出国レーンを利用できるなど優遇措置がある。

以前は中国との取引は、しばしば驚くような形で裏切られ、損をするというイメージがあった。ところが、最近では中国からネットを介してものを買うような場合も、品質が良くて安いだけでなく、非常に誠実で丁寧な対応をしてくれるのが普通になっている。これは、アリババのような会社が間に立つことで、こちらの合意がなければ料金が支払われない仕組みが一般化したことも大きいが、それ以上に信用スコアを重視する習慣が、広く根づいた効果もあるだろう。

信用スコアが支配する社会には、一方で警戒感も持たれている。信用スコアの採点アルゴリズムは公表されないため、なにをすれば評価が上がるかは、推測の域を出ない。評価が下がった場合復活の手段がわからないし、抗議もしようがないので、バーチャルスラムが発生するのではという懸念もある。

この種のアルゴリズムによる支配＝アルゴクラシーは、中国に限ったことではなく、すでに世界の潮流となっている。

実際、アマゾンのお奨めやグーグルの検索結果、フェイスブックがあげる友達候補もこの種のアルゴリズム支配の一種で、我々は知らず知らずのうちにこういった考えに慣らされてきている。

さらには、企業の採用や人事にAIを使う動きもすでに始まっているし、信用スコアを日本でも導入しようという動きも出てきている。

これに関して問題なのは、本来は適用外のところにまで、信用スコアという尺度を使ってしまうようになることだ。

実際、中国では、六五〇点以上の人だけの健康保険や、高得点者だけが入店できる無人飲食店、さらに高得点者専用の婚活サイトなどもあるという。つまり信用スコアが、経済的な取引における信用という枠を超えて、社会的な信用としても機能させているわけだ。

しかし、例えば女性専用のSNSに信用スコア高得点の男性の参加を赦したところ、性的な誘いのメッセージばかりになって、結局この優遇を取り消したということがあったらしい。要するに、信用スコア高得点者が、必ずしも人格的に優れているわけではないということだ。

考えてみるとそれは当然で、信用スコアは本来、ある企業との取引履歴に過ぎない。だから、取引の時は監視の目があるから行儀良く振る舞っても、それがないときは本性を表す人もいるわけだ。

しかし、アルゴクラシーの支配する世界では、信用スコア＝人間性のような誤解が、薄々おかしいとはわかっていても、まかり通ってしまうようになる。

　これは知能指数に対する社会のとらえ方と同じだ。知能指数は、もともと一般的な教育カリキュラムについていけない人を見つけて、特別な支援を行うために考案されたものだった。その意味では、優秀な人を選別する用途には使えないはずなのだが、一般に知能指数が高い＝賢いと認識されている。ただし、知能指数が高いからといって、必ずしも仕事ができるわけでも、幸せな生活を送れるわけでもないことも知られているが。

　信用スコアも多くの人にとって、あまり知らない相手なら、点数が高い人ほど徳が高いと思う尺度になるだろう。素朴で善良な人は、自分の信用スコアを上げるために、普段から良い行いを心がけようと努力もすると思う。ただ、どうすればスコアが上がるかは結局不明なので、自分の良心に従うということになるだろうけど。それはある意味宗教的な行為だ。

　ただ、内心の問題である宗教と違い、信用スコアは現実の評価に直結する。

　信用スコアは、社会的にきちんとした、規格化された人を優遇する社会を作り出す。しかし、歴史的に見て、独創的な人間は必ずしもきちんとしてはいなかった。

　時代を画する偉大な人物はたいてい変人だ。どうしてもルーズだったりデタラメだったり傲慢なところがあったり、ある種の過剰さがつきものだが、アルゴリズムはそういうタイプの人を低く評点するかもしれない。

　結果として、穏やかで平和かも知れないが、面白みも新しさもない世界になりかねない。まるでダイアスパーのようなユートピアが、こうしてできあがる。

　信用スコアが広く運用される社会というのは、ある意味で、優生思想の蔓延した世界とも言える。

　理性で優れた者をセレクトすることには、実は欠陥がある。それが良いアイデアに感じるのは、優秀さとは何かについて、あまり深く考えてないからだ。ある特定の状況下において、ある人の能力は非常に効率よく問題を解決できるということはあって、その人を優秀と呼ぶのは妥当だ。しかし、それは状況に依存する。如何なる状況にも対応できる人間なんて存在しない。世界でこれだけの歴史があっても、汎用問題に対処できるエリート育成に成功した教育システムなんてない。

　科挙から公務員試験、流行りのＡＩ人材選別も、要するにある程度均質な人間を選ぶ方法だ。この選別によって、多様性は減少する。選ばれた均質な集団が力を発揮できるのは、たくさんの要素を落ち度なく目配りして間違いなく達成する仕事だ。これは長い期間状況が変化しない場合だけ優秀と言える存在で、次々状況が変わったり、未知の状況に対処するのに適切とは限らない。

　次々状況が変化したり、未知の状況が起きるというのは、つまりランダム事象だ。これに対応できるとしたら、均質な集団ではなく、集団の中に多様性を抱えておく必要がある。

　つまり、エリート主義というのは簡単に現実から乖離するものだし、障害者雇用ってのは多様性を担保するという意味で非常に大切なことでもあるんだよね。

　アルゴリズムによって徳の高い人、優秀な人を選別するということは、多様性を減らすことに等しい。これに比べると、人が人を見て判断する方法は、正解からほど遠いだけに、ランダム要素が多く含まれるので、多様性を担保し続けられるのだと思う。

MMTについて

【鹿野 司】

お金とは、『サピエンス全史』によれば、人々を協力させるためのフィクションの一つだ。また、お金とは「価値」の表現で、無から創造され、増えたり減ったり消滅することもある。最近、世間で注目を集めはじめているMMT（現代貨幣理論：Modern Monetary Theory）という経済理論は、この価値が持つ性質を積極的に利用しようという考えだと思う。

MMTは、主流派の経済学者や政策当局からは出鱈目とされ、支持者からは地動説に匹敵する認識の転換だとされる。

その核心的な主張は、自国通貨を持つ統合政府は、いくらでもお金が刷れるので税収に依存せず財政政策が可能で、将来の支払いに対しても債務超過による破綻は起こりえないというものだ。

従来、政府の財政政策は、国民から税金を集め、その裏付けのもと行うというのが常識だ。だから、社会保障に使う金が足りないから、消費税の増額という話になり、それもしょうがないかというのが今の国民の主流の考えだろう。

ところが、MMTでは、財政政策に税収の裏付けは必要ないという。政府はいくら借金してもお札を刷れるので、利払いも返済も困ることはない……。

いや、ちょっと待て、そんなうまい話あるか、と、普通は思うよね。

でも、現代のお金は情報なので、そんなうまい話が成り立つのだ。お金はかつては、金と交換できることで価値を担保していた。しかし、一九三〇年代くらいからお金の価値は国が担保する管理通貨制度に移行した。この制度の下では、お金は基本的に通帳に記入される数字（情報）に過ぎない。実際、銀行が誰かにお金を貸し出すとき、相手の通帳に数字を書くだけで、貸し出したお金の裏付けとなる金など必要はない。この価値創造については、主流派も事実と認めている。

しかし、政府が国債をどんどん発行して財政赤字が拡大すると、常識では、金利が上昇して景気が悪化するとされてきた。だから、政府の国債発行の拡大はよくないという財政均衡主義（プライマリーバランスの均衡）によって、緊縮財政が財務省の金科玉条となっている。

ところが、政府の財政赤字の拡大が金利上昇を招くという話は、過去数十年の日本で成り立っていない。財政赤字は増えているのに、金利は限りなくゼロに近いまま。実はアメリカのMMT論者は、この事実から、日本こそMMTを証明する実例だとさえ言っている。

しかし、それなら、そもそもなんで税金があるのだろう。MMTでは、これはお金の価値を担保するためだという。

日本の税金は、必ず円で支払わなければならない。つまり税金を支払う立場の者には、必ず円が必要になるから、それによって円に価値が生まれるわけだ。

また、政府も一度に無制限に貨幣創造（お金を刷る）ができるわけでもない。

政府がいきなり大量にお金を刷ってばらまけば、市場にお金があふれてお金の価値は暴落しインフレになってしまう。

……はずだけど、これも現実には起きてない。これはアベノミクスで取り入れられたリフレ政策の、金融緩和ですでに行われてきたことでもある。

三十年にわたってデフレ状況が続いている日本にとって、ある程度のインフレ化は必要だ。そのためリフレではインフレ率二％程度を目標に、金融緩和で市場にお金を流そうとした。ところが、金融政策だけでは銀行にお金がたまって動かずデフレのままだった。

MMTのリフレとの違いは、金融政策だけでなく、政府が積極的に財政政策を行って、無理やりにでも経済を回す必要があると考えることだ。

政府が財政出動を行って、いろいろなものが買われるようになると、やがて買いたいものが十分に作れない供給力不足になる。すると物価が上がってインフレになるので、インフレ率を見ながらこれが最大四％程度になったところで貨幣創造をやめ、インフレ率を下げる。そのうち市場は設備投資などを行って供給力を上げてくるので、インフレ率が二％くらいまで下がったところで、再び財政出動を行うということを交互に行っていく。

つまり政府の貨幣創造は、インフレ率を見て制御すべきものというわけ。

ただMMT論者の中でもまだあまり議論はないみたいだけど、財政出動先をまずどこにするかは、かなり重要だと思う。

MMTというか、それによらなくても、反緊縮を訴える人は左派にも右派にもいるが、現実の政治になった時、これをどうするかで意見が分かれるかもしれない。

たとえば、これまで賃金不足のうえ、社会保障も削られて不安を煽る方向に政治が動いてきたので、社会保障、賃金上昇（特に介護士や保育士）、教育、公務員の増加などの政策に大きく財政出動すれば、購買力が上がって経済を回す効果は高そうだ。一方、国土強靭化のような土木建築分野は、すでに供給力が不足しているので、インフラのメンテなど長期にわたって十分利益を出せる市場があることを示すような財政政策で、市場の供給力の向上を待つ必要がある。

長年デフレで疲弊してきた日本なら、こういうやり方でしばらくの間、間違いなく上向くことはできるだろう。ただ、MMTではまた、この経済政策が実行されるようになった将来のことについても、あまり表立って議論されていない。

MMTがうまくいって生活が豊かになると、供給能力がいくら上がっても、需要が増えない時代がいつかやってくる。必要なもの、ある程度贅沢なものが一通りそろってしまった世界では、それ以上需要は増やせない。

すると、需要は経年劣化したものの置き換えや、デザインの更新程度になる。しかし、まだ十分使えるものを、ただ経済を回すためだけにモデルチェンジして、次々使い捨てていくのは、環境負荷や資源の枯渇を考えると、今後それほどやれるものでもない。

市場の拡大には、たとえばスマホの発明みたいに、それまでにない、みんなが欲しがる価値を生み出すしかないけれど、それをするのは大変だ。そうなると、まがい物を価値があるように見せかける詐欺的行為とか、紛争によって強制的にインフラを破壊するようなことが、経済を活性化するための手段として採用される危険性がある。理想的には、ひたすら基礎科学や教育に潤沢に資金をばらまきながら、新しい価値がどこかから芽吹いてくるのを待つしかないわけだが。

MMTは貨幣を情報と捉えたとき、必然的に導かれる理論だ。その説得力は大きい。とはいえ、このフィクションを多くの人が信じるようにならなければ、MMTも価値を生み出すことはない。仮想通貨の価値をブロックチェーンが担保するのと同じ、説得力にほだされる人が多くなければ、それは価値を生まないのだ。そして、金融工学が担保したサブプライムローンのように、環境の変化で価値を泡に変えた苦い過去もあるわけだ。

ヒトの特徴とは何か

オレの子供のころというか、大学のころ（四十年前）でも、世間では人類が進化の頂点だ、ほかの動物にはない優れた知能を持っているなどという認識が主流だった。というか、今でも自覚せずそう思っている人は少なくない。

たとえば、人類滅亡後に地球を支配する生き物は何か、みたいな設問がある。この問いの背景には、生物は人間的な知能を獲得する方向に進化するに違いないという、暗黙の前提がある。

でも、実際はそんなことはない。

どんな動物も、今の環境に適応して、それに必要十分な知能を持っている。チンパンジーはチンパンジーの生き方で完全に満たされていて、ヒトのニッチが空きしだい、取って代わろうなんて夢にも思っていないだろう。

これは異星文明についても同じだ。宇宙の莫大な星の数を考えると、どこかにはヒト的な文明を築く生命がいるのは確実だ。しかし、だからと言って、ヒト的知性の登場は、進化の必然ではないし、その発生確率もかなり低い。実際、一億六千五百万年間もの長きにわたって地上に君臨し、十分複雑な動物だった恐竜から、文明を持つ種は生まれなかった。一方、ホモ・サピエンスはチンパンジーとの共通祖先から分かれて六百万年で（哺乳類が地上の支配種になって六千五百万年）、現在の文明に至っている。

ドレイクの方程式では、生命が誕生した惑星の一％で知的文明が獲得されるというパラメータを採用しているけど、確率が高すぎると思う。これも、ヒト的文明が、生命進化の必然だという、暗黙の仮定に基づく甘い見積もりだ。オレ的には、これまで地球に存在したすべての生物の種数を控えめに十億くらいと仮定して、このパラメータは十億分の一より小さい値が適切じゃないかと思う。

しかし、オレの大学生のころ（四十年ほど前）になると、動物の行動や認知の詳細な研究が進み、ヒトの知能は決して特別なものではなく、その要素は多かれ少なかれ他の動物にもあることがわかってきた。人にしかない知性、人ならではの賢さという神話が、打ち壊されたわけだ。

しかし、さらに近年になると、やっぱり人は変わっているという視点から、その特徴は何かについて解明が進んできた。

ヒトの第一の特徴は、これほど大型の動物でありながら、平地から山岳地、暑いところから寒いところまで、地球全体に広範囲に分布していることだ。こんな動物は他にはいない。

ヒトの祖先はアフリカで六百万年前にチンパンジーと分岐し、百八十万年前にホモ・エレクトゥスがアフリカを出てヨーロッパに進出したが全て滅亡した。この時アフリカに残った一部から、二十万年前にホモ・サピエンスが出現し、十万年前にアフリカを出て世界に広がった。その速度は、エレクトゥスよりも速かった。

狩猟採取民の男性は一生の間に一万二千平方キロを動き回る。一方、チンパンジーは十平方キロ程度という。ヒトとは、異常なほどに広範囲を動き回る生き物なのだ。

この行動範囲の広さは、新規探索傾向、つまり好奇心によるものと言われている。ただ、それだけでは世界中に広がることはできない。おそらくエレクトゥスにもサピエンスに匹敵する新規探索傾向があったのだろうけど、それ以外で何かが欠けていたのかもしれない。

地球が寒冷化して森林が後退していく中で、ヒトの祖先はチンパンジーのように森に留まることなく、サバンナに進出した。サバンナは森に比べて食料に乏しく、肉食獣のライバルも多数いる。そんなリスクの多い環境に進出した理由は、弱くて森から追い出されたのかもしれないし、好き好んで新世界に出て行ったのかもしれない。実際には、両方の要素が複合していて、新規探索傾向の強さもこれに大いに貢献しただろう。

厳しいサバンナに進出するにあたって、ヒトは、仲間同士で協力し助け合うことができる性質を選抜し進化させた。そうでなければ、生き延びられなかったのだろう。中でも大きいのは共同養育という性質だ。

子育てをする動物では、大きく四種の養育の形がある。メスだけが子育てするもの、オスだけが子育てするもの、つがいで子育てするもの、つがい以外も子育てに関わる共同養育するものだ。

メスだけが子育てするのは、哺乳類の主流で九十五%程度がこのタイプ。オスだけが子育てするのは、両生類や魚類の一部。また、つがいで子育てするのは、鳥類と哺乳類ではタヌキやキツネなどの小型の肉食獣だ。そしてヒトなど非常に限られた動物だけが、共同養育を行う。

哺乳類の主流は母親だけが養育するタイプだが、この場合、オス同士が闘争するるので、メスに比べて大型化し、牙や角が発達する。しかし、ヒトは牙も小さく、体の大きさの男女差もさほどない。つまり、オス同士が苛烈に闘争しあうような個体は選抜されなかった。それよりも、子育てに貢献してオス同士の闘争をあまりしないオスが進化してきたわけだ。

ヒトはなぜ共同養育をするかというと、子育てに非常に手間がかかるからだ。

近縁の動物の授乳期間は、ゴリラが四年、チンパンジーが五年、オランウータンが六年だが、これに対してヒトは、せいぜい二年で離乳する。ただ、たいていの動物は、離乳すると成人とほぼ同じ扱いになるが、ヒトは離乳後もかなり長い期間、大人の庇護のもと生活する子供期がある。これはヒトの異常に巨大な脳の発達に必要不可欠な期間だ。

霊長類の脳の進化では、ロビン・ダンバーの社会脳仮説がある。これは、群れの大きさと脳の大きさが相関するという仮説で、チンパンジーまでの霊長類全体にはよくあてはまる。しかし、ヒトはチンパンジーの三倍の重さという、突出して大きな脳を持っている。

ヒトの脳は、体重の五十分の一の重さしかないのに、基礎代謝の二十%という莫大なエネルギーを消費する臓器で、発達途中はさらにエネルギーを必要とする。このエネルギーを満たすには、多数の手がかかるのは必然だ。しかし、なぜここまでエネルギー食いの臓器をヒトは、持つ必要があったのか。

心の理論(他者の心を推察する能力)の研究の進展で、チンパンジーも競争的な状況において、相手の心の内容を推定できることがわかってきた。しかし、ヒトがそれと大きく違うのは、協力的な状況において、相手の心を推察できることだ。

ヒトに顕著なのは、物心つかないころから、他者を助けたがるし、知ってることを教えたがるし、他者をいじめたり意地悪するものを嫌う性質だ。これも、ヒト同士が協力し合う基盤なのだが、たくさんの個体の人間関係を推察し、いかに協力し合うかは、競争関係よりもはるかに難しく、莫大な記憶と計算が必要になる。この能力を与えているのが、ヒトの突出した脳の大きさというわけだ。

新型コロナウイルス騒動

【鹿野　司】

　新型コロナウイルスの騒動を見ていると、これはポスト・インターネット時代の新しい情報災害なんだなあと思えてきた。またこれは、急速なバイオテクノロジーの向上によって出現した、実体のない幽霊でもある。こういうタイプの社会危機は、これまでＳＦでも表現されたことはなかったはずで、今回はそのことについて話そうと思う。

　昨年（二〇一九年）の末、中国の湖北省、武漢で新型コロナウイルスのアウトブレイクが起きた。最初の症例報告は十二月八日だけど、肺炎で死亡する人が多かったこと、二〇二〇年の一月六日には新しいタイプのウイルスと明らかになったうえ（これは驚異的早さ。さらに二十日の間に、ゲノム配列からウイルス由来たんぱくの構造、阻害剤の推定などガンガン情報を論文として出していて、中国の生命科学・技術の水準の高さがうかがえる）、次々と感染者と死亡が増えていったことで、中国は思い切った対策を打ち始めた。

　一月二十三日には、一千万人都市の武漢が、空港や鉄道などの運行を停止する、事実上の封鎖措置を決めた。こんなこと、民主主義国家じゃ絶対無理で、中国だからこそやれた対策だ。しかし、封鎖以前に多くの人々が武漢から脱出しており、事態は全く収束しないまま推移している。

　日本でも、感染者が見つかると、ニュースなどで連日長時間この話題を取り上げ、一種のパニック状態に陥った。実際、アルコールやマスクの在庫が払底して、病院や食品衛生の現場でマスクが確保できないうえ、これから花粉症の季節なのにどうするんだというありさま。

　その程度ならまだ笑い話だが、春節のかき入れ時に中国人観光客が来なかったことや、製造業をはじめ中国企業とのやり取りに支障を来したことで、消費増税ですでにガタガタの日本経済に、さらに深刻なダメージを与えるのは確実だ。

　今回のコロナウイルスCOVID-19（新コロ）について、今のところわかっているのはこんな感じ。

　まず、コロナは、ありふれた一般的なかぜの原因だ。だいたい、かぜをひいたら十〜十五％はこいつのせいだと思っていい。これまでヒトに感染するコロナは六種類知られていて、そのうち四種はずっと昔からヒトに感染していたみたいだけど、二〇〇二年には中国南部でＳＡＲＳ、二〇一九年にはサウジアラビアでＭＥＲＳがアウトブレイクした。どちらも元はコウモリのウイルスで、今回も起源はコウモリらしい。ただ、ＭＥＲＳはコウモリ→ラクダ→ヒトと来たらしく、今回は中間がセンザンコウらしいけど、まだ確定ではない。

　それで新コロは、病気としてどれくらい怖いのか。伝染病の場合、基本再生産数（Ｒ０）という、一人の感染者が平均何人に移すかを表す指標がある。それと病気による致死率をみてみると、麻疹がＲ０十二〜十八人で致死率0.1〜0.2％、風疹がＲ０六〜七人で致死率３〜６％、インフルでＲ０一〜二人で致死率0.1％以下、ＳＡＲＳはＲ０三人で致死率９〜16％、ＭＥＲＳがＲ０一人未満で致死率30〜40％なんだけど、今回の新コロは、初期の観測結果からはＲ０一・三〜二・五人で致死率３％程度らしい。

　これらを見ると、概ね季節性インフルエンザ程度の脅威といえそうだ。ただし、致死率３％とは、初期の五百人くらいのデータで、肺炎になった人が死ぬ割合だ。しかし、中国全土のデータだと0.1％程度に下がる。これは武漢市では医療資源が枯渇していて、重症者に適切な医療が施せない状態のため、死亡率が上がって見えているとしか考えられない。

　二月五日になって、無症状の患者がいることが確定した。つまり、新コロによる病気は、新しいかぜの一種で、重症化すれば肺炎になるが、軽傷の鼻かぜ程度で治る人や、無症状で治ってしまう人が無数にいるわけだ。

　無症状で治ることがあるウィルスは、封鎖で蔓延は止められないが、病原性も低い。病原性の高いウィルスは宿主をすぐ殺してしまうので蔓延できないが、病原性の弱いウィルスは多数の人に移るからだ。つまりこれは、最終的にありふれたかぜの一種として定着するだろうが、初登場だから騒ぎになったということだ。同じことは二〇〇九年に大騒ぎになった新型インフルエンザH1N1でも起きていて、このウィルスは、結局今も普通の季節性インフルエンザとして流行しているが、今や誰も騒がなくなった。

　新コロ騒動は、インターネット時代になって情報の流れが変わったことと無縁じゃない。WHOなど公衆衛生当局は、もともと専門性の高い人向けに、統計データに基づき、安全側に振った情報を出すものだった。つまり、医療者や高齢者施設、障害者施設など、保菌者がたくさん集まったり、重症化する恐れの高い人が多くいる施設むけに、蔓延を阻止するため厳密な対策を促す情報を出していたわけ。当然それは厳しい対策だ。

　過去の情報の流れが悪かった時代は、その厳しい話は一般人にはあまり流れず、公衆衛生の権威的な人が、一般向けに噛み砕いた、医療者に求めるほど厳しくない情報を語っていた。

　つまり情報の流れが階層化していて、専門家レベルの情報を、相場観のない素人が見る機会は少なかった。

　しかし今は、誰もがというよりメディアが、専門家向けの情報を、どのような人向けか無頓着に流してしまう。

　また公衆衛生当局も、非専門家が情報をどう解釈するかあまり関心を持たず、生データ的なものを出し続ける。

　それによって一般人（これには政治家や行政当局も含まれる）は過剰に恐れてパニック行動に走っているわけ。

　日本では二月五日の、不顕性感染があるという事実の確認を潮目に、専門家のフィルターを通したパニック鎮静化を目指した情報が出回り始めたので、今後は落ち着くと思う。

　一方、中国では、SARSで批判された汚名を濯《すす》ぐため、何としても封じ込めようと強すぎる対策を打ったり、メンツにこだわって医療資源が払底していることをなかなか明かさなかったことが、情報の混乱を招いて問題をさらに大きくしていて、この状況はまだしばらく続きそうだ。

　今回の騒動は、生命科学・技術が進んだ結果、非常に早く新型のウィルスと特定できてしまったことで、問題を大きくしたともいえる。昔だったら、今年は悪い風邪が流行ってる程度の認識で、医療機関は警戒レベルを上げたろうけど、患者が殺到することもなく、都市封鎖なんてことは間違ってもしなかったろう。

　今回の騒ぎは、中国での状況が長引くほど、今後大きな経済的ダメージにつながるのは確実だ。それによる死傷者は、日本はもちろん、中国でも病気による直接被害を上回ると思う。

　それを、次に何かの流行時にも繰り返すべきではない。このあたりの情報の流れと社会応答は深く研究されるべきだし、情報の出し方、注釈のつけ方の改善も大いに図られるべきじゃないかな。

サはサイエンスのサ

連載・265

【鹿野　司】

前回の、新型コロナについての原稿を書き上げたのは、二〇二〇年二月九日のことだった。これは一連の騒動では、まだ序盤も序盤で、二月三日にダイヤモンド・プリンセス号が横浜港に入港してはいたが、国内的にはまだ一人の死者も出ておらず、対岸の火事という雰囲気だったし、WHOによって病気の正式名称がCOVID-19とされたのも二月の十一日のことだった（ウイルスの正式名称はSARS-CoV-2で、これは国際ウイルス分類委員会が二月七日に発表していたが、前回執筆時点では知らなかった）。

しかし、その後事態は急速に深刻化して、三月上旬にはイタリアがロンバルディア州を封鎖し、スペインやフランスなど欧州の広範囲で猛威を振るうようになって、次々と都市のロックダウンが行われ、さらにアメリカでも感染爆発して収まりがつかない状態になってしまった。

この欧米での急速な流行拡大は、前回の時点では全く予想できなかった。

と、いうより、今でも、アジアと欧米では死者の数でざっくり百倍も違っていて、地域によってこれほどの差が出たことの原因は正直わからない。感染症が指数関数的に広がる性質を持つことと、その指数（実効再生産数）が、ほんのちょっとした環境要因で大きく変わるということの現れなんだろう。トランジスタのように、増幅効果が働くのだ。

今この原稿を書いているのは六月の中旬だけど、すでに欧州の多くはロックダウンを解除、終息宣言をして、産業の再起動を始めた。日本も四月七日にはじまった緊急事態宣言が、五月二十五日に解除される少し前あたりから、そろそろいいのかなって雰囲気が漂い始めて、まだほとんどの人はマスクをしているが、街の人出はほぼ昔に戻って、第一シーズンはほぼ終了という雰囲気になっている。

振り返ってみると、武漢から数えて約半年、ヨーロッパでの猛威から三カ月程度の、ごく短い期間の出来事だった。

世界の感染者は七百四十万人以上、死者は四十二万人近くに達した。また国内の感染者は、かなり落ち着いてきてはいるが、これまでのところ一万七千人余り、死者は千人程度になっている。

これは、今を生きる一人の人間の観点からは大きな被害ではあるけれど、マクロな視点で、過去の最悪の世界規模のパンデミックと比べてみると、脅威は大きくはない。

たとえば、一九一八～二〇年にかけて猛威を振るったスペイン風邪は、世界人口二十億人の二十五％にあたる五億人が感染し、五千万人が死亡した。

また、ペストは、今でも治療した場合でさえ死亡率は十％ほどあり、治療が行われなかった場合は六十～九十％が死ぬ。エボラの四十～七十％より高い病気だ。十四世紀に起きた大流行では、世界人口四億五千万人の二十二％にあたる一億人が死亡したといわれる。ヨーロッパ人にとって、疫病のイメージはペストで、だからこそ、日本人から見て極端に見えるくらいの、外出禁止などの措置が行われたのだろう。

今回のコロナは、まだ収束しておらず、これまでと同等の流行がまだ二～三回繰り返す可能性はあるだろうが、これまでの数字で見る限り、世界人口七十七億七千万人として、感染者は〇・〇〇一％以下、死者は〇・〇〇〇〇五％でしかない。死亡率はまだ確定していないけれど、不顕性感染がいることを考えると、インフルエンザ程度と考えるのが妥当だろう。

インフルエンザは、流行が起きると超過死亡が少なくとも一万五千人、多ければ六万人に達したこともある。しかし、今回はコロナだけでの死亡は千人程度でしかない。そして、インフルエンザの流行は、昨年の秋口は大きな流行が来そうな気配があったにもかかわらず、人々がコロナ対策を行ったためだろう、正月休みの減少以降再増加することなく収束して例年よりかなり少なく終わった。

ただ、東京に関しては、四月の超過死亡が例年に比べて一割増しで、これはコロナ対応によって、ほかの病気の治療が後回しになったり、感染を恐れて病院に行くことを避けた人がいたり、ということの影響だろう。

これらの数字を見てみると、今回のコロナ禍は、肉体に対する生物学的ダメージよりも、人々の心理に与えた影響のほうがはるかに大きかったことがわかる。

そして、国によって、地域によって、この新型コロナに対する物語られかたが大きく違っている。

イタリアでは都市封鎖で隣町にも行けず、家族を大切にする文化なのに、子や孫が祖父祖母に病気を移してしまい、しかも、死に目に触れることも、葬儀に出ることも、埋葬に立ち会うことすらできない悲劇が語られた。

一方で、スウェーデンのように、高齢者が亡くなるのは、寿命であり運命でしかたないという感覚のもと、都市封鎖などは行わず、自然免疫獲得を目指して、結果的に最悪に近い死亡率を出しながら、それを失敗とは認めながらも、悲劇とまでは認識していないような国もある。

日本はなんだかんだいって、それほど死者は出ていないし、身近に感染者がいた人も少なかったろう。そういう意味では、観念的な恐怖が主で、しばらくは「新しい生活様式」とかいうことをやるだろうが、身近にニュースとして耳にしなくなれば、速やかに忘れ去っていくのではないかという気がする。

ただ、今回の災厄が、世界のどの国においても、抱えてきて直視していなかった問題を、強烈に浮き彫りにするという側面があった。アメリカ発のブラック・ライブズ・マター運動もその表れだろう。

イタリア、とくにロンバルディアなどの北部地方は、コロナ騒動が起きる前までは、高齢化率が高いのに、低コストで高レベルの医療を提供していると、評価が高かったようだ。しかし、効率的な医療とは、実はいざというとき、余裕が全くない医療ということだった。このため、あっという間に医療崩壊して、たくさんの死者につながった。

これは日本も全く同じというか、医療設備や医師の数ではイタリアの数分の一でかなり劣っているので、イタリアほど感染が爆発しなかったからなんとか凌げたが、そうでなければ悲惨なことになっていたことは確実だ。

過去二十年以上にわたって、日本は新自由主義的な方針に基づいて、小さな政府を目指し、公務員を減らし、教育費を減らし、あらゆるムダを削ってきた。でも、そのムダと呼ばれたものは、社会の歯車を円滑に回すためのアソビであり、必要不可欠な余裕だった。我々はその部分を自らそぎ落として、広告代理店やら派遣業者などごくごく一部の人の利益に変えてしまったのだ。

無駄を省くという、一見よさげなメッセージは、自分の血肉をそぎ落とす自傷行為だったわけで、このコロナ禍を機に認識を改めていければいいと思う。

コロナ禍とその現在（その2）

【鹿野　司】

いったんは収まりかけたコロナだけど、二〇二〇年六月以降、政府は「経済優先策」に舵を切ったようだ。

春とはパターンが違っている、まだあわてる必要はないと主張して、基本的に庶民が漠然と考える曖昧な自粛行為だけに任せて、財政保証を求められる、政府主導の経済活動抑制策は、今後はやるつもりはないように見受けられる。

おそらく、季節性で今は春より感染速度はだいぶ抑えられているんだろうし、特に有効な薬が見つかったわけではないにしても、当初よりも治療のノウハウが確立してきて、重症者の救命率がだいぶ上がってきているけれど、着実に陽性者数は増えているので、このままでは春の流行よりも酷いことになりかねない。

こういう経済優先ぽい政策をやって、感染者が増えてくると、人々はビビって経済活動をしなくなるので、人は死ぬわ経済は死ぬわで悪いとこどりにしかならないのは、他国でも起きたことだ。まあ、なんといっても、日本の偉い人は、アメリカの真似をしていれば間違いないと思う傾向が強いみたいなので、アメリカを見習っちゃってるのかもしれないが。それならそれで、トランプがやってるくらい、もっと金を出すべきだが。

仮に経済に舵を切ったなら、一定の死者の増加は容認せざるを得ないことを明確にしたうえで、病院や保健所の強化を大規模に最優先にやって、人々に重症者のケアは確実にして被害は最小限にするという安心感を与えるべきだった。

また、クラスタ事例を詳細に分析して、具体的にどういう状況で感染が起きたのかを、広く明らかにするべきだろう。

たとえば、厚生労働省がようやく明らかにした、初期の事例では、スポーツジムのクラスタは、更衣室で起きた七十代以上の女性たちと書いてあって驚いた。これまで、スポーツジムでの感染は、あんなに広くて密になりにくい空間でなぜ起きたのかと疑問だったし、可能性としては、マシンの共有による接触感染かと思っていた。しかし、女性の更衣室となると、話は違う。聞くところによると、ジムの女子更衣室は、しばしば常連のたまり場になって、おしゃべりして長時間滞在したり、弁当を食べたりする人もいるようだ。そういう状況での感染だとすると、注意すべき行為が何か、より具体的にイメージできる。

また、初期からライブハウスがハイリスクといわれて、大声を出したり密接する環境が悪いというような言われ方をしたが、普通ライブハウスはみんなで歌ったり、踊ったりはしないわけで（専門家はライブハウスとはどういう場所か知らないのではないかと思わせる警告）、こういうケースでも詳細な分析はぜひやってほしい。それによって過度な抑制は減らせるだろう。食堂などでは、四人席をいまだに斜め二人しか座れないようにしているところが多いが、正直あれほど無意味な対策はないと思う。

日本の最新スパコンの富岳は性能は素晴らしいけど、微粒子が空気中をどう漂うかという、デモンストレーション的な物理シミュレーションだけでは今回のコロナ禍に貢献したとは言えない。仕切りがあれば飛沫が届きにくいなんてのは、スパコンを使わなくても直感的にわかる話だし。それよりも、飛沫にどれくらいの数のウイルスが含まれ、環境の温度や湿度、その場所の滞在時間、距離で、感染する確率がどう変化するかシミュレーションして、環境基準の基礎になるところまでやってこそ意味があると思う。

ホールなどの環境基準をきめて、たとえば、半導体工場みたいなのを応用して、上から床への強制換気をするとかやれば、合唱のようなものもリスクを大幅に下げてやれるようになるだろう。

科学的に現象を明らかにすることで、人々の不安を軽減して、経済活動を鈍らせない方法は、たくさんありうるわけだ。

さらに、それ以上に重要なのは、雇用を確保し経済を支えるために、国は国債を原資に、あらゆるところに金をばらまく必要がある。消費税の廃止は即効性があって効果的だし、企業の粗利補償も速やかに行っていくべきだし、実際に効果的だと証明された給付金も何度でも行わなければならない。そうしないと、デフレという最悪の状況の中で企業がバンバンつぶれて、失業者を吸収する企業もできず、生産力不足による価格高騰が起きてしまう。

この期に及んで、体力の弱い会社はつぶれて新陳代謝したほうが経済活力が上がるとか、状況を理解できてない寝言を言う「識者」がいるが、デフレ下でつぶれた会社は新陳代謝ではなく、壊死と同じで復活せず深い瘢痕を残す。

医療統計を経済に適応した研究によると、不況そのものは自殺者を増やさないというか、むしろ減る場合もあるが、不況に伴って政府が金を出し渋る緊縮財政をやると、経済が原因による死者が大幅に増加する。今こそ、国は金を出すべき局面なのだ。

しかし、今の日本ではそういう予見できる不幸を防ぐ、理性的な政治判断ができる状況には、残念ながらないようだ。

それにメディアの論調や「有識者」は、とにかくPCR検査を増やせという信念に凝り固まっているようだ。事前確率の話や、アウトカムを意識しない検査は無意味という検査の基本は、少し勉強すれば誰でもわかるような内容なのに、ここまで理解が進まないのは理性の敗北のようで悲しい。

その大きな原因は、検査に対するこれまでのイメージには、重要な情報が欠落していたことがあるのだろう。つまり「がんや成人病の早期発見、予防には検査が有効」という概念の一般への植え付けが、あまりにも強かった。

これはもう少し詳しく言えば、がんや成人病が頻発し始める年代から上（つまり事前確率が高い年代）は、ある限られた種類の検診は、有効（検査で早期発見すれば生存率が上がるというアウトカムがある）ということなんだけど、一般の人はこの前提条件をほとんど意識させられず、ただ検査はよいものと思ってきた。

まあ、よくよく考えると、がん検診も、成人病検査も十代にはやらないし、それは事前確率が低いからなんだけど、それをわかっている一般人はほとんどいないだろう。オレ自身も、これを意識し始めたのは、福島の過剰な甲状腺検査問題からなので、そう昔のことじゃないしね。

ただ、こういう問題意識をもって知識を更新する人ってのが、いわゆる有識者にも思いのほか少ないってのが問題だ。

それは理系文系を問わない、もっと思考の根本にかかわる性質なのだろう。たとえば、純粋に文系のはずの江川紹子さんは、これまで、理系的、医学的問題に対しても、つねに妥当な考えを採用して、トンデモに引きずり込まれるようなことがない。それは、古いあいまいな先入観にとらわれず、現実をよく観察して、知識の更新をつねに続けているからじゃないかと思う。

日本学術会議の任命拒否について

サはサイエンスのサ　連載・267

【鹿野　司】

なんだか、嫌な世の中になってしまったなあ。日本学術会議の新たな会員のうち六人について、菅内閣が任命を拒否したって話のことね。これについては、学問の自由が侵害されたという意見も聞くけど、実際のところ問題はもっと大きくて、かつくだらない、しかし極めて深刻な話なんじゃないかと思うんだよね。

八《や》代《しろ》嘉美《よしみ》さんも、この問題は学問の自由の侵害という範囲の話じゃなくて、「先代検事総長人事や定年延長の口頭決裁のような、人事介入による慣行・法解釈・文書主義軽視、手続きで成立する「民主主義の存立する構造そのもの」の一連の破壊行動が問題」と書いていた。

これには全く同感なんだよね。第二次安倍政権以降の日本の深刻な問題は、手続きで担保されてきた民主主義の破壊で、ここまで破壊されたシステムをどう再建したらいいか見当もつかない上に、正そうという気配もない。むしろ、このまま破壊を押し通そうとしてるってことだ。

ネット言論で特になるほどと思ったのは、TANUKINOHIRUNEさんこと、美学会会長の吉岡洋さんが、ネット上に発表した「日本学術会議のこと（1）～（3）」という文章だ。それによると、現代の世界を分断しているのは、イデオロギーの対立ではなくて、イデオロギーと、イデオロギーの欠如との対立だというのね。

ここでいうイデオロギーとは、「保守主義」とか「社会主義」みたいな、狭い硬直した意味ではなくて、もともとの「人間の行動を左右する、根本的な物の考え方の体系」のことだ。

どんな形であれ、世界や国家がこうなればいいのにという、何らかのビジョンを持つのがイデオロギーを持つ人々だ。一方、そんな絵空事には一切興味を持たず、主として、自己の利益と権力維持のために最適な行動をとる人々がいる。

六名の任命拒否については、TANUKINOHIRUNEさんは、権力を誇示、維持するための理由のない脅しであって、これに対処するには、ひたすら説明を求めるしかないと言っている。これによって、現政府がいかに強権を振るおうとしているかを明らかにして、次の選挙で現政権への支持を減らすしか、民主的な方法でこれを拒絶する手段がないからね。

これまでのところ、なぜ任命拒否したのかは「総合的、俯瞰的な活動を確保する観点から判断した」という全く説明になってない文言で煙に巻こうとしたり、「首相が学術会議の推薦通りに任命する義務はない」と確認した二〇一八年十一月の内部文書を公表したかと思えば、内閣法制局は「推薦された者を任命拒否することがあり得るという法解釈を示す文書は見当たらない」といったり、政府内の説明も互いに矛盾して二転三転。さらに、菅首相は名簿を見ていないとか、それ言ったら騒動が拡大するだろうというようなことが、組織の内部で伝達も合意もされず、あやふやなままメディアに情報が出てくる、おそるべきグダグダぶりを見せつけてきている。

ただ、この一見、愚かに見える振る舞いが、権力掌握につながっていく。まるでドラクエの遊び人みたいに、躓《つまず》いた拍子に敵に大ダメージを与える感じで、起点は自分の失策なのに、リカバリーする中で権力をより強化することにつなげてしまう。こういう能力のことを、科学の世界ではセレンディピティというけど、彼らはひたすら権力を維持強化することに特化したセレンディピティを持っている。

たとえば、「下級裁判所の裁判官は、

最高裁判所の指名した者の名簿によって、内閣でこれを任命する」（憲法80条1項）だそうだから、三権分立の原則など全く無意味な妄言に変えて、司法に対してもにらみを利かせられるだろう。

つまり、ある種の失策からはじまった学術会議の件も、これを押し通せば、政府が任命することになっているあらゆるものに対して、一網打尽に圧力をかけることができる。きっかけは、グダグダなのかもしれないが、権力強化のために使える好機と、現政権の政治家たちは明白に気づいている。

このほか、大学に対する、中曽根首相の葬儀での黙禱強要も、「だれがボスかを思い知らせる」という威圧・恫喝だ。「上位」のものがこう言ったからには、「下位」のものは無条件に従うべきで、間違いを認めることはあり得ない。ニュアンスは違うが、戦時中の行政機関がやっていたこと、合理性、妥当性のない命令でも、いったん口に出されたら、逆らうことは許されないというのと本質は変わらない。

学術会議は、まあいろいろ批判できる部分はあるにしても、基本は、学問の立場から、妥当な意見を述べるための組織だったはずだ。これに対して、任命拒否するとは、政府の意向に背くような、第三者的、学問的な意見は受け付けないという、「誰がボスかわからせる」という恫喝以上の意味はない。

そして、自民党の甘利明税制調査会長は、中国政府が海外の優秀な科学者を誘致する事業「千人計画」に日本学術会議が協力したと、まるで売国奴といわんばかりの倫理観を持ち出してきた。

日本では、何か問題が明らかになると、倫理観で誰かを批判して、高い倫理でこれをなくすべきという雰囲気を醸すことが非常に多い。だけど、その問題は、お金を十分に出したり、システムを整えたりすれば、そもそも現れない問題なことが多い。むしろ、なにか倫理的に間違っているというようなことが言われるとき、そこには上層部の怠慢、お金をケチったり、システムの健全化をサボっていると考えたほうがいいんじゃないかと思う。

日本の頭脳流出なんて、国内に優秀な人材を留め置くだけの環境整備をしなかったことが原因で、それが悪だとしたら、研究者個人の倫理観が低いわけではなく、要するに十分な金を出さなかった政府の大失策だ。

しかし、こういう倫理観を持ち出すやり方をよくやるのは、これも分断と統治の一つだからだ。政府が適切に金を出せば容易に解決したはずなのに、倫理的に酷いのが問題だと言えば、「下々」はお互いにあいつは倫理的に間違っていると争い始めて、上を批判しなくなる。全体は決して健全化しないけど、上層部の権力は保たれる。

イデオロギーを持たない人々は、別名、新自由主義者と呼ばれるエゴイストたちのことだ。この種の新自由主義の代表として思い浮かぶ人たちが、ここ二〜三十年にわたってやってきたことは、既存の仕組みを「効率化」とか「無駄を省く」という甘言でぶち壊すことで、それをうまいこと自分の利益にすり替えることだった。

善良な国民は、コロっと騙されて、次世代につけを回してはいけないなどと良心の呵責を利用され、今の世代を消滅させるようなことを受け入れ続けている。この欺瞞に多くの人が気づいて行動に移さなければ、日本はさらに居心地悪い国になっていくんだろう。

COVID-19疫禍から一年

サはサイエンスのサ

連載・268

【鹿野 司】

SARS-CoV-2ウィルスによる、新型コロナCOVID-19の疫禍がはじまって一年余りの時が過ぎた。当初はオレもこれはインフルエンザと同程度の脅威かと思ったのだけれど、現実には、感染の広がりやすさや重症化率、致死率の高さで、比較にならないほど恐ろしい感染症だった。

実際、三密を避けマスクをして手洗い励行という対策によって、インフルエンザの流行は完全に抑え込まれているのに、二〇二〇年の秋から二一年の春までの新型コロナ流行は、感染を広げろと言わんばかりのｇｏ ｔｏキャンペーンと「かぜ」が流行しやすい気候条件もあって、ついに医療崩壊まで引き起こし、緊急事態宣言で飲食店の営業制限をかけ、ようやく実効再生産数を1以下にできたほどだった。

インフルエンザ・ウイルスは、感染する部位は鼻、のどなど上気道だけで、しかも増殖が早いため、すぐに強烈に免疫反応を引き起こし、高熱が出て頭痛や節々の痛みが起こり、動きたくなくなる。そのため、全身に与えるダメージや、人に感染させる機会も、比較的限られる。

一方、新型コロナのウィルスは、SARSと同じ、細胞のACE2レセプターを介して、上気道だけでなく口の粘膜や目の結膜や細い気管支や肺胞にまで直接感染する。さらに、ACE2は血圧調節に関係しているレセプターで、血管内皮や神経にも発現している。重症患者に血栓ができることがあるのはこれによるものだろうし、嗅覚の障害も鼻の嗅細胞ではなく脳の一次嗅覚野が障害されて起きているらしい。全身倦怠感ほか、厄介な後遺症が長期に残ることがあるのは、これら様々な場所に感染し傷害することによるのだろう。

SARS-CoV-2はゲノムサイズがおよそ3万塩基で、インフルエンザ（1万4千塩基）の倍以上ある複雑で巨大なウイルスだ。細胞に感染すると、まずウイルスを複製するための細胞内小器官のような複雑な構造体を作り、遺伝子の誤り訂正酵素まで持っている。そのためＲＮＡウイルスのわりに変異が少ない。この構造体ができるまでは、自らの遺伝子の複製も行わないので、初期にはＰＣＲ検査にも反応しにくい。ゲノムサイズが大きいだけに、増殖速度も遅くて、インフルエンザの百分の一ほどといわれている。しかも、免疫系に認識されにくい仕組みを複数持っていて、感染から一週間以上たたないと免疫反応＝熱などの症状が出てこない。そのため、新型コロナではほぼ五十％が、無症状か発症前の人から感染していることがわかっている。

また、このウイルスに感染しても八割の人は軽症か無症状で治る（後遺症だけでることもある）のだけれど、二割は重症化し、生命の危険にさらされる。

これは割合としては非常に高い。最近、重症化する可能性の高い人を血液検査でインターフェロンλ《ラムダ》3の濃度などを測って、かなり早い時点で見分けられるようになるなど、治療についても着々と進んではいるけれど、まだ制圧の難しい怖い病気であることは間違いない。

感染力は弱いとはいえ、症状のない人から感染して、二割もの人を生命の危険にさらし、体の様々な部分に後遺症を残すこともある病気には、ワクチンによる集団免疫の確立しか、対抗手段がない。

これについては、ｍＲＮＡワクチンが、予想をはるかに上回る速度で完成して、大きな効果を発揮しはじめている。

イスラエルではすでに国民の四割が一回以上ファイザーのワクチンの接種を受けており、優先接種の対象となった六十歳以上では重症者が二十六％減り、陽性者は四十五％減ったという。

このｍＲＮＡワクチンは、驚異的な速

さで実現された。なにしろ、SARS-CoV-2の遺伝子情報が公開されたのが二〇二〇年一月十日で、それをもとに作られたワクチンは、四月二十九日に治験を開始して、七カ月後の十二月十一日に認可されたのだ。通常新ワクチンの開発から認可までは十年かかることもあるので、桁違いの速さといっていい。

この速さには、二つの理由がある。

まず、効果と安全性がこれほど早く検証できたのは、感染抑制に失敗した国では、数万人規模の被験者の獲得が容易で、対照群（偽薬投与）の感染が短期間で十分多かったため、効果を示しやすかったからだ。ワクチンの効果は、感染が蔓延していないと、短時間では確認できないわけで、実際、早くに制圧されたSARSやMARSはワクチンができなかった。そういう意味では、トランプ政権下のアメリカの貢献は大きいわけね。

そしてもう一つは、いったんは見捨てられた技術の起死回生にあった。

ワクチンというのは、要するに体の免疫系に攻撃すべき敵を教え込む手段だ。免疫系の理解とバイオテクノロジーの進歩によって、そのために何をすればいいかのアイデアがたくさん生まれてきた。免疫系はウイルス表面の突起＝スパイクタンパクを認識して攻撃する。だから、そのタンパクを何とかして、体内に入れてやればいい。そこで体外でタンパクを合成する方法から、安全なウイルスに遺伝子組み換えで病原ウイルスの一部を与えて体内に入れるなど、数多くのアイデアが試されてきている。その一つに、スパイクの情報をコードしたmRNAを作って細胞に入れることで、細胞内のタンパク質合成装置であるリボソームにウイルスタンパクを作らせるというものもあった。

今回のmRNAワクチンがコードしているウイルススパイクなどの情報は、全部で4284文字（塩基）。1文字2ビットなので、ざっくり1キロバイトの情報量で、今の遺伝子シンセサイザなら簡単に合成できる。一回分のワクチンは、このRNAがコピー数で十三兆個含まれている。

mRNA法は、ある意味、誰でも考え付きそうな話で、実際、アイデアは一九九〇年代に登場して試行錯誤が行われた。しかし、生体は外来のmRNAを認識すると、自然免疫による炎症反応が起きて、目的のタンパク質がほぼ作られないだけでなく、毒性につながることも明らかになった。そのため、この方法は、見捨てられていた。

ところが、ハンガリーの生化学者カタリン・カリコさんは、外部からのmRNAと自分自身のmRNAの違いは何かに着目して研究し、自分のRNAにはある化学修飾がされていて、それが自他を見分けていることを突き止めた。この発見は二〇〇五年に発表されたが、当初は注目されず、将来性のないmRNAワクチンの研究という偏見から、カリコさんは研究資金も得られず不遇の日々を送ったらしい。

しかし、mRNAによるがんの免疫療法を研究していたドイツのBioNTech社の創設者夫妻が二〇一三年にカリコさんを迎え入れ、今回のワクチンにつながった。

このmRNAワクチンの技術は、応用の可能性も非常に大きい。コロナ以外のあらゆる病原体に対するワクチンはもちろん、がんワクチンや、制癌剤の効果を高める補強薬、遺伝子治療まで、様々な可能性に満ちている。今後、ワクチン接種が順調に進めば、変異株が出ても速やかに新しいワクチンもできるだろうし、COVID-19の制圧は数年以内に可能だろう。そしてこの疫禍が、mRNA医療という新しい技術の幕開けとなったことは間違いない。

サはサイエンスのサ

連載・269

【鹿野 司】

メリトクラシーとは

　SFマガジンの一九九七年の八月号か九月号の「サはサイエンスのサ」で、それまで書いてきたエヴァの話の締めくくりとして「ぼくの感想としては、二十年後くらいにもう一回、全篇をリメイクすると、いいんじゃないかって感じかな」って書いていた。庵野監督はそれは読んでないと思うけど、『シン・エヴァンゲリオン劇場版𝄇』を見て、オレのコラムで書いた色々に真摯に答えてくれたような、不思議でうれしい気持ちがしましたよ。

　それはともかく、この二〜三十年の間に世の中は大きく変わったと思う。それには、いい変化もあれば困った変化もある。いい変化としては『ファクトフルネス』的な、データで見る限り、世界から飢餓や貧困や差別などが大きく減少してきているという事実がある。

　一方で、格差や分断が進行して、社会の安定を壊しつつあるのではないかという状況にもなってきた。なぜこんなことになってしまったのだろうか。

　そういうことのはじまりには、いつも前の時代への批判があり、それこそが人々を幸せにするだろうという思いが、根底にあったのではないかと思う。

　オレの子供のころは、勧善懲悪は物語の基本みたいな気がしていたけど、今にして思えば、これは戦争の影響に過ぎなかったのかもしれない。戦争では相手を絶対悪として認識させる単純化が行われたけど、その残滓として昔は正義は正義、悪は悪という図式のドラマが、流行りやすかったんじゃないかと思う。

　同じような影響は、他にもたくさんある。戦争から帰った、軍隊の暴力的な環境が当然だった人たちが教師となり、生徒たちに暴力をふるうのが、当たり前の世界を作り出した。その暴力的な環境の中で、生徒たちも暴力的に育ち、学生運動などの下地を作ったのだと思う。

　天皇制や大東亜共栄圏みたいな戦時に賛美され、理想とされた価値が、敗戦によって一気に逆転した。この思いは、ヴェトナム戦争反対という平和の理想を掲げていた学生運動が、最終的に仲間内の殺戮におわったことで、さらに強化された。また、敗戦の原因は、科学の軽視にあったとの反省から、戦後は科学技術を権威として賛美する時代がしばらく続いたが、七〇年代に公害問題がクローズアップされると、その輝きも失墜した。

　日本の、特に昭和の半ばまでの世代は、抽象的な理想や、難しいことを語る権威者に対して、信じるに値しないものという価値観がかなり根強く定着したと思う。

　権威主義は打破すべき、浮ついた理想論を信じると必ず痛い目を見る、そういう感覚を持った副作用として、信用できるのは金だけで、この世は競争社会で、自己責任でという感覚が広く定着した。日本の場合、これがエリート層にまで染みついていて、専門家の権威を信頼せず、自分の頭で考えるのが一番との思いから、新自由主義的な、選択と集中のような政策を行って、三十年前は世界のトップクラスだった日本の経済や科学技術が、見るも無残な形に崩壊してしまった。

　マイケル・サンデルさんが『実力も運のうち　能力主義は正義か？』（早川書房）という新刊で、メリトクラシーは分断を産むとして批判しているようだ。オレも少し前からメリトクラシーはどうもあかんなあと思っていたので、時代の雰囲気として、そういう認識が世界のあちこちで起き始めているってことなんだろう。

　このメリトクラシーとは、イギリスの社会学者マイケル・ヤングによる一九五八年の造語で、メリット（業績）とクラトス（統治）を合わせたものだ。個人の能力でその地位が決まり、能力の高い者が統治する社会のことをいう。今の世の中は、基本的にこれに近い世界なので、特に違和感はないんじゃないかな。

ただし、彼はその著書で、こうした能力主義の近未来では、傲慢で大衆の感情から乖離したエリートが出現し、その支配に不満を感じた大衆が反旗を翻す姿を描いたんだそうだ。これって、まさにトランプ政権だったわけだよね。トランプ政権を下支えたのは、反知性主義、つまり頭でっかちで口先ばかり、自分たちに都合のいいルールを作って成功を収めながら、その基準に合わないものを見下し見捨てているエリートリベラル層への嫌悪だった。

サンデル教授は「エリートは人種・性差別は非難するが、低学歴者への否定的な態度は恥ずかしいと思っていない」と言っているらしい。しかし、現実には、低学歴か否かは、実家が太いか否かで決定づけられていて、階層化と分断が起きてしまっている。分断された人々は、互いに相手の気持ちを理解できず、非人間的で相いれないとさえ感じている。

これは恐ろしいことだ。なぜなら、ヒトには顔見知りでない者も仲間とみなせる優れた性質がある一方で、仲間でないものに対しては何をしてもかまわないという残忍さがあるからだ。文明の進歩とは、仲間の範囲を拡大することだったのだが、相手を仲間ではないとみなすことは戦乱の下地を作ることなのだ。

メリトクラシーというやり方は、はじめのうちは、人々の幸福を増やす方向に働いたことは間違いない。

しかし、それが当たり前になった現代では、欠陥というか副作用が、看過できないくらい大きなものになってしまった。

ある種の選抜を経た人たちは、それは自身の努力の賜物であると信じている。でも、これは公正世界仮説にとらわれた誤った世界認識だ。現実は、どんなに才能に恵まれ、どんなに努力しても、ある時ある場所にいて偶然のチャンスをつかまないと、何事も起きない。どんなに順調に感じられる人生でも、突然の事故や災害、病気で生活が一変することだって稀なことではない。つまり、人生に主要な影響を与えているのは運なんだよね。

能力主義で問題なのは、試験で優秀なものを選抜するという発想そのものだ。優秀な人に大きな仕事を任せるのは当然じゃないかと思うかもしれないが、実際には、それがうまくいくケースは限られている。何らかの基準を設けて、その基準以上の人を選抜するやり方は、見方を変えると均質化、多様性の排除ということだ。その結果、その集団からは認識しにくい世界が必ずできてしまう。たとえば、女性がほとんどいない行政では、災害用備蓄に生理用品を入れる発想がなかったみたいなことが、選抜基準から外れた人たちに対して必然的に起きやすい。

しかもそれは、同じ選抜を続ける限り永久に解消されず、階層化につながって、見捨てられた人々が出現してしまう。メリトクラシーがもたらす分断は、こうして時間がたつと必然的に起きてくる。

結局のところ、どんな理想的に見えるやりかたでも、それを広範囲に、純粋に、完璧にやり遂げようとすると、ある人々に対する阻害が生じて、困った副作用が強烈に表れる宿命があるようだ。いい加減さや、不完全さ、弱さ、非効率、無駄、玉石混交がないと人間社会はうまく回っていかないんじゃないかとも思う。

保守と革新

保守とか革新とかいう言葉は、いろいろな政治的、社会的な色味がついていて、立場によってどういう性質のものを意味するのかがだいぶ違ってくる。なので、ここではこれらの言葉について、次の定義のような限定的な意味で使おうと思う。

まず、革新だけど、これは新しい技術の導入などを積極的に行って、社会をより良いものに変えていきたいという志向を持つ立場としよう。つまり、これには人間の理性を信じて、改良を施すことで、この世はよりよくしていけるはずという信念が背景にある。

一方、保守は変化を最小限にしたいという志向性だ。こう考えるのは、人間の理性には限界があると感じていて、野放図な改革は社会のひずみを生むから、これまで通りの方法を、可能な限り続けるのがいいということになる。

オレも、若いころは、革新的な考え方が当たり前だと思っていた。世の中はどんどん変化しているので、何も変えないのでは時代に取り残される。古いものに囚われるのは馬鹿げてるし、新しい技術が登場したら、それを積極的に取り込んでいったほうが、世の中はよりよくなっていくだろうと、わりと素朴に思っていた。

しかし、年を取って、いろいろな病気もして自分の弱さを痛感し、また障害を持った子供のいる友人と巡り会って対話するうちに、以前のオレには浅はかで、見えていないものがあったなと思うようになった。

たとえば、オレは心臓が悪くなったり、足の血管が詰まったりすることで、ゆっくりとしか歩けなかったり、足が痛んで続けて長く歩けない状態になった。すると、それまでは気づかなかったけど、街中には結構な数の、いろいろな場所で座り込んでいたり、ものすごくゆっくり歩いている人がいることが見えてきた。ああ、あれは足かどこかがすごく痛むか、体がしんどくなって休んでいるんだろうなということがわかるようになった。

でも、それはずっと前から目の前にあったことだし、それなのに、自分も当事者にならなければ、そういうことに思い及ばなかった。なんなら、邪魔だな、もっとさっさと歩けばいいのになんて思ったかもしれない。

あるいは、小学校とかでのベルマーク集めってのは、最近ではだいぶ減ってきているようだけど、今でも維持されているところがある。これに対して、バカバカしいという意見は少なくない。何せ、何十人で半日作業して、やっと数千円分にしかならない作業なんて、非効率極まりない。その時間別にアルバイトでもしたほうが稼げるし、なんならお金出すから免除してほしいという人もいる。ごもっとも、確かにそれはそうだろう。

しかし、世の中には、ベルマーク集めくらいしかできなくて、他の活動では敷居が高くて参加できないという人もいるのだ。そういう人たちは確かにそれほど多くはないだろうけど、ベルマークみたいな活動を通して、なにがしかの社会とのかかわりを保てているんだよね。

普通というか、多数派の人にとっては、バカバカしいことでも、無駄や非効率は、それを必要として、その中でしか生きられない人々が少なからず存在する。

今の世の中は非常に複雑で、何を良しとし、何に反対したら、社会がよりよくなるか、自分がより幸せに生きられるか判断しがたくなっている。

ベーシックインカムという発想が、しばらく前から話題になるようになって、オレも基本賛成ではある。だけど、その議論を進めている人たちの中に、新自由主義的な発想で、これを導入すれば社会保障が簡素化できるなんて言う人がいて、おれはそれは違うんじゃないかと思った。

健康な人がベーシックインカムを得て、糊口をしのぐ仕事に過度に束縛されなくなるのはいい。しかし、簡素化とは何か？　オレもそうだけど、障害者や重い慢性病を患っている人は、ベーシックインカムだけでは、生きてはいけない。生活を維持するための医療や補助具など、少なからぬコストがかかる。マジョリティには縁のないサービスの提供も必要だ。すると、このケースにはこういう手当、別のケースにはこういう施策という複雑化は避けられなくて、結局、全体としては、今と大差なくなるのではないか？

世の中には、複雑さを理解できない人たちがいて、それが社会をよくする足を引っ張っているとする説がある。

だけど、これは当たり前の話だ。

世の人たちを複雑さの理解力で序列をつけると、たぶん正規分布になるだろう。

ということは、ほどほどに複雑さを理解できる人が真ん中の六十％くらいだとして、超複雑な考え方ができる人が二十％、複雑な考えが理解できない人が二十％はいることになる。

そこで、上位二十％の人が新しい素晴らしい社会システムを考えたとしよう。それを社会に実装した時、具体的に運用するのはマジョリティの六十％の人たちで、たぶん上位の人たちほどそのシステムの全貌を理解できず、あれこれ省略して理想からはかけ離れたものになりそうだ。

さらに、その上位の人たちに、下位二十％の人たちが認識できるかというと、はなはだ疑問だ。全く気づかないか、下手をすると切り捨てて良い、後回しにして構わない、取るに足りない存在とみなしてしまうのではと心配になってしまう。

革新的にシステムを変えたとき、それらの人たちを取りこぼすことなく社会を維持できるのか。革新的に社会を変えようと急ぐ人たちには、そういう弱き野に咲く花のような人々が見えていないことが、往々にしてあるような気がする。

オレは年を取って、また病気をして弱くなったことで、その部分を経験で知り、そこを急いで取りこぼしてしまうことによる弊害を恐れるように変わってきた。

年を取ると、頭が固くなって保守化すると昔から言われている。それはそういう部分もあるとは思う。ただ、年を取るということは、自分が弱くなり、若いころには思いもしなかった、弱さが見えるようになるということでもあるのだ。

オレは若いころは論理的にものを考えることが正しくて、相手の感情を理解することをあまりしなかった。相手の感情がわからないわけではないけど、そこにそれほど重きを置こうとは思わなかった。

これはたぶん相手の立場になって考えるということが、まだ十分できていなかったからじゃないかと思う。これって、言葉では簡単だけど、なかなか若いうちには難しい、こころの発達が必要な能力なんじゃないかと思う。オレは、その点発達が遅く、したくなかった別れを経験したり、両親の死をみとることを経て、そういう感覚をようやく学び取ってきた。それによって、オレは無暗に理想にのめり込めなくなった。

それをオレ自身はよかったと思うけど、しかし若い人の、細部は見えてないがゆえに大胆に世の中を変えられる力を、否定したいわけでもない。因習に凝り固まった社会を変えられるのはそういう力であり、それが若い人の役割なんだから。

原子力を考える

サはサイエンスのサ

連載・271

【鹿野 司】

オレが生まれたのは一九五九年で、第二次世界大戦が終わった一九四五年から、十四年後のことだ。この数字だけ見ると、オレにも戦争の記憶が少しはあるだろうと思う人もいるかもしれない。しかし、実際には、歴史として学んだ以上の知識は全くない。それに、一九四六年生まれの作詞家、北山修でさえ、一九七〇年に『戦争を知らない子供たち』を作詞しているわけだ。

ただ、オレが幼稚園や小学校低学年のころ、一九六〇年代だけど、そのころは今みたいに戦争が徹底的に悪いものという社会的合意は、まだなかったと思う。たとえば漫画なんかでも、ゼロ戦パイロットが必殺技を考案してアメリカ軍機を打ち倒すようなものが複数あったし、映画やテレビドラマでも従軍者の日常など悲喜こもごもリアルに描かれていた。それは、そういう作品の作者たちが、戦時中に少年だったり、従軍した人たちだったからだ。オレの両親もその世代だけど、彼らは戦争に勝っていればよかったとうすうす思っていた節はあったし、戦争の被害者だと感じていても、戦争の加害者という意識はなかった。それは、戦争を体験した人たちの素直な感情だったと思う。しかし、それらの人が第一線から退いていき、今のように変わっていったのは、八〇年代半ばくらいだったろうか。

東日本大震災が二〇一一年に起きて、すでに十年以上が経過した。当時大人だった我々からすれば、十年はほんの少し前の生々しいできごとだけど、今の中高生くらいから下の人たちにとっては、オレにとっての戦争と同じように、歴史の一部でしかなくなっているだろう。

一方、震災当時すでに大人だった世代の多くは、原子力に対してマイナスのイメージしかないだろう。実際、立憲民主党は、今後のエネルギー政策として、原発ゼロ基本法を制定し、原発の新増設を中止し、四十年廃炉原則を堅持し、環境にやさしいエネルギーの地産地消を推進し、なおかつ、二〇五〇年に八十%以上の温室効果ガス削減を目指すのだという。

オレの考えでは、これは言っていることが矛盾だらけで、すべてを満たすのは困難な内容なんだけど、世の少なくない人たちは、この政策を、今の時点で大筋間違っていないと感じていると思う。

エネルギーの地産地消は結構なことだけど、原発なしに、温室効果ガスを八十%以上削減しようとすれば、ローカルな環境を絶対確実に激しく破壊する。なぜなら、自然エネルギーは薄いので、寄せ集めるのに膨大な面積が必要だからだ。

たとえば三十万都市の横浜市の電力(百万キロワット程度)を、すべて太陽エネルギーで賄うには、横浜市の一・五倍ほどの面積が必要で、風力だけなら八倍以上、バイオマスに至っては三十倍以上が必要になる。エネルギーの地産地消をするといっても、都市全体を太陽電池で完全に覆っても足りないわけだ。

この方法で、エネルギーを賄うとしたら、人口を激減させるしかない。今の緊縮政策は、次世代の人口をどんどん減らし続けていくものだから、そういう意味では整合的ではあるけどね。

これに対して、原子力のエネルギー密度は化学エネルギーの百万倍ある。これが原子力の最大のメリットだ。まあ、ウランは四%しかエネルギーを出さないけど、化石燃料と同じエネルギーを、千分の一の重さで四十倍の期間賄える。

そのため、横浜市のエネルギーなら、安全を考慮した広い敷地でも横浜市の四十分の一くらい。そういう意味で、原子力は環境負荷が最も小さなエネルギー源だ。

原発に関しては、現役世代は羹に懲《こ》りて膾を吹いているのが現状で、それでこうした単純な計算にも目を向けられなくなっている。もっとも、これは以前の反原発運動から、その傾向はあった。

　原子力は、核兵器開発のためにはじまって、最初のデモンストレーションが広島長崎の原爆投下だった。この忌まわしい歴史が、苛烈な反原発運動を産んだのはある意味当然だ。それによって、原子力の平和利用には、極めて高度な安全係数が義務付けられている。それは非常に良いことなんだけど、反面、科学的合理的な議論もし辛い状況を作ってしまった。

　原発批判で古くからある議論に、トイレなきマンション論というのがある。高エネルギー廃棄物を処分する場所をどうするのかという問題だ。

　これに対して理想は、廃棄物はガラス固化体にし、ドライキャスクに封入したうえ、地下数十メートルに多重防御のコンクリートの部屋に封入して、十万年以上何者も侵入できないよう管理するとされている。こういう施設を、フィンランドはすでに作っているようだ。

　でも、これって、十万年以内に人類の文明は崩壊して、放射性廃棄物とはなにか理解することもできない野蛮な状態に戻るに違いないという、暗黙の前提に立った議論だ。しかもその未来の愚かな人類の末裔（もはやホモ・サピエンスでないかもしれない子孫）が、うっかり放射性廃棄物に触れて害を受けることにまで、倫理的な責任を負うべきというわけだ。

　これと同じような反原発の言い回しに、原子力は人類には扱いきれない技術だというのもある。でもね、オレにはこういうペシミスティックな考えは到底受け入れられない。人類文明は、多少行きつ戻りつはあっても、ずっと良いほうに変わり続けてきた。我々の文明が崩壊することなく、ずっと続いて少しずつでも進んでいくのなら、高エネルギー廃棄物の処理も日々改善されていくだろう。

　そもそも、高エネルギー廃棄物の量なんて、百万キロワット級の原発あたり、年二十キロほどだ。そのため、原発が始まって今までの累積でせいぜい三十万トン程度。二〇二〇年時点で世界で稼働中の原発は四百三十二基だから、ざっと五百基が今後五十年稼働したとして二〇七〇年で五十万トン。あわせても百万トンに満たないわけで、原発をざっくり百年利用した結果出る放射性廃棄物の量は、大型タンカーの積載量の数隻分でしかない。その程度の量なら、ネバダ砂漠あたりに数百年放置しても大した問題にもならない（もちろんこれは十万年管理に対して、逆に振り切った極論で、現実はもっと合理的で安全な方法が段階的にとられるだろう）。

　日本では3・11を知らない子供たちが現役で社会を動かすようになるまで、原子力について逆風が続くのはやむを得ない。

　ただ世界の潮流は、着々と原子力の改良を進めていて、近年では小型モジュール炉（SMR）の開発が盛んになっている。

　これは出力三十万キロワット程度で、固有安全性が高く（冷却ができなくなっても壊れることがない）、発電に関わる構成要素全てを一つのユニットにまとめて、工場で生産するものだ。二〇二〇年代終わりには多くの実証炉が稼働を始め、三〇年代には原子炉ユニットを国家間で売買する時代になるともいわれている。

　まあSMRの普及には、まだ多くの議論が必要で、そんなにとんとん拍子に進むことはないだろうけどね。ただ、そういう潮流からは、日本は世代が変わるまで取り残され続けていくのかなあと、少し寂しく思うんだよね。

文明の頑健性《ロバストネス》

【鹿野 司】

人類の歴史の中でも、第二次世界大戦後の二〇世紀は、大当たりの期間だった。

例えば、戦前は石油が輸出できる国はアメリカくらい。その供給を絶たれた大日本帝国は、南方へ資源を求めて戦線を拡大したわけだ。

しかし、一九五〇年前後に中東の大油田が発見されて、石油が世界的に潤沢に使える時代がやってきた。それ以前の主要なエネルギー源は、木炭と石炭だったことを考えると、これは劇的な変化だった。

また戦時中に培われた軍需技術を礎に、様々な重厚長大技術が発達した。大型船による世界物流や、ジェット旅客機などの航空輸送、水力、火力から、原子力まで大出力のエネルギー供給技術、地底のトンネル掘削や、巨大なビルや橋を作り出す建築技術などなどが、世界を大きく作り変えてきた。

さらに、一九四〇年代末にトランジスタが実用化され、六〇年代から集積技術の発達で十年で一〇〇〇倍の性能アップという、指数関数的なコストの改善、あるいは能力の改善が、五十年以上続いた。

これによって、重厚長大技術は知性化されて高性能化し、より高度な装置を作り出すための装置の技術が進歩してさらに優れた技術を可能にし、その進歩は基礎科学を広範囲化、深化させ、以前は理論でしかなかったものが現実に作れるようになり、世界はインターネットで結ばれ莫大な情報の流通が当たり前となった。

これらの事実が示すように、戦後の四分の三世紀は、絶え間ない成長が駆動される激動の期間だった。しかし、このフィーバー期間は終わりつつある。

地球温暖化による環境の変動は、これまでのように化石燃料、資源を野放図に使うことを難しくした。化石燃料はもともと、過去の生物が何億年もの時間をかけて蓄積したものを、比較的簡単な方法で掘り出して使えていたもので、こういううまい話は人類史の中で二度と起きることはない。

また、十年で一〇〇〇倍の改善をもたらしていたムーアの法則も、物理的限界に達してサチっている。こちらも、このペースで技術革新が繰り返せるような技術は当面見当たらないので、これにて打ち止めと考えていいだろう。

ムーアの法則が終わっても、量子コンピュータがあるじゃないかと思う人がいるかもしれないが、これは全く代替にはならない。まず、そもそもまともに動く、あるいは使い道が明確な量子コンピュータは、この三十年ほどの研究の結果できていない。これまでの技術の歴史からすると、三十年かけて実用化にたどり着かなかった技術は、核融合や有翼宇宙往還機みたいに相当手ごわくて、原理的には可能かもしれないが、実現には百年単位の時間を覚悟していいのではないかと思う。

また、集積技術の向上は、小さく安く、あらゆるものの中に組み込まれて、技術を改善できたことがその真価で、その役目は量子コンピュータでは担えない。

オレは以前から、文明とは、個人の能力をはるかに超えた超生命体だということを言ってきたけれど、この四分の三世紀は、その超生命体の思春期みたいなものだったと言えるかもしれない。急激に背が伸びたり、声変わりしたりというようなことが、人類文明の発展においても起きたのが、戦後からこれまでの時代だった。しかし、その激変の期間も終わり、文明は成熟期に入ろうとしている。

これは、われわれ個人にとって何を意味するかというと、これまで当然と思われていた社会の在り方が、変化していくということになるだろう。戦後のこれまでの社会は、潤沢なエネルギーと絶え間ない技術発達によって、どんどん新しいものが登場するのが当たり前だった。それは、社会がずっと、適度な攪乱状態にさらされてきたということだ。

生態学的に考えると、適度な攪乱には、多様性を維持する性質がある。

人の手があまり入らない山などでは、早く成長し、あるいはより背が高くなる植物が太陽光を独占して、ほかの植物の繁殖を妨げる。その結果、その環境で繁殖できる植物種は少なくなり、それに依存する虫や動物もおのずと限られる。

しかし、そこにハイキングコースなどができると、道は踏み固められて（強い攪乱）植物もあまり育たないが、道と林の境は適度な攪乱状態となって、多様な植物が生存できるようになり、生物種の総数が増加する。

我々の社会も同じような振る舞いをしているとすると、戦後の多様性の増加は、技術発展による社会の適度な攪乱が背景にあったと言えるかもしれない。

技術の発達に伴って、それ以前は考えもしなかった職業が生まれ、それに就く人が生み出された。肉体労働の比重が下がったことが契機になって、ジェンダー平等も常識となった。

また、かつて障害は、本人の体の問題と思われていた。しかし、仮に全盲の人のために設計された都市があったとして、そこに晴眼者が放り込まれたら、その晴眼者は不自由な生活を強いられるだろう。照明はなく、点字などで案内される環境は、晴眼者が生活するには不自由そのもので、つまり健常者は障碍者の上位互換というわけではなく、マジョリティが作り出す環境によって違いが生じているに過ぎないわけだ。つまり、障害は体の中ではなく、外の社会に存在するという考え方が今では常識になりつつある。

これらの結果、多様な人々が同じ環境で協力し合えるようになってきた。そして同質の集団では、気づけない、発想のできない視点が共有されて、社会の改善が行われるということが可能になってきた。

多様性にはもう一つ、長期に見た場合のロバストネス（頑健性）を担保する性質がある。多様性に乏しい生態系では、災害や病気など外からくるアクシデントで、場合によってはそこの生物が根こそぎ滅びてしまう。しかし多様性がある生態系では、そのようなことが起きても、対応できる生物が増えて、変化をマイルドにする。

しかし、人類文明において、これまでのような技術革新による攪乱が乏しくなると、階級の固定が起きやすくなり、意識しないとこれまでのような多様性は維持しにくくなるかもしれない。

新しい職業がどんどんできる状態でなくなれば、どんな職業も、親の影響を幼いころから受けた子のほうが、その職業において有利だろう。その結果として、家業を子供が継ぐようになり、階級の固定が起き始める。そうなると階級間のコミュニケーションも減って、社会の硬直化＝老化へとつながりかねない。用心しないと、ジェンダー平等や、障害は体の外にあるという考え方も、維持することが難しくなるかもしれない。そうなってしまっては、人類文明のロバストネスも弱体化してしまうことになるだろう。

もっとも、それはこれからの人々の問題意識の持ち方次第で、いかようにも変えられることだとは思う。人は肉体の成長が終わっても人格の成熟は続くように、文明もこれまでと違う成熟の段階が待っているはずだ。

サはサイエンスのサ

技術とディストピア

連載・273

【鹿野　司】

中国でオミクロン株が流行をはじめて、これまでの対策ではその増加を抑えきれず、色々とびっくりするような状況になっているようだ。

たとえば、陽性者のいる住居の出入り口にＩｏＴ機器を取り付けて、扉が開くとその情報が管理部署に届くとか。また、四足歩行のロボットにスピーカーを載せて、外出禁止の警告をさせているとか。

これらの様子は、まるでディストピアって感じなんだよね。ただ、ここからわかるのは、我々はすでにディストピアを作り上げる、具体的なテクノロジーを手にしているという事だ。

たとえば、今の画像認識技術なら、群衆の行動を監視して、動きの怪しい者を見つけ出し、犯罪を犯そうと考えている人物を察知できる。その技術を使ってその人物を未然に逮捕するようになると、まるで『マイノリティ・リポート』のようなディストピアのできあがりだ。

かつてのＳＦで描かれたディストピアは、それを実現する具体的な技術を知らなかったから、極端な陰鬱な世界しか描けなかった。というか、それがもたらす人間疎外に焦点を当てて物語が作られていた。しかし、それを実現する具体的な技術が出てきた今、特性を理解して、それをどう使うかで、世界をどう変えられるか、より深く考えられる時代になったと思う。

たとえば、駅のホームにＡＩカメラを設置して、ホーム上の人の行動を分析させると、痴漢をしようと思っている人物を発見できる。そこで、その人物が乗り込んだ車両で、「痴漢が発生する可能性が上昇しています、痴漢は犯罪です」などのアナウンスを、人物の特定はせずに行う。すると、周りの警戒感が高まり、その人物の勢いを削ぐことで、犯罪を未然に防ぐことができるはずだ。こうすれば、人権を配慮しつつ、犯罪の発生確率を大幅に減らせる可能性はある。

もちろんこの方法で、犯罪の根絶はできないだろう。非常に悪質な確信犯にはこの方法は通用しない。ただ、人間とは不完全なもので、常に倫理的に高潔でいられる人は稀だ。酔っていたり、ストレスが多かったり、覚醒水準が下がっているときに、誰にも知られないだろうと思えば、悪事を働こうとすることもあり得る。しかし、そんなとき、お前は見られているというような、何らかの形で警告があれば、思いとどまることはあるだろう。それを促す形で、ＡＩ監視カメラを利用するわけだ。

今、ＡＩとして開発されている技術は、全て、何か与えられた問題を最適化して解くものだ。莫大な過去のデータを学習して、人知を超えた最適化処理を行うことで、優れた結果を導くことができる。

チェスや将棋や囲碁で、人のかなわぬ能力を発揮するＡＩも、過去のデータから最適解を見つけ出しているに過ぎない。

この方法で、二人零和有限確定完全情報ゲームのような単純な世界なら、人間以上のゲームプレイヤーとなりえる。しかし、もっと複雑な世界を相手にした場合は、必ずしもそうではない。

たとえば翻訳においても、すでにＤｅｅｐＬのような優れたソフトが存在していて、使い方によっては人間の翻訳に負けないと言われる。ただ、一方で、実際と反対の意味に訳したり、わからないところを丸ごと削除していたり、任せきるには油断がならないという人も多い。

今の自動翻訳が不完全なのは、莫大な量の文章の、単語間のつながりを統計的に分析して、最適なものを選ぶやり方だからだ。つまり、文章の意味は分かっていない。

異なる言語、異なる文化圏の人々は、その地理的特徴、歴史的経緯によって、概念世界というか、世界の切り取り方が微妙に異なっている。寒冷地に住む民族の間では雪の状態を表す言葉が何十種類もあるし、虹の色の数も文化によって違う。抽象概念や慣用表現に至っては、相手の文化には存在しないものだってある。

要するに、言語の違いとは、枠組みの違いだ。相手の言葉の意味を把握し、こちらの言語でまさにそれを意味する芸術的な表現を見つけ出すことは、枠組みを飛び越えることだ。

そして、これこそ、人間知能でなければできないことだ。人工知能はある課題の最適化をする機械だから、その課題の枠組みの範囲外を感知するように作れない。一方、人間というか生命には目的はなく、快不快で現実世界を生きているので、枠組みを飛び越えることは日常茶飯事だ。以前から、人工知能は囲碁で人を打ち負かすが、人は碁盤をひっくり返すことができるといってきたけど、この枠組みを超えるのが人間知能であり、クリエイティブな翻訳を可能にする本質だ。

異なる枠組みの翻訳を行うとき、我々は喩えというか比喩というか概念の類似性を用いる。それはつまり広い意味でのだじゃれだ。人間知能の本質的特徴はだじゃれだと言ってもいい。

ＤｅｅｐＬは莫大なデータを基にした最適化処理によって、かなり使い物になる翻訳を、限りなく安価に行ってくれる。この安さとは恐るべき力で、技術文明とは結局、より複雑なものを万民に安価に届けることなのだ。しかし、安さはいろいろなものを破壊する。産業革命でイギリスは安価な織物を作り、インドの芸術的な織物産業を破壊した。技術は、少し劣るものを安価に量産して、芸術性の高い手工芸を破壊してしまう。

ＡＩ翻訳が実現する結果は、優れた翻訳家の翻訳より見劣りはするが、かなりいい線を行く上に、それを極めて安価に提供する。これがもたらす未来は、芸術的な技を持つ翻訳家が、経済的に自立しにくくなるかもしれないということだ。

すると、そういった才能を研ぎ澄まそうとする後進が消えていき、さらに、優れた翻訳の見本を目にしなくなった技術者も、ＡＩ翻訳をさらに改良しようとは思わなくなるだろう。

すると、これからの翻訳家は、海外の興味深い作品を自ら探し出し、ＡＩに下訳させてそれをブラッシュアップして出版する編集者と翻訳家を兼ねたような形になるのかもしれない。まあ、ＳＦの翻訳家はもともとそんな感じあったけどね。

今すぐにでも可能かもしれないくらい、そう遠くない将来、すべての言語を同時翻訳する携帯デバイスを、誰もが安価に所持するようになり、あらゆる言語話者と不自由なく話せるような世界が来るはずだ。ただし、その翻訳は不完全なもので、時々誤訳や、まるで逆の意味で翻訳されることが起きるだろう。

そうすると、それを使いこなす人間の感覚として、人の言葉は割と頻繁に意図しないことを含んでいるものだという認識になるかもしれない。相手の言葉を、言葉だけでは信じない、おかしなことを言われたとしても、直ちに真意とは捉えず、実際何を言いたかったかを言語以外の方法も含めて確認するのが当たり前の文化ができていくかもしれない。それはちょっと優しい世界ではないかな。

単行本版あとがき

二〇〇九年は印象的な年だった。ガリレオ・ガリレイが天体望遠鏡で空を見てから四〇〇年の世界天文年だったり、ダーウィン生誕二〇〇周年だったり、この本の元になった一五年続く連載「サはサイエンスのサ」が掲載されているSFマガジンも五〇周年。オレにとっても節目で、五〇歳になりーの、二五年間連載していた雑誌ログインが廃刊しーの、母が亡くなり天涯孤独になりーのと、色々あった。そんなキリのいい時なので、ちょっと職業上のひみつを明かしちゃおうかな～と思う。

オレは子どもの頃から理科が好きだったんだけど、東京に出てきてから、理系は好きっぽいんだけど、どうも話しづらい人がいるって事に気がついた。なんかどっちが詳しいか競い合いみたいになっちゃって、ぜんぜん楽しくないのね。それはやっぱり、科学＝権威だと思っている人が多いから。ハッ、それは科学的でないねとか人をバカにするために科学っぽさを使う人たちがいるのね。それがホントいやだった。そうはなるまい。そういうふうに権威的だと思われちゃうと、オレが好きな、オレが伝えたいと思っている科学の面白さから離れてしまう。だから、プロの科学ライターになるにあたって、できるだけ権威的にならないようにするにはどうしたらいいかって考えた。今も考えてる。

それでやりはじめたのが、この文体なんだよね。今ではこういうの珍しくもないけど、三〇年くらい前はまだ、だ、である調が普通で、～なんだよねなんて書いている人はあまりいなかった。ましてや科学記事でそんなことする人は皆無。尊敬する先輩からも、その文体はどうかなって言われちゃったし、雑誌に記事を書く時もいちいち、こういう文体でやりたいんですうって編集さんを説得した。

それと、もう一つは文章を書く時、その論理展開のプロセスを、読んでいる人が自分で思いついていると感じさせるように書こうと思ったのね。なんでかというと、オレが難しいことをかみ砕いて教えるって感じになると、それも権威的になっちゃうから。あるいは、自分の心の中にいる誰か、その人に話すように書いていく。その誰かさんには、こういうふうにネタ振りすると、面白がって貰えるだろうってのを想像しながら書くのね。

こういうふうに権威的にならないようにって考えていると、世の中で起きる色々なことについても、あまり読み間違えなくなったような気がする。テレビのコメンテーターでも素人の床屋政談みたいなのでも、なにかを語る人って、自分のことは棚に上げて上から目線になっちゃうんだよね。まあ、そうなるのはすごくわかる。オレだって放っておけばそうなるもん。上から目線って気持ちいいもんね。

で、何か事件が起きた時、ホントはその分野の事情をたいして知らないのに、当事者を愚か者扱いしたり、悪者扱いしたりする。そのやり方で、教師や医師や役人はさんざん批判されてきたわけね。

でも、オレは人類という観点から見れば、人間なんて大差ないと思う。つまり、どこの誰だろうと、オレと同じくらい賢く、オレと同じくらい愚かで、オレと同じくらいナマケモノで、オレと同じくらい理想を持っていて、オレと同じくらいずるくて、オレと同じくらいまじめだと思う。だから、なにか常識外れなことが起きた時、即座にバカにしたりせずに、なんでオレと同じような人がそんな奇妙なことをする羽目に陥ったのかなって考えるようになった。本能的にしがちな、知らない人を安易に即座に見下す行為をしないように、自分を訓練しつづけているのね。まあぐだぐだだけどね。

この本の背景にはそういうひみつがあるのねん。楽しんでもらえると嬉しいな。

単行本版『サはサイエンスのサ』（二〇一〇年一月二十五日、早川書房刊）より

解説　ＳＦを生きた人

批評家／設定考証家
堺《さかい》　三保《みつやす》

鹿野司という名前を聞いて読者の皆さんはどんな人物を思い浮かべるだろう？　いや、帯に書かれた惹句《じゃっく》に惹かれてこの本を手に取ったものの、鹿野司という人物に聞き覚えのない方もおられるだろう。断言しよう。鹿野司は日本でも最高のサイエンスライターの一人だった。いかなる博士号も持ち合わせてはいなかったが、その取材力は幅広く、分析力は明晰で、それを人々に伝える文章力は、平明でわかりやすかった。何よりもその文章は常に取り上げたテーマの核心を鋭く突き、正鵠《せいこく》を射たものばかりであった。

本書『サはサイエンスのサ〔完全版〕』は、その鹿野司が一九九四年から三〇年近くにわたって《ＳＦマガジン》に連載し続けた同題の科学エッセイを丸々収録したものである。かつてその一部が単行本として出版され、二〇一一年の星雲賞を受賞しているが、今回はすべての連載原稿を収録した文字通りの完全版となっている。鹿野司ファンのみならず、科学やＳＦに興味のあるすべての人にとっての格好のサブテキストであり、座右の書としてほしい一冊だ。

本書では、一九九〇年代半ばから二〇二〇年代にいたるまでの、科学的な新発見、技術的な進歩、社会的な諸問題、さらには映画や小説のレビューなどまでが、縦横無尽に語られていく。それは時評であることもあれば、時代と関係のない普遍的な話だったりもする。そこに一貫しているのは、鹿野司の視線というか「世界の見方」とでもいうべきものである。彼は生前よく「ぼくの人生そのものがSFだと考えている」というような意味のことを語っていた。鹿野の日頃の言動を考え合わせるとそれは、すべての物事を「SF的」に眺めるということだと筆者は考える。つまり、自然科学のみならず、世界のあらゆる物事をフラットに、異化《いか》や外挿《がいそう》といったSFで顕著に用いられる手法を用いつつ、「事象」として個人から切り離して眺めてみること。そして、そういう世界観の中で生活すること。そういう人生観を称して、鹿野は自分の人生そのものがSFだと言ったのではないだろうか。

本書はどのページから読んでもかまわない。そこには、その原稿が書かれた折々の科学トピックに関する的確な解説だけでなく、鹿野司の目を通してみた「世界」の姿が映し出されている。いや、この二つがきれいに共存していることこそが、鹿野解説の真骨頂なのだと言える。たとえばそれは、『ダーウィン以来』などの進化生物学エッセイで知られるスティーヴン・ジェイ・グールドの文章と相通じるものがあるように思える。もちろん、鹿野とグールドのあいだには、さまざまな主義主張の違いが存在する（顕著な例としては、敬虔なクリスチャンであるグールドと、典型的な日本人である鹿野とは宗教観が全く違う）。だが、科学的な事柄を平明に解説しつつ、自身の世界観をも同時に提示するという至難の技を、軽妙洒脱な語り口で実現してしまっているところは共通していると言える。そして、そのようなことを為し得ている科学解説を書ける人は、本当に稀有な存在なのだということも。

鹿野司は一九五九年名古屋市生まれ。日本大学文理学部応用物理学科卒業。学生時代からSFファン活動を始め、卒業後はフリーのライターとなる。当時、特に仲の良かったSFファン仲間に、出渕裕《いづぶちゆたか》

（現アニメ監督／メカデザイナー／イラストレーター）と牧眞司《まきしんじ》（現文芸評論家）がおり、何かと言えば三人で行動していたという、微笑ましいエピソードもある。学生時代の専攻は物理だが、ライターとしては物理学のみならず生物学や工学など幅広い分野について積極的な取材に基づいた原稿を書いていた。また、様々な雑誌に科学解説記事を寄稿するだけでなく、映画『ガメラ2 レギオン襲来』やアニメ『科学救助隊テクノボイジャー』、『宇宙戦艦ヤマト2199』のSF考証を務めるなど、日本では数少ないSFの設定考証家として、腕を振るったことでも、SF関係者の間ではとみに有名であった。ちなみに『ヤマト2199』は学生時代からの盟友、出渕裕が総監督を務めている。だが、晩年は糖尿病からの合併症に悩まされ、二〇二二年に六三歳で逝去。翌二三年、第四十三回日本SF大賞功績賞を受賞。あまりにも早い死が惜しまれる。

筆者は、鹿野が亡くなるまでの、その後半生の二十年ほどのあいだ、親交を持たせていただいたが、その間、彼が声を荒げたところを見たことがない。一方で、よくにこやかに笑っていたが、派手に大笑いしているところも、これまた見たことがない。常に穏やかな性格の人であった。

御尊父の晩年に寄り添い死を看取るまでの経緯を、静かに冷静に怒りや悲しみを表に出さず、この『サはサイエンスのサ』の連載記事として書き連ねておられたのにも感服したが、自身の病状が刻々と悪化していくのも最後まで同じように冷静かつ穏やかに語っていたのが、本当に印象的であった。それは諦観とも違う、ある種の「この先どうなるのか」という好奇心のようなものまで含んだ、とても生真面目な好奇心に満ちた観察眼だったように思える。自身の健康状態について、どうしたらそこまで冷静でいられるのか。筆者には想像もつかないことであり、ただひたすら尊敬するしかないことであった。

もう一つ、強く印象に残っていることは、人類の未来に対する確固たる前向きな安心感だった。

今、どんなに悲惨なことが起ころうとも、それでも数千年単位の人類の歴史を振り返れば、常に現在は過去よりも物事は良くなっている。だから、何も心配することはない。皆で前向きに努力していけば、この先も人間には明るい未来が待っている。

それが、鹿野司の考えだった。そしてその考えは、過去の歴史から導き出されたデータに基づいていて、反論するのはなかなか困難なものであった。

筆者はへそ曲がりな悲観論者なので、何事にも例外や限界はあって、人類どころか地球の生態系そのものも、何かの拍子に絶滅してしまうのではないかと考えてしまいがちなのだが、そんな話をすると彼はいつも「堺さんは心配性だなあ」と穏やかに笑うばかりであった。そこには、人間性に対するある種の信頼があったのだと思う。

鹿野のそれは単純な性善説ではなく、人間の愚かで悪質な部分も考慮に入れた上で、それでも種としての人間は全体的には常に前向きに物事を変えていくはずだという、確信のようなものを彼は持っていたのだと思う。これもまた、彼の「SF的」な世界観の一つであったのだろう。

鹿野司の科学解説にも、こうした彼の考え方や世界観が常に貫かれている。

繰り返しになるが、先にも記したようにその観察範囲は天文学や物理学から医学や生物学まで実に幅広く、折を見てはあちこちの研究所や大学を取材して最新の情報を得ようとしていた勤勉で真面目な姿は、なかなか余人には追随しがたいものがあった。そして、その書く記事は、常に冷静でバランスのとれたものであった。

彼自身は人類の明るい未来を信じていたが、だからといってその原稿には、自身の信条に沿った過度の賞賛や批判といった、ポジショントーク的なものが全くなかった。良いものは良く、悪いものは悪い。そのバランス感覚に溢れた筆致は、まさに当代きってのサイエンスライターだったのだと言うべきだろう。

惜しむらくは、あまりにも単著が少なく、その活動が広く世間に知れ渡りはしなかったことだ。自己顕示欲とは全く無縁であり、完璧主義者であることが災いしてなかなか単著を出版するには至らないことが多かったのも災いしたと言えるだろう。その結果、彼の知名度はまさに「知る人ぞ知る」レベルに留まってしまっていたのだ。

本書が、そんな彼の再評価につながること、そして鹿野司流の「SF的なものの見方」の意義や有効性が一人でも多くの人に伝わることを期待したい。

二〇二四年八月

追伸‥

鹿野さんへ。

いつも面倒ばかりかけていた後輩のくせに、ずいぶんと偉そうな解説を書いてしまいましたが、こんなもんで許していただけますかね？

いや、ご本人は死後の世界なんか信じてなかったから、こんなこと書いても仕方ないんですけど。でも、もし実は死後の世界が存在したときには、後から行ったときは土下座して謝るので、ここはひとつ、いつもみたいに笑って許してやってください。

こちらは、なんとか鹿野さんの域にすこしでも近づけるよう、もうしばらく、現世で精進させていただきます。

鹿野さんとの思い出

設定考証・リサーチャー
白土《しらと》晴一《せいいち》

私と鹿野さんの本格的な出会いを思い出すと、ＳＦ乱学者こと大宮信光《おおみやのぶみつ》さんが中心でやられていたＳＦイベントの「ＳＦ乱学講座」に鹿野さんが講師として来られて、終了後の食事会であれこれ質問させてもらったのが最初でした。それが何年ごろだったか判然としませんが、「ＳＦマガジンで連載している『サはサイエンスのサ』の鹿野司さんだ！」と喜んだ記憶があるので、九〇年代の後半だったと思います。

その後もＳＦ大会などのコンベンションでお話しさせて頂いていましたが、二〇一六年のASCII.jp×デジタルの対談記事をキッカケに、長兄が鹿野司さん、次兄が堺三保《さかいみつやす》さん、末弟が私という設定のユニット「考証ブラザーズ」を結成し、定期的なイベントを行うようになってからは一層関係性が強まりました。

そう考えると深いお付き合いをし始めたのは、鹿野さんの最晩年の短い期間ということになりますが、実は「考証ブラザーズ」結成以前から、アニメの現場で鹿野さんとご一緒する機会が何度かありました。私も鹿野さんもアニメで考証の仕事をしていたので、同じような場所で会うのは当然だったのかもしれませんが。

アニメにおける考証の役割をここで簡単に語るのは難しいのですが、その作品の世界設定を構築するために様々な提案や作業を行います。この仕事のために監督や脚本家の方々と度々打ち合わせが必要となりますが、そこで鹿野さんとご一緒することが何度かあったのです。

例えば二〇一二年の「コードギアス　亡国のアキト」という作品では、鹿野さんが「科学考証」、私が「設定考証」という肩書きでスタッフロールで並んでいます。鹿野さんが主に科学的な部分の考証やSF的なアイデアを担い、それ以外の部分で私がアイデアを提案するという感じで、分担作業ではありますが同じ作品に関わっていました。私は設定に関することは比較的なんでも関わるので「設定考証」と名乗っておりますが、鹿野さんはアニメ作品にスタッフとして参加する場合は「SF考証」や「科学考証」と名乗っていらっしゃいました。これは科学やSFの考証、相談役としての自分の立場をはっきりさせていたからでしょう。

この作品以外でも、途中で頓挫したので企画だけでしたが、二人で考証スタッフとして呼ばれた時もありましたし、スケジュールの関係で私が参加できなかった作品に鹿野さんが入っていることもありました。「この作品の考証担当は鹿野さんか白土さんのどちらかに頼もうと思っています」と言われたこともあるので、私と鹿野さんは商売敵《がたき》でもあったのでしょう。その後、なぜかその作品からは二人とも呼ばれなかったというオチがつきますが。

ただ、企画の最初から最後まで二人でガッツリ組んで設定や考証の作業を行うという機会には恵まれず、それは非常に残念に思っております。やはり、鹿野司流のSF考証を近くで見たかったですから。

鹿野さんの設定のお仕事で特に有名なのは、やはり一九九六年の映画「ガメラ2　レギオン襲来」に登場する宇宙怪獣レギオンの生物的な背景を作ったことでしょう。生前の鹿野さんに「レギオンの設定をどう考えたのですか？」と質問したことがあるのですが、「金子監督や伊藤和典さんの脚本と、こういう怪獣にしてほしいという基本的な設定を聞いた時に、一つの生態系とガメラが戦えばいいんだと瞬間的に思いついた」と仰っていました。鹿野さんは簡単に答えてくれましたが、同じ設定屋から見れば、これはかなり難しい案件だと思います。

エンターテインメント作品の考証担当は、必ずしも自分自身で設定全体を作れるわけではありません。すでに決まっているストーリーやキャラクター、デザインなどの制約もありますし、集団作業である以上、他のスタッフと意見を交換し、調整しながら考証を進めなければなりません。隙間を縫うように設定の掘り下げをしなければならず、作品全体を鑑《かんが》みてバランスを取りながら、整合性を構築する必要があります。

しかし、鹿野さんの提案した「生態系」というコンセプトは、こうした集団作業の枠内に見事にハマります。その上、「ガメラが地球外の生態系と戦う」という設定はSFとしても秀逸ですし、映画全体を通してレギオンの行動が明瞭になり、ストーリーに大きな深みを与えてくれます。このコンセプトをすぐに出せたのは、考証担当として、その知識や知見だけでなく、フィクション作品への深い理解があった証左と言えると思います。

鹿野さんは考証の仕事を長々と語る方ではありませんでしたが、ある時「監督なり脚本家なりのやりたいことをやってもらうのが良い。その上で考証担当がロジックを作ればいい」と呟かれたことがありました。エンターテインメントである以上、その作品の面白さを一番重視しなければいけないということでしょう。

鹿野司流考証の極意はついにお聞きすることは出来ませんでしたが、それはフィクションと、それを作り出すクリエーターへの深い理解と愛情が根底にあったと考えております。

そんなことを私が直接鹿野さんに言ったら、あの温和で冷静な口調で「そんな分かりやすい言葉でまとめないでください」と言われそうですが。

鹿野さんのこと

科学技術ジャーナリスト
松浦晋也《まつうらしんや》

『教養』（小松左京・高千穂遙・鹿野司著　二〇〇〇年十一月　徳間書店刊）という本がある。ＳＦの大先達である御大・小松左京さんに、同じくＳＦ作家の高千穂遙さんがインタビューし、その内容を鹿野さんが補足しながらまとめたという本である。前書きによると、小松さんが抱える膨大な教養を引き出して文字化することを目指して高千穂さんが企画し、小松さんに話を持ち込み、鹿野さんにまとめを依頼した、という形で成立した。

この本の最後で鹿野さんはこんなことをいっている。

鹿野　今回の鼎談で、すごくよくわかったことがありますよ。それは小松さんの前向きさには、根拠がないということです。これこれの理由があるから前向きになれるなんていう根拠薄弱なものじゃなくて、それが思索の原点なんですよ。人間には、どんな困難も乗り越えられる力がある。そのことに対して、強い信頼感があって、だから、あれもダメこれもダメと、ぐだぐだ自己憐憫に浸るな、やる気になったらいくらでもうまい手があるといいきれる。ようするに、『夏への扉』ですよ。（同書旧版二〇六頁）

自分は鹿野さんと共に、大学の教科書などを出版している出版社である裳華房《しょうかぼう》のメールマガジンに連載を持っていた。毎月一回発行するメルマガに、隔月の交代で自分の読んだ本を紹介するというものだ。鹿野さんが体を悪くして休載が六年に及び、連載を再開せぬまま、鹿野さんは亡くなられた。その連載に、追悼文を書くために鹿野さんの本を読んでいて、この文章に行き当たったのだった。見つけた時にはちょっと泣いてしまった。

これ、鹿野さんのことだろ——。小松さんに事寄せて、鹿野さん、自分語りしているだろ。

六十三年の生涯で鹿野さんの出した本は多くない。単著は『オールザットウルトラ科学』（一九九〇年七月　アスペクト刊）、『巨大ロボット誕生　最新ロボット工学がガンダムを生む』（一九九八年六月　秀和システム）、『サはサイエンスのサ』（二〇一〇年一月　早川書房）の三冊。他、共著が前出の『教養』など数冊ある。

『ウィザードリィV：プレイングマニュアル』（一九九〇年十二月　アスペクト刊）という単著もあるが、これもタイトルから推察するに鹿野さんの作品というよりも依頼を受けてのライター仕事のような気がする（残念ながら私は未読）。

では、鹿野さんは本を書かずに何をやっていたのか。

科学コラムを書いていたのだ。

振り返ると、鹿野さんの仕事の柱は二つ。ひとつが映像作品におけるSF考証。そしてもうひとつが科学コラムだった。その代表が、パソコン雑誌《ログイン（LOGiN）》（アスキー→アスペクト刊）に連載された「オールザットウルトラ科学」であり、本書にまとめられたSFマガジン連載「サはサイエンスのサ」であった。いずれも長期連載である。多分に、科学コラムという形式が、鹿野さんの興味や資質にうまくマッチしていたのだろう。

その他NECの宣伝ウェブ媒体「wisdom」で書いていた「くねくね科学探検日記」(http://www.blwisdom.com/blog/shikano/)という連載もあったのだが、二〇二四年夏現在、読めなくなっている。

科学コラムという読み物は、時事性が強いこともあって、単行本としてまとめにくい。「オールザットウルトラ科学」と「サはサイエンスのサ」は単行本になったが、それぞれ長期連載の中からの、いわば「よりぬきサザエさん」としての出版だった。「サザエさん全巻揃い」としての出版は、本書が初めてということになる。

本書を手にとり、一篇でも読んだ方は、鹿野さんの書く科学コラムには、なによりも科学と人間に対する信頼があふれているのを感じ取ると思う。

実際鹿野さんは、会って話していても決して悲観的なことを言わなかった。鹿野さんが科学ライターとしての活動を開始した一九八〇年代初頭は、米ソ冷戦の対立が限界に達した時期でもあって、核戦争による人類全滅はリアルな恐怖だった。その後ソ連の崩壊と共に核戦争の脅威は減じたが、環境破壊、テロリズム、地球温暖化、ネットの普及による陰謀論の台頭と、悲観的になる要素には事欠かない状況が続いた。鹿野さんの没後二年近くを経た二〇二四年八月現在も続いている。

それでも、鹿野さんは悲観的になることはなかった。「一般・普遍から考えていくなら、世界は、社会は必ず良い方向に向かう」という信念を持って科学コラムを書き続けた。

自然の中に一般・普遍を求める行為を、科学という。鹿野さんにとって科学を語るということは、そのまま「世界・社会は良い方向に向かう」と語ることと同義だった。より多くの人が科学を理解すれば、それだけ世界・社会は良い方向に向かう——だから彼は、やさしい口調で科学を語り続けた。

ＳＦ作家の小川一水《いっすい》さんは、鹿野さんに「どうしてそんなに楽観的なのか」と聞いたことがあるそうなのだが、答えは「自分でそう決めたから」というものだったとのこと。つまり、己の出発点、第一原理として「世界・社会は良い方向に向かう」ということを意志的に選んだのである。

では、なぜ、選ぶことができたのか。

鹿野さんが『教養』の最後に引っ張っている、ロバート・Ａ・ハインラインの『夏への扉』をあらためて読み返してみた。ＳＦファンには説明の必要もない、オールタイム・ベスト級の傑作だ。基本的なプロットはタイムマシンと冷凍睡眠を使った人生のやりなおしだが、作品の基調を決めているのは冒頭で描かれる、猫のピートのエピソードである。

主人公のダンが飼っている（いや、猫好きにすれば、ダンがピートに仕えているということになろうか）ピートは、どんなに寒い日であっても、家にある十一の扉——猫専用の扉を含めれば十二の扉——を開けろとダンに要求する。そのどれかが夏に通じていると信じているかのように。

だが彼は、どんなにこれを繰り返そうと、夏への扉を探すのを、決して諦めようとはしなかった。（『夏への扉』冒頭より　ハヤカワ文庫ＳＦ　福島正実訳）

去ってしまってはじめて分かる。鹿野さんこそは、猫のピートだった。決して諦めることなく扉を開き続ける。

鹿野さんは猫ではなく、言葉が使えたので、扉の向こうに見えたものを、我々にやさしい言葉で語ってくれたのだ。

ただし、ピートは、どの猫でもそうなように、どうしても戸外に出たがって仕方がない。彼はいつまでたっても、ドアというドアを試せば、必ずそのひとつは夏に通じるという確信を、棄てようとはしないのだ。

そしてもちろん、ぼくはピートの肩を持つ。(『夏への扉』の末尾)

鹿野さんは人生のどこかの時点で、猫のピートとして生きようと決心したのだという気がする。決心するにあたって、「たくさんSFを読んだ」ことが大きく影響していることは間違いない。その中の一冊、鹿野さんの心に強く焼き付けられた一冊が、『夏への扉』だったのだろう。あるいは、様々なSFを読んで心の中でもやもやと発生した思考が、『夏への扉』を読んだことで、「世界・社会は良い方向に向かうと語る」、と明確な輪郭を得て結晶化したのかもしれない。

そしてもちろん、私は鹿野さんの肩を持つ。

鹿野司のこと

とり・みき

亡くなって二年近くが経とうとしている。

悲しみの時間は終わっていて、正直いまさら追悼の言葉など浮かんではこない。一個の生物個体の死は厳然としてあり、エントロピーは逆に戻せない。誰しも、この自分も遠くない日にそうなるように、ちょっと早めに彼は生命現象を停止させただけなのだ。

「何を薄情な」と思われる向きもあろうが、そもそも鹿野自身がそう考える人間だった。我々はさらに早すぎた何人かの共通する友人の死に際しても、どちらもミスター・スポックのように涙を流さなかった。口では「悲しいねえ」といいつつ顔は無表情だった（下手すると笑っていた）。So it goes. だからきっと自分の死に対しても鹿野はそう思っているはずだ。

そもそも友人の死に関して何度もあれこれ違う内容の原稿を提出するのも、ネタ化しているようで申し訳ない。薄情だがそのくらいの節度はある。そんなわけで、以下の言葉は彼の死後にアップした拙ブログのほぼ繰り返しになるがお許しいただきたい。もっとも本人は自分がネタ化されるのを喜びそうな気もするので、後から思いだした幾つかのよけいなエピソードは付け足しておいた。

鹿野と最初に出逢ったのは、これまた昨年亡くなられたSF作家の豊田有恒《ありつね》さんが主催するクリエイター集団「パラレル・クリエーション」の事務所においてであった。八〇年代が始まったころの話だ。

パラクリの事務所は、まったくの偶然だが、当時私が住んでいた下北沢のアパートから歩いて二〜三分の距離にあった。発足と同時に私と同じく小松左京研究会の会員だったイラストレーターの米田裕《よねだゆたか》が正社員となったので、これ幸いとコピー機などを借りに私はこの事務所に入り浸った。鹿野もまた同じころ下北沢に引っ越してきておりパラクリに仕事で出入りしていた。こうして、お互い社員ではないのだが、同じ街の住民ということで顔を合わせる機会が増えていった。

出逢った当時の彼は海外SF一辺倒の人間で、コマケンに属していた私に「日本のSFなんて読んで面白いですか？」とやや高飛車に訊いてきたのをよく憶えている。念のために記しておくと、そもそも当時のSFファンダム全体の空気がそういうヒエラルキーを形成していて、日本作家のファンクラブなどは古参のエスタブリッシュな（原書を読むような）ファンからはややミーハーで軽薄な連中と見られているフシがあった。いうまでもなく怪獣やアニメはさらにその下だった。

そういう歯に衣着せぬ物言いながらどこか人なつこいところもあり、まもなく彼は私の仕事部屋に何時間も居つくようになった。審美眼が厳しい人間にどうやら気に入られたらしいのは正直嬉しかった。

「とりさんは出逢った人間の中でもかなり頭のいい人だから」といわれたこともある。

大慌てで断っておくが、これは死者をして語らしむ自慢話ではない。私自身は物は識らないしそんなことはまったく思っていないので当時は意味がわからなかったが、いまから思えば、彼自身の物の見方や価値判断と近いものを持っているヤツだと見込まれたのかな、と想像する。だとすると回り回って自分（鹿野）が頭がいいといっているのと同じで、かなりしょった発言といえる。だが彼のこの種の自負は、傲慢には聞こえないどこか可愛いところがあった。

結局、八〇年代の十年間、イコールほぼ二十代の十年間、もっとも一緒に飲み食いし、遊び、地方のSF大会や海外まで旅行に行ったりする間柄になった。二人の間に愛人疑惑が囁かれたこともある。日本がまだバブリーだった時代でテニスにもスキーにもよく出かけたが、どちらも彼のほうが数段巧くて、こちらは手ほどきを受ける立場だった。

この遊び仲間には、我々と同じころデビューした同年代の若手ＳＦ作家達も混ざっていた。またパラクリを通じて先達の日本人作家との交流も多くなった彼は、あいかわらず作品評価は厳しかったものの、以後は本邦のＳＦにも興味を示すようになっていった。

「小松作品って読んでみたらあちこちおかしいところがあって、発言でもデータや数字が間違ってることもある」と、ある日彼は私にいった。「でも小松さんがすごいのは、大筋の理解と展望は間違っていないんだ。細かい誤謬があっても大切なキモは見誤らずちゃんとつかんでいるんだ」

やがて私は鹿野とではなく別の女性と結婚したので蜜月時代は終わり、物理的には会う機会は減っていくのだが、話し言葉で綴られるこの連載もあり、また世の中にインターネット、さらにはＳＮＳというものが出来たおかげで、あまり疎遠を感じたことはなかった。

直接逢っているころからそうだったが、自然科学やテクノロジー方面はもちろん、社会学や政治的な見解においても、彼は私のもっとも信頼のおける指標だった。右にも左にも体制にも反体制にも与《くみ》せず、是々非々で論理的・科学的に物事を判断、評価、批判し、先輩や友人や属するグループへの忖度もなかった。ＳＮＳには一見、相対的・俯瞰的・論理的な態度をとっているように見せながら、その実、意見や立場を異《こと》にする相手に対して極めて侮蔑的な態度を取る輩《やから》、あるいは結果的に権力側の不正に荷担するような輩が一定数いるが、彼はしかし、そうした連中とは一線を画していた。

若いころは彼にもそういう論理や科学で相手を斬って捨てるような態度が見られたが、病気とともに暮らすようになってからはとくに、たとえ間違った理解であってもそのことに苦しんでいる人達への優しい眼差しが生じていたと思う。スポックもフリーレンも学ぶのだ。その意見表明や教示の仕方は、けして無知を馬鹿にしたり対立を煽るような攻撃的なものではなく、常に冷静で、しかし冷たくはなく穏やかなものだった。現在のＳＮＳや世界を蔽う空気とは正反対のものだ。私は何事かむずかしい問題が世の中を騒がせているとき「この件を鹿野はどう捉え考えているだろう」と、しばしば彼のタイムラインを見にいった。

晩年の数年間は、自分で何度も救急車を呼んで窮地を乗り越えてきたような状態だった。苦しくなってから呼ぶのではなく、倒れる前に色んな測定値や症状から「このままでは危ない」と自己判断して呼んでいた由《よし》で、ときにはその状況をツイートしていたこともある。入院が必要なときはちゃんと入院していた。いかにも科学ライターらしいそうした冷静な判断があって、あそこまで生きながらえることが出来たのだと思う。

だから、私は悔やまない。

死後、知人一同と彼の部屋に入り、さて、パソコン内に残された原稿をどうやって救出するかという段になって、我々はモニタの裏にログインパスワードが書かれた一枚の付箋が貼られているのを発見した。このような事態になる可能性をあらかじめちゃんと想定していたということだろう。そうやって開いた仕事用のフォルダもその中のファイル名も、第三者が見ていつのどこの原稿かわかるようにきちんと整理されていた。

唯一「やっぱり人より先に死ぬもんじゃないな」と思ったのは、書棚の引き出しにあったエログラビアのファイルを発見したときだ。故人の趣味やある種の性嗜好が見てとれる内容であり、たいていの男性の部屋には存在するが、みうらじゅん以外の人間は公表されたくない代物だ。いや、もちろん公表はしないので安心してほしい。私が形見分けとしていただいてちゃんと持ち帰ったから。

本書は、二〇一〇年一月に早川書房より刊行された単行本『サはサイエンスのサ』の内容および、〈ＳＦマガジン〉一九九四年七月号〜二〇二二年六月号にかけて連載された「サはサイエンスのサ」のうち、単行本版に収録されなかった連載回の原稿を収録したものです。

本書には、今日では差別表現として好ましくない用語が使用されています。しかし作品が書かれた時代背景、著者が差別助長を意図していないことを考慮し、当時の表現のまま収録しました。その点をご理解いただけますよう、お願い申し上げます。

（編集部）

サはサイエンスのサ〔完全版〕

二〇二四年九月二十日　印刷
二〇二四年九月二十五日　発行

著　者　鹿《しか》野《の》　司《つかさ》
発行者　早川　浩
発行所　株式会社　早川書房
郵便番号　一〇一 - 〇〇四六
東京都千代田区神田多町二ノ二
電話　〇三 - 三二五二 - 三一一一
振替　〇〇一六〇 - 三 - 四七七九九
https://www.hayakawa-online.co.jp
定価はカバーに表示してあります

印刷・製本／三松堂株式会社

ISBN978-4-15-210360-4 C0040